Springer-Lehrbuch

Vladimir A. Zorich

Analysis II

Übersetzt von Josef Schüle

Mit 40 Abbildungen

 Springer

Vladimir A. Zorich
Moskauer Staatsuniversität
Fachbereich Mathematik (Mech-Math)
Vorobievy Gory
119992 Moskau, Russland

Übersetzer :
Josef Schüle
Technische Universität Braunschweig
Rechenzentrum
Hans-Sommer-Straße 65
38106 Braunschweig, Deutschland

Bibliografische Information der Deutschen Nationalbibliothek

Die Deutsche Nationalbibliothek verzeichnet diese Publikation in der Deutschen Nationalbibliografie; detaillierte bibliografische Daten sind im Internet über http://dnb.d-nb.de abrufbar.

Mathematics Subject Classification (2000): 00A05, 26-01, 40-01, 42-01, 54-01, 58-01

ISBN 978-3-540-46231-6 Springer Berlin Heidelberg New York
Englische Ausgabe erschienen bei Springer Heidelberg, 2004

Springer ist ein Unternehmen von Springer Science+Business Media

springer.de

© Springer-Verlag Berlin Heidelberg 2007

Satz: Datenerstellung durch den Übersetzer unter Verwendung eines Springer TEX-Makropakets
Herstellung: LE-TEX Jelonek, Schmidt & Vöckler GbR, Leipzig
Umschlaggestaltung: WMXDesign GmbH, Heidelberg

Gedruckt auf säurefreiem Papier   46/3100YL - 5 4 3 2 1 0

Vorwort

Vorwort zur deutschen Ausgabe

Eine ganze Generation von Mathematikern ist in der Zeit zwischen dem Erscheinen der ersten Auflage dieses Lehrbuchs und der Veröffentlichung der vierten Auflage, deren Übersetzung Sie in Händen halten, herangewachsen. Dieses Werk ist vielen Menschen vertraut, die entweder dieses Buch als Vorlage für ihr Studium benutzten oder die zugrunde liegenden Vorlesungen besucht haben und nun ihrerseits in Universitäten auf der ganzen Welt lehren. Ich freue mich, dass es nun auch für deutschsprachige Leser verfügbar wird.

Dieses Lehrbuch besteht aus zwei Teilen. Es ist in erster Linie für Studierende an Universitäten und Lehrende, die sich auf Mathematik oder die Naturwissenschaften spezialisieren, gedacht und für all jene, die sowohl an der rigorosen mathematischen Theorie als auch an Beispielen ihrer effektiven Nutzung zur Lösung realer Probleme in den Naturwissenschaften interessiert sind.

Das Lehrbuch zeigt die klassische Analysis auf dem heutigen Stand als einen integralen Bestandteil der Mathematik in ihrer Beziehung zu anderen modernen mathematischen Disziplinen wie der Algebra, der Differentialgeometrie, den Differentialgleichungen und der komplexen Analysis und Funktionalanalysis.

Die beiden ersten Kapitel dieses zweiten Bandes fassen im Wesentlichen in allgemeiner Form die wichtigsten Ergebnisse des ersten Bandes für stetige und differenzierbare Funktionen und der Differentialrechnung zusammen und erläutern sie. Diese beiden ersten Kapitel ermöglichen eine formale Unabhängigkeit des zweiten Buches vom ersten. Allerdings nur, wenn der Leser wirklich hinreichend in der Lage ist, diese Kapitel zu bearbeiten ohne auf einführende Betrachtungen des ersten Bandes zurückgreifen zu müssen, die dem hier diskutierten erzielten Formalismus vorangingen. Dieser zweite Band, der sowohl die Differentialrechnung in ihrer verallgemeinerten Form als auch die Integralrechnung von Funktionen mehrerer Variablen enthält, die bis hin zu den allgemeinen Formeln von Newton–Leibniz-Stokes entwickelt werden, erlangt dadurch eine gewisse Einheit und ist in sich abgeschlossen.

Umfassendere Informationen zum Lehrbuch und einige Empfehlungen für seinen Gebrauch in der Lehre sind in den Übersetzungen der Vorworte zur ersten und zweiten russischen Auflage zu finden.

Moskau, 2006   *V. Zorich*

Vorwort zur vierten russischen Auflage

In der vierten Auflage wurden alle dem Autor bekannten Druckfehler korrigiert.

Moskau, 2002   *V. Zorich*

Vorwort zur dritten russischen Auflage

Die dritte Auflage unterscheidet sich von der zweiten nur durch kleinere Korrekturen (obwohl in einem Fall auch ein Beweis korrigiert wird) und einigen neuen Aufgaben, die mir sinnvoll erschienen.

Moskau, 2001   *V. Zorich*

Vorwort zur zweiten russischen Auflage

Zusätzlich zur Korrektur aller dem Autor bekannten Druckfehler in der ersten Auflage unterscheiden sich die erste und die zweite Auflage dieses Buches hauptsächlich in Folgendem: Einige Abschnitte zu eigenständigen Themen – z.B. Fourier–Reihen und Fourier–Transformationen – wurden umgeformt (und wie ich hoffe, verbessert). Mehrere neue Anwendungsbeispiele und neue stichhaltige Aufgaben, die sich auf verschiedene Teile der Theorie beziehen und diese manchmal auch beträchtlich erweitern, wurden hinzugefügt. Kontrollfragen werden gestellt wie auch Fragen und Aufgaben für Halbjahresprüfungen. Die Liste weiterführender Literatur wurde erweitert.

Weitere Informationen zum Inhalt und einige Eigenschaften dieses zweiten Teils des Lehrbuchs sind unten im Vorwort zur ersten Auflage angeführt.

Moskau, 1998   *V. Zorich*

Vorwort zur ersten russischen Auflage

Das Vorwort zum ersten Teil enthielt eine sehr ausführliche Beschreibung des gesamten Lehrbuchs. Deswegen kann ich mich hier auf einige Anmerkungen zum Inhalt des zweiten Teils beschränken.

Das Hauptmaterial dieses Teils besteht auf der einen Seite aus Mehrfachintegralen und Linien- und Oberflächenintegralen, die uns zum verallgemeinerten Satz von Stokes und einigen seiner Anwendungsbeispiele führen. Auf der anderen Seite beschäftigt es sich mit dem Umgang mit Reihen und Integralen, die von einem Parameter abhängen, einschließlich der Fourier–Reihen, der Fourier–Transformierten und der Darstellung asymptotischer Entwicklungen.

Daher stimmt dieser Teil 2 im Wesentlichen mit den Lehrplänen für das Mathematikstudium im zweiten Jahr an den Mathematikinstituten von Universitäten überein.

Um keine entscheidenden Bedingungen an die Reihenfolge in der Lehre bei diesen beiden Hauptgebieten in den zwei Semestern zu stellen, habe ich sie weitgehend unabhängig voneinander untersucht.

Die Kapitel 9 und 10, mit denen dieses Buch beginnt, wiederholen im Wesentlichen in zusammengefasster und verallgemeinerter Form die wichtigsten Ergebnisse, die wir im ersten Band zu stetigen und differenzierbaren Funktionen erhalten haben. Diese Kapitel sind mit einem Stern gekennzeichnet und gewissermaßen als Anhang an Teil 1 geschrieben. Dieser Anhang enthält jedoch viele Konzepte, die in jeder Erläuterung der Analysis für Mathematiker eine Rolle spielen. Mit diesen ersten beiden Kapiteln wird der zweite Band formal vom ersten unabhängig, vorausgesetzt, der Leser ist genügend darauf vorbereitet, ihn ohne die zahlreichen Beispiele und einführenden Betrachtungen aus dem ersten Teil, die den hier diskutierten Formalismen vorausgingen, durchzuarbeiten.

Das eigentliche Neue in diesem Buch beginnt in Kapitel 11, das der Integralrechnung mehrerer Variabler gewidmet ist. Wenn Sie den ersten Teil abgeschlossen haben, können Sie ohne einen Verlust in der Stimmigkeit der Ideen mit dem zweiten Teil des Werkes hier beginnen.

Die Sprache der Differentialformen wird bei der Untersuchung der Theorie der Linien- und Oberflächenintegrale erläutert und eingesetzt. Alle zentralen geometrischen Konzepte und analytischen Konstrukte, die später gewissermaßen eine Leiter abstrakter Definitionen bilden, die uns zum verallgemeinerten Satz von Stokes führt, werden zunächst an einfachen Inhalten erläutert.

Kapitel 15 bietet eine ähnliche zusammenfassende Beschreibung zur Integration von Differentialformen auf Mannigfaltigkeiten. Ich halte dieses Kapitel für eine sehr erstrebenswerte und systematische Ergänzung der Erläuterungen und Erklärungen an spezifischen Objekten in die obligatorischen Kapitel 11-14.

Der Abschnitt über Reihen und Integrale, die von einem Parameter abhängen, liefert neben dem traditionellen Stoff einige einfache Informationen zum asymptotischen Verhalten von Reihen und Integralen (Kap. 19), da insbesondere das letztere aufgrund seiner Effektivität ein unzweifelhaft nützlicher Bestandteil analytischer Techniken ist.

Um die Orientierung zu erleichtern, sind ergänzende Inhalte bzw. Abschnitte, die beim ersten Lesen übersprungen werden können, mit einem Stern gekennzeichnet.

Die Nummerierung der Kapitel und Abbildungen in diesem Buch setzt die Nummerierung des ersten Teils fort.

Biographische Informationen sind hier nur zu den Gelehrten angeführt, die im ersten Teil nicht erwähnt wurden.

Wie zuvor ist für die Bequemlichkeit des Lesers und um den Text abzukürzen das Ende eines Beweises durch ☐ gekennzeichnet. Dort, wo es praktisch ist, werden Definitionen durch die besonderen Symbole := oder =: (Gleichheit per definitionem) eingeführt, wobei der Doppelpunkt auf der Seite des zu definierenden Objektes steht.

In Fortführung der Tradition aus Teil 1 wurde sowohl auf die Anschaulichkeit als auch die logische Klarheit der mathematischen Konstrukte als solches wie auch der Vorstellung stichhaltiger Anwendungen aus den Naturwissenschaften zur entwickelten Theorie großen Wert gelegt.

Moskau, 1982   *V. Zorich*

Inhaltsverzeichnis

9

---

*Stetige Abbildungen (Allgemeine Theorie)

In diesem Kapitel werden wir die Eigenschaften stetiger Abbildungen, die wir früher für Funktionen mit numerischen Werten und Abbildungen vom Typus $f : \mathbb{R}^m \to \mathbb{R}^n$ formuliert haben, verallgemeinern und aus einem vereinheitlichten Blickwinkel betrachten. Dabei werden wir eine Anzahl einfacher, aber dennoch wichtiger Konzepte einführen, die überall in der Mathematik benutzt werden.

9.1 Metrische Räume

9.1.1 Definition und Beispiele

Definition 1. Wir sagen, dass eine Menge X mit einer *Metrik* oder einer *metrischen Raumstruktur* versehen ist oder ein *metrischer Raum* ist, wenn eine Funktion

$$d : X \times X \to \mathbb{R} \tag{9.1}$$

aufgestellt werden kann, die die folgenden Bedingungen erfüllt:

a) $d(x_1, x_2) = 0 \Leftrightarrow x_1 = x_2$,
b) $d(x_1, x_2) = d(x_2, x_1)$ (Symmetrie),
c) $d(x_1, x_3) \leq d(x_1, x_2) + d(x_2, x_3)$ (Dreiecksungleichung),

wobei x_1, x_2, x_3 beliebige Elemente von X sind.

In diesem Fall wird die Funktion (9.1) als *Metrik* oder als *Abstand* auf X bezeichnet.

Daher ist ein *metrischer Raum* ein Paar (X, d), das aus einer Menge X und einer auf ihr definierten Metrik besteht.

In Übereinstimmung mit geometrischer Terminologie werden die Elemente von X *Punkte* genannt.

Wir merken an, dass wir für $x_3 = x_1$ in der Dreiecksungleichung unter Berücksichtigung der Bedingungen a) und b) der Definition einer Metrik erhalten, dass

$$0 \leq d(x_1, x_2) \,,$$

d.h., ein Abstand, der die Axiome a), b) und c) erfüllt, ist nicht negativ.

Wir wollen einige Beispiele betrachten.

Beispiel 1. Die Menge $\mathbb{R}$ der reellen Zahlen wird zu einem metrischen Raum, wenn wir für je zwei Zahlen x_1 und x_2 wie gewohnt $d(x_1, x_2) = |x_2 - x_1|$ definieren.

Beispiel 2. Wir können auch andere Metriken auf $\mathbb{R}$ einführen. Eine triviale Metrik ist etwa die diskrete Metrik, in der der Abstand zwischen je zwei verschiedenen Punkten gleich 1 ist.

Die folgende Metrik auf $\mathbb{R}$ ist inhaltsvoller. Sei $x \mapsto f(x)$ eine nicht negative Funktion, die für $x \geq 0$ definiert ist und die für $x = 0$ verschwindet. Ist diese Funktion streng konvex, dann erhalten wir, wenn wir für $x_1, x_2 \in \mathbb{R}$

$$d(x_1, x_2) = f(|x_1 - x_2|) \tag{9.2}$$

setzen, eine Metrik auf $\mathbb{R}$.

Die Axiome a) und b) gelten offensichtlich und die Dreiecksungleichung folgt einfach aus der strengen Monotonie von f und der Gültigkeit der folgenden Relation für $0 < a < b$:

$$f(a + b) - f(b) < f(a) - f(0) = f(a).$$

Insbesondere könnten wir $d(x_1, x_2) = \sqrt{|x_1 - x_2|}$ oder $d(x_1, x_2) = \frac{|x_1 - x_2|}{1 + |x_1 - x_2|}$ einführen. Im letzteren Fall wäre der Abstand zwischen zwei Punkten auf der Geraden stets kleiner als 1.

Beispiel 3. Neben dem traditionellen Abstand

$$d(x_1, x_2) = \sqrt{\sum_{i=1}^{n} |x_1^i - x_2^i|^2} \tag{9.3}$$

zwischen Punkten $x_1 = (x_1^1, \ldots, x_1^n)$ und $x_2 = (x_2^1, \ldots, x_2^n)$ in $\mathbb{R}^n$ können wir für $p \geq 1$ auch den Abstand

$$d_p(x_1, x_2) = \left(\sum_{i=1}^{n} |x_1^i - x_2^i|^p \right)^{1/p} \tag{9.4}$$

einführen. Die Gültigkeit der Dreiecksungleichung für die Funktion (9.4) folgt aus der Minkowskischen Ungleichung (vgl. Absatz 5.4.2).

Beispiel 4. Wenn wir beim Lesen eines Textes auf ein Wort mit falschen Buchstaben treffen, können wir das Wort ohne allzu viele Schwierigkeiten korrigieren, falls die Anzahl der Fehler nicht zu groß ist. Die Fehlerkorrektur ist jedoch eine Operation, die manchmal mehrdeutig ist. Aus diesem Grund müssen wir, wenn andere Bedingungen gleich sind, der Korrektur des fehlerhaften Textes den Vorzug geben, die am wenigsten Korrekturen erfordert. Dementsprechend wird in der Chiffriertheorie die Metrik (9.4) mit $p = 1$ auf der Menge aller endlichen Folgen der Länge n, die aus Nullen und Einsen bestehen, eingesetzt.

Geometrisch kann die Menge derartiger Folgen als die Menge von Ecken des Einheitswürfels $I = \{x \in \mathbb{R}^n \mid 0 \leq x^i \leq 1, i = 1, \ldots, n\}$ in $\mathbb{R}^n$ interpretiert werden. Der Abstand zwischen zwei Ecken entspricht der Anzahl von Vertauschungen von Nullen und Einsen, die nötig sind, um die Koordinaten einer Ecke aus denen einer anderen zu erhalten. Jede derartige Vertauschung steht für einen Gang entlang einer Würfelseite. Daher entspricht dieser Abstand dem kleinsten Weg von einer Ecke zu einer anderen entlang den Seiten des Würfels.

Beispiel 5. Beim Vergleich der Ergebnisse zweier Reihen mit n Messungen derselben Größe ist die am häufigsten benutzte Metrik (9.4) mit $p = 2$. Der Abstand zwischen Punkten in dieser Metrik wird üblicherweise *mittlere quadratische Abweichung* genannt.

Beispiel 6. Wenn wir in (9.4) zum Grenzwert für $p \to +\infty$ übergehen, dann erhalten wir, wie wir leicht sehen können, die folgende Metrik in $\mathbb{R}^n$:

$$d(x_1, x_2) = \max_{1 \leq i \leq n} |x_1^i - x_2^i| \,. \tag{9.5}$$

Beispiel 7. Die Menge $C[a, b]$ der Funktionen, die auf einem abgeschlossenen Intervall stetig sind, wird zum metrischen Raum, wenn wir den Abstand zwischen zwei Funktionen f und g zu

$$d(f, g) = \max_{a \leq x \leq b} |f(x) - g(x)| \tag{9.6}$$

definieren. Die Axiome a) und b) für eine Metrik gelten offensichtlich und die Dreiecksungleichung folgt aus den Ungleichungen

$$|f(x) - h(x)| \leq |f(x) - g(x)| + |g(x) - h(x)| \leq d(f, g) + d(g, h) \,,$$

d.h.,

$$d(f, h) = \max_{a \leq x \leq b} |f(x) - h(x)| \leq d(f, g) + d(g, h) \,.$$

Die Metrik (9.6) – die sogenannte *gleichförmige* oder *Tschebyscheff-Metrik* in $C[a, b]$ – wird benutzt, wenn wir eine Funktion durch eine andere (beispielsweise ein Polynom) ersetzen wollen, mit der es möglich wird, Funktionswerte in jedem Punkt $x \in [a, b]$ mit einer vorgegebenen Genauigkeit zu berechnen. Die Größe $d(f, g)$ charakterisiert die Genauigkeit einer derartigen Näherungsrechnung.

Die Metrik (9.6) bildet die Metrik (9.5) in $\mathbb{R}^n$ nach.

Beispiel 8. Ähnlich wie die Metrik (9.4) können wir in $C[a, b]$ für $p \geq 1$ die Metrik

$$d_p(f, g) = \left(\int\limits_a^b |f - g|^p(x)\, dx \right)^{1/p} \tag{9.7}$$

einführen.

Aus der Minkowskischen Ungleichung für Integrale, die wir, indem wir zum Grenzwert übergehen, aus der Minkowskischen Ungleichung für Riemannsche Summen erhalten können, folgt, dass dies tatsächlich für $p \geq 1$ eine Metrik ist.

Die folgenden Spezialfälle der Metrik (9.7) sind besonders wichtig: $p = 1$, die Integralmetrik, $p = 2$, die Metrik der mittleren quadratischen Abweichung und $p = +\infty$, die gleichförmige Metrik.

Der mit der Metrik (9.7) versehene Raum $C[a, b]$ wird oft als $C_p[a, b]$ bezeichnet. Es lässt sich zeigen, dass $C_\infty[a, b]$ dem Raum $C[a, b]$, versehen mit der Metrik (9.6), entspricht.

Beispiel 9. Die Metrik (9.7) hätte auch auf der Menge $\mathcal{R}[a, b]$ der auf dem abgeschlossenen Intervall $[a, b]$ definierten Riemann-integrierbaren Funktionen eingesetzt werden können. Da das Integral des Betrags der Differenz zweier Funktionen jedoch verschwinden kann, auch wenn die beiden Funktionen nicht identisch sind, gilt Axiom a) in diesem Fall nicht. Wir wissen nichtsdestotrotz, dass das Integral einer nicht negativen Funktion $\varphi \in \mathcal{R}[a, b]$ genau dann gleich Null ist, wenn in fast allen Punkten des abgeschlossenen Intervalls $[a, b]$ gilt, dass $\varphi(x) = 0$.

Wenn wir daher $\mathcal{R}[a, b]$ in Äquivalenzklassen von Funktionen einteilen, indem wir zwei Funktionen in $\mathcal{R}[a, b]$ als äquivalent betrachten, wenn sie sich in höchstens einer Menge mit Maß Null unterscheiden, dann wird durch (9.7) in der Tat eine Metrik auf der Menge $\widetilde{\mathcal{R}}[a, b]$ derartiger Äquivalenzklassen definiert. Die Menge $\widetilde{\mathcal{R}}[a, b]$, versehen mit dieser Metrik, wird durch $\widetilde{\mathcal{R}}_p[a, b]$ oder manchmal einfach durch $\mathcal{R}_p[a, b]$ symbolisiert.

Beispiel 10. Auf der Menge $C^{(k)}[a, b]$ von Funktionen, die auf $[a, b]$ definiert sind und stetige Ableitungen bis einschließlich zur Ordnung k besitzen, können wir die folgende Metrik definieren:

$$d(f, g) = \max\{M_0, \ldots, M_k\}, \tag{9.8}$$

mit

$$M_i = \max_{a \leq x \leq b} |f^{(i)}(x) - g^{(i)}(x)|, \quad i = 0, 1, \ldots, k.$$

Wenn wir die Tatsache ausnutzen, dass (9.6) eine Metrik ist, lässt sich einfach zeigen, dass (9.8) ebenfalls eine Metrik ist.

Angenommen, f sei die Koordinate eines sich bewegenden Punktes, die wir als Funktion nach der Zeit betrachten. Wenn wir den zulässigen Bereich, in dem sich der Punkt im Zeitintervall $[a, b]$ bewegen kann, einschränken und das Teilchen eine bestimmte Geschwindigkeit nicht überschreiten darf und wir zusätzlich eine Gewissheit haben wollen, dass die Beschleunigungen einen bestimmten Wert nicht überschreiten können, dann ist es nur natürlich, die Menge $\{ \max_{a \leq x \leq b} |f(x)|, \ \max_{a \leq x \leq b} |f'(x)|, \ \max_{a \leq x \leq b} |f''(x)| \}$ für eine Funktion $f \in C^{(2)}[a, b]$ zu betrachten und mit diesen Charakteristika zwei Bewegungen f und g als nahe beieinander zu betrachten, wenn für sie die Größe (9.8) klein ist.

Diese Beispiele zeigen, dass eine vorgegebene Menge auf verschiedene Arten mit einer Metrik versehen werden kann. Die Wahl der eingesetzten Metrik wird üblicherweise durch die Problemstellung bestimmt. Im Augenblick sind wir an den allgemeinsten Eigenschaften metrischer Räume interessiert, den Eigenschaften, die allen Metriken inhärent sind.

9.1.2 Offene und abgeschlossene Teilmengen metrischer Räume

Sei (X, d) ein metrischer Raum. Im allgemeinen Fall, wie wir es schon für $X = \mathbb{R}^n$ in Abschnitt 7.1 getan haben, können wir auch das Konzept einer Kugel mit Zentrum in einem gegebenen Punkt, einer offenen Menge, einer abgeschlossenen Menge, einer Umgebung eines Punktes, eines Häufungspunktes einer Menge u.s.w. einführen.

Wir wollen nun diese Konzepte wiederholen, die die Grundlage für das Weitere bilden.

Definition 2. Für $\delta > 0$ und $a \in X$ wird die Menge

$$K(a, \delta) = \{x \in X \,|\, d(a, x) < \delta\}$$

die *Kugel mit Zentrum $a \in X$ mit Radius δ* oder die *δ-Umgebung des Punktes a* genannt.

Diese Bezeichnung ist in einem allgemeinen metrischen Raum üblich, wir dürfen sie jedoch nicht mit dem traditionellen Bild identifizieren, das wir aus dem Raum $\mathbb{R}^3$ kennen.

Beispiel 11. Die Einheitskugel in $C[a, b]$ mit dem Zentrum in der Funktion, die auf $[a, b]$ identisch gleich 0 ist, besteht aus den Funktionen, die auf dem abgeschlossenen Intervall $[a, b]$ stetig sind und deren Absolutbeträge auf diesem Intervall kleiner als 1 sind.

Beispiel 12. Sei X das Einheitsquadrat in $\mathbb{R}^2$, für das wir den Abstand zwischen zwei Punkten als den Abstand zwischen diesen beiden Punkten in $\mathbb{R}^2$ definieren. Dann ist X ein metrischer Raum, und das Quadrat X als metrischer Raum kann als solches für jeden Radius $\rho \geq \sqrt{2}/2$ als Kugel um sein Zentrum betrachtet werden.

Es ist klar, dass wir auf diese Weise Kugeln jeder beliebigen Form konstruieren können. Daher sollte der Ausdruck Kugel nicht zu wörtlich genommen werden.

Definition 3. Eine Menge $G \subset X$ ist *im metrischen Raum* (X, d) *offen*, falls für jeden Punkt $x \in G$ eine Kugel $K(x, \delta)$ existiert, so dass $K(x, \delta) \subset G$.

Aus dieser Definition folgt offensichtlich, dass X selbst eine offene Menge in (X, d) ist. Die leere Menge $\varnothing$ ist ebenfalls offen. Aus denselben Überlegungen wie schon beim $\mathbb{R}^n$ können wir beweisen, dass eine Kugel $K(a, r)$ und ihr Äußeres $\{x \in X \mid d(a, x) > r\}$ offene Mengen sind. (vgl. die Beispiele 3 und 4 in Abschnitt 7.1).

Definition 4. Eine Menge $F \subset X$ ist in (X, d) *abgeschlossen*, wenn ihr Komplement $X \setminus F$ in (X, d) offen ist.

Insbesondere können wir aus dieser Definition folgern, dass die *abgeschlossene Kugel*

$$\widetilde{K}(a, r) := \{x \in X \mid d(a, x) \le r\}$$

eine abgeschlossene Menge in einem metrischen Raum (X, d) ist.

Der folgende Satz gilt für offene und abgeschlossene Mengen in einem metrischen Raum (X, d).

Satz 1. *a) Die Vereinigung* $\bigcup_{\alpha \in A} G_\alpha$ *der Mengen jeder Familie* $\{G_\alpha, \alpha \in A\}$ *offener Mengen* G_α *in* X *ist eine offene Menge in* X.
b) Die Schnittmenge $\bigcap_{i=1}^{n} G_i$ *einer endlichen Anzahl offener Mengen in* X *ist eine offen Menge in* X.
a') Die Schnittmenge $\bigcap_{\alpha \in A} F_\alpha$ *der Mengen jeder Familie* $\{F_\alpha, \alpha \in A\}$ *abgeschlossener Mengen* F_α *in* X *ist eine abgeschlossene Menge in* X.
b') Die Vereinigung $\bigcup_{i=1}^{n} F_i$ *einer endlichen Anzahl abgeschlossener Mengen in* X *ist eine abgeschlossene Menge in* X.

Der Beweis von Satz 1 ist eine wörtliche Wiederholung des Beweises des entsprechenden Satzes für offene und abgeschlossene Mengen in $\mathbb{R}^n$. Deswegen verzichten wir hier darauf (vgl. Satz 1 in Abschnitt 7.1).

Definition 5. Eine offene Menge in X, die den Punkt $x \in X$ enthält, wird eine *Umgebung* des Punktes x in X genannt.

Definition 6. Wir sagen, dass ein Punkt $x \in E \subset X$

- ein *innerer Punkt* von E ist, falls eine Umgebung um ihn in E enthalten ist,
- ein *äußerer Punkt* von E ist, falls eine Umgebung um ihn im Komplement von E in X enthalten ist,

– ein *Randpunkt* von E ist, falls er weder ein innerer noch ein äußerer Punkt von E ist (d.h., jede Umgebung des Punktes enthält sowohl einen Punkt aus E und einen Punkt, der nicht zu E gehört).

Beispiel 13. Alle Punkte einer Kugel $K(a,r)$ sind innere Punkte und die Menge $C_X \widetilde{K}(a,r) = X \setminus \widetilde{K}(a,r)$ besteht aus den Punkten, die außerhalb der Kugel $K(a,r)$ liegen.

Im $\mathbb{R}^n$ mit der Standardmetrik d entspricht die *Kugelschale* $S(a,r) :=$ $\{x \in \mathbb{R}^n \,|\, d(a,x) = r > 0\}$ der Menge der Randpunkte der Kugel $K(a,r)$[1].

Definition 7. Ein Punkt $a \in X$ ist ein *Häufungspunkt* der Menge $E \subset X$, falls die Menge $E \cap O(a)$ für jede Umgebung $O(a)$ des Punktes unendlich ist.

Definition 8. Die Vereinigung der Menge E mit der Menge aller ihrer Häufungspunkte wird *Abschluss* der Menge E in X genannt.

Wie zuvor werden wir den Abschluss einer Menge $E \subset X$ mit $\overline{E}$ bezeichnen.

Satz 2. *Eine Menge $F \subset X$ ist genau dann in X abgeschlossen, falls sie alle ihre Häufungspunkte enthält.*

Somit gilt:

$$(F \text{ ist abgeschlossen in } X) \Longleftrightarrow (F = \overline{F} \text{ in } X).$$

Wir verzichten auf den Beweis, da er nur eine Wiederholung des Beweises des analogen Satzes für den Fall $X = \mathbb{R}^n$ in Abschnitt 7.1 ist.

9.1.3 Unterräume eines metrischen Raumes

Sei (X,d) ein metrischer Raum und E eine Teilmenge von X und der Abstand zwischen zwei Punkte x_1 und x_2 in E sei gleich $d(x_1,x_2)$, d.h. gleich dem Abstand zwischen den Punkten in X. Dann erhalten wir den metrischen Raum (E,d), der üblicherweise *Teilraum* des ursprünglichen Raumes (X,d) genannt wird.

Wir können die folgende Definition übernehmen.

Definition 9. Ein metrischer Raum (X_1, d_1) ist ein *Teilraum des metrischen Raumes* (X,d), falls $X_1 \subset X$ und die Gleichung $d_1(a,b) = d(a,b)$ für jedes Punktepaar a,b in X_1 gilt.

---

[1] In Zusammenhang mit Beispiel 13 vgl. Aufgabe 2 am Ende des Abschnitts.

Die Kugel $K_1(a, r) = \{x \in X_1 \,|\, d_1(a, x) < r\}$ in einem Teilraum (X_1, d_1) des metrischen Raumes (X, d) ist offensichtlich die Schnittmenge

$$K_1(a, r) = X_1 \cap K(a, r)$$

der Menge $X_1 \subset X$ mit der Kugel $K(a, r)$ in X. Daraus folgt, dass jede offene Menge in X_1 die Form

$$G_1 = X_1 \cap G$$

besitzt, wobei G eine offene Menge in X ist und dass jede abgeschlossene Menge F_1 in X_1 die Form

$$F_1 = X_1 \cap F$$

besitzt, wobei F eine abgeschlossene Menge in X ist.

Aus dem eben Gesagten folgt, dass in einem metrischen Raum die Eigenschaft einer Menge, ob sie offen oder abgeschlossen ist, eine relative Eigenschaft ist, die vom sie umgebenden Raum abhängt.

Beispiel 14. Das offene Intervall $|x| < 1$, $y = 0$ der x-Achse in der Ebene $\mathbb{R}^2$ mit der Standardmetrik in $\mathbb{R}^2$ ist ein metrischer Raum (X_1, d_1), der wie jeder metrische Raum als Teilmenge von sich selbst abgeschlossen ist, da er alle Häufungspunkte in X_1 enthält. Gleichzeitig ist er offensichtlich in $\mathbb{R}^2 = X$ nicht abgeschlossen.

Dasselbe Beispiel zeigt, dass auch Offenheit ein relativer Begriff ist.

Beispiel 15. Die Menge $C[a, b]$ stetiger Funktionen auf dem abgeschlossenen Intervall $[a, b]$ mit der Metrik (9.7) ist ein Teilraum des metrischen Raumes $\mathcal{R}_p[a, b]$. Wenn wir jedoch die Metrik (9.6) anstelle von (9.7) auf $C[a, b]$ betrachten, trifft dies nicht länger zu.

9.1.4 Das direkte Produkt metrischer Räume

Sind (X_1, d_1) und (X_2, d_2) metrische Räume, können wir eine Metrik d auf dem direkten Produkt $X_1 \times X_2$ einführen. Die verbreitetsten Methoden zur Einführung einer Metrik auf $X_1 \times X_2$ für $(x_1, x_2) \in X_1 \times X_2$ und $(x_1', x_2') \in X_1 \times X_2$ sind:

$$d\big((x_1, x_2), (x_1', x_2')\big) = \sqrt{d_1^2(x_1, x_1') + d_2^2(x_2, x_2')}$$

oder

$$d\big(x_1, x_2), (x_1', x_2')\big) = d_1(x_1, x_1') + d_2(x_2, x_2')$$

oder

$$d\big((x_1, x_2), (x_1', x_2')\big) = \max\big\{d_1(x_1, x_1'), d_2(x_2, x_2')\big\}.$$

Offensichtlich erhalten wir in allen drei Fällen eine Metrik auf $X_1 \times X_2$.

Definition 10. Sind (X_1, d_1) und (X_2, d_2) zwei metrische Räume, dann nennen wir den Raum $(X_1 \times X_2, d)$, wobei d eine Metrik nach einer der obigen Methoden auf $X_1 \times X_2$ ist, das *direkte Produkt* der ursprünglichen metrischen Räume.

Beispiel 16. Der Raum $\mathbb{R}^2$ kann als direktes Produkt zweier Kopien des metrischen Raumes $\mathbb{R}$ mit Standardmetrik betrachten werden und $\mathbb{R}^3$ als das direkte Produkt $\mathbb{R}^2 \times \mathbb{R}^1$ der Räume $\mathbb{R}^2$ und $\mathbb{R}^1 = \mathbb{R}$.

9.1.5 Übungen und Aufgaben

1. a) Erweitern Sie Beispiel 2 und zeigen Sie, dass für eine stetige streng konvexe Funktion $f : \mathbb{R} \to \mathbb{R}_+$ mit $f(0) = 0$ eine neue Metrik auf dem metrischen Raum (X, d) eingeführt werden kann, indem wir $d_f(x_1, x_2) = f\big(d(x_1, x_2)\big)$ setzen.
   b) Zeigen Sie, dass für jeden metrischen Raum (X, d) eine Metrik $d'(x_1, x_2) = \frac{d(x_1, x_2)}{1 + d(x_1, x_2)}$ eingeführt werden kann, in der der Abstand zwischen Punkten kleiner als 1 ist.

2. Sei (X, d) ein metrischer Raum mit der trivialen (*diskreten*) Metrik aus Beispiel 2 und sei $a \in X$. Wie sehen in diesem Fall die Mengen $K(a, 1/2)$, $K(a, 1)$, $\overline{K}(a, 1)$, $\widetilde{K}(a, 1)$ und $K(a, 3/2)$ aus und wie die Mengen $\{x \in X \,|\, d(a, x) = 1/2\}$, $\{x \in X \,|\, d(a, x) = 1\}$, $\overline{K}(a, 1) \setminus K(a, 1)$ und $\widetilde{K}(a, 1) \setminus K(a, 1)$?

3. a) Stimmt es, dass die Vereinigung jeder Familie abgeschlossener Mengen eine abgeschlossene Menge ist?
   b) Ist jeder Randpunkt einer Menge ein Häufungspunkt dieser Menge?
   c) Stimmt es, dass es in jeder Umgebung eines Randpunktes einer Menge Punkte gibt, die außerhalb und innerhalb dieser Menge sind?
   d) Zeigen Sie, dass die Menge der Randpunkte jeder Menge eine abgeschlossene Menge ist.

4. a) Sei (Y, d_Y) ein Teilraum des metrischen Raumes (X, d_X). Zeigen Sie, dass dann für jede offene (bzw. abgeschlossene) Menge G_Y (bzw. F_Y) in Y eine offene (bzw. abgeschlossene) Menge G_X (bzw. F_X) in X existiert, so dass $G_Y = Y \cap G_X$, (bzw. $F_Y = Y \cap F_X$).
   b) Die in Y offenen Mengen G'_Y und G''_Y schneiden sich nicht. Zeigen Sie, dass dann die entsprechenden Mengen G'_X und G''_X in X so gewählt werden können, dass auch sie keine gemeinsamen Punkte haben.

5. Mit einer Metrik d auf einer Menge X könnten wir versuchen, den Abstand $\bar{d}(A, B)$ zwischen Mengen $A \subset X$ und $B \subset X$ wie folgt zu definieren:

$$\bar{d}(A, B) = \inf_{a \in A, \, b \in B} d(a, b) \,.$$

   a) Geben Sie ein Beispiel für einen metrischen Raum und zwei Teilmengen A und B, die sich nicht schneiden, für die aber $\bar{d}(A, B) = 0$ gilt.
   b) Zeigen Sie, nach Hausdorff, dass auf der Menge abgeschlossener Mengen eines metrischen Raumes (X, d) eine *Hausdorff-Metrik* D eingeführt werden kann, wenn wir annehmen, dass für $A \subset X$ und $B \subset X$ gilt:

$$D(A, B) := \max \Big\{ \sup_{a \in A} \bar{d}(a, B), \, \sup_{b \in B} \bar{d}(A, b) \Big\} \,.$$

9.2 Topologische Räume

Für Fragen im Zusammenhang mit dem Konzept des Grenzwertes einer Funktion oder einer Abbildung ist nicht so sehr die Anwesenheit einer bestimmten Metrik auf dem Raum entscheidend, sondern vielmehr, dass wir definieren können, was eine Umgebung eines Punktes ist. Um uns davon zu überzeugen, müssen wir uns nur daran erinnern, dass der Grenzwert oder die Stetigkeit mit Hilfe von Umgebungen definiert werden können. Topologische Räume sind die mathematischen Objekte, auf denen der Übergang zum Grenzwert und das Konzept der Stetigkeit in größtmöglicher Allgemeinheit möglich werden.

9.2.1 Grundlegende Definitionen

Definition 1. Wir sagen, dass eine Menge X mit der Struktur eines *topologischen Raumes* oder einer *Topologie* versehen ist oder ein *topologischer Raum* ist, wenn wir eine Familie τ von Teilmengen von X (*offene Mengen in X* genannt) mit den folgenden Eigenschaften angeben können:

a) $\varnothing \in \tau;\ X \in \tau.$

b) $\left(\forall\, \alpha \in A\, (\tau_\alpha \in \tau)\right) \implies \bigcup\limits_{\alpha \in A} \tau_\alpha \in \tau.$

c) $\left(\tau_i \in \tau;\ i = 1, \ldots, n\right) \implies \bigcap\limits_{i=1}^{n} \tau_i \in \tau.$

Daher ist ein topologischer Raum ein Paar (X, τ), bestehend aus einer Menge X und einer Familie τ unterscheidbarer Teilmengen der Menge mit den Eigenschaften, dass τ die leere Menge und die gesamte Menge X enthält, dass die Vereinigung jeder Anzahl von Mengen von τ eine Menge von τ ist und dass die Schnittmenge jeder endlichen Anzahl von Mengen von τ eine Menge von τ ist.

Wie wir sehen können, haben wir mit dem Axiomensystem a), b) und c) für einen topologischen Raum genau die Eigenschaften offener Mengen postuliert, die wir für den Fall eines metrischen Raumes bereits bewiesen haben. Daher ist jeder metrische Raum mit der oben gegebenen Definition von offenen Mengen ein topologischer Raum.

Daher bedeutet die *Definition einer Topologie* auf X, eine Familie τ von Teilmengen von X anzugeben, die die Axiome a), b) und c) eines topologischen Raumes erfüllt.

Die Definition einer Metrik in X definiert, wie wir gesehen haben, automatisch eine Topologie auf X, die durch diese Metrik induziert wird. Wir sollten jedoch bedenken, dass unterschiedliche Metriken auf X dieselbe Topologie auf X erzeugen können.

Beispiel 1. Sei $X = \mathbb{R}^n$ $(n > 1)$. Wir betrachten die Metrik $d_1(x_1, x_2)$, die durch die Gleichung (9.5) in Abschnitt 9.1 definiert ist und die Metrik $d_2(x_1, x_2)$, die durch die Gleichung (9.3) in Abschnitt 9.1 definiert ist.

Die Ungleichungen

$$d_1(x_1, x_2) \leq d_2(x_1, x_2) \leq \sqrt{n} d_1(x_1, x_2)$$

implizieren offensichtlich, dass jede Kugel $K(a, r)$, die in einem beliebigen Punkt $a \in X$ zentriert ist und in einer dieser Metriken interpretiert wird, eine Kugel mit demselben Zentrum enthält, die in der anderen Metrik interpretiert wird. Daher induzieren diese beiden Metriken, nach der Definition einer offenen Teilmenge eines metrischen Raumes, dieselbe Topologie auf X.

Fast alle topologischen Räume, die wir in diesem Werk aktiv benutzen werden, sind metrische Räume. Wir sollten uns jedoch nicht vorstellen, dass jeder topologische Raum metrisiert werden kann, d.h., mit einer Metrik versehen werden kann, deren offene Mengen dieselben sind wie die offenen Mengen in der Familie τ, die die Topologie auf X definieren. Die Bedingungen, unter denen dies möglich ist, bilden den Inhalt der sogenannten *Metrisierungssätze*.

Definition 2. Ist (X, τ) ein topologischer Raum, dann werden die Mengen der Familie τ *offene Mengen* genannt und ihre Komplemente in X werden *abgeschlossene Mengen* des topologischen Raumes (X, τ) genannt.

Eine Topologie τ auf einer Menge X wird selten dadurch definiert, dass alle Mengen in der Familie τ angeführt werden. Meistens wird die Familie τ so definiert, dass wir nur eine gewisse Menge von Teilmengen von X angeben, aus denen jede Menge der Familie τ durch Vereinigung und Schnitt erhalten werden kann. Daher ist die folgende Definition sehr wichtig.

Definition 3. Eine *Basis des topologischen Raumes* (X, τ) (eine *offene Basis* oder *Basis der Topologie*) ist eine Familie $\mathfrak{B}$ offener Teilmengen von X, so dass jede offene Menge $G \in \tau$ eine Vereinigung einer Ansammlung von Elementen der Familie $\mathfrak{B}$ ist.

Beispiel 2. Ist (X, d) ein metrischer Raum und (X, τ) der entsprechende topologische Raum, dann ist die Menge $\mathfrak{B} = \{K(a, r)\}$ aller Kugeln für $a \in X$ und $r > 0$ offensichtlich eine Basis der Topologie τ. Betrachten wir außerdem die Familie $\mathfrak{B}$ aller Kugeln mit positiven rationalen Radien r, dann ist auch diese Familie eine Basis der Topologie.

Daher können wir eine Topologie dadurch definieren, dass wir nur eine Basis der Topologie angeben. Wie wir an Beispiel 2 erkennen können, kann ein topologischer Raum viele verschiedene Basen der Topologie besitzen.

Definition 4. Die geringste Mächtigkeit unter allen Basen eines topologischen Raumes wird *Gewicht* des Raumes genannt.

In der Regel werden wir uns mit topologischen Räumen beschäftigen, deren Topologien eine abzählbare Basis (vgl. jedoch die Aufgaben 4 und 6) erlauben.

Beispiel 3. Wenn wir die Familie $\mathfrak{B}$ der Kugeln in $\mathbb{R}^k$ mit allen möglichen rationalen Radien $r = \frac{m}{n} > 0$ mit Zentren in allen möglichen rationalen Punkten $\left(\frac{m_1}{n_1}, \ldots, \frac{m_k}{n_k} \right) \in \mathbb{R}^k$ betrachten, erhalten wir offensichtlich eine abzählbare Basis für die Standardtopologie von $\mathbb{R}^k$. Es ist nicht schwer zu zeigen, dass es unmöglich ist, die Standardtopologie in $\mathbb{R}^k$ durch eine endliche Familie offener Mengen zu definieren. Daher besitzt der übliche topologische Raum $\mathbb{R}^k$ abzählbares Gewicht.

Definition 5. Eine *Umgebung* eines Punktes eines topologischen Raumes (X, τ) ist eine offene Menge, die diesen Punkt enthält.

Ist eine Topologie τ auf X definiert, so ist klar, dass für jeden Punkt die Familie seiner Umgebungen definiert ist.

Es ist außerdem klar, dass die Familie aller Umgebungen aller möglichen Punkte eines topologischen Raumes als Basis für die Topologie dieses Raumes dienen kann. Daher können wir eine Topologie auf X einführen, indem wir die Umgebungen der Punkte von X beschreiben. Diese Art der Definition der Topologie auf X wurde ursprünglich bei der Definition eines topologischen Raumes benutzt[2]. Beachten Sie, dass wir die Topologie in einem metrischen Raum im Wesentlichen dadurch eingeführt haben, dass wir sagten, was eine δ-Umgebung eines Punktes ist. Wir wollen ein weiteres Beispiel geben.

Beispiel 4. Wir betrachten die Menge $C(\mathbb{R}, \mathbb{R})$ reeller stetiger Funktionen, die auf der gesamten reellen Geraden definiert sind. Wir benutzen diese Menge als Ausgangsbasis für die Konstruktion einer neuen Menge – der Menge der Keime stetiger Funktionen. Wir werden zwei Funktionen $f, g \in C(\mathbb{R}, \mathbb{R})$ als äquivalent im Punkt $a \in \mathbb{R}$ betrachten, wenn es eine Umgebung $U(a)$ dieses Punktes gibt, so dass $\forall x \in U(a) \, \big(f(x) = g(x) \big)$. Die eben eingeführte Relation ist tatsächlich eine Äquivalenzrelation (sie ist reflexiv, symmetrisch und transitiv). Eine Äquivalenzklasse stetiger Funktionen im Punkt $a \in \mathbb{R}$ wird *Keim stetiger Funktionen* in diesem Punkt genannt. Ist f eine der Funktionen, die den Keim im Punkt a erzeugen, werden wir den Keim als solches durch f_a symbolisieren. Wir wollen nun eine Umgebung eines Keims definieren. Sei $U(a)$ eine Umgebung des Punktes a und f eine Funktion, die auf $U(a)$ definiert ist und den Keim f_a in a erzeugt. Dieselbe Funktion erzeugt ihren Keim f_x in jedem Punkt $x \in U(a)$. Die Menge $\{f_x\}$ aller Keime zu den Punkten $x \in U(a)$ wird *Umgebung des Keims* f_a genannt. Wenn wir die Menge derartiger Umgebungen aller Keime als Basis einer Topologie herausgreifen, verwandeln wir die Menge von Keimen stetiger Funktionen in einen topologischen Raum. Dabei ist bemerkenswert, dass in dem sich ergebenden topologischen Raum zwei

---

[2] Die Konzepte eines metrischen Raumes und eines topologischen Raumes wurden zu Beginn des zwanzigsten Jahrhunderts explizit formuliert. Der französische Mathematiker M. Fréchet (1878–1973) führte 1906 das Konzept eines metrischen Raumes ein und der deutsche Mathematiker F. Hausdorff (1868–1942) definierte 1914 einen topologischen Raum.

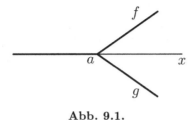

Abb. 9.1.

verschiedene Punkte (Keime) f_a und g_a keine disjunkten Umgebungen haben dürfen (s. Abb. 9.1).

Definition 6. Ein topologischer Raum ist ein *Hausdorff-Raum*, wenn das *Hausdorff-Axiom* in ihm gilt: *Je zwei unterschiedliche Punkte des Raumes besitzen Umgebungen, die sich nicht schneiden.*

Beispiel 5. Jeder metrische Raum ist offensichtlich ein Hausdorff-Raum, da für je zwei Punkte $a, b \in X$ mit $d(a,b) > 0$ ihre kugelförmigen Umgebungen $K\big(a, \frac{1}{2} d(a,b)\big)$ und $K\big(b, \frac{1}{2} d(a,b)\big)$ keine gemeinsamen Punkte haben.

Gleichzeitig, wie aus Beispiel 4 ersichtlich, gibt es topologische Räume, die keine Hausdorff-Räume sind. Das vielleicht einfachste Beispiel dafür ist der topologische Raum (X, τ) mit der trivialen Topologie $\tau = \{\varnothing, X\}$. Wenn X zumindest zwei unterschiedliche Punkte enthält, dann ist (X, τ) offensichtlich kein Hausdorff-Raum. Außerdem ist das Komplement $X \setminus x$ eines Punktes in diesem Raum keine offene Menge.

Wir arbeiten ausschließlich mit Hausdorff-Räumen.

Definition 7. Eine Menge $E \subset X$ ist in einem topologischen Raum (X, τ) *(überall) dicht*, falls für jeden Punkt $x \in X$ und jede Umgebung $U(x)$ die Schnittmenge $E \cap U(X)$ nicht leer ist.

Beispiel 6. Die Menge $\mathbb{Q}$ der rationalen Zahlen ist in der Standarddopologie in $\mathbb{R}$ überall dicht. Ähnlicherweise ist auch die Menge $\mathbb{Q}^n$ der rationalen Punkte in $\mathbb{R}^n$ dicht in $\mathbb{R}^n$.

Wie können zeigen, dass in jedem topologischen Raum eine überall dichte Menge existiert, deren Mächtigkeit nicht größer ist als das Gewicht des topologischen Raumes.

Definition 8. Ein metrischer Raum mit einer abzählbaren dichten Menge wird *separierbarer* Raum genannt.

Beispiel 7. Der metrische Raum $(\mathbb{R}^n, d)$ ist in jeder der Standardmetriken ein separierbarer Raum, da $\mathbb{Q}^n$ in ihm dicht ist.

Beispiel 8. Der metrische Raum $\left(C\left([0,1],\mathbb{R}\right),d\right)$ mit der durch (9.6) definierten Metrik ist ebenfalls separierbar. Aus der gleichmäßigen Stetigkeit der Funktionen $f \in C\left([0,1],\mathbb{R}\right)$ folgt nämlich, dass der Graph jeder derartigen Funktion so genau wie gewünscht durch einen Polygonzug angenähert werden kann, der aus einer endlichen Anzahl von Segmenten besteht, deren Knoten rationale Koordinaten haben. Die Menge derartiger Polygonzüge ist abzählbar.

Wir werden uns hauptsächlich mit separierbaren Räumen beschäftigen.

Die Definition einer Umgebung eines Punktes in einem topologischen Raum ist wörtlich identisch mit der Definition einer Umgebung eines Punktes in einem metrischen Raum. Wir wollen nun anmerken, dass daher auch die Konzepte eines *inneren Punktes*, eines *äußeren Punktes*, eines *Randpunktes* und eines *Häufungspunktes* einer Menge wie auch das Konzept des *Abschlusses* einer Menge, die alle nur auf dem Konzept einer Umgebung beruhen, ohne Veränderungen für beliebige topologische Räume übernommen werden können.

Wir können am Beweis von Satz 2 in Abschnitt 7.1 außerdem erkennen, dass eine Menge in einem Hausdorff-Raum genau dann abgeschlossen ist, wenn sie alle ihre Häufungspunkte enthält.

9.2.2 Teilräume von topologischen Räumen

Sei (X,τ_X) ein topologischer Raum und Y eine Teilmenge von X. Die Topologie τ_X ermöglicht uns, die folgende Topologie in Y zu definieren, die als *induzierte* oder *relative* Topologie auf $Y \subset X$ bezeichnet wird.

Wir definieren eine *offene Menge in Y* als eine Menge G_Y der Form $G_Y = Y \cap G_X$, wobei G_X eine offene Menge in X ist.

Es ist nicht schwer zu zeigen, dass die Familie τ_Y von derartig definierten Teilmengen von Y die Axiome für offene Mengen in einem topologischen Raum erfüllt.

Wie wir erkennen können, stimmt die Definition von offenen Mengen G_Y in Y mit derjenigen überein, die wir in Absatz 9.1.3 für den Fall erhalten haben, dass Y ein Teilraum eines metrischen Raumes X ist.

Definition 9. Eine Teilmenge $Y \subset X$ eines topologischen Raumes (X,τ_X) mit der auf Y induzierten Topologie τ_Y wird ein *Teilraum des topologischen Raumes X* genannt.

Es ist klar, dass eine Menge, die in (Y,τ_Y) offen ist, nicht notwendigerweise in (X,τ_X) offen ist.

9.2.3 Das direkte Produkt topologischer Räume

Sind (X_1,τ_1) und (X_2,τ_2) zwei topologische Räume mit Familien offener Mengen $\tau_1 = \{G_1\}$ und $\tau_2 = \{G_2\}$, dann können wir eine Topologie auf $X_1 \times X_2$ einführen, indem wir die Mengen der Form $G_1 \times G_2$ als Basis wählen.

Definition 10. Der topologische Raum $(X_1 \times X_2, \tau_1 \times \tau_2)$, dessen Topologie die Basis besitzt, die aus Mengen der Form $G_1 \times G_2$ besteht, wobei G_i eine offene Menge im topologischen Raum (X_i, τ_i), $i = 1, 2$ ist, wird als das *direkte Produkt* der topologischen Räume (X_1, τ_1) und (X_2, τ_2) bezeichnet.

Beispiel 9. Wenn wir $\mathbb{R} = \mathbb{R}^1$ und $\mathbb{R}^2$ mit ihren Standardtopologien betrachten, dann ist, wie wir sehen können, $\mathbb{R}^2$ das direkte Produkt $\mathbb{R}^1 \times \mathbb{R}^1$. Denn wir können jede offene Menge in $\mathbb{R}^2$ beispielsweise als Vereinigung von „quadratischen" Umgebungen aller ihrer Punkte erhalten. Und Quadrate (deren Seiten zu den Achsen parallel sind) sind die Produkte offener Intervalle, die in $\mathbb{R}$ offene Mengen sind.

Wir wollen festhalten, dass die Mengen $G_1 \times G_2$, mit $G_1 \in \tau_1$ und $G_2 \in \tau_2$ nur eine Basis für die Topologie bilden und nicht alle offenen Mengen im direkten Produkt topologischer Mengen sind.

9.2.4 Übungen und Aufgaben

1. Zeigen Sie, dass dann, wenn (X, d) ein metrischer Raum ist, $\left(X, \frac{d}{1+d}\right)$ auch ein metrischer Raum ist und dass die Metriken d und $\frac{d}{1+d}$ dieselbe Topologie auf X induzieren. (vgl. auch Aufgabe 1 im vorigen Abschnitt).

2. a) In der Menge $\mathbb{N}$ der natürlichen Zahlen definieren wir eine Umgebung der Zahl $n \in \mathbb{N}$ als eine arithmetische Progression mit Differenz d teilerfremd zu n. Ist der sich ergebende topologische Raum ein Hausdorff-Raum?

b) Welche Topologie besitzt $\mathbb{N}$, wenn wir $\mathbb{N}$ als Teilmenge der Menge $\mathbb{R}$ der reellen Zahlen mit der Standardtopologie betrachten?

c) Beschreiben Sie alle offenen Teilmengen von $\mathbb{R}$.

3. Sind zwei Topologien τ_1 und τ_2 auf derselben Menge definiert, dann sagen wir, dass τ_2 *feiner* als τ_1 ist, wenn $\tau_1 \subset \tau_2$, d.h., τ_2 enthält alle Mengen in τ_1 und einige zusätzliche offene Mengen, die nicht in τ_1 enthalten sind.

a) Sind die zwei Topologien auf $\mathbb{N}$, die wir in der vorigen Aufgabe betrachtet haben, vergleichbar?

b) Wenn wir eine Metrik auf der Menge $C[0, 1]$ der stetigen Funktionen mit reellen Werten auf dem abgeschlossenen Intervall $[0, 1]$ einmal durch (9.6) in Abschnitt 9.1 einführen und dann durch (9.7) im selben Abschnitt, entstehen so im Allgemeinen zwei Topologien auf $C[a, b]$. Sind diese vergleichbar?

4. a) Zeigen Sie im Detail, dass der Raum der Keime stetiger Funktionen, der in Beispiel 4 definiert wurde, kein Hausdorff-Raum ist.

b) Erklären Sie, warum dieser topologische Raum nicht mit einer Metrik versehen werden kann.

c) Welches Gewicht besitzt dieser Raum?

5. a) Formulieren Sie die Axiome für einen topologischen Raum mit Hilfe abgeschlossener Mengen.

b) Beweisen Sie, dass der Abschluss des Abschlusses einer Menge dem Abschluss der Menge entspricht.

c) Beweisen Sie, dass der Rand jeder Menge eine abgeschlossene Menge ist.

d) Sei F abgeschlossen und G offen in (X, τ). Zeigen Sie, dass die Menge $G \setminus F$ in (X, τ) offen ist.

e) Sei (Y, τ_Y) ein Unterraum des topologischen Raumes (X, τ_X), und die Menge E sei so, dass $E \subset Y \subset X$ und $E \in \tau_X$. Zeigen Sie, dass dann $E \in \tau_Y$.

6. Ein topologischer Raum (X, τ), in dem jeder Punkt eine abgeschlossene Menge ist, wird ein *topologischer Raum im strengen Sinne* oder ein τ_1-Raum genannt. Beweisen Sie die folgenden Aussagen.

a) Jeder Hausdorff-Raum ist ein τ_1-Raum (zur Unterscheidung und wegen dieser Inklusion werden Hausdorff-Räume manchmal auch τ_2-Räume genannt).

b) Nicht jeder τ_1-Raum ist ein τ_2-Raum. (vgl. Beispiel 4).

c) Der Raum $X = \{a, b\}$ mit den beiden Elementen $\{\varnothing, X\}$ ist kein τ_1-Raum.

d) In einem τ_1-Raum ist eine Menge F genau dann abgeschlossen, wenn sie alle ihre Häufungspunkte enthält.

7. a) Beweisen Sie, dass in jedem topologischen Raum eine überall dichte Menge existiert, deren Mächtigkeit nicht größer ist als das Gewicht des Raumes.

b) Beweisen Sie, dass die folgenden metrischen Räume separierbar sind: $C[a, b]$, $C^{(k)}[a, b]$, $\mathcal{R}_1[a, b]$, $\mathcal{R}_p[a, b]$ (für die Formeln der entsprechenden Metriken s. Abschnitt 9.1.)

c) In Relation (9.6) in Abschnitt 9.1 werde max durch sup ersetzt und dann auf der Menge aller beschränkten reellwertigen Funktionen, die auf dem abgeschlossenen Intervall $[a, b]$ definiert sind, als Metrik betrachtet. Beweisen Sie, dass wir so einen nicht separierbaren metrischen Raum erhalten.

9.3 Kompakte Mengen

9.3.1 Definition und allgemeine Eigenschaften kompakter Mengen

Definition 1. Eine Menge K in einem topologischen Raum (X, τ) heißt *kompakt* (oder *quasikompakt*[3]), falls sich aus jeder Überdeckung von K durch offene Mengen in X eine endliche Anzahl von Mengen auswählen lässt, die K überdecken.

Beispiel 1. Ein Intervall $[a, b]$ der Menge $\mathbb{R}$ der reellen Zahlen mit der Standardtopologie ist eine kompakte Menge, wie unmittelbar aus dem Lemma in Absatz 2.1.3 folgt, das sicherstellt, dass sich aus jeder Überdeckung eines abgeschlossenen Intervalls durch offene Intervalle eine endliche Überdeckung herausgreifen lässt.

Im Allgemeinen ist ein m-dimensionales abgeschlossenes Intervall $I^m = \{x \in \mathbb{R}^m \mid a^i \leq x^i \leq b^i, i = 1, \ldots, m\}$ in $\mathbb{R}^m$ eine kompakte Menge, wie wir in Absatz 7.1.3 formuliert haben.

---

[3] Der in Definition 1 eingeführte Begriff einer kompakten Menge wird in einer Topologie manchmal zur Unterscheidung von einer zusätzlich Hausdorffschen Menge auch quasikompakt genannt.

Es wurde außerdem in Absatz 7.1.3 bewiesen, das eine Teilmenge von $\mathbb{R}^m$ genau dann kompakt ist, wenn sie abgeschlossen und beschränkt ist.

Im Unterschied zu den relativen Eigenschaften offener und abgeschlossener Mengen, ist die Eigenschaft der Kompaktheit absolut in dem Sinne, dass sie vom jeweiligen Raum unabhängig ist. Um genauer zu sein, so gilt der folgende Satz.

Satz 1. *Eine Teilmenge K eines topologischen Raumes (X, τ) ist genau dann eine kompakte Teilmenge von X, falls K als Teilmenge von sich selbst mit der durch (X, τ) induzierten Topologie kompakt ist.*

Beweis. Dieser Satz folgt aus der Definition der Kompaktheit und der Tatsache, dass jede Menge G_K, die in K offen ist, als Schnittmenge von K und einer Menge G_X, die in X offen ist, erhalten werden kann. $\qquad\square$

Sind also (X, τ_X) und (Y, τ_Y) zwei topologische Räume, die dieselbe Topologie auf $K \subset X \cap Y$ induzieren, dann ist K entweder kompakt in sowohl X als auch Y oder in beiden Räumen nicht kompakt.

Beispiel 2. Sei d die Standardmetrik auf $\mathbb{R}$ und $I = \{x \in \mathbb{R} \mid 0 < x < 1\}$ das Einheitsintervall in $\mathbb{R}$. Der metrische Raum (I, d) ist abgeschlossen (in sich) und beschränkt. Er ist aber keine kompakte Menge, da er beispielsweise keine kompakte Teilmenge von $\mathbb{R}$ ist.

Wir formulieren nun die wichtigsten Eigenschaften kompakter Mengen.

Lemma 1. (Kompakte Mengen sind abgeschlossen). *Ist K eine kompakte Menge in einem Hausdorff-Raum (X, τ), dann ist K eine abgeschlossene Teilmenge von X.*

Beweis. Nach den Kriterien für eine abgeschlossene Menge genügt es zu zeigen, dass jeder Häufungspunkt $x_0 \in K$ von K zu K gehört.

Angenommen, $x_0 \notin K$. Zu jedem Punkt $x \in K$ konstruieren wir eine offene Umgebung $G(x)$, so dass x_0 eine Umgebung besitzt, die von $G(x)$ disjunkt ist. Die Menge $G(x)$, $x \in K$ aller derartiger Umgebungen bildet eine offene Überdeckung von K, aus der wir eine endliche Überdeckung $G(x_1), \ldots, G(x_n)$ auswählen können. Ist nun $O_i(x_0)$ eine Umgebung von x_0, so dass $G(x_i) \cap O_i(x_0) = \varnothing$, dann ist die Menge $O(x) = \bigcap_{i=1}^{n} O_i(x_0)$ ebenfalls eine Umgebung von x_0 und $G(x_i) \cap O(x_0) = \varnothing$ für alle $i = 1, \ldots, n$. Dies bedeutet aber, dass $K \cap O(x_0) = \varnothing$, und dann kann x_0 kein Häufungspunkt von K sein. $\qquad\square$

Lemma 2. (Geschachtelte kompakte Mengen.) *Sei $K_1 \supset K_2 \supset \cdots \supset K_n \supset \cdots$ eine geschachtelte Folge nicht leerer kompakter Mengen. Dann ist die Schnittmenge $\bigcap_{i=1}^{\infty} K_i$ nicht leer.*

Beweis. Nach Lemma 1 sind die Mengen $G_i = K_1 \setminus K_i$, $i = 1, \ldots, n, \ldots$ in K_1 offen. Ist die Schnittmenge $\bigcap_{i=1}^{\infty} K_i$ leer, dann bildet die Folge $G_1 \subset G_2 \subset \cdots \subset G_n \subset \cdots$ eine Überdeckung von K_1. Wenn wir daraus eine endliche Überdeckung auswählen, dann erkennen wir, dass ein Element G_m der Folge eine Überdeckung von K_1 bildet. Nach der Annahme ist jedoch $K_m = K_1 \setminus G_m \neq \varnothing$. Mit diesem Widerspruch ist der Beweis von Lemma 2 abgeschlossen. □

Lemma 3. (Abgeschlossene Teilmengen kompakter Mengen.) *Eine abgeschlossene Teilmenge F einer kompakten Menge K ist selbst kompakt.*

Beweis. Sei $\{G_\alpha, \alpha \in A\}$ eine offene Überdeckung von F. Wenn wir zu diesen Mengen die offen Menge $G = K \setminus F$ hinzufügen, erhalten wir eine offene Überdeckung der ganzen kompakten Menge K. Aus dieser Überdeckung können wir eine endliche Überdeckung von K herausgreifen. Da $G \cap F = \varnothing$, folgt, dass die Menge $\{G_\alpha, \alpha \in A\}$ eine endliche Überdeckung von F enthält. □

9.3.2 Metrische kompakte Mengen

Wir werden unten einige Eigenschaften metrischer kompakter Mengen anführen, d.h. von metrischen Räumen, die bzgl. einer durch die Metrik induzierten Topologie kompakte Mengen sind.

Definition 2. Die Menge $E \subset X$ wird ein *ε-Gitter* im metrischen Raum (X, d) genannt, falls für jeden Punkt $x \in X$ ein Punkt $e \in E$ existiert, so dass $d(e, x) < \varepsilon$.

Lemma 4. (Endliche ε-Gitter.) *Ist ein metrischer Raum (K, d) kompakt, dann existiert für jedes $\varepsilon > 0$ ein endliches ε-Gitter in K.*

Beweis. Wir wählen zu jedem Punkt $x \in K$ eine offene Kugel $K(x, \varepsilon)$. Diese Kugeln bilden eine offene Überdeckung von K, aus der wir eine endliche Überdeckung $K(x_1, \varepsilon), \ldots, K(x_n, \varepsilon)$ herausgreifen. Die Punkte $x_1, \ldots, x_n$ bilden offensichtlich das gesuchte ε-Gitter. □

Neben Argumenten, die die Auswahl einer endlichen Überdeckung betreffen, finden wir in der Analysis oft Argumente, in denen eine konvergente Teilfolge aus einer beliebigen Folge herausgegriffen wird. Dabei gilt der folgende Satz:

Satz 2. (Kriterium für die Kompaktheit in einem metrischen Raum.) *Ein metrischer Raum (K, d) ist genau dann kompakt, wenn wir aus jeder Folge ihrer Punkte eine Teilfolge auswählen können, die gegen einen Punkt von K konvergiert.*

Die Konvergenz der Folge $\{x_n\}$ gegen einen Punkt $a \in K$ bedeutet wie zuvor, dass zu jeder Umgebung $U(a)$ des Punktes $a \in K$ ein Index $N \in \mathbb{N}$ existiert, so dass $x_n \in U(a)$ für $n > N$.

Wir werden das Konzept eines Grenzwertes unten in Abschnitt 9.6 detaillierter untersuchen.

Wir schicken dem Beweis von Satz 2 zwei Lemmata voraus.

Lemma 5. *Ist ein metrischer Raum (K, d) derart, dass sich aus jeder Folge ihrer Punkte eine in K konvergente Teilfolge auswählen lässt, dann existiert zu jedem $\varepsilon > 0$ ein endliches ε-Gitter.*

Beweis. Gäbe es kein endliches ε_0-Gitter für ein $\varepsilon_0 > 0$, könnten wir eine Folge $\{x_n\}$ von Punkten in K konstruieren, so dass $d(x_n, x_i) > \varepsilon_0$ für alle $n \in \mathbb{N}$ und alle $i \in \{1, \ldots, n-1\}$. Es ist offensichtlich unmöglich, aus dieser Folge eine konvergente Teilfolge auszuwählen. □

Lemma 6. *Ist ein metrischer Raum (K, d) derart, dass aus jeder Folge ihrer Punkte eine Teilfolge ausgewählt werden kann, die in K konvergiert, dann besitzt jede geschachtelte Folge nicht leerer abgeschlossener Teilmengen des Raumes eine nicht leere Schnittmenge.*

Beweis. Ist $F_1 \supset \cdots \supset F_n \supset \cdots$ die Folge der abgeschlossenen Mengen, dann erhalten wir, wenn wir einen Punkt aus jeder Menge wählen, eine Folge $x_1, \ldots, x_n, \ldots$, aus der wir eine konvergente Teilfolge $\{x_{n_i}\}$ auswählen können. Der Grenzwert $a \in K$ dieser Folge gehört nach dieser Konstruktion notwendigerweise zu jeder der abgeschlossenen Mengen F_i, $i \in \mathbb{N}$. □

Wir sind nun in der Lage Satz 2 zu beweisen.

Beweis. Sei (K, d) kompakt und $\{x_n\}$ eine Folge von Punkten in der Menge. Zunächst wollen wir zeigen, dass wir aus dieser Folge eine Teilfolge auswählen können, die gegen einen Punkt in K konvergiert. Besitzt die Folge $\{x_n\}$ nur eine endliche Anzahl von unterschiedlichen Werten, dann ist die Behauptung offensichtlich. Daher nehmen wir an, dass die Folge $\{x_n\}$ unendlich viele verschiedene Werte annimmt. Für $\varepsilon_1 = 1/1$ konstruieren wir ein endliches 1-Gitter und wählen eine abgeschlossene Kugel $\widetilde{K}(a_1, 1)$, die eine unendliche Anzahl von Gliedern der Folge enthält. Nach Lemma 3 ist die Kugel $\widetilde{K}(a_1, 1)$ selbst wieder eine kompakte Menge, in der ein endliches $\varepsilon_2 = 1/2$-Gitter und eine Kugel $\widetilde{K}(a_2, 1/2)$ existieren, die unendlich viele Elemente der Folge enthalten. Auf diese Weise bilden wir eine geschachtelte Folge von kompakten Mengen $\widetilde{K}(a_1, 1) \supset \widetilde{K}(a_2, 1/2) \supset \cdots \supset \widetilde{K}(a_n, 1/n) \supset \cdots$, die nach Lemma 2 einen gemeinsamen Punkt $a \in K$ besitzt. Indem wir einen Punkt x_{n_1} in der Kugel $\widetilde{K}(a_1, 1)$, dann einen Punkt x_{n_2} in $\widetilde{K}(a_2, 1/2)$ mit $n_2 > n_1$ wählen und so weiter, gelangen wir zu einer Folge $\{x_n\}$, die nach dieser Konstruktion gegen a konvergiert.

Wir wollen nun den Umkehrschluss beweisen, d.h., wir zeigen, dass dann, wenn wir aus jeder Folge $\{x_n\}$ von Punkten des metrischen Raumes (K, d) eine in K konvergierende Teilfolge auswählen können, (K, d) kompakt ist.

Können wir nämlich aus einer offenen Überdeckung $\{G_\alpha,\ \alpha \in A\}$ des Raumes (K, d) keine endliche Überdeckung auswählen, dann konstruieren wir nach Lemma 5 ein endliches 1-Gitter in K und finden so eine abgeschlossene Kugel $\widetilde{K}(a_1, 1)$, die ebenfalls nicht durch eine endliche Anzahl von Mengen der Familie $\{G_\alpha,\ \alpha \in A\}$ überdeckt werden kann.

Nun können wir die Kugeln $\widetilde{K}(a_1, 1)$ als Ausgangsmenge betrachten und durch Konstruktion eines endlichen 1/2-Gitters in ihr eine Kugel $\widetilde{K}(a_2, 1/2)$ finden, die keine Überdeckung durch eine endliche Anzahl von Mengen der Familie $\{G_\alpha,\ \alpha \in A\}$ zulässt.

Die sich daraus ergebende Folge abgeschlossener Mengen $\widetilde{K}(a_1, 1) \supset \widetilde{K}(a_2, 1/2) \supset \cdots \supset \widetilde{K}(a_n, 1/n) \supset \cdots$ besitzt nach Lemma 6 einen gemeinsamen Punkt $a \in K$ und nach unserer Konstruktion existiert nur ein derartiger Punkt. Dieser Punkt wird von einer Menge G_{α_0} der Familie überdeckt. Da G_{α_0} offen ist, müssen für genügend große Werte von n alle Mengen $\widetilde{K}(a_n, 1/n)$ in G_{α_0} enthalten sein. Dieser Widerspruch beendet den Beweis des Satzes. $\square$

9.3.3 Übungen und Aufgaben

1. Eine Teilmenge eines metrischen Raumes ist *vollständig beschränkt*, wenn sie für jedes $\varepsilon > 0$ ein endliches $\varepsilon - Gitter$ besitzt.

  a) Beweisen Sie, dass vollständige Beschränktheit davon unabhängig ist, ob das Gitter von Punkten der Menge gebildet wird oder von Punkten des umgebenden Raumes.

  b) Zeigen Sie, dass eine Teilmenge eines metrischen Raumes genau dann kompakt ist, wenn sie vollständig beschränkt und abgeschlossen ist.

  c) Zeigen Sie an einem Beispiel, dass eine abgeschlossene beschränkte Teilmenge eines metrischen Raumes nicht immer vollständig beschränkt ist und daher nicht immer kompakt.

2. Eine Teilmenge eines topologischen Raumes ist *relativ kompakt*, wenn ihr Abschluss kompakt ist.

  Geben Sie Beispiele für relativ kompakte Teilmengen des $\mathbb{R}^n$.

3. Ein topologischer Raum ist *lokal kompakt*, wenn jeder Punkt des Raumes eine relativ kompakte Umgebung besitzt.

  Geben Sie Beispiele für lokal kompakte topologische Räume, die nicht kompakt sind.

4. Zeigen Sie, dass zu jedem lokal kompakten aber nicht kompakten topologischen Raum (X, τ_X) ein kompakter topologischer Raum (Y, τ_Y) existiert, so dass $X \subset Y$, $Y \setminus X$ aus einem einzigen Punkt besteht und der Raum (X, τ_X) ein Teilraum des Raumes (Y, τ_Y) ist.

9.4 Zusammenhängende topologische Räume

Definition 1. Ein topologischer Raum (X, τ) ist *zusammenhängend*, wenn er keine offen-abgeschlossenen Mengen, außer X selbst und der leeren Menge enthält.

Diese Definition wird anschaulicher und verständlicher, wenn wir sie folgendermaßen neu formulieren:

Ein topologischer Raum ist genau dann zusammenhängend, wenn er sich nicht als Vereinigung zweier disjunkter, nicht leerer abgeschlossener Mengen (oder zwei disjunkter, nicht leerer offenen Mengen) schreiben lässt.

Definition 2. Eine Menge E in einem topologischen Raum (X, τ) ist *zusammenhängend*, wenn sie als topologischer Teilraum von (X, τ) (mit der induzierten Topologie) zusammenhängend ist.

Aus dieser Definition und Definition 1 folgt, dass die Eigenschaft einer Menge, nämlich ob sie zusammenhängend ist oder nicht, vom sie umgebenden Raum unabhängig ist. Genauer gesagt, so ist E sowohl in X als auch Y zusammenhängend oder nicht, wenn (X, τ_X) und (Y, τ_Y) topologische Räume sind, die E enthalten und dieselbe Topologie auf E induzieren.

Beispiel 1. Sei $E = \{x \in \mathbb{R} | \, x \neq 0\}$. Die Menge $E_- = \{x \in E | \, x < 0\}$ ist nicht leer, ungleich E und offen-abgeschlossen in E (wie auch $E_+ = \{x \in \mathbb{R} | \, x > 0\}$), wenn wir E als topologischen Raum mit der Standardtopologie, die durch die Standardtopologie in $\mathbb{R}$ induziert wird, betrachten. Daher ist E, wie uns auch unsere Anschauung sagt, nicht zusammenhängend.

Satz. (Zusammenhängende Teilräume in $\mathbb{R}$.) *Eine nicht leere Menge $E \subset \mathbb{R}$ ist genau dann zusammenhängend, wenn zu jedem x und z in E aus den Ungleichungen $x < y < z$ folgt, dass $y \in E$.*

Daher sind Intervalle (endliche oder unendliche) die einzigen zusammenhängenden Teilmengen auf der Geraden; offene, halb offene und abgeschlossene.

Beweis. N o t w e n d i g. Sei E eine zusammenhängende Teilmenge von $\mathbb{R}$ und sei das Punktetripel a, b und c derart, dass $a \in E$, $b \in E$, aber $c \notin E$, obwohl $a < c < b$. Wenn wir $A = \{x \in E | \, x < c\}$ und $B = \{x \in E | \, x > c\}$ setzen, können wir erkennen, dass $a \in A$ und $b \in B$, d.h., $A \neq \varnothing$ und $B \neq \varnothing$ mit $A \cap B = \varnothing$. Außerdem ist $E = A \cup B$ und beide Mengen A und B sind in E offen. Dies ist ein Widerspruch dazu, dass E zusammenhängend ist.

H i n r e i c h e n d. Sei E ein Teilraum von $\mathbb{R}$ mit der Eigenschaft, dass jeder Punkt auf dem abgeschlossenen Intervall $[a, b]$ zwischen jedem Punktepaar a und b in der Menge auch zu E gehört. Wir werden zeigen, dass E zusammenhängend ist.

Angenommen, A sei eine offen-abgeschlossene Teilmenge von E mit $A \neq \varnothing$ und $B = E \setminus A \neq \varnothing$. Sei $a \in A$ und $b \in B$. Der Einfachheit halber nehmen wir an, dass $a < b$. (Offensichtlich ist $a \neq b$, da $A \cap B = \varnothing$.) Wir betrachten den Punkt $c_1 = \sup\{A \cap [a, b]\}$. Da $A \ni a \leq c_1 \leq b \in B$, gilt $c_1 \in E$. Da A in E abgeschlossen ist, können wir folgern, dass $c_1 \in A$.

Nun betrachten wir den Punkt $c_2 = \inf\{B \cap [c_1, b]\}$ und folgern auf ähnliche Weise, da B abgeschlossen ist, dass $c_2 \in B$. Daher ist $a \leq c_1 < c_2 \leq b$, da

$c_1 \in A$, $c_2 \in B$ und $A \cap B = \varnothing$. Nun folgt aber aus der Definition von c_1 und c_2 und der Gleichung $E = A \cup B$, dass kein Punkt des offenen Intervalls $]c_1, c_2[$ zu E gehören kann. Dies ist ein Widerspruch zur vorausgesetzten Eigenschaft von E. Daher kann die Menge E keine Teilmenge A mit diesen Eigenschaften besitzen, womit bewiesen ist, dass E zusammenhängend ist. $\square$

9.4.1 Übungen und Aufgaben

1. a) Zeigen Sie, dass $B = X \setminus A$ eine gleichzeitig offen-abgeschlossene Teilmenge von (X, τ) ist, wenn A eine derartige Menge ist.
   b) Zeigen Sie, dass wir mit Hilfe des umgebenden Raumes die Eigenschaft des Zusammenhangs einer Menge auch folgendermaßen formulieren können: *Eine Teilmenge E eines topologischen Raumes (X, τ) ist genau dann zusammenhängend, wenn es kein Paar offener (oder abgeschlossener) Teilmengen G'_X und G''_X gibt, die disjunkt sind und derart, dass $E \cap G'_X \neq \varnothing$, $E \cap G''_X \neq \varnothing$ und $E \subset G'_X \cup G''_X$.*

2. Zeigen Sie:
   a) Die Vereinigung zusammenhängender Teilräume mit einem gemeinsamen Punkt ist zusammenhängend.
   b) Die Schnittmenge zusammenhängender Teilräume ist nicht immer zusammenhängend.
   c) Der Abschluss eines zusammenhängenden Teilraumes ist zusammenhängend.

3. Wir können die Gruppe $GL(n)$ nicht singulärer $n \times n$-Matrizen mit reellen Elementen als offene Teilmenge im Produktraum $\mathbb{R}^{n^2}$ betrachten, wenn wir jedes Element der Matrix mit einer Kopie der Menge $\mathbb{R}$ der reellen Zahlen assoziieren. Ist der Raum $GL(n)$ zusammenhängend?

4. Ein topologischer Raum ist *lokal zusammenhängend*, wenn jeder ihrer Punkte eine zusammenhängende Umgebung besitzt.
   a) Zeigen Sie, dass ein lokal zusammenhängender Raum nicht zusammenhängend sein kann.
   b) Die Menge E in $\mathbb{R}^2$ besteht aus dem Graphen der Funktion $x \mapsto \sin \frac{1}{x}$ (für $x \neq 0$) plus dem abgeschlossenen Intervall $\{(x, y) \in \mathbb{R}^2 \mid x = 0 \wedge |y| \leq 1\}$ auf der y-Achse. Die Menge E ist mit der durch den $\mathbb{R}^2$ induzierten Topologie versehen. Zeigen Sie, dass der sich daraus ergebende topologische Raum zusammenhängend ist, aber nicht lokal zusammenhängend.

5. In Absatz 7.2.2 haben wir eine zusammenhängende Teilmenge von $\mathbb{R}^n$ als eine Menge $E \subset \mathbb{R}^n$ definiert, in der je zwei Punkte durch einen Weg verbunden werden können, dessen Spur in E liegt. Im Unterschied zu der Definition des topologischen Zusammenhangs, die wir in diesem Abschnitt eingeführt haben, wird das in Kapitel 7 eingeführte Konzept üblicherweise *wegweiser Zusammenhang* oder *bogenweiser Zusammenhang* genannt. Zeigen Sie:
   a) Eine wegweise zusammenhängende Teilmenge in $\mathbb{R}^n$ ist zusammenhängend.
   b) Nicht jede zusammenhängende Teilmenge in $\mathbb{R}^n$ mit $n > 1$ ist wegweise zusammenhängend (vgl. Aufgabe 4).
   c) Jede zusammenhängende offen Teilmenge in $\mathbb{R}^n$ ist wegweise zusammenhängend.

9.5 Vollständige metrische Räume

In diesem Abschnitt werden wir nur metrische Räume untersuchen; genauer gesagt eine Klasse derartiger Räume, die in verschiedenen Gebieten der Analysis eine wichtige Rolle spielen.

9.5.1 Grundlegende Definitionen und Beispiele

In Analogie zu dem, was wir bereits von unseren Untersuchungen des Raumes $\mathbb{R}^n$ wissen, führen wir die Begriffe Cauchy-Folge (fundamentale Folge) und konvergente Folge von Punkten eines beliebigen metrischen Raumes ein.

Definition 1. Eine Folge $\{x_n; n \in \mathbb{N}\}$ von Punkten eines metrischen Raumes (X, d) ist eine *Cauchy-Folge* oder eine *fundamentale* Folge, wenn für jedes $\varepsilon > 0$ ein $N \in \mathbb{N}$ existiert, so dass $d(x_m, x_n) < \varepsilon$ für alle Indizes $m, n \in \mathbb{N}$, die größer als N sind.

Definition 2. Eine Folge $\{x_n; n \in \mathbb{N}\}$ von Punkten eines metrischen Raumes (X, d) konvergiert gegen den Punkt $a \in X$ und a ist ihr Grenzwert, falls $\lim_{n \to \infty} d(a, x_n) = 0$.

Eine Folge, die einen Grenzwert besitzt, wird wie schon zuvor *konvergent* genannt.

Wir geben nun die grundlegende Definition:

Definition 3. Ein metrischer Raum (X, d) ist *vollständig*, falls jede Cauchy-Folge ihrer Punkte konvergiert.

Beispiel 1. Die Menge $\mathbb{R}$ reeller Zahlen mit der Standardmetrik ist ein vollständiger metrischer Raum, wie aus dem Cauchyschen Konvergenzkriterium für die Konvergenz numerischer Folgen folgt.

Da jede konvergente Punktefolge in einem metrischen Raum offensichtlich eine Cauchy-Folge ist, können wir anmerken, dass die Definition eines vollständigen metrischen Raumes die Einführung des Cauchyschen Konvergenzkriteriums ermöglicht.

Beispiel 2. Wird beispielsweise die Zahl 0 aus der Menge $\mathbb{R}$ entfernt, dann ist die verbleibende Menge $\mathbb{R} \setminus 0$ kein vollständiger Raum in der Standardmetrik. Denn die Folge $\{x_n = 1/n; n \in \mathbb{N}\}$ ist eine Cauchy-Folge von Punkten dieser Menge, die in $\mathbb{R} \setminus 0$ keinen Grenzwert besitzt.

Beispiel 3. Der Raum $\mathbb{R}^n$ ist mit jeder der Standardmetriken vollständig, wie wir in Absatz 7.2.1 erklärt haben.

Beispiel 4. Wir betrachten die Menge $C[a,b]$ stetiger Funktionen mit reellen Werten auf einem abgeschlossenen Intervall $[a,b] \subset \mathbb{R}$ mit der Metrik

$$d(f,g) = \max_{a \leq x \leq b} |f(x) - g(x)| \tag{9.9}$$

(vgl. Beispiel 7 in Abschnitt 9.1). Wir werden zeigen, dass der metrische Raum $C[a,b]$ vollständig ist.

Beweis. Sei $\{f_n(x); \, n \in \mathbb{N}\}$ eine Cauchy-Folge von Funktionen in $C[a,b]$, d.h.

$$\forall \varepsilon > 0 \; \exists N \in \mathbb{N} \; \forall m \in \mathbb{N} \; \forall n \in \mathbb{N} \big((m > N \land n > N) \Longrightarrow$$
$$\Longrightarrow \quad \forall x \in [a,b] \, (|f_m(x) - f_n(x)| < \varepsilon)\big). \tag{9.10}$$

Zu jedem festen Wert $x \in [a,b]$ ist die numerische Folge $\{f_n(x); \, n \in \mathbb{N}\}$, wie wir aus (9.10) erkennen können, eine Cauchy-Folge und besitzt daher nach dem Cauchyschen Konvergenzkriterium einen Grenzwert $f(x)$. Somit gilt

$$f(x) := \lim_{n \to \infty} f_n(x), \quad x \in [a,b] \,. \tag{9.11}$$

Wir werden zeigen, dass die Funktion $f(x)$ auf $[a,b]$ stetig ist und somit $f \in C[a,b]$.

Aus (9.10) und (9.11) folgt, dass die Ungleichung

$$|f(x) - f_n(x)| \leq \varepsilon \quad \forall x \in [a,b] \tag{9.12}$$

für $n > N$ gilt.

Wir halten den Punkt $x \in [a,b]$ fest und zeigen, dass die Funktion f in diesem Punkt stetig ist. Angenommen, das Inkrement h ist derart, dass $(x+h) \in [a,b]$. Aus der Gleichung

$$f(x+h) - f(x) = f(x+h) - f_n(x+h) + f_n(x+h) - f_n(x) + f_n(x) - f(x)$$

folgt die Ungleichung

$$|f(x+h) - f(x)| \leq |f(x+h) - f_n(x+h)|$$
$$+ |f_n(x+h) - f_n(x)| + |f_n(x) - f(x)| \,. \tag{9.13}$$

Auf Grund von (9.12) übersteigen die ersten und letzten Ausdrücke auf der rechten Seite dieser letzten Ungleichung für $n > N$ nicht ε. Wenn wir $n > N$ festhalten, erhalten wir eine Funktion $f_n \in C[a,b]$. Wir wählen dann $\delta = \delta(\varepsilon)$, so dass $|f_n(x+h) - f_n(x)| < \varepsilon$ für $|h| < \delta$ und erhalten so, dass $|f(x+h) - f(x)| < 3\varepsilon$ für $|h| < \delta$. Dies bedeutet aber, dass die Funktion f im Punkt x stetig ist. Da x im abgeschlossenen Intervall $[a,b]$ ein beliebiger Punkt war, haben wir somit gezeigt, dass $f \in C[a,b]$. $\square$

Somit ist der Raum $C[a,b]$ mit der Metrik (9.9) ein vollständiger metrischer Raum. Dies ist eine sehr wichtige Tatsache, von der in der Analysis häufig Gebrauch gemacht wird.

Beispiel 5. Wenn wir anstelle der Metrik (9.9) die Integralmetrik

$$d(f,g) = \int\limits_a^b |f - g|(x)\,dx \tag{9.14}$$

auf derselben Menge $C[a,b]$ betrachten, ist der sich ergebende metrische Raum nicht mehr vollständig.

Beweis. Der Einfachheit halber werden wir annehmen, dass $[a,b] = [-1,1]$. Wir betrachten als Beispiel die Folge $\{f_n \in C[-1,1]; n \in \mathbb{N}\}$ von Funktionen, die folgendermaßen definiert ist:

$$f_n(x) = \begin{cases} -1, & \text{für} \quad -1 \le x \le -1/n\,, \\[2mm] nx, & \text{für} \quad -1/n < x < 1/n\,, \\[2mm] 1, & \text{für} \quad 1/n \le x \le 1\,. \end{cases}$$

(vgl. Abb. 9.2.)

Aus den Eigenschaften des Integrals folgt unmittelbar, dass diese Folge eine Cauchy-Folge im Sinne der Metrik (9.14) in $C[-1,1]$ ist. Gleichzeitig besitzt sie in $C[-1,1]$ keinen Grenzwert. Wäre nämlich eine stetige Funktion $f \in C[-1,1]$ der Grenzwert dieser Folge bzgl. der Metrik (9.14), dann müsste f auf dem Intervall $-1 \le x \le 0$ konstant gleich -1 sein und gleichzeitig konstant gleich 1 auf dem Intervall $0 < x \le 1$, was mit der Stetigkeit von f im Punkt $x = 0$ nicht verträglich ist. $\qquad\square$

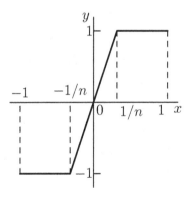

Abb. 9.2.

Beispiel 6. Es ist etwas schwieriger zu zeigen, dass sogar die Menge $\mathcal{R}[a,b]$ der Riemann-integrierbaren Funktionen mit reellen Werten, die auf dem abgeschlossenen Intervall $[a,b]$ definiert sind, bzgl. der Metrik (9.14)[4] nicht

---

[4] Bzgl. der Metrik (9.14) vgl. die Anmerkung zu Beispiel 9 in Abschnitt 9.1.

vollständig ist. Wir werden dies mit Hilfe des Kriteriums für die Riemann-Integrierbarkeit einer Funktion nach Lebesgue zeigen.

Beweis. Wir wollen das abgeschlossene Intervall $[0, 1]$ für das Intervall $[a, b]$ wählen und wir werden eine Cantor-Menge darauf konstruieren, die keine Menge mit Maß Null ist. Sei $\Delta \in]0, 1/3[$. Wir entfernen aus dem Intervall $[0, 1]$ den mittleren Teil mit der Länge Δ. Genauer gesagt, entfernen wir die $\Delta/2$-Umgebung des Mittelpunkts des abgeschlossenen Intervalls $[0, 1]$. Auf jedem der beiden verbleibenden Intervalle entfernen wir das mittlere Stück der Länge $\Delta \cdot 1/3$. In jedem der vier verbleibenden abgeschlossenen Intervalle entfernen wir das mittlere Stück der Länge $\Delta \cdot 1/3^2$ und so weiter. Die Länge der auf diese Weise entfernten Intervalle beträgt $\Delta + \Delta \cdot 2/3 + \Delta \cdot 4/3^2 + \cdots + \Delta \cdot (2/3)^n + \cdots = 3\Delta$. Da $0 < \Delta < 1/3$, gilt $1 - 3\Delta > 0$ und daraus folgt, wie wir zeigen können, dass die (Cantor-) Menge K, die im abgeschlossenen Intervall $[0, 1]$ verbleibt, nicht das Maß Null im Sinne von Lebesgue besitzt.

Wir betrachten nun die folgende Folge: $\{f_n \in \mathcal{R}[0, 1]; n \in \mathbb{N}\}$. Sei f_n eine Funktion, die überall in $[0, 1]$ gleich 1 ist, außer in den Punkten der Intervalle, die wir in den ersten n Schritten entfernt haben. Darin setzen wir sie gleich Null. Es ist einfach zu zeigen, dass diese Folge eine Cauchy-Folge bzgl. der Metrik (9.14) ist. Wäre eine Funktion $f \in \mathcal{R}[0, 1]$ der Grenzwert dieser Folge, dann müsste f in fast jedem Punkt des Intervalls $[0, 1]$ gleich der charakteristischen Funktion der Menge K sein. Dann hätte f in allen Punkten der Menge K Unstetigkeitsstellen. Da aber K nicht das Maß 0 hat, müssten wir aus dem Kriterium nach Lebesgue folgern, dass $f \notin \mathcal{R}[0, 1]$. Daher ist $\mathcal{R}[a, b]$ bzgl. der Metrik (9.14) kein vollständiger metrischer Raum.   □

9.5.2 Die Vervollständigung eines metrischen Raumes

Beispiel 7. Wir wollen wieder zur reellen Geraden zurückkehren und die Menge $\mathbb{Q}$ der rationalen Zahlen mit der durch die Standardmetrik in $\mathbb{R}$ induzierten Metrik betrachten.

Es ist klar, dass eine Folge rationaler Zahlen, die gegen $\sqrt{2}$ in $\mathbb{R}$ konvergiert, eine Cauchy-Folge ist, aber in $\mathbb{Q}$ keinen Grenzwert besitzt, d.h., $\mathbb{Q}$ ist mit dieser Metrik kein vollständiger Raum. $\mathbb{Q}$ ist jedoch ein Teilraum des vollständigen metrischen Raumes $\mathbb{R}$, den wir natürlicherweise als Vervollständigung von $\mathbb{Q}$ betrachten. Beachten Sie, dass wir die Menge $\mathbb{Q} \subset \mathbb{R}$ auch als Teilmenge des vollständigen metrischen Raumes $\mathbb{R}^2$ betrachten können, dass es aber nicht sinnvoll erscheint, $\mathbb{R}^2$ eine Vervollständigung von $\mathbb{Q}$ zu nennen.

Definition 4. Der kleinste vollständige metrische Raum, der einen vorgegebenen metrischen Raum (X, d) enthält, wird *Vervollständigung* von (X, d) genannt.

Diese intuitiv verständliche Definition erfordert zumindest zwei Klarstellungen: Was verstehen wir unter dem „kleinsten" Raum und existiert dieser Raum?

Wir werden bald in der Lage sein beide Fragen zu beantworten. In der Zwischenzeit benutzen wir die folgende formalere Definition.

Definition 5. Ist ein metrischer Raum (X, d) ein Teilraum des metrischen Raumes (Y, d) und ist die Menge $X \subset Y$ in Y überall dicht, dann nennen wir den Raum (Y, d) eine *Vervollständigung* des metrischen Raumes (X, d).

Definition 6. Wir sagen, dass der metrische Raum (X_1, d_1) zum metrischen Raum (X_2, d_2) *isometrisch* ist, falls eine bijektive Abbildung $f : X_1 \to X_2$ existiert, so dass für alle Punkte a und b in X_1 gilt, dass $d_2\big(f(a), f(b)\big) = d_1(a, b)$. (Die Abbildung $f : X_1 \to X_2$ wird in diesem Fall als *Isometrie* bezeichnet.)

Es ist klar, dass diese Relation reflexiv, symmetrisch und transitiv ist, d.h., wir erhalten so eine Äquivalenzrelation zwischen metrischen Räumen. Beim Studium der Eigenschaften metrischer Räume untersuchen wir nicht den einzelnen Raum, sondern die Eigenschaften aller Räume, die dazu isometrisch sind. Aus diesem Grund können wir isometrische Räume als identische Räume betrachten.

Beispiel 8. Zwei kongruente Figuren in der Ebene sind als metrische Räume isometrisch, so dass wir beispielsweise beim Studium metrischer Eigenschaften von Figuren vollständig von der Lage einer Figur in der Ebene abstrahieren.

Wenn wir uns darauf verständigen, isometrische Räume als gleich zu identifizieren, können wir zeigen, dass dann, wenn eine Vervollständigung eines metrischen Raumes überhaupt existiert, diese eindeutig ist.

Vorläufig beweisen wir die folgende Aussage.

Lemma. *Die folgende Ungleichung gilt für alle vier Punkte a, b, u und v des metrischen Raumes (X, d):*

$$|d(a, b) - d(u, v)| \le d(a, u) + d(b, v) . \qquad (9.15)$$

Beweis. Nach der Dreiecksungleichung gilt:

$$d(a, b) \le d(a, u) + d(u, v) + d(b, v) .$$

Auf Grund der Symmetrie der Punkte folgt aus dieser Ungleichung (9.15). □

Wir beweisen nun die Eindeutigkeit der Vervollständigung.

Satz 1. *Sind die metrischen Räume (Y_1, d_1) und (Y_2, d_2) Vervollständigungen desselben Raumes (X, d), dann sind sie isometrisch.*

Beweis. Wir konstruieren eine Isometrie $f : Y_1 \to Y_2$ wie folgt: Für $x \in X$ setzen wir $f(x) = x$. Dann ist $d_2\big(f(x_1), f(x_2)\big) = d\big(f(x_1), f(x_2)\big) = d(x_1, x_2) = d_1(x_1, x_2)$ für $x_1, x_2 \in X$. Ist $y_1 \in Y_1 \setminus X$, dann ist y_1 ein Häufungspunkt von X, da X in Y_1 überall dicht ist. Sei $\{x_n; n \in \mathbb{N}\}$ eine Folge von Punkten von X, die gegen y_1 bzgl. der Metrik d_1 konvergiert. Diese Folge ist bzgl. der Metrik d_1 eine Cauchy-Folge. Da aber die Metriken d_1 und d_2 auf X beide gleich d sind, ist diese Folge auch eine Cauchy-Folge in (Y_2, d_2). Letzterer ist vollständig, weswegen diese Folge einen Grenzwert $y_2 \in Y_2$ besitzt. Mit den üblichen Verfahren kann gezeigt werden, dass dieser Grenzwert eindeutig ist. Wir setzen nun $f(y_1) = y_2$. Da jeder Punkt $y_2 \in Y_2 \setminus X$ wie auch jeder Punkt $y_1 \in Y_1 \setminus X$ der Grenzwert einer Cauchy-Folge von Punkten in X ist, ist die so konstruierte Abbildung $f : Y_1 \to Y_2$ surjektiv.

Wir wollen nun zeigen, dass

$$d_2\big(f(y_1'), f(y_1'')\big) = d_1(y_1', y_1'') \tag{9.16}$$

für je zwei Punkte y_1', y_1'' in Y_1 gilt.

Falls y_1' und y_1'' zu X gehören, ist diese Gleichung offensichtlich. Im Allgemeinen bilden wir zwei Folgen $\{x_n'; n \in \mathbb{N}\}$ und $\{x_n''; n \in \mathbb{N}\}$, die gegen y_1' bzw. y_1'' konvergieren. Aus (9.15) folgt, dass

$$d_1(y_1', y_1'') = \lim_{n \to \infty} d_1(x_n', x_n'') \,,$$

oder, was dasselbe ist, dass

$$d_1(y_1', y_1'') = \lim_{n \to \infty} d(x_n', x_n'') \,. \tag{9.17}$$

Nach unserer Konstruktion konvergieren diese gleichen Folgen gegen $y_2' = f(y_1')$ bzw. $y_2'' = f(y_1'')$ im Raum (Y_2, d_2). Daher ist

$$d_2(y_2', y_2'') = \lim_{n \to \infty} d(x_n', x_n'') \,. \tag{9.18}$$

Wenn wir (9.17) und (9.18) miteinander vergleichen, gelangen wir zu Gleichung (9.16). Diese Gleichung stellt gleichzeitig sicher, dass die Abbildung $f : Y_1 \to Y_2$ injektiv ist und vervollständigt damit den Beweis, dass f eine Isometrie ist. □

In Definition 5 zur Vervollständigung (Y, d) eines metrischen Raumes (X, d) haben wir verlangt, dass (X, d) ein Teilraum von (Y, d) ist, der in (Y, d) überall dicht ist. Wenn wir isometrische Räume identifizieren, können wir die Vorstellungen zur Vervollständigung erweitern und die folgende Definition annehmen:

Definition 5′. Ein metrischer Raum (Y, d_Y) ist eine *Vervollständigung* des metrischen Raumes (X, d_X), falls ein dichter Teilraum von (Y, d_Y) existiert, der zu (X, d_X) isometrisch ist.

Wir wollen nun die Existenz einer Vervollständigung zeigen.

Satz 2. *Jeder metrische Raum besitzt eine Vervollständigung.*

Beweis. Ist der Ausgangsraum bereits vollständig, dann entspricht er seiner eigenen Vervollständigung.

Im Wesentlichen haben wir bereits die Idee zur Konstruktion einer Vervollständigung eines unvollständigen metrischen Raumes (X, d_X) beim Beweis von Satz 1 vorgestellt.

Wir betrachten die Menge der Cauchy-Folgen im Raum (X, d_X). Zwei derartige Folgen $\{x'_n; n \in \mathbb{N}\}$ und $\{x''_n; n \in \mathbb{N}\}$ werden als *äquivalent* bezeichnet, wenn $d_X(x'_n, x''_n) \to 0$ für $n \to \infty$. Es ist einfach zu zeigen, dass wir so eine Äquivalenzrelation erhalten. Wir werden die Menge der Äquivalenzklassen von Cauchy-Folgen mit S bezeichnen. Wir führen in S folgende Metrik ein: Sind s' und s'' Elemente von S und sind $\{x'_n; n \in \mathbb{N}\}$ und $\{x''_n; n \in \mathbb{N}\}$ Folgen der Klassen s' bzw. s'', dann setzen wir

$$d(s', s'') = \lim_{n \to \infty} d_X(x'_n, x''_n) \,. \tag{9.19}$$

Aus der Ungleichung (9.15) folgt, dass diese Definition nicht zweideutig ist: Der Grenzwert auf der rechten Seite existiert (nach dem Cauchyschen Kriterium für eine numerische Folge) und ist von der Wahl der besonderen Folgen $\{x'_n; n \in \mathbb{N}\}$ und $\{x''_n; n \in \mathbb{N}\}$ in den Klassen s' und s'' unabhängig.

Die Funktion $d(s', s'')$ erfüllt alle Axiome einer Metrik. Der sich daraus ergebende metrische Raum (S, d) ist die gesuchte Vervollständigung des Raumes (X, d_X). Tatsächlich ist (X, d_X) isometrisch zum Teilraum (S_X, d) des Raumes (S, d), der aus den Äquivalenzklassen von Cauchy-Folgen besteht, die konstante Folgen $\{x_n = x \in X; n \in \mathbb{N}\}$ enthalten. Es ist nur natürlich, eine derartige Klasse $s \in S$ mit dem Punkt $x \in X$ zu identifizieren. Die Abbildung $f : (X, d_X) \to (S_X, d)$ ist offensichtlich eine Isometrie.

Nun muss nur noch gezeigt werden, dass (S_X, d) in (S, d) überall dicht ist und dass (S, d) ein vollständiger Raum ist.

Wir beweisen zunächst, dass (S_X, d) in (S, d) dicht ist. Sei s ein beliebiges Element aus S und $\{x_n; n \in \mathbb{N}\}$ eine Cauchy-Folge in (X, d_X), die zur Klasse $s \in S$ gehört. Wenn wir $\xi_n = f(x_n)$, $n \in \mathbb{N}$ setzen, erhalten wir eine Folge $\{\xi_n; n \in \mathbb{N}\}$ von Punkten in (S_X, d), die genau das Element $s \in S$ als Grenzwert besitzt, wie wir aus (9.19) erkennen können.

Wir wollen nun zeigen, dass der Raum (S, d) vollständig ist. Sei $\{s_n; n \in \mathbb{N}\}$ eine beliebige Cauchy-Folge im Raum (S, d). Wir wählen zu jedem $n \in \mathbb{N}$ ein Element ξ_n in (S_X, d), so dass $d(s_n, \xi_n) < 1/n$. Dann ist die Folge $\{\xi_n; n \in \mathbb{N}\}$, wie schon die Folge $\{s_n; n \in \mathbb{N}\}$, eine Cauchy-Folge. In diesem Fall ist die Folge $\{x_n = f^{-1}(\xi_n); n \in \mathbb{N}\}$ aber ebenfalls eine Cauchy-Folge. Die Folge $\{x_n; n \in \mathbb{N}\}$ definiert ein Element $s \in S$, gegen das die vorgegebene Folge $\{s_n; n \in \mathbb{N}\}$ auf Grund von Gleichung (9.19) konvergiert.   □

Anmerkung 1. Nun, da die Sätze 1 und 2 bewiesen sind, wird klar, dass die Vervollständigung eines metrischen Raumes im Sinne von Definition 5' tatsächlich der kleinste vollständige Raum ist (bis auf eine Isometrie), der den vorgegebenen metrischen Raum enthält. Auf diese Weise haben wir die ursprüngliche Definition 4 gerechtfertigt und präzisiert.

Anmerkung 2. Die Konstruktion der Menge $\mathbb{R}$ der reellen Zahlen, bei der wir von der Menge $\mathbb{Q}$ der rationalen Zahlen ausgingen, hätte ganz genau wie bei der Konstruktion der Vervollständigung eines metrischen Raumes, die wir oben in voller Allgemeingültigkeit ausgeführt haben, durchgeführt werden können. Genauso wurde der Übergang von $\mathbb{Q}$ nach $\mathbb{R}$ von Cantor formuliert.

Anmerkung 3. In Beispiel 6 haben wir gezeigt, dass der Raum $\mathcal{R}[a,b]$ der Riemann-integrierbaren Funktionen in der natürlichen Integralmetrik nicht vollständig ist. Seine Vervollständigung ist der wichtige Raum $\mathcal{L}[a,b]$ der Lebesgue-integrierbaren Funktionen.

9.5.3 Übungen und Aufgaben

1. a) Beweisen Sie das folgende L e m m a   g e s c h a c h t e l t e r   K u g e l n. *Sei (X,d) ein metrischer Raum und $\widetilde{K}(x_1, r_1) \supset \cdots \supset \widetilde{K}(x_n, r_n) \supset \cdots$ eine geschachtelte Folge von abgeschlossenen Kugeln in X, deren Radien gegen Null streben. Der Raum (X,d) ist genau dann vollständig, wenn zu jeder derartigen Folge ein eindeutiger Punkt existiert, der in allen Kugeln der Folge enthalten ist.*

  b) Zeigen Sie, dass dann, wenn wir die Bedingung $r_n \to 0$ für $n \to \infty$ im obigen Lemma weglassen, die Schnittmenge einer geschachtelten Folge von Kugeln leer sein kann und dies sogar in einem vollständigen Raum.

2. a) Eine Menge $E \subset X$ eines metrischen Raumes (X,d) ist *nirgendwo dicht* in X, wenn sie in keiner Kugel dicht ist, d.h., falls zu jeder Kugel $K(x,r)$ eine zweite Kugel $K(x_1, r_1) \subset K(x,r)$ existiert, die keine Punkte der Menge E enthält.

  Eine Menge E ist von der ersten Kategorie in X, wenn sie als abzählbare Vereinigung nirgendwo dichter Mengen dargestellt werden kann.

  Eine Menge, die nicht von der ersten Kategorie ist, ist von der zweiter Kategorie in X.

  Zeigen Sie, dass ein vollständiger metrischer Raum eine Menge zweiter Kategorie (in sich selbst) ist.

  b) Sei $f \in C^{(\infty)}[a,b]$. Es gelte, dass $\forall x \in [a,b]\ \exists n \in \mathbb{N}\ \forall m > n\ (f^{(m)}(x) = 0)$. Zeigen Sie, dass die Funktion f ein Polynom ist.

9.6 Stetige Abbildungen topologischer Räume

Aus dem Blickwinkel der Analysis enthält dieser und der folgende Abschnitt die wichtigsten Ergebnisse dieses Kapitels.

Die hier untersuchten zentralen Begriffe und Sätze bilden eine natürliche, manchmal in Worten ausgeführte Erweiterung für Abbildungen beliebiger topologischer oder metrischer Räume und für Konzepte und Sätze, die uns bereits bekannt sind. Dabei werden sich nicht nur die Aussagen der Sätze, sondern auch vielfach die Beweise als identisch zu den bereits betrachteten erweisen; in diesen Fällen werden die Beweise weggelassen, mit einem Hinweis auf die entsprechenden, bereits untersuchten Sätzen.

9.6.1 Der Grenzwert einer Abbildung

a. Grundlegende Definition und Spezialfälle

Definition 1. Sei $f : X \to Y$ eine Abbildung der Menge X mit einer bestimmten Basis $\mathcal{B} = \{B\}$ in X auf einen topologischen Raum Y. Der Punkt $A \in Y$ ist *Grenzwert der Abbildung $f : X \to Y$ auf der Basis $\mathcal{B}$* und wir schreiben $\lim_{\mathcal{B}} f(x) = A$, falls für jede Umgebung $V(A)$ von A in Y ein Element $B \in \mathcal{B}$ der Basis $\mathcal{B}$ existiert, dessen Bild unter der Abbildung f in $V(A)$ enthalten ist.

Am häufigsten treffen wir auf den Fall, dass X wie Y ein topologischer Raum ist und $\mathcal{B}$ die Basis von Umgebungen oder punktierten Umgebungen eines Punktes $a \in X$. Wenn wir unsere frühere Schreibweise $x \to a$ für die Basis punktierter Umgebungen $\{\dot{U}(a)\}$ des Punktes a beibehalten, können wir Definition 1 für diese Basis spezialisieren:

$$\lim_{x \to a} f(x) = A := \forall V(A) \subset Y \; \exists \dot{U}(a) \subset X \; \left(f\big(\dot{U}(a)\big) \subset V(A) \right).$$

Sind (X, d_X) und (Y, d_Y) metrische Räume, können wir diese letzte Definition in $\varepsilon - \delta$-Notation formulieren:

$$\lim_{x \to a} f(x) = A := \forall \varepsilon > 0 \; \exists \delta > 0 \; \forall x \in X$$
$$\left(0 < d_X(a, x) < \delta \Longrightarrow d_Y\big(A, f(x)\big) < \varepsilon \right).$$

Anders formuliert:

$$\lim_{x \to a} f(x) = A \Longleftrightarrow \lim_{x \to a} d_Y\big(A, f(x)\big) = 0.$$

Wir erkennen daran, dass wir mit dem Begriff einer Umgebung das Konzept des Grenzwertes einer Abbildung $f : X \to Y$ auf einem topologischen oder metrischen Raum Y definieren können, wie wir es für $Y = \mathbb{R}$ oder allgemeiner $Y = \mathbb{R}^n$ getan haben.

b. Eigenschaften des Grenzwertes einer Abbildung

Wir machen nun einige Anmerkungen zu den allgemeinen Eigenschaften des Grenzwertes.

Wir halten zunächst fest, dass die früher erhaltene Eindeutigkeit des Grenzwertes nicht länger gilt, wenn Y kein Hausdorff-Raum ist. Ist Y aber ein Hausdorff-Raum, dann ist der Grenzwert eindeutig und der Beweis unterscheidet sich überhaupt nicht von dem, den wir für den Spezialfall $Y = \mathbb{R}$ oder $Y = \mathbb{R}^n$ gegeben haben.

Ist $f : X \to Y$ eine Abbildung auf einen metrischen Raum, dann ist es sinnvoll von der *Beschränktheit* der Abbildung zu sprechen (und dabei die Beschränktheit der Menge $f(X)$ in Y zu meinen) und davon, dass eine Abbildung auf einer Basis $\mathcal{B}$ in X *schließlich beschränkt* ist (und dabei zu meinen, dass ein Element $B \in \mathcal{B}$ existiert, auf dem f beschränkt ist).

Aus der Definition eines Grenzwertes folgt, dass dann, wenn eine Abbildung $f : X \to Y$ einer Menge X mit der Basis $\mathcal{B}$ auf einen metrischen Raum Y einen Grenzwert auf der Basis $\mathcal{B}$ besitzt, sie auf dieser Basis schließlich beschränkt ist.

c. Fragen zur Existenz des Grenzwertes einer Abbildung

Satz 1. (Grenzwert verketteter Abbildungen.) *Sei Y eine Menge mit Basis $\mathcal{B}_Y$ und $g : Y \to Z$ eine Abbildung von Y auf einen topologischen Raum Z, die auf der Basis $\mathcal{B}_Y$ einen Grenzwert besitzt.*

Sei X eine Menge mit Basis $\mathcal{B}_X$ und $f : X \to Y$ eine Abbildung von X auf Y, so dass zu jedem Element $B_Y \in \mathcal{B}_Y$ ein Element $B_X \in \mathcal{B}_X$ existiert, dessen Bild in B_Y enthalten ist, d.h. $f(B_X) \subset B_Y$.

Unter diesen Annahmen ist die verkettete Abbildung $g \circ f : X \to Z$ der Abbildungen f und g definiert und besitzt einen Grenzwert auf der Basis $\mathcal{B}_X$ mit

$$\lim_{\mathcal{B}_X} g \circ f(x) = \lim_{\mathcal{B}_Y} g(y) \ .$$

Zum Beweis siehe Satz 7 in Abschnitt 3.2.

Ein anderer, wichtiger Satz zur Existenz des Grenzwertes ist das Cauchysche Kriterium, dem wir uns nun zuwenden wollen. Dieses Mal werden wir eine Abbildung $f : X \to Y$ in einen metrischen Raum untersuchen, genauer gesagt, in einen vollständigen metrischen Raum.

Für eine Abbildung $f : X \to Y$ der Menge X in einen metrischen Raum (Y, d) ist es nur natürlich, die folgende Definition zu treffen.

Definition 2. Die *Oszillation* der Abbildung $f : X \to Y$ auf einer Menge $E \subset X$ entspricht der Größe

$$\omega(f, E) = \sup_{x_1, x_2 \in E} d\big(f(x_1), f(x_2)\big) \ .$$

Dabei gilt der folgende Satz.

Satz 2. (Cauchysches Kriterium zur Existenz des Grenzwertes einer Abbildung.) *Sei X eine Menge mit einer Basis $\mathcal{B}$ und sei $f : X \to Y$ eine Abbildung von X auf einen vollständigen metrischen Raum (Y, d).*

Es ist eine notwendige und hinreichende Bedingung dafür, dass die Abbildung f einen Grenzwert auf der Basis $\mathcal{B}$ besitzt, dass für jedes $\varepsilon > 0$ ein Element B in $\mathcal{B}$ existiert, auf dem die Oszillation der Abbildung kleiner als ε ist.

In Kürze:

$$\exists \lim_{\mathcal{B}} f(x) \Longleftrightarrow \forall \varepsilon > 0 \, \exists B \in \mathcal{B} \left(\omega(f, B) < \varepsilon \right) .$$

Zum Beweis siehe Satz 6 in Absatz 3.2.4.

Wir wollen anmerken, dass die Vollständigkeit des Raumes Y nur für den Schluss von der rechten Seite auf die linke Seite notwendig ist. Ist Y kein vollständiger Raum, dann ist es außerdem meistens diese Schlussfolgerung, die ungültig wird.

9.6.2 Stetige Abbildungen

a. Grundlegende Definitionen

Definition 3. Eine Abbildung $f : X \to Y$ eines topologischen Raumes (X, τ_X) auf einen topologischen Raum (Y, τ_Y) ist *in einem Punkt* $a \in X$ *stetig*, wenn zu jeder Umgebung $V\big(f(a)\big) \subset Y$ des Punktes $f(a) \in Y$ eine Umgebung $U(a) \subset X$ des Punktes $a \in X$ existiert, deren Bild $f\big(U(a)\big)$ in $V\big(f(a)\big)$ enthalten ist.

Somit gilt also

$$f : X \to Y \text{ ist stetig in } a \in X :=$$
$$= \forall V\big(f(a)\big) \, \exists U(a) \, \big(f\big(U(a)\big) \subset V\big(f(a)\big)\big) .$$

Sind X und Y metrische Räume (X, d_X) und (Y, d_Y), dann kann Definition 3 natürlich auch in der $\varepsilon - \delta$-Notation formuliert werden:

$$f : X \to Y \text{ ist stetig in } a \in X :=$$
$$= \forall \varepsilon > 0 \, \exists \delta > 0 \, \forall x \in X \, \big(d_X(a, x) < \delta \Longrightarrow d_Y\big(f(a), f(x)\big) < \varepsilon\big) .$$

Definition 4. Die Abbildung $f : X \to Y$ ist *stetig*, wenn sie in jedem Punkt $x \in X$ stetig ist.

Wir bezeichnen die Menge der stetigen Abbildungen von X auf Y mit $C(X, Y)$.

Satz 3. (Kriterium für die Stetigkeit.) *Eine Abbildung $f : X \to Y$ eines topologischen Raumes (X, τ_X) auf einen topologischen Raum (Y, τ_Y) ist genau dann stetig, wenn das Urbild jeder offenen (bzw. abgeschlossenen) Teilmenge von Y offen (bzw. abgeschlossen) in X ist.*

Beweis. Da das Urbild eines Komplements dem Komplement des Urbilds entspricht, genügt es, die Behauptung für offene Mengen zu zeigen.

Wir zeigen zunächst, dass für $f \in C(X, Y)$ und $G_Y \in \tau_Y$ gilt, dass $G_X = f^{-1}(G_Y)$ zu τ_X gehört. Ist $G_X = \varnothing$, ist unmittelbar klar, dass das Urbild offen ist. Ist $G_X \neq \varnothing$ und $a \in G_X$, dann gibt es nach der Definition der

Stetigkeit der Abbildung f im Punkt a eine Umgebung $U_X(a)$ von $a \in X$ zur Umgebung G_Y des Punktes $f(a)$, so dass $f\big(U_X(a)\big) \subset G_Y$. Daher ist $U_X(a) \subset G_X = f^{-1}(G_Y)$. Da $G_X = \bigcup\limits_{a \in G_X} U_X(a)$, können wir folgern, dass G_X offen ist, d.h. $G_X \in \tau_X$.

Wir wollen nun beweisen, dass $f \in C(X, Y)$, falls das Urbild jeder offenen Menge in Y offen in X ist. Wenn wir einen Punkt $a \in X$ und eine Umgebung $V_Y\big(f(a)\big)$ seines Bildes $f(a)$ in Y herausgreifen, können wir erkennen, dass die Menge $U_X(a) = f^{-1}\big(V_Y\big(f(a)\big)\big)$ in jeder Umgebung von $a \in X$ offen ist, deren Bild in $V_Y\big(f(a)\big)$ enthalten ist. Folglich haben wir die Definition der Stetigkeit der Abbildung $f : X \to Y$ in einem beliebigen Punkt $a \in X$ bewiesen. $\square$

Definition 5. Eine bijektive Abbildung $f : X \to Y$ eines topologischen Raumes (X, τ_X) auf einen anderen (Y, τ_Y) ist ein *Homöomorphismus*, falls sowohl die Abbildung selbst als auch die inverse Abbildung $f^{-1} : Y \to X$ stetig sind.

Definition 6. Topologische Räume, die Homöomorphismen aufeinander zulassen, werden *homöomorph* genannt.

Wie wir an Satz 3 erkennen können, entsprechen sich unter einem Homöomorphismus $f : X \to Y$ des topologischen Raumes (X, τ_X) auf (Y, τ_Y) die Systeme der offenen Mengen τ_X und τ_Y in dem Sinne, dass $G_X \in \tau_X \Leftrightarrow f(G_X) = G_Y \in \tau_Y$.

Daher sind homöomorphe Räume im Hinblick auf ihre topologischen Eigenschaften absolut identisch. Folglich ist ein Homöomorphismus dieselbe Art von Äquivalenzrelation in der Menge aller topologischen Räume wie beispielsweise Isometrie in der Menge metrischer Räume.

b. Lokale Eigenschaften stetiger Abbildungen

Wir stellen nun die lokalen Eigenschaften stetiger Abbildungen vor. Diese folgen unmittelbar aus den entsprechenden Eigenschaften des Grenzwertes.

Satz 4. (Stetigkeit einer Verkettung stetiger Abbildungen.) *Seien* (X, τ_X), (Y, τ_Y) *und* (Z, τ_Z) *topologische Räume. Ist die Abbildung* $g : Y \to Z$ *in einem Punkt* $b \in Y$ *stetig und ist die Abbildung* $f : X \to Y$ *in einem Punkt* $a \in X$ *stetig, für den* $f(a) = b$ *gilt, dann ist die Verkettung dieser Abbildungen* $g \circ f : X \to Z$ *in* $a \in X$ *stetig.*

Dies folgt aus der Definition der Stetigkeit einer Abbildung und Satz 1.

Satz 5. (Beschränktheit einer Abbildung in einer Umgebung einer Stetigkeitsstelle). *Ist eine Abbildung* $f : X \to Y$ *eines topologischen Raumes* (X, τ) *auf einen metrischen Raum* (Y, d) *in einem Punkt* $a \in X$ *stetig, dann ist sie in einer Umgebung dieses Punktes beschränkt.*

Dieser Satz folgt daraus, dass eine Abbildung, die einen Grenzwert besitzt, (auf einer Basis) schließlich beschränkt ist.

Bevor wir den nächsten Satz zu Eigenschaften stetiger Abbildungen formulieren, möchten wir daran erinnern, dass wir für Abbildungen auf $\mathbb{R}$ oder $\mathbb{R}^n$ den Ausdruck

$$\cdot \quad \omega(f;a) := \lim_{r \to 0} \omega\big(f, K(a,r)\big)$$

als *Oszillation von f im Punkt a* definiert haben. Da sowohl der Begriff der Oszillation einer Abbildung auf einer Menge als auch der Begriff einer Kugel $K(a,r)$ in jedem metrischen Raum sinnvoll sind, ist auch die Definition der Oszillation $\omega(f,a)$ der Abbildung f im Punkt a für eine Abbildung $f : X \to Y$ eines metrischen Raumes (X, d_X) auf einen metrischen Raum (Y, d_Y) sinnvoll.

Satz 6. *Eine Abbildung $f : X \to Y$ eines metrischen Raumes (X, d_X) auf einen metrischen Raum (Y, d_Y) ist genau dann im Punkt $a \in X$ stetig, wenn $\omega(f, a) = 0$.*

Dieser Satz folgt unmittelbar aus der Definition der Stetigkeit einer Abbildung in einem Punkt.

c. Globale Eigenschaften stetiger Abbildungen

Wir untersuchen nun einige der wichtigen globalen Eigenschaften stetiger Abbildungen.

Satz 7. *Das Bild einer kompakten Menge ist unter einer stetigen Abbildung kompakt.*

Beweis. Sei $f : K \to Y$ eine stetige Abbildung des kompakten Raumes (K, τ_K) auf einen topologischen Raum (Y, τ_Y) und sei $\{G_Y^\alpha, \ \alpha \in A\}$ eine Überdeckung von $f(K)$ durch offene Mengen in Y. Nach Satz 3 bilden die Mengen $\{G_X^\alpha = f^{-1}(G_Y^\alpha), \ \alpha \in A\}$ eine offen Überdeckung von K. Wir können eine endliche Überdeckung $G_X^{\alpha_1}, \ldots, G_X^{\alpha_n}$ herausgreifen und erhalten so eine endliche Überdeckung $G_Y^{\alpha_1}, \ldots, G_Y^{\alpha_n}$ von $f(K) \subset Y$. Daher ist $f(K)$ in Y kompakt.
$\square$

Korollar. *Eine stetige reellwertige Funktion $f : K \to \mathbb{R}$ einer kompakten Menge K nimmt in einem Punkt der kompakten Menge ihren maximalen (und auch den minimalen) Wert an.*

Beweis. Da $f(K)$ in $\mathbb{R}$ eine kompakte Menge ist, ist diese abgeschlossen und beschränkt. Dies bedeutet aber, dass $\inf f(K) \in f(K)$ und $\sup f(K) \in f(K)$.
$\square$

Ist insbesondere K ein abgeschlossenes Intervall $[a, b] \subset \mathbb{R}$, dann gelangen wir wiederum zum klassischen Extremwertsatz von Weierstraß.

Der Satz von Heine zur gleichmäßigen Stetigkeit lässt sich wörtlich auf Abbildungen, die auf kompakten Mengen stetig sind, übertragen. Wir benötigen dazu aber erst noch eine weitere Definition.

Definition 7. Eine Abbildung $f : X \to Y$ eines metrischen Raumes (X, d_X) in einen metrischen Raum (Y, d_Y) ist *gleichmäßig stetig*, wenn zu jedem $\varepsilon > 0$ ein $\delta > 0$ existiert, so dass die Oszillation $\omega(f, E)$ von f auf jeder Menge $E \subset X$, deren Durchmesser kleiner als δ ist, kleiner als ε ist.

Satz 8. (Gleichmäßige Stetigkeit.) *Eine stetige Abbildung $f : K \to Y$ eines kompakten metrischen Raumes K in einen metrischen Raum (Y, d_Y) ist gleichmäßig stetig.*

Ist insbesondere K ein abgeschlossenes Intervall in $\mathbb{R}$ und ist $Y = \mathbb{R}$, gelangen wir wiederum zum klassischen Satz von Heine, dessen Beweis in Absatz 4.2.2 sich fast ohne Veränderungen auf diesen allgemeinen Fall übertragen lässt.

Wir wollen nun stetige Abbildungen zusammenhängender Räume betrachten.

Satz 9. *Das Bild eines zusammenhängenden Raumes ist unter einer stetigen Abbildung zusammenhängend.*

Beweis. Sei $f : X \to Y$ eine stetige Abbildung eines zusammenhängenden topologischen Raumes (X, τ_X) auf einen topologischen Raum (Y, d_Y). Sei E_Y eine offen-abgeschlossene Teilmenge von Y. Nach Satz 3 ist das Urbild $E_X = f^{-1}(E_Y)$ der Menge E_Y offen-abgeschlossen in X. Da X zusammenhängend ist, ist entweder $E_X = \varnothing$ oder $E_X = X$. Dies bedeutet aber, dass entweder $E_Y = \varnothing$ oder $E_Y = Y = f(X)$. $\square$

Korollar. *Ist eine Funktion $f : X \to \mathbb{R}$ auf einem zusammenhängenden topologischen Raum (X, τ_X) stetig und nimmt sie die Werte $f(a) = A \in \mathbb{R}$ und $f(b) = B \in \mathbb{R}$ an, dann gibt es zu jeder Zahl C zwischen A und B einen Punkt $c \in X$, in dem $f(c) = C$ gilt.*

Beweis. Tatsächlich ist nach Satz 9 $f(X)$ eine zusammenhängende Menge in $\mathbb{R}$. Die einzigen zusammenhängenden Teilmengen von $\mathbb{R}$ sind jedoch Intervalle (vgl. den entsprechenden Satz in Abschnitt 9.4). Daher gehört der Punkt C zusammen mit A und B zu $f(X)$. $\square$

Ist insbesondere X ein abgeschlossenes Intervall, dann gelangen wir wiederum zum klassischen Zwischenwertsatz für stetige Funktionen mit reellen Werten.

9.6.3 Übungen und Aufgaben

1. a) Sind die Bilder offener (oder abgeschlossener) Mengen in X offen (oder abgeschlossen) in Y, wenn die Abbildung $f : X \to Y$ stetig ist?

  b) Ist das Bild wie auch das inverse Bild einer offenen Menge unter der Abbildung $f : X \to Y$ offen, bedeutet dies notwendigerweise, dass f ein Homöomorphismus ist?

c) Ist eine Abbildung $f : X \to Y$ notwendigerweise ein Homöomorphismus, wenn sie stetig und bijektiv ist?

d) Ist eine Abbildung, die gleichzeitig b) und c) erfüllt, ein Homöomorphismus?

2. Zeigen Sie:

a) Jede stetige bijektive Abbildung eines kompakten Raumes in einen Hausdorff-Raum ist ein Homöomorphismus.

b) Ohne die Anforderung, dass der Wertebereich ein Hausdorff-Raum ist, ist die vorige Aussage im Allgemeinen nicht wahr.

3. Bestimmen Sie, ob die folgenden Teilmengen von $\mathbb{R}^n$ (paarweise) als topologische Räume homöomorph sind: Eine Gerade, ein abgeschlossenes Intervall auf der Geraden, eine Kugelschale und ein Torus.

4. Ein topologischer Raum (X, τ) ist *bogenweise* oder *wegweise zusammenhängend*, wenn je zwei seiner Punkte durch einen Weg verbunden werden können, der in X liegt. Genauer formuliert, so bedeutet dies, dass es zu allen Punkten A und B in X eine stetige Abbildung $f : I \to X$ eines abgeschlossenen Intervalls $[a, b] \subset \mathbb{R}$ in X gibt, so dass $f(a) = A$ und $f(b) = B$.

a) Zeigen Sie, dass jeder wegweise zusammenhängende Raum zusammenhängend ist.

b) Zeigen Sie, dass jeder konvexe Raum in $\mathbb{R}^n$ wegweise zusammenhängend ist.

c) Zeigen Sie, dass jede zusammenhängende offene Teilmenge von $\mathbb{R}^n$ wegweise zusammenhängend ist.

d) Zeigen Sie, dass eine Kugelschale $S(a, r)$ in $\mathbb{R}^n$ wegweise zusammenhängend ist, dass sie aber in anderen metrischen Räumen, die mit einer völlig anderen Topologie versehen sind, nicht zusammenhängend sein kann.

e) Beweisen Sie, dass es in einem topologischen Raum unmöglich ist, einen inneren Punkt einer Menge mit einem äußeren Punkt zu verbinden, ohne den Rand der Menge zu schneiden.

9.7 Das Prinzip einer kontrahierenden Abbildung

Wir werden hier ein Prinzip aufstellen, das sich trotz seiner Einfachheit als eine effektive Möglichkeit in Beweisen vieler Existenzsätze herausstellen wird.

Definition 1. Ein Punkt $a \in X$ ist ein *Fixpunkt* einer Abbildung $f : X \to X$, falls $f(a) = a$.

Definition 2. Eine Abbildung $f : X \to X$ eines metrischen Raumes (X, d) auf sich selbst wird eine *Kontraktion* genannt, falls es Zahlen q, $0 < q < 1$ gibt, so dass die Ungleichung

$$d\big(f(x_1), f(x_2)\big) \leq q d(x_1, x_2) \tag{9.20}$$

für alle x_1 und x_2 in X gilt.

Satz. (Fixpunktsatz von Banach[5], Fixpunktprinzip.) *Eine kontrahierende Abbildung* $f : X \to X$ *eines vollständigen metrischen Raumes* (X, d) *auf sich selbst besitzt einen eindeutigen Fixpunkt* a.

Außerdem konvergiert die rekursiv definierte Folge x_0, $x_1 = f(x_0)$, ..., $x_{n+1} = f(x_n)$,...*für jeden Punkt* $x_0 \in X$ *gegen* a. *Die Konvergenzgeschwindigkeit ergibt sich aus der Abschätzung*

$$d(a, x_n) \leq \frac{q^n}{1-q} d(x_1, x_0) \, . \tag{9.21}$$

Beweis. Wir greifen einen beliebigen Punkt $x_0 \in X$ heraus und zeigen, dass die Folge x_0, $x_1 = f(x_0)$, ..., $x_{n+1} = f(x_n)$,...eine Cauchy-Folge ist. Die Abbildung f ist eine Kontraktion, so dass nach (9.20) gilt, dass

$$d(x_{n+1}, x_n) \leq q d(x_n, x_{n-1}) \leq \cdots \leq q^n d(x_1, x_0)$$

und

$$d(x_{n+k}, x_n) \leq d(x_n, x_{n+1}) + \cdots + d(x_{n+k-1}, x_{n+k}) \leq$$
$$\leq \big(q^n + q^{n+1} + \cdots + q^{n+k-1} \big) d(x_1, x_0) \leq \frac{q^n}{1-q} d(x_1, x_0) \, .$$

Daraus können wir erkennen, dass die Folge $x_0, x_1, \ldots, x_n, \ldots$ tatsächlich eine Cauchy-Folge ist.

Der Raum (X, d) ist vollständig, so dass diese Folge einen Grenzwert $\lim_{n \to \infty} x_n = a \in X$ besitzt.

Aus der Definition einer kontrahierenden Abbildung ist klar, dass eine Kontraktion immer stetig ist und daher gilt

$$a = \lim_{n \to \infty} x_{n+1} = \lim_{n \to \infty} f(x_n) = f\big(\lim_{n \to \infty} x_n \big) = f(a) \, .$$

Daher ist a ein Fixpunkt der Abbildung f.

Die Abbildung f kann keinen zweiten Fixpunkt besitzen, da aus den Gleichungen $a_i = f(a_i)$, $i = 1, 2$ folgt, wenn wir dabei (9.20) berücksichtigen, dass

$$0 \leq d(a_1, a_2) = d\big(f(a_1), f(a_2) \big) \leq q d(a_1, a_2) \, ,$$

was nur möglich ist, wenn $d(a_1, a_2) = 0$, d.h. $a_1 = a_2$.

Als Nächstes finden wir beim Übergang zum Grenzwert für $k \to \infty$ in der Ungleichung

$$d(x_{n+k}, x_n) \leq \frac{q^n}{1-q} d(x_1, x_0) \, ,$$

dass

$$d(a, x_n) \leq \frac{q^n}{1-q} d(x_1, x_0) \, . \qquad \square$$

---

[5] S. Banach (1892–1945) – polnischer Mathematiker, einer der Begründer der Funktionalanalysis.

Der folgende Satz ergänzt den vorigen.

Satz. (Stabilität des Fixpunkts.) *Sei (X, d) ein vollständiger metrischer Raum und (Ω, τ) ein topologischer Raum, der im Folgenden die Rolle eines Parameterraumes spielt.*

Angenommen, zu jedem Wert des Parameters $t \in \Omega$ gehöre eine kontrahierende Abbildung $f_t : X \to X$ des Raumes X auf sich selbst und es gelten die folgenden Bedingungen:

a) *Die Familie $\{f_t;\ t \in \Omega\}$ ist gleichmäßig kontrahierend, d.h., es gibt ein q, $0 < q < 1$, so dass jede Abbildung f_t eine q-Kontraktion ist.*

b) *Zu jedem $x \in X$ ist die Abbildung $f_t : \Omega \to X$ als eine Funktion von t in einem Punkt $t_0 \in \Omega$ stetig, d.h. $\lim\limits_{t \to t_0} f_t(x) = f_{t_0}(x)$.*

Dann hängt die Lösung $a(t) \in X$ der Gleichung $x = f_t(x)$ im Punkt t_0 stetig von t ab, d.h. $\lim\limits_{t \to t_0} a(t) = a(t_0)$.

Beweis. Wie wir im Beweis des vorigen Satzes gezeigt haben, können wir die Lösung $a(t)$ der Gleichung $x = f_t(x)$, beginnend in jedem Punkt $x_0 \in X$, als Grenzwert der Folge $\{x_{n+1} = f_t(x_n);\ n = 0, 1, \ldots\}$ erhalten. Sei $x_0 = a(t_0) = f_{t_0}(a(t_0))$.

Unter Berücksichtigung der Abschätzung (9.21) und Bedingung *a)* erhalten wir

$$d\big(a(t), a(t_0)\big) = d\big(a(t), x_0\big) \le$$
$$\le \frac{1}{1-q} d(x_1, x_0) = \frac{1}{1-q} d\big(f_t(a(t_0)), f_{t_0}(a(t_0))\big) .$$

Nach Bedingung *b)* strebt der letzte Ausdruck in dieser Relation für $t \to t_0$ gegen Null. Somit haben wir bewiesen, dass

$$\lim_{t \to t_0} d\big(a(t), a(t_0)\big) = 0 , \quad \text{d.h.} \quad \lim_{t \to t_0} a(t) = a(t_0) . \qquad \square$$

Beispiel 1. In den Fußstapfen von Picard[6] wollen wir als ein wichtiges Beispiel für die Anwendung des Prinzips einer kontrahierenden Abbildung einen Existenzsatz[7] für die Lösung der Differentialgleichung $y'(x) = f\big(x, y(x)\big)$, die eine Anfangsbedingung $y(x_0) = y_0$ erfüllt, beweisen.

Sei $f \in C(\mathbb{R}^2, \mathbb{R})$ mit

$$|f(u, v_1) - f(u, v_2)| \le M|v_1 - v_2| ,$$

---

[6] Ch. É. Picard (1856–1941) – französischer Mathematiker, der in der Theorie der Differentialgleichungen und der analytischen Funktionentheorie viele wichtigen Ergebnisse erzielte.

[7] Dieser Satz wird üblicherweise Existenz- und Eindeutigkeitssatz von Picard–Lindelöf genannt.

wobei M eine Konstante ist. Dann existiert zu jeder Anfangsbedingung

$$y(x_0) = y_0 \qquad (9.22)$$

eine Umgebung $U(x_0)$ von $x_0 \in \mathbb{R}$ und eine eindeutige auf $U(x_0)$ definierte Funktion $y = y(x)$, die die Gleichung

$$y' = f(x, y) \qquad (9.23)$$

und die Anfangsbedingung (9.22) erfüllt.

Beweis. Die Gleichung (9.23) und die Bedingung (9.22) lassen sich in einer einzigen Gleichung gemeinsam formulieren:

$$y(x) = y_0 + \int\limits_{x_0}^{x} f\big(t, y(t)\big)\, dt \,. \qquad (9.24)$$

Wenn wir die rechte Seite dieser Gleichung mit $A(y)$ bezeichnen, dann erkennen wir, dass $A : C\big(V(x_0), \mathbb{R}\big) \to C\big(V(x_0), \mathbb{R}\big)$ eine Abbildung der Menge der auf einer Umgebung $V(x_0)$ von x_0 definierten stetigen Funktionen auf sich selbst ist. Wenn wir $C\big(V(x_0), \mathbb{R}\big)$ als metrischen Raum mit der gleichförmigen Metrik (vgl. Gl. (9.6) in Abschnitt 9.1) betrachten, erhalten wir

$$d(Ay_1, Ay_2) = \max_{x \in V(x_0)} \left| \int\limits_{x_0}^{x} f\big(t, y_1(t)\big)\, dt - \int\limits_{x_0}^{x} f\big(t, y_2(t)\big)\, dt \right| \le$$

$$\le \max_{x \in V(x_0)} \left| \int\limits_{x_0}^{x} M|y_1(t) - y_2(t)|\, dt \right| \le M|x - x_0|\, d(y_1, y_2) \,.$$

Wenn wir annehmen, dass $|x - x_0| \le \frac{1}{2M}$, dann ist die Ungleichung

$$d(Ay_1, Ay_2) \le \frac{1}{2} d(y_1, y_2)$$

auf dem entsprechenden abgeschlossenen Intervall I erfüllt, wobei $d(y_1, y_2) = \max_{x \in I} |y_1(x) - y_2(x)|$. Damit ist

$$A : C(I, \mathbb{R}) \to C(I, \mathbb{R})$$

eine kontrahierende Abbildung des (vgl. Beispiel 4 in Abschnitt 9.5) vollständigen metrischen Raumes $\big(C(I, \mathbb{R}), d\big)$ auf sich selbst, die nach dem Prinzip für kontrahierende Abbildungen einen eindeutigen Fixpunkt $y = Ax$ haben muss. Dies bedeutet aber, dass die gerade gefundene Funktion in $C(I, \mathbb{R})$ die auf $I \ni x_0$ definierte eindeutige Funktion ist, die Gl. (9.24) erfüllt. $\qquad\square$

Beispiel 2. Zur Veranschaulichung des eben Gesagten wollen wir die Lösung der bekannten Gleichung

$$y' = y$$

mit der Anfangsbedingung (9.22) mit Hilfe des Prinzips für kontrahierende Abbildungen suchen.

In diesem Fall ist

$$Ay = y_0 + \int_{x_0}^{x} y(t)\, dt$$

und das Prinzip ist zumindest für $|x - x_0| \leq q < 1$ anwendbar.

Beginnend mit der Anfangsnäherung $y(x) \equiv 0$ konstruieren wir schrittweise die Näherungsfolge $0, y_1 = A(0), \ldots, y_{n+1}(t) = A\big(y_n(t)\big), \ldots$

$$
\begin{aligned}
y_1(t) &= y_0\,, \\
y_2(t) &= y_0\big(1 + (x - x_0)\big)\,, \\
y_3(t) &= y_0\big(1 + (x - x_0) + \tfrac{1}{2}(x - x_0)^2\big)\,,
\end{aligned}
$$

. . . .

$$y_{n+1}(t) = y_0\big(1 + (x - x_0) + \tfrac{1}{2!}(x - x_0)^2 + \cdots + \tfrac{1}{n!}(x - x_0)^n\big)\,,$$

. . . .

aus der bereits klar wird, dass

$$y(x) = y_0 \mathrm{e}^{x - x_0}\,.$$

Das in diesem Satz formulierte Fixpunktprinzip wird auch als *Prinzip der kontrahierenden Funktion* bezeichnet. Es entsprang einer Verallgemeinerung des Beweises des Existenzsatzes von Picard-Lindelöf für eine Lösung der Differentialgleichung (9.23), die wir in Beispiel 1 untersucht haben. Das Prinzip der kontrahierenden Funktion wurde in voller Allgemeinheit von Banach aufgestellt.

Beispiel 3. Newtonsche Methode zur Nullstellenbestimmung. Angenommen, eine konvexe Funktion mit reellen Werten, die auf einem abgeschlossenen Intervall $[\alpha, \beta]$ eine positive Ableitung besitzt, nehme in den Endpunkten dieses Intervalls Werte mit unterschiedlichen Vorzeichen an. Dann gibt es einen eindeutigen Punkt a im Intervall, in dem $f(a) = 0$ gilt. Zusätzlich zur einfachen Methode zur Auffindung des Punktes a durch schrittweise Bisektion des Intervalls, existieren ausgereiftere und schnellere Methoden zu seiner Bestimmung, die die Eigenschaften der Funktion f ausnutzen. So können wir in diesem Fall die folgende von Newton vorgeschlagen Methode benutzen, die *Newton-Methode* genannt wird. Wir beginnen bei einem beliebigen Punkt $x_0 \in [\alpha, \beta]$ und schreiben die Gleichung $y = f(x_0) + f'(x_0)(x - x_0)$ der Tangente an

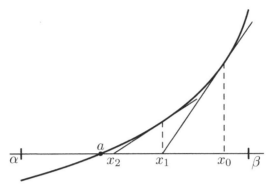

Abb. 9.3.

den Graphen der Funktion im Punkt $(x_0, f(x_0))$. Wir gelangen so zum Punkt $x_1 = x_0 - [f'(x_0)]^{-1} \cdot f(x_0)$, in dem die Tangente die x-Achse schneidet (vgl. Abb. 9.3). Wir nehmen nun x_1 als nächste Näherung für die Nullstelle a und wiederholen diesen Vorgang, indem wir x_0 durch x_1 ersetzen. Auf diese Weise erhalten wir eine Folge

$$x_{n+1} = x_n - [f'(x_n)]^{-1} \cdot f(x_n) \qquad (9.25)$$

von Punkten, die, wie sich beweisen lässt, im gegenwärtigen Fall monoton gegen a strebt.

Ist insbesondere $f(x) = x^k - a$, d.h., wenn wir $\sqrt[k]{a}$ für $a > 0$ suchen, nimmt die rekursive Gleichung (9.25) die folgende Gestalt an:

$$x_{n+1} = x_n - \frac{x_n^k - a}{k x_n^{k-1}} \ .$$

Für $k = 2$ erhalten wir die bekannte Gleichung

$$x_{n+1} = \frac{1}{2}\left(x_n + \frac{a}{x_n}\right) \ .$$

Die Methode (9.25) zum Aufstellen der Folge $\{x_n\}$ wird *Newton-Methode* genannt.

Wenn wir anstelle der Folge (9.25) die Folge betrachten, die durch die rekursive Gleichung

$$x_{n+1} = x_n - [f'(x_0)]^{-1} \cdot f(x_n) \qquad (9.26)$$

gegeben wird, sprechen wir von der *modifizierten Newton-Methode*[8]. Die Modifikation besteht darin, dass wir die Ableitung nur einmal im Punkt x_0 berechnen.

---

[8] Sie besitzt in der Funktionalanalysis zahlreiche Anwendungen und wird dann *Newton-Kantorowitsch Verfahren* genannt. L.W. Kantorovich (1912–1986) – bekannter russischer Mathematiker, dessen Verdienste in der mathematischen Ökonomie (optimale Ressourcen-Verteilung) ihm zum Nobelpreis verhalfen.

Wir betrachten die Abbildung

$$x \mapsto A(x) = x - \left[f'(x_0)\right]^{-1} \cdot f(x) \,. \tag{9.27}$$

Nach dem Mittelwertsatz gibt es einen Punkt ξ zwischen x_1 und x_2, so dass

$$|A(x_2) - A(x_1)| = \left|\left[f'(x_0)\right]^{-1} \cdot f'(\xi)\right| \cdot |x_2 - x_1| \,.$$

Gelten daher die Bedingungen

$$A(I) \subset I \tag{9.28}$$

und

$$\left|\left[f'(x_0)\right]^{-1} \cdot f'(x)\right| \le q < 1 \tag{9.29}$$

auf einem abgeschlossenen Intervall $I \subset \mathbb{R}$, dann ist die durch (9.27) definierte Abbildung $A : I \to I$ auf diesem Intervall eine Kontraktion. Folglich besitzt sie nach dem allgemeinen Prinzip einen eindeutigen Fixpunkt auf diesem Intervall. Wie wir allerdings an (9.27) erkennen können, ist die Bedingung $A(a) = a$ zu $f(a) = 0$ äquivalent.

Sind daher die Bedingungen (9.28) und (9.29) für eine Funktion f erfüllt, dann führt uns die modifizierte Newton-Methode (9.26) nach dem Prinzip für kontrahierende Abbildungen zur gewünschten Lösung $x = a$ für $f(x) = 0$.

9.7.1 Übungen und Aufgaben

1. Zeigen Sie, dass die Bedingung (9.20) im Prinzip der kontrahierenden Abbildung nicht durch die schwächere Bedingung

$$d\big(f(x_1), f(x_2)\big) < d(x_1, x_2)$$

ersetzt werden kann.

2. a) Sei $f : X \to X$ eine Abbildung eines vollständigen metrischen Raumes (X, d) auf sich selbst, so dass die Iteration $f^n : X \to X$ eine Kontraktion ist. Beweisen Sie, dass dann f einen eindeutigen Fixpunkt besitzt.

  b) Zeigen Sie, dass die Abbildung $A : C(I, \mathbb{R}) \to C(I, \mathbb{R})$ in Beispiel 2 derart ist, dass für jedes abgeschlossene Intervall $I \subset \mathbb{R}$ eine Iteration A^n der Abbildung A eine Kontraktion ist.

  c) Folgern Sie aus b), dass die lokale Lösung $y = y_0 e^{x-x_0}$ in Beispiel 2 tatsächlich auf der gesamten reellen Geraden eine Lösung der Ausgangsgleichung ist.

3. a) Zeigen Sie, dass im Fall einer konvexen Funktion mit einer positiven Ableitung auf $[\alpha, \beta]$, die in den Endpunkten unterschiedliche Vorzeichen annimmt, die Newton-Methode tatsächlich eine Folge $\{x_n\}$ ergibt, die gegen den Punkt $a \in [\alpha, \beta]$ konvergiert, für den $f(a) = 0$.

  b) Schätzen Sie die Konvergenzgeschwindigkeit der Folge (9.25) gegen den Punkt a ab.

*Differentialrechnung aus einem allgemeineren Blickwinkel

10.1 Normierte Vektorräume

Differentiation entspricht der Suche nach der besten lokalen linearen Näherung an eine Funktion. Aus diesem Grund muss jede sinnvolle allgemeine Theorie der Differentiation auf den einfachen Vorstellungen im Zusammenhang mit linearen Funktionen aufbauen. Der Leser ist mit dem Konzept eines *Vektorraums* aus Lehrveranstaltungen in Algebra vertraut, wie auch mit der linearen Abhängigkeit und Unabhängigkeit von Systemen von Vektoren, Basen und der Dimension eines Vektorraums, Untervektorräumen u.s.w. In diesem Abschnitt werden wir Vektorräume mit einer Norm vorstellen oder, wie sie genannt werden, *normierte Vektorräume*. Sie werden in der Analysis vielfach eingesetzt. Wir beginnen zunächst mit einigen Beispielen für Vektorräume.

10.1.1 Einige Beispiele von Vektorräumen in der Analysis

Beispiel 1. Der reelle Vektorraum $\mathbb{R}^n$ und der komplexe Vektorraum $\mathbb{C}^n$ sind klassische Beispiele für Vektorräume über dem Körper der reellen bzw. komplexen Zahlen der Dimension n.

Beispiel 2. In der Analysis treffen wir neben den Räumen $\mathbb{R}^n$ und $\mathbb{C}^n$, die wir in Beispiel 1 angeführt haben, auf den ihnen am nächsten kommenden Raum ℓ der Folgen $x = (x^1, \ldots, x^n, \ldots)$ reeller bzw. komplexer Zahlen. Die Vektorraumoperationen in ℓ werden wie in $\mathbb{R}^n$ und $\mathbb{C}^n$ koordinatenweise ausgeführt. Eine Besonderheit dieses Raumes im Vergleich zu $\mathbb{R}^n$ und $\mathbb{C}^n$ ist, dass jede endliche Teilfamilie der abzählbaren Familie von Vektoren $\{x_i = (0, \ldots, 0, x^i = 1, 0, \ldots), i \in \mathbb{N}\}$ linear unabhängig ist, d.h., ℓ ist ein unendlich-dimensionaler Vektorraum (mit einer im gegenwärtigen Fall abzählbaren Dimension).

Die Menge endlicher Folgen (deren Glieder ab einer Stelle an alle gleich Null sind) ist ein Untervektorraum ℓ_0 des Raumes ℓ, der auch unendlich-dimensional ist.

Beispiel 3. Sei $F[a, b]$ die Menge der Funktionen mit numerischen (reellen oder komplexen) Werten, die auf dem abgeschlossenen Intervall $[a, b]$ definiert sind. Diese Menge bildet einen Vektorraum über dem entsprechenden Zahlenkörper bzgl. den Operationen der Addition von Funktionen und der Multiplikation einer Funktion mit einer Zahl.

Die Menge der Funktionen der Gestalt

$$e_\tau(x) = \begin{cases} 0, & \text{für } \quad x \in [a, b] \quad \text{und} \quad x \neq \tau, \\ 1, & \text{für } \quad x \in [a, b] \quad \text{und} \quad x = \tau \end{cases}$$

ist eine fortlaufend indizierte Familie linear unabhängiger Vektoren in $F[a, b]$.

Die Menge $C[a, b]$ der stetigen Funktionen ist offensichtlich ein Unterraum des so konstruierten Raumes $F[a, b]$.

Beispiel 4. Seien X_1 und X_2 zwei Vektorräume über demselben Körper, dann kann auf natürliche Weise eine Vektorraumstruktur für ihr direktes Produkt $X_1 \times X_2$ eingeführt werden, nämlich dadurch, dass die Vektorraumoperationen auf Elementen $x = (x_1, x_2) \in X_1 \times X_2$ koordinatenweise ausgeführt werden.

Auf ähnliche Weise können wir eine Vektorraumstruktur auf dem direkten Produkt $X_1 \times \cdots \times X_n$ jeder endlichen Menge von Vektorräumen einführen. Dies ist vollständig analog zur Einführung der Räume $\mathbb{R}^n$ und $\mathbb{C}^n$.

10.1.2 Normen in Vektorräumen

Wir beginnen mit der grundlegenden Definition.

Definition 1. Sei X ein Vektorraum über dem Körper der reellen oder der komplexen Zahlen.

Eine Funktion $\| \ \| : X \to \mathbb{R}$, durch die jedem Vektor $x \in X$ eine reelle Zahl $\|x\|$ zugeordnet wird, wird *Norm* im Vektorraum X genannt, wenn sie die folgenden drei Bedingungen erfüllt:

a) $\|x\| = 0 \Leftrightarrow x = 0$ (Definitheit);

b) $\|\lambda x\| = |\lambda| \, \|x\|$ (Homogenität);

c) $\|x_1 + x_2\| \leq \|x_1\| + \|x_2\|$ (Dreiecksungleichung).

Definition 2. Ein Vektorraum mit einer auf ihm definierten Norm wird *normierter Vektorraum* genannt.

Definition 3. Der Wert der Norm eines Vektors wird die *Norm des Vektors* genannt.

Die Norm eines Vektors ist immer nicht negativ und, wie wir an a) sehen, nur für den Nullvektor gleich Null.

Beweis. Mit c) erhalten wir unter Berücksichtigung von a) und b) für jedes $x \in X$:

$$0 = \|0\| = \|x + (-x)\| \leq \|x\| + \|-x\| = \|x\| + |-1| \, \|x\| = 2\|x\| \, . \qquad \square$$

Aus Bedingung c) folgt die folgende allgemeine Ungleichung durch Induktion:

$$\|x_1 + \cdots + x_n\| \leq \|x_1\| + \cdots + \|x_n\| \, . \tag{10.1}$$

Wenn wir b) berücksichtigen, können wir einfach aus c) die folgende nützliche Ungleichung erhalten:

$$\big| \|x_1\| - \|x_2\| \big| \leq \|x_1 - x_2\| \, . \tag{10.2}$$

Jeder normierte Vektorraum besitzt eine natürliche Metrik

$$d(x_1, x_2) = \|x_1 - x_2\| \, . \tag{10.3}$$

Die Tatsache, dass die so definierte Funktion $d(x_1, x_2)$ die Axiome für eine Metrik erfüllt, folgt unmittelbar aus den Eigenschaften der Norm. Wegen der Vektorraumstruktur von X besitzt die Metrik d in X zwei weitere besondere Eigenschaften:

$$d(x_1 + x, x_2 + x) = \|(x_1 + x) - (x_2 + x)\| = \|x_1 - x_2\| = d(x_1, x_2) \, ,$$

d.h., die Metrik ist translationsinvariant und

$$d(\lambda x_1, \lambda x_2) = \|\lambda x_1 - \lambda x_2\| = \|\lambda(x_1 - x_2)\| = |\lambda| \, \|x_1 - x_2\| = |\lambda| \, d(x_1, x_2) \, ,$$

d.h., sie ist homogen.

Definition 4. Ist ein normierter Vektorraum als metrischer Raum mit der natürlichen Metrik (10.3) vollständig, dann wird er *vollständiger normierter Vektorraum* oder *Banach-Raum* genannt.

Beispiel 5. Wenn wir für $p \geq 1$

$$\|x\|_p := \left(\sum_{i=1}^{n} |x^i|^p \right)^{\frac{1}{p}} \tag{10.4}$$

für $x = (x^1, \ldots, x^n) \in \mathbb{R}^n$ setzen, folgt aus der Minkowskischen Ungleichung, dass wir eine Norm auf $\mathbb{R}^n$ erhalten. Der mit dieser Norm versehene Raum $\mathbb{R}^n$ wird als $\mathbb{R}^n_p$ bezeichnet.

Es lässt sich zeigen, dass

$$\|x\|_{p_2} \leq \|x\|_{p_1} \, , \ \text{für } 1 \leq p_1 \leq p_2 \, , \tag{10.5}$$

und dass

$$\|x\|_p \to \max\left\{|x^1|, \ldots, |x^n|\right\} \quad \text{für } p \to +\infty \ . \tag{10.6}$$

Daher ist folgende Definition natürlich:

$$\|x\|_\infty := \max\left\{|x^1|, \ldots, |x^n|\right\} \ . \tag{10.7}$$

Es folgt dann aus (10.4) und (10.5), dass

$$\|x\|_\infty \le \|x\|_p \le \|x\|_1 \le n\|x\|_\infty \quad \text{für } p \ge 1 \ . \tag{10.8}$$

An dieser Ungleichung, wie tatsächlich schon direkt aus der Definition der Norm $\|x\|_p$ in Gl. (10.4), wird deutlich, dass $\mathbb{R}_p^n$ ein vollständiger normierter Vektorraum ist.

Beispiel 6. Das obige Beispiel lässt sich wie folgt verallgemeinern. Ist $X = X_1 \times \cdots \times X_n$ das direkte Produkt der normierten Vektorräume, können wir die Norm eines Vektors $x = (x_1, \ldots, x_n)$ im direkten Produkt durch

$$\|x\|_p := \left(\sum_{i=1}^n \|x_i\|^p\right)^{\frac{1}{p}} , \quad p \ge 1 \tag{10.9}$$

einführen, wobei $\|x_i\|$ die Norm des Vektors $x_i \in X_i$ ist.

Natürlich bleiben die Ungleichungen (10.8) auch in diesem Fall gültig.

Wenn wir nicht ausdrücklich etwas anderes sagen, werden wir von nun an bei direkten Produkten normierter Räume annehmen, dass die Norm in Übereinstimmung mit Formel (10.9) definiert ist (einschließlich $p = +\infty$).

Beispiel 7. Wir symbolisieren die Menge von Folgen $x = (x^1, \ldots, x^n, \ldots)$ reeller oder komplexer Zahlen, für die die Reihe $\sum_{n=1}^\infty |x^n|^p$ ($p \ge 1$) konvergiert, mit ℓ_p. Für $x \in \ell_p$ setzen wir

$$\|x\|_p := \left(\sum_{n=1}^\infty |x^n|^p\right)^{\frac{1}{p}} \ . \tag{10.10}$$

Mit Hilfe der Minkowskischen Ungleichung können wir einfach erkennen, dass ℓ_p ein normierter Vektorraum bzgl. den üblichen Vektorraumoperationen und der Norm (10.10) ist. Dies ist ein unendlich-dimensionaler Raum auf den bezogen $\mathbb{R}_p^n$ ein Untervektorraum endlicher Dimension ist.

Alle Ungleichungen in (10.8), mit Ausnahme der letzten, sind für die Norm (10.10) gültig. Es lässt sich einfach zeigen, dass ℓ_p ein Banach-Raum ist.

Beispiel 8. Im Vektorraum $C[a, b]$ der auf dem abgeschlossenen Intervall $[a, b]$ stetigen Funktionen mit numerischen Werten arbeiten wir üblicherweise mit folgender Norm:

$$\|f\| := \max_{x \in [a,b]} |f(x)| \ . \tag{10.11}$$

Den Beweis der Axiome für die Norm überlassen wir dem Leser. Wir merken an, dass diese Norm eine Metrik auf $C[a, b]$ erzeugt, die uns bereits bekannt ist (vgl. Abschnitt 9.5), und wir wissen, dass der dabei entstehende metrische Raum vollständig ist. Folglich ist der Vektorraum $C[a, b]$ mit der Norm (10.11) ein Banach-Raum.

Beispiel 9. Wir können in $C[a, b]$ auch eine andere Norm einführen:

$$\|f\|_p := \left(\int\limits_a^b |f|^p(x)\, dx \right)^{\frac{1}{p}} , \quad p \geq 1 . \tag{10.12}$$

Sie geht für $p \to +\infty$ in (10.11) über.

Es lässt sich einfach zeigen (z.B. in Abschnitt 9.5), dass der Raum $C[a, b]$ mit der Norm (10.12) für $1 \leq p < +\infty$ nicht vollständig ist.

10.1.3 Innere Produkte in Vektorräumen

Räume mit einem inneren Produkt bilden eine wichtige Klasse normierter Räume. Sie sind eine direkte Verallgemeinerung euklidischer Räume.

Wir wiederholen ihre Definition.

Definition 5. Wir sagen, dass eine *hermitesche Form* auf einem Vektorraum X (über dem Körper der komplexen Zahlen) definiert ist, wenn eine Abbildung $\langle\,,\,\rangle : X \times X \to \mathbb{C}$ mit den folgenden Eigenschaften existiert:

  a) $\langle x_1, x_2 \rangle = \overline{\langle x_2, x_1 \rangle}$,
  b) $\langle \lambda x_1, x_2 \rangle = \lambda \langle x_1, x_2 \rangle$,
  c) $\langle x_1 + x_2, x_3 \rangle = \langle x_1, x_3 \rangle + \langle x_2, x_3 \rangle$.
Dabei sind x_1, x_2, x_3 Vektoren in X und $\lambda \in \mathbb{C}$.

Beispielsweise folgt aus a), b) und c), dass

$$\langle x_1, \lambda x_2 \rangle = \overline{\langle \lambda x_2, x_1 \rangle} = \overline{\lambda \langle x_2, x_1 \rangle} = \overline{\lambda}\,\overline{\langle x_2, x_1 \rangle} = \overline{\lambda} \langle x_1, x_2 \rangle \,;$$
$$\langle x_1, x_2 + x_3 \rangle = \overline{\langle x_2 + x_3, x_1 \rangle} = \overline{\langle x_2, x_1 \rangle} + \overline{\langle x_3, x_1 \rangle} = \langle x_1, x_2 \rangle + \langle x_1, x_3 \rangle \,;$$
$$\langle x, x \rangle = \overline{\langle x, x \rangle} \,, \quad \text{das heißt, } \langle x, x \rangle \text{ ist eine reelle Zahl.}$$

Eine hermitesche Form wird *nicht negativ definit* genannt, falls
  d) $\langle x, x \rangle \geq 0$,
und *definit*, falls
  e) $\langle x, x \rangle = 0 \Leftrightarrow x = 0$.
Ist X ein Vektorraum über dem Körper der reellen Zahlen, dann müssen wir natürlich eine reellwertige Form $\langle x_1, x_2 \rangle$ betrachten. In diesem Fall kann a) durch $\langle x_1, x_2 \rangle = \langle x_2, x_1 \rangle$ ersetzt werden, das bedeutet, dass die Form bzgl. ihrer Vektorargumente x_1 und x_2 symmetrisch ist.

Ein Beispiel für eine derartige Form ist das Skalarprodukt, das aus der analytischen Geometrie für Vektoren im drei-dimensionalen euklidischen Raum bekannt ist. In Zusammenhang mit dieser Analogie treffen wir die folgende Definition:

Definition 6. Eine definite nicht negative hermitesche Form in einem Vektorraum wird ein *inneres Produkt* in dem Raum genannt.

Beispiel 10. Wir können ein inneres Produkt von Vektoren $x = (x^1, \ldots, x^n)$ und $y = (y^1, \ldots, y^n)$ in $\mathbb{R}^n$ wie folgt definieren:

$$\langle x, y \rangle := \sum_{i=1}^{n} x^i y^i \ . \tag{10.13}$$

Und in $\mathbb{C}^n$:

$$\langle x, y \rangle := \sum_{i=1}^{n} x^i \overline{y^i} \ . \tag{10.14}$$

Beispiel 11. Wir können in ℓ_2 das innere Produkt der Vektoren x und y wie folgt definieren:

$$\langle x, y \rangle := \sum_{i=1}^{\infty} x^i \overline{y^i} \ .$$

In diesem Ausdruck konvergiert die Reihe absolut, da

$$2\sum_{i=1}^{\infty} |x^i \overline{y^i}| \le \sum_{i=1}^{\infty} |x^i|^2 + \sum_{i=1}^{\infty} |y^i|^2 \ .$$

Beispiel 12. Wir können in $C[a, b]$ ein inneres Produkt wie folgt definieren:

$$\langle f, g \rangle := \int_{a}^{b} (f \cdot \bar{g})(x)\, dx \ . \tag{10.15}$$

Aus den Eigenschaften des Integrals folgt einfach, dass in diesem Fall alle Anforderungen an ein inneres Produkt erfüllt sind.

Die folgende wichtige Ungleichung, die als *Schwarzsche Ungleichung* oder auch *Cauchy–Bunjakowski Ungleichung* bekannt ist, gilt für das innere Produkt:

$$|\langle x, y \rangle|^2 \le \langle x, x \rangle \cdot \langle y, y \rangle \ . \tag{10.16}$$

Dabei gilt Gleichheit genau dann, wenn die Vektoren x und y kollinear sind.

Beweis. Seien $a = \langle x, x \rangle$, $b = \langle x, y \rangle$ und $c = \langle y, y \rangle$. Laut Annahme sind $a \ge 0$ und $c \ge 0$. Für $c > 0$ folgt aus

$$0 \le \langle x + \lambda y, x + \lambda y \rangle = a + \bar{b}\lambda + b\bar{\lambda} + c\lambda\bar{\lambda}$$

mit $\lambda = -\frac{b}{c}$, dass

$$0 \le a - \frac{\bar{b}b}{c} - \frac{b\bar{b}}{c} + \frac{b\bar{b}}{c}$$

oder

$$0 \leq ac - b\bar{b} = ac - |b|^2 \, , \tag{10.17}$$

was mit (10.16) identisch ist.

Der Fall $a > 0$ wird auf ähnliche Weise behandelt.

Ist $a = c = 0$, dann erhalten wir, wenn wir $\lambda = -b$ setzen, anstelle von (10.17), dass $0 \leq -\bar{b}b - b\bar{b} = -2|b|^2$, d.h. $b = 0$ und damit ist (10.16) wiederum wahr.

Sind x und y nicht kollinear, dann ist $0 < \langle x + \lambda y, x + \lambda y \rangle$ und folglich ist (10.16) in diesem Fall eine strenge Ungleichung. Sind aber x und y kollinear, dann kann man einfach erkennen, dass beide Seiten gleich sind.   □

Ein Vektorraum mit einem inneren Produkt besitzt eine natürliche Norm

$$\|x\| := \sqrt{\langle x, x \rangle} \tag{10.18}$$

und die Metrik

$$d(x, y) := \|x - y\| \, .$$

Mit Hilfe der Schwarzschen Ungleichung können wir zeigen, dass (10.18) tatsächlich eine Norm definiert, wenn $\langle x, y \rangle$ eine positiv definite hermitesche Form ist.

Beweis. Tatsächlich gilt

$$\|x\| = \sqrt{\langle x, x \rangle} = 0 \Leftrightarrow x = 0 \, ,$$

da die Form $\langle x, y \rangle$ definit ist.

Als Nächstes gilt:

$$\|\lambda x\| = \sqrt{\langle \lambda x, \lambda x \rangle} = \sqrt{\lambda \bar{\lambda} \langle x, x \rangle} = |\lambda| \sqrt{\langle x, x \rangle} = |\lambda| \, \|x\| \, .$$

Wir beweisen schließlich, dass die Dreiecksungleichung gilt:

$$\|x + y\| \leq \|x\| + \|y\| \, .$$

Dazu müssen wir zeigen, dass

$$\sqrt{\langle x + y, x + y \rangle} \leq \sqrt{\langle x, x \rangle} + \sqrt{\langle y, y \rangle}$$

oder, indem wir quadrieren und kürzen, dass

$$\langle x, y \rangle + \langle y, x \rangle \leq 2\sqrt{\langle x, x \rangle \cdot \langle y, y \rangle} \, .$$

Nun gilt aber

$$\langle x, y \rangle + \langle y, x \rangle = \langle x, y \rangle + \overline{\langle x, y \rangle} = 2\mathrm{Re}\,\langle x, y \rangle \leq 2|\langle x, y \rangle| \, ,$$

und die zu beweisende Ungleichung folgt unmittelbar aus der Schwarzschen Ungleichung (10.16).   □

Zum Abschluss bemerken wir, dass endlich-dimensionale Vektorräume mit einem inneren Produkt üblicherweise *euklidische* oder *hermitesche* (*unitäre*) Räume genannt werden, je nachdem, ob der zugrunde liegende Körper $\mathbb{R}$ oder $\mathbb{C}$ ist. Ist ein normierter Vektorraum unendlich-dimensional, wird er *Hilbert–Raum* genannt, falls er in der durch die natürliche Norm induzierten Metrik vollständig ist, und ansonsten *Prä–Hilbert–Raum*.

10.1.4 Übungen und Aufgaben

1. Zeigen Sie:

a) Ist eine translationsinvariante (homogene) Metrik $d(x_1, x_2)$ in einem Vektorraum X definiert, dann kann X dadurch normiert werden, dass wir $\|x\| = d(0, x)$ setzen.

b) Die Norm in einem Vektorraum X ist eine stetige Funktion bzgl. der durch die natürliche Metrik (10.3) induzierten Topologie.

c) Sei X ein endlich-dimensionaler Vektorraum und seien $\|x\|$ und $\|x\|'$ zwei Normen auf X. Dann gibt es positive Zahlen M und N, so dass für jeden Vektor $x \in X$

$$M\|x\| \leq \|x\|' \leq N\|x\| \tag{10.19}$$

gilt.

d) Die obige Ungleichung (10.19) gilt im Allgemeinen nicht in unendlich-dimensionalen Räumen. Hinweis: Nutzen Sie als Beispiel die Normen $\|x\|_1$ und $\|x\|_\infty$ im Raum ℓ.

2. a) Beweisen Sie Ungleichung (10.5).

b) Zeigen Sie Relation (10.6).

c) Zeigen Sie, dass für $p \to +\infty$ die durch (10.12) definierte Norm $\|f\|_p$ gegen die durch (10.11) gegebene Norm $\|f\|$ konvergiert.

3. a) Zeigen Sie, dass der in Beispiel 7 normierte Raum ℓ_p vollständig ist.

b) Zeigen Sie, dass der Unterraum von ℓ_p, der aus endlichen Folgen (die mit Nullen enden) besteht, kein Banach-Raum ist.

4. a) Überprüfen Sie, ob die Relationen (10.11) und (10.12) im Raum $C[a, b]$ eine Norm definieren und überzeugen Sie sich davon, dass in einem der Fälle ein vollständiger normierter Raum entsteht, im anderen aber nicht.

b) Wird durch (10.12) eine Norm im Raum $\mathcal{R}[a, b]$ der Riemann-integrierbaren Funktionen definiert?

c) Welche Unterteilung (Auswahl) muss im Raum $\mathcal{R}[a, b]$ getroffen werden, damit die durch (10.12) definierte Größe im sich ergebenden Vektorraum eine Norm definiert?

5. a) Zeigen Sie, dass die Formeln (10.13)–(10.15) tatsächlich ein inneres Produkt in den entsprechenden Vektorräumen definieren.

b) Ist die durch Formel (10.15) definierte Form ein inneres Produkt im Raum $\mathcal{R}[a, b]$ der Riemann-integrierbaren Funktionen?

c) Welche Funktionen in $\mathcal{R}[a, b]$ müssen ausgewählt werden, damit die Antwort in Teil b) im Quotientenraum der Äquivalenzklassen bejahend ist?

6. Bestimmen Sie mit Hilfe der Schwarzschen Ungleichung die größte untere Schranke der Werte des Produkts $\left(\int\limits_a^b f(x)\,dx \right) \left(\int\limits_a^b (1/f)(x)\,dx \right)$ auf der Menge der stetigen Funktionen mit reellen Werten, die auf dem abgeschlossenen Intervall $[a,b]$ nicht verschwinden.

10.2 Lineare und multilineare Transformationen

10.2.1 Definitionen und Beispiele

Wir beginnen mit einer Wiederholung der wichtigen Definitionen.

Definition 1. Sind X und Y Vektorräume über demselben Körper (in unserem Fall entweder $\mathbb{R}$ oder $\mathbb{C}$), dann ist eine Abbildung $A : X \to Y$ *linear*, wenn die Gleichungen

$$A(x_1 + x_2) = A(x_1) + A(x_2)\,,$$
$$A(\lambda x) = \lambda A(x)$$

für alle Vektoren x, x_1, x_2 in X und jede Zahl λ im zu Grunde liegenden Körper gelten.

Für eine lineare Transformation $A : X \to Y$ schreiben wir oft Ax anstelle von $A(x)$.

Definition 2. Eine Abbildung $A : X_1 \times \cdots \times X_n \to Y$ des direkten Produkts der Vektorräume $X_1, \ldots, X_n$ auf den Vektorraum Y ist *multilinear* (*n-linear*), falls die Abbildung $y = A(x_1, \ldots, x_n)$ bzgl. jeder Variablen linear ist, wenn alle anderen Variablen festgehalten werden.

Die Menge der n-linearen Abbildungen $A : X_1 \times \cdots \times X_n \to Y$ wird durch $\mathcal{L}(X_1, \ldots, X_n; Y)$ symbolisiert.

Für $n = 1$ erhalten wir insbesondere die Menge $\mathcal{L}(X; Y)$ der linearen Abbildungen von $X_1 = X$ auf Y.

Für $n = 2$ wird eine multilineare Abbildung *bilinear* genannt, für $n = 3$ *trilinear* und so weiter.

Wir sollten eine n-lineare Abbildung $A \in \mathcal{L}(X_1, \ldots, X_n; Y)$ nicht mit einer linearen Abbildung $A \in \mathcal{L}(X; Y)$ des Vektorraums $X = X_1 \times \cdots \times X_n$ durcheinander bringen (vgl. in dem Zusammenhang die Beispiele 9–11 unten).

Für $Y = \mathbb{R}$ oder $Y = \mathbb{C}$ werden lineare und multilineare Abbildungen meist lineare bzw. multilineare *Funktionale* genannt. Ist Y ein beliebiger Vektorraum, wird eine lineare Abbildung $A : X \to Y$ meist eine *lineare Transformation* von X auf Y genannt und für den Spezialfall $X = Y$ wird sie als *linearer Operator* bezeichnet.

Wir wollen einige Beispiele für lineare Abbildungen betrachten.

Beispiel 1. Sei $\underset{0}{\ell}$ der Vektorraum der endlichen Zahlenfolgen. Wir definieren eine Transformation $A : \underset{0}{\ell} \to \underset{0}{\ell}$ wie folgt:

$$A\big((x_1, x_2, \ldots, x_n, 0, \ldots)\big) := (1x_1, 2x_2, \ldots, nx_n, 0, \ldots) \,.$$

Beispiel 2. Wir definieren das Funktional $A : C[a, b] \to \mathbb{R}$ durch die Relation

$$A(f) := f(x_0) \,,$$

wobei $f \in C\big([a, b], \mathbb{R}\big)$ und x_0 ein fester Punkt des abgeschlossenen Intervalls $[a, b]$ ist.

Beispiel 3. Wir definieren das Funktional $A : C\big([a, b], \mathbb{R}\big) \to \mathbb{R}$ durch

$$A(f) := \int\limits_a^b f(x)\, dx \,.$$

Beispiel 4. Wir definieren die Transformation $A : C\big([a, b], \mathbb{R}\big) \to C\big([a, b], \mathbb{R}\big)$ durch die Formel

$$A(f) := \int\limits_a^x f(t)\, dt \,,$$

wobei x sich im abgeschlossenen Intervall $[a, b]$ bewegt.

Alle diese Transformationen sind offensichtlich linear.

Wir wollen nun einige bekannte Beispiele für multilineare Abbildungen betrachten.

Beispiel 5. Das übliche Produkt $(x_1, \ldots, x_n) \mapsto x_1 \cdot \ldots \cdot x_n$ von n reellen Zahlen ist ein typisches Beispiel für ein n-lineares Funktional $A \in \mathcal{L}(\underbrace{\mathbb{R}, \ldots, \mathbb{R}}_{n}; \mathbb{R})$.

Beispiel 6. Das innere Produkt $(x_1, x_2) \overset{A}{\longmapsto} \langle x_1, x_2 \rangle$ in einem euklidischen Vektorraum über dem Körper $\mathbb{R}$ ist eine bilineare Funktion.

Beispiel 7. Das Kreuzprodukt $(x_1, x_2) \overset{A}{\longmapsto} [x_1, x_2]$ von Vektoren im dreidimensionalen euklidischen Raum E^3 ist eine bilineae Transformation, d.h. $A \in \mathcal{L}(E^3, E^3; E^3)$.

Beispiel 8. Ist X ein endlich-dimensionaler Vektorraum über dem Körper $\mathbb{R}$, dann ist $\{e_1, \ldots, e_n\}$ eine Basis in X und $x = x^i e_i$ ist die Koordinatendarstellung des Vektors $x \in X$. Wenn wir dann

$$A(x_1, \ldots, x_n) = \det \begin{pmatrix} x_1^1 & \cdots & x_1^n \\ \cdots\cdots\cdots\cdots \\ x_n^1 & \cdots & x_n^n \end{pmatrix}$$

setzen, erhalten wir eine n-lineare Funktion $A : X^n \to \mathbb{R}$.

Als nützliche Ergänzung zu den eben vorgestellten Beispielen untersuchen wir zusätzlich die Struktur der linearen Abbildungen eines Produkts von Vektorräumen auf ein Produkt von Vektorräumen.

Beispiel 9. Sei $X = X_1 \times \cdots \times X_m$ der Vektorraum, der das direkte Produkt der Räume $X_1, \ldots, X_m$ ist und sei $A : X \to Y$ eine lineare Abbildung von X auf einen Vektorraum Y. Wenn wir jeden Vektor $x = (x_1, \ldots, x_m) \in X$ in der Form

$$x = (x_1, \ldots, x_m) =$$
$$= (x_1, 0, \ldots, 0) + (0, x_2, 0, \ldots, 0) + \cdots + (0, \ldots, 0, x_m) \quad (10.20)$$

darstellen und

$$A_i(x_i) := A\big((0, \ldots, 0, x_i, 0, \ldots, 0)\big) \quad (10.21)$$

für $x_i \in X_i$, $i = \{1, \ldots, m\}$ setzen, können wir beobachten, dass die Abbildungen $A_i : X_i \to Y$ linear sind und dass

$$A(x) = A_1(x_1) + \cdots + A_m(x_m) . \quad (10.22)$$

Da die Abbildung $A : X = X_1 \times \cdots \times X_m \to Y$ offensichtlich für alle linearen Abbildungen $A_i : X_i \to Y$ linear ist, haben wir gezeigt, dass Gleichung (10.22) der allgemeinen Formel für jede lineare Abbildung $A \in \mathcal{L}(X = X_1 \times \cdots \times X_m; Y)$ entspricht.

Beispiel 10. Wir beginnen mit der Definition des direkten Produkts $Y = Y_1 \times \cdots \times Y_n$ der Vektorräume $Y_1, \ldots, Y_n$ und der Definition einer linearen Abbildung $A : X \to Y$. Damit können wir einfach erkennen, dass die lineare Abbildung

$$A : X \to Y = Y_1 \times \cdots \times Y_n$$

die Gestalt $x \mapsto Ax = (A_1x, \ldots, A_nx) = (y_1, \ldots, y_n) = y \in Y$ besitzt, wobei $A_i : X \to Y_i$ lineare Abbildungen sind.

Beispiel 11. Wir kombinieren die Beispiele 9 und 10 und folgern, dass jede lineare Abbildung

$$A : X_1 \times \cdots \times X_m = X \to Y = Y_1 \times \cdots \times Y_n$$

des direkten Produkts $X = X_1 \times \cdots \times X_m$ von Vektorräumen auf ein anderes direktes Produkt $Y = Y_1 \times \cdots \times Y_n$ die Gestalt

$$y = \begin{pmatrix} y_1 \\ \cdots \\ y_n \end{pmatrix} = \begin{pmatrix} A_{11} & \cdots & A_{1m} \\ \cdots\cdots\cdots\cdots\cdots \\ A_{n1} & \cdots & A_{nm} \end{pmatrix} \begin{pmatrix} x_1 \\ \cdots \\ x_m \end{pmatrix} = Ax \quad (10.23)$$

besitzt, wobei $A_{ij} : X_j \to Y_i$ lineare Abbildungen sind.

Gilt $X_1 = X_2 = \cdots = X_m = \mathbb{R}$ und $Y_1 = Y_2 = \cdots = Y_n = \mathbb{R}$, dann sind insbesondere $A_{ij} : X_j \to Y_i$ die linearen Abbildungen $\mathbb{R} \ni x \mapsto a_{ij}x \in \mathbb{R}$, wobei jede davon durch eine einzige Zahl a_{ij} beschrieben wird. In diesem Fall ist (10.23) die bekannte numerische Schreibweise für eine lineare Abbildung $A : \mathbb{R}^m \to \mathbb{R}^n$.

10.2.2 Die Norm einer Transformation

Definition 3. Sei $A : X_1 \times \cdots \times X_n \to Y$ eine multilineare Transformation, die das direkte Produkt der normierten Vektorräume $X_1, \ldots, X_n$ in einen normierten Raum Y abbildet.

Die Zahl

$$\|A\| := \sup_{\substack{x_1, \ldots, x_n \\ x_i \neq 0}} \frac{|A(x_1, \ldots, x_n)|_Y}{|x_1|_{X_1} \cdot \ldots \cdot |x_n|_{X_n}} , \qquad (10.24)$$

wobei das Supremum über alle Mengen von Vektoren $x_1, \ldots, x_n$ ungleich Null in den Räumen $X_1, \ldots, X_n$ gebildet wird, wird *Norm* der multilinearen Transformation A genannt.

Auf der rechten Seite von Gleichung (10.24) haben wir die Norm eines Vektors x durch das Symbol $|\cdot|$ gekennzeichnet, das wir mit dem Symbol des normierten Vektorraums, zu dem der Vektor gehört, indiziert haben, anstelle des ansonsten üblichen Symbols $\|\cdot\|$ für die Norm eines Vektors. Wir werden uns von nun an an diese Schreibweise für die Norm eines Vektors halten. Außerdem werden wir dann, wenn keine Verwirrung auftreten kann, das Symbol für den Vektorraum weg lassen und dabei für gesichert annehmen, dass die Norm (der Absolutbetrag) eines Vektors immer in dem Raum berechnet wird, zu dem der Vektor gehört. Auf diese Weise hoffen wir unterschiedliche Schreibweisen für die Norm eines Vektors und die Norm einer linearen bzw. multilinearen Transformation, die auf einem normierten Vektorraum definiert ist, einzuführen.

Mit Hilfe der Eigenschaften der Norm eines Vektors und den Eigenschaften einer multilinearen Transformation können wir die Gleichung (10.24) wie folgt umschreiben:

$$\|A\| = \sup_{\substack{x_1, \ldots, x_n \\ x_i \neq 0}} \left| A\left(\frac{x_1}{|x_1|}, \ldots, \frac{x_n}{|x_n|} \right) \right| = \sup_{e_1, \ldots, e_n} |A(e_1, \ldots, e_n)| , \qquad (10.25)$$

wobei das letzte Supremum sich auf die Menge $e_1, \ldots, e_n$ der Einheitsvektoren (d.h. $|e_i| = 1$, $i = 1, \ldots, n$) in den Räumen $X_1, \ldots, X_n$ bezieht.

Insbesondere erhalten wir für eine lineare Transformation $A : X \to Y$ aus (10.24) und (10.25), dass

$$\|A\| = \sup_{x \neq 0} \frac{|Ax|}{|x|} = \sup_{|e|=1} |Ae| . \qquad (10.26)$$

Aus Definition 3 folgt für die Norm einer multilinearen Transformation A, dass für $\|A\| < \infty$ für beliebige Vektoren $x_i \in X_i$, $i = 1, \ldots, n$ die Ungleichung

$$|A(x_1, \ldots, x_n)| \leq \|A\| \, |x_1| \cdot \ldots \cdot |x_n| \tag{10.27}$$

gilt.

Insbesondere erhalten wir für eine lineare Transformation, dass

$$|Ax| \leq \|A\| \, |x| \, . \tag{10.28}$$

Außerdem folgt aus Definition 3, dass es die größte untere Schranke aller Zahlen M ist, für die

$$|A(x_1, \ldots, x_n)| \leq M |x_1| \cdot \ldots \cdot |x_n| \tag{10.29}$$

für alle Werte von $x_i \in X_i$, $i = 1, \ldots, n$ gilt, falls die Norm der multilinearen Transformation endlich ist.

Definition 4. Eine multilineare Transformation $A : X_1 \times \cdots \times X_n \to Y$ ist *beschränkt*, wenn ein $M \in \mathbb{R}$ existiert, so dass die Ungleichung (10.29) für alle $x_1, \ldots, x_n$ in den Räumen $X_1, \ldots, X_n$ gilt.

Daher sind beschränkte Transformationen genau die, die eine endliche Norm besitzen.

Auf Grundlage der Gleichung (10.26) können wir die geometrische Bedeutung der Norm einer linearen Transformation für den bekannten Fall $A : \mathbb{R}^m \to \mathbb{R}^n$ einfach verstehen. In diesem Fall wird der Einheitskreis in $\mathbb{R}^m$ durch die Transformation A auf ein Ellipsoid in $\mathbb{R}^n$ abgebildet, dessen Zentrum im Ursprung liegt. Daher entspricht in diesem Fall die Norm von A einfach der größten Hauptachse des Ellipsoids.

Auf der anderen Seite können wir die Norm einer linearen Transformation auch als kleinste obere Schranke der Ausdehnungskoeffizienten der Vektoren unter der Abbildung interpretieren, wie wir an der ersten Gleichung in (10.26) erkennen können.

Es ist nicht schwer zu beweisen, dass für Abbildungen endlich-dimensionaler Räume die Norm einer multilinearen Transformation immer endlich ist. Dies gilt nicht länger für unendlich-dimensionale Räume, wie wir an den ersten der folgenden Beispielen erkennen können.

Wir wollen die Normen der in den Beispielen 1–8 betrachteten Transformationen berechnen.

Beispiel 1'. Wenn wir ℓ_0 als einen Teilraum des normierten Raumes ℓ_p betrachten, in dem der Vektor $e_n = (\underbrace{0, \ldots, 0}_{n-1}, 1, 0, \ldots)$ die Norm Eins besitzt, dann ist klar, da $Ae_n = ne_n$, dass $\|A\| = \infty$.

Beispiel 2'. Sei $|f| = \max\limits_{a \leq x \leq b} |f(x)| \leq 1$, dann ist $|Af| = |f(x_0)| \leq 1$ und $|Af| = 1$ für $f(x_0) = 1$, so dass $\|A\| = 1$.

Wenn wir beispielsweise die Integralnorm

$$|f| = \int\limits_a^b |f|(x)\,dx$$

auf demselben Vektorraum $C([a,b],\mathbb{R})$ betrachten, können wir feststellen, dass sich das Ergebnis bei der Berechnung von $\|A\|$ beträchtlich verändern kann. Setzen Sie etwa $[a,b] = [0,1]$ und $x_0 = 1$. Die Integralnorm für die Funktion $f_n = x^n$ beträgt auf $[0,1]$ offensichtlich gleich $\frac{1}{n+1}$, wohingegen $Af_n = Ax^n = x^n\big|_{x=1} = 1$. Daraus folgt, dass in diesem Fall $\|A\| = \infty$.

Im Folgenden, wenn nicht ausdrücklich etwas Anderes formuliert ist, gehen wir davon aus, dass der Raum $C([a,b],\mathbb{R})$ die Norm besitzt, die als Maximum des Absolutbetrags der Funktion auf dem abgeschlossenen Intervall $[a,b]$ definiert ist.

Beispiel 3′. Sei $|f| = \max\limits_{a \leq x \leq b} |f(x)| \leq 1$, dann ist

$$|Af| = \left| \int\limits_a^b f(x)\,dx \right| \leq \int\limits_a^b |f|(x)\,dx \leq \int\limits_a^b 1\,dx = b - a\,.$$

Für $f(x) \equiv 1$ erhalten wir $|A1| = b - a$, und daher $\|A\| = b - a$.

Beispiel 4′. Für $|f| = \max\limits_{a \leq x \leq b} |f(x)| \leq 1$, erhalten wir

$$\max\limits_{a \leq x \leq b} \left| \int\limits_a^x f(t)\,dt \right| \leq \max\limits_{a \leq x \leq b} \int_a^x |f|(t)\,dt \leq \max\limits_{a \leq x \leq b} (x - a) = b - a\,.$$

Für $|f(t)| \equiv 1$ erhalten wir

$$\max\limits_{a \leq x \leq b} \int\limits_a^x 1\,dt = b - a$$

und daher ist in diesem Beispiel $\|A\| = b - a$.

Beispiel 5′. Aus Definition 3 erhalten wir unmittelbar, dass in diesem Fall $\|A\| = 1$ gilt.

Beispiel 6′. Nach der Schwarzschen Ungleichung ist

$$|\langle x_1, x_2 \rangle| \leq |x_1| \cdot |x_2|$$

und für $x_1 = x_2$ wird aus der Ungleichung eine Gleichung. Daher ist $\|A\| = 1$.

Beispiel 7′. Wir wissen, dass

$$\big|[x_1, x_2]\big| = |x_1|\,|x_2|\,\sin\varphi\,,$$

wobei φ der Winkel zwischen den Vektoren x_1 und x_2 ist, weswegen $\|A\| \leq 1$ gilt. Gleichzeitig ist aber auch $\sin\varphi = 1$, falls die Vektoren x_1 und x_2 orthogonal sind. Somit ist $\|A\| = 1$.

Beispiel 8′. Wenn wir davon ausgehen, dass die Vektoren in einem euklidischen Raum der Dimension n liegen, können wir feststellen, dass $A(x_1, \ldots, x_n) = \det(x_1, \ldots, x_n)$ das Volumen des Spats ist, der durch die Vektoren $x_1, \ldots, x_n$ aufgespannt wird und dass dieses Volumen maximal ist, wenn die Vektoren $x_1, \ldots, x_n$ bei konstanter Länge orthogonalisiert werden.

Somit ist

$$|\det(x_1, \ldots, x_n)| \leq |x_1| \cdot \ldots \cdot |x_n|\,,$$

wobei die Gleichheit für orthogonale Vektoren gilt. Daher ist in diesem Fall $\|A\| = 1$.

Wir wollen nun die Normen der in den Beispielen 9–11 untersuchten Operatoren abschätzen. Dabei gehen wir davon aus, dass die Norm des Vektors $x = (x_1, \ldots, x_m)$ im direkten Produkt $X = X_1 \times \cdots \times X_m$ der normierten Räume $X_1, \ldots, X_m$ in Übereinstimmung mit der Vereinbarung in Abschnitt 10.1 steht (vgl. Beispiel 6).

Beispiel 9′. Die Definition einer linearen Transformation

$$A : X_1 \times \cdots \times X_m = X \to Y$$

ist, wie wir gezeigt haben, zur Definition der m linearen Transformationen $A_i : X_i \to Y$ äquivalent, die durch die Gleichungen $A_i x_i = A\big((0, \ldots, 0, x_i, 0, \ldots, 0)\big)$, $i = 1, \ldots, m$ gegeben werden. Wenn dem so ist, dann gelten die Formeln (10.22), auf Grund derer

$$|Ax|_Y \leq \sum_{i=1}^{m} |A_i x_i|_Y \leq \sum_{i=1}^{m} \|A_i\|\,|x_i|_{X_i} \leq \left(\sum_{i=1}^{m} \|A_i\|\right)|x|_X\,.$$

Somit haben wir gezeigt, dass

$$\|A\| \leq \sum_{i=1}^{m} \|A_i\|\,.$$

Andererseits können wir, da

$$|A_i x_i| = \big|A\big((0, \ldots, 0, x_i, 0, \ldots, 0)\big)\big| \leq$$
$$\leq \|A\|\,\big|(0, \ldots, 0, x_i, 0, \ldots, 0)\big|_X = \|A\|\,|x_i|_{X_i}\,,$$

folgern, dass die Abschätzung

$$\|A_i\| \leq \|A\|$$

ebenso für alle $i = 1, \ldots, m$ gilt.

Beispiel 10′. In diesem Fall können wir unmittelbar mit der in $Y = Y_1 \times \cdots \times Y_n$ eingeführten Norm die folgenden beidseitigen Näherungen erhalten:

$$\|A_i\| \leq \|A\| \leq \sum_{i=1}^{n} \|A_i\| .$$

Beispiel 11′. Wenn wir die Ergebnisse in den Beispielen 9′ und 10′ berücksichtigen, können wir folgern, dass

$$\|A_{ij}\| \leq \|A\| \leq \sum_{i=1}^{m} \sum_{j=1}^{n} \|A_{ij}\| .$$

10.2.3 Der Raum der stetigen Transformationen

Von nun an interessieren uns nicht mehr alle linearen bzw. multilinearen Transformationen, sondern nur noch solche, die stetig sind. In diesem Zusammenhang ist es nützlich, den folgenden Satz im Gedächtnis zu behalten.

Satz 1. *Bei einer multilinearen Transformation* $A : X_1 \times \cdots \times X_n \to Y$, *die ein Produkt normierter Räume* $X_1, \ldots, X_n$ *in einen normierten Raum* Y *abbildet, sind die folgenden Bedingungen äquivalent:*

a) *A besitzt eine endliche Norm,*
b) *A ist eine beschränkte Transformation,*
c) *A ist eine stetige Transformation,*
d) *A ist im Punkt* $(0, \ldots, 0) \in X_1 \times \cdots \times X_n$ *stetig.*

Beweis. Wir beweisen in einer geschlossenen Schlussfolgerungskette $a) \Rightarrow b) \Rightarrow c) \Rightarrow d) \Rightarrow a)$.

Aus Ungleichung (10.27) folgt offensichtlich, dass $a) \Rightarrow b)$.

Wir wollen zeigen, dass $b) \Rightarrow c)$, d.h., dass aus (10.29) folgt, dass der Operator A stetig ist. Tatsächlich können wir, wenn wir die Multilinearität von A berücksichtigen, schreiben:

$$A(x_1 + h_1, x_2 + h_2, \ldots, x_n + h_n) - A(x_1, x_2, \ldots, x_n) =$$
$$= A(h_1, x_2, \ldots, x_n) + \cdots + A(x_1, x_2, \ldots, x_{n-1}, h_n) +$$
$$+ A(h_1, h_2, x_3, \ldots, x_n) + \cdots + A(x_1, \ldots, x_{n-2}, h_{n-1}, h_n) +$$
$$\cdots\cdots\cdots\cdots\cdots\cdots\cdots\cdots\cdots\cdots\cdots\cdots\cdots\cdots\cdots$$
$$+ A(h_1, \ldots, h_n) .$$

Aus (10.29) erhalten wir die Abschätzung

$$|A(x_1 + h_1, x_2 + h_2, \ldots, x_n + h_n) - A(x_1, x_2, \ldots, x_n)| \leq$$
$$\leq M \left(|h_1| \cdot |x_2| \cdot \ldots \cdot |x_n| + \cdots + |x_1| \cdot |x_2| \cdot \ldots \cdot |x_{n-1}| \cdot |h_n| + \right.$$
$$\cdots\cdots\cdots\cdots\cdots\cdots\cdots\cdots\cdots\cdots\cdots\cdots\cdots\cdots$$
$$\left. + |h_1| \cdot \ldots \cdot |h_n| \right),$$

aus der folgt, dass A in jedem Punkt $(x_1, \ldots, x_n) \in X_1 \times \cdots \times X_n$ stetig ist.
Für $(x_1, \ldots, x_n) = (0, \ldots, 0)$ erhalten wir offensichtlich d) aus c).
Es bleibt zu zeigen, dass $d) \Rightarrow a)$.
Zu gegebenem $\varepsilon > 0$ finden wir ein $\delta = \delta(\varepsilon) > 0$, so dass $|A(x_1, \ldots, x_n)| < \varepsilon$
für $\max\{|x_1|, \ldots, |x_n|\} < \delta$. Dann erhalten wir für jede Menge $e_1, \ldots, e_n$ von
Einheitsvektoren, dass

$$|A(e_1, \ldots, e_n)| = \frac{1}{\delta^n} |A(\delta e_1, \ldots, \delta e_n)| < \frac{\varepsilon}{\delta^n},$$

d.h. $\|A\| < \frac{\varepsilon}{\delta^n} < \infty$. $\square$

Wir haben oben gesehen (vgl. Beispiel 1), dass nicht jede lineare Transformation eine endliche Norm besitzt, d.h., eine lineare Transformation ist nicht immer stetig. Wir haben auch betont, dass eine lineare Transformation nur dann unstetig sein kann, wenn die Transformation auf einem unendlich-dimensionalen Raum definiert ist.

Von nun an wird $\mathcal{L}(X_1, \ldots, X_n; Y)$ die Menge s t e t i g e r multilinearer Transformationen bezeichnen, die das direkte Produkt der normierten Vektorräume $X_1, \ldots, X_n$ auf den normierten Vektorraum Y abbilden.

Insbesondere ist $\mathcal{L}(X; Y)$ die Menge stetiger linearer Transformationen von X nach Y.

Auf der Menge $\mathcal{L}(X_1, \ldots, X_n; Y)$ führen wir eine natürliche Vektorraumstruktur ein:

$$(A + B)(x_1, \ldots, x_n) := A(x_1, \ldots, x_n) + B(x_1, \ldots, x_n)$$

und

$$(\lambda A)(x_1, \ldots, x_n) := \lambda A(x_1, \ldots, x_n).$$

Ist $A, B \in \mathcal{L}(X_1, \ldots, X_n; Y)$, dann ist offensichtlich auch $(A + B) \in \mathcal{L}(X_1, \ldots, X_n; Y)$ und $(\lambda A) \in \mathcal{L}(X_1, \ldots, X_n; Y)$.
Daher kann $\mathcal{L}(X_1, \ldots, X_n; Y)$ als Vektorraum betrachtet werden.

Satz 2. *Die Norm einer multilinearen Transformation ist eine Norm im Vektorraum $\mathcal{L}(X_1, \ldots, X_n; Y)$ der stetigen multilinearen Transformationen.*

Beweis. Zunächst einmal stellen wir fest, dass die nicht negative Zahl $\|A\| < \infty$ nach Satz 1 für jede Transformation $A \in \mathcal{L}(X_1, \ldots, X_n; Y)$ definiert ist.
Die Ungleichung (10.27) zeigt uns, dass

$$\|A\| = 0 \Leftrightarrow A = 0.$$

Als Nächstes erhalten wir mit der Definition der Norm einer multilinearen Transformation:

$$\|\lambda A\| = \sup_{\substack{x_1,\ldots,x_n \\ x_i \neq 0}} \frac{(\lambda A)(x_1,\ldots,x_n)|}{|x_1| \cdot \ldots \cdot |x_n|} =$$

$$= \sup_{\substack{x_1,\ldots,x_n \\ x_i \neq 0}} \frac{|\lambda|\,|A(x_1,\ldots,x_n)|}{|x_1| \cdot \ldots \cdot |x_n|} = |\lambda|\,\|A\|\,.$$

Sind A und B Elemente des Raums $\mathcal{L}(X_1,\ldots,X_n;Y)$, dann ist schließlich

$$\|A + B\| = \sup_{\substack{x_1,\ldots,x_n \\ x_i \neq 0}} \frac{|(A+B)(x_1,\ldots,x_n)|}{|x_1| \cdot \ldots \cdot |x_n|} =$$

$$= \sup_{\substack{x_1,\ldots,x_n \\ x_i \neq 0}} \frac{|A(x_1,\ldots,x_n) + B(x_1,\ldots,x_n)|}{|x_1| \cdot \ldots \cdot |x_n|} \leq$$

$$\leq \sup_{\substack{x_1,\ldots,x_n \\ x_i \neq 0}} \frac{|A(x_1,\ldots,x_n)|}{|x_1| \cdot \ldots \cdot |x_n|} + \sup_{\substack{x_1,\ldots,x_n \\ x_i \neq 0}} \frac{|B(x_1,\ldots,x_n)|}{|x_1| \cdot \ldots \cdot |x_n|} = \|A\| + \|B\|\,. \quad \square$$

Wenn wir das Symbol $\mathcal{L}(X_1,\ldots,X_n;Y)$ von nun an benutzen, werden wir dabei den Vektorraum der *stetigen n-linearen Transformationen* im Kopf haben, der durch diese *Transformationsnorm* normiert ist. Insbesondere ist $\mathcal{L}(X,Y)$ der normierte Raum der stetigen linearen Transformationen von X nach Y.

Wir wollen nun die folgende nützliche Ergänzung zu Satz 2 geben.

Ergänzung. *Sind X, Y und Z normierte Räume, $A \in \mathcal{L}(X;Y)$ und $B \in \mathcal{L}(Y;Z)$, dann gilt:*

$$\|B \circ A\| \leq \|B\| \cdot \|A\|\,.$$

Beweis. In der Tat gilt:

$$\|B \circ A\| = \sup_{x \neq 0} \frac{|(B \circ A)x|}{|x|} \leq \sup_{x \neq 0} \frac{\|B\|\,|Ax|}{|x|} =$$

$$= \|B\| \sup_{x \neq 0} \frac{|Ax|}{|x|} = \|B\| \cdot \|A\|\,. \quad \square$$

Satz 3. *Ist Y ein vollständiger normierter Raum, dann ist $\mathcal{L}(X_1,\ldots,X_n;Y)$ ebenfalls ein vollständiger normierter Raum.*

Beweis. Wir wollen den Beweis für den Raum $\mathcal{L}(X;Y)$ der stetigen linearen Transformationen ausführen. Der Allgemeinfall unterscheidet sich, wie unten aus den Überlegungen klar werden wird, nur darin, dass er eine beschwerlichere Schreibweise verlangt.

Sei $A_1, A_2, \ldots, A_n \ldots$ eine Cauchy-Folge in $\mathcal{L}(X;Y)$. Da für jedes $x \in X$ gilt, dass

$$|A_m x - A_n x| = |(A_m - A_n)x| \leq \|A_m - A_n\| \, |x| \,,$$

ist klar, das für jedes $x \in X$ die Folge $A_1 x$, $A_2 x$, $\ldots$, $A_n x$, $\ldots$ eine Cauchy-Folge in Y ist. Da Y vollständig ist, besitzt die Folge in Y einen Grenzwert, den wir mit Ax bezeichnen.

Somit ist also

$$Ax := \lim_{n \to \infty} A_n x \,.$$

Wir werden zeigen, dass $A : X \to Y$ eine stetige lineare Transformation ist.

Die Linearität von A folgt aus den Gleichungen

$$\lim_{n \to \infty} A_n(\lambda_1 x_1 + \lambda_2 x_2) = \lim_{n \to \infty} (\lambda_1 A_n x_1 + \lambda_2 A_n x_2) =$$
$$\lambda_1 \lim_{n \to \infty} A_n x_1 + \lambda_2 \lim_{n \to \infty} A_n x_2 \,.$$

Als Nächstes erhalten wir für jedes feste $\varepsilon > 0$ und genügend große Werte von $m, n \in \mathbb{N}$, dass $\|A_m - A_n\| < \varepsilon$ und daher

$$|A_m x - A_n x| \leq \varepsilon |x|$$

für jeden Vektor $x \in X$. Wenn m gegen Unendlich strebt, erhalten wir aus dieser Ungleichung und der Stetigkeit der Norm eines Vektors, dass

$$|Ax - A_n x| \leq \varepsilon |x| \,.$$

Somit ist $\|A - A_n\| \leq \varepsilon$ und, da $A = A_n + (A - A_n)$ gilt, können wir folgern, dass

$$\|A\| \leq \|A_n\| + \varepsilon \,.$$

Folglich haben wir gezeigt, dass $A \in \mathcal{L}(X; Y)$ und $\|A - A_n\| \to 0$ für $n \to \infty$, d.h. $A = \lim_{n \to \infty} A_n$ bzgl. der Norm des Raumes $\mathcal{L}(X; Y)$. $\qquad\square$

Zum Abschluss machen wir eine besondere Anmerkung zum Raum der multilinearen Transformationen, auf die wir bei der Untersuchung von Differentialen höherer Ordnung zurückgreifen werden.

Satz 4. *Zu jedem $m \in \{1, \ldots, n\}$ existiert eine Bijektion zwischen den Räumen*

$$\mathcal{L}(X_1, \ldots, X_m; \mathcal{L}(X_{m+1}, \ldots, X_n; Y)) \text{ und } \mathcal{L}(X_1, \ldots, X_n; Y) \,,$$

die die Vektorraumstruktur und die Norm erhält.

Beweis. Wir werden den Isomorphismus konstruieren.

Sei $\mathfrak{B} \in \mathcal{L}(X_1, \ldots, X_m; \mathcal{L}(X_{m+1}, \ldots, X_n; Y))$, d.h., $\mathfrak{B}(x_1, \ldots, x_m) \in \mathcal{L}(X_{m+1}, \ldots, X_n; Y)$.

Wir setzen

$$A(x_1, \ldots, x_n) := \mathfrak{B}(x_1, \ldots, x_m)(x_{m+1}, \ldots, x_n) \,. \tag{10.30}$$

Dann ist

$$\|\mathfrak{B}\| = \sup_{\substack{x_1,\ldots,x_m \\ x_i \neq 0}} \frac{\|\mathfrak{B}(x_1,\ldots,x_m)\|}{|x_1| \cdot \ldots \cdot |x_m|} =$$

$$= \sup_{\substack{x_1,\ldots,x_m \\ x_i \neq 0}} \frac{\displaystyle\sup_{\substack{x_{m+1},\ldots,x_n \\ x_j \neq 0}} \frac{|\mathfrak{B}(x_1,\ldots,x_m)(x_{m+1},\ldots,x_n)|}{|x_{m+1}| \cdot \ldots \cdot |x_n|}}{|x_1| \cdot \ldots \cdot |x_m|} =$$

$$= \sup_{\substack{x_1,\ldots,x_n \\ x_k \neq 0}} \frac{|A(x_1,\ldots,x_n)|}{|x_1| \cdot \ldots \cdot |x_n|} = \|A\| \, .$$

Wir überlassen den Beweis, dass durch (10.30) tatsächlich ein Isomorphismus dieser Vektorräume definiert wird, dem Leser. $\qquad\square$

Indem wir Satz 4 n Mal anwenden, erhalten wir, dass der Raum

$$\mathcal{L}(X_1; \mathcal{L}(X_2; \ldots; \mathcal{L}(X_n; Y)) \cdots)$$

zum Raum $\mathcal{L}(X_1,\ldots,X_n; Y)$ der n-linearen Transformationen isomorph ist.

10.2.4 Übungen und Aufgaben

1. a) Sei $A : X \to Y$ eine lineare Transformation aus dem normierten Raum X in den normierten Raum Y, wobei X endlich-dimensional ist. Zeigen Sie, dass A ein stetiger Operator ist.

b) Beweisen Sie die zu a) analoge Aussage für einen multilinearen Operator.

2. Zwei normierte Vektorräume sind *isomorph*, falls ein Isomorphismus zwischen ihnen (als Vektorräume) existiert, der zusammen mit seiner inversen Transformation stetig ist.

a) Zeigen Sie, dass normierte Vektorräume derselben endlichen Dimension isomorph sind.

b) Zeigen Sie, dass für den unendlich-dimensionalen Fall die Behauptung in a) im Allgemeinen nicht gilt.

c) Führen Sie zwei Normen im Raum $C\big([a,b],\mathbb{R}\big)$ ein, so dass in den sich ergebenden normierten Räumen die Identität in $C\big([a,b],\mathbb{R}\big)$ keine stetige Abbildung ist.

3. Zeigen Sie, dass eine in einem n-dimensionalen euklidischen Raum in einem Punkt stetige multilineare Transformation überall stetig ist.

4. Sei $A : E^n \to E^n$ eine lineare Transformation des n-dimensionalen euklidischen Raums und $A^* : E^n \to E^n$ die Adjungierte dieser Transformation. Zeigen Sie:

a) Alle Eigenwerte des Operators $A \cdot A^* : E^n \to E^n$ sind nicht negativ.

b) Sind $\lambda_1 \leq \cdots \leq \lambda_n$ die Eigenwerte des Operators $A \cdot A^*$, dann gilt $\|A\| = \sqrt{\lambda_n}$.

c) Besitzt der Operator A eine Inverse $A^{-1} : E^n \to E^n$, dann ist $\|A^{-1}\| = \frac{1}{\sqrt{\lambda_1}}$.

d) Ist (a_j^i) die Matrix des Operators $A : E^n \to E^n$ in einer Basis, dann gelten die Abschätzungen:

$$\max_{1 \leq i \leq n} \sqrt{\sum_{j=1}^{n} (a_j^i)^2} \leq \|A\| \leq \sqrt{\sum_{i,j=1}^{n} (a_j^i)^2} \leq \sqrt{n}\|A\| \; .$$

5. Sei $\mathbb{P}[x]$ der Vektorraum der Polynome der Variablen x mit reellen Koeffizienten. Wir definieren durch

$$|P| = \sqrt{\int_0^1 P^2(x) \, dx}$$

die Norm des Vektors $P \in \mathbb{P}[x]$.

   a) Ist der durch $D(P(x)) := P'(x)$ definierte Operator $D : \mathbb{P}[x] \to \mathbb{P}[x]$ im erzeugten Raum stetig?

   b) Finden Sie die Norm des Operators $F : \mathbb{P}[x] \to \mathbb{P}[x]$ für die Multiplikation mit x, d.h. für $F\big(P(x)\big) = x \cdot P(x)$.

6. Zeigen Sie an Hand des Beispiels von Projektionsoperatoren in $\mathbb{R}^2$, dass die Ungleichung $\|B \circ A\| \leq \|B\| \cdot \|A\|$ auch streng gelten kann.

10.3 Das Differential einer Abbildung

10.3.1 In einem Punkt differenzierbare Abbildungen

Definition 1. Seien X und Y normierte Räume. Eine Abbildung $f : E \to Y$ einer Menge $E \subset X$ auf Y ist *in einem inneren Punkt* $x \in E$ *differenzierbar*, falls eine stetige lineare Transformation $L(x) : X \to Y$ existiert, so dass

$$f(x + h) - f(x) = L(x)h + \alpha(x; h) \; , \qquad (10.31)$$

mit $\alpha(x; h) = o(h)$ für $h \to 0$, $x + h \in E^1$.

Definition 2. Die Funktion $L(x) \in \mathcal{L}(X; Y)$, die bzgl. h linear ist und Gleichung (10.31) erfüllt, wird *Differential, Tangentialabbildung* oder *Ableitung der Abbildung* $f : E \to Y$ *im Punkt* x genannt.

   Wie zuvor werden wir $L(x)$ durch $\mathrm{d}f(x)$, $Df(x)$ oder $f'(x)$ symbolisieren.

   Wir erkennen daran, dass die allgemeine Definition der Differenzierbarkeit einer Abbildung in einem Punkt eine fast wörtliche Wiederholung der uns bereits aus Abschnitt 8.2 bekannten Definition ist, die wir für den Fall $X = \mathbb{R}^m$ und $Y = \mathbb{R}^n$ formuliert haben. Aus diesem Grund werden wir es uns

---

[1] Die Schreibweise „$\alpha(x; h) = o(h)$ für $h \to 0$, $x + h \in E$" bedeutet natürlich, dass
$$\lim_{h \to 0, \, x+h \in E} |\alpha(x; h)|_Y \cdot |h|_X^{-1} = 0.$$

von nun an erlauben, derartige Konzepte wie das dort eingeführte *Inkrement einer Funktion*, das *Inkrement des Arguments* und des *Tangentialraums in einem Punkt* mit den entsprechenden Schreibweisen zu benutzen, ohne die Erklärungen zu wiederholen.

Wir werden jedoch den folgenden Satz in allgemeiner Form beweisen.

Satz 1. *Ist eine Abbildung $f : E \to Y$ in einem inneren Punkt x einer Menge $E \subset X$ differenzierbar, dann ist ihr Differential $L(x)$ in diesem Punkt eindeutig bestimmt.*

Beweis. Wir beweisen also die Eindeutigkeit des Differentials.

Seien $L_1(x)$ und $L_2(x)$ lineare Abbildungen, die die Gleichung (10.31) erfüllen, d.h.

$$\begin{aligned}
f(x + h) - f(x) - L_1(x)h &= \alpha_1(x; h) \,, \\
f(x + h) - f(x) - L_2(x)h &= \alpha_2(x; h) \,,
\end{aligned} \tag{10.32}$$

mit $\alpha_i(x; h) = o(h)$ für $h \to 0$, $x + h \in E$, $i = 1, 2$.

Indem wir $L(x) = L_2(x) - L_1(x)$ und $\alpha(x; h) = \alpha_2(x; h) - \alpha_1(x; h)$ setzen und die zweite Gleichung in (10.32) von der ersten subtrahieren, erhalten wir

$$L(x)h = \alpha(x; h) \,.$$

Hierbei ist $L(x)$ eine Abbildung, die in Bezug auf h linear ist, mit $\alpha(x; h) = o(h)$ für $h \to 0$, $x + h \in E$. Mit Hilfe eines numerischen Hilfsparameters λ können wir nun

$$|L(x)h| = \frac{|L(x)(\lambda h)|}{|\lambda|} = \frac{|\alpha(x; \lambda h)|}{|\lambda h|}|h| \to 0 \ \text{ für } \ \lambda \to 0$$

schreiben. Somit ist $L(x)h = 0$, für jedes $h \neq 0$ (wir erinnern daran, dass x ein innerer Punkt von E ist). Da $L(x)0 = 0$, haben wir gezeigt, dass für jeden Wert von h $L_1(x)h = L_2(x)h$ gilt. $\qquad \square$

Ist E eine offene Teilmenge von X und $f : E \to Y$ eine in jedem Punkt $x \in E$ differenzierbare Abbildung, d.h. *auf E differenzierbar*, dann gelangen wir so auf Grund der gerade bewiesenen Eindeutigkeit des Differentials einer Abbildung in einem Punkt zu einer Funktion $E \ni x \mapsto f'(x) \in \mathcal{L}(X; Y)$ auf E, die wir durch $f' : E \to \mathcal{L}(X; Y)$ symbolisieren. Diese Abbildung wird die *Ableitung von f* genannt. Der Wert $f'(x)$ dieser Funktion in einem bestimmten Punkt $x \in E$ entspricht der linearen Transformation $f'(x) \in \mathcal{L}(X; Y)$, d.h. dem Differential oder der Ableitung der Funktion f in diesem Punkt $x \in E$.

Wir halten fest, dass aus der Forderung, dass die lineare Abbildung $L(x)$ in (10.31) s t e t i g ist, folgt, dass eine in einem Punkt differenzierbare Abbildung notwendigerweise in diesem Punkt stetig ist.

Der Umkehrschluss gilt natürlich nicht, wie wir aus der Betrachtung numerischer Funktionen wissen.

Wir machen nun eine weitere wichtige Anmerkung:

Anmerkung. Wenn wir die Bedingung der Differenzierbarkeit der Abbildung f in einem Punkt a als

$$f(x) - f(a) = L(x)(x - a) + \alpha(a; x)$$

schreiben, wobei $\alpha(a; x) = o(x - a)$ für $x \to a$, wird klar, dass sich Definition 1 tatsächlich auf eine Abbildung $f : A \to B$ zwischen den affinen Räumen (A, X) und (B, Y) anwenden lässt, deren Vektorräume X und Y normiert sind. Auf derartige affine Räume, die *normierte affine Räume* genannt werden, treffen wir häufig, so dass es sinnvoll ist, diese Anmerkung im Hinterkopf zu behalten, wenn wir die Differentialrechnung benutzen.

Alles Folgende gilt, außer wenn explizit gesagt, sowohl für normierte Vektorräume als auch für normierte affine Räume und wir nutzen nur der Einfachheit halber die Schreibweise für Vektorräume.

10.3.2 Die allgemeinen Ableitungsregeln

Die folgenden allgemeinen Eigenschaften der Operation der Differentiation folgen aus Definition 1. In den folgenden Aussagen sind X, Y und Z normierte Räume und U und V offene Mengen in X bzw. Y.

a. Linearität der Differentiation

Sind die Abbildungen $f_i : U \to Y$, $i = 1, 2$ in einem Punkt $x \in U$ differenzierbar, dann ist auch ihre Linearkombination $(\lambda_1 f_1 + \lambda_2 f_2) : U \to Y$ in x differenzierbar und es gilt:

$$(\lambda_1 f_1 + \lambda_2 f_2)'(x) = \lambda_1 f_1'(x) + \lambda_2 f_2'(x) \, .$$

Daher ist das Differential einer Linearkombination von Abbildungen gleich der entsprechenden Linearkombination ihrer Differentiale.

b. Das Differential verketteter Abbildungen (Kettenregel)

Ist die Abbildung $f : U \to V$ in einem Punkt $x \in U \subset X$ differenzierbar und ist die Abbildung $g : V \to Z$ in $f(x) = y \in V \subset Y$ differenzierbar, dann ist die Verkettung $g \circ f$ dieser Abbildungen in x differenzierbar und es gilt:

$$(g \circ f)'(x) = g'\big(f(x)\big) \circ f'(x) \, .$$

Daher ist das Differential einer verketteten Abbildung gleich der Verkettung ihrer Differentiale.

c. Differentiation der Inversen einer Abbildung

Sei $f : U \to V$ eine Abbildung, die in $x \in U \subset X$ stetig ist und eine Inverse $f^{-1} : V \to X$ besitzt, die in einer Umgebung von $y = f(x)$ definiert und in diesem Punkt stetig ist.

Ist die Abbildung f in x differenzierbar und besitzt ihre Tangentialabbildung $f'(x) \in \mathcal{L}(X;Y)$ eine stetige Inverse $\left[f'(x)\right]^{-1} \in \mathcal{L}(Y;X)$, dann ist die Abbildung f^{-1} in $y = f(x)$ differenzierbar und es gilt:

$$\left[f^{-1}\right]'(f(x)) = \left[f'(x)\right]^{-1} .$$

Daher ist das Differential einer inversen Abbildung gleich dem Kehrwert des Differentials der ursprünglichen Abbildung im entsprechenden Punkt.

Wir verzichten auf die Beweise von a, b und c, da sie zu den Beweisen in Abschnitt 8.3 für den Fall $X = \mathbb{R}^m$ und $Y = \mathbb{R}^n$ analog sind.

10.3.3 Einige Beispiele

Beispiel 1. Sei $f : U \to Y$ eine konstante Abbildung einer Umgebung $U = U(x) \subset X$ des Punktes x, d.h. $f(U) = y_0 \in Y$. Dann gilt $f'(x) = 0 \in \mathcal{L}(X;Y)$.

Beweis. Für diesen Fall gilt offensichtlich:

$$f(x + h) - f(x) - 0h = y_0 - y_0 - 0 = 0 = o(h) . \qquad \square$$

Beispiel 2. Ist die Abbildung $f : X \to Y$ eine stetige lineare Abbildung eines normierten Vektorraums X auf einen normierten Vektorraum Y, dann gilt in jedem Punkt $x \in X$, dass $f'(x) = f \in \mathcal{L}(X;Y)$.

Beweis. Es gilt:

$$f(x + h) - f(x) - fh = fx + fh - fx - fh = 0 . \qquad \square$$

Wir merken an, dass dabei streng genommen $f'(x) \in \mathcal{L}(TX_x; TY_{f(x)})$ gilt, wobei h ein Vektor des Tangentialraums TX_x ist. Nun ist aber parallele Verschiebung eines Vektors zu jedem Punkt $x \in X$ in einem Vektorraum definiert. Dadurch können wir den Tangentialraum TX_x mit dem Vektorraum X selbst identifizieren. (Auf ähnliche Weise können wir im Fall eines affinen Raums (A, X) den Raum TA_a der Vektoren, die an den Punkt $a \in A$ „angeheftet" sind, mit dem Vektorraum X des gegebenen affinen Raums identifizieren.) Folglich können wir, nachdem wir in X eine Basis ausgewählt haben, diese auf alle Tangentialräume TX_x erweitern. Dies bedeutet, dass dann, wenn z.B. $X = \mathbb{R}^m$ und $Y = \mathbb{R}^n$ und die Abbildung $f \in \mathcal{L}(\mathbb{R}^m; \mathbb{R}^n)$ durch die Matrix (a_i^j) gegeben wird, in jedem Punkt $x \in \mathbb{R}^m$ die Tangentialabbildung $f'(x) : T\mathbb{R}_x^m \to T\mathbb{R}_{f(x)}^n$ durch dieselbe Matrix beschrieben wird.

Insbesondere erhalten wir für eine lineare Abbildung $x \overset{f}{\longmapsto} ax = y$ aus $\mathbb{R}$ in $\mathbb{R}$ mit $x \in \mathbb{R}$ und $h \in T\mathbb{R}_x \sim \mathbb{R}$ die zugehörige Abbildung $T\mathbb{R}_x \ni h \overset{f'}{\longmapsto} ah \in T\mathbb{R}_{f(x)}$.

Wenn wir diese Vereinbarungen bedenken, können wir vorläufig das Ergebnis aus Beispiel 2 so formulieren: Die Abbildung $f' : X \to Y$, die die Ableitung der linearen Abbildung $f : X \to Y$ normierter Vektorräume darstellt, ist konstant und es gilt $f'(x) = f$ in jedem Punkt $x \in X$.

Beispiel 3. Sei $f : U \to Y$ eine Abbildung einer Umgebung $U = U(x) \subset X$ des Punktes $x \in X$, die in x differenzierbar ist und sei $A \in \mathcal{L}(Y; Z)$, dann können wir aus der Kettenregel für die Ableitung verketteter Abbildungen und dem Ergebnis aus Beispiel 2 folgern, dass

$$(A \circ f)'(x) = A \circ f'(x) .$$

Bei numerischen Funktionen, wenn $Y = Z = \mathbb{R}$, ist dies schlicht und einfach die bekannte Möglichkeit, einen konstanten Faktor vor das Differentiationszeichen zu ziehen.

Beispiel 4. Wiederum angenommen, dass $U = U(x)$ eine Umgebung des Punktes x in einem normierten Raum X sei und sei

$$f : U \to Y = Y_1 \times \cdots \times Y_n$$

eine Abbildung von U auf das direkte Produkt der normierten Räume $Y_1, \ldots, Y_n$.

Die Definition einer derartigen Abbildung ist äquivalent zur Definition von n Abbildungen $f_i : U \to Y_i$, $i = 1, \ldots, n$, die mit f durch die Relation

$$x \mapsto f(x) = y = (y_1, \ldots, y_n) = \big(f_1(x), \ldots, f_n(x)\big)$$

zusammenhängt und in jedem Punkt in U gilt.

Wenn wir nun die Tatsache bedenken, dass in (10.31) gilt, dass

$$f(x + h) - f(x) = \big(f_1(x + h) - f_1(x), \ldots, f_n(x + h) - f_n(x)\big) ,$$
$$L(x)h = \big(L_1(x)h, \ldots, L_n(x)h\big) ,$$
$$\alpha(x; h) = \big(\alpha_1(x; h), \ldots, \alpha_n(x; h)\big) ,$$

dann können wir folgern, wenn wir uns auf die Ergebnisse von Beispiel 6 in Abschnitt 10.1 und Beispiel 10 in Abschnitt 10.2 beziehen, dass die Abbildung f in x genau dann differenzierbar ist, wenn alle ihre Komponenten $f_i : U \to Y_i$, $i = 1, \ldots, n$ in x differenzierbar sind; und ist die Abbildung f differenzierbar, dann gilt

$$f'(x) = \big(f'_1(x), \ldots, f'_n(x)\big) .$$

Beispiel 5. Angenommen, $A \in \mathcal{L}(X_1, \ldots, X_n; Y)$, d.h., A ist eine stetige n-lineare Transformation aus dem Produkt $X_1 \times \cdots \times X_n$ der normierten Vektorräume $X_1, \ldots, X_n$ auf den normierten Vektorraum Y.

Wir wollen beweisen, dass die Abbildung

$$A : X_1 \times \cdots \times X_n = X \to Y$$

differenzierbar ist und ihr Differential bestimmen.

Beweis. Mit Hilfe der Multilinearität von A erhalten wir, dass

$$A(x+h) - A(x) = A(x_1 + h_1, \ldots, x_n + h_n) - A(x_1, \ldots, x_n) =$$
$$= A(x_1, \ldots, x_n) + A(h_1, x_2, \ldots, x_n) + \cdots + A(x_1, \ldots, x_{n-1}, h_n) +$$
$$+ A(h_1, h_2, x_3, \ldots, x_n) + \cdots + A(x_1, \ldots, x_{n-2}, h_{n-1}, h_n) +$$
$$\ldots\ldots\ldots\ldots\ldots\ldots\ldots\ldots\ldots\ldots\ldots\ldots\ldots\ldots\ldots\ldots$$
$$+ A(h_1, \ldots, h_n) - A(x_1, \ldots, x_n) \ .$$

Da die Norm in $X = X_1 \times \cdots \times X_n$ die Ungleichungen

$$|x_i|_{X_i} \le |x|_X \le \sum_{i=1}^{n} |x_i|_{X_i}$$

erfüllt und die Norm $\|A\|$ der Transformation A endlich ist und

$$|A(\xi_1, \ldots, \xi_n)| \le \|A\| \, |\xi_1| \cdot \ldots \cdot |\xi_n|$$

erfüllt, können wir folgern, dass

$$A(x+h) - A(x) = A(x_1 + h_1, \ldots, x_n + h_n) - A(x_1, \ldots, x_n) =$$
$$= A(h_1, x_2, \ldots, x_n) + \cdots + A(x_1, \ldots, x_{n-1}, h_n) + \alpha(x; h) \ ,$$

wobei $\alpha(x; h) = o(h)$ für $h \to 0$.

Nun ist aber die Transformation

$$L(x)h = A(h_1, x_2, \ldots, x_n) + \cdots + A(x_1, \ldots, x_{n-1}, h_n)$$

eine stetige Transformation (da A stetig ist), die in $h = (h_1, \ldots, h_n)$ linear ist.

Somit haben wir nachgewiesen, dass

$$A'(x)h = A'(x_1, \ldots, x_n)(h_1, \ldots, h_n) =$$
$$= A(h_1, x_2, \ldots, x_n) + \cdots + A(x_1, \ldots, x_{n-1}, h_n) \ ,$$

oder in Kurzform, dass

$$\mathrm{d}A(x_1, \ldots, x_n) = A(\mathrm{d}x_1, x_2, \ldots, x_n) + \cdots + A(x_1, \ldots x_{n-1}, \mathrm{d}x_n) \ . \qquad \square$$

Insbesondere dann, wenn

a) $x_1 \cdot \ldots \cdot x_n$ das Produkt von n numerischen Variablen ist, gilt

$$\mathrm{d}(x_1 \cdot \ldots \cdot x_n) = \mathrm{d}x_1 \cdot x_2 \cdot \ldots \cdot x_n + \cdots + x_1 \cdot \ldots \cdot x_{n-1} \cdot \mathrm{d}x_n \ ;$$

b) $\langle x_1, x_2 \rangle$ das innere Produkt in E^3 ist, gilt

$$\mathrm{d}\langle x_1, x_2 \rangle = \langle \mathrm{d}x_1, x_2 \rangle + \langle x_1, \mathrm{d}x_2 \rangle \ ;$$

c) $[x_1, x_2]$ das Kreuzprodukt für Vektoren in E^3 ist, gilt

$$d[x_1, x_2] = [dx_1, x_2] + [x_1, dx_2] \; ;$$

d) (x_1, x_2, x_3) das Spatprodukt in E^3 ist, gilt

$$d(x_1, x_2, x_3) = (dx_1, x_2, x_3) + (x_2, dx_2, x_3) + (x_2, x_2, dx_3) \; ;$$

e) $\det(x_1, \ldots, x_n)$ die Determinante der Matrix ist, die aus den Koordinaten von n Vektoren $x_1, \ldots, x_n$ in einem n-dimensionalen Vektorraum X mit einer festen Basis gebildet wird, gilt

$$d\big(\det(x_1, \ldots, x_n)\big) = \det(dx_1, x_2, \ldots, x_n) + \cdots + \det(x_1, \ldots, x_{n-1}, dx_n) \, .$$

Beispiel 6. Sei U die Teilmenge von $\mathcal{L}(X;Y)$, die aus den stetigen linearen Transformationen $A : X \to Y$ besteht, die stetige inverse Transformationen $A^{-1} : Y \to X$ besitzen (die zu $\mathcal{L}(X;Y)$ gehören). Wir betrachten die Abbildung

$$U \ni A \mapsto A^{-1} \in \mathcal{L}(Y;X) \, ,$$

die jeder Transformation $A \in U$ ihre Inverse $A^{-1} \in \mathcal{L}(Y;X)$ zuordnet.

Mit Satz 2, den wir unten beweisen werden, können wir entscheiden, ob diese Abbildung differenzierbar ist oder nicht.

Satz 2. *Ist X ein vollständiger Raum und $A \in U$, dann gehört zu jedem $h \in \mathcal{L}(Y;X)$ mit $\|h\| < \|A^{-1}\|^{-1}$ auch die Transformation $A + h$ zu U und es gilt die folgende Gleichung:*

$$(A + h)^{-1} = A^{-1} - A^{-1}hA^{-1} + o(h) \quad \text{für } h \to 0 \, . \tag{10.33}$$

Beweis. Da

$$(A + h)^{-1} = \big(A(E + A^{-1}h)\big)^{-1} = (E + A^{-1}h)^{-1}A^{-1} \, , \tag{10.34}$$

genügt es, den Operator $(E + A^{-1}h)^{-1}$ zu finden, der zu $(E + A^{-1}h) \in \mathcal{L}(X;X)$ invers ist, wobei E die identische Abbildung e_X von X auf sich selbst ist.

Sei $\Delta := -A^{-1}h$. Wenn wir die Ergänzung zu Satz 2 in Abschnitt 10.2 berücksichtigen, können wir feststellen, dass $\|\Delta\| \leq \|A^{-1}\| \cdot \|h\|$, so dass wir mit den Voraussetzungen für den Operator h annehmen können, dass $\|\Delta\| \leq q < 1$.

Wir wollen nun zeigen, dass

$$(E - \Delta)^{-1} = E + \Delta + \Delta^2 + \cdots + \Delta^n + \cdots , \tag{10.35}$$

wobei die Reihe auf der rechten Seite durch die linearen Operatoren $\Delta^n = (\Delta \circ \cdots \circ \Delta) \in \mathcal{L}(X;X)$ gebildet wird.

Da X ein vollständiger normierter Vektorraum ist, folgt aus Satz 3 in Abschnitt 10.2, dass der Raum $\mathcal{L}(X;X)$ ebenfalls vollständig ist. Dann folgt unmittelbar aus der Ungleichung $\|\Delta^n\| \leq \|\Delta\|^n \leq q^n$ und der Konvergenz der Reihe $\sum\limits_{n=0}^{\infty} q^n$ für $|q| < 1$, dass die Reihe (10.35), die aus Vektoren in diesem Raum gebildet wird, ebenfalls konvergiert.

Eine direkte Überprüfung der Gleichungen

$$(E + \Delta + \Delta^2 + \cdots)(E - \Delta) =$$
$$= (E + \Delta + \Delta^2 + \cdots) - (\Delta + \Delta^2 + \Delta^3 + \cdots) = E$$

und

$$(E - \Delta)(E + \Delta + \Delta^2 + \cdots) =$$
$$= (E + \Delta + \Delta^2 + \cdots) - (\Delta + \Delta^2 + \Delta^3 + \cdots) = E$$

zeigt uns, dass wir tatsächlich $(E - \Delta)^{-1}$ gefunden haben.

Wir wollen noch anmerken, dass in diesem Fall die freie Anordnung bei der Ausführung arithmetischer Operationen (mit einer Veränderung der Reihenfolge!) auf Grund der absoluten Konvergenz (Konvergenz der Beträge) der betrachteten Reihe möglich ist.

Wenn wir die Gleichungen (10.34) und (10.35) miteinander vergleichen, können wir folgern, dass

$$(A + h)^{-1} = A^{-1} - A^{-1}hA^{-1} + (A^{-1}h)^2 A^{-1} - \cdots$$
$$\cdots + (-1)^n (A^{-1}h)^n A^{-1} + \cdots \quad (10.36)$$

für $\|h\| \leq \|A^{-1}\|^{-1}$.

Da

$$\left\| \sum_{n=2}^{\infty} (-A^{-1}h)^n A^{-1} \right\| \leq \sum_{n=2}^{\infty} \|A^{-1}h\|^n \|A^{-1}\| \leq$$
$$\leq \|A^{-1}\|^3 \|h\|^2 \sum_{m=0}^{\infty} q^m = \frac{\|A^{-1}\|^3}{1-q} \|h\|^2 \, ,$$

folgt die Gleichung (10.33) insbesondere aus (10.36). □

Wir wollen nun zu Beispiel 6 zurückkehren. Nun können wir sagen, dass dann, wenn der Raum X vollständig ist, die betrachtete Abbildung $A \xmapsto{f} A^{-1}$ notwendigerweise differenzierbar ist und dass

$$df(A)h = d(A^{-1})h = -A^{-1}hA^{-1} \, .$$

Dies bedeutet insbesondere, dass wir, wenn A eine nicht singuläre quadratische Matrix ist und A^{-1} ihre Inverse, bei einer Störung der Matrix A durch eine Matrix h, deren Elemente nahe bei Null liegen, für die inverse Matrix $(A + h)^{-1}$ in erster Näherung schreiben können:

$$(A + h)^{-1} \approx A^{-1} - A^{-1}hA^{-1} \; .$$

Ausgehend von Gleichung (10.36) können wir offensichtlich noch genauere Formeln finden.

Beispiel 7. Sei X ein vollständiger normierter Vektorraum. Wir können die wichtige Abbildung

$$\exp : \mathcal{L}(X;X) \to \mathcal{L}(X;X)$$

wie folgt definieren:

$$\exp A := E + \frac{1}{1!}A + \frac{1}{2!}A^2 + \cdots + \frac{1}{n!}A^n + \cdots , \tag{10.37}$$

falls $A \in \mathcal{L}(X;X)$.

Die Reihe in (10.37) konvergiert, da $\mathcal{L}(X;X)$ ein vollständiger Raum ist und $\|\frac{1}{n!}A^n\| \leq \frac{\|A\|^n}{n!}$ gilt und die numerische Reihe $\sum\limits_{n=0}^{\infty} \frac{\|A\|^n}{n!}$ konvergiert.

Es ist nicht schwer zu beweisen, dass

$$\exp(A + h) = \exp A + L(A)h + o(h) \quad \text{für} \quad h \to \infty , \tag{10.38}$$

mit

$$L(A)h = h + \frac{1}{2!}(Ah + hA) + \frac{1}{3!}(A^2h + AhA + hA^2) + \cdots$$

$$\cdots + \frac{1}{n!}(A^{n-1}h + A^{n-2}hA + \cdots + AhA^{n-2} + hA^{n-1}) + \cdots$$

und $\|L(A)\| \leq \exp\|A\| = e^{\|A\|}$, d.h. $L(A) \in \mathcal{L}\big(\mathcal{L}(X;X), \mathcal{L}(X;X)\big)$.

Damit ist die Abbildung $\mathcal{L}(X;X) \ni A \mapsto \exp A \in \mathcal{L}(X;X)$ für jeden Wert von A differenzierbar.

Wir merken an, dass dann, wenn die Operatoren A und h kommutierbar sind, d.h. $Ah = hA$, gilt, dass $L(A)h = (\exp A)h$, wie wir an obiger Gleichung für $L(A)h$ erkennen können. Insbesondere erhalten wir für $X = \mathbb{R}$ und $X = \mathbb{C}$ anstelle von (10.38), dass

$$\exp(A + h) = \exp A + (\exp A)h + o(h) \quad \text{für} \quad h \to 0 . \tag{10.39}$$

Beispiel 8. Wir wollen versuchen, eine mathematische Beschreibung der momentanen Winkelgeschwindigkeit eines starren Körpers mit einem Fixpunkt o (an der Spitze) zu beschreiben. Dazu betrachten wir ein orthonormales System $\{\mathbf{e}_1, \mathbf{e}_2, \mathbf{e}_3\}$, das im Punkt o fest angebracht ist. Es ist klar, dass die Position des Körpers durch die Position dieses orthonormalen Systems vollständig charakterisiert wird und dass das Tripel $\{\dot{\mathbf{e}}_1, \dot{\mathbf{e}}_2, \dot{\mathbf{e}}_3\}$ der momentanen Geschwindigkeiten des Vektors des Systems offensichtlich eine vollständige Charakterisierung der momentanen Winkelgeschwindigkeit des Körpers liefert. Die Lage des Systems $\{\mathbf{e}_1, \mathbf{e}_2, \mathbf{e}_3\}$ selbst zur Zeit t wird vollständig durch eine orthogonale Matrix (α_i^j) $i, j = 1, 2, 3$ beschrieben, die aus den Koordinaten der Vektoren $\mathbf{e}_1$, $\mathbf{e}_2$, $\mathbf{e}_3$ bezüglich eines fixierten orthonormalen Systems im Raum besteht. Daher entspricht die Bewegung der Spitze einer Abbildung $t \mapsto O(t)$ von $\mathbb{R}$ (der Zeitachse) in die Gruppe $SO(3)$ spezieller orthogonaler 3×3-Matrizen. Folglich wird die Winkelgeschwindigkeit des Körpers, die wir nach Vereinbarung durch das Tripel $\{\dot{\mathbf{e}}_1, \dot{\mathbf{e}}_2, \dot{\mathbf{e}}_3\}$ beschreiben, durch die Matrix $\dot{O}(t) =: (\omega_i^j)(t) = (\dot{\alpha}_i^j)(t)$ gegeben, die der Ableitung der Matrix $O(t) = (\alpha_i^j)(t)$ nach der Zeit entspricht.

Da $O(t)$ eine orthogonale Matrix ist, gilt zu jeder Zeit t die Gleichung

$$O(t)O^*(t) = E \, , \tag{10.40}$$

wobei $O^*(t)$ die Transponierte von $O(t)$ ist und E die Einheitsmatrix.

Wir merken an, dass das Produkt $A \cdot B$ von Matrizen eine bilineare Funktion von A und B ist und dass die Ableitung der transponierten Matrix offensichtlich der Transponierten der Ableitung der Ausgangsmatrix entspricht. Wenn wir (10.40) differenzieren und all dies berücksichtigen, erhalten wir

$$\dot{O}(t)O^*(t) + O(t)\dot{O}^*(t) = 0$$

oder

$$\dot{O}(t) = -O(t)\dot{O}^*(t)O(t) \, , \tag{10.41}$$

da $O^*(t)O(t) = E$.

Wenn wir insbesondere annehmen, dass das System $\{\mathbf{e}_1, \mathbf{e}_2, \mathbf{e}_3\}$ mit dem Referenzsystem im Raum zur Zeit t übereinstimmt, dann ist $O(t) = E$ und es folgt aus (10.41), dass

$$\dot{O}(t) = -\dot{O}^*(t) \, , \tag{10.42}$$

d.h., die Matrix $\dot{O}(t) =: \Omega(t) = (\omega_i^j)$ der Koordinaten der Vektoren $\{\dot{\mathbf{e}}_1, \dot{\mathbf{e}}_2, \dot{\mathbf{e}}_3\}$ in der Basis $\{\mathbf{e}_1, \mathbf{e}_2, \mathbf{e}_3\}$ erweist sich als schief-symmetrisch:

$$\Omega(t) = \begin{pmatrix} \omega_1^1 & \omega_1^2 & \omega_1^3 \\ \omega_2^1 & \omega_2^2 & \omega_2^3 \\ \omega_3^1 & \omega_3^2 & \omega_3^3 \end{pmatrix} = \begin{pmatrix} 0 & -\omega^3 & \omega^2 \\ \omega^3 & 0 & -\omega^1 \\ -\omega^2 & \omega^1 & 0 \end{pmatrix} \, .$$

Daher wird die momentane Winkelgeschwindigkeit einer Spitze durch drei unabhängige Parameter charakterisiert, wie aus unseren Überlegungen zu (10.40) folgt und wie es aus physikalischer Sicht natürlich ist, da die Position des Systems $\{\mathbf{e}_1, \mathbf{e}_2, \mathbf{e}_3\}$ und somit die Lage des Körpers selbst durch drei unabhängige Parameter beschrieben werden kann (in der Mechanik können diese Parameter beispielsweise die Euler-Winkel sein).

Wenn wir zu jedem Vektor $\boldsymbol{\omega} = \omega^1\mathbf{e}_1 + \omega^2\mathbf{e}_2 + \omega^3\mathbf{e}_3$ im Tangentialraum im Punkt o eine rechte Drehung im Raum mit der Winkelgeschwindigkeit $|\boldsymbol{\omega}|$ um die durch diesen Vektor definierte Achse assoziieren, dann kann aus diesen Ergebnissen einfach gefolgert werden, dass der Körper zu jedem Augenblick t eine momentane Winkelgeschwindigkeit besitzt und dass diese Geschwindigkeit zur Zeit t durch den momentanen Winkelgeschwindigkeitsvektor $\boldsymbol{\omega}(t)$ beschrieben werden kann (vgl. Aufgabe 5 unten).

10.3.4 Die partielle Ableitung einer Abbildung

Sei $U = U(a)$ eine Umgebung des Punktes $a \in X = X_1 \times \cdots \times X_m$ im direkten Produkt der normierten Räume $X_1, \ldots, X_m$ und sei $f : U \to Y$ eine Abbildung von U auf den normierten Raum Y. Dann ist

$$y = f(x) = f(x_1, \ldots, x_m) \,, \tag{10.43}$$

und daher erhalten wir, wenn wir alle Variablen außer x_i in (10.43) festhalten und $x_k = a_k$ für $k \in \{1, \ldots, m\} \setminus i$ setzen:

$$f(a_1, \ldots, a_{i-1}, x_i, a_{i+1}, \ldots, a_m) =: \varphi_i(x_i) \,. \tag{10.44}$$

Diese Funktion ist in einer Umgebung U_i von a_i in X_i definiert.

Definition 3. Die Abbildung $\varphi_i : U_i \to Y$ wird relativ zur Ausgangsabbildung (10.43) als *partielle Abbildung nach der Variablen x_i in $a \in X$* bezeichnet.

Definition 4. Ist die Abbildung (10.44) in $x_i = a_i$ differenzierbar, dann wird ihre Ableitung in diesem Punkt die *partielle Ableitung* oder als das *partielle Differential von f in a nach der Variablen x_i* bezeichnet.

Wir bezeichnen normalerweise die partielle Ableitung mit einem der Symbole

$$\partial_i f(a) \,, \quad D_i f(a) \,, \quad \frac{\partial f}{\partial x_i}(a) \,, \quad f'_{x_i}(a) \,.$$

In Übereinstimmung mit diesen Definitionen gilt $D_i f(a) \in \mathcal{L}(X_i; Y)$. Genauer formuliert, so ist $D_i f(a) \in \mathcal{L}\big(TX_i(a_i); TY\big(f(a)\big)\big)$.

Das Differential $\mathrm{d}f(a)$ der Abbildung (10.43) im Punkt a (falls f in diesem Punkt differenzierbar ist) wird in diesem Zusammenhang oft auch *totales Differential* genannt, um es von den partiellen Ableitungen nach einer der individuellen Variablen zu unterscheiden.

Wir haben alle diese Konzepte bereits im Fall von Funktionen mit reellen Werten in m reellen Variablen kennengelernt, so dass wir nun auf eine ausführliche Untersuchung verzichten. Wir merken nur an, dass sich beweisen lässt, wenn wir unsere früheren Überlegungen wiederholen und Beispiel 9 in Abschnitt 9.2 berücksichtigen, dass folgender Satz im Allgemeinen gilt:

Satz 3. *Ist die durch (10.43) gegebene Abbildung im Punkt $a = (a_1, \ldots, a_m) \in X_1 \times \cdots \times X_m = X$ differenzierbar, dann besitzt sie in diesem Punkt partielle Ableitungen nach jeder der Variablen und zwischen dem totalen Differential und den partiellen Ableitungen besteht die Gleichung*

$$\mathrm{d}f(a)h = \partial_1 f(a)h_1 + \cdots + \partial_m f(a)h_m \,, \tag{10.45}$$

mit $h = (h_1, \ldots, h_m) \in TX_1(a_1) \times \cdots \times TX_m(a_m) = TX(a)$.

Wir haben bereits in einem Beispiel für numerische Funktionen gezeigt, dass die Existenz partieller Ableitungen im Allgemeinen nicht garantiert, dass die Funktion (10.43) differenzierbar ist.

10.3.5 Übungen und Aufgaben

1. a) Sei $A \in \mathcal{L}(X; X)$ ein *nilpotenter Operator*, d.h., es existiert ein $k \in \mathbb{N}$, so dass $A^k = 0$. Zeigen Sie, dass der Operator $(E - A)$ in diesem Fall eine Inverse besitzt und dass $(E - A)^{-1} = E + A + \cdots + A^{k-1}$.

b) Sei $D : \mathbb{P}[x] \to \mathbb{P}[x]$ der Differentiationsoperator auf dem Vektorraum $\mathbb{P}[x]$ der Polynome. Beachten Sie, dass D ein nilpotenter Operator ist. Formulieren Sie den Operator $\exp(aD)$ mit $a \in \mathbb{R}$ und zeigen Sie, dass $\exp(aD)\big(P(x)\big) = P(x + a) =: T_a\big(P(x)\big)$.

c) Formulieren Sie die Matrizen für die Operatoren $D : \mathbb{P}_n[x] \to \mathbb{P}_n[x]$ in Teil b) in der Basis $e_i = \frac{x^{n-i}}{(n-i)!}$, $1 \leq i \leq n$ im Raum $\mathbb{P}_n[x]$ der reellen Polynome vom Grade n in einer Variablen.

2. a) Sind $A, B \in \mathcal{L}(X; X)$ und $\exists B^{-1} \in \mathcal{L}(X; X)$, dann gilt $\exp(B^{-1}AB) = B^{-1}(\exp A)B$.

b) Ist $AB = BA$, dann gilt $\exp(A + B) = \exp A \cdot \exp B$.

c) Beweisen Sie, dass $\exp 0 = E$ und dass $\exp A$ immer eine Inverse besitzt, nämlich $(\exp A)^{-1} = \exp(-A)$.

3. Sei $A \in \mathcal{L}(X; X)$. Wir betrachten die Abbildung $\varphi_A : \mathbb{R} \to \mathcal{L}(X; X)$, die durch den Zusammenhang $\mathbb{R} \ni t \mapsto \exp(tA) \in \mathcal{L}(X; X)$ definiert ist. Zeigen Sie:

a) Die Abbildung φ_A ist stetig.

b) φ_A ist ein Homomorphismus von $\mathbb{R}$ als einer additiven Gruppe in die multiplikative Gruppe der invertierbaren Operatoren in $\mathcal{L}(X; X)$.

4. Zeigen Sie:

a) Sind $\lambda_1, \ldots, \lambda_n$ die Eigenwerte des Operators $A \in \mathcal{L}(\mathbb{C}^n; \mathbb{C}^n)$, dann sind $\exp \lambda_1, \ldots, \exp \lambda_n$ die Eigenwerte von $\exp A$.

b) $\det(\exp A) = \exp(\mathrm{Sp}\, A)$, wobei $\mathrm{Sp}\, A$ die Spur des Operators $A \in \mathcal{L}(\mathbb{C}^n; \mathbb{C}^n)$ ist.

c) Ist $A \in \mathcal{L}(\mathbb{R}^n, \mathbb{R}^n)$, dann gilt $\det(\exp A) > 0$.

d) Ist A^* die Transponierte der Matrix $A \in \mathcal{L}(\mathbb{C}^n, \mathbb{C}^n)$ und $\bar{A}$ die Matrix, deren Elemente zu denen von A komplex konjugiert sind, dann ist $(\exp A)^* = \exp A^*$ und $\overline{\exp A} = \exp \bar{A}$.

e) Die Matrix $\begin{pmatrix} -1 & 0 \\ 1 & -1 \end{pmatrix}$ ist für keine 2×2-Matrix A als $\exp A$ formulierbar.

5. Wir erinnern daran, dass eine Menge, die sowohl mit einer Gruppenstruktur als auch einer Topologie versehen ist, *topologische Gruppe* oder *stetige Gruppe* genannt wird, falls die Gruppenoperationen stetig sind. Sind in einem Sinne die Gruppenoperationen sogar analytisch, dann wird die topologische Gruppe eine *Lie–Gruppe*[2] genannt.

Eine *Lie–Gruppe* ist ein Vektorraum X mit einer anti-kommutativen bilinearen Operation $[\ ,\ ] : X \times X \to X$, die für alle Vektoren $a, b, c \in X$ die *Jacobi-Identität* erfüllt: $[[a, b], c] + [[b, c], a] + [[c, a], b] = 0$. Lie–Gruppen und Lie–Algebren hängen

---

[2] Zur genauen Definition einer Lie–Gruppe und einem entsprechenden Literaturverweis s. Aufgabe 8 in Abschnitt 15.2.

eng miteinander zusammen und die Abbildung exp spielt in diesem Zusammenhang eine wichtige Rolle (vgl. Aufgabe 1 oben).

Ein Beispiel einer Lie–Algebra ist der orientierte euklidische Raum E^3 mit der Operation des vektoriellen Kreuzprodukts. Zum gegenwärtigen Zeitpunkt werden wir diese Lie–Algebra mit LA_1 bezeichnen.

a) Zeigen Sie, dass die reellen schief-symmetrischen 3×3-Matrizen eine Lie–Algebra bilden (die wir mit LA_2 bezeichnen), falls das Produkt der Matrizen A und B durch $[A, B] = AB - BA$ definiert wird.

b) Zeigen Sie, dass

$$\Omega = \begin{pmatrix} 0 & -\omega^3 & \omega^2 \\ \omega^3 & 0 & -\omega^1 \\ -\omega^2 & \omega^1 & 0 \end{pmatrix} \leftrightarrow (\omega_1, \omega_2, \omega_3) = \boldsymbol{\omega}$$

einen Isomorphismus zwischen den Lie–Algebren LA_2 und LA_1 beschreibt.

c) Hängen die schief-symmetrische Matrix Ω und der Vektor $\boldsymbol{\omega}$, wie in Teil b) dargestellt, miteinander zusammen, dann gilt die Gleichung $\Omega \mathbf{r} = [\boldsymbol{\omega}, \mathbf{r}]$ für jeden Vektor $\mathbf{r} \in E^3$ und für jede Matrix $P \in SO(3)$ gilt die Relation $P\Omega P^{-1} \leftrightarrow P\boldsymbol{\omega}$. Zeigen Sie dies.

d) Ist $\mathbb{R} \ni t \mapsto O(t) \in SO(3)$ eine glatte Abbildung, dann ist die Matrix $\Omega(t) = O^{-1}(t)\dot{O}(t)$ schief-symmetrisch. Zeigen Sie dies.

e) Ist $\mathbf{r}(t)$ der Radiusvektor eines Punktes einer rotierenden Spitze und ist $\Omega(t)$ die Matrix $(O^{-1}\dot{O})(t)$ aus d), dann gilt $\dot{\mathbf{r}}(t) = (\Omega \mathbf{r})(t)$. Zeigen Sie dies.

f) Seien $\mathbf{r}$ und $\boldsymbol{\omega}$ zwei Vektoren, die im Ursprung von E^3 angeheftet sind. Angenommen, wir haben ein rechts-händiges System in E^3 gewählt und weiter angenommen, der Raum erfahre eine rechts-händige Drehung mit Winkelgeschwindigkeit $|\boldsymbol{\omega}|$ um die durch $\boldsymbol{\omega}$ definierte Achse. Zeigen Sie, dass in diesem Fall gilt, dass $\dot{\mathbf{r}}(t) = [\boldsymbol{\omega}, \mathbf{r}(t)]$.

g) Fassen Sie die Ergebnisse aus d), e) und f) zusammen und bestimmen Sie die momentane Winkelgeschwindigkeit der in Beispiel 8 untersuchten rotierenden Spitze.

h) Beweisen Sie mit Hilfe des Ergebnisses in c), dass der Geschwindigkeitsvektor $\boldsymbol{\omega}$ von der Wahl des festen orthogonalen Systems in E^3 unabhängig ist, d.h., dass er vom Koordinatensystem unabhängig ist.

6. Seien $\mathbf{r} = \mathbf{r}(s) = \left(x^1(s), x^2(s), x^3(s) \right)$ die parametrischen Gleichungen einer glatten Kurve in E^3, wobei der Parameter die Bogenlänge entlang der Kurve ist (die *natürliche Parametrisierung der Kurve*).

a) Zeigen Sie, dass der Vektor $\mathbf{e}_1(s) = \frac{d\mathbf{r}}{ds}(s)$, der zur Kurve tangential ist, Einheitslänge besitzt.

b) Der Vektor $\frac{d\mathbf{e}_1}{ds}(s) = \frac{d^2\mathbf{r}}{ds^2}(s)$ ist zu $\mathbf{e}_1$ orthogonal. Sei $\mathbf{e}_2(s)$ der Einheitsvektor, der aus $\frac{d\mathbf{e}_1}{ds}(s)$ gebildet wird. Der Koeffizient $k(s)$ in der Gleichung $\frac{d\mathbf{e}_1}{ds}(s) = k(s)\mathbf{e}_2(s)$ wird *Krümmung* der Kurve im entsprechenden Punkt genannt.

c) Durch Konstruktion des Vektors $\mathbf{e}_3(s) = [\mathbf{e}_1(s), \mathbf{e}_2(s)]$ erhalten wir in jedem Punkt ein System $\{\mathbf{e}_1, \mathbf{e}_2, \mathbf{e}_3\}$, das *Frenet-Dreibein*[3] oder auch *begleitendes Dreibein* der Kurve genannt wird. Beweisen Sie die folgenden Frenet-Formeln:

---

[3] J. F. Frenet (1816–1900) – französischer Mathemtiker.

$$\begin{aligned}
\tfrac{d\mathbf{e}_1}{ds}(s) &= & k(s)\mathbf{e}_2(s)\,, & \\
\tfrac{d\mathbf{e}_2}{ds}(s) &= -k(s)\mathbf{e}_1(s) & & \varkappa(s)\mathbf{e}_3(s)\,, \\
\tfrac{d\mathbf{e}_3}{ds}(s) &= & -\varkappa(s)\mathbf{e}_2(s)\,. &
\end{aligned}$$

Erklären Sie die geometrische Bedeutung des Koeffizienten $\varkappa(s)$, der *Torsion* der Kurve im entsprechenden Punkt genannt wird.

10.4 Der Mittelwertsatz und einige Beispiele für seine Anwendung

10.4.1 Der Mittelwertsatz

Bei unseren Untersuchungen numerischer Funktionen mehrerer Variabler in Absatz 5.1.3 haben wir den Mittelwertsatz für diese bewiesen und verschiedene Gesichtspunkte dieses für die Analysis wichtigen Satzes ausführlich untersucht. In diesem Abschnitt werden wir den Mittelwertsatz in seiner allgemeinen Form beweisen. Damit seine Bedeutung völlig offensichtlich wird, raten wir dem Leser, die Diskussion in diesem Absatz zu wiederholen und dabei auch die geometrische Bedeutung der Norm eines linearen Operators zu beachten (vgl. Absatz 10.2.2).

Satz 1. (Der Mittelwertsatz). *Sei $f : U \to Y$ eine stetige Abbildung einer offenen Menge U eines normierten Raumes X in einen normierten Raum Y.*

Ist das abgeschlossene Intervall $[x, x+h] = \{\xi \in X \,|\, \xi = x+\theta h, 0 \le \theta \le 1\}$ in U enthalten und ist die Abbildung f in allen Punkten des offenen Intervalls $]x, x+h[= \{\xi \in X \,|\, \xi = x + \theta h, 0 < \theta < 1\}$ differenzierbar, dann gilt die folgende Abschätzung:

$$|f(x+h) - f(x)|_Y \le \sup_{\xi \in]x, x+h[} \|f'(\xi)\|_{\mathcal{L}(X;Y)} |h|_X \,. \tag{10.46}$$

Beweis. Zuallererst merken wir Folgendes an. Wenn wir beweisen könnten, dass die Ungleichung

$$|f(x'') - f(x')| \le \sup_{\xi \in [x', x'']} \|f'(\xi)\| \, |x'' - x'| \,, \tag{10.47}$$

bei der sich das Supremum über das gesamte Intervall $[x', x'']$ erstreckt, für jedes abgeschlossene Intervall $[x', x''] \subset]x, x+h[$ gilt, dann könnten wir mit Hilfe der Stetigkeit von f, der Norm und der Tatsache, dass

$$\sup_{\xi \in [x', x'']} \|f'(\xi)\| \le \sup_{\xi \in]x, x+h[} \|f'(\xi)\|$$

beim Grenzübergang von $x' \to x$ und $x'' \to x + h$, die Ungleichung (10.46) erhalten.

Somit genügt der Beweis, dass

$$|f(x + h) - f(x)| \leq M|h| \,, \tag{10.48}$$

wobei $M = \sup\limits_{0 \leq \theta \leq 1} \|f'(x + \theta h)\|$. Dabei gehen wir davon aus, dass die Funktion f auf dem gesamten abgeschlossenen Intervall $[x, x + h]$ als differenzierbar angenommen wird.

Die einfache Berechnung

$$|f(x_3) - f(x_1)| \leq |f(x_3) - f(x_2)| + |f(x_2) - f(x_1)| \leq$$
$$\leq M|x_3 - x_2| + M|x_2 - x_1| = M\big(|x_3 - x_2| + |x_2 - x_1|\big) =$$
$$= M|x_3 - x_1| \,,$$

die nur die Dreiecksungleichung und die Eigenschaften eines abgeschlossenen Intervalls benutzt, zeigt uns, dass eine Ungleichung der Form (10.48) auch auf $[x_1, x_3]$ zutrifft, falls sie auf den Teilstücken $[x_1, x_2]$ und $[x_2, x_3]$ des abgeschlossenen Intervalls $[x_1, x_3]$ gilt.

Trifft daher die Abschätzung (10.48) für das abgeschlossene Intervall $[x, x + h]$ nicht zu, dann können wir durch schrittweise Bisektion eine Folge von abgeschlossenen Intervallen $[a_k, b_k] \subset]x, x + h[$ erhalten, die zu einem Punkt $x_0 \in [x, x + h]$ strebt, so dass (10.48) auf jedem derartigen Intervall $[a_k, b_k]$ nicht gilt. Da $x_0 \in [a_k, b_k]$, können wir aus der Betrachtung der abgeschlossenen Intervalle $[a_k, x_0]$ und $[x_0, b_k]$ folgern, dass wir eine Folge abgeschlossener Intervalle der Form $[x_0, x_0 + h_k] \subset [x, x + h]$ gefunden haben, wobei $h_k \to 0$ für $k \to \infty$, für die

$$|f(x_0 + h_k) - f(x_0)| > M|h_k| \tag{10.49}$$

gilt.

Wenn wir (10.48) beweisen und dabei M durch $M + \varepsilon$ ersetzen, wobei ε eine beliebige positive Zahl ist, erhalten wir dennoch (10.48) für $\varepsilon \to 0$, weswegen wir (10.49) ebenfalls durch

$$|f(x_0 + h_k) - f(x_0)| > (M + \varepsilon)|h_k| \tag{10.49'}$$

ersetzen können. Nun können wir zeigen, dass dies nicht mit der Annahme vertretbar ist, dass f in x_0 differenzierbar ist.

Denn unter der Voraussetzung, dass f differenzierbar ist, gilt

$$|f(x_0 + h_k) - f(x_0)| = |f'(x_0)h_k + o(h_k)| \leq$$
$$\leq \|f'(x_0)\|\,|h_k| + o(|h_k|) \leq (M + \varepsilon)|h_k|$$

für $h_k \to 0$. □

Der Mittelwertsatz besitzt das folgende nützliche, rein technische Korollar.

Korollar. *Ist $A \in \mathcal{L}(X; Y)$, d.h., A ist eine stetige lineare Abbildung des normierten Raumes X in den normierten Raum Y und ist $f : U \to Y$ eine Abbildung, die die Voraussetzungen für den Mittelwertsatz erfüllt, dann gilt*

$$|f(x + h) - f(x) - Ah| \leq \sup\limits_{\xi \in]x, x+h[} \|f'(\xi) - A\|\,|h| \,.$$

Beweis. Für den Beweis genügt es, den Mittelwertsatz auf die Abbildung

$$t \mapsto F(t) = f(x + th) - Ath$$

des Intervalls $[0, 1] \subset \mathbb{R}$ auf Y anzuwenden, da

$$F(1) - F(0) = f(x + h) - f(x) - Ah \ ,$$
$$F'(\theta) = f'(x + \theta h)h - Ah \ \text{für} \ 0 < \theta < 1 \ ,$$
$$\|F'(\theta)\| \leq \|f'(x + \theta h) - A\| \, |h| \ ,$$
$$\sup_{0 < \theta < 1} \|F'(\theta)\| \leq \sup_{\xi \in]x, x+h[} \|f'(\xi) - A\| \, |h| \ . \qquad \square$$

Anmerkung. Wie wir am Beweis von Satz 1 erkennen können, ist die Annahme, dass f als Abbildung $f : U \to Y$ differenzierbar ist, nicht notwendig; es genügt, dass ihre Einschränkung auf das abgeschlossen Intervall $[x, x+h]$ eine stetige Abbildung dieses Intervalls ist und dass f in den Punkten des offenen Intervalls $]x, x + h[$ differenzierbar ist.

Diese Anmerkung gilt ebenfalls für das ebene bewiesene Korollar des Mittelwertsatzes.

10.4.2 Einige Anwendungen des Mittelwertsatzes

a. Stetig differenzierbare Abbildungen

Sei

$$f : U \to Y \qquad (10.50)$$

eine Abbildung einer offenen Teilmenge U eines normierten Vektorraums X in einen normierten Raum Y. Ist f in jedem Punkt $x \in U$ differenzierbar, dann erhalten wir, indem wir dem Punkt x die Abbildung $f'(x) \in \mathcal{L}(X; Y)$ zuweisen, die zu f in diesem Punkt tangential ist, die abgeleitete Abbildung

$$f' : U \to \mathcal{L}(X; Y) \ . \qquad (10.51)$$

Da der Raum $\mathcal{L}(X; Y)$ der stetigen linearen Transformationen aus X auf Y, wie wir wissen, ein normierter Raum ist (mit der Transformationsnorm), ist es sinnvoll, von der Stetigkeit der Abbildung (10.51) zu sprechen.

Definition. Ist die abgeleitete Abbildung (10.51) in U stetig, dann sagen wir in völliger Übereinstimmung mit früheren Schreibweisen, dass die Abbildung (10.50) *stetig differenzierbar* ist.

Wie zuvor bezeichnen wir die Menge der stetig differenzierbaren Abbildungen vom Typus (10.50) mit dem Symbol $C^{(1)}(U, Y)$ oder in Kurzform mit $C^{(1)}(U)$, wenn es aus dem Zusammenhang klar ist, welchen Wertebereich die Abbildung besitzt.

Daher ist per definitionem

$$f \in C^{(1)}(U, Y) \Leftrightarrow f' \in C\big(U, \mathcal{L}(X; Y)\big) \ .$$

Wir wollen untersuchen, was stetige Differenzierbarkeit in gewissen Spezialfällen bedeutet.

Beispiel 1. Wir betrachten die bekannte Situation, dass $X = Y = \mathbb{R}$ und dass daher $f : U \to \mathbb{R}$ eine reelle Funktion mit reellen Werten ist. Da jede lineare Abbildung $A \in \mathcal{L}(\mathbb{R}; \mathbb{R})$ auf die Multiplikation mit einer Zahl $a \in \mathbb{R}$ zurückführbar ist, d.h. $Ah = ah$ und offensichtlich $\|A\| = |a|$ gilt, erhalten wir $f'(x)h = a(x)h$, wobei $a(x)$ die numerische Ableitung der Funktion f im Punkt x ist.

Als Nächstes folgt, dass

$$\|f'(x + \delta) - f'(x)\| = |a(x + \delta) - a(x)| \ ,$$

da

$$\big(f'(x + \delta) - f'(x)\big)h = f'(x + \delta)h - f'(x)h =$$
$$= a(x + \delta)h - a(x)h = \big(a(x + \delta) - a(x)\big)h \ . \qquad (10.52)$$

Daher ist die stetige Differenzierbarkeit der Abbildung f in diesem Fall zum Konzept einer stetig differenzierbaren numerischen Funktion (der Klasse $C^{(1)}(U, \mathbb{R})$) äquivalent, das wir früher schon untersucht haben.

Beispiel 2. Dieses Mal gehen wir davon aus, dass X das direkte Produkt $X_1 \times \cdots \times X_m$ normierter Räume ist. In diesem Fall ist die Abbildung (10.50) eine Funktion $f(x) = f(x_1, \ldots, x_m)$ von m Variablen $x_i \in X_i$, $i = 1, \ldots, m$ mit Werten in Y.

Ist die Abbildung f in $x \in U$ differenzierbar, dann ist ihr Differential $\mathrm{d}f(x)$ in diesem Punkt ein Element des Raumes $\mathcal{L}(X_1 \times \cdots \times X_m = X; Y)$.

Wir können die Einwirkung von $\mathrm{d}f(x)$ auf einen Vektor $h = (h_1, \ldots, h_m)$ durch (10.45) wie folgt darstellen:

$$\mathrm{d}f(x)h = \partial_1 f(x)h_1 + \cdots + \partial_m f(x)h_m \ .$$

Dabei sind $\partial_i f(x) : X_i \to Y$, $i = 1, \ldots, m$ die partiellen Ableitungen der Abbildung f im betrachteten Punkt x.

Als Nächstes gilt

$$\big(\mathrm{d}f(x + \delta) - \mathrm{d}f(x)\big)h = \sum_{i=1}^{m} \big(\partial_i f(x + \delta) - \partial_i f(x)\big)h_i \ . \qquad (10.53)$$

Aus den Eigenschaften der im direkten Produkt normierter Räume (vgl. Beispiel 6 in Absatz 10.1.2) üblichen Norm und der Definition der Norm einer Transformation erhalten wir daraus, dass

$$\|\partial_i f(x+\delta) - \partial_i f(x)\|_{\mathcal{L}(X_i;Y)} \leq \|\mathrm{d}f(x+\delta) - \mathrm{d}f(x)\|_{\mathcal{L}(X;Y)} \leq$$

$$\leq \sum_{i=1}^{m} \|\partial_i f(x+\delta) - \partial_i f(x)\|_{\mathcal{L}(X_i;Y)} . \quad (10.54)$$

Daher ist die differenzierbare Abbildung (10.50) in diesem Fall genau dann in U stetig differenzierbar, wenn alle ihre partiellen Ableitungen in U stetig sind.

Ist insbesondere $X = \mathbb{R}^m$ und $Y = \mathbb{R}$, erhalten wir wiederum das bekannte Konzept einer stetig differenzierbaren numerischen Funktion mit m reellen Variablen (eine Funktion der Klasse $C^{(1)}(U, \mathbb{R})$, wobei $U \subset \mathbb{R}^m$).

Anmerkung. Wir wollen darauf hinweisen, dass wir beim Schreiben von (10.52) und (10.53) essentiell von der kanonischen Identifizierung $TX_x \sim X$ Gebrauch gemacht haben, wodurch es möglich wird, Vektoren in verschiedenen Tangentialräumen zu vergleichen oder zu identifizieren.

Wir wollen nun zeigen, dass stetig differenzierbare Abbildungen eine Lipschitz-Bedingung erfüllen.

Satz 2. *Sei K eine konvexe kompakte Menge in einem normierten Raum X und $f \in C^{(1)}(K, Y)$, wobei Y ebenfalls ein normierter Raum ist. Dann erfüllt die Abbildung $f : K \to Y$ eine Lipschitz-Bedingung auf K, d.h., es existiert eine Konstante $L > 0$, so dass die Ungleichung*

$$|f(x_2) - f(x_1)| \leq L|x_2 - x_1| \qquad (10.55)$$

für alle Punkte $x_1, x_2 \in K$ gilt.

Beweis. Laut Voraussetzungen ist $f' : K \to \mathcal{L}(X; Y)$ eine stetige Abbildung der kompakten Menge K in den metrischen Raum $\mathcal{L}(X; Y)$. Da die Norm auf einem normierten Raum mit seiner natürlichen Metrik eine stetige Funktion ist, ist die Abbildung $x \mapsto \|f'(x)\|$ als Verkettung von stetigen Funktionen selbst eine stetige Abbildung der kompakten Menge K auf $\mathbb{R}$. Eine derartige Abbildung ist jedoch notwendigerweise beschränkt. Sei L eine Konstante, so dass $\|f'(x)\| \leq L$ in jedem Punkt $x \in K$. Da K konvex ist, ist für je zwei Punkte $x_1 \in K$ und $x_2 \in K$ auch das ganze Intervall $[x_1, x_2]$ in K enthalten. Wenn wir den Mittelwertsatz auf dieses Intervall anwenden, erhalten wir unmittelbar die Ungleichung (10.55). $\square$

Satz 3. *Mit den Voraussetzungen für Satz 2 existiert eine nicht negative Funktion $\omega(\delta)$, die für $\delta \to +0$ gegen 0 strebt, so dass in jedem Punkt $x \in K$*

$$|f(x+h) - f(x) - f'(x)h| \leq \omega(\delta)|h| \qquad (10.56)$$

für $|h| < \delta$ gilt, falls $x + h \in K$.

Beweis. Laut dem Korollar zum Mittelwertsatz können wir schreiben:

$$|f(x+h) - f(x) - f'(x)h| \leq \sup_{0<\theta<1} \|f'(x+\theta h) - f'(x)\| \, |h| \, .$$

Wenn wir

$$\omega(\delta) = \sup_{\substack{x_1,x_2 \in K \\ |x_1-x_2|<\delta}} \|f'(x_2) - f'(x_1)\|$$

setzen, erhalten wir (10.56), wenn wir die gleichmäßige Stetigkeit der auf der kompakten Menge K stetigen Funktion $x \mapsto f'(x)$ berücksichtigen. $\qquad\square$

b. Eine hinreichende Bedingung für die Differenzierbarkeit

Wir werden nun mit dem Mittelwertsatz zeigen, dass wir mit Hilfe der partiellen Ableitungen einer Abbildung eine allgemeine hinreichende Bedingung für die Differenzierbarkeit erhalten können.

Satz 4. *Sei U eine Umgebung des Punktes x in einem normierten Raum $X = X_1 \times \cdots \times X_m$, der das direkte Produkt der normierten Räume $X_1, \cdots, X_m$ ist. Sei ferner $f : U \to Y$ eine Abbildung von U in einen normierten Raum Y. Besitzt die Abbildung f partielle Ableitungen nach allen ihren Variablen in U, dann ist sie im Punkt x differenzierbar, falls alle partiellen Ableitungen in diesem Punkt stetig sind.*

Beweis. Um die Schreibweise zu vereinfachen, werden wir den Beweis für $m = 2$ ausführen. Wir erkennen unmittelbar, dass die Abbildung

$$Lh = \partial_1 f(x)h_1 + \partial_2 f(x)h_2 \, ,$$

die in $h = (h_1, h_2)$ linear ist, das totale Differential von f in x ist.
Wir führen die einfachen Umformungen

$$
\begin{aligned}
f(x+h) - f(x) - Lh &= \\
= f(x_1 + h_1, x_2 + h_2) &- f(x_1, x_2) - \partial_1 f(x)h_1 - \partial_2 f(x)h_2 = \\
= f(x_1 + h_1, x_2 + h_2) &- f(x_1, x_2 + h_2) - \partial_1 f(x_1, x_2)h_1 + \\
+ f(x_1, x_2 + h_2) &- f(x_1, x_2) - \partial_2 f(x_1, x_2)h_2
\end{aligned}
$$

aus und erhalten nach Satz 1, dass

$$
\begin{aligned}
|f(x_1 + h_1, x_2 + h_2) - f(x_1, x_2) &- \partial_1 f(x_1, x_2)h_1 - \partial_2 f(x_1, x_2)h_2| \leq \\
\leq \sup_{0<\theta_1<1} \|\partial_1 f(x_1 + \theta_1 h_1, x_2 + h_2) &- \partial_1 f(x_1, x_2)\| \, |h_1| + \\
+ \sup_{0<\theta_2<1} \|\partial_2 f(x_1, x_2 + \theta_2 h_2) &- \partial_2 f(x_1, x_2)\| \, |h_2| \, .
\end{aligned}
\tag{10.57}
$$

Da $\max\{|h_1|, |h_2|\} \leq |h|$, folgt unmittelbar aus der Stetigkeit der partiellen Ableitungen $\partial_1 f$ und $\partial_2 f$ im Punkt $x = (x_1, x_2)$, dass sich die rechte Seite der Ungleichung (10.57) für $h = (h_1, h_2) \to 0$ wie $o(h)$ verhält. $\qquad\square$

Korollar. *Eine Abbildung $f : U \to Y$ einer offenen Teilmenge U des normierten Raumes $X = X_1 \times \cdots \times X_m$ in einen normierten Raum Y ist genau dann stetig differenzierbar, wenn alle partiellen Ableitungen der Abbildung f stetig sind.*

Beweis. Wir haben in Beispiel 2 gezeigt, dass dann, wenn die Abbildung $f : U \to Y$ differenzierbar ist, sie genau dann stetig differenzierbar ist, wenn ihre partiellen Ableitungen stetig sind.

Wir sehen nun, dass dann, wenn die partiellen Ableitungen stetig sind, die Abbildung f automatisch differenzierbar ist und daher ist sie (nach Beispiel 2) auch stetig differenzierbar.   □

10.4.3 Übungen und Aufgaben

1. Sei $f : I \to Y$ eine stetige Abbildung des abgeschlossenen Intervalls $I = [0, 1] \subset \mathbb{R}$ in einen normierten Raum Y und sei $g : I \to \mathbb{R}$ eine stetige Funktion mit reellen Werten auf I. Falls f und g im offenen Intervall $]0, 1[$ differenzierbar sind und die Ungleichung $\|f'(t)\| \leq g'(t)$ in Punkten dieses Intervalls gilt, dann gilt auch die Ungleichung $|f(1) - f(0)| \leq g(1) - g(0)$. Zeigen Sie dies.

2. a) Sei $f : I \to Y$ eine stetig differenzierbare Abbildung des abgeschlossenen Intervalls $I = [0, 1] \subset \mathbb{R}$ in einen normierten Raum Y, die einen glatten Weg in Y definiert. Bestimmen Sie die Länge dieses Weges.

   b) Erinnern Sie sich an die geometrische Bedeutung der Norm der Tangenitalabbildung und geben Sie eine obere Schranke für die Länge des in a) betrachteten Weges an.

   c) Geben Sie eine geometrische Interpretation des Mittelwertsatzes.

3. Sei $f : U \to Y$ eine stetige Abbildung einer Umgebung U des Punktes a in einem normierten Raum X in einen normierten Raum Y. Ist f in $U \setminus a$ differenzierbar und besitzt $f'(x)$ für $x \to a$ einen Grenzwert $L \in \mathcal{L}(X; Y)$, dann ist die Abbildung f in a differenzierbar mit $f'(a) = L$. Zeigen Sie dies.

4. a) Sei U eine offene konvexe Teilmenge eines normierten Raumes X und $f : U \to Y$ eine Abbildung von U in einen normierten Raum Y. Ist $f'(x) \equiv 0$ auf U, dann ist die Abbildung f konstant. Zeigen Sie dies.

   b) Verallgemeinern Sie die Behauptung in a) auf den Fall eines beliebigen Gebiets U (d.h, wenn U eine offene zusammenhängende Teilmenge von X ist).

   c) Die partielle Ableitung $\frac{\partial f}{\partial y}$ einer glatten Funktion $f : D \to \mathbb{R}$, die in einem Gebiet $D \subset \mathbb{R}^2$ der xy-Ebene definiert ist, sei identisch gleich Null. Ist es dann wahr, dass f in diesem Gebiet von y unabhängig ist? Für welche Gebiete D trifft dies zu?

10.5 Ableitungen höherer Ordnung

10.5.1 Definition des n-ten Differentials

Sei U eine offene Menge in einem normierten Raum X und

$$f : U \to Y \tag{10.58}$$

eine Abbildung von U in einen normierten Raum Y.

Ist die Abbildung (10.58) in U differenzierbar, dann ist die Ableitung von f, die durch

$$f' : U \to \mathcal{L}(X;Y) \tag{10.59}$$

gegeben wird, in U definiert.

Der Raum $\mathcal{L}(X;Y) =: Y_1$ ist ein normierter Raum, für den die Abbildung (10.59) die Gestalt (10.58) besitzt, d.h. $f' : U \to Y_1$. Deswegen macht es Sinn, über die Differenzierbarkeit von f' nachzudenken.

Ist die Abbildung (10.59) differenzierbar, dann wird ihre Ableitung

$$(f')' : U \to \mathcal{L}(X;Y_1) = \mathcal{L}(X;\mathcal{L}(X;Y))$$

die *zweite Ableitung* oder das *zweite Differential* von f genannt und mit f'' oder $f^{(2)}$ bezeichnet.

Definition 1. Die *Ableitung der Ordnung* $n \in \mathbb{N}$ oder das *n-te Differential* der Abbildung (10.58) im Punkt $x \in U$ entspricht der Tangentialabbildung an die Ableitung $(n-1)$-ter Ordnung von f in diesem Punkt.

Wenn wir die Ableitung der Ordnung $k \in \mathbb{N}$ im Punkt $x \in U$ mit $f^{(k)}(x)$ bezeichnen, dann bedeutet Definition 1, dass

$$f^{(n)}(x) := \left(f^{(n-1)} \right)'(x) . \tag{10.60}$$

Wenn also $f^{(n)}(x)$ definiert ist, dann ist

$$f^{(n)}(x) \in \mathcal{L}(X;Y_n) = \mathcal{L}(X;\mathcal{L}(X;Y_{n-1})) = \cdots$$
$$\cdots = \mathcal{L}(X;\mathcal{L}(X;\ldots;\mathcal{L}(X;Y))\ldots) .$$

Folglich kann nach Satz 4 in Abschnitt 10.2 das Differential der Ordnung n der Abbildung (10.58) im Punkt x als ein Element des Raumes $\mathcal{L}(\underbrace{X,\ldots,X}_{n \ \text{Faktoren}};Y)$ der stetigen n-linearen Transformationen interpretiert werden.

Wir wiederholen, dass die Tangentialabbildung $f'(x) : TX_x \to TY_{f(x)}$ eine Abbildung von Tangentialräumen ist, die wir auf Grund der affinen oder Vektorraumstruktur der beiden abgebildeten Räume mit den entsprechenden Vektorräumen identifiziert haben, und dass wir auf Grund dessen sagen, dass $f'(x) \in \mathcal{L}(X;Y)$. Es ist diese Vorstellung, dass wir Elemente $f'(x_1) \in \mathcal{L}(TX_{x_1};TY_{f(x_1)})$ und $f'(x_2) \in \mathcal{L}(TX_{x_2},TY_{f(x_2)})$, die in unterschiedlichen Räumen liegen, als Vektoren in demselben Raum $\mathcal{L}(X;Y)$ betrachten, die es uns erlaubt, Differentiale höherer Ordnung von Abbildungen normierter Vektorräume zu definieren. Im Falle eines affinen oder eines Vektorraums existiert ein natürlicher Zusammenhang zwischen Vektoren in den unterschiedlichen Tangentialräumen, die zu verschiedenen Punkten im Ausgangsraum gehören. In der abschließenden Analyse ist es dieser Zusammenhang, der es uns erlaubt, von der stetigen Differenzierbarkeit sowohl der Abbildung (10.58) als auch von Differentialen höherer Ordnung zu reden.

10.5.2 Ableitung nach einem Vektor und Berechnung der Werte des n-ten Differentials

Wenn wir die abstrakte Definition 1 spezifizieren wollen, kann das Konzept einer Ableitung nach einem Vektor von Vorteil sein. Dieses Konzept wird hier für die allgemeine Abbildung (10.58) eingeführt, genau so, wie wir es früher für den Fall $X = \mathbb{R}^m$ und $X = \mathbb{R}$ getan haben.

Definition 2. Seien X und Y normierte Vektorräume über dem Körper $\mathbb{R}$. Wir definieren die *Ableitung der Abbildung* (10.58) *nach dem Vektor* $h \in TX_x \sim X$ *im Punkt* $x \in U$ als den Grenzwert

$$D_h f(x) := \lim_{\mathbb{R} \ni t \to 0} \frac{f(x + th) - f(x)}{t} \, ,$$

vorausgesetzt, dass dieser Grenzwert existiert.

Es kann unmittelbar gezeigt werden, dass

$$D_{\lambda h} f(x) = \lambda D_h f(x) \tag{10.61}$$

und dass die Abbildung f im Punkt $x \in U$ eine Ableitung nach jedem Vektor besitzt, wenn f differenzierbar ist. Darüber hinaus gilt

$$D_h f(x) = f'(x)h \tag{10.62}$$

und, auf Grund der Linearität der Tangentialabbildung, dass

$$D_{\lambda_1 h_1 + \lambda_2 h_2} f(x) = \lambda_1 D_{h_1} f(x) + \lambda_2 D_{h_2} f(x) \, . \tag{10.63}$$

An Definition 2 können wir auch erkennen, dass der Wert $D_h f(x)$ der Ableitung der Abbildung $f : U \to Y$ nach einem Vektor ein Element des Vektorraums $TY_{f(x)} \sim Y$ ist und dass dann, wenn L eine stetige lineare Transformation von Y auf einen normierten Raum Z ist, gilt, dass

$$D_h(L \circ f)(x) = L \circ D_h f(x) \, . \tag{10.64}$$

Wir wollen nun eine Interpretation des Wertes $f^{(n)}(h_1, \ldots, h_n)$ des n-ten Differentials der Abbildung f im Punkt x auf der Menge $(h_1, \ldots, h_n)$ von Vektoren $h_i \in TX_x \sim X$, $i = 1, \ldots, n$ versuchen.

Wir beginnen mit $n = 1$. In diesem Fall ist nach (10.62):

$$f'(x)(h) = f'(x)h = D_h f(x) \, .$$

Nun betrachten wir den Fall $n = 2$. Da $f^{(2)}(x) \in \mathcal{L}(X; \mathcal{L}(X; Y))$, können wir, indem wir einen Vektor $h_1 \in X$ festhalten, nach der folgenden Regel

$$h_1 \mapsto f^{(2)}(x)h_1$$

eine lineare Transformation $\left(f^{(2)}(x)h_1\right) \in \mathcal{L}(X;Y)$ zuweisen. Wenn wir dann den Wert dieses Operators am Vektor $h_2 \in X$ berechnen, erhalten wir ein Element von Y:

$$f^{(2)}(x)(h_1, h_2) := \left(f^{(2)}(x)h_1\right)h_2 \in Y \ . \tag{10.65}$$

Nun ist aber

$$f^{(2)}(x)h = (f')'(x)h = D_h f'(x)$$

und daher

$$f^{(2)}(x)(h_1, h_2) = \left(D_{h_1} f'(x)\right)h_2 \ . \tag{10.66}$$

Ist $A \in \mathcal{L}(X;Y)$ und $h \in X$, dann können wir das Paar Ah nicht nur als eine Abbildung $h \mapsto Ah$ von X auf Y betrachten, sondern auch als eine Abbildung $A \mapsto Ah$ von $\mathcal{L}(X;Y)$ auf Y, wobei die letzte Abbildung wie auch die erste linear ist.

Wenn wir die Gleichungen (10.62), (10.64) und (10.66) miteinander vergleichen, können wir

$$\left(D_{h_1} f'(x)\right)h_2 = D_{h_1}\left(f'(x)h_2\right) = D_{h_1} D_{h_2} f(x)$$

schreiben. Somit erhalten wir schließlich

$$f^{(2)}(x)(h_1, h_2) = D_{h_1} D_{h_2} f(x) \ .$$

Ganz ähnlich lässt sich zeigen, dass die Gleichung

$$f^{(n)}(x)(h_1, \dots, h_n) := \left(\dots (f^{(n)}(x)h_1)\dots h_n\right) = D_{h_1} D_{h_2} \cdots D_{h_n} f(x) \tag{10.67}$$

für jedes $n \in \mathbb{N}$ gilt, wobei die Differentiation nach den Vektoren schrittweise, beginnend mit der Differentiation nach h_n und endend mit der Differentiation nach h_1, ausgeführt wird.

10.5.3 Symmetrie der Differentiale höherer Ordnung

Im Zusammenhang mit Gleichung (10.67), die so, wie sie ist, perfekt zur Berechnung geeignet ist, stellt sich natürlicherweise die Frage: Inwieweit hängt das Ergebnis der Berechnung von der Reihenfolge der Differentiation ab?

Satz. *Ist die Ableitung $f^{(n)}(x)$ im Punkt x für die Abbildung (10.58) definiert, dann ist sie bezüglich jedem Paar ihrer Argumente symmetrisch.*

Beweis. Der Hauptteil im Beweis ist der Nachweis, dass dieser Satz für den Fall $n = 2$ gilt.

Seien h_1 und h_2 zwei beliebige feste Vektoren im Raum $TX_x \sim X$. Da U in X offen ist, ist die folgende Hilfsfunktion von t für alle Werte $t \in \mathbb{R}$ nahe bei Null definiert:

$$F_t(h_1, h_2) = f(x + t(h_1 + h_2)) - f(x + th_1) - f(x + th_2) + f(x) \ .$$

Daneben betrachten wir noch die folgende Hilfsfunktion:

$$g(v) = f(x + t(h_1 + v)) - f(x + tv) \,,$$

die sicherlich für Vektoren v, die zum Vektor h_2 kollinear sind und für die $|v| \leq |h_2|$ gilt, definiert ist.

Wir beobachten, dass

$$F_t(h_1, h_2) = g(h_2) - g(0) \,.$$

Wir beobachten weiterhin, dass F_t zumindest in einer Umgebung von x differenzierbar sein muss, da die Funktion $f : U \to Y$ ein zweites Differential $f''(x)$ im Punkt $x \in U$ besitzt. Wir werden annehmen, dass der Parameter t hinreichend klein ist, so dass die Argumente auf der rechten Seite der Definitionsgleichung von $F_t(h_1, h_2)$ in dieser Umgebung liegen.

Bei den folgenden Berechnungen werden wir diese Beobachtungen zusammen mit dem Korollar zum Mittelwertsatz einsetzen:

$$|F_t(h_1, h_2) - t^2 f''(x)(h_1, h_2)| =$$
$$= |g(h_2) - g(0) - t^2 f''(x)(h_1, h_2)| \leq$$
$$\leq \sup_{0 < \theta_2 < 1} \|g'(\theta_2 h_2) - t^2 f''(x)h_1\| \, |h_2| =$$
$$= \sup_{0 < \theta_2 < 1} \left\| \left(f'(x + t(h_1 + \theta_2 h_2)) - f'(x + t\theta_2 h_2) \right)t - t^2 f''(x)h_1 \right\| \, |h_2| \,.$$

Nach der Definition der Ableitungsabbildung können wir schreiben, dass

$$f'(x + t(h_1 + \theta_2 h_2)) = f'(x) + f''(x)(t(h_1 + \theta_2 h_2)) + o(t)$$

und

$$f'(x + t\theta_2 h_2) = f'(x) + f''(x)(t\theta_2 h_2) + o(t)$$

für $t \to 0$. Wenn wir diese Gleichungen berücksichtigen, können wir die obige Berechnung fortsetzen und erhalten nach Kürzungen, dass

$$|F_t(h_1, h_2) - t^2 f''(x)(h_1, h_2)| = o(t^2)$$

für $t \to 0$. Diese Gleichung bedeutet aber, dass

$$f''(x)(h_1, h_2) = \lim_{t \to 0} \frac{F_t(h_1, h_2)}{t^2} \,.$$

Da es offensichtlich ist, dass $F_t(h_1, h_2) = F_t(h_2, h_1)$, folgt aus dieser Gleichung, dass $f''(x)(h_1, h_2) = f''(x)(h_2, h_1)$.

Nun können wir den Beweis durch Induktion vervollständigen, wobei wir Wort für Wort wiederholen, was im Beweis zur Unabhängigkeit der Differentiationsreihenfolge bei gemischten partiellen Ableitungen angeführt wurde. $\square$

Somit haben wir gezeigt, dass das n-te Differential der Abbildung (10.58) im Punkt $x \in U$ eine symmetrische n-lineare Transformation

$$f^{(n)}(x) \in \mathcal{L}(TX_x, \ldots, TX_x; TY_{f(x)}) \sim \mathcal{L}(X, \ldots, X; Y)$$

ist, deren Wert auf der Menge $(h_1, \ldots, h_n)$ von Vektoren $h_i \in TX_x = X$, $i = 1, \ldots, n$ durch die Formel (10.67) berechnet werden kann.

Ist X ein endlich-dimensionaler Raum mit einer Basis $\{e_1, \ldots, e_k\}$ und ist $h_j = h_j^i e_i$ die Entwicklung des Vektors h_j, $j = 1, \ldots, n$ bzgl. dieser Basis, dann können wir auf Grund der Multilinearität von $f^{(n)}(x)$ schreiben, dass

$$f^{(n)}(x)(h_1, \ldots, h_n) = f^{(n)}(x)(h_1^{i_1} e_{i_1}, \ldots, h_n^{i_n} e_{i_n}) =$$
$$= f^{(n)}(x)(e_{i_1}, \ldots, e_{i_n}) h_1^{i_1} \cdot \ldots \cdot h_n^{i_n} .$$

Mit Hilfe unserer früheren Schreibweise $\partial_{i_1 \cdots i_n} f(x)$ für $D_{e_1} \cdots D_{e_n} f(x)$ gelangen wir schließlich zu

$$f^{(n)}(x)(h_1, \ldots, h_n) = \partial_{i_1 \cdots i_n} f(x) h_1^{i_1} \cdots h_n^{i_n} ,$$

wobei sich die Summation auf der rechte Seite wie üblich über die doppelt auftretenden Indizes innerhalb von 1 bis k erstreckt.

Wir wollen vereinbaren, die folgende Abkürzung zu benutzen:

$$f^{(n)}(x)(h, \ldots, h) =: f^{(n)}(x) h^n . \qquad (10.68)$$

Falls wir einen endlich-dimensionalen Raum X mit $h = h^i e_i$ untersuchen, gilt insbesondere die Gleichung

$$f^{(n)}(x) h^n = \partial_{i_1 \cdots i_n} f(x) h^{i_1} \cdot \ldots \cdot h^{i_n} ,$$

die uns bereits aus der Theorie numerischer Funktionen mehrerer Variabler gut bekannt ist.

10.5.4 Einige Anmerkungen

In Zusammenhang mit der Schreibweise (10.68) betrachten wir das folgende Beispiel, das sehr nützlich ist und das wir zu Beginn des nächsten Abschnitts einsetzen werden.

Beispiel. Sei $A \in \mathcal{L}(X_1, \ldots, X_n; Y)$, d.h., $y = A(x_1, \ldots, x_n)$ ist eine stetige n-lineare Transformation aus dem Produkt der normierten Vektorräume $X_1, \ldots, X_n$ in den normierten Vektorraum Y.

In Beispiel 5 in Abschnitt 10.3 haben wir gezeigt, dass A eine differenzierbare Abbildung $A : X_1 \times \cdots \times X_n \to Y$ ist, mit

$$A'(x_1, \ldots, x_n)(h_1, \ldots, h_n) =$$
$$= A(h_1, x_2, \ldots, x_n) + \cdots + A(x_1, \ldots, x_{n-1}, h_n) .$$

Ist folglich $X_1 = \cdots = X_n = X$ und ist A symmetrisch, dann ist

$$A'(x, \ldots, x)(h, \ldots, h) = nA(\underbrace{x, \ldots, x}_{n-1}, h) =: (nAx^{n-1})h \, .$$

Wir betrachten die Abbildung $F : X \to Y$, die durch

$$X \ni x \mapsto F(x) = A(x, \ldots, x) =: Ax^n$$

definiert wird. Sie erweist sich als differenzierbar mit

$$F'(x)h = (nAx^{n-1})h \, ,$$

d.h., in diesem Fall ist

$$F'(x) = nAx^{n-1}$$

mit $Ax^{n-1} := A(\underbrace{x, \ldots, x}_{n-1}, \cdot)$.

Besitzt insbesondere die Abbildung (10.58) ein Differential $f^{(n)}(x)$ in einem Punkt $x \in U$, dann ist die Funktion $F(h) = f^{(n)}(x)h^n$ differenzierbar mit

$$F'(h) = nf^{(n)}(x)h^{n-1} \, . \tag{10.69}$$

Zum Abschluss unserer Untersuchung von Ableitungen n-ter Ordnung wollen wir noch anmerken, dass dann, wenn die Ausgangsfunktion (10.58) auf einer Menge U in einem Raum X definiert ist, der das direkte Produkt normierter Räume $X_1, \ldots, X_m$ ist, wir über die partiellen Ableitungen $\partial_1 f(x), \ldots, \partial_m f(x)$ von f nach den Variablen $x_i \in X_i$, $i = 1, \ldots, m$ und den partiellen Ableitungen $\partial_{i_1 \cdots i_n} f(x)$ höherer Ordnung reden können.

Auf Grund von Satz 4 in Abschnitt 10.4 erhalten wir in diesem Fall durch Induktion, dass *die Abbildung f in einem Punkt $x \in X = X_1 \times \cdots \times X_m$ ein Differential $f^{(n)}(x)$ n-ter Ordnung besitzt, falls alle partiellen Ableitungen $\partial_{i_1 \cdots i_n} f(x)$ der Abbildung $f : U \to Y$ in diesem Punkt stetig sind.*

Wenn wir außerdem das Ergebnis von Beispiel 2 in demselben Abschnitt berücksichtigen, dann können wir folgern, dass die *Abbildung $U \ni x \mapsto f^{(n)}(x) \in \mathcal{L}(\underbrace{X, \ldots, X}_{n \text{ Faktoren}}; Y)$ genau dann stetig ist, wenn alle partiellen Ableitungen* $U \ni x \mapsto \partial_{i_1 \cdots i_n} f(x) \in \mathcal{L}(X_{i_1}, \ldots, X_{i_n}; Y)$ *der Ausgangsabbildung $f : U \to Y$ stetig sind* (oder was dasselbe ist, dass alle partiellen Ableitungen aller Ordnungen bis inklusive n-ter Ordnung stetig sind).

Die Klasse der Abbildungen (10.58), die bis inklusive n-ter Ordnung stetige Ableitungen in U besitzen, werden mit $C^{(n)}(U, Y)$ bezeichnet oder, wenn keine Unklarheiten auftreten können, durch das kürzere Symbol $C^{(n)}(U)$ oder sogar nur $C^{(n)}$.

Ist insbesondere $X = X_1 \times \cdots \times X_n$, dann können wir die oben formulierte Folgerung in Kurzform formulieren:

$$(f \in C^{(n)}) \iff (\partial_{i_1 \cdots i_n} f \in C, \, i_1, \ldots, i_n = 1, \ldots, m) \, ,$$

wobei C wie stets die zugehörige Menge der stetigen Funktionen bezeichnet.

10.5.5 Übungen und Aufgaben

1. Führen Sie den Beweis von Gl. (10.64) vollständig durch.

2. Formulieren Sie ausführlich die Aussage am Ende des Beweises, dass $f^{(n)}(x)$ symmetrisch ist.

3. a) Die Funktionen $D_{h_1} D_{h_2} f$ und $D_{h_2} D_{h_1} f$ seien definiert und in einem Punkt $x \in U$ für ein Paar von Vektoren h_1, h_2 stetig, wie auch die Abbildung (10.58) im Gebiet U. Zeigen Sie, dass dann die Gleichung $D_{h_1} D_{h_2} f(x) = D_{h_2} D_{h_1} f(x)$ gilt.

   b) Zeigen Sie mit Hilfe des Beispiels einer numerischen Funktion $f(x, y)$, dass im Allgemeinen nicht folgt, dass das zweite Differential der Funktion in einem Punkt existiert, obwohl aus der Stetigkeit der gemischten partiellen Ableitungen $\frac{\partial^2 f}{\partial x \partial y}$ und $\frac{\partial^2 f}{\partial y \partial x}$ nach a) folgt, dass die gemischten partiellen Ableitungen in diesem Punkt gleich sind.

   c) Obwohl die Existenz von $f^{(2)}(x, y)$ sicher stellt, dass die gemischten partiellen Ableitungen $\frac{\partial^2 f}{\partial x \partial y}$ und $\frac{\partial^2 f}{\partial y \partial x}$ existieren und gleich sind, folgt daraus im Allgemeinen nicht, dass diese in diesem Punkt stetig sind. Zeigen Sie dieses.

4. Sei $A \in \mathcal{L}(X, \ldots, X; Y)$ eine symmetrische n-lineare Transformation. Bestimmen Sie die aufeinander folgenden Ableitungen der Funktion $x \mapsto Ax^n := A(x, \ldots, x)$ bis inklusive der $(n + 1)$-ten Ordnung.

10.6 Die Taylorsche Formel und die Untersuchung von Extrema

10.6.1 Die Taylorsche Formel für Abbildungen

Satz 1. *Sei $U = U(x)$ eine Umgebung eines Punktes x in einem normierten Raum X. Falls eine Abbildung $f : U \to X$ von $U(x)$ in den normierten Raum Y Ableitungen in U bis inklusiver $(n - 1)$-ter Ordnung und eine Ableitung n-ter Ordnung $f^{(n)}(x)$ im Punkt x besitzt, dann gilt*

$$f(x + h) = f(x) + f'(x)h + \cdots + \frac{1}{n!} f^{(n)}(x) h^n + o(|h|^n) \qquad (10.70)$$

für $h \to 0$.

Die Gleichung (10.70) ist eine der Varianten der Taylorschen Formel, die wir hier für eine sehr allgemeine Klasse von Abbildungen formuliert haben.

Beweis. Wir beweisen die Taylorsche Formel durch Induktion.

Für $n = 1$ stimmt (10.70) mit der Definition von $f'(x)$ überein.

Angenommen, Formel (10.70) gelte für ein $(n - 1) \in \mathbb{N}$.

Dann erhalten wir nach dem Mittelwertsatz, Formel (10.69) in Abschnitt 10.5 und der Induktionsannahme, dass

$$\left| f(x+h) - \left(f(x) + f'(x)h + \cdots + \frac{1}{n!}f^{(n)}(x)h^n \right) \right| \le$$

$$\le \sup_{0 < \theta < 1} \left\| f'(x+\theta h) - \left(f'(x) + f''(x)(\theta h) + \cdots \right. \right.$$

$$\left. \left. \cdots + \frac{1}{(n-1)!}f^{(n)}(x)(\theta h)^{n-1} \right) \right\| |h| = o\big(|\theta h|^{n-1}\big)|h| = o\big(|h|^n\big)$$

für $h \to 0$. $\square$

Wir werden uns hier nicht die Zeit nehmen, andere Versionen der Taylor-schen Formel, die manchmal ganz nützlich sind, zu untersuchen. Diese wurden ausführlich für numerische Funktionen analysiert. An diesem Punkt überlassen wir es dem Leser, diese herzuleiten (vgl. z.B. Aufgabe 1 unten).

10.6.2 Methode zur Untersuchung innerer Extrema

Mit Hilfe der Taylorschen Formeln werden wir notwendige und auch hinreichende Bedingungen für ein inneres lokales Extremum von Funktionen mit reellen Werten vorstellen, die auf einer offenen Teilmenge eines normierten Raums definiert sind. Wie wir sehen werden, sind diese Bedingungen analog zu den Bedingungen, die wir bereits für ein Extremum einer reellwertigen Funktion mit einer reellen Variablen kennen.

Satz 2. *Sei $f : U \to \mathbb{R}$ eine Funktion mit reellen Werten, die auf einer offenen Menge U in einem normierten Raum X definiert ist, und in einer Umgebung eines Punktes $x \in U$ bis inklusiver der Ordnung $k - 1 \ge 1$ stetige Ableitungen besitzt und im Punkt x selbst eine Ableitung $f^{(k)}(x)$ der Ordnung k besitzt.*

Ist $f'(x) = 0, \ldots, f^{(k-1)}(x) = 0$ und $f^{(k)}(x) \ne 0$, dann ist x ein Extremum der Funktion f, falls:

n o t w e n d i g: k gerade ist und die Form $f^{(k)}(x)h^k$ semidefinit[4] ist.

h i n r e i c h e n d: Die Werte der Form $f^{(k)}(x)h^k$ auf der Schale $|h| = 1$ liegen. Gelten außerdem die Ungleichungen

$$f^{(k)}(x)h^k \ge \delta > 0$$

auf dieser Schale, dann ist x ein lokales Minimum und gilt

$$f^{(k)}(x)h^k \le \delta < 0 \,,$$

dann ist x ein lokales Maximum.

---

[4] Dies bedeutet, dass die Form $f^{(k)}(x)h^k$ keine Werte mit unterschiedlichen Vorzeichen annehmen kann, obwohl sie für einige Werte $h \ne 0$ verschwinden kann. Die Gleichung $f^{(i)}(x) = 0$ soll dabei, wie üblich, bedeuten, dass $f^{(i)}(x)h = 0$ für jeden Vektor h.

Beweis. Für den Beweis betrachten wir die Taylorsche Formel (10.70) von f in einer Umgebung von x. Nach den Annahmen können wir schreiben:

$$f(x+h) - f(x) = \frac{1}{k!} f^{(k)}(x) h^k + \alpha(h)|h|^k \,,$$

wobei $\alpha(h)$ eine Funktion mit reellem Wert ist, mit $\alpha(h) \to 0$ für $h \to 0$.

Wir beweisen zunächst die notwendige Bedingung.

Da $f^{(k)}(x) \neq 0$, gibt es einen Vektor $h_0 \neq 0$, für den $f^{(k)}(x) h_0^k \neq 0$. Dann gilt für einen reellen Parameter t, der hinreichend nahe bei Null ist, dass

$$f(x+th_0) - f(x) = \frac{1}{k!} f^{(k)}(x)(th_0)^k + \alpha(th_0)|th_0|^k =$$

$$= \left(\frac{1}{k!} f^{(k)}(x) h_0^k \pm \alpha(th_0)|h_0|^k \right) t^k \,,$$

wobei der Ausdruck in der äußeren Klammer dasselbe Vorzeichen wie $f^{(k)}(x) h_0^k$ besitzt.

Damit x ein Extremum ist, ist auf der linken Seite dieser letzten Gleichung notwendig (und daher auch für die rechte Seite), dass sie ihr konstantes Vorzeichen behält, wenn t das Vorzeichen wechselt. Dies ist jedoch nur möglich, wenn k gerade ist.

Diese Überlegungen zeigen uns, dass für hinreichend kleines t das Vorzeichen der Differenz $f(x+th_0) - f(x)$ dasselbe ist wie für $f^{(k)}(x) h_0^k$, wenn x ein Extremum ist. Daher können in diesem Fall keine zwei Vektoren h_0, h_1 existieren, für die die Form $f^{(k)}(x)$ Werte mit unterschiedlichen Vorzeichen annimmt.

Wir wenden uns nun dem Beweis der hinreichenden Bedingung zu. Zur Klarheit betrachten wir den Fall, dass $f^{(k)}(x) h^k \geq \delta > 0$ für $|h| = 1$. Dann gilt

$$f(x+h) - f(x) = \frac{1}{k!} f^{(k)}(x) h^k + \alpha(h)|h|^k =$$

$$= \left(\frac{1}{k!} f^{(k)}(x) \left(\frac{h}{|h|} \right)^k + \alpha(h) \right) |h|^k \geq \left(\frac{1}{k!} \delta + \alpha(h) \right) |h|^k$$

und der letzte Ausdruck ist in dieser letzten Ungleichung für alle Vektoren $h \neq 0$, die genügend nahe bei Null liegen, positiv, da $\alpha(h) \to 0$ für $h \to 0$. Daher gilt für alle derartigen Vektoren h, dass

$$f(x+h) - f(x) > 0 \,,$$

d.h., x ist ein isoliertes lokales Minimum.

Die hinreichende Bedingung für ein isoliertes lokales Maximum wird auf ähnliche Weise bewiesen.   □

Anmerkung 1. Ist der Raum X endlich-dimensional, dann ist die Einheitsschale $S(x,1)$ mit Zentrum in $x \in X$, die eine abgeschlossene Teilmenge von X ist, kompakt. Dann besitzt die stetige Funktion $f^{(k)}(x)h^k = \partial_{i_1 \dots i_k} f(x) h^{i_1} \cdot \dots \cdot h^{i_k}$ (eine k-Form) sowohl einen Maximal- als auch einen Minimalwert auf $S(x,1)$. Besitzen diese Werte unterschiedliches Vorzeichen, dann besitzt f kein Extremum in x. Besitzen beide dasselbe Vorzeichen, dann existiert, wie wir in Satz 2 gezeigt haben, ein Extremum. In diesem Fall kann eine hinreichende Bedingung für ein Extremum offensichtlich durch die äquivalente Anforderung formuliert werden, dass die Form $f^{(k)}(x)h^k$ entweder positiv- oder negativ-definit ist.

Eben diese Bedingung ist uns aus dem Studium reellwertiger Funktionen auf $\mathbb{R}^n$ bekannt.

Anmerkung 2. Wie wir am Beispiel von Funktionen $f : \mathbb{R}^n \to \mathbb{R}$ gesehen haben, ist die semi-Definitheit der Form $f^{(k)} h^k$, die als notwendige Bedingung gefordert ist, kein hinreichendes Kriterium für die Existenz eines Extremums.

Anmerkung 3. In der Praxis werden bei der Untersuchung von Extrema differenzierbarer Funktionen üblicherweise nur die ersten und zweiten Ableitungen betrachtet. Ist die Eindeutigkeit und die Art eines Extremums aus der Problemstellung offensichtlich, dann genügt auf der Suche nach einem Extremum oft eine Untersuchung des ersten Differentials, d.h. die Suche nach einem Punkt x, in dem $f'(x) = 0$ gilt.

10.6.3 Einige Beispiele

Beispiel 1. Sei $L \in C^{(1)}(\mathbb{R}^3, \mathbb{R})$ und $f \in C^{(1)}([a,b], \mathbb{R})$. Anders formuliert, so ist $(u^1, u^2, u^3) \mapsto L(u^1, u^2, u^3)$ eine stetige Funktion mit reellen Werten, die in $\mathbb{R}^3$ definiert ist, und $x \mapsto f(x)$ ist eine reellwertige Funktion, die auf dem abgeschlossenen Intervall $[a,b] \subset \mathbb{R}$ definiert ist.

Wir betrachten die Funktion

$$F : C^{(1)}([a,b], \mathbb{R}) \to \mathbb{R}, \tag{10.71}$$

die durch

$$C^{(1)}([a,b], \mathbb{R}) \ni f \mapsto F(f) = \int\limits_a^b L\big(x, f(x), f'(x)\big)\, \mathrm{d}x \in \mathbb{R} \tag{10.72}$$

definiert ist. Somit ist (10.71) eine reellwertige Funktion, die auf der Menge der Funktionen $f \in C^{(1)}([a,b], \mathbb{R})$ definiert ist.

In Zusammenhang mit Bewegungen ist das wichtige Variationsprinzip in der Physik und der Mechanik bekannt. Laut diesem Prinzip unterscheiden sich tatsächliche Bewegungen von allen möglichen Bewegungen dadurch, dass sie entlang Trajektorien verlaufen und dass gewisse Funktionale ein Extremum besitzen. Fragen nach Extrema von Funktionalen spielen in der optimalen Kontrolltheorie eine entscheidende Rolle. Daher ist das Auffinden und die

Untersuchung von Extrema von Funktionalen ein immens wichtiges Problem, und die damit verbundene Theorie nimmt einen großen Platz in der Analysis ein – der Variationsrechnung. Wir haben bereits einige Schritte unternommen, um dem Leser den Übergang von der Analyse von Extrema numerischer Funktionen zum Problem des Auffindens und der Untersuchung von Extrema von Funktionalen zu erleichtern. Wir werden uns jedoch nicht in die besonderen Probleme der Variationsrechnung vertiefen, sondern stattdessen am Beispiel des Funktionals (10.72) nur die oben betrachteten grundlegenden Ideen der Differentiation zur Untersuchung lokaler Extrema veranschaulichen.

Wir werden zeigen, dass das Funktional (10.72) eine differenzierbare Abbildung ist und wir werden ihr Differential bestimmen.

Wir merken an, dass die Funktion (10.72) als Verkettung der Abbildung

$$F_1 : C^{(1)}([a,b], \mathbb{R}) \to C([a,b], \mathbb{R}) , \qquad (10.73)$$

die durch die Formel

$$F_1(f)(x) = L\big(x, f(x), f'(x)\big) \qquad (10.74)$$

definiert wird, und der Abbildung

$$C([a,b], \mathbb{R}) \ni g \mapsto F_2(g) = \int_a^b g(x)\, \mathrm{d}x \in \mathbb{R} \qquad (10.75)$$

betrachtet werden kann.

Auf Grund der Eigenschaften des Integrals ist die Abbildung F_2 offensichtlich linear und stetig, so dass ihre Differenzierbarkeit klar ist.

Wir werden zeigen, dass die Abbildung F_1 ebenfalls differenzierbar ist und dass

$$F_1'(f)h(x) = \partial_2 L\big(x, f(x), f'(x)\big)h(x) + \partial_3 L\big(x, f(x), f'(x)\big)h'(x) \qquad (10.76)$$

für $h \in C^{(1)}([a,b], \mathbb{R})$.

Nach dem Korollar zum Mittelwertsatz können wir nämlich in diesem Fall schreiben:

$$\left| L(u^1 + \Delta^1, u^2 + \Delta^2, u^3 + \Delta^3) - L(u^1, u^2, u^3) - \right.$$

$$\left. - \sum_{i=1}^{3} \partial_i L(u^1, u^2, u^3)\Delta^i \right| \leq \sup_{0 < \theta < 1} \|(\partial_1 L(u + \theta\Delta) - \partial_1 L(u) ,$$

$$\partial_2\, L(u + \theta\Delta) - \partial_2 L(u), \partial_3 L(u + \theta\Delta) - \partial_3 L(u))\| \cdot |\Delta| \leq$$

$$\leq 3 \max_{\substack{0 \leq \theta \leq 1 \\ i=1,2,3}} |\partial_i L(u + \theta u) - \partial_i L(u)| \cdot \max_{i=1,2,3} |\Delta^i| , \qquad (10.77)$$

mit $u = (u^1, u^2, u^3)$ und $\Delta = (\Delta^1, \Delta^2, \Delta^3)$.

Wenn wir uns nun daran erinnern, dass die Norm $|f|_{C^{(1)}}$ der Funktion f in $C^{(1)}([a,b],\mathbb{R})$ den Wert $\max\{|f|_C, |f'|_C\}$ annimmt, (wobei $|f|_C$ der größte Absolutwert der Funktion auf dem abgeschlossenen Intervall $[a,b]$ ist), können wir $u^1 = x$, $u^2 = f(x)$, $u^3 = f'(x)$, $\Delta^1 = 0$, $\Delta^2 = h(x)$ und $\Delta^3 = h'(x)$ setzen und erhalten so aus der Ungleichung (10.77), wenn wir dabei die gleichmäßige Stetigkeit der Funktionen $\partial_i L(u^1, u^2, u^3)$, $i = 1, 2, 3$ auf beschränkten Teilmengen von $\mathbb{R}^3$ berücksichtigen, dass

$$\max_{a \leq x \leq b} \left| L\big(x, f(x) + h(x), f'(x) + h'(x)\big) - L\big(x, f(x), f'(x)\big) - \right.$$
$$\left. - \partial_2 L\big(x, f(x), f'(x)\big)h(x) - \partial_3 L\big(x, f(x), f'(x)\big)h'(x) \right| =$$
$$= o\big(|h|_{C^{(1)}}\big) \text{ für } |h|_{C^{(1)}} \to 0 \, .$$

Dies bedeutet aber, dass Gl. (10.76) gilt.

Nach der Kettenregel für die Differentiation verketteter Funktionen können wir nun folgern, dass das Funktional (10.72) tatsächlich differenzierbar ist und dass gilt:

$$F'(f)h = \int_a^b \Big(\big(\partial_2 L\big(x, f(x), f'(x)\big)h(x) + \partial_3 L\big(x, f(x), f'(x)\big)\big)h'(x) \Big) \, \mathrm{d}x \, .$$

(10.78)

Oft betrachten wir die Einschränkung des Funktionals (10.72) auf den affinen Raum, der aus den Funktionen $f \in C^{(1)}([a,b],\mathbb{R})$ besteht, die in den Endpunkten des abgeschlossenen Intervalls $[a,b]$ feste Werte $f(a) = A$ und $f(b) = B$ annehmen. In diesem Fall müssen die Funktionen h im Tangentialraum $TC_f^{(1)}$ in den Endpunkten des abgeschlossenen Intervalls $[a,b]$ den Wert Null annehmen. Wenn wir dies berücksichtigen, können wir in (10.78) partiell integrieren und die Gleichung umformen zu:

$$F'(f)h = \int_a^b \Big(\partial_2 L\big(x, f(x), f'(x)\big) - \frac{\mathrm{d}}{\mathrm{d}x} \partial_3 L\big(x, f(x), f'(x)\big) \Big) h(x) \, \mathrm{d}x \, . \quad (10.79)$$

Dabei haben wir natürlich angenommen, dass L und f der entsprechenden Klasse $C^{(2)}$ angehören.

Ist insbesondere f ein Extremum (Extremal) eines derartigen Funktionals, dann erhalten wir nach Satz 2, dass $F'(f)h = 0$ für jede Funktion $h \in C^{(1)}([a,b],\mathbb{R})$ gilt mit $h(a) = h(b) = 0$. Daraus und aus Gleichung (10.79) können wir nun einfach schließen (vgl. Aufgabe 3 unten), dass die Funktion f die Gleichung

$$\partial_2 L\big(x, f(x), f'(x)\big) - \frac{\mathrm{d}}{\mathrm{d}x} \partial_3 L\big(x, f(x), f'(x)\big) = 0 \qquad (10.80)$$

erfüllen muss.

Dies ist eine häufig anzutreffende Form der Gleichung, die in der Variationsrechnung als die *Euler–Lagrange–Gleichung* bekannt ist.

Wir wollen nun einige spezifische Beispiele betrachten.

Beispiel 2. Das Problem des kürzesten Weges.

Unter allen Kurven in einer Ebene, die zwei vorgegebene Punkte verbinden, ist die mit der kürzesten Länge gesucht.

Die Antwort für dieses Problem liegt auf der Hand, so dass es eher als Überprüfung für unseren Formalismus dient, bevor wir uns Folgeproblemen zuwenden.

Wir nehmen an, dass ein fixes Koordinatensystem in der Ebene gewählt wurde, in dem z.B. die beiden Punkte $(0,0)$ und $(1,0)$ liegen. Wir beschränken uns auf die Betrachtung derartiger Kurven, die Graphen von Funktionen $f \in C^{(1)}([0,1],\mathbb{R})$ sind, die in beiden Enden des abgeschlossenen Intervalls $[0,1]$ den Wert Null annehmen. Die Länge einer derartigen Kurve

$$F(f) = \int_0^1 \sqrt{1 + (f')^2(x)}\, \mathrm{d}x \tag{10.81}$$

hängt von der Funktion f ab und ist ein Funktional von dem Typus, wie in Beispiel 1 betrachtet. In diesem Fall besitzt die Funktion L die Form

$$L(u^1, u^2, u^3) = \sqrt{1 + (u^3)^2}$$

und daher reduziert sich die notwendige Bedingung (10.80) für ein Extremum auf die Gleichung

$$\frac{\mathrm{d}}{\mathrm{d}x}\left(\frac{f'(x)}{\sqrt{1 + (f')^2(x)}} \right) = 0\,.$$

Daraus folgt, dass auf dem abgeschlossenen Intervall $[0,1]$ gilt:

$$\frac{f'(x)}{\sqrt{1 + (f')^2(x)}} \equiv \text{konst.} \tag{10.82}$$

Da die Funktion $\frac{u}{\sqrt{1+u^2}}$ auf jedem Intervall keine Konstante ist, kann (10.82) nur dann erfüllt werden, wenn $f'(x) \equiv$ konst. auf $[a,b]$. Daher muss ein glattes Extremal dieses Problems eine lineare Funktion sein, deren Graph durch die Punkte $(0,0)$ und $(1,0)$ verläuft. Daraus folgt, dass $f(x) \equiv 0$, so dass eine Gerade die kürzeste Verbindung der beiden Punkte ist.

Beispiel 3. Das Brachystochrone Problem

Das klassische Brachystochrone Problem, das 1696 von Johann Bernoulli I aufgestellt wurde, bestand darin, die Gestalt eines Pfades zu finden, auf dem sich eine Punktmasse von einem vorgegebenen Punkt P_0 unter Einwirkung der Schwerkraft zu einem anderen vorgegebenen tiefer liegenden Punkt P_1 in kürzester Zeit bewegt.

Dabei vernachlässigen wir natürlich die Reibung. Zusätzlich werden wir annehmen, dass der Trivialfall ausgeschlossen ist, dass die beiden Punkte auf derselben vertikalen Geraden liegen.

In der vertikalen Ebene, die die Punkte P_0 und P_1 enthält, führen wir ein rechteckiges Koordinatensystem ein, so dass P_0 im Ursprung liegt, die x-Achse vertikal abwärts gerichtet ist und der Punkt P_1 die positiven Koordinaten (x_1, y_1) besitzt. Wir finden die Form des Pfades unter den Graphen glatter Funktionen, die auf dem abgeschlossenen Intervall $[0, x_1]$ definiert sind und die Bedingung $f(0) = 0$ und $f(x_1) = y_1$ erfüllen. Zum gegenwärtigen Zeitpunkt werden wir uns nicht die Zeit nehmen, um diese bei Weitem nicht unbestrittene Annahme zu diskutieren (vgl. Aufgabe 4 unten).

Wenn das Teilchen seinen Abstieg im Punkt P_0 mit der Geschwindigkeit Null beginnt, dann können wir den Geschwindigkeitsverlauf in diesen Koordinaten durch

$$v = \sqrt{2gx} \tag{10.83}$$

beschreiben.

Wenn wir uns daran erinnern, dass das Differential der Bogenlänge durch die Formel

$$ds = \sqrt{(dx)^2 + (dy)^2} = \sqrt{1 + (f')^2(x)}\, dx \tag{10.84}$$

beschrieben wird, erhalten wir für die Abstiegszeit entlang dem Graphen der Funktion $y = f(x)$ auf dem abgeschlossenen Intervall $[0, x_1]$:

$$F(f) = \frac{1}{\sqrt{2g}} \int_0^{x_1} \sqrt{\frac{1 + (f')^2(x)}{x}}\, dx \ . \tag{10.85}$$

Für das Funktional (10.85) erhalten wir

$$L(u^1, u^2, u^3) = \sqrt{\frac{1 + (u^3)^2}{u^1}}\ ,$$

weswegen sich die Bedingung (10.80) für ein Extremum in diesem Fall auf die Gleichung

$$\frac{d}{dx}\left(\frac{f'(x)}{\sqrt{x(1 + (f')^2(x))}}\right) = 0$$

zurückführen lässt. Daraus folgt, dass

$$\frac{f'(x)}{\sqrt{1 + (f')^2(x)}} = c\sqrt{x}\ , \tag{10.86}$$

wobei c eine Konstante ungleich Null ist, da die Punkte nicht auf derselben vertikalen Geraden liegen.

Wenn wir (10.84) berücksichtigen, können wir (10.86) als

$$\frac{dy}{ds} = c\sqrt{x} \tag{10.87}$$

schreiben. Aus geometrischen Betrachtungen erhalten wir

$$\frac{\mathrm{d}x}{\mathrm{d}s} = \cos\varphi \quad \text{und} \quad \frac{\mathrm{d}y}{\mathrm{d}s} = \sin\varphi \,, \tag{10.88}$$

wobei φ der Winkel zwischen der Tangente an die Trajektorie und der positiven x-Achse ist.

Wenn wir Gl. (10.87) mit der zweiten Gleichung in (10.88) vergleichen, erhalten wir

$$x = \frac{1}{c^2}\sin^2\varphi \,. \tag{10.89}$$

Aber aus (10.88) und (10.89) folgt, dass

$$\frac{\mathrm{d}y}{\mathrm{d}\varphi} = \frac{\mathrm{d}y}{\mathrm{d}x}\cdot\frac{\mathrm{d}x}{\mathrm{d}\varphi} = \tan\varphi\frac{\mathrm{d}x}{\mathrm{d}\varphi} = \tan\varphi\frac{\mathrm{d}}{\mathrm{d}\varphi}\Big(\frac{\sin^2\varphi}{c^2}\Big) = 2\frac{\sin^2\varphi}{c^2}\,,$$

woraus wir erhalten, dass

$$y = \frac{2}{c^2}(2\varphi - \sin 2\varphi) + b \,. \tag{10.90}$$

Wenn wir $2/c^2 =: a$ und $2\varphi =: t$ setzen, können wir die Gleichungen (10.89) und (10.90) neu schreiben:

$$\begin{aligned} x &= a(1-\cos t)\,, \\ y &= a(t-\sin t) + b\,. \end{aligned} \tag{10.91}$$

Da $a \neq 0$, folgt, dass $x = 0$ nur für $t = 2k\pi$, $k \in \mathbb{Z}$ gelten kann. Aus der Gestalt der Funktionen (10.91) folgt, dass wir ohne Verlust der Allgemeinheit annehmen können, dass der Parameterwert $t = 0$ dem Punkt $P_0 = (0,0)$ entspricht. In diesem Fall impliziert (10.90), dass $b = 0$, wodurch wir auf die einfachere Gestalt

$$\begin{aligned} x &= a(1-\cos t) \quad \text{und} \\ y &= a(t-\sin t) \end{aligned} \tag{10.92}$$

für die parametrische Definition dieser Kurve gelangen.

Daher ist der Brachystochrone ein Zykloid mit einer Spitze im Anfangspunkt P_0 in der die Tangente vertikal verläuft. Die Konstante a, die ein Skalierungsfaktor ist, muss so gewählt werden, dass die Kurve (10.92) auch durch den Punkt P_1 verläuft. Diese Wahl ist, wie wir durch Skizzieren der Kurve (10.92) erkennen können, nicht im geringsten eindeutig, woran wir erkennen, dass die notwendige Bedingung (10.80) für ein Extremum im Allgemeinen nicht hinreichend ist. Aus physikalischen Betrachtungen ist jedoch klar, welcher der möglichen Werte des Parameters a vorgezogen werden sollte (und dies lässt sich natürlich durch direkte Berechnung bestätigen).

10.6.4 Übungen und Aufgaben

1. Sei $f : U \to Y$ eine Abbildung der Klasse $C^{(n)}(U;Y)$ einer offenen Menge U in einem normierten Raum X auf einen normierten Raum Y. Angenommen, das abgeschlossene Intervall $[x, x+h]$ sei vollständig in U enthalten, f besitze in den Punkten des offenen Intervalls $]x, x+h[$ ein Differential der Ordnung $(n+1)$ und in jedem Punkt $\xi \in]x, x+h[$ gelte, dass $\|f^{(n+1)}(\xi)\| \le M$.

a) Zeigen Sie, dass die Funktion

$$g(t) = f(x + th) - \left(f(x) + f'(x)(th) + \cdots + \frac{1}{n!} f^{(n)}(x)(th)^n \right)$$

auf dem abgeschlossenen Intervall $[0, 1] \subset \mathbb{R}$ definiert und auf dem offenen Intervall $]0, 1[$ stetig ist und dass die Abschätzung

$$\|g'(t)\| \leq \frac{1}{n!} M |th|^n |h|$$

für jedes $t \in]0, 1[$ gilt.

b) Zeigen Sie, dass $|g(1) - g(0)| \leq \frac{1}{(n+1)!} M |h|^{n+1}$.

c) Beweisen Sie die folgende Version der Taylorschen Formel:

$$\left| f(x + h) - \left(f(x) + f'(x)h + \cdots + \frac{1}{n!} f^{(n)}(x)h^n \right) \right| \leq \frac{M}{(n + 1)!} |h|^{n+1} .$$

d) Welche Aussagen können wir zur Abbildung $f : U \to Y$ machen, wenn wir wissen, dass $f^{(n+1)}(x) \equiv 0$ in U?

2. Zeigen Sie:

a) Ein symmetrischer n-linearer Operator A sei derart, dass $Ax^n = 0$ für jeden Vektor $x \in X$. Dann gilt $A(x_1, \ldots, x_n) \equiv 0$, d.h., A ist für jede Menge $x_1, \ldots, x_n$ von Vektoren in X gleich Null.

b) Eine Abbildung $f : U \to Y$ besitze ein Differential n-ter Ordnung $f^{(n)}(x)$ in einem Punkt $x \in U$ und erfülle die Bedingung

$$f(x + h) = L_0 + L_1 h + \cdots + \frac{1}{n!} L_n h^n + \alpha(h) |h|^n ,$$

wobei L_i, $i = 0, 1, \ldots, n$ i-lineare Operatoren sind und $\alpha(h) \to 0$ für $h \to 0$. Dann gilt $L_i = f^{(i)}(x)$, $i = 0, 1, \ldots, n$.

c) Aus der Existenz einer Entwicklung von f in der vorigen Aufgabe folgt im Allgemeinen für die Funktion im Punkt x nicht die Existenz des Differentials n-ter Ordnung $f^{(n)}(x)$ (für $n > 1$).

d) Die Abbildung $\mathcal{L}(X; Y) \ni A \mapsto A^{-1} \in \mathcal{L}(Y; X)$ ist in ihrem Definitionsbereich unendlich oft differenzierbar, mit

$$(A^{-1})^{(n)}(A)(h_1, \ldots, h_n) = (-1)^n A^{-1} h_1 A^{-1} h_2 \cdot \ldots \cdot A^{-1} h_n A^{-1} .$$

3.   a) Sei $\varphi \in C\big([a, b], \mathbb{R}\big)$. Zeigen Sie, dass dann, wenn die Bedingung

$$\int_a^b \varphi(x) h(x) \, \mathrm{d}x = 0$$

für jede Funktion $h \in C^{(2)}\big([a, b], \mathbb{R}\big)$ mit $h(a) = h(b) = 0$ gilt, $\varphi(x) \equiv 0$ auf $[a, b]$ ist.

b) Leiten Sie die Euler–Lagrange–Gleichung (10.80) als notwendige Bedingung für ein Extremum des Funktionals (10.72) her, das auf die Menge der Funktionen $f \in C^{(2)}\big([a, b], \mathbb{R}\big)$ beschränkt ist, die vorgegebene Werte in den Endpunkten des abgeschlossenen Intervalls $[a, b]$ annehmen.

4. Bestimmen Sie die Gestalt $y = f(x)$, $a \le x \le b$ eines Meridians der Rotations-fläche (um die x-Achse), die unter allen Drehflächen, die Kreise mit vorgegebenen Radii r_a und r_b in den Punkten $x = a$ und $x = b$ als Stirnflächen besitzen, minimale Oberfläche besitzt.

5. a) Die Funktion L im Brachystochrone Problem erfüllt die Bedingungen in Bei-spiel 1 nicht, so dass wir in diesem Fall keine direkte Anwendung der Ergebnisse aus Beispiel 1 durchführen können. Zeigen Sie durch Wiederholung der Herlei-tung von Formel (10.79) mit notwendigen Veränderungen, dass diese Gleichung und (10.80) in diesem Fall gültig bleiben.

b) Verändert sich die Brachystochrone Gleichung, wenn das Teilchen im Punkt P_0 mit einer Anfangsgeschwindigkeit ungleich Null beginnt (die Bewegung erfolgt reibungslos in einer abgeschlossenen Röhre)?

c) Sei P ein beliebiger Punkt des Brachystochrones zwischen den Punkten P_0 und P_1. Zeigen Sie, dass der Brachystochrone zwischen P_0 und P zu diesem de-ckungsgleich ist.

d) Die Annahme, dass der Brachystochrone zu einem Punktepaar P_0, P_1 stets als $y = f(x)$ geschrieben werden kann, trifft nicht immer zu, was durch die abschlie-ßenden Formeln (10.92) deutlich wird. Zeigen Sie mit Hilfe des Ergebnisses in c), dass Gleichung (10.92) auch ohne eine derartige Annahme für die globale Struktur des Brachystochrones hergeleitet werden kann.

e) Platzieren Sie einen Punkt P_1 so, dass der Brachystochrone zum Punktepaar P_0, P_1 in dem in Beispiel 3 eingeführten Koordinatensystem nicht in der Form $y = f(x)$ beschrieben werden kann.

f) Platzieren Sie einen Punkt P_1 so, dass der Brachystochrone zum Punktepaar P_0, P_1 in dem in Beispiel 3 eingeführten Koordinatensystem die Form $y = f(x)$ mit $f \notin C^{(1)}\big([a,b], \mathbb{R}\big)$ besitzt. Somit zeigt es sich, dass das uns interessierende Funktional (10.85) in diesem Fall eine größte untere Schranke auf der Menge $C^{(1)}\big([a,b], \mathbb{R}\big)$ besitzt, aber kein Minimum.

g) Zeigen Sie, dass der Brachystochrone eines Punktepaares P_0, P_1 eine glatte Kur-ve ist.

6. Wir wollen den Abstand $d(P_0, P_1)$ eines Punktes P_0 im Raum vom Punkt P_1 in einem homogenen Gravitationsfeld durch die Zeit bestimmen, die eine Punktmasse für die Bewegung von einem Punkt zum anderen entlang eines Brachystochrones zwischen diesen Punkten braucht.

a) Bestimmen Sie in diesem Sinne den Abstand zwischen einem Punkt P_0 und einer festen Vertikalen.

b) Bestimmen Sie das asymptotische Verhalten der Funktion $d(P_0, P_1)$, wenn der Punkt P_1 entlang einer Vertikalen auf die Höhe des Punktes P_0 angehoben wird.

c) Bestimmen Sie, ob die Funktion $d(P_0, P_1)$ eine Metrik ist.

10.7 Der verallgemeinerte Satz zur impliziten Funktion

In diesem abschließenden Abschnitt dieses Kapitels werden wir praktisch alle Mechanismen veranschaulichen, die wir bei der Untersuchung einer implizit definierten Funktion entwickelt haben. Der Leser besitzt bereits aus Kapitel 8 eine Vorstellung vom Inhalt, vom Stellenwert in der Analysis und von Anwendungen des Satzes zur impliziten Funktion. Aus diesem Grund werden wir uns hier nicht mit einführenden Erklärungen und Erläuterungen zum Kern dieses Satzes aufhalten. Wir wollen nur anmerken, dass wir dieses Mal die implizit definierte Funktion durch eine vollständig andere Methode konstruieren, die auf dem Prinzip einer kontrahierenden Abbildung aufbaut. Diese Methode wird in der Analysis oft eingesetzt und sie ist wegen ihrer Effektivität bei Berechnungen sehr nützlich.

Satz. *Seien X, Y und Z normierte Räume (z.B. $\mathbb{R}^m$, $\mathbb{R}^n$ und $\mathbb{R}^k$), wobei Y ein vollständiger Raum ist. Sei $W = \{(x,y) \in X \times Y \,|\, |x-x_0| < \alpha \wedge |y-y_0| < \beta\}$ eine Umgebung des Punktes (x_0, y_0) im Produkt $X \times Y$ der Räume X und Y.*

Angenommen, die Abbildung $F : W \to Z$ erfülle die folgenden Bedingungen:

1. $F(x_0, y_0) = 0$;
2. $F(x,y)$ *ist stetig in (x_0, y_0) ;*
3. $F'(x,y)$ *ist in W definiert und in (x_0, y_0) stetig;*
4. $F'_y(x_0, y_0)$ *ist eine invertierbare[5] Transformation.*

Dann existiert eine Umgebung $U = U(x_0)$ von $x_0 \in X$, eine Umgebung $V = V(y_0)$ von $y_0 \in Y$ und eine Abbildung $f : U \to V$, so dass:

1'. $U \times V \subset W$;
2'. $\big(F(x,y) = 0$ *in* $U \times V\big) \Leftrightarrow \big(y = f(x),$ *wobei $x \in U$ und $f(x) \in V\big)$;*
3'. $y_0 = f(x_0)$;
4'. f *ist in x_0 stetig.*

Der Kern dieses Satzes besteht darin, dass er sicherstellt, dass in einer Umgebung eines Punktes, in dem die lineare Abbildung F'_y invertierbar ist (Annahme 4), die Gleichung $F(x,y) = 0$ zur funktionalen Abhängigkeit $y = f(x)$ (Behauptung 2') äquivalent ist.

Beweis. 1^0. Um die Schreibweise zu vereinfachen und offensichtlich ohne Verlust der Allgemeinheit, können wir annehmen, dass $x_0 = 0$, $y_0 = 0$ und folglich auch

$$W = \{(x,y) \in X \times Y \,|\, |x| < \alpha \wedge |y| < \beta\} \, .$$

2^0. Die Hauptrolle in diesem Beweis spielt die Familie der Hilfsfunktionen

$$g_x(y) := y - \big(F'_y(0,0)\big)^{-1} \cdot F(x,y) \, , \qquad (10.93)$$

die auf der Menge $\{y \in Y \,|\, |y| < \beta\}$ definiert sind und vom Parameter x mit $|x| < \alpha$ abhängen.

Wir wollen Gleichung (10.93) untersuchen und zunächst entscheiden, ob die Abbildungen g_x unzweifelhaft definiert sind und wo ihre Werte liegen.

---

[5] Das heißt, $\exists [F'_y(x_0, y_0)]^{-1} \in \mathcal{L}(Z; Y)$.

Die Abbildung F ist für $(x, y) \in W$ definiert und ihr Wert $F(x, y)$ im Punktepaar (x, y) liegt in Z. Die partielle Ableitung $F'_y(x, y)$ ist für jeden Punkt $(x, y) \in W$, wie wir wissen, eine stetige lineare Abbildung von Y auf Z.

Nach Annahme 4 besitzt die Abbildung $F'_y(0, 0) : Y \to Z$ eine stetige Inverse $\left(F'_y(0, 0)\right)^{-1} : Z \to Y$. Daher ist das Produkt $\left(F'_y(0, 0)\right)^{-1} \cdot F(x, y)$ tatsächlich definiert und seine Werte liegen in Y.

Daher ist zu jedem x in der α-Umgebung $K_X(0, \alpha) := \{x \in X \,|\, |x| < \alpha\}$ des Punktes $0 \in X$ die Funktion g_x eine Abbildung $g_x : K_Y(0, \beta) \to Y$ aus der β-Umgebung $K_Y(0, \beta) := \{y \in Y \,|\, |y| < \beta\}$ des Punktes $0 \in Y$ nach Y.

Der Zusammenhang zwischen der Abbildung (10.93) und dem Problem der Lösung der Gleichung $F(x, y) = 0$ nach y besteht offensichtlich darin: Der Punkt y_x ist genau dann ein Fixpunkt von g_x, wenn $F(x, y_x) = 0$.

Wir wollen diese wichtige Beobachtung nochmals explizit formulieren:

$$g_x(y_x) = y_x \iff F(x, y_x) = 0 \,. \tag{10.94}$$

Daher lässt sich das Auffinden und die Untersuchung der implizit definierten Funktion $y = y_x = f(x)$ darauf zurückführen, die Fixpunkte der Abbildungen (10.93) zu finden und zu untersuchen, in welcher Weise diese vom Parameter x abhängen.

3^0. Wir werden zeigen, dass eine positive Zahl $\gamma < \min\{\alpha, \beta\}$ existiert, so dass zu jedem $x \in X$, für das die Bedingung $|x| < \gamma < \alpha$ gilt, die Abbildung $g_x : K_Y(0, \gamma) \to Y$ der Kugel $K_Y(0, \gamma) := \{y \in Y \,|\, |y| < \gamma < \beta\}$ auf Y kontrahierend ist, mit einem Kontraktionskoeffizienten, der nicht größer als etwa $1/2$ ist. Tatsächlich ist zu jedem festen $x \in K_X(0, \alpha)$ die Abbildung $g_x : K_Y(0, \beta) \to Y$ differenzierbar, wie aus Annahme 3 und dem Satz zur Ableitung einer verketteten Abbildung folgt. Außerdem gilt

$$g'_x(y) = e_Y - \left(F'_y(0, 0)\right)^{-1} \cdot \left(F'_y(x, y)\right) =$$
$$= \left(F'_y(0, 0)\right)^{-1} \left(F'_y(0, 0) - F'_y(x, y)\right) \,. \tag{10.95}$$

Aufgrund der Stetigkeit von $F'_y(x, y)$ im Punkt $(0, 0)$ (Annahme 3) existiert eine Umgebung $\{(x, y) \in X \times Y \,|\, |x| < \gamma < \alpha \wedge |y| < \gamma < \beta\}$ von $(0, 0) \in X \times Y$, in der gilt:

$$\|g'_x(y)\| \leq \|(F'_y(0, 0))^{-1}\| \cdot \|F'_y(0, 0) - F'_y(x, y)\| < \frac{1}{2} \,. \tag{10.96}$$

Hierbei nutzen wir die Relation

$$\left(F'_y(0, 0)\right)^{-1} \in \mathcal{L}(Z; Y) \,, \quad \text{d.h.} \quad \|(F'_y(0, 0))^{-1}\| < \infty \,.$$

Im Folgenden werden wir davon ausgehen, dass $|x| < \gamma$ und $|y| < \gamma$, so dass die Abschätzung (10.96) gilt.

Daher finden wir für jedes $x \in K_X(0, \gamma)$ und für alle $y_1, y_2 \in K_Y(0, \gamma)$ nach dem Mittelwertsatz, dass tatsächlich

$$|g_x(y_1) - g_x(y_2)| \leq \sup_{\xi \in]y_1, y_2[} \|g'(\xi)\| \,|y_1 - y_2| < \frac{1}{2} |y_1 - y_2| \,. \tag{10.97}$$

4^0. Um sicherzustellen, dass ein Fixpunkt y_x der Abbildung g_x existiert, benötigen wir einen vollständigen metrischen Raum, der unter dieser Abbildung in sich (aber nicht notwendigerweise auf sich) abgebildet wird.

Wir werden zeigen, dass für jedes ε mit $0 < \varepsilon < \gamma$ ein $\delta = \delta(\varepsilon)$ im offenen Intervall $]0, \gamma[$ existiert, so dass für jedes $x \in K_X(0, \delta)$ die Abbildung g_x die abgeschlossene Kugel $\overline{K}_y(0, \varepsilon)$ in sich abbildet, d.h. $g_x\big(\overline{K}_Y(0, \varepsilon)\big) \subset \overline{K}_Y(0, \varepsilon)$.

Dazu wählen wir zunächst eine Zahl $\delta \in]0, \gamma[$, die von ε abhängt, so dass

$$|g_x(0)| = |(F_y'(0,0))^{-1} \cdot F(x,0)\| \leq \|(F_y'(0,0))^{-1}\| \, |F(x,0)| < \frac{1}{2}\varepsilon \quad (10.98)$$

für $|x| < \delta$.

Dies können wir machen, da die Annahmen 1 und 2 garantieren, dass $F(0,0) = 0$ und dass $F(x,y)$ in $(0,0)$ stetig ist.

Ist nun $|x| < \delta(\varepsilon) < \gamma$ und $|y| \leq \varepsilon < \gamma$, erhalten wir mit (10.97) und (10.98), dass

$$|g_x(y)| \leq |g_x(y) - g_x(0)| + |g_x(0)| < \frac{1}{2}|y| + \frac{1}{2}\varepsilon < \varepsilon \,,$$

und daher gilt für $|x| < \delta(\varepsilon)$:

$$g_x\big(\overline{K}_Y(0, \varepsilon)\big) \subset K_Y(0, \varepsilon) \,. \quad (10.99)$$

Als abgeschlossene Teilmenge des vollständigen metrischen Raums Y ist auch die abgeschlossene Kugel $\overline{K}_Y(0, \varepsilon)$ ein vollständiger metrischer Raum.

5^0. Wenn wir die Relationen (10.97) und (10.99) miteinander vergleichen, können wir nun nach dem Fixpunktprinzip (Abschnitt 9.7) sicherstellen, dass für jedes $x \in K_X(0, \delta(\varepsilon)) =: U$ ein eindeutiger Punkt $y = y_x =: f(x) \in K_Y(0, \varepsilon) =: V$ existiert, der ein Fixpunkt der Abbildung $g_x : \overline{K}_Y(0, \varepsilon) \to \overline{K}_Y(0, \varepsilon)$ ist.

Aus der zentralen Relation (10.94) folgt, dass die so konstruierte Funktion $f : U \to V$ die Eigenschaft $2'$ und somit auch Eigenschaft $3'$ besitzt, da nach Annahme 1 gilt, dass $F(0,0) = 0$.

Die Eigenschaft $1'$ der Umgebungen U und V folgt aus der Tatsache, dass nach Konstruktion $U \times V \subset K_X(0, \alpha) \times K_Y(0, \beta) = W$ gilt.

Schließlich folgt die Stetigkeit der Funktion $y = f(x)$ in $x = 0$, d.h. die Eigenschaft $4'$, aus $2'$ und der Tatsache, dass, wie in Teil 4^0 des Beweises gezeigt wurde, zu jedem $\varepsilon > 0$ $(\varepsilon < \gamma)$ ein $\delta(\varepsilon) > 0$ $(\delta(\varepsilon) < \gamma)$ existiert, so dass für jedes $x \in K_X(0, \delta(\varepsilon))$ gilt, dass $g_x\big(\overline{K}_Y(0, \varepsilon)\big) \subset K_Y(0, \varepsilon)$, d.h., der eindeutige Fixpunkt $y_x = f(x)$ der Abbildung $g_x : \overline{K}_Y(0, \varepsilon) \to \overline{K}_Y(0, \varepsilon)$ erfüllt die Bedingung $|f(x)| < \varepsilon$ für $|x| < \delta(\varepsilon)$. $\square$

Wir haben hiermit die Existenz der impliziten Funktion bewiesen. Wir wollen nun eine Reihe von Erweiterungen dieser Eigenschaften der Funktion beweisen, die mit Eigenschaften der Ausgangsfunktion F zusammenhängen.

Erweiterung 1. (Stetigkeit der impliziten Funktion.) *Ist zusätzlich zu den Annahmen 2 und 3 des Satzes auch bekannt, dass die Abbildungen $F : W \to Y$ und F_y' nicht nur im Punkt (x_0, y_0), sondern in einer Umgebung dieses Punktes stetig sind, dann ist die Funktion $f : U \to V$ nicht nur in $x_0 \in U$ stetig, sondern auch in einer Umgebung dieses Punktes.*

Beweis. Nach den Eigenschaften der Abbildung $\mathcal{L}(Y; Z) \ni A \mapsto A^{-1} \in \mathcal{L}(Z; Y)$ folgt aus den Annahmen 3 und 4 des Satzes (vgl. Beispiel 6 in Abschnitt 10.3), dass die Transformation $f_y'(x, y) \in \mathcal{L}(Y; Z)$ in jedem Punkt (x, y) in einer Umgebung von (x_0, y_0) invertierbar ist. Mit der zusätzlichen Annahme, dass F stetig ist, erfüllen daher alle Punkte $(\tilde{x}, \tilde{y})$ der Form $(x, f(x))$ in einer Umgebung von (x_0, y_0) die Voraussetzungen 1–4, die bisher nur im Punkt (x_0, y_0) galten.

Wenn wir die Konstruktion der impliziten Funktion in einer Umgebung dieser Punkte $(\tilde{x}, \tilde{y})$ wiederholen würden, würden wir eine Funktion $y = \tilde{f}(x)$ erhalten, die in $\tilde{x}$ stetig ist und nach $2'$ mit der Funktion $y = f(x)$ in einer Umgebung von x übereinstimmen würde. Dies bedeutet aber, dass f selbst in $\tilde{x}$ stetig ist. □

Erweiterung 2. (Differenzierbarkeit der impliziten Funktion.) *Ist zusätzlich zu den Annahmen des Satzes bekannt, dass eine partielle Ableitung $F_x'(x, y)$ in einer Umgebung W von (x_0, y_0) existiert und in (x_0, y_0) stetig ist, dann ist die Funktion $y = f(x)$ in x_0 differenzierbar und es gilt*

$$f'(x_0) = -\big(F_y'(x_0, y_0)\big)^{-1} \cdot \big(F_x'(x_0, y_0)\big) \,. \tag{10.100}$$

Beweis. Wir können unmittelbar zeigen, dass die lineare Transformation $L \in \mathcal{L}(X; Y)$ auf der rechten Seite der Gleichung (10.100) tatsächlich dem Differential der Funktion $y = f(x)$ in x_0 entspricht.

Wie zuvor werden wir zur Vereinfachung der Schreibweise annehmen, dass $x_0 = 0$ und $y_0 = 0$, so dass $f(0) = 0$.

Wir beginnen mit einer Vorberechnung.

$$
\begin{aligned}
|f(x) - f(0) - Lx| &= |f(x) - Lx| = \\
&= \big|f(x) + \big(F_y'(0,0)\big)^{-1} \cdot \big(F_x'(0,0)\big)x\big| = \\
&= \big|\big(F_y'(0,0)\big)^{-1}\big(F_x'(0,0)x + F_y'(0,0)f(x)\big)\big| = \\
&= \big|\big(F_y'(0,0)\big)^{-1}\big(F(x, f(x)) - F(0,0) - F_x'(0,0)x - F_y'(0,0)f(x)\big)\big| \leq \\
&\leq \big\|\big(F_y'(0,0)\big)^{-1}\big\|\big|\big(F(x, f(x)) - F(0,0) - F_x'(0,0)x - F_y'(0,0)f(x)\big)\big| \leq \\
&\leq \big\|\big(F_y'(0,0)\big)^{-1}\big\| \cdot \alpha\big(x, f(x)\big)\big(|x| + |f(x)|\big) \,,
\end{aligned}
$$

mit $\alpha(x, y) \to 0$ für $(x, y) \to (0, 0)$.

Bei diesen Relationen haben wir die Identität $F\big(x, f(x)\big) \equiv 0$ berücksichtigt, sowie die Tatsache, dass die Stetigkeit der partiellen Ableitungen F_x' und

F'_y in $(0,0)$ garantiert, dass die Funktion $F(x,y)$ in diesem Punkt differenzierbar ist.

Zur Vereinfachung der Schreibweise definieren wir $a := \|L\|$ und $b := \|(F'_y(0,0))^{-1}\|$.

Wenn wir die Relationen

$$|f(x)| = |f(x) - Lx + Lx| \leq |f(x) - Lx| + |Lx| \leq |f(x) - Lx| + a|x|$$

berücksichtigen, können wir die obige Berechnung fortsetzen und erhalten so die Ungleichung

$$|f(x) - Lx| \leq b\alpha(x, f(x))\big((a+1)|x| + |f(x) - Lx|\big)$$

oder

$$|f(x) - Lx| \leq \frac{(a+1)b}{1 - b\alpha(x, f(x))}\alpha(x, f(x))|x| .$$

Da f in $x = 0$ stetig ist und $f(0) = 0$ gilt, ist auch $f(x) \to 0$ für $x \to 0$ und daher $\alpha(x, f(x)) \to 0$ für $x \to 0$.

Daher folgt aus der letzten Ungleichung, dass

$$|f(x) - f(0) - Lx| = |f(x) - Lx| = o\big(|x|\big) \quad \text{für} \quad x \to 0. \qquad \square$$

Erweiterung 3. (Stetige Differenzierbarkeit der impliziten Funktion.) *Ist zusätzlich zu den Annahmen des Satzes bekannt, dass die Abbildung F in einer Umgebung W von (x_0, y_0) stetige partielle Ableitungen F'_x und F'_y besitzt, dann ist die Funktion $y = f(x)$ in einer Umgebung von x_0 stetig differenzierbar und ihre Ableitung lautet:*

$$f'(x) = -\big(F'_y(x, f(x))\big)^{-1} \cdot \big(F'_x(x, f(x))\big) . \qquad (10.101)$$

Beweis. Wir wissen bereits aus Gleichung (10.100), dass die Ableitung $f'(x)$ existiert und sich in einem einzelnen Punkt x, in dem die Transformation $F'_y(x, f(x))$ invertierbar ist, in der Form (10.101) ausdrücken lässt.

Somit bleibt zu zeigen, dass die Funktion $f'(x)$ unter den gegenwärtigen Voraussetzungen in einer Umgebung von $x = x_0$ stetig ist.

Die bilineare Abbildung $(A, B) \mapsto A \cdot B$ (das Produkt linearer Transformationen A und B) ist eine stetige Funktion.

Die Transformation $B = -F'_x(x, f(x))$ ist eine stetige Funktion von x, da sie eine Verkettung stetiger Funktionen $x \mapsto (x, f(x)) \mapsto -F'_x(x, f(x))$ ist.

Dasselbe lässt sich über die lineare Transformation $A^{-1} = F'_y(x, f(x))$ sagen.

Nun bleibt nur noch daran zu erinnern (vgl. Beispiel 6 in Abschnitt 10.3), dass die Abbildung $A^{-1} \mapsto A$ ebenfalls in ihrem Definitionsbereich stetig ist.

Daher ist die durch Gleichung (10.101) definierte Funktion $f'(x)$ in einer Umgebung von $x = x_0$ stetig, da sie aus dem Produkt stetiger Funktionen hervorgeht. $\qquad \square$

Wir können nun zusammenfassen und den folgenden allgemeinen Satz formulieren:

Satz. *Ist zusätzlich zu den Annahmen des Satzes zur impliziten Funktion bekannt, dass die Funktion F zur Klasse $C^{(k)}(W, Z)$ gehört, dann gehört die durch die Gleichung $F(x, y) = 0$ definierte Funktion $y = f(x)$ in einer Umgebung U von x_0 zu $C^{(k)}(U, Y)$.*

Beweis. Der Satz wurde bereits für $k = 0$ und $k = 1$ bewiesen. Wir können nun den Allgemeinfall durch Induktion aus Gleichung (10.101) erhalten, wenn wir bedenken, dass die Abbildung $\mathcal{L}(Y; Z) \ni A \mapsto A^{-1} \in \mathcal{L}(Z; Y)$ (unendlich oft) differenzierbar ist und dass dann, wenn Gl. (10.101) differenziert wird, die rechte Seite immer eine Ableitung von f enthält, die eine Ordnung geringer ist als auf der linken Seite. Daher können wir Gl. (10.101) nach und nach so oft differenzieren, wie der Glattheitsordnung der Funktion F entspricht. $\square$

Gilt insbesondere

$$f'(x)h_1 = -\left(F_y'(x, f(x))\right)^{-1} \cdot \left(F_x'(x, f(x))\right)h_1 \,,$$

dann auch

$$
\begin{aligned}
f''(x)(h_1, h_2) = &-\mathrm{d}\left(F_y'(x, f(x))\right)^{-1} h_2 F_x'(x, f(x))h_1 - \\
&- \left(F_y'(x, f(x))\right)^{-1}\mathrm{d}\left(F_x'(x, f(x))h_1\right)h_2 = \\
= &\left(F_y'(x, f(x))\right)^{-1}\mathrm{d}F_y'(x, f(x))h_2\left(F_y'(x, f(x))\right)^{-1}F_x'(x, f(x))h_1 - \\
&- \left(F_y'(x, f(x))\right)^{-1}\left((F_{xx}''(x, f(x)) + F_{xy}''(x, f(x))f'(x))h_1\right)h_2 = \\
= &\left(F_y'(x, f(x))\right)^{-1}\left((F_{yx}''(x, f(x)) + F_{yy}''(x, f(x))f'(x))h_2\right) \cdot \\
&\cdot \left(F_y'(x, f(x))\right)^{-1}F_x'(x, f(x))h_1 - \\
&- \left(F_y'(x, f(x))\right)^{-1} \cdot \left((F_{xx}''(x, f(x)) + F_{xy}''(x, f(x))f'(x))h_1\right)h_2 \,.
\end{aligned}
$$

In weniger ausführlicher, aber lesbarerer Schreibweise bedeutet dies, dass

$$f''(x)(h_1, h_2) = (F_y')^{-1}\left[((F_{yx}'' + F_{yy}''f')h_2)(F_y')^{-1}F_x'h_1 - ((F_{xx}'' + F_{xy}''f')h_1)h_2\right] \,. \tag{10.102}$$

Theoretisch könnten wir auf diese Weise für eine implizite Funktion einen Ausdruck für die Ableitung beliebiger Ordnung erhalten; wie wir aber bereits an Gleichung (10.102) erkennen können, werden diese Ausdrücke im Allgemeinen zu umständlich, um sie sinnvoll einzusetzen. Wir wollen uns jetzt dem wichtigen Spezialfall $X = \mathbb{R}^m$, $Y = \mathbb{R}^n$ und $Z = \mathbb{R}^n$ zuwenden und uns anschauen, wie wir diese Ergebnisse dort auf den Punkt bringen können.

In diesem Fall besitzt die Abbildung $z = F(x, y)$ die Koordinatendarstellung

$$z^1 = F^1(x^1, \ldots, x^m, y^1, \ldots, y^n) \,,$$

$$\cdots\cdots\cdots\cdots\cdots\cdots\cdots\cdots\cdots\cdots \qquad (10.103)$$

$$z^n = F^n(x^1, \ldots, x^m, y^1, \ldots, y^n) \,.$$

Die partiellen Ableitungen $F_x' \in \mathcal{L}(\mathbb{R}^m; \mathbb{R}^n)$ und $F_y' \in \mathcal{L}(\mathbb{R}^n; \mathbb{R}^n)$ der Abbildung werden durch die Matrizen

$$F_x' = \begin{pmatrix} \frac{\partial F^1}{\partial x^1} & \cdots & \frac{\partial F^1}{\partial x^m} \\ \cdots\cdots\cdots\cdots \\ \frac{\partial F^n}{\partial x^1} & \cdots & \frac{\partial F^n}{\partial x^m} \end{pmatrix} \quad \text{und} \quad F_y' = \begin{pmatrix} \frac{\partial F^1}{\partial y^1} & \cdots & \frac{\partial F^1}{\partial y^n} \\ \cdots\cdots\cdots\cdots \\ \frac{\partial F^n}{\partial y^1} & \cdots & \frac{\partial F^n}{\partial y^n} \end{pmatrix}$$

definiert, die im entsprechenden Punkt (x, y) berechnet werden.

Wir wissen, dass die Bedingung, dass F_x' und F_y' stetig sind, zur Stetigkeit aller Elemente dieser Matrizen äquivalent ist.

Die Invertierbarkeit der linearen Transformation $F_y'(x_0, y_0) \in \mathcal{L}(\mathbb{R}^n; \mathbb{R}^n)$ ist äquivalent zur Nicht-Singularität der Matrix, die diese Transformation definiert.

Somit garantiert der Satz zur impliziten Funktion in diesem Fall, dass dann, wenn

1. $F^1(x_0^1, \ldots, x_0^m, y_0^1, \ldots, y_0^n) = 0$,

   $\cdots\cdots\cdots\cdots\cdots\cdots\cdots\cdots\cdots\cdots$

   $F^n(x_0^1, \ldots, x_0^m, y_0^1, \ldots, y_0^n) = 0$,

2. die Funktionen $F^i(x^1, \ldots, x^m, y^1, \ldots, y^n)$, $i = 1, \ldots, n$ im Punkt $(x_0^1, \ldots, x_0^m, y_0^1, \ldots, y_0^n) \in \mathbb{R}^m \times \mathbb{R}^n$ stetig sind,

3. alle partiellen Ableitungen $\frac{\partial F^i}{\partial y^j}(x^1, \ldots, x^m, y^1, \ldots, y^n)$, $i = (1, \ldots, n)$, $j = (1, \ldots, n)$ in einer Umgebung von $(x_0^1, \ldots, x_0^m, y_0^1, \ldots, y_0^n)$ definiert sind und in diesem Punkt stetig sind und wenn

4. die Determinante

$$\begin{vmatrix} \frac{\partial F^1}{\partial y^1} & \cdots & \frac{\partial F^1}{\partial y^n} \\ \cdots\cdots\cdots\cdots \\ \frac{\partial F^n}{\partial y^1} & \cdots & \frac{\partial F^n}{\partial y^n} \end{vmatrix}$$

der Matrix F_y' im Punkt $(x_0^1, \ldots, x_0^m, y_0^1, \ldots, y_0^n)$ ungleich Null ist,

dass dann eine Umgebung U von $x_0 = (x_0^1, \ldots, x_0^m) \in \mathbb{R}^m$, eine Umgebung V von $y_0 = (y_0^1, \ldots, y_0^n) \in \mathbb{R}^n$ und eine Abbildung $f : U \to V$ mit der Koordinatendarstellung

$$y^1 = f^1(x^1, \ldots, x^m) \,,$$

$$\ldots\ldots\ldots\ldots\ldots\ldots\ldots\ldots \qquad (10.104)$$

$$y^n = f^n(x^1, \ldots, x^m) \,,$$

existiert, so dass

1'. in der Umgebung $U \times V$ von $(x_0^1, \ldots, x_0^m, y_0^1, \ldots, y_0^n) \in \mathbb{R}^m \times \mathbb{R}^n$ das Gleichungssystem

$$\begin{cases} F^1(x^1, \ldots, x^m, y^1, \ldots, y^n) = 0 \,, \\ \ldots\ldots\ldots\ldots\ldots\ldots\ldots\ldots\ldots \\ F^n(x^1, \ldots, x^m, y^1, \ldots, y^n) = 0 \end{cases}$$

2'. zur funktionalen Beziehung $f : U \to V$ in (10.104) äquivalent ist,

$$y_0^1 = f^1(x_0^1, \ldots, x_0^m) \,,$$

$$\ldots\ldots\ldots\ldots\ldots\ldots\ldots\ldots$$

$$y_0^n = f^n(x_0^1, \ldots, x_0^m) \,,$$

3'. die Abbildung (10.104) in $(x_0^1, \ldots, x_0^m, y_0^1, \ldots, y_0^n)$ stetig ist.

Können wir außerdem feststellen, dass die Abbildung (10.103) zur Klasse $C^{(k)}$ gehört, dann gehört auch die Funktion (10.104), wie aus dem obigen Satz folgt, zu $C^{(k)}$; natürlich in ihrem eigenen Definitionsbereich.

Für diesen Fall können wir Gleichung (10.101) präzisieren und wir erhalten die Matrixgleichung

$$\begin{pmatrix} \frac{\partial f^1}{\partial x^1} & \cdots & \frac{\partial f^1}{\partial x^m} \\ \ldots\ldots\ldots\ldots \\ \frac{\partial f^n}{\partial x^1} & \cdots & \frac{\partial f^n}{\partial x^m} \end{pmatrix} = - \begin{pmatrix} \frac{\partial F^1}{\partial y^1} & \cdots & \frac{\partial F^1}{\partial y^n} \\ \ldots\ldots\ldots \\ \frac{\partial F^n}{\partial y^1} & \cdots & \frac{\partial F^n}{\partial y^n} \end{pmatrix}^{-1} \begin{pmatrix} \frac{\partial F^1}{\partial x^1} & \cdots & \frac{\partial F^1}{\partial x^m} \\ \ldots\ldots\ldots \\ \frac{\partial F^n}{\partial x^1} & \cdots & \frac{\partial F^n}{\partial x^m} \end{pmatrix} \,,$$

wobei die linke Seite in $(x^1, \ldots, x^m)$ berechnet wird und die rechte Seite im entsprechenden Punkt $(x^1, \ldots, x^m, y^1, \ldots, y^n)$, mit $y^i = f^i(x^1, \ldots, x^m)$, $(i = 1, \ldots, n)$.

Ist $n = 1$, d.h., wenn die Gleichung

$$F(x^1, \ldots, x^m, y) = 0$$

durch y erfüllt wird, dann besteht die Matrix F'_y aus einem einzigen Element: Der Zahl $\frac{\partial F}{\partial y}(x^1, \ldots, x^m, y)$. In diesem Fall ist $y = f(x^1, \ldots, x^m)$ und

$$\left(\frac{\partial f}{\partial x^1}, \ldots, \frac{\partial f}{\partial x^m} \right) = -\left(\frac{\partial F}{\partial y} \right)^{-1} \left(\frac{\partial F}{\partial x^1}, \ldots, \frac{\partial F}{\partial x^m} \right). \tag{10.105}$$

In diesem Fall lässt sich auch Gleichung (10.102) etwas vereinfachen; genauer gesagt, lässt sie sich in der folgenden symmetrischeren Form schreiben:

$$f''(x)(h_1, h_2) = -\frac{(F''_{xx} + F''_{xy} f') h_1 F'_y h_2 - (F''_{yx} + F''_{yy} f') h_2 F'_x h_1}{(F'_y)^2}. \tag{10.106}$$

Ist sogar $n = 1$ und $m = 1$, dann ist $y = f(x)$ eine reellwertige Funktion mit einem reellen Argument und die Gleichungen (10.105) und (10.106) werden noch einfacher zu den numerischen Gleichungen

$$f'(x) = -\frac{F'_x}{F'_y}(x, y),$$

$$f''(x) = -\frac{(F''_{xx} + F''_{xy} f') F'_y - (F''_{yx} + F''_{yy} f') F'_x}{(F'_y)^2}(x, y)$$

für die ersten beiden Ableitungen der impliziten Funktion, die durch die Gleichung $F(x, y) = 0$ definiert wird.

10.7.1 Übungen und Aufgaben

1. a) Angenommen, wir haben zusammen mit der Funktion $f : U \to V$, die durch den Satz zur impliziten Funktion erhalten wird, eine Funktion $\tilde{f} : \tilde{U} \to Y$, die in einer Umgebung $\tilde{U}$ von x_0 definiert ist und für die in $\tilde{U}$ gilt, dass $y_0 = \tilde{f}(x_0)$ und $F(x, \tilde{f}(x)) \equiv 0$. Zeigen Sie, dass dann, wenn $\tilde{f}$ in x_0 stetig ist, die Funktionen f und $\tilde{f}$ in einer Umgebung von x_0 gleich sind.
    b) Zeigen Sie, dass die Behauptung in a) ohne die Annahme, dass $\tilde{f}$ stetig ist, im Allgemeinen nicht gilt.

2. Analysieren Sie wiederum den Beweis des Satzes zur impliziten Funktion und seine Erweiterungen und zeigen Sie:
    a) Ist $z = F(x, y)$ eine stetig differenzierbare Funktion mit komplexen Werten der komplexen Variablen x und y, dann ist die durch die Gleichung $F(x, y) = 0$ definierte implizite Funktion $y = f(x)$ nach der komplexen Variablen x differenzierbar.
    b) Mit den getroffenen Annahmen zum Satz muss X nicht notwendigerweise ein normierter Raum sein, sondern kann ein beliebiger topologischer Raum sein.

3. a) Entscheiden Sie, ob die durch (10.102) definierte Form $f''(x)(h_1, h_2)$ symmetrisch ist.
    b) Formulieren Sie die Gl. (10.101) und (10.102) für numerische Funktionen $F(x^1, x^2, y)$ und $F(x, y^1, y^2)$ in Matrixschreibweise.
    c) Sei $\mathbb{R} \ni t \mapsto A(t) \in \mathcal{L}(\mathbb{R}^n; \mathbb{R}^n)$ eine Familie von nicht singulären Matrizen $A(t)$, die unendlich glatt vom Parameter t abhängen. Zeigen Sie, dass

$$\frac{\mathrm{d}^2 A^{-1}}{\mathrm{d}t^2} = 2A^{-1}\left(\frac{\mathrm{d}A}{\mathrm{d}t} A^{-1} \right)^2 - A^{-1}\frac{\mathrm{d}^2 A}{\mathrm{d}t^2} A^{-1},$$

wobei $A^{-1} = A^{-1}(t)$ der Inversen der Matrix $A = A(t)$ entspricht.

4. a) Zeigen Sie, dass die Erweiterung 1 zum Satz ein direktes Korollar der Stabilitätsbedingungen für den Fixpunkt der Familie der kontrahierenden Abbildung ist, die in Abschnitt 9.7 untersucht wurden.

b) Sei $\{A_t : X \to X\}$ eine Familie kontrahierender Abbildungen eines vollständigen normierten Raumes in sich selbst, die von dem Parameter t abhängen, der sich innerhalb eines Gebiets Ω in einem normierten Raum T bewegt. Sei ferner $A_t(x) = \varphi(t,x)$ eine Funktion der Klasse $C^{(n)}(\Omega \times X, X)$. Zeigen Sie, dass der Fixpunkt $x(t)$ der Abbildung A_t als Funktion von t zur Klasse $C^{(n)}(\Omega, X)$ gehört.

5. a) Beweisen Sie mit Hilfe des Satzes zur impliziten Funktion den folgenden Satz zur *inversen Funktion*.

Sei $g : G \to X$ eine Abbildung einer Umgebung G eines Punktes y_0 in einem vollständigen normierten Raum Y in einen normierten Raum X. Ist

1^0. die Abbildung $x = g(y)$ in G differenzierbar,

2^0. $g'(y)$ in y_0 stetig und

3^0. $g'(y_0)$ eine invertierbare Transformation,

dann existiert eine Umgebung $V \subset Y$ von y_0 und eine Umgebung $U \subset X$ von x_0, so dass $g : V \to U$ bijektiv ist und dass ihre inverse Abbildung $f : U \to V$ in U stetig und in x_0 differenzierbar ist. Außerdem gilt

$$f'(x_0) = \Big(g'(y_0)\Big)^{-1}.$$

b) Ist zusätzlich zu den Annahmen in a) bekannt, dass die Abbildung g zur Klasse $C^{(n)}(V, U)$ gehört, dann gehört die inverse Abbildung f zu $C^{(n)}(U, V)$. Zeigen Sie dies.

c) Sei $f : \mathbb{R}^n \to \mathbb{R}^n$ eine glatte Abbildung, deren Matrix $f'(x)$ in jedem Punkt $x \in \mathbb{R}^n$ nicht singulär ist und für die $\|(f')^{-1}(x)\| > C > 0$ gilt, wobei C eine von x unabhängige Konstante ist. Zeigen Sie, dass f eine bijektive Abbildung ist.

d) Versuchen Sie mit ihren Erfahrungen aus der Lösung von c) eine Abschätzung für den Radius einer sphärischen Umgebung $U = K(x_0, r)$ mit Zentrum in x_0 zu geben, in der die Abbildung $f : U \to V$, die im Satz zur inversen Funktion untersucht wurde, notwendigerweise definiert ist.

6. a) Seien $A \in \mathcal{L}(X; Y)$ und $B \in \mathcal{L}(X; \mathbb{R})$ lineare Abbildungen mit Kern $A \subset$ Kern B (hierbei bedeutet Kern den Kern einer Transformation). Zeigen Sie, dass eine lineare Abbildung $\lambda \in \mathcal{L}(Y; \mathbb{R})$ existiert, so dass $B = \lambda \cdot A$.

b) Seien X und Y normierte Räume und $f : X \to \mathbb{R}$ und $g : X \to Y$ glatte Funktionen auf X mit Werten in $\mathbb{R}$ bzw. Y. Sei S die glatte Fläche, die in X durch die Gleichung $g(x) = y_0$ definiert ist. Zeigen Sie, dass dann, wenn $x_0 \in S$ ein Extremum der Funktion $f\big|_S$ ist, jeder Vektor h, der zu S in x_0 tangential ist, gleichzeitig die beiden Bedingungen erfüllt: $f'(x_0)h = 0$ und $g'(x_0)h = 0$.

c) Sei $x_0 \in S$ ein Extremum der Funktion $f\big|_S$. Zeigen Sie, dass dann $f'(x_0) = \lambda \cdot g'(x_0)$, mit $\lambda \in \mathcal{L}(Y; \mathbb{R})$.

d) Zeigen Sie, dass die klassische *notwendige Bedingung für ein Extremum mit Nebenbedingungen nach Lagrange* für eine glatte Fläche in $\mathbb{R}^n$ aus dem vorigen Ergebnis folgt.

7. Wie bekannt, besitzt die Gleichung $z^n + c_1 z^{n-1} + \cdots + c_n = 0$ mit komplexen Koeffizienten im Allgemeinen n verschiedene Lösungen. Zeigen Sie, dass die Lösungen der Gleichung glatte Funktionen der Koeffizienten sind, zumindest dann, wenn die Lösungen alle verschieden sind.

11

Mehrfachintegrale

11.1 Das Riemannsche Integral über einem n-dimensionalen Intervall

11.1.1 Definition des Integrals

a. Intervalle in $\mathbb{R}^n$ und ihr Maß

Definition 1. Die Menge $I = \{x \in \mathbb{R}^n \mid a^i \leq x^i \leq b^i, i = 1, \ldots, n\}$ wird *Intervall* oder *Quader* in $\mathbb{R}^n$ genannt.

Wenn wir betonen wollen, dass das Intervall durch die Punkte $a = (a^1, \ldots, a^n)$ und $b = (b^1, \ldots, b^n)$ bestimmt wird, schreiben wir oft auch $I_{a,b}$ oder in Analogie mit dem ein-dimensionalen Fall einfach nur $a \leq x \leq b$.

Definition 2. Wir ordnen dem Intervall $I = \{x \in \mathbb{R}^n \mid a^i \leq x^i \leq b^i, i = 1, \ldots, n\}$ die Zahl $|I| := \prod_{i=1}^{n} (b^i - a^i)$ zu, die wir *Volumen* oder *Maß* des Intervalls nennen.

Das Volumen (Maß) des Intervalls I wird auch mit $v(I)$ oder $\mu(I)$ bezeichnet.

Lemma 1. *Das Maß eines Intervalls in $\mathbb{R}^n$ besitzt die folgenden Eigenschaften.*

a) Es ist homogen, d.h. für $\lambda I_{a,b} := I_{\lambda a, \lambda b}$ mit $\lambda \geq 0$ gilt

$$|\lambda I_{a,b}| = \lambda^n |I_{a,b}| .$$

b) Es ist additiv, d.h. für Intervalle $I, I_1, \ldots, I_k$ mit $I = \bigcup_{i=1}^{k} I_i$, die keine gemeinsamen inneren Punkte besitzen, gilt

$$|I| = \sum_{i=1}^{k} |I_i| .$$

c) Wird das Intervall I durch ein endliches System von Intervallen $I_1, \dots, I_k$ überdeckt, d.h. $I \subset \bigcup\limits_{i=1}^{k} I_i$, dann gilt

$$|I| \leq \sum_{i=1}^{k} |I_i| \,.$$

Alle diese Behauptungen folgen einfach aus den Definitionen 1 und 2.

b. Unterteilungen eines Intervalls und eine Basis auf der Menge der Unterteilungen

Angenommen, ein Intervall $I = \{x \in \mathbb{R}^n \,|\, a^i \leq x^i \leq b^i, i = 1, \dots, n\}$ sei gegeben. Unterteilungen der ein-dimensionalen Intervalle $[a^i, b^i]$, $i = 1, \dots, n$ führen zu einer Unterteilung des Intervalls I in feinere Intervalle, die direkten Produkte der Intervalle der Unterteilungen der ein-dimensionalen Intervalle entsprechen.

Definition 3. Die gerade beschriebene Darstellung des Intervalls I (als Summe $I = \bigcup\limits_{j=1}^{k} I_j$ feinerer Intervalle I_j) wird *Unterteilung* des Intervalls I genannt und mit P bezeichnet.

Definition 4. Die Größe $\lambda(P) := \max\limits_{1 \leq j \leq k} d(I_j)$ (der maximale Durchmesser der Intervalle in der Unterteilung P) wird *Maschenweite* der Unterteilung P genannt.

Definition 5. Wenn wir in jedem Intervall I_j der Unterteilung P einen Punkt $\xi_j \in I_j$ festlegen, dann sprechen wir von einer *Unterteilung mit ausgezeichneten Punkten.*

Wir werden die Menge $\{\xi_1, \dots, \xi_k\}$ wie zuvor mit dem einfachen Buchstaben ξ bezeichnen und die Unterteilung mit ausgezeichneten Punkten mit (P, ξ).

In der Menge $\mathcal{P} = \{(P, \xi)\}$ der Unterteilungen mit ausgezeichneten Punkten eines Intervalls I führen wir eine Basis $\lambda(P) \to 0$ ein, deren Elemente B_d $(d > 0)$ wie im ein-dimensionalen Fall als $B_d := \{(P, \xi) \in \mathcal{P} \,|\, \lambda(P) < d\}$ definiert werden.

Dass $\mathcal{B} = \{B_d\}$ tatsächlich eine Basis ist, folgt aus der Existenz von Unterteilungen mit Maschenweiten, die beliebig nahe bei Null liegen.

c. Riemannsche Summen und das Integral

Sei $f : I \to \mathbb{R}$ eine Funktion mit reellen Werten[1] auf dem Intervall I und sei $P = \{I_1, \ldots, I_k\}$ eine Unterteilung dieses Intervalls mit ausgezeichneten Punkten $\xi = \{\xi_1, \ldots, \xi_k\}$.

Definition 6. Die Summe

$$\sigma(f, P, \xi) := \sum_{i=1}^{k} f(\xi_i) |I_i|$$

wird *Riemannsche Summe* der Funktion f zur Unterteilung mit ausgezeichneten Punkten (P, ξ) des Intervalls I genannt.

Definition 7. Die Größe

$$\int_I f(x)\, \mathrm{d}x := \lim_{\lambda(P) \to 0} \sigma(f, P, \xi)$$

wird, vorausgesetzt dieser Grenzwert existiert, das *Riemannsche Integral* der Funktion f über das Intervall I genannt.

Wir können erkennen, dass diese Definition und ganz allgemein das gesamte Vorgehen bei der Konstruktion des Integrals über das Intervall $I \subset \mathbb{R}^n$ einer wortwörtlichen Wiederholung des Vorgehens bei der Definition des Riemannschen Integrals über einem abgeschlossenen Intervall der reellen Gerade entspricht, die uns bereits bekannt ist. Um die Übereinstimmung zu betonen, haben wir sogar die vorherige Schreibweise $f(x)\mathrm{d}x$ für die Differentialform beibehalten. Äquivalente, aber ausführlichere Schreibweisen des Integrals lauten:

$$\int_I f(x^1, \ldots, x^n)\, \mathrm{d}x^1 \cdot \ldots \cdot \mathrm{d}x^n \quad \text{oder} \quad \underbrace{\int \cdots \int_I}_{n} f(x^1, \ldots, x^n)\, \mathrm{d}x^1 \cdot \ldots \cdot \mathrm{d}x^n \, .$$

Um zu betonen, dass wir ein Integral über einem mehr-dimensionalen Bereich I untersuchen, sprechen wir von *Mehrfachintegralen* (doppelt, dreifach u.s.w. in Abhängigkeit von der Dimension von I).

---

[1] Bitte beachten Sie, dass wir für die folgenden Definitionen jeden normierten Vektorraum als Wertebereich von f hätten annehmen können. Beispielsweise könnten wir den Raum $\mathbb{C}$ der komplexen Zahlen oder die Räume $\mathbb{R}^n$ und $\mathbb{C}^n$ wählen.

d. Eine notwendige Bedingung für die Integrierbarkeit

Definition 8. Existiert für eine Funktion $f : I \to \mathbb{R}$ der endliche Grenzwert in Definition 7, dann ist f *Riemann-integrierbar* über dem Intervall I.

Wir bezeichnen die Menge aller derartigen Funktionen mit $\mathcal{R}(I)$.

Wir wollen nun die folgende zentrale notwendige Bedingung für die Integrierbarkeit beweisen.

Satz 1. $f \in \mathcal{R}(I) \Rightarrow f$ *ist auf I beschränkt.*

Beweis. Sei P eine beliebige Unterteilung des Intervalls I. Ist die Funktion f auf I unbeschränkt, dann muss sie in einem Intervall I_{i_0} der Unterteilung P unbeschränkt sein. Sind (P, ξ') und (P, ξ'') Unterteilungen mit ausgezeichneten Punkten, so dass ξ' und ξ'' sich nur in der Wahl der Punkte ξ'_{i_0} und ξ''_{i_0} unterscheiden, dann gilt

$$|\sigma(f, P, \xi') - \sigma(f, P, \xi'')| = |f(\xi'_{i_0}) - f(\xi''_{i_0})|\,|I_{i_0}|\,.$$

Als Folge der Unbeschränktheit von f in I_{i_0}, können wir die rechte Seite dieser Gleichung durch Veränderung der Punkte ξ'_{i_0} und ξ''_{i_0} beliebig groß machen. Nach dem Cauchyschen Kriterium folgt daraus, dass die Riemannsche Summe von f für $\lambda(P) \to 0$ keinen Grenzwert besitzt. $\qquad\square$

11.1.2 Das Kriterium nach Lebesgue für die Riemann-Integrierbarkeit

Bei der Untersuchung des Riemannschen Integrals im Ein-dimensionalen haben wir den Leser (ohne Beweis) mit dem Kriterium nach Lebesgue zur Existenz des Riemannschen Integrals vertraut gemacht. Wir werden nun einige dieser Konzepte wiederholen und dieses Kriterium beweisen.

a. Mengen vom Maß Null in $\mathbb{R}^n$

Definition 9. Eine Menge $E \subset \mathbb{R}^n$ *besitzt das (n-dimensionale) Maß Null* oder ist eine *Menge vom Maß Null* (im Sinne von Lebesgue), falls für jedes $\varepsilon > 0$ eine Überdeckung von E durch ein höchstens abzählbares System $\{I_i\}$ von n-dimensionalen Intervallen existiert, für die die Summe der Volumina $\sum_i |I_i|$ die Zahl ε nicht übersteigt.

Lemma 2. *a) Ein Punkt und eine endliche Menge von Punkten sind Mengen vom Maß Null.*

  b) Die Vereinigung einer endlichen oder abzählbaren Anzahl von Mengen vom Maß Null ist eine Menge vom Maß Null.

  c) Eine Teilmenge einer Menge vom Maß Null ist wieder eine Menge vom Maß Null.

  d) Ein nicht entartetes[2] Intervall $I_{a,b} \subset \mathbb{R}^n$ ist keine Menge vom Maß Null.

---

[2] Das heißt ein Intervall $I_{a,b} = \{x \in \mathbb{R}^n \,|\, a^i \leq x^i \leq b^i,\ i = 1, \ldots, n\}$, für das die strenge Ungleichung $a^i < b^i$ für jedes $i \in \{1, \ldots, n\}$ gilt.

Der Beweis von Lemma 2 unterscheidet sich nicht vom Beweis der ein-dimensionalen Version in Absatz 6.1.3 Paragraph d. Daher werden wir ihn nicht ausführen.

Beispiel 1. Die Menge rationaler Punkte in $\mathbb{R}^n$ (Punkte, deren Koordinaten alle rationale Zahlen sind) ist abzählbar und daher ist $\mathbb{Q}$ eine Menge vom Maß Null.

Beispiel 2. Sei $f : I \to \mathbb{R}$ eine stetige reellwertige Funktion, die auf einem $(n-1)$-dimensionalen Intervall $I \subset \mathbb{R}^{n-1}$ definiert ist. Wir werden zeigen, dass sein Graph in $\mathbb{R}^n$ eine Menge mit n-dimensionalem Maß Null ist.

Beweis. Da die Funktion f auf I gleichmäßig stetig ist, finden wir zu $\varepsilon > 0$ ein $\delta > 0$, so dass $|f(x_1) - f(x_2)| < \varepsilon$ für alle Punkte $x_1, x_2 \in I$, für die $|x_1 - x_2| < \delta$. Wenn wir nun eine Unterteilung P des Intervalls I mit Maschenweite $\lambda(P) < \delta$ wählen, dann ist auf jedem Intervall I_i dieser Unterteilung die Oszillation der Funktion kleiner als ε. Ist x_i daher ein beliebiger fester Punkt des Intervalls I_i, dann enthält das n-dimensionale Intervall $\tilde{I}_i = I_i \times [f(x_i) - \varepsilon, f(x_i) + \varepsilon]$ offensichtlich den Teil des Graphen der Funktion für das Intervall I_i und die Vereinigung $\bigcup_i \tilde{I}_i$ überdeckt den gesamten Graphen der Funktion über I. Aber $\sum_i |\tilde{I}_i| = \sum_i |I_i| \cdot 2\varepsilon = 2\varepsilon |I|$ (dabei ist $|I_i|$ das Volumen von I_i in $\mathbb{R}^{n-1}$ und $|\tilde{I}_i|$ das Volumen von $\tilde{I}_i$ in $\mathbb{R}^n$). Wenn wir daher ε verkleinern, können wir in der Tat das Volumen der Überdeckung beliebig verkleinern. □

Anmerkung 1. Wenn wir die Behauptung b) in Lemma 2 mit Beispiel 2 vergleichen, können wir folgern, dass der Graph einer stetigen Funktion $f : \mathbb{R}^{n-1} \to \mathbb{R}$ oder einer stetigen Funktion $f : M \to \mathbb{R}$ mit $M \subset \mathbb{R}^{n-1}$ im Allgemeinen eine Menge vom n-dimensionalen Maß Null in $\mathbb{R}^n$ ist.

Lemma 3. *a) Die Klasse der Mengen vom Maß Null bleibt unverändert, auch wenn wir die Intervalle, die die Menge E in Definition 9 überdecken, d.h. $E \subset \bigcup_i I_i$, als ein gewöhnliches System von Intervallen $\{I_i\}$ interpretieren oder, etwas strenger formuliert, wenn wir verlangen, dass jeder Punkt der Menge ein innerer Punkt zumindest einer der Intervalle der Überdeckung[3] ist.*

b) Eine kompakte Menge K in $\mathbb{R}^n$ ist genau dann eine Menge vom Maß Null, falls für jedes $\varepsilon > 0$ eine endliche Überdeckung von K durch Intervalle existiert, deren Summe ihrer Volumina kleiner als ε ist.

Beweis. a) Ist $\{I_i\}$ eine Überdeckung von E (d.h. $E \subset \bigcup_i I_i$ und $\sum_i |I_i| < \varepsilon$), dann erhalten wir, wenn wir jedes I_i durch eine Erweiterung von sich um

---

[3] Anders formuliert, wenn es keinen Unterschied macht, ob wir in Definition 9 abgeschlossene oder offene Intervalle betrachten.

sein Zentrum ersetzen, die wir mit $\tilde{I}_i$ bezeichnen, ein System von Intervallen $\{\tilde{I}_i\}$, für das $\sum |\tilde{I}_i| < \lambda^n \varepsilon$. Dabei ist λ ein Erweiterungskoeffizient, der für alle Intervalle gleich ist. Ist $\lambda > 1$, dann wird das System $\{\tilde{I}_i\}$ offensichtlich E derartig überdecken, dass jeder Punkt von E ein innerer Punkt eines der Intervalle der Überdeckung ist.

b) Dies folgt aus a) und der Möglichkeit, aus jeder offenen Überdeckung einer kompakten Menge K eine endliche Überdeckung auszuwählen. (Das System $\{\tilde{I}_i \setminus \partial\tilde{I}_i\}$, das aus offenen Intervallen besteht, das wir aus dem in a) betrachteten System $\{\tilde{I}_i\}$ erhalten, kann dabei als Überdeckung dienen.) $\square$

b. Eine Verallgemeinerung des Satzes von Heine

Wir erinnern daran, dass die Oszillation einer Funktion $f : E \to \mathbb{R}$ auf der Menge E als $\omega(f; E) := \sup\limits_{x_1, x_2 \in E} |f(x_1) - f(x_2)|$ definiert wurde und die Oszillation im Punkt $x \in E$ als $\omega(f; x) := \lim\limits_{\delta \to 0} \omega\big(f; U_E^\delta(x)\big)$, wobei $U_E^\delta(x)$ die δ-Umgebung von x in der Menge E ist.

Lemma 4. *Gilt die Ungleichung $\omega(f; x) \leq \omega_0$ für die Funktion $f : K \to \mathbb{R}$ in jedem Punkt einer kompakten Menge K, dann existiert für jedes $\varepsilon > 0$ ein $\delta > 0$, so dass $\omega(f; U_K^\delta(x)) < \omega_0 + \varepsilon$ für jeden Punkt $x \in K$.*

Für $\omega_0 = 0$ geht das Lemma in den Satz von Heine zur gleichmäßigen Stetigkeit einer auf einer kompakten Menge stetigen Funktion über. Der Beweis von Lemma 4 ist eine wortwörtliche Wiederholung des Beweises des Satzes von Heine (Satz 4 in Absatz 6.2.2), weswegen wir uns nicht die Zeit nehmen, ihn hier zu wiederholen.

c. Das Kriterium nach Lebesgue

Wie zuvor sagen wir, dass eine Eigenschaft *in fast allen Punkten einer Menge M* oder *fast überall in M* gilt, wenn die Teilmenge von M, in der die Eigenschaft nicht notwendigerweise gilt, vom Maß Null ist.

Satz 2. (Kriterium nach Lebesgue). *$f \in \mathcal{R}(I) \Leftrightarrow (f$ ist beschränkt auf $I) \wedge (f$ ist fast überall stetig auf $I)$.*

Beweis. N o t w e n d i g. Sei $f \in \mathcal{R}(I)$, dann ist die Funktion f nach Satz 1 auf I beschränkt. Angenommen, $|f| \leq M$ auf I.

Wir werden nun beweisen, dass f in fast allen Punkten von I stetig ist. Dazu werden wir zeigen, dass $f \notin \mathcal{R}(I)$, falls die Menge E der Unstetigkeitsstellen nicht vom Maß Null ist.

Wenn wir E als $E = \bigcup\limits_{n=1}^{\infty} E_n$ schreiben, wobei $E_n = \{x \in I \,|\, \omega(f; x) \geq 1/n\}$, können wir aus Lemma 2 folgern, dass dann, wenn E nicht vom Maß Null ist, ein Index n_0 existiert, so dass E_{n_0} ebenfalls keine Menge vom Maß Null ist. Sei

P eine beliebige Unterteilung des Intervalls I in Intervalle $\{I_i\}$. Wir zerlegen die Unterteilung P in zwei Gruppen von Intervallen A und B mit

$$A = \left\{ I_i \in P \,\middle|\, I_i \cap E_{n_0} \neq \varnothing \wedge \omega(f; I_i) \geq \frac{1}{2n_0} \right\} \quad \text{und} \quad B = P \setminus A.$$

Das System von Intervallen A bildet eine Überdeckung der Menge E_{n_0}, denn jeder Punkt von E_{n_0} liegt entweder im Inneren eines Intervalls $I_i \in P$, und dann ist offensichtlich $I_i \in A$, oder auf dem Rand mehrerer Intervalle der Unterteilung P. Im letzteren Fall muss die Oszillation der Funktion (auf Grund der Dreiecksungleichung) auf zumindest einem dieser Intervalle zumindest gleich $\frac{1}{2n_0}$ sein und dieses Intervall gehört zum System A.

Wir werden nun zeigen, dass wir durch unterschiedliche Auswahl der Menge ξ der ausgezeichneten Punkte in den Intervallen der Unterteilung P den Wert der Riemannschen Summe deutlich verändern können.

Um genauer zu sein, wählen wir die Menge von Punkten ξ' und ξ'' so, dass die ausgezeichneten Punkte in den Intervallen des System B identisch sind, wohingegen wir die Punkte ξ_i' und ξ_i'' in den Intervallen I_i des Systems A so wählen, dass $f(\xi_i') - f(\xi_i'') > \frac{1}{3n_0}$. Dadurch erhalten wir

$$\left| \sigma(f, P, \xi') - \sigma(f, P, \xi'') \right| = \left| \sum_{I_i \in A} \left(f(\xi_i') - f(\xi_i'') \right) |I_i| \right| > \frac{1}{3n_0} \sum_{I_i \in A} |I_i| > c > 0 \,.$$

Die Existenz einer derartigen Konstanten c folgt aus der Tatsache, dass die Intervalle des Systems A eine Überdeckung der Menge E_{n_0} bilden, die laut Annahme keine Menge vom Maß Null ist.

Da P eine beliebige Unterteilung des Intervalls I war, können wir nach dem Cauchyschen Konvergenzkriterium folgern, dass die Riemannsche Summe $\sigma(f, P, \xi)$ für $\lambda(P) \to 0$ keinen Grenzwert besitzen kann, d.h. $f \notin \mathcal{R}(I)$.

Hinreichend. Sei $\varepsilon > 0$ beliebig und $E_\varepsilon = \{x \in I \,|\, \omega(f; x) \geq \varepsilon\}$. Laut Annahme ist E_ε eine Menge vom Maß Null.

Außerdem ist E_ε offensichtlich in I abgeschlossen, so dass E_ε also kompakt ist. Nach Lemma 3 existiert ein endliches System $I_1, \ldots, I_k$ von Intervallen in $\mathbb{R}^n$, so dass $E_\varepsilon \subset \bigcup_{i=1}^{k} I_i$ und $\sum_{i=1}^{k} |I_i| < \varepsilon$. Wir wollen $C_1 = \bigcup_{i=1}^{k} I_i$ setzen und mit C_2 und C_3 die Vereinigung der Intervalle bezeichnen, die wir bei gleichem Zentrum durch Skalierung der Intervalle I_i um die Faktoren 2 bzw. 3 erhalten. Offensichtlich liegt E_ε streng im Inneren von C_2 und der Abstand d zwischen den Grenzen der Mengen C_2 und C_3 ist positiv.

Wir halten fest, dass die Summe der Volumina jedes endlichen Systems von Intervallen in C_3, die paarweise keine inneren Punkte gemeinsam haben, höchstens $3^n \varepsilon$ beträgt, wobei n der Dimension des Raumes $\mathbb{R}^n$ entspricht. Dies folgt direkt aus der Definition der Menge C_3 und den Eigenschaften des Maßes eines Intervalls (Lemma 1).

Wir halten ferner fest, dass jede Teilmenge des Intervalls I, deren Durchmesser kleiner als d ist, entweder in C_3 enthalten ist oder in der kompakten

Menge $K = I \setminus (C_2 \setminus \partial C_2)$ liegt, wobei ∂C_2 der Rand von C_2 ist (und daher ist $C_2 \setminus \partial C_2$ die Menge der inneren Punkte von C_2).

Nach unserer Konstruktion ist $E_\varepsilon \subset I \setminus K$, so dass in jedem Punkt $x \in K$ gelten muss, dass $\omega(f; x) < \varepsilon$. Nach Lemma 4 existiert ein $\delta > 0$, so dass $|f(x_1) - f(x_2)| < 2\varepsilon$ für jedes Punktepaar $x_1, x_2 \in K$, dessen Abstand voneinander höchstens δ ist.

Diese Konstruktion erlaubt es uns jetzt, den Beweis für die hinreichende Bedingung für die Integrierbarkeit wie folgt zu geben: Wir wählen zwei beliebige Unterteilungen P' und P'' des Intervalls I, deren Maschenweiten $\lambda(P')$ und $\lambda(P'')$ kleiner als $\lambda = \min\{d, \delta\}$ sind. Sei P die Unterteilung, die wir durch den Schnitt aller Intervalle der Unterteilungen P' und P'' erhalten, d.h. in einer natürlichen Schreibweise $P = \{I_{ij} = I_i' \cap I_j''\}$. Wir wollen nun die Riemannschen Summen $\sigma(f, P, \xi)$ und $\sigma(f, P', \xi')$ vergleichen. Dabei berücksichtigen wir die Gleichung $|I_i'| = \sum_j |I_{ij}|$ und können so schreiben:

$$|\sigma(f, P', \xi') - \sigma(f, P, \xi)| = \left| \sum_{ij} \left(f(\xi_i') - f(\xi_{ij}) \right) |I_{ij}| \right| \leq$$

$$\leq \sum_1 |f(\xi_i') - f(\xi_{ij})| \, |I_{ij}| + \sum_2 |f(\xi_i') - f(\xi_{ij})| \, |I_{ij}| \,.$$

Hierbei enthält die erste Summe $\sum_1$ die Intervalle der Unterteilung P, die in den Intervallen I_i' der Unterteilung P' liegen, die in der Menge C_3 enthalten sind. Die verbleibenden Intervalle von P sind in der zweiten Summe $\sum_2$ enthalten, d.h., sie sind notwendigerweise alle in K enthalten (denn es ist ja $\lambda(P) < d$).

Da $|f| \leq M$ auf I, können wir nach Ersatz von $|f(\xi_i') - f(\xi_{ij})|$ gegen $2M$ in der ersten Summe folgern, dass die erste Summe nicht größer als $2M \cdot 3^n \varepsilon$ ist.

Wenn wir bedenken, dass in der zweiten Summe $\xi_i', \xi_{ij} \in I_j' \subset K$ und $\lambda(P') < \delta$, können wir nun folgern, dass $|f(\xi_i') - f(\xi_{ij})| < 2\varepsilon$ und dass folglich die zweite Summe nicht größer als $2\varepsilon |I|$ ist.

Somit ist $|\sigma(f, P', \xi') - \sigma(f, P, \xi)| < (2M \cdot 3^n + 2|I|)\varepsilon$, woraus wir (auf Grund der Symmetrie zwischen P' und P'') mit der Dreiecksungleichung erhalten, dass

$$|\sigma(f, P', \xi') - \sigma(f, P'', \xi'')| < 4(3^n M + |I|)\varepsilon$$

für je zwei Unterteilungen P' und P'' mit genügend kleinen Maschenweiten gilt. Mit dem Cauchyschen Kriterium können wir nun folgern, dass $f \in \mathcal{R}(I)$.

$\square$

Anmerkung 2. Da das Cauchysche Kriterium zur Existenz eines Grenzwertes in jedem vollständigen metrischen Raum gilt, besitzt, wie der Beweis zeigt, der hinreichende Teil des Kriteriums nach Lebesgue (aber nicht der notwendige Teil) auch für Funktionen mit Werten in jedem vollständigen normierten Vektorraum Gültigkeit.

11.1.3 Das Kriterium nach Darboux

Wir wollen ein weiteres nützliches Kriterium für die Riemann-Integrierbarkeit von Funktionen betrachten, das nur für reellwertige Funktionen eingesetzt werden kann.

a. Untere und obere Darboux–Summen

Sei f eine reellwertige Funktion auf dem Intervall I und sei $P = \{I_i\}$ eine Unterteilung des Intervalls I. Wir setzen

$$m_i = \inf_{x \in I_i} f(x) \quad \text{und} \quad M_i = \sup_{x \in I_i} f(x) \, .$$

Definition 10. Die Größen

$$s(f, P) = \sum_i m_i |I_i| \text{ und } S(f, P) = \sum_i M_i |I_i|$$

werden *untere* und *obere Darboux–Summen* der Funktion f auf dem Intervall I zur Unterteilung P des Intervalls genannt.

Lemma 5. *Die folgenden Relationen gelten zwischen den Darboux–Summen der Funktion $f : I \to \mathbb{R}$:*

a) $s(f, P) = \inf_{\xi} \sigma(f, P, \xi) \le \sigma(f, P, \xi) \le \sup_{\xi} \sigma(f, P, \xi) = S(f, P)$ *;*

b) Wird die Unterteilung P' des Intervalls I durch Verfeinerung von Intervallen der Unterteilung P erhalten, dann gilt $s(f, P) \le s(f, P') \le S(f, P') \le S(f, P)$;

c) Die Ungleichung $s(f, P_1) \le S(f, P_2)$ gilt für jedes Paar von Unterteilungen P_1 und P_2 des Intervalls I.

Beweis. Die Relationen *a)* und *b)* folgen unmittelbar aus den Definitionen 6 und 10, wobei wir natürlich die Definition der größten unteren Schranke und der kleinsten oberen Schranke einer Menge von Zahlen berücksichtigen.

Zum Beweis von *c)* genügt die Betrachtung der Hilfsunterteilung P, die wir durch Schnitt der Intervalle der Unterteilungen P_1 und P_2 erhalten. Die Unterteilung P kann als Verfeinerung jeder der Unterteilungen P_1 und P_2 betrachtet werden, so dass aus *b)* nun folgt, dass

$$s(f, P_1) \le s(f, P) \le S(f, P) \le S(f, P_2) \, . \qquad \square$$

b. Untere und obere Integrale

Definition 11. Die *unteren* und *oberen Darboux-Integrale* der Funktion $f : I \to \mathbb{R}$ über dem Intervall I lauten

$$\underline{\mathcal{J}} = \sup_P s(f, P) \, , \quad \text{bzw.} \quad \overline{\mathcal{J}} = \inf_P S(f, P) \, ,$$

wobei das Supremum und das Infimum über alle Unterteilungen P des Intervalls I gebildet wird.

Aus dieser Definition und den Eigenschaften von Darboux–Summen, die wir in Lemma 5 formuliert haben, folgen die Ungleichungen

$$s(f, P) \leq \underline{\mathcal{J}} \leq \overline{\mathcal{J}} \leq S(f, P)$$

für jede Unterteilung P des Intervalls.

Satz 3. (Darboux). *Für jede beschränkte Funktion $f : I \to \mathbb{R}$ gilt:*

$$\left(\exists \lim_{\lambda(P) \to 0} s(f, P) \right) \wedge \left(\lim_{\lambda(P) \to 0} s(f, P) = \underline{\mathcal{J}} \right) ;$$

$$\left(\exists \lim_{\lambda(P) \to 0} S(f, P) \right) \wedge \left(\lim_{\lambda(P) \to 0} S(f, P) = \overline{\mathcal{J}} \right) .$$

Beweis. Wenn wir diese Behauptungen mit Definition 11 vergleichen, wird klar, dass wir im Wesentlichen nur beweisen müssen, dass diese Grenzwerte existieren. Wir werden dies für die untere Darboux–Summe zeigen.

Sei $\varepsilon > 0$ zusammen mit einer Unterteilung P_ε des Intervalls mit $s(f; P_\varepsilon) > \underline{\mathcal{J}} - \varepsilon$ vorgegeben. Sei Γ_ε die Menge von Punkten des Intervalls I, die auf den Grenzen der Intervalle der Unterteilung P_ε liegen. Wie aus Beispiel 2 folgt, ist Γ_ε eine Menge vom Maß Null. Wegen der einfachen Struktur von Γ_ε ist es sogar offensichtlich, dass eine Zahl λ_ε existiert, so dass die Summe der Volumina der Intervalle, die Γ_ε schneiden, für jede Unterteilung P mit $\lambda(P) < \lambda_\varepsilon$ kleiner als ε ist.

Nun wählen wir eine beliebige Unterteilung P mit einer Maschenweite $\lambda(P) < \lambda_\varepsilon$ und bilden eine Hilfsunterteilung P', die wir aus dem Schnitt der Intervalle der Unterteilungen P und P_ε erhalten. Mit der Wahl der Unterteilung P_ε und den Eigenschaften der Darboux–Summen (Lemma 5) erhalten wir

$$\underline{\mathcal{J}} - \varepsilon < s(f, P_\varepsilon) < s(f, P') \leq \underline{\mathcal{J}} .$$

Wir weisen nun darauf hin, dass beide Summen $s(f, P')$ und $s(f, P)$ alle Glieder enthalten, die zu Intervallen der Unterteilung P gehören, die Γ_ε nicht treffen. Ist daher $|f(x)| \leq M$ auf I, dann gilt

$$|s(f, P') - s(f, P)| < 2M\varepsilon .$$

Mit Hilfe der vorigen Ungleichungen erhalten wir daher für $\lambda(P) < \lambda_\varepsilon$ die Ungleichung

$$\underline{\mathcal{J}} - s(f, P) < (2M + 1)\varepsilon .$$

Wenn wir die eben erhaltene Ungleichung mit Definition 11 vergleichen, können wir folgern, dass der Grenzwert $\lim\limits_{\lambda(P) \to 0} s(f, P)$ tatsächlich existiert und gleich $\underline{\mathcal{J}}$ ist.

Ähnliche Überlegungen können wir für die oberen Summen anstellen.   □

c. Das Kriterium nach Darboux zur Integrierbarkeit einer reellwertigen Funktion

Satz 4. (Das Kriterium nach Darboux). *Eine reellwertige Funktion $f : I \to \mathbb{R}$, die auf einem Intervall $I \subset \mathbb{R}^n$ definiert ist, ist auf diesem Intervall genau dann integrierbar, wenn sie auf I beschränkt ist und die untere und obere Darboux-Integrale gleich sind.*

Somit gilt

$$f \in \mathcal{R}(I) \iff (f \text{ ist beschränkt auf } I) \wedge (\underline{\mathcal{J}} = \overline{\mathcal{J}}).$$

Beweis. N o t w e n d i g. Sei $f \in \mathcal{R}(I)$. Dann ist die Funktion f nach Satz 1 auf I beschränkt. Es folgt aus Definition 7 zum Integral, Definition 11 zu den Größen $\underline{\mathcal{J}}$ und $\overline{\mathcal{J}}$ und Teil a) von Lemma 5, dass in diesem Fall $\underline{\mathcal{J}} = \overline{\mathcal{J}}$ gilt.

H i n r e i c h e n d. Es gilt $s(f, P) \le \sigma(f, P, \xi) \le S(f, P)$. Für $\underline{\mathcal{J}} = \overline{\mathcal{J}}$ streben die extremen Glieder in diesen Ungleichungen nach Satz 3 für $\lambda(P) \to 0$ zu demselben Grenzwert.   □

Anmerkung 3. Aus dem Beweis des Kriteriums nach Darboux wird klar, dass dann, wenn eine Funktion integrierbar ist, ihre unteren und oberen Darboux–Integrale zueinander und zum Integral der Funktion gleich sind.

11.1.4 Übungen und Aufgaben

1. a) Zeigen Sie, dass eine Menge vom Maß Null keine inneren Punkte besitzt.
  b) Zeigen Sie, dass die Abwesenheit von inneren Punkten garantiert, dass eine Menge das Maß Null besitzt.
  c) Konstruieren Sie eine Menge vom Maß Null, deren Abschluss dem ganzen Raum $\mathbb{R}^n$ entspricht.
  d) Wir sagen, dass eine Menge $E \subset I$ Inhalt Null hat, falls sie für jedes $\varepsilon > 0$ von einem endlichen System von Intervallen $I_1, \ldots, I_k$ überdeckt werden kann, so dass $\sum_{i=1}^{k} |I_i| < \varepsilon$. Ist jede beschränkte Menge vom Maß Null eine Menge mit Inhalt Null?
  e) Zeigen Sie, dass dann, wenn eine Menge $E \subset \mathbb{R}^n$ das direkte Produkt $\mathbb{R} \times e$ der Geraden $\mathbb{R}$ und einer Menge $e \subset \mathbb{R}^{n-1}$ mit $(n-1)$-dimensionalem Maß Null ist, E eine Menge mit n-dimensionalem Maß Null ist.

2. a) Konstruieren Sie das Analogon zur Dirichlet-Funktion in $\mathbb{R}^n$ und zeigen Sie, dass eine beschränkte Funktion $f : I \to \mathbb{R}$, die in fast jedem Punkt des Intervalls I gleich Null ist, dennoch nicht zu $\mathcal{R}(I)$ gehören kann.
  b) Sei $f \in \mathcal{R}(I)$ mit $f(x) = 0$ in fast allen Punkten des Intervalls I. Zeigen Sie, dass dann $\int\limits_{I} f(x)\, dx = 0$.

3. Es gibt einen kleinen Unterschied zwischen unserer früheren Definition des Riemannschen Integrals auf einem abgeschlossenen Intervall $I \subset \mathbb{R}$ und Definition 7 für das Integral mit beliebiger Dimension. Dieser Unterschied betrifft die Definition einer Unterteilung und das Maß eines Intervalls der Unterteilung. Machen Sie sich diese Nuance klar und zeigen Sie, dass

$$\int\limits_a^b f(x)\,\mathrm{d}x = \int\limits_I f(x)\,\mathrm{d}x\,,\quad \text{für } a < b$$

und

$$\int\limits_a^b f(x)\,\mathrm{d}x = -\int\limits_I f(x)\,\mathrm{d}x\,,\quad \text{für } a > b\,,$$

wobei I das Intervall auf der reellen Geraden $\mathbb{R}$ mit den Endpunkten a und b ist.

4. a) Beweisen Sie, dass eine auf einem Intervall $I \subset \mathbb{R}^n$ definierte reellwertige Funktion $f : I \to \mathbb{R}$ genau dann auf dem Intervall integrierbar ist, wenn zu jedem $\varepsilon > 0$ eine Unterteilung P von I existiert, so dass $S(f;P) - s(f;P) < \varepsilon$.
   b) Mit Hilfe des Ergebnisses in a) und unter der Annahme, dass wir reellwertige Funktionen $f : I \to \mathbb{R}$ betrachten, können wir den Beweis zu „hinreichend" beim Kriterium nach Lebesgue etwas vereinfachen. Versuchen Sie, diese Vereinfachung selbst durchzuführen.

11.2 Das Integral über einer Menge

11.2.1 Zulässige Mengen

Im Folgenden werden wir Funktionen nicht nur über einem Intervall, sondern auch über andere Mengen in $\mathbb{R}^n$, die nicht zu kompliziert sind, integrieren.

Definition 1. Eine Menge $E \subset \mathbb{R}^n$ ist *zulässig*, wenn sie in $\mathbb{R}^n$ beschränkt ist und wenn ihr Rand eine Menge vom Maß Null (im Sinne von Lebesgue) ist.

Beispiel 1. Ein Würfel, ein Tetraeder und eine Kugel in $\mathbb{R}^3$ (oder $\mathbb{R}^n$) sind zulässige Mengen.

Beispiel 2. Angenommen, die auf einem $(n-1)$-dimensionalen Intervall $I \subset \mathbb{R}^n$ definierten Funktionen $\varphi_i : I \to \mathbb{R}$, $i = 1, 2$ seien derart, dass in jedem Punkt $x \in I$ gilt: $\varphi_1(x) < \varphi_2(x)$. Sind diese Funktionen stetig, dann erlaubt Beispiel 2 in Abschnitt 11.1 die Feststellung, dass das Gebiet in $\mathbb{R}^n$, das durch die Graphen dieser Funktionen und die zylindrische seitliche Fläche als Rand ∂I von I umgeben wird, eine in $\mathbb{R}^n$ zulässige Menge ist.

Wir erinnern daran, dass die Umgrenzung ∂E einer Menge $E \subset \mathbb{R}^n$ aus den Punkten x besteht, so dass jede Umgebung von x sowohl Punkte von E als auch Punkte vom Komplement von E in $\mathbb{R}^n$ enthält. Daher gilt das folgende Lemma:

Lemma 1. *Für alle Mengen $E, E_1, E_2 \subset \mathbb{R}^n$ gelten die folgenden Behauptungen:*

   a) ∂E ist eine abgeschlossene Teilmenge von $\mathbb{R}^n$;

   b) $\partial(E_1 \cup E_2) \subset \partial E_1 \cup \partial E_2$;

   c) $\partial(E_1 \cap E_2) \subset \partial E_1 \cup \partial E_2$;

   d) $\partial(E_1 \setminus E_2) \subset \partial E_1 \cup \partial E_2$.

Aus diesem Lemma und Definition 1 folgt das folgende Lemma:

Lemma 2. *Die Vereinigung oder der Schnitt einer endlichen Anzahl von zulässigen Mengen ist eine zulässige Menge; die Differenz von zulässigen Mengen ist ebenfalls eine zulässige Menge.*

Anmerkung 1. Für eine unendliche Ansammlung zulässiger Mengen ist Lemma 2 im Allgemeinen nicht wahr und dies gilt auch für die Behauptungen *b)* und *c)* von Lemma 1.

Anmerkung 2. Der Rand einer zulässigen Menge ist nicht nur abgeschlossen, sondern in $\mathbb{R}^n$ auch beschränkt, d.h., er ist eine kompakte Teilmenge von $\mathbb{R}^n$. Daher kann er nach Lemma 3 in Abschnitt 11.1 von einer endlichen Anzahl von Intervallen, deren Inhalt (Volumen) beliebig nahe bei Null liegt, überdeckt werden.

Wir betrachten nun die charakteristische Funktion

$$\chi_E(x) = \begin{cases} 1 \, , & \text{für } x \in E \, , \\ 0 \, , & \text{für } x \notin E \end{cases}$$

einer zulässigen Menge E. Wie die charakteristische Funktion jeder Menge E, besitzt die Funktion $\chi_E(x)$ Unstetigkeiten in den Randpunkten der Menge E und nur in diesen Punkten. Ist daher E eine zulässige Menge, dann ist die Funktion $\chi_E(x)$ in fast allen Punkten von $\mathbb{R}^n$ stetig.

11.2.2 Das Integral über einer Menge

Sei f eine auf einer Menge E definierte Funktion. Wie zuvor vereinbaren wir, die Funktion, die für $x \in E$ gleich $f(x)$ und für $x \notin E$ gleich 0 ist, mit $f\chi_E(x)$ zu bezeichnen (obwohl f sogar außerhalb von E nicht definiert sein kann).

Definition 2. Wir definieren das *Integral von f über E* als

$$\int_E f(x)\, \mathrm{d}x := \int_{I \supset E} f\chi_E(x)\, \mathrm{d}x \, ,$$

wobei I ein Intervall ist, das E enthält.

Existiert das Integral auf der rechten Seite dieser Gleichung nicht, so sagen wir, dass f *nicht* (Riemann-) *integrierbar über E* ist. Ansonsten ist f (Riemann-) *integrierbar über E*.

Die Menge aller Funktionen, die über E Riemann-integrierbar sind, wird mit $\mathcal{R}(E)$ bezeichnet.

Definition 2 verlangt nach einer Erklärung, die das folgende Lemma gibt.

Lemma 3. *Sind I_1 und I_2 zwei Intervalle, die beide die Menge E enthalten, dann existieren die Integrale*

$$\int_{I_1} f\chi_E(x)\,\mathrm{d}x \quad und \quad \int_{I_2} f\chi_E(x)\,\mathrm{d}x$$

entweder beide, und dann sind ihre Werte gleich oder beide existieren nicht.

Beweis. Wir betrachten das Intervall $I = I_1 \cap I_2$. Laut Annahme gilt $I \supset E$. Die Unstetigkeitsstellen von $f\chi_E$ sind entweder Unstetigkeitsstellen von f auf E oder resultieren aus Unstetigkeitsstellen von χ_E und liegen dann auf ∂E. Unabhängig davon liegen alle derartigen Punkte in $I = I_1 \cap I_2$. Nach dem Kriterium nach Lebesgue (Satz 2 in Abschnitt 11.1) folgt daraus, dass die Integrale von $f\chi_E$ über die Intervalle I, I_1 und I_2 entweder alle existieren oder alle nicht existieren. Falls sie existieren, können wir uns passende Unterteilungen von I, I_1 und I_2 wählen. Dabei wählen wir nur Unterteilungen von I_1 und I_2, die wir als Erweiterungen von Unterteilungen von $I = I_1 \cap I_2$ erhalten. Da die Funktion außerhalb von I gleich Null ist, können die Riemannschen Summen zu diesen Unterteilungen von I_1 und I_2 auf die der zugehörigen Unterteilung von I zurückgeführt werden. Beim Grenzübergang erhalten wir dadurch, dass die Integrale über I_1 und I_2 gleich dem Integral der fraglichen Funktion über I sind. $\qquad\Box$

Aus dem Kriterium nach Lebesgue (Satz 2 in Abschnitt 11.1) zur Existenz des Integrals über einem Intervall und aus Definition 2 folgt nun der folgende Satz.

Satz 1. *Eine Funktion $f : E \to \mathbb{R}$ ist über einer zulässigen Menge genau dann integrierbar, wenn sie in fast allen Punkten von E beschränkt und stetig ist.*

Beweis. Die Funktion $f\chi_E$ kann, verglichen zu f, nur auf dem Rand ∂E von E, der nach Voraussetzung eine Menge vom Maß Null ist, zusätzliche Unstetigkeitsstellen haben. $\qquad\Box$

11.2.3 Das Maß (Volumen) einer zulässigen Menge

Definition 3. Das (Jordan-) *Maß* oder der *Inhalt einer* beschränkten *Menge* $E \subset \mathbb{R}^n$ lautet

$$\mu(E) := \int_E 1 \cdot \mathrm{d}x \, ,$$

vorausgesetzt, dass dieses Riemannsche Integral existiert.

Da
$$\int_E 1 \cdot dx = \int_{I \supset E} \chi_E(x)\, dx$$

und da die Unstetigkeiten von χ_E die Menge ∂E bilden, gilt nach dem Kriterium nach Lebesgue, dass das eben eingeführte Maß nur für zulässige Mengen definiert ist.

Daher sind zulässige Mengen und nur zulässige Mengen im Sinne von Definition 3 messbar.

Wir wollen uns nun die geometrische Bedeutung von $\mu(E)$ klar machen. Ist E eine zulässige Menge, dann gilt

$$\mu(E) = \int_{I \supset E} \chi_E(x)\, dx = \underline{\int_{I \supset E}} \chi_E(x)\, dx = \overline{\int_{I \supset E}} \chi_E(x)\, dx \ ,$$

wobei die letzten beiden Integrale das obere bzw. das untere Darboux–Integral sind. Nach dem Darboux–Kriterium zur Existenz des Integrals (Satz 4 in Abschnitt 11.1) ist das Maß $\mu(E)$ einer Menge genau dann definiert, falls diese oberen und unteren Integrale gleich sind. Nach dem Satz von Darboux (Satz 3 in Abschnitt 11.1) gleichen sie den Grenzwerten der oberen bzw. der unteren Darboux–Summen der Funktion χ_E mit entsprechenden Unterteilungen P von I. Nach der Definition von χ_E entspricht die untere Darboux–Summe der Summe der Volumina der Intervalle der Unterteilung P, die vollständig in E enthalten sind (das Volumen eines in E eingeschriebenen Polyeders), wohingegen die obere Summe zusätzlich die Volumina der Intervalle von P enthält, die E schneiden (das Volumen eines umgebenden Polyeders). Daher ist $\mu(E)$ für $\lambda(P) \to 0$ der gemeinsame Grenzwert der Volumina von Polyedern, die in E eingeschrieben sind oder E umgeben, in Übereinstimmung mit der allgemein akzeptierten Vorstellung des Volumens einfacher Körper $E \subset \mathbb{R}^n$.

Für $n = 1$ wird der Inhalt üblicherweise *Länge* genannt und für $n = 2$ sprechen wir von *Fläche*.

Anmerkung 3. Wir wollen nun erklären, warum das in Definition 3 eingeführte Maß $\mu(E)$ manchmal Jordan-Maß genannt wird.

Definition 4. Eine Menge $E \subset \mathbb{R}^n$ ist eine *Menge vom Maß Null im Sinne von Jordan* oder eine *Menge mit Inhalt Null*, falls sie für jedes $\varepsilon > 0$ von einem endlichen System von Intervallen $I_1, \ldots, I_k$ überdeckt werden kann, so dass $\sum_{i=1}^{k} |I_i| < \varepsilon$.

Verglichen zum Maß Null im Sinne von Lebesgue tritt hier die Anforderung auf, dass die Überdeckung endlich sein muss, wodurch die Klasse der Mengen mit Jordan-Maß Null eingeschränkt wird. So ist beispielsweise die Menge der rationalen Punkte eine Menge vom Maß Null im Sinne von Lebesgue, aber nicht im Sinne von Jordan.

Damit die kleinste obere Schranke des Inhalts von Polyedern, die in einer beschränkten Menge E einbeschrieben sind, gleich der größten unteren Schranke des Inhalts von Polyedern, die E umgeben, ist (und damit diese als Maß $\mu(E)$ oder als Inhalt von E dienen können), ist es offensichtlich notwendig und hinreichend, dass der Rand ∂E von E das Jordan-Maß Null besitzt. Dies ist die Motivation der folgenden Definition:

Definition 5. Eine Menge E ist *Jordan-messbar*, falls sie beschränkt ist und ihr Rand das Jordan-Maß Null besitzt.

Wie Anmerkung 2 zeigt, entspricht die Klasse der Jordan-messbaren Teilmengen ganz genau der Klasse der zulässigen Mengen, die in Definition 1 eingeführt wurden. Dies ist der Grund dafür, dass das früher definierte Maß $\mu(E)$ das *Jordan-Maß* der (Jordan-messbaren) Menge E genannt werden kann (und wird).

11.2.4 Übungen und Aufgaben

1. a) Für $E \subset \mathbb{R}^n$ gelte $\mu(E) = 0$. Zeigen Sie, dass dann auch für den Abschluss $\overline{E}$ der Menge gilt, dass $\mu(\overline{E}) = 0$.

   b) Geben Sie ein Beispiel einer beschränkten Menge E vom Lebesgue-Maß Null, deren Abschluss $\overline{E}$ keine Menge vom Lebesgue-Maß Null ist.

   c) Entscheiden Sie, ob Behauptung *b)* in Lemma 3 in Abschnitt 11.1 so verstanden werden sollte, dass die Konzepte vom Jordan-Maß Null und dem Lebesgue-Maß Null für kompakte Mengen gleich sind.

   d) Beweisen Sie, dass dann, wenn die Projektion einer beschränkten Menge $E \subset \mathbb{R}^n$ auf eine Hyperebene $\mathbb{R}^{n-1}$ $(n-1)$-dimensionales Maß Null besitzt, auch die Menge E selbst n-dimensionales Maß Null hat.

   e) Zeigen Sie, dass eine Jordan-messbare Menge, deren Inneres leer ist, das Maß Null besitzt.

2. a) Ist es möglich, dass das Integral einer Funktion f über einer beschränkten Menge E, wie in Definition 2 eingeführt, existieren kann, falls E keine zulässige (Jordan-messbare) Menge ist?

   b) Ist eine konstante Funktion $f : E \to \mathbb{R}$ über einer beschränkten, aber nicht Jordan-messbaren Menge E integrierbar?

   c) Sei f eine über E integrierbare Funktion. Stimmt es, dass die Einschränkung $f\big|A$ dieser Funktion auf jede Teilmenge $A \subset E$ über A integrierbar ist?

   d) Formulieren Sie notwendige und hinreichende Bedingungen für eine Funktion $f : E \to \mathbb{R}$, die auf einer beschränkten (aber nicht notwendigerweise Jordanmessbaren) Menge E definiert ist, damit das Riemann-Integral von f über E existiert.

3. a) Sei E eine Menge vom Lebesgue-Maß 0 und sei $f : E \to \mathbb{R}$ eine beschränkte stetige Funktion auf E. Ist f immer auf E integrierbar?

   b) Beantworten Sie Frage *a)* unter der Annahme, dass E eine Menge vom Jordan-Maß Null ist.

   c) Welchen Wert besitzt das Integral der Funktion f in *a)*, falls es existiert?

4. Die *Brunn–Minkowskische Ungleichung.* Zu zwei gegebenen nicht leeren Mengen $A, B \subset \mathbb{R}^n$ bilden wir ihre (Vektor-) Summe im Sinne von Minkowski: $A + B :=$ $\{a + b \mid a \in A, \, b \in B\}$. Sei $V(E)$ der Inhalt einer Menge $E \subset \mathbb{R}^n$.

a) Seien A und B übliche n-dimensionale Intervalle (Spate). Zeigen Sie, dass

$$V^{1/n}(A + B) \geq V^{1/n}(A) + V^{1/n}(B) \, .$$

b) Beweisen Sie nun die obige Ungleichung (die *Brunn–Minkowskische Ungleichung*) für beliebige, messbare und kompakte Mengen A und B.

c) Zeigen Sie, dass in der Brunn–Minkowskischen Ungleichung nur in einer der drei Fälle Gleichheit gilt: Falls $V(A + B) = 0$, falls A und B ein-elementige Mengen sind oder falls A und B ähnliche konvexe Mengen sind.

11.3 Allgemeine Eigenschaften des Integrals

11.3.1 Das Integral als lineares Funktional

Satz 1. *a) Die Menge* $\mathcal{R}(E)$ *der Riemann-integrierbaren Funktionen über einer beschränkten Menge* $E \subset \mathbb{R}^n$ *ist ein Vektorraum bezüglich der üblichen Operationen der Addition von Funktionen und der Multiplikation mit einer Konstanten.*

b) Das Integral ist ein lineares Funktional

$$\int\limits_E : \mathcal{R}(E) \to \mathbb{R} \ \ \text{auf der Menge } \mathcal{R}(E) \, .$$

Beweis. Wenn wir bedenken, dass die Vereinigung zweier Mengen vom Maß Null wieder eine Menge vom Maß Null ist, erkennen wir unmittelbar daraus, dass Behauptung *a)* aus der Definition des Integrals und dem Kriterium nach Lebesgue zur Existenz des Integrals einer Funktion über einem Intervall folgt.

Wenn wir die Linearität Riemannscher Summen berücksichtigen, gelangen wir zur Linearität des Integrals durch den Grenzwertübergang. $\qquad \square$

Anmerkung 1. Wenn wir uns daran erinnern, dass der Grenzwert der Riemannschen Summen unabhängig von der Wahl der ausgezeichneten Punkte ξ für $\lambda(P) \to 0$ gleich sein muss, können wir folgern, dass

$$\big(f \in \mathcal{R}(E)\big) \bigwedge \big(f(x) = 0 \ \text{fast überall auf } E\big) \Longrightarrow \Big(\int\limits_E f(x) \, dx = 0 \Big) \, .$$

Sind daher zwei integrierbare Funktionen in fast allen Punkten von E gleich, dann stimmen auch ihre Integrale über E überein. Wenn wir also zum Quotientenraum von $\mathcal{R}(E)$ übergehen, den wir dadurch erhalten, dass wir Funktionen identifizieren, die in fast allen Punkten von E gleich sind, dann erhalten wir einen Vektorraum $\widetilde{\mathcal{R}}(E)$, auf dem das Integral auch wieder eine lineare Funktion ist.

11.3.2 Additivität des Integrals

Obwohl wir uns immer mit zulässigen Mengen $E \subset \mathbb{R}^n$ beschäftigen werden, war diese Annahme in Absatz 11.3.1 entbehrlich (und wir verzichteten auf sie). Von nun an beschäftigen wir uns nur mit zulässigen Mengen.

Satz 2. *Seien E_1 und E_2 zulässige Mengen in $\mathbb{R}^n$ und f eine auf $E_1 \cup E_2$ definierte Funktion.*

a) Es gelten die folgenden Relationen:

$$\left(\exists \int_{E_1 \cup E_2} f(x)\,\mathrm{d}x\right) \Longleftrightarrow \left(\exists \int_{E_1} f(x)\,\mathrm{d}x\right) \wedge \left(\exists \int_{E_2} f(x)\,\mathrm{d}x\right) \Longrightarrow \exists \int_{E_1 \cap E_2} f(x)\,\mathrm{d}x \ .$$

b) Ist außerdem bekannt, dass $\mu(E_1 \cap E_2) = 0$, dann gilt, falls die Integrale existieren, die folgende Gleichung:

$$\int_{E_1 \cup E_2} f(x)\,\mathrm{d}x = \int_{E_1} f(x)\,\mathrm{d}x + \int_{E_2} f(x)\,\mathrm{d}x \ .$$

Beweis. Behauptung *a*) folgt aus dem Kriterium nach Lebesgue zur Existenz des Riemannschen Integrals über einer zulässigen Menge (Satz 1 in Abschnitt 11.2). Hier müssen wir uns nur daran erinnern, dass die Vereinigung und der Schnitt zulässiger Mengen wieder zulässige Mengen sind (Lemma 2 in Abschnitt 11.2).

Zum Beweis von *b*) beginnen wir mit der Anmerkung, dass

$$\chi_{E_1 \cup E_2} = \chi_{E_1}(x) + \chi_{E_2}(x) - \chi_{E_1 \cap E_2}(x) \ .$$

Daher gilt

$$\int_{E_1 \cup E_2} f(x)\,\mathrm{d}x = \int_{I \supset E_1 \cup E_2} f\chi_{E_1 \cup E_2}(x)\,\mathrm{d}x =$$

$$= \int_I f\chi_{E_1}(x)\,\mathrm{d}x + \int_I f\chi_{E_2}(x)\,\mathrm{d}x - \int_I \chi_{E_1 \cap E_2}(x)\,\mathrm{d}x =$$

$$= \int_{E_1} f(x)\,\mathrm{d}x + \int_{E_2} f(x)\,\mathrm{d}x \ .$$

Der wichtige Teil ist, dass das Integral

$$\int_I f\chi_{E_1 \cap E_2}(x)\,\mathrm{d}x = \int_{E_1 \cap E_2} f(x)\,\mathrm{d}x \ ,$$

wie wir aus Teil *a*) wissen, existiert; und da $\mu(E_1 \cap E_2) = 0$, ist es (vgl. Anmerkung 1) gleich Null. □

11.3.3 Abschätzungen für das Integral

a. Eine allgemeine Abschätzung

Wir beginnen mit einer allgemeinen Abschätzung des Integrals, die auch für Funktionen mit Werten in jedem vollständigen normierten Raum gilt.

Satz 3. *Gilt $f \in \mathcal{R}(E)$, dann ist auch $|f| \in \mathcal{R}(E)$ und es gilt die Ungleichung:*

$$\left| \int_E f(x)\,dx \right| \leq \int_E |f|(x)\,dx$$

Beweis. Die Relation $|f| \in \mathcal{R}(E)$ folgt aus der Definition des Integrals über einer Menge und dem Kriterium nach Lebesgue für die Integrierbarkeit einer Funktion über einem Intervall.

Die Ungleichung folgt nun aus der entsprechenden Ungleichung für Riemannsche Summen und dem Übergang zum Grenzwert.   □

b. Das Integral einer nicht negativen Funktion

Die folgenden Sätze gelten nur für Funktionen mit reellen Werten.

Satz 4. *Die folgende Aussage gilt für eine Funktion $f : E \to \mathbb{R}$:*

$$\left(f \in \mathcal{R}(E) \right) \wedge \left(\forall x \in E \ (f(x) \geq 0) \right) \implies \int_E f(x)\,dx \geq 0 \ .$$

Beweis. Gilt $f(x) \geq 0$ auf E, dann ist tatsächlich $f\chi_E(x) \geq 0$ in $\mathbb{R}^n$. Dann ist nach Definition

$$\int_E f(x)\,dx = \int_{I \supset E} f\chi_E(x)\,dx \ .$$

Das letzte Integral existiert laut Annahme. Es entspricht aber dem Grenzwert nicht negativer Riemannscher Summen und ist daher nicht negativ.   □

Aus dem eben bewiesenen Satz 4 erhalten wir nach und nach die folgenden Korollare.

Korollar 1.

$$\left(f, g \in \mathcal{R}(E) \right) \wedge \left(f \leq g \ auf \ E \right) \implies \left(\int_E f(x)\,dx \leq \int_E g(x)\,dx \right) \ .$$

Korollar 2. *Sei $f \in \mathcal{R}(E)$ und in jedem Punkt der zulässigen Menge E gelte $m \leq f(x) \leq M$. Dann gilt:*

$$m\mu(E) \leq \int_E f(x)\,dx \leq M\mu(E) \ .$$

Korollar 3. *Seien* $f \in \mathcal{R}(E)$, $m = \inf\limits_{x \in E} f(x)$ *und* $M = \sup\limits_{x \in E} f(x)$. *Dann existiert eine Zahl* $\theta \in [m, M]$, *so dass*

$$\int\limits_E f(x)\,\mathrm{d}x = \theta\mu(E)\,.$$

Korollar 4. *Sei* E *eine zusammenhängende zulässige Menge und die Funktion* $f : E \to \mathbb{R}$ *sei stetig. Dann existiert ein Punkt* $\xi \in E$, *so dass*

$$\int\limits_E f(x)\,\mathrm{d}x = f(\xi)\mu(E)\,.$$

Korollar 5. *Ist zusätzlich zu den Annahmen in Korollar 2 die Funktion* $g \in \mathcal{R}(E)$ *auf* E *nicht negativ, dann gilt:*

$$m \int\limits_E g(x)\,\mathrm{d}x \leq \int\limits_E fg(x)\,\mathrm{d}x \leq M \int\limits_E g(x)\,\mathrm{d}x\,.$$

Das Korollar 4 ist eine Verallgemeinerung des ein-dimensionalen Ergebnisses und wird üblicherweise wie dieses bezeichnet, d.h. *Mittelwertsatz der Integration.*

Beweis. Korollar 5 folgt aus den Ungleichungen $mg(x) \leq f(x)g(x) \leq Mg(x)$, wenn wir die Linearität des Integrals und Korollar 1 berücksichtigen. Es lässt sich auch direkt durch den Übergang von Integralen über E zu den entsprechenden Integralen über ein Intervall beweisen, indem wir die Ungleichungen für die Riemannschen Summen nachweisen und zum Grenzwert übergehen. Da alle diese Argumente detailliert im ein-dimensionalen Fall ausgeführt wurden, verzichten wir hier auf die Einzelheiten. Wir weisen lediglich darauf hin, dass die Integrierbarkeit des Produkts $f \cdot g$ der Funktionen f und g offensichtlich aus dem Kriterium nach Lebesgue folgt. $\square$

Wir wollen diese Relationen in ihrer Anwendung veranschaulichen und sie beim Beweis des folgenden sehr nützlichen Lemmas einsetzen.

Lemma. *a) Das Integral einer nicht negativen Funktion* $f : I \to \mathbb{R}$ *über dem Intervall* I *sei Null. Dann ist in fast allen Punkten des Intervalls* I $f(x) = 0$.

b) Behauptung a) behält ihre Gültigkeit, wenn wir dabei das Intervall I *durch jede zulässige (Jordan-messbare) Menge* E *ersetzen.*

Beweis. Nach dem Kriterium nach Lebesgue ist die Funktion $f \in \mathcal{R}(E)$ in fast allen Punkten des Intervalls I stetig. Aus diesem Grund gelangen wir zum Beweis von a), wenn wir zeigen, dass in jedem Punkt $a \in I$, in dem die Funktion f stetig ist, $f(a) = 0$ gilt.

Angenommen $f(a) > 0$. Dann gilt in einer Umgebung $U_I(a)$ von a, dass $f(x) \geq c > 0$ (wobei wir als Umgebung ein Intervall annehmen können). Dann ist aber nach den eben bewiesenen Eigenschaften des Integrals

$$\int\limits_I f(x)\,\mathrm{d}x = \int\limits_{U_I(a)} f(x)\,\mathrm{d}x + \int\limits_{I\setminus U_I(a)} f(x)\,\mathrm{d}x \geq \int\limits_{U_I(a)} f(x)\,\mathrm{d}x \geq c\mu(U_I(a)) > 0\,.$$

Dieser Widerspruch beweist Behauptung a). Wenn wir diese Behauptung auf die Funktion $f\chi_E$ anwenden und dabei die Gleichung $\mu(\partial E) = 0$ bedenken, erhalten wir Behauptung b).   □

Anmerkung 2. Sei E eine Jordan-messbare Menge in $\mathbb{R}^n$ und $\widetilde{\mathcal{R}}(E)$ der in Anmerkung 1 betrachtete Vektorraum, der aus den Äquivalenzklassen von Funktionen besteht, die über E integrierbar sind und sich nur auf Mengen vom Lebesgue-Maß Null unterscheiden, dann folgt aus dem eben bewiesenen Lemma, dass durch $\|f\| = \int\limits_E |f|(x)\,\mathrm{d}x$ auf $\widetilde{\mathcal{R}}(E)$ eine Norm eingeführt wird.

Beweis. In der Tat folgt aus der Gleichung $\int\limits_E |f|(x)\,\mathrm{d}x = 0$, dass f in derselben Äquivalenzklasse ist wie die Funktion $f \equiv 0$.   □

11.3.4 Übungen und Aufgaben

1. Seien E eine Jordan-messbare Menge mit Maß Null und $f : E \to \mathbb{R}$ eine stetige, nicht negative integrierbare Funktion auf E und $M = \sup\limits_{x\in E} f(x)$. Zeigen Sie, dass

$$\lim_{n\to\infty} \left(\int\limits_E f^n(x)\,\mathrm{d}x \right)^{1/n} = M\,.$$

2. Zeigen Sie, dass für $f, g \in \mathcal{R}(E)$ folgendes gilt:

a) *Höldersche Ungleichung*

$$\left| \int\limits_E (f\cdot g)(x)\,\mathrm{d}x \right| \leq \left(\int\limits_E |f|^p(x)\,\mathrm{d}x \right)^{1/p} \left(\int\limits_E |g|^q(x)\,\mathrm{d}x \right)^{1/q}\,,$$

mit $p \geq 1$, $q \geq 1$ und $\frac{1}{p} + \frac{1}{q} = 1$.

b) *Minkowskische Ungleichung*

$$\left(\int\limits_E |f + g|^p\,\mathrm{d}x \right)^{1/p} \leq \left(\int\limits_E |f|^p(x)\,\mathrm{d}x \right)^{1/p} + \left(\int\limits_E |g|^p(x)\,\mathrm{d}x \right)^{1/p}\,,$$

für $p \geq 1$.

Zeigen Sie:

c) Die Minkowskische Ungleichung wechselt für $0 < p < 1$ das Ungleichheitszeichen.

d) In der Minkowskischen Ungleichung gilt genau dann Gleichheit, wenn ein $\lambda \geq 0$ existiert, so dass eine der Gleichungen $f = \lambda g$ oder $g = \lambda f$ bis auf eine Menge vom Maß Null überall in E gilt.

e) Der Wert $\|f\|_p = \left(\frac{1}{\mu(E)} \int\limits_E |f|^p(x)\,dx \right)^{1/p}$ mit $\mu(E) > 0$ ist eine monotone Funktion von $p \in \mathbb{R}$ und ist eine Norm auf dem Raum $\widetilde{\mathcal{R}}(E)$ für $p \geq 1$.

Unter welchen Bedingungen herrscht in der Hölderschen Ungleichung Gleichheit?

3. Sei E eine Jordan-messbare Menge in $\mathbb{R}^n$ mit $\mu(E) > 0$. Zeigen Sie, dass für $\varphi \in C(E, \mathbb{R})$, falls $f : \mathbb{R} \to \mathbb{R}$ eine konvexe Funktion ist, gilt:

$$f\left(\frac{1}{\mu(E)} \int\limits_E \varphi(x)\,dx \right) \leq \frac{1}{\mu(E)} \int\limits_E (f \circ \varphi)(x)\,dx \ .$$

4. a) Sei E eine Jordan-messbare Menge in $\mathbb{R}^n$ und die Funktion $f : E \to \mathbb{R}$ sei über E in einem inneren Punkt $a \in E$ integrierbar. Zeigen Sie, dass

$$\lim_{\delta \to +0} \frac{1}{\mu\left(U_E^\delta(a) \right)} \int\limits_{U_E^\delta(a)} f(x)\,dx = f(a) \ ,$$

wobei wie üblich $U_E^\delta(a)$ die δ-Umgebung des Punktes a in E ist.

b) Wir ersetzen in a) die Bedingung, dass a ein innerer Punkt ist, durch die Bedingung, dass $\mu\left(U_E^\delta(a) \right) > 0$ für jedes $\delta > 0$. Zeigen Sie, dass die Gleichung dennoch gültig ist.

11.4 Umformung eines Mehrfachintegrals in iterierte Integrale

11.4.1 Satz von Fubini

Bisher haben wir nur die Definition des Integrals, die Bedingungen, unter denen es existiert, und seine allgemeinen Eigenschaften diskutiert. In diesem Abschnitt werden wir den Satz von Fubini[4] beweisen, der zusammen mit den Substitutionsformeln ein Werkzeug zur Berechnung von Mehrfachintegralen liefert.

Satz.[5] *Sei $X \times Y$ ein Intervall in $\mathbb{R}^{m+n}$, das ein direktes Produkt der Intervalle $X \subset \mathbb{R}^m$ und $Y \subset \mathbb{R}^n$ ist. Ist die Funktion $f : X \times Y \to \mathbb{R}$ über $X \times Y$ integrierbar, dann existieren die folgenden drei Integrale und entsprechen einander:*

---

[4] G. Fubini (1870–1943) – italienischer Mathematiker. Seine Hauptarbeiten liegen auf dem Gebiet der Funktionen und der Geometrie.

[5] Dieser Satz ist schon viel länger bewiesen als der allgemeinere Satz, der in der Analysis als Satz von Fubini bekannt ist. Es ist jedoch üblich geworden, Sätze, die es ermöglichen, die Berechnung von Mehrfachintegralen auf iterierte Integrale in weniger Dimensionen zurückzuführen, als Sätze vom Fubini-Typus oder kurz als Satz von Fubini zu bezeichnen.

$$\int\limits_{X \times Y} f(x,y)\, \mathrm{d}x\, \mathrm{d}y \ , \quad \int\limits_{X} \mathrm{d}x \int\limits_{Y} f(x,y)\, \mathrm{d}y \ , \quad \int\limits_{Y} \mathrm{d}y \int\limits_{X} f(x,y)\, \mathrm{d}x$$

Bevor wir uns dem Beweis dieses Satzes zuwenden, wollen wir die Bedeutung der darin auftretenden symbolischen Ausdrücke entschlüsseln. Das Integral $\int\limits_{X \times Y} f(x,y)\, \mathrm{d}x\, \mathrm{d}y$ ist das Integral der Funktion f über der Menge $X \times Y$, das uns bekannt ist und das hier mit Hilfe der Variablen $x \in X$ und $y \in Y$ formuliert ist. Das iterierte Integral $\int\limits_{X} \mathrm{d}x \int\limits_{Y} f(x,y)\, \mathrm{d}y$ sollte wie folgt verstanden werden: Zu jedem festen $x \in X$ wird das Integral $F(x) = \int\limits_{Y} f(x,y)\, \mathrm{d}y$ berechnet und die sich ergebende Funktion $F : X \to \mathbb{R}$ ist dann über X zu integrieren. Falls dabei das Integral $\int\limits_{Y} f(x,y)\, \mathrm{d}y$ für ein $x \in X$ nicht existent ist, wird $F(x)$ einem Wert zwischen den unteren und den oberen Darboux-Integralen $\underline{\mathcal{J}}(x) = \underline{\int\limits_{Y}} f(x,y)\, \mathrm{d}y$ bzw. $\overline{\mathcal{J}}(x) = \overline{\int\limits_{Y}} f(x,y)\, \mathrm{d}y$, inklusive den Werten $\underline{\mathcal{J}}(x)$ bzw. $\overline{\mathcal{J}}(x)$ selbst, gleichgesetzt. Wir werden zeigen, dass in diesem Fall $F \in \mathcal{R}(X)$ ist. Das iterierte Integral $\int\limits_{Y} \mathrm{d}y \int\limits_{X} f(x,y)\, \mathrm{d}x$ besitzt eine ähnliche Bedeutung.

Im Zuge des Beweises wird klar werden, dass die Menge der Werte $x \in X$, in denen $\underline{\mathcal{J}}(x) \neq \overline{\mathcal{J}}(x)$ gilt, in X eine Menge mit m-dimensionalem Maß Null ist.

Auf ähnliche Weise wird sich die Menge von Punkten $y \in Y$, in denen das Integral $\int\limits_{X} f(x,y)\, \mathrm{d}x$ nicht existent ist, in Y als Menge mit n-dimensionalem Maß Null erweisen.

Wir wollen abschließend anmerken, dass, im Unterschied zum Integral über ein $(m+n)$-dimensionales Intervall, für das wir die Bezeichnung *Mehrfachintegral* vereinbart haben, die hintereinander berechneten Integrale der Funktion $f(x,y)$ über zunächst Y und dann X oder zunächst X und dann Y, üblicherweise *iterierte Integrale* der Funktion genannt werden.

Sind X und Y abgeschlossene Intervalle auf der Geraden, dann vereinfacht sich der hier formulierte Satz auf die Berechnung eines Doppelintegrals über dem Intervall $X \times Y$ durch aufeinander folgende Berechnung zweier ein-dimensionaler Integrale. Es ist augenscheinlich, dass durch wiederholte Anwendung dieses Satzes die Berechnung eines Integrals über einem k-dimensionalem Intervall auf die schrittweise Berechnung von k ein-dimensionalen Integralen zurückgeführt werden kann.

Der Kern des aufgestellten Satzes ist sehr einfach und beinhaltet Folgendes: Wir beginnen mit einer Riemannschen Summe $\sum\limits_{i,j} f(x_i, y_j)|X_i| \cdot |Y_j|$ und einer Unterteilung des Intervalls $X \times Y$ in Intervalle $X_i \times Y_j$. Da das Integral über dem Intervall $X \times Y$ existiert, können wir die ausgezeichneten Punkte ξ_{ij} so wählen, wie es uns am besten passt. Und wir wählen sie als das „direkte

Produkt" mit der Wahl $x_i \in X_i \subset X$ und $y_j \in Y_j \in Y$. Dann können wir

$$\sum_{i,j} f(x_i, y_j)|X_i| \cdot |Y_j| = \sum_i |X_i| \sum_j f(x_i, y_j)|Y_j| = \sum_j |Y_j| \sum_i f(x_i, y_j)|X_i|$$

schreiben. Dies ist die Formulierung des Satzes vor dem Grenzübergang.

Wir wollen nun den formalen Beweis liefern.

Beweis. Jede Unterteilung P des Intervalls $X \times Y$ setzt sich aus entsprechenden Unterteilungen P_X und P_Y der Intervalle X und Y zusammen. Dabei ist jedes Intervall der Unterteilung P das direkte Produkt $X_i \times Y_j$ bestimmter Intervalle X_i und Y_j der Unterteilungen P_X bzw. P_Y. Nach den Eigenschaften des Volumens eines Intervalls gilt $|X_i \times Y_j| = |X_i| \cdot |Y_j|$, wobei jedes dieser Volumina im Raum $\mathbb{R}^{m+n}$, $\mathbb{R}^m$ bzw. $\mathbb{R}^n$ berechnet wird, in dem das jeweilige Intervall liegt.

Mit den Eigenschaften der größten unteren Schranke und der kleinsten oberen Schranke und der Definition der unteren und der oberen Darboux-Summen und -Integrale können wir die folgenden Abschätzungen vornehmen:

$$s(f, P) = \sum_{\substack{i,j}} \inf_{\substack{x \in X_i \\ y \in Y_j}} f(x,y)|X_i \times Y_j| \leq \sum_i \inf_{x \in X_i} \left(\sum_j \inf_{y \in Y_j} f(x,y)|Y_j| \right)|X_i| \leq$$

$$\leq \sum_i \inf_{x \in X_i} \left(\underline{\int_Y} f(x,y)\,\mathrm{d}y \right)|X_i| \leq \sum_i \inf_{x \in X_i} F(x)|X_i| \leq$$

$$\leq \sum_i \sup_{x \in X_i} F(x)|X_i| \leq \sum_i \sup_{x \in X_i} \left(\overline{\int_Y} f(x,y)\,\mathrm{d}y \right)|X_i| \leq$$

$$\leq \sum_i \sup_{x \in X_i} \left(\sum_j \sup_{y \in Y_j} F(x,y)|Y_j| \right)|X_i| \leq$$

$$\leq \sum_{\substack{i,j}} \sup_{\substack{x \in X_i \\ y \in Y_j}} f(x,y)|X_i \times Y_j| = S(f, P)\,.$$

Da $f \in \mathcal{R}(X \times Y)$ streben beide Extremwerte in diesen Ungleichungen gegen den Wert des Integrals der Funktion über dem Intervall $X \times Y$ für $\lambda(P) \to 0$. Aus dieser Tatsache können wir folgern, dass $F \in \mathcal{R}(X)$ und dass gilt:

$$\int_{X \times Y} f(x,y)\,\mathrm{d}x\,\mathrm{d}y = \int_X F(x)\,\mathrm{d}x\,.$$

Wir haben den Beweis für den Fall ausgeführt, dass die iterierte Integration zunächst über Y und dann über X ausgeführt wird. Es ist klar, dass wir ähnliche Überlegungen für den Fall anstellen können, dass die Integration zunächst über X ausgeführt wird.   □

11.4.2 Einige Korollare

Korollar 1. *Sei* $f \in \mathcal{R}(X \times Y)$, *dann existiert für fast alle* $x \in X$ *(im Sinne von Lebesgue) das Integral* $\int\limits_Y f(x, y) \, dy$ *und für fast alle* $y \in Y$ *das Integral* $\int\limits_X f(x, y) \, dx$.

Beweis. Nach dem eben bewiesenen Satz gilt

$$\int\limits_X \left(\overline{\int\limits_Y} f(x, y) \, dy - \underline{\int\limits_Y} f(x, y) \, dy \right) dx = 0 \,.$$

Die Differenz zwischen den oberen und den unteren Integralen im Klammerausdruck ist aber nicht negativ. Daher können wir mit dem Lemma aus Abschnitt 11.3 folgern, dass diese Differenz in fast allen Punkten $x \in X$ gleich Null ist.

Dann existiert aber nach dem Darboux–Kriterium (Satz 4 in Abschnitt 11.1) das Integral $\int\limits_Y f(x, y) \, dy$ für fast alle Werte von $x \in X$.

Die zweite Hälfte des Korollars wird auf ähnliche Weise bewiesen.   □

Korollar 2. *Das Intervall* $I \subset \mathbb{R}^n$ *sei das direkte Produkt der abgeschlossenen Intervalle* $I_i = [a^i, b^i]$, $i = 1, \ldots, n$. *Dann gilt*

$$\int\limits_I f(x) \, dx = \int\limits_{a^n}^{b^n} dx^n \int\limits_{a^{n-1}}^{b^{n-1}} dx^{n-1} \cdots \int\limits_{a^1}^{b^1} f(x^1, x^2, \ldots, x^n) \, dx^1 \,.$$

Beweis. Diese Formel ergibt sich offensichtlich durch wiederholtes Anwenden des gerade eben bewiesenen Satzes. Alle inneren Integrale auf der rechten Seite sind im Sinne dieses Satzes zu verstehen. So lässt sich beispielsweise das Zeichen für das obere oder untere Integral durchgehend einsetzen.   □

Beispiel 1. Sei $f(x, y, z) = z \sin(x + y)$. Wir suchen das Integral der Einschränkung dieser Funktion auf das Intervall $I \subset \mathbb{R}^3$, das durch $0 \leq x \leq \pi$, $|y| \leq \pi/2$, $0 \leq z \leq 1$ definiert wird.
Nach Korollar 2 gilt:

$$\iiint\limits_I f(x, y, z) \, dx \, dy \, dz = \int\limits_0^1 dz \int\limits_{-\pi/2}^{\pi/2} dy \int\limits_0^\pi z \sin(x + y) \, dx =$$

$$= \int\limits_0^1 dz \int\limits_{-\pi/2}^{\pi/2} \left(-z \cos(x + y) \big|_{x=0}^\pi \right) dy = \int\limits_0^1 dz \int\limits_{-\pi/2}^{\pi/2} 2z \cos y \, dy =$$

$$= \int\limits_0^1 \left(2z \sin y \big|_{y=-\pi/2}^{y=\pi/2} \right) dz = \int\limits_0^1 4z \, dz = 2 \,.$$

Der Satz kann auch zur Berechnung von Integralen über sehr allgemeine Mengen eingesetzt werden.

Korollar 3. *Sei D eine beschränkte Menge in $\mathbb{R}^{n-1}$ und $E = \{(x,y) \in \mathbb{R}^n \mid (x \in D) \wedge (\varphi_1(x) \le y \le \varphi_2(x))\}$. Ist $f \in \mathcal{R}(E)$, dann gilt:*

$$\int\limits_E f(x,y)\,\mathrm{d}x\,\mathrm{d}y = \int\limits_D \mathrm{d}x \int\limits_{\varphi_1(x)}^{\varphi_2(x)} f(x,y)\,\mathrm{d}y \ . \tag{11.1}$$

Beweis. Sei $E_x = \{y \in \mathbb{R} \mid \varphi_1(x) \le y \le \varphi_2(x)\}$ für $x \in D$ und $E_x = \varnothing$ für $x \notin D$. Wir merken an, dass $\chi_E(x,y) = \chi_D(x) \cdot \chi_{E_x}(y)$. Wir wiederholen die Definition des Integrals über einer Menge und erhalten mit Hilfe des Satzes von Fubini:

$$\int\limits_E f(x,y)\,\mathrm{d}x\,\mathrm{d}y = \int\limits_{I \supset E} f\chi_E(x,y)\,\mathrm{d}x\,\mathrm{d}y =$$

$$= \int\limits_{I_x \supset D} \mathrm{d}x \int\limits_{I_y \supset E_x} f\chi_E(x,y)\,\mathrm{d}y = \int\limits_{I_x} \left(\int\limits_{I_y} f(x,y)\chi_{E_x}(y)\,\mathrm{d}y \right)\chi_D(x)\,\mathrm{d}x =$$

$$= \int\limits_{I_x} \left(\int\limits_{\varphi_1(x)}^{\varphi_2(x)} f(x,y)\,\mathrm{d}y \right)\chi_D(x)\,\mathrm{d}x = \int\limits_D \left(\int\limits_{\varphi_1(x)}^{\varphi_2(x)} f(x,y)\,\mathrm{d}y \right)\mathrm{d}x \ .$$

Das innere Integral kann möglicherweise auf einer Menge von Punkten, die in D das Lebesgue-Maß Null besitzt, nicht existent sein. Falls dem so ist, interpretieren wir es, wie wir im oben bewiesenen Satz von Fubini formuliert haben.   □

Anmerkung. Ist die Menge D in der Annahme zu Korollar 3 Jordan-messbar und sind die Funktionen $\varphi_i : D \to \mathbb{R}$, $i = 1, 2$ stetig, dann ist die Menge $E \subset \mathbb{R}^n$ Jordan-messbar.

Beweis. Der Rand ∂E von E besteht aus den beiden Graphen der stetigen Funktionen $\varphi_i : D \to \mathbb{R}$, $i = 1, 2$ (die nach Beispiel 2 in Abschnitt 11.1 Mengen vom Maß Null sind) und der Menge Z, die ein Teil des Produktes des Randes ∂D von $D \subset \mathbb{R}^{n-1}$ mit einem hinreichend großen ein-dimensionalen abgeschlossenen Intervall der Länge l ist. Laut Annahme lässt sich ∂D durch ein System von $(n-1)$-dimensionalen Intervallen mit $(n-1)$-dimensionalem Gesamtvolumen kleiner als ε/l überdecken. Das direkte Produkt dieser Intervalle und dem vorgegebenen ein-dimensionalen Intervall der Länge l ergibt eine Überdeckung von Z durch Intervalle, deren Gesamtvolumen kleiner als ε ist.   □

Mit Hilfe dieser Anmerkung kann gezeigt werden, dass die Funktion $f : E \to 1 \in \mathbb{R}$ auf einer messbaren Menge E mit dieser Struktur (wie sie auf jeder messbaren Menge E vorliegt) integrierbar ist. Aufbauend auf Korollar 3 und der Definition des Maßes einer messbaren Menge können wir nun das folgende Korollar herleiten.

Korollar 4. *Ist die Menge D unter der Annahme von Korollar 3 Jordan-messbar und sind die Funktionen $\varphi_i : D \to \mathbb{R}$, $i = 1, 2$ stetig, dann ist die Menge E messbar und ihr Volumen lässt sich mit Hilfe der folgenden Formel berechnen:*

$$\mu(E) = \int\limits_D \left(\varphi_2(x) - \varphi_1(x) \right) \mathrm{d}x \,. \tag{11.2}$$

Beispiel 2. Für die Scheibe $E = \{(x, y) \in \mathbb{R}^2 \,|\, x^2 + y^2 \le r^2\}$ erhalten wir mit dieser Formel:

$$\mu(E) = \int\limits_{-r}^{r} \left(\sqrt{r^2 - y^2} - \left(- \sqrt{r^2 - y^2} \right) \right) \mathrm{d}y = 2 \int\limits_{-r}^{r} \sqrt{r^2 - y^2} \, \mathrm{d}y =$$

$$= 4 \int\limits_{0}^{r} \sqrt{r^2 - y^2} \, \mathrm{d}y = 4 \int\limits_{0}^{\pi/2} r \cos \varphi \, \mathrm{d}(r \sin \varphi) = 4r \int\limits_{0}^{\pi/2} r \cos^2 \varphi \, \mathrm{d}\varphi = \pi r^2 \,.$$

Korollar 5. *Sei E eine messbare Menge, die im Intervall $I \subset \mathbb{R}^n$ enthalten ist. Wir stellen I als direktes Produkt $I = I_x \times I_y$ des $(n-1)$-dimensionalen Intervalls I_x und des abgeschlossenen Intervalls I_y dar. Dann ist für fast alle Werte $y_0 \in I_y$ die Schnittmenge $E_{y_0} = \{(x, y) \in E \,|\, y = y_0\}$ der Menge E mit der $(n-1)$-dimensionalen Hyperebene $y = y_0$ eine messbare Teilmenge von E mit*

$$\mu(E) = \int\limits_{I_y} \mu(E_y) \, \mathrm{d}y \,. \tag{11.3}$$

Dabei ist $\mu(E_y)$ das $(n-1)$-dimensionale Maß der Menge E_y, falls diese messbar ist und gleich jeder Zahl zwischen $\underline{\int\limits_{E_y}} 1 \cdot \mathrm{d}x$ und $\overline{\int\limits_{E_y}} 1 \cdot \mathrm{d}x$, falls E_y eine nicht messbare Menge ist.

Beweis. Korollar 5 folgt unmittelbar aus dem Satz und Korollar 1, falls wir in beiden $f = \chi_E$ setzen und dabei berücksichtigen, dass die Gleichung $\chi_E(x, y) = \chi_{E_y}(x)$ gilt. $\square$

Eine besondere Folgerung dieses Ergebnisses ist das folgende Korollar:

Korollar 6. (Prinzip von Cavalieri[6].) *Seien A und B zwei Körper in $\mathbb{R}^3$ mit einem Volumen (d.h., sie sind Jordan-messbar). Seien $A_c = \{(x, y, z) \in A \,|\, z = c\}$ und $B_c = \{(x, y, z) \in B \,|\, z = c\}$ die Schnitte der Körper A und B mit*

---

[6] B. Cavalieri (1598–1647) – italienischer Mathematiker, der Begründer des sogenannten *Prinzips der Indivisibilien* zur Bestimmung von Flächen und Volumina.

der Ebene $z = c$. Sind für jedes $c \in \mathbb{R}$ die Mengen A_c und B_c messbar und besitzen sie die gleichen Flächen, dann besitzen die Körper A und B dieselben Volumina.

Es ist klar, dass das Prinzip von Cavalieri für Räume $\mathbb{R}^n$ jeder Dimension formulierbar ist.

Beispiel 3. Mit Hilfe von (11.3) wollen wir das Volumen V_n der Kugel $K = \{x \in \mathbb{R}^n \mid |x| \leq r\}$ mit Radius r im euklidischen Raum $\mathbb{R}^n$ berechnen.

Offensichtlich ist $V_1 = 2$. In Beispiel 2 haben wir $V_2 = \pi r^2$ gefunden. Wir werden zeigen, dass $V_n = c_n r^n$, wobei c_n eine Konstante ist (die wir unten berechnen werden). Wir wählen einen Durchmesser $[-r, r]$ der Kugel und betrachten für jeden Punkt $x \in [-r, r]$ den Schnitt K_x der Kugel K mit einer zum Durchmesser orthogonalen Hyperebene. Da K_x eine Kugel der Dimension $n - 1$ ist, deren Radius nach dem Satz von Pythagoras $\sqrt{r^2 - x^2}$ beträgt, können wir durch Induktion und mit Hilfe von (11.3) schreiben:

$$V_n = \int_{-r}^{r} c_{n-1}(r^2 - x^2)^{\frac{n-1}{2}}\, dx = \left(c_{n-1} \int_{-\pi/2}^{\pi/2} \cos^n \varphi\, d\varphi \right) r^n \ .$$

(Beim Übergang zur letzten Gleichung nahmen wir die Substitution $x = r \sin \varphi$ vor.)

Somit haben wir gezeigt, dass $V_n = c_n r^n$ und dass

$$c_n = c_{n-1} \int_{-\pi/2}^{\pi/2} \cos^n \varphi\, d\varphi \ . \tag{11.4}$$

Wir wollen nun die Konstante c_n explizit bestimmen. Dazu merken wir an, dass für $m \geq 2$

$$I_m = \int_{-\pi/2}^{\pi/2} \cos^m \varphi\, d\varphi = \int_{-\pi/2}^{\pi/2} \cos^{m-2} \varphi (1 - \sin^2 \varphi)\, d\varphi =$$

$$= I_{m-2} + \frac{1}{m-1} \int_{-\pi/2}^{\pi/2} \sin \varphi\, d\cos^{m-1} \varphi = I_{m-2} - \frac{1}{m-1} I_m$$

gilt, d.h., es gilt die folgende rekursive Gleichung:

$$I_m = \frac{m-1}{m} I_{m-2} \ . \tag{11.5}$$

Insbesondere ist $I_2 = \pi/2$. Aus der Definition von I_m ist unmittelbar klar, dass $I_1 = 2$. Wenn wir diese Werte für I_1 und I_2 berücksichtigen, erhalten wir aus der rekursiven Gleichung (11.5), dass

$$I_{2k+1} = \frac{(2k)!!}{(2k+1)!!} \cdot 2 , \quad I_{2k} = \frac{(2k-1)!!}{(2k)!!} \pi .$$ (11.6)

Wir wenden uns wieder (11.4) zu und erhalten nun

$$c_{2k+1} = c_{2k} \frac{(2k)!!}{(2k+1)!!} \cdot 2 = c_{2k-1} \frac{(2k)!!}{(2k+1)!!} \cdot \frac{(2k-1)!!}{(2k)!!} \pi = \cdots = c_1 \cdot \frac{(2\pi)^k}{(2k+1)!!}$$

$$c_{2k} = c_{2k-1} \frac{(2k-1)!!}{(2k)!!} \pi = c_{2k-2} \frac{(2k-1)!!}{(2k)!!} \pi \cdot (\frac{(2k-2)!!}{(2k-1)!!} \cdot 2 = \cdots = c_2 \frac{(2\pi)^{k-1}}{(2k)!!} \cdot 2 .$$

Wie wir aber oben gesehen haben, gilt $c_1 = 2$ und $c_2 = \pi$ und daher erhalten wir als abschließende Formeln für das gesuchte Volumen V_n:

$$V_{2k+1} = 2 \frac{(2\pi)^k}{(2k+1)!!} r^{2k+1} , \quad V_{2k} = \frac{(2\pi)^k}{(2k)!!} r^{2k} ,$$ (11.7)

mit $k \in \mathbb{N}$ und die erste dieser Formeln ist auch für $k = 0$ gültig.

11.4.3 Übungen und Aufgaben

1. a) Konstruieren Sie eine Teilmenge des Quadrats $I \subset \mathbb{R}^2$, so dass auf der einen Seite ihr Schnitt mit jeder senkrechten Geraden und jeder horizontalen Geraden aus höchstens einem Punkt besteht, während gleichzeitig ihr Abschluss gleich I ist.

   b) Konstruieren Sie eine Funktion $f : I \to \mathbb{R}$, für die beide der iterierten Integrale im Satz von Fubini existieren und gleich sind und dennoch $f \notin \mathcal{R}(I)$ gilt.

   c) Die Werte der Funktion $F(x)$, die im Satz von Fubini auftreten und in allen Punkten, in denen $\underline{\mathcal{J}}(x) < \overline{\mathcal{J}}(x)$ gilt, die Bedingungen $\underline{\mathcal{J}}(x) \leq F(x) \leq \overline{\mathcal{J}}(x)$ erfüllen sollen, werden stattdessen in diesen Punkten einfach gleich Null gesetzt. Zeigen Sie am Beispiel, dass die sich so ergebende Funktion als nicht integrierbar herausstellen kann. (Betrachten Sie zum Beispiel die Funktion $f(x,y)$ in $\mathbb{R}^2$, die in nicht rationalen Punkten (x,y) gleich 1 ist und gleich $1 - 1/q$ im Punkt $(p/q, m/n)$, wobei beide Brüche teilerfremd sind.)

2. a) Zeigen Sie im Zusammenhang mit Gleichung (11.3), dass selbst dann, wenn alle Abschnitte einer durch eine Familie von parallelen Hyperebenen beschränkten Menge E messbar sind, die Menge E dennoch nicht messbar sein kann.

   b) Angenommen, dass zusätzlich zur Annahme in Teil $a)$ bekannt ist, dass die Funktion $\mu(E_y)$ in (11.3) über dem abgeschlossenen Intervall I_y integrierbar ist. Können wir dann behaupten, dass die Menge E messbar ist?

3. Geben Sie mit Hilfe des Satzes von Fubini und der Positivität des Integrals einer positiven Funktion einen einfachen Beweis der Gleichung $\frac{\partial^2 f}{\partial x \partial y} = \frac{\partial^2 f}{\partial y \partial x}$ für die gemischten partiellen Ableitungen, vorausgesetzt, dass diese stetige Funktionen sind.

4. Sei $f : I_{a,b} \to \mathbb{R}$ eine auf einem Intervall $I_{a,b} = \{x \in \mathbb{R}^n \,|\, a^i \leq x^i \leq b^i, i = 1, \ldots, n\}$ stetige Funktion und sei $F : I_{a,b} \to \mathbb{R}$ durch die Gleichung

$$F(x) = \int\limits_{I_{a,x}} f(t) \, dt$$

definiert, wobei $I_{a,x} \subset I_{a,b}$. Bestimmen Sie die partiellen Ableitungen dieser Funktion nach den Variablen $x^1, \ldots, x^n$.

5. Eine auf dem Rechteck $I = [a,b] \times [c,d] \subset \mathbb{R}^2$ definierte stetige Funktion $f(x,y)$ habe eine stetige partielle Ableitung $\frac{\partial f}{\partial y}$ in I.

a) Sei $F(y) = \int\limits_a^b f(x,y)\,\mathrm{d}x$. Beweisen Sie beginnend bei der Gleichung $F(y) = \int\limits_a^b \left(\int\limits_c^y \frac{\partial f}{\partial y}(x,t)\,\mathrm{d}t + f(x,c) \right) \mathrm{d}x$ die *Leibniz-Regel*, nach der $F'(y) = \int\limits_a^b \frac{\partial f}{\partial y}(x,y)\,\mathrm{d}x$.

b) Sei $G(x,y) = \int\limits_a^x f(t,y)\,\mathrm{d}t$. Bestimmen Sie $\frac{\partial G}{\partial x}$ und $\frac{\partial G}{\partial y}$.

c) Sei $H(y) = \int\limits_a^{h(y)} f(x,y)\,\mathrm{d}x$ mit $h \in C^{(1)}[a,b]$. Bestimmen Sie $H'(y)$.

6. Wir betrachten die Folge von Integralen

$$F_0(x) = \int\limits_0^x f(y)\,\mathrm{d}y\,, \quad F_n(x) = \int\limits_0^x \frac{(x-y)^n}{n!} f(y)\,\mathrm{d}y\,, \quad n \in \mathbb{N}\,,$$

mit $f \in C(\mathbb{R}, \mathbb{R})$.

a) Zeigen Sie, dass $F_n'(x) = F_{n-1}(x)$, $F_n^{(k)}(0) = 0$ für $k \leq n$ und dass $F_n^{(n+1)}(x) = f(x)$.

b) Zeigen Sie, dass

$$\int\limits_0^x \mathrm{d}x_1 \int\limits_0^{x_1} \mathrm{d}x_2 \cdots \int\limits_0^{x_{n-1}} f(x_n)\,\mathrm{d}x_n = \frac{1}{n!} \int\limits_0^x (x-y)^n f(y)\,\mathrm{d}y\,.$$

7. a) Sei $f : E \to \mathbb{R}$ eine auf der Menge $E = \{(x,y) \in \mathbb{R}^2 \,|\, 0 \leq x \leq 1 \land 0 \leq y \leq x\}$ stetige Funktion. Zeigen Sie, dass

$$\int\limits_0^1 \mathrm{d}x \int\limits_0^x f(x,y)\,\mathrm{d}y = \int\limits_0^1 \mathrm{d}y \int\limits_y^1 f(x,y)\,\mathrm{d}x\,.$$

b) Benutzen Sie das Beispiel des iterierten Integrals $\int\limits_0^{2\pi} \mathrm{d}x \int\limits_0^{\sin x} 1 \cdot \mathrm{d}y$, um zu erklären, warum nicht jedes iterierte Integral nach dem Satz von Fubini einem Doppelintegral entspricht.

11.5 Substitution in einem Mehrfachintegral

11.5.1 Problemstellung und heuristische Herleitung der Formeln für die Substitution

Bei unseren früheren Untersuchungen des Integrals im ein-dimensionalen Fall erhielten wir eine wichtige Formel zur Substitution in einem derartigen Integral. Unser Problem ist es nun, eine Formel zur Substitution im allgemeinen Fall zu finden. Wir wollen die Frage zunächst präzisieren.

Seien D_x eine Menge in $\mathbb{R}^n$, f eine auf D_x integrierbare Funktion und $\varphi : D_t \to D_x$ eine Abbildung $t \mapsto \varphi(t)$ einer Menge $D_t \subset \mathbb{R}^n$ auf D_x. Wir suchen nach einer Regel, nach der wir mit Kenntnis von f und φ eine Funktion ψ in D_t finden können, so dass die Gleichung

$$\int\limits_{D_x} f(x)\,\mathrm{d}x = \int\limits_{D_t} \psi(t)\,\mathrm{d}t$$

gilt. Dadurch wird es möglich, die Berechnung des Integrals über D_x auf die Berechnung eines Integrals über D_t zurückzuführen.

Wir beginnen mit der Annahme, dass D_t ein Intervall $I \subset \mathbb{R}^n$ und $\varphi : I \to D_x$ ein Diffeomorphismus dieses Intervalls auf D_x ist. Zu jeder Unterteilung P des Intervalls I in Intervalle $I_1, I_2, \ldots, I_k$ gehört eine Unterteilung von D_x in die Mengen $\varphi(I_i)$, $i = 1, \ldots, k$. Sind alle diese Mengen messbar und sind ihre paarweisen Schnittmengen nur Mengen vom Maß Null, dann finden wir mit der Additivität des Integrals, dass

$$\int\limits_{D_x} f(x)\,\mathrm{d}x = \sum_{i=1}^{k} \int\limits_{\varphi(I_i)} f(x)\,\mathrm{d}x \ . \tag{11.8}$$

Ist f auf D_x stetig, dann gilt nach dem Mittelwertsatz

$$\int\limits_{\varphi(I_i)} f(x)\,\mathrm{d}x = f(\xi_i)\mu\big(\varphi(I_i)\big)$$

mit $\xi_i \in \varphi(I_i)$. Da $f(\xi_i) = f\big(\varphi(\tau_i)\big)$ mit $\tau_i = \varphi^{-1}(\xi_i)$, müssen wir nur noch einen Zusammenhang zwischen $\mu\big(\varphi(I_i)\big)$ und $\mu(I_i)$ finden.

Wäre φ eine lineare Transformation, dann wäre $\varphi(I_i)$ ein Spat, dessen Volumen, wie aus der analytischen Geometrie bekannt ist, $|\det \varphi'|\mu(I_i)$ wäre. Aber ein Diffeomorphismus ist lokal nahezu eine lineare Transformation und daher können wir, wenn die Dimensionen der Intervalle I_i hinreichend klein sind, annehmen, dass mit kleinem relativem Fehler $\mu\big(\varphi(I_i)\big) \approx |\det \varphi'(\tau_i)|\,|I_i|$ gilt (es lässt sich zeigen, dass sich bei geeigneter Wahl des Punktes $\tau_i \in I_i$ tatsächlich Gleichheit ergibt). Somit ist

$$\sum_{i=1}^{k} \int\limits_{\varphi(I_i)} f(x)\,\mathrm{d}x \approx \sum_{i=1}^{k} f\big(\varphi(\tau_i)\big)|\det \varphi'(\tau_i)|\,|I_i| \ . \tag{11.9}$$

Die rechte Seite dieser Näherungsgleichung enthält aber eine Riemannsche Summe für das Integral der Funktion $f\big(\varphi(t)\big)|\det \varphi'(t)|$ über das Intervall I entsprechend der Unterteilung P mit ausgezeichneten Punkten τ dieses Intervalls. Beim Grenzübergang für $\lambda(P) \to 0$ erhalten wir aus (11.8) und (11.9) die Gleichung

$$\int_{D_x} f(x)\,\mathrm{d}x = \int_{D_t} f\big(\varphi(t)\big)|\det\varphi'(t)|\,\mathrm{d}t\ .$$

Dies ist die gewünschte Formel zusammen mit ihrer Erklärung. Der eben eingeschlagene Weg zu dieser Formel kann mit aller Strenge zurückgelegt werden (und dies ist die Mühe wert). Um jedoch mit einer neuen und nützlichen allgemeinen mathematischen Methode bekannt zu werden und um rein technische Argumente zu vermeiden, werden wir im Beweis unten etwas von diesem Weg abweichen.

Wir wenden uns nun präzisen Aussagen zu. Wir wiederholen die folgende Definition:

Definition 1. Der *Träger einer Funktion* $f : D \to \mathbb{R}$, die in einem Gebiet $D \subset \mathbb{R}^n$ definiert ist, ist der Abschluss der Menge von Punkten $x \in D$ in D, in denen $f(x) \neq 0$.

In diesem Abschnitt werden wir die Situation untersuchen, dass der Integrand $f : D_x \to \mathbb{R}$ auf dem Rand des Gebiets D_x gleich Null ist oder genauer formuliert, dass der Träger der Funktion f (durch $\mathrm{supp}\, f$[7] symbolisiert) eine kompakte Menge K[8] ist, die in D_x enthalten ist. Die Integrale von f über D_x und über K sind, falls sie existieren, gleich, da die Funktion außerhalb von K in D_x gleich Null ist. Aus dem Blickwinkel von Abbildungen ist die Bedingung $\mathrm{supp}\, f = K \subset D_x$ äquivalent zur Aussage, dass die Substitution $x = \varphi(t)$ nicht nur in der Menge K gültig ist, über die tatsächlich integriert wird, sondern auch in einer Umgebung D_x dieser Menge.

Wir formulieren nun, was wir beweisen wollen.

Satz 1. *Sei* $\varphi : D_t \to D_x$ *ein Diffeomorphismus einer beschränkten offenen Menge* $D_t \subset \mathbb{R}^n$ *auf eine Menge* $D_x = \varphi(D_t) \subset \mathbb{R}^n$ *desselben Typs, sei ferner* $f \in \mathcal{R}(D_x)$ *und* $\mathrm{supp}\, f$ *eine kompakte Teilmenge von* D_x. *Dann ist* $f \circ \varphi |\det\varphi'| \in \mathcal{R}(D_t)$ *und es gilt die Formel*

$$\boxed{\int_{D_x=\varphi(D_t)} f(x)\,\mathrm{d}x = \int_{D_t} f \circ \varphi(t)|\det\varphi'(t)|\,\mathrm{d}t\ .}\qquad (11.10)$$

11.5.2 Messbare Mengen und glatte Abbildungen

Lemma 1. *Sei* $\varphi : D_t \to D_x$ *ein Diffeomorphismus einer offenen Menge* $D_t \subset \mathbb{R}^n$ *auf eine Menge* $D_x \subset \mathbb{R}^n$ *desselben Typs. Dann gelten die folgenden Behauptungen:*

a) *Ist* $E_t \subset D_t$ *eine Menge vom (Lebesgue-) Maß Null, dann ist auch ihr Bild* $\varphi(E_t) \subset D_x$ *eine Menge vom Maß Null.*

---

[7] Vom Englischen „support".

[8] Derartige Funktionen werden natürlicherweise *Funktionen mit kompaktem Träger im Gebiet* genannt.

b) Hat eine in D_t enthaltene Menge E_t zusammen mit ihrem Abschluss $\overline{E}_t$ das Jordan-Maß Null, dann ist ihr Bild $\varphi(E_t) = E_x$ zusammen mit ihrem Abschluss in D_x enthalten und ist auch vom Maß Null.

c) Ist eine (Jordan-) messbare Menge E_t zusammen mit ihrem Abschluss $\overline{E}_t$ im Gebiet D_t enthalten, dann ist ihr Bild $E_x = \varphi(E_t)$ Jordan-messbar und $\overline{E}_x \subset D_x$.

Beweis. Wir beginnen mit der Anmerkung, dass jede offene Teilmenge D in $\mathbb{R}^n$ als Vereinigung einer abzählbaren Anzahl abgeschlossener Intervalle (von denen keine zwei irgendeinen inneren Punkt gemeinsam haben) dargestellt werden kann. Dazu können wir beispielsweise die Koordinatenachse in abgeschlossene Intervalle der Länge Δ unterteilen und die sich so ergebende Unterteilung von $\mathbb{R}^n$ in Würfel der Seitenlänge Δ betrachten. Wir halten $\Delta = 1$ fest, nehmen die in D enthaltenen Würfel der Unterteilung und bezeichnen ihre Vereinigung mit F_1. Dann nehmen wir $\Delta = 1/2$ und fügen die Würfel der neuen Unterteilung, die in $D \setminus F_1$ enthalten sind, zu F_1 hinzu. Auf diese Weise erhalten wir eine neue Menge F_2 und so weiter. Wenn wir diesen Vorgang fortsetzen, erhalten wir eine Folge $F_1 \subset \cdots \subset F_n \subset \cdots$ von Mengen, von denen jede aus einer endlichen oder abzählbaren Anzahl von Intervallen besteht, die keine inneren Punkte gemeinsam haben. Aus der Konstruktion können wir erkennen, dass $\bigcup F_n = D$.

Da die Vereinigung einer höchstens abzählbaren Ansammlung von Mengen vom Maß Null eine Menge vom Maß Null ist, genügt es, Behauptung *a)* für eine Menge E_t zu beweisen, die in einem abgeschlossenen Intervall $I \subset D_t$ liegt. Dies wollen wir nun tun.

Da $\varphi \in C^{(1)}(I)$ (d.h. $\varphi' \in C(I)$), existiert eine Konstante M, so dass $\|\varphi'(t)\| \leq M$ auf I. Nach dem Mittelwertsatz muss die Ungleichung $|x_2 - x_1| \leq M|t_2 - t_1|$ für jedes Punktepaar $t_1, t_2 \in I$ mit Bildern $x_1 = \varphi(t_1)$ und $x_2 = \varphi(t_2)$ gelten.

Nun sei $\{I_i\}$ eine Überdeckung von E_t durch Intervalle, so dass $\sum_i |I_i| < \varepsilon$. Ohne Verlust der Allgemeinheit können wir annehmen, dass $I_i = I_i \cap I \subset I$.

Die Familie $\{\varphi(I_i)\}$ von Mengen $\varphi(I_i)$ ist offensichtlich eine Überdeckung von $E_x = \varphi(E_t)$. Ist t_i das Zentrum des Intervalls I_i, dann kann nach der gerade getroffenen Abschätzung zu einer möglichen Veränderung von Abständen unter der Abbildung φ die gesamte Menge $\varphi(I_i)$ durch das Intervall $\widetilde{I}_i$ mit Zentrum $x_i = \varphi(t_i)$, dessen lineare Dimensionen das M-fache des Intervalls $\overline{I}_i$ sind, überdeckt werden. Da $|\widetilde{I}_i| = M^n |I_i|$ und $\varphi(E_t) \subset \bigcup_i \widetilde{I}_i$, haben wir eine Überdeckung von $\varphi(E_t) = E_x$ durch Intervalle erhalten, deren Gesamtvolumen kleiner als $M^n \varepsilon$ ist. Damit ist Behauptung *a)* nachgewiesen.

Behauptung *b)* folgt aus *a)*, wenn wir berücksichtigen, dass $\overline{E}_t$ (und mit dem Nachgewiesenen auch $\overline{E}_x = \varphi(\overline{E}_t)$) eine Menge vom Lebesgue–Maß Null ist und dass $\overline{E}_t$ (und somit auch $\overline{E}_x$) eine kompakte Menge ist. Und nach Lemma 3 in Abschnitt 11.1 besitzt tatsächlich jede kompakte Menge mit Lebesgue–Maß Null auch das Jordan-Maß Null.

Schließlich ist *c*) eine unmittelbare Folge aus *b*), wenn wir uns an die Definition einer messbaren Menge erinnern und die Tatsache, dass innere Punkte von E_t unter einem Diffeomorphismus auf innere Punkte des Bildes $E_x = \varphi(E_t)$ abgebildet werden, so dass $\partial E_x = \varphi(\partial E_t)$. □

Korollar. *Mit den Annahmen des Satzes existiert das Integral auf der rechten Seite von Formel* (11.10).

Beweis. Da $|\det \varphi'(t)| \neq 0$ in D_t, folgt, dass $\operatorname{supp} f \circ \varphi \cdot |\det \varphi'| = \operatorname{supp} f \circ \varphi \circ \varphi^{-1}(\operatorname{supp} f)$ eine kompakte Teilmenge in D_t ist. Daher haben die Punkte, in denen die Funktion $f \circ \varphi \cdot |\det \varphi'| \chi_{D_t}$ in $\mathbb{R}^n$ unstetig ist, nichts mit der Funktion χ_{D_t} zu tun, sondern sind die Urbilder von Unstetigkeitsstellen von f in D_x. Nun ist aber $f \in \mathcal{R}(D_x)$ und daher ist die Menge E_x der Unstetigkeitsstellen von f in D_x eine Menge vom Lebesgue–Maß Null. Dann besitzt aber nach Behauptung *a*) des Lemmas die Menge $E_t = \varphi^{-1}(E_x)$ das Maß Null. Nach dem Kriterium nach Lebesgue können wir nun folgern, dass $f \circ \varphi \cdot |\det \varphi'| \chi_{D_t}$ auf jedem Intervall $I_t \supset D_t$ integrierbar ist. □

11.5.3 Der ein-dimensionale Fall

Lemma 2. *a*) *Seien* $\varphi : I_t \to I_x$ *ein Diffeomorphismus eines abgeschlossenen Intervalls* $I_t \subset \mathbb{R}^1$ *auf ein abgeschlossenes Intervall* $I_x \subset \mathbb{R}^1$ *und* $f \in \mathcal{R}(I_x)$. *Dann ist* $f \circ \varphi \cdot |\varphi'| \in \mathcal{R}(I_t)$ *und*

$$\int\limits_{I_x} f(x)\, \mathrm{d}x = \int\limits_{I_t} (f \circ \varphi \cdot |\varphi'|)(t)\, \mathrm{d}t . \tag{11.11}$$

b) *Formel* (11.10) *gilt in* $\mathbb{R}^1$.

Beweis. Obwohl wir Behauptung *a*) dieses Lemmas tatsächlich schon kennen, werden wir das Kriterium nach Lebesgue zur Existenz eines Integrals, das wir nun kennen, benutzen, um hier einen kurzen Beweis zu geben, der von dem in Band 1 angeführten Beweis unabhängig ist.

Da $f \in \mathcal{R}(I_x)$ und $\varphi : I_t \to I_x$ ein Diffeomorphismus ist, ist die Funktion $f \circ \varphi |\varphi'|$ auf I_t beschränkt. Nur die Urbilder von Unstetigkeitsstellen von f in I_x können Unstetigkeiten der Funktion $f \circ \varphi |\varphi'|$ sein. Nach dem Kriterium nach Lebesgue bilden diese eine Menge vom Maß Null. Das Bild dieser Menge besitzt unter dem Diffeomorphismus $\varphi^{-1} : I_x \to I_t$, wie wir aus dem Beweis von Lemma 1 wissen, das Maß Null. Daher ist $f \circ \varphi |\varphi'| \in \mathcal{R}(I_t)$.

Sei nun P_x eine Unterteilung des abgeschlossenen Intervalls I_x. Durch die Abbildung φ^{-1} wird durch sie eine Unterteilung P_t des abgeschlossenen Intervalls I_t induziert und aus der gleichmäßigen Stetigkeit der Abbildungen φ und φ^{-1} folgt, dass $\lambda(P_x) \to 0 \Leftrightarrow \lambda(P_t) \to 0$. Wir formulieren nun die Riemannschen Summen für die Unterteilungen P_x und P_t mit ausgezeichneten Punkten $\xi_i = \varphi(\tau_i)$:

$$\sum_i f(\xi_i)|x_i - x_{i-1}| = \sum_i f \circ \varphi(\tau_i)|\varphi(t_i) - \varphi(t_{i-1})| =$$

$$= \sum_i f \circ \varphi(\tau_i)|\varphi'(\tau_i)| \, |t_i - t_{i-1}| \, .$$

Dabei können wir die Punkte ξ_i so wählen, dass $\xi_i = \varphi(\tau_i)$, wobei τ_i der Punkt ist, der sich durch Anwendung des Mittelwertsatzes auf die Differenz $\varphi(t_i) - \varphi(t_{i-1})$ ergibt.

Da beide Integrale in (11.11) existieren, können wir die ausgezeichneten Punkte in den Riemannschen Summen frei wählen, ohne dadurch den Grenzwert zu verändern. Daher erhalten wir aus den gerade formulierten Gleichungen für die Riemannschen Summen die Gültigkeit von (11.11) für die Integrale beim Grenzübergang $\lambda(P_x) \to 0$ $(\lambda(P_t) \to 0)$.

Behauptung b) in Lemma 2 folgt aus (11.11). Wir bemerken zunächst, dass im ein-dimensionalen Fall $|\det \varphi'| = |\varphi'|$ gilt. Als Nächstes kann die kompakte Menge supp f auf einfache Weise durch ein endliches System abgeschlossener Intervalle, die in D_x enthalten sind und von denen je zwei keine gemeinsamen inneren Punkte haben, überdeckt werden. Das Integral von f über D_x lässt sich damit auf die Summe der Integrale von f über die Intervalle dieses Systems zurückführen und das Integral von $f \circ \varphi|\varphi'|$ über D_t reduziert sich auf die Summe der Integrale über die Intervalle, die Urbilder der Intervalle dieses Systems sind. Wenn wir (11.11) auf jedes Paar von Intervallen, die unter der Abbildung φ zusammengehören, anwenden und addieren, gelangen wir zu (11.10).   □

Anmerkung 1. Die bereits bewiesene Formel für die Substitution lautete

$$\int\limits_{\varphi(\alpha)}^{\varphi(\beta)} f(x)\,\mathrm{d}x = \int\limits_{\alpha}^{\beta} \big((f \circ \varphi) \cdot \varphi'\big)(t)\,\mathrm{d}t \, , \tag{11.12}$$

wobei φ eine beliebige glatte Abbildung des abgeschlossenen Intervalls $[\alpha, \beta]$ auf das Intervall mit den Endpunkten $\varphi(\alpha)$ und $\varphi(\beta)$ war. Gleichung (11.12) enthält die Ableitung φ' selbst, anstelle ihres Betrages $|\varphi'|$. Der Grund dafür ist, dass es auf der linken Seite möglich ist, dass $\varphi(\beta) < \varphi(\alpha)$.

Wenn wir jedoch die Gleichung

$$\int\limits_I f(x)\,\mathrm{d}x = \begin{cases} \int\limits_a^b f(x)\,\mathrm{d}x, & \text{für} \quad a \leq b\,, \\[2ex] -\int\limits_a^b f(x)\,\mathrm{d}x, & \text{für} \quad a > b \end{cases}$$

betrachten, so wird deutlich, dass sich die Gleichungen (11.11) und (11.12) für einen Diffeomorphismus φ nur in ihrem Aussehen unterscheiden, im Wesentlichen aber identisch sind.

Anmerkung 2. Interessant ist die Beobachtung (und wir werden sie sicherlich einsetzen), dass für einen Diffeomorphismus $\varphi : I_t \to I_x$ abgeschlossener Intervalle die Formeln

$$\overline{\int_{I_x}} f(x)\,\mathrm{d}x = \overline{\int_{I_t}} \left(f \circ \varphi |\varphi'|\right)(t)\,\mathrm{d}t \quad \text{und}$$

$$\underline{\int_{I_x}} f(x)\,\mathrm{d}x = \underline{\int_{I_t}} \left(f \circ \varphi |\varphi'|\right)(t)\,\mathrm{d}t$$

für die oberen und unteren Integrale reellwertiger Funktionen immer gelten.

Mit diesen Tatsachen können wir es als bewiesen annehmen, dass im eindimensionalen Fall Gleichung (11.10) für jede beschränkte Funktion f gültig bleibt, wenn die darin auftretenden Integrale als obere bzw. untere Darboux-Integrale verstanden werden.

Beweis. Wir werden übergangsweise annehmen, dass f eine nicht negative Funktion ist, die durch eine Konstante M beschränkt ist.

Wie im Beweis von Behauptung *a)* in Lemma 2 können wir Unterteilungen P_x und P_t der Intervalle I_x bzw. I_t wählen, die sich unter der Abbildung φ entsprechen. Wir können dann für sie die folgenden Abschätzungen vornehmen, wobei ε die größte Oszillation von φ auf Intervallen der Unterteilung P_t ist:

$$\sum_i \sup_{x \in \Delta x_i} f(x)|x_i - x_{i-1}| \le \sum_i \sup_{t \in \Delta t_i} f(\varphi(t)) \sup_{t \in \Delta t_i} |\varphi'(t)| \, |t_i - t_{i-1}| \le$$

$$\le \sum_i \sup_{t \in \Delta t_i} \left(f(\varphi(t)) \cdot \sup_{t \in \Delta t_i} |\varphi'(t)| \right) |\Delta t_i| \le$$

$$\le \sum_i \sup_{t \in \Delta t_i} \left(f(\varphi(t)) \right) \left(|\varphi'(t)| + \varepsilon \right) |\Delta t_i| \le$$

$$\le \sum_i \sup_{t \in \Delta t_i} \left(f(\varphi(t))|\varphi'(t)| \right) |\Delta t_i| + \varepsilon \sum_i \sup_{t \in \Delta t_i} f(\varphi(t)) |\Delta t_i| \le$$

$$\le \sum_i \sup_{t \in \Delta t_i} \left(f(\varphi(t))|\varphi'(t)| \right) |\Delta t_i| + \varepsilon M |I_t| \, .$$

Wenn wir die gleichmäßige Stetigkeit von φ berücksichtigen, gelangen wir daraus zur Ungleichung

$$\overline{\int_{I_x}} f(x)\,\mathrm{d}x \le \overline{\int_{I_t}} \left(f \circ \varphi |\varphi'|\right)(t)\,\mathrm{d}t \quad \text{für } \lambda(P_t) \to 0 \, .$$

Wenn wir das eben Bewiesene auf die Abbildung φ^{-1} und die Funktion $f \circ \varphi |\varphi'|$ anwenden, erhalten wir die umgekehrte Ungleichung, wodurch die erste Gleichung in Anmerkung 2 für eine nicht negative Funktion bewiesen ist. Da aber jede Funktion in der Form $f = \max\{f, 0\} - \max\{-f, 0\}$ (eine Differenz zweier nicht negativer Funktionen) geschrieben werden kann, können wir die Gleichung auch für den Allgemeinfall als bewiesen ansehen. Die zweite Gleichung wird auf ähnliche Weise bewiesen.   □

Aus den eben bewiesenen Gleichungen können wir wiederum zu Behauptung a) in Lemma 2 für reellwertige Funktionen f gelangen.

11.5.4 Der Fall eines einfachen Diffeomorphismus in $\mathbb{R}^n$

Sei $\varphi : D_t \to D_x$ ein Diffeomorphismus eines Gebiets $D_t \subset \mathbb{R}^n_t$ auf ein Gebiet $D_x \subset \mathbb{R}^n_x$ und seien $(t^1, \ldots, t^n)$ und $(x^1, \ldots, x^n)$ die Koordinaten des Punktes $t \in \mathbb{R}^n_t$ bzw. $x \in \mathbb{R}^n_x$. Wir wiederholen die folgende Definition:

Definition 2. Der Diffeomorphismus $\varphi : D_t \to D_x$ ist *einfach*, wenn seine Darstellung in Koordinatenform lautet:

$$x^1 = \varphi^1(t^1, \ldots, t^n) = t^1 \,,$$

$$\ldots\ldots\ldots\ldots\ldots\ldots\ldots$$

$$x^{k-1} = \varphi^{k-1}(t^1, \ldots, t^n) = t^{k-1} \,,$$
$$x^k = \varphi^k(t^1, \ldots, t^n) = \varphi^k(t^1, \ldots, t^k, \ldots, t^n) \,,$$
$$x^{k+1} = \varphi^k(t^1, \ldots, t^n) = t^{k+1}$$

$$\ldots\ldots\ldots\ldots\ldots\ldots\ldots$$

$$x^n = \varphi^n(t^1, \ldots, t^n) = t^n \,.$$

Somit ändert sich nur eine Koordinate unter einem einfachen Diffeomorphismus (in diesem Fall die k-te).

Lemma 3. *Gleichung* (11.10) *gilt für einen einfachen Diffeomorphismus.*

Beweis. Abgesehen von einer Umnummerierung der Koordinaten können wir annehmen, dass wir einen Diffeomorphismus φ betrachten, der nur die n-te Koordinate verändert. Der Bequemlichkeit halber führen wir die folgenden Schreibweisen ein:

$$(x^1, \ldots, x^{n-1}, x^n) =: (\widetilde{x}, x^n) \,; \quad (t^1, \ldots, t^{n-1}, t^n) =: (\widetilde{t}, t^n) \,;$$
$$D_{x^n}(\widetilde{x}_0) := \{(\widetilde{x}, x^n) \in D_x \mid \widetilde{x} = \widetilde{x}_0\} \,;$$
$$D_{t^n}(\widetilde{t}_0) := \{(\widetilde{t}, t^n) \in D_t \mid \widetilde{t} = \widetilde{t}_0\} \,.$$

Somit sind $D_{x^n}(\widetilde{x})$ und $D_{t^n}(\widetilde{t})$ einfach nur die ein-dimensionalen Streifen parallel zur n-ten Koordinatenachse der Mengen D_x bzw. D_t. Sei I_x ein Intervall in $\mathbb{R}^n_x$, das D_x enthält. Wir stellen I_x als das direkte Produkt $I_x = I_{\widetilde{x}} \times I_{x^n}$ eines $(n-1)$-dimensionalen Intervalls $I_{\widetilde{x}}$ und eines abgeschlossenen Intervalls

I_{x^n} der n-ten Koordinatenachse dar und nehmen eine ähnliche Darstellung $I_t = I_{\widetilde{t}} \times I_{t^n}$ für ein festes Intervall I_t in $\mathbb{R}^n_t$ vor, das D_t enthält.

Mit Hilfe der Definition des Integrals über einer Menge, dem Satz von Fubini und Anmerkung 2 können wir schreiben:

$$\int\limits_{D_x} f(x)\,\mathrm{d}x = \int\limits_{I_x} f \cdot \chi_{D_x}(x)\,\mathrm{d}x = \int\limits_{I_{\widetilde{x}}} \mathrm{d}\widetilde{x} \int\limits_{I_{x^n}} f \cdot \chi_{D_x}(\widetilde{x}, x^n)\,\mathrm{d}x^n =$$

$$= \int\limits_{I_{\widetilde{x}}} \mathrm{d}\widetilde{x} \int\limits_{D_{x^n}(\widetilde{x})} f(\widetilde{x}, x^n)\,\mathrm{d}x^n =$$

$$= \int\limits_{I_{\widetilde{t}}} \mathrm{d}\widetilde{t} \int\limits_{D_{t^n}(\widetilde{t})} f(\widetilde{t}, \varphi^n(\widetilde{t}, t^n))\left|\frac{\partial \varphi^n}{\partial t^n}\right|(\widetilde{t}, t^n)\,\mathrm{d}t^n =$$

$$= \int\limits_{I_{\widetilde{t}}} \mathrm{d}\widetilde{t} \int\limits_{I_{t^n}} (f \circ \varphi| \det \varphi'|\chi_{D_t})(\widetilde{t}, t^n)\,\mathrm{d}t^n =$$

$$= \int\limits_{I_t} (f \circ \varphi| \det \varphi'|\chi_{D_t})(t)\,\mathrm{d}t = \int\limits_{D_t} (f \circ \varphi| \det \varphi'|)(t)\,\mathrm{d}t \ .$$

Bei der Berechnung haben wir ausgenutzt, dass für den betrachteten Diffeomorphismus $\det \varphi' = \frac{\partial \varphi^n}{\partial t^n}$ gilt.   □

11.5.5 Verkettete Abbildungen und die Formeln zur Substitution

Lemma 4. *Seien $D_\tau \xrightarrow{\psi} D_t \xrightarrow{\varphi} D_x$ zwei Diffeomorphismen, für die jeweils Gleichung (11.10) für die Substitution im Integral gilt. Dann gilt (11.10) auch für die Verkettung $\varphi \circ \psi : D_\tau \to D_x$ dieser Abbildungen.*

Beweis. Für den Beweis genügt der Hinweis, dass $(\varphi \circ \psi)' = \varphi' \circ \psi'$ und dass $\det(\varphi \circ \psi)'(\tau) = \det \varphi'(t) \det \psi'(\tau)$, mit $t = \varphi(\tau)$. Wir gelangen so zu:

$$\int\limits_{D_x} f(x)\,\mathrm{d}x = \int\limits_{D_t} (f \circ \varphi| \det \varphi'|)\,\mathrm{d}t =$$

$$= \int\limits_{D_\tau} ((f \circ \varphi \circ \psi)| \det \varphi' \circ \psi|\,| \det \psi'|)(\tau)\,\mathrm{d}\tau =$$

$$= \int\limits_{D_\tau} (f \circ (\varphi \circ \psi)| \det(\varphi \circ \psi)'|)(\tau)\,\mathrm{d}\tau \ .   □$$

11.5.6 Additivität des Integrals und Beendigung des Beweises der Substitutionsformel in einem Integral

Die Lemmata 3 und 4 legen nahe, dass wir die lokale Zerlegung jedes Diffeomorphismus als Verkettung einfacher Diffeomorphismen (vgl. Satz 4 in Absatz 8.6.4) ausnutzen können, um dadurch die Formel (11.10) für den Allgemeinfall zu erhalten.

Es gibt verschiedene Möglichkeiten, um ein Integral über einer Menge in Integrale über kleine Umgebungen ihrer Punkte zu zerlegen. So können wir beispielsweise die Additivität des Integrals ausnutzen. Dies wird der Weg sein, den wir im Beweis einschlagen werden. Auf Grundlage der Lemmata 1, 3 und 4 führen wir nun den Beweis von Satz 1 zur Substitution in einem Mehrfachintegral durch.

Beweis. Zu jedem Punkt t der kompakten Menge $K_t = \operatorname{supp}\big((f \circ \varphi) \cdot |\det \varphi'|\big) \subset D_t$ konstruieren wir eine $\delta(t)$-Umgebung $U(t)$, in der der Diffeomorphismus φ in eine Verkettung einfacher Diffeomorphismen zerfällt. Aus den $\frac{\delta(t)}{2}$-Umgebungen $\widetilde{U}(t) \subset U(t)$ der Punkte $t \in K_t$ wählen wir eine endliche Überdeckung $\widetilde{U}(t_1), \ldots, \widetilde{U}(t_k)$ der kompakten Menge K_t. Sei $\delta = \frac{1}{2} \min\{\delta(t_1), \ldots, \delta(t_k)\}$. Dann ist der Abschluss jeder Menge, deren Durchmesser kleiner als δ ist und die K_t schneidet, in zumindest einer der Umgebungen $\widetilde{U}(t_1), \ldots, \widetilde{U}(t_k)$ enthalten.

Sei nun I ein Intervall, das die Menge D_t enthält und sei P eine Unterteilung des Intervalls I, so dass $\lambda(P) < \min\{\delta, d\}$ mit dem oben bestimmten δ. Dabei ist d der Abstand zwischen K_t und dem Rand von D_t. Seien $\{I_i\}$ die Intervalle der Unterteilung P, deren Schnittmengen mit K_t nicht leer sind. Es ist klar, dass für $I_i \in \{I_i\}$ gilt, dass $I_i \subset D_t$ und

$$\int\limits_{D_t} \big(f \circ \varphi| \det \varphi'|\big)(t)\, \mathrm{d}t = \int\limits_{I} \big((f \circ \varphi| \det \varphi'|)\chi_{D_t}\big)(t)\, \mathrm{d}t =$$

$$= \sum_i \int\limits_{I_i} \big(f \circ \varphi| \det \varphi'|\big)(t)\, \mathrm{d}t\,. \qquad (11.13)$$

Nach Lemma 1 ist das Bild $E_i = \varphi(I_i)$ des Intervalls I_i eine messbare Menge. Dann ist die Menge $E = \bigcup\limits_i E_i$ ebenfalls messbar und $\operatorname{supp} f \subset E = \overline{E} \subset D_x$. Aus der Additivität des Integrals können wir folgern, dass

$$\int\limits_{D_x} f(x)\, \mathrm{d}x = \int\limits_{I_x \subset D_x} f\chi_{D_x}(x)\, \mathrm{d}x = \int\limits_{I_x \setminus E} f\chi_{D_x}(x)\, \mathrm{d}x + \int\limits_{E} f\chi_{D_x}(x)\, \mathrm{d}x =$$

$$= \int\limits_{E} f\chi_{D_x}(x)\, \mathrm{d}x = \int\limits_{E} f(x)\, \mathrm{d}x = \sum_i \int\limits_{E_i} f(x)\, \mathrm{d}x\,. \qquad (11.14)$$

Nach unserer Konstruktion ist jedes Intervall $I_i \in \{I_i\}$ in einer Umgebung $U(x_i)$ enthalten, in der der Diffeomorphismus φ in eine Verkettung einfacher

Diffeomorphismen zerlegbar ist. Daher können wir auf Grund der Lemmata 3 und 4 schreiben, dass

$$\int_{E_i} f(x)\, \mathrm{d}x = \int_{I_i} \left(f \circ \varphi | \det \varphi'|\right)(t)\, \mathrm{d}t\,. \tag{11.15}$$

Wenn wir die Gleichungen (11.13), (11.14) und (11.15) miteinander vergleichen, erhalten wir Formel (11.10). □

11.5.7 Korollare und Verallgemeinerungen der Substitutionsformel für ein Mehrfachintegral

a. Substitution bei Abbildungen messbarer Mengen

Satz 2. *Sei* $\varphi : D_t \to D_x$ *ein Diffeomorphismus einer beschränkten offenen Menge* $D_t \subset \mathbb{R}^n$ *auf eine Menge* $D_x \subset \mathbb{R}^n$ *desselben Typs. Seien* E_t *und* E_x *Teilmengen von* D_t *bzw.* D_x, *so dass* $\overline{E}_t \subset D_t$, $\overline{E}_x \subset D_x$ *und* $E_x = \varphi(E_t)$. *Sei ferner* $f \in \mathcal{R}(E_x)$. *Dann gilt* $f \circ \varphi | \det \varphi'| \in \mathcal{R}(E_t)$ *und die folgende Gleichung:*

$$\int_{E_x} f(x)\, \mathrm{d}x = \int_{E_t} \left(f \circ \varphi | \det \varphi'|\right)(t)\, \mathrm{d}t\,. \tag{11.16}$$

Beweis. Es gilt:

$$\int_{E_x} f(x)\, \mathrm{d}x = \int_{D_x} \left(f\chi_{E_x}\right)(x)\, \mathrm{d}x = \int_{D_t} \left(((f\chi_{E_x}) \circ \varphi)| \det \varphi'|\right)(t)\, \mathrm{d}t =$$

$$= \int_{D_t} \left((f \circ \varphi)| \det \varphi'|\chi_{E_t}\right)(t)\, \mathrm{d}t = \int_{E_t} \left((f \circ \varphi)| \det \varphi'|\right)(t)\, \mathrm{d}t\,.$$

Bei dieser Berechnung haben wir die Definition des Integrals über einer Menge, Formel (11.10) und die Tatsache, dass $\chi_{E_t} = \chi_{E_x} \circ \varphi$, ausgenutzt. □

b. Invarianz des Integrals

Wir erinnern daran, dass das Integral einer Funktion $f : E \to \mathbb{R}$ über einer Menge E sich auf die Berechnung des Integrals der Funktion $f\chi_E$ über ein Intervall $I \supset E$ umformen lässt. Aber das Intervall I ist per definitionem mit einem kartesischen Koordinatensystem in $\mathbb{R}^n$ versehen. Wir können nun beweisen, dass alle kartesischen Systeme zu demselben Integral führen.

Satz 3. *Der Wert des Integrals einer Funktion* f *über einer Menge* $E \subset \mathbb{R}^n$ *ist von der Wahl des kartesischen Koordinatensystems in* $\mathbb{R}^n$ *unabhängig.*

Beweis. Tatsächlich ist die Determinante der Jacobimatrix für die Transformation eines kartesischen Koordinatensystems in $\mathbb{R}^n$ in ein anderes kartesisches Koordinatensystem identisch gleich 1. Nach Satz 2 erhalten wir daher die Gleichung

$$\int\limits_{E_x} f(x)\,\mathrm{d}x = \int\limits_{E_t} (f \circ \varphi)(t)\,\mathrm{d}t \ .$$

Dies bedeutet aber, dass das Integral invariant definiert ist: Ist p ein Punkt in E mit den Koordinaten $x = (x^1, \ldots, x^n)$ im ersten System und $t = (t^1, \ldots, t^n)$ im zweiten und ist $x = \varphi(t)$ die Transformation eines Systems in das andere, dann gilt

$$f(p) = f_x(x^1, \ldots, x^n) = f_t(t^1, \ldots, t^n) \ ,$$

mit $f_t = f_x \circ \varphi$. Somit haben wir gezeigt, dass

$$\int\limits_{E_x} f_x(x)\,\mathrm{d}x = \int\limits_{E_t} f_t(t)\,\mathrm{d}t \ ,$$

wobei E_x und E_t die Menge E in x bzw. t Koordinaten bezeichnen.   □

Wir können aus Satz 3 und Definition 3 in Abschnitt 11.2 zum (Jordan-) Maß einer Menge $E \subset \mathbb{R}^n$ folgern, dass dieses Maß vom kartesischen Koordinatensystem in $\mathbb{R}^n$ unabhängig ist oder, was identisch ist, dass das Jordan-Maß unter einer Gruppe starrer euklidischer Bewegungen in $\mathbb{R}^n$ invariant ist.

c. Vernachlässigbare Mengen

Die praktisch benutzten Substitutionen oder die Formeln für die Koordinatentransformationen besitzen manchmal einige Singularitäten (so kann beispielsweise die eins-zu-eins Abhängigkeit an einigen Stellen versagen oder die Jacobimatrix verschwinden oder die Differenzierbarkeit kann nicht gegeben sein). In der Regel treten diese Singularitäten auf Mengen vom Maß Null auf und daher ist der folgende Satz sehr hilfreich, um den Ansprüchen aus der Praxis gerecht zu werden.

Satz 4. *Sei $\varphi : D_t \to D_x$ eine Abbildung einer (Jordan-) messbaren Menge $D_t \subset \mathbb{R}^n_t$ auf eine Menge $D_x \subset \mathbb{R}^n_x$ desselben Typs. Angenommen, es gebe Teilmengen S_t und S_x von D_t bzw. D_x mit (Lebesgue-) Maß Null, so dass $D_t \setminus S_t$ und $D_x \setminus S_x$ offene Mengen sind und dass φ erstere als Diffeomorphismus mit einer beschränkten Jacobimatrix in die zweite abbildet. Dann gehört zu jeder Funktion $f \in \mathcal{R}(D_x)$ auch die Funktion $(f \circ \varphi)|\det \varphi'|$ zu $\mathcal{R}(D_t \setminus S_t)$ und es gilt*

$$\int\limits_{D_x} f(x)\,\mathrm{d}x = \int\limits_{D_t \setminus S_t} \left((f \circ \varphi)|\det \varphi'| \right)(t)\,\mathrm{d}t \ . \tag{11.17}$$

Ist außerdem die Größe $|\det \varphi'|$ *definiert und in* D_t *beschränkt, dann gilt sogar:*

$$\int\limits_{D_x} f(x)\,\mathrm{d}x = \int\limits_{D_t} \left((f \circ \varphi)|\det \varphi'| \right)(t)\,\mathrm{d}t \ . \tag{11.18}$$

Beweis. Nach dem Lebesgue–Kriterium kann die Funktion f in D_x und daher auch in $D_x \setminus S_x$ nur in einer Menge vom Maß Null Unstetigkeitsstellen besitzen. Nach Lemma 1 ist das Bild dieser Menge von Unstetigkeiten unter der Abbildung $\varphi^{-1} : D_x \setminus S_x \to D_t \setminus S_t$ eine Menge vom Maß Null in $D_t \setminus S_t$. Daher folgt die Relation $(f \circ \varphi)|\det \varphi'| \in \mathcal{R}(D_t \setminus S_t)$ unmittelbar aus dem Kriterium nach Lebesgue für die Integrierbarkeit, wenn wir sicher stellen können, dass die Menge $D_t \setminus S_t$ messbar ist. Die Tatsache, dass diese Menge eine Jordan-messbare Menge ist, ergibt sich als Nebenprodukt der unten ausgeführten Überlegungen.

Laut Annahme ist $D_x \setminus S_x$ eine offene Menge, so dass $(D_x \setminus S_x) \cap \partial S_x = \varnothing$. Daher ist $\partial S_x \subset \partial D_x \cup S_x$ und folglich $\partial D_x \cup S_x = \partial D_x \cup \overline{S}_x$, wobei $\overline{S}_x = S_x \cup \partial S_x$ der Abschluss von S_x in $\mathbb{R}_x^n$ ist. Als Folge davon ist $\partial D_x \cup S_x$ eine abgeschlossene beschränkte Menge, d.h., sie ist kompakt in $\mathbb{R}^n$ und vom Lebesgue–Maß Null, da sie die Vereinigung zweier Mengen vom Maß Null ist. Nach Lemma 3 in Abschnitt 11.1 wissen wir, dass dann die Menge $\partial D_x \cup S_x$ (und mit ihr auch S_x) vom Maß Null ist, d.h., zu jedem $\varepsilon > 0$ existiert für diese Menge eine endliche Überdeckung $I_1, \dots, I_k$ durch Intervalle, so dass $\sum\limits_{i=1}^{k} |I_i| < \varepsilon$. Daraus folgt insbesondere, dass die Menge $D_x \setminus S_x$ (und auf ähnliche Weise auch die Menge $D_t \setminus S_t$) Jordan-messbar ist: Es gilt nämlich $\partial(D_x \setminus S_x) \subset \partial D_x \cup \partial S_x \subset \partial D_x \cup S_x$.

Die Überdeckung $I_1, \dots, I_k$ kann offensichtlich auch so gewählt werden, dass jeder Punkt $x \in \partial D_x \setminus S_x$ ein innerer Punkt zumindest eines dieser Intervalle der Überdeckung ist. Sei $U_x = \bigcup_{i=1}^{k} I_i$. Die Menge U_x ist messbar, wie auch $V_x = D_x \setminus U_x$. Nach unserer Konstruktion gilt für die Menge V_x, dass $\overline{V}_x \subset D_x \setminus S_x$ und wir erhalten für jede messbare Menge $E_x \subset D_x$, die die kompakte Menge $\overline{V}_x$ enthält, die folgende Abschätzung:

$$\left| \int\limits_{D_x} f(x)\,\mathrm{d}x - \int\limits_{E_x} f(x)\mathrm{d}x \right| = \left| \int\limits_{D_x \setminus E_x} f(x)\,\mathrm{d}x \right| \le$$

$$\le M\mu(D_x \setminus E_x) < M \cdot \varepsilon \ , \tag{11.19}$$

mit $M = \sup\limits_{x \in D_x} f(x)$.

Das Urbild $\overline{V}_t = \varphi^{-1}(\overline{V}_x)$ der kompakten Menge $\overline{V}_x$ ist eine kompakte Teilmenge von $D_t \setminus S_t$. Mit ähnlichen Überlegungen wie oben können wir eine messbare kompakte Menge W_t konstruieren, die die Bedingungen $\overline{V}_t \subset W_t \subset D_t \setminus S_t$ erfüllt und für die die Abschätzung

$$\left| \int_{D_t \setminus S_t} ((f \circ \varphi)|\det \varphi'|)(t)\, dt - \int_{E_t} ((f \circ \varphi)|\det \varphi'|)(t)\, dt \right| < \varepsilon \qquad (11.20)$$

für jede messbare Menge E_t mit $W_t \subset E_t \subset D_t \setminus S_t$ gilt.

Nun sei $E_x = \varphi(E_t)$. Gleichung (11.16) gilt nach Lemma 1 für die Mengen $E_x \subset D_x \setminus S_x$ und $E_t \subset D_t \setminus S_t$. Wenn wir die Relationen (11.16), (11.19) und (11.20) miteinander vergleichen und dabei die Beliebigkeit der Größe $\varepsilon > 0$ berücksichtigen, gelangen wir zu (11.17).

Wir beweisen nun die letzte Behauptung in Satz 4. Ist die Funktion $(f \circ \varphi)|\det \varphi'|$ auf der gesamten Menge D_t definiert, dann besteht, da $D_t \setminus S_t$ in $\mathbb{R}^n_t$ offen ist, die gesamte Menge von Unstetigkeiten dieser Funktion in D_t aus der Menge A von Unstetigkeiten von $(f \circ \varphi)|\det \varphi'|\big|_{D_t \setminus S_t}$ (der Einschränkung der ursprünglichen Funktion auf $D_t \setminus S_t$) und vielleicht einer Teilmenge B von $S_t \cup \partial D_t$.

Wie wir gezeigt haben, ist die Menge A eine Menge mit Lebesgue–Maß Null (da das Integral auf der rechten Seite von (11.17) existiert). Da auch $S_t \cup \partial D_t$ vom Maß Null ist, können wir dies auch über die Menge B sagen. Daher genügt es zu wissen, dass die Funktion $(f \circ \varphi)|\det \varphi'|$ auf D_t beschränkt ist; dann folgt aus dem Kriterium nach Lebesgue, dass sie auf D_t integrierbar ist. Es gilt aber $|f \circ \varphi|(t) \leq M$ auf D_t, so dass die Funktion $(f \circ \varphi)|\det \varphi'|$ auf S_t beschränkt ist, wobei wir davon ausgehen, dass die Funktion $|\det \varphi'|$ auf S_t laut Annahme beschränkt ist. Daher ist die Funktion $(f \circ \varphi)|\det \varphi'|$ auf der Menge $D_t \setminus S_t$ integrierbar und daher beschränkt. Folglich ist die Funktion $(f \circ \varphi)|\det \varphi'|$ auf D_t integrierbar. Nun unterscheiden sich die Mengen D_t und $D_t \setminus S_t$ nur durch eine messbare Menge S_t, deren Maß, wie wir gezeigt haben, gleich Null ist. Daher können wir, auf Grund der Additivität des Integrals und der Tatsache, dass das Integral über S_t Null ist, folgern, dass die rechten Seiten von (11.17) und (11.18) in diesem Fall tatsächlich gleich sind. $\quad\square$

Beispiel. Die Abbildung des Rechtecks $I = \{(r, \varphi) \in \mathbb{R}^2 \,|\, 0 \leq r \leq R \wedge 0 \leq \varphi \leq 2\pi\}$ auf die Kreisscheibe $K = \{(x, y) \in \mathbb{R}^2 \,|\, x^2 + y^2 \leq R^2\}$ nach der Vorschrift

$$x = r \cos \varphi \quad \text{und} \quad y = r \sin \varphi \qquad (11.21)$$

ist kein Diffeomorphismus: die gesamte Seite des Rechtecks I mit $r = 0$ wird in den einen Punkt $(0, 0)$ abgebildet; die Bilder der Punkte $(r, 0)$ und $(r, 2\pi)$ sind gleich. Wenn wir jedoch die Mengen $I \setminus \partial I$ und $K \setminus E$ betrachten, wobei E die Vereinigung der Umrandung ∂K der Scheibe K und dem in $(0, R)$ endenden Radianten ist, dann stellt sich die Einschränkung der Abbildung (11.21) auf das Gebiet $I \setminus \partial I$ als Diffeomorphismus dieses Gebiets auf das Gebiet $K \setminus E$ heraus. Daher können wir nach Satz 4 für jede Funktion $f \in \mathcal{R}(K)$

$$\iint_K f(x, y)\, dx\, dy = \iint_I f(r \cos \varphi, r \sin \varphi) r\, dr\, d\varphi$$

schreiben und mit dem Satz von Fubini erhalten wir:

$$\iint\limits_{K} f(x,y)\,\mathrm{d}x\,\mathrm{d}y = \int\limits_{0}^{2\pi} \mathrm{d}\varphi \int\limits_{0}^{R} f\big(r\cos\varphi, r\sin\varphi\big)r\,\mathrm{d}r\,.$$

Die Gleichungen (11.21) sind die wohl bekannten Formeln für den Übergang zu Polarkoordinaten aus kartesischen Koordinaten in der Ebene.

Das Gesagte lässt sich auf natürliche Weise für polare (sphärische) Koordinaten in $\mathbb{R}^n$, die wir in Band 1 untersucht haben, ausweiten und entwickeln. Dort findet sich auch die Jacobimatrix für die Transformation aus Polarkoordinaten in kartesische Koordinaten für einen Raum $\mathbb{R}^n$ mit beliebiger Dimension.

11.5.8 Übungen und Aufgaben

1. a) Zeigen Sie, dass Lemma 1 für jede glatte Abbildung $\varphi : D_t \to D_x$ gilt (vgl. in diesem Zusammenhang auch Aufgabe 8 unten).

b) Sei D eine offene Menge in $\mathbb{R}^m$ und $\varphi \in C^{(1)}(D, \mathbb{R}^n)$. Zeigen Sie, dass dann $\varphi(D)$ in $\mathbb{R}^n$ mit $m < n$ eine Menge vom Maß Null ist.

2. a) Zeigen Sie, dass das Maß einer messbaren Menge E und das Maß ihres Bildes $\varphi(E)$ unter einem Diffeomorphismus φ wie folgt in Zusammenhang stehen:
$$\mu\big(\varphi(E)\big) = \theta\mu(E). \text{ Dabei ist } \theta = \Big[\inf_{t\in E} |\det\varphi'(t)|, \sup_{t\in E} |\det\varphi'(t)|\Big].$$

b) Ist E insbesondere eine zusammenhängende Menge, dann gibt es einen Punkt $\tau \in E$, so dass $\mu\big(\varphi(E)\big) = |\det\varphi'(\tau)|\mu(E)$.

3. a) Zeigen Sie, dass dann, wenn Gleichung (11.10) für die Funktion $f \equiv 1$ gilt, sie auch im Allgemeinen gilt.

b) Führen Sie den Beweis von Satz 1 erneut durch, nun aber vereinfacht für den Spezialfall $f \equiv 1$.

4. Führen Sie den Beweis von Lemma 3 ohne Zuhilfenahme von Anmerkung 2 durch. Sie können allerdings annehmen, dass Lemma 2 bekannt ist und dass zwei integrierbare Funktionen dasselbe Integral besitzen, wenn sie sich nur in einer Menge vom Maß Null unterscheiden.

5. Anstelle der Additivität des Integrals begleitet von der Analyse zur Messbarkeit von Mengen lässt sich Formel (11.10) auch auf eine andere Weise auf ihre lokale Version reduzieren (d.h. zum Beweis der Formel für eine kleine Umgebung der Punkte des abgebildeten Gebiets). Dieser Weg baut auf der Linearität des Integrals auf.

a) Sind die glatten Funktionen $e_1, \ldots, e_k$ derart, dass $0 \le e_i \le 1$, $i = 1, \ldots, k$ und $\sum\limits_{i}^{k} e_i(x) \equiv 1$ auf D_x, dann gilt $\int\limits_{D_x} \Big(\sum\limits_{i=1}^{k} e_i f\Big)(x)\,\mathrm{d}x = \int\limits_{D_x} f(x)\,\mathrm{d}x$ für jede Funktion $f \in \mathcal{R}(D_x)$.

b) Ist $\operatorname{supp} e_i$ in der Menge $U \subset D_x$ enthalten, dann gilt $\int\limits_{D_x} (e_i f)(x)\,\mathrm{d}x = \int\limits_{U} (e_i f)(x)\,\mathrm{d}x$.

c) Mit Hilfe der Lemmata 3 und 4 und der Linearität des Integrals können wir Formel (11.10) aus a) und b) herleiten, falls wir für jede offene Überdeckung $\{U_\alpha\}$ der kompakten Menge $K = \operatorname{supp} f \subset D_x$ eine Menge glatter Funktionen $e_1, \ldots, e_k$ in D_x konstruieren, so dass $0 \le e_i \le 1$, $i = 1, \ldots, k$, $\sum\limits_{i=1}^{k} e_i \equiv 1$ auf K und es zu jeder Funktion $e_i \in \{e_i\}$ eine Menge $U_{\alpha_i} \in \{U_\alpha\}$ gibt, so dass $\operatorname{supp} e_i \subset U_{\alpha_i}$.

In diesem Fall nennen wir die Funktionen $\{e_i\}$ eine *Zerlegung der Eins auf der kompakten Menge K in Abhängigkeit von der Überdeckung $\{U_\alpha\}$*.

6. Diese Aufgabe enthält ein Schema zur Konstruktion der Zerlegung der Eins, die in Aufgabe 5 angeführt wurde.

a) Konstruieren Sie eine Funktion $f \in C^{(\infty)}(\mathbb{R}, \mathbb{R})$, so dass $f\big|_{[-1,1]} \equiv 1$ und $\operatorname{supp} f \subset [-1 - \delta, 1 + \delta]$ mit $\delta > 0$.

b) Konstruieren Sie eine Funktion $f \in C^{(\infty)}(\mathbb{R}^n, \mathbb{R})$ mit den in a) angedeuteten Eigenschaften für den Einheitswürfel in $\mathbb{R}^n$ und seine δ-Erweiterung.

c) Zeigen Sie, dass zu jeder offenen Überdeckung der kompakten Menge $K \subset \mathbb{R}^n$ in Abhängigkeit von dieser Überdeckung eine glatte Zerlegung der Eins auf K existiert.

d) Erweitern Sie c) und konstruieren Sie eine $C^{(\infty)}$-Zerlegung der Eins in $\mathbb{R}^n$ in Abhängigkeit von einer lokalen endlichen offenen Überdeckung des gesamten Raumes. (Eine Überdeckung ist *lokal endlich*, falls jeder Punkt der überdeckten Menge, in diesem Fall $\mathbb{R}^n$, eine Umgebung besitzt, die nur eine endliche Anzahl von Mengen in der Überdeckung schneidet. Für eine Zerlegung der Eins mit einer endlichen Anzahl von Funktionen $\{e_i\}$ stellen wir die Anforderung, dass jeder Punkt der Menge, auf der diese Zerlegung konstruiert wird, zum Träger von höchstens endlich vielen Funktionen $\{e_i\}$ gehört. Unter dieser Annahme stellt sich die Frage nach der Bedeutung von $\sum\limits_i e_i \equiv 1$ nicht; genauer gesagt, es stellen sich keine Fragen zur Bedeutung der Summe auf der linken Seite.)

7. Wir können auch einen Beweis von Satz 1 erhalten, der sich leicht von dem oben gegebenen unterscheidet und nur auf der Möglichkeit aufbaut, eine lineare Abbildung in eine Verkettung einfacher Abbildungen zerlegen zu können. Ein derartiger Beweis schließt sich enger an die heuristischen Überlegungen in Absatz 11.5.1 an. Er ergibt sich nach Beweis der folgenden Behauptungen:

a) Zeigen Sie, dass unter linearen Abbildungen $L : \mathbb{R}^n \to \mathbb{R}^n$ der Form

$$(x^1, \ldots, x^k, \ldots, x^n) \mapsto (x^1, \ldots, x^{k-1}, \lambda x^k, x^{k+1}, \ldots, x^n),$$

mit $\lambda \ne 0$ und

$$(x^1, \ldots, x^k, \ldots, x^n) \mapsto (x^1, \ldots, x^{k-1}, x^k + x^j, \ldots, x^n)$$

die Beziehung $\mu\big(L(E)\big) = |\det L'| \mu(E)$ für jede messbare Menge $E \subset \mathbb{R}^n$ gilt. Zeigen Sie dann, dass diese Relation für jede lineare Transformation $L : \mathbb{R}^n \to \mathbb{R}^n$ gilt. (Benutzen Sie den Satz von Fubini und die Möglichkeit der Zerlegung einer linearen Abbildung in eine Verkettung einfacher Abbildungen).

b) Sei $\varphi : D_t \to D_x$ ein Diffeomorphismus. Zeigen Sie, dass dann für jede messbare kompakte Menge $K \subset D_t$ und ihr Bild $\varphi(K)$ gilt, dass $\mu\big(\varphi(K)\big) \leq \int\limits_K |\det \varphi'(t)|\, dt$. (Ist $a \in D_t$, dann $\exists (\varphi'(a))^{-1}$ und in der Darstellung $\varphi(t) = \Big(\varphi'(a) \circ (\varphi'(a))^{-1} \circ \varphi\Big)(t)$ ist die Abbildung $\varphi'(a)$ linear, während die Transformation $(\varphi'(a))^{-1} \circ \varphi$ nahezu eine Isometrie auf eine Umgebung von a ist.)

c) Die Funktion f in Satz 1 sei nicht negativ. Zeigen Sie, dass dann $\int\limits_{D_x} f(x)\, dx \leq \int\limits_{D_t} \Big((f \circ \varphi)|\det \varphi'|\Big)(t)\, dt$ gilt.

d) Zeigen Sie, indem sie die obige Ungleichung auf die Funktion $(f \circ \varphi)|\det \varphi'|$ und die Abbildung $\varphi^{-1} : D_x \to D_t$ anwenden, dass die Formel (11.10) für eine nicht negative Funktion gilt.

e) Stellen sie die Funktion f in Satz 1 als Differenz integrierbarer, nicht negativer Funktionen dar und beweisen Sie dadurch, dass Formel (11.10) gilt.

8. Lemma von Sard. *Sei D eine offene Menge in $\mathbb{R}^n$, sei $\varphi \in C^{(1)}(D, \mathbb{R}^n)$ und sei S die Menge kritischer Punkte der Abbildung φ. Dann ist $\varphi(S)$ eine Menge vom (Lebesgue-) Maß Null.*

Wir erinnern daran, dass ein *kritischer Punkt einer glatten Abbildung φ* eines Gebiets $D \subset \mathbb{R}^m$ nach $\mathbb{R}^n$ ein Punkt $x \in D$ ist, in dem Rang $\varphi'(x) < \min\{m, n\}$. Für den Fall $m = n$ ist dies zur Bedingung $\det \varphi'(x) = 0$ äquivalent.

a) Beweisen Sie das Lemma von Sard für eine lineare Transformation.

b) Sei I ein Intervall im Gebiet D und sei $\varphi \in C^{(1)}(D, \mathbb{R}^n)$. Zeigen Sie, dass eine Funktion $\alpha(h)$, $\alpha : \mathbb{R}^n \to \mathbb{R}$ existiert, so dass $\alpha(h) \to 0$ für $h \to 0$ und $|\varphi(x + h) - \varphi(x) - \varphi'(x)h| \leq \alpha(h)|h|$ für jedes $x, x + h \in I$.

c) Schätzen Sie mit Hilfe von b) die Abweichung des Bildes $\varphi(I)$ des Intervalls I unter der Abbildung φ von demselben Bild unter der linearen Abbildung $L(x) = \varphi(a) + \varphi'(a)(x - a)$ für $a \in I$ ab.

d) Zeigen Sie, ausgehend von a), b) und c), dass für die Menge der kritischen Punkte S der Abbildung φ im Intervall I die Menge $\varphi(S)$ eine Menge vom Maß Null ist.

e) Beenden Sie nun den Beweis des Lemmas von Sard.

f) Zeigen Sie mit Hilfe des Lemmas von Sard, dass in Satz 1 die Forderung genügt, dass die Abbildung φ eine eins-zu-eins Abbildung der Klasse $C^{(1)}(D_t, D_x)$ ist.

Wir merken an, dass die hier vorgestellte Version des Lemmas von Sard ein einfacher Spezialfall eines Satzes von Sard und Morse ist, nachdem die Behauptung des Lemmas auch dann gilt, wenn $D \subset \mathbb{R}^n$ und $\varphi \in C^{(k)}(D, \mathbb{R}^n)$ mit $k = \max\{m - n + 1, 1\}$. Wie ein Beispiel von Whitney zeigt, kann die Größe k hierbei für jedes Zahlenpaar m und n nicht verringert werden. In der Geometrie ist das Lemma von Sard als die Behauptung bekannt, dass für eine glatte Abbildung $\varphi : D \to \mathbb{R}^n$ einer offenen Menge $D \subset \mathbb{R}^m$ nach $\mathbb{R}^n$ für fast alle Punkte $x \in \varphi(D)$ gilt, dass das gesamte Urbild $\varphi^{-1}(x) = M_x$ in D eine Fläche (Mannigfaltigkeit) der Kodimension n in $\mathbb{R}^m$ ist (d.h., $m - \dim M_x = n$ für fast alle $x \in D$).

9. Angenommen, wir betrachten in Satz 1 anstelle des Diffeomorphismus φ eine beliebige Abbildung $\varphi \in C^{(1)}(D_t, D_x)$, so dass $\det \varphi'(t) \neq 0$ in D_t. Sei

$n(x) = \|\{t \in \text{supp}\,(f \circ \varphi) | \varphi(t) = x\}\|$, d.h. $n(x)$ ist die Zahl der Punkte des Trägers der Funktion $f \circ \varphi$, die unter $\varphi : D_t \to D_x$ in den Punkt $x \in D_x$ abgebildet werden. Dann gilt die folgende Gleichung:

$$\int\limits_{D_x} (f \cdot n)(x)\,\mathrm{d}x = \int\limits_{D_t} \Big((f \circ \varphi)|\det \varphi'|\Big)(t)\,\mathrm{d}t\,.$$

a) Welche geometrische Bedeutung besitzt diese Formel für $f \equiv 1$?
b) Beweisen Sie diese Formel für die Spezialabbildung des Kranzes $D_t = \{t \in \mathbb{R}_t^2 |\ 1 < |t| < 2\}$ auf den Kranz $D_x = \{x \in \mathbb{R}_x^2 |\ 1 < |x| < 2\}$ in den Polarkoordinaten (r, φ) und (ρ, θ) in den Ebenen $\mathbb{R}_x^2$ bzw. $\mathbb{R}_t^2$ mit $r = \rho$, $\varphi = 2\theta$.
c) Versuchen Sie nun die Formel für den Allgemeinfall zu beweisen.

11.6 Uneigentliche Mehrfachintegrale

11.6.1 Grundlegende Definitionen

Definition 1. Eine *Ausschöpfung*[9] einer Menge $E \subset \mathbb{R}^n$ ist eine Folge messbarer Mengen $\{E_n\}$, so dass $E_n \subset E_{n+1} \subset E$ für jedes $n \in \mathbb{N}$ und $\bigcup\limits_{n=1}^{\infty} E_n = E$.

Lemma. *Ist $\{E_n\}$ eine Ausschöpfung einer messbaren Menge E, dann gilt:*

a) $\lim\limits_{n \to \infty} \mu(E_n) = \mu(E)$.
b) *Zu jeder Funktion $f \in \mathcal{R}(E)$ gehört die Funktion $f\big|_{E_n}$ auch zu $\mathcal{R}(E_n)$ und es gilt*

$$\lim_{n \to \infty} \int\limits_{E_n} f(x)\,\mathrm{d}x = \int\limits_{E} f(x)\,\mathrm{d}x\,.$$

Beweis. Da $E_n \subset E_{n+1} \subset E$, folgt, dass $\mu(E_n) \leq \mu(E_{n+1}) \leq \mu(E)$ und $\lim\limits_{n \to \infty} \mu(E_n) \leq \mu(E)$. Für den Beweis von *a)* werden wir zeigen, dass die Ungleichung $\lim\limits_{n \to \infty} \mu(E_n) \geq \mu(E)$ auch gilt.

Der Rand ∂E von E besitzt den Inhalt Null und kann daher von einer endlichen Anzahl von offenen Intervallen, deren gesamter Inhalt kleiner als jede vorgegebene Zahl $\varepsilon > 0$ ist, überdeckt werden. Sei Δ die Vereinigung aller dieser offener Intervalle. Dann ist die Menge $E \cup \Delta =: \widetilde{E}$ offen in $\mathbb{R}^m$ und nach Konstruktion enthält $\widetilde{E}$ den Abschluss von E mit $\mu(\widetilde{E}) \leq \mu(E) + \mu(\Delta) < \mu(E) + \varepsilon$.

Zu jeder Menge E_n der Ausschöpfung $\{E_n\}$ kann die eben beschriebene Konstruktion mit dem Wert $\varepsilon_n = \varepsilon/2^n$ wiederholt werden. Dadurch erhalten wir eine Folge von offenen Mengen $\widetilde{E}_n = E_n \cup \Delta_n$, so dass $E_n \subset \widetilde{E}_n$, $\mu(\widetilde{E}_n) \leq \mu(E_n) + \mu(\Delta_n) < \mu(E_n) + \varepsilon_n$ und $\bigcup\limits_{n=1}^{\infty} \widetilde{E}_n \supset \bigcup\limits_{n=1}^{\infty} E_n \supset E$.

---

[9] Anstelle von Ausschöpfung ist auch der englische Begriff „*exhaustion*" üblich.

Das System offener Mengen Δ, $\widetilde{E}_1$, $\widetilde{E}_2$,...bildet eine offene Überdeckung der kompakten Menge $\overline{E}$.

Sei Δ, $\widetilde{E}_1, \widetilde{E}_2,\ldots,\widetilde{E}_k$ eine endliche Überdeckung von $\overline{E}$, die wir aus dieser Überdeckung herausgegriffen haben. Da $E_1 \subset E_2 \subset \cdots \subset E_k$ bilden die Mengen Δ, $\Delta_1,\ldots$, Δ_k, E_k ebenfalls eine Überdeckung von $\overline{E}$ und daher gilt

$$\mu(E) \leq \mu(\overline{E}) \leq \mu(E_k) + \mu(\Delta) + \mu(\Delta_1) + \cdots + \mu(\Delta_k) < \mu(E_k) + 2\varepsilon .$$

Daraus folgt, dass $\mu(E) \leq \lim\limits_{n\to\infty} \mu(E_n)$.

b) Die Relation $f|_{E_n} \in \mathcal{R}(E_n)$ ist uns wohl bekannt und sie folgt aus dem Kriterium nach Lebesgue zur Existenz des Integrals über einer messbaren Menge. Laut Annahme ist $f \in \mathcal{R}(E)$ und daher existiert eine Konstante M, so dass $|f(x)| \leq M$ auf E. Aus der Additivität des Integrals und der allgemeinen Abschätzung für das Integral erhalten wir

$$\left| \int_E f(x)\,\mathrm{d}x - \int_{E_n} f(x)\,\mathrm{d}x \right| = \left| \int_{E\setminus E_n} f(x)\,\mathrm{d}x \right| \leq M\mu(E\setminus E_n) .$$

Zusammen mit dem in a) Bewiesenen können wir schließen, dass b) ebenfalls gilt. $\qquad\square$

Definition 2. Sei $\{E_n\}$ eine Ausschöpfung der Menge E und die Funktion $f : E \to \mathbb{R}$ sei auf den Mengen $E_n \in \{E_n\}$ integrierbar. Falls der Grenzwert

$$\int_E f(x)\,\mathrm{d}x := \lim_{n\to\infty} \int_{E_n} f(x)\,\mathrm{d}x$$

existiert und einen Wert annimmt, der von der Wahl der Mengen in der Ausschöpfung von E unabhängig ist, wird dieser Grenzwert das *uneigentliche Integral von f über E* genannt.

Das Integralzeichen auf der linken Seite dieser letzten Gleichung wird üblicherweise für jede auf E definierte Funktion geschrieben, aber wir sagen, dass das Integral *existiert* oder *konvergiert*, falls der Grenzwert in Definition 2 existiert. Gibt es für alle Ausschöpfungen von E keinen gemeinsamen Grenzwert, dann sagen wir, dass das Integral von f über E nicht existiert oder dass das Integral *divergiert*.

Ziel von Definition 2 ist es, das Konzept des Integrals auf den Fall unbeschränkter Integranden oder auf ein unbeschränktes Integrationsgebiet zu erweitern.

Das für ein uneigentliches Integral eingeführte Symbol stimmt mit dem Symbol für ein gewöhnliches Integral überein, wodurch die folgende Anmerkung notwendig wird:

Anmerkung 1. Ist E eine messbare Menge und $f \in \mathcal{R}(E)$, dann existiert das Integral von f über E im Sinne von Definition 2 und es besitzt denselben Wert wie das eigentliche Integral von f über E.

Beweis. Dies ist genau der Inhalt von Behauptung *b*) in obigem Lemma.   □

Die Menge aller Ausschöpfungen für jede einigermaßen reiche Menge ist immens und wir gebrauchen nicht alle Ausschöpfungen. Der Konvergenzbeweis für ein uneigentliches Integral wird oft durch folgenden Satz vereinfacht:

Satz 1. *Ist eine Funktion $f : E \to \mathbb{R}$ nicht negativ und existiert der Grenzwert in Definition 2 auch nur für eine Ausschöpfung $\{E_n\}$ der Menge E, dann konvergiert das uneigentliche Integral von f über E.*

Beweis. Sei $\{E'_k\}$ eine zweite Ausschöpfung von E in Elemente, auf denen f integrierbar ist. Die Mengen $E^k_n := E'_k \cap E_n$, $n = 1, 2, \ldots$ bilden eine Ausschöpfung der Menge E'_k und daher folgt aus Teil *b*) des Lemmas, dass

$$\int\limits_{E'_k} f(x)\,\mathrm{d}x = \lim_{n\to\infty} \int\limits_{E^k_n} f(x)\,\mathrm{d}x \leq \lim_{n\to\infty} \int\limits_{E_n} f(x)\,\mathrm{d}x = A\,.$$

Da $f \geq 0$ und $E'_k \subset E'_{k+1} \subset E$, folgt daraus, dass

$$\exists \lim_{k\to\infty} \int\limits_{E'_k} f(x)\,\mathrm{d}x = B \leq A\,.$$

Auf Grund der Symmetrie zwischen den Ausschöpfungen $\{E_n\}$ und $\{E'_k\}$ muss auch $A \leq B$ gelten und daher $A = B$.   □

Beispiel 1. Wir wollen das uneigentliche Integral $\iint\limits_{\mathbb{R}^2} e^{-(x^2+y^2)}\,\mathrm{d}x\,\mathrm{d}y$ bestimmen.

Wir schöpfen dazu die Ebene $\mathbb{R}^2$ durch die Folge von Scheiben $E_n = \{(x,y) \in \mathbb{R}^2 \,|\, x^2 + y^2 < n^2\}$ aus. Nach Übergang zu den Polarkoordinaten finden wir einfach, dass

$$\iint\limits_{E_n} e^{-(x^2+y^2)}\,\mathrm{d}x\,\mathrm{d}y = \int\limits_0^{2\pi} \mathrm{d}\varphi \int\limits_0^n e^{-r^2} r\,\mathrm{d}r = \pi(1 - e^{-n^2}) \to \pi$$

für $n \to \infty$.

Nach Satz 1 können wir nun folgern, dass dieses Integral konvergiert und gleich π ist.

Wir können aus diesem Ergebnis ein nützliches Korollar ableiten, falls wir nun die Ausschöpfung der Ebene durch die Quadrate $E'_n = \{(x,y) \in \mathbb{R}^2 \,|\, |x| \leq n \wedge |y| \leq n\}$ betrachten. Nach dem Satz von Fubini gilt

$$\iint\limits_{E'_n} e^{-(x^2+y^2)}\,\mathrm{d}x\,\mathrm{d}y = \int\limits_{-n}^n \mathrm{d}y \int\limits_{-n}^n e^{-(x^2+y^2)}\,\mathrm{d}x = \left(\int\limits_{-n}^n e^{-t^2}\,\mathrm{d}t\right)^2\,.$$

Nach Satz 1 muss diese letzte Größe für $n \to \infty$ gegen π streben. Daher erhalten wir nach Euler und Poisson, dass

$$\int\limits_{-\infty}^{+\infty} e^{-x^2}\,\mathrm{d}x = \sqrt{\pi}\,.$$

Einige zusätzliche Eigenschaften von Definition 2 für ein uneigentliches Integral, die auf den ersten Blick nicht ganz offensichtlich sind, werden wir unten in Anmerkung 3 vorstellen.

11.6.2 Der Vergleichstest zur Konvergenz eines uneigentlichen Integrals

Satz 2. *Seien f und g auf der Menge E definierte Funktionen, die auf exakt denselben messbaren Teilmengen integrierbar sind. Angenommen, $|f(x)| \leq g(x)$ auf E. Falls das uneigentliche Integral $\int\limits_{E} g(x)\,\mathrm{d}x$ konvergiert, dann konvergieren auch die Integrale $\int\limits_{E} |f|(x)\,\mathrm{d}x$ und $\int\limits_{E} f(x)\,\mathrm{d}x$.*

Beweis. Sei $\{E_n\}$ eine Ausschöpfung von E, auf deren Elementen sowohl g als auch f integrierbar sind. Aus dem Kriterium nach Lebesgue folgt, dass die Funktion $|f|$ auf den Mengen E_n, $n \in \mathbb{N}$ integrierbar ist und daher können wir schreiben:

$$\int\limits_{E_{n+k}} |f|(x)\,\mathrm{d}x - \int\limits_{E_n} |f|(x)\,\mathrm{d}x = \int\limits_{E_{n+k}\setminus E_n} |f|(x)\,\mathrm{d}x \leq$$

$$\leq \int\limits_{E_{n+k}\setminus E_n} g(x)\,\mathrm{d}x = \int\limits_{E_{n+k}} g(x)\,\mathrm{d}x - \int\limits_{E_n} g(x)\,\mathrm{d}x\,,$$

wobei k und n natürliche Zahlen sind. Wenn wir Satz 1 und das Cauchysche Kriterium zur Existenz einer Folge berücksichtigen, können wir folgern, dass das Integral $\int\limits_{E} |f|(x)\,\mathrm{d}x$ konvergiert.

Nun betrachten wir die Funktionen $f_+ := \frac{1}{2}(|f|+f)$ und $f_- := \frac{1}{2}(|f|-f)$. Offensichtlich ist $0 \leq f_+ \leq |f|$ und $0 \leq f_- \leq |f|$. Nach dem Bewiesenen konvergieren die uneigentlichen Integrale von sowohl f_+ als auch f_- über E. Nun ist aber $f = f_+ - f_-$ und daher konvergiert das uneigentliche Integral von f über dieselbe Menge ebenfalls (und entspricht der Differenz der Integrale von f_+ und f_-). $\qquad\square$

Um Satz 2 bei Konvergenzuntersuchungen von uneigentlichen Integralen sinnvoll einsetzen zu können, ist es zweckmäßig, eine Anzahl von Standardfunktionen zum Vergleich zu kennen. In diesem Zusammenhang betrachten wir das folgende Beispiel:

Beispiel 2. In der punktierten *n*-dimensionalen Kugel $K \in \mathbb{R}^n$ mit Radius 1, deren Zentrum in 0 entfernt ist, betrachten wir die Funktion $1/r^\alpha$, wobei $r = d(0, x)$ der Abstand zwischen dem Punkt $x \in K \setminus 0$ und dem Punkt 0 ist. Wir wollen die Werte $\alpha \in \mathbb{R}$ bestimmen, für die das Integral von $r^{-\alpha}$ über dem Gebiet $K \setminus 0$ konvergiert. Dazu konstruieren wir eine Ausschöpfung des Gebiets durch die kranzförmigen Bereiche $K(\varepsilon) = \{x \in K \,|\, \varepsilon < d(0, x) < 1\}$.

Beim Übergang zu Polarkoordinaten mit Zentrum in 0 erhalten wir mit dem Satz von Fubini, dass

$$
\int\limits_{K(\varepsilon)} \frac{\mathrm{d}x}{r^\alpha(x)} = \int\limits_{S} f(\varphi) \, \mathrm{d}\varphi \int\limits_{\varepsilon}^{1} \frac{r^{n-1} \, \mathrm{d}r}{r^\alpha} = c \int\limits_{\varepsilon}^{1} \frac{\mathrm{d}r}{r^{\alpha - n + 1}} \,,
$$

mit $\mathrm{d}\varphi = \mathrm{d}\varphi_1 \ldots \mathrm{d}\varphi_{n-1}$. Dabei ist $f(\varphi)$ ein gewisses Produkt von Sinusfunktionen mit den Winkeln $\varphi_1, \ldots, \varphi_{n-2}$, das in der Jacobimatrix der Transformation zu Polarkoordinaten in $\mathbb{R}^n$ auftritt, während c der Betrag des Integrals über S ist, das nur von n und nicht von r und ε abhängt.

Der Wert des gerade erhaltenen Integrals über $K(\varepsilon)$ nimmt für $\varepsilon \to +0$ einen endlichen Grenzwert an, falls $\alpha < n$. In allen anderen Fälle strebt dieses letzte Integral für $\varepsilon \to +0$ gegen Unendlich.

Somit haben wir gezeigt, dass die Funktion $\frac{1}{d^\alpha(0, x)}$, wobei d der Abstand zum Punkt 0 ist, in einer punktierten Umgebung von 0 nur für $\alpha < n$ integriert werden kann, wobei n die Dimension des Raumes ist.

Auf ähnliche Weise können wir zeigen, dass außerhalb der Kugel K, d.h. in einer Umgebung von Unendlich, dieselbe Funktion im uneigentlichen Sinne nur für $\alpha > n$ integrierbar ist.

Beispiel 3. Seien $I = \{x \in \mathbb{R}^n \,|\, 0 \leq x^i \leq 1, \, i = 1, \ldots, n\}$ der *n*-dimensionale Würfel und I_k die *k*-dimensionale Fläche im Würfel, die durch die Bedingungen $x^{k+1} = \cdots = x^n = 0$ definiert ist. Auf der Menge $I \setminus I_k$ betrachten wir die Funktion $\frac{1}{d^\alpha(x)}$, wobei $d(x)$ der Abstand von $x \in I \setminus I_k$ zur Fläche I_k ist. Wir wollen die Werte $\alpha \in \mathbb{R}$ bestimmen, für die das Integral dieser Funktion über $I \setminus I_k$ konvergiert.

Wir merken an, dass für $x = (x^1, \ldots, x^k, x^{k+1}, \ldots, x^n)$ gilt, dass

$$
d(x) = \sqrt{(x^{k+1})^2 + \cdots + (x^n)^2} \,.
$$

Sei $I(\varepsilon)$ der Würfel I, von dem die ε-Umgebung der Fläche I_k entfernt wurde. Nach dem Satz von Fubini gilt

$$
\int\limits_{I(\varepsilon)} \frac{\mathrm{d}x}{d^\alpha(x)} = \int\limits_{I_k} \mathrm{d}x^1 \cdots \mathrm{d}x^k \int\limits_{I_{n-k}(\varepsilon)} \frac{\mathrm{d}x^{k+1} \cdots \mathrm{d}x^n}{\left((x^{k+1})^2 + \cdots + (x^n)^2\right)^{\alpha/2}} = \int\limits_{I_{n-k}(\varepsilon)} \frac{\mathrm{d}u}{|u|^\alpha} \,,
$$

wobei $u = (x^{k+1}, \ldots, x^n)$ und $I_{n-k}(\varepsilon)$ die Fläche $I_{n-k} \subset \mathbb{R}^{n-k}$ ist, von der die ε-Umgebung von 0 entfernt wurde.

Aufbauend auf unserer Erfahrung, die wir in Beispiel 2 erlangt haben, ist klar, dass das letzte Integral nur für $\alpha < n - k$ konvergiert. Daher konvergiert das betrachtete uneigentliche Integral nur für $\alpha < n - k$, wobei k die Dimension der Fläche ist, in deren Nähe die Funktion ohne Beschränkung anwachsen kann.

Anmerkung 2. Im Beweis von Satz 2 haben wir gezeigt, dass die Konvergenz des Integrals von $|f|$ die Konvergenz des Integrals von f impliziert. Es stellt sich heraus, dass dies für ein uneigentliches Integral im Sinne von Definition 2 auch in umgekehrter Richtung gilt. Dies war früher nicht der Fall, als wir uneigentliche Integrale auf der Geraden untersuchten. Bei Letzterem Fall haben wir zwischen absoluter und nicht absoluter (bedingter) Konvergenz eines uneigentlichen Integrals unterschieden. Um den Kern des neuen Phänomens, das in Zusammenhang mit Definition 2 auftritt, ordentlich zu verstehen, betrachten wir das folgende Beispiel:

Beispiel 4. Die Funktion $f : \mathbb{R}_+ \to \mathbb{R}$ sei auf der Menge $\mathbb{R}_+$ der nicht negativen Zahlen folgendermaßen definiert: $f(x) = \frac{(-1)^{n-1}}{n}$, für $n - 1 \leq x < n$, $n \in \mathbb{N}$.

Da die Reihe $\sum\limits_{n=1}^{\infty} \frac{(-1)^{n-1}}{n}$ konvergiert, besitzt das Integral $\int\limits_0^A f(x)\,dx$ einen Grenzwert für $A \to \infty$, der der Summe der Reihe entspricht.

Diese Reihe konvergiert jedoch nicht absolut und wir können sie gegen $+\infty$ divergieren lassen, indem wir beispielsweise die Ausdrücke neu anordnen. Die Teilsummen der neuen Reihen können als Integrale der Funktion f über die Vereinigung E_n der abgeschlossenen Intervalle auf der reellen Geraden, die Gliedern der Reihen entsprechen, interpretiert werden. Die Mengen E_n, alle zusammen, bilden jedoch eine Ausschöpfung des Gebiets $\mathbb{R}_+$, auf dem f definiert ist.

Daher existiert zwar das uneigentliche Integral $\int\limits_0^{\infty} f(x)\,dx$ der Funktion $f : \mathbb{R}_+ \to \mathbb{R}$ in seinem früheren Sinne, aber nicht im Sinne von Definition 2.

Wir können erkennen, dass die Bedingung in Definition 2, dass der Grenzwert von der Wahl der Ausschöpfung unabhängig ist, äquivalent zur Unabhängigkeit der Summe einer Reihe von der Summationsreihenfolge ist. Dies ist jedoch, wie wir wissen, genau äquivalent zur absoluten Konvergenz.

In der Praxis müssen wir fast immer nur spezielle Ausschöpfungen folgender Art betrachten: Sei eine im Gebiet D definierte Funktion $f : D \to \mathbb{R}$ in einer Umgebung einer Menge $E \subset \partial D$ unbeschränkt. Wir entfernen dann die Punkte, die in der ε-Umgebung von E liegen von D und erhalten ein Gebiet $D(\varepsilon) \subset D$. Für $\varepsilon \to 0$ erzeugen diese Gebiete eine Ausschöpfung von D. Ist das Gebiet unbeschränkt, können wir eine Ausschöpfung des Gebiets erhalten, indem wir die D-Komplemente von Umgebungen von Unendlich herausgreifen. Dies sind die besonderen Ausschöpfungen, auf die wir hingewiesen haben und die wir im ein-dimensionalen Fall untersucht haben und es sind diese besonderen Ausschöpfungen, die direkt zur Verallgemeinerung der Schreibweise des Cauchyschen Hauptwertes eines uneigentlichen Integrals zum Fall eines Raumes beliebiger Dimension führten, wie wir früher bei der Untersuchung von uneigentlichen Integralen auf der Geraden diskutiert haben.

11.6.3 Substitution in einem uneigentlichen Integral

Zum Abschluss erhalten wir die Formel für die Substitution bei uneigentlichen Integralen, wobei wir auf eine sehr wichtige, wenn auch sehr einfache Ergänzung zu den Sätzen 1 und 4 aus Abschnitt 11.5 stoßen werden.

Satz 3. *Sei* $\varphi : D_t \to D_x$ *ein Diffeomorphismus der offenen Menge* $D_t \subset \mathbb{R}^n_t$ *auf die Menge* $D_x \subset \mathbb{R}^n_x$ *gleichen Typs und sei* $f : D_x \to \mathbb{R}$ *eine auf allen messbaren kompakten Teilmengen von* D_x *integrierbare Funktion. Falls das uneigentliche Integral* $\int\limits_{D_x} f(x)\,\mathrm{d}x$ *konvergiert, dann konvergiert auch das Integral* $\int\limits_{D_t} \big((f \circ \varphi)|\det \varphi'|\big)(t)\,\mathrm{d}t$ *und nimmt denselben Wert an.*

Beweis. Die offene Menge $D_t \subset \mathbb{R}^n_t$ kann durch eine Folge kompakter Mengen E^k_t, $k \in \mathbb{N}$, von denen jede die Vereinigung einer endlichen Anzahl von Intervallen in $\mathbb{R}^n_t$ ist (vgl. in diesem Zusammenhang den Anfang des Beweises von Lemma 1 in Abschnitt 11.5) ausgeschöpft werden. Da $\varphi : D_t \to D_x$ ein Diffeomorphismus ist, entspricht die Ausschöpfung E^k_x von D_x mit $E^k_x = \varphi(E^k_t)$ der Ausschöpfung $\{E^k_t\}$ von D_t. Hierbei sind die Mengen $E^k_x = \varphi(E^k_t)$ messbare kompakte Mengen in D_x (die Messbarkeit folgt aus Lemma 1 in Abschnitt 11.5). Nach Satz 2 in Abschnitt 11.5 können wir

$$\int\limits_{E^k_x} f(x)\,\mathrm{d}x = \int\limits_{E^k_t} \big((f \circ \varphi)|\det \varphi'|\big)(t)\,\mathrm{d}t$$

schreiben.

Die linke Seite dieser Gleichung besitzt laut Annahme für $k \to \infty$ einen Grenzwert. Daher nimmt die rechte Seite denselben Grenzwert an.   □

Anmerkung 3. Mit den angeführten Überlegungen haben wir bewiesen, dass das Integral auf der rechten Seite der letzten Gleichung für jede Ausschöpfung D_t dieser speziellen Art denselben Grenzwert besitzt. Es ist dieser bewiesene Teil des Satzes, den wir benutzen werden. Um den Beweis des Satzes in Übereinstimmung mit Definition 2 durchzuführen, muss rein formal gezeigt werden, dass dieser Grenzwert für jede Ausschöpfung des Gebiets D_t existiert. Wir überlassen diesen (nicht ganz einfachen) Beweis dem Leser als eine ausgezeichnete Übung. Wir merken nur an, dass wir die Konvergenz des uneigentlichen Integrals von $|f \circ \varphi|\,|\det \varphi'|$ über der Menge D_t bereits folgern können (vgl. Aufgabe 7).

Satz 4. *Sei $\varphi : D_t \to D_x$ eine Abbildung der offenen Menge D_t auf D_x. Angenommen, es existieren Teilmengen S_t und S_x mit Maß Null, die in D_t bzw. D_x enthalten sind, so dass $D_t \setminus S_t$ und $D_x \setminus S_x$ offene Mengen sind und φ ein Diffeomorphismus der ersten Menge auf die zweite ist. Konvergiert unter diesen Annahmen das uneigentliche Integral $\int\limits_{D_x} f(x)\,\mathrm{d}x$, dann konvergiert auch das Integral $\int\limits_{D_t \setminus S_t} \big((f \circ \varphi)|\det \varphi'|\big)(t)\,\mathrm{d}t$ zu demselben Wert. Ist außerdem $|\det \varphi'|$ definiert und auf kompakten Teilmengen von D_t beschränkt, dann ist $(f \circ \varphi)|\det \varphi'|$ uneigentlich über der Menge D_t integrierbar und es gilt die folgende Gleichung:*

$$\int\limits_{D_x} f(x)\,\mathrm{d}x = \int\limits_{D_t \setminus S_t} \big((f \circ \varphi)|\det \varphi'|\big)(t)\,\mathrm{d}t \ .$$

Beweis. Die Behauptung ist ein direktes Korollar von Satz 3 und Satz 4 in Abschnitt 11.5, vorausgesetzt, wir beachten, dass wir bei der Suche nach einem uneigentlichen Integral über einer offenen Menge die Betrachtung auf Ausschöpfungen einschränken müssen, die aus messbaren kompakten Mengen bestehen (vgl. Anmerkung 3). □

Beispiel 5. Wir wollen das Integral $\iint\limits_{x^2+y^2<1} \frac{\mathrm{d}x\,\mathrm{d}y}{(1-x^2-y^2)^\alpha}$ berechnen, das für $\alpha > 0$ ein uneigentliches Integral ist, da der Integrand in diesem Fall in einer Umgebung der Scheibe $x^2 + y^2 = 1$ unbeschränkt ist.

Beim Übergang zu Polarkoordinaten erhalten wir mit Satz 4:

$$\iint\limits_{x^2+y^2<1} \frac{\mathrm{d}x\,\mathrm{d}y}{(1-x^2-y^2)^\alpha} = \iint\limits_{\substack{0<\varphi<2\pi \\ 0<r<1}} \frac{r\,\mathrm{d}r\,\mathrm{d}\varphi}{(1-r^2)^\alpha} \ .$$

Für $\alpha > 0$ ist letzteres ebenfalls ein uneigentliches Integral. Da der Integrand aber nicht negativ ist, kann es als Grenzwert über der besonderen Ausschöpfung des Rechtecks $I = \{(r,\varphi) \in \mathbb{R}^2 \,|\, 0 < \varphi < 2\pi \wedge 0 < r < 1\}$ durch die Rechtecke $I_n = \{(r,\varphi) \in \mathbb{R}^2 \,|\, 0 < \varphi < 2\pi \wedge 0 < r < 1 - \frac{1}{n}\}$, $n \in \mathbb{N}$ berechnet werden. Mit Hilfe des Satzes von Fubini erhalten wir

$$\iint\limits_{\substack{0<\varphi<2\pi \\ 0<r<1}} \frac{r\,\mathrm{d}r\,\mathrm{d}\varphi}{(1-r^2)^\alpha} = \lim_{n \to \infty} \int\limits_0^{2\pi} \mathrm{d}\varphi \int\limits_0^{1-\frac{1}{n}} \frac{r\,\mathrm{d}r}{(1-r^2)^\alpha} = \frac{\pi}{1-\alpha} \ .$$

Mit denselben Überlegungen können wir schließen, dass das Ausgangsintegral für $\alpha \geq 1$ divergiert.

Beispiel 6. Wir wollen zeigen, dass das Integral $\iint\limits_{|x|+|y|\geq 1} \frac{\mathrm{d}x\,\mathrm{d}y}{|x|^p+|y|^q}$ nur unter der Bedingung konvergiert, dass $\frac{1}{p} + \frac{1}{q} < 1$.

Beweis. Im Hinblick auf die offensichtliche Symmetrie genügt es, das Integral nur über dem Gebiet D zu betrachten, in dem $x \geq 0$, $y \geq 0$ und $x + y \geq 1$.

Es ist klar, dass die gleichzeitige Erfüllung von $p > 0$ und $q > 0$ notwendig ist, damit das Integral konvergiert. Wäre nämlich $p \leq 0$, würden wir die folgende Abschätzung für das Integral über dem Rechteck $I_A = \{(x, y) \in \mathbb{R}^2 \,|\, 1 \leq x \leq A \land 0 \leq y \leq 1\}$, das in D enthalten ist, erhalten:

$$\iint\limits_{I_A} \frac{\mathrm{d}x\,\mathrm{d}y}{|x|^p + |y|^q} = \int\limits_1^A \mathrm{d}x \int\limits_0^1 \frac{\mathrm{d}y}{|x|^p + |y|^q} \geq \int\limits_1^A \mathrm{d}x \int\limits_0^1 \frac{\mathrm{d}y}{1 + |y|^q} = (A - 1) \int\limits_0^1 \frac{\mathrm{d}y}{1 + |y|^q} \,.$$

Wir erkennen, dass dieses Integral für $A \to \infty$ ohne Grenzen anwächst. Daher setzen wir wir von nun an voraus, dass $p > 0$ und $q > 0$.

Der Integrand besitzt im beschränkten Teil des Gebiets D keine Singularitäten, so dass die Konvergenzuntersuchung dieses Integrals beispielsweise äquivalent ist zur Untersuchung der Konvergenz des Integrals derselben Funktion über den Teil G des Gebiets D, für den $x^p + y^q \geq a > 0$ gilt. Die Zahl a kann dabei hinreichend groß angenommen werden, damit die Kurve $x^p + y^q = a$ für $x \geq 0$ und $y \geq 0$ in D liegt.

Beim Übergang zu verallgemeinerten krummlinigen Koordinaten φ mit Hilfe der Formeln

$$x = (r \cos^2 \varphi)^{1/p} \quad \text{und} \quad y = (r \sin^2 \varphi)^{1/q}$$

erhalten wir mit Satz 4, dass

$$\iint\limits_G \frac{\mathrm{d}x\,\mathrm{d}y}{|x|^p + |y|^q} = \frac{2}{p \cdot q} \iint\limits_{\substack{0 < \varphi < \pi/2 \\ a \leq r < \infty}} \left(r^{\frac{1}{p} + \frac{1}{q} - 2} \cos^{\frac{2}{p} - 1} \varphi \sin^{\frac{2}{q} - 1} \varphi \right) \mathrm{d}r\,\mathrm{d}\varphi \,.$$

Mit Hilfe der Ausschöpfung des Gebietes $\{(r, \varphi) \in \mathbb{R}^2 \,|\, 0 < \varphi < \pi/2 \land a \leq r < \infty\}$ durch Intervalle $I_{\varepsilon A} = \{(r, \varphi) \in \mathbb{R}^2 \,|\, 0 < \varepsilon \leq \varphi \leq \pi/2 - \varepsilon \land a \leq r \leq A\}$ und unter Anwendung des Satzes von Fubini gelangen wir zu

$$\iint\limits_{\substack{0 < \varphi < \pi/2 \\ a \leq r < \infty}} \left(r^{\frac{1}{p} + \frac{1}{q} - 2} \cos^{\frac{2}{p} - 1} \varphi \sin^{\frac{2}{q} - 1} \varphi \right) \mathrm{d}r\,\mathrm{d}\varphi =$$

$$= \lim_{\varepsilon \to 0} \int\limits_\varepsilon^{\pi/2 - \varepsilon} \cos^{\frac{2}{p} - 1} \varphi \sin^{\frac{2}{q} - 1} \varphi \, \mathrm{d}\varphi \lim_{A \to \infty} \int\limits_a^A r^{\frac{1}{p} + \frac{1}{q} - 2} \, \mathrm{d}r \,.$$

Da $p > 0$ und $q > 0$, ist der erste dieser Grenzwerte notwendigerweise endlich und der zweite ist nur endlich, falls $\frac{1}{p} + \frac{1}{q} < 1$. $\qquad\square$

11.6.4 Übungen und Aufgaben

1. Finden Sie Bedingungen an p und q, so dass das Integral $\iint\limits_{0<|x|+|y|\leq 1} \frac{dx\,dy}{|x|^p+|y|^q}$ konvergiert.

2. a) Existiert der Grenzwert $\lim\limits_{A\to\infty} \int\limits_0^A \cos x^2\,dx$?

b) Konvergiert das Integral $\int\limits_{\mathbb{R}^1} \cos x^2\,dx$ im Sinne von Definition 2?

c) Zeigen Sie zunächst, dass

$$\lim_{n\to\infty} \iint\limits_{|x|\leq n} \sin(x^2+y^2)\,dx\,dy = \pi$$

und

$$\lim_{n\to\infty} \iint\limits_{x^2+y^2\leq 2\pi n} \sin(x^2+y^2)\,dx\,dy = 0$$

und zeigen Sie damit, dass das Integral von $\sin(x^2+y^2)$ auf der Ebene $\mathbb{R}^2$ divergiert.

3. a) Berechnen Sie das Integral $\int\limits_0^1\int\limits_0^1\int\limits_0^1 \frac{dx\,dy\,dz}{x^p y^q z^r}$.

b) Bei der Anwendung des Satzes von Fubini auf uneigentliche Integrale ist besondere Vorsicht geboten (natürlich auch bei seiner Anwendung auf eigentliche Integrale). Zeigen Sie, dass das Integral $\iint\limits_{x\geq 1,\,y\geq 1} \frac{x^2-y^2}{(x^2+y^2)^2}\,dx\,dy$ divergiert, wohingegen sowohl die iterierten Integrale $\int\limits_1^\infty dx \int\limits_1^\infty \frac{x^2-y^2}{(x^2+y^2)^2}\,dy$ als auch $\int\limits_1^\infty dy \int\limits_1^\infty \frac{x^2-y^2}{(x^2+y^2)^2}\,dx$ konvergieren.

c) Sei $f\in C(\mathbb{R}^2,\mathbb{R})$ und $f\geq 0$ in $\mathbb{R}^2$. Beweisen Sie, dass die Existenz eines der iterierten Integrale $\int\limits_{-\infty}^\infty dx \int\limits_{-\infty}^\infty f(x,y)\,dy$ bzw. $\int\limits_{-\infty}^\infty dy \int\limits_{-\infty}^\infty f(x,y)\,dx$ impliziert, dass das Integral $\iint\limits_{\mathbb{R}^2} f(x,y)\,dx\,dy$ zum Wert des betrachteten iterierten Integrals konvergiert.

4. Zeigen Sie, dass für $f\in C(\mathbb{R},\mathbb{R})$ gilt, dass

$$\lim_{h\to 0} \frac{1}{\pi}\int\limits_{-1}^1 \frac{h}{h^2+x^2} f(x)\,dx = f(0)\,.$$

5. Sei D ein beschränktes Gebiet in $\mathbb{R}^n$ mit einem glatten Rand und S eine glatte k-dimensionale Fläche, die in der Umgrenzung um D enthalten ist. Angenommen, die Funktion $f\in C(D,\mathbb{R})$ erlaube die Abschätzung $|f|<\frac{1}{d^{n-k-\varepsilon}}$, wobei $d=d(S,x)$ der Abstand zwischen $x\in D$ und S ist und $\varepsilon>0$ gilt. Zeigen Sie, dass dann das Integral von f über D konvergiert.

6. Zeigen Sie als Erweiterung von Anmerkung 1, dass die Anmerkung auch gültig bleibt, wenn wir nicht annehmen, dass die Menge E messbar ist.

7. Sei D eine offene Menge in $\mathbb{R}^n$ und sei die Funktion $f : D \to \mathbb{R}$ über jeder messbaren kompakten Menge, die in D enthalten ist, integrierbar.

a) Das uneigentliche Integral der Funktion $|f|$ divergiere über D. Zeigen Sie, dass dann eine Ausschöpfung $\{E_n\}$ von D existiert, so dass jede Menge E_n eine *einfache kompakte Menge* ist, die aus einer endlichen Anzahl n-dimensionaler Intervalle besteht und dass $\int\limits_{E_n} |f|(x)\,\mathrm{d}x \to +\infty$ für $n \to \infty$.

b) Das Integral von f über eine Menge konvergiere, wohingegen das Integral von $|f|$ divergiere. Zeigen Sie, dass dann beide Integrale $f_+ = \frac{1}{2}(|f| + f)$ und $f_- = \frac{1}{2}(|f| - f)$ über der Menge divergieren.

c) Zeigen Sie, dass die Ausschöpfung $\{E_n\}$ aus Teil *a)* verteilt werden kann, so dass $\int\limits_{E_{n+1}\setminus E_n} f_+(x)\,\mathrm{d}x > \int\limits_{E_n} |f|(x)\,\mathrm{d}x$ für alle $n \in \mathbb{N}$.

d) Zeigen Sie mit Hilfe der unteren Darboux-Summe, dass für $\int\limits_E f_+(x)\,\mathrm{d}x > A$ eine einfache kompakte Menge $F \subset E$ existiert, die aus einer endlichen Anzahl von Intervallen besteht, so dass $\int\limits_F f(x)\,\mathrm{d}x > A$.

e) Folgern Sie aus *c)* und *d)*, dass eine einfache kompakte Menge $F_n \subset E_{n+1} \setminus E_n$ existiert, für die $\int\limits_{F_n} f(x)\,\mathrm{d}x > \int\limits_{E_n} |f|(x)\,\mathrm{d}x + n$.

f) Zeigen Sie mit *e)*, dass die Mengen $G_n = F_n \cap E_n$ einfache kompakte Mengen sind (d.h., sie bestehen aus einer endlichen Anzahl von Intervallen), die in D enthalten sind und die zusammengenommen eine Ausschöpfung von D bilden. Zeigen Sie, dass dafür $\int\limits_{G_n} f(x)\,\mathrm{d}x \to +\infty$ für $n \to \infty$ gilt.

Daher divergiert das Integral von f (im Sinne von Definition 2), falls das Integral von $|f|$ divergiert.

8. Führen Sie den Beweis von Satz 4 detailliert aus.

9. Wir erinnern daran, dass für $x = (x^1, \ldots, x^n)$ und $\xi = (\xi^1, \ldots, \xi^n)$ durch $\langle x, \xi \rangle = x^1 \xi^1 + \cdots + x^n \xi^n$ das übliche innere Produkt in $\mathbb{R}^n$ gegeben wird. Sei $A = (a_{ij})$ eine symmetrische $n \times n$-Matrix mit komplexen Zahlen. Wir symbolisieren die Matrix mit den Elementen $\operatorname{Re} a_{ij}$ durch $\operatorname{Re} A$. Wenn wir $\operatorname{Re} A \geq 0$ (bzw. $\operatorname{Re} A > 0$) schreiben, so bedeutet dies, dass $\langle (\operatorname{Re} A)x, x \rangle \geq 0$ (bzw. $\langle (\operatorname{Re} A)x, x \rangle > 0$) für jedes $x \in \mathbb{R}^n$, $x \neq 0$.

a) Zeigen Sie, dass für $\operatorname{Re} A \geq 0$, $\lambda > 0$ und $\xi \in \mathbb{R}^n$ gilt, dass

$$\int\limits_{\mathbb{R}^n} \exp\left(-\frac{\lambda}{2} \langle Ax, x \rangle - i \langle x, \xi \rangle \right) \mathrm{d}x =$$

$$= \left(\frac{2\pi}{\lambda} \right)^{n/2} (\det A)^{-1/2} \exp\left(-\frac{1}{2\lambda} \langle A^{-1}\xi, \xi \rangle \right).$$

Wir wählen den Zweig von $\sqrt{\det A}$ folgendermaßen:

$$(\det A)^{-1/2} = |\det A|^{-1/2} \exp\left(-i \operatorname{Ind} A\right) ,$$

$$\operatorname{Ind} A = \frac{1}{2} \sum_{j=1}^{n} \arg \mu_j(A) , \qquad |\arg \mu_j(A)| \le \frac{\pi}{2} .$$

Dabei sind $\mu_j(A)$ die Eigenwerte von A.

b) Sei A eine reellwertige, symmetrische und nicht entartete $n \times n$-Matrix. Dann gilt für $\xi \in \mathbb{R}^n$ und $\lambda > 0$, dass

$$\int_{\mathbb{R}^n} \exp\left(i \frac{\lambda}{2} \langle Ax, x \rangle - i \langle x, \xi \rangle\right) \mathrm{d}x =$$

$$= \left(\frac{2\pi}{\lambda}\right)^{n/2} |\det A|^{-1/2} \exp\left(-\frac{i}{2\lambda} \langle A^{-1}\xi, \xi \rangle\right) \exp\left(\frac{i\pi}{4} \operatorname{sgn} A\right) .$$

Hierbei ist $\operatorname{sgn} A$ das Signum der Matrix, d.h.

$$\operatorname{sgn} A = \nu_+(A) - \nu_-(A) ,$$

wobei $\nu_+(A)$ die Anzahl der positiven Eigenwerte der Matrix A ist und $\nu_-(A)$ die Anzahl ihrer negativen Eigenwerte.

12

Mannigfaltigkeiten und Differentialformen in $\mathbb{R}^n$

In diesem Kapitel untersuchen wir die Konzepte von Mannigfaltigkeiten, berandeten Mannigfaltigkeiten und die verträgliche Orientierung einer Mannigfaltigkeit und ihres Randes. Wir leiten eine Formel für die Berechnung der Flächen einer Mannigfaltigkeit in $\mathbb{R}^n$ her und geben einige einfache Informationen zu Differentialformen. Die Beherrschung dieser Konzepte ist sehr wichtig für den Umgang mit Linien- und Flächenintegralen, mit denen wir uns im nächsten Kapitel beschäftigen werden.

12.1 Mannigfaltigkeiten in $\mathbb{R}^n$

Das Standardmodell für eine k-dimensionale Mannigfaltigkeit ist $\mathbb{R}^k$.

Definition 1. Eine *Mannigfaltigkeit der Dimension k* (oder *k-dimensionale Oberfläche* oder einfach *k-dimensionale Fläche*) in $\mathbb{R}^n$ ist eine Teilmenge $S \subset \mathbb{R}^n$, deren Punkte alle eine zu $\mathbb{R}^k$ homöomorphe[1] Umgebung[2] in S besitzen.

Definition 2. Der in Definition 1 beschriebene Homöomorphismus $\varphi : \mathbb{R}^k \rightarrow U \subset S$ wird *Karte* oder *lokale Karte* der Mannigfaltigkeit S genannt. Dabei wird $\mathbb{R}^k$ *Kartengebiet* und U *Wirkungsbereich* oder *Wirkungsgebiet der Karte auf der Mannigfaltigkeit S* genannt.

---

[1] Auf $S \subset \mathbb{R}^n$ und daher auch auf $U \subset S$ existiert eine durch $\mathbb{R}^n$ induzierte eindeutige Metrik, so dass wir von einer topologischen Abbildung von U nach $\mathbb{R}^n$ sprechen können.

[2] Wie zuvor ist eine Umgebung eines Punktes $x \in S \subset \mathbb{R}^n$ in S eine Menge $U_S(x) = S \cap U(x)$, wobei $U(x)$ eine Umgebung von x in $\mathbb{R}^n$ ist. Da wir nur Umgebungen eines Punktes auf einer Fläche untersuchen, werden wir dort, wo keine Fehldeutungen auftreten können, die Schreibweise vereinfachen und U oder $U(x)$ anstelle von $U_S(x)$ schreiben.

Durch eine lokale Karte werden krummlinige Koordinaten in U eingeführt, indem dem Punkt $x = \varphi(t) \in U$ die Menge von Zahlen $t = (t^1, \ldots, t^k) \in \mathbb{R}^k$ zugewiesen wird. Aus der Definition ist klar, dass die Menge von Objekten S, die durch die Definition beschrieben werden, sich nicht verändert, falls $\mathbb{R}^k$ durch irgendeinen anderen topologischen Raum, der zu $\mathbb{R}^k$ homöomorph ist, ersetzt wird. Meistens wird als Parameterbereich für lokale Karten ein offener Würfel I^k oder eine offene Kugel K^k in $\mathbb{R}^k$ gewählt. Beides führt jedoch zu keinem substantiellen Unterschied.

Um gewisse Analogien ausführen zu können und um einige der folgenden Konstruktionen leichter veranschaulichen zu können, werden wir in der Regel einen Würfel I^k als kanonisches Kartengebiet für lokale Karten auf einer Mannigfaltigkeit wählen. Daher gibt eine Karte

$$\varphi : I^k \to U \subset S \tag{12.1}$$

eine lokale Paramtergleichung $x = \varphi(t)$ für die Mannigfaltigkeit $S \subset \mathbb{R}^n$ an und die k-dimensionale Mannigfaltigkeit selbst besitzt die lokale Struktur eines deformierten k-dimensionalen Standardintervalls $I^k \subset \mathbb{R}^n$.

Die parametrische Definition einer Mannigfaltigkeit ist besonders für die Berechnung wichtig, wie wir unten verdeutlichen werden. Manchmal kann die gesamte Mannigfaltigkeit durch eine einzige Karte definiert werden. Eine derartige Mannigfaltigkeit wird üblicherweise *einfach* genannt. So ist beispielsweise der Graph einer stetigen Funktion $f : I^k \to \mathbb{R}$ in $\mathbb{R}^{k+1}$ eine einfache Oberfläche. Einfache Oberfläche sind jedoch eher die Ausnahme als die Regel. So kann etwa unsere gewöhnliche zwei-dimensionale Erdoberfläche nicht durch nur eine Karte definiert werden. Ein Atlas der Erdoberfläche muss zumindest zwei Karten enthalten (vgl. Aufgabe 3 am Ende dieses Abschnitts).

In Übereinstimmung mit diesen Analogien treffen wir die folgende Definition:

Definition 3. Eine Menge $A(S) := \{\varphi_i : I_i^k \to U_i, i \in \mathbb{N}\}$ lokaler Karten einer Mannigfaltigkeit S, deren Wirkungsgebiete zusammengenommen die gesamte Mannigfaltigkeit überdecken (d.h. $S = \bigcup_i U_i$), wird *Atlas der Mannigfaltigkeit S* genannt.

Die Vereinigung zweier Atlanten derselben Mannigfaltigkeit ist offensichtlich auch ein Atlas der Mannigfaltigkeit.

Wenn an die Abbildungen (12.1), die lokalen Parametrisierungen der Mannigfaltigkeit, keine weiteren Anforderungen gestellt werden, als dass sie Homöomorphismen sein müssen, kann die Mannigfaltigkeit in $\mathbb{R}^n$ sehr seltsam aussehen. So kann es beispielsweise sein, dass eine Mannigfaltigkeit, die zu einer zwei-dimensionalen Kugelschale, d.h. einer topologischen Schale, homöomorph ist, in $\mathbb{R}^3$ enthalten ist, aber dass der Bereich, den sie umgibt, nicht zu einer Kugel homöomorph ist (die sogenannte *„Alexander horned sphere"*[3]).

Um derartige Komplikationen auszuschließen, die mit den in der Analysis betrachteten Fragestellungen nichts zu tun haben, haben wir in Abschnitt 8.7 eine *glatte k-dimensionale Oberfläche* in $\mathbb{R}^n$ als eine Menge $S \subset \mathbb{R}^n$ definiert, so dass es zu jedem $x_0 \in S$ eine Umgebung $U(x_0)$ in $\mathbb{R}^n$ gibt und ein Diffeomorphismus $\psi : U(x_0) \to I^n = \{t \in \mathbb{R}^n \,|\, |t| < 1, i = 1, \ldots, n\}$ existiert, unter dem die Menge $U_S(x_0) := S \cap U(x_0)$ in den Würfel $I^k = I^n \cap \{t \in \mathbb{R}^n \,|\, t^{k+1} = \cdots = t^n = 0\}$ abgebildet wird.

Es ist klar, dass eine Mannigfaltigkeit, die in diesem Sinne glatt ist, eine Mannigfaltigkeit im Sinne von Definition 1 ist, da die Abbildungen $x = \psi^{-1}(t^1, \ldots, t^k, 0, \ldots, 0) = \varphi(t^1, \ldots, t^k)$ offensichtlich eine lokale Parametrisierung der Mannigfaltigkeit definieren. Der Umkehrschluss ist im Allgemeinen nicht wahr, wie aus dem oben angeführten Beispiel der „horned sphere" folgt, falls die Abbildungen φ bloße Homöomorphismen sind. Ist die Abbildung (12.1) jedoch hinreichend regulär, dann entsprechen sich die Konzepte einer Mannigfaltigkeit in sowohl der alten wie der neuen Definition.

Im Wesentlichen haben wir dies alles bereits in Beispiel 8 in Abschnitt 8.7 gezeigt, aber im Hinblick auf die Wichtigkeit dieser Frage wollen wir die Behauptung exakt formulieren und wiederholen, wie wir diese belegen.

Satz. *Angenommen, die Abbildung* (12.1) *gehöre zur Klasse* $C^{(1)}(I^k, \mathbb{R}^n)$ *und besitze in jedem Punkt des Würfels* I^k *maximalen Rang. Dann existiert eine Zahl* $\varepsilon > 0$ *und ein Diffeomorphismus* $\varphi_\varepsilon : I^n_\varepsilon \to \mathbb{R}^n$ *des Würfels* $I^n_\varepsilon := \{t \in \mathbb{R}^n \,|\, |t^i| \le \varepsilon_i, i = 1, \ldots, n\}$ *der Dimension* n *in* $\mathbb{R}^n$*, so dass* $\varphi\big|_{I^k \cap I^n_\varepsilon} = \varphi_\varepsilon\big|_{I^k \cap I^n_\varepsilon}$.

Anders formuliert, so wird behauptet, dass die Abbildungen (12.1) unter diesen Voraussetzungen lokale Einschränkungen von Diffeomorphismen des n-dimensionalen Würfels I^n_ε auf den k-dimensionalen Würfel $I^k_\varepsilon = I^k \cap I^n_\varepsilon$ sind.

Beweis. Zur Definitheit nehmen wir an, dass für die ersten k der n Koordinatenfunktionen $x^k = \varphi^i(t^1, \ldots, t^k)$, $i = 1, \ldots, n$ der Abbildung $x = \varphi(t)$ gilt, dass $\det \left(\frac{\partial \varphi^i}{\partial t^j} \right)(0) \neq 0$, $i, j = 1, \ldots, k$. Dann sind nach dem Satz zur impliziten Funktion die Gleichungen

---

[3] Ein Beispiel der hier beschriebenen Mannigfaltigkeit wurde von dem amerikanischen Topologen J.W. Alexander (1888–1977) konstruiert.

$$\left\{ \begin{array}{l} x^1 = \varphi^1(t^1, \ldots, t^k) \,, \\[2ex] \cdots\cdots\cdots\cdots\cdots\cdots\cdots \\[2ex] x^k = \varphi^k(t^1, \ldots, t^k) \,, \\[1ex] x^{k+1} = \varphi^{k+1}(t^1, \ldots, t^k) \,, \\[2ex] \cdots\cdots\cdots\cdots\cdots\cdots\cdots \\[2ex] x^n = \varphi^n(t^1, \ldots, t^k) \end{array} \right.$$

nahe dem Punkt $(t_0, x_0) = \bigl(0, \varphi(0)\bigr)$ äquivalent zu den Gleichungen

$$\left\{ \begin{array}{l} t^1 = f^1(x^1, \ldots, x^k) \,, \\[2ex] \cdots\cdots\cdots\cdots\cdots\cdots \\[2ex] t^k = f^k(x^1, \ldots, x^k) \,, \\[1ex] x^{k+1} = f^{k+1}(x^1, \ldots, x^k) \,, \\[2ex] \cdots\cdots\cdots\cdots\cdots\cdots\cdots \\[2ex] x^n = f^n(x^1, \ldots, x^k) \,. \end{array} \right.$$

In diesem Fall ist die Abbildung

$$\left\{ \begin{array}{l} t^1 = f^1(x^1, \ldots, x^k) \,, \\[2ex] \cdots\cdots\cdots\cdots\cdots\cdots \\[2ex] t^k = f^k(x^1, \ldots, x^k) \,, \\[1ex] t^{k+1} = x^{k+1} - f^{k+1}(x^1, \ldots, x^k) \,, \\[2ex] \cdots\cdots\cdots\cdots\cdots\cdots\cdots\cdots \\[2ex] t^n = x^n - f^n(x^1, \ldots, x^k) \end{array} \right.$$

ein Diffeomorphismus einer n-dimensionalen Umgebung des Punktes $x_0 \in \mathbb{R}^n$. Nun können wir für φ_ε die Einschränkung auf einen Würfel I_ε^n des dazu inversen Diffeomorphismus wählen. $\square$

Mit Hilfe einer Skalierung können wir natürlich erreichen, dass $\varepsilon = 1$ und gelangen somit im letzten Diffeomorphismus zum Einheitswürfel I_1^n.

Somit haben gezeigt, dass wir für jede glatte Mannigfaltigkeit in $\mathbb{R}^n$ die folgende Definition annehmen können, die zur vorherigen äquivalent ist:

Definition 4. Die in Definition 2 eingeführte k-dimensionale Mannigfaltigkeit in $\mathbb{R}^n$ ist *glatt (gehört zur Klasse $C^{(m)}$, $m \geq 1$)*, falls für sie ein Atlas existiert, dessen lokale Karten glatte Abbildungen (der Klasse $C^{(m)}$, $m \geq 1$) sind, die in jedem Punkte ihres Definitionsbereichs Rang k besitzen.

Wir merken an, dass die Bedingung an den Rang der Abbildungen (12.1) essentiell ist. So definiert beispielsweise die analytische Abbildung $\mathbb{R} \ni t \mapsto (x^1, x^2) \in \mathbb{R}^2$, die durch $x^1 = t^2$, $x^2 = t^3$ definiert wird, eine Kurve in der Ebene $\mathbb{R}^2$ mit einer Spitze in $(0,0)$. Es ist klar, dass diese Kurve keine glatte ein-dimensionale Mannigfaltigkeit in $\mathbb{R}^2$ ist, da für letztere in jedem Punkt eine Tangente existieren muss (sie muss eine ein-dimensionale Tangentialebene[4] besitzen).

Daher sollte man insbesondere die Konzepte eines glatten Weges der Klasse $C^{(m)}$ und einer glatten Kurve der Klasse $C^{(m)}$ nicht vermischen.

In der Analysis gehen wir in der Regel mit sehr glatten Parametrisierungen (12.1) mit Rang k um. Wir haben nachgewiesen, dass in diesem Fall die hier angenommene Definition 4 für eine glatte Mannigfaltigkeit mit der früher in Abschnitt 8.7 Betrachteten übereinstimmt. Während die vorige Definition jedoch intuitiv war und gewisse unnötige unmittelbare Komplikationen vermied, so besteht der wohl bekannte Vorteil von Definition 4 in Verbindung mit Definition 1 darin, dass sie leicht auf die Definition einer abstrakten Mannigfaltigkeit, die nicht notwendigerweise in $\mathbb{R}^n$ eingebettet ist, erweitert werden kann. Zum gegenwärtigen Zeitpunkt interessieren wir uns jedoch nur für Mannigfaltigkeiten in $\mathbb{R}^n$.

Wir wollen einige Beispiele derartiger Mannigfaltigkeit betrachten:

Beispiel 1. Sei $F^i \in C^{(m)}(\mathbb{R}^n, \mathbb{R})$, $i = 1, \ldots, n - k$ eine Menge glatter Funktionen, so dass das Gleichungssystem

$$\left\{ \begin{array}{l} F^1(x^1, \ldots, x^k, x^{k+1}, \ldots, x^n) = 0\,, \\ \ldots\ldots\ldots\ldots\ldots\ldots\ldots\ldots\ldots\ldots\ldots \\ F^{n-k}(x^1, \ldots, x^k, x^{k+1}, \ldots, x^n) = 0 \end{array} \right. \qquad (12.2)$$

in jedem Punkt der Menge S ihrer Lösungen den Rang $n - k$ besitzt. Wir erinnern daran, dass dieses System entweder überhaupt keine Lösungen besitzt oder dass die Menge ihrer Lösungen eine k-dimensionale $C^{(m)}$-glatte Fläche S in $\mathbb{R}^n$ bilden.

Beweis. Wir wollen nachweisen, dass unter der Bedingung, dass $S \neq \varnothing$, S tatsächlich der Definition 4 genügt. Dies folgt aus dem Satz zur impliziten Funktion, nach dem in einer Umgebung jedes Punktes $x_0 \in S$ das System (12.2) bis auf eine Umnummerierung der Variablen äquivalent ist zum System

---

[4] Zur Tangentialebene s. Abschnitt 8.7.

$$\left\{ \begin{array}{l} x^{k+1} = f^{k+1}(x^1, \ldots, x^k) \, , \\[1em] \cdots\cdots\cdots\cdots\cdots\cdots\cdots \\[1em] x^n = f^n(x^1, \ldots, x^k) \end{array} \right.$$

mit $f^{k+1}, \ldots, f^n \in C^{(m)}$. Wenn wir dieses letzte System als

$$\left\{ \begin{array}{rcl} x^1 & = & t^1 \, , \\[0.6em] \cdots & \cdots & \cdots \\[0.6em] x^k & = & t^k \, , \\ x^{k+1} & = & f^{k+1}(t^1, \ldots, t^k) \, , \\[0.6em] \cdots\cdots & & \cdots\cdots\cdots\cdots\cdots \\[0.6em] x^n & = & f^n(t^1, \ldots, t^k) \end{array} \right.$$

schreiben, gelangen wir zu einer parametrischen Gleichung für die Umgebung des Punktes $x_0 \in S$ auf S. Mit einer zusätzlichen Transformation können wir das Gebiet offensichtlich in ein kanonisches Gebiet umformen, z.B. in I^k und erhalten so die übliche lokale Karte (12.1). □

Beispiel 2. Insbesondere ist die durch die Gleichung

$$(x^1)^2 + \cdots + (x^n)^2 = r^2 \qquad (r > 0) \tag{12.3}$$

definierte Kugel in $\mathbb{R}^n$ eine $(n-1)$-dimensionale glatte Oberfläche in $\mathbb{R}^n$, da die Menge S der Lösungen von Gl. (12.3) offensichtlich nicht leer ist und der Gradient der linken Seite von (12.3) in jedem Punkt von S ungleich Null ist.

Für $n = 2$ erhalten wir den Kreis in $\mathbb{R}^2$, der durch

$$(x^1)^2 + (x^2)^2 = r^2$$

gegeben wird und einfach durch den Polarwinkel θ in Polarkoordinaten lokal parametrisiert werden kann:

$$\left\{ \begin{array}{l} x^1 = r \cos\theta \, , \\[0.6em] x^2 = r \sin\theta \, . \end{array} \right.$$

Für festes $r > 0$ ist die Abbildung $\theta \mapsto (x^1, x^2)(\theta)$ auf jedem Intervall der Form $\theta_0 < \theta < \theta_0 + 2\pi$ ein Diffeomorphismus und es genügen zwei Karten (z.B. die zu den Werten $\theta_0 = 0$ und $\theta_0 = -\pi$), um einen Atlas des Kreises zu erzeugen. Eine kanonische Karte (12.1) würde hierbei nicht ausreichen, da ein Kreis im Unterschied zu $\mathbb{R}^1$ oder $I^1 = K^1$ kompakt ist und Kompaktheit ist invariant gegenüber topologischen Abbildungen.

Polarkoordinaten (sphärische Koordinaten) können auch verwendet werden, um die zwei-dimensionale Schale

$$(x^1)^2 + (x^2)^2 + (x^3)^2 = r^2$$

in $\mathbb{R}^3$ zu parametrisieren, indem wir mit ψ den Winkel zwischen der Richtung des Vektors (x^1, x^2, x^3) und der positiven x^3-Achse (d.h. $0 \leq \psi \leq \pi$) bezeichnen und mit φ den Polarwinkel der Projektion des Radiusvektors (x^1, x^2, x^3) auf die (x^1, x^2)-Ebene. Wir erhalten so

$$\begin{cases} x^3 &=& r\cos\psi\,, \\ x^2 &=& r\sin\psi\sin\varphi\,, \\ x^1 &=& r\sin\psi\cos\varphi\,. \end{cases}$$

Im Allgemeinen werden Polarkoordinaten $(r, \theta_1, \ldots, \theta_{n-1})$ in $\mathbb{R}^n$ durch die folgenden Gleichungen eingeführt:

$$\begin{cases} x^1 &=& r\cos\theta_1\,, \\ x^2 &=& r\sin\theta_1\cos\theta_2\,, \\ & \cdots\cdots\cdots\cdots\cdots\cdots\cdots\cdots\cdots\cdots\cdots\cdots \\ x^{n-1} &=& r\sin\theta_1\sin\theta_2\cdot\ldots\cdot\sin\theta_{n-2}\cos\theta_{n-1}\,, \\ x^n &=& r\sin\theta_1\sin\theta_2\cdot\ldots\cdot\sin\theta_{n-1}\sin\theta_{n-1}\,. \end{cases} \tag{12.4}$$

Wir wiederholen die Funktionaldeterminante (die Determinante der Jacobimatrix)

$$J = r^{n-1}\sin^{n-2}\theta_1\sin^{n-3}\theta_2\cdot\ldots\cdot\sin\theta_{n-2} \tag{12.5}$$

für den Übergang (12.4) von Polarkoordinaten $(r, \theta_1, \ldots, \theta_{n-1})$ zu kartesischen Koordinaten $(x^1, \ldots, x^n)$ in $\mathbb{R}^n$. Aus der Formulierung der Jacobimatrix ist klar, dass sie ungleich Null ist, falls z.B. $0 < \theta_i < \pi$, $i = 1, \ldots, n-2$ und $r > 0$. Sogar ohne die einfache geometrische Bedeutung der Parameter $\theta_1, \ldots, \theta_{n-1}$ zu bemühen, können wir daher garantieren, dass die Abbildung $(\theta_1, \ldots, \theta_{n-1}) \mapsto (x^1, \ldots, x^n)$, die eine Einschränkung eines lokalen Diffeomorphismus $(r, \theta_1, \ldots, \theta_{n-1}) \mapsto (x^1, \ldots, x^n)$ ist, für festes $r > 0$ selbst ein lokaler Diffeomorphismus ist. Die Schale ist jedoch unter der Gruppe orthogonaler Transformationen von $\mathbb{R}^n$ homogen, so dass daraus folgt, dass in der Umgebung jedes Punktes der Schale eine lokale Karte konstruiert werden kann.

Beispiel 3. Der Zylinder

$$(x^1)^2 + \cdots + (x^k)^2 = r^2 \quad (r > 0)\,,$$

mit $k < n$ ist eine $(n-1)$-dimensionale Fläche in $\mathbb{R}^n$, die dem direkten Produkt der $(k-1)$-dimensionalen Schale in der Ebene der Variablen $(x^1, \ldots, x^k)$ und der $(n-k)$-dimensionalen Ebene der Variablen $(x^{k+1}, \ldots, x^n)$ entspricht.

Wir erhalten offensichtlich eine lokale Parametrisierung dieser Fläche, wenn wir die ersten $k - 1$ der $n - 1$ Parameter $(t^1, \ldots, t^{n-1})$ als Polarkoordinaten $\theta_1, \ldots, \theta_{k-1}$ eines Punktes der $(k - 1)$-dimensionalen Schale in $\mathbb{R}^k$ benutzen und die Menge $t^k, \ldots, t^{n-1}$ gleich $x^{k+1}, \ldots, x^n$ setzen.

Beispiel 4. Wenn wir eine Kurve (eine ein-dimensionale Oberfläche) in der Ebene $x = 0$ von $\mathbb{R}^3$, versehen mit den kartesischen Koordinaten (x, y, z), betrachten und diese Kurve die z-Achse nicht schneidet, können wir sie um die z-Achse drehen und erhalten so eine 2-dimensionale Oberfläche. Wir können dann die lokalen Koordinaten als die lokalen Koordinaten der Ausgangskurve (dem Meridian) wählen, zusammen mit z.B. dem Drehwinkel (eine lokale Koordinate auf einem Breitengrad).

Ist insbesondere die Ausgangskurve ein Kreis mit Radius a und Zentrum in $(b, 0, 0)$, dann erhalten wir für $a < b$ einen zwei-dimensionalen Torus (Abb. 12.1). Seine parametrische Gleichung kann wie folgt formuliert werden:

$$\begin{cases} x = (b + a \cos \psi) \cos \varphi \,, \\[2mm] y = (b + a \cos \psi) \sin \varphi \,, \\[2mm] z = a \sin \psi \,. \end{cases}$$

Dabei ist ψ der Winkelparameter der Ausgangskurve, der Meridian, und φ der Winkelparameter auf einem Breitengrad.

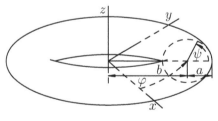

Abb. 12.1.

Abb. 12.2.

Es ist üblich, jede Oberfläche, die zu dem eben konstruierten Drehkörper homöomorph ist, als *Torus* zu bezeichnen (genauer gesagt, als *zwei-dimensionalen Torus*). Wie wir erkennen können, ist ein zwei-dimensionaler Torus das direkte Produkt zweier Kreise. Da wir einen Kreis aus einem abgeschlossenen Intervall erhalten können, indem wir seine Endpunkte zusammenkleben (identifizieren), können wir einen Torus als direktes Produkt zweier abgeschlossener Intervalle (d.h. einem Rechteck) erhalten, indem wir gegenüberliegende Seiten an entsprechenden Punkten zusammenkleben (Abb. 12.2).

Im Wesentlichen haben wir bereits früher diese Methode benutzt, als wir feststellten, dass der Konfigurationsraum eines doppelten Pendels einen zwei-dimensionalen Torus bildet und dass ein Weg auf dem Torus einer Bewegung des Pendels entspricht.

Beispiel 5. Wenn ein flexibles (rechteckiges) Band entlang der Pfeile in Abb. 12.3.a zusammengeklebt wird, kann man eine zylindrische Fläche (Abb. 12.3.b) oder einen Kranz (Abb. 12.3.c) erhalten, die sich beide topologisch entsprechen. (Diese beiden Flächen sind homöomorph.) Wird das Band jedoch entlang der in Abb. 12.4.a dargestellten Richtung zusammengeklebt, dann erhalten wir eine Oberfläche in $\mathbb{R}^3$ (Abb. 12.4.b), die *Möbiusband*[5] genannt wird.

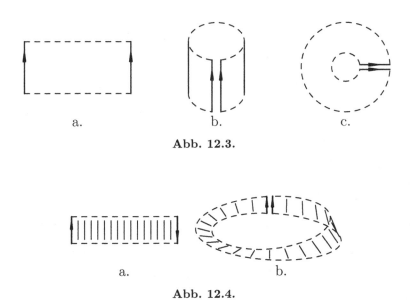

a.   b.   c.

Abb. 12.3.

a.   b.

Abb. 12.4.

Lokale Koordinaten können mit Hilfe der Koordinaten der Ebene für das Ausgangsrechteck auf dieser Oberfläche auf natürliche Weise eingeführt werden.

Beispiel 6. Wenn wir die Ergebnisse in den Beispielen 4 und 5 in Übereinstimmung mit unserer natürlichen Vorstellung bringen wollen, können wir nun beschreiben, wie ein Rechteck (Abb. 12.5.a) so zusammengeklebt wird, dass dabei Elemente des Torus und des Möbiusbandes kombiniert werden. Aber so, wie es beim Möbiusband notwendig wurde, um ein Zerreißen oder ein sich selbst Schneiden zu vermeiden, den $\mathbb{R}^2$ zu verlassen, kann das hier beschriebene Zusammenkleben nicht in $\mathbb{R}^3$ ausgeführt werden. Dies lässt sich jedoch in $\mathbb{R}^4$ bewerkstelligen und das Ergebnis ist eine Oberfläche in $\mathbb{R}^4$, die

---

[5] A.F. Möbius (1790–1868) – deutscher Mathematiker und Astronom.

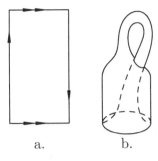

a.   b.

Abb. 12.5.

üblicherweise *Kleinsche Flasche*[6] genannt wird. In Abb. 12.5.b haben wir eine
Veranschaulichung dieser Mannigfaltigkeit versucht.

Dieses letzte Beispiel gibt uns eine Vorstellung davon, wie eine Oberfläche
als dieselbe Oberfläche in einem bestimmten Raum $\mathbb{R}^n$ intrinsisch einfacher
beschrieben werden kann. Außerdem treten viele wichtige Mannigfaltigkeiten
(mit verschiedenen Dimensionen) ursprünglich nicht als Teilmengen des $\mathbb{R}^n$,
sondern beispielsweise als Phasenräume mechanischer Systeme oder als geo-
metrisches Bild stetiger Transformationsgruppen von Automorphismen auf,
wie die Quotientenräume bzgl. Gruppen von Automorphismen des Ursprungs-
raums und so weiter und so fort. Wir begnügen uns für diesmal mit diesen
einführenden Anmerkungen und vertrösten auf Kapitel 15, in dem wir eine allgemeine Definition einer nicht notwendigerweise in $\mathbb{R}^n$ liegenden Mannigfaltigkeit geben. Aber bereits bevor wir diese Definition liefern, wollen wir festhalten, dass nach einem wohl bekannten Satz von Whitney[7] jede k-dimensionale
Mannigfaltigkeit homöomorph auf eine Mannigfaltigkeit, die in $\mathbb{R}^{2k+1}$ liegt,
abgebildet werden kann. Daher verlieren wir bei der Betrachtung von Mannigfaltigkeiten in $\mathbb{R}^n$ im Hinblick auf topologische Vielfalt und Klassifizierung gar
nichts. Diese Fragen bewegen sich jedoch etwas jenseits unserer bescheidenen
Anforderungen an die Geometrie.

12.1.1 Übungen und Aufgaben

1. Bestimmen Sie für jede der folgenden Mengen E_α

$$E_\alpha = \{(x,y) \in \mathbb{R}^2 \,|\, x^2 - y^2 = \alpha\}\,,$$
$$E_\alpha = \{(x,y,z) \in \mathbb{R}^3 \,|\, x^2 - y^2 = \alpha\}\,,$$

---

[6] F.Ch. Klein (1849–1925) – herausragender deutscher Mathematiker, der erste,
der eine strenge Untersuchung der nicht euklidischen Geometrie durchführte. Er
war ein Experte in der Mathematikgeschichte und einer der Organisatoren der
„Encyclopädie der mathematischen Wissenschaften".

[7] H. Whitney (1907–1989) – amerikanischer Topologe, einer der Begründer der
Theorie von Faserbündeln.

$$E_\alpha = \{(x, y, z) \in \mathbb{R}^3 \,|\, x^2 + y^2 - z^2 = \alpha\}\,,$$
$$E_\alpha = \{z \in \mathbb{C} \,|\, |z^2 - 1| = \alpha\}\,,$$

die vom Wert des Parameters $\alpha \in \mathbb{R}$ abhängen,

a) ob E_α eine Mannigfaltigkeit ist
b) und falls dem so ist, welche Dimension E_α besitzt
c) und ob E_α zusammenhängend ist.

2. Sei $f : \mathbb{R}^n \to \mathbb{R}^n$ eine glatte Abbildung, für die $f \circ f = f$ gilt.

a) Zeigen Sie, dass die Menge $f(\mathbb{R}^n)$ eine glatte Mannigfaltigkeit in $\mathbb{R}^n$ ist.
b) Durch welche Eigenschaft der Abbildung f wird die Dimension der Mannigfaltigkeit bestimmt?

3. Sei $e_0, e_1, \ldots, e_n$ eine orthonormale Basis im euklidischen Raum $\mathbb{R}^{n+1}$, sei $x = x^0 e_0 + x^1 e_1 + \cdots + x^n e_n$, sei $\{x\}$ der Punkt $(x^0, x^1, \ldots, x^n)$ und sei $e_1, \ldots, e_n$ eine Basis in $\mathbb{R}^n \subset \mathbb{R}^{n+1}$.

Die Formeln

$$\psi_1 = \frac{x - x^0 e_0}{1 - x^0} \text{ für } x \neq e_0, \quad \psi_2 = \frac{x - x^0 e_0}{1 + x^0} \text{ für } x \neq -e_0$$

definieren die stereographischen Projektionen

$$\psi_1 : S^n \setminus \{e_0\} \to \mathbb{R}^n, \quad \psi : S^n \setminus \{-e_0\} \to \mathbb{R}^n$$

der Punkte $\{e_0\}$ bzw. $\{-e_0\}$.

a) Bestimmen Sie die geometrische Bedeutung dieser Abbildungen.
b) Beweisen Sie, dass für $t \in \mathbb{R}^n$ und $t \neq 0$ gilt, dass $(\psi_2 \circ \psi_1^{-1})(t) = \frac{t}{|t|^2}$, mit $\psi_1^{-1} = (\psi_1|_{S_n \setminus \{e_0\}})^{-1}$.
c) Zeigen Sie, dass die beiden Karten $\psi_1^{-1} = \varphi_1 : \mathbb{R}^n \to S^n \setminus \{e_0\}$ und $\psi_2^{-1} = \varphi_2 : \mathbb{R}^n \to S^n \setminus \{-e_0\}$ einen Atlas der Schale $S^n \subset \mathbb{R}^{n+1}$ bilden.
d) Beweisen Sie, dass jeder Atlas der Kugelschale mindestens aus zwei Karten besteht.

12.2 Orientierung einer Mannigfaltigkeit

Zuallererst erinnern wir daran, dass der Übergang von einer Basis $\mathbf{e}_1, \ldots, \mathbf{e}_n$ in $\mathbb{R}^n$ in eine zweite $\tilde{\mathbf{e}}_1, \ldots, \tilde{\mathbf{e}}_n$ durch eine quadratische Matrix, die wir aus den Entwicklungen $\tilde{\mathbf{e}}_j = a_j^i \mathbf{e}_i$ erhalten, beschrieben wird. Die Determinante dieser Matrix ist immer ungleich Null und die Menge aller Basen zerfällt in zwei Äquivalenzklassen, wobei jede Klasse alle möglichen Basen enthält, für die die Determinante der Matrix, die Funktionaldeterminante für den Übergang zwischen je zwei Basen, positiv ist. Derartige Äquivalenzklassen werden *Orientierungsklassen von Basen* in $\mathbb{R}^n$ genannt.

Eine Orientierung zu definieren bedeutet, eine dieser Orientierungsklassen festzulegen. Somit ist der *orientierte Raum* $\mathbb{R}^n$ der Raum $\mathbb{R}^n$ selbst, zusammen mit einer festen Orientierungsklasse der Basen. Um die Orientierungsklasse anzugeben, genügt die Angabe einer ihrer Basen, so dass wir auch sagen können, dass der orientierte Raum $\mathbb{R}^n$ der Raum $\mathbb{R}^n$ zusammen mit einer festen Basis ist.

Eine Basis in $\mathbb{R}^n$ erzeugt ein Koordinatensystem in $\mathbb{R}^n$ und der Übergang eines derartigen Koordinatensystems in ein anderes wird durch die Matrix (a_i^j) bewirkt, die zur Matrix (a_j^i), die die beiden Basen verbindet, transponiert ist. Da die Determinanten dieser beiden Matrizen gleich sind, kann alles zur Orientierung Angeführte für *Orientierungsklassen von Koordinatensystemen in $\mathbb{R}^n$* wiederholt werden. Dadurch werden alle Koordinatensysteme in eine Klasse eingeordnet, so dass die Übergangsmatrix zwischen je zwei Systemen in derselben Klasse eine positive Determinante besitzt.

Diese beiden im Wesentlichen identischen Herangehensweisen zur Beschreibung des Konzepts einer Orientierung in $\mathbb{R}^n$ werden sich auch bei der Orientierung einer Mannigfaltigkeit, der wir uns nun zuwenden wollen, auswirken.

Wir erinnern jedoch an einen weiteren Zusammenhang zwischen Koordinaten und Basen im Fall von krummlinigen Koordinatensystemen. Auch dieser Zusammenhang wird sich im Folgenden als nützlich erweisen.

Seien G und D diffeomorphe Gebiete, die in zwei Kopien des Raums $\mathbb{R}^n$ liegen, die mit kartesischen Koordinatensystemen $(x^1, \ldots, x^n)$ bzw. $(t^1, \ldots, t^n)$ versehen sind. Ein Diffeomorphismus $\varphi : D \to G$ kann als Vorschrift $x = \varphi(t)$ zur Einführung krummliniger Koordinaten $(t^1, \ldots, t^n)$ auf dem Gebiet verstanden werden, d.h., der Punkt $x \in G$ wird mit den kartesischen Koordinaten $(t^1, \ldots, t^n)$ des Punktes $t = \varphi^{-1}(x) \in D$ verknüpft. Wenn wir in jedem Punkt $t \in D$ eine Basis $\mathbf{e}_1, \ldots, \mathbf{e}_n$ des Tangentialraums $T\mathbb{R}_t^n$ betrachten, die sich aus den Einheitsvektoren entlang der Koordinatenrichtungen zusammensetzt, entsteht ein Feld von Basen in D, die als parallele Übersetzungen der orthogonalen Basis des Ausgangsraums $\mathbb{R}^n$, der D enthält, auf die Punkte von D betrachtet werden können. Da $\varphi : D \to G$ ein Diffeomorphismus ist, ist die Abbildung $\varphi'(t) : TD_t \to TG_{x=\varphi(t)}$ der Tangentialräume, die durch die Regel $TD_t \ni \mathbf{e} \mapsto \varphi'(t)\mathbf{e} = \boldsymbol{\xi} \in TG_x$ beschrieben wird, in jedem Punkt t ein Isomorphismus der Tangentialräume. Daher erhalten wir aus der Basis $\mathbf{e}_1, \ldots, \mathbf{e}_n$ in TD_t eine Basis $\boldsymbol{\xi}_1 = \varphi'(t)\mathbf{e}_1, \ldots, \boldsymbol{\xi}_n = \varphi'(t)\mathbf{e}_n$ in TG_x und das Feld von Basen auf D verwandelt sich in ein Feld von Basen auf G (vgl. Abb. 12.6). Da $\varphi \in C^{(1)}(D, G)$, ist das Vektorfeld $\boldsymbol{\xi}(x) = \boldsymbol{\xi}\big(\varphi(t)\big) = \varphi'(t)\mathbf{e}(t)$ in G stetig, falls das Vektorfeld $\mathbf{e}(t)$ in D stetig ist. Daher wandelt sich jedes stetige Feld von Basen (das aus n stetigen Vektorfeldern besteht) unter einem Diffeomorphismus in ein stetiges Feld von Basen um. Wir wollen nun ein Paar von Diffeomorphismen $\varphi_i : D_i \to G$, $i = 1, 2$ betrachten, die zwei Basen krummliniger Koordinaten $(t_1^1, \ldots, t_1^n)$ und $(t_2^1, \ldots, t_2^n)$ in demselben Gebiet G einführen. Die zueinander inversen Diffeomorphismen $\varphi_2^{-1} \circ \varphi_1 : D_1 \to D_2$ und $\varphi_1^{-1} \circ \varphi_2 : D_2 \to D_1$ erlauben gegenseitige Übergänge zwischen diesen Koordinatensystemen. Die Determinanten dieser Abbildungen sind in entsprechenden Punkten von D_1 und D_2 zueinander invers und besitzen daher dasselbe Vorzeichen. Ist das Gebiet G (und mit ihr D_1 und D_2) zusammenhängend, dann folgt aus der Stetigkeit der betrachteten Determinanten und daraus,

Abb. 12.6.

dass sie ungleich Null sind, dass sie in allen Punkten der Gebiete D_1 bzw. D_2 dasselbe Vorzeichen besitzen müssen.

Daher zerfällt die Menge aller krummlinigen Koordinaten, die auf diese Weise in einem zusammenhängenden Gebiet G eingeführt werden, in genau zwei Äquivalenzklassen, wenn jeder Klasse Basen zugewiesen wird, deren gegenseitige Übergänge zu einer positiven Determinante führen. Derartige Äquivalenzklassen werden *Orientierungsklassen krummliniger Koordinatensysteme* in G genannt.

Eine *Definition einer Orientierung* in G bedeutet per definitionem, eine Orientierungsklasse ihrer krummliniger Koordinatensysteme festzulegen.

Es ist nicht schwer zu beweisen, dass krummlinige Koordinatensysteme, die zu derselben Orientierungsklasse gehören, stetige Felder von Basen in G erzeugen (wie oben beschrieben), die in jedem Punkt $x \in G$ in derselben Orientierungsklasse des Tangentialraums TG_x liegen. Es kann ganz allgemein gezeigt werden, dass dann, wenn G zusammenhängend ist, die stetigen Felder von Basen auf G in genau zwei Äquivalenzklassen zerfallen, falls jede Klasse den Feldern zugewiesen wird, deren Basis in jedem Punkt $x \in G$ zu derselben Orientierungsklasse von Basen des Raums TG_x gehören (vgl. in diesem Zusammenhang die Aufgaben 3 und 4 am Ende dieses Abschnitts).

Daher kann dieselbe Orientierung eines Gebiets G auf zwei vollständig äquivalente Arten definiert werden: Durch Vorgabe eines krummlinigen Koordinatensystems in G oder durch Definition eines stetigen Feldes von Basen in G, die alle zu derselben Orientierungsklasse gehören, wie das Feld von Basen, die durch dieses Koordinatensystem erzeugt werden.

Es ist nun deutlich, dass die Orientierung eines zusammenhängenden Gebiets G vollständig bestimmt wird, falls eine Basis, die TG_x orientiert, auch nur in einem Punkt $x \in G$ vorgegeben wird. Dieser Umstand wird in der Praxis häufig ausgenutzt. Ist ein derartiges *Orientierungssystem* in einem Punkt $x_0 \in G$ definiert und ein krummliniges Koordinatensystem $\varphi : D \to G$ in G ausgewählt, dann vergleichen wir die Basis, die aus diesem Koordinatensystem in TG_{x_0} konstruiert werden kann, mit der orientierenden Basis in TG_x. Gehören beide Basen zu derselben Orientierungsklasse von TG_{x_0}, können wir sagen, dass die krummlinigen Koordinaten dieselbe Orientierung auf G definieren wie die orientierende Basis. Ansonsten sagen wir, dass sie entgegengesetzte Orientierungen definieren.

Ist G eine offene Menge, aber nicht notwendigerweise zusammenhängend, da das eben Gesagte auf jede zusammenhängende Komponente von G anwendbar ist, dann ist es für jede Komponente von G notwendig, ein Orientierungssystem zu definieren, um G zu orientieren. Liegen daher m Komponenten vor, dann erlaubt die Menge G 2^m verschiedene Orientierungen.

Das eben zur Orientierung eines Gebiets $G \subset \mathbb{R}^n$ Gesagte, lässt sich wortwörtlich wiederholen, wenn wir anstelle des Gebiets G eine glatte k-dimensionale Mannigfaltigkeit S in $\mathbb{R}^n$ betrachten, die durch eine einzige Karte definiert wird (vgl. Abb. 12.7). Auch das krummlinige Koordinatensystem auf S zerfällt in diesem Fall auf natürliche Weise in zwei Orientierungsklassen, abhängig von dem Vorzeichen der Funktionaldeterminante der gegenseitigen Übergangstransformation; es treten auch Felder von Basen auf S auf; und eine Orientierung lässt sich ebenfalls durch eine orientierende Basis in einer Tangentialebene TS_{x_0} an S definieren.

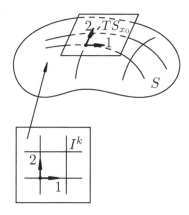

Abb. 12.7.

Das einzig Neue, das dabei auftritt und eine Überprüfung notwendig macht, spezifiziert der folgende implizit auftretende Satz:

Satz 1. *Die gegenseitigen Übergänge von einem krummlinigen Koordinatensystem zu einem anderen auf einer glatten Mannigfaltigkeit $S \subset \mathbb{R}^n$ sind Diffeomorphismen mit demselben Glattheitsgrad wie die Karten der Mannigfaltigkeit.*

Beweis. Nach dem Satz in Abschnitt 12.1 können wir jede Karte $\varphi\colon I^k \to U \subset S$ lokal als Einschränkung auf $I^k \cap O(t)$ eines Diffeomorphismus $\mathcal{F} : O(t) \to O(x)$ von einer n-dimensionalen Umgebung $O(t)$ des Punktes $t \in I^k \subset \mathbb{R}^n$ nach einer n-dimensionalen Umgebung $O(x)$ von $x \in S \subset \mathbb{R}^n$ betrachten, wobei $\mathcal{F}$ dieselbe Glattheit wie φ besitzt. Sind nun $\varphi_1 : I_1^k \to U_1$ und $\varphi_2 : I_2^k \to U_2$ zwei derartige Karten, dann kann die Wirkung der Abbildung $\varphi_2^{-1} \circ \varphi_1$ (der Übergang vom ersten Koordinatensystem in das zweite), die im gemeinsamen Wirkungsgebiet auftritt, lokal als $\varphi_2^{-1} \circ \varphi_1(t^1, \ldots, t^k) = \mathcal{F}_2^{-1} \circ \mathcal{F}_1(t^1, \ldots, t^k, 0, \ldots, 0)$ formuliert werden, wobei $\mathcal{F}_1$ und $\mathcal{F}_2$ die entsprechenden Diffeomorphismen der n-dimensionalen Umgebungen sind.   □

Wir haben alle wesentlichen Komponenten des Konzepts einer Orientierung einer Mannigfaltigkeit mit Hilfe des Beispiels einer einfachen durch eine Karte definierten Mannigfaltigkeit diskutiert. Wir wollen nun dieses Überlegung damit abschließen, dass wir die endgültigen Definitionen für den Fall einer beliebigen glatten Mannigfaltigkeit in $\mathbb{R}^n$ anführen.

Sei $S \in \mathbb{R}^n$ eine glatte k-dimensionale Mannigfaltigkeit und seien $\varphi_i : I_i^k \to U_i$ und $\varphi_j : I_j^k \to U_j$ zwei lokale Karten der Mannigfaltigkeit S, deren Wirkungsgebiete sich schneiden, d.h. $U_i \cap U_j \neq \varnothing$. Dann existieren zwischen den Mengen $I_{ij}^k = \varphi_i^{-1}(U_j)$ und $I_{ji}^k = \varphi_j^{-1}(U_i)$, wie gerade bewiesen, natürliche gegenseitig inverse Diffeomorphismen $\varphi_{ij} : I_{ij}^k \to I_{ji}^k$ und $\varphi_{ji} : I_{ji}^k \to I_{ij}^k$, die den Übergang von einem lokalen krummlinigen Koordinatensystem auf S in das andere beschreiben.

Definition 1. Zwei lokale Karten einer Mannigfaltigkeit heißen *verträglich*, falls ihre Wirkungsgebiete sich entweder nicht schneiden oder eine nicht leere Schnittmenge besitzen, deren gegenseitige Übergänge im gemeinsamen Wirkungsgebiet durch Diffeomorphismen mit positiver Funktionaldeterminante bewirkt werden.

Definition 2. Ein Atlas einer Mannigfaltigkeit ist ein *orientierender Atlas der Mannigfaltigkeit*, falls er aus paarweise verträglichen Karten besteht.

Definition 3. Eine Mannigfaltigkeit ist *orientierbar*, falls sie einen orientierenden Atlas besitzt. Ansonsten ist sie *nicht orientierbar*.

Im Unterschied zu Gebieten in $\mathbb{R}^n$ oder einfachen Oberflächen, die durch eine einzige Karte definiert werden, kann eine beliebige Mannigfaltigkeit sich als nicht orientierbar erweisen.

Beispiel 1. Das Möbiusband ist, wie sich zeigen lässt (vgl. die Aufgaben 2 und 3 am Ende dieses Abschnitts), eine nicht orientierbare Oberfläche.

Beispiel 2. Die Kleinsche Flasche ist ebenfalls eine nicht orientierbare Oberfläche, da sie ein Möbiusband enthält. Diese Tatsache wird unmittelbar aus der in Abb. 12.5 vorgestellten Konstruktion der Kleinschen Flasche deutlich.

Beispiel 3. Ein Kreis und ganz allgemein eine k-dimensionale Kugelschale ist orientierbar, was dadurch beweisbar ist, dass ein Atlas der Schale direkt aus verträglichen Karten aufgestellt wird (vgl. Beispiel 1 in Abschnitt 12.1).

Beispiel 4. Der in Beispiel 4 in Abschnitt 12.1 untersuchte zwei-dimensionale Torus ist ebenfalls eine orientierbare Oberfläche. Mit den Parametergleichungen des Torus in Beispiel 4 in Abschnitt 12.1 lässt sich ein orientierender Atlas leicht formulieren.

Wir wollen dies nicht weiter vertiefen, da eine anschaulichere Methode zur Kontrolle der Orientierbarkeit von hinreichend einfachen Oberfläche unten vorgestellt wird, die die Behauptungen in den Beispielen 1-4 einfach sichtbar macht.

Die formale Beschreibung des Konzepts der Orientierung einer Mannigfaltigkeit wird mit den Definitionen 4 und 5, die die Definitionen 1, 2 und 3 ergänzen, abgeschlossen.

Zwei orientierende Atlanten einer Mannigfaltigkeit sind *äquivalent* oder *verträglich*, falls ihre Vereinigung ebenfalls ein orientierender Atlas der Mannigfaltigkeit ist.

Diese Relation ist eine Äquivalenzrelation zwischen orientierenden Atlanten einer orientierbaren Mannigfaltigkeit.

Definition 4. Eine Äquivalenzklasse orientierender Atlanten einer Mannigfaltigkeit für diese Relation wird eine *Orientierungsklasse von Atlanten* oder einfach eine *Orientierung der Mannigfaltigkeit* genannt.

Definition 5. Eine *orientierte Mannigfaltigkeit* ist eine Mannigfaltigkeit mit einer festen Orientierungsklasse von Atlanten (d.h. einer festen Orientierung der Mannigfaltigkeit).

Daher bedeutet die *Orientierung einer Mannigfaltigkeit*, dass eine bestimmte Orientierungsklasse orientierender Atlanten der Mannigfaltigkeit vorgegeben wird.

Einige konkrete Beispiele des folgenden Satzes sind uns bereits vertraut.

Satz 2. *Es existieren genau zwei Orientierungen einer zusammenhängenden orientierbaren Mannigfaltigkeit.*

Sie werden üblicherweise *entgegengesetzte Orientierungen* genannt.

Wir werden den Beweis von Satz 2 in Absatz 15.2.3 nachholen.

Ist eine orientierbare Mannigfaltigkeit zusammenhängend, können wir eine Orientierung durch Vorgabe einer lokalen Karte der Mannigfaltigkeit oder einer orientierenden Basis in jeder ihrer Tangentialebenen definieren. Diese Methoden sind in der Praxis weit verbreitet.

Besitzt eine Mannigfaltigkeit mehr als eine zusammenhängende Komponente, muss natürlicherweise eine derartige lokale Karte oder eine orientierende Basis für jede der Komponenten vorgegeben werden.

Die folgende Methode zur Definition einer Orientierung einer Mannigfaltigkeit, die sich in einem Raum befindet, der bereits eine Orientierung besitzt, wird in der Praxis häufig eingesetzt. Sei S eine orientierbare $(n-1)$-dimensionale Mannigfaltigkeit, die sich im euklidischen Raum $\mathbb{R}^n$ mit einer festen orientierenden Basis $\mathbf{e}_1, \ldots, \mathbf{e}_n$ in $\mathbb{R}^n$ befindet. Sei TS_x die $(n-1)$-dimensionale Tangentialebene an S in $x \in S$ und sei $\mathbf{n}$ der zu TS_x orthogonale Vektor, d.h. der Vektor, der zur Mannigfaltigkeit S in x normal ist. Wenn wir vereinbaren, dass zu gegebenem Vektor $\mathbf{n}$ das System $\boldsymbol{\xi}_1, \ldots, \boldsymbol{\xi}_{n-1}$ in

TS_x so gewählt wird, dass die Systeme $(\mathbf{e}_1, \ldots, \mathbf{e}_n)$ und $(\mathbf{n}, \boldsymbol{\xi}_1, \ldots, \boldsymbol{\xi}_{n-1}) = (\tilde{\mathbf{e}}_1, \ldots, \tilde{\mathbf{e}}_n)$ zu derselben Orientierungsklasse in $\mathbb{R}^n$ gehören, dann erweisen sich derartige Basen $(\tilde{\mathbf{e}}_1, \ldots, \tilde{\mathbf{e}}_{n-1})$ der Ebene TS_x, wie einfach gezeigt werden kann, selbst zu derselben Orientierungsklasse für diese Ebene zugehörig. Daher kann in diesem Fall eine Orientierungsklasse für TS_x und somit auch eine Orientierung auf einer orientierbaren Mannigfaltigkeit dadurch definiert werden, dass wir den Normalenvektor $\mathbf{n}$ definieren (Abb. 12.8).

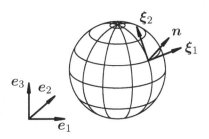

Abb. 12.8.

Es ist nicht schwer zu zeigen (vgl. Aufgabe 4), dass die Orientierbarkeit einer $(n-1)$-dimensionalen Mannigfaltigkeit, die in den euklidischen Raum $\mathbb{R}^n$ eingebettet ist, zur Existenz eines stetigen Feldes von Normalenvektoren ungleich Null auf der Mannigfaltigkeit äquivalent ist.

Daraus folgen offensichtlich insbesondere die Orientierbarkeit der Kugelschale und des Torus wie auch die nicht Orientierbarkeit des Möbiusbandes, wie wir es in den Beispielen 1-4 behauptet haben.

In der Geometrie werden zusammenhängende $(n-1)$-dimensionale Mannigfaltigkeiten im euklidischen Raum $\mathbb{R}^n$, auf denen ein (mit einem Wert) stetiges Feld von Einheitsnormalenvektoren existiert, *zweiseitig* genannt.

Daher sind etwa eine Kugelschale, ein Torus oder eine Ebene in $\mathbb{R}^3$ zweiseitige Oberflächen, im Unterschied zum Möbiusband, das in diesem Sinne eine *einseitige Oberfläche* ist.

Um unsere Untersuchung des Konzepts der Orientierung einer Mannigfaltigkeit abzuschließen, wollen wir einige Anmerkungen zur praktischen Anwendung dieses Konzepts in der Analysis machen.

Bei Berechnungen in der Analysis im Zusammenhang mit orientierten Mannigfaltigkeiten in $\mathbb{R}^n$ wird zunächst eine lokale Parametrisierung der Mannigfaltigkeit S bestimmt, ohne sich dabei um die Orientierung zu kümmern. Dann wird in einer Tangentialebene TS_x an die Mannigfaltigkeit ein System $\boldsymbol{\xi}_1, \ldots, \boldsymbol{\xi}_{n-1}$ konstruiert, das aus (Geschwindigkeits-) Vektoren besteht, die tangential zu den Koordinatenachsen eines gewählten krummlinigen Koordinatensystems verlaufen, d.h. die orientierende Basis, die durch dieses Koordinatensystem induziert wird.

War der Raum $\mathbb{R}^n$ bereits orientiert und wurde eine Orientierung von S durch ein Feld von Normalenvektoren definiert, wird ein Vektor $\mathbf{n}$ des vorgegebenen Feldes im Punkt x gewählt und dann das System $\mathbf{n}, \boldsymbol{\xi}_1, \ldots, \boldsymbol{\xi}_{n-1}$ mit dem System $\mathbf{e}_1, \ldots, \mathbf{e}_n$, das den Raum orientiert, verglichen. Sind beide in derselben Orientierungsklasse, dann definiert nach unserer Vereinbarung die lokale Karte die gewünschte Orientierung der Mannigfaltigkeit. Sind diese beiden Basen nicht verträglich, wird durch die gewählte Karte eine Orientierung der Mannigfaltigkeit definiert, die zu der durch den Normalenvektor $\mathbf{n}$ vorgegebenen Orientierung entgegengesetzt ist.

Gibt es bereits eine lokale Karte einer $(n-1)$-dimensionalen Mannigfaltigkeit, dann ist es klar, dass wir eine lokale Karte mit gewünschter Orientierung erhalten können (die durch einen festen Normalenvektor $\mathbf{n}$ an die zweiseitige Hyperfläche, die im orientierten Raum $\mathbb{R}^n$ eingebettet ist, vorgegeben ist), indem wir einfach die Reihenfolge der Koordinaten verändern.

Im ein-dimensionalen Fall, in dem die Fläche eine Kurve ist, wird die Orientierung meistens durch den Tangentialvektor an die Kurve in einem Punkt definiert; in diesem Falle sprechen wir eher von *der Bewegungsrichtung entlang einer Kurve* als von der „Orientierung der Kurve".

Wurde in $\mathbb{R}^2$ eine orientierende Basis gewählt und ist eine abgeschlossene Kurve vorgegeben, dann wird die *positive Richtung eines Stromkreises* um das Gebiet D, das durch die Kurve beschränkt wird, als Richtung genommen, so dass das System $\mathbf{n}$, $\mathbf{v}$, wobei $\mathbf{n}$ die bzgl. D äußere Normale an die Kurve ist und $\mathbf{v}$ die Geschwindigkeit der Bewegung, mit der orientierenden Basis in $\mathbb{R}^2$ verträglich ist.

Dies bedeutet z.B., dass für die traditionelle Basis in der Ebene ein positiver Stromkreis sich „gegen den Uhrzeigersinn" bewegt, so dass das Gebiet immer „auf der linken Seite" liegt.

In diesem Zusammenhang wird die Orientierung der Ebene selbst oder eines Teils der Ebene oft so definiert, dass die positive Richtung entlang einer abgeschlossenen Kurve, üblicherweise einem Kreis, definiert wird, anstelle eine Basis in $\mathbb{R}^2$ vorzugeben.

Auf diese Weise eine Richtung zu definieren, führt zur Markierung der kürzesten Drehung vom ersten Vektor der Basis auf den zweiten Vektor. Dies ist äquivalent zur Definition einer Orientierungsklasse von Basen auf der Ebene.

12.2.1 Übungen und Aufgaben

1. Ist der in Aufgabe 3.c) in Abschnitt 12.1 vorgestellte Atlas ein orientierender Atlas der Kugelschale?

2. a) Stellen Sie mit Hilfe von Beispiel 4 in Abschnitt 12.1 einen orientierenden Atlas des zwei-dimensionalen Torus vor.
 b) Zeigen Sie, dass für das Möbiusband kein orientierender Atlas existiert.
 c) Zeigen Sie, dass ein Diffeomorphismus $f : D \to \widetilde{D}$ eine orientierbare Mannigfaltigkeit $S \subset D$ in eine orientierbare Mannigfaltigkeit $\widetilde{S} \subset \widetilde{D}$ abbildet.

3. a) Prüfen Sie, ob krummlinige Koordinatensysteme auf einem Gebiet $G \subset \mathbb{R}^n$, die zu derselben Orientierungsklasse gehören, stetige Felder von Basen in G erzeugen, die in jedem Punkt $x \in G$ im Raum TG_x Basen derselben Orientierungsklasse festlegen.

   b) Zeigen Sie, dass die stetigen Felder von Basen in einem zusammenhängenden Gebiet $G \subset \mathbb{R}^n$ in genau zwei Orientierungsklassen zerfallen.

   c) Nutzen Sie die Kugelschale als Beispiel um zu zeigen, dass eine glatte Mannigfaltigkeit $S \subset \mathbb{R}^n$ orientierbar sein kann, obwohl es kein stetiges Feld von Basen in den Tangentialräumen an S gibt.

   d) Zeigen Sie, dass man auf einer zusammenhängenden orientierbaren Mannigfaltigkeit genau zwei verschiedene Orientierungen definieren kann.

4. a) Ein Teilraum $\mathbb{R}^{n-1}$ wurde festgelegt und ein Vektor $\mathbf{v} \in \mathbb{R}^n \setminus \mathbb{R}^{n-1}$ ausgewählt zusammen mit zwei Basen $(\boldsymbol{\xi}_1, \ldots, \boldsymbol{\xi}_{n-1})$ und $(\widetilde{\boldsymbol{\xi}}_1, \ldots, \widetilde{\boldsymbol{\xi}}_{n-1})$ des Teilraums $\mathbb{R}^{n-1}$. Überprüfen Sie, dass diese beiden Basen genau dann zu derselben Orientierungsklasse von Basen von $\mathbb{R}^{n-1}$ gehören, wenn die Systeme $(\mathbf{v}, \boldsymbol{\xi}_1, \ldots, \boldsymbol{\xi}_{n-1})$ und $(\mathbf{v}, \widetilde{\boldsymbol{\xi}}_1, \ldots, \widetilde{\boldsymbol{\xi}}_{n-1})$ dieselbe Orientierung auf $\mathbb{R}^n$ definieren.

   b) Zeigen Sie, dass eine glatte Mannigfaltigkeit $S \subset \mathbb{R}^n$ genau dann orientierbar ist, wenn ein stetiges Feld aus Einheitsnormalenvektoren an S existiert. Daraus folgt insbesondere, dass eine zweiseitige Mannigfaltigkeit orientierbar ist.

   c) Zeigen Sie, dass die durch $F(x^1, \ldots, x^m) = 0$ (unter der Annahme, dass diese Gleichung Lösungen besitzt) definierte Mannigfaltigkeit für grad $F \neq 0$ orientierbar ist.

   d) Verallgemeinern Sie das obige Ergebnis auf den Fall einer Mannigfaltigkeit, die durch ein Gleichungssystem definiert wird.

   e) Erklären Sie, warum nicht jede glatte zwei-dimensionale Fläche in $\mathbb{R}^3$ durch eine Gleichung $F(x, y, z) = 0$ definiert werden kann, wobei F eine glatte Fläche ohne singuläre Punkte ist (eine Fläche, für die in allen Punkten grad $F \neq 0$ gilt).

12.3 Der Rand einer Mannigfaltigkeit und seine Orientierung

12.3.1 Berandete Mannigfaltigkeiten

Sei $\mathbb{R}^k$ ein euklidischer Raum mit Dimension k, der mit kartesischen Koordinaten $t^1, \ldots, t^k$ versehen ist. Wir betrachten den Halbraum $H^k := \{t \in \mathbb{R}^k \mid t^1 \leq 0\}$ des Raumes $\mathbb{R}^k$. Die Hyperebene $\partial H^k := \{t \in \mathbb{R}^k \mid t^1 = 0\}$ wird *Rand* des Halbraumes H^k genannt.

Wir merken an, dass die Menge $\overset{o}{H}{}^k := H^k \setminus \partial H^k$, d.h. der offene Teil von H^k, eine einfache k-dimensionale Mannigfaltigkeit ist. Der Halbraum H^k selbst erfüllt, wegen der Randpunkte in ∂H^k, formal nicht die Definition einer Mannigfaltigkeit. Die Menge H^k ist das Standardmodell für Mannigfaltigkeiten mit Rand, die wir nun beschreiben werden.

Definition 1. Eine Menge $S \subset \mathbb{R}^k$ ist eine (k-dimensionale) *berandete Mannigfaltigkeit*, falls jeder Punkt $x \in S$ eine Umgebung U in S besitzt, die entweder zu $\mathbb{R}^k$ oder zu H^k homöomorph ist.

Definition 2. Entspricht ein Punkt $x \in U$ unter dem in Definition 1 beschriebenen Homöomorphismus einem Punkt des Randes ∂H^k, dann wird x ein *Randpunkt* der (berandeten) Mannigfaltigkeit S und seiner Umgebung U genannt. Die Menge aller derartigen Randpunkte wird der *Rand der Mannigfaltigkeit S* genannt.

In der Regel bezeichnen wir den Rand einer Mannigfaltigkeit S mit ∂S. Wir halten fest, dass der Raum ∂H^k für $k = 1$ aus einem einzigen Punkt besteht. Daher werden wir, um die Beziehung $\partial H^k = \mathbb{R}^{k-1}$ zu bewahren, von nun an für $\mathbb{R}^0$ einen einzigen Punkt und für $\partial \mathbb{R}^0$ die leere Menge vereinbaren. Wir erinnern daran, dass unter einem Homöomorphismus $\varphi_{ij} : G_i \to G_j$ des Gebiets $G_i \subset \mathbb{R}^k$ auf das Gebiet $G_j \subset \mathbb{R}^k$ die inneren Punkte von G_i auf innere Punkte des Bildes $\varphi_{ij}(G_i)$ abgebildet werden (dies ist ein Satz von Brouwer). Folglich ist das Konzept eines Randpunkts von der Wahl der lokalen Karte unabhängig, d.h., das Konzept ist wohl definiert.

Rein formal schließt Definition 1 den Fall der in Definition 1 in Abschnitt 12.1 beschriebenen Oberfläche ein. Wenn wir diese Definitionen vergleichen, erkennen wir, dass wir dann, wenn S keine Randpunkte besitzt, zu unserer vorherigen Definition zurückkommen, die wir nun als Definition einer Mannigfaltigkeit ohne Rand auffassen können. In diesem Zusammenhang halten wir fest, dass der Ausdruck „berandete Mannigfaltigkeit" normalerweise benutzt wird, wenn die Menge der Randpunkte nicht leer ist.

Das Konzept einer glatten Mannigfaltigkeit S (der Klasse $C^{(m)}$) mit Rand kann wie bei Mannigfaltigkeiten ohne Rand dadurch eingeführt werden, dass wir fordern, dass S einen Atlas aus Karten mit vorgegebener Glattheitsklasse besitzt. Dabei nehmen wir an, dass für Karten der Form $\varphi : H^k \to U$ die partiellen Ableitungen von φ in Punkten des Randes ∂H^k nur über dem Definitionsgebiet H^k der Abbildung φ berechnet werden, d.h., diese Ableitungen sind manchmal einseitig und wir gehen weiter davon aus, dass die Funktionaldeterminante der Abbildung φ auf H^k durchgehend ungleich Null ist.

Da $\mathbb{R}^k$ durch einen Diffeomorphismus der Klasse $C^{(\infty)}$ auf den Würfel $I^k = \{t \in \mathbb{R}^k \,|\, |t^i| < 1, i = 1, \ldots, k\}$ abgebildet werden kann und zwar derart, dass H^k auf den Teil I_H^k des Würfels I^k abgebildet wird, der durch die zusätzliche Bedingung $t^1 \leq 0$ definiert wird, ist klar, dass wir bei der Definition einer berandeten Mannigfaltigkeit (sogar einer glatten) $\mathbb{R}^k$ durch I^k und H^k durch I_H^k oder durch den Würfel $\tilde{I}^k$ ersetzen hätten können, wobei bei letzterem eine Seitenfläche $I^{k-1} := \{t \in \mathbb{R}^k \,|\, t^1 = 1, |t^i| < 1, i = 2, \ldots, k\}$ angeheftet ist, die offensichtlich ein Würfel mit einer Dimension weniger ist.

Wenn wir diese stets verfügbare Freiheit bei der Wahl der kanonischen lokalen Karten einer Mannigfaltigkeit ausnutzen, erkennen wir, wenn wir die Definitionen 1 und 2 und Definition 1 in Abschnitt 12.1 vergleichen, dass folgender Satz gilt:

Satz 1. *Der Rand einer k-dimensionalen Mannigfaltigkeit der Klasse $C^{(m)}$ ist selbst eine Mannigfaltigkeit mit demselben Glattheitsgrad. Er ist eine Mannig-*

faltigkeit ohne Rand, deren Dimension um eins kleiner ist als die Dimension der ursprünglichen berandeten Mannigfaltigkeit.

Beweis. Ist $A(S) = \{(H^k, \varphi_i, U_i)\} \cup \{(\mathbb{R}^k, \varphi_j, U_j)\}$ ein Atlas der berandeten Mannigfaltigkeit S, dann ist $A(\partial S) = \{(\mathbb{R}^{k-1}, \varphi_i|_{\partial H^k = \mathbb{R}^{k-1}}, \partial U_i)\}$ offensichtlich ein Atlas mit demselben Glattheitsgrad für ∂S. $\square$

Wir wollen nun einige Beispiele für berandete Mannigfaltigkeiten geben:

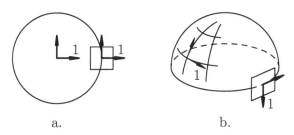

a.   b.

Abb. 12.9.

Beispiel 1. Eine abgeschlossene n-dimensionale Kugel $\overline{K}^n$ in $\mathbb{R}^n$ ist eine n-dimensionale berandete Mannigfaltigkeit. Ihr Rand $\partial \overline{K}^n$ ist die $(n-1)$-dimensionale Kugelschale (vgl. Abb. 12.8 und Abb. 12.9.a). Die Kugel $\overline{K}^n$, die in Analogie zum zwei-dimensionalen Fall auch eine *n-dimensionale Scheibe* genannt wird, lässt sich homöomorph auf die Hälfte einer n-dimensionalen Schale abbilden, deren Rand die äquatoriale $(n-1)$-dimensionale Schale ist (s. Abb. 12.9.b).

Beispiel 2. Der abgeschlossene Würfel $\bar{I}^n$ in $\mathbb{R}^n$ lässt sich entlang aus seinem Zentrum austretender Strahlen homöomorph auf die abgeschlossene Kugel $\partial \overline{K}^n$ abbilden. Folglich ist $\bar{I}^n$ wie auch $\overline{K}^n$ eine n-dimensionale Mannigfaltigkeit mit Rand, der in diesem Fall durch die Stirnflächen des Würfels gebildet wird (Abb. 12.10). Wir weisen darauf hin, dass in den Kanten, die sich als Schnitte der Stirnflächen ergeben, offensichtlich keine Abbildung des Würfels auf die Kugel regulär sein kann (d.h. glatt und vom Rang n).

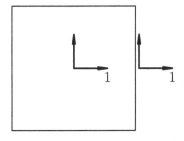

Abb. 12.10.

Beispiel 3. Wenn wir das Möbiusband, wie in Beispiel 5 in Abschnitt 12.1 beschrieben, durch Zusammenkleben zweier entgegengesetzter Seiten eines abgeschlossenen Rechtecks bilden, gelangen wir offensichtlich zu einer Fläche mit Rand in $\mathbb{R}^3$. Der Rand ist homöomorph zu einem Kreis (um präzise zu sein, so ist der Kreis in $\mathbb{R}^3$ verknotet).

Bei einem anderen möglichen Zusammenkleben dieser Seiten gelangen wir zu einer zylindrischen Fläche, deren Rand aus zwei Kreisen besteht. Diese Fläche ist zum üblichen ebenen Kranz homöomorph (vgl. Abb. 12.3 und Beispiel 5 in Abschnitt 12.1). Die Abbildungen 12.11.a, 12.11.b, 12.12.a, 12.12.b, 12.13.a und 12.13.b, die wir unten benutzen werden, zeigen paarweise homöomorphe Flächen, deren Rand in $\mathbb{R}^2$ bzw. $\mathbb{R}^3$ eingebettet ist. Wie Sie erkennen können, kann der Rand einer Fläche unzusammenhängend sein, selbst dann, wenn die Fläche selbst zusammenhängend ist.

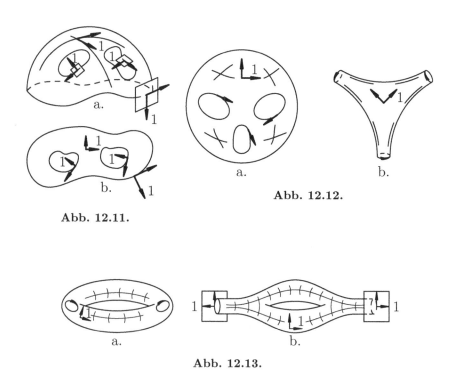

Abb. 12.11.

Abb. 12.12.

Abb. 12.13.

12.3.2 Wie die Orientierung einer Mannigfaltigkeit und ihres Randes verträglich gemacht werden

Wird eine orientierende orthogonale Basis $\mathbf{e}_1, \ldots, \mathbf{e}_k$, die kartesische Koordinaten $x^1, \ldots, x^k$ induziert, in $\mathbb{R}^k$ fest vorgegeben, dann definieren die

Vektoren $\mathbf{e}_2, \ldots, \mathbf{e}_k$ eine Orientierung auf dem Rand $\partial H^k = \mathbb{R}^{k-1}$ von $\partial H^k = \{x \in \mathbb{R}^k \mid x^1 \leq 0\}$. Wir können diese Orientierung des Halbraums H^k als verträglich zur Orientierung des Halbraums H^k mit der Basis $\mathbf{e}_1, \ldots, \mathbf{e}_k$ ansehen.

Für den Fall $k = 1$, in dem $\partial H^k = \mathbb{R}^{k-1} = \mathbb{R}^0$ ein Punkt ist, benötigen wir eine besondere Vereinbarung, wie dieser Punkt zu orientieren ist. Per definitionem ist der Punkt dadurch orientiert, dass wir ihm entweder das Vorzeichen $+$ oder $-$ geben. Für den Fall $\partial H^1 = \mathbb{R}^0$ setzen wir $(\mathbb{R}^0, +)$ oder in Kurzform $+\mathbb{R}^0$.

Wir wollen nun bestimmen, was im Allgemeinen unter Verträglichkeit der Orientierung einer Mannigfaltigkeit und ihres Randes gemeint ist. Dies ist im Zusammenhang mit der Berechnung von Flächenintegralen, die wir unten untersuchen werden, sehr wichtig.

Wir beginnen mit dem Beweis des folgenden allgemeinen Satzes:

Satz 2. *Der Rand ∂S einer glatten orientierbaren Mannigfaltigkeit S ist selbst eine glatte orientierbare Mannigfaltigkeit (obwohl er möglicherweise nicht zusammenhängend ist).*

Beweis. Wenn wir Satz 1 berücksichtigen, bleibt nur noch zu beweisen, dass ∂S orientierbar ist. Wir werden zeigen, dass dann, wenn $A(S) = \{H^k, \varphi_i, U_i)\} \cup \{(\mathbb{R}^k, \varphi_j, U_j)\}$ ein orientierender Atlas für die berandete Mannigfaltigkeit S ist, der Atlas $A(\partial S) = \{\mathbb{R}^{k-1}, \varphi_i\big|_{\partial H^k = \mathbb{R}^{k-1}}, \partial U_i)\}$ des Randes auch aus paarweise verträglichen Karten besteht. Offensichtlich müssen wir nur zeigen, dass dann, wenn $\tilde{t} = \psi(t)$ ein Diffeomorphismus mit positiver Funktionaldeterminante einer H^k-Umgebung $U_{H^k}(t_0)$ des Punktes t_0 in ∂H^k auf eine H^k-Umgebung $\widetilde{U}_{H^k}(\tilde{t}_0)$ des Punktes $\tilde{t}_0 \in \partial H^k$ ist, die Abbildung $\psi\big|_{\partial U_{H^k}(t_0)}$ der H^k-Umgebung $U_{\partial H^k}(t_0) = \partial U_{H^k}(t_0)$ von $t_0 \in \partial H^k$ auf die H^k-Umgebung $\widetilde{U}_{\partial H^k}(\tilde{t}_0) = \partial \widetilde{U}_{H^k}(\tilde{t}_0)$ von $\tilde{t}_0 = \psi(t_0) \in \partial H^k$ ebenfalls eine positive Funktionaldeterminante besitzt.

Wir merken an, dass die Funktionaldeterminante J der Abbildung ψ in jedem Punkt $t_0 = (0, t_0^2, \ldots, t_0^k) \in \partial H^k$ die Gestalt

$$
J(t_0) = \begin{vmatrix} \frac{\partial \psi^1}{\partial t^1} & 0 & \cdots & 0 \\ \frac{\partial \psi^2}{\partial t^1} & \frac{\partial \psi^2}{\partial t^2} & \cdots & \frac{\partial \psi^2}{\partial t^k} \\ \cdots\cdots\cdots\cdots\cdots\cdots \\ \frac{\partial \psi^k}{\partial t^1} & \frac{\partial \psi^k}{\partial t^2} & \cdots & \frac{\partial \psi^k}{\partial t^k} \end{vmatrix} = \frac{\partial \psi^1}{\partial t^1} \begin{vmatrix} \frac{\partial \psi^2}{\partial t^2} & \cdots & \frac{\partial \psi^2}{\partial t^k} \\ \cdots\cdots\cdots\cdots \\ \frac{\partial \psi^k}{\partial t^2} & \cdots & \frac{\partial \psi^k}{\partial t^k} \end{vmatrix}
$$

besitzt, da für $t^1 = 0$ auch $\tilde{t}^1 = \psi^1(0, t^2, \ldots, t^k) \equiv 0$ gelten muss (Randpunkte werden unter einem Diffeomorphismus in Randpunkte abgebildet). Nun bleibt nur noch festzuhalten, dass für $t^1 < 0$ auch $\tilde{t}^1 = \psi^1(t^1, t^2, \ldots, t^k) < 0$ (da $\tilde{t} = \psi(t) \in H^k$) gelten muss, so dass der Wert von $\frac{\partial \psi^1}{\partial t^1}(0, t^2, \ldots, t^k)$ nicht negativ sein kann. Laut Annahme ist $J(t_0) > 0$ und da $\frac{\partial \psi^1}{\partial t^1}(0, t^2, \ldots, t^k) > 0$, folgt aus der oben formulierten Gleichheit zwischen den Determinanten, dass die Funktionaldeterminante der Abbildung $\psi\big|_{\partial U_{H^k}} = \psi(0, t^2, \ldots, t^k)$ positiv ist.   □

Wir wollen noch darauf hinweisen, dass der Fall einer ein-dimensionalen Fläche ($k = 1$) in Satz 2 und Definition 3 unten eine besondere Vereinbarung erfordert, die die zu Beginn dieses Absatzes getroffenen Vereinbarung berücksichtigt.

Definition 3. Ist $A(S) = \{(H^k, \varphi_i, U_i)\} \cap \{(\mathbb{R}^k, \varphi_j, U_j)\}$ ein orientierender Atlas aus lokalen Standardkarten der Mannigfaltigkeit S mit Rand ∂S, dann ist $A(\partial S) = \{(\mathbb{R}^{k-1}, \varphi\big|_{\partial H^k = \mathbb{R}^{k-1}}, \partial U_i)\}$ ein orientierender Atlas des Randes. Die Orientierung von S, die dadurch definiert wird, wird als *orientierungsverträglich mit der Orientierung der Mannigfaltigkeit* bezeichnet.

Um unsere Untersuchung der Orientierung des Randes einer orientierbaren Mannigfaltigkeit abzuschließen, machen wir zwei nützliche Anmerkungen.

Anmerkung 1. In der Praxis wird, wie oben bemerkt wurde, die Orientierung einer in $\mathbb{R}^n$ eingebetteten Mannigfaltigkeit oft durch eine Basis von Tangentialvektoren an die Mannigfaltigkeit definiert. Aus diesem Grund können wir in diesem Fall die Verträglichkeit der Orientierung der Mannigfaltigkeit und ihres Randes wie folgt nachweisen: Wir betrachten eine k-dimensionale Ebene TS_{x_0}, die im Punkt $x_0 \in \partial S$ zur glatten Mannigfaltigkeit S tangential verläuft. Da die lokale Struktur von S nahe bei x_0 der Struktur des Halbraums H^k nahe $0 \in \partial H^k$ entspricht, können wir, indem wir den ersten Vektor der orthogonalen Basis $\boldsymbol{\xi}_1, \boldsymbol{\xi}_2, \ldots, \boldsymbol{\xi}_k \in TS_{x_0}$ entlang der Normalen an ∂S und in Richtung weg von der lokalen Projektion von S auf TS_{x_0} richten, eine Basis $\boldsymbol{\xi}_2, \ldots, \boldsymbol{\xi}_k$ in der $(k-1)$-dimensionalen Ebene $T\partial S_{x_0}$ erhalten, die in x_0 zu ∂S tangential verläuft. Dadurch wird auf $T\partial S_{x_0}$ eine Orientierung definiert und somit auch auf ∂S, die mit der Orientierung der Mannigfaltigkeit S, die durch die vorgegebene Basis $\boldsymbol{\xi}_1, \boldsymbol{\xi}_2, \ldots, \boldsymbol{\xi}_k$ definiert wird, verträglich ist.

In den Abb. 12.9–12.12 ist die Vorgehensweise und das Ergebnis des Vorgangs, wenn wir die Orientierung einer Mannigfaltigkeit und ihres Randes verträglich machen, an einem einfachen Beispiel dargestellt.

Wir halten fest, dass diese Vorgehensweise davon ausgeht, dass es möglich ist, eine Basis, die die Orientierung von S definiert, auf verschiedene Punkte der Mannigfaltigkeit und ihres Randes zu übertragen, obwohl dieser, wie die Beispiele zeigen, nicht zusammenhängend sein muss.

Anmerkung 2. Im orientierten Raum $\mathbb{R}^k$ betrachten wir die Halbräume $H^k_- = H^k = \{x \in \mathbb{R}^k \,|\, x^1 \leq 0\}$ und $H^k_+ = \{x \in \mathbb{R}^k \,|\, x^1 \geq 0\}$ mit der von $\mathbb{R}^k$ induzierten Orientierung. Die Hyperebene $\Gamma = \{x \in \mathbb{R}^k \,|\, x^1 = 0\}$ ist der gemeinsame Rand von H^k_- und H^k_+. Man kann einfach erkennen, dass die Orientierungen der Hyperebene Γ, die mit den Orientierungen von H^k_- bzw. H^k_+ verträglich sind, zueinander entgegengesetzt sind. Dies gilt nach Vereinbarung auch für den Fall $k = 1$.

Ganz ähnlich ist es, wenn eine orientierte k-dimensionale Mannigfaltigkeit von einer $(k-1)$-dimensionalen Mannigfaltigkeit geschnitten wird (etwa eine Kugel, die von ihrem Äquator geschnitten wird). Dann entstehen im Schnitt zwei unterschiedliche Orientierungen, die jeweils von dem Teil der ursprünglichen Mannigfaltigkeit, der nach dem Schnitt zum jeweiligen Teil des Schnitts benachbart ist, induziert werden.

Diese Beobachtung wird in der Theorie von Flächenintegralen häufig eingesetzt.

Sie kann zusätzlich dazu benutzt werden, die Orientierbarkeit einer stückweise glatten Mannigfaltigkeit zu bestimmen.

Wir beginnen mit der Definition einer derartigen Mannigfaltigkeit:

Definition 4. (Induktive Definition einer stückweise glatten Mannigfaltigkeit). Wir vereinbaren, einen Punkt als *null-dimensionale* Mannigfaltigkeit einer beliebigen Glattheitsklasse zu bezeichnen.

Eine *stückweise glatte ein-dimensionale Fläche* (stückweise glatte Kurve) ist eine Kurve in $\mathbb{R}^n$, die in glatte ein-dimensionale Flächen (Kurven) zerfällt, wenn eine endliche oder abzählbare Anzahl von null-dimensionalen Flächen von ihr entfernt wird.

Eine Mannigfaltigkeit $S \subset \mathbb{R}^n$ der Dimension k ist *stückweise glatt*, falls eine endliche oder abzählbare Anzahl von stückweise glatten Mannigfaltigkeiten mit höchstens Dimension $k-1$ von ihr entfernt werden kann, so dass der Rest in glatte k-dimensionale Mannigfaltigkeiten S_i (mit oder ohne Rand) zerfällt.

Beispiel 4. Der Rand eines ebenen Kreisbogens und der Rand eines Quadrats sind stückweise glatte Kurven.

Der Rand eines Würfels und der Rand eines kreisförmigen Kegels in $\mathbb{R}^3$ sind zwei-dimensionale stückweise glatte Flächen.

Wir wollen nun zur Orientierung einer stückweise glatten Mannigfaltigkeit zurückkehren.

Ein Punkt (null-dimensionale Fläche) ist, wie bereits betont wurde, nach Vereinbarung durch Zuweisung des Vorzeichens $+$ oder $-$ orientiert. Insbesondere ist der Rand eines abgeschlossenen Intervalls $[a, b] \subset \mathbb{R}$, der aus zwei Punkten a und b besteht, laut Vereinbarung mit der Orientierung des abgeschlossenen Intervalls von a nach b verträglich, falls die Orientierung $(a, -)$, $(b, +)$ oder in anderer Schreibweise $-a, +b$ ist.

Wir wollen nun eine k-dimensionale stückweise glatte Mannigfaltigkeit $S \subset \mathbb{R}^n$ $(k > 0)$ betrachten.

Wir nehmen an, dass die beiden glatten Mannigfaltigkeiten S_{i_1} und S_{i_2} in Definition 4 orientiert sind und entlang eines glatten Teils Γ einer $(k-1)$-dimenionalen Mannigfaltigkeit (Seite) aneinander grenzen. Daraus ergeben sich Orientierungen auf Γ, einem Rand, die den Orientierungen von S_{i_1} und S_{i_2} entsprechen. Sind diese beiden Orientierungen auf jeder Seite $\Gamma \subset \overline{S}_{i_1} \cap \overline{S}_{i_2}$ entgegengesetzt, dann betrachten wir die ursprünglichen Orientierungen von S_{i_1} und S_{i_2} als *verträglich*. Ist $\overline{S}_{i_1} \cap \overline{S}_{i_2}$ leer oder besitzt der Schnitt eine Dimension kleiner als $(k-1)$, dann sind alle Orientierungen von S_{i_1} und S_{i_2} verträglich.

Definition 5. Eine stückweise glatte k-dimensionale Mannigfaltigkeit ($k > 0$) wird als *orientierbar* betrachtet, wenn sie bis auf eine endliche oder abzählbare Anzahl von höchstens $(k-1)$-dimensionalen stückweise glatten Mannigfaltigkeiten der Vereinigung glatter orientierbarer Mannigfaltigkeiten S_i entspricht, von denen je zwei zueinander verträgliche Orientierungen aufweisen.

Beispiel 5. Die Oberfläche eines drei-dimensionalen Würfels ist, wie sich einfach zeigen lässt, eine orientierbare stückweise glatte Oberfläche. Ganz allgemein sind alle in Beispiel 4 vorgestellten stückweise glatten Mannigfaltigkeiten orientierbar.

Beispiel 6. Das Möbiusband lässt sich einfach als Vereinigung zweier orientierbarer glatter Oberflächen darstellen, die entlang eines Teils des Randes aneinander stoßen. Aber diese Flächen lassen sich nicht verträglich orientieren. Es lässt sich zeigen, dass das Möbiusband keine orientierbare Oberfläche ist und dies selbst nicht aus Sicht von Definition 5.

12.3.3 Übungen und Aufgaben

1. a) Stimmt es, dass der Rand einer Mannigfaltigkeit $S \subset \mathbb{R}^n$ der Menge $\overline{S} \setminus S$ entspricht, wobei $\overline{S}$ der Abschluss von S in $\mathbb{R}^n$ ist?

   b) Besitzen die Flächen $S_1 = \{(x,y) \in \mathbb{R}^2 \mid 1 < x^2 + y^2 < 2\}$ und $S_2 = \{(x,y) \mid 0 < x^2 + y^2\}$ einen Rand?

   c) Bestimmen Sie den Rand der Flächen $S_1 = \{(x,y) \in \mathbb{R}^2 \mid 1 \leq x^2 + y^2 < 2\}$ und $S_2 = \{(x,y) \in \mathbb{R}^2 \mid 1 \leq x^2 + y^2\}$.

2. Geben Sie ein Beispiel für eine nicht orientierbare Mannigfaltigkeit mit einem orientierbaren Rand.

3. a) Jede Stirnseite $I^k = \{x \in \mathbb{R}^k \mid |x^i| < 1, i = 1, \ldots, k\}$ ist zur zugehörigen $(k-1)$-dimensionalen Koordinaten-Hyperebene in $\mathbb{R}^k$ parallel, so dass wir sowohl für die Stirnseite als auch für die Hyperebene dieselbe Basis benutzen können. Auf welchen Stirnflächen ist die sich ergebende Orientierung zur Orientierung des Würfels I^k, die durch $\mathbb{R}^k$ induziert wird, verträglich und auf welchen ist sie es nicht? Betrachten Sie nacheinander die Fälle $k = 2$, $k = 3$ und $k = n$.

   b) Die lokale Karte $(t^1, t^2) \mapsto (\sin t^2 \cos t^2, \sin t^2 \sin t^2, \cos t^1)$ wirke in einem bestimmten Gebiet der Hemisphäre $S = \{(x,y,z) \in \mathbb{R}^3 \mid x^2 + y^2 + z^2 = 1 \wedge z > 0\}$ und die lokale Karte $t \mapsto (\cos t, \sin t, 0)$ wirke in einem bestimmten Gebiet des Randes ∂S der Hemisphäre. Stellen Sie fest, ob diese Karten eine verträgliche Orientierung der Oberfläche S und ihres Randes ∂S ergeben.

c) Konstruieren Sie das Feld von Basen auf der Hemisphäre S und ihrem Rand ∂S, das durch die in b) gegebenen lokalen Karten induziert wird.

d) Formulieren Sie auf dem Rand ∂S der Hemisphäre S eine Basis, die die Orientierung des Randes verträglich zur Orientierung der Hemisphäre aus c) definiert.

e) Definieren Sie die Orientierung der Hemisphäre S in c) mit Hilfe eines Normalenvektors an $S \subset \mathbb{R}^3$.

4. a) Weisen Sie nach, dass das Möbiusband auch aus Sicht von Definition 5 keine orientierbare Oberfläche ist.

b) Sei S eine glatte Mannigfaltigkeit in $\mathbb{R}^n$. Zeigen Sie, dass die Festlegung der Orientierbarkeit der Mannigfaltigkeit als eine glatte Mannigfaltigkeit und als eine stückweise glatte Mannigfaltigkeit zu äquivalenten Ergebnissen führen.

5. Wir sagen, dass eine Menge $S \subset \mathbb{R}^n$ eine k-dimensionale berandete Mannigfaltigkeit ist, wenn zu jedem Punkt $x \in S$ eine Umgebung $U(x) \in \mathbb{R}^n$ und ein Diffeomorphismus $\psi : U(x) \to I^n$ dieser Umgebung auf den Standardwürfel $I^n \subset \mathbb{R}^n$ existiert, unter dem $\psi(S \cap U(x))$ entweder mit dem Würfel $I^k = \{t \in I^n \,|\, t^{k+1} = \cdots = t^n = 0\}$ oder mit einem Teil $I^k \cap \{t \in \mathbb{R}^n \,|\, t^k \leq 0\}$ von ihm, der ein offenes k-dimensionales Intervall inklusive einer ihrer Stirnflächen ist, übereinstimmt.

a) Zeigen Sie aufbauend auf dem in Abschnitt 12.1 bei der Untersuchung des Konzepts einer Mannigfaltigkeit Gesagten, dass diese Definition einer berandeten Mannigfaltigkeit zu Definition 1 äquivalent ist.

b) Sei $f \in C^{(l)}(H^k, \mathbb{R})$ mit $H^k = \{x \in \mathbb{R}^k \,|\, x^1 \leq 0\}$. Stimmt es, dass zu jedem Punkt $x \in \partial H^k$ eine Umgebung $U(x)$ in $\mathbb{R}^k$ und eine Funktion $\mathcal{F} \in C^{(l)}(U(x), \mathbb{R})$ existiert, so dass $\mathcal{F}\big|_{H^k \cap U(x)} = f\big|_{H^k \cap U(x)}$?

c) Wenn wir die in Teil a) gegebene Definition zur Beschreibung einer glatten berandeten Mannigfaltigkeit benutzen, d.h., wir betrachten ψ als eine glatte Abbildung mit maximalem Rang, stimmt es dann, dass diese Definition einer glatten berandeten Mannigfaltigkeit mit der in Abschnitt 12.3 gegebenen übereinstimmt?

12.4 Die Fläche einer Mannigfaltigkeit im euklidischen Raum

Wir wollen uns nun dem Problem zuwenden, die Fläche einer k-dimensionalen stückweise glatten Mannigfaltigkeit, die in den euklidischen Raum $\mathbb{R}^n$, $n \geq 1$, eingebettet ist, zu definieren.

Wir erinnern zu Beginn daran, dass das Volumen $V(\boldsymbol{\xi}_1, \ldots, \boldsymbol{\xi}_k)$ eines Spats, der durch die k Vektoren $\boldsymbol{\xi}_1, \ldots, \boldsymbol{\xi}_k$ im euklidischen Raum $\mathbb{R}^k$ aufgespannt wird, in dem diese Vektoren als Seiten dienen, aus der Determinante

$$V(\boldsymbol{\xi}_1, \ldots, \boldsymbol{\xi}_k) = \det(\xi_i^j) \tag{12.6}$$

der Matrix $J = (\xi_i^j)$ berechnet werden kann, deren Zeilen durch die Koordinaten dieser Vektoren in einer orthonormalen Basis $\mathbf{e}_1, \ldots, \mathbf{e}_k$ von $\mathbb{R}^k$ gebildet werden. Wir stellen jedoch fest, dass Formel (12.6) tatsächlich das sogenannte *orientierte Volumen des Spats* liefert und nicht einfach nur das Volumen. Ist $V \neq 0$, dann ist der durch (12.6) gelieferte Wert von V entweder positiv oder negativ, je nach dem, ob die Basen $\mathbf{e}_1, \ldots, \mathbf{e}_k$ und $\boldsymbol{\xi}_1, \ldots, \boldsymbol{\xi}_k$ zu derselben oder unterschiedlichen Orientierungsklassen von $\mathbb{R}^k$ gehören.

Nun wollen wir anmerken, dass das Produkt JJ^* der Matrix J mit ihrer Transponierten J^* Elemente besitzt, die nichts anderes sind als die Elemente der Matrix $G = (g_{ij})$, die paarweise inneren Produkten $g_{ij} = \langle \boldsymbol{\xi}_i, \boldsymbol{\xi}_j \rangle$ dieser Vektoren entsprechen, d.h. der *Gramschen Matrix*[8] der Vektoren $\boldsymbol{\xi}_1, \ldots, \boldsymbol{\xi}_k$. Somit ist

$$\det G = \det(JJ^*) = \det J \det J^* = (\det J)^2 , \tag{12.7}$$

und daher können wir den nicht negativen Wert des Volumens $V(\boldsymbol{\xi}_1, \ldots, \boldsymbol{\xi}_k)$ aus

$$V(\boldsymbol{\xi}_1, \ldots, \boldsymbol{\xi}_k) = \sqrt{\det \left(\langle \boldsymbol{\xi}_i, \boldsymbol{\xi}_j \rangle \right)} \tag{12.8}$$

erhalten.

Diese letzte Formel ist insofern nützlich, da sie im Wesentlichen koordinatenfrei ist und nur eine Menge geometrischer Größen enthält, die den betrachteten Spat charakterisieren. Werden dieselben Vektoren $\boldsymbol{\xi}_1, \ldots, \boldsymbol{\xi}_k$ als in den n-dimensionalen Raum $\mathbb{R}^n$ $(n \geq k)$ eingebettet betrachtet, bleibt Gleichung (12.8) für das k-dimensionale Volumen (oder Fläche der k-dimensionalen Mannigfaltigkeit) des durch sie aufgespannten Spats unverändert.

Nun sei $\mathbf{r} : D \to S \subset \mathbb{R}^n$ eine Karte einer k-dimensionalen glatten Mannigfaltigkeit S im euklidischen Raum $\mathbb{R}^n$, die in parametrischer Form $\mathbf{r} = \mathbf{r}(t^1, \ldots, t^k)$ gegeben ist, d.h. als eine glatte vektorwertige Funktion $\mathbf{r}(t) = (x^1, \ldots, x^n)(t)$, die im Gebiet $D \subset \mathbb{R}^k$ definiert ist. Sei $\mathbf{e}_1, \ldots, \mathbf{e}_k$ die orthonormale Basis in $\mathbb{R}^k$, die das Koordinatensystem $(t^1, \ldots, t^k)$ erzeugt. Nachdem wir einen Punkt $t_0 = (t_0^1, \ldots, t_0^k) \in D$ festgelegt haben, nehmen wir an, dass die positiven Zahlen $h^1, \ldots, h^k$ so klein sind, dass der Spat I, der durch die Vektoren $h^i \mathbf{e}_i \in TD_{t_0}$, $i = 1, \ldots, k$ aufgespannt und im Punkt t_0 angeheftet wird, ganz in D enthalten ist.

Unter der Abbildung $\mathbf{r} : D \to S$ ergibt ein Spat I eine Figur I_S auf der Mannigfaltigkeit S, die wir vorübergehend einen krummlinigen Spat nennen (vgl. Abb. 12.14, der dem Fall $k = 2$, $n = 3$ entspricht). Da

$$\mathbf{r}(t_0^1, \ldots, t_0^{i-1}, t_0^i + h^i, t_0^{i+1}, \ldots, t_0^k) -$$
$$- \mathbf{r}(t_0^1, \ldots, t_0^{i-1}, t_0^i, t_0^{i+1}, \ldots, t_0^k) = \frac{\partial \mathbf{r}}{\partial t^i}(t_0)h^i + o(h^i) ,$$

entspricht eine Verschiebung in $\mathbb{R}^n$ vom Punkt $\mathbf{r}(t_0)$, die für $h^i \to 0$ bis auf $o(h^i)$ dem partiellen Differential $\frac{\partial \mathbf{r}}{\partial t^i}(t_0)h^i =: \dot{\mathbf{r}}_i h^i$ gleichgesetzt werden kann, einer Verschiebung von t_0 um $h^i \mathbf{e}_i$ in D. Daher unterscheidet sich der krummlinige Spat I_S für kleine Werte von h^i, $i = 1, \ldots, k$ nur leicht vom Spat, der durch die Vektoren $h^1 \dot{\mathbf{r}}_1, \ldots, h^k \dot{\mathbf{r}}_k$ aufgespannt wird, die in $\mathbf{r}(t_0)$ tangential

---

[8] Vgl. die Fußnote auf S. 532.

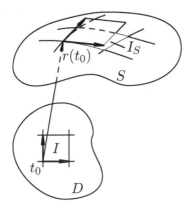

Abb. 12.14.

zur Mannigfaltigkeit S zeigen. Auf dieser Grundlage können wir annehmen, dass das Volumen ΔV des krummlinigen Spats I_S auch dem Volumen des Ausgangsspats ähnlich sein muss und wir gelangen so zur Näherungsformel

$$\Delta V \approx \sqrt{\det(g_{ij})(t_0)}\Delta t^1 \cdot \ldots \cdot \Delta t^k , \qquad (12.9)$$

wobei wir $g_{ij}(t_0) = \langle \dot{\mathbf{r}}_i, \dot{\mathbf{r}}_j \rangle(t_0)$ und $\Delta t^i = h^i$, $i,j = 1, \ldots, k$ gesetzt haben.

Wenn wir nun den gesamten Raum $\mathbb{R}^k$, der das Parametergebiet D enthält, mit k-dimensionalen Spaten mit kleinem Durchmesser d auskleiden, daraus die herausgreifen, die in D enthalten sind, den genäherten Wert des k-dimensionalen Volumens ihres Bildes mit Hilfe von (12.9) berechnen und dann die sich ergebenden Werte summieren, gelangen wir zu

$$\sum_\alpha \sqrt{\det(g_{ij})(t_\alpha)}\Delta t^1 \cdot \ldots \cdot \Delta t^k .$$

Dies kann als Näherung für das k-dimensionale Volumen oder die Fläche der betrachteten Mannigfaltigkeit S angesehen werden. Dieser Näherungswert sollte für $d \to 0$ immer genauer werden. Wir gelangen so zu folgender Definition:

Definition 1. Die *Fläche* (oder das *k-dimensionale Volumen*) einer glatten k-dimensionalen Mannigfaltigkeit S, die durch $D \ni t \mapsto \mathbf{r}(t) \in S$ parametrisch vorgegeben ist und die in den euklidischen Raum $\mathbb{R}^n$ eingebettet ist, entspricht der Größe

$$V_k(S) := \int\limits_D \sqrt{\det\left(\langle \dot{\mathbf{r}}_i, \dot{\mathbf{r}}_j \rangle\right)}\, \mathrm{d}t^1 \cdots \mathrm{d}t^k . \qquad (12.10)$$

Wir wollen sehen, wie sich die Formel (12.10) in den uns bereits bekannten Fällen verhält.

Für $k = 1$ ist das Gebiet $D \subset \mathbb{R}^1$ ein Intervall mit bestimmten Endpunkten a und b ($a < b$) auf der Geraden $\mathbb{R}^1$ und S ist in diesem Fall eine Kurve in $\mathbb{R}^n$. Daher wird für $k = 1$ Formel (12.10) zu

$$V_1(S) = \int\limits_a^b |\dot{\mathbf{r}}(t)|\,\mathrm{d}t = \int\limits_a^b \sqrt{(\dot{x}^1)^2 + \cdots + (\dot{x}^n)^2}(t)\,\mathrm{d}t$$

zur Berechnung der Länge einer Kurve.

Für $k = n$ ist S ein zu D diffeomorphes n-dimensionales Gebiet in $\mathbb{R}^n$. In diesem Fall ist die Jacobimatrix $J = x'(t)$ der Abbildung $D \ni (t^1, \ldots, t^n) = t \mapsto \mathbf{r}(t) = (x^1, \ldots, x^n)(t) \in S$ eine quadratische Matrix. Nun können wir mit Hilfe von Gleichung (12.7) und der Formel für die Substitution in einem Mehrfachintegral schreiben, dass

$$V_n(S) = \int\limits_D \sqrt{\det G(t)}\,\mathrm{d}t = \int\limits_D |\det x'(t)|\,\mathrm{d}t = \int\limits_S \mathrm{d}x = V(S)\,.$$

Somit sind wir, wie wir erwartet haben, beim Volumen eines Gebiets S in $\mathbb{R}^n$ angekommen.

Wir halten fest, dass für $k = 2$, $n = 3$, d.h., falls S eine zwei-dimensionale Fläche in $\mathbb{R}^3$ ist, die übliche Schreibweise $g_{ij} = \langle \dot{\mathbf{r}}_i, \dot{\mathbf{r}}_j \rangle$ oft wie folgt ersetzt wird: $\sigma := V_2(S)$, $E := g_{11} = \langle \dot{\mathbf{r}}_1, \dot{\mathbf{r}}_1 \rangle$, $F := g_{12} = g_{21} = \langle \dot{\mathbf{r}}_1, \dot{\mathbf{r}}_2 \rangle$, $G := g_{22} = \langle \dot{\mathbf{r}}_2, \dot{\mathbf{r}}_2 \rangle$ und wir schreiben u bzw. v anstelle von t^1 und t^2. In dieser Schreibweise lautet Formel (12.10) wie folgt:

$$\sigma = \iint\limits_D \sqrt{EG - F^2}\,\mathrm{d}u\,\mathrm{d}v\,.$$

Ist insbesondere $u = x$, $v = y$ und ist die Fläche S der Graph einer glatten im Gebiet $D \subset \mathbb{R}^2$ reellwertigen Funktion $z = f(x, y)$, dann ist, wie sich einfach berechnen lässt,

$$\sigma = \iint\limits_D \sqrt{1 + (f_x')^2 + (f_y')^2}\,\mathrm{d}x\,\mathrm{d}y\,.$$

Wir kehren wiederum zu Definition 1 zurück und machen einige Anmerkungen, die sich später als nützlich erweisen werden:

Anmerkung 1. Definition 1 macht nur dann Sinn, falls das Integral auf der rechten Seite von (12.10) existiert. Es existiert z.B. nachweisbar dann, wenn D ein Jordan-messbares Gebiet ist und $\mathbf{r} \in C^{(1)}(\overline{D}, \mathbb{R}^n)$.

Anmerkung 2. Wird die Mannigfaltigkeit S in Definition 1 in eine endliche Anzahl von Mannigfaltigkeiten $S_1, \ldots, S_m$ mit stückweise glatten Rändern unterteilt, dann entspricht die Unterteilung des Gebiets D in Gebiete $D_1, \ldots, D_m$, die diesen Mannigfaltigkeiten entsprechen, dieser Unterteilung. Besaß die Mannigfaltigkeit S im Sinne von Gl. (12.10) eine Fläche, dann sind die Größen

$$V_k(S_\alpha) = \int\limits_{D_\alpha} \sqrt{\det\langle \dot{\mathbf{r}}_i, \dot{\mathbf{r}}_j \rangle(t)} \, dt$$

für jeden Wert $\alpha = 1, \ldots, m$ definiert.

Aus der Additivität des Integrals folgt, dass

$$V_k(S) = \sum_\alpha V_k(S_\alpha) \, .$$

Wir haben dadurch sichergestellt, dass die Fläche einer k-dimensionalen Mannigfaltigkeit in dem Sinne additiv ist wie das gewöhnliche Mehrfachintegral.

Anmerkung 3. Diese letzte Anmerkung erlaubt es uns, das Gebiet nötigenfalls auszuschöpfen und dadurch die Bedeutung von (12.10) dahin gehend zu erweitern, dass das Integral nun als uneigentliches Integral verstanden werden kann.

Anmerkung 4. Noch wichtiger ist, dass die Additivität einer Fläche dazu eingesetzt werden kann, um die Fläche einer beliebigen glatten oder sogar stückweise glatten Mannigfaltigkeit (die nicht notwendigerweise aus einer einzigen Karte besteht) zu definieren.

Definition 2. Sei S eine beliebige stückweise glatte k-dimensionale Mannigfaltigkeit in $\mathbb{R}^n$. Falls sie, nachdem eine endliche oder abzählbare Anzahl stückweise stetiger Mannigfaltigkeiten mit höchstens Dimension $k-1$ entfernt wurden, in eine endliche oder eine abzählbare Anzahl glatter parametrisierter Mannigfaltigkeit $S_1, \ldots, S_m, \ldots$ zerfällt, dann setzen wir

$$V_k(S) := \sum_\alpha V_k(S_\alpha) \, .$$

Die Additivität des Mehrfachintegrals erlaubt uns den Nachweis, dass die so definierte Größe $V_k(S)$ von der Art und Weise unabhängig ist, wie die Mannigfaltigkeit S in glatte Stücke $S_1, \ldots, S_m, \ldots$, von denen jedes im Wirkungsbereich einer lokalen Karte der Mannigfaltigkeit S enthalten ist, unterteilt wird.

Wir merken ferner an, dass aus den Definitionen glatter und stückweise glatter Mannigfaltigkeiten einfach folgt, dass die in Definition 2 beschriebene Unterteilung von S in parametrisierte Teile immer möglich ist und sogar dann ausgeführt werden kann, wenn wir die natürliche zusätzliche Anforderung stellen, dass die Unterteilung *lokal endlich* ist. Das letztere bedeutet, dass jede kompakte Menge $K \subset S$ nur eine endliche Anzahl der Flächen $S_1, \ldots, S_m, \ldots$ schneiden kann. Dies lässt sich auf andere Weise klarer und deutlicher formulieren: Jeder Punkt in S muss eine Umgebung besitzen, die höchstens eine endliche Anzahl der Mengen $S_1, \ldots, S_m, \ldots$ schneidet.

Anmerkung 5. Die zentrale Formel (12.10) enthält ein System krummliniger Koordinaten $t^1, \ldots, t^k$. Aus diesem Grund ist es natürlich zu beweisen, dass die durch (12.10) definierte Größe $V_k(S)$ (und damit auch die Größe $V_k(S)$ in Definition 2) unter einem diffeomorphen Übergang $\widetilde{D} \ni (\widetilde{t}^1, \ldots, \widetilde{t}^k) \mapsto t = (t^1, \ldots, t^k) \in D$ zu neuen krummlinigen Koordinaten $\widetilde{t}^1, \ldots, \widetilde{t}^k$, die sich im Gebiet $\widetilde{D} \subset \mathbb{R}^k$ verändern, invariant ist.

Beweis. Für den Beweis genügt es anzumerken, dass die Matrizen

$$G = (g_{ij}) = \left(\left\langle \frac{\partial \mathbf{r}}{\partial t^i}, \frac{\partial \mathbf{r}}{\partial t^j} \right\rangle \right) \quad \text{und} \quad \widetilde{G} = (\widetilde{g}_{ij}) = \left(\left\langle \frac{\partial \mathbf{r}}{\partial \widetilde{t}^i}, \frac{\partial \mathbf{r}}{\partial \widetilde{t}^j} \right\rangle \right)$$

in entsprechenden Punkten des Gebiets D und $\widetilde{D}$ durch die Gleichung $\widetilde{G} = J^* G J$ gekoppelt sind, wobei $J = \left(\frac{\partial t^j}{\partial \widetilde{t}^i} \right)$ die Jacobimatrix der Abbildung $\widetilde{D} \ni \widetilde{t} \mapsto t \in D$ ist und J^* ist die Transponierte der Matrix J. Somit ist $\det \widetilde{G}(\widetilde{t}) = \det G(t)(\det J)^2(\widetilde{t})$, woraus folgt, dass

$$\int\limits_D \sqrt{\det G(t)} \, \mathrm{d}t = \int\limits_{\widetilde{D}} \sqrt{\det G\big(t(\widetilde{t})\big)} |\det J(\widetilde{t})| \, \mathrm{d}\widetilde{t} = \int\limits_{\widetilde{D}} \sqrt{\det \widetilde{G}(\widetilde{t})} \, \mathrm{d}\widetilde{t} \,. \qquad \square$$

Somit haben wir eine Definition des k-dimensionalen Volumens oder der Fläche einer k-dimensionalen stückweise glatten Mannigfaltigkeit erhalten, die von der Wahl des Koordinatensystems unabhängig ist.

Anmerkung 6. Wir schicken der Anmerkung eine Definition voraus:

Definition 3. Eine in einer k-dimensionalen stückweise glatten Mannigfaltigkeit S eingebettete Menge E ist eine *Menge vom k-dimensionalen Maß Null* oder hat die *Fläche Null* im Sinne von Lebesgue, falls sie für jedes $\varepsilon > 0$ von einem endlichen oder abzählbaren System $S_1, \ldots, S_m, \ldots$ von Mannigfaltigkeiten $S_\alpha \subset S$ überdeckt werden kann (die sich möglicherweise schneiden), so dass $\sum\limits_\alpha V_k(S_\alpha) < \varepsilon$.

Wie Sie erkennen können, ist dies eine wortwörtliche Wiederholung der Definition einer Menge vom Maß Null in $\mathbb{R}^k$.

Es kann leicht erkannt werden, dass im Kartengebiet D jeder lokalen Karte $\varphi : D \to S$ einer stückweise glatten Mannigfaltigkeit S die Menge $\varphi^{-1}(E) \subset D \subset \mathbb{R}^k$ vom k-dimensionalen Maß Null einer derartigen Menge entspricht. Es lässt sich sogar zeigen, dass dies die charakteristische Eigenschaft von Mengen $E \subset S$ vom Maß Null ist.

Bei der praktischen Berechnung von Flächen und den unten eingeführten Flächenintegralen ist es sinnvoll, im Hinterkopf zu behalten, dass die Flächen $\widetilde{S}$ und S gleich sind, wenn eine stückweise glatte Mannigfaltigkeit $\widetilde{S}$ dadurch erhalten wird, dass eine Menge E vom Maß Null aus einer stückweise glatten Mannigfaltigkeit S entfernt wurde.

Die Nützlichkeit dieser Anmerkung liegt darin begründet, dass es oft einfach ist, eine Menge vom Maß Null von einer stückweise glatten Mannigfaltigkeit derart zu entfernen, dass das Ergebnis eine glatte Mannigfaltigkeit $\widetilde{S}$ ist, die durch eine einzige Karte definiert wird. Dann lässt sich aber auch die Fläche von $\widetilde{S}$ und somit auch die Fläche von S direkt aus Formel (12.10) berechnen.

Wir wollen einige Beispiele betrachten:

Beispiel 1. Die Abbildung $]0, 2\pi[\ni t \mapsto (R \cos t, R \sin t) \in \mathbb{R}^2$ ist eine Karte für den Bogen $\widetilde{S}$ des Kreises $x^2 + y^2 = R^2$, den wir erhalten, indem wir den einen Punkt $E = (R, 0)$ aus dem Kreis entfernen. Da E auf S eine Menge vom Maß Null ist, können wir schreiben:

$$V_1(S) = V_1(\widetilde{S}) = \int\limits_0^{2\pi} \sqrt{R^2 \sin^2 t + R^2 \cos^2 t}\, \mathrm{d}t = 2\pi R \,.$$

Beispiel 2. In Beispiel 4 in Abschnitt 12.1 haben wir die folgende parametrische Darstellung des zwei-dimensionalen Torus S in $\mathbb{R}^3$ vorgestellt:

$$\mathbf{r}(\varphi, \psi) = \big((b + a \cos \psi) \cos \varphi, (b + a \cos \psi) \sin \varphi, a \sin \psi\big) \,.$$

Im Gebiet $D = \big\{(\varphi, \psi) | 0 < \varphi < 2\pi, 0 < \psi < 2\pi\big\}$ ist die Abbildung $(\varphi, \psi) \mapsto \mathbf{r}(\varphi, \psi)$ ein Diffeomorphismus. Das Bild $\widetilde{S}$ des Gebiets D unter diesem Diffeomorphismus unterscheidet sich vom Torus durch die Menge E, die aus der Koordinatenachse $\varphi = 2\pi$ und der Geraden $\psi = 2\pi$ besteht. Die Menge E besteht daher aus einem Längengrad und einem Breitengrad des Torus und besitzt daher, wie sich einfach erkennen lässt, das Maß Null. Daher können wir die Fläche des Torus durch (12.10) bestimmen, indem wir von dieser parametrischen Darstellung innerhalb des Gebiets D ausgehen.

Wir wollen die notwendigen Berechnungen durchführen:

$$\dot{\mathbf{r}}_\varphi = \big(-(b + a \cos \psi) \sin \varphi, (b + a \cos \psi) \cos \varphi, 0\big) \,,$$
$$\dot{\mathbf{r}}_\psi = (-a \sin \psi \cos \varphi, -a \sin \psi \sin \varphi, a \cos \psi) \,,$$
$$g_{11} = \langle \dot{\mathbf{r}}_\varphi, \dot{\mathbf{r}}_\varphi \rangle = (b + a \cos \psi)^2 \,,$$
$$g_{12} = g_{21} = \langle \dot{\mathbf{r}}_\varphi, \dot{\mathbf{r}}_\psi \rangle = 0 \,,$$
$$g_{22} = \langle \dot{\mathbf{r}}_\psi, \dot{\mathbf{r}}_\psi \rangle = a^2 \,,$$
$$\det G = \begin{vmatrix} g_{11} & g_{12} \\ g_{21} & g_{22} \end{vmatrix} = a^2 (b + a \cos \psi)^2 \,.$$

Folglich ist

$$V_2(S) = V_2(\widetilde{S}) = \int\limits_0^{2\pi} \mathrm{d}\varphi \int\limits_0^{2\pi} a(b + a \cos \psi)\, \mathrm{d}\psi = 4\pi^2 ab \,.$$

Zum Abschluss halten wir fest, dass die in Definition 2 angedeutete Methode nun dafür benutzt werden kann, um die Flächen stückweise glatter Kurven und Flächen zu berechnen.

12.4.1 Übungen und Aufgaben

1. a) Seien P und $\widetilde{P}$ zwei Hyperebenen im euklidischen Raum $\mathbb{R}^n$, D ein Teilgebiet von P und $\widetilde{D}$ die orthogonale Projektion von D auf die Hyperebene $\widetilde{P}$. Zeigen Sie, dass die $(n-1)$-dimensionalen Flächen von D und $\widetilde{D}$ durch die Gleichung $\sigma(\widetilde{D}) = \sigma(D)\cos\alpha$ gekoppelt sind, wobei α der Winkel zwischen den Hyperebenen P und $\widetilde{P}$ ist.

b) Erläutern Sie unter Berücksichtigung des Ergebnisses von a) die geometrische Bedeutung der Formel $d\sigma = \sqrt{1 + (f'_x)^2 + (f'_y)^2}\, dx\, dy$ für das Flächenelement des Graphen einer glatten Funktion $z = f(x,y)$ in einem drei-dimensionalen euklidischen Raum.

c) Die Oberfläche S sei im euklidischen Raum $\mathbb{R}^3$ das Bild einer auf einem Gebiet $D \subset \mathbb{R}^2$ definierten glatten vektorwertigen Funktion $\mathbf{r} = \mathbf{r}(u,v)$. Zeigen Sie, dass die Fläche von S aus der Formel

$$\sigma(S) = \iint\limits_{D} \left| [\mathbf{r}'_u, \mathbf{r}'_v] \right| du\, dv$$

bestimmt werden kann, wobei $[\mathbf{r}'_u, \mathbf{r}'_v]$ das Vektorprodukt von $\frac{\partial \mathbf{r}}{\partial u}$ und $\frac{\partial \mathbf{r}}{\partial v}$ ist.

d) Die Oberfläche $S \subset \mathbb{R}^3$ sei durch die Gleichung $F(x,y,z) = 0$ definiert und das Gebiet U der Oberfläche S werde bijektiv orthogonal auf das Gebiet D in der xy-Ebene abgebildet. Zeigen Sie, dass dann gilt:

$$\sigma(U) = \iint\limits_{D} \frac{\operatorname{grad} F}{|F'_z|}\, dx\, dy\ .$$

2. Bestimmen Sie die Fläche des sphärischen Rechtecks, das durch zwei Längen und zwei Breitengrade der Sphäre $S \subset \mathbb{R}^3$ gebildet wird.

3. a) Seien (r, φ, h) die zylindrischen Koordinaten in $\mathbb{R}^3$. Eine in der Ebene $\varphi = \varphi_0$ liegende glatte Kurve, die durch die Gleichung $\mathbf{r} = \mathbf{r}(s)$ definiert wird, wobei s der Parameter für die Bogenlänge ist, werde um die h-Achse gedreht. Zeigen Sie, dass die Fläche der Oberfläche, die erhalten wird, wenn ein Teil der Kurve entsprechend dem abgeschlossenen Intervall $[s_1, s_2]$ des Parameters s gedreht wird, durch folgende Formel gegeben wird:

$$\sigma = 2\pi \int\limits_{s_1}^{s_2} r(s)\, ds\ .$$

b) Der Graph einer glatten auf einem abgeschlossenen Intervall $[a,b] \subset \mathbb{R}_+$ definierten nicht negativen Funktion $y = f(x)$ werde zunächst um die x-Achse gedreht und dann um die y-Achse. Geben Sie die Formel für die Flächen der entsprechenden Oberflächen für beide Fälle als ein Integral über das abgeschlossene Intervall $[a,b]$ an.

4. a) Das Zentrum eines Balls mit Radius 1 rolle entlang einer glatten abgeschlossenen ebenen Kurve der Länge L. Zeigen Sie, dass die Fläche der durch den dabei gebildeten röhrenförmigen Körper $2\pi \cdot 1 \cdot L$ beträgt.

b) Bestimmen Sie ausgehend vom Ergebnis in Teil a) die Fläche des zweidimensionalen Torus, den wir erhalten, wenn wir einen Kreis mit Radius a um eine Achse in der Ebene des Kreises drehen, die im Abstand $b > a$ vom Zentrum entfernt liegt.

5. Beschreiben Sie die spiralige Oberfläche, die in kartesischen Koordinaten (x, y, z) in $\mathbb{R}^3$ durch die Gleichung

$$y = x \tan \frac{z}{h} = 0 , \quad |z| \leq \frac{\pi}{2} h$$

beschrieben wird und bestimmen Sie die Fläche für den Teil, für den $r^2 < x^2 + y^2 \leq R^2$ gilt.

6. a) Zeigen Sie, dass die Fläche Ω_{n-1} der Einheitskugelschale in $\mathbb{R}^n$ $\frac{2(\sqrt{\pi})^n}{\Gamma(\frac{n}{2})}$ beträgt, mit $\Gamma(a) = \int\limits_0^\infty e^{-x} x^{\alpha-1} \, dx$. (Insbesondere gilt für gerades n, dass $\Gamma\left(\frac{n}{2}\right) = \left(\frac{n-2}{2}\right)!$, wohingegen wir für n ungerade $\Gamma\left(\frac{n}{2}\right) = \frac{(n-2)!!}{2^{\frac{n-1}{2}}} \sqrt{\pi}$ erhalten.)

b) Überprüfen Sie, ob das Volumen $V_n(r)$ der Kugel mit Radius r in $\mathbb{R}^n$ $\frac{(\sqrt{\pi})^n}{\Gamma\left(\frac{n+2}{2}\right)} r^n$ beträgt und zeigen Sie, dass $\left.\frac{dV_n}{dr}\right|_{r=1} = \Omega_{n-1}$.

c) Bestimmen Sie für $n \to \infty$ das Verhältnis zwischen der Fläche der Hemisphäre $\{x \in \mathbb{R}^n \,|\, |x| = 1 \land x^n > 0\}$ und der Fläche ihrer orthogonalen Projektion in der Ebene $x^n = 0$.

d) Zeigen Sie, dass für $n \to \infty$ der Großteil des Volumens einer n-dimensionalen Kugel in einer beliebig kleinen Umgebung der Randschale enthalten ist und dass der Großteil der Fläche der Hemisphäre in einer beliebig kleinen Umgebung des Äquators konzentriert ist.

e) Zeigen Sie, dass das folgende wunderschöne Korollar zu *Konzentrationsphänomenen* aus der in d) gemachten Beobachtung folgt.
Eine auf einer Kugelschale mit großer Dimension stetige reguläre Funktion ist auf ihr nahezu konstant (denken Sie dabei an den *Druck* in der Thermodynamik).
Um genauer zu werden:
Wir wollen z.B. Funktionen betrachten, die eine Lipschitz-Bedingung mit einer festen Konstanten erfüllen. Dann gibt es zu jedem $\varepsilon > 0$ und $\delta > 0$ ein N, so dass für $n > N$ und jede Funktion $f : S^n \to \mathbb{R}$ ein Wert c mit den folgenden Eigenschaften existiert: Die Fläche der Menge, auf der der Wert von f sich von c um mehr als ε unterscheidet, ist höchstens so groß wie δ, multipliziert mit der Fläche der gesamten Kugelschale.

7. a) Sei $x_1, \ldots, x_k$ ein System von Vektoren im euklidischen Raum $\mathbb{R}^n$, $n \geq k$. Zeigen Sie, dass wir die Gramsche Determinante dieses Systems als

$$\det\left(\langle x_i, x_j \rangle\right) = \sum_{1 \leq i_1 < \cdots < i_k \leq n} P_{i_1 \cdots i_k}^2$$

schreiben können, wobei

$$P_{i_1 \cdots i_k} = \det \begin{pmatrix} x_1^{i_1} & \cdots & x_1^{i_k} \\ \cdots\cdots\cdots\cdots \\ x_k^{i_1} & \cdots & x_k^{i_k} \end{pmatrix}.$$

b) Erläutern Sie die geometrische Bedeutung der Größen $P_{i_1 \cdots i_k}$ aus a) und formulieren Sie das Ergebnis aus a) als *Satz von Pythagoras für Maße beliebiger Dimension* k, $1 \le k \le n$.

c) Erklären Sie nun die Formel

$$\sigma = \int\limits_D \sqrt{\sum_{1 \le i_1 < \cdots < i_k \le n} \det{}^2 \begin{pmatrix} \frac{\partial x^{i_1}}{\partial t^1} & \cdots & \frac{\partial x^{i_1}}{\partial t^k} \\ \cdots\cdots\cdots\cdots\cdots \\ \frac{\partial x^{i_k}}{\partial t^1} & \cdots & \frac{\partial x^{i_k}}{\partial t^k} \end{pmatrix}} \, \mathrm{d}t^1 \cdots \mathrm{d}t^n$$

für die Fläche einer k-dimensionalen Mannigfaltigkeit in der parametrischen Form $x = x(t^1, \ldots, t^k)$, $t \in D \subset \mathbb{R}^k$.

8. a) Beweisen Sie, dass die Größe $V_k(S)$ in Definition 2 wirklich von der Unterteilungsmethode der Mannigfaltigkeit S in kleine Stücke $S_1, \ldots, S_m, \ldots$ unabhängig ist.

b) Zeigen Sie, dass eine stückweise glatte Mannigfaltigkeit S die in Definition 2 beschriebene lokale endliche Unterteilung in Stücke $S_1, \ldots, S_m, \ldots$ zulässt.

c) Zeigen Sie, dass wir immer eine Menge E vom Maß Null von einer stückweise glatten Mannigfaltigkeit S entfernen können, um so eine glatte Mannigfaltigkeit $\check{S} = S \setminus E$ zu erhalten, die durch eine einzige lokale Karte $\varphi : I \to S$ beschrieben werden kann.

9. Die Länge einer Kurve ist, wie schon aus dem Gymnasium bekannt, bei der Definition des Umfangs eines Kreises als der Grenzwert der Längen geeignet einbeschriebener unterbrochener Geraden definiert. Dabei wird der Grenzwert so gebildet, dass die Strecken der einbeschriebenen unterbrochenen Geraden gegen Null gehen. Das folgende einfache Beispiel, das auf H. Schwarz zurückgeht, veranschaulicht, dass eine analoge Prozedur zur Definition selbst einer sehr einfachen glatten Fläche mit Hilfe von einbeschriebenen Polyedern zu absurden Ergebnissen führen kann.

In einem Zylinder mit Radius R und Höhe H betten wir einen Polyeder folgendermaßen ein. Wir schneiden dazu den Zylinder entlang horizontaler Ebenen in m gleiche Zylinder, jeder mit der Höhe H/m. Wir unterteilen nun jede der $m + 1$ gleichen Kreisflächen der Schnitte (inklusive der Unter- und der Oberseite des Ausgangszylinders) in n gleiche Teile, so dass die Unterteilungspunkte auf jedem Kreis unter den Mittelpunkten der Unterteilungspunkte des unmittelbar höheren Kreises liegen. Nun greifen wir ein Paar der Unterteilungspunkte auf jedem Kreis zusammen mit dem Punkt, der direkt über oder unter dem Mittelpunkt des Bogens, den diese Punkte bilden, heraus.

Diese drei Punkte bilden ein Dreieck und die Menge aller derartiger Dreiecke bildet eine polyedrische Oberfläche, die in der ursprünglichen zylindrischen Oberfläche eingeschrieben ist. In seiner Form ähnelt dieser Polyeder dem Leder eines Stiefels, der wie ein Akkordeon geknautscht wurde. Aus diesem Grund wird er oft *Schwarzscher Stiefel* genannt.

a) Lässt man m und n gegen Unendlich streben, so dass das Verhältnis n^2/m gegen Null geht, dann wächst die Fläche dieses so konstruierten Polyeders unbeschränkt an, obwohl die Dimensionen jeder Fläche (jedes Dreieck) gegen Null gehen. Zeigen Sie dies.

b) Streben n und m gegen Unendlich, so dass das Verhältnis m/n^2 gegen einen festen Grenzwert p geht, dann strebt die Fläche des Polyeders gegen einen endlichen Grenzwert, der größer, kleiner oder (für $p = 0$) gleich der Fläche des Ausgangszylinders ist.

c) Vergleichen Sie die hier beschriebene Methode zur Einführung einer glatten Fläche mit dem obigen Verfahren und erklären Sie, warum die Ergebnisse im ein-dimensionalen Fall übereinstimmen, im zwei-dimensionalen Fall aber i.a. nicht. Welche Bedingungen muss die Folge der eingeschriebenen polyedrischen Flächen erfüllen, damit die beiden Ergebnisse übereinstimmen?

10. *Die isoperimetrische Ungleichung.*

Angenommen $V(E)$ bezeichne das Volumen einer Menge $E \subset \mathbb{R}^n$ und $A + B$ die (Vektor-) Summe der Mengen $A, B \subset \mathbb{R}^n$. (Dabei meinen wir die Summe im Sinne von Minkowski, vgl. Aufgabe 4 in Abschnitt 11.2.)

Sei B eine Kugel mit Radius h. Dann ist $A + B =: A_h$ die h-Umgebung der Menge A.

Die Größe

$$\lim_{h \to 0} \frac{V(A_h) - V(A)}{h} =: \mu_+(\partial A)$$

wird *Minkowskische äußere Fläche des Randes ∂A von A* genannt.

a) Ist ∂A eine glatte oder hinreichend reguläre Mannigfaltigkeit, dann ist $\mu_+(\partial A)$ gleich der normalen Fläche der Mannigfaltigkeit ∂A.

b) Zeigen Sie nun mit Hilfe der Brunn–Minkowskischen Ungleichung die klassische *isoperimetrische Ungleichung* in $\mathbb{R}^n$ (Aufgabe 4 in Abschnitt 11.2):

$$\mu_+(\partial A) \geq n v^{\frac{1}{n}} V^{\frac{n-1}{n}}(A) =: \mu(S_A) .$$

Hierbei ist V das Volumen der Einheitskugel in $\mathbb{R}^n$ und $\mu(S_A)$ die Fläche der $((n-1)$-dimensionalen) Mannigfaltigkeit der Kugel mit demselben Volumen wie A.

Die isoperimetrische Ungleichung bedeutet, dass ein Körper $A \subset \mathbb{R}^n$ eine Randfläche $\mu_+(\partial A)$ besitzt, die nicht kleiner ist als die einer Kugel mit demselben Volumen.

12.5 Einfache Tatsachen über Differentialformen

Wir wollen nun eine einfache Beschreibung der bequemen mathematischen Werkzeuge geben, die als Differentialformen bekannt sind, wobei wir hier eher besondere Aufmerksamkeit auf ihr algorithmisches Potential als auf ihre theoretische Konstruktion, die wir in Kapitel 15 untersuchen werden, legen werden.

12.5.1 Differentialformen: Definition und Beispiele

Nach dem Studium der Algebra ist der Leser mit dem Konzept einer Linearform wohl vertraut und wir haben dieses Konzept bereits ausführlich bei der Konstruktion der Differentialrechnung eingesetzt. Dabei trafen wir hauptsächlich auf symmetrische Formen. In diesem Absatz werden wir schief-symmetrische (anti-symmetrische) Formen untersuchen.

Wir erinnern daran, dass eine Form $L : X^k \to Y$ vom Grad k oder der Ordnung k, die auf angeordneten Mengen $\boldsymbol{\xi}_1, \ldots, \boldsymbol{\xi}_k$ von Vektoren eines Vektorraums X definiert ist und Werte in einem Vektorraum Y annimmt, *schief-symmetrisch* oder *anti-symmetrisch* ist, wenn der Wert der Form sein Vorzeichen verändert, wenn wir ein beliebiges Paar der Argumente vertauschen, d.h.

$$L(\boldsymbol{\xi}_1, \ldots, \boldsymbol{\xi}_i, \ldots, \boldsymbol{\xi}_j, \ldots, \boldsymbol{\xi}_k) = -L(\boldsymbol{\xi}_1, \ldots, \boldsymbol{\xi}_j, \ldots, \boldsymbol{\xi}_i, \ldots, \boldsymbol{\xi}_k) \ .$$

Ist insbesondere $\boldsymbol{\xi}_i = \boldsymbol{\xi}_j$, dann ist der Wert unabhängig von den anderen Vektoren der Form gleich Null.

Beispiel 1. Das Kreuzprodukt $[\boldsymbol{\xi}_1, \boldsymbol{\xi}_2]$ zweier Vektoren in $\mathbb{R}^3$ ist eine schief-symmetrische Form mit Werten in $\mathbb{R}^3$.

Beispiel 2. Das orientierte Volumen $V(\boldsymbol{\xi}_1, \ldots, \boldsymbol{\xi}_k)$ des durch die Vektoren $\boldsymbol{\xi}_1, \ldots, \boldsymbol{\xi}_k$ in $\mathbb{R}^k$ aufgespannten Spats, das durch (12.6) in Abschnitt 12.4 definiert wird, ist eine schief-symmetrische k-Form auf $\mathbb{R}^k$ mit reellen Werten.

Zum gegenwärtigen Zeitpunkt sind wir nur an reellwertigen k-Formen (der Fall $Y = \mathbb{R}$) interessiert, obwohl alles, was wir unten diskutieren werden, auf allgemeinere Situationen anwendbar ist, wenn z.B. Y der Körper $\mathbb{C}$ der komplexen Zahlen ist.

Eine Linearkombination schief-symmetrischer Formen vom selben Grad ist wiederum eine schief-symmetrische Form, d.h., die schief-symmetrischen Formen eines vorgegebenen Grades bilden einen Vektorraum.

In der Algebra wird zusätzlich das *Keilprodukt* oder *äußere Produkt* $\wedge$ schief-symmetrischer Formen eingeführt, das einem geordneten Paar A^p, B^q derartiger Formen (vom Grad p bzw. q) eine schief-symmetrische Form $A^p \wedge B^q$ vom Grad $p + q$ zuweist. Diese Operation ist

assoziativ: $(A^p \wedge B^q) \wedge C^r = A^p \wedge (B^q \wedge C^r)$,

distributiv: $(A^p + B^p) \wedge C^q = A^p \wedge C^q + B^p \wedge C^q$,

anti-kommutativ: $A^p \wedge B^q = (-1)^{pq} B^q \wedge A^p$.

Im Falle von 1-Formen A und B ist das Keilprodukt anti-kommutativ, d.h. $A \wedge B = -B \wedge A$, wie wir es vom Kreuzprodukt, das wir in Beispiel 1 vorgestellt haben, kennen. Das Keilprodukt von Formen ist nämlich eine Verallgemeinerung des Kreuzprodukts.

Ohne bei der Definition des Keilprodukts allzu ausführlich zu werden, setzen wir im Augenblick die Eigenschaften der oben aufgeführten Operationen als bekannt voraus und beobachten, dass im Fall des Keilprodukts von 1-Formen $L_1, \ldots, L_k \in \mathcal{L}(\mathbb{R}^n, \mathbb{R})$ das Ergebnis $L_1 \wedge \cdots \wedge L_k$ eine k-Form ist, die auf der Menge der Vektoren $\boldsymbol{\xi}_1, \ldots, \boldsymbol{\xi}_k$ den Wert

$$L_1 \wedge \cdots \wedge L_k(\boldsymbol{\xi}_1, \ldots, \boldsymbol{\xi}_k) = \begin{vmatrix} L_1(\boldsymbol{\xi}_1) & \cdots & L_k(\boldsymbol{\xi}_1) \\ \cdots\cdots\cdots\cdots\cdots\cdots \\ L_1(\boldsymbol{\xi}_k) & \cdots & L_k(\boldsymbol{\xi}_k) \end{vmatrix} = \det\big(L_j(\boldsymbol{\xi}_i)\big) \quad (12.11)$$

annimmt.

Wenn wir Gleichung (12.11) als Definition der linken Seite betrachten, folgt aus den Eigenschaften von Determinanten, dass im Falle von linearen Formen A, B und C tatsächlich gilt, dass $A \wedge B = -B \wedge A$ und $(A + B) \wedge C = A \wedge C + B \wedge C$.

Wir wollen einige Beispiele betrachten, die sich unten als nützlich erweisen werden.

Beispiel 3. Seien $\pi^i \in \mathcal{L}(\mathbb{R}^n, \mathbb{R})$, $i = 1, \ldots, n$ Projektionen. Genauer gesagt, ist die lineare Funktion $\pi^i : \mathbb{R}^n \to \mathbb{R}$ derart, dass sie für jeden Vektor $\boldsymbol{\xi} = (\xi^1, \ldots, \xi^n) \in \mathbb{R}^n$ den Wert $\pi^i(\boldsymbol{\xi}) = \xi^i$ der Projektion des Vektors auf die entsprechende Koordinatenachse annimmt. Dann erhalten wir in Übereinstimmung mit (12.11)

$$\pi^{i_1} \wedge \cdots \wedge \pi^{i_k}(\boldsymbol{\xi}_1, \ldots, \boldsymbol{\xi}_k) = \begin{vmatrix} \xi_1^{i_1} & \cdots & \xi_1^{i_k} \\ \cdots\cdots\cdots\cdots \\ \xi_k^{i_1} & \cdots & \xi_k^{i_k} \end{vmatrix}. \quad (12.12)$$

Beispiel 4. In kartesischen Koordinaten ist das Vektorprodukt $[\boldsymbol{\xi}_1, \boldsymbol{\xi}_2]$ der Vektoren $\boldsymbol{\xi}_1 = (\xi_1^1, \xi_1^2, \xi_1^3)$ und $\boldsymbol{\xi}_2 = (\xi_2^1, \xi_2^2, \xi_2^3)$ im euklidischen Raum $\mathbb{R}^3$ bekanntlich durch die Gleichung

$$[\boldsymbol{\xi}_1, \boldsymbol{\xi}_2] = \left(\begin{vmatrix} \xi_1^2 & \xi_1^3 \\ \xi_2^2 & \xi_2^3 \end{vmatrix}, \begin{vmatrix} \xi_1^3 & \xi_1^1 \\ \xi_2^3 & \xi_2^1 \end{vmatrix}, \begin{vmatrix} \xi_1^1 & \xi_1^2 \\ \xi_2^1 & \xi_2^2 \end{vmatrix} \right)$$

definiert. Daher können wir in Übereinstimmung mit Beispiel 3 schreiben, dass

$$\pi^1\big([\boldsymbol{\xi}_1, \boldsymbol{\xi}_2]\big) = \pi^2 \wedge \pi^3(\boldsymbol{\xi}_1, \boldsymbol{\xi}_2),$$
$$\pi^2\big([\boldsymbol{\xi}_1, \boldsymbol{\xi}_2]\big) = \pi^3 \wedge \pi^1(\boldsymbol{\xi}_1, \boldsymbol{\xi}_2),$$
$$\pi^3\big([\boldsymbol{\xi}_1, \boldsymbol{\xi}_2]\big) = \pi^1 \wedge \pi^2(\boldsymbol{\xi}_1, \boldsymbol{\xi}_2).$$

Beispiel 5. Sei $f : D \to \mathbb{R}$ eine Funktion, die in einem Gebiet $D \subset \mathbb{R}^n$ definiert ist und in $x_0 \in D$ differenzierbar ist. In einem Punkt ist das Differential $\mathrm{d}f(x_0)$ der Funktion bekanntlich eine lineare Funktion, die für Verschiebungsvektoren

$\boldsymbol{\xi}$ von diesem Punkt definiert ist: Genauer gesagt für Vektoren des Tangenti-alraums TD_{x_0} an D (oder $\mathbb{R}^n$) im betrachteten Punkt. Wir erinnern daran, dass dann, wenn $x^1, \ldots, x^n$ die Koordinaten in $\mathbb{R}^n$ sind und $\boldsymbol{\xi} = (\xi^1, \ldots, \xi^n)$, gilt:

$$\mathrm{d}f(x_0)(\boldsymbol{\xi}) = \frac{\partial f}{\partial x^1}(x_0)\xi^1 + \cdots + \frac{\partial f}{\partial x^n}(x_0)\xi^n = D_{\boldsymbol{\xi}}f(x_0) \, .$$

Insbesondere ist $\mathrm{d}x^i(\boldsymbol{\xi}) = \xi^i$ oder etwas formaler $\mathrm{d}x^i(x_0)(\boldsymbol{\xi}) = \xi^i$. Sind $f_1, \ldots, f_k$ in D definierte reellwertige Funktionen, die im Punkt $x_0 \in D$ diffe-renzierbar sind, dann erhalten wir in Übereinstimmung mit (12.11) im Punkt x_0 für die Menge $\boldsymbol{\xi}_1, \ldots, \boldsymbol{\xi}_k$ von Vektoren im Raum TD_{x_0}

$$\mathrm{d}f_1 \wedge \cdots \wedge \mathrm{d}f_k(\boldsymbol{\xi}_1, \ldots, \boldsymbol{\xi}_k) = \begin{vmatrix} \mathrm{d}f_1(\boldsymbol{\xi}_1) & \cdots & \mathrm{d}f_k(\boldsymbol{\xi}_1) \\ \cdots\cdots\cdots\cdots\cdots\cdots \\ \mathrm{d}f_1(\boldsymbol{\xi}_k) & \cdots & \mathrm{d}f_k(\boldsymbol{\xi}_k) \end{vmatrix} . \qquad (12.13)$$

Und insbesondere gilt

$$\mathrm{d}x^{i_1} \wedge \cdots \wedge \mathrm{d}x^{i_k}(\boldsymbol{\xi}_1, \ldots, \boldsymbol{\xi}_k) = \begin{vmatrix} \xi_1^{i_1} & \cdots & \xi_1^{i_k} \\ \cdots\cdots\cdots\cdots \\ \xi_k^{i_1} & \cdots & \xi_k^{i_k} \end{vmatrix} . \qquad (12.14)$$

Auf diese Weise haben wir schief-symmetrische Formen vom Grad k, die auf dem Raum $TD_{x_0} \approx T\mathbb{R}^n_{x_0} \approx \mathbb{R}^n$ definiert sind, aus den in diesem Raum definierten linearen Formen $\mathrm{d}f_1, \ldots, \mathrm{d}f_k$ erhalten.

Beispiel 6. Sei $f \in C^{(1)}(D, \mathbb{R})$, wobei D ein Gebiet in $\mathbb{R}^n$ ist. Dann definieren wir das Differential $\mathrm{d}f(x)$ der Funktionen f in jedem Punkt $x \in D$ und dieses Differential ist, wie wir ausgeführt haben, eine lineare Funktion $\mathrm{d}f(x)$: $TD_x \to T\mathbb{R}_{f(x)} \approx \mathbb{R}$ auf dem Tangentialraum TD_x an D in x. Im Allgemeinen verändert sich die Form $\mathrm{d}f(x) = f'(x)$ in D beim Übergang von einem Punkt in einen anderen. Daher erzeugt eine glatte Funktion $f : D \to \mathbb{R}$ mit skalaren Werten in jedem Punkt eine lineare Form $\mathrm{d}f(x)$ oder, wie wir sagen, erzeugt ein *Feld* von linearen *Formen* in D, das auf den zugehörigen Tangentialräumen TD_x definiert ist.

Definition 1. Wir werden sagen, dass eine reellwertige *p-Differentialform* ω im Gebiet $D \subset \mathbb{R}^n$ definiert ist, wenn in jedem Punkt $x \in D$ eine schief-symmetrische Form $\omega(x) : (TD_x)^p \to \mathbb{R}$ definiert ist.

Die Zahl p wird üblicherweise *Grad* oder *Ordnung* von ω genannt. In die-sem Zusammenhang wird die p-Form ω oft durch ω^p symbolisiert.

Daher ist das Feld des Differentials $\mathrm{d}f$ einer glatten Funktion $f : D \to \mathbb{R}$, das wir in Beispiel 6 betrachtet haben, eine 1-Differentialform in D und $\omega = \mathrm{d}x^{i_1} \wedge \cdots \wedge \mathrm{d}x^{i_p}$ ist das einfachste Beispiel einer Differentialform der Ordnung p.

Beispiel 7. Angenommen, ein Vektorfeld $D \subset \mathbb{R}^n$ sei definiert, d.h. in jedem Punkt $x \in D$ sei ein Vektor $\mathbf{F}(x)$ angeheftet. Gibt es eine euklidische Struktur in $\mathbb{R}^n$, dann erzeugt dieses Vektorfeld die folgende 1-Differentialform $\omega_{\mathbf{F}}^1$ in D: Ist $\boldsymbol{\xi}$ ein an $x \in D$ angehefteter Vektor, d.h. $\boldsymbol{\xi} \in TD_x$, dann setzen wir

$$\omega_{\mathbf{F}}^1(x)(\boldsymbol{\xi}) = \langle \mathbf{F}(x), \boldsymbol{\xi} \rangle .$$

Aus den Eigenschaften des inneren Produkts folgt, dass $\omega_{\mathbf{F}}^1(x) = \langle \mathbf{F}(x), \cdot \rangle$ tatsächlich in jedem Punkt $x \in D$ eine lineare Form ist.

Derartige Differentialformen treten sehr häufig auf. Ist $\mathbf{F}$ beispielsweise ein stetiges Kraftfeld in D und $\boldsymbol{\xi}$ ein infinitesimaler Verschiebungsvektor aus dem Punkt $x \in D$, dann ergibt sich die zu dieser Verschiebung entsprechende Arbeit, wie aus der Physik bekannt ist, genau durch die Größe $\langle \mathbf{F}(x), \boldsymbol{\xi} \rangle$.

Daher erzeugt ein Kraftfeld $\mathbf{F}$ in einem Gebiet D des euklidischen Raums $\mathbb{R}^n$ natürlicherweise eine 1-Differentialform $\omega_{\mathbf{F}}^1$ in D, die in diesem Fall ganz natürlich die *Arbeitsform des Feldes* $\mathbf{F}$ genannt werden kann.

Wir merken an, dass die Differentialform df einer glatten Funktion $f : D \to \mathbb{R}$ im Gebiet $D \subset \mathbb{R}^n$ auch als die 1-Form betrachtet werden kann, die durch ein Vektorfeld, in diesem Fall das Feld $\mathbf{F} = \operatorname{grad} f$, erzeugt wird. Per definitionem ist $\operatorname{grad} f$ nämlich so, dass $df(x)(\boldsymbol{\xi}) = \langle \operatorname{grad} f(x), \boldsymbol{\xi} \rangle$ für jeden Vektor $\boldsymbol{\xi} \in TD_x$. 1-Formen werden manchmal auch *Pfaffsche Formen* genannt.

Beispiel 8. Ein Vektorfeld $\mathbf{V}$, das in einem Gebiet D des euklidischen Raums $\mathbb{R}^n$ definiert ist, kann auch als eine Differentialform $\omega_{\mathbf{V}}^{n-1}$ vom Grade $n-1$ betrachtet werden. Wenn wir in einem Punkt $x \in D$ das Vektorfeld $\mathbf{V}(x)$ betrachten und $n-1$ zusätzliche Vektoren $\boldsymbol{\xi}_1, \ldots, \boldsymbol{\xi}_{n-1} \in TD_x$, die im Punkt x angeheftet sind, dann ist das orientierte Volumen des Spats $\mathbf{V}(x)$, der durch die Vektoren $\boldsymbol{\xi}_1, \ldots, \boldsymbol{\xi}_{n-1}$ aufgespannt wird, gleich der Determinante der Matrix, die sich aus den Koordinaten dieser Vektoren ergibt. Dieses Volumen ist offensichtlich eine schief-symmetrische $(n-1)$-Form bzgl. der Variablen $\boldsymbol{\xi}_1, \ldots, \boldsymbol{\xi}_{n-1}$.

Für $n = 3$ ist die Form $\omega_{\mathbf{V}}^2$ das übliche Spatprodukt $(\mathbf{V}(x), \boldsymbol{\xi}_1, \boldsymbol{\xi}_2)$ von Vektoren. Ist $\mathbf{V}(x)$ gegeben, erhalten wir eine schief-symmetrische 2-Form $\omega_{\mathbf{V}}^2 = (\mathbf{V}, \cdot, \cdot)$.

Beobachten wir z.B. einen stationären Fluss eines Fluids im Gebiet D und ist $\mathbf{V}(x)$ der Geschwindigkeitsvektor im Punkt $x \in D$, dann ist die Größe $(\mathbf{V}(x), \boldsymbol{\xi}_1, \boldsymbol{\xi}_2)$ das Volumenelement des Fluids, das in Einheitszeit durch die Fläche (ein Parallelogramm) strömt, die durch die kleinen Vektoren $\boldsymbol{\xi}_1 \in TD_x$ und $\boldsymbol{\xi}_2 \in TD_x$ aufgespannt wird. Indem wir unterschiedliche Vektoren $\boldsymbol{\xi}_1$ und $\boldsymbol{\xi}_2$ wählen, erhalten wir Flächen (Parallelogramme) verschiedener Konfigurationen, die sich an unterschiedlichen Stellen im Raum befinden und alle eine Ecke in x besitzen. Für jede derartige Fläche erhalten wir im Allgemeinen einen anderen Wert $(\mathbf{V}(x), \boldsymbol{\xi}_1, \boldsymbol{\xi}_2)$ der Form $\omega_{\mathbf{V}}^2(x)$. Wie wir ausgeführt haben, entspricht dieser Wert der Fluidmenge, die in Einheitszeit durch diese Fläche fließt, d.h., sie charakterisiert den Fluss durch das ausgewählte Flächenelement. Aus diesem Grund nennen wir $\omega_{\mathbf{V}}^2(x)$ (und tatsächlich auch ihr multidimensionales Analogon $\omega_{\mathbf{V}}^{n-1}$) die *Flussform des Vektorfeldes* $\mathbf{V}$ in D.

12.5.2 Koordinatendarstellung einer Differentialform

Wir wollen nun die Koordinatendarstellung schief-symmetrischer algebraischer und Differentialformen untersuchen und insbesondere zeigen, dass jede k-Differentialform in einem gewissen Sinne eine lineare Kombination von Standard-Differentialformen der Gestalt (12.14) ist.

Um die Schreibweise abzukürzen, werden wir Summation über den Bereich der zulässigen Werte für Indizes, die sowohl tief- als auch hochgestellt sind, implizieren (wie wir es schon von früher kennen).

Sei L eine k-lineare Form in $\mathbb{R}^n$. Wird eine Basis $\mathbf{e}_1, \ldots, \mathbf{e}_n$ in $\mathbb{R}^n$ festgehalten, dann ist für jeden Vektor $\boldsymbol{\xi} \in \mathbb{R}^n$ eine Koordinatendarstellung $\boldsymbol{\xi} = \xi^i \mathbf{e}_i$ in dieser Basis möglich und die Form L nimmt die folgende Koordinatendarstellung an:

$$L(\boldsymbol{\xi}_1, \ldots, \boldsymbol{\xi}_k) = L(\xi_1^{i_1} \mathbf{e}_{i_1}, \ldots, \xi_k^{i_k} \mathbf{e}_{i_k}) = L(\mathbf{e}_{i_1}, \ldots, \mathbf{e}_{i_k}) \xi_1^{i_1} \cdots \xi_k^{i_k} \ . \quad (12.15)$$

Die Zahlen $a_{i_1, \ldots, i_k} = L(\mathbf{e}_{i_1}, \ldots, \mathbf{e}_{i_k})$ charakterisieren die Form L vollständig, falls die Basis auf die sie sich beziehen, bekannt ist. Diese Zahlen sind offensichtlich genau dann symmetrisch oder schief-symmetrisch bzgl. ihrer Indizes, wenn die Form L die entsprechende Symmetrie besitzt.

Für den Fall einer schief-symmetrischen Form L kann die Koordinatendarstellung etwas verändert werden. Um die Richtung dieser Transformation klar und natürlich zu machen, wollen wir den Spezialfall von (12.15) für eine schief-symmetrische 2-Form L in $\mathbb{R}^3$ betrachten. Dann erhalten wir für die Vektoren $\boldsymbol{\xi}_1 = \xi_1^{i_1} \mathbf{e}_{i_1}$ und $\boldsymbol{\xi}_2 = \xi_2^{i_2} \mathbf{e}_{i_2}$, mit $i_1, i_2 = 1, 2, 3$, dass

$$
\begin{aligned}
L(\boldsymbol{\xi}_1, \boldsymbol{\xi}_2) &= L(\xi_1^{i_1} \mathbf{e}_{i_1}, \xi_2^{i_2} \mathbf{e}_{i_2}) = L(\mathbf{e}_{i_1}, \mathbf{e}_{i_2}) \xi_1^{i_1} \xi_2^{i_2} = \\
&= L(\mathbf{e}_1, \mathbf{e}_1) \xi_1^1 \xi_2^1 + L(\mathbf{e}_1, \mathbf{e}_2) \xi_1^1 \xi_2^2 + L(\mathbf{e}_1, \mathbf{e}_3) \xi_1^1 \xi_2^3 + \\
&\quad + L(\mathbf{e}_2, \mathbf{e}_1) \xi_1^2 \xi_2^1 + L(\mathbf{e}_2, \mathbf{e}_2) \xi_1^2 \xi_2^2 + L(\mathbf{e}_2, \mathbf{e}_3) \xi_1^2 \xi_2^3 + \\
&\quad + L(\mathbf{e}_3, \mathbf{e}_1) \xi_1^3 \xi_2^1 + L(\mathbf{e}_3, \mathbf{e}_2) \xi_1^3 \xi_2^2 + L(\mathbf{e}_3, \mathbf{e}_3) \xi_1^3 \xi_2^3 = \\
&= L(\mathbf{e}_1, \mathbf{e}_2)(\xi_1^1 \xi_2^2 - \xi_1^2 \xi_2^1) + L(\mathbf{e}_1, \mathbf{e}_3)(\xi_1^1 \xi_2^3 - \xi_1^3 \xi_2^1) + \\
&\quad + L(\mathbf{e}_2, \mathbf{e}_3)(\xi_1^2 \xi_2^3 - \xi_1^3 \xi_2^2) = \sum_{1 \le i_1 < i_2 \le 3} L(\mathbf{e}_{i_1}, \mathbf{e}_{i_2}) \begin{vmatrix} \xi_1^{i_1} & \xi_1^{i_2} \\ \xi_2^{i_1} & \xi_2^{i_2} \end{vmatrix} ,
\end{aligned}
$$

wobei die Summation sich auf alle Indizes i_1 und i_2 erstreckt, die die Ungleichungen unterhalb des Summenzeichens erfüllen.

Ganz ähnlich können wir im Allgemeinfall auch die folgende Darstellung für eine schief-symmetrische Form L erhalten:

$$L(\boldsymbol{\xi}_1, \ldots, \boldsymbol{\xi}_k) = \sum_{1 \leq i_1 < \cdots < i_k \leq n} L(\mathbf{e}_{i_1}, \ldots, \mathbf{e}_{i_k}) \begin{vmatrix} \xi_1^{i_1} & \cdots & \xi_1^{i_k} \\ \cdots\cdots\cdots\cdots \\ \xi_k^{i_1} & \cdots & \xi_k^{i_k} \end{vmatrix}. \qquad (12.16)$$

Nun lässt sich diese letzte Gleichung in Übereinstimmung mit Formel (12.12) umformulieren:

$$L(\boldsymbol{\xi}_1, \ldots, \boldsymbol{\xi}_k) = \sum_{1 \leq i_1 < \cdots < i_k \leq i_n} L(\mathbf{e}_{i_1}, \ldots, \mathbf{e}_{i_k}) \pi^{i_1} \wedge \cdots \wedge \pi^{i_k} (\boldsymbol{\xi}_1, \ldots, \boldsymbol{\xi}_k).$$

Daher lässt sich jede schief-symmetrische Form L als eine Linearkombination

$$L = \sum_{1 \leq i_1 < \cdots < i_k \leq i_n} a_{i_1 \cdots i_k} \pi^{i_1} \wedge \cdots \wedge \pi^{i_k} \qquad (12.17)$$

der k-Formen $\pi^{i_1} \wedge \cdots \wedge \pi^{i_k}$ darstellen, d.h. den Keilprodukten aus den einfachen 1-Formen $\pi^1, \ldots, \pi^n$ in $\mathbb{R}^n$.

Nun wollen wir annehmen, dass eine k-Differentialform ω in einem Gebiet $D \subset \mathbb{R}^n$ zusammen mit einem krummlinigen Koordinatensystem $x^1, \ldots, x^n$ definiert ist. In jedem Punkt $x \in D$ halten wir die Basis $\mathbf{e}_1(x), \ldots, \mathbf{e}_n(x)$ des Raumes TD_x fest, die aus den Einheitsvektoren entlang der Koordinatenachsen gebildet wird. (Sind $x^1, \ldots, x^n$ z.B. kartesische Koordinaten in $\mathbb{R}^n$, dann ist $\mathbf{e}_1(x), \ldots, \mathbf{e}_n(x)$ einfach die Basis $\mathbf{e}_1, \ldots, \mathbf{e}_n$ in $\mathbb{R}^n$, die parallel aus dem Ursprung zu x bewegt wird.) Dann finden wir in jedem Punkt $x \in D$ mit den Formeln (12.14) und (12.16), dass

$$\begin{aligned} \omega(x)(\boldsymbol{\xi}_1, \ldots, \boldsymbol{\xi}_k) = \\ = \sum_{1 \leq i_1 < \cdots < i_k \leq n} \omega\big(\mathbf{e}_{i_1}(x), \ldots, \mathbf{e}_{i_k}(x)\big) \, \mathrm{d}x^{i_1} \wedge \cdots \wedge \mathrm{d}x^{i_k} (\boldsymbol{\xi}_1, \ldots, \boldsymbol{\xi}_k) \end{aligned}$$

oder

$$\omega(x) = \sum_{1 \leq i_1 < \cdots < i_k \leq n} a_{i_1 \cdots i_k}(x) \, \mathrm{d}x^{i_1} \wedge \cdots \wedge \mathrm{d}x^{i_k}. \qquad (12.18)$$

Daher ist jede k-Differentialform eine Kombination der einfachen k-Formen $\mathrm{d}x^{i_1} \wedge \cdots \wedge \mathrm{d}x^{i_k}$, die aus den Differentialformen der Koordinaten gebildet werden. Tatsächlich ist dies auch der Grund für den Begriff „Differentialform".

Die Koeffizienten $a_{i_1 \cdots i_k}(x)$ der Linearkombination (12.18) hängen im Allgemeinen vom Punkt x ab, d.h., sie sind Funktionen, die in dem Gebiet definiert sind, in dem die Form ω^k gegeben ist.

Insbesondere kennen wir seit langem die Entwicklung des Differentials

$$\mathrm{d}f(x) = \frac{\partial f}{\partial x^1}(x)\mathrm{d}x^1 + \cdots + \frac{\partial f}{\partial x^n}(x)\mathrm{d}x^n \qquad (12.19)$$

und, wie wir aus den Gleichungen

$$\langle \mathbf{F}, \boldsymbol{\xi} \rangle = \langle F^{i_1} \mathbf{e}_{i_1}(x), \xi^{i_2} \mathbf{e}_{i_2}(x) \rangle =$$
$$= \langle \mathbf{e}_{i_1}(x), \mathbf{e}_{i_2}(x) \rangle F^{i_1}(x) \xi^{i_2} = g_{i_1 i_2}(x) F^{i_1}(x) \xi^{i_2} =$$
$$= g_{i_1 i_2}(x) F^{i_1}(x) \, \mathrm{d}x^{i_2}(\boldsymbol{\xi})$$

erkennen können, gilt auch die Entwicklung

$$\omega_{\mathbf{F}}^1(x) = \langle \mathbf{F}(x), \cdot \rangle = \left(g_{i_1 i}(x) F^{i_1}(x) \right) \mathrm{d}x^i = a_i(x) \, \mathrm{d}x^i \; . \tag{12.20}$$

In kartesischen Koordinaten nimmt diese Entwicklung eine besonders einfache Gestalt an:

$$\omega_{\mathbf{F}}^1(x) = \langle \mathbf{F}(x), \cdot \rangle = \sum_{i=1}^{n} F^i(x) \, \mathrm{d}x^i \; . \tag{12.21}$$

Als Nächstes gilt die folgende Gleichung in $\mathbb{R}^3$:

$$\omega_{\mathbf{V}}^2(x)(\boldsymbol{\xi}_1, \boldsymbol{\xi}_2) = \begin{vmatrix} V^1(x) & V^2(x) & V^3(x) \\ \xi_1^1 & \xi_1^2 & \xi_1^3 \\ \xi_2^1 & \xi_2^2 & \xi_2^3 \end{vmatrix} =$$
$$= V^1(x) \begin{vmatrix} \xi_1^2 & \xi_1^3 \\ \xi_2^2 & \xi_2^3 \end{vmatrix} + V^2(x) \begin{vmatrix} \xi_1^3 & \xi_1^1 \\ \xi_2^3 & \xi_2^1 \end{vmatrix} + V^3(x) \begin{vmatrix} \xi_1^1 & \xi_1^2 \\ \xi_2^1 & \xi_2^2 \end{vmatrix} \; ,$$

aus der folgt, dass

$$\omega_{\mathbf{V}}^2(x) = V^1(x) \, \mathrm{d}x^2 \wedge \mathrm{d}x^3 + V^2(x) \, \mathrm{d}x^3 \wedge \mathrm{d}x^1 + V^3(x) \, \mathrm{d}x^1 \wedge \mathrm{d}x^2 \; . \tag{12.22}$$

Auf ähnliche Weise erhalten wir, wenn wir die Determinante der Ordnung n für die Form $\omega_{\mathbf{V}}^{n-1}$ nach den Minoren entlang der ersten Reihe entwickeln, die Darstellung

$$\omega_{\mathbf{V}}^{n-1} = \sum_{i=1}^{n-1} (-1)^{i+1} V^i(x) \, \mathrm{d}x^1 \wedge \cdots \wedge \widehat{\mathrm{d}x^i} \wedge \cdots \wedge \mathrm{d}x^n \; , \tag{12.23}$$

wobei das Symbol $\frown$ über dem Differential notiert ist, dass im angedeuteten Ausdruck weggelassen werden muss.

12.5.3 Das äußere Differential einer Form

Alles bisher über Differentialformen Gesagte bezog sich im Wesentlichen auf jeden einzelnen Punkt x des Definitionsgebiets der Form und besaß rein algebraischen Charakter. Die Operation der (äußeren) Differentiation derartiger Formen ist für die Analysis typisch.

Wir wollen von nun an vereinbaren, dass 0-*Formen* in einem Gebiet Funktionen $f : D \to \mathbb{R}$ sind, die in diesem Gebiet definiert sind.

Definition 2. Das (*äußere*) *Differential* einer 0-Form f, wobei f eine differenzierbare Funktion ist, ist das übliche Differential $\mathrm{d}f$ dieser Funktion.

Besitzt eine in einem Gebiet $D \subset \mathbb{R}^n$ definierte p-Differentialform $(p \geq 1)$

$$\omega(x) = a_{i_1 \ldots i_p}(x)\, dx^{i_1} \wedge \cdots \wedge dx^{i_p}$$

differenzierbare Koeffizienten $a_{i_1 \ldots i_p}(x)$, dann lautet ihr (*äußeres*) *Differential* folgendermaßen:

$$d\omega(x) = da_{i_1 \ldots i_p}(x) \wedge dx^{i_1} \wedge \cdots \wedge dx^{i_p} \; .$$

Mit Hilfe der Entwicklung (12.19) für das Differential einer Funktion und unter Anwendung der Distributivität des äußeren Produkts von 1-Formen, die aus (12.11) folgt, können wir folgern, dass

$$d\omega(x) = \frac{\partial a_{i_1 \ldots i_p}}{\partial x^i}(x)\, dx^i \wedge dx^{i_1} \wedge \cdots \wedge dx^{i_p} =$$
$$= \alpha_{i i_1 \ldots i_p}(x)\, dx^i \wedge dx^{i_1} \wedge \cdots \wedge dx^{i_p} \; ,$$

d.h., das (äußere) Differential einer p-Form $(p \geq 0)$ ist immer eine Form der Ordnung $p + 1$.

Wir weisen darauf hin, dass Definition 1, wie wir jetzt verstehen können, eine zu allgemeine Formulierung für eine p-Differentialform liefert, da es in keiner Weise eine Verbindung zwischen den Formen $\omega(x)$, die zu verschiedenen Punkten des Gebiets D gehören, herstellt. Tatsächlich sind die einzigen in der Analysis eingesetzten Formen die, deren Koordinaten $a_{i_1 \ldots i_p}(x)$ in einer Koordinatendarstellung hinreichend reguläre (meistens unendlich oft differenzierbare) Funktionen im Gebiet D sind. Der *Glattheitsgrad der Form* ω im Gebiet $D \subset \mathbb{R}^n$ wird üblicherweise durch den kleinsten Glattheitsgrad ihrer Koeffizienten charakterisiert. Die Gesamtheit aller Formen vom Grad $p \geq 0$ mit Koeffizienten der Klasse $C^{(\infty)}(D, \mathbb{R})$ wird meist mit $\Omega^p(D, \mathbb{R})$ oder Ω^p bezeichnet.

Daher führt die neu definierte Operation der Differentiation von Formen zu einer Abbildung $d : \Omega^p \to \Omega^{p+1}$.

Wir wollen einige nützliche spezielle Beispiele betrachten.

Beispiel 9. Für eine in einem Gebiet $D \subset \mathbb{R}^3$ definierte 0-Form $\omega = f(x, y, z)$ – eine differenzierbare Funktion – erhalten wir

$$d\omega = \frac{\partial f}{\partial x}\, dx + \frac{\partial f}{\partial y}\, dy + \frac{\partial f}{\partial z}\, dz \; .$$

Beispiel 10. Sei

$$\omega(x, y) = P(x, y)\, dx + Q(x, y)\, dy$$

eine 1-Differentialform in einem Gebiet $D \subset \mathbb{R}^2$, das mit den Koordinaten (x, y) versehen ist. Wenn wir annehmen, dass P und Q in D differenzierbar sind, erhalten wir nach Definition 2:

$$\mathrm{d}\omega(x,y) = \mathrm{d}P \wedge \mathrm{d}x + \mathrm{d}Q \wedge \mathrm{d}y =$$

$$= \left(\frac{\partial P}{\partial x}\,\mathrm{d}x + \frac{\partial P}{\partial y}\,\mathrm{d}y\right) \wedge \mathrm{d}x + \left(\frac{\partial Q}{\partial x}\,\mathrm{d}x + \frac{\partial Q}{\partial y}\,\mathrm{d}y\right) \wedge \mathrm{d}y =$$

$$= \frac{\partial P}{\partial y}\,\mathrm{d}y \wedge \mathrm{d}x + \frac{\partial Q}{\partial x}\,\mathrm{d}x \wedge \mathrm{d}y = \left(\frac{\partial Q}{\partial x} - \frac{\partial P}{\partial y}\right)(x,y)\,\mathrm{d}x \wedge \mathrm{d}y \ .$$

Beispiel 11. Für eine in einem Gebiet D in $\mathbb{R}^3$ definierte 1-Form

$$\omega = P\,\mathrm{d}x + Q\,\mathrm{d}y + R\,\mathrm{d}z$$

erhalten wir:

$$\mathrm{d}\omega = \left(\frac{\partial R}{\partial y} - \frac{\partial Q}{\partial z}\right)\mathrm{d}y \wedge \mathrm{d}z + \left(\frac{\partial P}{\partial z} - \frac{\partial R}{\partial x}\right)\mathrm{d}z \wedge \mathrm{d}x + \left(\frac{\partial Q}{\partial x} - \frac{\partial P}{\partial y}\right)\mathrm{d}x \wedge \mathrm{d}y \ .$$

Beispiel 12. Die Berechnung des Differentials der 2-Form

$$\omega = P\,\mathrm{d}y \wedge \mathrm{d}z + Q\,\mathrm{d}z \wedge \mathrm{d}x + R\,\mathrm{d}x \wedge \mathrm{d}y \ ,$$

wobei P, Q und R im Gebiet $D \subset \mathbb{R}^3$ differenzierbar sind, führt zur Gleichung

$$\mathrm{d}\omega = \left(\frac{\partial P}{\partial x} + \frac{\partial Q}{\partial y} + \frac{\partial R}{\partial z}\right) \mathrm{d}x \wedge \mathrm{d}y \wedge \mathrm{d}z \ .$$

Sind (x^1, x^2, x^3) kartesische Koordinaten im euklidischen Raum $\mathbb{R}^3$ und sind $x \mapsto f(x)$, $x \mapsto \mathbf{F}(x) = (F^1, F^2, F^3)(x)$ und $x \mapsto \mathbf{V} = (V^1, V^2, V^3)(x)$ glatte skalare bzw. vektorielle Felder im Gebiet $D \subset \mathbb{R}^3$, dann betrachten wir zusammen mit diesen Feldern oft die entsprechenden Vektorfelder

$$\operatorname{grad} f = \left(\frac{\partial f}{\partial x^1}, \frac{\partial f}{\partial x^2}, \frac{\partial f}{\partial x^3}\right) \quad - \text{ der } \textit{Gradient} \text{ von } f \ , \qquad (12.24)$$

$$\operatorname{rot} \mathbf{F} = \left(\frac{\partial F^3}{\partial x^2} - \frac{\partial F^2}{\partial x^3}, \frac{\partial F^1}{\partial x^3} - \frac{\partial F^3}{\partial x^1}, \frac{\partial F^2}{\partial x^1} - \frac{\partial F^1}{\partial x^2}\right) \quad - \text{ die } \textit{Rotation} \text{ von } \mathbf{F} \ , \qquad (12.25)$$

und das skalare Feld

$$\operatorname{div} \mathbf{V} = \frac{\partial V^1}{\partial x^1} + \frac{\partial V^2}{\partial x^2} + \frac{\partial V^3}{\partial x^3} \quad - \text{ die } \textit{Divergenz} \text{ von } \mathbf{V} \ . \qquad (12.26)$$

Den Gradienten eines skalaren Feldes kennen wir bereits von früher. Ohne für den Augenblick auf die physikalische Bedeutung der Rotation und der Divergenz eines Vektorfeldes näher einzugehen, wollen wir nur den Zusammenhang zwischen diesen klassischen Operatoren und der Operation der Differentiation von Formen betonen.

Im orientierten euklidischen Raum $\mathbb{R}^3$ besteht ein eins-zu-eins Zusammenhang zwischen Vektorfeldern und 1- und 2-Formen:

$$\mathbf{F} \leftrightarrow \omega_{\mathbf{F}}^1 = \langle \mathbf{F}, \cdot \rangle \ , \quad \mathbf{V} \leftrightarrow \omega_{\mathbf{V}}^2(\mathbf{V}, \cdot, \cdot) \ .$$

Wir merken auch an, dass jede 3-Form im Gebiet $D \subset \mathbb{R}^3$ die Gestalt $\rho(x^1, x^2, x^3)\, \mathrm{d}x^1 \wedge \mathrm{d}x^2 \wedge \mathrm{d}x^3$ besitzt. Wenn wir dies berücksichtigen, können wir die folgenden Definitionen für $\operatorname{grad} f$, $\operatorname{rot} \mathbf{F}$ und $\operatorname{div} \mathbf{V}$ erhalten:

$$f \mapsto \omega^0 (= f) \mapsto d\omega^0 (= \mathrm{d}f) = \omega_{\mathbf{g}}^1 \mapsto \mathbf{g} := \operatorname{grad} f\,, \qquad (12.24')$$

$$\mathbf{F} \mapsto \omega_{\mathbf{F}}^1 \mapsto d\omega_{\mathbf{F}}^1 = \omega_{\mathbf{r}}^2 \mapsto \mathbf{r} := \operatorname{rot} \mathbf{F}\,, \qquad (12.25')$$

$$\mathbf{V} \mapsto \omega_{\mathbf{V}}^2 \mapsto d\omega_{\mathbf{V}}^2 = \omega_{\rho}^3 \mapsto \rho := \operatorname{div} \mathbf{V}\,. \qquad (12.26')$$

Die Beispiele 9, 11 und 12 zeigen, dass wir in kartesischen Koordinaten aus diesen Gleichungen zu den Ausdrücken (12.24), (12.25) und (12.26) oben für $\operatorname{grad} f$, $\operatorname{rot} \mathbf{F}$ und $\operatorname{div} \mathbf{V}$ gelangten. Daher können diese Operatoren der Feldtheorie als konkrete Anwendungen der Operation der äußeren Differentiation von Formen betrachtet werden, die auf bestimmte Art auf Formen beliebiger Ordnung ausgeführt wird. Genaueres zum Gradienten, zur Rotation und zur Divergenz findet sich in Kapitel 14.

12.5.4 Transformation von Vektoren und Formen unter Abbildungen

Wir wollen etwas genauer untersuchen, was mit Funktionen (0-Formen) unter einer Abbildung ihres Gebiets passiert.

Sei $\varphi : U \to V$ eine Abbildung des Gebiets $U \subset \mathbb{R}^m$ in das Gebiet $V \subset \mathbb{R}^n$. Unter der Abbildung φ wird jeder Punkt $t \in U$ auf einen bestimmten Punkt $x = \varphi(t)$ des Gebiets V abgebildet.

Ist eine Funktion f auf V definiert, dann entsteht mit der Abbildung $\varphi : U \to V$ ganz natürlich eine Funktion $\varphi^* f$, die durch die Relation

$$(\varphi^* f)(t) := f\big(\varphi(t)\big)$$

definiert wird. Um den Wert von $\varphi^* f$ in einem Punkt $t \in U$ zu finden, muss t zunächst in den Punkt $x = \varphi(t)$ umgeformt werden, um dann den Wert von f in diesem Punkt x zu berechnen.

Wird daher das Gebiet U unter der Abbildung $\varphi : U \to V$ auf das Gebiet V abgebildet, dann wird durch den eben definierten Zusammenhang $f \mapsto \varphi^* f$ die Menge der auf V definierten Funktionen (in entgegengesetzter Richtung) auf die Menge der auf U definierten Funktionen abgebildet.

Anders formuliert, so haben wir oben gezeigt, dass eine Abbildung $\varphi^* : \Omega^0(V) \to \Omega^0(U)$, die auf V definierte 0-Formen in auf U definierte 0-Formen transformiert, ganz natürlich aus einer Abbildung $\varphi : U \to V$ entsteht.

Wir wollen nun den allgemeinen Fall von Transformationen von Formen beliebiger Ordnung betrachten.

Sei $\varphi : U \to V$ eine glatte Abbildung eines Gebiets $U \subset \mathbb{R}_t^m$ in ein Gebiet $V \subset \mathbb{R}_x^n$ und $\varphi'(t) : TU_t \to TV_{x=\varphi(t)}$ die Abbildung der zu φ gehörigen Tangentialräume und ferner sei ω eine p-Form im Gebiet V. Dann lässt sich zu ω die p-Form $\varphi^*\omega$ im Gebiet U zuordnen, die in $t \in U$ auf der Menge von Vektoren $\boldsymbol{\tau}_1, \ldots, \boldsymbol{\tau}_p \in TU_t$ durch

$$\varphi^*\omega(t)(\boldsymbol{\tau}_1, \ldots, \boldsymbol{\tau}_p) := \omega\big(\varphi(t)\big)\big(\varphi_1'\boldsymbol{\tau}_1, \ldots, \varphi_p'\boldsymbol{\tau}_p\big) \tag{12.27}$$

definiert ist.

Somit gehört zu jeder glatten Abbildung $\varphi : U \to V$ eine Abbildung $\varphi^* : \Omega^p(V) \to \Omega^p(U)$, die auf V definierte Formen in auf U definierte Formen transformiert. Aus (12.27) folgt offensichtlich, dass

$$\varphi^*(\omega' + \omega'') = \varphi^*(\omega') + \varphi^*(\omega'') , \tag{12.28}$$

$$\varphi^*(\lambda\omega) = \lambda\varphi^*\omega , \quad \text{für } \lambda \in \mathbb{R} . \tag{12.29}$$

Wir erinnern an die Kettenregel $(\psi \circ \varphi)' = \psi' \circ \varphi'$ für die Differentiation verketteter Abbildungen $\varphi : U \to V$ und $\psi : V \to W$ und können außerdem aus (12.27) folgern, dass

$$(\psi \circ \varphi)^* = \varphi^* \circ \psi^* \tag{12.30}$$

(der natürliche umgekehrte Weg: die Verkettung der Abbildungen

$$\psi^* : \Omega^p(W) \to \Omega^p(V) , \quad \varphi^* : \Omega^p(V) \to \Omega^p(U) .)$$

Wir wollen nun untersuchen, wie die Transformation von Formen praktisch umgesetzt wird.

Beispiel 13. Wir beginnen mit der 2-Form $\omega = \mathrm{d}x^{i_1} \wedge \mathrm{d}x^{i_2}$ im Gebiet $V \subset \mathbb{R}^n_x$. Sei $x^i = x^i(t^1, \ldots, t^m)$, $i = 1, \ldots, n$ die Koordinatendarstellung der Abbildung $\varphi : U \to V$ eines Gebiets $U \subset \mathbb{R}^m_t$ nach V.

Wir suchen die Koordinatendarstellung der Form $\varphi^*\omega$ in U. Dazu greifen wir einen Punkt $t \in U$ und Vektoren $\boldsymbol{\tau}_1, \boldsymbol{\tau}_2 \in TU_t$ heraus. Die Vektoren $\boldsymbol{\xi}_1 = \varphi'(t)\boldsymbol{\tau}_1$ und $\boldsymbol{\xi}_2 = \varphi'(t)\boldsymbol{\tau}_2$ entsprechen ihnen im Raum $TV_{x=\varphi(t)}$. Die Koordinaten $(\xi_1^1, \ldots, \xi_1^n)$ und $(\xi_2^1, \ldots, \xi_2^n)$ dieser Vektoren lassen sich mit Hilfe der Jacobimatrix wie folgt durch die Koordinaten $(\tau_1^1, \ldots, \tau_1^m)$ und $(\tau_2^1, \ldots, \tau_2^m)$ von $\boldsymbol{\tau}_1$ und $\boldsymbol{\tau}_2$ ausdrücken:

$$\xi_1^i = \frac{\partial x^i}{\partial t^j}(t)\tau_1^j, \quad \xi_2^i = \frac{\partial x^i}{\partial t^j}(t)\tau_2^j, \quad i = 1, \ldots, n .$$

(Die Summation über j läuft von 1 bis m.)

Somit ist

$$\varphi^*\omega(t)(\boldsymbol{\tau}_1, \boldsymbol{\tau}_2) := \omega\big(\varphi(t)\big)(\boldsymbol{\xi}_1, \boldsymbol{\xi}_2) = \mathrm{d}x^{i_1} \wedge \mathrm{d}x^{i_2}(\boldsymbol{\xi}_1, \boldsymbol{\xi}_2) =$$

$$= \begin{vmatrix} \xi_1^{i_1} & \xi_1^{i_2} \\ \xi_2^{i_1} & \xi_2^{i_2} \end{vmatrix} = \begin{vmatrix} \frac{\partial x^{i_1}}{\partial t^{j_1}}\tau_1^{j_1} & \frac{\partial x^{i_2}}{\partial t^{j_2}}\tau_1^{j_2} \\ \frac{\partial x^{i_1}}{\partial t^{j_1}}\tau_2^{j_1} & \frac{\partial x^{i_2}}{\partial t^{j_2}}\tau_2^{j_2} \end{vmatrix} =$$

$$= \sum_{j_1, j_2=1}^{m} \frac{\partial x^{i_1}}{\partial t^{j_1}} \frac{\partial x^{i_2}}{\partial t^{j_2}} \begin{vmatrix} \tau_1^{j_1} & \tau_1^{j_2} \\ \tau_2^{j_1} & \tau_2^{j_2} \end{vmatrix} =$$

$$= \sum_{j_1,j_2=1}^{m} \frac{\partial x^{i_1}}{\partial t^{j_1}} \frac{\partial x^{i_2}}{\partial t^{j_2}} \mathrm{d}t^{j_1} \wedge \mathrm{d}t^{j_2}(\boldsymbol{\tau}_1, \boldsymbol{\tau}_2) =$$

$$= \sum_{1 \le j_1 < j_2 \le m} \left(\frac{\partial x^{i_1}}{\partial t^{j_1}} \frac{\partial x^{i_2}}{\partial t^{j_2}} - \frac{\partial x^{i_1}}{\partial t^{j_2}} \frac{\partial x^{i_2}}{\partial t^{j_1}} \right) \mathrm{d}t^{j_1} \wedge \mathrm{d}t^{j_2}(\boldsymbol{\tau}_1, \boldsymbol{\tau}_2) =$$

$$= \sum_{1 \le j_1 < j_2 \le m} \begin{vmatrix} \frac{\partial x^{i_1}}{\partial t^{j_1}} & \frac{\partial x^{i_2}}{\partial t^{j_1}} \\ \frac{\partial x^{i_1}}{\partial t^{j_2}} & \frac{\partial x^{i_2}}{\partial t^{j_2}} \end{vmatrix} (t) \, \mathrm{d}t^{j_1} \wedge \mathrm{d}t^{j_2}(\boldsymbol{\tau}_1, \boldsymbol{\tau}_2) \, .$$

Folglich haben wir gezeigt, dass

$$\varphi^*(\mathrm{d}x^{i_1} \wedge \mathrm{d}x^{i_2}) = \sum_{1 \le i_1 < i_2 \le m} \frac{\partial(x^{i_1}, x^{i_2})}{\partial(t^{j_1}, t^{j_2})}(t) \, \mathrm{d}t^{j_1} \wedge \mathrm{d}t^{j_2} \, .$$

Wenn wir die Eigenschaften (12.28) und (12.29) für die Operation einer Transformation von Formen[9] benutzen und die Überlegungen des letzten Beispiels wiederholen, gelangen wir zu folgender Gleichung:

$$\varphi^* \left(\sum_{1 \le i_1 < \cdots < i_p \le n} a_{i_1, \dots, i_p}(x) \, \mathrm{d}x^{i_1} \wedge \cdots \wedge \mathrm{d}x^{i_p} \right) =$$

$$= \sum_{\substack{1 \le i_1 < \cdots < i_p \le n \\ 1 \le j_1 < \cdots < j_p \le m}} a_{i_1, \dots, i_p}(x(t)) \frac{\partial(x^{i_1}, \dots, x^{i_p})}{\partial(t^{j_1}, \dots, t^{j_p})} \mathrm{d}t^{j_1} \wedge \cdots \wedge \mathrm{d}t^{j_p} \, . \quad (12.31)$$

Wir merken an, dass wir durch formale Substitution der Variablen $x = x(t)$ in der Form, d.h. dem Argument von φ^* auf der linken Seite, die Differentiale $\mathrm{d}x^1, \dots, \mathrm{d}x^n$ durch die Differentiale $\mathrm{d}t^1, \dots, \mathrm{d}t^m$ ausdrücken können. Wenn wir dann gleiche Ausdrücke im Ergebnis zusammenfassen und dabei die Eigenschaften des Keilprodukts benutzen, erhalten wir genau die rechte Seite von (12.31).

Tatsächlich gilt für jede feste Wahl der Indizes $i_1, \dots, i_p$, dass

$$a_{i_1, \dots, i_p}(x) \, \mathrm{d}x^{i_1} \wedge \cdots \wedge \mathrm{d}x^{i_p} =$$

$$= a_{i_1, \dots, i_p}(x(t)) \left(\frac{\partial x^{i_1}}{\partial t^{j_1}} \mathrm{d}t^{j_1} \right) \wedge \cdots \wedge \left(\frac{\partial x^{i_p}}{\partial t^{j_p}} \mathrm{d}t^{j_p} \right) =$$

$$= a_{i_1, \dots, i_p}(x(t)) \frac{\partial x^{i_1}}{\partial t^{j_1}} \cdot \ldots \cdot \frac{\partial x^{i_p}}{\partial t^{j_p}} \mathrm{d}t^{j_1} \wedge \cdots \wedge \mathrm{d}t^{j_p} =$$

$$= \sum_{1 \le j_1 < \cdots j_p \le m} a_{i_1, \dots, i_p}(x(t)) \frac{\partial(x^{i_1}, \dots, x^{i_p})}{\partial(t^{j_1}, \dots, t^{j_p})} \mathrm{d}t^{j_1} \wedge \cdots \wedge \mathrm{d}t^{j_p} \, .$$

---

[9] Wird (12.29) punktweise ausgeführt, dann gelangen wir zu
$$\varphi^* \big(a(x)\omega \big) = a\big(\varphi(t)\big)\varphi^*\omega \, .$$

Wenn wir derartige Gleichungen über alle geordneten Mengen $1 \leq i_1 < \cdots < i_p \leq n$ summieren, erhalten wir die rechte Seite von (12.31).

Somit haben wir den folgenden Satz bewiesen, der große technische Bedeutung besitzt.

Satz. *Ist eine Differentialform ω in einem Gebiet $V \subset \mathbb{R}^n$ definiert und ist $\varphi : U \to V$ eine glatte Abbildung eines Gebiets $U \subset \mathbb{R}^m$ nach V, dann können wir die Koordinatendarstellung der Form $\varphi^*\omega$ aus der Koordinatendarstellung*

$$\sum_{1 \leq i_1 < \cdots < i_p \leq n} a_{i_1,\ldots,i_p}(x)\mathrm{d}x^{i_1} \wedge \cdots \wedge \mathrm{d}x^{i_p}$$

der Form ω durch direkte Substitution $x = \varphi(t)$ (mit nachfolgenden Umformungen in Übereinstimmung mit den Eigenschaften des Keilprodukts) erhalten.

Beispiel 14. Für $m = n = p$ lässt sich Gleichung (12.31) insbesondere auf die Gleichung

$$\varphi^*(\mathrm{d}x^1 \wedge \cdots \wedge \mathrm{d}x^n) = \det\varphi'(t)\,\mathrm{d}t^1 \wedge \cdots \wedge \mathrm{d}t^n \tag{12.32}$$

zurückführen.

Schreiben wir daher $f(x)\mathrm{d}x^1 \wedge \cdots \wedge \mathrm{d}x^n$ in einem Mehrfachintegral anstelle von $f(x)\,\mathrm{d}x^1 \cdots \mathrm{d}x^n$, dann könnten wir die Gleichung

$$\int\limits_{V=\varphi(U)} f(x)\,\mathrm{d}x = \int\limits_U f\big(\varphi(t)\big)\,\det\varphi'(t)\,\mathrm{d}t$$

zur Substitution in einem Mehrfachintegral mit einem orientierungserhaltenden Diffeomorphismus (d.h. $\det\varphi'(t) > 0$) wie im ein-dimensionalen Fall automatisch durch die formale Substitution $x = \varphi(t)$ erhalten und wir könnten die Formel folgendermaßen formulieren:

$$\int\limits_{\varphi(U)} \omega = \int\limits_U \varphi^*\omega\,. \tag{12.33}$$

Zum Abschluss merken wir an, dass dann, wenn der Grad p der Form ω im Gebiet $V \subset \mathbb{R}^n_x$ größer ist als die Dimension m des Gebiets $U \subset \mathbb{R}^m$, das unter $\varphi : U \to V$ nach V abgebildet wird, die zu ω gehörende Form $\varphi^*\omega$ auf U offensichtlich Null ist. Daher ist die Abbildung $\varphi^* : \Omega^p(V) \to \Omega^p(U)$ im Allgemeinen nicht notwendigerweise injektiv.

Besitzt auf der anderen Seite $\varphi : U \to V$ eine glatte Inverse $\varphi^{-1} : V \to U$, dann folgt nach (12.30) und den Gleichungen $\varphi^{-1}\circ\varphi = e_U$, $\varphi\circ\varphi^{-1} = e_V$, dass $(\varphi)^* \circ (\varphi^{-1})^* = e_U^*$ und $(\varphi^{-1})^* \circ \varphi^* = e_V^*$. Und da e_U^* und e_V^* die Identitätsabbildungen in $\Omega^p(U)$ bzw. $\Omega^p(V)$ sind, stellen sich wie erwartet die Abbildungen $\varphi^* : \Omega^p(V) \to \Omega^p(U)$ und $\big(\varphi^{-1}\big)^* : \Omega^p(U) \to \Omega^p(V)$ als zueinander invers heraus. Somit ist in diesem Fall die Abbildung $\varphi^* : \Omega^p(V) \to \Omega^p(U)$ bijektiv.

Schließlich halten wir fest, dass die Abbildung φ^*, mit der Formen transformiert werden, nach den Eigenschaften (12.28)–(12.30) auch die Gleichung

$$\varphi^*(\mathrm{d}\omega) = \mathrm{d}(\varphi^*\omega) \,. \qquad (12.34)$$

erfüllt.

Diese theoretisch wichtige Gleichung verdeutlicht insbesondere, dass die Operation der Differentiation von Formen, die wir in Koordinatenschreibweise definiert haben, tatsächlich vom Koordinatensystem, in dem die differenzierbare Form ω vorgegeben ist, unabhängig ist. Dies werden wir ausführlicher in Kapitel 15 untersuchen.

12.5.5 Formen auf Mannigfaltigkeiten

Definition 3. Wir sagen, dass eine *p-Differentialform* ω *auf einer glatten Mannigfaltigkeit* $S \subset \mathbb{R}^n$ *definiert ist*, wenn in jedem Punkt $x \in S$ eine *p*-Form $\omega(x)$ auf den Vektoren der Tangentialebene TS_x an S definiert ist.

Beispiel 15. Ist die glatte Mannigfaltigkeit S im Gebiet $D \subset \mathbb{R}^n$, in dem eine Form ω definiert ist, enthalten, dann können wir, da die Inklusion $TS_x \subset TD_x$ für jeden Punkt $x \in S$ gilt, die Einschränkung von $\omega(x)$ auf TS_x betrachten. So entsteht eine Form $\omega\big|_S$, die natürlicherweise die *Einschränkung von ω auf S* genannt wird.

Eine Mannigfaltigkeit kann, wie wir wissen, parametrisch definiert sein; entweder lokal oder global. Sei $\varphi : U \to S = \varphi(U) \subset D$ eine parametrisierte glatte Mannigfaltigkeit im Gebiet D und ω eine Form auf D. Dann können wir die Form ω auf das Gebiet U der Parameter transformieren und in Übereinstimmung mit dem oben vorgestellten Algorithmus $\varphi^*\omega$ in Koordinatenschreibweise formulieren. Es ist klar, dass die so erhaltene Form $\varphi^*\omega$ in U mit der Form $\varphi^*\big(\omega\big|_S\big)$ übereinstimmt.

Da $\varphi'(t) : TU_t \to TS_x$ in jedem Punkt $t \in U$ ein Isomorphismus zwischen TU_t und TS_x ist, können wir Formen sowohl von S nach U als auch von U nach S transformieren und daher werden, so wie glatte Mannigfaltigkeiten selbst üblicherweise lokal oder global durch Parameter definiert sind, die auf ihnen definierten Formen üblicherweise in den Parametergebieten lokaler Karten definiert.

Beispiel 16. Sei $\omega_{\mathbf{V}}^2$ die in Beispiel 8 betrachtete Flussform, die durch das Geschwindigkeitsfeld $\mathbf{V}$ einer Strömung im Gebiet D des orientierten euklidischen Raums $\mathbb{R}^3$ erzeugt wird. Ist S eine glatte orientierte Oberfläche in D, können wir die Einschränkung $\omega_{\mathbf{V}}^2\big|_S$ der Form $\omega_{\mathbf{V}}^2$ auf S betrachten. Die so erhaltene Form $\omega_{\mathbf{V}}^2\big|_S$ charakterisiert den Fluss durch ein Flächenelement S.

Ist $\varphi : I \to S$ eine lokale Karte der Oberfläche S, dann erhalten wir die Koordinatendarstellung der Form $\varphi^* \omega_{\mathbf{V}}^2 = \varphi^* (\omega_{\mathbf{V}}^2|_S)$, indem wir in der Koordinatendarstellung (12.22) für die Form $\omega_{\mathbf{V}}^2$ die Substitution $x = \varphi(t)$ vornehmen. Die Form $\varphi^* \omega_{\mathbf{V}}^2 = \varphi^* (\omega_{\mathbf{V}}^2|_S)$ ist in diesen lokalen Koordinaten der Oberfläche auf dem Quadrat I definiert.

Beispiel 17. Sei $\omega_{\mathbf{F}}^1$ die in Beispiel 7 betrachtete Arbeitsform, die durch das Kraftfeld $\mathbf{F}$, das auf ein Gebiet des euklidischen Raums einwirkt, erzeugt wird. Sei $\varphi : I \to \varphi(I) \subset D$ ein glatter Weg (φ ist nicht notwendigerweise ein Homöomorphismus). In Übereinstimmung mit dem allgemeinen Prinzip einer Einschränkung und einer Transformation von Formen entsteht dann eine Form $\varphi^* \omega_{\mathbf{F}}^1$ auf dem abgeschlossenen Intervall I, dessen Koordinatendarstellung $a(t)\mathrm{d}t$ durch die Substitution $x = \varphi(t)$ in der Koordinatendarstellung (12.21) für die Form $\omega_{\mathbf{F}}^1$ erhalten werden kann.

12.5.6 Übungen und Aufgaben

1. Berechnen Sie die Werte der Differentialformen ω in $\mathbb{R}^n$ für die unten angegebenen Mengen von Vektoren:

a) $\omega = x^2 \, \mathrm{d}x^1$ auf dem Vektor $\boldsymbol{\xi} = (1, 2, 3) \in T\mathbb{R}_{(3,2,1)}$.

b) $\omega = \mathrm{d}x^1 \wedge \mathrm{d}x^3 + x^1 \mathrm{d}x^2 \wedge \mathrm{d}x^4$ auf dem geordneten Paar von Vektoren $\boldsymbol{\xi}_1, \boldsymbol{\xi}_2 \in T\mathbb{R}_{(1,0,0,0)}^4$.

c) $\omega = \mathrm{d}f$, für $f = x^1 + 2x^2 + \cdots + nx^n$, und $\boldsymbol{\xi} = (1, -, 1, \ldots, (-1)^{n-1}) \in T\mathbb{R}_{(1,1,\ldots,1)}^n$.

2.   a) Zeigen Sie, dass die Form $\mathrm{d}x^{i_1} \wedge \cdots \wedge \mathrm{d}x^{i_k}$ identisch gleich Null ist, falls die Indizes $i_1, \ldots, i_k$ nicht alle verschieden sind.

b) Erklären Sie, weswegen es auf einem n-dimensionalen Vektorraum keine schiefsymmetrischen Formen vom Grad $p > n$ gibt.

c) Vereinfachen Sie den Ausdruck für die Form

$$2 \, \mathrm{d}x^1 \wedge \mathrm{d}x^3 \wedge \mathrm{d}x^2 + 3 \, \mathrm{d}x^3 \wedge \mathrm{d}x^1 \wedge \mathrm{d}x^2 - \mathrm{d}x^2 \wedge \mathrm{d}x^3 \wedge \mathrm{d}x^1 \ .$$

d) Entfernen Sie die Klammern und fassen Sie gleiche Ausdrücke zusammen:

$$(x^1 \, \mathrm{d}x^2 + x^2 \, \mathrm{d}x^1) \wedge (x^3 \, \mathrm{d}x^1 \wedge \mathrm{d}x^2 + x^2 \, \mathrm{d}x^1 \wedge \mathrm{d}x^3 + x^1 \, \mathrm{d}x^2 \wedge \mathrm{d}x^3) \ .$$

e) Schreiben Sie die Form $\mathrm{d}f \wedge \mathrm{d}g$ mit $f = \ln\left(1 + |x|^2\right)$, $g = \sin|x|$ und $x = (x^1, x^2, x^3)$ als Linearkombination der Formen $\mathrm{d}x^{i_1} \wedge \mathrm{d}x^{i_2}$, $1 \le i_1 < i_2 \le 3$.

f) Beweisen Sie, dass in $\mathbb{R}^n$ gilt:

$$\mathrm{d}f^1 \wedge \cdots \wedge \mathrm{d}f^n (x) = \det\left(\frac{\partial f^i}{\partial x^j}\right)(x) \, \mathrm{d}x^1 \wedge \cdots \wedge \mathrm{d}x^n \ .$$

g) Führen Sie alle Berechnungen aus und zeigen Sie, dass für $1 \le k \le n$ gilt:

$$\mathrm{d}f^1 \wedge \cdots \wedge \mathrm{d}f^k = \sum_{1 \le i_1 < i_2 < \cdots < i_k \le n} \det \begin{vmatrix} \frac{\partial f^1}{\partial x^{i_1}} & \cdots & \frac{\partial f^1}{\partial x^{i_k}} \\ \frac{\partial f^k}{\partial x^{i_1}} & \cdots & \frac{\partial f^k}{\partial x^{i_k}} \end{vmatrix} \mathrm{d}x^{i_1} \wedge \cdots \wedge \mathrm{d}x^{i_k} \ .$$

3. a) Zeigen Sie, dass eine Form α mit gerader Ordnung mit jeder Form β kommutiert, d.h., $\alpha \wedge \beta = \beta \wedge \alpha$.

b) Sei $\omega = \sum_{i=1}^{n} dp_i \wedge dq^i$ und $\omega^n = \omega \wedge \cdots \wedge \omega$ (n Faktoren). Zeigen Sie, dass

$$\omega^n = n! \, dp_1 \wedge dq^1 \wedge \cdots \wedge dp_n \wedge dq^n = (-1)^{\frac{n(n-1)}{2}} \, dp_1 \wedge \cdots \wedge dp_n \wedge dq^1 \wedge \cdots \wedge dq^n \, .$$

4. a) Schreiben Sie die Form $\omega = df$ für $f(x) = (x^1)^2 + (x^2)^2 + \cdots + (x^n)^2$ als eine Linearkombination der Formen $dx^1, \ldots, dx^n$ und bestimmen Sie das Differential $d\omega$ von ω.

b) Prüfen Sie nach, ob $d^2 f \equiv 0$ für jede Funktion $f \in C^{(2)}(D, \mathbb{R})$ gilt mit $d^2 = d \circ d$, wobei d eine äußere Differentiation ist.

c) Gehören die Koeffizienten $a_{i_1, \ldots, i_k}$ der Form $\omega = a_{i_1, \ldots, i_k}(x) \, dx^{i_1} \wedge \cdots \wedge dx^{i_k}$ zur Klasse $C^{(2)}(D, \mathbb{R})$, dann gilt $d^2 \omega \equiv 0$ im Gebiet D. Zeigen Sie dies.

d) Bestimmen Sie das äußere Differential der Form $\frac{y \, dx - x \, dy}{x^2 + y^2}$ in ihrem Definitionsgebiet.

5. Falls das Produkt $dx^1 \cdots dx^n$ im Mehrfachintegral $\int_D f(x) \, dx^1 \cdots dx^n$ als die Form $dx^1 \wedge \cdots \wedge dx^n$ interpretiert wird, dann haben wir nach Beispiel 14 die Möglichkeit, den Integranden in der Formel für die Substitution in einem Mehrfachintegral rein formal zu erhalten. Führen Sie mit dieser Empfehlung die folgenden Substitutionen von kartesischen Koordinaten durch:

a) In Polarkoordinaten in $\mathbb{R}^2$.

b) In zylindrische Koordinaten in $\mathbb{R}^3$.

c) In sphärische Koordinaten in $\mathbb{R}^3$.

6. Bestimmen Sie die Einschränkung der folgenden Formen:

a) dx^i auf die Hyperebene $x^i = 1$.

b) $dx \wedge dy$ auf die Kurve $x = x(t)$, $y = y(t)$, $a < t < b$.

c) $dx \wedge dy$ auf die Ebene in $\mathbb{R}^3$, die durch $x = c$ definiert ist.

d) $dy \wedge dz + dz \wedge dx + dx \wedge dy$ auf die Stirnflächen des Standardwürfels in $\mathbb{R}^3$.

e) $\omega_i = dx^1 \wedge \cdots \wedge dx^{i-1} \wedge \widehat{dx^i} \wedge dx^{i+1} \wedge \cdots \wedge dx^n$ auf die Stirnflächen des Standardwürfels in $\mathbb{R}^n$. Das Symbol $\frown$ steht über dem Differential dx^i, das im Produkt ausgelassen werden muss.

7. Formulieren Sie die Einschränkung der folgenden Formen auf die Kugelschale mit Radius R mit Zentrum im Ursprung in sphärischen Koordinaten in $\mathbb{R}^3$:

a) dx,

b) dy,

c) $dy \wedge dz$.

8. Die Abbildung $\varphi : \mathbb{R}^2 \to \mathbb{R}^2$ sei durch $(u, v) \mapsto (u \cdot v, 1) = (x, y)$ gegeben. Bestimmen Sie:

a) $\varphi^*(dx)$,

b) $\varphi^*(dy)$,

c) $\varphi^*(y \, dx)$.

9. Beweisen Sie, dass das äußere Differential d $: \Omega^p(D) \to \Omega^{p+1}(D)$ die folgenden Eigenschaften besitzt:

a) $d(\omega_1 + \omega_2) = d\omega_1 + d\omega_2$.

b) $d(\omega_1 \wedge \omega_2) = d\omega_1 \wedge \omega_2 + (-1)^{\deg \omega_1} \omega_1 \wedge d\omega_2$, wobei $\deg \omega_1$ die Ordnung der Form ω_1 ist.

c) $\forall \omega \in \Omega^p$, $d(d\omega) = 0$.

d) $\forall f \in \Omega^0$, $df = \sum\limits_{i=1}^{n} \frac{\partial f}{\partial x^i} \, dx^i$.

Zeigen Sie, dass es nur eine Abbildung d $: \Omega^p(D) \to \Omega^{p+1}(D)$ gibt, die die Eigenschaften a), b), c) und d) besitzt.

10. Zeigen Sie, dass die Abbildung $\varphi^* : \Omega^p(V) \to \Omega^p(U)$, die zu einer Abbildung $\varphi : U \to V$ gehört, die folgenden Eigenschaften besitzt:

a) $\varphi^*(\omega_1 + \omega_2) = \varphi^* \omega_1 + \varphi^* \omega_2$.

b) $\varphi^*(\omega_1 \wedge \omega_2) = \varphi^* \omega_1 \wedge \varphi^* \omega_2$.

c) $d\varphi^* \omega = \varphi^* d\omega$.

d) Existiert eine Abbildung $\psi : V \to W$, dann gilt $(\psi \circ \varphi)^* = \varphi^* \circ \psi^*$.

11. Zeigen Sie, dass eine glatte k-dimensionale Mannigfaltigkeit genau dann orientierbar ist, wenn eine k-Form auf ihr existiert, die in keinem Punkt entartet ist.

Linien- und Flächenintegrale

13.1 Das Integral einer Differentialform

13.1.1 Das Ausgangsproblem, Folgebetrachtungen, Beispiele

a. Die Arbeit eines Feldes

Sei $\mathbf{F}(x)$ ein stetiges Kraftfeld, das auf ein Gebiet G des euklidischen Raumes $\mathbb{R}^n$ einwirkt. Die Verschiebung eines Probeteilchens in diesem Feld erfordert Arbeit. Wir stellen uns die Frage, wie wir die Arbeit, die das Feld aufbringt, zur Bewegung eines Einheitsprobeteilchens entlang einer vorgegebenen Trajektorie, genauer gesagt eines glatten Weges $\gamma : I \to \gamma(I) \subset G$, berechnen können.

Wir haben dieses Problem bereits angesprochen, als wir Anwendungen des bestimmten Integrals untersuchten. Aus diesem Grund können wir an dieser Stelle einfach die Lösung dieses Problems wiederholen und dabei einige der Elemente bei der Konstruktion betonen, die im Folgenden nützlich sein werden.

Es ist bekannt, dass in einem konstanten Feld $\mathbf{F}$ die Verschiebung um einen Vektor $\boldsymbol{\xi}$ mit einer gewissen Arbeit $\langle \mathbf{F}, \boldsymbol{\xi} \rangle$ verbunden ist.

Sei $t \mapsto \mathbf{x}(t)$ eine glatte Abbildung $\gamma : I \to G$, die auf dem abgeschlossenen Intervall $I = \{t \in \mathbb{R} \,|\, a \leq t \leq b\}$ definiert ist.

Wir betrachten eine hinreichend feine Unterteilung des abgeschlossenen Intervalls $[a, b]$. Dann gilt in jedem Intervall $I_i = \{t \in I \,|\, t_{i-1} \leq t \leq t_i\}$ der Unterteilung bis auf Infinitesimale höherer Ordnung die Gleichung $\mathbf{x}(t) - \mathbf{x}(t_i) \approx \mathbf{x}'(t)(t_i - t_{i-1})$. Zum Verschiebungsvektor $\tau_i = t_{i+1} - t_i$ aus dem Punkt t_i (Abb. 13.1) gehört eine Verschiebung von $x(t_i)$ in $\mathbb{R}^n$ um den Vektor $\Delta \mathbf{x}_i = \mathbf{x}_{i+1} - \mathbf{x}_i$, den wir mit derselben Genauigkeit mit dem Tangentialvektor $\boldsymbol{\xi}_i = \dot{\mathbf{x}}(t_i)\tau_i$ an die Trajektorie in $x(t_i)$ gleich setzen können. Da das Feld $\mathbf{F}(x)$ stetig ist, kann es als lokal konstant betrachtet werden und aus diesem Grund können wir mit kleinem relativen Fehler die dem (Zeit-) Intervall I_i entsprechende Arbeit ΔA_i als

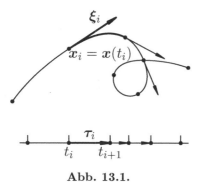

Abb. 13.1.

$$\Delta A_i \approx \langle \mathbf{F}(x_i), \boldsymbol{\xi}_i \rangle$$

oder als

$$\Delta A_i \approx \langle \mathbf{F}\big(\mathbf{x}(t_i)\big), \dot{\mathbf{x}}(t_i)\tau_i \rangle$$

berechnen.

Daher ist

$$A = \sum_i \Delta A_i \approx \sum_i \langle \mathbf{F}\big(\mathbf{x}(t_i)\big), \dot{\mathbf{x}}(t_i) \rangle \Delta t_i$$

und somit erhalten wir, wenn wir durch Verfeinerung der Unterteilung des abgeschlossenen Intervalls I zum Grenzwert übergehen, dass

$$A = \int_a^b \langle \mathbf{F}\big(\mathbf{x}(t)\big), \dot{\mathbf{x}}(t) \rangle \, \mathrm{d}t \, . \tag{13.1}$$

Wir können diesem Ausdruck die Gestalt $F^1 \mathrm{d}x^1 + \cdots + F^n \mathrm{d}x^n$ geben, wenn wir kartesische Koordinaten in $\mathbb{R}^n$ voraussetzen und den Ausdruck $\langle \mathbf{F}\big(\mathbf{x}(t)\big), \dot{\mathbf{x}}(t) \rangle \, \mathrm{d}t$ als $\langle \mathbf{F}(\mathbf{x}), \mathrm{d}\mathbf{x} \rangle$ umschreiben. Damit können wir (13.1) als

$$A = \int_\gamma F^1 \mathrm{d}x^1 + \cdots + F^n \mathrm{d}x^n \tag{13.2}$$

oder als

$$A = \int_\gamma \omega_{\mathbf{F}}^1 \tag{13.2'}$$

schreiben.

Gleichung (13.1) entspricht ganz genau der Bedeutung der Integrale der 1-Arbeitsform entlang des Weges γ, die wir in den Gleichungen (13.2) und (13.2') formuliert haben.

Beispiel 1. Wir betrachten das Kraftfeld $\mathbf{F} = \left(-\frac{y}{x^2+y^2}, \frac{x}{x^2+y^2} \right)$, das außer im Ursprung in allen Punkten der Ebene $\mathbb{R}^2$ definiert ist. Wir wollen die Arbeit dieses Feldes entlang der Kurven γ_1 und γ_2 berechnen, die durch $x = \cos t$ und $y = \sin t$ bzw. $x = 2 + \cos t$ und $y = \sin t$, $0 \le t \le 2\pi$ definiert werden. Entsprechend den Gleichungen (13.1), (13.2) und (13.2') erhalten wir

$$\int_{\gamma_1} \omega_{\mathbf{F}}^1 = \int_{\gamma_1} -\frac{y}{x^2+y^2}\,\mathrm{d}x + \frac{x}{x^2+y^2}\,\mathrm{d}y =$$

$$= \int_0^{2\pi} \left(-\frac{\sin t \cdot (-\sin t)}{\cos^2 t + \sin^2 t} + \frac{\cos t \cdot \cos t}{\cos^2 t + \sin^2 t} \right) \mathrm{d}t = 2\pi$$

und

$$\int_{\gamma_2} \omega_{\mathbf{F}}^1 = \int_{\gamma_2} \frac{-y\,\mathrm{d}x + x\,\mathrm{d}y}{x^2+y^2} = \int_0^{2\pi} \frac{-\sin t(-\sin t) + (2 + \cos t)(\cos t)}{(2 + \cos t)^2 + \sin^2 t}\,\mathrm{d}t =$$

$$= \int_0^{2\pi} \frac{1 + 2\cos t}{5 + 4\cos t}\,\mathrm{d}t = \int_0^{\pi} \frac{1 + 2\cos t}{5 + 4\cos t}\,\mathrm{d}t + \int_{\pi}^0 \frac{1 + 2\cos(2\pi - u)}{5 + 4\cos(2\pi - u)}\,\mathrm{d}u =$$

$$= \int_0^{\pi} \frac{1 + 2\cos t}{5 + 4\cos t}\,\mathrm{d}t - \int_0^{\pi} \frac{1 + 2\cos u}{5 + 4\cos u}\,\mathrm{d}u = 0.$$

Beispiel 2. Sei $\mathbf{r}$ der Radialvektor eines Punktes $(x, y, z) \in \mathbb{R}^3$ mit $r = |\mathbf{r}|$. Angenommen, ein Kraftfeld $\mathbf{F} = f(r)\mathbf{r}$ sei überall in $\mathbb{R}^3$ außer im Ursprung definiert. Dies ist ein sogenanntes *zentrales Kraftfeld*. Wir fragen nach der Arbeit von $\mathbf{F}$ auf einem Weg $\gamma : [0, 1] \to \mathbb{R}^3 \setminus 0$. Mit Hilfe von (13.2) erhalten wir

$$\int_{\gamma} f(r)(x\,\mathrm{d}x + y\,\mathrm{d}y + z\,\mathrm{d}z) = \frac{1}{2} \int_{\gamma} f(r)\mathrm{d}(x^2 + y^2 + z^2) =$$

$$= \frac{1}{2} \int_0^1 f(r(t))\mathrm{d}r^2(t) = \frac{1}{2} \int_0^1 f(\sqrt{u(t)})\,\mathrm{d}u(t) =$$

$$= \frac{1}{2} \int_{r_0^2}^{r_1^2} f(\sqrt{u})\,\mathrm{d}u = \varPhi(r_0, r_1)\,.$$

Wie Sie erkennen können, haben wir dabei $x^2(t) + y^2(t) + z^2(t) = r^2(t)$, $r^2(t) = u(t)$, $r_0 = r(0)$ und $r_1 = r(1)$ gesetzt.

Daher stellt sich heraus, dass in jedem zentralen Kraftfeld die Arbeit auf einem Weg γ nur von den Abständen vom Ursprung des Feldes zum Anfang r_0 und zum Ende r_1 des Weges abhängen.

Insbesondere erhalten wir für das Gravitationsfeld $\frac{1}{r^3}\mathbf{r}$ einer im Ursprung lokalisierten Punktmasse, dass

$$\Phi(r_0, r_1) = \frac{1}{2} \int\limits_{r_0^2}^{r_1^2} \frac{1}{u^{3/2}}\, \mathrm{d}u = \frac{1}{r_0} - \frac{1}{r_1}.$$

b. Der Fluss durch eine Fläche

Wir betrachten einen stationären Fluss einer Flüssigkeit (oder eines Gases) mit dem Geschwindigkeitsfeld $x \mapsto \mathbf{V}(x)$ in einem Gebiet G des orientierten euklidischen Raums $\mathbb{R}^3$. Zusätzlich nehmen wir an, dass eine glatte orientierte Fläche S in G gewählt wurde. Um präzise zu sein, nehmen wir an, dass die Orientierung von S durch ein Feld von Normalenvektoren vorgegeben sei. Wir fragen uns, wie wir den (volumetrischen) Durchfluss oder den Fluss des Fluids durch die Fläche S bestimmen können. Genauer gesagt, so fragen wir nach dem Fluidvolumen, das in Einheitszeit durch die Fläche S in Richtung des orientierenden Feldes der Normalen an die Fläche fließt.

Um dieses Problem zu lösen, merken wir an, dass dann, wenn das Geschwindigkeitsfeld des Flusses konstant gleich $\mathbf{V}$ ist, der Fluss in Einheitszeit durch ein Parallelogramm Π, das durch die Vektoren $\boldsymbol{\xi}_1$ und $\boldsymbol{\xi}_2$ gebildet wird, gleich dem Volumen des Spates ist, der aus den Vektoren $\mathbf{V}$, $\boldsymbol{\xi}_1$ und $\boldsymbol{\xi}_2$ aufgespannt wird. Ist $\boldsymbol{\eta}$ zu Π normal und sind wir am Fluss durch Π in Richtung von $\boldsymbol{\eta}$ interessiert, dann ist dieser gleich dem Spatprodukt $(\mathbf{V}, \boldsymbol{\xi}_1, \boldsymbol{\xi}_2)$, vorausgesetzt, dass $\boldsymbol{\eta}$ und die Vektoren $\boldsymbol{\xi}_1, \boldsymbol{\xi}_2$ dem Parallelogramm Π dieselbe Orientierung geben (d.h., falls $\boldsymbol{\eta}, \boldsymbol{\xi}_1, \boldsymbol{\xi}_2$ eine Basis ist, die mit der für $\mathbb{R}^3$ vorgegebenen Orientierung übereinstimmt). Besitzen die Vektoren $\boldsymbol{\xi}_1, \boldsymbol{\xi}_2$ entgegengesetzte Orientierung im Vergleich zu der durch $\boldsymbol{\eta}$ für Π vorgegebene, dann beträgt der Fluss in Richtung von $\boldsymbol{\eta}$ stattdessen $-(\mathbf{V}, \boldsymbol{\xi}_1, \boldsymbol{\xi}_2)$.

Wir kehren nun zur Ausgangsformulierung des Problems zurück. Der Einfachheit halber wollen wir annehmen, dass die gesamte Fläche S eine glatte Parametrisierung $\varphi : I \to S \subset G$ zulässt, wobei I ein zwei-dimensionales Intervall in der Ebene $\mathbb{R}^2$ ist. Wir unterteilen I in kleine Intervalle I_i (Abb. 13.2) und approximieren das Bild $\varphi(I_i)$ jedes Intervalls durch das Parallelogramm, das durch die Bilder $\boldsymbol{\xi}_1 = \varphi'(t_i)\boldsymbol{\tau}_1$ und $\boldsymbol{\xi}_2 = \varphi'(t_i)\boldsymbol{\tau}_2$ der Verschiebungsvektoren $\boldsymbol{\tau}_1, \boldsymbol{\tau}_2$ in Richtung der Koordinatenrichtungen aufgespannt wird. Angenommen, $\mathbf{V}(x)$ verändere sich innerhalb des Ausschnitts der Fläche $\varphi(I_i)$ nur um einen kleinen Betrag. Dann können wir, wenn wir $\varphi(I_i)$ durch dieses Parallelogramm ersetzen, mit kleinem relativen Fehler annehmen, dass der Fluss $\Delta\mathcal{F}_i$ durch den Ausschnitt $\varphi(I_i)$ der Fläche gleich dem Fluss eines konstanten Geschwindigkeitsfeldes $\mathbf{V}(x_i) = \mathbf{V}(\varphi(t_i))$ durch das durch die Vektoren $\boldsymbol{\xi}_1, \boldsymbol{\xi}_2$ aufgespannte Parallelogramm ist.

Wenn wir davon ausgehen, dass das System $\boldsymbol{\xi}_1, \boldsymbol{\xi}_2$ dieselbe Orientierung für S ergibt wie $\boldsymbol{\eta}$, erhalten wir:

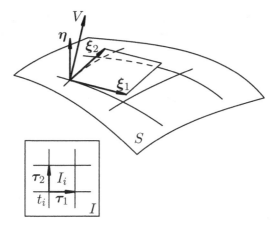

Abb. 13.2.

$$\Delta \mathcal{F}_i \approx \big(\mathbf{V}(x_i), \boldsymbol{\xi}_1, \boldsymbol{\xi}_2\big) \ .$$

Indem wir die einzelnen Flüsse summieren, gelangen wir zu

$$\mathcal{F} = \sum_i \Delta \mathcal{F}_i \approx \sum_i \omega_{\mathbf{V}}^2(x_i)(\boldsymbol{\xi}_1, \boldsymbol{\xi}_2) \ ,$$

wobei $\omega_{\mathbf{V}}^2(x) = (\mathbf{V}(x), \cdot, \cdot)$ die 2-Flussform (vgl. Beispiel 8 in Abschnitt 12.5) ist. Beim Übergang zum Grenzwert, wenn wir immer feinere Unterteilungen P des Intervalls I wählen, ist es nur natürlich anzunehmen, dass

$$\mathcal{F} := \lim_{\lambda(P) \to 0} \sum \omega_{\mathbf{V}}^2(x_i)(\boldsymbol{\xi}_1, \boldsymbol{\xi}_2) =: \int_S \omega_{\mathbf{V}}^2 \ . \tag{13.3}$$

Das letzte Symbol bezeichnet das Integral der 2-Form $\omega_{\mathbf{V}}^2$ über der orientierten Fläche S.

Wenn wir die Koordinatendarstellung (vgl. Gl. (12.22) in Abschnitt 12.5) für die Flussform $\omega_{\mathbf{V}}^2$ in kartesischen Koordinaten aufgreifen, können wir nun auch schreiben:

$$\mathcal{F} = \int_S V^1 \mathrm{d}x^2 \wedge \mathrm{d}x^3 + V^2 \mathrm{d}x^3 \wedge \mathrm{d}x^1 + V^3 \mathrm{d}x^1 \wedge \mathrm{d}x^2 \ . \tag{13.4}$$

Wir haben hier nur das allgemeine Prinzip zur Lösung dieses Problems untersucht. Im Wesentlichen haben wir nun die genaue Definition (13.3) des Flusses $\mathcal{F}$ gegeben und gewisse Schreibweisen (13.3) und (13.4) eingeführt. Nach wie vor haben wir keine effektive Berechungsformel vergleichsweise zu (13.1) zur Berechnung der Arbeit erhalten.

Wir merken an, dass wir zu Formel (13.1) aus (13.2) gelangen können, indem wir $x^1, \ldots, x^n$ durch die Funktion $(x^1, \ldots, x^n)(t) = x(t)$ ersetzen, die den Weg γ definiert. Wir erinnern daran (s. Abschnitt 12.5), dass eine derartige Substitution als Transformation der in G definierten Form ω auf das abgeschlossene Intervall $I = [a, b]$ interpretiert werden kann.

In vollständiger Analogie können wir durch direkte Substitution der parametrischen Gleichung für die Fläche in (13.4) eine Berechnungsformel für den Fluss erhalten.

So erhalten wir

$$\omega_{\mathbf{V}}^2(x_i)(\boldsymbol{\xi}_1, \boldsymbol{\xi}_2) = \omega_{\mathbf{V}}\big(\varphi(t_i)\big)\big(\varphi'(t_i)\boldsymbol{\tau}_1, \varphi'(t_i)\boldsymbol{\tau}_2\big) = \big(\varphi^*\omega_{\mathbf{V}}^2\big)(t_i)(\boldsymbol{\tau}_1, \boldsymbol{\tau}_2)$$

und

$$\sum_i \omega_{\mathbf{V}}^2(x_i)(\boldsymbol{\xi}_1, \boldsymbol{\xi}_2) = \sum_i \big(\varphi^*\omega_{\mathbf{V}}^2\big)(t_i)(\boldsymbol{\tau}_1, \boldsymbol{\tau}_2) \ .$$

Die Form $\varphi^*\omega_{\mathbf{V}}^2$ ist auf einem zwei-dimensionalen Intervall $I \subset \mathbb{R}^2$ definiert. Jede 2-Form in I besitzt die Gestalt $f(t)\,\mathrm{d}t^1 \wedge \mathrm{d}t^2$, wobei f eine Funktion auf I ist, die von der Form abhängt. Daher gilt

$$\varphi^*\omega_{\mathbf{V}}^2(t_i)(\boldsymbol{\tau}_1, \boldsymbol{\tau}_2) = f(t_i)\mathrm{d}t^1 \wedge \mathrm{d}t^2(\boldsymbol{\tau}_1, \boldsymbol{\tau}_2) \ .$$

Aber $\mathrm{d}t^1 \wedge \mathrm{d}t^2(\boldsymbol{\tau}_1, \boldsymbol{\tau}_2) = \tau_1^1 \cdot \tau_2^2$ ist die Fläche des Rechtecks I_i, das durch die orthogonalen Vektoren $\boldsymbol{\tau}_1$ und $\boldsymbol{\tau}_2$ aufgespannt wird.

Daher ist

$$\sum_i f(t_i)\mathrm{d}t^1 \wedge \mathrm{d}t^2(\boldsymbol{\tau}_1, \boldsymbol{\tau}_2) = \sum_i f(t_i)|I_i| \ .$$

Mit der Verfeinerung der Unterteilung gelangen wir zum Grenzwert

$$\int_I f(t)\,\mathrm{d}t^1 \wedge \mathrm{d}t^2 = \int_I f(t)\,\mathrm{d}t^1\,\mathrm{d}t^2 \ , \tag{13.5}$$

wobei die linke Seite wie in (13.3) das Integral der 2-Form $\omega^2 = f(t)\,\mathrm{d}t^1 \wedge \mathrm{d}t^2$ über die einfache orientierte Fläche I enthält und die rechte Seite das Integral der Funktion f über dem Rechteck I.

Bleibt nur noch daran zu erinnern, dass die Koordinatendarstellung $f(t)\,\mathrm{d}t^1 \wedge \mathrm{d}t^2$ der Form $\varphi^*\omega_{\mathbf{V}}^2$ aus der Koordinatendarstellung für die Form $\omega_{\mathbf{V}}^2$ durch direkte Substitution $x = \varphi(t)$ erhalten wird, wobei $\varphi : I \to G$ eine Karte der Fläche S ist.

Wenn wir diese Substitution durchführen, erhalten wir aus (13.4):

$$\mathcal{F} = \int_{S=\varphi(I)} \omega_{\mathbf{V}}^2 = \int_I \varphi^*\omega_{\mathbf{V}}^2 =$$

$$= \int_I \left(V^1\big(\varphi(t)\big) \begin{vmatrix} \frac{\partial x^2}{\partial t^1} & \frac{\partial x^3}{\partial t^1} \\ \frac{\partial x^2}{\partial t^2} & \frac{\partial x^3}{\partial t^2} \end{vmatrix} + V^2\big(\varphi(t)\big) \begin{vmatrix} \frac{\partial x^3}{\partial t^1} & \frac{\partial x^1}{\partial t^1} \\ \frac{\partial x^3}{\partial t^2} & \frac{\partial x^1}{\partial t^2} \end{vmatrix} + \right.$$

$$\left. + V^3\big(\varphi(t)\big) \begin{vmatrix} \frac{\partial x^1}{\partial t^1} & \frac{\partial x^2}{\partial t^1} \\ \frac{\partial x^1}{\partial t^2} & \frac{\partial x^2}{\partial t^2} \end{vmatrix} \right) \mathrm{d}t^1 \wedge \mathrm{d}t^2 \ .$$

Dieses letzte Integral ist, wie Gl. (13.5) zeigt, das gewöhnliche Riemann-Integral über dem Rechteck I.

Somit haben wir erhalten, dass

$$\mathcal{F} = \int\limits_{I} \begin{vmatrix} V^1\big(\varphi(t)\big) & V^2\big(\varphi(t)\big) & V^3\big(\varphi(t)\big) \\ \dfrac{\partial\varphi^1}{\partial t^1}(t) & \dfrac{\partial\varphi^2}{\partial t^1}(t) & \dfrac{\partial\varphi^3}{\partial t^1}(t) \\ \dfrac{\partial\varphi^1}{\partial t^2}(t) & \dfrac{\partial\varphi^2}{\partial t^2}(t) & \dfrac{\partial\varphi^3}{\partial t^2}(t) \end{vmatrix} \, \mathrm{d}t^1 \, \mathrm{d}t^2 \, , \qquad (13.6)$$

wobei $x = \varphi(t) = (\varphi^1, \varphi^2, \varphi^3)(t^1, t^2)$ eine Karte der Fläche S ist, die dieselbe Orientierung definiert wie das vorgegebene Feld der Normalen. Verleiht die Karte $\varphi : I \to S$ der Mannigfaltigkeit S die umgekehrte Orientierung, dann gilt Gl. (13.6) nicht im Allgemeinen. Aber wie aus den Überlegungen zu Beginn dieses Absatzes folgt, unterscheiden sich in diesem Fall die linken und die rechten Seiten nur durch das Vorzeichen.

Die abschließende Formel (13.6) ist offensichtlich nur der in den Koordinaten t^1 und t^2 ausformulierte Grenzwert der Summen der einfachen Flüsse $\Delta\mathcal{F}_i \approx (\mathbf{V}(x_i), \boldsymbol{\xi}_1, \boldsymbol{\xi}_2)$, die uns vertraut sind.

Wir haben den Fall einer Fläche betrachtet, die durch eine einzige Karte definiert wird. Im Allgemeinen kann eine glatte Fläche in glatte Teile S_i zerlegt werden, die im Wesentlichen keine Schnittmengen miteinander haben und dann können wir den Fluss durch S als die Summe der Flüsse durch die Stücke S_i bestimmen.

Beispiel 3. Angenommen, ein Medium nähere sich mit konstanter Geschwindigkeit $\mathbf{V} = (1, 0, 0)$. Wenn wir eine abgeschlossene Fläche im Gebiet des Flusses herausgreifen, dann muss die Menge an Materie im durch die Fläche beschränkten Volumen konstant bleiben, da sich die Dichte des Mediums nicht verändert. Daher muss der Gesamtfluss des Mediums durch eine derartige Fläche gleich Null sein.

Wir wollen für diesen Fall die Formel (13.6) überprüfen, indem wir die Kugelschale $x^2 + y^2 + z^2 = R^2$ als Fläche S wählen.

Bis auf eine Menge der Fläche Null, die daher vernachlässigbar ist, kann diese Fläche parametrisch folgendermaßen definiert werden:

$$x = R\cos\psi\cos\varphi \, ,$$
$$y = R\cos\psi\sin\varphi \, ,$$
$$z = R\sin\psi \, ,$$

mit $0 < \varphi < 2\pi$ und $-\pi/2 < \psi < \pi/2$.

Nachdem diese Gleichungen und die Beziehung $\mathbf{V} = (1, 0, 0)$ in (13.6) substituiert wurden, erhalten wir

$$\mathcal{F} = \int\limits_{I} \begin{vmatrix} \dfrac{\partial y}{\partial\varphi} & \dfrac{\partial z}{\partial\varphi} \\ \dfrac{\partial y}{\partial\psi} & \dfrac{\partial z}{\partial\psi} \end{vmatrix} \, \mathrm{d}\varphi \, \mathrm{d}\psi = R^2 \int\limits_{-\pi/2}^{\pi/2} \cos^2\psi \, \mathrm{d}\psi \int\limits_{0}^{2\pi} \cos\varphi \, \mathrm{d}\varphi = 0 \, .$$

Da das Integral gleich Null ist, haben wir uns noch nicht einmal darüber Gedanken gemacht, ob wir dabei den Ein- oder den Ausfluss berechneten.

Beispiel 4. Angenommen, das Geschwindigkeitsfeld eines Mediums, das sich in $\mathbb{R}^3$ bewegt, sei in den kartesischen Koordinaten x, y und z durch die Gleichung $\mathbf{V}(x,y,z) = (V^1, V^2, V^3)(x,y,z) = (x,y,z)$ definiert. Wir suchen in diesem Fall den Fluss durch die Kugelschale $x^2 + y^2 + z^2 = R^2$ in die durch sie beschränkte Kugel (d.h. in Richtung der einwärts gerichteten Normalen).

Wir nehmen die Parametrisierung der Kugelschale aus dem letzten Beispiel, führen die Substitution in der rechten Seite von (13.6) durch und erhalten so

$$\int\limits_0^{2\pi} \mathrm{d}\varphi \int\limits_{-\pi/2}^{\pi/2} \begin{vmatrix} R\cos\psi\cos\varphi & R\cos\psi\sin\varphi & R\sin\psi \\ -R\cos\psi\sin\varphi & R\cos\psi\cos\varphi & 0 \\ -R\sin\psi\cos\varphi & -R\sin\psi\sin\varphi & R\cos\psi \end{vmatrix} \mathrm{d}\psi =$$

$$= \int\limits_0^{2\pi} \mathrm{d}\varphi \int\limits_{-\pi/2}^{\pi/2} R^3 \cos\psi \, \mathrm{d}\psi = 4\pi R^3 \ .$$

Nun überprüfen wir, ob die Orientierung der Kugelschale, die durch die krummlinigen Koordinaten (φ, ψ) festgelegt wird, mit der Orientierung der einwärts gerichteten Normalen übereinstimmt. Es ist leicht nachzuweisen, dass dem nicht so ist. Daher beträgt der gesuchte Fluss $\mathcal{F} = -4\pi R^3$.

In diesem Fall ist das Ergebnis leicht überprüfbar: Der Geschwindigkeitsvektor $\mathbf{V}$ des Flusses besitzt in jedem Punkt der Schale den Betrag R, ist orthogonal zur Schale und ist auswärts gerichtet. Daher entspricht der auswärtige Fluss aus dem Inneren der Fläche der Kugelschale $4\pi R^2$ multipliziert mit R. Daher beträgt der Fluss in die entgegengesetzte Richtung $-4\pi R^3$.

13.1.2 Definition des Integrals einer Form über einer orientierten Mannigfaltigkeit

Die Lösungen der in Absatz 13.1.1 betrachteten Beispiele führen uns zur Definition des Integrals einer k-Form über einer k-dimensionalen Mannigfaltigkeit.

Sei zunächst S eine glatte k-dimensionale Mannigfaltigkeit in $\mathbb{R}^n$, die durch eine Standardkarte $\varphi: I \to S$ definiert ist. Angenommen, eine k-Form ω sei auf S definiert. Das Integral der Form ω über der parametrisierten Mannigfaltigkeit $\varphi: I \to S$ wird dann wie folgt konstruiert:

Wir beginnen mit einer Unterteilung P des k-dimensionalen Standardintervalls $I \subset \mathbb{R}^n$, die durch Unterteilung seiner Projektionen auf die Koordinatenachsen (abgeschlossene Intervalle) induziert wird. In jedem Intervall I_i der Unterteilung P greifen wir den Knoten t_i mit dem kleinsten Koordinatenwert heraus und heften die k Vektoren $\boldsymbol{\tau}_1, \ldots, \boldsymbol{\tau}_k$ daran an, die von t_i aus entlang der Richtung der Koordinatenachsen zu den k nächsten Ecken von I_i (vgl. Abb. 13.2) verlaufen. Nun bestimmen wir die Vektoren

$\boldsymbol{\xi}_1 = \varphi'(t_i)\boldsymbol{\tau}_1, \ldots, \boldsymbol{\xi}_k = \varphi'(t_i)\boldsymbol{\tau}_k$ des Tangentialraums $TS_{x_i=\varphi(t_i)}$, berechnen $\omega(x_i)(\boldsymbol{\xi}_1, \ldots, \boldsymbol{\xi}_k) =: (\varphi^*\omega)(t_i)(\boldsymbol{\tau}_1, \ldots, \boldsymbol{\tau}_k)$ und bilden die Riemannsche Summe $\sum_i \omega(x_i)(\boldsymbol{\xi}_1, \ldots, \boldsymbol{\xi}_k)$. Schließlich gehen wir zum Grenzwert über, wenn die Maschenweite $\lambda(P)$ der Unterteilung gegen Null strebt.

Dies führt uns zu folgender Definition:

Definition 1. (Integral einer k-Form ω über einer gegebenen Karte $\varphi : I \to S$ einer glatten k-dimensionalen Mannigfaltigkeit.)

$$\int_S \omega := \lim_{\lambda(P) \to 0} \sum_i \omega(x_i)(\boldsymbol{\xi}_1, \ldots, \boldsymbol{\xi}_k) = \lim_{\lambda(P) \to 0} \sum_i (\varphi^*\omega)(t_i)(\boldsymbol{\tau}_1, \ldots, \boldsymbol{\tau}_k) \,.$$

$$(13.7)$$

Wenn wir diese Definition in I auf die k-Form $f(t)\mathrm{d}t^1 \wedge \cdots \wedge \mathrm{d}t^k$ anwenden (falls φ die Identitätsabbildung ist), dann erhalten wir offensichtlich, dass

$$\int_I f(t)\mathrm{d}t^1 \wedge \cdots \wedge \mathrm{d}t^k = \int_I f(t) \, \mathrm{d}t^1 \cdots \mathrm{d}t^k \,. \qquad (13.8)$$

Somit folgt aus (13.7), dass

$$\int_{S=\varphi(I)} \omega = \int_I \varphi^*\omega \,, \qquad (13.9)$$

und das letzte Integral lässt sich, wie Gl. (13.8) zeigt, auf das gewöhnliche Mehrfachintegral über dem Intervall I der Funktion f, die der Form $\varphi^*\omega$ entspricht, zurückführen.

Wir haben die wichtigen Gleichungen (13.8) und (13.9) aus Definition 1 erhalten, wir hätten sie aber auch als ursprüngliche Definitionen wählen können. Ist D insbesondere ein beliebiges Gebiet in $\mathbb{R}^n$ (nicht notwendigerweise ein Intervall), dann setzen wir, um nicht die Summationsprozedur zu wiederholen,

$$\int_D f(t) \, \mathrm{d}t^1 \wedge \cdots \wedge \mathrm{d}t^k := \int_D f(t) \, \mathrm{d}t^1 \cdots \mathrm{d}t^k \qquad (13.8')$$

und für eine glatte Mannigfaltigkeit, die durch $\varphi : D \to S$ beschrieben wird, mit einer k-Form ω setzen wir:

$$\int_{S=\varphi(D)} \omega := \int_D \varphi^*\omega \,. \qquad (13.9')$$

Ist S eine beliebige stückweise glatte k-dimensionale Mannigfaltigkeit und ω eine auf den glatten Stücken von S definierte k-Form, dann setzen wir

$$\int_S \omega := \sum_i \int_{S_i} \omega \,, \qquad (13.10)$$

wobei wir S als Vereinigung $\bigcup_i S_i$ von glatten parametrisierten Mannigfaltig-keiten formulieren, deren Schnittmengen nur kleinere Dimensionen besitzen.

In Abwesenheit eines wichtigen physikalischen Problems oder eines anderen Problems, das mit Hilfe von (13.10) gelöst werden kann, wirft eine derartige Definition die Frage auf, ob die Größe des Integrals der Unterteilungen $\bigcup_i S_i$ von der Wahl der Parametrisierung seiner Teilstücke unabhängig ist.

Wir wollen zeigen, dass diese Definition nicht mehrdeutig ist.

Beweis. Wir beginnen mit der Betrachtung des einfachsten Falles, in dem S ein Gebiet D_x in $\mathbb{R}^k$ ist und $\varphi : D_t \to D_x$ ein Diffeomorphismus eines Gebiets $D_t \subset \mathbb{R}^k$ auf D_x. In $D_x = S$ besitzt die k-Form ω die Gestalt $f(x)\,\mathrm{d}x^1 \wedge \cdots \wedge \mathrm{d}x^k$. Dann folgt auf der einen Seite aus (13.8), dass

$$\int\limits_{D_x} f(x)\,\mathrm{d}x^1 \wedge \cdots \wedge \mathrm{d}x^k = \int\limits_{D_x} f(x)\,\mathrm{d}x^1 \cdots dx^k \ .$$

Auf der anderen Seite folgt aus (13.9′) und (13.8′), dass

$$\int\limits_{D_x} \omega := \int\limits_{D_t} \varphi^*\omega = \int\limits_{D_t} f\big(\varphi(t)\big) \det \varphi'(t)\,\mathrm{d}t^1 \cdots \mathrm{d}t^{k'} \ .$$

Ist aber $\det \varphi'(t) > 0$ in D_t, dann gilt nach dem Satz zur Substitution in einem Mehrfachintegral, dass

$$\int\limits_{D_x = \varphi(D_t)} f(x)\,\mathrm{d}x^1 \cdots \mathrm{d}x^k = \int\limits_{D_t} f\big(\varphi(t)\big) \det \varphi'(t)\,\mathrm{d}t^1 \cdots \mathrm{d}t^k \ .$$

Daher haben wir unter der Annahme, dass es Koordinaten $x^1, \dots, x^k$ in $S = D_x$ und krummlinige Koordinaten $t^1, \dots, t^k$ derselben Orientierungsklasse gibt, gezeigt, dass der Wert des Integrals gleich ist und zwar unabhängig davon, welche der beiden Koordinatensysteme benutzt wird.

Hätten die krummlinigen Koordinaten $t^1, \dots, t^k$ entgegengesetzte Orientierungen auf S definiert, d.h. $\det \varphi'(t) < 0$, dann hätten die rechte und die linke Seite der letzten Gleichung entgegengesetzte Vorzeichen. Daher können wir sagen, dass das Integral nur für den Fall einer orientierten Integrationsfläche wohl definiert ist.

Nun seien $\varphi_x : D_x \to S$ und $\varphi_t : D_t \to S$ zwei Parametrisierungen derselben glatten k-dimensionalen Mannigfaltigkeit S und sei ω eine k-Form auf S. Wir wollen die Integrale

$$\int\limits_{D_x} \varphi_x^*\omega \quad \text{und} \quad \int\limits_{D_t} \varphi_t^*\omega \tag{13.11}$$

miteinander vergleichen. Da $\varphi_t = \varphi_x \circ \big(\varphi_x^{-1} \circ \varphi_t\big) = \varphi_x \circ \varphi$, wobei $\varphi = \varphi_x^{-1} \circ \varphi_t : D_t \to D_x$ ein Diffeomorphismus von D_t auf D_x ist, folgt, dass

$\varphi_t^* \omega = \varphi^*(\varphi_x^* \omega)$ (vgl. (12.30) in Abschnitt 12.5). Daher können wir die Form $\varphi_t^* \omega$ in D_t durch die Substitution $x = \varphi(t)$ zu $\varphi_x^* \omega$ umformen. Wir haben aber gerade gezeigt, dass in diesem Fall die Integrale (13.11) gleich sind, falls $\det \varphi'(t) > 0$, und sie sich nur im Vorzeichen unterscheiden, falls $\det \varphi'(t) < 0$.

Somit haben wir gezeigt, dass die Integrale (13.11) gleich sind, wenn $\varphi_t : D_t \to S$ und $\varphi_x : D_x \to S$ Parametrisierungen derselben Orientierungsklasse der Mannigfaltigkeit S sind. Damit haben wir nachgewiesen, dass das Integral von der Wahl der krummlinigen Koordinaten auf der Mannigfaltigkeit S unabhängig ist.

Die Tatsache, dass das Integral (13.10) über einer orientierten stückweise glatte Mannigfaltigkeit S von der Art der Unterteilung $\bigcup_i S_i$ in glatte Stücke unabhängig ist, folgt aus der Additivität des gewöhnlichen Mehrfachintegrals (es genügt dazu, eine feinere Unterteilung zu betrachten, die wir durch Kombination zweier Unterteilungen erhalten und dann nachzuweisen, dass der Wert des Integrals mit der feineren Unterteilung dem Wert jeder der beiden Ausgangsunterteilungen entspricht). □

Aufbauend auf diesen Betrachtungen macht es nun Sinn, die folgende Kette formaler Definitionen zur Konstruktion des in Definition 1 vorgestellten Integrals einer Form anzuführen.

Definition 1′ (Integral einer Form über einer orientierten Mannigfaltigkeit $S \subset \mathbb{R}^n$.)

a) Ist die Form $f(x)\mathrm{d}x^1 \wedge \cdots \wedge \mathrm{d}x^k$ in einem Gebiet $D \subset \mathbb{R}^k$ definiert, dann gilt

$$\int_D f(x)\,\mathrm{d}x^1 \wedge \cdots \wedge \mathrm{d}x^k := \int_D f(x)\,\mathrm{d}x^1 \cdots \mathrm{d}x^k \ .$$

b) Ist $S \subset \mathbb{R}^n$ eine glatte k-dimensionale orientierte Mannigfaltigkeit, $\varphi : D \to S$ ein Parametrisierung und ω eine k-Form auf S, dann gilt

$$\int_S \omega := \pm \int_D \varphi^* \omega \ ,$$

wobei das $+$ Zeichen gilt, wenn die Parametrisierung φ mit der vorgegebenen Orientierung von S verträglich ist; ansonsten gilt das $-$ Zeichen.

c) Ist S eine stückweise glatte k-dimensionale orientierte Mannigfaltigkeit in $\mathbb{R}^n$ und ω eine k-Form auf S (dort definiert, wo S eine Tangentialebene besitzt), dann gilt

$$\int_S \omega := \sum_i \int_{S_i} \omega \ ,$$

wobei $S_1, \ldots, S_m, \ldots$ eine Zerlegung von S in glatte parametrisierbare k-dimensionale Stücke ist, die sich höchstens in stückweise glatten Mannigfaltigkeiten mit kleineren Dimensionen schneiden.

Wir erkennen insbesondere, dass eine Veränderung der Orientierung einer Mannigfaltigkeit zu einem Vorzeichenwechsel des Integrals führt.

13.1.3 Übungen und Aufgaben

1. a) Seien x, y kartesische Koordinaten auf der Ebene $\mathbb{R}^2$. Bestimmen Sie das Vektorfeld, dessen Arbeitsform $\omega = -\frac{y}{x^2+y^2}\,dx + \frac{x}{x^2+y^2}\,dy$ lautet.

   b) Bestimmen Sie das Integral der Form ω in a) entlang der folgenden Wege γ_i:

$$[0,\pi] \ni t \xrightarrow{\gamma_1} (\cos t, \sin t) \in \mathbb{R}^2 \ ; \quad [0,\pi] \ni t \xrightarrow{\gamma_2} (\cos t, -\sin t) \in \mathbb{R}^2 \ ;$$

γ_3 besteht aus einer Bewegung entlang den abgeschlossenen Intervallen, die die Punkte $(1,0)$, $(1,1)$, $(-1,1)$, $(-1,0)$ in dieser Anordnung verbinden; γ_4 besteht aus einer Bewegung entlang den abgeschlossenen Intervallen, die die Punkte $(1,0)$, $(1,-1)$, $(-1,-1)$, $(-1,0)$ in dieser Anordnung verbinden.

2. Sei f eine glatte Funktion im Gebiet $D \subset \mathbb{R}^n$ und γ ein glatter Weg in D mit dem Anfangspunkt $p_0 \in D$ und dem Endpunkt $p_1 \in D$. Bestimmen Sie das Integral der Form $\omega = df$ über γ.

3. a) Bestimmen Sie das Integral der Form $\omega = dy \wedge dz + dz \wedge dx$ über dem Rand des Einheitswürfels in $\mathbb{R}^3$, der durch eine auswärts gerichtete Normale orientiert ist.

   b) Formulieren Sie ein Geschwindigkeitsfeld, zu dem die Form ω in a) die Flussform ist.

4. a) Seien x, y, z kartesische Koordinaten in $\mathbb{R}^n$. Bestimmen Sie ein Geschwindigkeitsfeld, für das die Flussform wie folgt lautet:

$$\omega = \frac{x\,dy \wedge dz + y\,dz \wedge dx + z\,dx \wedge dy}{(x^2 + y^2 + z^2)^{3/2}} \ .$$

   b) Bestimmen Sie das Integral der Form ω in a) über der durch eine auswärts gerichteten Normalen orientierten Kugelschale $x^2 + y^2 + z^2 = R^2$.

   c) Zeigen Sie, dass der Fluss des Feldes $\frac{(x,y,z)}{(x^2+y^2+z^2)^{3/2}}$ durch die Schale $(x-2)^2 + y^2 + z^2 = 1$ gleich Null ist.

   d) Beweisen Sie, dass der Fluss des Feldes in c) durch den Torus, dessen parametrische Gleichungen in Beispiel 4 in Abschnitt 12.1 gegeben sind, auch gleich Null ist.

5. Es ist bekannt, dass der Druck P, das Volumen V und die Temperatur T einer vorgegebenen Substanzmenge durch eine Gleichung $f(P,V,T) = 0$ gekoppelt sind, die in der Thermodynamik *Zustandsgleichung* genannt wird. So entspricht beispielsweise für ein Mol eines idealen Gases die Zustandsgleichung dem Gesetz von Clapeyron $\frac{PV}{T} - R = 0$, wobei R die allgemeine Gaskonstante ist.

Da P, V, T durch die Zustandsgleichung gekoppelt sind, lässt sich bei Kenntnis zweier Größen die verbleibende dritte theoretisch bestimmen. Daher kann der Zustand jedes Systems z.B. durch Punkte (V, P) der Ebene $\mathbb{R}^2$ mit den Koordinaten V und P charakterisiert werden. Dann entspricht die Zustandsänderung des Systems als Funktion der Zeit einem Weg γ in dieser Ebene.

Angenommen, ein Gas befinde sich in einem Zylinder, in dem sich ein Kolben reibungslos bewegen kann. Durch Veränderung der Lage des Kolbens können wir durch Verrichten von mechanischer Arbeit den Zustand des durch den Kolben und der Zylindergrenzen eingeschlossenen Gases verändern. Umgekehrt können wir durch die Zustandsänderung des Gases (z.B. durch Erhitzen), das Gas zu mechanischer Arbeit zwingen (z.B. dazu, durch Ausdehnung ein Gewicht zu heben). In dieser Aufgabe wie auch in den Aufgaben 6, 7 und 8 unten nehmen wir an, dass alle Vorgänge so langsam stattfinden, dass die Temperatur und der Druck zu jedem Zeitpunkt ihre Gleichgewichtswerte annehmen können. Daher erfüllt das System zu jedem Zeitpunkt die Zustandsgleichung. Dies sind sogenannte *quasi-stationäre Prozesse*.

a) Sei γ ein Weg in der VP-Ebene entsprechend einem quasi-stationären Übergang des durch den Kolben und die Zylinderwände eingeschlossenen Gases aus dem Zustand V_0, P_0 zu V_1, P_1. Zeigen Sie, dass die Größe A der auf diesem Weg verrichteten mechanischen Arbeit durch das Linienintegral $A = \int_\gamma P\,dV$ definiert wird.

b) Bestimmen Sie die mechanische Arbeit, die ein Mol eines idealen Gases beim Übergang vom Zustand V_0, P_0 zum Zustand V_1, P_1 entlang jedem der folgenden Wege (Abb. 13.3) verrichtet: γ_{OLI}, entlang der Isobaren OL ($P = P_0$) gefolgt von der Isochoren LI ($V = V_1$); γ_{OKI}, entlang der Isochoren OK ($V = V_0$) gefolgt von der Isobaren KI ($P = P_1$); γ_{OI}, entlang der Isothermen $T = $ konst. (unter der Annahme, dass $P_0V_0 = P_1V_1$).

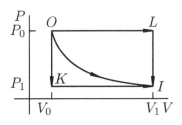

Abb. 13.3.

c) Zeigen Sie, dass die in a) erhaltene Formel für die mechanische Arbeit, die ein Gas verrichtet, das zwischen Kolben und Zylinderwänden eingeschlossen ist, tatsächlich allgemein gilt, d.h., sie bleibt auch für die Arbeit eines Gases gültig, das von einem beliebigen verformbaren Gefäß eingeschlossen wird.

6. Die Wärmemenge, die ein System in einem Prozess bei seiner Zustandsänderung wie etwa der durch das System verrichteten mechanischen Arbeit (vgl. Aufgabe 5) benötigt, hängt nicht nur vom Anfangs- und vom Endzustand des Systems ab, sondern auch vom Übergangsweg. Eine wichtige Eigenschaft einer Substanz und dem durch sie (oder an ihr) verrichteten thermodynamischen Prozess ist ihre *Wärmekapazität*. Sie entspricht dem Verhältnis der durch die Substanz benötigten Wärme und der dadurch bewirkten Temperaturänderung. Eine genaue Definition der Wärmekapazität kann wie folgt gegeben werden: Sei $\mathbf{x}$ ein Punkt in der Zustandsebene F (mit den Koordinaten V, P oder V, T oder P, T) und $\mathbf{e} \in TF_x$ ein Vektor, der die

Verschiebungsrichtung aus dem Punkt $\mathbf{x}$ angibt. Sei t ein kleiner Parameter. Wir betrachten die Verschiebung vom Zustand $\mathbf{x}$ zum Zustand $\mathbf{x} + t\mathbf{e}$ entlang der abgeschlossenen Mannigfaltigkeit in der Ebene F, deren Endpunkte diese Zustände sind. Sei $\Delta Q(\mathbf{x}, t\mathbf{e})$ die notwendige Wärme, die die Substanz für diesen Prozess benötigt, und $\Delta T(\mathbf{x}, t\mathbf{e})$ die Temperaturänderung der Substanz.

Die *Wärmekapazität* $C = C(\mathbf{x}, \mathbf{e})$ der Substanz (oder des Systems) für den Zustand $\mathbf{x}$ und die Verschiebungsrichtung $\mathbf{e}$ aus diesem Zustand beträgt

$$C(\mathbf{x}, t\mathbf{e}) = \lim_{t \to 0} \frac{\Delta Q(\mathbf{x}, t\mathbf{e})}{\Delta T(\mathbf{x}, t\mathbf{e})} \ .$$

Ist das System insbesondere thermisch isoliert, dann findet die Veränderung ohne Wärmeaustausch mit der Umgebung statt. Dies ist ein sogenannter *adiabatischer Prozess*. Die zu einem derartigen Prozess gehörige Kurve in der Zustandsebene F wird *Adiabate* genannt. Daher entspricht die Wärmekapazität Null der Verschiebung aus einem vorgegebenen Zustand $\mathbf{x}$ des Systems entlang einer Adiabate.

Unendliche Wärmekapazität entspricht einer Verschiebung entlang einer Isothermen $T =$ konst..

Die Wärmekapazitäten bei konstantem Volumen $C_V = C(\mathbf{x}, \mathbf{e}_V)$ und bei konstantem Druck $C_P = C(\mathbf{x}, \mathbf{e}_P)$, die Verschiebungen entlang einer Isochoren $V =$ konst. bzw. einer Isobaren $P =$ konst. entsprechen, werden besonders oft benutzt. Experimente zeigen, dass für einen ziemlich breiten Zustandsbereich einer vorgegebenen Substanz sowohl C_V als auch C_P als praktisch konstant angesehen werden können. Die einem Mol einer vorgegebenen Substanz entsprechende Wärmekapazität wird üblicherweise *molare Wärmekapazität* genannt und meist (zur Unterscheidung) durch große, anstatt von kleinen, Buchstaben gekennzeichnet. Wir nehmen an, dass wir mit einem Mol einer Substanz arbeiten.

Das Energieerhaltungsgesetz $\Delta Q = \Delta U + \Delta A$ stellt den Zusammenhang zwischen der Wärme ΔQ, die von der Substanz beim Prozess benötigt wird, der Änderung ihrer inneren Energie ΔU und der verrichteten mechanischen Arbeit ΔA her. Daher können wir die für eine kleine Verschiebung $t\mathbf{e}$ aus dem Zustand $\mathbf{x} \in F$ benötigte Wärme als Wert der Form $\delta Q := dU + P\, dV$ im Punkt $\mathbf{x}$ auf dem Vektor $t\mathbf{e} \in TF_x$ (s. Beispiel 5c für die Formel PdV für die Arbeit) bestimmen. Wenn wir T und V als die Zustandskoordinaten betrachten und den Verschiebungsparameter (in nicht isothermer Richtung) als T, dann können wir schreiben:

$$C = \lim_{t \to 0} \frac{\Delta Q}{\Delta T} = \frac{\partial U}{\partial T} + \frac{\partial U}{\partial V} \cdot \frac{dV}{dT} + P\frac{dV}{dT} \ .$$

Die Ableitung $\frac{dV}{dT}$ bestimmt die Verschiebungsrichtung aus dem Zustand $\mathbf{x} \in F$ in der Zustandsebene mit den Koordinaten T und V. Ist insbesondere $\frac{dV}{dT} = 0$, dann erfolgt die Verschiebung in Richtung der Isochoren $V =$ konst. und wir erhalten $C_V = \frac{\partial U}{\partial T}$. Ist $P =$ konst., dann gilt $\frac{dV}{dT} = \left(\frac{\partial V}{\partial T}\right)_{P=\text{konst.}}$. (Im Allgemeinfall mit $V = V(P, T)$ wird die Zustandsgleichung $f(P, V, T) = 0$ nach V aufgelöst). Daher ist

$$C_P = \left(\frac{\partial U}{\partial T}\right)_V + \left(\left(\frac{\partial U}{\partial V}\right)_T + P\right)\left(\frac{\partial V}{\partial T}\right)_P \ ,$$

wobei die unteren Indizes P, V und T auf der rechten Seite den Parameterzustand andeuten, der bei der Bildung der partiellen Ableitungen unverändert bleibt. Wenn wir die sich ergebenden Ausdrücke für C_V und C_P vergleichen, können wir erkennen, dass

$$C_P - C_V = \left(\left(\frac{\partial U}{\partial V} \right)_T + P \right) \left(\frac{\partial V}{\partial T} \right)_P .$$

Durch Experimente an Gasen (die Joule[1]–Thomson Experimente) wurde sichergestellt und dann im idealen Gasmodell postuliert, dass die innere Energie nur von der Temperatur abhängt, d.h. $\left(\frac{\partial U}{\partial V} \right)_T = 0$. Daher ist für ein ideales Gas $C_P - C_V = P \left(\frac{\partial V}{\partial T} \right)_P$. Wenn wir die Gleichung $PV = RT$ für ein Mol idealen Gases berücksichtigen, erhalten wir die Gleichung $C_P - C_V = R$, die als *Mayersche*[2] *Gleichung* in der Thermodynamik bekannt ist.

Da die innere Energie eines Mols Gas nur von der Temperatur abhängt, können wir die Form δQ wie folgt schreiben:

$$\delta Q = \frac{\partial U}{\partial T} \, \mathrm{d}T + P \, \mathrm{d}V = C_V \, \mathrm{d}T + P \, \mathrm{d}V .$$

Um die Wärmemenge zu berechnen, die von einem Mol Gas benötigt wird, wenn sich sein Zustand entlang des Weges γ verändert, muss folglich das Integral der Form $C_V \mathrm{d}T + P \mathrm{d}V$ über γ berechnet werden. Manchmal ist es sinnvoll, diese Form durch die Variablen V und P auszudrücken. Mit der Zustandsgleichung $PV = RT$ und der Gleichung $C_P - C_V = R$ erhalten wir

$$\delta Q = C_P \frac{P}{R} \, \mathrm{d}V + C_V \frac{V}{R} \, \mathrm{d}P .$$

a) Bestimmen Sie die Formel für die Wärmemenge Q, die für ein Mol Gas bei einer Zustandsänderung entlang des Weges γ in der Zustandsebene F benötigt wird.

b) Angenommen, die Größen C_P und C_V seien konstant. Bestimmen Sie die Wärmemenge Q zu den Wegen γ_{OLI}, γ_{OKI} und γ_{OI} in Aufgabe 5b).

c) Bestimmen Sie (nach Poisson) die *Gleichung der Adiabate*, die in der Zustandsebene F durch den Punkt (V_0, P_0) zu den Koordinaten V und P verläuft. (Poisson stellte fest, dass auf einer Adiabate $PV^{C_P/C_V} = \text{konst.}$. Das Verhältnis C_P/C_V ist die *adiabatische Konstante* des Gases. Für Luft ist $C_P/C_V \approx 1{,}4$.) Berechnen Sie nun die nötige Arbeit, um ein thermisch isoliertes Mol Luft im Zustand (V_0, P_0) auf das Volumen $V_1 = \frac{1}{2} V_0$ zu komprimieren.

7. Wir wiederholen, dass ein *Carnot*[3] *Kreisprozess* für die Zustandsänderung einer Wärmekraftmaschine (z.B. das Gas vor dem Kolben in einem Zylinder) in etwa wie folgt aussieht (vgl. Abb. 13.4). Sie besteht aus zwei Wärmebehältern, einem wärmeren und einem kälteren (z.B. einem Dampfkessel und der Atmosphäre), die

---

[1] G.P. Joule (1818–1889) – britischer Physiker, der das Gesetz der Wärmewirkung eines Stromes entdeckte und unabhängig von Mayer das mechanische Wärmeäquivalent bestimmte.

[2] J.P. Mayer (1814–1878) – deutscher Gelehrter und autodidaktischer Physiker. Er formulierte das Gesetz zur Erhaltung und Umwandlung von Energie und entdeckte das mechanische Wärmeäquivalent.

[3] N.L.S. Carnot (1796–1832) – französischer Ingenieur, einer der Begründer der Thermodynamik.

bei konstanter Temperatur T_1 bzw. T_2 gehalten werden ($T_1 > T_2$). Die arbeitende
Masse (Gas) der Wärmekraftmaschine im Zustand 1 mit der Temperatur T_1 dehnt
sich quasi-stationär entlang einer Isothermen aus und bewegt sich in den Zustand 2.
Dabei verrichtet das Gas gegen einen äußeren Druck mechanische Arbeit A_{12}, wobei
es eine Wärmemenge Q_1 aus dem wärmeren Behälter aufnimmt. In Zustand 2 wird
das Gas thermisch isoliert und so lange quasi-stationär ausgedehnt, bis seine Temperatur den Wert T_2, die Temperatur des Kühlers, annimmt. Dabei verrichtet die
Maschine gegen den äußeren Druck ebenfalls Arbeit A_{23}. In Zustand 3 wird das Gas
in Verbindung mit dem Kühler gebracht und isothermisch in den Zustand 4 kom-
primiert, indem der Druck erhöht wird. Dabei wird am Gas Arbeit geleistet (das
Gas selbst leistet negative Arbeit A_{34}). Dabei gibt das Gas eine gewisse Wärmemenge Q_2 an den Kühler ab. Zustand 4 wird so gewählt, dass wir von ihm durch
eine quasi-stationäre Komprimierung entlang einer Adiabate zu Zustand 1 gelangen.
Somit wird das Gas wieder in Zustand 1 zurückgebracht. Bei diesem letzten Prozess
muss am Gas Arbeit geleistet werden (und das Gas leistet negative Arbeit A_{41}).
Als Ergebnis dieses Kreisprozesses (ein Carnot Kreisprozess) ändert sich die innere
Energie des Gases (der arbeitende Teil der Maschine) offensichtlich nicht (da wir ja
wieder zum Ausgangszustand zurückkehren). Daher beträgt die von der Maschine
verrichtete Arbeit $A = A_{12} + A_{23} + A_{34} + A_{41} = Q_1 - Q_2$.

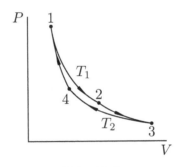

Abb. 13.4.

Die Wärme Q_1, die dem warmen Behälter entnommen wird, wird nur teilweise in
Arbeit A umgesetzt. Es ist natürlich, das Verhältnis $\eta = \frac{A}{Q_1} = \frac{Q_1 - Q_2}{Q_1}$ die *Effektivität*
der betrachteten Wärmekraftmaschine zu nennen.

a) Zeigen Sie mit Hilfe der in a) und c) in Aufgabe 6 erhaltenen Ergebnisse, dass
   für einen Carnot Kreisprozess die Gleichung $\frac{Q_1}{T_1} = \frac{Q_2}{T_2}$ gilt.
b) Beweisen Sie den folgen Satz, den ersten von zwei berühmten Hauptsätzen
   von Carnot: *Die Effektivität einer Wärmekraftmaschine entlang eines Carnot
   Kreisprozesses hängt nur von den Temperaturen T_1 und T_2 der beiden Wärme-
   behälter ab.* (Sie ist unabhängig von der Gestalt der Maschine und der Art des
   arbeitenden Fluids.)

8. Sei γ ein abgeschlossener Weg in der Zustandsebene F des arbeitenden Fluids einer beliebigen Wärmekraftmaschine (vgl. Aufgabe 7) entsprechend einem geschlossenen Kreisprozess. Die Wärmemenge, die das arbeitende Fluid (z.B. ein Gas) mit

dem umgebenden Medium austauscht und die Temperatur bei der der Wärmeaustausch stattfindet, sind durch die *Ungleichung von Clausius* $\int_{\gamma} \frac{\delta Q}{T} \leq 0$ miteinander gekoppelt. Hierbei ist δQ die in Aufgabe 6 angesprochene Form für den Wärmeaustausch.

a) Zeigen Sie, dass für einen Carnot Kreisprozess (vgl. Aufgabe 7) die Ungleichung von Clausius zur Gleichung wird.

b) Zeigen Sie, dass dann, wenn der Arbeitsprozess γ umgekehrt ablaufen kann, die Ungleichung von Clausius zur Gleichung wird.

c) Seien γ_1 und γ_2 die Teile des Weges γ auf denen das arbeitende Fluid einer Wärmekraftmaschine Wärme von der Umgebung aufnimmt bzw. an sie abgibt. Sei T_1 die Maximaltemperatur des arbeitenden Fluids auf γ_1 und T_2 seine Minimaltemperatur auf γ_2. Schließlich sei Q_1 die auf γ_1 aufgenommene Wärme und Q_2 die auf γ_2 abgegebene Wärme. Zeigen Sie mit Hilfe der Ungleichung von Clausius, dass $\frac{Q_2}{Q_1} \leq \frac{T_2}{T_1}$.

d) Beweisen Sie die Abschätzung $\eta \leq \frac{T_1 - T_2}{T_1}$ für die Effektivität jeder Wärmekraftmaschine (vgl. Aufgabe 7). Dies ist der *zweite Hauptsatz von Carnot*. (Schätzen Sie unabhängig davon die Effektivität einer Dampfmaschine ab, in der die Maximaltemperatur des Dampfes bei $150°C$ liegt, d.h. $T_1 = 423\,\mathrm{K}$, während die Temperatur des Kühlers – die umgebende Luft – bei $20°C$, d.h. $T_2 = 293\,\mathrm{K}$, liegt.)

e) Vergleichen Sie die Ergebnisse aus Aufgabe 7b) und Aufgabe 8d) und zeigen Sie, dass eine Wärmekraftmaschine in einem Carnot Kreisprozess bei vorgegebenen Temperaturen T_1 und T_2 die maximal mögliche Effektivität besitzt.

9. Die Differentialgleichung $\frac{\mathrm{d}y}{\mathrm{d}x} = \frac{f(x)}{g(y)}$ besitzt separierbare Variablen. Sie wird üblicherweise in der Gestalt $g(y)\,\mathrm{d}y = f(x)\,\mathrm{d}x$ geschrieben, in der „die Variablen separiert" sind und dann dadurch „gelöst", dass die Stammfunktionen $\int g(y)\,\mathrm{d}y = \int f(x)\,\mathrm{d}x$ gleichgesetzt werden. Geben Sie aufbauend auf Ihren Kenntnissen über Differentialformen eine ausführliche mathematische Erklärung für diesen Algorithmus.

13.2 Das Volumenelement. Integrale der ersten und zweiten Art

13.2.1 Die Masse einer dünnen Schicht

Sei S eine dünne Schicht im euklidischen Raum $\mathbb{R}^n$. Angenommen, wir kennen die Dichte $\rho(x)$ (pro Einheitsfläche) der Massenverteilung auf S. Wie lässt sich die Gesamtmasse von S bestimmen?

Um diese Frage zu beantworten, gilt es zunächst zu berücksichtigen, dass die Flächendichte $\rho(x)$ der Grenzwert des Verhältnisses Δm der Masse auf einem Teil der Oberfläche in einer Umgebung von x zur Fläche $\Delta\sigma$ dieses Flächenteils ist, wenn die Umgebung auf den Punkt x verkleinert wird.

Indem wir S in kleine Stücke S_i zerteilen und annehmen, dass ρ auf S stetig ist, können wir, wenn wir die Änderung von ρ innerhalb eines kleinen Stücks vernachlässigen, die Masse von S_i durch die Abschätzung

$$\Delta m_i \approx \rho(x_i)\,\Delta\sigma_i$$

bestimmen, wobei $\Delta\sigma_i$ die Fläche der Oberfläche S_i ist und $x_i \in S_i$ gilt.

Wenn wir diese Näherungsgleichungen aufsummieren und durch Verfeinerung der Unterteilung zum Grenzwert übergehen, erhalten wir

$$m = \int\limits_{S} \rho\,\mathrm{d}\sigma\,. \tag{13.12}$$

Das Integrationssymbol über der Oberfläche S verlangt offensichtlich nach einer Klarstellung, um daraus Berechnungsformeln ableiten zu können.

Wir halten fest, dass die Problemstellung selbst zeigt, dass die linke Seite von (13.12) von der Orientierung von S unabhängig ist, so dass das Integral auf der rechten Seite dieselbe Eigenschaft besitzen muss. Auf den ersten Blick scheint dies im Widerspruch mit dem Konzept eines Integrals über einer Oberfläche zu stehen, das wir ausführlich in Abschnitt 13.1 untersucht haben. Die Antwort auf die sich nun aufdrängende Frage ist in der Definition des Flächenelements $\mathrm{d}\sigma$ verborgen, das wir nun weiter untersuchen werden.

13.2.2 Die Fläche einer Oberfläche als das Integral einer Form

Wenn wir Definition 1 in Abschnitt 13.1 für das Integral einer Form mit der Konstruktion vergleichen, die uns zur Definition der Fläche einer Mannigfaltigkeit (Abschnitt 12.4) geführt hat, können wir erkennen, dass die Fläche einer glatten k-dimensionalen Mannigfaltigkeit, die in den euklidischen Raum $\mathbb{R}^n$ eingebettet ist und durch $\varphi : D \to S$ parametrisiert wird, dem Integral der Form Ω entspricht, das wir übergangsweise als das Volumenelement auf der Mannigfaltigkeit S bezeichnen werden. Aus Gleichung (12.10) in Abschnitt 12.4 folgt, dass Ω (genauer gesagt $\varphi^*\Omega$) in den krummlinigen Koordinaten $\varphi : D \to S$ (d.h. beim Übergang zum Gebiet D) die Gestalt

$$\omega = \sqrt{\det(g_{ij})}(t)\,\mathrm{d}t^1 \wedge \cdots \wedge \mathrm{d}t^k \tag{13.13}$$

annimmt. Hierbei ist $g_{ij}(t) = \left\langle \frac{\partial\varphi}{\partial t^i}, \frac{\partial\varphi}{\partial t^j} \right\rangle$, $i,j = 1, \ldots, k$.

Um die Fläche von S über einem Gebiet $\widetilde{D}$ in einer weiteren Parametrisierung $\widetilde{\varphi} : \widetilde{D} \to S$ zu berechnen, muss entsprechend die Form

$$\widetilde{\omega} = \sqrt{\det(\tilde{g}_{ij})}(\tilde{t})\,\mathrm{d}\tilde{t}^1 \wedge \cdots \wedge \mathrm{d}\tilde{t}^k \tag{13.14}$$

integriert werden, mit $\tilde{g}_{ij}(\tilde{t}) = \left\langle \frac{\partial\widetilde{\varphi}}{\partial t^i}, \frac{\partial\widetilde{\varphi}}{\partial t^j} \right\rangle$, $i,j = 1, \ldots, k$.

Wir bezeichnen mit ψ den Diffeomorphismus $\varphi^{-1} \circ \widetilde{\varphi} : \widetilde{D} \to D$, mit dem der Übergang von $\tilde{t}$-Koordinaten zu t-Koordinaten auf S ausgeführt wird. Früher haben wir berechnet (vgl. Anmerkung 5 in Abschnitt 12.4), dass

$$\sqrt{\det(\tilde{g}_{ij})}(\tilde{t}) = \sqrt{\det(g_{ij})}(t) \cdot |\det\psi'(t)|\,. \tag{13.15}$$

Gleichzeitig ist offensichtlich, dass

$$\psi^*\omega = \sqrt{\det(g_{ij})}\,(\psi(\tilde{t})) \cdot \det\psi'(\tilde{t})\,\mathrm{d}\tilde{t}^1 \wedge \cdots \wedge \mathrm{d}\tilde{t}^k \, . \tag{13.16}$$

Wenn wir die Gleichungen (13.13)–(13.16) miteinander vergleichen, erkennen wir, dass $\psi^*\omega = \widetilde{\omega}$, falls $\det\psi'(\tilde{t}) > 0$ bzw., dass $\psi^*\omega = -\widetilde{\omega}$, falls $\det\psi'(\tilde{t}) < 0$. Wurden die Formen ω und $\widetilde{\omega}$ aus derselben Form Ω auf S durch die Diffeomorphismen φ^* bzw. $\widetilde{\varphi}^*$ erhalten, dann muss die Gleichung $\psi^*(\varphi^*\Omega) = \widetilde{\varphi}^*\Omega$ immer gelten oder, was dasselbe ist, $\psi^*\omega = \widetilde{\omega}$.

Wir folgern daher, dass die Formen auf der parametrisierten Mannigfaltigkeit S, die integriert werden müssen, um die Flächen der Mannigfaltigkeit zu erhalten, unterschiedlich sind; sie unterscheiden sich im Vorzeichen, falls die Parametrisierungen verschiedene Orientierungen auf S definieren; diese Formen sind für Parametrisierungen, die zur selben Orientierungsklasse der Mannigfaltigkeit S gehören, gleich.

Daher muss das Volumenelement Ω auf S nicht nur durch die in $\mathbb{R}^n$ eingebettete Mannigfaltigkeit S bestimmt werden, sondern auch durch die Orientierung von S.

Dies mag paradox erscheinen: Unsere Intuition sagt uns, dass die Fläche einer Mannigfaltigkeit nicht von ihrer Orientierung abhängen sollte!

Aber wir gelangten letztendlich zur Definition der Fläche einer parametrisierten Mannigfaltigkeit durch ein Integral, dem Integral einer gewissen Form. Falls das Ergebnis unserer Berechnungen unabhängig von der Orientierung der Mannigfaltigkeit sein muss, folgt, dass wir verschiedene Formen integrieren müssen, wenn die Orientierung unterschiedlich ist.

Wir wollen nun diese Überlegungen in präzise Definitionen fassen.

13.2.3 Das Volumenelement

Definition 1. Sei $\mathbb{R}^k$ ein orientierter euklidischer Raum mit einem inneren Produkt $\langle\,,\,\rangle$. Dann ist das *Volumenelement* auf $\mathbb{R}^k$, das zu einer gewissen Orientierung und dem inneren Produkt $\langle\,,\,\rangle$ gehört, die schief-symmetrische k-Form, die auf einer orthonormalen Basis einer Orientierungsklasse den Wert 1 annimmt.

Der Wert der k-Form auf der Basis $\mathbf{e}_1, \ldots, \mathbf{e}_k$ bestimmt offensichtlich die Form.

Wir merken auch an, dass die Form Ω nicht durch eine Orthonormalbasis bestimmt wird, sondern alleine durch ihre Orientierungsklasse.

Beweis. Sind $\mathbf{e}_1, \ldots, \mathbf{e}_k$ und $\tilde{\mathbf{e}}_1, \ldots, \tilde{\mathbf{e}}_k$ zwei derartige Basen in derselben Orientierungsklasse, dann ist die Transformationsmatrix O von der ersten zur zweiten Basis eine orthogonale Matrix mit $\det O = 1$. Daher gilt

$$\Omega(\mathbf{e}_1, \ldots, \mathbf{e}_k) = \det O \cdot \Omega(\tilde{\mathbf{e}}_1, \ldots, \tilde{\mathbf{e}}_k) = \Omega(\tilde{\mathbf{e}}_1, \ldots, \tilde{\mathbf{e}}_k) \, . \qquad \square$$

Wird eine orthonormale Basis $\mathbf{e}_1, \ldots, \mathbf{e}_k$ in $\mathbb{R}^k$ fest vorgegeben und sind $\pi^1, \ldots, \pi^k$ die Projektionen von $\mathbb{R}^k$ auf die entsprechenden Koordinatenachsen, dann ist offensichtlich $\pi^1 \wedge \cdots \wedge \pi^k(\mathbf{e}_1, \ldots, \mathbf{e}_k) = 1$ und

$$\Omega = \pi^1 \wedge \cdots \wedge \pi^k \,.$$

Daher ist

$$\Omega(\boldsymbol{\xi}_1, \ldots, \boldsymbol{\xi}_k) = \begin{vmatrix} \xi_1^1 & \cdots & \xi_1^k \\ \cdots\cdots\cdots \\ \xi_k^1 & \cdots & \xi_k^k \end{vmatrix} \,.$$

Dies entspricht dem orientierten Volumen des durch die geordnete Menge von Vektoren $\boldsymbol{\xi}_1, \ldots, \boldsymbol{\xi}_k$ aufgespannten Spats.

Definition 2. Ist die glatte k-dimensionale orientierte Mannigfaltigkeit S in einen euklidischen Raum $\mathbb{R}^n$ eingebettet, dann besitzt jede Tangentialebene TS_x an S eine Orientierung, die mit der Orientierung von S und einem durch das innere Produkt in $\mathbb{R}^n$ induzierten inneren Produkt verträglich ist; daher gibt es ein Volumenelement $\Omega(x)$. Die k-Form Ω, die auf diese Art auf S entsteht, ist das *Volumenelement auf S*, das durch die Einbettung von S in $\mathbb{R}^n$ induziert wird.

Definition 3. Die *Fläche einer orientierten glatten Mannigfaltigkeit* entspricht dem Integral über die Fläche des Volumenelements mit der für die Mannigfaltigkeit gewählten Orientierung.

Diese Definition einer Fläche, formuliert in der Sprache von Formen und präzisiert, steht natürlich in Übereinstimmung mit Definition 1 in Abschnitt 12.4, zu der wir durch Betrachtung einer glatten k-dimensionalen Mannigfaltigkeit $S \subset \mathbb{R}^n$ gelangten, die parametrisiert definiert ist.

Beweis. Tatsächlich orientiert die Parametrisierung die Mannigfaltigkeit und alle ihre Tangentialebenen TS_x. Ist $\boldsymbol{\xi}_1, \ldots, \boldsymbol{\xi}_k$ eine Basis einer festen Orientierungsklasse in TS_x, dann folgt aus den Definitionen 2 und 3 für das Volumenelement Ω, dass $\Omega(x)(\boldsymbol{\xi}_1, \ldots, \boldsymbol{\xi}_k) > 0$. Dann gilt aber (vgl. (12.7) in Abschnitt 12.4), dass

$$\Omega(x)(\boldsymbol{\xi}_1, \ldots, \boldsymbol{\xi}_k) = \sqrt{\det\left(\langle \boldsymbol{\xi}_i, \boldsymbol{\xi}_j \rangle\right)} \,. \tag{13.17}$$

$\square$

Wir betonen, dass die Form $\Omega(x)$ selbst auf jeder Menge $\boldsymbol{\xi}_1, \ldots, \boldsymbol{\xi}_k$ von Vektoren in TS_x definiert ist, aber Gl. (13.17) gilt nur für Basen einer vorgegebenen Orientierungsklasse in TS_x.

Wir betonen weiterhin, dass das Volumenelement nur auf einer orientierten Mannigfaltigkeit definiert ist, so dass es keinen Sinn macht, beispielsweise vom

Volumenelement auf einem Möbiusband in $\mathbb{R}^3$ zu sprechen, obwohl es Sinn macht, vom Volumenelement in jedem orientierbaren Teil dieser Oberfläche zu reden.

Definition 4. Sei S eine k-dimensionale stückweise glatte Mannigfaltigkeit (orientierbar oder nicht) in $\mathbb{R}^n$ und seien $S_1, \ldots, S_m, \ldots$ eine endliche oder abzählbare Anzahl von glatten parametrisierten Teilen von S, deren Schnitte höchstens $(k-1)$-dimensionale Mannigfaltigkeiten sind, mit $S = \bigcup_i S_i$.

Die *Fläche* (oder das *k-dimensionale Volumen*) von S entspricht der Summe der Flächen der Mannigfaltigkeiten S_i.

In diesem Sinne können wir von der Fläche eines Möbiusbandes in $\mathbb{R}^3$ reden oder, was dasselbe ist, seine Masse bestimmen, falls es aus einem Material mit Einheitsdichte besteht.

Dass Definition 4 tatsächlich unzweideutig ist (d.h., dass die so erhaltene Fläche von der Unterteilung $S_1, \ldots, S_m, \ldots$ der Mannigfaltigkeit unabhängig ist), lässt sich durch die üblichen Überlegungen beweisen.

13.2.4 Formulierung des Volumenelements in kartesischen Koordinaten

Sei S eine glatte Hyperfläche (der Dimension $n-1$) in einem orientierten euklidischen Raum $\mathbb{R}^n$, der mit einem stetigen Feld von Einheitsnormalenvektoren $\boldsymbol{\eta}(x)$, $x \in S$ versehen ist, das eine Orientierung liefert. Sei V das n-dimensionale Volumen in $\mathbb{R}^n$ und Ω das $(n-1)$-dimensionale Volumenelement auf S.

Wenn wir eine Basis $\boldsymbol{\xi}_1, \ldots, \boldsymbol{\xi}_{n-1}$ im Tangentialraum TS_x in der durch die Einheitsnormale $\mathbf{n}(x)$ an TS_x bestimmten Orientierungsklasse festlegen, können wir offensichtlich die folgende Gleichung aufstellen:

$$V(x)(\boldsymbol{\eta}, \boldsymbol{\xi}_1, \ldots, \boldsymbol{\xi}_{n-1}) = \Omega(x)(\boldsymbol{\xi}_1, \ldots, \boldsymbol{\xi}_{n-1}) \, . \qquad (13.18)$$

Beweis. Dies folgt nämlich daraus, dass unter den getroffenen Annahmen beide Seiten nicht negativ sind und den gleichen Betrag besitzen, da das Volumen des durch $\boldsymbol{\eta}, \boldsymbol{\xi}_1, \ldots, \boldsymbol{\xi}_{n-1}$ aufgespannten Spates der Fläche der Basis $\Omega(x)(\boldsymbol{\xi}_1, \ldots, \boldsymbol{\xi}_{n-1})$ multipliziert mit der Höhe $|\boldsymbol{\eta}| = 1$ entspricht. $\square$

Nun ist aber

$$V(x)(\boldsymbol{\eta}, \boldsymbol{\xi}_1, \ldots, \boldsymbol{\xi}_{n-1}) = \begin{vmatrix} \eta^1 & \cdots & \eta^n \\ \xi_1^1 & \cdots & \xi_1^n \\ \cdots\cdots\cdots\cdots\cdots \\ \xi_{n-1}^1 & \cdots & \xi_{n-1}^n \end{vmatrix} =$$

$$= \sum_{i=1}^{n} (-1)^{i-1} \eta^i(x) \, \mathrm{d}x^1 \wedge \cdots \wedge \widehat{\mathrm{d}x^i} \wedge \cdots \wedge \mathrm{d}x^n (\boldsymbol{\xi}_1, \ldots, \boldsymbol{\xi}_{n-1}) \, .$$

Hierbei sind die Variablen $x^1, \ldots, x^n$ kartesische Koordinaten in der orthonormalen Basis $\mathbf{e}_1, \ldots, \mathbf{e}_n$, die die Orientierung definiert. Das $\frown$-Symbol gibt das auszulassende Differential dx^i an.

Somit erhalten wir die folgende Koordinatendarstellung für das Volumenelement auf der orientierten Hyperebene $S \subset \mathbb{R}^n$:

$$\Omega = \sum_{i=1}^{n} (-1)^{i-1} \eta^i(x)\, dx^1 \wedge \cdots \wedge \widehat{dx^i} \wedge \cdots \wedge dx^n (\boldsymbol{\xi}_1, \ldots, \boldsymbol{\xi}_{n-1}) \, . \qquad (13.19)$$

Dabei möchten wir noch betonen, dass sich dann, wenn die Orientierung der Mannigfaltigkeit umgekehrt wird, die Richtung der Normalen $\boldsymbol{\eta}(x)$ umdreht d.h., die Form Ω wird durch die neue Form $-\Omega$ ersetzt.

Aus denselben geometrischen Betrachtungen folgt, dass für ein festes $i \in \{1, \ldots, n\}$ gilt:

$$\langle \boldsymbol{\eta}(x), \mathbf{e}_i \rangle \Omega(\boldsymbol{\xi}_1, \ldots, \boldsymbol{\xi}_{n-1}) = V(x)(\mathbf{e}_i, \boldsymbol{\xi}_1, \ldots, \boldsymbol{\xi}_{n-1}) \, . \qquad (13.20)$$

Diese letzte Gleichung bedeutet, dass

$$\eta^i(x)\Omega(x) = (-1)^{i-1} dx^1 \wedge \cdots \wedge \widehat{dx^i} \wedge \cdots \wedge dx^n (\boldsymbol{\xi}_1, \ldots, \boldsymbol{\xi}_{n-1}) \, . \qquad (13.21)$$

Bei einer zwei-dimensionalen Fläche S in $\mathbb{R}^n$ wird das Volumenelement am häufigsten durch $d\sigma$ oder dS symbolisiert. Diese Symbole sollten nicht als die Differentiale einer Form σ bzw. S interpretiert werden; es sind nur Symbole. Sind x, y, z die kartesischen Koordinaten in $\mathbb{R}^3$, dann können wir mit dieser Schreibweise die Gleichungen (13.19) und (13.21) wie folgt schreiben:

$$d\sigma = \cos\alpha_1\, dy \wedge dz + \cos\alpha_2\, dz \wedge dx + \cos\alpha_3\, dx \wedge dy \, ,$$

$$\begin{aligned} \cos\alpha_1\, d\sigma &= dy \wedge dz \, , \\ \cos\alpha_2\, d\sigma &= dz \wedge dx \, , \\ \cos\alpha_3\, d\sigma &= dx \wedge dy \, . \end{aligned} \quad \begin{array}{l} \text{(orientierte Flächen der Projektionen} \\ \text{auf die Koordinatenebenen)} \end{array}$$

Hierbei sind $(\cos\alpha_1, \cos\alpha_2, \cos\alpha_3)(x)$ die Richtungskosinus (Koordinaten) des Einheitsnormalenvektors $\boldsymbol{\eta}(x)$ an S im Punkt $x \in S$. In diesen Gleichungen (wie auch in (13.19) und (13.21)) wäre es natürlich genauer gewesen, auf der rechten Seite das Einschränkungszeichen $\big|_S$ zu setzen, um Missverständnisse zu vermeiden. Um die Formeln nicht zu kompliziert zu machen, beschränken wir uns auf diese Bemerkung.

13.2.5 Integrale erster und zweiter Art

Integrale von der Art wie in (13.12) treten in einigen Problemen auf. Ein typischer Vertreter dieser Problemklasse ist die oben betrachtete Bestimmung der Masse einer Fläche, deren Dichte bekannt ist. Diese Integrale werden oft Integrale über eine Oberfläche oder Integrale erster Art genannt.

Definition 5. Das *Integral einer Funktion ρ über eine orientierte Mannigfaltigkeit S* ist das Integral

$$\int_S \rho\Omega \qquad (13.22)$$

der Differentialform $\rho\Omega$, wobei Ω das Volumenelement auf S ist (entsprechend der bei der Berechnung des Integrals gewählten Orientierung von S).

Es ist klar, dass das so definierte Integral (13.22) von der Orientierung von S unabhängig ist, da eine Umkehrung der Orientierung von einem entsprechenden Austausch des Volumenelements begleitet ist.

Wir betonen ausdrücklich, dass es nicht wirklich darum geht, eine Funktion zu integrieren, sondern darum, eine besondere Art einer Form $\rho\Omega$ über der Mannigfaltigkeit S mit dem auf S definierten Volumenelement zu integrieren.

Definition 6. Ist S eine stückweise glatte (orientierbare oder nicht orientierbare) Mannigfaltigkeit und ist ρ eine Funktion auf S, dann ist das *Integral* (13.22) *von ρ über der Mannigfaltigkeit S* gleich der Summe $\sum_i \int_{S_i} \rho\Omega$ der Integrale von ρ über den parametrisierten Stücken $S_1, \ldots, S_m, \ldots$ der in Definition 4 beschriebenen Zerlegung von S.

Das Integral (13.22) wird üblicherweise ein *Flächenintegral erster Art* genannt.

So ist beispielsweise das Integral (13.12), das die Masse der Oberfläche S mit Hilfe der Dichte ρ der Massenverteilung über der Oberfläche zum Ausdruck bringt, ein derartiges Integral.

Um Integrale erster Art, die von der Orientierung der Mannigfaltigkeit unabhängig sind, von anderen zu unterscheiden, bezeichnen wir Integrale über Formen über einer orientierten Mannigfaltigkeit oft als *Flächenintegrale zweiter Art*.

Da alle schief-symmetrischen Formen auf einem Vektorraum, deren Ordnungen der Dimension des Raumes entsprechen, Vielfache voneinander sind, wollen wir anmerken, dass es einen Zusammenhang $\omega = \rho\Omega$ zwischen jeder k-Form ω, die auf einer k-dimensionalen orientierbaren Mannigfaltigkeit S definiert ist, und dem Volumenelement Ω auf S gibt. Hierbei ist ρ eine Funktion auf S, die von ω abhängt. Daher ist

$$\int_S \omega = \int_S \rho\Omega \ .$$

Das bedeutet aber, dass jedes Integral der zweiten Art als ein geeignetes Integral der ersten Art geschrieben werden kann.

Beispiel 1. Das Integral (13.2′) in Abschnitt 13.1, das die Arbeit auf dem Weg $\gamma : [a, b] \to \mathbb{R}^n$ zum Ausdruck bringt, lässt sich als Integral der ersten Art

$$\int_\gamma \langle \mathbf{F}, \mathbf{e} \rangle \, \mathrm{d}s \tag{13.23}$$

schreiben, wobei s die Bogenlänge auf γ ist, $\mathrm{d}s$ ist das Längenelement (eine 1-Form) und $\mathbf{e}$ ist ein Einheitsgeschwindigkeitsvektor, der alle Information über die Orientierung von γ enthält. Aus dem Blickwinkel der physikalischen Bedeutung des durch das Integral (13.23) gelösten Problems ist es genauso informativ wie das Integral (13.1) in Abschnitt 13.1.

Beispiel 2. Der Fluss (13.3) in Abschnitt 13.1 des Geschwindigkeitsfeldes $\mathbf{V}$ durch eine Mannigfaltigkeit $S \subset \mathbb{R}^n$, die durch die Einheitsnormale $\mathbf{n}(x)$ orientiert ist, lässt sich als das Flächenintegral erster Art

$$\int_\gamma \langle \mathbf{V}, \mathbf{n} \rangle \, \mathrm{d}\sigma \tag{13.24}$$

schreiben. Die Information über die Orientierung von S ist hierbei in der Richtung des Normalenfeldes $\mathbf{n}$ enthalten.

Der geometrische und physikalische Inhalt des Integranden in (13.24) ist genauso transparent wie die zugehörige Bedeutung des Integranden in der abschließenden Berechnungsformel (13.6) in Abschnitt 13.1.

Zur Information des Leser halten wir fest, dass wir ganz oft auf die Schreibweisen $\mathrm{d}\mathbf{s} := \mathbf{e} \, \mathrm{d}s$ und $\mathrm{d}\boldsymbol{\sigma} := \mathbf{n} \, \mathrm{d}\sigma$ treffen, die einen Längenelementsvektor und ein Flächenelementsvektor einführen. In dieser Schreibweise nehmen die Integrale (13.23) und (13.24) die Form

$$\int_\gamma \langle \mathbf{F}, \mathrm{d}\mathbf{s} \rangle \qquad \text{bzw.} \qquad \int_\gamma \langle \mathbf{V}, \mathrm{d}\boldsymbol{\sigma} \rangle$$

an, die für die physikalische Interpretation sehr nützlich sind. Zur Kürze wird das innere Produkt $\langle \mathbf{A}, \mathbf{B} \rangle$ der Vektoren $\mathbf{A}$ und $\mathbf{B}$ oft als $\mathbf{A} \cdot \mathbf{B}$ geschrieben.

Beispiel 3. Das *Faradaysche*[4] *Gesetz* besagt, dass die Kraft, die auf einen geschlossenen Leiter Γ in einem veränderbaren magnetischen Feld $\mathbf{B}$ einwirkt, zur Veränderung des Flusses des magnetischen Feldes durch eine Fläche S, die durch Γ beschränkt ist, proportional ist. Sei $\mathbf{E}$ die elektrische Feldstärke. Die Gleichung

$$\oint_\Gamma \mathbf{E} \cdot \mathrm{d}\mathbf{s} = -\frac{\partial}{\partial t} \int_S \mathbf{B} \cdot \mathrm{d}\boldsymbol{\sigma}$$

erlaubt eine präzise Formulierung des Faradayschen Gesetzes.

Der Kreis im Integrationszeichen über Γ ist ein zusätzlicher Hinweis darauf, dass das Integral über eine geschlossene Kurve gebildet wird. Die Arbeit

---

[4] M. Faraday (1791–1867) – hervorragender britischer Physiker, Begründer des Konzepts eines elektromagnetischen Feldes.

des Feldes über einer geschlossenen Kurve wird oft auch die *Zirkulation des Feldes* entlang der Kurve genannt. Daher ist nach dem Faradayschen Gesetz die Zirkulation der elektrischen Feldstärke, die in einem geschlossenen Leiter durch ein veränderbares magnetisches Feld erzeugt wird, gleich der Veränderung des Flusses des magnetischen Feldes durch eine Fläche S, die durch Γ beschränkt ist, versehen mit einem geeigneten Vorzeichen.

Beispiel 4. Das *Ampèresche*[5] *Gesetz*

$$\oint_{\Gamma} \mathbf{B} \cdot \mathrm{d}s = \frac{1}{\varepsilon_0 c^2} \int_{S} \mathbf{j} \cdot \mathrm{d}\boldsymbol{\sigma}$$

besagt, dass die Zirkulation der magnetischen Feldstärke, das von einem elektrischen Strom entlang eines Leiters Γ erzeugt wird, zur Stärke des fließenden Stroms durch die Fläche S, die durch den Leiter beschränkt wird, proportional ist. In der Formel ist $\mathbf{B}$ die magnetische Feldstärke, $\mathbf{j}$ ist der Stromdichtenvektor und ε_0 und c sind Dimensionierungskonstanten.

Wir haben Integrale der ersten und zweiten Art untersucht. Der Leser wird festgestellt haben, dass diese terminologische Unterscheidung sehr künstlich ist. Tatsächlich kennen und arbeiten wir ausschließlich mit der Integration von Differentialformen. Kein Integral wird jemals sonst von etwas Anderem gebildet (auch wenn das Integral behauptet, von der Wahl des Koordinatensystems zu seiner Berechnung unabhängig zu sein).

13.2.6 Übungen und Aufgaben

1. Geben Sie einen formalen Beweis für die Gln. (13.18) und (13.20).

2. Sei γ eine glatte Kurve und $\mathrm{d}s$ das Bogenlängenelement auf γ.

a) Zeigen Sie, dass

$$\left| \int_{\gamma} f(s) \, \mathrm{d}s \right| \leq \int_{\gamma} |f(s)| \, \mathrm{d}s$$

für jede Funktion f auf γ gilt, für die beide Integrale definiert sind.

b) Sei $|f(s)| \leq M$ auf γ und l die Länge von γ. Zeigen Sie, dass

$$\left| \int_{\gamma} f(x) \, \mathrm{d}s \right| \leq Ml \ .$$

c) Formulieren und beweisen Sie Behauptungen analog zu a) und b) für den Allgemeinfall eines Integrals der ersten Art über einer k-dimensionalen glatten Mannigfaltigkeit.

---

[5] A.M. Ampère (1775–1836) – französischer Physiker und Mathematiker, einer der Begründer der modernen Elektrodynamik.

3. a) Zeigen Sie, dass die Koordinaten (x_0^1, x_0^2, x_0^3) der Massenzentren, die mit linearer Dichte $\rho(x)$ entlang der Kurve γ verteilt sind, die folgenden Gleichungen erfüllen:

$$x_0^i \int_\gamma \rho(x)\,\mathrm{d}s = \int_\gamma x^i \rho(x)\,\mathrm{d}s\,, \quad i = 1, 2, 3\,.$$

b) Formulieren Sie die Gleichung einer Helix in $\mathbb{R}^3$ und bestimmen Sie die Koordinaten des Massenzentrums eines Teilstücks der Kurve unter der Annahme, dass die Masse entlang der Kurve mit konstanter Dichte gleich 1 verteilt ist.

c) Stellen Sie für eine Massenverteilung auf einer Fläche S mit der Flächendichte ρ Formeln für das Massenzentrum auf und bestimmen Sie das Massenzentrum bei gleichmäßiger Verteilung auf der Oberfläche einer Halbkugel.

d) Stellen Sie Formeln für das Trägheitsmoment der Masse, die mit Dichte ρ auf der Fläche S verteilt ist, auf.

e) Der Mantel eines Reifens hat 30 kg Masse und die Gestalt eins Torus mit 1 m Außendurchmesser und 0,5 m Innendurchmesser. Wenn der Reifen ausgewuchtet wird, wird er aufgespannt und mit einer Geschwindigkeit von etwa 100 km/h gedreht. Dann wird er durch Bremsbacken gestoppt, die gegen eine Stahlscheibe mit 40 cm Durchmesser und 2 cm Stärke gepresst werden. Schätzen Sie die Temperatur ab, auf die die Scheibe aufgeheizt werden würde, wenn alle kinetische Energie des drehenden Reifens bei der Abbremsung in die Erwärmung der Scheibe umgesetzt werden würde. Die Wärmekapazität von Stahl sei dabei $C = 420 J/(kg \cdot K)$.

4. a) Zeigen Sie, dass die Gravitationskraft, die auf eine Punktmasse m_0 im Punkt (x_0, y_0, z_0) einwirkt, wobei diese einer Materiekurve γ mit linearer Dichte ρ entspringt, durch folgende Gleichung beschrieben wird:

$$F = Gm_0 \int_\gamma \frac{\rho}{|\mathbf{r}|^3} \mathbf{r}\,\mathrm{d}s\,.$$

Dabei ist G die Gravitationskonstante, und $\mathbf{r}$ der Vektor mit den Koordinaten $(x - x_0, y - y_0, z - z_0)$.

b) Schreiben Sie die entsprechende Formel für den Fall, dass die Masse über eine Fläche S verteilt ist.

c) Bestimmen Sie das Gravitationsfeld einer homogenen Materiegeraden.

d) Bestimmen Sie das Gravitationsfeld einer homogenen Kugelschale aus Materie. (Formulieren Sie sowohl das Feld außerhalb der Kugelschale als auch innerhalb.)

e) Bestimmen Sie das Gravitationsfeld, das im Raum durch eine homogene Materiekugel erzeugt wird (betrachten Sie sowohl äußere als auch innere Punkte der Kugel).

f) Betrachten Sie die Erde als flüssige Kugel. Bestimmen Sie den Druck in ihr als Funktion des Abstands vom Zentrum. (Der Radius der Erde beträgt 6400 km und die Durchschnittsdichte liegt bei $6\,\mathrm{g/cm}^3$.)

5. Seien γ_1 und γ_2 zwei geschlossene Leiter, entlang denen die Ströme J_1 bzw. J_2 fließen. Seien $\mathrm{d}s_1$ und $\mathrm{d}s_2$ die Vektorelemente dieser Leiter in Richtung des fließenden Stroms. Der Vektor $\mathbf{R}_{12}$ sei von $\mathrm{d}s_1$ nach $\mathrm{d}s_2$ gerichtet und es gelte $\mathbf{R}_{21} = -\mathbf{R}_{12}$.

Nach dem *Gesetz von Biot-Savart*[6] beträgt die Kraft $\mathrm{d}\mathbf{F}_{12}$, mit der der erste Leiter auf den zweiten einwirkt:

---

[6] Biot (1774–1862), Savart (1791–1841) – französische Physiker.

$$\mathrm{d}\mathbf{F}_{12} = \frac{J_1 J_2}{c_0^2 |\mathbf{R}_{12}|^2} \Big[\mathrm{d}\mathbf{s}_2, [\mathrm{d}\mathbf{s}_1, \mathbf{R}_{12}]\Big]\,,$$

wobei die eckigen Klammern das Kreuzprodukt der Vektoren angeben und c_0 eine Dimensionierungskonstante ist.

a) Zeigen Sie an Hand einer abstrakten Differentialform, dass es im differentialen Gesetz von Biot-Savart sein kann, dass $\mathrm{d}\mathbf{F}_{12} \neq -\mathrm{d}\mathbf{F}_{21}$, d.h., dass „die Reaktion nicht gleich stark und entgegengesetzt der Wirkung" ist.

b) Formulieren Sie die (Integral-) Gleichungen für die Gesamtkräfte $\mathbf{F}_{12}$ und $\mathbf{F}_{21}$ der Wechselwirkung der Leiter γ_1 und γ_2 und zeigen Sie, dass $\mathbf{F}_{12} = -\mathbf{F}_{21}$.

6. *Die Co-area Gleichung (die Gleichung von Kronrod–Federer).*

Seien M^m und N^m glatte Mannigfaltigkeiten der Dimension m bzw. n, die in einen euklidischen Raum höherer Dimension eingebettet sind (M^m und N^n können auch abstrakte Riemannsche Mannigfaltigkeiten sein, aber das ist für den Augenblick nicht wichtig). Angenommen, dass $m \geq n$.

Sei $f : M^m \to N^n$ eine glatte Abbildung. Ist $m > n$, dann besitzt die Abbildung $\mathrm{d}f(x) : T_x M^m \to T_{f(x)} N^n$ einen nicht leeren Kern $\ker \mathrm{d}f(x)$. Wir wollen mit $T_x^\perp M^m$ das orthogonale Komplement zu $\ker \mathrm{d}f(x)$ bezeichnen und mit $J(f,x)$ die Jacobimatrix der Abbildung $\mathrm{d}f(x)\big|_{T_x^\perp M^m} : T_x^\perp M^m \to T_{f(x)} N^n$. Ist $m = n$, dann ist $J(f,x)$ die übliche Jacobimatrix.

Sei $\mathrm{d}v_k(p)$ das Volumenelement auf einer k-dimensionalen Mannigfaltigkeit im Punkt p. Wir wollen annehmen, dass $v_0(E) = |E|$, wobei $v_k(E)$ das k-Volumen von E ist.

a) Beweisen Sie mit Hilfe des Satzes von Fubini und falls notwendig mit dem Rang–Satz (auf der lokalen kanonischen Form einer glatten Abbildung) die folgende Gleichung von Kronrod–Federer:

$$\int_{M^m} J(f,x)\,\mathrm{d}v_m(x) = \int_{N^n} v_{m-n}\Big(f^{-1}(y)\Big)\,\mathrm{d}v_n(y)\,.$$

b) Zeigen Sie für eine messbare Teilmenge A von M^m, dass

$$\int_A J(f,x)\,\mathrm{d}v_m(x) = \int_{N^n} v_{m-n}\Big(A \cap f^{-1}(y)\Big)\,\mathrm{d}v_n(y)\,.$$

Dies ist die allgemeine Gleichung von Kronrod–Federer.

c) Beweisen Sie die folgende Verschärfung des Lemmas von Sard (das in seiner einfachsten Version besagt, dass das Bild der Menge kritischer Punkte einer glatten Abbildung vom Maß Null ist) (vgl. Aufgabe 8 in Abschnitt 11.5).
Sei, wie zuvor, $f : M^m \to N^n$ eine glatte Abbildung und K eine kompakte Menge in M^m auf der Rang $\mathrm{d}f(x) < n$ für alle $x \in K$ gelte.
Dann ist $\int_{N^n} v_{m-n}\Big(K \cap f^{-1}(y)\Big)\,\mathrm{d}v_n(y) = 0$. Nutzen Sie dieses Ergebnis, um außerdem die oben angeführte einfachste Version des Lemmas von Sard zu erhalten.

d) Zeigen Sie, dass für glatte Funktionen $f : D \to \mathbb{R}$ und $u : D \to \mathbb{R}$ in einem regulären Gebiet $D \subset \mathbb{R}^n$

$$\int\limits_D f \, dv = \int\limits_{\mathbb{R}} dt \int\limits_{u^{-1}(t)} f \frac{d\sigma}{|\nabla u|}$$

gilt, wobei u keinen kritischen Punkt in D besitzt.

e) Sei $V_f(t)$ das Maß (Volumen) der Menge $\{x \in D | f(x) > t\}$ und sei die Funktion f im Gebiet D nicht negativ und beschränkt.

Zeigen Sie, dass $\int\limits_D f \, dv = - \int\limits_{\mathbb{R}} t \, dV_f(t) = \int\limits_0^\infty V_f(t) \, dt$.

f) Sei $\varphi \in C^{(1)}(\mathbb{R}, \mathbb{R}_+)$ mit $\varphi(0) = 0$, wohingegen $f \in C^{(1)}(D, \mathbb{R})$ und $V_{|f|}(t)$ das Maß der Menge $\{x \in D \big| |f(x)| > t\}$ ist. Zeigen Sie, dass $\int\limits_D \varphi \circ f \, dv = \int\limits_0^\infty \varphi'(t) V_{|f|}(t) \, dt$.

13.3 Die wichtigen Integralgleichungen der Analysis

Die wichtigste Gleichung der Analysis ist die Newton–Leibniz Formel (der Fundamentalsatz der Infinitesimalrechnung). In diesem Abschnitt werden wir die Gleichungen von Green und Stokes und den Divergenzsatz behandeln, die auf der einen Seite Erweiterungen der Newton–Leibniz Formel sind und zusammengenommen auf der anderen Seite den am meisten verwendeten Teil der Methoden der Integralrechnung ausmachen.

In den ersten drei Absätzen dieses Abschnitts werden wir mit anschaulichen Methoden, ohne uns um allgemeine Gültigkeit der Aussagen zu bemühen, die drei klassischen Integralgleichungen der Analysis erhalten. Diese werden im vierten Absatz, der formal unabhängig von den anderen Absätzen gelesen werden kann, auf die eine allgemeine Stokes-Gleichung zurückgeführt.

13.3.1 Greensche–Formel

Der Satz von Green[7] lautet folgendermaßen:

Satz 1. *Sei $\mathbb{R}^2$ die Ebene mit einem festen Koordinatengitter x, y und sei $\overline{D}$ ein kompaktes Gebiet in dieser Ebene, das durch stückweise glatte Kurven beschränkt ist. Seien P und Q glatte Funktionen im abgeschlossenen Gebiet $\overline{D}$. Dann gilt die folgende Gleichung:*

$$\iint\limits_{\overline{D}} \left(\frac{\partial Q}{\partial x} - \frac{\partial P}{\partial y} \right) dx \, dy = \int\limits_{\partial \overline{D}} P \, dx + Q \, dy \, . \tag{13.25}$$

Dabei enthält die rechte Seite das Integral über den Rand $\partial \overline{D}$ des Gebiets $\overline{D}$, der zur Orientierung des Gebiets $\overline{D}$ verträglich orientiert ist.

---

[7] G. Green (1793–1841) – britischer Mathematiker und mathematischer Physiker. Das Grab von Newton in der Westminster Abbey ist von fünf kleineren Gräbern brillanter Personen eingerahmt: Faraday, Thomson (Lord Kelvin), Green, Maxwell und Dirac.

Wir werden zunächst die einfachste Version von (13.25) betrachten, in der $\overline{D}$ das Quadrat $I = \{(x,y) \in \mathbb{R}^2 \mid 0 \leq x \leq 1,\, 0 \leq y \leq 1\}$ ist und $Q \equiv 0$ in I. Dadurch vereinfacht sich die Greensche–Formel zur Gleichung

$$\iint_I \frac{\partial P}{\partial y}\, \mathrm{d}x\, \mathrm{d}y = -\int_{\partial I} P\, \mathrm{d}x\,, \qquad (13.26)$$

die wir beweisen werden.

Beweis. Indem wir das Doppelintegral zu einem iterierten Integral umformen und den Fundamentalsatz der Infinitesimalrechnung anwenden, erhalten wir

$$\iint_I \frac{\partial P}{\partial y}\, \mathrm{d}x\, \mathrm{d}y = \int_0^1 \mathrm{d}x \int_0^1 \frac{\partial P}{\partial y}\, \mathrm{d}y =$$

$$= \int_0^1 \left(P(x,1) - P(x,0) \right) \mathrm{d}x = -\int_0^1 P(x,0)\, \mathrm{d}x + \int_0^1 P(x,1)\, \mathrm{d}x\,.$$

Damit ist der Beweis abgeschlossen. Verbleiben nur noch Definitionen und Interpretationen der so erhaltenen Gleichungen. Entscheidend dabei ist, dass die Differenz der letzten beiden Integrale genau der rechten Seite von (13.26) entspricht.

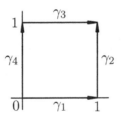

Abb. 13.5.

Die stückweise glatte Kurve ∂I zerfällt nämlich in vier Stücke (Abb. 13.5), die als parametrisierte Kurven betrachtet werden können:

$$\gamma_1 : [0,1] \to \mathbb{R}^2,\ \text{mit } x \overset{\gamma_1}{\longmapsto} (x,0),$$

$$\gamma_2 : [0,1] \to \mathbb{R}^2,\ \text{mit } y \overset{\gamma_2}{\longmapsto} (1,y),$$

$$\gamma_3 : [0,1] \to \mathbb{R}^2,\ \text{mit } x \overset{\gamma_3}{\longmapsto} (x,1),$$

$$\gamma_4 : [0,1] \to \mathbb{R}^2,\ \text{mit } y \overset{\gamma_4}{\longmapsto} (0,y).$$

Nach der Definition des Integrals der 1-Form $\omega = P\, \mathrm{d}x$ über einer Kurve gelten

$$\int_{\gamma_1} P(x,y)\,dx := \int_{[0,1]} \gamma_1^*\big(P(x,y)\,dx\big) := \int_0^1 P(x,0)\,dx\ ,$$

$$\int_{\gamma_2} P(x,y)\,dx := \int_{[0,1]} \gamma_2^*\big(P(x,y)\,dx\big) := \int_0^1 0\,dy = 0\ ,$$

$$\int_{\gamma_3} P(x,y)\,dx := \int_{[0,1]} \gamma_3^*\big(P(x,y)\,dx\big) := \int_0^1 P(x,1)\,dx\ ,$$

$$\int_{\gamma_4} P(x,y)\,dx := \int_{[0,1]} \gamma_4^*\big(P(x,y)\,dx\big) := \int_0^1 0\,dy = 0\ .$$

Wenn wir die Orientierungen von γ_1, γ_2, γ_3 und γ_4 berücksichtigen, ist es außerdem offensichtlich, dass für den Gebietsrand gilt:

$$\int_{\partial I}\omega = \int_{\gamma_1}\omega + \int_{\gamma_2}\omega + \int_{-\gamma_3}\omega + \int_{-\gamma_4}\omega = \int_{\gamma_1}\omega + \int_{\gamma_2}\omega - \int_{\gamma_3}\omega - \int_{\gamma_4}\omega\ ,$$

wobei $-\gamma_i$ die Kurve γ_i mit entgegengesetzter Orientierung ist.

Somit ist (13.26) bewiesen. □

Auf ähnliche Weise lässt sich zeigen, dass

$$\iint_I \frac{\partial Q}{\partial x}\,dx\,dy = \int_{\partial I} Q\,dy\ . \tag{13.27}$$

Wenn wir (13.26) und (13.27) addieren, erhalten wir die Greensche–Formel

$$\iint_I \left(\frac{\partial Q}{\partial x} - \frac{\partial P}{\partial y}\right)dx\,dy = \int_{\partial I} P\,dx + Q\,dy \tag{13.25'}$$

für das Quadrat I.

Wir merken an, dass die Asymmetrie von P und Q in der Greenschen–Formel (13.25) und in den Gln. (13.26) und (13.27) aus der Asymmetrie von x und y herstammt. Schließlich sind x und y angeordnet und es ist diese Anordnung, die die Orientierung in $\mathbb{R}^2$ und in I bestimmt.

In der Sprache von Formen lässt sich die eben bewiesene Gleichung (13.25') umformulieren zu

$$\int_I d\omega = \int_{\partial I} \omega\ , \tag{13.25''}$$

wobei ω eine beliebige Form auf I ist. Hierbei ist der Integrand auf der rechten Seite die Einschränkung der Form ω auf den Rand ∂I des Quadrats I.

Der gerade gegebene Beweis von (13.26) erlaubt offensichtlich eine Verallgemeinerung: Ist D_y kein Quadrat, sondern ein „krummliniges Viereck", dessen seitliche Seiten senkrechte abgeschlossene Intervalle sind (möglicherweise zu einem Punkt entartet) und dessen beide anderen Seiten die Graphen von stückweise glatten Funktionen $\varphi_1(x) \leq \varphi_2(x)$ über dem abgeschlossenen Intervall $[a, b]$ der x-Achse sind, dann gilt

$$\iint\limits_{D_y} \frac{\partial P}{\partial y}\, \mathrm{d}x\, \mathrm{d}y = -\int\limits_{\partial D_y} P\, \mathrm{d}x\ . \tag{13.26'}$$

Gibt es auf ähnliche Weise ein „Viereck" D_x bzgl. der y-Achse, d.h. mit zwei horizontalen Seiten, dann gilt für dieses die Gleichung

$$\iint\limits_{D_x} \frac{\partial Q}{\partial x}\, \mathrm{d}x\, \mathrm{d}y = \int\limits_{\partial D_x} Q\, \mathrm{d}y\ . \tag{13.27'}$$

Wir wollen nun annehmen, dass das Gebiet $\overline{D}$ in eine endliche Anzahl von Gebieten vom Typ D_y (Abb. 13.6) aufgeteilt werden kann. Dann gilt eine Gleichung der Art (13.26') auch für das Gebiet $\overline{D}$.

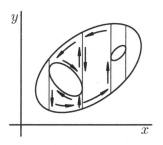

Abb. 13.6.

Beweis. Tatsächlich entspricht das Doppelintegral über dem Gebiet $\overline{D}$ auf Grund der Additivität der Summe von Integralen über den Stücken vom Typ D_y, in die $\overline{D}$ zerlegt wird. Die Gleichung (13.26') gilt für jedes derartige Stück, d.h., das Doppelintegral über jedem Stück ist gleich dem Integral von $P\mathrm{d}x$ über dem orientierten Rand des Stücks. Nun führen aber benachbarte Stücke zu entgegengesetzten Orientierungen an ihrem gemeinsamen Rand, die sich daher gegenseitig aufheben, so dass bei der Addition der Integrale über die Ränder nur die Integrale über den Rand $\partial\overline{D}$ des Gebiets $\overline{D}$ selbst übrig bleiben.   □

Lässt $\overline{D}$ auf ähnliche Weise eine Unterteilung in Gebiete vom Typus D_x zu, dann gilt dafür eine Gleichung wie (13.27').

Wir vereinbaren, dass wir Gebiete, die sowohl in Stücke vom Typ D_x und in Stücke vom Typ D_y zerlegt werden können, *einfache Gebiete* nennen. Tatsächlich ist diese Klasse für alle praktischen Anwendungen ausreichend.

Wenn wir die beiden Gleichungen (13.26′) und (13.27′) für ein einfaches Gebiet schreiben, erhalten wir so durch Addition (13.25).

Somit ist die Greensche–Formel für einfache Gebiete bewiesen.

Wir wollen zu diesem Zeitpunkt keine weiteren Verschärfungen der Greenschen–Formel einführen (vgl. Sie dazu Aufgabe 2 unten), sondern stattdessen eine sehr fruchtbare Argumentationskette vorstellen, die wir einschlagen können, nachdem die Gleichungen (13.25′) und (13.25″) bewiesen sind.

Angenommen, das Gebiet C wurde durch eine glatte Abbildung $\varphi : I \to C$ des Quadrats I erhalten. Ist ω eine glatte 1-Form auf C, dann gilt

$$\int_C d\omega := \int_I \varphi^* \, d\omega = \int_I d\varphi^*\omega \overset{!}{=} \int_{\partial I} \varphi^*\omega =: \int_{\partial C} \omega \ . \qquad (13.28)$$

Das Ausrufungszeichen oben dient zur Unterscheidung von der bereits bewiesenen Gleichung (s. (13.25″)). Die in diesen Gleichungen außenstehenden Ausdrücke sind Definitionen oder direkte Folgerungen davon. Die verbleibende Gleichung, die zweite von links, ergibt sich aus der Tatsache, dass äußere Differentiation vom Koordinatensystem unabhängig ist.

Daher gilt die Greensche–Formel auch für das Gebiet C.

Ist es schließlich möglich, jedes orientierte Gebiet $\overline{D}$ in eine endliche Anzahl von Gebiet desselben Typs wie C zu zerlegen, folgt aus den bereits beschriebenen Überlegungen bzgl. der gegenseitigen Aufhebung der Integrale über die Randteile der Teilgebiete C_i innerhalb von $\overline{D}$, dass

$$\int_{\overline{D}} d\omega = \sum_i \int_{C_i} d\omega = \sum_i \int_{\partial C_i} \omega = \int_{\partial \overline{D}} \omega \ , \qquad (13.29)$$

d.h., die Greensche–Formel gilt auch für $\overline{D}$.

Wir können zeigen, dass jedes Gebiet mit einem stückweise glatten Rand zu dieser letzten Klasse von Gebieten gehört, aber wir werden dies nicht ausführen, da wir unten (Kapitel 15) eine nützliche technische Methode beschreiben werden, die es uns erlaubt, derartige geometrische Komplikationen zu vermeiden und sie durch ein analytisches Problem, das vergleichsweise einfach zu lösen ist, zu ersetzen.

Wir wollen einige Beispiele für den Einsatz der Greenschen–Formel betrachten.

Beispiel 1. Sei $P = -y$ und $Q = x$ in (13.25). Wir erhalten so

$$\int_{\partial D} -y \, dx + x \, dy = \int_D 2 \, dx \, dy = 2\sigma(D) \ ,$$

wobei $\sigma(D)$ die Fläche von D ist. Mit Hilfe der Greenschen–Formel können wir daher den folgenden Ausdruck für die Fläche eines Gebiets auf der Ebene, ausgedrückt durch Linienintegrale über den orientierten Rand des Gebiets, erhalten:

$$\sigma(D) = \frac{1}{2} \int_{\partial D} -y\,\mathrm{d}x + x\,\mathrm{d}y = -\int_{\partial D} y\,\mathrm{d}x = \int_{\partial D} x\,\mathrm{d}y \ .$$

Daraus folgt insbesondere, dass die bei einer Zustandsänderung des Arbeitsfluids über einem abgeschlossenen Kreislauf γ durch eine Wärmekraftmaschine ausgeführte Arbeit $A = \int_{\gamma} P\,\mathrm{d}V$ gleich der Fläche des Gebiets ist, die durch die Kurve γ in der PV-Zustandsebene beschränkt ist (vgl. Aufgabe 5 in Abschnitt 13.1).

Beispiel 2. Sei $\overline{K} = \{(x,y) \in \mathbb{R}^2 \mid x^2 + y^2 \leq 1\}$ die abgeschlossene Kreisscheibe in der Ebene. Wir wollen zeigen, dass jede glatte Abbildung $f : \overline{K} \to \overline{K}$ der abgeschlossenen Scheibe auf sich selbst zumindest einen Fixpunkt besitzt (d.h. einen Punkt $p \in \overline{K}$, so dass $f(p) = p$).

Beweis. Angenommen, die Abbildung f habe keine Fixpunkte. Dann ist für jeden Punkt $p \in \overline{K}$ der Strahl mit dem Anfangspunkt $f(p)$, der durch den Punkt p verläuft, der Schnittpunkt $\varphi(p) \in \partial K$ des Strahls mit dem Rand um den Kreis $\overline{K}$ eindeutig bestimmt. Auf diese Weise entsteht eine Abbildung $\varphi : \overline{K} \to \partial K$ und es ist offensichtlich, dass die Einschränkung dieser Abbildung auf den Rand der identischen Abbildung entsprechen würde. Sie hätte außerdem dieselbe Glattheit wie die Abbildung f selbst. Wir werden zeigen, dass keine derartige Abbildung φ existieren kann.

Wir betrachten im Gebiet $\mathbb{R}^2 \setminus 0$ (die Ebene ohne den Ursprung) die Form $\omega = \frac{-y\,\mathrm{d}x + x\,\mathrm{d}y}{x^2 + y^2}$, die wir aus Abschnitt 13.1 kennen. Wir können unmittelbar zeigen, dass $\mathrm{d}\omega = 0$. Da $\partial \overline{K} \subset \mathbb{R}^2 \setminus 0$, könnten wir, wenn eine Abbildung $\varphi : \overline{K} \to \partial \overline{K}$ gegeben ist, eine Form $\varphi^*\omega$ auf $\overline{K}$ erhalten mit $\mathrm{d}\varphi^*\omega = \varphi^*(\mathrm{d}\omega) = \varphi^*0 = 0$. Daher gilt nach der Greenschen–Formel

$$\int_{\partial \overline{K}} \varphi^*\omega = \int_{\overline{K}} \mathrm{d}\varphi^*\omega = 0 \ .$$

Die Einschränkung von φ auf $\partial \overline{K}$ ist die identische Abbildung, und daher ist

$$\int_{\partial \overline{K}} \varphi^*\omega = \int_{\partial \overline{K}} \omega \ .$$

Dieses letzte Integral ist, wie wir in Beispiel 1 in Abschnitt 13.1 bewiesen haben, ungleich Null. Dieser Widerspruch schließt den Beweis der Behauptung ab. $\qquad\square$

Diese Behauptung gilt natürlich für eine Kugel jeder Dimension (s. Beispiel 5 unten). Sie gilt nicht nur für glatte Abbildungen, sondern für alle stetigen Abbildungen f. In dieser allgemeinen Form wird die Behauptung der *Brouwersche*[8] *Fixpunktsatz* genannt.

13.3.2 Der Divergenzsatz

So wie die Greensche–Formel eine Verbindung zwischen dem Integral über dem Rand eines ebenen Gebiets mit dem entsprechenden Integral über dem Gebiet selbst herstellt, verbindet der unten vorgestellte Divergenzsatz, oder auch Gauss–Satz[9] genannt, das Integral über dem Rand eines drei-dimensionalen Gebiets mit einem Integral über dem Gebiet selbst.

Satz 2. *Sei $\mathbb{R}^3$ der drei-dimensionale Raum mit einem festen Koordinatensystem x, y, z und $\overline{D}$ ein kompaktes Gebiet in $\mathbb{R}^3$, das durch stückweise stetige Flächen beschränkt ist. Seien P, W und R glatte Funktionen im abgeschlossenen Gebiet $\overline{D}$.*

Dann gilt die folgende Gleichung

$$
\iiint\limits_{\overline{D}} \left(\frac{\partial P}{\partial x} + \frac{\partial Q}{\partial y} + \frac{\partial R}{\partial z} \right) \mathrm{d}x\,\mathrm{d}y\,\mathrm{d}z =
$$
$$
= \iint\limits_{\partial\overline{D}} P\,\mathrm{d}y \wedge \mathrm{d}z + Q\,\mathrm{d}z \wedge \mathrm{d}x + R\,\mathrm{d}x \wedge \mathrm{d}y \, . \tag{13.30}
$$

Der Divergenzsatz kann erhalten werden, indem die Herleitung der Greenschen–Formel Schritt für Schritt mit offensichtlichen Modifikationen wiederholt wird. Um also nicht eine wörtliche Wiederholung zu geben, beginnen wir nicht mit der Betrachtung eines Würfels in $\mathbb{R}^3$, sondern mit dem in Abb. 13.7 dargestellten Gebiet D_z, das durch eine zylindrische seitliche Fläche S parallel zur z-Achse beschränkt ist, mit zwei Kappen S_1 und S_2, die die Graphen stückweise glatter Funktionen φ_1 und φ_2 sind, die in demselben Gebiet $G \subset \mathbb{R}^2_{xy}$ definiert sind. Wir wollen beweisen, dass die Gleichung

$$
\iiint\limits_{D_z} \frac{\partial R}{\partial z} \, \mathrm{d}x\,\mathrm{d}y\,\mathrm{d}z = \iint\limits_{\partial D_z} R\,\mathrm{d}x \wedge \mathrm{d}y \tag{13.31}
$$

für D_z gilt.

---

[8] L.E.J. Brouwer (1881–1966) – sehr bekannter niederländischer Mathematiker. Eine Reihe wichtiger Sätze der Topologie sind mit diesem Namen verbunden wie auch eine Analyse der Grundlagen der Mathematik, die zum philosophisch-mathematischen Konzept, dem Intuitionismus, führten.

[9] Im Russischen auch Satz von Gauss–Ostrogradski genannt.

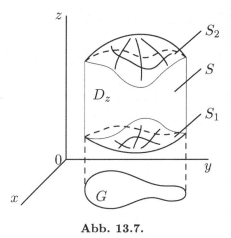

Abb. 13.7.

Beweis.

$$\iiint\limits_{D_z} \frac{\partial R}{\partial z}\,\mathrm{d}x\,\mathrm{d}y\,\mathrm{d}z = \iint\limits_{G} \mathrm{d}x\,\mathrm{d}y \int\limits_{\varphi_1(x,y)}^{\varphi_2(x,y)} \frac{\partial R}{\partial z}\,\mathrm{d}z =$$

$$= \iint\limits_{G} \big(R(x,y,\varphi_2(x,y)) - R(x,y,\varphi_1(x,y))\big)\,\mathrm{d}x\,\mathrm{d}y =$$

$$= -\iint\limits_{G} \big(R(x,y,\varphi_1(x,y))\big)\,\mathrm{d}x\,\mathrm{d}y + \iint\limits_{G} \big(R(x,y,\varphi_2(x,y))\big)\,\mathrm{d}x\,\mathrm{d}y\,.$$

Die Flächen S_1 und S_2 besitzen die folgenden Parametrisierungen:

$$S_1 : (x,y) \longmapsto \big(x,y,\varphi_1(x,y)\big)\,,$$
$$S_2 : (x,y) \longmapsto \big(x,y,\varphi_2(x,y)\big)\,.$$

Die krummlinigen Koordinaten (x,y) definieren die Orientierung auf S_2, die durch die Orientierung des Gebiets D_z induziert wird und auf S_1 die entgegengesetzte Orientierung. Werden daher S_1 und S_2 als Stücke des Randes von D_z betrachtet, die so wie im Divergenzsatz angedeutet orientiert sind, können diese beiden letzten Integrale als Integrale der Form $R\,\mathrm{d}x \wedge \mathrm{d}y$ über S_1 und S_2 interpretiert werden.

Die zylindrische Fläche S besitzt eine parametrische Darstellung $(t,z) \mapsto \big(x(t),y(t),z\big)$, so dass die Einschränkung der Form $R\,\mathrm{d}x \wedge \mathrm{d}y$ auf S gleich Null ist und folglich ist ihr Integral über S ebenfalls Null.

Daher gilt (13.31) tatsächlich für das Gebiet D_z. □

Kann das orientierte Gebiet $\overline{D}$ in eine endliche Anzahl von Gebieten vom Typ D_z zerlegt werden, dann heben sich die Integrale über diese Stücke gegenseitig auf, da aneinander grenzende Stücke auf ihrem gemeinsamen Rand entgegengesetzte Orientierungen induzieren, so dass nur das Integral über dem Rand $\partial \overline{D}$ übrig bleibt.

Folglich gilt Gleichung (13.31) auch für Gebiete, die diese Zerlegung in Gebiete vom Typ D_z zulassen.

Auf ähnliche Weise können wir Gebiete D_y und D_x einführen, deren zylindrische Flächen parallel zur y-Achse bzw. x-Achse verlaufen und zeigen, dass dann, wenn ein Gebiet $\overline{D}$ in Gebiete vom Typ D_y oder D_x zerlegt werden kann, die folgenden Gleichungen gelten:

$$\iiint\limits_{\overline{D}} \frac{\partial Q}{\partial y}\, dx\, dy\, dz = \iint\limits_{\partial \overline{D}} Q\, dz \wedge dx\,, \qquad (13.32)$$

$$\iiint\limits_{\overline{D}} \frac{\partial P}{\partial x}\, dx\, dy\, dz = \iint\limits_{\partial \overline{D}} P\, dy \wedge dz\,. \qquad (13.33)$$

Ist daher $\overline{D}$ ein *einfaches Gebiet*, d.h. ein Gebiet, das jede der drei gerade beschriebenen Arten von Unterteilungen in Gebiete vom Typ D_x, D_y und D_z zulässt, dann erhalten wir durch Addition von (13.31), (13.32) und (13.33) schließlich (13.30) für $\overline{D}$.

Aus den bei der Herleitung der Greenschen–Formel angeführten Gründen werden wir die Bedingungen nicht weiter beschreiben, unter denen ein Gebiet einfach ist und wir werden auch das eben Bewiesene nicht weiter verschärfen (vgl. Sie in diesem Zusammenhang Aufgabe 8 unten oder Beispiel 12 in Abschnitt 17.5).

Wir wollen jedoch festhalten, dass der Divergenzsatz in der Sprache von Formen als koordinatenfreie Form folgendermaßen geschrieben werden kann:

$$\int\limits_{\overline{D}} d\omega = \int\limits_{\partial \overline{D}} \omega\,, \qquad (13.30')$$

wobei ω eine glatte 2-Form in $\overline{D}$ ist.

Da Gleichung (13.30') wie gezeigt für den Würfel $I = I^3 = \{(x, y, z) \in \mathbb{R}^3 \mid 0 \leq x \leq 1,\, 0 \leq y \leq 1,\, 0 \leq z \leq 1\}$ gilt, kann ihre Erweiterung auf allgemeinere Klassen von Gebieten natürlich mit Hilfe der Standardberechnung (13.28) und (13.29) ausgeführt werden.

Beispiel 3. Das Archimedische Gesetz. Wir wollen die Auftriebskraft einer homogenen Flüssigkeit auf einen darin eintauchenden Körper D berechnen. Wir wählen die kartesischen Koordinaten x, y, z in $\mathbb{R}^3$, so dass die xy-Ebene die Fläche der Flüssigkeit ist und die z-Achse außerhalb der Flüssigkeit gerichtet ist. Eine Kraft $\rho g z \mathbf{n}\, d\sigma$ wirkt auf ein Element $d\sigma$ der Fläche S von D in der Tiefe z ein, wobei ρ die Dichte der Flüssigkeit ist, g ist die Erdbeschleunigung und $\mathbf{n}$ ist eine äußere Einheitsnormale zur Fläche im zu $d\sigma$ entsprechenden Punkt der Fläche. Daher kann die sich ergebende Kraft durch das folgende Integral beschrieben werden:

$$\mathbf{F} = \iint_S \rho g z \mathbf{n} \, d\sigma \,.$$

Ist $\mathbf{n} = \mathbf{e}_x \cos\alpha_x + \mathbf{e}_y \cos\alpha_y + \mathbf{e}_z \cos\alpha_z$, dann ist $\mathbf{n}\,d\sigma = \mathbf{e}_x \, dy \wedge dz + \mathbf{e}_y \, dz \wedge dx + \mathbf{e}_z \, dx \wedge dy$ (vgl. Absatz 13.2.4). Mit Hilfe des Divergenzsatzes erhalten wir daher, dass

$$\mathbf{F} = \mathbf{e}_x \rho g \iint_S z \, dy \wedge dz + \mathbf{e}_y \rho g \iint_S z \, dz \wedge dx + \mathbf{e}_z \rho g \iint_S z \, dx \wedge dy =$$

$$= \mathbf{e}_x \rho g \iiint_D 0 \, dx \, dy \, dz + \mathbf{e}_y \rho g \iiint_D 0 \, dx \, dy \, dz +$$

$$+ \mathbf{e}_z \rho g \iiint_D dx \, dy \, dz = \rho g V \mathbf{e}_z \,,$$

wobei V das Volumen des Körpers D ist. Daher ist $P = \rho g V$ das Gewicht eines Flüssigkeitsvolumens, das dem durch das Volumen des Körpers eingenommenen Volumen gleich ist. So gelangen wir zum Archimedischen Gesetz: $\mathbf{F} = P \mathbf{e}_z$.

Beispiel 4. Mit Hilfe des Divergenzsatzes können wir die folgenden Gleichungen für das Volumen $V(D)$ eines durch eine Fläche ∂D beschränkten Körpers D aufstellen.

$$V(D) = \frac{1}{3} \iint_{\partial D} x \, dy \wedge dz + y \, dz \wedge dx + z \, dx \wedge dy =$$

$$= \iint_{\partial D} x \, dy \wedge dz = \iint_{\partial D} y \, dz \wedge dx = \iint_{\partial D} z \, dx \wedge dy \,.$$

13.3.3 Der Satz von Stokes in $\mathbb{R}^3$

Satz 3. *Sei S eine orientierte stückweise glatte kompakte zwei-dimensionale Fläche mit Rand ∂S, die in ein Gebiet $G \subset \mathbb{R}^3$ eingebettet ist. In dieser Fläche definieren wir eine glatte 1-Form $\omega = P \, dx + Q \, dy + R \, dz$. Dann gilt die folgende Gleichung:*

$$\boxed{\begin{aligned} \int_{\partial S} P \, dx + Q \, dy + R \, dz = \iint_S \left(\frac{\partial R}{\partial y} - \frac{\partial Q}{\partial z} \right) dy \wedge dz + \\ + \left(\frac{\partial P}{\partial z} - \frac{\partial R}{\partial x} \right) dz \wedge dx + \left(\frac{\partial Q}{\partial x} - \frac{\partial P}{\partial y} \right) dx \wedge dy \,. \end{aligned}} \quad (13.34)$$

Dabei wird die Orientierung des Randes ∂S verträglich zur Orientierung der Fläche S gewählt.

Anders formuliert, so bedeutet dies, dass

$$\int_S \mathrm{d}\omega = \int_{\partial S} \omega \,.$$ (13.34')

Beweis. Ist C eine durch $\varphi : I \to C$ parametrisierte Fläche, wobei I ein Quadrat in $\mathbb{R}^2$ ist, folgt (13.34) aus den Gln. (13.28), wenn wir dabei berücksichtigen, was für das Quadrat und die Greensche–Formel bewiesen wurde.

Kann die orientierbare Fläche S in einfache Flächen dieses Typs zerlegt werden, dann gilt (13.34) ebenfalls, wie aus den Gln. (13.29) folgt, wenn wir darin $\overline{D}$ durch S ersetzen.   □

Wie in den vorigen Fällen werden wir an dieser Stelle z.B. nicht beweisen, dass eine stückweise glatte Fläche eine derartige Zerlegung zulässt.

Wir wollen untersuchen, wie dieser Beweis von (13.34) in Koordinatenschreibweise aussehen würde. Um Ausdrücke zu vermeiden, die wirklich zu unübersichtlich sind, werden wir nur den ersten, wichtigsten Teil der zwei Ausdrücke formulieren und dies sogar mit einigen Vereinfachungen. Um genauer zu sein, so wollen wir die Schreibweise x^1, x^2, x^3 für die Koordinaten eines Punktes $x \in \mathbb{R}^3$ einführen und nur zeigen, dass

$$\int_{\partial S} P(x)\,\mathrm{d}x^1 = \iint_S \frac{\partial P}{\partial x^2}\,\mathrm{d}x^2 \wedge \mathrm{d}x^1 + \frac{\partial P}{\partial x^3}\,\mathrm{d}x^3 \wedge \mathrm{d}x^1 \,,$$

da die anderen beiden Ausdrücke auf der linken Seite von (13.34) auf ähnliche Weise untersucht werden können. Der Einfachheit halber wollen wir annehmen, dass S durch eine glatte Abbildung $x = x(t)$ eines Gebiets D in der Ebene $\mathbb{R}^2$ der Variablen t^1, t^2 erhalten werden kann und durch eine glatte Kurve $\gamma = \partial D$ berandet ist, die durch die Abbildung $t = t(\gamma)$ auf den Punkten des abgeschlossenen Intervalls $\alpha \leq \tau \leq \beta$ parametrisiert ist (Abb. 13.8). Dann kann der Rand $\Gamma = \partial S$ der Fläche S als $x = x\big(t(\tau)\big)$ geschrieben werden, wobei τ sich innerhalb des abgeschlossenen Intervalls $[\alpha, \beta]$ bewegt. Mit Hilfe der Definition des Integrals über einer Kurve, der Greenschen–Formel für ein ebenes Gebiet D und der Definition des Integrals über einer parametrisierten Kurve erhalten wir schrittweise:

$$\int_\Gamma P(x)\,\mathrm{d}x^1 := \int_\alpha^\beta P\big(x(t(\tau))\big)\left(\frac{\partial x^1}{\partial t^1}\frac{\mathrm{d}t^1}{\mathrm{d}\tau} + \frac{\partial x^1}{\partial t^2}\frac{\mathrm{d}t^2}{\mathrm{d}\tau}\right)\mathrm{d}\tau =$$

$$= \int_\gamma \left(P\big(x(t)\big)\frac{\partial x^1}{\partial t^1}\right)\mathrm{d}t^1 + \left(P\big(x(t)\big)\frac{\partial x^1}{\partial t^2}\right)\mathrm{d}t^2 \stackrel{!}{=}$$

$$\stackrel{!}{=} \iint_D \left[\frac{\partial}{\partial t^1}\left(P\frac{\partial x^1}{\partial t^2}\right) - \frac{\partial}{\partial t^2}\left(P\frac{\partial x^1}{\partial t^1}\right)\right]\mathrm{d}t^1 \wedge \mathrm{d}t^2 =$$

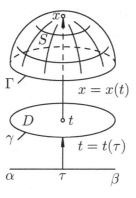

Abb. 13.8.

$$= \iint\limits_{D} \Big(\frac{\partial P}{\partial t^1}\frac{\partial x^1}{\partial t^2} - \frac{\partial P}{\partial t^2}\frac{\partial x^1}{\partial t^1}\Big)\mathrm{d}t^1 \wedge \mathrm{d}t^2 =$$

$$= \iint\limits_{D} \sum_{i=1}^{3} \Big(\frac{\partial P}{\partial x^i}\frac{\partial x^i}{\partial t^1}\frac{\partial x^1}{\partial t^2} - \frac{\partial P}{\partial x^i}\frac{\partial x^i}{\partial t^2}\frac{\partial x^1}{\partial t^1}\Big)\mathrm{d}t^1 \wedge \mathrm{d}t^2 =$$

$$= \iint\limits_{D} \Big[\Big(\frac{\partial P}{\partial x^2}\frac{\partial x^2}{\partial t^1} + \frac{\partial P}{\partial x^3}\frac{\partial x^3}{\partial t^1}\Big)\frac{\partial x^1}{\partial t^2} -$$

$$- \Big(\frac{\partial P}{\partial x^2}\frac{\partial x^2}{\partial t^2} + \frac{\partial P}{\partial x^3}\frac{\partial x^3}{\partial t^2}\Big)\frac{\partial x^1}{\partial t^1}\Big]\mathrm{d}t^1 \wedge \mathrm{d}t^2 =$$

$$= \iint\limits_{D} \Big(\frac{\partial P}{\partial x^2}\begin{vmatrix}\frac{\partial x^2}{\partial t^1} & \frac{\partial x^2}{\partial t^2}\\[4pt] \frac{\partial x^1}{\partial t^1} & \frac{\partial x^1}{\partial t^2}\end{vmatrix} + \frac{\partial P}{\partial x^3}\begin{vmatrix}\frac{\partial x^3}{\partial t^1} & \frac{\partial x^3}{\partial t^2}\\[4pt] \frac{\partial x^1}{\partial t^1} & \frac{\partial x^1}{\partial t^2}\end{vmatrix}\Big)\,\mathrm{d}t^1 \wedge \mathrm{d}t^2 =$$

$$=: \iint\limits_{S} \Big(\frac{\partial P}{\partial x^2}\mathrm{d}x^2 \wedge \mathrm{d}x^1 + \frac{\partial P}{\partial x^3}\mathrm{d}x^3 \wedge \mathrm{d}x^1\Big)\,.$$

Der Doppelpunkt bedeutet dabei Gleichheit per definitionem und das Ausrufungszeichen in Zeile 3 weist auf einen Übergang hin, der die bereits bewiesene Greensche–Formel benutzt. Der Rest besteht aus Umformungen.

Mit Hilfe der wichtigen Idee des Beweises von (13.34′) haben wir somit direkt bewiesen (ohne die Gleichung $\varphi^*\mathrm{d} = \mathrm{d}\varphi^*$ zu benutzen, sondern sie stattdessen im Wesentlichen für den betrachteten Fall zu beweisen), dass (13.34) tatsächlich für eine einfache parametrisierte Fläche gilt. Wir haben die Überlegungen formal nur für den Ausdruck $P\mathrm{d}x$ ausgeführt, aber es ist klar, dass wir dasselbe auch für die beiden anderen Ausdrücke in der 1-Form im Integranden auf der linken Seite von (13.34) ausführen könnten.

13.3.4 Der allgemeine Satz von Stokes

Abgesehen von den Unterschieden im Aussehen der Gleichungen (13.25), (13.30) und (13.34), erweisen sich ihre koordinatenfreien Ausdrücken (13.25″), (13.29), (13.30′) und (13.34′) als identisch. Dies veranlasst uns zu vermuten, dass wir es mit besonderen Formulierungen einer allgemeinen Regel zu tun haben, die wir nun einfach erraten können.

Satz 4. *Sei S eine orientierte stückweise glatte k-dimensionale kompakte Mannigfaltigkeit mit Rand ∂S im Gebiet $G \subset \mathbb{R}^n$, in dem eine glatte $(k-1)$-Form ω definiert ist.*

Dann gilt die folgende Gleichung:

$$\boxed{\int\limits_S \mathrm{d}\omega = \int\limits_{\partial S} \omega\,.}\tag{13.35}$$

Dabei wird die Orientierung des Randes ∂S durch die Orientierung von S induziert.

Beweis. Gleichung (13.35) kann offensichtlich durch dieselben allgemeinen Berechnungen (13.28) und (13.29) bewiesen werden wie der Satz von Stokes (13.34′), vorausgesetzt, sie gilt für ein gewöhnliches k-dimensionales Intervall $I^k = \{x = (x^1, \ldots, x^k) \in \mathbb{R}^k \,|\, 0 \leq x^i \leq 1,\ i = 1, \ldots, k\}$. Wir wollen zeigen, dass (13.35) tatsächlich für I^k gilt.

Da eine $(k-1)$-Form auf I^k die Gestalt $\omega = \sum_i a_i(x)\mathrm{d}x^1 \wedge \cdots \wedge \widehat{\mathrm{d}x^i} \wedge \cdots \wedge \mathrm{d}x^k$ annimmt (Summation über $i = 1, \ldots, k$, wobei das Differential $\mathrm{d}x^i$ ausgelassen wird), genügt es, (13.35) für jeden einzelnen Ausdruck zu beweisen. Sei $\omega = a(x)\mathrm{d}x^1 \wedge \cdots \wedge \widehat{\mathrm{d}x^i} \wedge \cdots \wedge \mathrm{d}x^k$. Dann gilt $\mathrm{d}\omega = (-1)^{i-1}\frac{\partial a}{\partial x^i}(x)\,\mathrm{d}x^1 \wedge \cdots \wedge \mathrm{d}x^i \wedge \cdots \wedge \mathrm{d}x^k$. Nun führen wir die folgende Berechnung durch:

$$\int\limits_{I^k} \mathrm{d}\omega = \int\limits_{I^k} (-1)^{i-1}\frac{\partial a}{\partial x^i}(x)\,\mathrm{d}x^1 \wedge \cdots \wedge \mathrm{d}x^k =$$

$$= (-1)^{i-1} \int\limits_{I^{k-1}} \mathrm{d}x^1 \cdots \widehat{\mathrm{d}x^i} \cdots \mathrm{d}x^k \int\limits_0^1 \frac{\partial a}{\partial x^i}(x)\,\mathrm{d}x^i =$$

$$= (-1)^{i-1} \int\limits_{I^{k-1}} \big(a(x^1, \ldots, x^{i-1}, 1, x^{i+1}, \ldots, x^k) -$$

$$- a(x^1, \ldots, x^{i-1}, 0, x^{i+1}, \ldots x^k)\big)\,\mathrm{d}x^1 \cdots \widehat{\mathrm{d}x^i} \cdots \mathrm{d}x^k =$$

$$= (-1)^{i-1} \int\limits_{I^{k-1}} a(t^1, \ldots, t^{i-1}, 1, t^i, \ldots, t^{k-1})\mathrm{d}t^1 \cdots \mathrm{d}t^{k-1} +$$

$$+ (-1)^i \int\limits_{I^{k-1}} a(t^1, \ldots, t^{i-1}, 0, t^i, \ldots, t^{k-1})\,\mathrm{d}t^1 \cdots \mathrm{d}t^{k-1}\,.$$

Hierbei ist I^{k-1} mit I^k in $\mathbb{R}^k$ identisch, nur dass es ein $(k-1)$-dimensionales Intervall in $\mathbb{R}^{k-1}$ ist. Zusätzlich haben wir die Variablen $x^1 = t^1, \ldots, x^{i-1} = t^{i-1}$, $x^{i+1} = t^i, \ldots, x^k = t^{k-1}$ umnummeriert.

Die Abbildungen

$$I^{k-1} \ni t = (t^1, \ldots, t^{k-1}) \longmapsto (t^1, \ldots, t^{i-1}, 1, t^i, \ldots, t^{k-1}) \in I^k \,,$$
$$I^{k-1} \ni t = (t^1, \ldots, t^{k-1}) \longmapsto (t^1, \ldots, t^{i-1}, 0, t^i, \ldots, t^{k-1}) \in I^k$$

sind Parametrisierungen der oberen und unteren Stirnflächen Γ_{i1} bzw. Γ_{i0} des Intervalls I^k, die orthogonal zur x^i-Achse liegen. Diese Koordinaten definieren dieselbe Basis $\mathbf{e}_1, \ldots, \mathbf{e}_{i-1}, \mathbf{e}_{i+1}, \ldots, \mathbf{e}_k$, die die Stirnflächen orientiert und die sich von der Basis $\mathbf{e}_1, \ldots, \mathbf{e}_k$ von $\mathbb{R}^k$ nur durch das Fehlen von $\mathbf{e}_i$ unterscheidet. Auf Γ_{i1} ist der Vektor $\mathbf{e}_i$ die äußere Normale zu I_k so wie der Vektor $-\mathbf{e}_i$ für Γ_{i0}. Die Basis $\mathbf{e}_i, \mathbf{e}_1, \ldots, \mathbf{e}_{i-1}, \mathbf{e}_{i+1}, \ldots, \mathbf{e}_k$ wird nach $i-1$ Vertauschungen benachbarter Vektoren zur Basis $\mathbf{e}_1, \ldots, \mathbf{e}_k$, d.h., die Übereinstimmung oder die Verschiedenheit der Orientierung dieser Basen wird durch das Vorzeichen von $(-1)^{i-1}$ bestimmt. Daher definiert diese Parametrisierung eine Orientierung auf Γ_{i1}, die mit der Orientierung von I^k verträglich ist, falls mit dem Korrekturfaktor $(-1)^{i-1}$ multipliziert wird (d.h. ohne Änderung der Orientierung für ungerades i, aber mit einer Änderung für gerades i).

Ähnliche Überlegungen zeigen, dass für die Stirnfläche Γ_{i0} ein Korrekturkoeffizient $(-1)^i$ für die durch diese Parametrisierung der Stirnfläche Γ_{i0} definierte Orientierung notwendig wird.

Daher können die letzten beiden Integrale (zusammen mit den Koeffizienten vor ihnen) als Integrale der Form ω über die Stirnflächen Γ_{i1} bzw. Γ_{i0} von I^k mit der durch die Orientierung von I^k induzierten Orientierung interpretiert werden.

Wir merken nun an, dass auf jeder der verbleibenden Stirnflächen von I^k einer der Koordinaten $x^1, \ldots, x^{i-1}, x^{i+1}, \ldots, x^k$ konstant ist. Daher ist das entsprechende Differential auf dieser Stirnfläche gleich Null. Somit ist die Form $\mathrm{d}\omega$ identisch gleich Null und ihr Integral ist deshalb über alle Stirnflächen mit Ausnahme von Γ_{i0} und Γ_{i1} gleich Null.

Deswegen können wir die Summe der Integrale über diese beiden Stirnflächen als das Integral der Form ω über den gesamten Rand ∂I^k des Intervalls I^k interpretieren, wobei der Rand mit der Orientierung des Intervalls I^k verträglich ist.

Die Gleichung

$$\int\limits_{I_k} \mathrm{d}\omega = \int\limits_{\partial I^k} \omega$$

und mit ihr Gleichung (13.35) ist nun bewiesen. $\square$

Wie wir erkennen können, ist Gleichung (13.35) ein Korollar der Newton–Leibniz Formel (dem Fundamentalsatz der Infinitesimalrechnung), dem Satz von Fubini und einer Abfolge von Definitionen von Konzepten wie Mannigfaltigkeiten, Rand einer Mannigfaltigkeit, Orientierung, Differentialform, Differentiation einer Differentialform und der Transformation von Formen.   ˙

Die Gleichungen (13.25), (13.30) und (13.34), die Greensche–Formel, der Divergenzsatz und der Satz von Stokes sind Spezialfälle der allgemeinen Gleichung (13.35). Falls wir außerdem eine auf einem abgeschlossenen Intervall $[a, b] \subset \mathbb{R}$ definierte Funktion f als 0-Form ω interpretieren und das Integral einer 0-Form über einem orientierten Punkt als den Wert der Funktion in diesem Punkt zusammen mit dem Vorzeichen der Orientierung des Punktes betrachten, dann kann sogar die Newton–Leibniz Formel als eine einfache (aber unabhängige) Version von (13.35) angesehen werden. Folglich gilt die wichtige Gleichung (13.35) für alle Dimensionen $k \geq 1$.

Gleichung (13.35) wird oft *allgemeiner Satz von Stokes* genannt. Zur geschichtlichen Einordnung zitieren wir hier einige Zeilen aus dem Vorwort von M. Spivak zu seinem Buch (s. Literaturverzeichnis unten):

> Die erste Formulierung des Satzes[10] erscheint als ein Postscriptum in einem Brief, datiert auf den 2. Juli 1850, von Sir William Thomson (Lord Kelvin) an Stokes. Sie erschien öffentlich als Frage 8 bei der Smith-Preisprüfung 1854. Diese Wettbewerbsprüfung, die jährlich von den besten Mathematikstudenten an der Cambridge Universität abgelegt wurde, wurde von 1849 bis 1882 von Professor Stokes aufgestellt; bei seinem Tode war das Ergebnis allgemein als Satz von Stokes bekannt. Zumindest drei Beweise wurden von seinen Zeitgenossen erbracht: Thomson veröffentlichte einen, ein anderer erschien in *Treatise on Natural Philosophy* von Thomson und Tait und ein weiterer wurde von Maxwell in *Electricity and Magnetism* formuliert. Seit jener Zeit wurde der Name Stokes für allgemeinere Ergebnisse verwendet, die sich so entscheidend bei der Entwicklung gewisser Teile der Mathematik erwiesen, dass der Satz von Stokes als Fallstudie für die Wichtigkeit einer Verallgemeinerung betrachtet werden kann.

Wir weisen darauf hin, dass die moderne Sprache der Differentialformen von Élie Cartan[11] stammt, aber die Form (13.35) für den allgemeinen Satz von Stokes für Mannigfaltigkeiten in $\mathbb{R}^n$ scheint zum ersten Mal von Poincaré vorgeschlagen worden zu sein. Für Gebiete im n-dimensionalen Raum $\mathbb{R}^n$ war sie bereits Ostrogradski bekannt und Leibniz formulierte die erste Differentialform.

Daher ist es kein Zufall, dass der allgemeine Satz von Stokes und Gleichung (13.35) manchmal auch Newton–Leibniz–Green–Gauss–Ostrogradski–Stokes–Poincaré–Formel genannt wird. Aus dem Gesagten können wir folgern, dass dies bei Weitem nicht ihr vollständiger Name ist.

---

[10] Dabei ist der klassische Satz von Stokes, Satz 3 gemeint

[11] Élie Cartan (1869–1951) – hervorragender französischer Geometriker.

Wir wollen die Gleichung einsetzen, um das Ergebnis von Beispiel 2 zu verallgemeinern.

Beispiel 5. Wir wollen zeigen, dass jede glatte Abbildung $f : \overline{K} \to K$ einer geschlossenen Kugel $\overline{K} \subset \mathbb{R}^m$ auf sich selbst zumindest einen Fixpunkt besitzt.

Beweis. Hätte die Abbildung f keine Fixpunkte, dann könnten wir, wie in Beispiel 2, eine glatte Abbildung $\varphi : \overline{K} \to \partial \overline{K}$ konstruieren, die auf der Kugelschale $\partial \overline{K}$ gleich der identischen Abbildung ist. Im Gebiet $\mathbb{R}^m \setminus 0$ betrachten wir das Vektorfeld $\frac{\mathbf{r}}{|\mathbf{r}|^m}$, wobei $\mathbf{r}$ der Radiusvektor zum Punkt $x = (x^1, \ldots, x^m) \in \mathbb{R}^m \setminus 0$ ist, und die Flussform

$$\omega = \left\langle \frac{\mathbf{r}}{|\mathbf{r}|^m}, \mathbf{n} \right\rangle \Omega = \sum_{i=1}^{m} \frac{(-1)^{i-1} x^i \, dx^1 \wedge \cdots \wedge \widehat{dx^i} \wedge \cdots \wedge dx^m}{\left((x^1)^2 + \cdots + (x^m)^2 \right)^{m/2}} \, ,$$

die zu diesem Feld gehört (vgl. Gl. (13.19) in Abschnitt 13.2). Der Fluss eines derartigen Feldes durch den Rand der Kugel $\overline{K} = \{x \in \mathbb{R} \,\big|\, |x| = 1\}$ in Richtung der auswärts gerichteten Normalen an die Kugelschale $\partial \overline{K}$ ist offensichtlich gleich der Fläche der Schale $\partial \overline{K}$, d.h. $\int_{\partial \overline{K}} \omega \neq 0$. Wie wir jedoch leicht durch direkte Berechnung zeigen können, ist $d\omega = 0$ in $\mathbb{R}^m \setminus 0$, woraus wir mit Hilfe des allgemeinen Satzes von Stokes wie in Beispiel 2 erkennen können, dass

$$\int_{\partial \overline{K}} \omega = \int_{\partial \overline{K}} \varphi^* \omega = \int_{\overline{K}} d\varphi^* \omega = \int_{\overline{K}} \varphi^* d\omega = \int_{\overline{K}} \varphi^* 0 = 0 \, .$$

Dieser Widerspruch beendet den Beweis. $\qquad\qquad\qquad\qquad\qquad\qquad$ □

13.3.5 Übungen und Aufgaben

1. a) Verändert sich die Greensche–Formel (13.25), wenn wir vom Koordinatensystem x, y zum System y, x wechseln?
   b) Ändert sich Gleichung (13.25'') in dem Fall?

2. a) Zeigen Sie, dass Gleichung (13.25) ihre Gültigkeit behält, wenn die Funktionen P und Q in einem abgeschlossenen Quadrat I stetig sind, wenn ihre partiellen Ableitungen $\frac{\partial P}{\partial y}$ und $\frac{\partial Q}{\partial x}$ in den inneren Punkten von I stetig sind und wenn das Doppelintegral existiert, sogar gegebenenfalls als uneigentliche Integrale (13.25').
   b) Zeigen Sie, dass dann, wenn der Rand eines kompakten Gebiets D aus stückweise glatten Kurven besteht, Gleichung (13.25) unter ähnlichen Annahmen wie in a) ihre Gültigkeit behält.

3. a) Formulieren Sie den Beweis von (13.26') ausführlich.

b) Zeigen Sie, dass das Gebiet D bzgl. jedem Koordinatenachsenpaar ein einfaches Gebiet ist, wenn der Rand eines kompakten Gebiets $D \subset \mathbb{R}^2$ aus einer endlichen Anzahl von glatten Kurven besteht, die nur eine endliche Anzahl von Krümmungspunkten besitzen,

c) Der Rand eines ebenen Gebiets bestehe aus glatten Kurven. Stimmt es, dass dann die Koordinatenachsen in $\mathbb{R}^2$ so gewählt werden können, dass das Gebiet relativ dazu ein einfaches Gebiet ist?

4. a) Die Funktionen P und Q in der Greenschen–Formel seien so, dass $\frac{\partial Q}{\partial x} - \frac{\partial P}{\partial y} = 1$. Zeigen Sie, dass dann die Fläche $\sigma(D)$ des Gebiets D durch die Formel $\sigma(D) = \int\limits_{\partial D} P \, dx + Q \, dy$ bestimmt werden kann.

b) Erklären Sie die geometrische Bedeutung des Integrals $\int\limits_{\gamma} y \, dx$ über einer (möglicherweise nicht geschlossenen) Kurve in der Ebene mit kartesischen Koordinaten x, y. Geben Sie aufbauend darauf eine neue Interpretation für die Formel $\sigma(D) = - \int\limits_{\partial D} y \, dx$.

c) Berechnen Sie zur Überprüfung obiger Formel die Fläche des folgenden Gebiets:

$$D = \left\{ (x, y) \in \mathbb{R}^2 \,\middle|\, \frac{x^2}{a^2} + \frac{y^2}{b^2} \leq 1 \right\}.$$

5. a) Sei $x = x(t)$ ein Diffeomorphismus des Gebiets $D_t \subset \mathbb{R}^2_t$ auf das Gebiet $D_x \subset \mathbb{R}^2_x$. Zeigen Sie mit Hilfe der Ergebnisse von Aufgabe 4 und der Tatsache, dass ein Linienintegral von einer zulässigen Veränderung der Parametrisierung des Weges unabhängig ist, dass

$$\int\limits_{D_x} dx = \int\limits_{D_t} |x'(t)| \, dt \, ,$$

mit $dx = dx^1 dx^2$, $dt = dt^1 dt^2$, $|x'(t)| = \det x'(t)$.

b) Leiten Sie aus a) die Gleichung

$$\int\limits_{D_x} f(x) \, dx = \int\limits_{D_t} f\big(x(t)\big) |\det x'(t)| \, dt$$

für die Substitution einer Variablen in einem Doppelintegral her.

6. Sei $f(x, y, t)$ eine glatte Funktion, die in ihrem Definitionsgebiet die Bedingung $\left(\frac{\partial f}{\partial x} \right)^2 + \left(\frac{\partial f}{\partial y} \right)^2 \neq 0$ erfüllt. Dann definiert die Gleichung $f(x, y, t) = 0$ für jeden festen Wert des Parameters t eine Kurve γ_t in der Ebene $\mathbb{R}^2$. Dadurch entsteht eine Schar von Kurven $\{\gamma_t\}$ in der Ebene, die vom Parameter t abhängen. Eine glatte Kurve $\Gamma \subset \mathbb{R}^2$, die durch die parametrischen Gleichungen $x = x(t)$ und $y = y(t)$ definiert wird, heißt die *Umhüllende der Schar von Kurven* $\{\gamma_t\}$, falls der Punkt $x(t_0), y(t_0)$ auf der entsprechenden Kurve γ_{t_0} liegt und die Kurven Γ und γ_{t_0} in diesem Punkt Tangenten sind und zwar für jeden Wert von t_0 im gemeinsamen Definitionsbereich von $\{\gamma_t\}$ und den Funktionen $x(t)$ und $y(t)$.

a) Angenommen, x, y seien kartesische Koordinaten in der Ebene. Zeigen Sie, dass die Funktionen $x(t)$ und $y(t)$, die die Umhüllende definieren, das folgende Gleichungssystem

$$\begin{cases} f(x, y, t) = 0 \,, \\ \frac{\partial f}{\partial t}(x, y, t) = 0 \end{cases}$$

erfüllen müssen und dass die Umhüllende aus geometrischer Sicht als solches dem Rand der Projektion (Schatten) der Fläche $f(x, y, t) = 0$ von $\mathbb{R}^3_{(x,y,t)}$ auf die Ebene $\mathbb{R}^2_{(x,y)}$ entspricht.

b) Eine Schar von Geraden $x \cos \alpha + y \sin \alpha - p(\alpha) = 0$ sei in der Ebene mit den kartesischen Koordinaten x und y gegeben. Hier spielt der Polarwinkel α die Rolle des Parameters. Formulieren Sie die geometrische Bedeutung der Größe $p(\alpha)$ und bestimmen Sie die Umhüllende dieser Schar für $p(\alpha) = c + a \cos \alpha + b \sin \alpha$, wobei a, b und c Konstanten sind.

c) Beschreiben Sie den Bereich eines Geschosses, der von einer im Winkel von $\alpha \in [0, \pi/2]$ gegenüber dem Horizont schwenkbaren Kanone erreicht werden kann.

d) Zeigen Sie, dass bei einer 2π-periodischen Funktion $p(\alpha)$ die entsprechende Umhüllende in b) eine geschlossene Kurve ist.

e) Zeigen Sie mit Hilfe von Aufgabe 4, dass die Länge L der in d) erhaltenen geschlossenen Kurve Γ sich aus der Gleichung

$$L = \int_0^{2\pi} p(\alpha) \, d\alpha$$

ergibt (unter der Annahme, dass $p \in C^{(2)}$).

f) Zeigen Sie außerdem, dass die Fläche σ des durch die geschlossene Kurve Γ umgebenen Bereichs aus Teilaufgabe d) folgendermaßen berechnet werden kann:

$$\sigma = \frac{1}{2} \int_0^{2\pi} (p^2 - \dot{p}^2)(\alpha) \, d\alpha \,, \qquad \dot{p}(\alpha) = \frac{dp}{d\alpha}(\alpha) \,.$$

7. Wir betrachten das Integral $\int_\gamma \frac{\cos(\mathbf{r}, \mathbf{n})}{r} \, ds$, wobei γ eine glatte Kurve in $\mathbb{R}^2$ ist, $\mathbf{r}$ ist der Radiusvektor des Punktes $(x, y) \in \gamma$, $r = |\mathbf{r}| = \sqrt{x^2 + y^2}$, $\mathbf{n}$ ist der Einheitsnormalenvektor an γ in (x, y), der sich stetig entlang γ verändert und ds ist die Bogenlänge auf der Kurve. Dieses Integral wird *Gauss-Integral* genannt.

a) Schreiben Sie das Gauss-Integral in der Form eines Flusses $\int_\gamma \langle \mathbf{V}, \mathbf{n} \rangle \, ds$ des ebenen Vektorfeldes $\mathbf{V}$ entlang der Kurve γ.

b) Zeigen Sie, dass das Gauss-Integral in kartesischen Koordinaten x und y die Gestalt $\pm \int_\gamma \frac{-y \, dx + x \, dy}{x^2 + y^2}$ annimmt, die uns aus Beispiel 1 in Abschnitt 13.1 bekannt ist, wobei die Wahl des Vorzeichens durch die Wahl des Feldes der Normalen $\mathbf{n}$ bestimmt wird.

c) Berechnen Sie das Gauss-Integral für eine geschlossene Kurve γ, die den Ursprung einmal umläuft und für eine Kurve γ, die ein Gebiet umrandet, das den Ursprung nicht enthält.

d) Zeigen Sie, dass $\frac{\cos(\mathbf{r}, \mathbf{n})}{r}\,\mathrm{d}s = \mathrm{d}\varphi$ gilt, wobei φ der Polarwinkel des Radiusvektors $\mathbf{r}$ ist und formulieren Sie eine geometrische Bedeutung des Wertes des Gauss–Integrals für eine geschlossene Kurve und für eine beliebige Kurve $\gamma \subset \mathbb{R}^2$.

8. Bei der Herleitung des Divergenzsatzes haben wir angenommen, dass D ein einfaches Gebiet ist und dass die Funktionen P, Q und R zur Klasse $C^{(1)}(\overline{D}, \mathbb{R})$ gehören. Zeigen Sie durch Verbesserung der Überlegungen, dass Gl. (13.30) gilt, wenn D ein kompaktes Gebiet mit stückweise glattem Rand ist und $P, Q, R \in C(\overline{D}, \mathbb{R})$, $\frac{\partial P}{\partial x}, \frac{\partial Q}{\partial y}, \frac{\partial R}{\partial z} \in C(D, \mathbb{R})$ und dass das Dreifachintegral konvergiert, auch wenn es ein uneigentliches Integral ist.

9. a) Sind die Funktionen P, Q und R in Gleichung (13.30) derart, dass $\frac{\partial P}{\partial x} + \frac{\partial Q}{\partial y} + \frac{\partial R}{\partial z} = 1$, dann kann das Volumen $V(D)$ des Gebiets D durch die Gleichung

$$V(D) = \iint_{\partial D} P\,\mathrm{d}y \wedge \mathrm{d}z + Q\,\mathrm{d}z \wedge \mathrm{d}x + R\,\mathrm{d}x \wedge \mathrm{d}y$$

berechnet werden.

b) Sei $f(x,t)$ eine glatte Funktion der Variablen $x \in D_x \subset \mathbb{R}_x^n$ und $t \in D_t \subset \mathbb{R}_t^n$ mit $\frac{\partial f}{\partial x} = \left(\frac{\partial f}{\partial x^1}, \ldots, \frac{\partial f}{\partial x^n}\right) \neq 0$. Formulieren Sie das Gleichungssystem, das durch die $(n-1)$-dimensionale Mannigfaltigkeit in $\mathbb{R}_x^n$ erfüllt werden muss, die eine Umhüllende der Familie von Mannigfaltigkeiten $\{S_t\}$ ist, die durch die Bedingung $f(x,t) = 0$, $t \in D_t$ definiert wird (vgl. Aufgabe 6).

c) Wenn wir einen Punkt auf der Einheitskugelschale als Parameter t wählen, können wir eine Familie von Ebenen in $\mathbb{R}^3$ finden, die vom Parameter t abhängt und deren Umhüllende das Ellipsoid $\frac{x^2}{a^2} + \frac{y^2}{b^2} + \frac{z^2}{c^2} = 1$ ist.

d) Eine geschlossene Fläche S sei die Umhüllende einer Familie von Ebenen

$$\cos\alpha_1(t)x + \cos\alpha_2(t)y + \cos\alpha_3(t)z - p(t) = 0 \,,$$

wobei $\alpha_1, \alpha_2, \alpha_3$ die Winkel sind, die durch die Normale an die Ebene und die Koordinatenachsen gebildet werden. Der Parameter t sei dabei ein veränderlicher Punkt der Einheitsschale $S^2 \subset \mathbb{R}^3$. Zeigen Sie, dass dann die Fläche σ von S durch die Gleichung $\sigma = \int_{S^2} p(t)\,\mathrm{d}\sigma$ berechnet werden kann.

e) Zeigen Sie, dass das Volumen eines Körpers, der durch die in d) betrachtete Fläche S beschränkt ist, durch die Gleichung $V = \frac{1}{3}\int_S p(t)\,\mathrm{d}\sigma$ berechnet werden kann.

f) Überprüfen Sie die in e) aufgestellte Gleichung, indem Sie das Volumen des Ellipsoids $\frac{x^2}{a^2} + \frac{y^2}{b^2} + \frac{z^2}{c^2} \leq 1$ berechnen.

g) Wie schauen die n-dimensionalen Analoga der Gleichungen in d) und e) aus?

10. a) Beweisen Sie mit Hilfe des Divergenzsatzes, dass der Fluss des Feldes $\mathbf{r}/r^3$ (wobei $\mathbf{r}$ der Radiusvektor des Punktes $x \in \mathbb{R}^3$ ist und $r = |\mathbf{r}|$) durch eine glatte Fläche S, die den Ursprung enthält und zu einer Kugelschale homöomorph ist, dem Fluss desselben Feldes durch eine beliebig kleine Kugelschale $|x| = \varepsilon$ entspricht.

b) Zeigen Sie, dass der Fluss in a) 4π beträgt.

c) Interpretieren Sie das Gauss–Integral $\int\limits_S \frac{\cos(\mathbf{r},\mathbf{n})}{r}\,\mathrm{d}s$ in $\mathbb{R}^3$ als Fluss des Feldes $\mathbf{r}/r^3$
durch die Fläche S.

d) Berechnen Sie das Gauss–Integral über den Rand eines kompakten Gebiets $D \subset \mathbb{R}^3$, indem Sie sowohl den Fall betrachten, dass D den Ursprung im Inneren enthält als auch den, dass der Ursprung außerhalb von D liegt.

e) Vergleichen Sie die Aufgaben 7 und 10a)–d). Stellen Sie eine n-dimensionale Version des Gauss–Integrals zusammen mit dem entsprechenden Vektorfeld auf. Formulieren Sie eine Aussage für die Teile a)–d) in n Dimensionen und überprüfen Sie diese.

11. a) Zeigen Sie, dass eine geschlossene starre Fläche $S \subset \mathbb{R}^3$ bei der Einwirkung eines gleichmäßig verteilten Drucks im Gleichgewicht bleibt. (Nach statischen Regeln reduziert sich die Frage auf den Beweis der Gleichungen $\iint\limits_S \mathbf{n}\,\mathrm{d}\sigma = 0$, $\iint\limits_S [\mathbf{r},\mathbf{n}]\,\mathrm{d}\sigma = 0$, wobei $\mathbf{n}$ eine Einheitsnormalenvektor ist, $\mathbf{r}$ ist der Radiusvektor und $[\mathbf{r},\mathbf{n}]$ ist das Vektorprodukt von $\mathbf{r}$ und $\mathbf{n}$.)

b) Ein gefüllter Körper mit dem Volumen V wird in eine Flüssigkeit mit dem spezifischen Gewicht 1 vollständig eingetaucht. Zeigen Sie, dass der vollständige Gleichgewichtseffekt des Drucks der Flüssigkeit auf den Körper sich auf eine einzige Kraft $\mathbf{F}$ der Größe V reduzieren lässt, die vertikal aufwärts gerichtet ist und im Massenzentrum C des vom Körper eingenommenen Gebiets angeheftet ist.

12. Sei $\Gamma : I^k \to D$ eine glatte (nicht notwendigerweise homöomorphe) Abbildung eines Intervalls $I^k \subset \mathbb{R}^k$ in ein Gebiet D von $\mathbb{R}^n$, in dem eine k-Form ω definiert ist. In Analogie zum ein-dimensionalen Fall werden wir eine Abbildung Γ eine k-*Zelle* oder einen k-Weg nennen und per definitionem $\int\limits_\Gamma \omega = \int\limits_{I^k} \Gamma^*\omega$ setzen. Untersuchen Sie den Beweis des allgemeinen Satzes von Stokes und zeigen Sie, dass er nicht nur für eine k-dimensionale Mannigfaltigkeit gilt, sondern auch für einen k-Weg.

13. Beweisen Sie durch Induktion mit Hilfe des allgemeinen Satzes von Stokes, dass die Substitutionsformel in einem Mehrfachintegral gilt (die Grundlagen des Beweises sind in Aufgabe 5a) enthalten).

14. *Partielle Integration in einem Mehrfachintegral.*

Sei D ein beschränktes Gebiet in $\mathbb{R}^m$ mit einem regulären (glatten oder stückweise glatten) Rand ∂D, der durch die auswärts gerichtete Einheitsnormale $\mathbf{n} = (n^1, \ldots, n^m)$ orientiert ist.

Seien f, g glatte Funktionen in $\overline{D}$.

a) Zeigen Sie, dass

$$\int\limits_D \partial_i f\,\mathrm{d}v = \int\limits_{\partial D} f n^i\,\mathrm{d}\sigma \ .$$

b) Beweisen Sie die folgende Formel für die partielle Integration:

$$\int\limits_D (\partial_i f)g\,\mathrm{d}v = \int\limits_{\partial D} f g n^i\,\mathrm{d}\sigma - \int\limits_D f(\partial_i g)\,\mathrm{d}v \ .$$

Elemente der Vektoranalysis und der Feldtheorie

14.1 Die Differentialoperationen der Vektoranalysis

14.1.1 Skalare und Vektorfelder

In der Feldtheorie betrachten wir Funktionen $x \mapsto T(x)$, die jedem Punkt x eines vorgegebenen Gebiets D ein besonderes Objekt $T(x)$, das *Tensor* genannt wird, zuordnen. Ist eine derartige Funktion in einem Gebiet D definiert, dann sagen wir, dass in D ein *Tensorfeld* definiert ist. Wir beabsichtigen nicht an dieser Stelle eine Definition eines Tensors zu geben: Sie werden in der Algebra und der Differentialgeometrie untersucht. Wir wollen nur sagen, dass numerische Funktionen $D \ni x \mapsto f(x) \in \mathbb{R}$ und vektorwertige Funktionen $\mathbb{R}^n \supset D \ni x \mapsto V(x) \in T\mathbb{R}^n_x \approx \mathbb{R}^n$ Sonderfälle von Tensorfeldern sind und *skalare Felder* bzw. *Vektorfelder* in D genannt werden (wir haben diese Ausdrücke bereits früher benutzt).

Eine p-Differentialform ω in D ist eine Funktion $\mathbb{R}^n \supset D \ni x \mapsto \omega(x) \in \mathcal{L}((\mathbb{R}^n)^p, \mathbb{R})$, die ein *Feld von Formen* vom Grad p in D genannt werden kann. Dies ist auch ein Spezialfall eines Tensorfeldes.

Zum gegenwärtigen Zeitpunkt sind wir hauptsächlich an skalaren und vektoriellen Feldern in Gebieten des euklidischen Raums $\mathbb{R}^n$ interessiert. Diese Felder spielen in vielen Anwendungen der Analysis in den Naturwissenschaften eine wichtige Rolle.

14.1.2 Vektorfelder und Formen in $\mathbb{R}^3$

Wir erinnern daran, dass im euklidischen Raum $\mathbb{R}^3$ mit dem inneren Produkt $\langle\,,\,\rangle$ zwischen linearen Funktionalen $A : \mathbb{R}^3 \to \mathbb{R}$ und Vektoren $\mathbf{A} \in \mathbb{R}^3$ der folgende Zusammenhang besteht: Jedes derartige Funktional besitzt die Gestalt $A(\boldsymbol{\xi}) = \langle \mathbf{A}, \boldsymbol{\xi} \rangle$, wobei $\mathbf{A}$ ein vollständig bestimmter Vektor in $\mathbb{R}^3$ ist.

Ist der Raum außerdem orientiert, dann können wir jedes schief–symmetrische bilineare Funktional $B : \mathbb{R}^3 \times \mathbb{R}^3 \to \mathbb{R}$ eindeutig in der Gestalt $B(\boldsymbol{\xi}_1, \boldsymbol{\xi}_2) = (\mathbf{B}, \boldsymbol{\xi}_1, \boldsymbol{\xi}_2)$ schreiben, wobei $\mathbf{B}$ ein vollständig bestimmter Vektor in $\mathbb{R}^3$ ist und $(\mathbf{B}, \boldsymbol{\xi}_1, \boldsymbol{\xi}_2)$ ist wie immer das skalare Spatprodukt der Vektoren $\mathbf{B}$, $\boldsymbol{\xi}_1$ und $\boldsymbol{\xi}_2$ oder, was dasselbe ist, der Wert des von diesen Vektoren aufgespannten Volumenelements. Daher können wir im orientierten euklidischen Vektorraum $\mathbb{R}^3$ mit jedem Vektor eine lineare oder bilineare Form in Zusammenhang bringen und die Definition der linearen oder der bilinearen Form ist äquivalent zur Definition des entsprechenden Vektors in $\mathbb{R}^3$.

Falls es ein inneres Produkt in $\mathbb{R}^3$ gibt, dann tritt dieses auch ganz natürlich in jedem Tangentialraum $T\mathbb{R}^3_x$ auf, der aus den Vektoren besteht, die im Punkt $x \in \mathbb{R}^3$ angeheftet sind und die Orientierung von $\mathbb{R}^3$ orientiert jeden Raum $T\mathbb{R}^3_x$.

Daher ist die Definition einer 1-Form $\omega^1(x)$ oder einer 2-Form $\omega^2(x)$ in $T\mathbb{R}^3_x$ unter den gerade beschriebenen Bedingungen äquivalent zur Definition eines Vektors $\mathbf{A}(x) \in T\mathbb{R}^3_x$, der der Form $\omega^1(x)$ gehört, oder eines Vektors $\mathbf{B}(x) \in T\mathbb{R}^3_x$, der zur Form $\omega^2(x)$ entspricht.

Folglich ist die Definition einer 1-Form ω^1 oder einer 2-Form ω^2 in einem Gebiet D des orientierten euklidischen Raums $\mathbb{R}^3$ äquivalent zur Definition des Vektorfeldes $\mathbf{A}$ bzw. $\mathbf{B}$ in D, die der jeweiligen Form entsprechen.

Explizit formuliert lautet der Zusammenhang wie folgt:

$$\omega^1_{\mathbf{A}}(x)(\boldsymbol{\xi}) = \langle \mathbf{A}(x), \boldsymbol{\xi} \rangle \,, \tag{14.1}$$

$$\omega^2_{\mathbf{B}}(x)(\boldsymbol{\xi}_1, \boldsymbol{\xi}_2) = \big(\mathbf{B}(x), \boldsymbol{\xi}_1, \boldsymbol{\xi}_2\big) \,, \tag{14.2}$$

wobei $\mathbf{A}(x)$, $\mathbf{B}(x)$, $\boldsymbol{\xi}$, $\boldsymbol{\xi}_1$ und $\boldsymbol{\xi}_2$ zu TD_x gehören.

Hierbei stoßen wir wiederum auf die Arbeitsform $\omega^1 = \omega^1_{\mathbf{A}}$ des Vektorfeldes $\mathbf{A}$ und die Flussform $\omega^2 = \omega^2_{\mathbf{B}}$ des Vektorfeldes $\mathbf{B}$, die uns bereits vertraut sind.

Wir können einem skalaren Feld $f : D \to \mathbb{R}$ wie folgt eine 0-Form und eine 3-Form in D zuweisen:

$$\omega^0_f = f \,, \tag{14.3}$$

$$\omega^3_f = f \, dV \,, \tag{14.4}$$

wobei dV das Volumenelement im euklidischen Raum $\mathbb{R}^3$ ist.

Im Sinne der Zusammenhänge (14.1)–(14.4) entsprechen definite Operationen auf vektoriellen und skalaren Feldern Operationen auf Formen. Diese Beobachtung ist, wie wir sehr bald sehen werden, technisch sehr hilfreich.

Satz 1. *Einer Linearkombination von Formen mit demselben Grad entspricht eine Linearkombination der zugehörigen vektoriellen bzw. skalaren Felder.*

Beweis. Satz 1 ist natürlich offensichtlich. Wir wollen jedoch den vollständigen Beweis z.B. für 1-Formen anführen:

$$\alpha_1 \omega^1_{\mathbf{A}_1} + \alpha_2 \omega^1_{\mathbf{A}_2} = \alpha_1 \langle \mathbf{A}_1, \cdot \rangle + \alpha_2 \langle \mathbf{A}_2, \cdot \rangle =$$
$$= \langle \alpha_1 \mathbf{A}_1 + \alpha_2 \mathbf{A}_2, \cdot \rangle = \omega^1_{\alpha_1 \mathbf{A}_1 + \alpha_2 \mathbf{A}_2} \,. \qquad \square$$

Aus dem Beweis ist klar, dass α_1 und α_2 als (nicht notwendigerweise konstante) Funktionen im Gebiet D, in dem die Formen und Felder definiert sind, betrachtet werden können.

Wir wollen vereinbaren, als Abkürzung neben den Symbolen $\langle\,,\,\rangle$ und $[\,,\,]$ für das innere Produkt bzw. das Vektorprodukt von Vektoren $\mathbf{A}$ und $\mathbf{B}$ in $\mathbb{R}^3$, wo immer es uns angebracht scheint, die alternative Schreibweise $\mathbf{A}\cdot\mathbf{B}$ bzw. $\mathbf{A}\times\mathbf{B}$ zu benutzen.

Satz 2. *Sind* $\mathbf{A}$, $\mathbf{B}$, $\mathbf{A}_1$ *und* $\mathbf{B}_1$ *Vektorfelder im orientierten euklidischen Raum* $\mathbb{R}^3$, *dann gilt*

$$\omega^1_{\mathbf{A}_1} \wedge \omega^1_{\mathbf{A}_2} = \omega^2_{\mathbf{A}_1\times\mathbf{A}_2} \,, \tag{14.5}$$

$$\omega^1_{\mathbf{A}} \wedge \omega^2_{\mathbf{B}} = \omega^3_{\mathbf{A}\cdot\mathbf{B}} \,. \tag{14.6}$$

Anders formuliert, entspricht das Vektorprodukt $\mathbf{A}_1 \times \mathbf{A}_2$ der Felder $\mathbf{A}_1$ und $\mathbf{A}_2$, die 1-Formen erzeugen, dem Keilprodukt der durch sie erzeugten 1-Formen. Die sich aus dem Keilprodukt ergebende 2-Form entspricht nämlich der aus dem Vektorprodukt erzeugten 2-Form.

In demselben Sinne entspricht das innere Produkt der Vektorfelder $\mathbf{A}$ und $\mathbf{B}$, die eine 1-Form $\omega^1_{\mathbf{A}}$ bzw. eine 2-Form $\omega^2_{\mathbf{B}}$ bilden, dem Keilprodukt dieser Formen.

Beweis. Um diese Behauptungen zu beweisen, legen wir in $\mathbb{R}^3$ eine orthonormale Basis und die zugehörigen kartesischen Koordinaten x^1, x^2, x^3 fest.

In kartesischen Koordinaten gilt

$$\omega^1_{\mathbf{A}}(x)(\boldsymbol{\xi}) = \mathbf{A}(x)\cdot\boldsymbol{\xi} = \sum_{i=1}^{3} A^i(x)\xi^i = \sum_{i=1}^{3} A^i(x)\,\mathrm{d}x^i(\boldsymbol{\xi}) \,,$$

d.h.

$$\omega^1_{\mathbf{A}} = A^1\,\mathrm{d}x^1 + A^2\,\mathrm{d}x^2 + A^3\,\mathrm{d}x^3 \tag{14.7}$$

und

$$\omega^2_{\mathbf{B}}(x)(\boldsymbol{\xi}_1,\boldsymbol{\xi}_2) = \begin{vmatrix} B^1(x) & B^2(x) & B^3(x) \\ \xi_1^1 & \xi_1^2 & \xi_1^3 \\ \xi_2^1 & \xi_2^2 & \xi_2^3 \end{vmatrix} =$$
$$= \left(B^1(x)\,\mathrm{d}x^2\wedge\mathrm{d}x^3 + B^2\,\mathrm{d}x^3\wedge\mathrm{d}x^1 + B^3(x)\,\mathrm{d}x^1\wedge\mathrm{d}x^2\right)(\boldsymbol{\xi}_1,\boldsymbol{\xi}_2) \,,$$

d.h.

$$\omega^2_{\mathbf{B}} = B^1\,\mathrm{d}x^2\wedge\mathrm{d}x^3 + B^2\,\mathrm{d}x^3\wedge\mathrm{d}x^1 + B^3\,\mathrm{d}x^1\wedge\mathrm{d}x^2 \,. \tag{14.8}$$

Daher erhalten wir in kartesischen Koordinaten, wenn wir die Gleichungen (14.7) und (14.8) berücksichtigen, dass

$$\omega^1_{\mathbf{A}_1} \wedge \omega^1_{\mathbf{A}_2} = (A_1^1\,\mathrm{d}x^1 + A_1^2\,\mathrm{d}x^2 + A_1^3\,\mathrm{d}x^3) \wedge (A_2^1\,\mathrm{d}x^1 + A_2^2\,\mathrm{d}x^2 + A_2^3\,\mathrm{d}x^3) =$$
$$= (A_1^2 A_2^3 - A_1^3 A_2^2)\,\mathrm{d}x^2\wedge\mathrm{d}x^3 + (A_1^3 A_2^1 - A_1^1 A_2^3)\,\mathrm{d}x^3\wedge\mathrm{d}x^1 +$$
$$+ (A_1^1 A_2^2 - A_1^2 A_2^1)\,\mathrm{d}x^1\wedge\mathrm{d}x^2 = \omega^2_{\mathbf{B}} \,,$$

mit $\mathbf{B} = \mathbf{A}_1 \times \mathbf{A}_2$.

Wir haben dabei die Koordinaten in diesem Beweis nur benutzt, um die Bestimmung des Vektors **B** der entsprechenden 2-Form zu vereinfachen. Die Gleichung (14.5) selbst ist natürlich vom Koordinatensystem unabhängig.

Auf ähnliche Weise erhalten wir durch Multiplikation der Gleichungen (14.7) und (14.8), dass

$$\omega_{\mathbf{A}}^1 \wedge \omega_{\mathbf{B}}^2 = (A^1 B^1 + A^2 B^2 + A^3 B^3)\, \mathrm{d}x^1 \wedge \mathrm{d}x^2 \wedge \mathrm{d}x^3 = \omega_\rho^3\,.$$

In kartesischen Koordinaten ist $\mathrm{d}x^1 \wedge \mathrm{d}x^2 \wedge \mathrm{d}x^3$ das Volumenelement in $\mathbb{R}^3$ und die Summe der paarweisen Produkte der Koordinaten des Vektors **A** und **B**, die als Klammerausdruck vor der 3-Form auftritt, ist das innere Produkt dieser Vektoren in den entsprechenden Punkten des Gebiets, woraus folgt, dass $\rho(x) = \mathbf{A}(x) \cdot \mathbf{B}(x)$. $\qquad\qquad\qquad\qquad\qquad\qquad\square$

14.1.3 Die Differentialoperatoren grad, rot, div, und ∇

Definition 1. Der äußeren Differentiation im orientierten euklidischen Raum $\mathbb{R}^3$ der 0-Formen (Funktionen), 1-Formen und 2-Formen entsprechen die Operationen zur Bestimmung des *Gradienten* (grad) eines skalaren Feldes, der *Rotation* (rot) bzw. der *Divergenz* (div) eines Vektorfeldes. Diese Operationen werden durch die folgenden Gleichungen definiert:

$$\mathrm{d}\omega_f^0 =: \omega_{\operatorname{grad} f}^1\,, \qquad\qquad\qquad (14.9)$$

$$\mathrm{d}\omega_{\mathbf{A}}^1 =: \omega_{\operatorname{rot}\mathbf{A}}^2\,, \qquad\qquad\qquad (14.10)$$

$$\mathrm{d}\omega_{\mathbf{B}}^2 =: \omega_{\operatorname{div}\mathbf{B}}^3\,. \qquad\qquad\qquad (14.11)$$

Auf Grund der Zusammenhänge zwischen Formen und skalaren und vektoriellen Feldern in $\mathbb{R}^3$, die in den Gleichungen (14.1)–(14.4) formuliert sind, sind (14.9)–(14.11) unzweideutige Definitionen der Operationen grad, rot und div, die auf skalare bzw. vektorielle Felder angewendet werden. Diese Operationen, den *Operatoren der Feldtheorie*, wie sie genannt werden, entsprechen der einen Operation der äußeren Differentiation von Formen, die jedoch auf Formen unterschiedlicher Ordnung angewendet werden.

Wir wollen diese Operatoren in expliziter Gestalt in kartesischen Koordinaten x^1, x^2, x^3 in $\mathbb{R}^3$ formulieren.

Wie wir ausgeführt haben, erhalten wir

$$\omega_f^0 = f\,, \qquad\qquad\qquad\qquad\qquad\qquad (14.3')$$

$$\omega_{\mathbf{A}}^1 = A^1\, \mathrm{d}x^1 + A^2\, \mathrm{d}x^2 + A^3\, \mathrm{d}x^3\,, \qquad\qquad (14.7')$$

$$\omega_{\mathbf{B}}^2 = B^1\, \mathrm{d}x^2 \wedge \mathrm{d}x^3 + B^2\, \mathrm{d}x^3 \wedge \mathrm{d}x^1 + B^3\, \mathrm{d}x^1 \wedge \mathrm{d}x^2\,, \qquad (14.8')$$

$$\omega_\rho^3 = \rho\, \mathrm{d}x^1 \wedge \mathrm{d}x^2 \wedge \mathrm{d}x^3\,. \qquad\qquad\qquad (14.4')$$

Da

$$\omega^1_{\text{grad } f} := \mathrm{d}\omega^0_f = \mathrm{d}f = \frac{\partial f}{\partial x^1} \, \mathrm{d}x^1 + \frac{\partial f}{\partial x^2} \, \mathrm{d}x^2 + \frac{\partial f}{\partial x^3} \, \mathrm{d}x^3 \ ,$$

folgt aus (14.7′) in kartesischen Koordinaten

$$\text{grad } f = \mathbf{e}_1 \frac{\partial f}{\partial x^1} + \mathbf{e}_2 \frac{\partial f}{\partial x^2} + \mathbf{e}_3 \frac{\partial f}{\partial x^3} \ , \tag{14.9′}$$

wobei $\mathbf{e}_1, \mathbf{e}_2, \mathbf{e}_3$ eine feste orthonormale Basis in $\mathbb{R}^3$ ist.

Da

$$\omega^2_{\text{rot } \mathbf{A}} := \mathrm{d}\omega^1_{\mathbf{A}} = \mathrm{d}(A^1 \, \mathrm{d}x^1 + A^2 \, \mathrm{d}x^2 + A^3 \, \mathrm{d}x^3) =$$
$$= \left(\frac{\partial A^3}{\partial x^2} - \frac{\partial A^2}{\partial x^3} \right) \mathrm{d}x^2 \wedge \mathrm{d}x^3 + \left(\frac{\partial A^1}{\partial x^3} - \frac{\partial A^3}{\partial x^1} \right) \mathrm{d}x^3 \wedge \mathrm{d}x^1 +$$
$$+ \left(\frac{\partial A^2}{\partial x^1} - \frac{\partial A^1}{\partial x^2} \right) \mathrm{d}x^1 \wedge \mathrm{d}x^2 \ ,$$

folgt aus (14.8′) in kartesischen Koordinaten

$$\text{rot } \mathbf{A} = \mathbf{e}_1 \left(\frac{\partial A^3}{\partial x^2} - \frac{\partial A^2}{\partial x^3} \right) + \mathbf{e}_2 \left(\frac{\partial A^1}{\partial x^3} - \frac{\partial A^3}{\partial x^1} \right) + \mathbf{e}_3 \left(\frac{\partial A^2}{\partial x^1} - \frac{\partial A^1}{\partial x^2} \right) \ . \tag{14.10′}$$

Als Gedächtnisstütze wird diese letzte Gleichung oft in folgender symbolischer Form geschrieben:

$$\text{rot } \mathbf{A} = \begin{vmatrix} \mathbf{e}_1 & \mathbf{e}_2 & \mathbf{e}_3 \\ \frac{\partial}{\partial x^1} & \frac{\partial}{\partial x^2} & \frac{\partial}{\partial x^3} \\ A^1 & A^2 & A^3 \end{vmatrix} \ . \tag{14.10″}$$

Da

$$\omega^3_{\text{div } \mathbf{B}} := \mathrm{d}\omega^2_{\mathbf{B}} = \mathrm{d}(B^1 \, \mathrm{d}x^2 \wedge \mathrm{d}x^3 + B^2 \, \mathrm{d}x^3 \wedge \mathrm{d}x^1 + B^3 \, \mathrm{d}x^1 \wedge \mathrm{d}x^2) =$$
$$= \left(\frac{\partial B^1}{\partial x^1} + \frac{\partial B^2}{\partial x^2} + \frac{\partial B^3}{\partial x^3} \right) \mathrm{d}x^1 \wedge \mathrm{d}x^2 \wedge \mathrm{d}x^3 \ ,$$

folgt aus (14.4′) in kartesischen Koordinaten

$$\text{div } \mathbf{B} = \frac{\partial B^1}{\partial x^1} + \frac{\partial B^2}{\partial x^2} + \frac{\partial B^3}{\partial x^3} \ . \tag{14.11′}$$

Wir können an den gerade erhaltenen Formeln (14.9′), (14.10′) und (14.11′) erkennen, dass grad, rot und div lineare Differentialoperationen (-operatoren) sind. Der grad-Operator ist auf differenzierbaren skalaren Feldern definiert und weist skalaren Feldern vektorielle Felder zu. Der rot-Operator erzeugt ebenfalls ein Vektorfeld, ist aber für differenzierbare Vektorfelder definiert. Der div-Operator ist auf differenzierbaren Vektorfeldern definiert und weist ihnen skalare Felder zu.

Wir betonen, dass diese Operatoren im Allgemeinen in anderen Koordinaten Ausdrücke besitzen werden, die sich von den oben formulierten in kartesischen Koordinaten unterscheiden. Wir werden diesen Gesichtspunkt unten in Absatz 14.1.5 untersuchen.

Als Beispiel für die Verwendung dieser Operatoren formulieren wir das berühmte[1] Gleichungssystem von Maxwell[2], das den Zustand der Komponenten eines elektrischen Feldes als Funktion eines Punktes $x = (x^1, x^2, x^3)$ im Raum und in der Zeit t beschreibt.

Beispiel 1. (Die Maxwellschen Gleichungen für ein elektromagnetisches Feld in einem Vakuum.)

$$1.\ \operatorname{div} \mathbf{E} = \frac{\rho}{\varepsilon_0}\,. \qquad 2.\ \operatorname{div} \mathbf{B} = 0\,.$$

$$3.\ \operatorname{rot} \mathbf{E} = -\frac{\partial \mathbf{B}}{\partial t}\,. \qquad 4.\ \operatorname{rot} \mathbf{B} = \frac{\mathbf{j}}{\varepsilon_0 c^2} + \frac{1}{c^2}\frac{\partial \mathbf{E}}{\partial t}\,. \qquad (14.12)$$

Hierbei ist $\rho(x,t)$ die elektrische Ladungsdichte (die Ladung pro Einheitsvolumen), $\mathbf{j}(x,t)$ ist der elektrische Stromdichtevektor (der Ladungsfluss durch eine Einheitsfläche), $\mathbf{E}(x,t)$ und $\mathbf{B}(x,t)$ sind die elektrischen bzw. magnetischen Feldstärken und ε_0 und c sind Dimensionierungskonstanten (und tatsächlich ist c die Lichtgeschwindigkeit im Vakuum).

In der mathematischen und besonders der physikalischen Literatur wird der symbolische Differentialoperator Nabla, der von Hamilton[3] (der *Hamilton–Operator*) vorgeschlagen wurde, häufig benutzt:

$$\nabla = \mathbf{e}_1 \frac{\partial}{\partial x^1} + \mathbf{e}_2 \frac{\partial}{\partial x^2} + \mathbf{e}_3 \frac{\partial}{\partial x^3}\,, \qquad (14.13)$$

---

[1] Zu diesem Thema schreibt der berühmte amerikanische Physiker und Mathematiker R. Feynman (1918–1988) mit seiner charakteristischen Schärfe: „Wird die Geschichte der Menschheit mit großem Abstand – etwa in zehntausend Jahren – betrachtet, dann kann es kaum einen Zweifel darüber gehen, dass die Entdeckung der Gesetze der Elektrodynamik durch Maxwell als das wichtigste Ereignis des 19. Jahrhunderts angesehen wird. Der amerikanische Bürgerkrieg in demselben Jahrzehnt wird verglichen mit diesem wichtigen wissenschaftlichen Ereignis zu provinzlerischer Bedeutungslosigkeit verblassen." Richard R. Feynman, Robert B. Leighton und Matthew Sands, *Feynman Vorlesungen der Physik, Bd. II: Elektromagnetismus und Struktur der Materie*, Oldenburg 2001.

[2] J.C. Maxwell (1831–1879) – herausragender schottischer Physiker; er begründete die Theorie des elektromagnetischen Feldes und er ist auch für seine Forschungen zur kinetischen Gastheorie, Optik und der Mechanik berühmt.

[3] W.R. Hamilton (1805–1865) – berühmter irischer Mathematiker mit Mechanik als Spezialgebiet; er formulierte das Variationsprinzip (Hamiltonsches Prinzip) und konstruierte eine phänomenologische Theorie optischer Phänomene; er schuf die Theorie der Quaternionen und begründete die Vektoranalysis (tatsächlich geht der Ausdruck „Vektor" auf ihn zurück).

wobei $\{\mathbf{e}_1, \mathbf{e}_2, \mathbf{e}_3\}$ eine orthonormale Basis von $\mathbb{R}^3$ ist und x^1, x^2, x^3 sind die entsprechenden kartesischen Koordinaten.

Per definitionem ergibt die Anwendung des Operators ∇ auf ein skalares Feld f (d.h. auf eine Funktion) das Vektorfeld

$$\nabla f = \mathbf{e}_1 \frac{\partial f}{\partial x^1} + \mathbf{e}_2 \frac{\partial f}{\partial x^2} + \mathbf{e}_3 \frac{\partial f}{\partial x^3},$$

das mit dem Feld (14.9′) übereinstimmt, d.h. der Nabla–Operator ist einfach nur der grad–Operator in einer anderen Schreibweise.

Mit Hilfe der vektoriellen Gestalt, in der ∇ geschrieben wird, schlug Hamilton jedoch ein System formaler Operationen vor, das die entsprechenden algebraischen Operationen mit Vektoren nachahmt.

Bevor wir diese Operationen vorstellen, möchten wir noch darauf hinweisen, dass beim Umgang mit ∇ dieselben Regeln und Vorsichtsmaßnahmen zu beachten sind, wie beim Umgang mit dem üblichen Differentiationsoperator $D = \frac{\mathrm{d}}{\mathrm{d}x}$. So ist beispielsweise $\varphi D f$ gleich $\varphi \frac{\mathrm{d}f}{\mathrm{d}x}$ und nicht $\frac{\mathrm{d}}{\mathrm{d}x}(\varphi f)$ oder $f \frac{\mathrm{d}\varphi}{\mathrm{d}x}$. Daher wirkt der Operator auf alles ein, was rechts von ihm steht; Multiplikation von links führt einen Koeffizienten ein, d.h. φD ist der neue Differentiationsoperator φD und nicht die Funktion $\frac{\mathrm{d}\varphi}{\mathrm{d}x}$. Außerdem ist $D^2 = D \cdot D$, d.h. $D^2 f = D(Df) = \frac{\mathrm{d}}{\mathrm{d}x}\left(\frac{\mathrm{d}}{\mathrm{d}x}f\right) = \frac{\mathrm{d}^2}{\mathrm{d}x^2}f$.

Wenn wir nun in den Fußstapfen von Hamilton mit ∇ so arbeiten, als ob es ein in kartesischen Koordinaten definiertes Vektorfeld ist, dann erhalten wir, wenn wir die Gleichungen (14.13), (14.9′), (14.10′) und (14.11′) vergleichen:

$$\operatorname{grad} f = \nabla f \tag{14.14}$$

$$\operatorname{rot} \mathbf{A} = \nabla \times \mathbf{A}, \tag{14.15}$$

$$\operatorname{div} \mathbf{B} = \nabla \cdot \mathbf{B}. \tag{14.16}$$

Auf diese Weise lassen sich die Operatoren grad, rot und div durch den Hamilton–Operator und Vektoroperationen in $\mathbb{R}^3$ formulieren.

Beispiel 2. Nur der rot- und der div-Operator treten bei der Formulierung der Maxwellschen Gleichungen (14.12) auf. Mit Hilfe der Regeln für den Umgang mit $\nabla = \operatorname{grad}$ können wir die Maxwellschen Gleichungen wie folgt umschreiben, um das Fehlen von grad in ihnen auszugleichen:

$$\begin{aligned}
&1.\ \nabla \cdot \mathbf{E} = \frac{\rho}{\varepsilon_0}. \qquad\quad 2.\ \nabla \cdot \mathbf{B} = 0. \\
&3.\ \nabla \times \mathbf{E} = -\frac{\partial \mathbf{B}}{\partial t}. \quad 4.\ \nabla \times \mathbf{B} = \frac{\mathbf{j}}{\varepsilon_0 c^2} + \frac{1}{c^2}\frac{\partial \mathbf{E}}{\partial t}.
\end{aligned} \tag{14.12′}$$

14.1.4 Einige Differentialformeln der Vektoranalysis

Im orientierten euklidischen Raum $\mathbb{R}^3$ haben wir die Zusammenhänge (14.1)–(14.4) zwischen Formen auf der einen Seite und vektoriellen und skalaren

Feldern auf der anderen Seite erläutert. Dieser Zusammenhang versetzte uns in die Lage, eine Verbindung zwischen entsprechenden Operatoren auf Feldern und äußerer Differentiation herzustellen (vgl. die Gleichungen (14.5), (14.6) und (14.9)–(14.11)).

Aus diesen Zusammenhängen können wir eine Reihe von wichtigen Differentialformen der Vektoranalysis erhalten.

So gelten beispielsweise die folgenden Gleichungen:

$$\operatorname{rot}(f\mathbf{A}) = f\operatorname{rot}\mathbf{A} - \mathbf{A} \times \operatorname{grad} f \;, \tag{14.17}$$

$$\operatorname{div}(f\mathbf{A}) = \mathbf{A} \cdot \operatorname{grad} f + f\operatorname{div}\mathbf{A} \;, \tag{14.18}$$

$$\operatorname{div}(\mathbf{A} \times \mathbf{B}) = \mathbf{B} \cdot \operatorname{rot}\mathbf{A} - \mathbf{A} \cdot \operatorname{rot}\mathbf{B} \;. \tag{14.19}$$

Beweis. Wir wollen die letzte Gleichung beweisen:

$$\omega^3_{\operatorname{div}\mathbf{A}\times\mathbf{B}} = \mathrm{d}\omega^2_{\mathbf{A}\times\mathbf{B}} = \mathrm{d}(\omega^1_\mathbf{A} \wedge \omega^1_\mathbf{B}) = \mathrm{d}\omega^1_\mathbf{A} \wedge \omega^1_\mathbf{B} - \omega^1_\mathbf{A} \wedge \mathrm{d}\omega^1_\mathbf{B} =$$
$$= \omega^2_{\operatorname{rot}\mathbf{A}} \wedge \omega^1_\mathbf{B} - \omega^1_\mathbf{A} \wedge \omega^2_{\operatorname{rot}\mathbf{B}} = \omega^3_{\mathbf{B}\cdot\operatorname{rot}\mathbf{A}} - \omega^3_{\mathbf{A}\cdot\operatorname{rot}\mathbf{B}} = \omega^3_{\mathbf{B}\cdot\operatorname{rot}\mathbf{A}-\mathbf{A}\cdot\operatorname{rot}\mathbf{B}} \cdot$$

Die ersten beiden Gleichungen werden auf ähnliche Weise bewiesen. Natürlich lassen sich die Beweise dieser Gleichungen auch durch direkte Differentiation in Koordinaten ausführen. □

Wenn wir für jede Form ω die Gleichung $\mathrm{d}^2\omega = 0$ berücksichtigen, können wir auch sicherstellen, dass die folgenden Gleichungen gelten:

$$\operatorname{rot}\operatorname{grad} f = \mathbf{0} \;, \tag{14.20}$$

$$\operatorname{div}\operatorname{rot}\mathbf{A} = 0 \;. \tag{14.21}$$

Beweis. Tatsächlich gilt:

$$\omega^2_{\operatorname{rot}\operatorname{grad} f} = \mathrm{d}\omega^1_{\operatorname{grad} f} = \mathrm{d}(\mathrm{d}\omega^0_f) = \mathrm{d}^2\omega^0_f = 0 \;,$$
$$\omega^3_{\operatorname{div}\operatorname{rot}\mathbf{A}} = \mathrm{d}\omega^2_{\operatorname{rot}\mathbf{A}} = \mathrm{d}(\mathrm{d}\omega^1_\mathbf{A}) = \mathrm{d}^2\omega^1_\mathbf{A} = 0 \;. \qquad □$$

In den Gleichungen (14.17)–(14.19) werden die Operatoren grad, rot und div einmal angewendet, wohingegen in (14.20) und (14.21) die Operatoren zweiter Ordnung, die wir durch wiederholte Ausführung von zweien der drei ursprünglichen Operatoren erhalten, vorkommen. Neben den in (14.20) und (14.21) vorgestellten Regeln können wir auch andere Kombinationen dieser Operatoren betrachten:

$$\operatorname{grad}\operatorname{div}\mathbf{A}, \quad \operatorname{rot}\operatorname{rot}\mathbf{A}, \quad \text{und} \quad \operatorname{div}\operatorname{grad} f \;. \tag{14.22}$$

Der Operator div grad wird, wie wir erkennen können, auf ein skalares Feld angewendet. Dieser Operator wird auch Δ (Delta) geschrieben und *Laplace*[4]-*Operator* genannt.

---

[4] P.S. Laplace (1749–1827) – berühmter französischer Astronom, Mathematiker und Physiker; er leistete wichtige Beiträge zur Entwicklung der Himmelsmechanik, der mathematischen Theorie der Wahrscheinlichkeit und zur experimentellen und mathematischen Physik.

Wie aus (14.9′) und (14.11′) folgt, lautet er in kartesischen Koordinaten:

$$\Delta f = \frac{\partial^2 f}{\partial (x^1)^2} + \frac{\partial^2 f}{\partial (x^2)^2} + \frac{\partial^2 f}{\partial (x^3)^2} \ . \tag{14.23}$$

Da der Operator Δ auf numerische Funktionen einwirkt, kann er komponentenweise auf die Koordinaten von Vektorfeldern $\mathbf{A} = \mathbf{e}_1 A^1 + \mathbf{e}_2 A^2 + \mathbf{e}_3 A^3$ angewendet werden, wobei $\mathbf{e}_1$, $\mathbf{e}_2$ und $\mathbf{e}_3$ eine orthonormale Basis in $\mathbb{R}^3$ ist. So erhalten wir

$$\Delta \mathbf{A} = \mathbf{e}_1 \Delta A^1 + \mathbf{e}_2 \Delta A^2 + \mathbf{e}_3 \Delta A^3 \ .$$

Wenn wir diese letzte Gleichung berücksichtigen, können wir die folgende Gleichung für die Kombination der Operatoren zweiter Ordnung (14.22) schreiben:

$$\mathrm{rot}\,\mathrm{rot}\,\mathbf{A} = \mathrm{grad}\,\mathrm{div}\,\mathbf{A} - \Delta\mathbf{A} \ . \tag{14.24}$$

Wir nehmen uns im Augenblick nicht die Zeit dies zu beweisen (vgl. Aufgabe 2 unten). Die Gleichung (14.24) kann als Definition von $\Delta\mathbf{A}$ in jedem Koordinatensystem dienen, das nicht notwendigerweise orthogonal sein muss.

In der Sprache der Vektoralgebra und den Gleichungen (14.14)–(14.16) können wir alle Operatoren zweiter Ordnung (14.20)–(14.22) mit Hilfe des Hamilton–Operators ∇ schreiben:

$$\mathrm{rot}\ \mathrm{grad}\,f = \nabla \times \nabla f = 0 \ ,$$
$$\mathrm{div}\ \mathrm{rot}\,\mathbf{A} = \nabla \cdot (\nabla \times \mathbf{A}) = 0 \ ,$$
$$\mathrm{grad}\ \mathrm{div}\,\mathbf{A} = \nabla(\nabla \cdot \mathbf{A}) \ ,$$
$$\mathrm{rot}\ \mathrm{rot}\,\mathbf{A} = \nabla \times (\nabla \times \mathbf{A}) \ ,$$
$$\mathrm{div}\ \mathrm{grad}\,f = \nabla \cdot \nabla f \ .$$

Aus dem Gesichtspunkt der Vektoralgebra scheint das Verschwinden der ersten beiden Operatoren vollständig natürlich.

Die letzte Gleichung bedeutet, dass die folgende Gleichung zwischen dem Hamilton–Operator Δ und dem Laplace–Operator ∇ gilt:

$$\Delta = \nabla^2 \ .$$

14.1.5 *Vektoroperationen in krummlinigen Koordinaten

a. So wie beispielsweise die Kugelschale $x^2 + y^2 + z^2 = a^2$ eine besonders einfache Gleichung $R = a$ in sphärischen Koordinaten besitzt, nehmen auch Vektorfelder $x \mapsto \mathbf{A}(x)$ in $\mathbb{R}^3$ (oder $\mathbb{R}^n$) in einem anderen als dem kartesischen Koordinatensystem oft einfachere Ausdrücke an. Aus diesem Grund wollen wir nun explizite Formeln suchen, aus denen heraus grad, rot und div für eine breite Klasse von krummlinigen Koordinaten bestimmt werden kann.

Zunächst aber ist eine Präzisierung notwendig, was unter einer Koordinatendarstellung eines Feldes $\mathbf{A}$ in einem krummlinigen Koordinatensystem gemeint ist.

Wir beginnen zur Veranschaulichung mit zwei einführenden Beispielen.

Beispiel 3. Angenommen, es läge ein festes kartesisches Koordinatensystem x^1, x^2 in der euklidischen Ebene $\mathbb{R}^2$ vor. Wenn wir sagen, dass ein Vektorfeld $(A^1, A^2)(x)$ in $\mathbb{R}^2$ definiert ist, dann meinen wir, dass ein Vektor $\mathbf{A}(x) \in T\mathbb{R}_x^2$ in jedem Punkt $x = (x^1, x^2) \in \mathbb{R}^2$ angeheftet ist und dass in der Basis von $T\mathbb{R}_x^2$, die aus den Einheitsvektoren $\mathbf{e}_1(x)$, $\mathbf{e}_2(x)$ in den Koordinatenrichtungen besteht, die Entwicklung $\mathbf{A}(x) = A^1(x)\mathbf{e}_1(x) + A^2(x)\mathbf{e}_2(x)$ gilt (vgl. Abb. 14.1). In diesem Fall ist die Basis $\{\mathbf{e}_1(x), \mathbf{e}_2(x)\}$ von $T\mathbb{R}_x^2$ von x unabhängig.

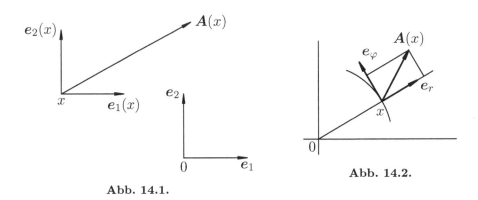

Abb. 14.1.

Abb. 14.2.

Beispiel 4. Wenn wir stattdessen in derselben Ebene $\mathbb{R}^2$ Polarkoordinaten (r, φ) definieren, können wir in jedem Punkt $x \in \mathbb{R}^2 \setminus 0$ auch Einheitsvektoren $\mathbf{e}_1(x) = \mathbf{e}_r(x)$, $\mathbf{e}_2(x) = \mathbf{e}_\varphi(x)$ in Koordinatenrichtungen anheften (Abb. 14.2). Auch sie bilden eine Basis in $T\mathbb{R}_x^2$ bezüglich derer wir den Vektor $\mathbf{A}(x)$ des Feldes $\mathbf{A}$, der in x angeheftet ist, entwickeln können: $\mathbf{A}(x) = A^1(x)\mathbf{e}_1(x) + A^2(x)\mathbf{e}_2(x)$. Ganz natürlich betrachten wir das geordnete Paar von Funktionen $(A^1, A^2)(x)$ als Ausdruck für das Feld $\mathbf{A}$ in Polarkoordinaten.

Ist daher $(A^1, A^2)(x) \equiv (1, 0)$, dann liegt ein Feld von Einheitsvektoren in $\mathbb{R}^2$ vor, das radial vom Zentrum 0 wegzeigt.

Das Feld $(A^1, A^2)(x) \equiv (0, 1)$ können wir aus dem vorigen Feld erhalten, indem wir jeden Vektor darin um den Winkel $\pi/2$ gegen den Uhrzeigersinn drehen.

Dies sind keine konstanten Felder in $\mathbb{R}^2$, obwohl die Komponenten ihrer Koordinatendarstellungen konstant sind. Dies liegt daran, dass sich die Basis, für die diese Entwicklung gilt, beim Übergang von einem Punkt zum nächsten mit dem Vektor des Feldes synchron verändert.

Es ist klar, dass die Komponenten der Koordinatendarstellungen dieser Felder in kartesischen Koordinaten überhaupt nicht konstant sein können. Auf der anderen Seite hätte ein wirklich konstantes Feld (das aus einem Vektor besteht, der parallel zu sich in alle Punkte der Ebene versetzt wird), das in kartesischen Koordinaten konstante Komponenten hätte, in Polarkoordinaten sich verändernde Komponenten.

b. Nach diesen einleitenden Betrachtungen wollen wir die Definition von Vektorfeldern in krummlinigen Koordinatensystemen etwas formaler betrachten.

Wir wiederholen zunächst, dass ein krummliniges Koordinatensystem t^1, t^2, t^3 in einem Gebiet $D \subset \mathbb{R}^3$ ein Diffeomorphismus $\varphi : D_t \to D$ eines Gebiets D_t im euklidischen Parameterraum $\mathbb{R}^3_t$ auf das Gebiet D ist. Aus diesem Grund existiert für jeden Punkt $x = \varphi(t) \in D$ eine Zuordnung zu den kartesischen Koordinaten t^1, t^2, t^3 des entsprechenden Punktes $t \in D_t$.

Die Tangentialabbildung $\varphi'(t) : T\mathbb{R}^3_t \to T\mathbb{R}^3_{x=\varphi(t)}$ ist, da φ ein Diffeomorphismus ist, ein Isomorphismus zwischen Vektorräumen. Der kanonischen Basis $\boldsymbol{\xi}_1(t) = (1,0,0)$, $\boldsymbol{\xi}_2(t) = (0,1,0)$, $\boldsymbol{\xi}_3(t) = (0,0,1)$ von $T\mathbb{R}^3_t$ entspricht die Basis von $T\mathbb{R}^3_{x=\varphi(t)}$, die aus den Vektoren $\boldsymbol{\xi}_i(x) = \varphi'(t)\boldsymbol{\xi}_i(t) = \frac{\partial\varphi(t)}{\partial t^i}$, $i = 1, 2, 3$ besteht und die Koordinatenrichtungen definiert. Zur Entwicklung $\mathbf{A}(x) = \alpha_1\boldsymbol{\xi}_1(x) + \alpha_2\boldsymbol{\xi}_2(x) + \alpha_3\boldsymbol{\xi}_3(x)$ jedes Vektors $\mathbf{A}(x) \in T\mathbb{R}^3_x$ in dieser Basis gehört dieselbe Entwicklung $\mathbf{A}(t) = \alpha_1\boldsymbol{\xi}_1(t) + \alpha_2\boldsymbol{\xi}_2(t) + \alpha_3\boldsymbol{\xi}_3(t)$ (mit denselben Komponenten $\alpha_1, \alpha_2, \alpha_3$!) des Vektors $\mathbf{A}(t) = (\varphi')^{-1}\mathbf{A}(x)$ in der kanonischen Basis $\boldsymbol{\xi}_1(t), \boldsymbol{\xi}_2(t), \boldsymbol{\xi}_3(t)$ in $T\mathbb{R}^3_t$. In Abwesenheit einer euklidischen Struktur in $\mathbb{R}^3$ wären die Zahlen $\alpha_1, \alpha_2, \alpha_3$ ganz natürlich die Koordinaten des Vektors $\mathbf{A}(x)$ in diesem krummlinigen Koordinatensystem.

c. Eine derartige Koordinatendarstellung anzunehmen, wäre jedoch zu den Überlegungen in Beispiel 4 nicht vollständig konsistent. Entscheidend ist dabei, dass die zur kanonischen Basis $\boldsymbol{\xi}_1(t), \boldsymbol{\xi}_2(t), \boldsymbol{\xi}_3(t)$ in $T\mathbb{R}^3_t$ gehörende Basis $\boldsymbol{\xi}_1(x), \boldsymbol{\xi}_2(x), \boldsymbol{\xi}_3(x)$ in $T\mathbb{R}^3_x$, obwohl sie aus Vektoren in Koordinatenrichtung besteht, nicht notwendigerweise aus *Einheitsvektoren* in diese Richtungen besteht, d.h., im Allgemeinen ist $\langle\boldsymbol{\xi}_i, \boldsymbol{\xi}_i\rangle(x) \neq 1$.

Wir wollen nun diesen Umstand berücksichtigen, der sich aus der Gegenwart einer euklidischen Struktur in $\mathbb{R}^3$ ergibt und folglich auch in jedem Vektorraum $T\mathbb{R}^3_x$ gilt.

Aufgrund des Isomorphismus $\varphi'(t) : T\mathbb{R}^3_t \to T\mathbb{R}^3_{x=\varphi(t)}$ können wir die euklidische Struktur von $T\mathbb{R}^3_x$ auf $T\mathbb{R}^3_t$ übernehmen, indem wir $\langle\boldsymbol{\tau}_1, \boldsymbol{\tau}_2\rangle := \langle\varphi'\boldsymbol{\tau}_1, \varphi'\boldsymbol{\tau}_2\rangle$ für jedes Paar von Vektoren $\boldsymbol{\tau}_1, \boldsymbol{\tau}_2 \in T\mathbb{R}^3_t$ setzen. Insbesondere erhalten wir daraus den folgenden Ausdruck für das Quadrat der Länge eines Vektors:

$$\langle\boldsymbol{\tau}, \boldsymbol{\tau}\rangle = \langle\varphi'(t)\boldsymbol{\tau}, \varphi'(t)\boldsymbol{\tau}\rangle = \left\langle \frac{\partial\varphi(t)}{\partial t^i}\tau^i, \frac{\partial\varphi(t)}{\partial t^j}\tau^j \right\rangle =$$

$$= \left\langle \frac{\partial\varphi}{\partial t^i}, \frac{\partial\varphi}{\partial t^j} \right\rangle(t)\tau^i\tau^j = \langle\boldsymbol{\xi}_i, \boldsymbol{\xi}_j\rangle(t)\tau^i\tau^j = g_{ij}(t)\mathrm{d}t^i(\boldsymbol{\tau})\,\mathrm{d}t^j(\boldsymbol{\tau})\,.$$

Die quadratische Form

$$\mathrm{d}s^2 = g_{ij}(t)\,\mathrm{d}t^i\,\mathrm{d}t^j\,, \tag{14.25}$$

deren Koeffizienten die paarweise gebildeten inneren Produkte der Vektoren der kanonischen Basis sind, bestimmt das innere Produkt auf $T\mathbb{R}_t^3$ vollständig. Ist eine derartige Form in jedem Punkt eines Gebiets $D_t \subset \mathbb{R}_t^3$ definiert, dann sagen wir, wie aus der Geometrie bekannt ist, dass eine *Riemannsche Metrik* auf diesem Gebiet definiert ist. Eine Riemannsche Metrik erlaubt es, in jedem Tangentialraum $T\mathbb{R}_t^3$ ($t \in D_t$) innerhalb des Kontextes rechtwinkliger Koordinaten t^1, t^2, t^3 in $\mathbb{R}_t^3$ eine euklidische Struktur einzuführen, die zur „gekrümmten" Einbettung $\varphi : D_t \to D$ des Gebiets D_t in den euklidischen Raum $\mathbb{R}^3$ gehört.

Sind die Vektoren $\boldsymbol{\xi}_i(x) = \varphi'(t)\boldsymbol{\xi}_i(t) = \frac{\partial \varphi}{\partial t^i}(t)$, $i = 1, 2, 3$ in $T\mathbb{R}_x^3$ orthogonal, dann gilt $g_{ij}(t) = 0$ für $i \neq j$. Dies bedeutet, dass wir es mit einem *triorthogonalen Koordinatengitter*, d.h. einem in allen drei Koordinaten orthogonalen System, zu tun haben. Übertragen in den Raum $T\mathbb{R}_t^3$ bedeutet dies, dass die Vektoren $\boldsymbol{\xi}_i(t)$, $i = 1, 2, 3$ in der kanonischen Basis zueinander orthogonal sind im Sinne des inneren Produkts in $\mathbb{R}_t^3$, das durch die quadratische Form (14.25) definiert wird. Im Folgenden werden wir der Einfachheit halber nur triorthogonale krummlinige Koordinatensysteme betrachten. Für diese nimmt die quadratische Form (14.25), wie ausgeführt, die folgende besondere Gestalt an:

$$ds^2 = E_1(t)(dt^1)^2 + E_2(t)(dt^2)^2 + E_3(t)(dt^3)^2 \qquad (14.26)$$

mit $E_i(t) = g_{ii}(t)$, $i = 1, 2, 3$.

Beispiel 5. Im euklidischen Raum $\mathbb{R}^3$ lautet die quadratische Form (14.25) in kartesischen Koordinaten (x, y, z), zylindrischen Koordinaten (r, φ, z) bzw. sphärischen Koordinaten (R, φ, θ) wie folgt:

$$ds^2 = dx^2 + dy^2 + dz^2 = \qquad (14.26')$$
$$= dr^2 + r^2 d\varphi^2 + dz^2 = \qquad (14.26'')$$
$$= dR^2 + R^2 \cos^2\theta \, d\varphi^2 + R^2 \, d\theta^2 \ . \qquad (14.26''')$$

Daher ist jedes dieser Koordinatensysteme in seinem Definitionsbereich ein triorthogonales System.

Die Vektoren $\boldsymbol{\xi}_1(t), \boldsymbol{\xi}_2(t), \boldsymbol{\xi}_3(t)$ der kanonischen Basis $(1, 0, 0)$, $(0, 1, 0)$, $(0, 0, 1)$ in $T\mathbb{R}_t^3$ wie auch die zugehörigen Vektoren $\boldsymbol{\xi}_i(x) \in T\mathbb{R}_x^3$ besitzen die folgende Norm[5]: $|\boldsymbol{\xi}_i| = \sqrt{g_{ii}}$. Daher besitzen die Einheitsvektoren (im Sinne der quadratischen Norm eines Vektors) in Koordinatenrichtungen die folgenden Koordinatendarstellungen für das triorthogonale System (14.26):

$$\mathbf{e}_1(t) = \left(\frac{1}{\sqrt{E_1}}, 0, 0\right), \ \ \mathbf{e}_2(t) = \left(0, \frac{1}{\sqrt{E_2}}, 0\right), \ \ \mathbf{e}_3(t) = \left(0, 0, \frac{1}{\sqrt{E_3}}\right) . \quad (14.27)$$

---

[5] Im triorthogonalen System (14.26) gilt $|\boldsymbol{\xi}_i| = \sqrt{E_i} = H_i$, $i = 1, 2, 3$. Die Größen H_1, H_2, H_3 werden üblicherweise die *Lamé-Koeffizienten* oder *Lamé-Parameter* genannt. G. Lamé (1795–1870) – französischer Ingenieur, Mathematiker und Physiker.

Beispiel 6. Aus den Gleichungen (14.27) und den Ergebnissen in Beispiel 5 ergeben sich für kartesische, zylindrische bzw. sphärische Koordinaten die drei folgenden Einheitsvektoren entlang den Koordinatenrichtungen:

$$\mathbf{e}_x = (1,0,0)\,, \quad \mathbf{e}_y = (0,1,0)\,, \qquad\qquad \mathbf{e}_z = (0,0,1)\,; \qquad (14.27')$$

$$\mathbf{e}_r = (1,0,0)\,, \quad \mathbf{e}_\varphi = \left(0,\frac{1}{r},0\right)\,, \qquad\qquad \mathbf{e}_z = (0,0,1)\,; \qquad (14.27'')$$

$$\mathbf{e}_R = (1,0,0)\,, \quad \mathbf{e}_\varphi = \left(0,\frac{1}{R\cos\theta},0\right)\,, \quad \mathbf{e}_\theta = \left(0,0,\frac{1}{R}\right)\,. \qquad (14.27''')$$

Die oben betrachteten Beispiele 3 und 4 gehen davon aus, dass der Vektor des Feldes in einer Basis aus *Einheitsvektoren* entlang der Koordinatenrichtungen entwickelt wird. Daher sollte der dem Vektor $\mathbf{A}(t) \in T\mathbb{R}^3_x$ zugehörige Vektor $\mathbf{A}(x) \in T\mathbb{R}^3_t$ in der Basis $\mathbf{e}_1(t), \mathbf{e}_2(t), \mathbf{e}_3(t)$ entwickelt werden, die aus Einheitsvektoren in den Koordinatenrichtungen besteht, anstatt in der kanonischen Basis $\boldsymbol{\xi}_1(t), \boldsymbol{\xi}_2(t), \boldsymbol{\xi}_3(t)$.

Daher können wir annehmen, indem wir vom ursprünglichen Raum $\mathbb{R}^3$ abstrahieren, dass eine Riemannsche Metrik (14.25) oder (14.26) und ein Vektorfeld $t \mapsto \mathbf{A}(t)$ im Gebiet $D_t \subset \mathbb{R}^3_t$ definiert sind und dass die Koordinatendarstellung $(A^1, A^2, A^3)(t)$ von $\mathbf{A}(t)$ in jedem Punkt $t \in D_t$ aus der Entwicklung des Vektors $\mathbf{A}(t) = A^i(t)\mathbf{e}_i(t)$ des zu diesem Punkt zugehörigen Feldes bezüglich Einheitsvektoren entlang den Koordinatenachsen erhalten wird.

d. Als Nächstes wollen wir Formen untersuchen. Unter dem Diffeomorphismus $\varphi\colon D_t \to D$ wird jede Form in D automatisch in das Gebiet D_t überführt. Diese Überführung findet, wie wir wissen, in jedem Punkt $x \in D$ aus dem Raum $T\mathbb{R}^3_x$ in den zugehörigen Raum $T\mathbb{R}^3_t$ statt. Da wir die euklidische Struktur von $T\mathbb{R}^3_x$ in $T\mathbb{R}^3_t$ überführt haben, folgt aus der Definition für die Transformation von Vektoren und Formen, dass beispielsweise zu einer vorgegebenen Form $\omega^1_{\mathbf{A}}(x) = \langle \mathbf{A}(x), \cdot \rangle$, die in $T\mathbb{R}^3_x$ definiert ist, genau dieselbe Art von Form $\omega^1_{\mathbf{A}}(t) = \langle \mathbf{A}(t), \cdot \rangle$ in $T\mathbb{R}^3_t$ gehört, mit $\mathbf{A}(x) = \varphi'(t)\mathbf{A}(t)$. Dasselbe lässt sich zu Formen der Art $\omega^2_{\mathbf{B}}$ und ω^3_ρ ausführen und natürlich erst Recht zu Formen ω^0_f – d.h. zu Funktionen.

Nach diesen Klarstellungen können wir den Rest unser Untersuchungen auf das Gebiet $D_t \subset \mathbb{R}^3_t$ einschränken, indem wir vom ursprünglichen Raum $\mathbb{R}^3$ abstrahieren und annehmen, dass in D_t eine Riemannsche Metrik (14.25) und skalare Felder f, ρ und Vektorfelder $\mathbf{A}$, $\mathbf{B}$ definiert sind, zusammen mit den Formen ω^0_f, $\omega^1_{\mathbf{A}}$, $\omega^2_{\mathbf{B}}$, ω^3_ρ, die in Übereinstimmung mit der euklidischen Struktur von $T\mathbb{R}^3_t$, die durch die Riemannsche Metrik festgelegt ist, in jedem Punkt $t \in D_t$ definiert sind.

Beispiel 7. Das Volumenelement dV besitzt, wie wir wissen, in krummlinigen Koordinaten t^1, t^2, t^3 die Gestalt

$$dV = \sqrt{\det g_{ij}}(t)\, dt^1 \wedge dt^2 \wedge dt^3\,.$$

Für ein triorthogonales System gilt

$$dV = \sqrt{E_1 E_2 E_3}(t)\, dt^1 \wedge dt^2 \wedge dt^3 \;. \tag{14.28}$$

In kartesischen, zylindrischen bzw. sphärischen Koordinaten erhalten wir jeweils

$$dV = dx \wedge dy \wedge dz = \tag{14.28'}$$
$$= r\, dr \wedge d\varphi \wedge dz = \tag{14.28''}$$
$$= R^2 \cos\theta\, dR \wedge d\varphi \wedge d\theta \;. \tag{14.28'''}$$

Das eben Ausgeführte versetzt uns in die Lage, die Form $\omega_\rho^3 = \rho\, dV$ in verschiedenen krummlinigen Koordinatensystemen zu schreiben.

e. Unser (nun einfach lösbares) Hauptproblem besteht darin, aus der Entwicklung $\mathbf{A}(t) = A^i(t)\mathbf{e}_i(t)$ für einen Vektor $\mathbf{A}(t) \in T\mathbb{R}_t^3$ bezüglich der Einheitsvektoren $\mathbf{e}_i(t) \in T\mathbb{R}_t^3$, $i = 1, 2, 3$ des durch die Riemannsche Metrik (14.26) bestimmten triorthogonalen Koordinatensystems die Entwicklung der Formen $\omega_{\mathbf{A}}^1(t)$ und $\omega_{\mathbf{B}}^2(t)$ bezüglich der kanonischen 1-Formen dt^i bzw. den kanonischen 2-Formen $dt^i \wedge dt^j$ zu finden.

Da alle unsere Überlegungen für jeden gegebenen Punkt t gelten, werden wir die Schreibweise etwas abkürzen und den Buchstaben t unterdrücken, der anzeigt, dass die Vektoren und Formen zum Tangentialraum in t gehören.

Somit ist $\mathbf{e}_1, \mathbf{e}_2, \mathbf{e}_3$ eine Basis in $T\mathbb{R}_t^3$ aus den Einheitsvektoren (14.27) entlang den Koordinatenrichtungen und $\mathbf{A} = A^1\mathbf{e}_1 + A^2\mathbf{e}_2 + A^3\mathbf{e}_3$ ist die Entwicklung von $\mathbf{A} \in T\mathbb{R}_t^3$ in dieser Basis.

Wir halten zunächst fest, dass aus (14.27) folgt, dass

$$dt^j(\mathbf{e}_i) = \frac{1}{\sqrt{E_i}}\delta_j^i\,, \quad \text{mit} \quad \delta_j^i = \begin{cases} 0\,, & \text{für } i \neq j\,, \\ 1\,, & \text{für } i = j\,, \end{cases} \tag{14.29}$$

$$dt^i \wedge dt^j(\mathbf{e}_k, \mathbf{e}_l) = \frac{1}{\sqrt{E_i E_j}}\delta_{kl}^{ij}\,, \quad \text{mit} \quad \delta_{kl}^{ij} = \begin{cases} 0\,, & \text{für } (i,j) \neq (k,l)\,, \\ 1\,, & \text{für } (i,j) = (k,l)\,. \end{cases} \tag{14.30}$$

f. Ist $\omega_{\mathbf{A}}^1 := \langle \mathbf{A}, \cdot \rangle = a_1 dt^1 + a_2 dt^2 + a_3 dt^3$, dann ist einerseits

$$\omega_{\mathbf{A}}^1(\mathbf{e}_i) = \langle \mathbf{A}, \mathbf{e}_i \rangle = A^i$$

und andererseits, wie wir aus (14.29) erkennen können, auch

$$\omega_{\mathbf{A}}^1(\mathbf{e}_i) = (a_1\, dt^1 + a_2\, dt^2 + a_3\, dt^3)(\mathbf{e}_i) = a_i \cdot \frac{1}{\sqrt{E_i}}\;.$$

Folglich gilt $a_i = A^i\sqrt{E_i}$ und wir gelangen zur Entwicklung

$$\omega_{\mathbf{A}}^1 = A^1\sqrt{E_1}\, dt^1 + A^2\sqrt{E_2}\, dt^2 + A^3\sqrt{E_3}\, dt^3 \tag{14.31}$$

für die Form $\omega_{\mathbf{A}}^1$, die zur Entwicklung $\mathbf{A} = A^1\mathbf{e}_1 + A^2\mathbf{e}_2 + A^3\mathbf{e}_3$ des Vektors $\mathbf{A}$ zugehörig ist.

Beispiel 8. Da in kartesischen, zylindrischen bzw. sphärischen Koordinaten

$$
\begin{aligned}
\mathbf{A} &= A_x \mathbf{e}_x + A_y \mathbf{e}_y + A_z \mathbf{e}_z = \\
&= A_r \mathbf{e}_r + A_\varphi \mathbf{e}_\varphi + A_z \mathbf{e}_z \\
&= A_R \mathbf{e}_R + A_\varphi \mathbf{e}_\varphi + A_\theta \mathbf{e}_\theta
\end{aligned}
$$

gilt, folgt mit den Ergebnissen aus Beispiel 6, dass

$$
\begin{aligned}
\omega_{\mathbf{A}}^1 &= A_x\, dx + A_y\, dy + A_z\, dz = && (14.31') \\
&= A_r\, dr + A_\varphi r\, d\varphi + A_z\, dz = && (14.31'') \\
&= A_R\, dR + A_\varphi R \cos\theta\, d\varphi + A_\theta R\, d\theta\,. && (14.31''')
\end{aligned}
$$

g. Nun seien $\mathbf{B} = B^1 \mathbf{e}_1 + B^2 \mathbf{e}_2 + B^3 \mathbf{e}_3$ und $\omega_{\mathbf{B}}^2 = b_1\, dt^2 \wedge dt^3 + b_2\, dt^3 \wedge dt^1 + b_3\, dt^1 \wedge dt^2$. Dann ist einerseits

$$
\begin{aligned}
\omega_{\mathbf{B}}^2(\mathbf{e}_2, \mathbf{e}_3) &:= dV(\mathbf{B}, \mathbf{e}_2, \mathbf{e}_3) = \\
&= \sum_{i=1}^{3} B^i\, dV(\mathbf{e}_i, \mathbf{e}_2, \mathbf{e}_3) = B^1 \cdot (\mathbf{e}_1, \mathbf{e}_2, \mathbf{e}_3) = B^1\,,
\end{aligned}
$$

wobei dV das Volumenelement in $T\mathbb{R}_t^3$ ist (vgl. (14.28) und (14.27)).
Andererseits erhalten wir mit (14.30), dass

$$
\begin{aligned}
\omega_{\mathbf{B}}^2(\mathbf{e}_2, \mathbf{e}_3) &= (b_1\, dt^2 \wedge dt^3 + b_2\, dt^3 \wedge dt^1 + b_3\, dt^1 \wedge dt^2)(\mathbf{e}_2, \mathbf{e}_3) = \\
&= b_1\, dt^2 \wedge dt^3(\mathbf{e}_2, \mathbf{e}_3) = \frac{b_1}{\sqrt{E_2 E_3}}\,.
\end{aligned}
$$

Wenn wir diese beiden Ergebnisse vergleichen, können wir folgern, dass $b_1 = B^1 \sqrt{E_2 E_3}$. Auf ähnliche Weise können wir zeigen, dass $b_2 = B^2 \sqrt{E_1 E_3}$ und $b_3 = B^3 \sqrt{E_1 E_2}$.
Somit gelangen wir zur Darstellung

$$
\begin{aligned}
\omega_{\mathbf{B}}^2 &= B^1 \sqrt{E_2 E_3}\, dt^2 \wedge dt^3 + B^2 \sqrt{E_3 E_1}\, dt^3 \wedge dt^1 + B^3 \sqrt{E_1 E_2}\, dt^1 \wedge dt^2 = \\
&= \sqrt{E_1 E_2 E_3} \Big(\frac{B^1}{\sqrt{E_1}}\, dt^2 \wedge dt^3 + \frac{B^2}{\sqrt{E_2}}\, dt^3 \wedge dt^1 + \frac{B^3}{\sqrt{E_3}}\, dt^1 \wedge dt^2 \Big)
\end{aligned}
$$

$$(14.32)$$

für die zum Vektor $\mathbf{B} = B^1 \mathbf{e}_1 + B^2 \mathbf{e}_2 + B^3 \mathbf{e}_3$ zugehörige Form $\omega_{\mathbf{B}}^2$.

Beispiel 9. Mit Hilfe der in Beispiel 8 eingeführten Schreibweise und den Gleichungen (14.26'), (14.26'') und (14.26''') erhalten wir in kartesischen, zylindrischen bzw. sphärischen Koordinaten:

$$
\begin{aligned}
\omega_{\mathbf{B}}^2 &= B_x\, dy \wedge dz + B_y\, dz \wedge dx + B_z\, dx \wedge dy = && (14.32') \\
&= B_r r\, d\varphi \wedge dz + B_\varphi\, dz \wedge dr + B_z r\, dr \wedge d\varphi = && (14.32'') \\
&= B_R R^2 \cos\theta\, d\varphi \wedge d\theta + B_\varphi R\, d\theta \wedge dR + B_\theta R \cos\theta\, dR \wedge d\varphi\,. && (14.32''')
\end{aligned}
$$

h. Wir fügen die Gleichung

$$\omega_\rho^3 = \rho\sqrt{E_1 E_2 E_3}\, dt^1 \wedge dt^2 \wedge dt^3 \tag{14.33}$$

hinzu, die wir aufbauend auf (14.28) erhalten.

Beispiel 10. Für kartesische, zylindrische bzw. sphärische Koordinaten nimmt (14.33) die folgende Gestalt an:

$$\omega_\rho^3 = \rho\, dx \wedge dy \wedge dz = \tag{14.33$'$}$$

$$= \rho r\, dr \wedge d\varphi \wedge dz = \tag{14.33$''$}$$

$$= \rho R^2 \cos\theta\, dR \wedge d\varphi \wedge d\theta\,. \tag{14.33$'''$}$$

Nun, da wir die Gleichung (14.31)–(14.33) kennen, können wir die Koordinatendarstellung der Operatoren grad, rot und div in einem triorthogonalen krummlinigen Koordinatensystem mit Hilfe der Definitionsgleichungen (14.9)–(14.11) einfach formulieren.

Sei grad $f = A^1 \mathbf{e}_1 + A^2 \mathbf{e}_2 + A^3 \mathbf{e}_3$. Mit Hilfe der Definitionen schreiben wir

$$\omega_{\mathrm{grad}\, f}^1 := d\omega_f^0 := df := \frac{\partial f}{\partial t^1}dt^1 + \frac{\partial f}{\partial t^2}dt^2 + \frac{\partial f}{\partial t^3}dt^3\,.$$

Daraus können wir mit (14.31) folgern, dass

$$\mathrm{grad}\, f = \frac{1}{\sqrt{E_1}}\frac{\partial f}{\partial t^1}\mathbf{e}_1 + \frac{1}{\sqrt{E_2}}\frac{\partial f}{\partial t^2}\mathbf{e}_2 + \frac{1}{\sqrt{E_3}}\frac{\partial f}{\partial t^3}\mathbf{e}_3\,. \tag{14.34}$$

Beispiel 11. In kartesischen, zylindrischen bzw. sphärischen Koordinaten gilt:

$$\mathrm{grad}\, f = \frac{\partial f}{\partial x}\mathbf{e}_x + \frac{\partial f}{\partial y}\mathbf{e}_y + \frac{\partial f}{\partial z}\mathbf{e}_z = \tag{14.34$'$}$$

$$= \frac{\partial f}{\partial r}\mathbf{e}_r + \frac{1}{r}\frac{\partial f}{\partial \varphi}\mathbf{e}_\varphi + \frac{\partial f}{\partial z}\mathbf{e}_z = \tag{14.34$''$}$$

$$= \frac{\partial f}{\partial R}\mathbf{e}_R + \frac{1}{R\cos\theta}\frac{\partial f}{\partial \varphi}\mathbf{e}_\varphi + \frac{1}{R}\frac{\partial f}{\partial \theta}\mathbf{e}_\theta\,. \tag{14.34$'''$}$$

Sei ein Feld $\mathbf{A}(t) = \left(A^1 \mathbf{e}_1 + A^2 \mathbf{e}_2 + A^3 \mathbf{e}_3\right)(t)$ gegeben. Wir wollen die Koordinaten B^1, B^2, B^3 des Feldes rot $\mathbf{A}(t) = \mathbf{B}(t) = (B^1 \mathbf{e}_1 + B^2 \mathbf{e}_2 + B^3 \mathbf{e}_3)(t)$ bestimmen.

Aufbauend auf der Definition (14.10) und Gleichung (14.31) erhalten wir:

$$\omega_{\mathrm{rot}\,\mathbf{A}}^2 := d\omega_{\mathbf{A}}^1 = d\left(A^1\sqrt{E_1}dt^1 + A^2\sqrt{E_2}dt^2 + A^3\sqrt{E_3}dt^3\right) =$$

$$= \left(\frac{\partial A^3\sqrt{E_3}}{\partial t^2} - \frac{\partial A^2\sqrt{E_2}}{\partial t^3}\right)dt^2 \wedge dt^3 +$$

$$+ \left(\frac{\partial A^1\sqrt{E_1}}{\partial t^3} - \frac{\partial A^3\sqrt{E_3}}{\partial t^1}\right)dt^3 \wedge dt^1 + \left(\frac{\partial A^2\sqrt{E_2}}{\partial t^1} - \frac{\partial A^1\sqrt{E_1}}{\partial t^2}\right)dt^1 \wedge dt^2\,.$$

Mit Hilfe von (14.32) können wir nun folgern, dass

$$B^1 = \frac{1}{\sqrt{E_2 E_3}}\left(\frac{\partial A^3 \sqrt{E_3}}{\partial t^2} - \frac{\partial A^2 \sqrt{E_2}}{\partial t^3}\right),$$

$$B^2 = \frac{1}{\sqrt{E_3 E_1}}\left(\frac{\partial A^1 \sqrt{E_1}}{\partial t^3} - \frac{\partial A^3 \sqrt{E_3}}{\partial t^1}\right),$$

$$B^3 = \frac{1}{\sqrt{E_1 E_2}}\left(\frac{\partial A^2 \sqrt{E_2}}{\partial t^1} - \frac{\partial A^1 \sqrt{E_1}}{\partial t^2}\right),$$

d.h.,

$$\operatorname{rot}\mathbf{A} = \frac{1}{\sqrt{E_1 E_2 E_3}}\begin{vmatrix} \sqrt{E_1}\mathbf{e}_1 & \sqrt{E_2}\mathbf{e}_2 & \sqrt{E_3}\mathbf{e}_3 \\ \dfrac{\partial}{\partial t^1} & \dfrac{\partial}{\partial t^2} & \dfrac{\partial}{\partial t^3} \\ \sqrt{E_1}A^1 & \sqrt{E_2}A^2 & \sqrt{E_3}A^3 \end{vmatrix}. \tag{14.35}$$

Beispiel 12. In kartesischen, zylindrischen bzw. sphärischen Koordinaten gilt:

$$\operatorname{rot}\mathbf{A} = \left(\frac{\partial A_z}{\partial y} - \frac{\partial A_y}{\partial z}\right)\mathbf{e}_x + \left(\frac{\partial A_x}{\partial z} - \frac{\partial A_z}{\partial x}\right)\mathbf{e}_y + \left(\frac{\partial A_y}{\partial x} - \frac{\partial A_x}{\partial y}\right)\mathbf{e}_z = \tag{14.35$'$}$$

$$= \frac{1}{r}\left(\frac{\partial A_z}{\partial \varphi} - \frac{\partial r A_\varphi}{\partial z}\right)\mathbf{e}_r + \left(\frac{\partial A_r}{\partial z} - \frac{\partial A_z}{\partial r}\right)\mathbf{e}_\varphi + \frac{1}{r}\left(\frac{\partial r A_\varphi}{\partial r} - \frac{\partial A_r}{\partial \varphi}\right)\mathbf{e}_z = \tag{14.35$''$}$$

$$= \frac{1}{R\cos\theta}\left(\frac{\partial A_\theta}{\partial \varphi} - \frac{\partial A_\varphi \cos\theta}{\partial \theta}\right)\mathbf{e}_R + \frac{1}{R}\left(\frac{\partial A_R}{\partial \theta} - \frac{\partial A_\theta R}{\partial R}\right)\mathbf{e}_\varphi +$$

$$+ \frac{1}{R}\left(\frac{\partial A_\varphi R}{\partial R} - \frac{1}{\cos\theta}\frac{\partial A_R}{\partial \varphi}\right)\mathbf{e}_\theta. \tag{14.35$'''$}$$

i. Angenommen, ein Feld $\mathbf{B}(t) = (B^1\mathbf{e}_1 + B^2\mathbf{e}_2 + B^3\mathbf{e}_3)(t)$ sei gegeben. Wir suchen nach einem Ausdruck für $\operatorname{div}\mathbf{B}$.

Beginnend mit der Definition (14.11) und Gleichung (14.32) erhalten wir

$$\omega_{\operatorname{div}\mathbf{B}}^2 := \mathrm{d}\omega_{\mathbf{B}}^2 = \mathrm{d}\big(B^1\sqrt{E_2 E_3}\,\mathrm{d}t^2 \wedge \mathrm{d}t^3 +$$

$$+ B^2\sqrt{E_3 E_1}\,\mathrm{d}t^3 \wedge \mathrm{d}t^1 + B^3\sqrt{E_1 E_2}\,\mathrm{d}t^1 \wedge \mathrm{d}t^2 =$$

$$= \left(\frac{\partial\sqrt{E_2 E_3}B^1}{\partial t^1} + \frac{\partial\sqrt{E_3 E_1}B^2}{\partial t^2} + \frac{\partial\sqrt{E_1 E_2}B^3}{\partial t^3}\right)\mathrm{d}t^1 \wedge \mathrm{d}t^2 \wedge \mathrm{d}t^3.$$

Mit Hilfe von Gleichung (14.33) können wir nun folgern, dass

$$\operatorname{div}\mathbf{B} = \frac{1}{\sqrt{E_1 E_2 E_3}}\left(\frac{\partial\sqrt{E_2 E_3}B^1}{\partial t^1} + \frac{\partial\sqrt{E_3 E_1}B^2}{\partial t^2} + \frac{\partial\sqrt{E_1 E_2}B^3}{\partial t^3}\right). \tag{14.36}$$

In kartesischen, zylindrischen bzw. sphärischen Koordinaten erhalten wir:

$$\operatorname{div}\mathbf{B} = \frac{\partial B_x}{\partial x} + \frac{\partial B_y}{\partial y} + \frac{\partial B_z}{\partial z} = \tag{14.36$'$}$$

$$= \frac{1}{r}\left(\frac{\partial r B_r}{\partial r} + \frac{\partial B_\varphi}{\partial \varphi}\right) + \frac{\partial B_z}{\partial z} = \tag{14.36$''$}$$

$$= \frac{1}{R^2\cos\theta}\left(\frac{\partial R^2\cos\theta B_R}{\partial R} + \frac{\partial R B_\varphi}{\partial \varphi} + \frac{\partial R\cos\theta B_\theta}{\partial \theta}\right). \tag{14.36$'''$}$$

j. Mit Hilfe der Gleichungen (14.34) und (14.36) können wir nun in einem beliebigen triorthogonalen Koordinatensystem einen Ausdruck für den Laplace–Operator $\Delta = \operatorname{div}\operatorname{grad}$ angeben:

$$\Delta f = \operatorname{div}\operatorname{grad} f = \operatorname{div}\left(\frac{1}{\sqrt{E_1}}\frac{\partial f}{\partial t^1}\mathbf{e}_1 + \frac{1}{\sqrt{E_2}}\frac{\partial f}{\partial t^2}\mathbf{e}_2 + \frac{1}{\sqrt{E_3}}\frac{\partial f}{\partial t^3}\mathbf{e}_3\right) =$$

$$= \frac{1}{\sqrt{E_1 E_2 E_3}}\left(\frac{\partial}{\partial t^1}\left(\sqrt{\frac{E_2 E_3}{E_1}}\frac{\partial f}{\partial t^1}\right) + \right.$$

$$\left. + \frac{\partial}{\partial t^2}\left(\sqrt{\frac{E_3 E_1}{E_2}}\frac{\partial f}{\partial t^2}\right) + \frac{\partial}{\partial t^3}\left(\sqrt{\frac{E_1 E_2}{E_3}}\frac{\partial f}{\partial t^3}\right)\right). \quad (14.37)$$

Beispiel 13. In kartesischen, zylindrischen bzw. sphärischen Koordinaten erhalten wir insbesondere

$$\Delta f = \frac{\partial^2 f}{\partial x^2} + \frac{\partial^2 f}{\partial y^2} + \frac{\partial^2 f}{\partial z^2} = \qquad\qquad\qquad (14.37')$$

$$= \frac{1}{r}\frac{\partial}{\partial r}\left(r\frac{\partial f}{\partial r}\right) + \frac{1}{r^2}\frac{\partial^2 f}{\partial \varphi^2} + \frac{\partial^2 f}{\partial z^2} = \qquad\qquad (14.37'')$$

$$= \frac{1}{R^2}\frac{\partial}{\partial R}\left(R^2\frac{\partial f}{\partial R}\right) + \frac{1}{R^2\cos^2\theta}\frac{\partial^2 f}{\partial \varphi^2} + \frac{1}{R^2\cos\theta}\frac{\partial}{\partial \theta}\left(\cos\theta\frac{\partial f}{\partial \theta}\right). \quad (14.37''')$$

14.1.6 Übungen und Aufgaben

1. Die Operatoren grad, rot und div und die algebraischen Operationen. Beweisen Sie:

Für grad:

   a) $\nabla(f + g) = \nabla f + \nabla g$,

   b) $\nabla(f \cdot g) = f\nabla g + g\nabla f$,

   c) $\nabla(\mathbf{A} \cdot \mathbf{B}) = (\mathbf{B} \cdot \nabla)\mathbf{A} + (\mathbf{A} \cdot \nabla)\mathbf{B} + \mathbf{B} \times (\nabla \times \mathbf{A}) + \mathbf{A} \times (\nabla \times \mathbf{B})$,

   d) $\nabla\left(\frac{1}{2}\mathbf{A}^2\right) = (\mathbf{A} \cdot \nabla)\mathbf{A} + \mathbf{A} \times (\nabla \times \mathbf{A})$.

Für rot:

   e) $\nabla \times (f\mathbf{A}) = f\nabla \times \mathbf{A} + \nabla f \times \mathbf{A}$,

   f) $\nabla \times (\mathbf{A} \times \mathbf{B}) = (\mathbf{B} \cdot \nabla)\mathbf{A} - (\mathbf{A} \cdot \nabla)\mathbf{B} + (\nabla \cdot \mathbf{B})\mathbf{A} - (\nabla \cdot \mathbf{A})\mathbf{B}$.

Für div:

   g) $\nabla \cdot (f\mathbf{A}) = \nabla f \cdot \mathbf{A} + f\nabla \cdot \mathbf{A}$,

   h) $\nabla \cdot (\mathbf{A} \times \mathbf{B}) = \mathbf{B} \cdot (\nabla \times \mathbf{A}) - \mathbf{A} \cdot (\nabla \times \mathbf{B})$.

Schreiben Sie diese Gln. mit den Symbolen grad, rot und div.

   (Hinweise: $\mathbf{A} \cdot \nabla = A^1\frac{\partial}{\partial x^1} + A^2\frac{\partial}{\partial x^2} + A^3\frac{\partial}{\partial x^3}$; $\mathbf{B} \cdot \nabla \neq \nabla \cdot \mathbf{B}$; $\mathbf{A} \times (\mathbf{B} \times \mathbf{C}) = \mathbf{B}(\mathbf{A} \cdot \mathbf{C}) - \mathbf{C}(\mathbf{A} \cdot \mathbf{B})$.)

2. a) Schreiben Sie die Operatoren (14.20)–(14.22) in kartesischen Koordinaten.

b) Zeigen Sie die Gln. (14.20) und (14.21) durch direkte Berechnung.

c) Beweisen Sie (14.24) in kartesischen Koordinaten.

d) Formulieren Sie (14.24) mit ∇ und beweisen Sie sie mit Gleichungen der Vektoralgebra.

3. Folgern Sie aus den Maxwellschen Gleichungen in Beispiel 2, dass $\nabla \cdot \mathbf{j} = -\frac{\partial \rho}{\partial t}$.

4. a) Formulieren Sie die Lamé–Parameter H_1, H_2, H_3 für kartesische, zylindrische und sphärische Koordinaten in $\mathbb{R}^3$.

b) Schreiben Sie die Gln. (14.28), (14.34)–(14.37) mit Hilfe der Lamé–Parameter.

5. Formulieren Sie das Feld $\mathbf{A} = \operatorname{grad} \frac{1}{r}$, mit $r = \sqrt{x^2 + y^2 + z^2}$ in

a) kartesischen Koordinaten x, y, z,

b) zylindrischen Koordinaten und

c) sphärischen Koordinaten.

d) Bestimmen Sie rot $\mathbf{A}$ und div $\mathbf{A}$.

6. Die Funktion f besitze in zylindrischen Koordinaten die Gestalt $\ln \frac{1}{r}$. Formulieren Sie das Feld $\mathbf{A} = \operatorname{grad} f$ in

a) kartesischen Koordinaten x, y, z,

b) zylindrischen Koordinaten und

c) sphärischen Koordinaten.

d) Bestimmen Sie rot $\mathbf{A}$ und div $\mathbf{A}$.

7. Formulieren Sie die Gleichungen für die Koordinatentransformation in einen vorgegebenen Tangentialraum $T\mathbb{R}^3_p$, $p \in \mathbb{R}^3$ beim Übergang von kartesischen Koordinaten in $\mathbb{R}^3$ zu

a) zylindrischen Koordinaten,

b) sphärischen Koordinaten und

c) beliebigen triorthogonalen krummlinigen Koordinaten.

d) Zeigen Sie mit Hilfe der in c) erhaltenen Formeln und den Gleichungen (14.34)–(14.37) direkt, dass die Vektorfelder grad f, rot $\mathbf{A}$ und die Größen div $\mathbf{A}$ und Δf gegenüber der Wahl des Koordinatensystems, in dem sie berechnet werden, invariant sind.

8. Der Raum $\mathbb{R}^3$ rotiere als fester Körper um eine feste Achse mit konstanter Winkelgeschwindigkeit ω. Sei $\mathbf{v}$ das Feld der linearen Geschwindigkeiten der Punkte zu einem festen Zeitpunkt.

a) Formulieren Sie das Feld $\mathbf{v}$ in den zugehörigen zylindrischen Koordinaten.

b) Bestimmen Sie rot $\mathbf{v}$.

c) Bestimmen Sie, wie das Feld rot $\mathbf{v}$ relativ zur Drehachse gerichtet ist.

d) Zeigen Sie, dass in jedem Raumpunkt $|\text{rot } \mathbf{v}| = 2\omega$ gilt.

e) Interpretieren Sie die geometrische Bedeutung von rot $\mathbf{v}$ und die geometrische Bedeutung dafür, dass dieser Vektor in d) in allen Raumpunkten gleich ist.

14.2 Die Integralformeln der Feldtheorie

14.2.1 Die klassischen Integralformeln in Vektorschreibweise

a. Vektorschreibweise für die Formen ω_A^1 und ω_B^2

Im vorhergehenden Kapitel haben wir betont (s. Abschnitt 13.2, Gln. (13.23) und (13.24)), dass die Einschränkung der Arbeitsform ω_F^1 eines Feldes $\mathbf{F}$ auf eine orientierte glatte Kurve (Weg) γ oder die Einschränkung der Flussform ω_V^2 eines Feldes $\mathbf{V}$ auf eine orientierte Fläche S durch die folgenden Formen wiedergeben werden kann:

$$\omega_F^1\big|_\gamma = \langle \mathbf{F}, \mathbf{e} \rangle \, ds \quad \text{bzw.} \quad \omega_V^2\big|_S = \langle \mathbf{V}, \mathbf{n} \rangle \, d\sigma \,.$$

Dabei ist $\mathbf{e}$ der Einheitsvektor, der γ orientiert und die gleiche Richtung besitzt wie der Geschwindigkeitsvektor der Bewegung entlang γ, ds ist das Bogenlängenelement (die Form) auf γ, $\mathbf{n}$ ist der Einheitsnormalenvektor an S, der die Fläche orientiert, und $d\sigma$ ist das Flächenelement (die Form) auf S.

In der Vektoranalysis benutzen wir oft das Vektorelement der Länge einer Kurve $d\mathbf{s} := \mathbf{e}\,ds$ und das Vektorelement der Fläche auf einer Oberfläche $d\boldsymbol{\sigma} := \mathbf{n}\,d\sigma$. Mit Hilfe dieser Definitionen können wir nun schreiben:

$$\omega_A^1\big|_\gamma = \langle \mathbf{A}, \mathbf{e} \rangle \, ds = \langle \mathbf{A}, d\mathbf{s} \rangle = \mathbf{A} \cdot d\mathbf{s} \,, \tag{14.38}$$

$$\omega_B^2\big|_S = \langle \mathbf{B}, \mathbf{n} \rangle \, d\sigma = \langle \mathbf{B}, d\boldsymbol{\sigma} \rangle = \mathbf{B} \cdot d\boldsymbol{\sigma} \,. \tag{14.39}$$

b. Die Newton–Leibniz Formel

Sei $f \in C^{(1)}(D, \mathbb{R})$ und sei $\gamma : [a, b] \to D$ ein Weg im Gebiet D.

Angewendet auf die 0-Form ω_f^0 ergibt der Satz von Stokes

$$\int_{\partial\gamma} \omega_f^0 = \int_\gamma d\omega_f^0$$

einerseits die Gleichung

$$\int_{\partial\gamma} f = \int_\gamma df \,,$$

die mit der klassischen Newton–Leibniz Gleichung (dem Fundamentalsatz der Integral- und Differentialrechnung)

$$f\big(\gamma(b)\big) - f\big(\gamma(a)\big) = \int_a^b df\big(\gamma(t)\big)$$

übereinstimmt. Andererseits führt sie uns mit der Definition des Gradienten zu

$$\int_{\partial\gamma} \omega_f^0 = \int_\gamma \omega_{\text{grad } f}^1 \,. \tag{14.40}$$

Daher können wir mit (14.38) die Formel von Newton–Leibniz wie folgt umformulieren:

$$\boxed{f\big(\gamma(b)\big) - f\big(\gamma(a)\big) = \int_\gamma (\text{grad } f) \cdot \text{d}s \,.} \tag{14.40'}$$

In dieser Gestalt bedeutet dies, dass

das Inkrement einer Funktion auf einem Weg der Arbeit entspricht, den der Gradient der Funktion auf diesem Weg verrichtet.

Dies ist eine sehr weit verbreitete und informative Formulierung. Zusätzlich zu der offensichtlichen Folgerung, dass die Arbeit des Feldes grad f entlang eines Weges γ nur von den Endpunkten des Weges abhängt, ermöglicht uns diese Gleichung außerdem eine etwas feinsinnigere Beobachtung. Um genau zu sein, so benötigt die Bewegung auf einer Niveaufläche $f = c$ von f keine Arbeit für das Feld grad f, da in diesem Fall grad $f \cdot \text{d}\sigma = 0$. In diesem Fall hängt die Arbeit des Feldes grad f, wie die linke Seite der Gleichung zeigt, nicht einmal von den Anfangs- und Endpunkten des Weges ab, sondern nur von den Niveauflächen von f, zu denen diese Punkte gehören.

c. Die Gleichung von Stokes

Wir wiederholen, dass die Arbeit eines Feldes auf einem geschlossenen Weg als *Zirkulation des Feldes auf dem Weg* bezeichnet wird. Um anzudeuten, dass dieses Integral über einem geschlossenen Weg gebildet wird, schreiben wir oft $\oint_\gamma \mathbf{F} \cdot \text{d}s$ anstelle der traditionellen Schreibweise $\int_\gamma \mathbf{F} \cdot \text{d}s$. Ist γ ein Weg in der Ebene, benutzen wir oft die Symbole $\oint_\gamma$ und $\oint_\gamma$, in denen außerdem die Umlaufrichtung auf dem Weg γ angedeutet ist.

Der Ausdruck *Zirkulation* wird auch für das Integral über einer endlichen Menge von abgeschlossenen Wegen benutzt. So kann es beispielsweise das Integral über den Rand einer kompakten berandeten Menge sein.

Sei $\mathbf{A}$ ein glattes Vektorfeld in einem Gebiet D des orientierten Raums $\mathbb{R}^3$ und sei S eine (stückweise) glatte orientierte kompakte Mannigfaltigkeit mit Rand in D. Wenn wir die Gleichung von Stokes auf die 1-Form $\omega_\mathbf{A}^1$ anwenden und dabei die Definition der Rotation eines Vektorfeldes berücksichtigen, führt uns dies zur Gleichung

$$\int_{\partial S} \omega_\mathbf{A}^1 = \int_S \omega_{\text{rot } \mathbf{A}}^2 \,. \tag{14.41}$$

Mit Hilfe von Gleichung (14.39) können wir (14.41) als klassische Gleichung von Stokes umformulieren:

$$\oint_{\partial S} \mathbf{A} \cdot d\mathbf{s} = \iint_{S} (\mathrm{rot}\, \mathbf{A}) \cdot d\boldsymbol{\sigma} \; . \qquad (14.41')$$

In dieser Schreibweise bedeutet sie, dass

die Zirkulation eines Vektorfeldes auf dem Rand einer Fläche gleich dem Fluss der Rotation des Feldes durch die Fläche ist.

Wie immer stimmt die auf ∂S gewählte Orientierung mit der durch die Orientierung von S induzierten überein.

d. Der Divergenzsatz

Sei V ein kompaktes Gebiet des orientierten euklidischen Raums $\mathbb{R}^3$, das durch eine (stückweise) glatte Fläche ∂V, dem Rand von V, beschränkt ist. Ist $\mathbf{B}$ ein glattes Feld in V, dann führt uns die Gleichung von Stokes in Übereinstimmung mit der Definition der Divergenz eines Feldes zur Gleichung

$$\int_{\partial V} \omega_{\mathbf{B}}^2 = \int_{V} \omega_{\mathrm{div}\, \mathbf{B}}^3 \; . \qquad (14.42)$$

Mit Hilfe von (14.39) und der Schreibweise ρdV für die Form ω_ρ^3 in Ausdrücken mit dem Volumenelement dV in $\mathbb{R}^3$ können wir (14.42) als den klassischen Divergenzsatz umformulieren:

$$\iint_{\partial V} \mathbf{B} \cdot d\boldsymbol{\sigma} = \iiint_{V} \mathrm{div}\, \mathbf{B}\, dV \; . \qquad (14.42')$$

In dieser Gestalt bedeutet er, dass

der Fluss eines Vektorfeldes durch den Rand eines Gebietes dem Integral der Divergenz des Feldes über dem Gebiet selbst entspricht.

e. Zusammenfassung der klassischen Integralformeln

Zusammengefasst sind wir zu folgenden Vektorschreibweisen für die drei klassischen Integralformeln der Analysis gelangt:

$$\int_{\partial\gamma} f = \int_{\gamma} (\nabla f) \cdot d\mathbf{s} \quad \text{(die Newton–Leibniz Formel)} \,, \qquad (14.40'')$$

$$\int_{\partial S} \mathbf{A} \cdot d\mathbf{s} = \int_{S} (\nabla \times \mathbf{A}) \cdot d\boldsymbol{\sigma} \quad \text{(die Gleichung von Stokes)} \,, \qquad (14.41'')$$

$$\int_{\partial V} \mathbf{B} \cdot d\boldsymbol{\sigma} = \int_{V} (\nabla \cdot \mathbf{B})\, dV \quad \text{(der Divergenzsatz)} \,. \qquad (14.42'')$$

14.2.2 Die physikalische Interpretation von div, rot und grad

a. Die Divergenz

Gleichung (14.42′) kann eingesetzt werden, um die physikalische Bedeutung von div $\mathbf{B}(x)$, der Divergenz des Vektorfeldes $\mathbf{B}$ in einem Punkt x im Definitionsgebiet V des Feldes, zu erklären. Sei $V(x)$ eine Umgebung von x (beispielsweise ein Ball), die in V enthalten ist. Wir erlauben es uns, das Volumen dieser Umgebung durch dasselbe Zeichen $V(x)$ zu symbolisieren und ihren Durchmesser durch den Buchstaben d.

Nach dem Mittelwertsatz und der Gleichung (14.42′) erhalten wir die folgende Gleichung für das Doppelintegral

$$\iint\limits_{\partial V(x)} \mathbf{B} \cdot \mathrm{d}\boldsymbol{\sigma} = \operatorname{div} \mathbf{B}(x')V(x) \, ,$$

wobei x' ein Punkt in der Umgebung $V(x)$ ist. Für $d \to 0$, strebt $x' \to x$ und da $\mathbf{B}$ ein glattes Feld ist, gilt auch div $\mathbf{B}(x') \to \operatorname{div} \mathbf{B}(x)$. Daher ist

$$\operatorname{div} \mathbf{B}(x) = \lim_{d \to 0} \frac{\iint\limits_{\partial V(x)} \mathbf{B} \cdot \mathrm{d}\boldsymbol{\sigma}}{V(x)} \, . \tag{14.43}$$

Wir wollen $\mathbf{B}$ als das Geschwindigkeitsfeld für einen Fluss (einer Flüssigkeit oder eines Gases) betrachten. Dann kann nach dem Gesetz zur Erhaltung der Masse ein Fluss dieses Feldes durch den Rand des Gebiets V oder, was dasselbe ist, ein Volumen des Mediums, das durch den Rand des Gebiets strömt, nur dann auftreten, wenn es Senken bzw. Quellen gibt (inklusive die, die mit einer Änderung in der Dichte des Mediums zusammenhängen). Der Fluss entspricht der Gesamtheit aller dieser Faktoren, die wir „Quellen" nennen, im Gebiet $V(x)$. Daher ist der Bruch auf der rechten Seite von (14.43) die mittlere Intensität (pro Einheitsvolumen) der Quellen im Gebiet $V(x)$ und der Grenzwert dieser Größe, d.h. div $\mathbf{B}(x)$, ist die spezifische Intensität (pro Einheitsvolumen) der Quelle im Punkt x. Der Grenzwert für $d \to 0$ des Verhältnisses des gesamten Betrags einer Größe im Gebiet $V(x)$ zum Volumen dieses Gebietes wird aber üblicherweise die *Dichte* dieser Größe in x genannt, und die Dichte als Funktion eines Punktes wird üblicherweise die *Dichte der Distribution* der gegeben Größe in einem Teil des Raumes genannt.

Daher können wir die Divergenz div $\mathbf{B}$ eines Vektorfeldes B als die Dichte der Distribution von Quellen im Gebiet des Flusses interpretieren, d.h. im Definitionsgebiet des Feldes $\mathbf{B}$.

Beispiel 1. Ist insbesondere div $\mathbf{B} \equiv 0$, d.h., es gibt keine Quellen, dann muss der Fluss durch den Rand des Gebiets gleich Null sein: Die einfließende Menge entspricht der ausfließenden Menge. Und dies trifft tatsächlich zu, wie Gleichung (14.42′) zeigt.

Beispiel 2. Eine elektrische Punktladung der Größe q erzeugt ein elektrisches Feld im Raum. Angenommen, die Ladung befinde sich im Ursprung. Nach dem *Coulombschen Gesetz*[6] lässt sich die Intensität $\mathbf{E} = E(x)$ des Feldes im Punkt $x \in \mathbb{R}^3$ (d.h. die Kraft, die auf eine Einheitsladung im Punkt x einwirkt) als

$$\mathbf{E} = \frac{q}{4\pi\varepsilon_0} \frac{\mathbf{r}}{|\mathbf{r}|^3}$$

formulieren, wobei ε_0 eine Dimensionierungskonstante ist und $\mathbf{r}$ ist der Radiusvektor des Punktes x.

Das Feld $\mathbf{E}$ ist in allen Punkten außer im Ursprung definiert. Es lautet in sphärischen Koordinaten $\mathbf{E} = \frac{q}{4\pi\varepsilon_0} \frac{1}{R^2} \mathbf{e}_R$, so dass wir mit Gleichung (14.36''') aus dem vorigen Abschnitt sofort erkennen können, dass überall im Definitionsbereich des Feldes div $\mathbf{E} = 0$ gilt.

Greifen wir daher irgendein Gebiet V heraus, das nicht den Ursprung enthält, dann ist nach Gleichung (14.42') der Fluss durch den Rand ∂V von V gleich Null.

Wir wollen nun die Kugelschale $S_R = \{x \in \mathbb{R}^3 \mid |x| = R\}$ mit Radius R und Zentrum im Ursprung betrachten und den auswärts gerichteten Fluss (relativ zur durch die Schale begrenzten Kugel) von $\mathbf{E}$ durch die Fläche bestimmen. Da der Vektor $\mathbf{e}_R$ mit der auswärts gerichteten Einheitsnormalen an die Kugelschale übereinstimmt, erhalten wir

$$\int_{S_R} \mathbf{E} \cdot \mathrm{d}\boldsymbol{\sigma} = \int_{S_R} \frac{q}{4\pi\varepsilon_0} \frac{1}{R^2} \, \mathrm{d}\sigma = \frac{q}{4\pi\varepsilon_0 R^2} \cdot 4\pi R^2 = \frac{q}{\varepsilon_0} \, .$$

Damit haben wir bis auf die Dimensionierungskonstante ε_0, die von der Wahl des physikalischen Einheitensystems abhängt, den Betrag der Ladung im von der Schale beschränkten Volumen gefunden.

Wir merken an, dass die linke Seite von Gleichung (14.42') unter den Voraussetzungen für Beispiel 2 auf der Kugelschale $\partial V = S_R$ wohl definiert ist, aber der Integrand auf der rechten Seite ist überall, außer in einem Punkt – dem Ursprung – in der Kugel V definiert und gleich Null.

Rein formal könnten wir auf die Untersuchung dieser Situation verzichten und sagen, dass das Feld $\mathbf{E}$ nicht im Punkt $0 \in V$ definiert ist und dass wir daher nicht das Recht haben, über die Gleichung (14.42') zu sprechen, die für glatte Felder, die im gesamten Integrationsgebiet V definiert sind, bewiesen wurde. Die physikalische Interpretation von (14.42') sollte jedoch, wie das Gesetz zur Erhaltung der Masse zeigt, bei geeigneter Interpretation immer Gültigkeit besitzen.

Wir wollen die Unbestimmtheit von div $\mathbf{E}$ im Ursprung in Beispiel 2 aufmerksam untersuchen, um seine Ursache zu ergründen. Formal gesehen ist das

---

[6] Ch.O. Coulomb (1736–1806) – französischer Physiker. Er entdeckte experimentell das Gesetz (das Coulombsche Gesetz) der Wechselwirkung von Ladungen und magnetischen Feldern mit Hilfe einer Torsionswaage, die er selbst erfand.

ursprüngliche Feld $\mathbf{E}$ im Ursprung nicht definiert, aber, wenn wir div $\mathbf{E}$ aus Gleichung (14.43) suchen, müssten wir dann, wie Beispiel 2 zeigt, annehmen, dass div $\mathbf{E}(0) = +\infty$. Daher wäre der Integrand auf der rechten Seite von (14.42) eine „Funktion", die überall außer in einem Punkt, in dem sie gleich Unendlich ist, gleich Null ist. Dies entspricht der Tatsache, dass es außerhalb des Ursprungs keine Ladungen gibt und es uns irgendwie gelungen ist, die gesamte Ladung q in einem Raum mit Volumen Null zu konzentrieren – in einem einzigen Punkt 0, in dem die Ladungsdichte natürlich gleich Unendlich wird. Hier treffen wir auf die sogenannte Diracsche[7] δ-*Funktion* (delta-Funktion).

Die Dichten physikalischer Größen werden letztendlich benötigt, um die Werte der Größen selbst durch Integration der Dichte zu bestimmen. Daher ist es nicht notwendig, die δ-Funktion in jedem einzelnen Punkt zu definieren; es ist wichtiger, ihr Integral zu definieren. Wenn wir davon ausgehen, dass die „Funktion" $\delta_{x_0}(x) = \delta(x_0; x)$ physikalisch der Dichte einer Distribution entsprechen muss, beispielsweise der Distribution von Masse im Raum, wobei die Gesamtmasse mit dem Betrag 1 in einem einzigen Punkt x_0 konzentriert ist, dann ist es nur natürlich, ihr Integral wie folgt zu definieren:

$$\int\limits_V \delta(x_0; x)\, \mathrm{d}V = \begin{cases} 1\,, & \text{falls } x_0 \in V\,, \\ 0\,, & \text{falls } x_0 \notin V\,. \end{cases}$$

Aus der Sicht einer mathematischen Idealisierung unserer Vorstellung der möglichen Distribution einer physikalischen Größe (Masse, Ladung oder ähnliches) im Raum, müssen wir daher annehmen, dass die Distributionsdichte der Summe einer gewöhnlichen endlichen Funktion entspricht, entsprechend einer stetigen Verteilung der Größe im Raum, und einer gewissen Menge von singulären „Funktionen" (vom selben Typ wie die Diracsche δ-Funktion) entsprechend einer Konzentration dieser Größe in einzelnen Raumpunkten.

Ausgehend von diesen Voraussetzungen können daher die Berechnungsergebnisse in Beispiel 2 als einzige Gleichung div $\mathbf{E} = \frac{q}{\varepsilon_0}\delta(0; x)$ formuliert werden. Dann ist das auf das Feld $\mathbf{E}$ angewendete Integral auf der rechten Seite von (14.42′) tatsächlich entweder gleich q/ε_0 oder gleich 0, je nachdem, ob das Gebiet V den Ursprung (und die darin konzentrierte Punktladung) enthält oder nicht.

In diesem Sinne können wir sicherstellen (wie schon Gauss), dass der Fluss der elektrischen Feldintensität durch die Fläche eines Körpers gleich ist (bis auf einen von den gewählten Einheiten abhängigen Faktor) zur Summe der elektrischen Ladungen, die in dem Körper enthalten sind. In eben diesem Sinne muss die elektrische Ladungsdichte ρ in den Maxwellschen Gleichungen in Abschnitt 14.1 (Gl. (14.12)) interpretiert werden.

---

[7] P.A.M. Dirac (1902–1984) – britischer theoretischer Physiker, einer der Begründer der Quantenmechanik. Die δ-Funktion wird in den Absätzen 17.4.4 und 17.5.4 ausführlicher behandelt.

b. Die Rotation

Wir beginnen unsere Untersuchung zur physikalischen Bedeutung der Rotation mit einem Beispiel.

Beispiel 3. Stellen Sie sich vor, der gesamte Raum, den wir als starren Körper betrachten, drehe sich mit konstanter Winkelgeschwindigkeit ω um eine feste Achse (etwa die x-Achse). Wir wollen die Rotation des Feldes **v** für die linearen Geschwindigkeiten der Raumpunkte bestimmen. (Das Feld wird zu jedem festen Zeitpunkt untersucht.)

In zylindrischen Koordinaten (r, φ, z) erhalten wir den einfachen Ausdruck $\mathbf{v}(r, \varphi, z) = \omega r \mathbf{e}_\varphi$. Daraus erhalten wir mit Gleichung (14.35″) in Abschnitt 14.1 unmittelbar, dass rot $\mathbf{v} = 2\omega \mathbf{e}_z$. Das bedeutet aber, dass rot **v** ein Vektor ist, der entlang der Drehachse gerichtet ist. Sein Betrag ist 2ω und entspricht bis auf einen Faktor 2 der Winkelgeschwindigkeit der Drehung und die Richtung des Vektors bestimmt die Drehrichtung vollständig, wenn wir dabei die Orientierung des gesamten Raums $\mathbb{R}^3$ berücksichtigen.

Das in Beispiel 3 beschriebene Feld bildet im Kleinen das Geschwindigkeitsfeld eines Trichters (Senke) nach oder das Feld der Wirbelbewegung der Luft in der Umgebung eines Tornados (auch eine Senke, aber eine, die aufwärts mitreißt). Daher charakterisiert die Rotation eines Vektorfeldes in einem Punkt die Wirbelausbildung des Feldes in einer Umgebung des Punktes.

Wir merken an, dass sich die Zirkulation eines Feldes über einer abgeschlossenen Höhenlinie direkt proportional zur Größe der Vektoren im Feld verändert und, wie sich am selben Beispiel 3 zeigen lässt, sie kann auch benutzt werden, um die Wirbelausbildung des Feldes zu charakterisieren. Um die Wirbelausbildung des Feldes in einer Umgebung eines Punktes vollständig zu beschreiben, ist es dann nur notwendig, die Zirkulationen über Höhenlinien zu berechnen, die in drei unterschiedlichen Ebenen liegen. Wir wollen dies nun ausführen.

Wir betrachten eine Scheibe $S_i(x)$ mit Zentrum im Punkt x, die in einer Ebene liegt, die zur i-ten Koordinatenachse, $i = 1, 2, 3$ senkrecht ist. Wir orientieren $S_i(x)$ mit Hilfe einer Normalen, die wir als Einheitsvektor $\mathbf{e}_i$ entlang dieser Koordinatenachse wählen. Sei d der Durchmesser von $S_i(x)$. Aus Gleichung (14.41) für ein glattes Feld **A** erhalten wir

$$(\text{rot } \mathbf{A}) \cdot \mathbf{e}_i = \lim_{d \to 0} \frac{\oint_{\partial S_i(x)} \mathbf{A} \cdot d\mathbf{s}}{S_i(x)} , \tag{14.44}$$

wobei $S_i(x)$ die Fläche der betrachteten Scheibe bezeichnet. Daher wird durch die i-te Komponente von rot **A** die Zirkulation des Feldes **A** über dem Rand ∂S_i pro Einheitsfläche in der Ebene orthogonal zur i-ten Koordinatenachse charakterisiert.

Um die Bedeutung von rot eines Vektorfeldes noch weiter zu verdeutlichen, erinnern wir daran, dass jede lineare Transformation des Raumes sich aus Verschiebungen in drei zueinander senkrechten Richtungen, Translation des Raumes als starrer Körper und Rotation als ein starrer Körper zusammensetzen lässt. Außerdem lässt sich jede Drehung als Drehung um eine bestimmte Achse realisieren. Jede glatte Verformung des Mediums (Fluss einer Flüssigkeit oder eines Gases, das Rutschen auf dem Boden, das Biegen einer Stahlstange) ist lokal linear. Wenn wir das eben Gesagte und Beispiel 3 bedenken, können wir folgern, dass dann, wenn es ein Vektorfeld gibt, das die Bewegung eines Mediums (das Geschwindigkeitsfeld der Punkte des Mediums) beschreibt, uns rot dieses Feldes in jedem Punkt die momentane Rotationsachse einer Umgebung des Punktes, die Größe der momentanen Winkelgeschwindigkeit und die Drehrichtung um die momentane Achse liefert. Das heißt, rot charakterisiert den drehenden Anteil der Bewegung des Mediums vollständig. Dies werden wir unten noch etwas genauer fassen, wenn wir zeigen werden, dass rot als eine Art von Dichte für die Distribution lokaler Rotationen des Mediums betrachtet werden sollte.

c. Der Gradient

Wir haben bereits einige Aussagen zum Gradienten eines skalaren Feldes gemacht, d.h. über den Gradienten einer Funktion. Daher werden wir an dieser Stelle nur das Wichtigste wiederholen.

Da $\omega^1_{\operatorname{grad} f}(\boldsymbol{\xi}) = \langle \operatorname{grad} f, \boldsymbol{\xi} \rangle = \mathrm{d}f(\boldsymbol{\xi}) = D_{\boldsymbol{\xi}} f$, wobei $D_{\boldsymbol{\xi}} f$ die Ableitung der Funktion f nach dem Vektor $\boldsymbol{\xi}$ ist, folgt, dass $\operatorname{grad} f$ zu Niveauflächen von f orthogonal ist und dass seine Punkte in jedem Punkt in Richtung des stärksten Anstiegs der Werte der Funktion zeigen. Sein Betrag $|\operatorname{grad} f|$ beschreibt das Ausmaß dieses Wachstums (pro Einheitslänge im Raum, in dem sich das Argument verändert).

Die Bedeutung des Gradienten als Dichte werden wir unten untersuchen.

14.2.3 Weitere Integralformeln

a. Vektorversionen des Divergenzsatzes

Die Interpretation von rot und Gradient als Vektordichten, analog zur Interpretation (14.43) der Divergenz als eine Dichte, können wir aus den folgenden klassischen Gleichungen der Vektoranalysis, die mit dem Divergenzsatz zusammenhängen, erhalten:

$$\int_V \nabla \cdot \mathbf{B}\, \mathrm{d}V = \int_{\partial V} \mathrm{d}\boldsymbol{\sigma} \cdot B \quad \text{(der Divergenzsatz)}, \tag{14.45}$$

$$\int_V \nabla \times \mathbf{A}\, \mathrm{d}V = \int_{\partial V} \mathrm{d}\boldsymbol{\sigma} \times \mathbf{A} \quad \text{(der Rotationssatz)}, \tag{14.46}$$

$$\int_V \nabla f\, \mathrm{d}V = \int_{\partial V} \mathrm{d}\boldsymbol{\sigma} f \quad \text{(der Gradientensatz)}. \tag{14.47}$$

Die erste dieser drei Gleichungen stimmt bis auf die Schreibweise mit (14.42') überein und entspricht dem Divergenzsatz. Die Vektorgleichungen (14.46) und (14.47) folgen aus (14.45), falls wir diese Formel auf jede der Komponenten des zugehörigen Vektorfeldes anwenden.

Wenn wir die Schreibweise $V(x)$ und d aus Gl. (14.43) beibehalten, erhalten wir aus den Gleichung (14.45)–(14.47) in vereinheitlichter Form

$$\nabla \cdot \mathbf{B}(x) = \lim_{d \to 0} \frac{\int\limits_{\partial V(x)} d\boldsymbol{\sigma} \cdot \mathbf{B}}{V(x)} \,, \tag{14.43'}$$

$$\nabla \times \mathbf{A}(x) = \lim_{d \to 0} \frac{\int\limits_{\partial V(x)} d\boldsymbol{\sigma} \times \mathbf{A}}{V(x)} \,, \tag{14.48}$$

$$\nabla f(x) = \lim_{d \to 0} \frac{\int\limits_{\partial V(x)} d\boldsymbol{\sigma} f}{V(x)} \,. \tag{14.49}$$

Die rechten Seiten von (14.45)–(14.47) können als skalarer Fluss des Vektorfeldes $\mathbf{B}$ bzw. als vektorieller Fluss der Vektorfeldes $\mathbf{A}$ bzw. als vektorieller Fluss des skalaren Feldes f durch die Fläche ∂V, die das Gebiet umrandet, verstanden werden. Dann können die Größen div $\mathbf{B}$, rot $\mathbf{A}$ und grad f auf den linken Seiten der Gln. (14.43'), (14.48) und (14.49) als die entsprechenden Quelldichten dieser Felder interpretiert werden.

Wir merken an, dass die rechten Seiten der Gln. (14.43'), (14.48) und (14.49) vom Koordinatensystem unabhängig sind. Daraus können wir wiederum herleiten, dass der Gradient, die Rotation und die Divergenz invariant sind.

b. Vektorversionen der Gleichung von Stokes

So wie die Gleichungen (14.45)–(14.47) das Ergebnis der Kombination des Divergenzsatzes mit den algebraischen Operationen auf vektoriellen und skalaren Feldern waren, können wir die folgenden drei Gleichungen durch Kombination derselben Operation mit der klassischen Gleichung von Stokes (die als erste dieser drei Gleichungen auftritt) erhalten.

Sei S eine (stückweise) glatte kompakte orientierte Fläche mit einem verträglich orientierten Rand ∂S, sei $d\boldsymbol{\sigma}$ dass Vektorelement der Fläche auf S und ds das Vektorelement der Länge auf ∂S. Dann gelten für glatte Felder $\mathbf{A}$, $\mathbf{B}$ und f die folgenden Gleichungen:

$$\int\limits_{S} d\boldsymbol{\sigma} \cdot (\nabla \times \mathbf{A}) = \int\limits_{\partial S} ds \cdot \mathbf{A} \,, \tag{14.50}$$

$$\int\limits_{S} (d\boldsymbol{\sigma} \times \nabla) \times \mathbf{B} = \int\limits_{\partial S} ds \times \mathbf{B} \,, \tag{14.51}$$

$$\int\limits_S d\boldsymbol{\sigma} \times \nabla f = \int\limits_{\partial S} d\mathbf{s}f \ . \tag{14.52}$$

Die Gleichungen (14.51) und (14.52) folgen aus der Gleichung von Stokes (14.50). Wir werden uns keine Zeit nehmen, dies zu beweisen.

c. Die Greenschen–Formeln

Sei S eine Fläche und $\mathbf{n}$ ein Einheitsnormalenvektor an S. Dann wird die Ableitung $D_{\mathbf{n}}f$ der Funktion f nach $\mathbf{n}$ in der Feldtheorie üblicherweise als $\frac{\partial f}{\partial n}$ bezeichnet: Beispielsweise $\langle \nabla f, d\boldsymbol{\sigma} \rangle = \langle \nabla f, \mathbf{n} \rangle \, d\sigma = \langle \mathrm{grad}\, f, \mathbf{n} \rangle \, d\sigma = D_{\mathbf{n}}f \, d\sigma = \frac{\partial f}{\partial n} \, d\sigma$. Daher ist $\frac{\partial f}{\partial n} \, d\sigma$ der Fluss von $\mathrm{grad}\, f$ durch das Flächenelement $d\sigma$.

Mit dieser Schreibweise können wir die folgenden Greenschen–Formeln[8], die in der Analysis weit verbreitet sind, schreiben:

$$\int\limits_V \nabla f \cdot \nabla g \, dV + \int\limits_V g\nabla^2 f \, dV = \int\limits_{\partial V} (g\nabla f) \cdot d\boldsymbol{\sigma} \ \left(= \int\limits_{\partial V} g\frac{\partial f}{\partial n} \, d\sigma \right), \tag{14.53}$$

$$\int\limits_V (g\nabla^2 f - f\nabla^2 g) \, dV = \int\limits_{\partial V} (g\nabla f - f\nabla g) \cdot d\boldsymbol{\sigma} \left(= \int\limits_{\partial V} \left(g\frac{\partial f}{\partial n} - f\frac{\partial g}{\partial n} \right) d\sigma \right). \tag{14.54}$$

Wenn wir in (14.53) insbesondere $f = g$ und in (14.54) $g \equiv 1$ setzen, erhalten wir

$$\int\limits_V |\nabla f|^2 \, dV + \int\limits_V f\Delta f \, dV = \int\limits_{\partial V} f\nabla f \cdot d\boldsymbol{\sigma} \left(= \int\limits_{\partial V} f\frac{\partial f}{\partial n} \, d\sigma \right), \tag{14.53'}$$

$$\int\limits_V \Delta f \, dV = \int\limits_{\partial V} \nabla f \cdot d\boldsymbol{\sigma} \left(= \int\limits_{\partial V} \frac{\partial f}{\partial n} \, d\sigma \right). \tag{14.54'}$$

Diese letzte Gleichung wird oft *Gaussscher Satz* genannt. Wir wollen die zweite der Gln. (14.53) und (14.54) als Beispiel beweisen:
Beweis.

$$\int\limits_{\partial V} (g\nabla f - f\nabla g) \cdot d\boldsymbol{\sigma} = \int\limits_V \nabla \cdot (g\nabla f - f\nabla g) \, dV =$$

$$= \int\limits_V (\nabla g \cdot \nabla f + g\nabla^2 f - \nabla f \cdot \nabla g - f\nabla^2 g) \, dV =$$

$$= \int\limits_V (g\nabla^2 f - f\nabla^2 g) \, dV = \int\limits_V (g\Delta f - f\Delta g) \, dV \ .$$

Dabei haben wir den Divergenzsatz benutzt sowie die Gleichung $\nabla \cdot (\varphi\mathbf{A}) = \nabla\varphi \cdot \mathbf{A} + \varphi\nabla \cdot \mathbf{A}$. $\qquad\qquad\square$

---

[8] Gl. (14.53) wird oft erste und Gl. (14.54) zweite Greensche-Formel genannt.

14.2.4 Übungen und Aufgaben

1. Beweisen Sie die Gleichungen (14.46) und (14.47) mit Hilfe des Divergenzsatzes (14.45).

2. Beweisen Sie die Gleichungen (14.51) und (14.52) mit Hilfe des Satzes von Stokes (14.50).

3. a) Zeigen Sie, dass die Gleichungen (14.45), (14.46) und (14.47) für ein unbeschränktes Gebiet V gültig bleiben, falls die Integranden in den Flächenintegralen für $r \to \infty$ die Ordnung $O\left(\frac{1}{r^3}\right)$ besitzen. (Hierbei ist $r = |\mathbf{r}|$ und $\mathbf{r}$ ist der Radiusvektor in $\mathbb{R}^3$.)

   b) Entscheiden Sie, ob die Gleichungen (14.50), (14.51) und (14.52) für eine nicht kompakte Fläche $S \subset \mathbb{R}^3$ gültig bleiben, falls die Integranden in den Linienintegralen für $r \to \infty$ die Ordnung $O\left(\frac{1}{r^2}\right)$ besitzen.

   c) Zeigen Sie an Beispielen, dass die Gleichung von Stokes (14.41') und der Divergenzsatz (14.42') für unbeschränkte Flächen und Gebiete im Allgemeinen nicht gelten.

4. a) Erklären Sie anhand der Interpretation der Divergenz als Quellendichte, warum aus der zweiten Maxwellschen Gleichung ((14.12) in Abschnitt 14.1) folgt, dass es keine Punktquellen im magnetischen Feld gibt (d.h., es gibt keine magnetischen Ladungen).

   b) Zeigen Sie mit Hilfe des Divergenzsatzes und den Maxwellschen Gleichungen ((14.12) in Abschnitt 14.1), dass sich keine starre Konfiguration mit Probeladungen (beispielsweise eine einzige Ladung) im Gebiet eines elektrostatischen Feldes, das frei von (anderen) Ladungen ist, die das Feld erzeugen, in einem stabilen Gleichgewichtszustand befinden kann. (Dabei wird vorausgesetzt, dass zusätzlich zum Feld keine Kräfte auf das System einwirken.) Dies ist als *Satz von Earnshaw* bekannt.

5. Wenn sich ein elektromagnetisches Feld im Gleichgewicht befindet, d.h., es ist von der Zeit unabhängig, dann zerfällt das System der Maxwellschen Gleichungen ((14.12) in Abschnitt 14.1) in zwei unabhängige Teile – die *elektrostatischen Gleichungen* $\nabla \cdot \mathbf{E} = \frac{\rho}{\varepsilon_0}$, $\nabla \times \mathbf{E} = 0$ und die *magnetostatischen Gleichungen* $\nabla \times \mathbf{B} = \frac{\mathbf{j}}{\varepsilon_0 c^2}$, $\nabla \cdot \mathbf{B} = 0$.

Die Gleichung $\nabla \cdot \mathbf{E} = \rho/\varepsilon_0$, wobei ρ die Ladungsdichte ist, lässt sich mit dem Divergenzsatz in $\int_S \mathbf{E} \cdot d\boldsymbol{\sigma} = Q/\varepsilon_0$ umformen, wobei die linke Seite dem Fluss der elektrischen Feldintensität durch die abgeschlossene Fläche S entspricht und die rechte Seite ist die Summe Q der Ladungen in dem durch S beschränkten Gebiet dividiert durch die Dimensionierungskonstante ε_0. In der Elektrostatik wird diese Gleichung üblicherweise als *Gausssches Gesetz* bezeichnet. Bestimmen Sie mit dem Gaussschen Gesetz das elektrische Feld $\mathbf{E}$, das erzeugt wird von

   a) einer gleichmäßig geladenen Kugelschale und beweisen Sie, dass es außerhalb der Schale dem Feld einer Punktladung derselben Größe entspricht, die im Zentrum der Kugelschale lokalisiert ist;

   b) einer gleichmäßig geladenen Geraden;

   c) einer gleichmäßig geladenen Ebene;

d) einem Paar mit unterschiedlichem Vorzeichen gleichmäßig geladener parallelen Ebenen;

e) einer gleichmäßig geladenen Kugel.

6. a) Beweisen Sie die Greensche–Formel (14.53).

b) Sei f eine *harmonische Funktion* im beschränkten Gebiet V (d.h., f erfüllt die Laplace–Gleichung $\Delta f = 0$ in V). Zeigen Sie ausgehend von (14.54′), dass der Fluss des Gradienten dieser Funktion durch den Rand des Gebiets V gleich Null ist.

c) Beweisen Sie, dass eine harmonische Funktion in einem beschränkten zusammenhängenden Gebiet bis auf eine additive Konstante durch den Wert ihrer normalen Ableitung auf dem Rand des Gebiets bestimmt ist.

d) Beweisen Sie ausgehend von (14.53′), dass eine harmonische Funktion überall im Gebiet identisch gleich Null ist, wenn sie in einem beschränkten Gebiet auf dem Rand verschwindet.

e) Zeigen Sie, dass dann, wenn die Werte zweier harmonischer Funktionen auf dem Rand eines beschränkten Gebiets übereinstimmen, sie auch im Gebiet gleich sind.

f) Beweisen Sie ausgehend von (14.53′) das folgende *Dirichletsche Prinzip*:
Unter allen in einem Gebiet stetig differenzierbaren Funktionen, die auf dem Rand vorgegebene Werte annehmen, ist eine in dem Gebiet harmonische Funktion die einzige, die das Dirichlet–Integral (d.h. das Integral des quadrierten Betrages des Gradienten über dem Gebiet) minimiert.

7. a) Sei $r(p,q) = |p - q|$ der Abstand zwischen den Punkten p und q im euklidischen Raum $\mathbb{R}^3$. Indem wir p festhalten, erhalten wir eine Funktion $r_p(q)$ von $q \in \mathbb{R}^3$. Zeigen Sie, dass $\Delta r_p^{-1}(q) = 4\pi\delta(p;q)$, wobei δ die δ-Funktion ist.

b) Sei g im Gebiet V harmonisch. Indem wir in (14.54) $f = 1/r_p$ setzen und das obige Ergebnis berücksichtigen, erhalten wir

$$4\pi g(p) = \int\limits_S \left(g\nabla\frac{1}{r_p} - \frac{1}{r_p}\nabla g \right) \cdot \mathrm{d}\boldsymbol{\sigma} \;.$$

Überprüfen Sie diese Gleichung genau.

c) Sei S eine Kugelschale mit Radius R und Zentrum in p. Leiten Sie aus der obigen Gleichung her, dass

$$g(p) = \frac{1}{4\pi R^2} \int\limits_S g\,\mathrm{d}\sigma \;.$$

Dies ist der sogenannte *Mittelwertsatz* für harmonische Funktionen.

d) Sei K die durch die Schale S beschränkte Kugel, die wir in Teil c) betrachtet haben, und $V(K)$ ihr Volumen. Zeigen Sie ausgehend von obigem Ergebnis, dass gilt:

$$g(p) = \frac{1}{V(B)} \int\limits_B g\,\mathrm{d}V \;.$$

e) Seien p und q Punkte der euklidischen Ebene $\mathbb{R}^2$. Zusammen mit der Funktion $\frac{1}{r_p}$, die wir in a) oben betrachtet haben (die dem Potential einer in p lokalisierten Ladung entsprach), betrachten wir nun die Funktion $\ln\frac{1}{r_p}$ (entsprechend dem Potential einer gleichmäßig geladenen Geraden im Raum). Zeigen Sie, dass $\Delta \ln \frac{1}{r_p} = 2\pi\delta(p; q)$, wobei $\delta(p; q)$ nun die δ-Funktion in $\mathbb{R}^2$ ist.

f) Wiederholen Sie die Überlegungen in a), b), c) und d) und erhalten Sie so den Mittelwertsatz für Funktionen, die in ebenen Bereichen harmonisch sind.

8. *Multi-dimensionaler Mittelwertsatz von Cauchy.*

Der klassische Mittelwertsatz für das Integral („Satz von Lagrange") stellt sicher, dass dann, wenn die Funktion $f : D \to \mathbb{R}$ auf einer kompakten messbaren und zusammenhängenden Menge $D \subset \mathbb{R}^n$ (beispielsweise in einem Gebiet) stetig ist, ein Punkt $\xi \in D$ existiert, so dass

$$\int_D f(x)\,\mathrm{d}x = f(\xi) \cdot |D| \,,$$

wobei $|D|$ das Maß (Volumen) von D ist.

a) Seien nun $f, g \in C(D, \mathbb{R})$, d.h., f und g sind stetige Funktionen mit reellen Werten in D. Zeigen Sie, dass der folgende Satz („Satz von Cauchy") gilt: *Es existiert ein $\xi \in D$, so dass*

$$g(\xi) \int_D f(x)\,\mathrm{d}x = f(\xi) \int_D g(x)\,\mathrm{d}x \,.$$

b) Sei D ein kompaktes Gebiet mit glattem Rand ∂D und $\mathbf{f}$ und $\mathbf{g}$ seien zwei glatte Vektorfelder in D. Zeigen Sie, dass ein Punkt $\xi \in D$ existiert, so dass

$$\operatorname{div} \mathbf{g}(\xi) \cdot \operatorname*{Fluss}_{\partial D} \mathbf{f} = \operatorname{div} \mathbf{f}(\xi) \cdot \operatorname*{Fluss}_{\partial D} \mathbf{g} \,,$$

wobei $\operatorname*{Fluss}_{\partial D}$ der Fluss eines Vektorfeldes durch die Fläche ∂D ist.

14.3 Potentialfelder

14.3.1 Das Potential eines Vektorfeldes

Definition 1. Sei $\mathbf{A}$ ein Vektorfeld im Gebiet $D \subset \mathbb{R}^n$. Eine Funktion $U : D \to \mathbb{R}$ wird als *Potential des Feldes* $\mathbf{A}$ bezeichnet, falls $\mathbf{A} = \operatorname{grad} U$ in D.

Definition 2. Ein Feld, das ein Potential besitzt, wird *Potentialfeld* genannt.

Da die partiellen Ableitungen einer Funktion die Funktion in einem zusammenhängenden Gebiet bis auf eine additive Konstante bestimmen, ist das Potential in einem derartigen Gebiet bis auf eine additive Konstante eindeutig bestimmt.

Im ersten Band haben wir Potentiale kurz erwähnt. Nun werden wir dieses wichtige Konzept detaillierter untersuchen. Im Zusammenhang mit diesen Definitionen halten wir fest, dass dann, wenn verschiedene Kraftfelder in der Physik untersucht werden, das Potential eines Feldes $\mathbf{F}$ üblicherweise als eine Funktion U definiert wird, so dass $\mathbf{F} = -\operatorname{grad} U$. Dieses Potential unterscheidet sich von dem in Definition 1 vorgestellten lediglich durch das Vorzeichen.

Beispiel 1. In einem Raumpunkt mit Radiusvektor **r** lässt sich die Intensität **F** des durch eine im Ursprung lokalisierten Punktmasse M verursachten Gravitationsfeldes nach dem Newtonschen Gesetz berechnen und wir erhalten

$$\mathbf{F} = -GM\frac{\mathbf{r}}{r^3} \, , \tag{14.55}$$

mit $r = |\mathbf{r}|$.

Dies ist die Kraft, mit der das Feld auf eine Einheitsmasse in diesem Raumpunkt einwirkt. Das Gravitationsfeld (14.55) ist ein Potentialfeld. Sein Potential im Sinne von Definition 1 ist die Funktion

$$U = GM\frac{1}{r} \, . \tag{14.56}$$

Beispiel 2. In einem Raumpunkt mit Radiusvektor **r** lässt sich die durch eine im Ursprung lokalisierte Punktladung q verursachte elektrische Feldintensität **E** mit Hilfe des Coulombschen Gesetzes

$$\mathbf{E} = \frac{q}{4\pi\varepsilon_0}\frac{\mathbf{r}}{r^3}$$

berechnen. Daher ist ein elektrostatisches Feld wie das Gravitationsfeld ein Potentialfeld. Sein Potential φ im Sinne der physikalischen Terminologie wird durch die Gleichung

$$\varphi = \frac{q}{4\pi\varepsilon_0}\frac{1}{r}$$

definiert.

14.3.2 Notwendige Bedingung für die Existenz eines Potentials

In der Sprache der Differentialformen bedeutet die Gleichung $\mathbf{A} = \operatorname{grad} U$, dass $\omega_{\mathbf{A}}^1 = \mathrm{d}\omega_U^0 = \mathrm{d}U$, woraus folgt, dass

$$\mathrm{d}\omega_{\mathbf{A}}^1 = 0 \, , \tag{14.57}$$

da $\mathrm{d}^2\omega_U^0 = 0$. Dies ist eine notwendige Bedingung, damit das Feld **A** ein Potentialfeld ist.

In kartesischen Koordinaten können wir diese Bedingung sehr einfach formulieren. Ist $\mathbf{A} = (A^1, \ldots, A^n)$ und $\mathbf{A} = \operatorname{grad} U$, dann gilt $A^i = \frac{\partial U}{\partial x^i}$, $i = 1, \ldots, n$. Und ist das Potential U hinreichend glatt (beispielsweise, falls seine zweiten partiellen Ableitungen stetig sind), dann muss

$$\frac{\partial A^i}{\partial x^j} = \frac{\partial A^j}{\partial x^i} \, , \qquad i, j = 1, \ldots, n \tag{14.57'}$$

gelten, was einfach nur bedeutet, dass die gemischten partiellen Ableitungen in beiden Reihenfolgen

$$\frac{\partial^2 U}{\partial x^i \partial x^j} = \frac{\partial^2 U}{\partial x^j \partial x^i}$$

einander gleich sind.

In kartesischen Koordinaten gilt $\omega_\mathbf{A}^1 = \sum\limits_{i=1}^{n} A^i \, dx^i$ und daher sind die Gleichungen (14.57) und (14.57′) in diesem Fall tatsächlich zueinander äquivalent.

Im Fall von $\mathbb{R}^3$ erhalten wir $d\omega_\mathbf{A}^1 = \omega_{\text{rot } \mathbf{A}}^2$, so dass die notwendige Bedingung (14.57) neu geschrieben werden kann:

$$\text{rot } \mathbf{A} = \mathbf{0} \, .$$

Dies entspricht der Gleichung rot grad $U = \mathbf{0}$, die wir bereits kennen.

Beispiel 3. Das Feld $\mathbf{A} = (x, xy, xyz)$ in kartesischen Koordinaten in $\mathbb{R}^3$ kann kein Potentialfeld sein, da z.B. $\frac{\partial xy}{\partial x} \neq \frac{\partial x}{\partial y}$.

Beispiel 4. Das durch

$$\mathbf{A} = \left(-\frac{y}{x^2 + y^2}, \frac{x}{x^2 + y^2} \right) \tag{14.58}$$

gegebene Feld $\mathbf{A} = (A_x, A_y)$ ist in allen Punkten der Ebene, mit Ausnahme des Ursprungs, definiert. In diesem Fall ist die notwendige Bedingung $\frac{\partial A_x}{\partial y} = \frac{\partial A_y}{\partial x}$ dafür, dass dieses Feld ein Potentialfeld ist, erfüllt. Wie wir jedoch gleich zeigen werden, ist dieses Feld in seinem Definitionsbereich kein Potentialfeld.

Daher ist die notwendige Bedingung (14.57), oder in kartesischen Koordinaten (14.57′), im Allgemeinen nicht hinreichend, damit ein Feld ein Potentialfeld ist.

14.3.3 Kriterium damit ein Feld ein Potentialfeld ist

Satz 1. *Ein stetiges Vektorfeld $\mathbf{A}$ in einem Gebiet $D \subset \mathbb{R}^n$ ist genau dann ein Potentialfeld in D, falls seine Zirkulation (Arbeit) um jede in D enthaltene abgeschlossene Kurve γ Null ist:*

$$\oint_\gamma \mathbf{A} \cdot d\mathbf{s} = 0 \, . \tag{14.59}$$

Beweis. N o t w e n d i g. Sei $\mathbf{A} = \text{grad } U$. Dann gilt nach dem Fundamentalsatz der Integral- und Differentialrechnung (Gleichung (14.40′) in Abschnitt 14.2), dass

$$\oint_\gamma \mathbf{A} \cdot d\mathbf{s} = U\big(\gamma(b)\big) - U\big(\gamma(a)\big) \, ,$$

mit $\gamma : [a, b] \to D$. Ist $\gamma(a) = \gamma(b)$, d.h., wenn der Weg γ geschlossen ist, dann verschwindet die rechte Seite dieser letzten Gleichung offensichtlich und damit auch die linke Seite.

Hinreichend. Angenommen, Bedingung (14.59) gelte. Dann hängt das Integral über jeden (nicht notwendigerweise geschlossenen) Weg in D nur von seinen Anfangs- und Endpunkten ab und nicht von dem Weg, der diese verbindet. Sind nämlich γ_1 und γ_2 zwei Wege mit denselben Anfangs- und Endpunkten, dann erhalten wir, wenn wir zunächst entlang γ_1 und dann $-\gamma_2$ gehen (d.h. auf γ_2 in entgegengesetzter Richtung laufen), einen geschlossenen Weg γ, dessen Integral nach (14.59) gleich Null ist, das aber auch der Differenz der Integrale über γ_1 und γ_2 entspricht. Daher sind diese beiden Integrale gleich.

Wir halten nun einen Punkt $x_0 \in D$ fest und setzen

$$U(x) = \int\limits_{x_0}^{x} \mathbf{A} \cdot d\mathbf{s} , \qquad (14.60)$$

wobei das Integral auf der rechten Seite dem Integral über jeden Weg in D von x_0 nach x entspricht. Wir werden zeigen, dass die so definierte Funktion U das gesuchte Potential für das Feld $\mathbf{A}$ ist. Aus Bequemlichkeit werden wir annehmen, dass in $\mathbb{R}^n$ ein kartesisches Koordinatensystem $(x^1, \ldots, x^n)$ gewählt wurde. Dann ist $\mathbf{A} \cdot d\mathbf{s} = A^1 \, dx^1 + \cdots + A^n \, dx^n$. Wenn wir uns entlang einer Geraden in Richtung $h\mathbf{e}_i$ von x wegbewegen, wobei $\mathbf{e}_i$ der Einheitsvektor entlang der x^i-Achse ist, dann verändert sich die Funktion U um das Inkrement

$$U(x + h\mathbf{e}_i) - U(x) = \int\limits_{x^i}^{x^i + h^i} A^i(x^1, \ldots, x^{i-1}, t, x^{i+1}, \ldots, x^n) \, dt ,$$

das dem Integral der Form $\mathbf{A} \cdot d\mathbf{s}$ über diesen Weg von x nach $x + h\mathbf{e}_i$ entspricht. Auf Grund der Stetigkeit von $\mathbf{A}$ und dem Mittelwertsatz können wir diese letzte Gleichung auch wie folgt formulieren:

$$U(x + h\mathbf{e}_i) - U(x) = A^i(x^1, \ldots, x^{i-1}, x^i + \theta h, x^{i+1}, \ldots, x^n)h ,$$

wobei $0 \le \theta \le 1$. Wenn wir diese letzte Gleichung durch h teilen und h gegen Null streben lassen, gelangen wir zu

$$\frac{\partial U}{\partial x^i}(x) = A^i(x) ,$$

d.h. $\mathbf{A} = \operatorname{grad} U$.   □

Anmerkung 1. Wie wir am Beweis erkennen können, ist es eine hinreichende Bedingung, damit ein Feld ein Potentialfeld ist, dass (14.59) für glatte Wege gilt oder z.B. für unterbrochene Geraden, deren Verbindungen parallel zu den Koordinatenachsen verlaufen.

Wir kehren nun zu Beispiel 4 zurück. Bereits früher (Beispiel 1 in Abschnitt 8.1) haben wir berechnet, dass die Zirkulation des Feldes (14.58) über dem Kreis $x^2 + y^2 = 1$ bei einmaligem Durchlauf gegen den Uhrzeigersinn 2π ($\neq 0$) beträgt.

Daher können wir nach Satz 1 folgern, dass das Feld (14.58) im Gebiet $\mathbb{R}^2 \setminus 0$ kein Potentialfeld ist.

Aber sicherlich gilt beispielsweise

$$\text{grad} \arctan \frac{y}{x} = \left(-\frac{y}{x^2 + y^2}, \frac{x}{x^2 + y^2} \right),$$

was den Anschein erweckt, dass die Funktion $\arctan \frac{y}{x}$ ein Potential für (14.58) ist. Liegt hier ein Widerspruch vor? Noch bedeutet dies keinen Widerspruch, da die einzige richtige Folgerung, die wir in dieser Lage treffen können, die ist, dass die Funktion $\arctan \frac{y}{x}$ nicht auf dem gesamten Gebiet $\mathbb{R}^2 \setminus 0$ definiert ist. Und dies trifft in der Tat zu: Betrachten Sie zum Beispiel die Punkte auf der y-Achse. Nun könnten Sie aber sagen, wir sollten die Funktion $\varphi(x, y)$ in polaren Winkelkoordinaten des Punktes (x, y) betrachten. Dies ist praktisch gesehen dasselbe wie $\arctan \frac{y}{x}$, aber $\varphi(x, y)$ ist auch für $x = 0$ definiert, vorausgesetzt der Punkt (x, y) ist nicht der Ursprung. Im gesamten Gebiet $\mathbb{R}^2 \setminus 0$ gilt, dass

$$\mathrm{d}\varphi = -\frac{y}{x^2 + y^2} \, \mathrm{d}x + \frac{x}{x^2 + y^2} \, \mathrm{d}y \, .$$

Dies führt jedoch immer noch nicht zu einem Widerspruch, obwohl die Situation nun noch etwas heikler ist. Bitte beachten Sie, dass φ nämlich im gesamten Gebiet $\mathbb{R}^2 \setminus 0$ keine stetige Funktion eines Punktes mit einem einzigen Wert ist. Da ein Punkt den Ursprung gegen den Uhrzeigersinn umläuft, wird sein Polarwinkel, der sich stetig verändert, um 2π anwachsen, wenn der Punkt in seine Ausgangslage zurückkehrt. Das bedeutet aber, dass wir mit einem neuen Wert der Funktion in die Ausgangslage gelangen, der sich von dem, mit dem wir begonnen haben, unterscheidet. Folglich müssen wir entweder darauf verzichten, dass die Funktion φ im Gebiet $\mathbb{R}^2 \setminus 0$ stetig ist oder dass sie nur einen Wert annimmt.

In einer kleinen Umgebung (die nicht den Ursprung enthält) jedes Punktes des Gebiets $\mathbb{R}^2 \setminus 0$ können wir einen stetigen Zweig der Funktion φ mit nur einem Wert festlegen. Alle derartigen Zweige unterscheiden sich voneinander durch eine additive Konstante, einem Vielfachen von 2π. Daher besitzen sie alle dasselbe Differential und alle können lokal als Potentiale des Feldes (14.58) dienen. Nichtsdestotrotz besitzt das Feld (14.58) im gesamten Gebiet $\mathbb{R}^2 \setminus 0$ kein Potential.

Die im Beispiel 4 untersuchte Situation erweist sich als typisch in dem Sinne, dass die notwendige Bedingungen (14.57) oder (14.57'), damit das Feld $\mathbf{A}$ ein Potentialfeld ist, lokal auch hinreichend sind. Es gilt der folgende Satz:

Satz 2. *Gilt die notwendige Bedingung dafür, dass ein Feld ein Potentialfeld ist, in einer Kugel, dann besitzt das Feld in dieser Kugel ein Potential.*

Beweis. Zur besseren Anschaulichkeit werden wir den Beweis zunächst für den Fall einer Scheibe $D = \{(x, y) \in \mathbb{R}^2 \,|\, x^2 + y^2 < r\}$ in der Ebene $\mathbb{R}^2$ ausführen. Wir können vom Ursprung entlang zweier zusammengesetzter Linien γ_1 und γ_2 zum Punkt (x, y) der Scheibe gelangen, wobei die Teilstrecken parallel zu den Koordinatenachsen verlaufen (vgl. Abb. 14.3). Da D ein konvexes Gebiet ist, ist das vollständige Rechteck I, das durch diese Linien umschrieben wird, in D enthalten.

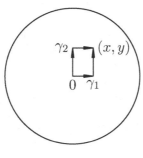

Abb. 14.3.

Nach dem Satz von Stokes erhalten wir, wenn wir die Bedingung (14.57) berücksichtigen, dass

$$\int_{\partial I} \omega_{\mathbf{A}}^1 = \int_{I} d\omega_{\mathbf{A}}^1 = 0 \,.$$

Mit der Anmerkung zu Satz 1 können wir hieraus folgern, dass das Feld $\mathbf{A}$ in D ein Potentialfeld ist. Außerdem kann die Funktion (14.60) nach dem Beweis zur hinreichenden Bedingung in Satz 1 selbst wieder als Potential betrachtet werden, wenn wir das Integral als Integral über einer zusammengesetzten Linie vom Zentrum zum fraglichen Punkt betrachten, wobei die Teilstrecken parallel zu den Koordinatenachsen verlaufen. In diesem Fall folgt die Unabhängigkeit von der Wahl der Wege γ_1 und γ_2 für ein derartiges Integral unmittelbar aus dem Satz von Stokes für ein Rechteck.

In höheren Dimensionen folgt aus dem Satz von Stokes für ein zwei-dimensionales Rechteck, dass ein Ersetzen zweier benachbarter Teilstücke der zusammengesetzten Linie durch zwei Teilstücke, die die Seiten eines Rechtecks parallel zum Original bilden, den Wert des Integrals über dem Weg nicht verändert. Da wir von einem Weg mit zusammengesetzten Linien zu jedem anderen Weg mit zusammengesetzten Linien durch eine Folge derartiger Rekonstruktionen zu demselben Punkt gelangen können, ist das Potential im Allgemeinen Fall unzweifelhaft definiert. $\qquad\square$

14.3.4 Topologische Struktur eines Gebiets und Potentiale

Wenn wir Beispiel 4 und Satz 2 miteinander vergleichen, dann können wir folgern, dass dann, wenn die notwendige Bedingung (14.57), damit ein Feld ein Potentialfeld ist, erfüllt ist, die Frage danach, ob es immer ein Potentialfeld ist, von der (topologischen) Struktur des Gebiets abhängt, in dem das Feld definiert ist. Die folgenden Betrachtungen (hier und in Absatz 14.3.5 unten) vermitteln eine grundlegende Vorstellung davon, wie genau dieser Sachverhalt mit der Charakteristik des Gebiets zusammenhängt.

Ist das Gebiet D derart, dass jeder abgeschlossene Weg in D auf einen Punkt des Gebiets zusammengezogen werden kann, ohne dabei außerhalb des Gebiets zu gelangen, dann wird es sich herausstellen, dass die notwendige Bedingung (14.57), damit ein Feld in D ein Potentialfeld ist, auch hinreichend ist. Wir werden derartige Gebiete unten als *einfach zusammenhängend* bezeichnen. Eine Kugel ist ein einfach zusammenhängendes Gebiet (und aus diesem Grund gilt Satz 2). Aber die punktierte Ebene $\mathbb{R}^2 \setminus 0$ ist nicht einfach zusammenhängend, da ein Weg, der den Ursprung umläuft, nicht in einem Punkt zusammengezogen werden kann, ohne außerhalb dieses Bereichs zu gelangen. Dies ist der Grund dafür, dass, wie wir in Beispiel 4 gesehen haben, nicht jedes Feld in $\mathbb{R}^2 \setminus 0$, das (14.57') erfüllt, notwendigerweise in $\mathbb{R}^2 \setminus 0$ ein Potentialfeld ist.

Wir wenden uns nun von der allgemeinen Betrachtung einer genauen Formulierung zu. Wir beginnen damit klar darzulegen, was wir darunter verstehen, einen Weg zu deformieren oder zusammenzuziehen.

Definition 3. Eine *Homotopie* (oder *Deformation*) eines geschlossenen Weges $\gamma_0 : [0,1] \to D$ in D auf einen geschlossenen Weg $\gamma_1 : [0,1] \to D$ ist eine stetige Abbildung $\Gamma : I^2 \to D$ des Quadrates $I^2 = \{(t^1, t^2) \in \mathbb{R}^2 \mid 0 \leq t^i \leq 1, i = 1,2\}$ nach D, so dass $\Gamma(t^1, 0) = \gamma_0(t^1)$, $\Gamma(t^1, 1) = \gamma_1(t^1)$ und $\Gamma(0, t^2) = \Gamma(1, t^2)$ für alle $t^1, t^2 \in [0,1]$.

Daher ist eine Homotopie eine Abbildung $\Gamma : I^2 \to D$ (s. Abb. 14.4). Wenn wir die Variable t^2 als Zeit betrachten, dann erhalten wir nach Definition 3 in jedem Augenblick $t = t^2$ einen abgeschlossenen Weg $\Gamma(t^1, t) = \gamma_t$ (vgl. Abb. 14.4)[9]. Die Veränderung dieses Weges mit der Zeit ist derart, dass er im Anfangsmoment $t = t^2 = 0$ mit γ_0 übereinstimmt und zur Zeit $t = t^2 = 1$ in γ_1 übergeht.

Die Bedingung $\gamma_t(0) = \Gamma(0, t) = \Gamma(1, t) = \gamma_t(1)$, bedeutet, dass der Weg γ_t für alle Zeiten $t \in [0,1]$ geschlossen ist. Daher induziert die Abbildung $\Gamma : I^2 \to D$ dieselben Abbildungen $\beta_0(t^1) := \Gamma(t^1, 0) = \Gamma(t^1, 1) =: \beta_1(t^1)$ für die vertikalen Seiten des Quadrates I^2.

Die Abbildung Γ ist eine Formalisierung unserer intuitiven Vorstellung einer schrittweisen Verformung von γ_0 zu γ_1.

---

[9] In Abb. 14.4 sind orientierende Pfeile angedeutet. Diese Pfeile werden wir etwas später benutzen; zum gegenwärtigen Zeitpunkt sollte der Leser diese einfach ignorieren.

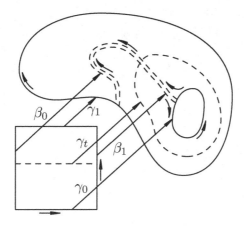

Abb. 14.4.

Es ist klar, dass wir die Zeit rückwärts laufen können und dann erhalten wir den Weg γ_0 aus γ_1.

Definition 4. Zwei geschlossene Wege sind in einem Gebiet *homotop*, wenn je einer durch eine Homotopie aus dem anderen erhalten werden kann, d.h., wir können in diesem Gebiet eine Homotopie von einem zum anderen konstruieren.

Anmerkung 2. Da wir es in der Analysis in der Regel mit Integrationswegen zu tun haben, werden wir nur glatte oder stückweise glatte Wege und glatte oder stückweise glatte Homotopien zwischen ihnen betrachten, auch ohne dies ausdrücklich zu erwähnen.

Für Gebiete in $\mathbb{R}^n$ können wir zeigen, dass die Gegenwart einer stetigen Homotopie von (stückweise) glatten Wegen die Existenz von (stückweise) glatten Homotopien dieser Wege sicher stellt.

Satz 3. *Ist die 1-Form $\omega_{\mathbf{A}}^1$ im Gebiet D derart, dass $\mathrm{d}\omega_{\mathbf{A}}^1 = 0$ und sind die geschlossenen Wege γ_0 und γ_1 in D homotop, dann gilt*

$$\int_{\gamma_0} \omega_{\mathbf{A}}^1 = \int_{\gamma_1} \omega_{\mathbf{A}}^1 \; .$$

Beweis. Sei $\Gamma : I^2 \to D$ eine Homotopie von γ_0 nach γ_1 (vgl. Abb. 14.4). Sind I_0 und I_1 die horizontalen Seiten des Quadrates I^2 und J_0 und J_1 seine vertikalen Seiten, dann stimmen nach der Definition einer Homotopie geschlossener Wege die Einschränkungen von Γ auf I_0 und I_1 mit γ_0 bzw. γ_1 überein und die Einschränkungen von Γ auf J_0 und J_1 führen zu Wegen β_0 bzw. β_1 in D. Da $\Gamma(0, t^2) = \Gamma(1, t^2)$, sind die Wege β_0 und β_1 identisch. Als ein Ergebnis der Substitution $x = \Gamma(t)$ wird die Form $\omega_{\mathbf{A}}^1$ in eine 1-Form $\omega = \Gamma^* \omega_{\mathbf{A}}^1$ auf dem

Quadrat I^2 überführt. Dabei ist $d\omega = d\Gamma^* \omega_{\mathbf{A}}^1 = \Gamma^* d\omega_{\mathbf{A}}^1 = 0$, da $d\omega_{\mathbf{A}}^1 = 0$. Daher gilt nach der Gleichung von Stokes, dass

$$\int_{\partial I^2} \omega = \int_{I^2} d\omega = 0 \, .$$

Nun ist aber

$$\int_{\partial I^2} \omega = \int_{I_0} \omega + \int_{J_1} \omega - \int_{I_1} \omega - \int_{J_0} \omega =$$

$$= \int_{\gamma_0} \omega_{\mathbf{A}}^1 + \int_{\beta_1} \omega_{\mathbf{A}}^1 - \int_{\gamma_1} \omega_{\mathbf{A}}^1 - \int_{\beta_0} \omega_{\mathbf{A}}^1 = \int_{\gamma_0} \omega_{\mathbf{A}}^1 - \int_{\gamma_1} \omega_{\mathbf{A}}^1 \, . \qquad \Box$$

Definition 5. Ein Gebiet ist *einfach zusammenhängend*, falls jeder geschlossene Weg in ihm zu einem Punkt (d.h. einem konstanten Weg) homotop ist.

Daher sind einfach zusammenhängende Gebiete die Gebiete, in denen jeder geschlossene Weg auf einen Punkt zusammengezogen werden kann.

Satz 4. *Ist ein Feld* **A** *in einem einfach zusammenhängenden Gebiet D definiert und erfüllt eine der notwendigen Bedingungen (14.57) oder (14.57′) für ein Potentialfeld, dann ist es ein Potentialfeld in D.*

Beweis. Nach Satz 1 und Anmerkung 1 genügt es zu zeigen, dass Gl. (14.59) für jeden glatten Weg γ in D gilt. Der Weg γ ist laut Voraussetzung homotop zu einem konstanten Weg, dessen Träger aus einem einzigen Punkt besteht. Das Integral über einem derartigen ein-punktigen Weg ist offensichtlich gleich Null. Nach Satz 3 ändert sich jedoch das Integral unter einer Homotopie nicht und daher muss (14.59) für γ gelten. $\qquad \Box$

Anmerkung 3. Satz 4 enthält Satz 2. Da wir jedoch gewisse Anwendungen im Sinne hatten, haben wir einen unabhängigen konstruktiven Beweis von Satz 2 als nützlich angesehen.

Anmerkung 4. Satz 2 wurde bewiesen, ohne auf die Möglichkeit einer glatten Homotopie von glatten Wegen zurückzugreifen.

14.3.5 Vektorpotentiale. Exakte und geschlossene Formen

Definition 6. Ein Feld **A** ist ein *Vektorpotential* für ein Feld **B** in einem Gebiet $D \subset \mathbb{R}^3$, falls in diesem Gebiet gilt, dass $\mathbf{B} = \text{rot } \mathbf{A}$.

Wenn wir uns an den Zusammenhang zwischen Vektorfeldern und Formen im orientierten euklidischen Raum $\mathbb{R}^3$ erinnern und auch an die Definition der Rotation eines Vektorfeldes, können wir die Gleichung $\mathbf{B} = \text{rot } \mathbf{A}$ als

$\omega_{\mathbf{B}}^2 = d\omega_{\mathbf{A}}^1$ umformulieren. Aus dieser Gleichung folgt, dass $\omega_{\text{div}\,\mathbf{B}}^3 = d\omega_{\mathbf{B}}^2 = d^2\omega_{\mathbf{A}}^1 = 0$. Daher erhalten wir die notwendige Bedingung

$$\text{div}\,\mathbf{B} = 0\,, \tag{14.61}$$

die das Feld $\mathbf{B}$ in D erfüllen muss, um ein Vektorpotential zu besitzen, d.h., damit es die Rotation eines Vektorfeldes $\mathbf{A}$ in diesem Gebiet ist.

Ein Feld, das Bedingung (14.61) erfüllt, wird in der Physik besonders häufig als *divergenzfreies* oder auch *solenoidales Feld* bezeichnet.

Beispiel 5. In Abschnitt 14.1 haben wir das Maxwellsche Gleichungssystem angeführt. Die zweite Gleichung dieses Systems entspricht exakt Gl. (14.61). Daher entsteht ganz natürlich das Verlangen, das magnetische Feld $\mathbf{B}$ als die Rotation eines Vektorfeldes $\mathbf{A}$ – dem Vektorpotential von $\mathbf{B}$ – zu betrachten. Die Lösung der Maxwellschen Gleichung führt genau zu einem derartigen Vektorpotential.

Wie wir an den Definitionen 1 und 6 erkennen können, sind die Fragen nach dem skalaren und dem vektoriellen Potential von Vektorfeldern (wobei sich die letzte Frage nur in $\mathbb{R}^3$ stellt) Spezialfälle der allgemeinen Frage, unter welchen Bedingungen eine p-Differentialform ω^p das Differential $d\omega^{p-1}$ einer Form ω^{p-1} ist.

Definition 7. Eine Differentialform ω^p ist *exakt* in einem Gebiet D, falls eine Form ω^{p-1} in D existiert, so dass $\omega^p = d\omega^{p-1}$.

Ist die Form ω^p in D exakt, dann gilt $d\omega^p = d^2\omega^{p-1} = 0$. Daher ist die Bedingung

$$d\omega = 0 \tag{14.62}$$

eine notwendige Bedingung, damit die Form ω exakt ist.

Wie wir bereits erkennen mussten (s. Beispiel 4), ist nicht jede Form, die diese Bedingung erfüllt, exakt. Aus diesem Grund treffen wir die folgende Definition:

Definition 8. Die Differentialform ω ist in einem Gebiet D *geschlossen*, falls sie darin die Bedingung (14.62) erfüllt.

Es gilt das folgende Lemma:

Lemma. (Lemma von Poincaré) *Ist eine Form in einer Kugel geschlossen, dann ist sie darin exakt.*

Hierbei reden wir über eine Kugel in $\mathbb{R}^n$ und eine Form beliebiger Ordnung, so dass also Satz 2 ein besonderer Spezialfall dieses Lemmas ist.

Das Lemma von Poincaré kann auch folgendermaßen interpretiert werden: Die notwendige Bedingung (14.62), damit eine Form exakt ist, ist auch lokal hinreichend, d.h., jeder Punkt eines Gebiets, in dem (14.62) gilt, besitzt eine Umgebung, in der ω exakt ist.

Erfüllt insbesondere ein Vektorfeld **B** die Bedingung (14.61), so folgt aus dem Lemma von Poincaré, dass es zumindest lokal der Rotation eines Vektorfeldes **A** entspricht.

Wir nehmen uns an dieser Stelle nicht die Zeit, um dieses wichtige Lemma zu beweisen (für den interessierten Leser verweisen wir auf Kapitel 15). Stattdessen wollen wir in allgemeiner Formulierung den Zusammenhang zwischen dem Problem der Exaktheit geschlossener Formen und der Topologie ihres Definitionsgebiets (aufbauend auf Informationen zu 1-Formen) zusammenfassend betrachten.

Beispiel 6. Wir betrachten die Ebene $\mathbb{R}^2$, aus der zwei Punkte p_1 und p_2 entfernt wurden (Abb. 14.5) und die Wege γ_0, γ_1 und γ_2 deren Träger in der Abbildung dargestellt sind. Der Weg γ_2 lässt sich auf einen Punkt innerhalb von D zusammenziehen und daher ist das Integral jeder geschlossenen Form ω in D über γ_2 gleich Null. Der Weg γ_0 lässt sich nicht auf einen Punkt zusammenziehen, er kann jedoch ohne Veränderung des Wertes des Integrals der Form homotop in den Weg γ_1 überführt werden.

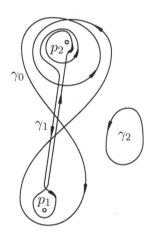

Abb. 14.5.

Das Integral über γ_1 lässt sich offensichtlich in das Integral über einem Kreis im Uhrzeigersinn, der p_1 umschließt, und das zweifache Integral über einem Kreis im Gegenuhrzeigersinn, der p_2 umläuft, zerlegen. Sind T_1 und T_2 die Integrale der Form ω über kleine Kreise, die die Punkte p_1 bzw. p_2 umschließen und dabei etwa gegen den Uhrzeigersinn durchlaufen werden, dann können wir so erkennen, dass das Integral der Form ω über jeden geschlossenen Weg in D gleich $n_1 T_1 + n_2 T_2$ sein wird, wobei n_1 und n_2 ganze Zahlen sind, die angeben, wie oft wir jedes der Löcher p_1 bzw. p_2 in der Ebene $\mathbb{R}^2$ in welcher Richtung umkreist haben.

Die Kreise c_1 und c_2, die p_1 bzw. p_2 umschließen, dienen gewissermaßen als eine Art von Basis, in der jeder geschlossene Weg $\gamma \subset D$ bis auf eine

Homotopie, die auf das Integral keinen Einfluss hat, die Gestalt $\gamma = n_1 c_1 + n_2 c_2$ besitzt. Die Größen $\int_{c_i} \omega = T_i$ werden *zyklische Konstanten* oder auch *Perioden* des Integrals genannt. Ist das Gebiet komplizierter und gibt es k unabhängige einfache Kreise, dann ergibt sich in Übereinstimmung mit der Entwicklung $\gamma = n_1 c_1 + \cdots + n_k c_k$, dass $\int_\gamma \omega = n_1 T_1 + \cdots + n_k T_k$. Es stellt sich heraus, dass sich für jede Menge $T_1, \ldots, T_k$ von Zahlen in einem derartigen Gebiet eine geschlossene 1-Form konstruieren lässt, die genau diese Menge von Perioden besitzt (dies ist ein Spezialfall des Satzes von de-Rham – vgl. Kapitel 15).

Zur besseren Veranschaulichung haben wir uns auf die Betrachtung eines ebenen Gebiets beschränkt, aber das Gesagte lässt sich auf jedes Gebiet $D \subset \mathbb{R}^n$ übertragen.

Beispiel 7. In einem Ankerring (das von einem Torus umschlossene feste Gebiet in $\mathbb{R}^3$) sind offensichtlich alle geschlossenen Wege homotop zu einem Kreis, der das Loch so und so oft umkreist. Dieser Kreis dient als der einzige nicht konstante einfache Zyklus c.

Außerdem lässt sich alles bisher Gesagte für Wege höherer Dimensionen wiederholen. Falls anstelle von ein-dimensionalen geschlossenen Wegen – Abbildungen eines Kreises oder, was dasselbe ist, Abbildungen der eindimenensionalen Kugelschale – Abbildungen einer k-dimensionalen Kugelschale betrachtet werden und darauf das Konzept der Homotopie angewendet wird und wir untersuchen, wie viele zueinander nicht homotope Abbildungen der k-dimensionalen Schale in einem vorgegebenen Gebiet $D \subset \mathbb{R}^n$ existieren, gelangen wir zu einer bestimmen Charakteristik des Gebiets D, die in der Topologie als sogenannte k-te Homotopiegruppe von D formalisiert und mit $\pi_k(D)$ bezeichnet wird. Sind alle Abbildungen der k-dimensionalen Kugelschale nach D zu einer konstanten Abbildung homotop, so sagen wir, dass die Gruppe $\pi_k(D)$ trivial ist (sie besteht nur aus der Identität). Dabei kann es vorkommen, dass $\pi_1(D)$ trivial ist, wohingegen $\pi_2(D)$ es nicht ist.

Beispiel 8. Sei D der Raum $\mathbb{R}^3$ ohne den Punkt 0. Dann kann offensichtlich jeder geschlossene Weg in D auf einen Punkt zusammengezogen werden, aber eine Fläche, die den Punkt 0 umschließt, lässt sich nicht homotop in einen Punkt umformen.

Es stellt sich heraus, dass die Homotopiegruppe $\pi_k(D)$ mit den Perioden einer geschlossenen k-Form weniger zu tun hat als die sogenannte *Homologiegruppe* $H_k(D)$ (vgl. Kapitel 15).

Beispiel 9. Aus dem Gesagten können wir folgern, dass beispielsweise jede geschlossene 1-Form im Gebiet $\mathbb{R}^3 \setminus 0$ exakt ist ($\mathbb{R}^3 \setminus 0$ ist ein einfach zusammenhängendes Gebiet), aber dass nicht jede geschlossene 2-Form exakt ist. In der Sprache von Vektorfeldern bedeutet dies, dass jedes rotationsfreie Feld **A** in $\mathbb{R}^3 \setminus 0$ der Gradient einer Funktion ist, aber nicht jedes quellenfreie Feld $\mathbf{B}$ (div $\mathbf{B} = 0$) die Rotation eines Feldes in diesem Gebiet ist.

Beispiel 10. Als Gegensatz zu Beispiel 9 betrachten wir den Ankerring. Beim Ankerring ist die Gruppe $\pi_1(D)$ nicht trivial (vgl. Beispiel 7), aber $\pi_2(D)$ ist trivial, da jede Abbildung $f : S^2 \to D$ einer zwei-dimensionalen Schale nach D sich auf eine konstante Abbildung (jedes Bild einer Schale lässt sich auf einen Punkt kontrahieren) zusammenziehen lässt. In diesem Gebiet ist nicht jedes rotationsfreie Feld ein Potentialfeld, aber jedes quellenfreie Feld ist die Rotation eines Feldes.

14.3.6 Übungen und Aufgaben

1. Zeigen Sie, dass jedes zentrierte Feld $\mathbf{A} = f(r)\mathbf{r}$ ein Potentialfeld ist.

2. Sei $\mathbf{F} = -\operatorname{grad} U$ ein Kräftepotentialfeld. Zeigen Sie, dass die stabilen Gleichgewichtspositionen eines Teilchens in einem derartigen Feld den Minima des Potentials U dieses Feldes entsprechen.

3. Für ein elektrostatisches Feld $\mathbf{E}$ lassen sich die Maxwellschen Gleichungen (Formel (14.12) in Abschnitt 14.1), wie bereits betont wurde, in ein Paar von Gleichungen $\nabla \cdot \mathbf{E} = \frac{\rho}{\varepsilon_0}$ und $\nabla \times \mathbf{E} = 0$ zerlegen.

Die Bedingung $\nabla \times \mathbf{E} = 0$ bedeutet, zumindest lokal, dass $\mathbf{E} = -\operatorname{grad} \varphi$. Das Feld einer Punktladung ist ein Potentialfeld und da jedes elektrische Feld die Summe (oder das Integral) derartiger Felder ist, ist es immer ein Potentialfeld. Wenn wir $\mathbf{E} = -\nabla\varphi$ in der ersten Gleichung des elektrischen Feldes substituieren, so erhalten wir, dass sein Potential die *Poisson–Gleichung*[10] $\Delta\varphi = \frac{\rho}{\varepsilon_0}$ erfüllt. Das Potential φ bestimmt das Feld vollständig, so dass eine Beschreibung von $\mathbf{E}$ sich auf die Suche nach einer Funktion φ, der Lösung der Poisson–Gleichung, zurückführen lässt.

Lösen Sie die folgenden Aufgaben mit Kenntnis des Potentials einer Punktladung (Beispiel 2):

a) Zwei Ladungen $+q$ und $-q$ befinden sich in den Punkten $(0, 0, -d/2)$ und $(0, 0, d/2)$ in $\mathbb{R}^3$ mit den kartesischen Koordinaten (x, y, z). Zeigen Sie, dass in Abständen, die relativ zu d groß sind, das Potential des elektrostatischen Feldes folgende Gestalt besitzt:

$$\varphi = \frac{1}{4\pi\varepsilon_0} \frac{z}{r^3} qd + o\left(\frac{1}{r^3}\right).$$

Dabei ist r der Absolutbetrag des Radiusvektors $\mathbf{r}$ des Punktes (x, y, z).

---

[10] S.D. Poisson (1781–1849) – französischer Wissenschaftler, Fachmann für Mechanik und Physik; seine Hauptarbeiten liegen im Bereich der theoretischen und der Himmelsmechanik, der mathematischen Physik und der Wahrscheinlichkeitstheorie. Die Poisson–Gleichung trat bei seinen Untersuchungen zu Gravitationspotentialen und der Anziehung von Sphäroiden auf.

b) Sich weit von den Ladungen zu entfernen ist äquivalent dazu, die Ladungen zusammenzuführen, d.h., den Abstand d zu verringern. Wenn wir nun die Größe $qd =: p$ festhalten und d verringern, dann erhalten wir beim Grenzübergang die Funktion $\varphi = \frac{1}{4\pi\varepsilon_0}\frac{z}{r^3}p$ im Gebiet $\mathbb{R}^3 \setminus 0$. Dabei ist es hilfreich, den Vektor $\mathbf{p}$, der den Betrag p besitzt und von $-q$ nach $+q$ gerichtet ist, einzuführen. Wir nennen das Ladungspaar $-q$ und $+q$ und die durch den eben beschriebenen Grenzübergang erhaltene Konstruktion einen *Dipol* und den Vektor $\mathbf{p}$ das *Dipolmoment*. Die beim Grenzübergang erhaltene Funktion φ wird das *Dipolpotential* genannt. Bestimmen Sie die Asymptoten des Dipolpotentials bei der Bewegung weg vom Dipol entlang eines Strahls, der mit der Richtung des Dipolmoments den Winkel θ einschließt.

c) Sei φ_0 das Potential einer Einheitspunktladung und φ_1 das Dipolpotential zum Dipolmoment $\mathbf{p}_1$. Zeigen Sie, dass $\varphi_1 = -(\mathbf{p}_1 \cdot \nabla)\varphi_0$.

d) Wir können die Konstruktion mit dem Grenzübergang, den wir für zwei Ladungen ausgeführt haben und der uns zum Dipol führte, auch für vier Ladungen (genauer gesagt, für zwei Dipole mit den Momenten $\mathbf{p}_1$ und $\mathbf{p}_2$) ausführen und so einen *Quadrupol* und ein zugehöriges Potential erhalten. Im Allgemeinen können wir einen *Multipol der Ordnung j* mit dem Potential

$$\varphi_j = (-1)^j (\mathbf{p}_j \cdot \nabla)(\mathbf{p}_{j-1} \cdot \nabla)\cdots(\mathbf{p}_1 \cdot \nabla)\varphi_0 = \sum_{i+k+l=j} Q^j_{ikl}\frac{\partial^j \varphi_0}{\partial x^i \partial y^k \partial z^l}\ \text{erhalten,}$$

wobei Q^j_{ikl} die sogenannten *Komponenten des Multipolmoments* sind. Führen Sie die Berechnungen durch und beweisen Sie die Formel für das Potential eines Multipols für einen Quadrupol.

e) Zeigen Sie, dass der Hauptterm in der asymptotischen Entwicklung des Potentials eines Ladungsclusters mit anwachsendem Abstand vom Cluster $\frac{1}{4\pi\varepsilon_0}\frac{Q}{r}$ lautet, wobei Q die Gesamtladung des Clusters ist.

f) Zeigen Sie, dass der Hauptterm in der asymptotischen Entwicklung des Potentials eines elektrisch neutralen Körpers, der aus Ladungen mit entgegengesetzten Vorzeichen besteht (z.B. einem Molekül) bei einem großen Abstand verglichen zur Größenordnung des Körpers $\frac{1}{4\pi\varepsilon_0}\frac{\mathbf{p}\cdot\mathbf{e}_r}{r^2}$ lautet. Hierbei ist $\mathbf{e}_r$ ein Einheitsvektor, der vom Körper zum Beobachter zeigt; $\mathbf{p} = \sum q_i\mathbf{d}_i$, wobei q_i die Größe der i-ten Ladung ist und $\mathbf{d}_i$ ist ihr Radiusvektor. Der Ursprung wird in einem Punkt des Körpers gewählt.

g) Das Potential jeder Ladungsanhäufung kann in einer großen Entfernung vom Cluster (asymptotisch) in Multipolpotentialfunktionen entwickelt werden. Zeigen Sie dies mit dem Beispiel der ersten zwei Ausdrücke für ein derartiges Potential (vgl. d), e) und f)).

4. Entscheiden Sie, welche der folgenden Gebiete einfach zusammenhängend sind.

a) Die Scheibe $\{(x,y) \in \mathbb{R}^2 \mid x^2 + y^2 < 1\}$.

b) Die Scheibe ohne ihr Zentrum $\{(x,y) \in \mathbb{R}^2 \mid 0 < x^2 + y^2 < 1\}$.

c) Eine Kugel ohne ihr Zentrum $\{(x,y,z) \in \mathbb{R}^3 \mid 0 < x^2 + y^2 + z^2 < 1\}$.

d) Ein Kranz $\left\{(x,y) \in \mathbb{R}^2 \mid \frac{1}{2} < x^2 + y^2 < 1\right\}$.

e) Ein sphärischer Kranz $\left\{(x,y,z) \in \mathbb{R}^3 \mid \frac{1}{2} < x^2 + y^2 + z^2 < 1\right\}$.

f) Ein Ankerring in $\mathbb{R}^3$.

5. a) Definieren Sie die Homotopie von Wegen mit festen Endpunkten.

b) Beweisen Sie, dass ein Gebiet genau dann einfach zusammenhängend ist, wenn je zwei Wege mit gleichen Anfangs- und Endpunkten in ihm im Sinne der in a) gegebenen Definition homotop sind.

6. Zeigen Sie:

a) Jede stetige Abbildung $f : S^1 \to S^2$ eines Kreises S^1 (eine ein-dimensionale Kugelschale) in eine zwei-dimensionale Schale S^2 lässt sich in S^2 in einen Punkt (eine konstante Abbildung) kontrahieren.

b) Jede stetige Abbildung $f : S^2 \to S^1$ ist auch zu einem einzigen Punkt homotop.

c) Jede Abbildung $f : S^1 \to S^1$ ist homotop zu einer Abbildung $\varphi \mapsto n\varphi$ für ein $n \in \mathbb{Z}$, wobei φ der Polarwinkel ist.

d) Jede Abbildung der Schale S^2 in einen Ankerring ist homotop zu einer Abbildung in einen einzigen Punkt.

e) Jede Abbildung eines Kreises S^1 in einen Ankerring ist homotop zu einem geschlossenen Weg, der das Loch im Ankerring n mal umkreist, mit $n \in \mathbb{Z}$.

7. Konstruieren Sie im Gebiet $\mathbb{R}^3 \setminus 0$ (drei-dimensionaler Raum ohne den Punkt 0):

a) Eine geschlossene, aber nicht exakte 2-Form.

b) Ein quellenfreies Vektorfeld, das nicht die Rotation irgendeines Vektorfeldes in dem Gebiet ist.

8. a) Gibt es geschlossene, aber nicht exakte Formen der Ordnung $p < n - 1$ im Gebiet $D = \mathbb{R}^n \setminus 0$ (der Raum $\mathbb{R}^n$ ohne den Punkt 0)?

b) Konstruieren Sie eine geschlossene, aber nicht exakte Form der Ordnung $p = n - 1$ in $D = \mathbb{R}^n \setminus 0$.

9. Ist eine 1-Form ω in einem Gebiet $D \subset \mathbb{R}^n$ geschlossen, dann besitzt nach Satz 2 jeder Punkt $x \in D$ eine Umgebung $U(x)$, innerhalb derer ω exakt ist. Im Folgenden nehmen wir an, dass ω eine geschlossene Form ist.

a) Zwei Wege $\gamma_i : [0, 1] \to D$, $i = 1, 2$ haben dieselben Anfangs- und Endpunkte und unterscheiden sich nur auf einem Intervall $[\alpha, \beta] \subset [0, 1]$, dessen Bild unter jeder der Abbildungen γ_i innerhalb derselben Umgebung $U(x)$ enthalten ist. Zeigen Sie, dass dann $\int\limits_{\gamma_1} \omega = \int\limits_{\gamma_2} \omega$ gilt.

b) Zu jedem Weg $[0, 1] \ni t \mapsto \gamma(t) \in D$ existiere eine Zahl $\delta > 0$, so dass dann, wenn der Weg $\widetilde{\gamma}$ dieselben Anfangs- und Endpunkte wie γ besitzt, er sich von γ höchstens um δ unterscheidet, d.h. $\max\limits_{0 \le t \le 1} |\widetilde{\gamma}(t) - \gamma(t)| \le \delta$. Zeigen Sie, dass dann $\int\limits_{\widetilde{\gamma}} \omega = \int\limits_{\gamma} \omega$ gilt.

c) Zeigen Sie, dass dann, wenn zwei Wege γ_1 und γ_2 mit denselben Anfangs- und Endpunkten in D als Wege mit festen Endpunkten homotop sind, für jede geschlossene Form ω in D gilt, dass $\int\limits_{\gamma_1} \omega = \int\limits_{\gamma_2} \omega$.

10. a) Unten werden wir beweisen, dass jede stetige Abbildung $\Gamma : I^2 \to D$ des Quadrats I^2 mit beliebiger Genauigkeit gleichmäßig durch eine glatte Abbildung (nämlich eine Abbildung mit polynomialen Komponenten) angenähert werden kann. Folgern Sie daraus, dass dann, wenn die Wege γ_1 und γ_2 im Gebiet D homotop sind, für jedes $\varepsilon > 0$ glatte zueinander homotope Wege $\widetilde{\gamma}_1$ und $\widetilde{\gamma}_2$ existieren, so dass $\max\limits_{0 \le t \le 1} |\widetilde{\gamma}_i(t) - \gamma_i(t)| \le \varepsilon$, $i = 1, 2$.

b) Zeigen Sie nun mit Hilfe der Ergebnisse von Beispiel 9, dass dann, wenn die Integrale einer geschlossenen Form in D über glatte homotope Wege gleich sind, sie für beliebige Wege, die in diesem Gebiet homotop sind, gleich sind (unabhängig von der Glattheit der Homotopie). Die Wege selbst werden natürlich als so regulär vorausgesetzt, wie es zur Integration über sie notwendig ist.

11.   a) Die Formen ω^p, ω^{p-1} und $\widetilde{\omega}^{p-1}$ seien derart, dass $\omega^p = \mathrm{d}\omega^{p-1} = \mathrm{d}\widetilde{\omega}^{p-1}$. Zeigen Sie, dass sich dann (zumindest lokal) eine Form ω^{p-2} finden lässt, so dass $\widetilde{\omega}^{p-1} = \omega^{p-1} + \mathrm{d}\omega^{p-2}$. (Die Tatsache, dass je zwei Formen, die sich um das Differential einer Form unterscheiden, offensichtlich dasselbe Differential besitzen, folgt aus der Gleichung $\mathrm{d}^2\omega = 0$.)

b) Zeigen Sie, dass das Potential φ eines elektrostatischen Feldes (Beispiel 3) bis auf eine additive Konstante bestimmt ist, die durch die Forderung festgelegt wird, dass das Potential für Unendlich gegen Null strebt.

12. Die Maxwellschen Gleichungen (die Formeln (14.12) in Abschnitt 14.1) führen zu folgendem Paar magnetostatischer Gleichungen: $\nabla \cdot \mathbf{B} = 0$, $\nabla \times \mathbf{B} = -\frac{\mathbf{j}}{\varepsilon_0 c^2}$. Die erste davon zeigt, dass $\mathbf{B}$ zumindest lokal ein Vektorpotential $\mathbf{A}$ besitzt, d.h. $\mathbf{B} = \nabla \times \mathbf{A}$.

a) Beschreiben Sie das Ausmaß an Beliebigkeit in der Wahl des Potentials $\mathbf{A}$ des magnetischen Feldes $\mathbf{B}$ (vgl. Aufgabe 11a)).

b) Seien x, y, z kartesische Koordinaten in $\mathbb{R}^3$. Bestimmen Sie die Potentiale $\mathbf{A}$ für ein gleichförmiges magnetisches Feld $\mathbf{B}$, das entlang der z-Achse ausgerichtet ist, wobei jedes eine der folgenden zusätzlichen Anforderungen erfüllt: Das Feld $\mathbf{A}$ muss die Gestalt $(0, A_y, 0)$ besitzen; das Feld $\mathbf{A}$ muss die Gestalt $(A_x, 0, 0)$ besitzen; das Feld $\mathbf{A}$ muss die Gestalt $(A_x, A_y, 0)$ besitzen; das Feld $\mathbf{A}$ muss unter Rotationen um die z-Achse invariant sein.

c) Zeigen Sie, dass die Wahl des Potentials $\mathbf{A}$, das die zusätzliche Anforderung $\nabla \cdot \mathbf{A} = 0$ erfüllt, sich auf die Lösung der Poisson–Gleichung zurückführen lässt; genauer gesagt darauf, eine Funktion ψ mit skalaren Werten zu finden, die für eine gegebene Funktion f mit skalaren Werten die Gleichung $\Delta\psi = f$ erfüllt.

d) Das Potential $\mathbf{A}$ eines statischen magnetischen Feldes $\mathbf{B}$ sei so gewählt, dass $\nabla \cdot \mathbf{A} = 0$. Zeigen Sie, dass es die vektorielle Poisson–Gleichung $\Delta\mathbf{A} = -\frac{\mathbf{j}}{\varepsilon_0 c^2}$ erfüllt. Daher erlaubt die zu Hilfenahme des Potentials, die Suche nach einem elektrostatischen und einem magnetostatischen Feld auf die Lösung der Poisson–Gleichung zurückzuführen.

13. Die folgende *Helmholtz-Zerlegung*[11] ist wohl bekannt: *Jedes glatte Feld* $\mathbf{F}$ *in einem Gebiet* D *des orientierten euklidischen Raums* $\mathbb{R}^3$ *lässt sich in eine Summe* $\mathbf{F} = \mathbf{F}_1 + \mathbf{F}_2$ *eines rotationsfreien Feldes* $\mathbf{F}_1$ *und eines divergenzfreien Feldes* $\mathbf{F}_2$ *zerlegen.* Zeigen Sie, dass die Konstruktion einer derartigen Zerlegung sich auf das Lösen einer bestimmten Poisson–Gleichung zurückführen lässt.

14. Angenommen, eine gegebene Masse einer bestimmten Substanz wechsle aus einem Zustand, der thermodynamisch durch die Parameter V_0, P_0 (T_0) charakterisiert

---

[11] H.L.F. Helmholtz (1821–1894) – deutscher Physiker und Mathematiker; einer der ersten Entdecker des allgemeinen Gesetzes der Erhaltung der Energie. Er war der erste, der eine klare Unterscheidung zwischen den Konzepten der Kraft und der Energie traf.

wird, in den Zustand V, P (T). Angenommen, dieser Übergang erfolge langsam (quasi-statisch) und über einen Weg γ in der Zustandsebene (mit den Koordinaten V, P). In der Thermodynamik lässt sich zeigen, dass die Größe $S = \int\limits_{\gamma} \frac{\delta Q}{T}$, wobei δQ die Wärmeaustauschform ist, nur vom Anfangspunkt (V_0, P_0) und dem Endpunkt (V, P) des Weges abhängt, d.h., nachdem einer dieser beiden Punkte fest vorgegeben ist, etwa (V_0, P_0), wird S zu einer Funktion des Zustands (V, P) des Systems. Diese Funktion wird die *Entropie* des Systems genannt.

a) Leiten Sie daraus her, dass die Form $\omega = \frac{\delta Q}{T}$ exakt ist und dass $\omega = \mathrm{d}S$.

b) Bestimmen Sie mit Hilfe der Form für δQ für ein ideales Gas (Aufgabe 6 in Abschnitt 13.1) die Entropie eines idealen Gases.

14.4 Anwendungsbeispiele

Um die eingeführten Konzepte anzuwenden und auch um die physikalische Bedeutung des Divergenzsatzes und der Gleichung von Stokes als ein Erhaltungsgesetz zu erläutern, werden wir hier einige anschauliche und wichtige Gleichungen der mathematischen Physik näher betrachten.

14.4.1 Die Wärmegleichung

Wir betrachten das skalare Feld $T = T(x, y, z, t)$ der Temperatur eines Körpers, die als Funktion des Punktes (x, y, z) des Körpers und der Zeit t beobachtet wird. Durch Wärmeübertragung zwischen verschiedenen Teilen des Körpers kann sich das Feld T verändern. Diese Veränderung ist jedoch nicht beliebig; sie gehorcht einem bestimmten Gesetz, das wir nun explizit formulieren wollen.

Sei D ein bestimmter drei-dimensionaler Teil des beobachteten Körpers, der durch eine Oberfläche S ummantelt ist. Gibt es keine Wärmequellen innerhalb von S, dann kann sich die innere Energie der Substanz in D nur als Ergebnis einer Wärmeübertragung verändern, d.h. in diesem Fall durch die Übertragung von Energie durch den Rand S von D.

Indem wir die Veränderung der inneren Energie im Volumen D und den Energiefluss durch die Fläche S getrennt berechnen, können wir mit Hilfe des Gesetzes zur Energieerhaltung diese beiden Größen gleichsetzen und somit die gesuchte Beziehung erhalten.

Es ist bekannt, dass ein Temperaturanstieg um ΔT in einer homogenen Masse m die Energie $cm\Delta T$ erfordert, wobei c die spezifische Wärmekapazität der betrachteten Substanz ist. Verändert sich daher unser Feld T im Zeitintervall Δt um $\Delta T = T(x, y, z, t + \Delta t) - T(x, y, z, t)$, dann muss sich die innere Energie in D um einen Betrag

$$\iiint\limits_{D} c\rho\Delta T \, \mathrm{d}V \tag{14.63}$$

verändern, wobei $\rho = \rho(x, y, z)$ die Dichte der Substanz ist.

Es ist experimentell bekannt, dass die Wärmeübergangsmenge durch eine bestimmte Fläche $d\boldsymbol{\sigma} = \mathbf{n}\,d\sigma$ pro Einheitszeit durch Wärmeübertragung über einen großen Temperaturbereich zum Fluss $-\operatorname{grad} T \cdot d\boldsymbol{\sigma}$ des Feldes $-\operatorname{grad} T$ durch die Fläche (der Gradient wird bezüglich der Ortsvariablen x, y, z gebildet) proportional ist. Die Proportionalitätskonstante k hängt von der Substanz ab und wird *Wärmeleitfähigkeitskoeffizient* genannt. Das negative Vorzeichen vor $\operatorname{grad} T$ trägt der Tatsache Rechnung, dass die Energie von wärmeren Teilen des Körpers zu kälteren Teilen fließt. Daher findet der Energiefluss (bis auf einen Ausdruck der Ordnung $o(\Delta t)$)

$$\Delta t \iint\limits_{S} -k \operatorname{grad} T \cdot d\boldsymbol{\sigma} \tag{14.64}$$

über das Zeitintervall Δt durch den Rand S von D in Richtung der äußeren Normalen statt.

Wenn wir den Ausdruck (14.63) dem Negativen von (14.64) gleichsetzen, durch Δt dividieren und zum Grenzwert für $\Delta t \to 0$ übergehen, erhalten wir

$$\iiint\limits_{D} c\rho \frac{\partial T}{\partial t} \, dV = \iint\limits_{S} k \operatorname{grad} T \cdot d\boldsymbol{\sigma} \; . \tag{14.65}$$

Diese Gleichung ist die Gleichung für die Funktion T. Unter der Annahme, dass T hinreichend glatt ist, formen wir (14.65) mit Hilfe des Divergenzsatzes um:

$$\iiint\limits_{D} c\rho \frac{\partial T}{\partial t} \, dV = \iiint\limits_{D} \operatorname{div}(k \operatorname{grad} T) \, dV \; .$$

Da D beliebig ist, folgt offensichtlich, dass

$$c\rho \frac{\partial T}{\partial t} = \operatorname{div}(k \operatorname{grad} T) \; . \tag{14.66}$$

Wir haben so die Integralgleichung (14.65) in der Version für das Differential erhalten.

Falls es Wärmequellen (oder -senken) in D gibt, deren Intensitäten die Dichte $F(x, y, z, t)$ besitzen, würden wir anstelle von (14.65) die Gleichung

$$\iiint\limits_{D} c\rho \frac{\partial T}{\partial t} \, dV = \iint\limits_{S} k \operatorname{grad} T \cdot d\boldsymbol{\sigma} + \iiint\limits_{D} F \, dV \tag{14.65'}$$

schreiben und dann anstelle von (14.66) zur Gleichung

$$c\rho \frac{\partial T}{\partial t} = \operatorname{div}(k \operatorname{grad} T) + F \tag{14.66'}$$

gelangen.

Wenn wir von einem bezüglich seiner Wärmeleitfähigkeit isotropen und homogenen Körper ausgehen, dann ist der Koeffizient k in (14.66) konstant und die Gleichung lässt sich in die kanonische Gestalt

$$\frac{\partial T}{\partial t} = a^2 \Delta T + f \qquad (14.67)$$

umformen, mit $f = \frac{F}{c\rho}$ und dem *thermischen Diffusivitätskoeffizienten* $a^2 = \frac{k}{c\rho}$. Die Gleichung (14.67) wird üblicherweise als *Wärmegleichung* bezeichnet.

Im Falle der Wärmeübertragung im Gleichgewicht, in dem das Feld T von der Zeit unabhängig ist, wird diese Gleichung zur *Poisson–Gleichung*

$$\Delta T = \varphi , \qquad (14.68)$$

mit $\varphi = -\frac{1}{a^2} f$. Gibt es außerdem keine Wärmequellen innerhalb des Körpers, erhalten wir die *Laplace–Gleichung*.

$$\Delta T = 0 . \qquad (14.69)$$

Die Lösungen der Laplace–Gleichung werden, wie bereits erwähnt wurde, *harmonische Funktionen* genannt. In der thermophysikalischen Interpretation entsprechen harmonische Funktionen Temperaturfeldern im stationären Gleichgewicht in einem Körper, in dem der Wärmefluss ohne Senken oder Quellen innerhalb des Körpers selbst stattfindet, d.h., alle Quellen befinden sich außerhalb des Körpers. Wenn wir beispielsweise eine konstante Temperaturverteilung $T\big|_{\partial V} = \tau$ auf dem Rand ∂V eines Körpers vorgeben, dann wird sich das Temperaturfeld im Körper V mit der Zeit in Gestalt einer harmonischen Funktion T stabilisieren. Eine derartige Interpretation der Lösungen der Laplace–Gleichung (14.69) ermöglicht uns die Vorhersage einer Reihe von Eigenschaften von harmonischen Funktionen. So können wir beispielsweise vermuten, dass eine harmonische Funktion in V kein lokales Maximum innerhalb des Körpers besitzen kann; ansonsten würde die Wärme von diesen wärmeren Teilen des Körpers nur wegfließen und sie würden abkühlen, was im Widerspruch dazu steht, dass wir annehmen, dass das Feld stationär ist.

14.4.2 Die Kontinuitätsgleichung

Sei $\rho = \rho(x, y, z, t)$ die Dichte einer Materie, die einen beobachteten Raum ausfüllt und sei $\mathbf{v} = \mathbf{v}(x, y, z, t)$ das Geschwindigkeitsfeld der Bewegung des Mediums als eine Funktion des Raumpunktes (x, y, z) und der Zeit t.

Aus dem Gesetz zur Massenerhaltung können wir mit Hilfe des Divergenzsatzes einen Zusammenhang zwischen diesen Größen herstellen.

Sei D ein Gebiet im beobachteten Raum, das durch eine Oberfläche S ummantelt wird. Im Zeitintervall Δt verändert sich die Materiemenge in D um

$$\iiint\limits_{D} \left(\rho(x,y,z,t+\Delta t) - \rho(x,y,z,t)\right) \mathrm{d}V \ .$$

In diesem kleinen Zeitintervall Δt beträgt der Materiefluss durch die Fläche S in Richtung der auswärts gerichteten Normalen an S (bis auf $o(\Delta t)$):

$$\Delta t \cdot \iint\limits_{S} \rho\mathbf{v} \cdot \mathrm{d}\boldsymbol{\sigma} \ .$$

Wenn es keine Quellen oder Senken in D gibt, dann würde nach dem Gesetz der Massenerhaltung gelten, dass

$$\iiint\limits_{D} \Delta\rho \, \mathrm{d}V = -\Delta t \iint\limits_{S} \rho\mathbf{v} \cdot \mathrm{d}\boldsymbol{\sigma}$$

oder als Grenzwert für $\Delta t \to 0$:

$$\iiint\limits_{D} \frac{\partial\rho}{\partial t} \, \mathrm{d}V = - \iint\limits_{S} \rho\mathbf{v} \cdot \mathrm{d}\boldsymbol{\sigma} \ .$$

Nun wenden wir den Divergenzsatz auf die rechte Seite dieser Gleichung an und berücksichtigen dabei, dass D ein beliebiges Gebiet ist. So kommen wir zum Schluss, dass für hinreichend glatte Funktionen ρ und $\mathbf{v}$ folgende Gleichung gelten muss:

$$\frac{\partial\rho}{\partial t} = -\mathrm{div}\,(\rho\mathbf{v}) \ . \tag{14.70}$$

Diese Gleichung wird *Kontinuitätsgleichung* eines kontinuierlichen Mediums genannt.

In Vektorschreibweise können wir die Kontinuitätsgleichung wie folgt formulieren:

$$\frac{\partial\rho}{\partial t} + \nabla \cdot (\rho\mathbf{v}) = 0 \tag{14.70$'$}$$

oder etwas ausführlicher als

$$\frac{\partial\rho}{\partial t} + \mathbf{v} \cdot \nabla\rho + \rho\nabla \cdot \mathbf{v} = 0 \ . \tag{14.70$''$}$$

Ist das Medium inkompressibel (eine Flüssigkeit), dann muss der volumetrische Ausfluss des Mediums durch eine geschlossen Fläche S Null sein:

$$\iint\limits_{S} \mathbf{v} \cdot \mathrm{d}\boldsymbol{\sigma} = 0 \ ,$$

woraus (wiederum mit Hilfe des Divergenzsatzes) folgt, dass für ein inkompressibles Medium

$$\text{div } \mathbf{v} = 0 \qquad (14.71)$$

gilt.

Daher wird für ein inkompressibles Medium mit veränderlicher Dichte (eine Mischung aus Wasser und Öl) Gl. (14.70″) zu

$$\frac{\partial \rho}{\partial t} + \mathbf{v} \cdot \nabla \rho = 0 \,. \qquad (14.72)$$

Ist das Medium zusätzlich homogen, dann gilt $\nabla \rho = 0$ und somit $\frac{\partial \rho}{\partial t} = 0$.

14.4.3 Die zentralen Gleichungen zur Dynamik kontinuierlicher Materie

Wir wollen nun die Gleichungen für die Dynamik eines sich im Raum bewegenden kontinuierlichen Mediums herleiten. Dazu betrachten wir neben den Funktionen ρ und $\mathbf{v}$, die uns bereits bekannt sind, und die wiederum die Dichte und die Geschwindigkeit des Mediums in einem gegebenen Raumpunkt (x, y, z) und zu einem gegebenen Zeitpunkt t beschreiben, den Druck $p = p(x, y, z, t)$ als eine Funktion eines Raumpunktes und der Zeit.

In dem von dem Medium eingenommenen Raum greifen wir ein Gebiet D heraus, das durch eine Fläche S ummantelt ist, und wir betrachten die Kräfte, die zu einem festen Zeitpunkt auf das herausgegriffene Volumen des Mediums einwirken.

Gewisse Kraftfelder (z.B. die Gravitation) wirken auf jedes Massenelement $\rho \, dV$ des Mediums ein. Diese Felder erzeugen sogenannte *Massenkräfte*. Sei $\mathbf{F} = \mathbf{F}(x, y, z, t)$ die Dichte der externen Massenkraftfelder. Dann wirkt eine Kraft $\mathbf{F}\rho \, dV$ auf das Element in Richtung dieser Felder. Erfährt dieses Element zu einem gegebenen Zeitpunkt eine Beschleunigung $\mathbf{a}$, dann ist dies nach dem Newtonschen Gesetz äquivalent zur Gegenwart einer anderen Massenkraft, die Trägheit genannt wird. Diese ist gleich $-\mathbf{a}\rho \, dV$.

Schließlich existiert für jedes Element $d\boldsymbol{\sigma} = \mathbf{n} \, d\sigma$ der Fläche S eine Oberflächenspannung, die auf den Druck der Teilchen des Mediums innerhalb des Mediums zurückzuführen ist, und diese Oberflächenkraft ist gleich $-p \, d\boldsymbol{\sigma}$ (wobei $\mathbf{n}$ die auswärts gerichtete Normale an S ist).

Nach dem d'Alembertschen Prinzip sind während der Bewegung jedes materiellen Systems in jedem Moment alle auf es einwirkende Kräfte, inklusive der Trägheit, zueinander im Gleichgewicht, d.h., die Kraft die nötig ist, um sie auszublanzieren, ist gleich Null. In unserem Fall bedeutet dies, dass

$$\iiint\limits_{D} (\mathbf{F} - \mathbf{a})\rho \, dV - \iint\limits_{S} p \, d\boldsymbol{\sigma} = \mathbf{0} \,. \qquad (14.73)$$

Der erste Ausdruck in dieser Summe entspricht der Balance zwischen der Massen- und der Trägheitskraft und der zweite entspricht der Balance des Drucks auf die Oberfläche S, die das Volumen umgibt. Der Einfachheit halber wollen wir annehmen, dass wir es mit einer idealen (nicht viskosen) Flüssigkeit oder einem Gas zu tun haben, bei dem der Druck auf die Oberfläche $d\boldsymbol{\sigma}$ die Gestalt $p\,d\boldsymbol{\sigma}$ annimmt, wobei die Zahl p von der Lage der Fläche im Raum unabhängig ist.

Indem wir Gleichung (14.47) aus Abschnitt 14.2 anwenden, gelangen wir mit (14.73) zu

$$\iiint\limits_D (\mathbf{F} - \mathbf{a})\rho\,dV - \iiint\limits_D \operatorname{grad} p\,dv = \mathbf{0}\,,$$

woraus folgt, da das Gebiet D beliebig ist, dass

$$\rho\mathbf{a} = \rho\mathbf{F} - \operatorname{grad} p\,. \tag{14.74}$$

In dieser lokalen Gestalt entspricht die Bewegungsgleichung des Mediums genau dem Newtonschen Bewegungsgesetz eines Materieteilchens.

Die Beschleunigung $\mathbf{a}$ eines Teilchens des Mediums ergibt sich als Ableitung $\frac{d\mathbf{v}}{dt}$ der Geschwindigkeit $\mathbf{v}$ des Teilchens. Ist $x = x(t)$, $y = y(t)$, $z = z(t)$ das Bewegungsgesetz eines Teilchens im Raum und ist $\mathbf{v} = \mathbf{v}(x, y, z, t)$ das Geschwindigkeitsfeld des Mediums, dann erhalten wir für jedes einzelne Teilchen, dass

$$\mathbf{a} = \frac{d\mathbf{v}}{dt} = \frac{\partial\mathbf{v}}{\partial t} + \frac{\partial\mathbf{v}}{\partial x}\frac{dx}{dt} + \frac{\partial\mathbf{v}}{\partial y}\frac{dy}{dt} + \frac{\partial\mathbf{v}}{\partial z}\frac{dz}{dt}$$

oder

$$\mathbf{a} = \frac{\partial\mathbf{v}}{\partial t} + (\mathbf{v}\cdot\nabla)\mathbf{v}\,.$$

Damit nimmt die Bewegungsgleichung (14.74) die folgende Gestalt an:

$$\frac{d\mathbf{v}}{dt} = \mathbf{F} - \frac{1}{\rho}\operatorname{grad} p \tag{14.75}$$

oder

$$\frac{\partial\mathbf{v}}{\partial t} + (\mathbf{v}\cdot\nabla)\mathbf{v} = \mathbf{F} - \frac{1}{\rho}\nabla p\,. \tag{14.76}$$

Gleichung (14.76) wird normalerweise als *Eulersche Hydrodynamikgleichung* bezeichnet.

Die Vektorgleichung (14.76) ist zu einem System dreier skalarer Gleichungen für die drei Komponenten des Vektors $\mathbf{v}$ und dem Funktionenpaar ρ und p äquivalent.

Daher bestimmt die Eulersche Hydrodynamikgleichung die Bewegung eines idealen kontinuierlichen Mediums nicht vollständig. Um sicher zu sein, ist es nur natürlich, sie um die Kontinuitätsgleichung (14.70) zu ergänzen, aber auch damit bleibt das System unterbestimmt.

Um die Bewegung des Mediums endgültig bestimmen zu können, müssen die Gln. (14.70) und (14.76) um Informationen zum thermodynamischen Zustand des Mediums (z.B. die Zustandsgleichung $f(p, \rho, T) = 0$ und die Gleichung für den Wärmetransport) ergänzt werden. Der Leser wird im letzten

Absatz dieses Abschnitts eine Vorstellung davon erhalten, wozu uns diese Beziehungen führen werden.

14.4.4 Die Wellengleichung

Wir betrachten nun die Bewegung eines Mediums, die sich aus der Fortbewegung einer akustischen Welle ergibt. Es ist klar, dass eine derartige Bewegung auch durch Gl. (14.76) beschrieben wird; diese Gleichung lässt sich aufgrund der Besonderheiten dieses Phänomens vereinfachen.

Klang ist ein sich abwechselnder Zustand von Entspannung und Zusammenziehen eines Mediums, wobei die Abweichung des Drucks von seinem Mittelwert in einer Schallwelle sehr klein ist – in der Größenordnung von 1%. Daher besteht akustische Bewegung aus kleinen Abweichungen der Volumenelemente des Mediums aus der Gleichgewichtsposition bei kleinen Geschwindigkeiten. Dagegen ist die Ausbreitung der Störung (Welle) durch das Medium vergleichbar mit der Durchschnittsgeschwindigkeit der molekularen Bewegung im Medium und sie übersteigt normalerweise die Geschwindigkeit des Temperaturtransports zwischen den verschiedenen Teilen des betrachteten Mediums. Daher kann die akustische Bewegung eines Gasvolumens als kleine Oszillationen um die Gleichgewichtsposition betrachtet werden, die ohne Wärmeübertragung stattfindet (ein adiabatischer Prozess).

Wenn wir den Ausdruck $(\mathbf{v} \cdot \nabla)\mathbf{v}$ in der Bewegungsgleichung (14.76) aufgrund der kleinen makroskopischen Geschwindigkeiten $\mathbf{v}$ vernachlässigen, erhalten wir die Gleichung

$$\rho \frac{\partial \mathbf{v}}{\partial t} = \rho \mathbf{F} - \nabla p \,.$$

Wenn wir den Ausdruck $\frac{\partial \rho}{\partial t}\mathbf{v}$ aus demselben Grund vernachlässigen, dann lässt sich diese letzte Gleichung auf

$$\frac{\partial}{\partial t}(\rho \mathbf{v}) = \rho \mathbf{F} - \nabla p$$

zurückführen.

Wenn wir den Operator ∇ (auf die x, y, z Koordinaten) anwenden, erhalten wir

$$\frac{\partial}{\partial t}(\nabla \cdot \rho \mathbf{v}) = \nabla \cdot \rho \mathbf{F} - \Delta p \,.$$

Mit Hilfe der Schreibweise $\nabla \cdot \rho \mathbf{F} = -\Phi$ und der Kontinuitätsgleichung (14.70′) gelangen wir zur Gleichung

$$\frac{\partial^2 \rho}{\partial t^2} = \Phi + \Delta p \,. \tag{14.77}$$

Wenn wir den Einfluss äußerer Felder vernachlässigen, dann lässt sich Gl. (14.77) zu

$$\frac{\partial^2 \rho}{\partial t^2} = \Delta p \tag{14.78}$$

vereinfachen. Dies ist eine Gleichung zwischen der Dichte und dem Druck im akustischen Medium. Da der Prozess adiabatisch stattfindet, lässt sich die Zustandsgleichung $f(p, \rho, T) = 0$ auf die Gleichung $\rho = \psi(p)$ zurückführen, woraus folgt, dass $\frac{\partial^2 \rho}{\partial t^2} = \psi'(p)\frac{\partial^2 p}{\partial t^2} + \psi''(p)\left(\frac{\partial p}{\partial t}\right)^2$. Da die Druckschwankungen in einer akustischen Welle klein sind, können wir davon ausgehen, dass $\psi'(p) \equiv \psi'(p_0)$, wobei p_0 der Gleichgewichtsdruck ist. Damit gilt $\psi'' = 0$ und $\frac{\partial^2 \rho}{\partial t^2} \approx \psi'(p)\frac{\partial^2 p}{\partial t^2}$. Wenn wir dies beachten, erhalten wir aus (14.78) schließlich

$$\frac{\partial^2 p}{\partial t^2} = a^2 \Delta p\,, \qquad (14.79)$$

mit $a = \left(\psi'(p_0)\right)^{-1/2}$. Diese Gleichung beschreibt die Druckänderung in einem Medium in einem Zustand akustischer Bewegung. Gleichung (14.79) beschreibt den einfachsten Wellenvorgang in einem kontinuierlichen Medium. Sie wird die *homogene Wellengleichung* genannt. Die Größe a hat eine einfache physikalische Bedeutung: Sie ist die Ausbreitungsgeschwindigkeit einer akustischen Störung im Medium, d.h. die Schallgeschwindigkeit im Medium (vgl. Aufgabe 4).

Im Falle erzwungener Schwingungen, wenn bestimmte Kräfte auf jedes Volumenelement des Mediums einwirken, ersetzen wir Gl. (14.79) durch

$$\frac{\partial^2 p}{\partial t^2} = a^2 \Delta p + f\,, \qquad (14.80)$$

die für $f \not\equiv 0$ die *inhomogene Wellengleichung* genannt wird.

14.4.5 Übungen und Aufgaben

1. Angenommen, das Geschwindigkeitsfeld $\mathbf{v}$ eines sich bewegenden kontinuierlichen Mediums sei ein Potentialfeld. Ist das Medium inkompressibel, dann ist das Potential φ des Feldes $\mathbf{v}$ eine harmonische Funktion, d.h. $\Delta\varphi = 0$ (vgl. (14.71)). Zeigen Sie dies.

2. a) Zeigen Sie, dass die Eulersche Hydrodynamikgleichung (14.76) zu

$$\frac{\partial \mathbf{v}}{\partial t} + \operatorname{grad}\left(\frac{1}{2}\mathbf{v}^2\right) - \mathbf{v} \times \operatorname{rot}\mathbf{v} = \mathbf{F} - \frac{1}{\rho}\operatorname{grad} p$$

umgeformt werden kann (vgl. Aufgabe 1 in Abschnitt 14.1).

b) Zeigen Sie aufbauend auf der Gleichung aus a), dass ein rotationsfreier Fluss ($\operatorname{rot}\mathbf{v} = \mathbf{0}$) einer homogenen inkompressiblen Flüssigkeit nur in einem Potentialfeld $\mathbf{F}$ auftreten kann.

c) Es stellt sich heraus (Satz von Lagrange), dass dann, wenn in einem Augenblick der Fluss in einem Potentialfeld $\mathbf{F} = \operatorname{grad} U$ rotationsfrei ist, er dies immer war und immer sein wird. Ein derartiger Fluss ist folglich zumindest lokal ein Potentialfluss, d.h. $\mathbf{v} = \operatorname{grad} \varphi$. Beweisen Sie, dass für einen Potentialfluss einer homogenen inkompressiblen Flüssigkeit in einem Potentialfeld $\mathbf{F}$ zu jeder Zeit die folgende Gleichung gilt:

$$\operatorname{grad}\left(\frac{\partial \varphi}{\partial t} + \frac{v^2}{2} + \frac{p}{\rho} - U\right) = 0 \, .$$

d) Leiten Sie die sogenannte *Cauchysche Integral* Form aus der gerade erhaltenen Gleichung her:

$$\frac{\partial \varphi}{\partial t} + \frac{v^2}{2} + \frac{p}{\rho} - U = \Phi(t) \, .$$

Diese Gleichung stellt sicher, dass die linke Seite von den Raumkoordinaten unabhängig ist.

e) Der Fluss sei im Gleichgewicht, d.h., das Feld $\mathbf{v}$ sei von der Zeit unabhängig. Zeigen Sie, dass dann die folgende Gleichung

$$\frac{v^2}{2} + \frac{p}{\rho} - U = \text{konst.} \, ,$$

die *Bernoulli-Integral* genannt wird, gilt.

3. Ein Fluss, dessen Geschwindigkeitsfeld die Gestalt $\mathbf{v} = (v_x, v_y, 0)$ besitzt, wird natürlicherweise *ebener Fluss* genannt.

a) Zeigen Sie, dass die Bedingungen $\operatorname{div} \mathbf{v} = 0$ und $\operatorname{rot} \mathbf{v} = \mathbf{0}$, die einen inkompressiblen und rotationsfreien Fluss beschreiben, die folgende Gestalt annehmen:

$$\frac{\partial v_x}{\partial x} + \frac{\partial v_y}{\partial y} = 0 \, , \quad \frac{\partial v_x}{\partial y} - \frac{\partial v_y}{\partial x} = 0 \, .$$

b) Zeigen Sie, dass diese Gleichungen zumindest lokal die Existenz von Funktionen $\psi(x, y)$ und $\varphi(x, y)$ garantieren, so dass $(-v_y, v_x) = \operatorname{grad} \psi$ und $(v_x, v_y) = \operatorname{grad} \varphi$.

c) Beweisen Sie, dass die Niveauflächen $\varphi = c_1$ und $\psi = c_2$ dieser Funktionen orthogonal sind und zeigen Sie, dass im Fluss die Kurven $\psi = c$ mit den Trajektorien der sich bewegenden Teilchen des Mediums im Gleichgewicht übereinstimmen. Aus diesem Grund wird die Funktion ψ auch Strömungsfunktion genannt im Unterschied zur Funktion φ, die *Geschwindigkeitspotential* genannt wird.

d) Zeigen Sie unter der Annahme, dass die Funktionen φ und ψ hinreichend glatt sind, dass sie beide harmonische Funktionen sind, die die *Cauchy–Riemann– Gleichungen*

$$\frac{\partial \varphi}{\partial x} = \frac{\partial \psi}{\partial y} \, , \quad \frac{\partial \varphi}{\partial y} = -\frac{\partial \psi}{\partial x}$$

erfüllen. Harmonische Funktionen, die die Cauchy–Riemann–Gleichungen erfüllen, werden *konjugiert harmonische Funktionen* genannt.

e) Beweisen Sie, dass die Funktion $f(z) = (\varphi + i\psi)(x, y)$ mit $z = x + iy$ eine differenzierbare Funktion der komplexen Variablen z ist. Dies begründet den Zusammenhang zwischen den planaren Problemen der Hydrodynamik und der Theorie von Funktionen einer komplexen Variablen.

4. Wir betrachten die einfache Version $\frac{\partial^2 p}{\partial t^2} = a^2 \frac{\partial^2 p}{\partial x^2}$ der Wellengleichung (14.79). Diese Gleichung beschreibt den Fall einer ebenen Welle, in der der Druck nur von der x-Koordinate des Punktes (x, y, z) im Raum abhängt.

a) Vereinfachen Sie diese Gleichung durch die Substitution $u = x - at$, $v = x + at$ zu $\frac{\partial^2 p}{\partial u \partial v} = 0$ und zeigen Sie, dass die allgemeine Form der Lösung der ursprünglichen Gleichung $p = f(x + at) + g(x - at)$ lautet, wobei f und g beliebige Funktionen der Klasse $C^{(2)}$ sind.

b) Interpretieren Sie die gerade erhaltene Lösung als zwei Wellen $f(x)$ und $g(x)$, die sich nach links und nach rechts mit der Geschwindigkeit a entlang der x-Achse ausbreiten.

c) Bestimmen Sie die Geschwindigkeit c_N von Schall in der Luft in den Fußstapfen von Newton, unter der Annahme, dass die Größe a auch im Allgemeinfall (14.79) die Ausbreitungsgeschwindigkeit einer Störung ist und indem Sie die Gleichung $a = \left(\psi'(p_0) \right)^{-1/2}$ berücksichtigen. Nehmen Sie dabei an, dass die Temperatur in einer akustischen Welle konstant ist, d.h., gehen Sie davon aus, dass der Prozess der akustischen Schwingung isotherm ist. (Die Zustandsgleichung lautet $\rho = \frac{\mu p}{RT}$, $R = 8,31 \frac{\text{J}}{\text{K} \cdot \text{mol}}$ ist die universelle Gaskonstante und $\mu = 28,8 \frac{\text{g}}{\text{mol}}$ ist das molekulare Gewicht von Luft. Führen Sie die Berechnung für Luft mit der Temperatur $0°$ C aus, d.h. $T = 273$ K. Newton erhielt $c_N = 280$ m/s.)

d) Angenommen, der Prozess der akustischen Schwingung erfolge adiabatisch. Bestimmen Sie nach Laplace die Geschwindigkeit c_L von Schall in der Luft und verbessern Sie dadurch das Ergebnis c_N von Newton. (In einem adiabatischen Prozess gilt $p = c\rho^\gamma$. Dies entspricht der Poisson–Gleichung aus Aufgabe 6 in Abschnitt 13.1. Zeigen Sie, dass dann, wenn $c_N = \sqrt{\frac{p}{\rho}}$ gilt, dass $c_L = \gamma \sqrt{\frac{p}{\rho}}$. Für Luft ist $\gamma \approx 1,4$. Laplace erhielt $c_L = 330$ m/s, was ausgezeichnet mit dem Experiment übereinstimmt.)

5. Mit Hilfe der skalaren und Vektorpotentiale lassen sich die Maxwellschen Gleichung ((14.12) in Abschnitt 14.1) auf die Wellengleichung zurückführen (genauer gesagt, auf mehrere Wellengleichungen derselben Art). Sie werden diese Aussage in dieser Aufgabe beweisen.

a) Aus der Gleichung $\nabla \cdot \mathbf{B} = 0$ folgt, dass zumindest lokal $\mathbf{B} = \nabla \times \mathbf{A}$ gilt, wobei $\mathbf{A}$ das Vektorpotential des Feldes B ist.

b) Zeigen Sie ausgehend von $\mathbf{B} = \nabla \times \mathbf{A}$, dass aus der Gleichung $\nabla \times \mathbf{E} = -\frac{\partial \mathbf{B}}{\partial t}$ folgt, dass zumindest lokal eine skalare Funktion φ existiert, so dass $\mathbf{E} = -\nabla\varphi - \frac{\partial \mathbf{A}}{\partial t}$.

c) Beweisen Sie, dass sich die Felder $\mathbf{E} = -\nabla\varphi - \frac{\partial \mathbf{A}}{\partial t}$ und $\mathbf{B} = \nabla \times \mathbf{A}$ nicht verändern, wenn wir anstelle von φ und $\mathbf{A}$ ein anderes Paar von Potentialen $\widetilde{\varphi}$ und $\widetilde{\mathbf{A}}$ betrachten, mit $\widetilde{\varphi} = \varphi - \frac{\partial \psi}{\partial t}$ und $\widetilde{\mathbf{A}} = \mathbf{A} + \nabla\psi$, wobei ψ eine beliebige Funktion der Klasse $C^{(2)}$ ist.

d) Aus der Gleichung $\nabla \cdot \mathbf{E} = \frac{\rho}{\varepsilon_0}$ folgt die erste Beziehung $-\nabla^2\varphi - \frac{\partial}{\partial t}\nabla \cdot \mathbf{A} = \frac{\rho}{\partial \varepsilon_0}$ zwischen den Potentialen φ und $\mathbf{A}$.

e) Aus der Gleichung $c^2 \nabla \times \mathbf{B} - \frac{\mathbf{E}}{\partial t} = \frac{\mathbf{j}}{\partial \varepsilon_0}$ folgt die zweite Beziehung

$$-c^2\nabla^2 \mathbf{A} + c^2\nabla(\nabla \cdot \mathbf{A}) + \frac{\partial}{\partial t}\nabla\varphi + \frac{\partial^2 \mathbf{A}}{\partial t^2} = \frac{\mathbf{j}}{\varepsilon_0}$$

zwischen den Potentialen φ und $\mathbf{A}$.

f) Zeigen Sie mit Hilfe von c), dass ohne Änderung der Felder $\mathbf{E}$ und $\mathbf{B}$ durch das Lösen der Hilfswellengleichung $\Delta\psi + f = \frac{1}{c^2}\frac{\partial^2\psi}{\partial t^2}$ die Potentiale φ und $\mathbf{A}$ so gewählt werden können, dass sie die zusätzliche (sogenannte *Lorenz-Eichung*) Bedingung $\nabla\cdot\mathbf{A} = -\frac{1}{c^2}\frac{\partial\varphi}{\partial t}$ erfüllen.

g) Zeigen Sie, dass dann, wenn die Potentiale φ und $\mathbf{A}$ wie in f) vorgeschlagen gewählt werden, die geforderten inhomogenen Wellengleichungen

$$\frac{\partial^2\varphi}{\partial t^2} = c^2\Delta\varphi + \frac{\rho c^2}{\varepsilon_0} \ , \quad \frac{\partial^2\mathbf{A}}{\partial t^2} = c^2\Delta\mathbf{A} + \frac{\mathbf{j}}{\varepsilon_0}$$

für die Potentiale φ und $\mathbf{A}$ aus d) und e) folgen. Wenn wir φ und $\mathbf{A}$ bestimmen, dann bestimmen wir so auch die Felder $\mathbf{E} = \nabla\varphi$ und $\mathbf{B} = \nabla\times\mathbf{A}$.

15

*Integration von Differentialformen auf Mannigfaltigkeiten

15.1 Ein kurzer Rückblick zur linearen Algebra

15.1.1 Die Algebra der Formen

Sei X ein Vektorraum und $F^k : X^k \to \mathbb{R}$ eine reellwertige k-Form auf X. Ist $e_1, \ldots, e_n$ eine Basis in X und $x_1 = x^{i_1} e_{i_1}, \ldots, x_k = x^{i_k} e_{i_k}$ die Entwicklung der Vektoren $x_1, \ldots, x_k \in X$ bezüglich dieser Basis, dann gilt aufgrund der Linearität von F^k in jedem Argument, dass

$$F^k(x_1, \ldots, x_k) = F^k(x^{i_1} e_{i_1}, \ldots, x^{i_k} e_{i_k}) =$$
$$= F^k(e_{i_1}, \ldots, e_{i_k}) x^{i_1} \cdot \ldots \cdot x^{i_k} = a_{i_1 \ldots i_k} x^{i_1} \cdot \ldots \cdot x^{i_k} . \quad (15.1)$$

Daher können wir, nachdem eine Basis in X vorgegeben ist, die k-Form $F^k : X^k \to \mathbb{R}$ mit der Zahlenmenge $a_{i_1 \ldots i_k} = F^k(e_{i_1}, \ldots, e_{i_k})$ identifizieren.

Ist $\widetilde{e}_1, \ldots, \widetilde{e}_n$ eine andere Basis in X und $\widetilde{a}_{j_1 \ldots j_k} = F^k(\widetilde{e}_{j_1}, \ldots, \widetilde{e}_{j_k})$, dann gelangen wir, wenn wir $\widetilde{e}_j = c_j^i e_i$, $j = 1, \ldots, n$ setzen, zum (Tensor-) Gesetz

$$\widetilde{a}_{j_1 \ldots j_k} = F^k(c_{j_1}^{i_1} e_{i_1}, \ldots, c_{j_k}^{i_k} e_{i_k}) = a_{i_1 \ldots i_k} c_{j_1}^{i_1} \cdot \ldots \cdot c_{j_k}^{i_k} , \quad (15.2)$$

das den Zusammenhang zwischen den Zahlenmengen $a_{i_1 \ldots i_k}$ und $\widetilde{a}_{j_1 \ldots j_k}$, die zu derselben Form F^k gehören, wiedergibt.

Die Menge $\mathcal{F}^k := \{F^k : X^k \to \mathbb{R}\}$ der k-Formen auf einem Vektorraum X bildet selbst wieder einen Vektorraum bezüglich der üblichen Operationen

$$(F_1^k + F_2^k)(x) := F_1^k(x) + F_2^k(x) , \quad (15.3)$$
$$(\lambda F^k)(x) := \lambda F^k(x) \quad (15.4)$$

der Addition von k-Formen und der Multiplikation einer k-Form mit einem Skalar.

Für Formen F^k und F^l mit beliebigen Ordnungen k und l ist das folgende *Tensorprodukt*, symbolisiert durch $\otimes$, definiert:

$$(F^k \otimes F^l)(x_1, \ldots, x_k, x_{k+1}, \ldots, x_{k+l}) :=$$
$$= F^k(x_1, \ldots, x_k)F^l(x_{k+1}, \ldots, x_{k+l}) \,. \qquad (15.5)$$

Daher ist $F^k \otimes F^l$ eine Form F^{k+l} der Ordnung $k + l$. Die folgenden Gleichungen gelten offensichtlich:

$$(\lambda F^k) \otimes F^l = \lambda (F^k \otimes F^l) \,, \qquad (15.6)$$
$$(F_1^k + F_2^k) \otimes F^l = F_1^k \otimes F^l + F_2^k \otimes F^l \,, \qquad (15.7)$$
$$F^k \otimes (F_1^l + F_2^l) = F^k \otimes F_1^l + F^k \otimes F_2^l \,, \qquad (15.8)$$
$$(F^k \otimes F^l) \otimes F^m = F^k \otimes (F^l \otimes F^m) \,. \qquad (15.9)$$

Daher ist die Menge $\mathcal{F} = \{\mathcal{F}^k\}$ der Formen auf dem Vektorraum X eine graduierte Algebra $\mathcal{F} = \bigotimes_k \mathcal{F}^k$ bezüglich diesen Operationen, wobei die Vektorraumoperationen im Raum $\mathcal{F}^k$, der in der direkten Summe auftritt, selbst ausgeführt werden und falls $F^k \in \mathcal{F}^k$ und $F^l \in \mathcal{F}^l$, dann ist $F^k \otimes F^l \in \mathcal{F}^{k+l}$.

Beispiel 1. Sei X^* der Dualraum von X (der aus den linearen Funktionalen auf X besteht) und $e^1, \ldots, e^n$ die Basis von X^*, die zur Basis $e_1, \ldots, e_n$ in X dual ist, d.h. $e^i(e_j) = \delta_j^i$.

Da $e^i(x) = e^i(x^j e_j) = x^j e^i(e_j) = x^j \delta_j^i = x^i$, können wir, wenn wir (15.1) und (15.9) berücksichtigen, jede k-Form $F^k : X^k \to \mathbb{R}$ wie folgt schreiben:

$$F^k = a_{i_1 \ldots i_k} e^{i_1} \otimes \cdots \otimes e^{i_k} \,. \qquad (15.10)$$

15.1.2 Die Algebra der schief-symmetrischen Formen

Wir wollen nun den Raum Ω^k der schief-symmetrischen Formen $\mathcal{F}^k$ betrachten, d.h. $\omega \in \Omega^k$, falls die Gleichung

$$\omega(x_1, \ldots, x_i, \ldots, x_j, \ldots, x_k) = -\omega(x_1, \ldots, x_j, \ldots, x_i, \ldots, x_k)$$

für alle unterschiedlichen Indizes $i, j \in \{1, \ldots, n\}$ gilt.

Aus jeder Form $F^k \in \mathcal{F}^k$ lässt sich eine schief-symmetrische Form erhalten, wenn wir die Operation $A : \mathcal{F} \to \Omega^k$ der *Alternierung* anwenden, die durch die Gleichung

$$AF^k(x_1, \ldots, x_k) := \frac{1}{k!} F^k(x_{i_1}, \ldots, x_{i_k}) \delta_{1 \ldots k}^{i_1 \ldots i_k} \qquad (15.11)$$

definiert wird, wobei

$$\delta_{1 \ldots k}^{i_1 \ldots i_k} = \begin{cases} 1, & \text{falls die Permutation } \begin{pmatrix} i_1 \ldots i_k \\ 1 \ldots k \end{pmatrix} \text{ gerade ist}\,, \\ -1, & \text{falls die Permutation } \begin{pmatrix} i_1 \ldots i_k \\ 1 \ldots k \end{pmatrix} \text{ ungerade ist}\,, \\ 0, & \text{falls } \begin{pmatrix} i_1 \ldots i_k \\ 1 \ldots k \end{pmatrix} \text{ keine Permutation ist}\,. \end{cases}$$

Ist F^k eine schief-symmetrische Form, dann gilt, wie sich an (15.11) erkennen lässt, $AF^k = F^k$. Somit ist $A(AF^k) = AF^k$ und $A\omega = \omega$, falls $\omega \in \Omega^k$. Daher ist $A : \mathcal{F}^k \to \Omega^k$ eine Abbildung von $\mathcal{F}^k$ *auf* Ω^k.

Wenn wir die Definitionsgleichungen (15.3), (15.4) und (15.11) miteinander vergleichen, erhalten wir

$$A(F_1^k + F_2^k) = AF_1^k + AF_2^k \ , \tag{15.12}$$

$$A(\lambda F^k) = \lambda AF^k \ . \tag{15.13}$$

Beispiel 2. Wenn wir die Gleichungen (15.12) und (15.13) berücksichtigen, erhalten wir mit (15.10), dass

$$AF^k = a_{i_1 \ldots i_k} A(e^{i_1} \otimes \cdots \otimes e^{i_k}) \ ,$$

so dass es wichtig wird, $A(e^{i_1} \otimes \cdots \otimes e^{i_k})$ zu bestimmen.

Wenn wir die Gleichung $e^i(x) = x^i$ berücksichtigen, gelangen wir mit der Definitionsgleichung (15.11) zu

$$A(e^{j_1} \otimes \cdots \otimes e^{j_k})(x_1, \ldots, x_k) = \frac{1}{k!} e^{j_1}(x_{i_1}) \cdot \ldots \cdot e^{j_k}(x_{i_k}) \delta_{1 \ldots k}^{i_1 \ldots i_k} =$$

$$= \frac{1}{k!} x_{i_1}^{j_1} \cdot \ldots \cdot x_{i_k}^{j_k} \delta_{1 \ldots k}^{i_1 \ldots i_k} = \frac{1}{k!} \begin{vmatrix} x_1^{j_1} & \cdots & x_1^{j_k} \\ \cdots\cdots\cdots\cdots \\ x_k^{j_1} & \cdots & x_k^{j_k} \end{vmatrix} \ . \tag{15.14}$$

Das Tensorprodukt schief-symmetrischer Formen ist im Allgemeinen nicht schief-symmetrisch, so dass wir das folgende *Keilprodukt* in der Klasse der schief-symmetrischen Formen einführen können:

$$\omega^k \wedge \omega^l := \frac{(k+l)!}{k! l!} A(\omega^k \otimes \omega^l) \ . \tag{15.15}$$

Daher ist $\omega^k \wedge \omega^l$ eine schief-symmetrische Form ω^{k+l} der Ordnung $k+l$.

Beispiel 3. Aufbauend auf dem Ergebnis (15.14) in Beispiel 2 erhalten wir aus der Definitionsgleichung (15.15), dass

$$e^{i_1} \wedge e^{i_2}(x_1, x_2) = \frac{2!}{1! 1!} A(e^{i_1} \otimes e^{i_2})(x_1, x_2) =$$

$$= \begin{vmatrix} e^{i_1}(x_1) & e^{i_2}(x_1) \\ e^{i_1}(x_2) & e^{i_2}(x_2) \end{vmatrix} = \begin{vmatrix} x_1^{i_1} & x_1^{i_2} \\ x_2^{i_1} & x_2^{i_2} \end{vmatrix} \ . \tag{15.16}$$

Beispiel 4. Mit Hilfe des in Beispiel 3 erhaltenen Ergebnisses, Gleichung (15.14) und den Definitionen (15.11) und (15.15) können wir schreiben:

$$e^{i_1} \wedge (e^{i_2} \wedge e^{i_3})(x_1, x_2, x_3) =$$

$$= \frac{(1+2)!}{1!\,2!} A\big(e^{i_1} \otimes (e^{i_2} \otimes e^{i_3})\big)(x_1, x_2, x_3) =$$

$$= \frac{3!}{1!\,2!} e^{i_1}(x_{j_1})(e^{i_2} \wedge e^{i_3})(x_{j_2}, x_{j_3}) \delta^{j_1 j_2 j_3}_{1\ 2\ 3} = \frac{1}{2!} x^{i_1}_{j_1} \begin{vmatrix} x^{i_2}_{j_2} & x^{i_3}_{j_2} \\ x^{i_2}_{j_3} & x^{i_3}_{j_3} \end{vmatrix} \delta^{j_1 j_2 j_3}_{1\ 2\ 3} =$$

$$= x^{i_1}_1 \begin{vmatrix} x^{i_2}_2 & x^{i_3}_2 \\ x^{i_2}_3 & x^{i_3}_3 \end{vmatrix} - x^{i_1}_2 \begin{vmatrix} x^{i_2}_1 & x^{i_3}_1 \\ x^{i_2}_3 & x^{i_3}_3 \end{vmatrix} + x^{i_1}_3 \begin{vmatrix} x^{i_2}_1 & x^{i_3}_1 \\ x^{i_2}_2 & x^{i_3}_2 \end{vmatrix} =$$

$$= \begin{vmatrix} x^{i_1}_1 & x^{i_2}_1 & x^{i_3}_1 \\ x^{i_1}_2 & x^{i_2}_2 & x^{i_3}_2 \\ x^{i_1}_3 & x^{i_2}_3 & x^{i_3}_3 \end{vmatrix} .$$

Eine ähnliche Berechnung führt uns zu

$$e^{i_1} \wedge (e^{i_2} \wedge e^{i_3}) = (e^{i_1} \wedge e^{i_2}) \wedge e^{i_3} . \tag{15.17}$$

Mit Hilfe der Entwicklung der Determinante entlang einer Spalte können wir durch Induktion folgern, dass

$$e^{i_1} \wedge \cdots \wedge e^{i_k}(x_1, \ldots, x_k) = \begin{vmatrix} e^{i_1}(x_1) & \cdots & e^{i_k}(x_1) \\ \cdots\cdots\cdots\cdots\cdots\cdots\cdots \\ e^{i_1}(x_k) & \cdots & e^{i_k}(x_k) \end{vmatrix} , \tag{15.18}$$

und, wie Sie an den gerade ausgeführten Berechnungen erkennen können, dass Gleichung (15.18) für alle 1-Formen $e^{i_1}, \ldots, e^{i_k}$ (nicht nur die Basisformen des Raumes X^*) gilt.

Wenn wir die Eigenschaften des Tensorprodukts und die oben angeführte Alternierung berücksichtigen, gelangen wir zu den folgenden Eigenschaften des Keilprodukts schief-symmetrischer Formen:

$$(\omega^k_1 + \omega^k_2) \wedge \omega^l = \omega^k_1 \wedge \omega^l + \omega^k_2 \wedge \omega^l , \tag{15.19}$$

$$(\lambda \omega^k) \wedge \omega^l = \lambda(\omega^k \wedge \omega^l) , \tag{15.20}$$

$$\omega^k \wedge \omega^l = (-1)^{kl} \omega^l \wedge \omega^k , \tag{15.21}$$

$$(\omega^k \wedge \omega^l) \wedge \omega^m = \omega^k \wedge (\omega^l \wedge \omega^m) . \tag{15.22}$$

Beweis. Die Gleichungen (15.19) und (15.20) folgen offensichtlich aus den Beziehungen (15.6)–(15.8) und (15.12) und (15.13).

Aus den Beziehungen (15.10)–(15.14) und (15.17), die für jede schief-symmetrische Form $\omega = a_{i_1 \ldots i_k} e^{i_1} \otimes \cdots \otimes e^{i_k}$ gelten, erhalten wir

$$\omega = A\omega = a_{i_1 \ldots i_k} A(e^{i_1} \otimes \cdots \otimes e^{i_k}) = \frac{1}{k!} a_{i_1 \ldots i_k} e^{i_1} \wedge \cdots \wedge e^{i_k} .$$

Mit Hilfe der Gleichungen (15.19) und (15.20) können wir erkennen, dass es nun ausreicht, (15.21) und (15.22) für die Formen $e^{i_1} \wedge \cdots \wedge e^{i_k}$ zu beweisen.

Assoziativität (15.22) für derartige Formen wurde bereits in (15.17) gezeigt.

Wir erhalten nun (15.21) unmittelbar aus (15.18) und den Eigenschaften von Determinanten für diese besonderen Formen.   □

Auf unserem Beweisweg haben wir gezeigt, dass jede Form $\omega \in \Omega^k$ wie folgt dargestellt werden kann:

$$\omega = \sum_{1 \leq i_1 < i_2 < \cdots < i_k \leq n} a_{i_1 \ldots i_k} e^{i_1} \wedge \cdots \wedge e^{i_k} . \tag{15.23}$$

Daher ist die Menge $\Omega = \{\Omega^k\}$ schief-symmetrischer Formen auf dem Vektorraum X bezüglich der linearen Vektorraumoperationen (15.3) und (15.4) und dem Keilprodukt (15.15) eine graduierte Algebra $\Omega = \bigoplus_{k=0}^{\dim X} \Omega^k$. Die Vektorraumoperationen auf Ω werden innerhalb jedes Vektorraums Ω^k ausgeführt und sind $\omega^k \in \Omega^k$ und $\omega^l \in \Omega^l$, dann gilt $\omega^k \wedge \omega^l \in \Omega^{k+l}$.

In der direkten Summe $\bigoplus \Omega^k$ läuft die Summation von Null bis zur Dimension des Raumes X, da die schief-symmetrischen Formen $\omega^k : X^k \to \mathbb{R}$, deren Ordnung größer ist als die Dimension von X, notwendigerweise identisch gleich Null sind, wie wir an (15.21) (oder den Beziehungen (15.23) und (15.8)) erkennen können.

15.1.3 Lineare Abbildungen von Vektorräumen und die adjungierten Abbildungen der konjugierten Räume

Seien X und Y Vektorräume über dem Körper $\mathbb{R}$ der reellen Zahlen (oder jedem anderen Körper, so lange es für X und Y derselbe Körper ist) und sei $l : X \to Y$ eine lineare Abbildung von X auf Y, d.h., zu jedem $x, x_1, x_2 \in X$ und jedem $\lambda \in \mathbb{R}$ gelten

$$l(x_1 + x_2) = l(x_1) + l(x_2) \ \text{ und } \ l(\lambda x) = \lambda l(x) . \tag{15.24}$$

Eine lineare Abbildung $l : X \to Y$ erzeugt auf natürliche Weise ihre adjungierte Abbildung $l^* : \mathcal{F}_Y \to \mathcal{F}_X$ von der Menge der linearen Funktionale auf Y ($\mathcal{F}_Y$) auf die entsprechende Menge $\mathcal{F}_X$. Ist F_Y^k eine k-Form auf Y, dann gilt per definitionem

$$\left(l^* F_Y^k\right)(x_1, \ldots, x_k) := F_Y^k(lx_1, \ldots, lx_k) . \tag{15.25}$$

An (15.24) und (15.25) können wir erkennen, dass $l^* F_Y^k$ eine k-Form F_X^k auf X ist, d.h. $l^*(\mathcal{F}_Y^k) \subset \mathcal{F}_X^k$. Ist die Form F_Y^k schief-symmetrisch, dann ist außerdem auch $(l^* F_Y^k) = F_X^k$ schief-symmetrisch, d.h. $l^*(\Omega_Y^k) \subset \Omega_X^k$. Innerhalb jeden Vektorraums $\mathcal{F}_Y^k$ und Ω_Y^k ist die Abbildung l^* offensichtlich linear, d.h.

$$l^*(F_1^k + F_2^k) = l^* F_1^k + l^* F_2^k \ \text{ und } \ l^*(\lambda F^k) = \lambda l^* F^k . \tag{15.26}$$

Wenn wir nun die Definition (15.25) mit den Definitionen (15.5), (15.11) und (15.15) für das Tensorprodukt, die Alternierung und das Keilprodukt von Formen vergleichen, können wir folgern, dass

$$l^*(F^p \otimes F^q) = (l^*F^p) \otimes (l^*F^q) \,, \tag{15.27}$$

$$l^*(AF^p) = A(l^*F^p) \,, \tag{15.28}$$

$$l^*(\omega^p \wedge \omega^q) = (l^*\omega^p) \wedge (l^*\omega^q) \,. \tag{15.29}$$

Beispiel 5. Sei $e_1, \ldots, e_m$ eine Basis in X, $\widetilde{e}_1, \ldots, \widetilde{e}_n$ eine Basis in Y und $l(e_i) = c_i^j \widetilde{e}_j$, $i \in \{1, \ldots, m\}$, $j \in \{1, \ldots, n\}$. Besitzt die k-Form F_Y^k die Koordinatendarstellung

$$F_Y^k(y_1, \ldots, y_k) = b_{j_1 \ldots j_k} y_1^{j_1} \cdot \ldots \cdot y_k^{j_k}$$

in der Basis $\widetilde{e}_1, \ldots, \widetilde{e}_n$, mit $b_{j_1 \ldots j_k} = F_Y^k(\widetilde{e}_{j_1}, \ldots, \widetilde{e}_{j_k})$, dann gilt

$$(l^*F_Y^k)(x_1, \ldots, x_k) = a_{i_1 \ldots i_k} x_1^{i_1} \cdot \ldots \cdot x_k^{i_k} \,,$$

mit $a_{i_1 \ldots i_k} = b_{j_1 \ldots j_k} c_{i_1}^{j_1} \cdot \ldots \cdot c_{i_k}^{j_k}$, da

$$a_{i_1 \ldots i_k} =: (l^*F_Y^k)(e_{i_1}, \ldots, e_{i_k}) := F_Y^k(le_{i_1}, \ldots, le_{i_k}) =$$
$$= F_Y^k(c_{i_1}^{j_1}\widetilde{e}_{j_1}, \ldots, c_{i_k}^{j_k}\widetilde{e}_{j_k}) = F_Y^k(\widetilde{e}_{j_1}, \ldots, \widetilde{e}_{j_k})c_{i_1}^{j_1} \cdot \ldots \cdot c_{i_k}^{j_k} \,.$$

Beispiel 6. Seien $e^1, \ldots, e^m$ und $\widetilde{e}^1, \ldots, \widetilde{e}^n$ die Basen der konjugierten Räume X^* und Y^*, die zu den Basen in Beispiel 5 dual sind. Unter den Voraussetzungen in Beispiel 5 erhalten wir

$$(l^*\widetilde{e}^j)(x) = (l^*\widetilde{e}^j)(x^i e_i) = \widetilde{e}^j(x^i l e_i) = x^i \widetilde{c}^j(c_i^k \widetilde{e}_k) =$$
$$= x^i c_i^k \widetilde{e}^j(\widetilde{e}_k) = x^i c_i^k \delta_k^j = c_i^j x^i = c_i^j e^i(x) \,.$$

Beispiel 7. Wir behalten die Schreibweise von Beispiel 6 bei und berücksichtigen die Relationen (15.2) und (15.29) und erhalten so

$$l^*(\widetilde{e}^{j_1} \wedge \cdots \wedge \widetilde{e}^{j_k}) = l^*\widetilde{e}^{j_1} \wedge \cdots \wedge \widetilde{l}^*e^{j_k} =$$
$$(c_{i_1}^{j_1} e^{i_1}) \wedge \cdots \wedge (c_{i_k}^{j_k} e^{i_k}) = c_{i_1}^{j_1} \cdot \ldots \cdot c_{i_k}^{j_k} e^{i_1} \wedge \cdots \wedge e^{i_k} =$$

$$= \sum_{1 \leq i_1 < \cdots < i_k \leq m} \begin{vmatrix} c_{i_1}^{j_1} & \cdots & c_{i_1}^{j_k} \\ \cdots\cdots\cdots\cdots\cdots \\ c_{i_k}^{j_1} & \cdots & c_{i_k}^{j_k} \end{vmatrix} e^{i_1} \wedge \cdots \wedge e^{i_k} \,.$$

Wenn wir die Gln. (15.26) bedenken, können wir daraus folgern, dass

$$l^* \left(\sum_{1 \le j_1 < \cdots < j_k \le n} b_{j_1 \ldots j_k} \widetilde{e}^{j_1} \wedge \cdots \wedge \widetilde{e}^{j_k} \right) =$$

$$= \sum_{\substack{1 \le i_1 < \cdots < i_k \le m \\ 1 \le j_1 < \cdots < j_k \le n}} b_{j_1 \ldots j_k} \begin{vmatrix} c_{i_1}^{j_1} & \cdots & c_{i_1}^{j_k} \\ \cdots\cdots\cdots\cdots \\ c_{i_k}^{j_1} & \cdots & c_{i_k}^{j_k} \end{vmatrix} e^{i_1} \wedge \cdots \wedge e^{i_k} =$$

$$= \sum_{1 \le i_1 < \cdots < i_k \le m} a_{i_1 \ldots i_k} e^{i_1} \wedge \cdots \wedge e^{i_k} .$$

15.1.4 Übungen und Aufgaben

1. Zeigen Sie an Beispielen, dass im Allgemeinen gilt:

a) $F^k \otimes F^l \ne F^l \otimes F^k$;
b) $A(F^k \otimes F^l) \ne AF^k \otimes AF^l$;
c) für $F^k, F^l \in \Omega$ ist es nicht immer wahr, dass $F^k \otimes F^l \in \Omega$.

2. a) Sei $e_1, \ldots, e_n$ eine Basis des Vektorraums X und seien die linearen Funktionale $e^1, \ldots, e^n$ auf X (das sind Elemente des konjugierten Raums X^*) so, dass $e^j(e_i) = \delta_i^j$. Zeigen Sie, dass dann $e^1, \ldots, e^n$ eine Basis in X^* ist.

b) Beweisen Sie, dass sich auf dem Raum $\mathcal{F}^k = \mathcal{F}^k(X)$ immer eine Basis aus k-Formen der Gestalt $e^{i_1} \otimes \cdots \otimes e^{i_k}$ bilden lässt und dass sich die Dimension (dim $\mathcal{F}^k$) dieses Raums aus der Kenntnis von dim $X = n$ bestimmen lässt.

c) Beweisen Sie, dass sich auf dem Raum Ω^k immer eine Basis aus Formen der Gestalt $e^{i_1} \wedge \cdots \wedge e^{i_k}$ bilden lässt und dass sich die Dimension dim Ω^k aus der Kenntnis von dim $X = n$ bestimmen lässt.

d) Zeigen Sie, dass für $\Omega = \bigoplus_{k=0}^{k=n} \Omega^k$ gilt, dass dim $\Omega = 2^n$.

3. Die *äußere (Grassmann[1]-) Algebra über einem Vektorraum X und einem Körper P* (üblicherweise in Anlehnung an $\wedge$ für die Multiplikationsoperation in G mit $\bigwedge(X)$ bezeichnet) wird als die assoziative Algebra mit Einselement 1 mit den folgenden Eigenschaften definiert:

1^0. G wird durch das Einselement und X erzeugt, d.h., jede Unteralgebra von G, die 1 und X enthält, ist gleich G;
2^0. $x \wedge x = 0$ für alle Vektoren $x \in X$;
3^0. dim $G = 2^{\dim X}$.

a) Sei $e_1, \ldots, e_n$ eine Basis in X. Zeigen Sie, dass dann die Menge $1, e_1, \ldots, e_n, e_1 \wedge e_2, \ldots, e_{n-1} \wedge e_n, \ldots, e_1 \wedge \cdots \wedge e_n$ von Elementen der Gestalt $e_{i_1} \wedge \cdots \wedge e_{i_k} = e_I$ von G, mit $I = \{i_1 < \cdots < i_k\} \subset \{1, 2, \ldots, n\}$, eine Basis in G bildet.

---

[1] H. Grassmann (1809–1877) – deutscher Mathematiker, Physiker und Philologe; er schrieb insbesondere die erste systematische Theorie multi-dimensionaler und euklidischer Vektorräume und formulierte die Definition des inneren Produktes von Vektoren.

b) Aufbauend auf dem Ergebnis in a) lässt sich die folgende formale Konstruktion der Algebra $G = \bigwedge(X)$ durchführen.

Für die in a) angeführten Teilmengen $I = \{i_1, \ldots, i_k\}$ von $\{1, 2, \ldots, n\}$ bilden wir die formalen Elemente e_I (indem wir $e_{\{i\}}$ mit e_i identifizieren und $e_\varnothing$ mit 1), die wir als Basis des Vektorraums G über dem Körper P benutzen. Wir definieren Multiplikation in G durch die Formel

$$\left(\sum_I a_I e_I \right) \left(\sum_J b_J e_J \right) = \sum_{I,J} a_I b_J \varepsilon(I, J) e_{I \cup J} \, ,$$

mit $\varepsilon(I, J) = \operatorname{sgn} \prod_{i \in I, j \in J} (j - i)$. Zeigen Sie, dass auf diese Weise die Grassmann–Algebra $\bigwedge(X)$ erhalten wird.

c) Beweisen Sie die Eindeutigkeit (bis auf einen Isomorphismus) der Algebra $\bigwedge(X)$.

d) Zeigen Sie, dass $\bigwedge(X)$ eine graduierte Algebra ist: $\bigwedge(X) = \bigoplus\limits_{k=0}^{k=n} \bigwedge^k(X)$, wobei $\bigwedge^k(X)$ der lineare Spann der Elemente der Gestalt $e_{i_1} \wedge \cdots \wedge e_{i_k}$ ist; hierbei gilt $a \wedge b \in \bigwedge^{p+q}(X)$, falls $a \in \bigwedge^p(X)$ und $b \in \bigwedge^q(X)$. Zeigen Sie, dass $a \wedge b = (-1)^{pq} b \wedge a$.

4. a) Sei $A : X \to Y$ eine lineare Abbildung von X nach Y. Zeigen Sie, dass ein eindeutiger Homomorphismus $\bigwedge(A) : \bigwedge(X) \to \bigwedge(Y)$ von $\bigwedge(X)$ nach $\bigwedge(Y)$ existiert, der mit A auf dem als X identifizierten Unterraum $\bigwedge'(X) \subset \bigwedge(X)$ übereinstimmt.

b) Zeigen Sie, dass durch den Homomorphismus $\bigwedge(A)$ $\bigwedge^k(X)$ nach $\bigwedge^k(Y)$ abgebildet wird. Die Einschränkung von $\bigwedge(A)$ auf $\bigwedge^k(X)$ wird mit $\bigwedge^k(A)$ bezeichnet.

c) Sei $\{e_i : i = 1, \ldots, m\}$ eine Basis in X und $\{e_j : j = 1, \ldots, n\}$ eine Basis in Y und die Matrix (a_j^i) entspreche dem Operator A in diesen Basen. Zeigen Sie, dass dann, wenn $\{e_I : I \subset \{1, \ldots, m\}\}$ und $\{e_J : J \subset \{1, \ldots, n\}\}$ die zugehörigen Basen der Räume $\bigwedge(X)$ bzw. $\bigwedge(Y)$ sind, gilt, dass die Matrix des Operators $\bigwedge^k(A)$ die Gestalt $a_J^I = \det(a_j^i)$, $i \in I$, $j \in J$ besitzt, mit $|I| = |J| = k$.

d) Seien $A : X \to Y$ und $B : Y \to Z$ lineare Operatoren. Zeigen Sie, dass dann die Gleichung $\bigwedge(B \circ A) = \bigwedge(B) \circ \bigwedge(A)$ gilt.

15.2 Mannigfaltigkeiten

15.2.1 Definition einer Mannigfaltigkeit

Definition 1. Ein topologischer Hausdorff–Raum, dessen Topologie eine abzählbare Basis[2] besitzt, wird eine *n-dimensionale Mannigfaltigkeit* genannt, falls jeder ihrer Punkte eine Umgebung besitzt, die entweder zum gesamten $\mathbb{R}^n$ oder zum Halbraum $H^n = \{x \in \mathbb{R}^n \,|\, x^1 \leq 0\}$ homöomorph ist.

Definition 2. Eine Abbildung $\varphi : \mathbb{R}^n \to U \subset M$ (oder $\varphi : H^n \to U \subset M$), durch die der Homöomorphismus in Definition 1 realisiert wird, wird als *lokale Karte der Mannigfaltigkeit* M bezeichnet, $\mathbb{R}^n$ (oder H^n) wird *Kartengebiet* und U das *Wirkungsgebiet* der Karte auf der Mannigfaltigkeit M genannt.

---

[2] Vgl. Abschnitt 9.2 und die Anmerkungen 2 und 3 in diesem Abschnitt.

Durch eine lokale Karte wird jeder Punkt $x \in U$ mit den zugehörigen Koordinaten des Punktes $t = \varphi^{-1}(x) \in \mathbb{R}^n$ versehen. Dadurch wird im Wirkungsgebiet U ein lokales Koordinatensystem eingeführt; aus diesem Grund ist die Abbildung φ oder, in ausführlicherer Schreibweise, das Paar (U, φ) im Sinne des alltäglichen Gebrauchs eine Karte des Gebiets U.

Definition 3. Eine Menge von Karten, deren Wirkungsgebiete zusammen die gesamte Mannigfaltigkeit überdecken, wird *Atlas* der Mannigfaltigkeit genannt.

Beispiel 1. Die Kugelschale $S^2 = \{x \in \mathbb{R}^3 \,\big|\, |x| = 1\}$ ist eine zwei-dimensionale Mannigfaltigkeit. Wenn wir S^2 als Oberfläche der Erde interpretieren, dann ist ein Atlas mit geographischen Karten ein Atlas der Mannigfaltigkeit S^2.

Die ein-dimensionale Schale $S^1 = \{x \in \mathbb{R}^2 \,\big|\, |x| = 1\}$ – ein Kreis in $\mathbb{R}^2$ – ist offensichtlich eine ein-dimensionale Mannigfaltigkeit. Ganz allgemein ist die Kugelschale (Sphäre) $S^n = \{x \in \mathbb{R}^{n+1} \,\big|\, |x| = 1\}$ eine n-dimensionale Mannigfaltigkeit (vgl. Abschnitt 12.1).

Anmerkung 1. Das in Definition 1 eingeführte Objekt (die Mannigfaltigkeit M) verändert sich offensichtlich nicht, wenn wir $\mathbb{R}^n$ und H^n gegen Kartengebiete austauschen, die zu $\mathbb{R}^n$ bzw. H^n homöomorph sind. Ein derartiges Gebiet kann etwa der offene Würfel $I^n = \{x \in \mathbb{R}^n \,\big|\, 0 < x^i < 1, \, i = 1, \ldots, n\}$ bzw. der Würfel mit einer Stirnfläche $\tilde{I}^n = \{x \in \mathbb{R}^n \,\big|\, 0 < x^1 \leq 1, \, 0 < x^i < 1, \, i = 2, \ldots, n\}$ sein. Derartige standardisierte Kartengebiete werden recht häufig benutzt.

Es kann auch einfach gezeigt werden, dass das durch Definition 1 eingeführte Objekt sich nicht verändert, wenn wir nur fordern, dass jeder Punkt $x \in M$ eine Umgebung U in M besitzt, die zu einer offenen Teilmenge des Halbraums H^n homöomorph ist.

Beispiel 2. Ist X eine m-dimensionale Mannigfaltigkeit mit einem Atlas von Karten $\{(U_\alpha, \varphi_\alpha)\}$ und ist Y eine n-dimensionale Mannigfaltigkeit mit Atlas $\{(V_\beta, \psi_\beta)\}$, dann kann $X \times Y$ als eine $(m+n)$-dimensionale Mannigfaltigkeit mit dem Atlas $\{(W_{\alpha\beta}, \chi_{\alpha\beta})\}$ betrachtet werden, wobei $W_{\alpha\beta} = U_\alpha \times V_\beta$ und die Abbildung $\chi_{\alpha\beta} = (\varphi_\alpha, \psi_\beta)$ bildet das direkte Produkt der Kartengebiete von φ_α und ψ_β nach $W_{\alpha\beta}$ ab.

Insbesondere ist der zwei-dimensionale Torus $T^2 = S^1 \times S^1$ (Abb. 12.1) oder der n-dimensionale Torus $T^n = \underbrace{S^1 \times \cdots \times S^1}_{n\,\text{Faktoren}}$ eine Mannigfaltigkeit mit entsprechender Dimension.

Schneiden sich die Wirkungsgebiete U_i und U_j zweier Karten (U_i, φ_i) und (U_j, φ_j) einer Mannigfaltigkeit M, d.h. $U_i \cap U_j \neq \varnothing$, dann treten ganz natürlich zueinander inverse Homöomorphismen $\varphi_{ij} : I_{ij} \to I_{ji}$ und $\varphi_{ji} : I_{ji} \to I_{ij}$ zwischen den Mengen $I_{ij} = \varphi_i^{-1}(U_j)$ und $I_{ji} = \varphi_j^{-1}(U_i)$

auf. Diese Homöomorphismen ergeben sich aus $\varphi_{ij} = \varphi_j^{-1} \circ \varphi_i\big|_{I_{ij}}$ und $\varphi_{ji} = \varphi_i^{-1} \circ \varphi_j\big|_{I_{ji}}$. Diese Homöomorphismen werden oft *Koordinatenwechsel* oder *Kartenwechsel* genannt, da sie einen Übergang von einem lokalen Koordinatensystem auf ein anderes System derselben Art in ihrem gemeinsamen Wirkungsgebiet $U_i \cap U_j$ bewirken (vgl. Abb. 15.1).

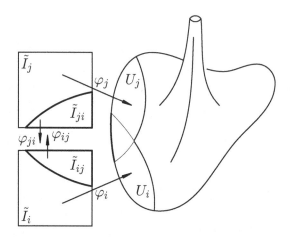

Abb. 15.1.

Definition 4. Die Zahl n in Definition 1 ist die *Dimension der Mannigfaltigkeit* M und wird üblicherweise durch dim M bezeichnet.

Definition 5. Entspricht ein Punkt $\varphi^{-1}(x)$ auf dem Rand ∂H^n unter dem Homöomorphismus $\varphi : H^n \to U$ des Halbraums H^n einem Punkt $x \in U$, dann wird x ein *Randpunkt der Mannigfaltigkeit* M (und der Umgebung U) genannt. Die Menge aller Randpunkte einer Mannigfaltigkeit M wird der *Rand* dieser Mannigfaltigkeit genannt und normalerweise mit ∂M bezeichnet.

Aufgrund der topologischen Invarianz von inneren Punkten (Satz von Brouwer[3]) sind die Konzepte der Dimension und der Randpunkte einer Mannigfaltigkeit unzweideutig definiert, d.h. unabhängig von den jeweiligen lokalen Karten, die in den Definitionen 4 und 5 benutzt werden. Wir haben den Satz von Brouwer nicht bewiesen, aber die Invarianz von inneren Punkten unter Diffeomorphismen ist uns wohl bekannt (eine Folge des Satzes zur inversen Funktion). Da wir uns mit Diffeomorphismen beschäftigen werden, werden wir uns nicht die Mühe machen, den Satz von Brouwer weiter zu untersuchen.

---

[3] Dieser Satz stellt sicher, dass unter einem Homöomorphismus $\varphi : E \to \varphi(E)$ einer Menge $E \subset \mathbb{R}^n$ auf eine Menge $\varphi(E) \subset \mathbb{R}^n$ die inneren Punkte von E auf innere Punkte von $\varphi(E)$ abgebildet werden.

Beispiel 3. Die abgeschlossene Kugel $\overline{K}^n = \{x \in \mathbb{R}^n \mid |x| \leq 1\}$, oder wie wir auch sagen, die *n-dimensionale Scheibe*, ist eine n-dimensionale Mannigfaltigkeit, deren Rand die $(n-1)$-dimensionale Schale $S^{n-1} = \{x \in \mathbb{R}^n \mid |x| = 1\}$ ist.

Anmerkung 2. Eine Mannigfaltigkeit M mit einer nicht leeren Menge von Randpunkten wird üblicherweise *berandete Mannigfaltigkeit* genannt. Der Ausdruck *Mannigfaltigkeit* (im eigentlichen Sinne) ist für Mannigfaltigkeiten ohne Rand reserviert. In Definition 1 werden diese beiden Fälle nicht unterschieden.

Satz 1. *Der Rand ∂M einer n-dimensionalen berandeten Mannigfaltigkeit M ist eine $(n-1)$-dimensionale Mannigfaltigkeit ohne Rand.*

Beweis. Tatsächlich ist $\partial H^n = \mathbb{R}^{n-1}$ und die Einschränkung einer Karte der Gestalt $\varphi_i : H^n \to U_i$ auf ∂H^n, die zu einem Atlas von M gehört, erzeugt einen Atlas von ∂M. $\square$

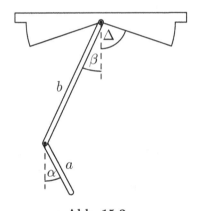

Abb. 15.2.

Beispiel 4. Wir betrachten das ebene doppelte Pendel in Abb. 15.2, wobei der Arm a kürzer ist als der Arm b. Beide Arme können frei schwingen, nur dass die Schwingungen von b durch die Aufhängung eingeschränkt sind. Die Konfiguration eines derartigen Systems wird zu jedem Zeitpunkt durch die zwei Winkel α und β charakterisiert. Gäbe es keine Einschränkungen, dann könnten wir den Konfigurationsraum des doppelten Pendels mit dem zweidimensionalen Torus $T^2 = S_\alpha^1 \times S_\beta^1$ identifizieren.

Unter diesen Bedingungen wird der Konfigurationsraum des doppelten Pendels durch die Punkte des Zylinders $S_\alpha^1 \times I_\beta^1$ parametrisiert, wobei S_α^1 der Kreis ist, der allen möglichen Punkten des Arms a entspricht und $I_\beta^1 = \{\beta \in \mathbb{R} \mid |\beta| \leq \Delta\}$ ist das Intervall, in dem sich der Winkel β verändern kann, wodurch die Position des Armes b charakterisiert wird.

In diesem Fall erhalten wir eine berandete Mannigfaltigkeit. Der Rand dieser Mannigfaltigkeit besteht aus zwei Kreisen $S_\alpha^1 \times \{-\Delta\}$ und $S_\alpha^1 \times \{\Delta\}$, die das Produkt des Kreises S_α^1 mit den jeweiligen Endpunkten $\{-\Delta\}$ bzw. $\{\Delta\}$ des Intervalls I_β^1 sind.

Anmerkung 3. An dem gerade betrachteten Beispiel 4 können wir erkennen, dass sich manchmal Koordinaten auf M ganz natürlich ergeben (in diesem Beispiel α und β) und dass diese selbst eine Topologie auf M induzieren. Daher ist es in Definition 1 nicht immer notwendig, bereits im Vorfeld zu fordern, dass M eine Topologie besitzt. Der Kern des Konzepts einer Mannigfaltigkeit ist, dass die Punkte einer Menge M durch Punkte einer Menge von Teilmengen von $\mathbb{R}^n$ parametrisiert werden können. Dies ermöglicht eine natürliche Verbindung zwischen den Koordinatensystemen, die dadurch auf M auftreten, was durch Abbildungen der entsprechenden Gebiete von $\mathbb{R}^n$ zum Ausdruck gebracht wird. Daher können wir annehmen, dass M aus einer Ansammlung von Gebieten von $\mathbb{R}^n$ erhalten wird, indem wir eine Regel zur Identifikation ihrer Punkte vorgeben oder, bildlich gesprochen, eine Regel vorgeben, um diese zusammenzukleben. Daher bedeutet die Definition einer Mannigfaltigkeit im Wesentlichen, eine Menge von Teilgebieten von $\mathbb{R}^n$ zusammen mit Zugehörigkeitsregeln für die Punkte dieser Teilgebiete vorzugeben. Wir werden dies nun nicht weiter und genauer ausführen und etwa die Konzepte des Zusammenklebens oder der Identifikation von Punkten, Einführung einer Topologie auf M und so weiter formalisieren.

Definition 6. Eine Mannigfaltigkeit ist *kompakt* (bzw. *zusammenhängend*), falls sie als topologischer Raum kompakt (bzw. zusammenhängend) ist.

Die in den Beispielen 1–4 betrachteten Mannigfaltigkeiten sind kompakt und zusammenhängend. Der Rand des Zylinders $S_\alpha^1 \times I_\beta^1$ in Beispiel 4 besteht aus zwei unabhängigen Kreisen und ist eine ein-dimensionale kompakte, aber nicht zusammenhängende Mannigfaltigkeit. Der Rand $S^{n-1} = \partial \overline{K}^n$ der n-dimensionalen Scheibe in Beispiel 3 ist eine kompakte Mannigfaltigkeit, die für $n > 1$ zusammenhängend ist und nicht zusammenhängend (sie besteht aus zwei Punkten) für $n = 1$.

Beispiel 5. Der Raum $\mathbb{R}^n$ selbst ist offensichtlich eine zusammenhängende, nicht kompakte Mannigfaltigkeit ohne Rand und der Halbraum H^n liefert das einfachste Beispiel einer zusammenhängenden, nicht kompakten berandeten Mannigfaltigkeit. (In beiden Fällen können wir uns den Atlas als die einfache Karte vorstellen, die aus der Identitätsabbildung besteht.)

Satz 2. *Ist eine Mannigfaltigkeit M zusammenhängend, dann ist sie wegweise zusammenhängend.*

Beweis. Nachdem wir einen Punkt $x_0 \in M$ festgelegt haben, betrachten wir die Menge E_{x_0} von Punkten in M, die mit x_0 durch einen Weg in M verbunden werden können. Die Menge E_{x_0} ist, wie sich aus der Definition einer

Mannigfaltigkeit leicht zeigen lässt, sowohl offen als auch abgeschlossen in M. Dies bedeutet aber, dass $E_{x_0} = M$.   □

Beispiel 6. Wird jeder reellen $n \times n$-Matrix der Punkt in $\mathbb{R}^{n^2}$ zugewiesen, dessen Koordinaten dadurch erhalten werden, dass wir die Elemente der Matrix in einer festen Reihenfolge hinschreiben, dann wird die Gruppe $GL(n, \mathbb{R})$ der nicht singulären $n \times n$-Matrizen eine Mannigfaltigkeit der Dimension n^2. Diese Mannigfaltigkeit ist nicht kompakt (die Elemente der Matrizen sind nicht beschränkt) und nicht zusammenhängend. Diese letzte Tatsache folgt daraus, dass $GL(n, \mathbb{R})$ Matrizen enthält, die sowohl positive als auch negative Determinanten besitzen. Die Punkte in $GL(n, \mathbb{R})$, die zu zwei derartigen Matrizen gehören, können nicht durch einen Weg verbunden werden. (Auf einem derartigen Weg müsste ein Punkt liegen, der einer Matrix mit Determinante gleich Null entspricht.)

Beispiel 7. Die Gruppe $SO(2, \mathbb{R})$ der orthogonalen Abbildungen der Ebene $\mathbb{R}^2$, deren Determinante gleich 1 ist, besteht aus Matrizen der Gestalt $\begin{pmatrix} \cos\alpha & \sin\alpha \\ -\sin\alpha & \cos\alpha \end{pmatrix}$. Sie kann daher als eine Mannigfaltigkeit betrachtet werden, die mit dem Kreis identifizierbar ist – das Veränderungsgebiet des Winkelparameters α. Daher ist $SO(2, \mathbb{R})$ eine ein-dimensionale kompakte zusammenhängende Mannigfaltigkeit. Wenn wir auch Spiegelungen an Geraden in der Ebene $\mathbb{R}^2$ zulassen, gelangen wir zur Gruppe $O(2, \mathbb{R})$ aller reellen orthogonalen 2×2-Matrizen. Sie kann auf natürliche Weise mit zwei unterschiedlichen Kreisen identifiziert werden, die jeweils zu Matrizen mit den Determinanten $+1$ bzw. -1 gehören. Somit ist $O(2, \mathbb{R})$ eine ein-dimensionale kompakte, aber nicht zusammenhängende Mannigfaltigkeit.

Beispiel 8. Sei **a** ein Vektor in $\mathbb{R}^2$ und $T_{\mathbf{a}}$ die Gruppe der starren Bewegungen der Ebene, die durch **a** erzeugt wird. Die Elemente von $T_{\mathbf{a}}$ sind Translationen um Vektoren der Gestalt $n\mathbf{a}$ mit $n \in \mathbb{Z}$. Unter Einwirkung der Elemente g der Gruppe $T_{\mathbf{a}}$ wird jeder Punkt x der Ebene in einen Punkt $g(x)$ der Gestalt $x + n\mathbf{a}$ versetzt. Die Menge aller Punkte, in die ein vorgegebener Punkt $x \in \mathbb{R}^2$ unter Einwirkung von Elementen dieser Gruppe der Transformationen versetzt werden kann wird sein *Orbit* genannt. Die Eigenschaft, dass zwei Punkte von $\mathbb{R}^2$ zu demselben Orbit gehören, entspricht offensichtlich einer Äquivalenzrelation auf $\mathbb{R}^2$ und die Orbits sind die Äquivalenzklassen dieser Relation. Ein Gebiet in $\mathbb{R}^2$, das aus jeder Äquivalenzklasse einen Punkt enthält, wird *Fundamentalgebiet* dieser Gruppe von Automorphismen genannt (in Aufgabe 5d) geben wir eine genauere Definition).

In diesem Fall können wir als Fundamentalgebiet einen Streifen der Breite $|\mathbf{a}|$ herausgreifen, der durch zwei parallele Geraden orthogonal zu **a** beschränkt wird. Wir müssen dabei nur beachten, dass diese Geraden selbst aus einander durch Translationen um **a** bzw. $-\mathbf{a}$ erhalten werden. Innerhalb eines Streifens der Breite kleiner als $|\mathbf{a}|$ und orthogonal zu **a** gibt es keine äquivalenten Punkte, so dass alle Orbits, die in diesem Streifen repräsentiert werden, eindeutig

Koordinaten ihres Repräsentanten zugeordnet werden können. Dadurch wird die Quotientenmenge $\mathbb{R}^2/T_{\mathbf{a}}$, die aus Orbits der Gruppe $T_{\mathbf{a}}$ besteht, zu einer Mannigfaltigkeit. Aus dem oben zu einem Fundamentalgebiet Gesagten lässt sich einfach erkennen, dass diese Mannigfaltigkeit zum Zylinder homöomorph ist, den wir erhalten, wenn wir die Randpunkte eines Streifens der Breite $|\mathbf{a}|$ an äquivalenten Punkten zusammenkleben.

Beispiel 9. Nun seien $\mathbf{a}$ und $\mathbf{b}$ ein Paar orthogonaler Vektoren der Ebene $\mathbb{R}^2$ und $T_{\mathbf{a},\mathbf{b}}$ die Gruppe der durch diese Vektoren erzeugten Translationen. In diesem Fall ist ein Rechteck mit den Seiten $\mathbf{a}$ und $\mathbf{b}$ ein Fundamentalgebiet. Innerhalb dieses Rechtecks sind die einzigen äquivalenten Punkte die, die auf entgegengesetzten Kanten liegen. Nachdem wir die Kanten dieses fundamentalen Rechtecks zusammengeklebt haben, können wir feststellen, dass die sich ergebende Mannigfaltigkeit $\mathbb{R}^2/T_{\mathbf{a},\mathbf{b}}$ zum zwei-dimensionalen Torus homöomorph ist.

Beispiel 10. Wir betrachten nun die Gruppe $G_{a,b}$ der starren Bewegungen der Ebene $\mathbb{R}^2$, die durch die Transformationen $a(x,y) = (x + 1, 1 - y)$ und $b(x,y) = (x, y + 1)$ erzeugt wird.

Ein Fundamentalgebiet der Gruppe $G_{a,b}$ ist das Einheitsquadrat, dessen horizontale Kanten an Punkten identifiziert werden, die auf derselben vertikalen Gerade liegen, aber deren vertikale Kanten in Punkten identifiziert werden, die um das Zentrum symmetrisch liegen. Die sich ergebende Mannigfaltigkeit $\mathbb{R}^2/G_{a,b}$ stellt sich daher als homöomorph zur Kleinschen Flasche heraus.

Wir wollen uns hier nicht die Zeit nehmen, um die in Abschnitt 12.1 untersuchten nützlichen und wichtigen Beispiele zu untersuchen.

15.2.2 Glatte Mannigfaltigkeiten und glatte Abbildungen

Definition 7. Ein Atlas einer Mannigfaltigkeit ist *glatt (der Klasse $C^{(k)}$ oder analytisch)*, falls alle koordinatenverändernden Funktionen für den Atlas glatte Abbildungen (Diffeomorphismen) der entsprechenden Glattheitsklasse sind.

Zwei Atlanten vorgegebener Glattheit (dieselbe Glattheit für beide) sind äquivalent, falls ihre Vereinigung ein Atlas derselben Glattheit ist.

Beispiel 11. Ein Atlas, der aus einer einzigen Karte besteht, kann als von jeder beliebigen Glattheit betrachtet werden. Wir betrachten in diesem Zusammenhang den Atlas der Geraden $\mathbb{R}^1$, der durch die Identitätsabbildung $\mathbb{R}^1 \ni x \mapsto \varphi(x) = x \in \mathbb{R}^1$ erzeugt wird und einen zweiten Atlas, der durch jede streng monotone Funktion $\mathbb{R}^1 \ni x \mapsto \widetilde{\varphi}(x) \in \mathbb{R}^1$, die $\mathbb{R}^1$ auf $\mathbb{R}^1$ abbildet, erzeugt wird. Die Vereinigung dieser Atlanten ist ein Atlas, dessen Glattheit gleich der geringeren der beiden Glattheiten von $\widetilde{\varphi}$ und $\widetilde{\varphi}^{-1}$ entspricht.

Ist insbesondere $\widetilde{\varphi}(x) = x^3$, dann ist der Atlas, der aus den beiden Karten $\{x, x^3\}$ besteht, nicht glatt, da $\widetilde{\varphi}^{-1}(x) = x^{1/3}$. Mit Hilfe des eben Ausgeführten können wir unendlich glatte Atlanten in $\mathbb{R}^1$ konstruieren, deren Vereinigung ein Atlas der vorgegebener Glattheitsklasse $C^{(k)}$ ist.

Definition 8. Ein *glatte Mannigfaltigkeit* (*der Klasse $C^{(k)}$* oder *analytisch*) ist eine Mannigfaltigkeit M mit einer Äquivalenzklasse von Atlanten der gegebenen Glattheit.

Nach dieser Definition ist die folgende Terminologie verständlich: *Topologische Mannigfaltigkeit* (der Klasse $C^{(0)}$), $C^{(k)}$*-Mannigfaltigkeit, analytische Mannigfaltigkeit.*

Um die gesamte Äquivalenzklasse von Atlanten einer gegebenen Glattheit auf einer Mannigfaltigkeit M anzugeben, genügt es, irgendeinen Atlas A dieser Äquivalenzklasse zu formulieren. Daher können wir annehmen, dass eine glatte Mannigfaltigkeit ein Paar (M, A) ist, wobei M eine Mannigfaltigkeit ist und A ein Atlas mit der vorgegebenen Glattheit auf M.

Die Menge der äquivalenten Atlanten einer vorgegebenen Glattheit auf einer Mannigfaltigkeit wird oft *Struktur dieser Glattheit auf der Mannigfaltigkeit* genannt. Es kann für dieselbe Glattheit auf einer vorgegebenen topologischen Mannigfaltigkeit verschiedene glatte Strukturen geben (s. Beispiel 11 und Aufgabe 3).

Wir wollen einige weitere Beispiele geben, in denen unser Hauptinteresse auf der Glattheit der Koordinatenveränderung liegt.

Beispiel 12. Die ein-dimensionale Mannigfaltigkeit $\mathbb{RP}^1$, die *reelle projektive Gerade* genannt wird, ist die Schar von Geraden in $\mathbb{R}^2$, die durch den Ursprung verläuft, mit der natürlichen Schreibweise des Abstands zwischen zwei Geraden (gemessen z.B. durch den Betrag des kleineren Winkels zwischen ihnen). Jede Gerade der Schar ist eindeutig durch einen Richtungsvektor (x^1, x^2) ungleich Null definiert und zwei derartige Vektoren ergeben genau dann dieselbe Gerade, wenn sie kollinear sind. Daher kann $\mathbb{RP}^1$ als eine Menge von Äquivalenzklassen geordneter Paare (x^1, x^2) reeller Zahlen betrachtet werden. Dabei muss zumindest eine der Zahlen im Paar ungleich Null sein und zwei Paare werden als äquivalent betrachtet (identifiziert), falls sie proportional sind. Die Paare (x^1, x^2) werden üblicherweise *homogene Koordinaten* auf $\mathbb{RP}^1$ genannt. Seien U_i, $i = 1, 2$ die Geraden (Klassen von Paaren (x^1, x^2)) in $\mathbb{RP}^1$ für die $x^i \neq 0$. Zu jedem Punkt (jeder Geraden) $p \in U_i$ gehört ein eindeutiges Paar $\left(1, \frac{x^2}{x^1}\right)$, das durch die Zahl $t_1^2 = \frac{x^2}{x^1}$ bestimmt wird. Auf ähnliche Weise stehen die Punkte des Bereichs U_2 in eins-zu-eins Abhängigkeit mit Paaren der Gestalt $\left(\frac{x^1}{x^2}, 1\right)$, die durch die Zahl $t_2^1 = \frac{x^1}{x^2}$ bestimmt werden. Auf diese Weise treten lokale Koordinaten in U_1 und U_2 auf, die offensichtlich der Topologie entsprechen, die auf $\mathbb{RP}^1$ eingeführt wird. Im gemeinsamen Bereich $U_1 \cap U_2$ dieser lokalen Karten hängen die durch sie eingeführten Koordinaten durch die Gleichungen $t_2^1 = (t_1^2)^{-1}$ und $t_1^2 = (t_2^1)^{-1}$ miteinander zusammen, woraus wir sehen können, dass der Atlas nicht nur zu $C^{(\infty)}$ gehört, sondern sogar analytisch ist.

Es lohnt sich, die folgende Interpretation der Mannigfaltigkeit $\mathbb{RP}^1$ im Gedächtnis zu behalten: Jede Gerade der ursprünglichen Geradenschar wird vollständig durch ihren Schnitt mit dem Einheitskreis bestimmt. Aber es gibt genau zwei derartige Punkte, die genau diametral entgegengesetzt liegen. Geraden sind genau dann eng beieinander, wenn die entsprechenden Punkte des Kreises nahe beieinander liegen. Daher kann $\mathbb{RP}^1$ als ein Kreis interpretiert werden, dessen diametral entgegengesetzte Punkte identifiziert (zusammengeklebt) werden. Falls wir nur einen Halbkreis betrachten, dann gibt es nur ein Paar identifizierter Punkte darauf; die Endpunkte. Wenn wir diese zusammenkleben, erhalten wir wiederum einen topologischen Kreis. Daher ist $\mathbb{RP}^1$ zum Kreis als topologischen Raum homöomorph.

Beispiel 13. Wenn wir die Geradenschar betrachten, die durch den Ursprung in $\mathbb{R}^3$ verläuft oder, was dasselbe ist, die Menge von Äquivalenzklassen geordneter Punktetripel (x^1, x^2, x^3) reeller Zahlen, die nicht alle drei gleich Null sind, dann erhalten wir die reelle projektive Ebene $\mathbb{RP}^2$. In den Bereichen U_1, U_2, und U_3 mit $x^1 \neq 0$, $x^2 \neq 0$ bzw. $x^3 \neq 0$ führen wir die lokalen Koordinatensysteme $\left(1, \frac{x^2}{x^1}, \frac{x^3}{x^1}\right) = (1, t_1^2, t_1^3) \sim (t_1^2, t_1^3)$, $\left(\frac{x^1}{x^2}, 1, \frac{x^3}{x^2}\right) = (t_2^1, 1, t_2^3) \sim (t_2^1, t_2^3)$ bzw. $\left(\frac{x^1}{x^3}, \frac{x^2}{x^3}, 1\right) = (t_3^1, t_3^2, 1) \sim (t_3^1, t_3^2)$ ein, die offensichtlich über die Relationen $t_i^j = (t_j^i)^{-1}$, $t_i^j = t_k^j (t_k^i)^{-1}$, die in den gemeinsamen Teilen der Bereiche dieser Karten Gültigkeit besitzen, miteinander zusammenhängen.

So wird beispielsweise der Kartenwechsel von (t_1^2, t_1^3) nach (t_2^1, t_2^3) im Gebiet $U_1 \cap U_2$ durch die Formeln

$$t_2^1 = (t_1^2)^{-1} \,, \quad t_2^3 = t_1^3 \cdot (t_1^2)^{-1}$$

beschrieben.

Die Jacobimatrix dieser Transformation lautet $-(t_1^2)^{-3}$ und da $t_1^2 = \frac{x^2}{x^1}$, ist sie in den Punkten der betrachteten Menge $U_1 \cap U_2$ definiert und ungleich Null.

Somit ist $\mathbb{RP}^2$ eine zwei-dimensionale Mannigfaltigkeit mit einem analytischen Atlas, der aus drei Karten besteht.

Mit Hilfe derselben Betrachtungsweise wie in Beispiel 12, in dem wir die projektive Gerade $\mathbb{RP}^1$ untersucht haben, können wir die projektive Ebene $\mathbb{RP}^2$ als zwei-dimensionale Kugelschale $S^2 \subset \mathbb{R}^2$ betrachten, in der antipodale Punkte identifiziert sind, oder als eine Hemisphäre, in der diametral entgegengesetzte Punkte des Randkreises identifiziert sind. Indem wir die Hemisphäre auf die Ebene projizieren, erhalten wir die Möglichkeit, $\mathbb{RP}^2$ als (zwei-dimensionale) Scheibe zu interpretieren, deren diametral entgegengesetzte Punkte des Randkreises identifiziert sind.

Beispiel 14. Die Menge an Geraden in der Ebene $\mathbb{R}^2$ kann in zwei Mengen unterteilt werden: U, die Geraden, die nicht vertikal sind und V die Geraden, die nicht horizontal sind. Jede Gerade in U besitzt eine Gleichung der Gestalt

$y = u_1 x + u_2$ und ist daher durch die Koordinaten (u_1, u_2) charakterisiert, wohingegen jede Gerade in V eine Gleichung der Gestalt $x = v_1 y + v_2$ besitzt und durch die Koordinaten (v_1, v_2) bestimmt wird. Für Geraden im Schnitt $U \cap V$ gelangen wir zur Koordinatentransformation $v_1 = u_1^{-1}$, $v_2 = -u_2 u_1^{-1}$ und $u_1 = v_1^{-1}$, $u_2 = -v_2 v_1^{-1}$. Daher ist diese Menge mit einem analytischen Atlas versehen, der aus zwei Karten besteht.

Jede Gerade in der Ebene besitzt eine Gleichung $ax + by + c = 0$ und wird durch ein Zahlentripel (a, b, c) charakterisiert, wobei proportionale Tripel dieselbe Gerade definieren. Aus diesem Grund mag es scheinen, dass wir es wiederum mit der in Beispiel 13 betrachteten projektiven Ebene $\mathbb{RP}^2$ zu tun haben. Während wir jedoch in $\mathbb{RP}^2$ jedes Zahlentripel zuließen, bei dem nicht alle Zahlen gleich Null waren, lassen wir nun keine Tripel der Gestalt $(0, 0, c)$ mit $c \neq 0$ zu. Ein einzelner Punkt in $\mathbb{RP}^2$ entspricht der Menge aller derartigen Tripel. Daher ist die in diesem Beispiel erhaltene Mannigfaltigkeit zu der Mannigfaltigkeit homöomorph, die wir durch Entfernen eines Punktes aus $\mathbb{RP}^2$ erhalten. Wenn wir $\mathbb{RP}^2$ als Scheibe interpretieren, deren diametral entgegengesetzte Punkte des Randkreises identifiziert sind, dann erhalten wir, indem wir das Zentrum des Kreises entfernen, bis auf einen Homöomorphismus einen Kreisring, dessen äußerer Kreis in diametral entgegengesetzten Punkten zusammengeklebt ist. Durch einen einfachen Schnitt können wir einfach zeigen, dass das Ergebnis nichts anderes als das uns bekannte Möbiusband ist.

Definition 9. Seien M und N $C^{(k)}$-Mannigfaltigkeiten. Eine Abbildung $f : M \to N$ heißt l-*glatt* (eine $C^{(l)}$-Abbildung), falls die lokalen Koordinaten des Punktes $f(x) \in N$ $C^{(l)}$-Funktionen der lokalen Koordinaten von $x \in M$ sind.

Diese Definition hat eine unzweideutige Bedeutung (eine, die von der Wahl der lokalen Koordinaten unabhängig ist), falls $l \leq k$.

Insbesondere sind die glatten Abbildungen von M auf $\mathbb{R}^1$ glatte Funktionen auf M und die glatten Abbildungen von $\mathbb{R}^1$ (oder einem Intervall von $\mathbb{R}^1$) auf M sind glatte Wege auf M.

Daher kann der Glattheitsgrad einer Funktion $f : M \to N$ auf einer Mannigfaltigkeit M nicht den Glattheitsgrad der Mannigfaltigkeit selbst übersteigen.

15.2.3 Orientierung einer Mannigfaltigkeit und ihres Randes

Definition 10. Zwei Karten einer glatten Mannigfaltigkeit sind *verträglich*, falls der Übergang zwischen verschiedenen lokalen Koordinaten in deren gemeinsamem Wirkungsgebiet ein Diffeomorphismus ist, dessen Jacobimatrix überall positiv ist.

Besitzen insbesondere die Wirkungsgebiete zweier lokaler Karten eine leere Schnittmenge, dann werden sie als verträglich betrachtet.

Definition 11. Ein Atlas A einer glatten Mannigfaltigkeit (M, A) ist ein *orientierender Atlas von M*, falls er aus paarweise verträglichen Karten besteht.

Definition 12. Eine Mannigfaltigkeit ist *orientierbar*, falls sie einen orientierenden Atlas besitzt. Ansonsten ist sie *nicht orientierbar*.

Zwei orientierende Atlanten einer Mannigfaltigkeit werden als *äquivalent* betrachtet (im Sinne der Orientierbarkeit der gerade betrachteten Mannigfaltigkeit), falls ihre Vereinigung auch ein orientierender Atlas der Mannigfaltigkeit ist. Wir können einfach erkennen, dass diese Relation tatsächlich eine Äquivalenzrelation ist.

Definition 13. Eine Äquivalenzklasse orientierender Atlanten einer Mannigfaltigkeit in der gerade definierten Relation wird eine *Orientierungsklasse von Atlanten der Mannigfaltigkeit* oder eine *Orientierung der Mannigfaltigkeit* genannt.

Definition 14. Eine *orientierte Mannigfaltigkeit* ist eine Mannigfaltigkeit mit einer bestimmten Klasse von Orientierungen ihrer Atlanten, d.h. mit einer festen Orientierung auf der Mannigfaltigkeit.

Daher bedeutet die Orientierung einer Mannigfaltigkeit nichts anderes, als (auf die eine oder andere Art) eine bestimmte Orientierungsklasse von Atlanten auf ihr vorzugeben. Dazu genügt es beispielsweise, einen bestimmten orientierenden Atlas aus der Orientierungsklasse anzugeben.

In den Abschnitten 12.2 und 12.3 haben wir verschiedene Methoden ausgeführt, die praktisch eingesetzt werden, um eine Orientierung einer Mannigfaltigkeit, die in $\mathbb{R}^n$ eingebettet ist, zu definieren.

Satz 3. *Eine zusammenhängende Mannigfaltigkeit ist entweder nicht orientierbar oder sie erlaubt genau zwei Orientierungen.*

Beweis. Seien A und $\widetilde{A}$ zwei orientierende Atlanten der Mannigfaltigkeit M mit diffeomorphen Übergängen zwischen den lokalen Koordinaten zweier Karten. Angenommen, es gebe einen Punkt $p_0 \in M$ und zwei Karten dieser Atlanten, deren Wirkungsgebiete U_{i_0} und $\widetilde{U}_{i_0}$ p_0 enthalten; und weiter angenommen, die Jacobimatrix des Kartenwechsels der Koordinaten in Punkten des Parameterraums, die zum Punkt p_0 gehören, sei positiv. Wir werden zeigen, dass dann für jeden Punkt $p \in M$ und alle Karten der Atlanten A und $\widetilde{A}$, deren Wirkungsgebiete p enthalten, die Jacobimatrix der Koordinatentransformation in entsprechenden Koordinatenpunkten auch positiv ist.

Wir beginnen mit der offensichtlichen Beobachtung, dass die Funktionaldeterminante der Transformation in p für jedes Paar von Karten positiv (bzw. negativ) ist, falls sie im Punkt p für jedes Paar von Karten, die p in den Atlanten A und $\widetilde{A}$ enthält, positiv (bzw. negativ) ist, da innerhalb jedes vorgegebenen Atlanten die Koordinatentransformationen eine positive Funktionaldeterminante besitzen und die Funktionaldeterminante einer Verkettung zweier Abbildungen dem Produkt der Funktionaldeterminanten der einzelnen Abbildungen entspricht.

Nun sei E die Teilmenge von M, die aus den Punkten $p \in M$ besteht, in denen die Koordinatentransformation aus den Karten eines Atlas zu denen des anderen eine positive Funktionaldeterminante besitzt.

Die Menge E ist nicht leer, da $p_0 \in E$. Die Menge E ist in M offen, denn es existieren für jeden Punkt $p \in E$ Wirkungsgebiete U_i und $\widetilde{U}_j$ gewisser Karten der Atlanten A und $\widetilde{A}$, die p enthalten. Die Mengen U_i und $\widetilde{U}_j$ sind in M offen, so dass die Menge $U_i \cap \widetilde{U}_j$ in M offen ist. In der zusammenhängenden Komponente der Menge $U_i \cap \widetilde{U}_j$, die p enthält und die in $U_i \cap \widetilde{U}_j$ und in M offen ist, kann die Funktionaldeterminante der Transformation ihr Vorzeichen nicht ändern, ohne in einem der Punkte zu verschwinden. Das heißt, dass die Funktionaldeterminante in einer Umgebung von p positiv bleibt, womit bewiesen ist, dass E offen ist. E ist aber auch in M abgeschlossen. Dies folgt aus der Stetigkeit der Funktionaldeterminante eines Diffeomorphismus und der Tatsache, dass die Funktionaldeterminante eines Diffeomorphismus niemals verschwindet.

Somit ist E eine nicht leere offen abgeschlossene Teilmenge der zusammenhängenden Menge M. Daher ist $E = M$ und die Atlanten A und $\widetilde{A}$ definieren dieselbe Orientierung auf M.

Wenn wir in jeder Karte des Atlas A eine Koordinate ersetzen, etwa t^1 durch $-t^1$, dann erhalten wir einen orientierenden Atlas $-A$, der zu einer anderen Orientierungsklasse gehört. Da die Funktionaldeterminante der Koordinatentransformationen von einer beliebigen Karte zu Karten von A und $-A$ unterschiedliche Vorzeichen besitzen, ist jeder Atlas, der M orientiert, entweder zu A oder zu $-A$ äquivalent. □

Definition 15. Eine endliche Folge von Karte eines vorgegebenen Atlas wird eine *Kette von Karten* genannt, falls die Bereiche jeden Paares von Karten mit benachbarten Indizes eine nicht leere Schnittmenge ($U_i \cap U_{i+1} \neq \varnothing$) besitzen.

Definition 16. Eine Kette ist *widersprüchlich* oder *desorientierend*, falls die Funktionaldeterminante bei jedem Kartenwechsel von einer Karte in der Kette zur nächsten positiv ist, die Wirkungsgebiete der ersten und der letzten Karte der Kette sich schneiden, der Kartenwechsel von der letzten zur ersten Karte jedoch eine negative Funktionaldeterminante besitzt.

Satz 4. *Eine Mannigfaltigkeit ist genau dann orientierbar, wenn keine widersprüchliche Kette von Karten auf ihr existiert.*

Beweis. Da sich jede Mannigfaltigkeit in zusammenhängende Komponenten zerlegen lässt, deren Orientierungen unabhängig definiert werden können, genügt es, Satz 4 für eine zusammenhängende Mannigfaltigkeit M zu beweisen.

N o t w e n d i g. Angenommen, die zusammenhängende Mannigfaltigkeit M sei orientierbar und A sei ein Atlas, der eine Orientierung definiert. Aus dem bisher Gesagten und Satz 3 folgt, dass jede glatte lokale Karte der Mannigfaltigkeit M, die mit den Karten des Atlas A verbunden ist, entweder mit allen Karten von A oder mit allen Karten von $-A$ konsistent ist. Dies lässt sich direkt aus Satz 3 erhalten, falls wir Karten von A auf das Wirkungsgebiet der Karte einschränken, die wir ausgewählt haben und die als zusammenhängende Mannigfaltigkeit betrachtet werden kann, die durch eine Karte orientiert wird. Daraus folgt, dass es keine widersprüchliche Kette von Karten auf M gibt.

H i n r e i c h e i n d. Aus Definition 1 folgt, dass es auf der Mannigfaltigkeit einen Atlas gibt, der aus einer endlichen oder abzählbaren Anzahl von Karten besteht. Wir wählen die Karte (U_i, φ_i), so dass $U_1 \cap U_i \neq \emptyset$. Dann sind die Funktionaldeterminanten der Kartenwechsel φ_{1i} und φ_{i1} entweder überall in ihren Kartengebieten negativ oder überall positiv. Die Funktionaldeterminanten können keine Werte mit unterschiedlichen Vorzeichen besitzen, da wir ansonsten zusammenhängende Teilmengen U_- und U_+ in $U_1 \cup U_i$ finden könnten, in denen die Funktionaldeterminante negativ bzw. positiv ist und dann wäre die Kette von Karten (U_1, φ_1), (U_+, φ_1), (U_i, φ_i), (U_-, φ_i) widersprüchlich.

Daher könnten wir, falls notwendig durch Veränderung des Vorzeichens einer Koordinate in der Karte (U_i, φ_i), eine Karte mit demselben Wirkungsgebiet U_i erhalten, die mit (U_1, φ_1) verträglich ist. Nach dieser Prozedur sind zwei Karten (U_i, φ_i) und (U_j, φ_j), so dass $U_1 \cap U_i \neq \emptyset$, $U_1 \cap U_j \neq \emptyset$ und $U_i \cap U_j \neq \emptyset$, selbst verträglich: Ansonsten hätten wir aus drei Karten eine widersprüchliche Kette konstruiert.

Daher können wir alle Karten eines Atlas, deren Wirkungsgebiete U_1 schneiden, als miteinander verträglich betrachten. Wenn wir jede dieser Karten als Ausgangspunkt nehmen, können wir die Karten des Atlas, die beim ersten Mal nicht bedacht wurden, so anpassen, dass sie verträglich sind. Bei diesem Vorgehen entstehen keine Widersprüche, da es nach Voraussetzung keine widersprüchlichen Ketten auf der Mannigfaltigkeit gibt. Wenn wir dieses Verfahren fortsetzen und dabei berücksichtigen, dass die Mannigfaltigkeit zusammenhängend ist, so konstruieren wir auf ihr einen Atlas, der aus paarweise verträglichen Karten besteht, womit wir die Orientierbarkeit der Mannigfaltigkeit bewiesen hätten. □

Dieses Kriterium für die Orientierbarkeit der Mannigfaltigkeit kann wie die in diesem Beweis verwendeten Betrachtungen zur Untersuchung besonderer Mannigfaltigkeiten eingesetzt werden. So ist etwa die in Beispiel 12 untersuchte Mannigfaltigkeit $\mathbb{RP}^1$ orientierbar. Aus dem dort angeführten Atlas kann ein einfacher orientierender Atlas von $\mathbb{RP}^1$ erhalten werden. Dazu genügt es, das Vorzeichen der lokalen Koordinaten einer der beiden dort konstruierten Karten umzudrehen. Die Orientierbarkeit der projektiven Geraden $\mathbb{RP}^1$ folgt jedoch auch aus der Tatsache, dass die Mannigfaltigkeit $\mathbb{RP}^1$ zu einem Kreis homöomorph ist.

Die projektive Ebene $\mathbb{RP}^2$ ist nicht orientierbar: Jedes Kartenpaar in dem in Beispiel 13 konstruierten Atlas ist derart, dass die Kartenwechsel positive und negative Bereiche der Funktionaldeterminante besitzen. Wie wir im Beweis von Satz 4 gesehen haben, folgt daraus, dass auf $\mathbb{RP}^2$ eine widersprüchliche Kette von Karten existiert.

Aus demselben Grund ist die in Beispiel 14 betrachtete Mannigfaltigkeit, die, wie wir festgestellt haben, zu einem Möbiusband homöomorph ist, nicht orientierbar.

Satz 5. *Der Rand einer orientierbaren glatten n-dimensionalen Mannigfaltigkeit ist eine orientierbare $(n-1)$-dimensionale Mannigfaltigkeit, die eine Struktur mit derselben Glattheit wie die ursprüngliche Mannigfaltigkeit zulässt.*

Beweis. Der Beweis von Satz 5 ist eine wortwörtliche Wiederholung des Beweises des analogen Satzes 2 in Absatz 12.3.2 für in $\mathbb{R}^n$ eingebettete Flächen. $\square$

Definition 17. Ist $A(M) = \{(H^n, \varphi_i, U_i)\} \cup \{(\mathbb{R}^n, \varphi_j, U_j)\}$ ein Atlas, der die Mannigfaltigkeit M orientiert, dann ergeben die Karten $A(\partial M) = \{(\mathbb{R}^{n-1}, \varphi_i|_{\partial H^n = \mathbb{R}^{n-1}}, \partial U_i)\}$ einen orientierenden Atlas für den Rand ∂M von M. Die Orientierung des durch diesen Atlas definierten Randes wird die *durch die Orientierung der Mannigfaltigkeit induzierte Orientierung des Randes* genannt.

In den Abschnitten 12.2 und 12.3 haben wir wichtige Techniken für die Definition der Orientierung einer in $\mathbb{R}^n$ eingebetteten Oberfläche und die induzierte Orientierung ihres Randes beschrieben, die in der Praxis häufig eingesetzt werden.

15.2.4 Zerlegungen der Eins und die Realisierung von Mannigfaltigkeiten als Flächen in $\mathbb{R}^n$

In diesem Absatz werden wir eine besondere Konstruktion beschreiben, die *Zerlegung der Eins* genannt wird. Diese Konstruktion ist oftmals das adäquate Mittel, um globale Probleme auf lokale zu reduzieren. Wir werden dies später bei der Herleitung des Satzes von Stokes auf einer Mannigfaltigkeit vorführen. Hier werden wir jedoch die Zerlegung der Eins benutzen, um die Möglichkeit klarzustellen, dass jede Mannigfaltigkeit als eine Fläche in $\mathbb{R}^n$ mit hinreichend großer Dimension realisiert werden kann.

Lemma. Auf $\mathbb{R}$ lässt sich eine Funktion $f \in C^{(\infty)}(\mathbb{R}, \mathbb{R})$ konstruieren, so dass $f(x) \equiv 0$ für $|x| \geq 3$, $f(x) \equiv 1$ für $|x| \leq 1$ und $0 < f(x) < 1$ für $1 < |x| < 3$.

Beweis. Wir werden eine derartige Funktion mit Hilfe der bekannten Funktion
$$g(x) = \begin{cases} e^{(-1/x^2)} & \text{für } x \neq 0 \\ 0 & \text{für } x = 0 \end{cases},$$ konstruieren. Wir haben früher schon gezeigt

(vgl. Beispiel 2 in Abschnitt 5.2), dass $g \in C^{(\infty)}(\mathbb{R}, \mathbb{R})$, indem wir gezeigt haben, dass $g^{(n)}(0) = 0$ für jeden Wert $n \in \mathbb{N}$.

In diesem Fall, gehört die nicht negative Funktion

$$G(x) = \begin{cases} \mathrm{e}^{-(x-1)^{-2}} \cdot \mathrm{e}^{-(x+1)^{-2}} & \text{für } |x| < 1 \,, \\ 0 & \text{für } |x| \geq 1 \end{cases}$$

auch zu $C^{(\infty)}(\mathbb{R}, \mathbb{R})$ und zusammen mit ihr gehört auch die Funktion

$$F(x) = \int\limits_{-\infty}^{x} G(t)\,\mathrm{d}t \,\Big/ \int\limits_{-\infty}^{+\infty} G(t)\,\mathrm{d}t$$

zu dieser Klasse, da $F'(x) = G(x) \,\Big/ \int\limits_{-\infty}^{\infty} G(t)\,\mathrm{d}t$.

Die Funktion F ist auf $[-1, 1]$ streng monoton anwachsend, $F(x) \equiv 0$ für $x \leq -1$ und $F(x) \equiv 1$ für $x \geq 1$.

Wir können nun die gesuchte Funktion wie folgt wählen:

$$f(x) = F(x + 2) + F(-x - 2) - 1 \,. \qquad \square$$

Anmerkung. Ist $f : \mathbb{R} \to \mathbb{R}$ die im Beweis des Lemmas konstruierte Funktion, dann ist die in $\mathbb{R}^n$ definierte Funktion

$$\theta(x^1, \ldots, x^n) = f(x^1 - a^1) \cdot \ldots \cdot f(x^n - a^n)$$

derart, dass $\theta \in C^{(\infty)}(\mathbb{R}^n, \mathbb{R})$, $0 \leq \theta \leq 1$ in jedem Punkt $x \in \mathbb{R}^n$, $\theta(x) \equiv 1$ auf dem Intervall $I(a) = \{x \in \mathbb{R}^n \,|\, |x^i - a^i| \leq 1, i = 1, \ldots, n\}$ und der Träger $\mathrm{supp}\,\theta$ der Funktion θ ist im Intervall $\tilde{I}(a) = \{x \in \mathbb{R}^n \,|\, |x^i - a^i| \leq 3, i = 1, \ldots, n\}$ enthalten.

Definition 18. Sei M eine $C^{(k)}$-Mannigfaltigkeit und X eine Teilmenge von M. Die Familie $E = \{e_\alpha, \alpha \in A\}$ von Funktionen $e_\alpha \in C^{(k)}(M, \mathbb{R})$ ist eine $C^{(k)}$-*Zerlegung der Eins* auf X, falls

$1^0.$ $0 \leq e_\alpha(x) \leq 1$ für jede Funktion $e_\alpha \in E$ und jedes $x \in M$;
$2^0.$ jeder Punkt $x \in X$ eine Umgebung $U(x)$ in M besitzt, so dass, bis auf eine endliche Anzahl, alle Funktionen von E auf $U(x)$ identisch gleich Null sind;
$3^0.$ $\sum\limits_{e_\alpha \in E} e_\alpha(x) \equiv 1$ auf X.

Wir merken an, dass in dieser letzten Summe nach Bedingung 2^0 in jedem Punkt $x \in X$ nur eine endliche Anzahl von Ausdrücken ungleich Null ist.

Definition 19. Sei $\mathcal{O} = \{o_\beta, \beta \in B\}$ eine offene Überdeckung von $X \subset M$. Wir sagen, dass die *Zerlegung der Eins* $E = \{e_\alpha, \alpha \in A\}$ auf X *der Überdeckung* $\mathcal{O}$ *untergeordnet* ist, falls der Träger jeder Funktion in der Familie E in mindestens einer der Mengen der Familie $\mathcal{O}$ enthalten ist.

Satz 6. *Sei* $\{(U_i, \varphi_i), i = 1, \ldots, m\}$ *eine endliche Menge von Karten eines* $C^{(k)}$-*Atlas der Mannigfaltigkeit* M, *deren Wirkungsgebiete* U_i, $i = 1, \ldots, m$, *eine Überdeckung einer kompakten Menge* $K \subset M$ *bilden. Dann existiert eine* $C^{(k)}$-*Zerlegung der Eins auf* K, *die der Überdeckung* $\{U_i, i = 1, \ldots, m\}$ *untergeordnet ist.*

Beweis. Zu jedem Punkt $x_0 \in K$ führen wir zunächst die folgende Konstruktion durch: Wir wählen nach und nach ein Gebiet U_i, das x_0 entsprechend einer Karte $\varphi_i : \mathbb{R}^n \to U_i$ (oder $\varphi_i : H^n \to U_i$) enthält, den Punkt $t_0 = \varphi_i^{-1}(x_0) \in \mathbb{R}^n$ (oder H^n), die Funktion $\theta(t - t_0)$ (wobei $\theta(t)$ die in der Anmerkung zum Lemma vorgestellte Funktion ist), und die Einschränkung θ_{t_0} von $\theta(t - t_0)$ auf das Kartengebiet von φ_i.

Sei I_{t_0} die Schnittmenge des in $t_0 \in \mathbb{R}^n$ zentrierten Einheitswürfels mit dem Paramtergebiet von φ_i. Tatsächlich unterscheidet sich θ_{t_0} von $\theta(t - t_0)$ und I_{t_0} unterscheidet sich vom entsprechenden Einheitswürfel nur dann, wenn das Kartengebiet der Karte φ_i der Halbraum H^n ist. Die in jedem Punkt $x \in K$ konstruierten offenen Mengen $\varphi_i(I_t)$ und der Punkt $t = \varphi_i^{-1}(x)$, der für alle zulässigen Werte von $i = 1, 2, \ldots, m$ gebildet wird, bilden eine offene Überdeckung der kompakten Menge K. Sei $\{\varphi_{i_j}(I_{t_j}), j = 1, 2, \ldots, l\}$ eine endliche Überdeckung von K, die daraus herausgegriffen wird. Offensichtlich ist dann $\varphi_{i_j}(I_{t_j}) \subset U_{i_j}$. Wir definieren auf U_{i_j} die Funktion $\widetilde{\theta}_i(x) = \theta_{t_j} \circ \varphi_{t_j}^{-1}(x)$. Dann erweitern wir $\widetilde{\theta}_i(x)$ auf die gesamte Mannigfaltigkeit M, indem wir die Funktion außerhalb von U_{i_j} gleich Null setzen. Wir behalten allerdings die gleiche Schreibweise $\widetilde{\theta}_i(x)$ für diese auf M erweiterte Funktion bei. Nach unserer Konstruktion gilt $\widetilde{\theta}_j \in C^{(k)}(M, \mathbb{R})$, $\operatorname{supp} \widetilde{\theta}_j \subset U_{i_j}$, $0 \leq \widetilde{\theta}_j(x) \leq 1$ auf M, und $\widetilde{\theta}_j(x) \equiv 1$ auf $\varphi_{i_j}(I_{t_j}) \subset U_{i_j}$. Dann bilden die Funktionen $e_1(x) = \widetilde{\theta}_1(x)$, $e_2(x) = \widetilde{\theta}_2(x)(1 - \widetilde{\theta}_1(x)), \ldots, e_l(x) = \widetilde{\theta}_l(x) \cdot (1 - \widetilde{\theta}_{l-1}(x)) \cdot \ldots \cdot (1 - \widetilde{\theta}_1(x))$ die gesuchte Zerlegung der Eins. Wir wollen nun nachweisen, dass $\sum_{j=1}^{l} e_j(x) \equiv 1$ auf K, da die Familie der Funktionen $\{e_1, \ldots, e_l\}$ offensichtlich die anderen Bedingungen für eine Zerlegung der Eins auf K, die der Überdeckung $\{U_{i_1}, \ldots, U_{i_l}\} \subset \{U_i, i = 1, \ldots, m\}$ untergeordnet ist, erfüllt. Nun gilt aber

$$1 - \sum_{j=1}^{l} e_j(x) = (1 - \widetilde{\theta}_1(x)) \cdot \ldots \cdot (1 - \widetilde{\theta}_l(x)) \equiv 0 \text{ auf } K,$$

da jeder Punkt $x \in K$ von einer Menge $\varphi_{i_j}(I_{t_j})$ überdeckt wird, auf dem die entsprechende Funktion $\widetilde{\theta}_j$ identisch gleich 1 ist. $\qquad\square$

Korollar 1. *Sei* M *eine kompakte Mannigfaltigkeit und* A *ein* $C^{(k)}$-*Atlas auf* M. *Dann gibt es eine endliche Zerlegung der Eins* $\{e_1, \ldots, e_l\}$ *auf* M, *die einer Überdeckung der Mannigfaltigkeit durch die Wirkungsgebiete der Karten von* A *untergeordnet ist.*

Beweis. Da M kompakt ist, kann der Atlas A als endlich angesehen werden. Damit sind die Voraussetzungen für Satz 6 erfüllt, wenn wir darin $K = M$ setzen.   □

Korollar 2. *Zu jeder kompakten Menge K, die in einer Mannigfaltigkeit M enthalten ist, und jeder offenen Menge $G \subset M$, die K enthält, gibt es eine Funktion $f : M \to \mathbb{R}$, deren Glattheit gleich der der Mannigfaltigkeit ist, so dass $f(x) \equiv 1$ auf K und supp $f \subset G$.*

Beweis. Wir überdecken jeden Punkt $x \in K$ mit einer Umgebung $U(x)$, die in G enthalten ist und innerhalb des Wirkungsgebiets einer Karte der Mannigfaltigkeit M liegt. Aus der offenen Überdeckung $\{U(x), x \in K\}$ der kompakten Menge K wählen wir eine endliche Überdeckung und konstruieren eine Zerlegung der Eins $\{e_1, \ldots, e_l\}$ auf K, die dieser Überdeckung untergeordnet ist. Dann ist die Funktion $f = \sum\limits_{i=1}^{l} e_i$ die gesuchte Funktion.   □

Korollar 3. *Jede (abstrakt definierte) kompakte glatte n-dimensionale Mannigfaltigkeit M ist diffeomorph zu einer glatten Fläche, die in $\mathbb{R}^N$ für eine hinreichend große Dimension N enthalten ist.*

Beweis. Um die Beweisidee nicht mit unnötigen Details zu beschweren, führen wir den Beweis für den Fall einer kompakten Mannigfaltigkeit M ohne Rand aus. In diesem Fall gibt es einen endlichen glatten Atlas $A = \{\varphi_i : I \to U_i, i = 1, \ldots, m\}$ auf M, wobei I ein offener n-dimensionaler Würfel in $\mathbb{R}^n$ ist. Wir wählen einen etwas kleineren Würfel I', so dass $I' \subset I$, so dass die Familie $\{U_i' = \varphi_i(I'), i = 1, \ldots, m\}$ noch eine Überdeckung von M bildet. Indem wir in Korollar 2 $K = I'$, $G = I$ und $M = \mathbb{R}^n$ setzen, konstruieren wir eine Funktion $f \in C^{(\infty)}(\mathbb{R}^n, \mathbb{R})$, so dass $f(t) \equiv 1$ für $t \in I'$ und supp $f \subset I$.

Wir betrachten nun die Koordinatenfunktionen $t_i^1(x), \ldots, t_i^n(x)$ der Abbildungen $\varphi_i^{-1} : U_i \to I$, $i = 1, \ldots, m$ und benutzen diese, um die folgende Funktion auf M einzuführen:

$$
y_i^k(x) = \begin{cases} (f \circ \varphi_i^{-1})(x) \cdot t_i^k(x) & \text{für } x \in U_i\,, \\[2mm] 0 & \text{für } x \notin U_i\,, \end{cases}
$$
$$
i = 1, \ldots, m\,; \quad k = 1, \ldots, n\,.
$$

In jedem Punkt $x \in M$ ist der Rang der Abbildung $M \ni x \mapsto y(x) = (y_1^1, \ldots, y_1^n, \ldots y_m^1, \ldots, y_m^n)(x) \in \mathbb{R}^{m \cdot n}$ maximal und gleich N. Ist nämlich $x \in U_i'$, dann ist $\varphi_i^{-1}(x) = t \in I'$, $f \circ \varphi_i^{-1}(x) = 1$ und $y_i^k(\varphi_i(t)) = t_i^k$, $k = 1, \ldots, n$.

Wenn wir nun zum Abschluss die Abbildung $M \ni x \mapsto Y(x) = (y(x), f \circ \varphi_1^{-1}(x), \ldots, f \circ \varphi_m^{-1}(x)) \in \mathbb{R}^{m \cdot n + m}$ betrachten und $f \circ \varphi_i^{-1}(x) \equiv 0$ außerhalb von U_i, $i = 1, \ldots, m$ setzen, dann hat diese Abbildung auf der einen Seite offensichtlich denselben Rang N wie die Abbildung $x \mapsto y(x)$ und sie ist auf der anderen Seite nachweislich eine eins-zu-eins Abbildung von M auf das Bild von M in $\mathbb{R}^{m \cdot n + m}$. Wir wollen diese letzte Behauptung zeigen. Seien p, q verschiedene Punkte von M. Wir finden ein Gebiet U_i' der Familie $\{U_i', i = 1, \ldots, m\}$, die M überdeckt und die den Punkt p enthält. Dann gilt $f \circ \varphi_i^{-1}(p) = 1$. Ist $f \circ \varphi_i^{-1}(q) < 1$, dann ist $Y(p) \neq Y(q)$. Ist $f \circ \varphi_i^{-1}(q) = 1$, dann gilt $p, q \in U_i$, $y_i^k(p) = t^k(p)$, $y_i^k(q) = t^k(q)$ und zumindest für einen Wert $k \in \{1, \ldots, n\}$ auch $t_i^k(p) \neq t_i^k(q)$. Damit ist in diesem Fall $Y(p) \neq Y(q)$. □

Der Leser wird auf Spezialliteratur der Geometrie verwiesen, um sich für eine beliebige Mannigfaltigkeit als eine Fläche in $\mathbb{R}^n$ zu dem allgemeinen Einbettungssatz von Whitney zu informieren.

15.2.5 Übungen und Aufgaben

1. Zeigen Sie, dass sich das in Definition 1 eingeführte Objekt (eine *Mannigfaltigkeit*) nicht verändert, wenn wir nur fordern, dass jeder Punkt $x \in M$ eine Umgebung $U(x) \subset M$ besitzt, die zu einer offenen Teilmenge des Halbraums H^n homöomorph ist.

2. Zeigen Sie:

a) Die Mannigfaltigkeit $GL(n, \mathbb{R})$ aus Beispiel 6 ist nicht kompakt und besteht genau aus zwei zusammenhängenden Komponenten.

b) Die Mannigfaltigkeit $SO(n, \mathbb{R})$ aus Beispiel 7 ist nicht zusammenhängend.

c) Die Mannigfaltigkeit $O(n, \mathbb{R})$ ist kompakt und besitzt genau zwei zusammenhängende Komponenten.

3. Seien (M, A) und $(\widetilde{M}, \widetilde{A})$ Mannigfaltigkeiten mit glatten Strukturen desselben Glattheitsgrades $C^{(k)}$. Die glatten Mannigfaltigkeiten (M, A) und $(\widetilde{M}, \widetilde{A})$ (*glatte Strukturen*) werden als isomorph betrachtet, falls eine $C^{(k)}$-Abbildung $f : M \to \widetilde{M}$ mit einer $C^{(k)}$-Inversen $f^{-1} : \widetilde{M} \to M$ in den Atlanten $A, \widetilde{A}$ existiert.

a) Zeigen Sie, dass alle Strukturen derselben Glattheit auf $\mathbb{R}^1$ isomorph sind.

b) Beweisen Sie die in Beispiel 11 getroffenen Behauptungen und entscheiden Sie, ob sie a) widersprechen.

c) Zeigen Sie, dass auf dem Kreis S^1 (der ein-dimensionalen Schale) je zwei $C^{(\infty)}$-Strukturen isomorph sind. Wir halten fest, dass diese Behauptung für Kugelschalen gültig bleibt, deren Dimension 6 nicht übersteigt. Auf S^7 existieren jedoch, wie Milnor[4] zeigte, nicht isomorphe $C^{(\infty)}$-Strukturen.

4. Sei S eine Teilmenge einer n-dimensionalen Mannigfaltigkeit M, so dass für jeden Punkt $x_0 \in S$ eine Karte $x = \varphi(t)$ der Mannigfaltigkeit M existiert, deren Wirkungsgebiet U den Punkt x_0 enthält. Ferner entspreche die k-dimensionale Fläche, die durch die Gleichungen $t^{k+1} = 0, \ldots, t^n = 0$ definiert wird, einer Menge $S \cap U$ im Kartengebiet $t = (t^1, \ldots, t^n)$ von φ. In diesem Fall wird S eine *k-dimensionale Teilmannigfaltigkeit von M* genannt.

---

[4] J. Milnor (geb. 1931) – einer der hervorragendsten modernen amerikanischen Mathematiker; seine Hauptarbeiten liegen in der algebraischen Topologie und der Topologie von Mannigfaltigkeiten.

a) Zeigen Sie, dass eine k-dimensionale Mannigfaltigkeitsstruktur ganz natürlich auf S entsteht, die durch die Struktur von M induziert wird und die dieselbe Glattheit besitzt wie die Mannigfaltigkeit M.

b) Beweisen Sie, dass k-dimensionale Flächen S in $\mathbb{R}^n$ genau den k-dimensionalen Teilmannigfaltigkeiten von $\mathbb{R}^n$ entsprechen.

c) Zeigen Sie, dass unter einer glatten homöomorphen Abbildung $f : \mathbb{R}^1 \to T^2$ der Geraden $\mathbb{R}^1$ in den Torus T^2 das Bild $f(\mathbb{R}^1)$ eine überall dichte Teilmenge von T^2 sein kann und dass sie in dem Fall keine ein-dimensionale Teilmannigfaltigkeit des Torus ist, obwohl sie eine abstrakte ein-dimensionale Mannigfaltigkeit ist.

d) Beweisen Sie, dass das Ausmaß des Konzepts einer „Teilmannigfaltigkeit" sich nicht verändert, wenn wir $S \subset M$ als eine k-dimensionale Teilmannigfaltigkeit der n-dimensionalen Mannigfaltigkeit M betrachten, falls eine lokale Karte der Mannigfaltigkeit M existiert, dessen Bereich für jeden Punkt $x_0 \in S$ den Punkt x_0 enthält und einer k-dimensionale Fläche des Raumes $\mathbb{R}^n$ der Menge $S \cap U$ im Kartengebiet der Karte entspricht.

5. Sei X ein topologischer Haussdorff–Raum (Mannigfaltigkeit) und G die Gruppe der homöomorphen Transformationen von X. Die Gruppe G ist eine *diskrete Transformationsgruppe von* X, falls für je zwei (möglicherweise gleiche) Punkte $x_1, x_2 \in X$ Umgebungen U_1 bzw. U_2 existieren, so dass die Menge $\{g \in G \,\big|\, g(U_1) \cap U_2 \neq \varnothing\}$ endlich ist.

a) Aus der Definition folgt, dass der *Orbit* $\{g(x) \in X \,|\, g \in G\}$ jedes Punktes $x \in X$ diskret ist und dass der *Stabilisator* $G_x = \{g \in G \,|\, g(x) = x\}$ von jedem Punkt $x \in X$ endlich ist.

b) Sei G eine Gruppe von Isometrien eines metrischen Raumes, die die beiden Eigenschaften in a) erfüllen. Zeigen Sie, dass G dann eine diskrete Transformationsgruppe von X ist.

c) Führen Sie die natürliche topologische Raum- (Mannigfaltigkeits-) struktur auf der Menge X/G von Orbits der diskreten Gruppe G ein.

d) Eine abgeschlossene Teilmenge F des topologischen Raumes (Mannigfaltigkeit) X mit einer diskreten Transformationsgruppe G ist ein *Fundamentalgebiet der Gruppe* G, falls sie der Abschluss einer offenen Teilmenge von X ist und die Mengen $g(F)$, mit $g \in G$, keine inneren Punkte gemeinsam haben und eine lokale endliche Überdeckung von X bilden. Zeigen Sie mit Hilfe der Beispiele 8–10, wie der Quotientenraum X/G (von Orbits) der Gruppe G aus F erhalten werden kann, indem gewisse Randpunkte „zusammengeklebt" werden.

6. a) Konstruieren Sie mit Hilfe der Konstruktionen in den Beispielen 12 und 13 den n-dimensionalen projektiven Raum $\mathbb{RP}^n$.

b) Zeigen Sie, dass $\mathbb{RP}^n$ orientierbar ist, falls n ungerade ist und nicht orientierbar, falls n gerade ist.

c) Beweisen Sie, dass die Mannigfaltigkeiten $SO(3, \mathbb{R})$ und $\mathbb{RP}^3$ nicht homöomorph sind.

7. Beweisen Sie, dass die in Beispiel 14 konstruierte Mannigfaltigkeit tatsächlich zum Möbiusband homöomorph ist.

8. a) Eine *Lie[5]-Gruppe* ist eine Gruppe G, die mit der Struktur einer analytischen Mannigfaltigkeit versehen ist, so dass die Abbildungen $(g_1, g_2) \mapsto g_1 \cdot g_2$ und $g \mapsto g^{-1}$ analytische Abbildungen von $G \times G$ und G auf G sind. Zeigen Sie, dass die Mannigfaltigkeiten in den Beispielen 6 und 7 Lie–Gruppen sind.

    b) Eine *topologische Gruppe* ist eine Gruppe G, die mit der Struktur eines topologischen Raumes versehen ist, so dass die Gruppenoperationen der Multiplikation und der Inversion als Abbildungen $G \times G \to G$ und $G \to G$ in der Topologie von G stetig sind. Zeigen Sie am Beispiel der Gruppe $\mathbb{Q}$ der rationalen Zahlen, dass nicht jede topologische Gruppe eine Lie–Gruppe ist.

    c) Zeigen Sie, dass jede Lie–Gruppe eine topologische Gruppe im Sinne der Definition in b) ist.

    d) Es konnte gezeigt werden[6], dass jede topologische Gruppe G, die eine Mannigfaltigkeit ist, eine Lie–Gruppe ist (d.h., sie erlaubt als eine Mannigfaltigkeit G eine analytische Struktur, in der die Gruppe zu einer Lie–Gruppe wird). Zeigen Sie, dass jede Gruppenmannigfaltigkeit (d.h. jede Lie-Gruppe) eine orientierbare Mannigfaltigkeit ist.

9. Eine Familie von Teilmengen eines topologischen Raumes ist *lokal endlich*, falls jeder Punkt des Raumes eine Umgebung besitzt, die sich nur mit einer endlichen Anzahl von Mengen in der Familie schneidet.

    Eine Familie von Mengen wird eine *Verfeinerung* einer zweiten Familie genannt, falls jede Menge der ersten Familie in zumindest einer der Mengen der zweiten Familie enthalten ist. Insbesondere macht es Sinn, dass eine Überdeckung einer Menge eine Verfeinerung einer anderen Überdeckung ist.

    a) Zeigen Sie, dass jede offene Überdeckung von $\mathbb{R}^n$ eine lokale endliche Verfeinerung besitzt.

    b) Lösen Sie Teil a), nachdem Sie $\mathbb{R}^n$ durch eine beliebige Mannigfaltigkeit M ersetzt haben.

    c) Zeigen Sie, dass eine Zerlegung der Eins auf $\mathbb{R}^n$ existiert, die jeder vorgegebenen offenen Überdeckung von $\mathbb{R}^n$ untergeordnet ist.

    d) Beweisen Sie, dass Behauptung c) für jede beliebige Mannigfaltigkeit Gültigkeit behält.

15.3 Differentialformen und Integration auf Mannigfaltigkeiten

15.3.1 Der Tangentialraum an eine Mannigfaltigkeit in einem Punkt

Wir wiederholen, dass wir zu jedem glatten Weg $\mathbb{R} \ni t \overset{\gamma}{\longmapsto} x(t) \in \mathbb{R}^n$ (eine Bewegung in $\mathbb{R}^n$), der zur Zeit t_0 durch den Punkt $x_0 = x(t_0) \in \mathbb{R}^n$ verläuft,

---

[5] S. Lie (1842–1899) – herausragender norwegischer Mathematiker, Begründer der Theorie stetiger Gruppen (Lie–Gruppen), die in der Geometrie, der Topologie und den mathematischen Methoden der Physik von zentraler Bedeutung sind. Er ist einer der Gewinner des Internationalen Lobachewski Preises (verliehen 1897 für seine Arbeiten zur Anwendung der Gruppentheorie auf die Grundlagen der Geometrie).

[6] Dies ist die Lösung des fünften Problems von Hilbert.

den momentanen Geschwindigkeitsvektor $\xi = (\xi^1, \ldots, \xi^n)$: $\xi(t) = \dot{x}(t) = (\dot{x}^1, \ldots, \dot{x}^n)(t_0)$ zugeordnet haben. Die Menge aller derartiger Vektoren ξ, die an den Punkt $x_0 \in \mathbb{R}^n$ angeheftet sind, wird natürlicherweise mit dem arithmetischen Raum $\mathbb{R}^n$ identifiziert und als $T\mathbb{R}^n_{x_0}$ (oder $T_{x_0}(\mathbb{R}^n)$) bezeichnet. In $T\mathbb{R}^n_{x_0}$ können dieselben Vektoroperationen auf Elementen $\xi \in T\mathbb{R}^n_{x_0}$ eingeführt werden ebenso wie auf den entsprechenden Elementen des Vektorraums $\mathbb{R}^n$. Auf diese Weise entsteht ein Vektorraum $T\mathbb{R}^n_{x_0}$, der als *Tangentialraum an $\mathbb{R}^n$ im Punkt $x_0 \in \mathbb{R}^n$* bezeichnet wird.

Wenn wir die Begründung und die einführenden Betrachtungen beiseite schieben, dann können wir nun sagen, dass $T\mathbb{R}^n_{x_0}$ formal gesehen ein Paar $(x_0, \mathbb{R}^n)$ ist, das aus einem Punkt $x_0 \in \mathbb{R}^n$ und einer an ihn angehefteten Kopie des Vektorraums $\mathbb{R}^n$ besteht.

Nun sei M eine glatte n-dimensionale Mannigfaltigkeit mit einem Atlas A mit mindestens der Glattheit $C^{(1)}$. Wir wollen einen Tangentialvektor ξ und einen Tangentialraum TM_{p_0} zur Mannigfaltigkeit M in einem Punkt $p_0 \in M$ definieren.

Dazu benutzen wir die Interpretation des Tangentialvektors als momentane Geschwindigkeit einer Bewegung. Wir greifen einen glatten Weg $\mathbb{R}^n \ni t \overset{\gamma}{\longmapsto} p(t) \in M$ auf der Mannigfaltigkeit M heraus, der zur Zeit t_0 durch den Punkt $p_0 = p(t_0) \in M$ verläuft. Die Parameter der Karten (d.h. der lokalen Koordinaten) der Mannigfaltigkeit M werden hier mit dem Buchstaben x bezeichnet, wobei ein tief gestellter Index die entsprechende Karte angibt und ein hochgestellter Index die Nummer der Koordinate. Daher entspricht im Kartengebiet jeder Karte (U_i, φ_i), deren Wirkungsgebiet U_i den Punkt p_0 enthält, der Weg $t \overset{\gamma_i}{\longmapsto} \varphi_i^{-1} \circ p(t) = x_i(t) \in \mathbb{R}^n$ (oder H^n) dem Weg γ. Dieser Weg ist mit der Definition der glatten Abbildung $\mathbb{R} \ni t \overset{\gamma}{\longmapsto} p(t) \in M$ glatt.

Daher entsteht im Kartengebiet der Karte (U_i, φ_i), wobei φ_i eine Abbildung $p = \varphi_i(x_i)$ ist, ein Punkt $x_i(t_0) = \varphi_i^{-1}(p_0)$ und ein Vektor $\xi_i = \dot{x}_i(t_0) \in T\mathbb{R}^n_{x_i(t_0)}$. In einer anderen derartigen Karte (U_j, φ_j) sind diese Objekte der Punkt $x_j(t_0) = \varphi_j^{-1}(p_0)$ bzw. der Vektor $\xi_j = \dot{x}_j(t_0) \in T\mathbb{R}^n_{x_j(t_0)}$. Es ist nur natürlich, dies als Koordinatendarstellungen in verschiedenen Karten zu betrachten, für das, was wir gerne einen Tangentialvektor ξ an die Mannigfaltigkeit M im Punkt $p_0 \in M$ bezeichnen würden.

Zwischen den Koordinaten x_i und x_j gibt es glatte zueinander inverse Kartenwechsel

$$x_i = \varphi_{ji}(x_j), \quad x_j = \varphi_{ij}(x_i). \tag{15.30}$$

Als Folge davon sind die Paare $(x_i(t_0), \xi_i)$, $(x_j(t_0), \xi_j)$ durch die folgenden Gleichungen gekoppelt:

$$x_i(t_0) = \varphi_{ji}(x_j(t_0)), \quad x_j(t_0) = \varphi_{ij}(x_i(t_0)), \tag{15.31}$$

$$\xi_i = \varphi'_{ji}(x_j(t_0))\xi_j, \quad \xi_j = \varphi'_{ij}(x_i(t_0))\xi_i. \tag{15.32}$$

Gleichung (15.32) ergibt sich offensichtlich aus den Formeln

$$\dot{x}_i(t) = \varphi'_{ji}(x_j(t))\dot{x}_j(t), \quad \dot{x}_j(t) = \varphi'_{ij}(x_i(t))\dot{x}_i(t),$$

die wir aus (15.30) durch Differentiation erhalten.

Definition 1. Wir sagen, dass ein *Tangentialvektor ξ an die Mannigfaltigkeit M im Punkt $p \in M$* definiert ist, wenn im Punkt x_i, der im Kartengebiet einer Karte (U_i, φ_i) dem Punkt p mit $U_i \ni p$ entspricht, in jedem zu $\mathbb{R}^n$ tangentialen Raum $T\mathbb{R}^n_{x_i}$ ein Vektor ξ_i festgelegt ist, so dass (15.32) gilt.

Werden die Elemente der Jacobimatrix φ'_{ji} der Abbildung φ_{ji} explizit als $\frac{\partial x^k_i}{\partial x^m_j}$ formuliert, gelangen wir zu folgender expliziten Gestalt für den Zusammenhang zwischen zwei Koordinatendarstellungen eines gegebenen Vektors ξ_i:

$$\xi^k_i = \sum_{m=1}^n \frac{\partial x^k_i}{\partial x^m_j} \xi^m_j \,, \qquad k = 1, 2, \ldots, n \,, \tag{15.33}$$

wobei die partiellen Ableitungen im Punkt $x_j = \varphi_j^{-1}(p)$ entsprechend zu p berechnet werden.

Wir bezeichnen die Menge aller Tangentialvektoren an die Mannigfaltigkeit M im Punkt $p \in M$ mit TM_p.

Definition 2. Wenn wir auf der Menge TM_p eine Vektorraumstruktur einführen, indem wir TM_p mit dem zugehörigen Raum $T\mathbb{R}^n_{x_i}$ (oder $TH^n_{x_i}$) identifizieren, d.h., die Summe der Vektoren in TM_p wird als der Vektor angesehen, dessen Koordinatendarstellung in $T\mathbb{R}^n_{x_i}$ (oder $TH^n_{x_i}$) der Summe der Koordinatendarstellungen der Ausdrücke entspricht und wir die Multiplikation eines Vektors mit einem Skalar analog definieren, dann wird der so erhaltene Vektorraum entweder mit TM_p oder T_pM bezeichnet und als *Tangentialraum an die Mannigfaltigkeit M im Punkt $p \in M$* bezeichnet.

An den Formeln (15.32) und (15.33) können wir erkennen, dass die in TM_p eingeführte Vektorraumstruktur von der Wahl der einzelnen Karte unabhängig ist, d.h., in diesem Sinne ist Definition 2 unzweideutig.

Somit haben wir nun den Tangentialraum an eine Mannigfaltigkeit definiert. Es gibt verschiedene Interpretationen eines Tangentialvektors und des Tangentialraums (s. Aufgabe 1). Eine derartige Interpretation ist beispielsweise die Identifikation eines Tangentialvektors mit einem linearen Funktional. Diese Identifikation beruht auf der folgenden Beobachtung, die wir in $\mathbb{R}^n$ machen:

Jeder Vektor $\xi \in T\mathbb{R}^n_{x_0}$ ist der Geschwindigkeitsvektor zu einem glatten Weg $x = x(t)$, d.h. $\xi = \dot{x}(t)\big|_{t=t_0}$ mit $x_0 = x(t_0)$. Dies ermöglicht uns die Definition der Ableitung $D_\xi f(x_0)$ einer glatten auf $\mathbb{R}^n$ (oder einer Umgebung von x_0) definierten Funktion f nach dem Vektor $\xi \in T\mathbb{R}^n_{x_0}$. Um genau zu sein, so gilt

$$D_\xi f(x_0) := \frac{\mathrm{d}}{\mathrm{d}t}(f \circ x)(t)\big|_{t=t_0} \,, \tag{15.34}$$

d.h.

$$D_\xi f(x_0) = f'(x_0)\xi \,, \tag{15.35}$$

wobei $f'(x_0)$ die Tangentialabbildung an f (das Differential von f) im Punkt x_0 ist.

Das dem Vektor $\xi \in T\mathbb{R}^n_{x_0}$ durch die Gleichungen (15.34) und (15.35) zugewiesene Funktional $D_\xi : C^{(1)}(\mathbb{R}^n, \mathbb{R}) \to \mathbb{R}$ ist offensichtlich linear bzgl. f. Es ist aus (15.35) auch klar, dass die Größe $D_\xi f(x_0)$ für eine feste Funktion f eine lineare Funktion von ξ ist, d.h., die Summe der entsprechenden linearen Funktionale entspricht einer Summe von Vektoren und die Multiplikation eines Funktionals D_ξ mit einer Zahl entspricht der Multiplikation des Vektors ξ mit derselben Zahl. Daher gibt es einen Isomorphismus zwischen dem Vektorraum $T\mathbb{R}^n_{x_0}$ und dem Vektorraum der entsprechenden linearen Funktionale D_ξ. Nun fehlt nur noch die Definition des linearen Funktionals D_ξ durch die Zuweisung einer Menge von charakteristischen Eigenschaften, um so eine neue Interpretation des Tangentialraums $T\mathbb{R}^n_{x_0}$ zu erhalten, der natürlich zum vorigen isomorph ist.

Wir merken an, dass das Funktional D_ξ zusätzlich zur oben angedeuteten Linearität die folgende Eigenschaft besitzt:

$$D_\xi(f \cdot g)(x_0) = D_\xi f(x_0) \cdot g(x_0) + f(x_0) \cdot D_\xi g(x_0) \,. \tag{15.36}$$

Dies ist das Gesetz zur Ableitung eines Produkts (Kettenregel).

In der Differentialalgebra wird eine additive Abbildung $a \mapsto a'$ eines Rings A, die die Gleichung $(a \cdot b)' = a' \cdot b + a \cdot b'$ erfüllt, eine *Ableitung* (genauer gesagt eine *Ableitung des Rings* A) genannt. Daher ist das Funktional $D_\xi : C^{(1)}(\mathbb{R}^n, \mathbb{R})$ eine Ableitung des Rings $C^{(1)}(\mathbb{R}^n, \mathbb{R})$. Aber D_ξ ist auch bezüglich der Vektorraumstruktur von $C^{(1)}(\mathbb{R}^n, \mathbb{R})$ linear.

Es lässt sich zeigen, dass ein lineares Funktional $l : C^{(\infty)}(\mathbb{R}^n, \mathbb{R}) \to \mathbb{R}$ mit folgenden Eigenschaften

$$l(\alpha f + \beta g) = \alpha l(f) + \beta l(g) \,, \quad \alpha, \beta \in \mathbb{R} \,, \tag{15.37}$$

$$l(f \cdot g) = l(f)g(x_0) + f(x_0)l(g) \tag{15.38}$$

die Gestalt D_ξ besitzt, mit $\xi \in T\mathbb{R}^n_{x_0}$. Daher kann der Tangentialraum $T\mathbb{R}^n_{x_0}$ an $\mathbb{R}^n$ in x_0 als ein Vektorraum von Funktionalen (Ableitungen) auf $C^{(\infty)}(\mathbb{R}^n, \mathbb{R})$ interpretiert werden, der die Bedingungen (15.37) und (15.38) erfüllt.

Die Funktionen $D_{e_k} f(x_0) = \frac{\partial}{\partial x^k} f(x)\big|_{x=x_0}$, die die entsprechenden partiellen Ableitungen der Funktion f in x_0 bezeichnen, entsprechen Basisvektoren $e_1, \ldots, e_n$ des Raumes $T\mathbb{R}^n_{x_0}$. Daher können wir mit der funktionalen Interpretation von $T\mathbb{R}^n_{x_0}$ sagen, dass die Funktionale $\{\frac{\partial}{\partial x^1}, \ldots, \frac{\partial}{\partial x^n}\}\big|_{x=x_0}$ eine Basis von $T\mathbb{R}^n_{x_0}$ bilden.

Ist $\xi = (\xi^1, \ldots, \xi^n) \in T\mathbb{R}^n_{x_0}$, dann besitzt der Operator D_ξ, der zum Vektor ξ gehört, die Gestalt $D_\xi = \xi^k \frac{\partial}{\partial x^k}$.

Vollständig analog dazu kann der Tangentialvektor ξ an eine n-dimensionale $C^{(\infty)}$-Mannigfaltigkeit in einem Punkt $p_0 \in M$ als das Element des

Raumes der Ableitungen l auf $C^{(\infty)}(M, \mathbb{R})$ mit den Eigenschaften (15.37) und (15.38) interpretiert (oder definiert) werden, wobei x_0 natürlich in Gleichung (15.38) durch p_0 ersetzt wird, so dass das Funktional l genau mit dem Punkt $p_0 \in M$ verbunden ist. Eine derartige Definition des Tangentialvektors ξ und des Tangentialraums TM_{p_0} erfordert formal keine lokalen Koordinaten und in dem Sinne ist sie offensichtlich invariant. In den Koordinaten $(x^1, \ldots, x^n)$ einer lokalen Karte (U_i, φ_i) besitzt der Operator l die Gestalt $\xi_i^1 \frac{\partial}{\partial x_i^1} + \cdots + \xi_i^n \frac{\partial}{\partial x_i^n} = D_{\xi_i}$. Die Zahlen $(\xi_i^1, \ldots, \xi_i^n)$ werden natürlicherweise die *Koordinaten des Tangentialvektors* $l \in TM_{p_0}$ in den Koordinaten der Karte (U_i, φ_i) genannt. Nach den Ableitungsregeln hängen die Koordinatendarstellungen desselben Funktionals $l \in TM_{p_0}$ in den Karten (U_i, φ_i) und (U_j, φ_j) wie folgt zusammen:

$$\sum_{k=1}^n \xi_i^k \frac{\partial}{\partial x_i^k} = \sum_{m=1}^n \xi_j^m \frac{\partial}{\partial x_j^m} = \sum_{k=1}^n \left(\sum_{m=1}^n \frac{\partial x_i^k}{\partial x_j^m} \xi_j^m \right) \frac{\partial}{\partial x_i^k} \ . \qquad (15.33')$$

Dies ist natürlich ein Duplikat von (15.33).

15.3.2 Differentialformen auf einer Mannigfaltigkeit

Wir wollen nun den Raum T^*M_p betrachten, der zum Tangentialraum TM_p konjugiert ist, d.h., T^*M_p ist der Raum der reellwertigen Funktionale auf TM_p.

Definition 3. Der Raum T^*M_p, der zum Tangentialraum TM_p an die Mannigfaltigkeit M im Punkt $p \in M$ konjugiert ist, wird der *Dualraum an M in p* oder auch der *Kotangentialraum an M in p* genannt.

Ist die Mannigfaltigkeit M eine $C^{(\infty)}$-Mannigfaltigkeit, $f \in C^{(\infty)}(M, \mathbb{R})$ und ist l_ξ die Ableitung zum Vektor $\xi \in TM_p$, dann ist die Abbildung $\xi \mapsto l_\xi f$ für ein festes $f \in C^{(\infty)}(M, \mathbb{R})$ offensichtlich ein Element des Raumes T^*M_p. Im Fall von $M = \mathbb{R}^n$ erhalten wir $\xi \mapsto D_\xi f(p) = f'(p)\xi$, so dass die sich ergebende Abbildung $\xi \mapsto l_\xi f$ natürlicherweise das Differential der Funktion f in p genannt wird und mit dem üblichen Symbol $\mathrm{d}f(p)$ bezeichnet wird.

Ist $T\mathbb{R}^n_{\varphi_\alpha^{-1}(p)}$ (oder $TH^n_{\varphi_\alpha^{-1}(p)}$ für $p \in \partial M$) der Raum, der in der Karte $(U_\alpha, \varphi_\alpha)$ auf der Mannigfaltigkeit M zum Tangentialraum TM_p gehört, dann ist es nur natürlich, den zu $T\mathbb{R}^j_{\varphi_\alpha^{-1}(p)}$ konjugierten Raum $T^*\mathbb{R}^n_{\varphi_\alpha^{-1}(p)}$ als Darstellung des Raumes T^*M_p in dieser lokalen Karte zu betrachten. In den Koordinaten $(x_\alpha^1, \ldots, x_\alpha^n)$ einer lokalen Karte $(U_\alpha, \varphi_\alpha)$ entspricht die Dualbasis $\{\mathrm{d}x^1, \ldots, \mathrm{d}x^n\}$ im konjugierten Raum der Basis $\left\{ \frac{\partial}{\partial x_\alpha^1}, \ldots, \frac{\partial}{\partial x_\alpha^n} \right\}$ von $T\mathbb{R}^n_{\varphi_\alpha^{-1}(p)}$ (oder $TH^n_{\varphi_\alpha^{-1}(p)}$ für $p \in \partial M$). Wir wiederholen, dass $\mathrm{d}x^i(\xi) = \xi^i$, so dass $\mathrm{d}x^i \left(\frac{\partial}{\partial x^j} \right) = \delta_j^i$. Die Ausdrücke für diese Dualbasen in einer anderen Karte (U_β, φ_β) können sich als ziemlich kompliziert erweisen, da $\frac{\partial}{\partial x_\beta^j} = \frac{\partial x_\alpha^i}{\partial x_\beta^j} \frac{\partial}{\partial x_\alpha^i}$,

$\mathrm{d}x_\alpha^i = \frac{\partial x_\alpha^i}{\partial x_\beta^j} \mathrm{d}x_\beta^j$.

Definition 4. Wir sagen, dass eine *Differentialform* ω^m *der Ordnung* m auf einer n-dimensionalen Mannigfaltigkeit M definiert ist, falls eine schiefsymmetrische Form $\omega^m(p) : (TM_p)^m \to \mathbb{R}$ auf jedem Tangentialraum TM_p an M in $p \in M$ definiert ist.

Praktisch bedeutet das nur, dass eine entsprechende m-Form $\omega_\alpha(x_\alpha)$ mit $x_\alpha = \varphi_\alpha^{-1}(p)$ auf jedem Raum $T\mathbb{R}^n_{\varphi_\alpha^{-1}(p)}$ (oder $TH^n_{\varphi_\alpha^{-1}(p)}$) definiert ist, der in der Karte $(U_\alpha, \varphi_\alpha)$ der Mannigfaltigkeit M zu TM_p gehört. Die Tatsache, dass zwei derartige Formen $\omega_\alpha(x_\alpha)$ und $\omega_\beta(x_\beta)$ Darstellungen derselben Form $\omega(p)$ sind, lässt sich durch die Gleichung

$$\omega_\alpha(x_\alpha)\big((\xi_1)_\alpha, \ldots, (\xi_m)_\alpha\big) = \omega_\beta(x_\beta)\big((\xi_1)_\beta, \ldots, (\xi_m)_\beta\big) \tag{15.39}$$

zum Ausdruck bringen, wobei x_α und x_β die Darstellungen des Punktes $p \in M$ sind und $(\xi_1)_\alpha, \ldots, (\xi_m)_\alpha$ und $(\xi_1)_\beta, \ldots, (\xi_m)_\beta$ sind die Koordinatendarstellungen des Vektors $\xi_1, \ldots, \xi_m \in TM_p$ in den Karten $(U_\alpha, \varphi_\alpha)$ bzw. (U_β, φ_β).

In formaler Schreibweise bedeutet dies, dass

$$x_\alpha = \varphi_{\beta\alpha}(x_\beta) , \qquad x_\beta = \varphi_{\alpha\beta}(x_\alpha) , \tag{15.31$'$}$$
$$\xi_\alpha = \varphi'_{\beta\alpha}(x_\beta)\xi_\beta , \qquad \xi_\beta = \varphi'_{\alpha\beta}(x_\alpha)\xi_\alpha , \tag{15.32$'$}$$

wobei, wie üblich, $\varphi_{\beta\alpha}$ bzw. $\varphi_{\alpha\beta}$ die Funktionen $\varphi_\alpha^{-1} \circ \varphi_\beta$ und $\varphi_\beta^{-1} \circ \varphi_\alpha$ für die Koordinatentransformationen sind und die Tangentialabbildungen an diese $\varphi'_{\beta\alpha} =: (\varphi_{\beta\alpha})_*$, $\varphi'_{\alpha\beta} =: (\varphi_{\alpha\beta})_*$ ergeben einen Isomorphismus der Tangentialräume an $\mathbb{R}^n$ (oder H^n) in den entsprechenden Punkten x_α und x_β. Wie in Absatz 15.1.3 ausgeführt, ergeben die adjungierten Abbildungen $(\varphi'_{\beta\alpha})^* =: \varphi^*_{\beta\alpha}$ und $(\varphi'_{\alpha\beta})^* =: \varphi^*_{\alpha\beta}$ den Übergang zwischen den Formen und Gleichung (15.39) besagt genau, dass

$$\omega_\alpha(x_\alpha) = \varphi^*_{\alpha\beta}(x_\alpha)\omega_\beta(x_\beta) , \tag{15.39$'$}$$

wobei α und β (vertauschbare) Indizes sind.

Die Matrix (c_i^j) der Abbildung $\varphi'_{\alpha\beta}(x_\alpha)$ ist bekannt: $(c_i^j) = \big(\frac{\partial x_\beta^j}{\partial x_\alpha^i}\big)(x_\alpha)$. Ist daher

$$\omega_\alpha(x_\alpha) = \sum_{1 \leq i_1 < \cdots < i_m \leq n} a_{i_1,\ldots,i_m} \, \mathrm{d}x_\alpha^{i_1} \wedge \cdots \wedge \mathrm{d}x_\alpha^{i_m} \tag{15.40}$$

und

$$\omega_\beta(x_\beta) = \sum_{1 \leq j_1 < \cdots < j_m \leq n} b_{j_1,\ldots,j_m} \, \mathrm{d}x_\beta^{j_1} \wedge \cdots \wedge \mathrm{d}x_\beta^{j_m} , \tag{15.41}$$

dann erhalten wir nach Beispiel 7 in Abschnitt 15.1, dass

$$\sum_{1 \leq i_1 < \cdots < i_m \leq n} a_{i_1 \ldots i_m} \, \mathrm{d}x_\alpha^{i_1} \wedge \cdots \wedge \mathrm{d}x_\alpha^{i_m} =$$

$$= \sum_{\substack{1 \leq i_1 < \cdots < i_m \leq n \\ 1 \leq j_1 < \cdots < j_m \leq n}} b_{j_1 \ldots j_m} \frac{\partial\big(x_\beta^{j_1}, \ldots, x_\beta^{j_m}\big)}{\partial\big(x_\alpha^{i_1}, \ldots, x_\alpha^{i_m}\big)}(x_\alpha) \, \mathrm{d}x_\alpha^{i_1} \wedge \cdots \wedge \mathrm{d}x_\alpha^{i_m} , \tag{15.42}$$

wobei $\frac{\partial(\ )}{\partial(\ )}$ wie immer die Determinante der Matrix der entsprechenden partiellen Ableitungen bezeichnet.

Daher können wir verschiedene Koordinatenausdrücke für dieselbe Form ω voneinander durch direkte Substitution der Variablen erhalten (indem wir die entsprechenden Differentiale der Koordinaten entwickeln, gefolgt von algebraischen Transformationen in Übereinstimmung mit den Gesetzen für das äußere Produkt).

Wenn wir vereinbaren, die Form ω_α als der Übergang von einer Form ω, die auf einer Mannigfaltigkeit zum Kartengebiet der Karte $(U_\alpha, \varphi_\alpha)$ definiert ist, zu betrachten, dann ist es nur natürlich $\omega_\alpha = \varphi_\alpha^* \omega$ zu schreiben und zu beachten, dass $\omega_\alpha = \varphi_\alpha^* \circ (\varphi_\beta^{-1})^* \omega_\beta = \varphi_{\alpha\beta}^* \omega_\beta$, wobei die Verkettung $\varphi_\alpha^* \circ (\varphi_\beta^{-1})^*$ in diesem Fall die Rolle einer formalen Ausarbeitung der Abbildung $\varphi_{\alpha\beta}^* = (\varphi_\beta^{-1} \circ \varphi_\alpha)^*$ spielt.

Definition 5. Eine m-Differentialform auf einer n-dimensionalen Mannigfaltigkeit ist eine $C^{(k)}$-*Form*, falls die Koeffizienten $a_{i_1 \ldots i_m}(x_\alpha)$ ihrer Koordinatendarstellung

$$\omega_\alpha = \varphi_\alpha^* \omega = \sum_{1 \le i_1 < \cdots < i_m \le n} a_{i_1 \ldots i_m}(x_\alpha)\, \mathrm{d}x_\alpha^{i_1} \wedge \cdots \wedge \mathrm{d}x_\alpha^{i_m}$$

in jeder Karte $(U_\alpha, \varphi_\alpha)$ eines Atlas, der eine glatte Struktur auf M definiert, Funktionen der Klasse $C^{(k)}$ sind.

Aus (15.42) ist klar, dass Definition 5 unzweideutig ist, wenn die Mannigfaltigkeit M selbst eine $C^{(k+1)}$-Mannigfaltigkeit ist, z.B., wenn M eine $C^{(\infty)}$-Mannigfaltigkeit ist.

Für Differentialformen, die auf einer Mannigfaltigkeit definiert sind, sind die Operationen der Addition, der Multiplikation mit einem Skalar und die äußere Multiplikation auf natürliche Weise punktweise definiert. (Insbesondere ist die Multiplikation mit einer Funktion $f : M \to \mathbb{R}$, die per definitionem als eine Form der Ordnung Null betrachtet wird, definiert.) Die ersten beiden Operationen verwandeln die Menge Ω_k^m von m-Formen der Klasse $C^{(k)}$ auf M in eine Vektorraum. Für den Fall $k = \infty$ wird dieser Vektorraum üblicherweise mit Ω^m bezeichnet. Es ist klar, dass äußere Multiplikation von Formen $\omega^{m_1} \in \Omega_k^{m_1}$ und $\omega^{m_2} \in \Omega_k^{m_2}$ eine Form $\omega^{m_1+m_2} = \omega^{m_1} \wedge \omega^{m_2} \in \Omega_k^{m_1+m_2}$ ergibt.

15.3.3 Die äußere Ableitung

Definition 6. Das *äußere Differential* $\mathrm{d} : \Omega_k^m \to \Omega_{k-1}^{m+1}$ ist ein lineare Operator mit den folgenden Eigenschaften:

1^0. Auf jeder Funktion $f \in \Omega_k^0$ ist das Differential $\mathrm{d} : \Omega_k^0 \to \Omega_{k-1}^1$ gleich dem üblichen Differential $\mathrm{d}f$ dieser Funktion.

2^0. $\mathrm{d} : (\omega^{m_1} \wedge \omega^{m_2}) = \mathrm{d}\omega^{m_1} \wedge \omega^{m_2} + (-1)^{m_1} \omega^{m_1} \wedge \mathrm{d}\omega^{m_2}$, mit $\omega^{m_1} \in \Omega_k^{m_1}$ und $\omega^{m_2} \in \Omega_k^{m_2}$.

3^0. $\mathrm{d}^2 := \mathrm{d} \circ \mathrm{d} = 0$.

Diese letzte Gleichung bedeutet, dass $\mathrm{d}(\mathrm{d}\omega)$ für jede Form ω Null ist.

Die Anforderung 3^0 geht also davon aus, dass wir über Formen reden, deren Glattheit zumindest $C^{(2)}$ entspricht.

Praktisch bedeutet dies, dass wir eine $C^{(\infty)}$-Mannigfaltigkeit M und den Operator d betrachten, der Ω^m auf Ω^{m+1} abbildet.

Eine Formel zur Berechnung des Operators d in lokalen Koordinaten für spezielle Karten (und gleichzeitig die Eindeutigkeit des Operators d) ergibt sich aus der Gleichung

$$
\begin{aligned}
\mathrm{d}\bigg(&\sum_{1 \leq i_1 < \cdots < i_m \leq n} c_{i_1 \ldots i_m}(x)\, \mathrm{d}x^{i_1} \wedge \cdots \wedge \mathrm{d}x^{i_m} \bigg) = \\
&= \sum_{1 \leq i_1 < \cdots < i_m \leq n} \mathrm{d}c_{i_1 \ldots i_m}(x) \wedge \mathrm{d}x^{i_1} \wedge \cdots \wedge \mathrm{d}x^{i_m} + \\
&+ \bigg(\sum_{1 \leq i_1 < \cdots < i_m \leq n} c_{i_1 \ldots, i_m}\, \mathrm{d}(\mathrm{d}x^{i_1} \wedge \cdots \wedge \mathrm{d}x^{i_m}) = 0 \bigg).
\end{aligned}
\tag{15.43}
$$

Die Existenz des Operators d folgt nun aus der Tatsache, dass der durch (15.43) definierte Operator in einem lokalen Koordinatensystem die Bedingungen 1^0, 2^0 und 3^0 von Definition 6 erfüllt.

Aus dem Gesagten ergibt sich insbesondere, dass dann, wenn $\omega_\alpha = \varphi_\alpha^* \omega$ und $\omega_\beta = \varphi_\beta^* \omega$ die Koordinatendarstellungen derselben Form ω sind, d.h. $\omega_\alpha = \varphi_{\alpha\beta}^* \omega_\beta$, $\mathrm{d}\omega_\alpha$ und $\mathrm{d}\omega_\beta$ dann auch Koordinatendarstellungen derselben Form $(\mathrm{d}\omega)$ sind, d.h. $\mathrm{d}\omega_\alpha = \varphi_{\alpha\beta}^* \mathrm{d}\omega_\beta$. Daher gilt die Gleichung $\mathrm{d}(\varphi_{\alpha\beta}^* \omega_\beta) = \varphi_{\alpha\beta}^*(\mathrm{d}\omega_\beta)$, wodurch auf abstrakte Art die Kommutativität

$$
\mathrm{d}\varphi^* = \varphi^* \mathrm{d}
\tag{15.44}
$$

des Operators d und der Operation φ^*, die Formen ineinander überführt, sichergestellt wird.

15.3.4 Das Integral einer Form über einer Mannigfaltigkeit

Definition 7. Sei M eine n-dimensionale glatte orientierte Mannigfaltigkeit, auf der die Koordinaten $x^1, \ldots, x^n$ und die Orientierung durch eine einzige Karte $\varphi_x : D_x \to M$ mit dem Kartengebiet $D_x \subset \mathbb{R}^n$ definiert sind. Dann gilt

$$
\int_M \omega := \int_{D_x} a(x)\, \mathrm{d}x^1 \wedge \cdots \wedge \mathrm{d}x^n,
\tag{15.45}
$$

wobei die linke Seite üblicherweise das *Integral der Form ω über der orientierten Mannigfaltigkeit M* genannt wird und die rechte Seite ist das Integral der Funktion $f(x)$ über dem Gebiet D_x.

Ist $\varphi_t : D_t \to M$ ein anderer Atlas von M, der aus einer einzigen Karte besteht, die dieselbe Orientierung auf M definiert wie $\varphi_x : D_x \to M$, dann ist die Funktionaldeterminante $\det \varphi'(t)$ der Funktion $x = \varphi(t)$ des Kartenwechsels überall in D_t positiv. Die Form

$$\varphi^*\big(a(x)\,\mathrm{d}x^1 \wedge \cdots \wedge \mathrm{d}x^n\big) = a\big(x(t)\big)\,\det \varphi'(t)\,\mathrm{d}t^1 \wedge \cdots \wedge \mathrm{d}t^n$$

in D_t gehört zur Form w. Nach dem Satz zur Substitution in einem Mehrfachintegral gilt die Gleichung

$$\int\limits_{D_x} a(x)\,\mathrm{d}x^1 \cdots \mathrm{d}x^n = \int\limits_{D_t} a\big(x(t)\big)\,\det \varphi'(t)\,\mathrm{d}t^1 \cdots \mathrm{d}t^n \ ,$$

die uns zeigt, dass die linke Seite von (15.45) von dem in M gewählten Koordinatensystem unabhängig ist.

Daher ist Definition 7 unzweideutig.

Definition 8. Der auf einer Mannigfaltigkeit M definierte *Träger* einer Form ω ist der Abschluss der Menge von Punkten $x \in M$, mit $\omega(x) \neq 0$.

Der Träger einer Form ω wird mit supp ω bezeichnet. Im Fall von 0-Formen, d.h. Funktionen, trafen wir bereits auf dieses Konzept. Außerhalb des Trägers ist die Koordinatendarstellung der Form in jedem lokalen Koordinatensystem gleich der Nullform vom entsprechenden Grad.

Definition 9. Eine auf einer Mannigfaltigkeit M definierte Form ω besitzt einen *kompakten Träger*, falls supp ω eine kompakte Teilmenge von M ist.

Definition 10. Sei ω eine Form der Ordnung n mit kompaktem Träger auf einer n-dimensionalen glatten Mannigfaltigkeit M, die durch den Atlas A orientiert ist. Sei $\varphi_i : D_i \to U_i$, $\{(U_i, \varphi),\ i = 1, \ldots, m\}$ eine endliche Menge von Karten des Atlas A, deren Wirkungsgebiete $U_1, \ldots, U_m$ den Träger supp ω überdecken und sei $e_1, \ldots, e_k$ eine Zerlegung der Eins, die zu dieser Überdeckung von supp ω untergeordnet ist. Wenn wir, falls es nötig ist, einige der Karten wiederholt zählen, so können wir annehmen, dass $m = k$ und dass supp $e_i \subset U_i$, $i = 1, \ldots, m$.

Das *Integral einer Form ω mit kompaktem Träger über der orientierten Mannigfaltigkeit M* ist

$$\int\limits_{M} \omega := \sum_{i=1}^{m} \int\limits_{D_i} \varphi_i^*(e_i \omega) \ , \tag{15.46}$$

wobei $\varphi_i^*(e_i \omega)$ die Koordinatendarstellung der Form $e_i \omega\big|_{U_i}$ im Kartengebiet D_i der entsprechenden lokalen Karte ist.

Wir wollen zeigen, dass diese Definition unzweideutig ist.

Beweis. Sei $\widetilde{A} = \{\widetilde{\varphi}_j : \widetilde{D}_j \to \widetilde{U}_j\}$ ein zweiter Atlas, der dieselbe glatte Struktur und Orientierung auf M definiert wie der Atlas A, sei $\widetilde{U}_1, \ldots, \widetilde{U}_{\widetilde{m}}$ die entsprechende Überdeckung von supp ω und sei $\widetilde{e}_1, \ldots, \widetilde{e}_{\widetilde{m}}$ eine Zerlegung der Eins auf supp ω, die dieser Überdeckung untergeordnet ist. Wir führen die Funktionen $f_{ij} = e_i \widetilde{e}_j$, $i = 1, \ldots, m$, $j = 1, \ldots, \widetilde{m}$ ein und setzen $\omega_{ij} = f_{ij}\omega$.

Wir merken an, dass supp $\omega_{ij} \subset W_{ij} = U_i \cap \widetilde{U}_j$. Daraus und aus der Tatsache, dass Definition 7 des Integrals über einer orientierten Mannigfaltigkeit, die durch eine einzige Karte beschrieben wird, unzweideutig ist, folgt, dass

$$\int\limits_{D_i} \varphi_i^*(\omega_{ij}) = \int\limits_{\varphi_i^{-1}(W_{ij})} \varphi_i^*(\omega_{ij}) = \int\limits_{\widetilde{\varphi}_j^{-1}(W_{ij})} \widetilde{\varphi}_j^*(\omega_{ij}) = \int\limits_{\widetilde{D}_j} \widetilde{\varphi}_j^*(\omega_{ij}) \, .$$

Wenn wir diese Gleichungen über i von 1 bis m und über j von 1 bis $\widetilde{m}$ aufsummieren und dabei die Ausdrücke $\sum\limits_{i=1}^{m} f_{ij} = \widetilde{e}_j$ und $\sum\limits_{j=1}^{\widetilde{m}} f_{ij} = e_i$ berücksichtigen, gelangen wir zur gesuchten Gleichung. $\square$

15.3.5 Die Stokesche Formel

Satz. *Sei M eine orientierte glatte n-dimensionale Mannigfaltigkeit und ω eine glatte Differentialform der Ordnung $n-1$ mit kompaktem Träger auf M. Dann gilt*

$$\int\limits_{\partial M} \omega = \int\limits_{M} \mathrm{d}\omega \, , \tag{15.47}$$

wobei die Orientierung des Randes ∂M der Mannigfaltigkeit M durch die Orientierung der Mannigfaltigkeit M induziert wird. Ist $\partial M = \varnothing$, dann ist $\int\limits_{M} \mathrm{d}\omega = 0$.

Beweis. Ohne Verlust der Allgemeinheit können wir annehmen, dass die Kartengebiete der Koordinaten (Parameter) aller lokalen Karten der Mannigfaltigkeit M entweder der offene Würfel $I = \{x \in \mathbb{R}^n \,|\, 0 < x^i < 1, i = 1, \ldots, n\}$ oder der Würfel $\tilde{I} = \{x \in \mathbb{R}^n \,|\, 0 < x^1 \leq 1 \wedge 0 < x^i < 1, i = 1, \ldots, n\}$ mit genau (!) einer zusätzlichen Stirnfläche zum Würfel I sind.

Nach der Zerlegung der Eins reduziert sich die Behauptung des Satzes auf den Fall, dass supp ω im Wirkungsgebiet U einer einzigen Karte der Form $\varphi : I \to U$ oder $\varphi : \tilde{I} \to U$ enthalten ist. In den Koordinaten dieser Karte nimmt die Form ω die Gestalt

$$\omega = \sum_{i=1}^{n} a_i(x) \, \mathrm{d}x^1 \wedge \cdots \wedge \widehat{\mathrm{d}x^i} \wedge \cdots \wedge \mathrm{d}x^n$$

an, wobei das Symbol $\frown$ wie üblich bedeutet, dass der entsprechende Faktor ausgelassen wird.

Aufgrund der Linearität des Integrals genügt es, den Beweis für die Behauptung für einen Ausdruck der Summe durchzuführen:

$$\omega_i = a_i(x)\,\mathrm{d}x^1 \wedge \cdots \wedge \widehat{\mathrm{d}x^i} \wedge \cdots \wedge \mathrm{d}x^n \ . \tag{15.48}$$

Das Differential einer derartigen Form ist die n-Form

$$\mathrm{d}\omega_i = (-1)^{i-1} \frac{\partial a_i}{\partial x^i}(x)\,\mathrm{d}x^1 \wedge \cdots \wedge \mathrm{d}x^n \ . \tag{15.49}$$

Für eine Karte $\varphi : I \to U$ sind beide Integrale in (15.47) der entsprechenden Formen (15.48) und (15.49) gleich Null: Das erste, da supp $a_i \subset I$ und das zweite aus demselben Grund, wenn wir den Satz von Fubini und die Gleichung $\int_0^1 \frac{\partial a_i}{\partial x^i}\,\mathrm{d}x^i = a_i(1) - a_i(0) = 0$ bedenken. Diese Argumentation beinhaltet auch den Fall, dass $\partial M = \varnothing$.

Somit bleibt (15.47) nur noch für eine Karte $\varphi : \tilde{I} \to U$ zu zeigen.

Ist $i > 1$, dann sind auch für diese Art Karte beide Integrale gleich Null, wie sich aus den obigen Überlegungen ergibt.

Ist $i = 1$, dann gilt

$$\int_M \omega_1 = \int_U \omega_1 = \int_{\tilde{I}} \frac{\partial a_1}{\partial x^1}(x)\,\mathrm{d}x^1 \cdots \mathrm{d}x^n =$$

$$= \int_0^1 \cdots \int_0^1 \left(\int_0^1 \frac{\partial a_1}{\partial x^1}(x)\,\mathrm{d}x^1 \right) \mathrm{d}x^2 \cdots \mathrm{d}x^n =$$

$$= \int_0^1 \cdots \int_0^1 a_1(1, x^2, \cdots, x^n)\,\mathrm{d}x^2 \cdots \mathrm{d}x^n = \int_{\partial U} \omega_1 = \int_{\partial M} \omega_1 \ .$$

Somit ist Gleichung (15.47) für $n > 1$ bewiesen.

Für den Fall $n = 1$ wird (15.47) einfach nur zur Newton–Leibniz Formel (dem Fundamentalsatz der Infinitesimalrechnung), falls wir annehmen, dass die Endpunkte α und β des orientierten Intervalls $[\alpha, \beta]$ mit α_- und β_+ bezeichnet werden und das Integral einer 0-Form $g(x)$ über einen derartigen Punkt gleich $-g(\alpha)$ bzw. $+g(\beta)$ ist. □

Wir machen nun einige Anmerkungen zu diesem Satz:

Anmerkung 1. In der Aussage des Satzes kommt die Glattheit der Mannigfaltigkeit M und der Form ω nicht vor. In derartigen Fällen wird üblicherweise davon ausgegangen, dass beide zu $C^{(\infty)}$ gehören. Aus dem Beweis des Satzes wird jedoch deutlich, dass Gleichung (15.47) auch für Formen der Klasse $C^{(2)}$ auf einer Mannigfaltigkeit M gilt, die eine Form dieser Glattheit zulassen.

Anmerkung 2. Aus dem Beweis des Satzes wird außerdem deutlich, wie in der Tat bereits aus Gleichung (15.47) deutlich wird, dass dann, wenn supp ω eine kompakte Menge ist, die streng innerhalb von M enthalten ist, d.h. supp $\omega \cap \partial M = \varnothing$, gilt, dass $\int\limits_M \mathrm{d}\omega = 0$.

Anmerkung 3. Ist M eine kompakte Mannigfaltigkeit, dann ist für jede Form ω von M der Träger supp ω als eine geschlossene Teilmenge einer kompakten Menge M selbst wieder kompakt. Folglich besitzt jede Form ω in diesem Fall einen kompakten Träger und es gilt Gl. (15.47). Ist insbesondere M eine kompakte Mannigfaltigkeit ohne Rand, dann gilt Gleichung $\int\limits_M \mathrm{d}\omega = 0$ für jede glatte Form auf M.

Anmerkung 4. Für beliebige Formen ω (ohne kompakten Träger) auf einer Mannigfaltigkeit, die selbst auch nicht kompakt ist, gilt Gleichung (15.47) im Allgemeinen nicht.

Wir wollen als Beispiel die Form $\omega = \frac{x\,\mathrm{d}y - y\,\mathrm{d}x}{x^2 + y^2}$ in einem kreisförmigen Kranz $M = \{(x,y) \in \mathbb{R}^2 \,|\, 1 \leq x^2 + y^2 \leq 2\}$ betrachten, der mit den üblichen kartesischen Koordinaten versehen ist. In diesem Fall ist M eine kompakte zwei-dimensionale orientierte Mannigfaltigkeit, deren Rand ∂M aus den beiden Kreisen $C_i = \{(x,y) \in \mathbb{R}^2 \,|\, x^2 + y^2 = i\}$, $i = 1,2$ besteht. Da $\mathrm{d}\omega = 0$, erhalten wir nach Gleichung (15.47), dass

$$0 = \int\limits_M \mathrm{d}\omega = \int\limits_{C_2} \omega - \int\limits_{C_1} \omega \,,$$

wobei beide Kreise C_1 und C_2 gegen den Uhrzeigersinn durchlaufen werden. Wir wissen, dass

$$\int\limits_{C_1} \omega = \int\limits_{C_2} \omega = 2\pi \neq 0 \,.$$

Wenn wir daher die Mannigfaltigkeit $\widetilde{M} = M \setminus C_1$ betrachten, ist $\partial \widetilde{M} = C_2$ und

$$\int\limits_{\widetilde{M}} \mathrm{d}\omega = 0 \neq 2\pi = \int\limits_{\partial \widetilde{M}} \omega \,.$$

15.3.6 Übungen und Aufgaben

1. a) Wir bezeichnen zwei glatte Wege $\gamma_i : \mathbb{R} \to M$, $i = 1,2$ auf einer glatten Mannigfaltigkeit M als *Tangenten* in einem Punkt $p \in M$, falls $\gamma_1(0) = \gamma_2(0) = p$ und die Gleichung

$$|\varphi^{-1} \circ \gamma_1(t) - \varphi^{-1} \circ \gamma_2(t)| = o(t) \text{ für } t \to 0 \qquad (15.50)$$

in jedem lokalen Koordinatensystem $\varphi : \mathbb{R}^n \to U$ (oder $\varphi : H^n \to U$) gilt, dessen Bereich U den Punkt p enthält. Zeigen Sie, dass (15.50) in jedem beliebigen lokalen Koordinatensystem derselben Art auf der glatten Mannigfaltigkeit M gilt, wenn sie in einer dieser Koordinatensysteme gilt.

b) Die Eigenschaft in einem Punkt $p \in M$ tangential zu sein ist eine Äquivalenzrelation auf der Menge der glatten Wege auf M, die durch den Punkt p verlaufen. Wir bezeichnen eine Äquivalenzklasse als eine *Schar von tangentialen Wegen in* $p \in M$. Stellen Sie die in Absatz 15.3.1 formulierte eins-zu-eins Beziehung zwischen Vektoren von TM_p und Scharen von tangentialen Wegen im Punkt $p \in M$ dar.

c) Zeigen Sie, dass
$$\frac{\mathrm{d}f \circ \gamma_1}{\mathrm{d}t}(0) = \frac{\mathrm{d}f \circ \gamma_2}{\mathrm{d}t}(0)\,,$$
falls die Wege γ_1 und γ_2 Tangenten an $p \in M$ sind und $f \in C^{(1)}(M,\mathbb{R})$ gilt.

d) Zeigen Sie, wie ein Funktional $l = l_\xi (= D_\xi) : C^{(\infty)}(M,\mathbb{R}) \to \mathbb{R}$ mit den Eigenschaften (15.37) und (15.38), mit $x_0 = p$ jedem Vektor $\xi \in TM_p$ zugewiesen wird. Ein Funktional mit diesen Eigenschaften wird eine *Ableitung im Punkt* $p \in M$ genannt.
Zeigen Sie, dass die Differentiation von l im Punkt p eine lokale Operation ist, d.h., gilt $f_1, f_2 \in C^{(\infty)}$ und $f_1(x) \equiv f_2(x)$ in einer Umgebung von p, dann auch $lf_1 = lf_2$.

e) Sind $x^1, \ldots, x^n$ lokale Koordinaten in einer Umgebung des Punktes p, dann zeigen Sie, dass $l = \sum_{i=1}^{n}(lx^i)\frac{\partial}{\partial x^i}$, wobei $\frac{\partial}{\partial x^i}$ die Operation der Berechnung der partiellen Ableitung nach x^i im Punkt x zugehörig zu p bedeutet. (H i n w e i s. Formulieren Sie die Funktion $f\big|_{U(p)} : M \to \mathbb{R}$ in lokalen Koordinaten; bedenken Sie, dass die Entwicklung $f(x) = f(0) + \sum_{i=1}^{n} x^i g_i(x)$ für die Funktion $f \in C^{(\infty)}(\mathbb{R}^n,\mathbb{R})$ gilt mit $g_i \in C^{(\infty)}(\mathbb{R}^n,\mathbb{R})$ und $g_i(0) = \frac{\partial f}{\partial x^i}(0)$, $i = 1, \ldots, n$).

f) Sei M eine $C^{(\infty)}$-Mannigfaltigkeit. Beweisen Sie, dass der Vektorraum der Ableitungen im Punkt $p \in M$ zum in Absatz 15.3.1 konstruierten Raum M_p, der in p zu M tangential ist, isomorph ist.

2. Wenn wir in jedem Punkt $p \in M$ einer glatten Mannigfaltigkeit M einen Vektor $\xi(p) \in TM_p$ anheften, dann sagen wir, dass *ein Vektorfeld auf der Mannigfaltigkeit* M definiert ist. Sei X ein Vektorfeld auf M. Da nach der obigen Aufgabe jeder Vektor $X(p) = \xi \in TM_p$ als eine Ableitung im zugehörigen Punkt p von jeder Funktion $f \in C^{(\infty)}(M,\mathbb{R})$ interpretiert werden kann, können wir eine Funktion $Xf(p)$ konstruieren, deren Wert in jedem Punkt $p \in M$ dadurch berechnet werden kann, dass wir $X(p)$ auf f anwenden, d.h., dass wir f nach dem Vektor $X(p)$ im Feld X ableiten. Ein Feld X auf M ist *glatt (der Klasse $C^{(\infty)}(M,\mathbb{R})$)*, falls für jede Funktion $f \in C^{(\infty)}(M,\mathbb{R})$ auch die Funktion Xf zur Klasse $C^{(\infty)}(M,\mathbb{R})$ gehört.

a) Formulieren Sie eine lokale Koordinatendarstellung für ein Vektorfeld und die Koordinatendefinition eines glatten ($C^{(\infty)}(M,\mathbb{R})$) Vektorfeldes auf einer glatten Mannigfaltigkeit, die zu der gerade aufgestellten äquivalent ist.

b) Seien X und Z zwei glatte Vektorfelder auf der Mannigfaltigkeit M. Wir konstruieren für die Funktion $f \in C^{(\infty)}(M,\mathbb{R})$ das Funktional $[X,Y]f = X(Yf) - Y(Xf)$. Zeigen Sie, dass $[X,Y]$ ebenfalls ein glattes Vektorfeld auf M ist. Es wird *Poissonklammer der Vektorfelder X und Y* genannt.

c) Formulieren Sie eine Lie-Algebrastruktur für die glatten Vektorfelder auf einer Mannigfaltigkeit.

3. a) Seien X ein glattes Vektorfeld und ω eine glatte 1-Form auf einer glatten Mannigfaltigkeit M. Mit ωX bezeichnen wir die Anwendung von ω auf den Vektor des Feldes X in entsprechenden Punkten von M. Zeigen Sie, dass ωX auf M eine glatte Funktion ist.

b) Zeigen Sie unter Berücksichtigung von Aufgabe 2, dass die folgende Gleichung gilt:
$$\mathrm{d}\omega^1(X,Y) = X(\omega^1 Y) - Y(\omega^1 X) - \omega^1([X,Y]) \,.$$
Dabei sind X und Y glatte Vektorfelder, $\mathrm{d}\omega^1$ ist das Differential der Form ω^1 und $\mathrm{d}\omega^1(X,Y)$ ist die Anwendung von $\mathrm{d}\omega^1$ auf Paare von Vektoren der Felder X und Y, die an denselben Punkt angeheftet sind.

c) Zeigen Sie, dass die folgende Gleichung
$$\mathrm{d}\omega(X_1,\dots,X_{m+1}) = \sum_{i=1}^{m+1} (-1)^{i+1} X_i \omega(X_1,\dots,\widehat{X_i},\dots,X_{m+1}) +$$
$$+ \sum_{1\le i<j\le m+1} (-1)^{i+j}\omega\Big([X_i,X_j],X_1,\dots,\widehat{X_i},\dots,\widehat{X_j},\dots,X_{m+1}\Big)$$

für den allgemeinen Fall einer Form ω der Ordnung m gilt. Hierbei bezeichnet das Symbol $\frown$ den auszulassenden Ausdruck, $[X_i,X_j]$ ist die Poissonklammer der Felder X_i und Y_j und $X_i\omega$ steht für die Ableitung der Funktion $\omega(X_1,\dots,\widehat{X_i},\dots,X_{m+1})$ nach den Vektoren des Feldes X_i. Da die Poissonklammer invariant definiert ist, können wir uns die sich ergebende Gleichung als eine sehr komplizierte, aber *invariante Definition des äußeren Differentialoperators* $\mathrm{d}: \Omega \to \Omega$ vorstellen.

d) Sei ω eine glatte m-Form an eine glatte n-dimensionale Mannigfaltigkeit M. Seien $(\xi_1,\dots,\xi_{m+1})_i$ Vektoren in $\mathbb{R}^n$ zugehörig zu den Vektoren $\xi_1,\dots,\xi_{m+1} \in TM_p$ der Karte $\varphi_i: \mathbb{R}^n \to U \subset M$. Wir bezeichnen den Spat, der durch die Vektoren $(\xi_1,\dots,\xi_{m+1})_i$ in $\mathbb{R}^n$ augespannt wird, mit Π_i und mit $\lambda\Pi_i$ den Spat, der durch die Vektoren $(\lambda\xi_1,\dots,\lambda\xi_{m+1})_i$ aufgespannt wird. Wir bezeichnen die Bilder $\varphi_i(\Pi_i)$ und $\varphi_i(\lambda\Pi_i)$ dieser Spate in M mit Π bzw. $\lambda\Pi$. Zeigen Sie, dass
$$\mathrm{d}\omega(p)(\xi_1,\dots,\xi_{m+1}) = \lim_{\lambda\to 0} \frac{1}{\lambda^{n+1}} \int\limits_{\partial(\lambda\Pi)} \omega \,.$$

4. a) Sei $f: M \to N$ eine glatte Abbildung einer glatten m-dimensionalen Mannigfaltigkeit M auf eine glatte n-dimensionale Mannigfaltigkeit N. Konstruieren Sie mit Hilfe der Interpretation eines Tangentialvektors an eine Mannigfaltigkeit als eine Schar von tangentialen Wegen (vgl. Aufgabe 1) die Abbildung $f_*(p): TM_p \to TN_{f(p)}$, die durch f induziert wird.

b) Zeigen Sie, dass die Abbildung f_* linear ist und schreiben Sie sie in entsprechenden lokalen Koordinaten auf den Mannigfaltigkeiten M und N. Erklären Sie, warum $f_*(p)$ das *Differential von f in p* genannt wird bzw. als die *zu f tangentiale* Abbildung in diesem Punkt.

Sei f ein Diffeomorphismus. Zeigen Sie, dass $f_*[X,Y] = [f_*X, f_*Y]$. Hierbei sind X und Y Vektorfelder auf M und $[\cdot,\cdot]$ bezeichnet ihre Poissonklammer (vgl. Aufgabe 2).

c) Wie uns aus Abschnitt 15.1 bekannt ist, erzeugt die Tangentialabbildung von Tangentialräumen $f_*(p) : TM_p \to TN_{q=f(p)}$ die adjungierte Abbildung $f^*(p)$ der konjugierten Räume und im Allgemeinen eine Abbildung von auf $TN_{f(p)}$ und TM_p definierten k-Formen.

Sei ω eine k-Form auf N. Die k-Form $f^*\omega$ auf M wird durch die Gleichung

$$(f^*\omega)(p)(\xi_1, \dots, \xi_k) := \omega\big(f(p)\big)(f_*\xi_1, \dots, f_*\xi_k)$$

definiert, mit $\xi_1, \dots, \xi_k \in TM_p$. Auf diese Weise entsteht eine Abbildung $f^* : \Omega^k(N) \to \Omega^k(M)$ aus dem Raum $\Omega^k(N)$ der auf N definierten k-Formen in den Raum $\Omega^k(M)$ der auf M definierten k-Formen.

Überprüfen Sie die folgenden Eigenschaften der Abbildung f^* unter der Annahme, dass M und N $C^{(\infty)}$-Mannigfaltigkeiten sind:

1^0 f^* ist eine lineare Abbildung;

2^0 $f^*(\omega_1 \wedge \omega_2) = f^*\omega_1 \wedge f^*\omega_2$;

3^0 $\mathrm{d} \circ f^* = f^* \circ \mathrm{d}$, d.h. $\mathrm{d}(f^*\omega) = f^*(\mathrm{d}\omega)$;

4^0 $(f_2 \circ f_1)^* = f_1^* \circ f_2^*$.

d) Seien M und N glatte n-dimensionale orientierte Mannigfaltigkeiten und $\varphi : M \to N$ ein Diffeomorphismus von M auf N. Zeigen Sie, dass auf N für eine n-Form ω mit kompaktem Träger gilt, dass

$$\int_{\varphi(M)} \omega = \varepsilon \int_M \varphi^*\omega \,,$$

mit $\varepsilon = \begin{cases} 1, & \text{falls } \varphi \text{ die Orientierung erhält}, \\ -1, & \text{falls } \varphi \text{ die Orientierung umkehrt}. \end{cases}$

e) Angenommen, $A \supset B$. Die Abbildung $i : B \to A$, die jedem Punkt $x \in B$ denselben Punkt als Element von A zuweist, wird *kanonische Einbettung von B in A* genannt.

Ist ω eine Form auf einer Mannigfaltigkeit M und M' eine Teilmannigfaltigkeit von M, dann erzeugt die kanonische Einbettung $i : M' \to M$ eine Form $i^*\omega$ auf M', die die *Einschränkung von ω auf M'* genannt wird. Zeigen Sie, dass die richtige Formulierung der Stokeschen Gleichung (15.47) wie folgt lauten sollte

$$\int_M \mathrm{d}\omega = \int_{\partial M} i^*\omega \,,$$

wobei $i : \partial M \to M$ die kanonische Einbettung von ∂M in M ist und die Orientierung von ∂M durch M induziert wird.

5. a) Sei M eine glatte ($C^{(\infty)}$) orientierte n-dimensionale Mannigfaltigkeit und $\Omega_c^n(M)$ sei der Raum der glatten ($C^{(\infty)}$) n-Formen mit kompaktem Träger auf M. Zeigen Sie, dass es eine eindeutige Abbildung $\int\limits_M : \Omega_c^n(M) \to \mathbb{R}$ mit den folgenden Eigenschaften gibt:

1^0. Die Abbildung $\int\limits_M$ ist linear.

2^0. Ist $\varphi : I^n \to U \subset M$ (oder $\varphi : \tilde{I}^n \to U \subset M$) eine Karte eines Atlas, der die Orientierung von M definiert, $\omega \subset U$ und $\omega = a(x)\,\mathrm{d}x^1 \wedge \cdots \wedge \mathrm{d}x^n$ in den lokalen Koordinaten $x^1, \ldots, x^n$ dieser Karte, dann gilt

$$\int\limits_M \omega = \int\limits_{I^n} a(x)\,\mathrm{d}x^1, \ldots, \mathrm{d}x^n \quad \left(\text{oder} \int\limits_M \omega = \int\limits_{\tilde{I}^n} a(x)\,\mathrm{d}x^1, \ldots, \mathrm{d}x^n\right),$$

wobei die rechte Seite das Riemannsche Integral der Funktion a über dem entsprechenden Würfel I^n (oder $\tilde{I}^n$) enthält.

b) Lässt sich die oben gerade untersuchte Abbildung immer auf eine Abbildung $\int\limits_M : \Omega^n(M) \to \mathbb{R}$ aller glatten n-Formen auf M erweitern, so dass beide Eigenschaften erhalten bleiben?

c) Definieren Sie mit Hilfe der Tatsache, dass jede offene Überdeckung der Mannigfaltigkeit M eine höchstens abzählbare lokale endliche Verfeinerung besitzt und dass eine Zerlegung der Eins existiert, die jeder derartigen Überdeckung untergeordnet ist (vgl. Aufgabe 9), das Integral einer n-Form über einer orientierten glatten $n-$dimensionalen (nicht notwendigerweise kompakten) Mannigfaltigkeit, so dass sie die oben angeführten Eigenschaften 1^0 und 2^0 besitzt, falls sie auf Formen angewendet wird, für die das Integral endlich ist. Zeigen Sie, dass für dieses Integral die Gleichung (15.47) im Allgemeinen nicht gilt und formulieren Sie für den Fall $M = \mathbb{R}^n$ und den Fall $M = H^n$ Bedingungen an ω, die für (15.47) hinreichend sind.

6. a) Zeigen Sie mit Hilfe des Satzes zur Existenz und Eindeutigkeit der Lösung der Differentialgleichung $\dot{x} = v(x)$ und der glatten Abhängigkeit der Lösung von den Anfangsdaten, dass ein glattes beschränktes Vektorfeld $v(x) \in \mathbb{R}^n$ als das Geschwindigkeitsfeld eines stationären Flusses betrachtet werden kann. Genauer gesagt, zeigen Sie, dass eine Familie von Diffeomorphismen $\varphi_t : \mathbb{R}^n \to \mathbb{R}^n$ existiert, die glatt vom Parameter t (Zeit) abhängen, so dass $\varphi_t(x)$ für jeden festen Wert $x \in \mathbb{R}^n$ eine Integralkurve der Gleichung ist, d.h. $\frac{\partial \varphi_t(x)}{\partial t} = v\Big(\varphi_t(x)\Big)$ und $\varphi_0(x) = x$. Die Abbildung $\varphi_t : \mathbb{R}^n \to \mathbb{R}^n$ charakterisiert offensichtlich die Verschiebung der Teilchen des Mediums zur Zeit t. Beweisen Sie, dass die Familie der Abbildungen $\varphi_t : \mathbb{R}^n \to \mathbb{R}^n$ eine *Einparametergruppe von Diffeomorphismen* ist, d.h. $(\varphi_t)^{-1} = \varphi_{-t}$ und $\varphi_{t_2} \circ \varphi_{t_1} = \varphi_{t_1 + t_2}$.

b) Sei v ein Vektorfeld auf $\mathbb{R}^n$. Beweisen Sie, dass die Gleichung

$$\lim_{t \to 0} \frac{1}{t}\Big(f(\varphi_t(x)) - f(x)\Big) = D_{v(x)}f$$

für jede glatte Funktion $f \in C^{(\infty)}(\mathbb{R}^n, \mathbb{R})$ gilt.

Wenn wir die Schreibweise $v(f) := D_v f$ einführen, was mit der Schreibweise in Aufgabe 2 übereinstimmt, und bedenken, dass $f \circ \varphi_t =: \varphi_t^* f$, dann können wir

$$\lim_{t \to 0} \frac{1}{t}\Big(\varphi_t^* f - f\Big)(x) = v(f)(x)$$

schreiben.

c) Differentiation einer glatten in $\mathbb{R}^n$ definierten Form ω beliebiger Ordnung entlang des Feldes v wird auf diese Weise natürlich definiert. Um genau zu sein, so setzen wir

$$v(\omega)(x) := \lim_{t \to 0} \frac{1}{t}\left(\varphi_t^*\omega - \omega\right)(x) \, .$$

Die Form $v(\omega)$ wird *Lie–Ableitung* der Form ω entlang des Feldes v genannt und üblicherweise mit $L_v\omega$ bezeichnet. Definieren Sie die Lie–Ableitung $L_X\omega$ einer Form ω entlang des Feldes X auf einer beliebigen glatten Mannigfaltigkeit M.

d) Zeigen Sie, dass die Lie–Ableitung auf einer $C^{(\infty)}$-Mannigfaltigkeit M die folgenden Eigenschaften besitzt:

1^0. L_X ist eine lokale Operation, d.h., sind die Felder X_1 und X_2 und die Formen ω_1 und ω_2 in einer Umgebung $U \subset M$ des Punktes x gleich, dann gilt $(L_{X_1}\omega_1)(x) = (L_{X_2}\omega_2)(x)$.

2^0. $L_X \Omega^k(M) \subset \Omega^k(M)$.

3^0. $L_X : \Omega^k(M) \to \Omega^k(M)$ ist für jedes $k = 0, 1, 2, \ldots$ eine lineare Abbildung.

4^0. $L_X(\omega_1 \wedge \omega_2) = (L_X\omega_1) \wedge \omega_2 + \omega_1 \wedge L_X\omega_2$.

5^0. Ist $f \in \Omega^0(M)$, dann gilt $L_X f = \mathrm{d}f(X) =: Xf$.

6^0. Ist $f \in \Omega^0(M)$, dann gilt $L_X \mathrm{d}f = \mathrm{d}(Xf)$.

e) Beweisen Sie, dass die Eigenschaften 1^0–6^0 die Operation L_X eindeutig bestimmen.

7. Sei X ein Vektorfeld und ω eine Form der Ordnung k auf der glatten Mannigfaltigkeit M.

Das *innere Produkt* des Feldes X und der Form ω ist die $(k-1)$-Form, die wir mit $i_X\omega$ oder $X \rfloor \omega$ bezeichnen und durch die Gleichung $(i_X\omega)(X_1,\ldots,X_{k-1}) := \omega(X, X_1, \ldots, X_{k-1})$ definieren, wobei $X_1, \ldots, X_{k-1}$ Vektorfelder auf M sind. Für 0-Formen, d.h. Funktionen auf M, setzen wir $X \rfloor f = 0$.

a) Die Form ω (genauer gesagt $\omega\big|_U$) besitze in den lokalen Koordinaten $x^1, \ldots, x^n$ der Karte $\varphi : \mathbb{R}^n \to U \subset M$ die Gestalt

$$\sum_{1 \leq i_1 < \cdots < i_k \leq n} a_{i_1 \ldots i_k}(x)\, \mathrm{d}x^{i_1} \wedge \cdots \wedge \mathrm{d}x^{i_k} = \frac{1}{k!} a_{i_1 \ldots i_k} \mathrm{d}x^{i_1} \wedge \cdots \wedge \mathrm{d}x^{i_k}$$

und es gelte $X = X^i \frac{\partial}{\partial x^i}$. Zeigen Sie, dass

$$i_X\omega = \frac{1}{(k-1)!} X^i a_{i i_2 \ldots i_k} \mathrm{d}x^{i_2} \wedge \cdots \wedge \mathrm{d}x^{i_k} \, .$$

b) Zeigen Sie außerdem, dass $i_X \mathrm{d}f = X^i \frac{\partial f}{\partial x^i} = X(f) \equiv D_X f$, falls $\mathrm{d}f = \frac{\partial f}{\partial x^i} \mathrm{d}x^i$.

c) Sei $X(M)$ der Raum der Vektorfelder auf der Mannigfaltigkeit M und $\Omega(M)$ der Ring der schief–symmetrischen Formen auf M. Zeigen Sie, dass nur eine Abbildung $i : X(M) \times \Omega(M) \to \Omega(M)$ mit den folgenden Eigenschaften existiert:

1^0. i ist eine lokale Operation, d.h. $(i_{X_1}\omega_1)(x) = (i_{X_2}\omega_2)(x)$, falls die Felder X_1 und X_2 und die Formen ω_1 und ω_2 in einer Umgebung U von $x \in M$ gleich sind.

2^0. $i_X(\Omega^k(M)) \subset \Omega^{k-1}(M)$.

3^0. $i_X : \Omega^k(M) \to \Omega^{k-1}(M)$ ist eine lineare Abbildung.

4^0. Gilt $\omega_1 \in \Omega^{k_1}(M)$ und $\omega_2 \in \Omega^{k_2}(M)$, dann ist $i_X(\omega_1 \wedge \omega_2) = i_X\omega_1 \wedge \omega_2 + (-1)^{k_1}\omega_1 \wedge i_X\omega_2$.

5^0. Ist $\omega \in \Omega^1(M)$, dann ist $i_X\omega = \omega(X)$ und für $f \in \Omega^0(M)$ gilt $i_X f = 0$.

8. Beweisen Sie die folgenden Behauptungen:

a) Die Operatoren d, i_X und L_X (vgl. die Aufgaben 6 und 7) erfüllen die sogenannte *Homotopiegleichung*

$$L_X = i_X \mathrm{d} + \mathrm{d} i_X \,, \tag{15.51}$$

wobei X jedes glatte Vektorfeld auf der Mannigfaltigkeit ist.

b) Die Lie–Ableitung kommutiert mit d und i_X, d.h.

$$L_X \circ \mathrm{d} = \mathrm{d} \circ L_X \,, \qquad L_X \circ i_X = i_X \circ L_X \,.$$

c) $[L_X, i_Y] = i_{[X,Y]}$, $[L_X, L_Y] = L_{[X,Y]}$, wobei wie immer $[A, B] = A \circ B - B \circ A$ für beliebige Operatoren A und B für die die Gleichung $A \circ B - B \circ A$ definiert ist. In diesem Fall sind alle Klammern $[\ ,\ ]$ definiert.

d) $L_X f \omega = f L_X \omega + \mathrm{d} f \wedge i_X \omega$ mit $f \in \Omega^0(M)$ und $\omega \in \Omega^k(M)$.

(H i n w e i s. Teil a) ist der Hauptteil der Aufgabe. Er kann z.B. durch Induktion auf der Ordnung der Form, auf die die Operatoren einwirken, bewiesen werden.)

15.4 Geschlossene und exakte Formen auf Mannigfaltigkeiten

15.4.1 Der Satz von Poincaré

In diesem Abschnitt werden wir das bisher in Abschnitt 14.3 zu geschlossenen und exakten Differentialformen Gesagte um die Theorie von Vektorfeldern in $\mathbb{R}^n$ ergänzen. Wie zuvor bezeichnet $\Omega^p(M)$ den Raum der glatten reellwertigen Formen der Ordnung p auf der glatten Mannigfaltigkeit M und $\Omega(M) = \bigcup_p \Omega^p(M)$.

Definition 1. Die Form $\omega \in \Omega^p(M)$ ist *geschlossen*, falls $\mathrm{d}\omega = 0$.

Definition 2. Die Form $\omega \in \Omega^p(M)$, $p > 0$ ist *exakt*, falls eine Form $\alpha \in \Omega^{p-1}(M)$ existiert, so dass $\omega = \mathrm{d}\alpha$.

Die Menge der geschlossenen p-Formen auf der Mannigfaltigkeit M wird mit $Z^p(M)$ bezeichnet und die Menge der exakten p-Formen mit $B^p(M)$.

Die Gleichung[7] $\mathrm{d}(\mathrm{d}\omega) = 0$ gilt für jede Form $\omega \in \Omega(M)$, für die $Z^p(M) \supset B^p(M)$ gilt. Wir wissen bereits aus Abschnitt 14.3, dass diese Inklusion im Allgemeinen streng gilt.

Die wichtige Frage nach der Lösbarkeit (nach α) der Gleichung $\mathrm{d}\alpha = \omega$ unter der notwendigen Bedingung, dass $\mathrm{d}\omega = 0$ für die Form ω gilt, erweist sich als eng mit der topologischen Struktur der Mannigfaltigkeit M verknüpft. Diese Aussage wird unten verständlicher werden.

---

[7] Abhängig von der Art und Weise, wie der Operator d eingeführt wird, wird diese Eigenschaft entweder bewiesen und dann wird sie *Lemma von Poincaré* genannt oder bereits als Teil der Definition des Operators d formuliert.

Definition 3. Wir werden eine Mannigfaltigkeit M *kontrahierbar* (auf den Punkt $x_0 \in M$) oder *homotop zu einem Punkt* nennen, falls es eine glatte Abbildung $h : M \times I \to M$ gibt, mit $I = \{t \in \mathbb{R} | \ 0 \leq t \leq 1\}$, so dass $h(x,1) = x$ und $h(x,0) = x_0$.

Beispiel 1. Der Raum $\mathbb{R}^n$ lässt sich durch die Abbildung $h(x,t) = tx$ auf einen Punkt kontrahieren.

Satz 1. (Poincaré). *Jede geschlossene $(p+1)$-Form $(p \geq 0)$ auf einer auf einen Punkt kontrahierbaren Mannigfaltigkeit ist exakt.*

Beweis. Der nicht triviale Teil des Beweises besteht aus der folgenden „zylindrischen" Konstruktion, die für jede Mannigfaltigkeit M Gültigkeit besitzt.

Wir betrachten den „Zylinder" $M \times I$, der dem direkten Produkt von M und dem geschlossenen Einheitsintervall I entspricht, und dazu die beiden Abbildungen $j_i : M \to M \times I$ mit $j_i(x) = (x,i)$, $i = 0,1$, die M mit den Stirnflächen des Zylinders $M \times I$ identifizieren. So entstehen auf natürliche Weise Abbildungen $j_i^* : \Omega^p(M \times I) \to \Omega^p(M)$, die sich auf den Ersatz der Variablen t in einer Form aus $\Omega^p(M \times I)$ gegen den Wert i $(= 0,1)$ zurückführen lassen und für die natürlich $dj_i^* = 0$ gilt.

Wir konstruieren einen linearen Operator $K : \Omega^{p+1}(M \times I) \to \Omega^p(M)$, den wir wie folgt für Monome definieren:

$$K\big(a(x,t)\,dx^{i_1} \wedge \cdots \wedge dx^{i_{p+1}}\big) := 0 \ ,$$

$$K\big(a(x,t)\,dt \wedge dx^{i_1} \wedge \cdots \wedge dx^{i_p}\big) := \Big(\int\limits_0^1 a(x,t)\,dt \Big) dx^{i_1} \wedge \cdots \wedge dx^{i_p} \ .$$

Die zentrale für den Beweis benötigte Eigenschaft des Operators K ist die, dass die Gleichung

$$K(d\omega) + d(K\omega) = j_1^*\omega - j_0^*\omega \tag{15.52}$$

für jede Form $\omega \in \Omega^{p+1}(M \times I)$ gilt.

Es genügt diese Gleichung für Monome zu beweisen, da alle Operatoren K, d, j_1^* und j_0^* linear sind.

Ist $\omega = a(x,t)\,dx^{i_1} \wedge \cdots \wedge dx^{i_{p+1}}$, dann gilt $K\omega = 0$, $d(K\omega) = 0$ und

$$d\omega = \frac{\partial a}{\partial t}\,dt \wedge dx^{i_1} \wedge \cdots \wedge dx^{i_{p+1}} + \big[\text{Ausdrücke ohne } dt\big] \ ,$$

$$K(d\omega) = \Big(\int\limits_0^1 \frac{\partial a}{\partial t}\,dt \Big) dx^{i_1} \wedge \cdots \wedge dx^{i_{p+1}} =$$

$$= \big(a(x,1) - a(x,0)\big)\,dx^{i_1} \wedge \cdots \wedge dx^{i_{p+1}} = j_1^*\omega - j_0^*\omega \ ,$$

und somit ist (15.52) wahr.

Ist $\omega = a(x,t)\,dt \wedge dx^{i_1} \wedge \cdots \wedge dx^{i_p}$, dann gilt $j_1^*\omega = j_0^*\omega = 0$ und

$$K(\mathrm{d}\omega) = K\left(-\sum_{i_0} \frac{\partial a}{\partial x^{i_0}}\, \mathrm{d}t \wedge \mathrm{d}x^{i_0} \wedge \mathrm{d}x^{i_1} \wedge \cdots \wedge \mathrm{d}x^{i_p}\right) =$$

$$= -\sum_{i_0} \left(\int_0^1 \frac{\partial a}{\partial x^{i_0}}\, \mathrm{d}t\right) \mathrm{d}x^{i_0} \wedge \cdots \wedge \mathrm{d}x^{i_p}\,,$$

$$\mathrm{d}(K\omega) = \mathrm{d}\left(\left(\int_0^1 a(x,t)\, \mathrm{d}t\right) \mathrm{d}x^{i_1} \wedge \cdots \wedge \mathrm{d}x^{i_p}\right) =$$

$$= \sum_{i_0} \frac{\partial}{\partial x^{i_0}}\left(\int_0^1 a(x,t)\, \mathrm{d}t\right) \mathrm{d}x^{i_0} \wedge \mathrm{d}x^{i_1} \wedge \cdots \wedge \mathrm{d}x^{i_p} =$$

$$= \sum_{i_0} \left(\int_0^1 \frac{\partial a}{\partial x^{i_0}}\, \mathrm{d}t\right) \mathrm{d}x^{i_0} \wedge \mathrm{d}x^{i_1} \wedge \cdots \wedge \mathrm{d}x^{i_p}\,.$$

Somit gilt Gleichung (15.52) auch für diesen Fall[8]. Nun sei M eine Mannigfaltigkeit, die auf den Punkt $x_0 \in M$ kontrahierbar ist, sei $h : M \times I \to M$ die Abbildung in Definition 3 und sei ω eine $(p+1)$-Form auf M. Dann ist offensichtlich $h \circ j_1 : M \to M$ die identische Abbildung und $h \circ j_0 : M \to x_0$ ist die Abbildung von M auf den Punkt x_0, so dass $(j_1^* \circ h^*)\omega = \omega$ und $(j_0^* \circ h^*)\omega = 0$. Daher folgt aus (15.52) für diesen Fall, dass

$$K\big(\mathrm{d}(h^*\omega)\big) + \mathrm{d}\big(K(h^*\omega)\big) = \omega\,. \tag{15.53}$$

Ist ω außerdem eine geschlossene Form auf M, dann erhalten wir aus (15.53), da $\mathrm{d}(h^*\omega) = h^*(\mathrm{d}\omega) = 0$, dass

$$\mathrm{d}\big(K(h^*\omega)\big) = \omega\,.$$

Daher entspricht die geschlossene Form ω der äußeren Ableitung der Form $\alpha = K(h^*\omega) \in \Omega^p(M)$, d.h., ω ist auf M eine exakte Form. $\square$

Beispiel 2. Seien A, B und C glatte reellwertige Funktionen der Variablen $x, y, z \in \mathbb{R}^3$. Wir sind an der Lösung des folgenden Gleichungssystems für P, Q und R interessiert:

$$\begin{cases} \dfrac{\partial R}{\partial y} - \dfrac{\partial Q}{\partial z} = A\,, \\[2mm] \dfrac{\partial P}{\partial z} - \dfrac{\partial R}{\partial x} = B\,, \\[2mm] \dfrac{\partial Q}{\partial x} - \dfrac{\partial P}{\partial y} = C\,, \end{cases} \tag{15.54}$$

---

[8] Bei Bedenken darüber, ob das Integral in der letzten Gleichung nach x^{i_0} differenziert werden darf, vgl. z.B. Abschnitt 17.1.

Eine offensichtlich notwendige Bedingung für die Lösbarkeit des Systems (15.54) ist, dass die Funktionen A, B und C die folgende Gleichung

$$\frac{\partial A}{\partial x} + \frac{\partial B}{\partial y} + \frac{\partial C}{\partial z} = 0$$

erfüllen, was identisch zu der Aussage ist, dass die Form

$$\omega = A\,\mathrm{d}y \wedge \mathrm{d}z + B\,\mathrm{d}z \wedge \mathrm{d}x + C\,\mathrm{d}x \wedge \mathrm{d}y$$

in $\mathbb{R}^3$ geschlossen ist.

Das System (15.54) kann als gelöst gelten, wenn wir eine Form

$$\alpha = P\,\mathrm{d}x + Q\,\mathrm{d}y + R\,\mathrm{d}z$$

finden, so dass $\mathrm{d}\alpha = \omega$.

In Anlehnung an die im Beweis zu Satz 1 angeführte Konstruktion und unter Berücksichtigung der in Beispiel 1 konstruierten Abbildung h erhalten wir nach einfachen Berechnungen, dass

$$\alpha = K(h^*\omega) = \left(\int_0^1 A(tx, ty, tz)t\,\mathrm{d}t \right)(y\,\mathrm{d}z - z\,\mathrm{d}y) + $$

$$+ \left(\int_0^1 B(tx, ty, tz)t\,\mathrm{d}t \right)(z\,\mathrm{d}x - x\,\mathrm{d}z) + $$

$$+ \left(\int_0^1 C(tx, ty, tz)t\,\mathrm{d}t \right)(x\,\mathrm{d}y - y\,\mathrm{d}x) \,.$$

Es lässt sich nun auch direkt zeigen, dass $\mathrm{d}\alpha = \omega$.

Anmerkung. Die Beliebigkeit in der Wahl einer Form α, die die Bedingung $\mathrm{d}\alpha = \omega$ erfüllt, ist normalerweise beträchtlich. So erfüllt offensichtlich neben α auch jede Form $\alpha + \mathrm{d}\eta$ dieselbe Gleichung.

Nach Satz 1 unterscheiden sich je zwei Formen α und β auf einer kontrahierenden Mannigfaltigkeit M, die $\mathrm{d}\alpha = \mathrm{d}\beta = \omega$ erfüllen, um eine exakte Form. In der Tat gilt nämlich $\mathrm{d}(\alpha - \beta) = 0$, d.h., die Form $(\alpha - \beta)$ ist auf M geschlossen und daher nach Satz 1 exakt.

15.4.2 Homologie und Kohomologie

Nach dem Satz von Poincaré ist jede geschlossene Form auf einer Mannigfaltigkeit lokal exakt. Aber es ist bei Weitem nicht immer möglich, diese lokalen Stammfunktionen zusammenzukleben, um eine einzige Form zu erhalten. Ob dies möglich ist, hängt von der topologischen Struktur der Mannigfaltigkeit ab. So ist beispielsweise die geschlossene Form in der punktierten Ebene $\mathbb{R}^2 \setminus 0$, die durch $\omega = \frac{-y\,\mathrm{d}x + x\,\mathrm{d}y}{x^2 + y^2}$ gegeben wird und in Abschnitt 14.3 untersucht wurde, lokal das Differential einer Funktion $\varphi = \varphi(x, y)$ – dem Polarwinkel des Punktes (x, y). Die Ausdehnung dieser Funktion auf das Gebiet $\mathbb{R}^2 \setminus 0$ führt jedoch zur Mehrdeutigkeit, falls der geschlossene Weg, über den die Erweiterung ausgeführt wird, die Fehlstelle – den Punkt 0 – umschließt. Die Situation verhält sich bei Formen anderer Ordnungen ähnlich. „Löcher" in Mannigfaltigkeiten können von unterschiedlicher Art sein, nicht nur fehlende Punkte, sondern auch Löcher wie die in einem Torus oder einer Brezel. Die Struktur von Mannigfaltigkeiten höherer Dimensionen kann sehr kompliziert sein. Der Zusammenhang zwischen der Struktur einer Mannigfaltigkeit als ein topologischer Raum und die Beziehung zwischen geschlossenen und exakten Formen auf ihnen wird durch die sogenannten (Ko-)Homologiegruppen der Mannigfaltigkeit beschrieben.

Die geschlossenen und exakten reellwertigen Formen auf einer Mannigfaltigkeit M bilden die Vektorräume $Z^p(M)$ bzw. $B^p(M)$ mit $Z^p(M) \supset B^p(M)$.

Definition 4. Der Quotientenraum

$$H^p(M) := Z^p(M)/B^p(M) \tag{15.55}$$

wird als *p-dimensionale Kohomologiegruppe der Mannigfaltigkeit* M (mit reellen Koeffizienten) bezeichnet.

Daher liegen zwei geschlossene Formen $\omega_1, \omega_2 \in Z^p(M)$ in derselben Kohomologieklasse oder sind kohomolog, falls $\omega_1 - \omega_2 \in B^p(M)$, d.h., falls sie sich um eine exakte Form unterscheiden. Die Kohomologieklasse der Form $\omega \in Z^p(M)$ wird mit $[\omega]$ bezeichnet.

Da $Z^p(M)$ dem Kern des Operators $\mathrm{d}^p : \Omega^p(M) \to \Omega^{p+1}(M)$ entspricht und $B^p(M)$ das Bild des Operators $\mathrm{d}^{p-1} : \Omega^{p-1}(M) \to \Omega^p(M)$ ist, schreiben wir oft

$$H^p(M) = \operatorname{Kern} \mathrm{d}^p / \operatorname{Bild} \mathrm{d}^{p-1}.$$

Die Berechnung von Kohomologien ist in der Regel schwierig. Wir können jedoch gewisse triviale allgemeine Beobachtungen machen:

Aus Definition 4 folgt, dass $H^p(M) = 0$, falls $p > \dim M$.

Es folgt aus dem Satz von Poincaré, dass $H^p(M) = 0$ für $p > 0$, falls M kontrahierbar ist.

Die Gruppe $H^0(M)$ ist auf jeder zusammenhängenden Mannigfaltigkeit M zu $\mathbb{R}$ isomorph, da $H^0(M) = Z^0(M)$ und falls $\mathrm{d}f = 0$ für die Funktion $f : M \to \mathbb{R}$ auf einer zusammenhängenden Mannigfaltigkeit M gilt, dann ist $f = \text{konst.}$.

So ergibt sich zum Beispiel für $\mathbb{R}^n$, dass $H^p(\mathbb{R}^n) = 0$ für $p > 0$ und $H^0(\mathbb{R}^n) \sim \mathbb{R}$. Die Behauptung (bis auf die triviale letzte Relation) ist zu Satz 1 mit $M = \mathbb{R}^n$ äquivalent und wird ebenfalls Satz von Poincaré genannt.

Die sogenannten Homologiegruppen besitzen eine anschauliche geometrische Relation zur Mannigfaltigkeit M.

Definition 5. Eine glatte Abbildung $w : I^p \to M$ des p-dimensionalen Würfels $I \subset \mathbb{R}^n$ in die Mannigfaltigkeit M wird *singulärer p-Würfel* auf M genannt.

Dies ist eine direkte Verallgemeinerung des Konzepts eines glatten Weges auf den Fall einer beliebigen Dimension p. Insbesondere kann ein singulärer Würfel einer Abbildung des Würfels I aus einem einzigen Punkt bestehen.

Definition 6. Eine *p-Kette* (von singulären Würfeln) auf einer Mannigfaltigkeit M ist jede endliche formale Linearkombination $\sum_k \alpha_k w_k$ singulärer p-Würfel auf M mit reellen Koeffizienten.

Wie bei Wegen werden singuläre Würfel, die durch eine diffeomorphe Änderung der Parametrisierung mit positiver Funktionaldeterminante aus einander erhalten werden können, als äquivalent betrachtet und miteinander identifiziert. Besitzt ein derartiger Parameterwechsel eine negative Funktionaldeterminante, dann werden die entsprechenden entgegengesetzt orientierten singulären Würfel w und w_- als negativ zueinander betrachtet und wir setzten $w_- = -w$.

Die p-Ketten auf M bilden offensichtlich einen Vektorraum bezüglich der üblichen Operationen der Addition und der Multiplikation mit einer reellen Zahl. Wir bezeichnen diesen Raum mit $W_p(M)$.

Definition 7. Der *Rand ∂I des p-dimensionalen Würfels I^p* in $\mathbb{R}^p$ ist die $(p-1)$-Kette

$$\partial I := \sum_{i=0}^{l} \sum_{j=1}^{p} (-1)^{i+j} w_{ij} \qquad (15.56)$$

in $\mathbb{R}^p$, wobei $w_{ij} : I^{p-1} \to \mathbb{R}^p$ die Abbildung des $(p-1)$-dimensionalen Würfels in $\mathbb{R}^p$ ist, die durch die kanonische Einbettung der entsprechenden Stirnfläche von I^p in $\mathbb{R}^p$ induziert wird. Genauer gesagt, so gilt für $I^{p-1} = \{\widetilde{x} \in \mathbb{R}^{p-1} \mid 0 \leq \widetilde{x}^m \leq 1, m = 1, \ldots, p-1\}$, dass $w_{ij}(\widetilde{x}) = (\widetilde{x}^1, \ldots, \widetilde{x}^{j-1}, i, \widetilde{x}^{j+1}, \ldots, \widetilde{x}^{p-1}) \in \mathbb{R}^p$.

Es lässt sich einfach zeigen, dass diese formale Definition des Randes eines Würfels vollständig mit der Operation übereinstimmt, den Rand des üblichen orientierten Würfels I^p zu bilden (vgl. Abschnitt 12.3).

Definition 8. Der *Rand ∂w des singulären p-Würfels w entspricht der $(p-1)$-Kette*

$$\partial w := \sum_{i=0}^{1} \sum_{j=1}^{p} (-1)^{i+j} w \circ w_{ij} \, .$$

Definition 9. Der Rand einer p-Kette $\sum_k \alpha_k w_k$ auf der Mannigfaltigkeit M entspricht der $(p-1)$-Kette

$$\partial\Big(\sum_k \alpha_k w_k\Big) := \sum_k \alpha_k \partial w_k \ .$$

Somit haben wir auf jedem Raum von Ketten $W_p(M)$ einen linearen Operator

$$\partial = \partial_p : W_p(M) \to W_{p-1}(M)$$

definiert.

Mit Hilfe von Gleichung (15.56) können wir die Gleichung $\partial(\partial I) = 0$ für den Würfel beweisen. Folglich gilt im Allgemeinen $\partial \circ \partial = \partial^2 = 0$.

Definition 10. Ein p-*Zyklus* auf einer Mannigfaltigkeit ist eine p-Kette z, für die $\partial z = 0$ gilt.

Definition 11. Ein p-*Zyklus als Rand* auf einer Mannigfaltigkeit ist eine p-Kette, die der Rand einer $(p+1)$-Kette ist.

Seien $Z_p(M)$ und $R_p(M)$ die Mengen der p-Zyklen bzw. der p-Zyklen als Rand auf der Mannigfaltigkeit M. Es ist klar, dass $Z_p(M)$ und $R_p(M)$ Vektorräume über dem Körper $\mathbb{R}$ sind und dass $Z_p(M) \subset R_p(M)$.

Definition 12. Der Quotientenraum

$$H_p(M) := Z_p(M)/R_p(M) \tag{15.57}$$

entspricht der p-*dimensionalen Homologiegruppe der Mannigfaltigkeit* M (mit reellen Koeffizienten).

Daher sind zwei Zyklen $z_1, z_2 \in Z_p(M)$ in derselben Homologieklasse oder sind *homolog*, falls $z_1 - z_2 \in R_p(M)$, d.h., sie unterscheiden sich durch den Rand einer Kette. Wir werden die Homologieklasse eines Zykluses $z \in Z_p(M)$ mit $[z]$ bezeichnen.

Wie im Fall der Kohomologie lässt sich Gleichung (15.57) wie folgt umformulieren:

$$H_p(M) = \operatorname{Kern} \partial_p / \operatorname{Bild} \partial_{p+1} \ .$$

Definition 13. Ist $w : I \to M$ ein singulärer p-Würfel und ω eine p-Form auf der Mannigfaltigkeit M, dann lautet das *Integral der Form ω über diesen singulären Würfel*:

$$\int_w \omega := \int_I c^*\omega \ . \tag{15.58}$$

Definition 14. Ist $\sum_k \alpha_k w_k$ eine p-Kette und ω eine p-Form auf der Mannigfaltigkeit M, dann wird das Integral der Form über einer derartigen Kette als lineare Kombination $\sum_k \alpha_k \int_{w_k} \omega$ der Integrale über den entsprechenden singulären Würfeln verstanden.

Aus den Definitionen 5–8 und 13–14 folgt, dass die Stokesche Gleichung

$$\int_w d\omega = \int_{\partial w} \omega \qquad (15.59)$$

für das Integral über einem singulären Würfel gilt, wobei w und ω die Dimension p bzw. die Ordnung $p-1$ besitzen. Wenn wir Definition 9 berücksichtigen, dann können wir folgern, dass die Stokesche Gleichung (15.59) auch für Integrale über Ketten gilt.

Satz 2. *a) Das Integral einer exakten Form über einem Zyklus ist Null.*

b) Das Integral einer geschlossenen Form über dem Rand einer Kette ist Null.

c) Das Integral einer geschlossenen Form über einem Zyklus hängt nur von der Kohomologieklasse der Form ab.

d) Sind die geschlossenen p-Formen ω_1 und ω_2 und die p-Zyklen z_1 und z_2 derart, dass $[\omega_1] = [\omega_2]$ und $[z_1] = [z_2]$, dann gilt

$$\int_{z_1} \omega_1 = \int_{z_2} \omega_2 .$$

Beweis. a) Nach der Stokeschen Gleichung gilt $\int_z \omega \, dz = \int_{\partial z} \omega = 0$, da $\partial z = 0$.

b) Nach der Stokeschen Gleichung gilt $\int_{\partial w} \omega = \int_w d\omega = 0$, da $d\omega = 0$.

c) folgt aus b).

d) folgt aus a).

e) folgt aus c) und d).   □

Korollar. *Die durch $(\omega, w) \mapsto \int_w \omega$ definierte bilineare Abbildung $\Omega^p(M) \times W_p(M) \to \mathbb{R}$ induziert eine bilineare Abbildung $Z^p(M) \times Z_p(M) \to \mathbb{R}$ und eine bilineare Abbildung $H^p(M) \times H_p(M) \to \mathbb{R}$. Letztere genügt der Formel*

$$([\omega], [z]) \mapsto \int_z \omega , \qquad (15.60)$$

mit $\omega \in Z^p(M)$ und $z \in Z_p(M)$.

Satz 3. (de Rham[9]). *Die durch (15.60) gegebene bilineare Abbildung $H^p(M) \times H_p(M) \to \mathbb{R}$ ist nicht entartet*[10].

Wir werden uns nicht die Zeit nehmen, diesen Satz hier zu beweisen, aber wir werden auf Umformulierungen davon treffen, die es uns ermöglichen, ausführlich einige Korollare dieses Satzes vorzustellen, die in der Analysis angewendet werden.

Wir merken zuallererst an, dass nach (15.60) jede Kohomologieklasse $[\omega] \in H^p(M)$ als eine lineare Funktion $[\omega]([z]) = \int\limits_z \omega$ interpretiert werden kann. So entsteht eine natürliche Abbildung $H^p(M) \xrightarrow{\sim} H_p^*(M)$, wobei $H_p^*(M)$ der zu $H_p(M)$ konjugierte Vektorraum ist. Der Satz von de Rham stellt sicher, dass diese Abbildung ein Isomorphismus ist und dass in diesem Sinne gilt, dass $H^p(M) = H_p^*(M)$.

Definition 15. Ist ω eine geschlossene p-Form und z ein p-Zyklus auf der Mannigfaltigkeit M, dann wird die Größe Per$(z) := \int\limits_z \omega$ die *Periode* (oder die *zyklische Konstante*) *der Form* ω *über dem Zyklus* z genannt.

Ist insbesondere der Zyklus z homolog zu Null, dann erhalten wir, wie aus Behauptung b) in Satz 2 folgt, dass Per$(z) = 0$. Aus diesem Grund existiert der folgende Zusammenhang zwischen Perioden:

$$\left[\sum_k \alpha_k z_k\right] = 0 \Longrightarrow \sum_k \alpha_k \mathrm{Per}(z_k) = 0 \,, \qquad (15.61)$$

d.h., ist eine Linearkombination von Zyklen ein Randzyklus oder, was dasselbe ist, homolog zu Null, dann ist die entsprechende Linearkombination von Perioden gleich Null.

Es gelten die folgenden zwei Sätze von de Rham. Zusammengenommen sind sie zu Satz 3 äquivalent.

Satz 4. (Erster Satz von de Rham.) *Eine geschlossene Form ist genau dann exakt, wenn alle ihre Perioden gleich Null sind.*

Satz 5. (Zweiter Satz von de Rham.) *Wird jedem p-Zyklus $z \in Z_p(M)$ auf der Mannigfaltigkeit M eine Zahl* Per(z) *zugewiesen, so dass Bedingung (15.61) gilt, dann gibt es eine geschlossene p-Form ω auf M, so dass $\int\limits_z \omega = \mathrm{Per}(z)$ für jeden Zyklus $z \in Z_p(M)$.*

---

[9] G. de Rham (1903–1969) – belgischer Mathematiker, dessen Arbeiten hauptsächlich auf dem Gebiet der algebraischen Topologie liegen.

[10] Wir erinnern daran, dass eine bilineare Form $L(x, y)$ nicht entartet ist, falls für jeden festen Wert einer der Variablen ungleich Null die sich ergebende lineare Funktion in der anderen Variablen nicht identisch gleich Null ist.

15.4.3 Übungen und Aufgaben

1. Beweisen Sie durch direkte Berechnung, dass die in Beispiel 2 erhaltene Form α tatsächlich die Gleichung $d\alpha = \omega$ erfüllt.

2. a) Beweisen Sie, dass jedes einfach zusammenhängende Gebiet in $\mathbb{R}^2$ auf einen Punkt kontrahierbar ist.

b) Zeigen Sie, dass die obige Behauptung in $\mathbb{R}^3$ im Allgemeinen nicht wahr ist.

3. Analysieren Sie den Beweis des Satzes von Poincaré und zeigen Sie, dass dann, wenn die glatte Abbildung $h : M \times I \to M$ als eine Familie von Abbildungen $h_t : M \to M$ betrachtet wird, die vom Parameter t abhängen, für jede geschlossene Form ω auf M alle Formen $h_t^*\omega$, $t \in I$ zu derselben Kohomologieklasse gehören.

4. a) Sei $t \mapsto h_t \in C^{(\infty)}(M, N)$ eine Familie von Abbildungen der Mannigfaltigkeit M in die Mannigfaltigkeit N, die glatt vom Parameter $t \in I \subset \mathbb{R}$ abhängig ist. Beweisen Sie, dass für jede Form $\omega \in \Omega(N)$ die folgende *Homotopiegleichung* gilt:

$$\frac{\partial}{\partial t}(h_t^*\omega)(x) = dh_t^*(i_X\omega)(x) + h_t^*(i_X d\omega)(x) . \tag{15.62}$$

Hierbei ist $x \in M$, X ist ein Vektorfeld auf N mit $X(x, t) \in TN_{h_t(x)}$, $X(x, t)$ ist der Geschwindigkeitsvektor für den Weg $t' \mapsto h_{t'}(x)$ in $t' = t$ und die Operation i_X, die das innere Produkt einer Form und eines Vektorfeldes bildet, ist in Aufgabe 7 im vorigen Abschnitt definiert.

b) Erhalten Sie die Behauptung von Aufgabe 3 aus Gleichung (15.62).

c) Beweisen Sie den Satz von Poincaré (Satz 1) mit Hilfe von Gleichung (15.62) noch einmal.

d) Zeigen Sie, dass für eine auf einen Punkt kontrahierbare Mannigfaltigkeit K gilt, dass $H^p(K \times M) = H^p(M)$ für jede Mannigfaltigkeit M und jede ganze Zahl p.

e) Leiten Sie Gleichung (15.51) in Abschnitt 15.3 aus Gleichung (15.62) her.

5. a) Zeigen Sie mit Hilfe von Satz 4 und auch auf direktem Weg, dass für eine geschlossene 2-Form auf der Schale S^2 mit $\int_{S^2} \omega = 0$ gilt, dass ω exakt ist.

b) Zeigen Sie, dass die Gruppe $H^2(S^2)$ zu $\mathbb{R}$ isomorph ist.

c) Zeigen Sie, dass $H^1(S^2) = 0$.

6. a) Sei $\varphi : S^2 \to S^2$ die Abbildung, die jedem Punkt $x \in S^2$ ihren antipodalen Punkt $-x \in S^2$ zuweist. Zeigen Sie, dass ein eins-zu-eins Zusammenhang zwischen Formen auf der projektiven Ebene $\mathbb{RP}^2$ und Formen auf der Schale S^2 existiert, die unter der Abbildung φ invariant sind, d.h. $\varphi^*\omega = \omega$.

b) Wir wollen $\mathbb{RP}^2$ als den Quotientenraum S^2/Γ betrachten, wobei Γ die Gruppe der Transformationen der Kugelschale ist, die aus der Identitätsabbildung und der antipodalen Abbildung φ besteht. Sei $\pi : S^2 \to \mathbb{RP}^2 = S^2/\Gamma$ die natürliche Projektion, d.h. $\pi(x) = \{x, -x\}$. Zeigen Sie, dass $\pi \circ \varphi = \pi$ gilt und überprüfen Sie, ob

$$\forall \eta \in \Omega^p(S^2) \; (\varphi^*\eta = \eta) \Longleftrightarrow \exists \omega \in \Omega^p(\mathbb{RP}^2) \; (\pi^*\omega = \eta) .$$

c) Zeigen Sie nun mit Hilfe des Ergebnisses von Aufgabe 5a), dass $H^2(\mathbb{RP}^2) = 0$.

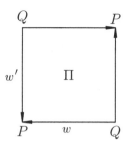

Abb. 15.3.

d) Beweisen Sie, dass für eine Funktion $f \in C(S^2, \mathbb{R})$ mit $f(x) - f(-x) \equiv$ konst. gilt, dass $f \equiv 0$. Leiten Sie unter Berücksichtigung von Aufgabe 5 daraus her, dass $H^1(\mathbb{RP}^2) = 0$.

7. a) Wir stellen $\mathbb{RP}^2$ als ein normales Rechteck Π dar, wobei die entgegengesetzten Seiten wie in Abb. 15.3 durch Pfeile angedeutet, identifiziert sind. Zeigen Sie, dass dann $\partial\Pi = 2w' - 2w$, $\partial w = P - Q$ und $\partial w' = P - Q$.

b) Leiten Sie aus den Beobachtungen in der vorangegangenen Teilaufgabe her, dass es auf $\mathbb{RP}^2$ keine nicht trivialen 2-Zyklen gibt. Zeigen Sie dann mit dem Satz von de Rham, dass $H^2(\mathbb{RP}^2) = 0$.

c) Zeigen Sie, dass der einzige nicht triviale 1-Zyklus auf $\mathbb{RP}^2$ (bis auf einen konstanten Faktor) der Zyklus $w' - w$ ist und da $w' - w = \frac{1}{2}\partial\Pi$ gilt, leiten Sie aus dem Satz von de Rham her, dass $H^1(\mathbb{RP}^2) = 0$.

8. Bestimmen Sie die Gruppen $H^0(M)$, $H^1(M)$ und $H^2(M)$ für

a) $M = S^1$ – den Kreis;

b) $M = T^2$ – den zwei-dimensionalen Torus;

c) $M = K^2$ – die Kleinsche Flasche.

9. a) Beweisen Sie, dass diffeomorphe Mannigfaltigkeiten isomorphe (Ko-) Homologiegruppen entsprechender Dimension besitzen.

b) Zeigen Sie am Beispiel von $\mathbb{R}^2$ und $\mathbb{RP}^2$, dass der Umkehrschluss im Allgemeinen nicht wahr ist.

10. Seien X und Y Vektorräume über dem Körper $\mathbb{R}$ und $L(x, y)$ eine nicht entartete bilineare Form $L : X \times Y \to \mathbb{R}$. Betrachten Sie die Abbildung $X \to Y^*$, die durch $X \ni x \mapsto L(x, \cdot) \in Y^*$ gegeben wird.

a) Beweisen Sie, dass diese Abbildung injektiv ist.

b) Zeigen Sie, dass für jedes System $y_1, \ldots, y_k$ linear unabhängiger Vektoren in Y Vektoren $x^1, \ldots, x^k$ existieren, so dass $x^i(y_j) = L(x^i, y_j) = \delta^i_j$, mit $\delta^i_j = 0$ für $i \neq j$ und $\delta^i_j = 1$ für $i = j$.

c) Weisen Sie nach, dass die Abbildung $X \to Y^*$ ein Isomorphismus der Vektorräume X und Y^* ist.

d) Zeigen Sie, dass der erste und der zweite Satz von de Rham zusammengenommen bedeuten, dass bis auf einen Isomorphismus gilt, dass $H^p(M) = H^*_p(M)$.

Gleichmäßige Konvergenz und die Basisoperationen der Analysis für Reihen und Familien von Funktionen

16.1 Punktweise und gleichmäßige Konvergenz

16.1.1 Punktweise Konvergenz

Definition 1. Wir sagen, dass die *Folge* $\{f_n; n \in \mathbb{N}\}$ *von Funktionen* $f_n : X \to \mathbb{R}$ *im Punkt* $x \in X$ *konvergiert,* falls die Folge von Werten in x, $\{f_n(x); n \in \mathbb{N}\}$, konvergiert.

Definition 2. Die Menge von Punkten $E \subset X$, in der die Folge $\{f_n; n \in \mathbb{N}\}$ von Funktionen $f_n : X \to \mathbb{R}$ konvergiert, wird die *Konvergenzmenge der Folge* genannt.

Definition 3. Auf der Konvergenzmenge der Folge $\{f_n; n \in \mathbb{N}\}$ von Funktionen entsteht auf natürliche Weise eine Funktion $f : E \to \mathbb{R}$, die durch die Beziehung $f(x) := \lim_{n \to \infty} f_n(x)$ definiert wird. Diese Funktion wird die *Grenzfunktion der Folge* $\{f_n; n \in \mathbb{N}\}$ oder einfach der *Grenzwert der Folge* $\{f_n; n \in \mathbb{N}\}$ genannt.

Definition 4. Ist $f : E \to \mathbb{R}$ der Grenzwert der Folge $\{f_n; n \in \mathbb{N}\}$, dann sagen wir, dass die *Folge von Funktionen auf E gegen f konvergiert* (oder *punktweise konvergiert*).

In diesem Fall schreiben wir $f(x) = \lim_{n \to \infty} f_n(x)$ auf E oder $f_n \to f$ auf E für $n \to \infty$.

Beispiel 1. Sei $X = \{x \in \mathbb{R} \mid x \geq 0\}$ und seien die Funktionen $f_n : X \to \mathbb{R}$ durch die Gleichung $f_n(x) = x^n$, $n \in \mathbb{N}$ vorgegeben. Die Konvergenzmenge dieser Folge von Funktionen ist offensichtlich das abgeschlossene Intervall $I = [0, 1]$ und die Grenzfunktion $f : I \to \mathbb{R}$ ist wie folgt definiert:

$$f(x) = \begin{cases} 0\,, & \text{für } 0 \leq x < 1\,, \\ 1\,, & \text{für } x = 1\,. \end{cases}$$

Beispiel 2. Die Folge von Funktionen $f_n(x) = \frac{\sin n^2 x}{n}$ auf $\mathbb{R}$ konvergiert auf $\mathbb{R}$ gegen die Funktion $f : \mathbb{R} \to 0$, die identisch gleich Null ist.

Beispiel 3. Die Folge $f_n(x) = \frac{\sin nx}{n^2}$ besitzt auch die Funktion $f : \mathbb{R} \to 0$, die identisch gleich Null ist, als Grenzwert.

Beispiel 4. Wir betrachten die Folge $f_n(x) = 2(n + 1)x(1 - x^2)^n$ auf dem abgeschlossenen Intervall $I = [0, 1]$. Da $nq^n \to 0$ für $|q| < 1$, strebt diese Folge auf dem gesamten abgeschlossenen Intervall I gegen Null.

Beispiel 5. Sei $m, n \in \mathbb{N}$ und sei $f_m(x) := \lim\limits_{n \to \infty} (\cos m!\pi x)^{2n}$. Wenn $m!x$ eine ganze Zahl ist, dann ist $f_m(x) = 1$ und ist $m!x \notin \mathbb{Z}$, dann ist offensichtlich $f_m(x) = 0$.

Wir betrachten nun die Folge $\{f_m; \; m \in \mathbb{N}\}$ und zeigen, dass sie auf der gesamten reellen Gerade gegen die Dirichlet–Funktion

$$
\mathcal{D}(x) = \begin{cases} 0 \,, & \text{für } x \notin \mathbb{Q} \,, \\[2mm] 1 \,, & \text{für } x \in \mathbb{Q} \end{cases}
$$

konvergiert. Ist nämlich $x \notin \mathbb{Q}$, dann ist $m!x \notin \mathbb{Z}$ und $f_m(x) = 0$ für jedes $m \in \mathbb{N}$, so dass $f(x) = 0$. Ist aber $x = \frac{p}{q}$ mit $p \in \mathbb{Z}$ und $q \in \mathbb{N}$, dann ist $m!x \in \mathbb{Z}$ für $m \geq q$ und $f_m(x) = 1$ für alle derartigen m, woraus folgt, dass $f(x) = 1$.

Somit ist $\lim\limits_{m \to \infty} f_m(x) = \mathcal{D}(x)$.

16.1.2 Formulierung der fundamentalen Probleme

Wir treffen in der Analysis bei jedem Schritt auf Grenzwertübergänge und oft ist es wichtig zu wissen, welche Art von funktionalen Eigenschaften die Grenzfunktion besitzt. Die wichtigsten Eigenschaften für die Analysis sind Stetigkeit, Differenzierbarkeit und Integrierbarkeit. Daher ist es wichtig zu entscheiden, ob der Grenzwert eine stetige, differenzierbare oder integrierbare Funktion ist, falls alle Ausgangsfunktionen die entsprechende Eigenschaft besitzen. Hierbei ist es besonders wichtig, Bedingungen zu finden, die im praktischen Umgang hinreichend bequem sind und die garantieren, dass dann, wenn die Funktionen konvergieren, ihre Ableitungen oder Integrale auch gegen die Ableitung oder das Integral der Grenzfunktion konvergieren.

Wie die oben untersuchten einfachen Beispiele zeigen, folgt im Allgemeinen aus der Relation „$f_n \to f$ auf $[a, b]$ für $n \to \infty$" ohne zusätzliche Annahmen weder die Stetigkeit der Grenzfunktion, selbst dann nicht, wenn die Funktionen f_n stetig sind, noch die Beziehungen $f'_n \to f'$ oder $\int\limits_a^b f_n(x)\,\mathrm{d}x \to \int\limits_a^b f(x)\,\mathrm{d}x$, selbst dann nicht, wenn alle diese Ableitungen und Integrale definiert sind.

So beobachteten wir

- in Beispiel 1, dass die Grenzfunktion auf $[0,1]$ unstetig ist, obwohl alle Ausgangsfunktionen auf dem Intervall stetig sind,
- in Beispiel 2, dass die Ableitungen $n\cos n^2 x$ der Ausgangsfunktionen im Allgemeinen nicht konvergierten und daher nicht gegen die Ableitung der Grenzfunktion konvergieren konnten, die in diesem Fall identisch gleich Null ist,
- in Beispiel 4 erhielten wir $\int_0^1 f_n(x)\,\mathrm{d}x = 1$ für jeden Wert von $n \in \mathbb{N}$, wohingegen $\int_0^1 f(x)\,\mathrm{d}x = 0$ gilt,
- in Beispiel 5 ist jede der Funktionen f_m gleich Null außer in einer endlichen Menge von Punkten, so dass $\int_a^b f_m(x)\,\mathrm{d}x = 0$ auf jedem abgeschlossenen Intervall $[a,b] \subset \mathbb{R}$ gilt, wohingegen die Grenzfunktion $\mathcal{D}$ auf keinem abgeschlossenen Intervall der reellen Geraden integrierbar ist.

Gleichzeitig beobachteten wir

- in den Beispielen 2, 3 und 4, dass sowohl die Ausgangs- wie die Grenzfunktionen stetig sind,
- in Beispiel 3, dass der Grenzwert der Ableitungen $\frac{\cos nx}{n}$ der Funktionen in der Folge $\frac{\sin nx}{n^2}$ der Ableitung des Grenzwertes dieser Folge entspricht,
- in Beispiel 1, dass $\int_0^1 f_n(x)\,\mathrm{d}x \to \int_0^1 f(x)\,\mathrm{d}x$ für $n \to \infty$.

Unser Hauptziel besteht darin, die Fälle zu bestimmen, in denen der Grenzübergang unter dem Integral oder bei der Ableitung zulässig ist.

Wir wollen in diesem Zusammenhang einige weitere Beispiele betrachten:

Beispiel 6. Wir wissen, dass für jedes $x \in \mathbb{R}$ gilt, dass

$$\sin x = x - \frac{1}{3!}x^3 + \frac{1}{5!}x^5 - \cdots + \frac{(-1)^m}{(2m+1)!}x^{2m+1} + \cdots, \qquad (16.1)$$

aber nach den gerade betrachteten Beispielen können wir verstehen, dass die Gleichungen

$$\sin' x = \sum_{m=0}^{\infty}\left(\frac{(-1)^m}{(2m+1)!}x^{2m+1}\right)' \quad \text{und} \qquad (16.2)$$

$$\int_a^b \sin x\,\mathrm{d}x = \sum_{m=0}^{\infty}\int_a^b \frac{(-1)^m}{(2m+1)!}x^{2m+1}\,\mathrm{d}x \qquad (16.3)$$

im Allgemeinen eine Überprüfung verlangen.

Verstehen wir nämlich die Gleichung

$$S(x) = a_1(x) + a_2(x) + \cdots + a_m(x) + \cdots$$

in dem Sinne, dass $S(x) = \lim_{n \to \infty} S_n(x)$, mit $S_n(x) = \sum_{m=1}^{n} a_m(x)$, dann sind aufgrund der Linearität der Differentiation und der Integration die Gleichungen

$$S'(x) = \sum_{m=1}^{\infty} a'_m(x) \quad \text{und}$$

$$\int_a^b S(x)\,\mathrm{d}x = \sum_{m=1}^{\infty} \int_a^b a_m(x)\,\mathrm{d}x$$

äquivalent zu

$$S'(x) = \lim_{n \to \infty} S'_n(x) \quad \text{und}$$

$$\int_a^b S(x)\,\mathrm{d}x = \lim_{n \to \infty} \int_a^b S_n(x)\,\mathrm{d}x\,,$$

die wir nun behutsam betrachten müssen.

In diesem Fall lassen sich beide Gleichungen, (16.2) und (16.3), einfach beweisen, da bekannt ist, dass

$$\cos x = 1 - \frac{1}{2!}x^2 + \frac{1}{4!}x^4 - \cdots + \frac{(-1)^m}{(2m)!}x^{2m} + \cdots .$$

Nehmen Sie jedoch einmal an, dass Gl. (16.1) die Definition der Funktion $\sin x$ sei. Genau genommen, entspricht dies genau unserer Lage bei der Definition der Funktionen $\sin z$, $\cos z$ und e^z für komplexe Argumente. Zu der Zeit mussten wir die Eigenschaften der neuen Funktionen (ihre Stetigkeit, Differenzierbarkeit und Integrierbarkeit) wie auch die Zulässigkeit der Gleichungen (16.2) und (16.3) direkt aus der Tatsache herleiten, dass diese Funktionen den Grenzwerten der Folgen von Teilsummen dieser Reihen entsprechen.

Das zentrale Konzept, mit dessen Hilfe hinreichende Bedingungen für die Zulässigkeit des Grenzübergangs in Abschnitt 16.3 hergeleitet werden können, ist das Konzept der gleichmäßigen Konvergenz.

16.1.3 Konvergenz und gleichmäßige Konvergenz einer Familie von Funktionen, die von einem Parameter abhängen

Bei unserer Diskussion und der Problemformulierung oben haben wir uns auf die Betrachtung des Grenzwertes einer Folge von Funktionen beschränkt. Eine

Folge von Funktion ist der wichtigste Spezialfall einer Familie von Funktion $f_t(x)$, die von einem Parameter t abhängt. Bei einer Folge ist $t \in \mathbb{N}$. Folgen von Funktionen nehmen daher denselben Platz ein, den die Theorie des Grenzwertes einer Folge bei der Theorie der Grenzwerte von Funktionen einnehmen. Wir werden den Grenzwert einer Folge von Funktionen mit der damit zusammenhängenden Theorie der Konvergenz von Reihen von Funktionen in Abschnitt 16.2 untersuchen. Hier werden wir nur die Konzepte diskutieren, die sich um Funktionen drehen, die von einem Parameter abhängen und die für alles Weitere von zentraler Bedeutung sind.

Definition 5. Wir nennen eine Funktion $(x, t) \to F(x, t)$ zweier Variabler x und t, die auf der Menge $X \times T$ definiert ist, eine *Familie von Funktionen, die vom Parameter t abhängt,* falls einer der Variablen $t \in T$ unterschieden wird und *Parameter* genannt wird.

Die Menge T wird *Parametermenge* oder *Parametergebiet* genannt und die Familie selbst wird oft als $f_t(x)$ oder $\{f_t; t \in T\}$ geschrieben, um den Parameter explizit hervorzuheben.

In der Regel werden wir in diesem Buch Familien von Funktionen zu betrachten haben, für die das Parametergebiet T eine der Mengen $\mathbb{N}$, $\mathbb{R}$ oder $\mathbb{C}$ der natürlichen, der reellen oder der komplexen Zahlen oder Teilmengen dieser Mengen ist. Im Allgemeinen kann die Menge T jedoch jede Menge jeder beliebigen Art sein. So hatten wir in den Beispielen 1–5 oben $T = \mathbb{N}$. In den Beispielen 1–4 hätten wir ohne Verlust des Inhalts annehmen können, dass der Parameter n jede positive Zahl ist und dass wir den Grenzwert über die Basis $n \to \infty$, $n \in \mathbb{R}_+$ bilden.

Definition 6. Sei $\{f_t : X \to \mathbb{R}; t \in T\}$ eine Familie von Funktionen, die von einem Parameter abhängt und sei $\mathcal{B}$ eine Basis in der Menge T der Parameterwerte.

Existiert der Grenzwert $\lim_{\mathcal{B}} f_t(x)$ für einen festen Wert $x \in X$, dann sagen wir, dass die *Familie von Funktionen in x konvergiert.*

Die Menge der Konvergenzstellen wird die *Konvergenzmenge der Familie von Funktionen in einer vorgegebenen Basis $\mathcal{B}$* genannt.

Definition 7. Wir sagen, dass die *Familie von Funktionen auf der Menge $E \subset X$ über der Basis $\mathcal{B}$ konvergiert,* falls sie über dieser Basis in jedem Punkt $x \in E$ konvergiert.

Die Funktion $f(x) := \lim_{\mathcal{B}} f_t(x)$ auf E wird *Grenzfunktion* oder *Grenzwert der Familie von Funktionen f_t auf der Menge E über der Basis $\mathcal{B}$* genannt.

Beispiel 7. Sei $f_t(x) = e^{-(x/t)^2}$, $x \in X = \mathbb{R}$, $t \in T = \mathbb{R} \setminus 0$ und sei $\mathcal{B}$ die Basis $t \to 0$. Diese Familie konvergiert auf der gesamten Menge $\mathbb{R}$ mit

$$\lim_{t \to \infty} f_t(x) = \begin{cases} 1, & \text{für } x = 0, \\ 0, & \text{für } x \neq 0. \end{cases}$$

Wir wollen nun zwei wichtige Definitionen anführen:

Definition 8. Wir sagen, dass die Familie $\{f_t; t \in T\}$ von Funktionen $f_t : X \to \mathbb{R}$ *auf der Menge $E \subset X$ über der Basis $\mathcal{B}$ zur Funktion $f : E \to \mathbb{R}$ punktweise konvergiert* (oder einfach *konvergiert*), falls $\lim_{\mathcal{B}} f_t(x) = f(x)$ in jedem Punkt $x \in E$.

In diesem Fall werden wir oft $(f_t \underset{\mathcal{B}}{\longrightarrow} f$ auf $E)$ schreiben.

Definition 9. Die Familie $\{f_t; t \in T\}$ von Funktionen $f_t : X \to \mathbb{R}$ *konvergiert gleichmäßig auf der Menge $E \subset X$ über der Basis $\mathcal{B}$ gegen die Funktion $f : E \to \mathbb{R}$*, falls zu jedem $\varepsilon > 0$ ein Element B in der Basis $\mathcal{B}$ existiert, so dass $|f(x) - f_t(x)| < \varepsilon$ für jeden Wert $t \in B$ und jeden Punkt $x \in E$ gilt.

In diesem Fall schreiben wir oft $(f_t \underset{\mathcal{B}}{\rightrightarrows} f$ auf E$)$.

Wir wollen auch die formalen Ausdrücke dieser wichtigen Definitionen anführen:

$$\left(f_t \underset{\mathcal{B}}{\longrightarrow} f \text{ auf } E\right) := \forall \varepsilon > 0 \; \forall x \in E \; \exists B \in \mathcal{B} \; \forall t \in B \; \left(|f(x) - f_t(x)| < \varepsilon\right),$$

$$\left(f_t \underset{\mathcal{B}}{\rightrightarrows} f \text{ auf } E\right) := \forall \varepsilon > 0 \; \exists B \in \mathcal{B} \; \forall x \in E \; \forall t \in B \; \left(|f(x) - f_t(x)| < \varepsilon\right).$$

Der Zusammenhang zwischen Konvergenz und gleichmäßiger Konvergenz greift die Beziehung zwischen Stetigkeit und gleichmäßiger Stetigkeit auf einer Menge auf.

Um den Zusammenhang zwischen Konvergenz und gleichmäßiger Konvergenz einer Familie von Funktionen besser zu erklären, führen wir die Größe $\Delta_t(x) = |f(x) - f_t(x)|$ ein, die die Abweichung des Wertes der Funktion f_t vom Wert der Funktion f im Punkt $x \in E$ misst. Daneben wollen wir auch die Größe $\Delta_t = \sup_{x \in E} \Delta_t(x)$ betrachten, die, etwas ins Unreine formuliert, die maximale Abweichung (obwohl kein Maximum vorliegen muss) der Funktion f_t von den zugehörigen Werten von f für alle $x \in E$ charakterisiert. Somit gilt für jeden Punkt $x \in E$, dass $\Delta_t(x) \leq \Delta_t$.

In dieser Schreibweise können wir diese Definition offensichtlich auch folgendermaßen schreiben:

$$\begin{aligned}
\left(f_t \underset{\mathcal{B}}{\longrightarrow} f \text{ auf } E\right) &:= \quad \forall x \in E \quad \left(\Delta_t(x) \to 0 \text{ über } \mathcal{B}\right), \\
\left(f_t \underset{\mathcal{B}}{\rightrightarrows} f \text{ auf } E\right) &:= \quad\quad\quad\quad\quad \left(\Delta_t \to 0 \text{ über } \mathcal{B}\right).
\end{aligned}$$

Es ist nun klar, dass

$$\left(f_t \underset{\mathcal{B}}{\rightrightarrows} f \text{ auf } E\right) \Longrightarrow \left(f_t \underset{\mathcal{B}}{\longrightarrow} f \text{ auf } E\right),$$

d.h., konvergiert die Familie f_t gleichmäßig gegen f auf der Menge E, dann konvergiert sie auch punktweise auf dieser Menge gegen f.

Der Umkehrschluss trifft im Allgemeinen nicht zu.

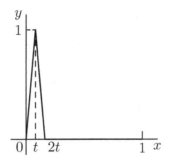

Abb. 16.1.

Beispiel 8. Wir wollen die Familie der Funktionen $f_t : I \to \mathbb{R}$ betrachten, die auf dem abgeschlossenen Intervall $I = \{x \in \mathbb{R} \mid 0 \leq x \leq 1\}$ definiert ist und vom Parameter $t \in {]}0, 1]$ abhängt. Der Graph der Funktion $y = f_t(x)$ ist in Abb. 16.1 dargestellt. Es ist klar, dass in jedem Punkt $x \in I$ gilt, dass $\lim\limits_{t \to 0} f_t(x) = 0$, d.h. $f_t \to f \equiv 0$ für $t \to 0$. Gleichzeitig gilt $\Delta_t = \sup\limits_{x \in I} |f(x) - f_t(x)| = \sup\limits_{x \in I} |f_t(x)| = 1$, d.h. $\Delta_t \not\to 0$ für $t \to 0$ und daher konvergiert die Familie, aber nicht gleichmäßig.

In derartigen Fällen werden wir aus Bequemlichkeit sagen, dass die Familie *nicht gleichmäßig* gegen die Grenzfunktion *konvergiert*.

Wird der Parameter t als Zeit interpretiert, dann bedeutet die Konvergenz der Familie von Funktionen f_t auf der Menge E gegen die Funktion f, dass für jede vorgegebene Genauigkeit $\varepsilon > 0$ für jeden Punkt $x \in E$ eine Zeit t_ε angegeben werden kann, von der an (d.h. für $t > t_\varepsilon$) alle Funktionen f_t in x sich von $f(x)$ um weniger als ε unterscheiden.

Gleichmäßige Konvergenz bedeutet, dass es eine Zeit t_ε gibt, von der an (d.h. für $t > t_\varepsilon$) die Ungleichung $|f(x) - f_t(x)| < \varepsilon$ für alle $x \in E$ gilt.

Die Abbildung einer sich bewegenden Spitze mit einer großer Abweichung, wie in Abb. 16.1 dargestellt, ist für nicht gleichmäßige Konvergenz typisch.

Beispiel 9. Die Folge von Funktionen $f_n(x) = x^n - x^{2n}$, die auf dem abgeschlossenen Intervall $0 \leq x \leq 1$ definiert ist, konvergiert, wie man leicht sehen kann, in jedem Punkt für $n \to \infty$ gegen Null. Um zu entscheiden, ob diese Konvergenz gleichmäßig ist, bestimmen wir die Größe $\Delta_n = \max\limits_{0 \leq x \leq 1} |f_n(x)|$. Da $f_n'(x) = nx^{n-1}(1 - 2x^n) = 0$ für $x = 0$ und $x = 2^{-1/n}$, ist klar, dass $\Delta_n = f_n(2^{-1/n}) = 1/4$. Somit gilt $\Delta_n \not\to 0$ für $n \to \infty$ und unsere Folge konvergiert gegen die Grenzfunktion $f(x) \equiv 0$ nicht gleichmäßig.

Beispiel 10. Die Folge von Funktionen $f_n = x^n$ konvergiert auf dem Intervall $0 \leq x \leq 1$ gegen die Funktion

$$f(x) = \begin{cases} 0, & \text{für } 0 \leq x < 1, \\ 1, & \text{für } x = 1 \end{cases}$$

nicht gleichmäßig, da für jedes $n \in \mathbb{N}$ gilt, dass

$$\Delta_n = \sup_{0 \leq x \leq 1} |f(x) - f_n(x)| = \sup_{0 \leq x < 1} |f(x) - f_n(x)| =$$

$$= \sup_{0 \leq x < 1} |f_n(x)| = \sup_{0 \leq x < 1} |x^n| = 1 .$$

Beispiel 11. Die in Beispiel 2 untersuchte Folge von Funktionen $f_n(x) = \frac{\sin n^2 x}{n}$ konvergiert auf der gesamten Menge $\mathbb{R}$ für $n \to \infty$ gleichmäßig gegen Null, da in diesem Fall

$$|f(x) - f_n(x)| = |f_n(x)| = \left| \frac{\sin n^2 x}{n} \right| \leq \frac{1}{n} ,$$

d.h. $\Delta_n \leq 1/n$ und somit $\Delta_n \to 0$ für $n \to \infty$.

16.1.4 Das Cauchysche Kriterium für gleichmäßige Konvergenz

In Definition 9 haben wir ausgeführt, was es für eine Familie von Funktionen f_t bedeutet, dass sie auf einer Menge gegen eine vorgegebene Funktion auf dieser Menge konvergiert. Normalerweise ist die Grenzfunktion noch nicht bekannt, wenn die Familie von Funktionen definiert wird, so dass die folgende Definition sinnvoll wird:

Definition 10. Wir sagen, dass die *Familie* $\{f_t; t \in T\}$ *von Funktionen* $f_t : X \to \mathbb{R}$ *auf der Menge* $E \subset X$ *gleichmäßig über der Basis* $\mathcal{B}$ *konvergiert*, falls sie auf dieser Menge konvergiert und die Konvergenz gegen die sich ergebende Grenzfunktion im Sinne von Definition 9 gleichmäßig ist.

Satz. (Cauchysches Kriterium für gleichmäßige Konvergenz). *Sei* $\{f_t; t \in T\}$ *eine Familie von Funktionen* $f_t : X \to \mathbb{R}$, *die von einem Parameter* $t \in T$ *abhängt und sei* $\mathcal{B}$ *eine Basis in* T. *Eine notwendige und hinreichende Bedingung, damit die Familie* $\{f_t; t \in T\}$ *auf der Menge* $E \subset X$ *über der Basis* $\mathcal{B}$ *gleichmäßig konvergiert, ist, dass für jedes* $\varepsilon > 0$ *ein Element* B *der Basis* $\mathcal{B}$ *existiert, so dass* $|f_{t_1}(x) - f_{t_2}(x)| < \varepsilon$ *für jeden Wert des Parameters* $t_1, t_2 \in B$ *und jeden Punkt* $x \in E$.

Beweis. N o t w e n d i g. Die Notwendigkeit dieser Bedingungen ist offensichtlich, da dann, wenn $f : E \to \mathbb{R}$ die Grenzfunktion ist und $f_t \rightrightarrows f$ auf E über $\mathcal{B}$, ein Element B in der Basis $\mathcal{B}$ existiert, so dass $|f(x) - f_t(x)| < \varepsilon/2$ für alle $t \in B$ und jedes $x \in E$. Dann gilt für jedes $t_1, t_2 \in B$ und jedes $x \in E$, dass

$$|f_{t_1}(x) - f_{t_2}(x)| \leq |f(x) - f_{t_1}(x)| + |f(x) - f_{t_2}(x)| < \varepsilon/2 + \varepsilon/2 = \varepsilon .$$

H i n r e i c h e n d. Für jeden festen Wert von $x \in E$ können wir $f_t(x)$ als eine Funktion der Variablen $t \in T$ betrachten. Falls die Voraussetzungen des Satzes gelten, sind die Voraussetzungen für das Cauchysche Konvergenzkriterium für die Existenz eines Grenzwertes über der Basis $\mathcal{B}$ erfüllt.

Daher konvergiert die Familie $\{f_t;\ t \in T\}$ zumindest punktweise gegen eine Funktion $f : E \to \mathbb{R}$ auf der Menge E über der Basis $\mathcal{B}$.

Wenn wir nun in der Ungleichung $|f_{t_1}(x) - f_{t_2}(x)| < \varepsilon$, die für jedes t_1 und $t_2 \in B$ und jedes $x \in E$ gültig ist, zum Grenzwert übergehen, können wir die Ungleichung $|f(x) - f_{t_2}(x)| \leq \varepsilon$ für jedes $t_2 \in B$ und jedes $x \in E$ erhalten. Diese stimmt, abgesehen von einer unwichtigen Indizierung und dem Wechsel der strengen Ungleichung zur nicht strengen, genau mit der Definition der gleichmäßigen Konvergenz der Familie $\{f_t;\ t \in T\}$ gegen die Funktion $f : E \to \mathbb{R}$ auf der Menge E über der Basis $\mathcal{B}$ überein. □

Anmerkung 1. Die für Familien von reellwertigen Funktionen $f_t : X \to \mathbb{R}$ formulierten Definitionen der Konvergenz und der gleichmäßigen Konvergenz bleiben natürlich für Familien von Funktionen $f_t : X \to Y$ mit Werten in jedem metrischen Raum Y gültig. Die dazu notwendige natürliche Veränderung in den Definitionen ist in diesem Fall, den Betrag $|f(x) - f_t(x)|$ durch $d_Y\big(f(x), f_t(x)\big)$ zu ersetzen, wobei d_Y die Metrik in Y ist.

Für normierte Vektorräume Y, insbesondere für $Y = \mathbb{C}$, $Y = \mathbb{R}^m$ oder $Y = \mathbb{C}^m$ sind selbst diese formalen Veränderungen nicht notwendig.

Anmerkung 2. Das Cauchysche Kriterium behält natürlich für Familien von Funktionen $f_t : X \to Y$ mit Werten in einem metrischen Raum Y seine Gültigkeit, vorausgesetzt Y ist ein vollständiger metrischer Raum. Wie an den Beweisen gesehen werden kann, wird die Voraussetzung, dass Y vollständig ist, nur für den „hinreichend" Teil des Kriteriums benötigt.

16.1.5 Übungen und Aufgaben

1. Entscheiden Sie, ob die in den Beispielen 3–5 betrachteten Folgen von Funktionen gleichmäßig konvergieren.

2. Beweisen Sie die Gln. (16.2) und (16.3).

3. a) Zeigen Sie, dass die in Beispiel 1 betrachtete Folge von Funktionen auf jedem abgeschlossenen Intervall $[0, 1 - \delta] \subset [0, 1]$ gleichmäßig konvergiert, aber auf dem Intervall $[0, 1[$ nicht gleichmäßig konvergiert.

b) Zeigen Sie, dass dasselbe auch für die in Beispiel 9 betrachtete Folge gilt.

c) Zeigen Sie, dass die in Beispiel 8 betrachteten Familien von Funktionen f_t für $t \to 0$ auf jedem abgeschlossenen Intervall $[\delta, 1] \subset [0, 1]$ gleichmäßig konvergieren, aber nicht gleichmäßig auf $[0, 1]$.

d) Untersuchen Sie die Konvergenz und gleichmäßige Konvergenz der Familie von Funktionen $f_t(x) = \sin(tx)$ für $t \to 0$ und dann für $t \to \infty$.

e) Charakterisieren Sie die Konvergenz der Familie von Funktionen $f_t(x) = \mathrm{e}^{-tx^2}$ auf einer beliebigen festen Teilmenge $E \subset \mathbb{R}$ für $t \to +\infty$.

4. a) Beweisen Sie, dass für eine auf einer Menge konvergierende (bzw. gleichmäßig konvergierende) Familie von Funktionen gilt, dass sie auch auf einer Teilmenge dieser Menge konvergiert (bzw. gleichmäßig konvergiert).

b) Sei $g : X \to \mathbb{R}$ eine beschränkte Funktion. Beweisen Sie, dass für eine auf einer Menge E über einer Basis $\mathcal{B}$ konvergierende (bzw. gleichmäßig konvergierende) Familie von Funktionen $f_t : X \to \mathbb{R}$ gilt, dass die Familie $g \cdot f_t : X \to \mathbb{R}$ auch auf E über der Basis $\mathcal{B}$ konvergiert (bzw. gleichmäßig konvergiert).

c) Beweisen Sie, dass für auf E über einer Basis $\mathcal{B}$ gleichmäßig konvergierende Familien von Funktionen $f_t : X \to \mathbb{R}$ und $g_t : X \to \mathbb{R}$ gilt, dass auch die Familie $h_t = \alpha f_t + \beta g_t$, mit $\alpha, \beta \in \mathbb{R}$, gleichmäßig auf E über der Basis $\mathcal{B}$ konvergiert.

5. a) Im „hinreichend" Teil des Beweises des Cauchyschen Kriteriums wechselten wir zum Grenzwert $\lim\limits_{\mathcal{B}} f_{t_1}(x) = f(x)$ über der Basis $\mathcal{B}$ in T. Nun ist aber $t_1 \in B$ und $\mathcal{B}$ eine Basis in T und nicht in B. Können wir auf irgendeine Weise zu diesem Grenzwert übergehen, so dass t_1 in B bleibt?

b) Erklären Sie, an welcher Stelle im Beweis des Cauchyschen Kriteriums für die gleichmäßige Konvergenz einer Familie von Funktionen $f_t : X \to \mathbb{R}$ die Vollständigkeit von $\mathbb{R}$ einging.

c) Können Sie nachvollziehen, dass dann, wenn alle Funktionen der Familie $\{f_t : X \to \mathbb{R}; \, t \in T\}$ konstant sind, der oben bewiesene Satz genau dem Cauchyschen Kriterium zur Existenz des Grenzwertes der Funktion $\varphi : T \to \mathbb{R}$ über der Basis $\mathcal{B}$ in T entspricht.

6. Die auf dem abgeschlossenen Intervall $I = \{x \in \mathbb{R} \mid a \leq x \leq b\}$ definierte Familie stetiger Funktionen $f_t \in C(I, \mathbb{R})$ konvergiere gleichmäßig auf dem offenen Intervall $]a, b[$. Beweisen Sie, dass sie dann auch gleichmäßig auf dem gesamten abgeschlossenen Intervall $[a, b]$ konvergiert.

16.2 Gleichmäßige Konvergenz einer Reihe von Funktionen

16.2.1 Grundlegende Definitionen und ein Test auf die gleichmäßige Konvergenz einer Reihe

Definition 1. Sei $\{a_n : X \to \mathbb{C}; \, n \in \mathbb{N}\}$ eine Folge von komplexwertigen (insbesondere reellwertigen) Funktionen. Die Reihe $\sum\limits_{n=1}^{\infty} a_n(x)$ *konvergiert* oder *konvergiert gleichmäßig auf der Menge* $E \subset X$, falls die Folge $\left\{ s_m(x) = \sum\limits_{n=1}^{m} a_n(x); \, n \in \mathbb{N} \right\}$ auf E konvergiert bzw. gleichmäßig konvergiert.

Definition 2. Die Funktion $s_m(x) = \sum\limits_{n=1}^{m} a_n(x)$ wird, wie im Fall von numerischen Reihen, die *Teilsumme* oder genauer die *m-te Teilsumme der Reihe* $\sum\limits_{n=1}^{\infty} a_n(x)$ genannt.

Definition 3. Die *Summe der Reihe* entspricht dem Grenzwert der Folge ihrer Teilsummen.

Daher bedeutet

$$s(x) = \sum_{n=1}^{\infty} a_n(x) \text{ auf } E \,,$$

dass $s_m(x) \to s(x)$ auf E für $m \to \infty$ und

$$\text{die Reihe } \sum_{n=1}^{\infty} a_n(x) \text{ konvergiert auf } E \text{ gleichmäßig}$$

bedeutet, dass $s_m(x) \rightrightarrows s(x)$ auf E für $m \to \infty$.

Die Untersuchung der punktweisen Konvergenz einer Reihe lässt sich auf die Untersuchung der Konvergenz von numerischen Reihen zurückführen, mit der wir bereits vertraut sind.

Beispiel 1. Bereits früher haben wir die Funktion $\exp : \mathbb{C} \to \mathbb{C}$ durch die Gleichung

$$\exp z := \sum_{n=0}^{\infty} \frac{1}{n!} z^n \tag{16.4}$$

definiert, nachdem wir zunächst sicher stellten, dass die Reihe auf der rechten Seite für jeden Wert $z \in \mathbb{C}$ konvergiert.

Im Sinne der Definitionen 1–3 können wir nun sagen, dass die Reihe (16.4) von Funktionen $a_n(z) = \frac{1}{n!} z^n$ auf der gesamten komplexen Ebene konvergiert und dass die Funktion $\exp z$ ihre Summe ist.

Nach den gerade formulierten Definitionen 1 und 2 wird eine zweifache Verbindung zwischen Reihen und Folgen ihrer Teilsummen hergestellt: Wenn wir die Ausdrücke der Reihe kennen, erhalten wir die Folge ihrer Teilsummen und wenn wir die Folge von Teilsummen kennen, können wir alle Ausdrücke der Reihe aufstellen: Das Konvergenzverhalten der Reihe wird mit dem Konvergenzverhalten ihrer Folge von Teilsummen identifiziert.

Beispiel 2. In Beispiel 5 in Abschnitt 16.1 haben wir eine Folge $\{f_m; m \in \mathbb{N}\}$ von Funktionen konstruiert, die auf $\mathbb{R}$ gegen die Dirichlet–Funktion $\mathcal{D}(x)$ konvergiert. Wenn wir $a_1(x) = f_1(x)$ und $a_n(x) = f_n(x) - f_{n-1}(x)$ für $n > 1$ setzen, erhalten wir eine Reihe $\sum_{n=1}^{\infty} a_n(x)$, die auf der gesamten Zahlengerade konvergiert mit $\sum_{n=1}^{\infty} a_n(x) = \mathcal{D}(x)$.

Beispiel 3. In Beispiel 9 in Abschnitt 16.1 haben wir gezeigt, dass die Folge von Funktionen $f_n(x) = x^n - x^{2n}$ auf dem abgeschlossenen Intervall $[0,1]$ gegen Null konvergiert, aber nicht gleichmäßig konvergiert. Wenn wir daher $a_1(x) = f_1(x)$ und $a_n(x) = f_n(x) - f_{n-1}(x)$ für $n > 1$ setzen, erhalten wir eine Reihe $\sum_{n=1}^{\infty} a_n(x)$, die auf dem abgeschlossenen Intervall $[0,1]$ gegen Null konvergiert, aber nicht gleichmäßig konvergiert.

Der direkte Zusammenhang zwischen Reihen und Folgen von Funktionen erlaubt es uns, jeden Satz über Folgen von Funktionen als entsprechenden Satz über Reihen von Funktionen neu zu formulieren.

Wenn wir das in Abschnitt 16.1 bewiesene Cauchysche Kriterium zur gleichmäßigen Konvergenz einer Folge auf einer Menge $E \subset X$ auf die Folge $\{s_n : X \to \mathbb{C}; \, n \in \mathbb{N}\}$ anwenden, dann bedeutet dies, dass

$$\forall \varepsilon > 0 \; \exists N \in \mathbb{N} \; \forall n_1, n_2 > N \; \forall x \in E \; \left(|s_{n_1}(x) - s_{n_2}(x)| < \varepsilon \right). \qquad (16.5)$$

Daraus erhalten wir unter Berücksichtigung von Definition 1 den folgenden Satz:

Satz 1. (Cauchysches Kriterium zur gleichmäßigen Konvergenz einer Reihe). *Die Reihe $\sum\limits_{n=1}^{\infty} a_n(x)$ konvergiert auf einer Menge E genau dann gleichmäßig, wenn zu jedem $\varepsilon > 0$ ein $N \in \mathbb{N}$ existiert, so dass*

$$|a_n(x) + \cdots + a_m(x)| < \varepsilon \qquad (16.6)$$

für alle natürlichen Zahlen m, n, mit $m \geq n > N$, und jeden Punkt $x \in E$.

Beweis. Wenn wir in (16.5) $n_1 = m$, $n_2 = n - 1$ einsetzen und annehmen, dass $s_n(x)$ die Teilsumme der Reihe ist, erhalten wir Gleichung (16.6), aus der ihrerseits Relation (16.5) folgt, mit derselben Schreibweise und den Annahmen des Satzes.   □

Anmerkung 1. Wir haben in der Formulierung von Satz 1 den Wertebereich der Funktionen $a_n(x)$ nicht genannt und dabei vorausgesetzt, dass es sich um $\mathbb{R}$ oder $\mathbb{C}$ handelt. Tatsächlich könnte der Wertebereich offensichtlich jeder normierte Vektorraum sein, wie z.B. $\mathbb{R}^n$ oder $\mathbb{C}^n$, natürlich vorausgesetzt, dass der Raum vollständig ist.

Anmerkung 2. Sind unter den Voraussetzungen zu Satz 1 alle Funktionen $a_n(x)$ konstant, erhalten wir das bekannte Cauchysche Konvergenzkriterium für numerische Reihen $\sum\limits_{n=1}^{\infty} a_n$.

Korollar 1. (Notwendige Bedingung für die gleichmäßige Konvergenz von Reihen). *Eine notwendige Bedingung, damit die Reihe $\sum\limits_{n=1}^{\infty} a_n(x)$ auf einer Menge E gleichmäßig konvergiert, ist, dass $a_n \rightrightarrows 0$ auf E für $n \to \infty$.*

Beweis. Dies folgt aus der Definition der gleichmäßigen Konvergenz einer Nullfolge und Ungleichung (16.6), wenn wir dabei $m = n$ setzen.   □

Beispiel 4. Die Reihe (16.4) konvergiert auf der komplexen Ebene $\mathbb{C}$ nicht gleichmäßig, da $\sup\limits_{z \in \mathbb{C}} \left| \frac{1}{n!} z^n \right| = \infty$ für jedes $n \in \mathbb{N}$, wohingegen für die notwendige Bedingung für gleichmäßige Konvergenz die Größe $\sup\limits_{x \in E} |a_n(x)|$ gegen Null streben muss.

Beispiel 5. Die Reihe $\sum\limits_{n=1}^{\infty} \frac{z^n}{n}$ konvergiert, wie wir wissen, auf der Einheitsschei-

be $S = \{z \in \mathbb{C} \mid |z| < 1\}$. Da $\left|\frac{z^n}{n}\right| < \frac{1}{n}$ für $z \in S$, gilt $\frac{z^n}{n} \rightrightarrows 0$ auf S für $n \to \infty$. Die notwendige Bedingung für die gleichmäßige Konvergenz ist erfüllt; diese Reihe konvergiert jedoch nicht gleichmäßig auf S. Wenn z hinreichend nahe bei 1 ist, erhalten wir nämlich aus der Stetigkeit der Ausdrücke der Reihe für jedes feste $n \in \mathbb{N}$ die Ungleichungen

$$\left|\frac{z^n}{n} + \cdots + \frac{z^{2n}}{2n}\right| > \frac{1}{2}\left|\frac{1}{n} + \cdots + \frac{1}{2n}\right| > \frac{1}{4}.$$

Aus diesen können wir mit dem Cauchyschen Kriterium folgern, dass die Reihe auf S nicht gleichmäßig konvergiert.

16.2.2 Der Weierstraßsche M-Test auf gleichmäßige Konvergenz einer Reihe

Definition 4. Die Reihe $\sum\limits_{n=1}^{\infty} a_n(x)$ *konvergiert absolut* auf der Menge E, falls die zugehörige numerische Reihe in jedem Punkt $x \in E$ absolut konvergiert.

Satz 2. *Sind die Reihen $\sum\limits_{n=1}^{\infty} a_n(x)$ und $\sum\limits_{n=1}^{\infty} b_n(x)$ derart, dass $|a_n(x)| \le b_n(x)$ für jedes $x \in E$ und für alle hinreichend großen Indizes $n \in \mathbb{N}$, dann folgt aus der gleichmäßigen Konvergenz der Reihe $\sum\limits_{n=1}^{\infty} b_n(x)$ auf E die absolute und gleichmäßige Konvergenz der Reihe $\sum\limits_{n=1}^{\infty} a_n(x)$ auf derselben Menge E.*

Beweis. Unter diesen Annahmen gilt für alle hinreichend großen Indizes n und m (sei $n \le m$) in jedem Punkt $x \in E$, dass

$$|a_n(x) + \cdots + a_m(x)| \le |a_n(x)| + \cdots + |a_m(x)| \le$$
$$\le b_n(x) + \cdots + b_m(x) = |b_n(x) + \cdots + b_m(x)|.$$

Nach dem Cauchyschen Kriterium und der gleichmäßigen Konvergenz der Reihe $\sum\limits_{n=1}^{\infty} b_n(x)$ können wir für jedes $\varepsilon > 0$ einen Index $N \in \mathbb{N}$ finden, so dass $|b_n(x) + \cdots + b_m(x)| < \varepsilon$ für alle $m \ge n > N$ und alle $x \in E$. Dann folgt aber aus den gerade geschriebenen Ungleichungen und dem Cauchyschen Kriterium, dass beide Reihen $\sum\limits_{n=1}^{\infty} a_n(x)$ und $\sum\limits_{n=1}^{\infty} |a_n(x)|$ gleichmäßig konvergieren. $\square$

Korollar 2. (Weierstraßscher M-Test auf gleichmäßige Konvergenz einer Reihe). *Lässt sich für die Reihe* $\sum\limits_{n=1}^{\infty} a_n(x)$ *eine konvergente numerische Reihe* $\sum\limits_{n=1}^{\infty} M_n$ *angeben, so dass* $\sup\limits_{x \in E} |a_n(x)| \leq M_n$ *für alle hinreichend großen Indizes* $n \in \mathbb{N}$, *dann konvergiert die Reihe* $\sum\limits_{n=1}^{\infty} a_n(x)$ *absolut und gleichmäßig auf der Menge* E.

Beweis. Die konvergente numerische Reihe kann als eine Reihe auf E konstanter Funktionen betrachtet werden, die nach dem Cauchyschen Kriterium auf E gleichmäßig konvergiert. Nun folgt der Weierstraßsche M-Test aus Satz 2, wenn wir darin $b_n(x) = M_n$ setzen. $\qquad \square$

Der Weierstraßscher M-Test ist die einfachste und gleichzeitig die am meisten benutzte hinreichende Bedingung für die gleichmäßige Konvergenz einer Reihe.

Als ein Beispiel für seine Anwendung beweisen wir den folgenden hilfreichen Satz:

Satz 3. *Konvergiert eine Potenzreihe* $\sum\limits_{n=0}^{\infty} c_n(z - z_0)^n$ *in einem Punkt* $\zeta \neq z_0$, *dann konvergiert sie in jeder Scheibe* $S_q = \{z \in \mathbb{C} \mid |z - z_0| < q|\zeta - z_0|\}$ *mit* $0 < q < 1$ *absolut und gleichmäßig.*

Beweis. Mit der notwendigen Bedingung für die Konvergenz einer numerischen Reihe folgt aus der Konvergenz der Reihe $\sum\limits_{n=0}^{\infty} c_n(\zeta - z_0)^n$, dass $c_n(\zeta - z)^n \to 0$ für $n \to \infty$. Daher können wir für alle hinreichend großen Werte von $n \in \mathbb{N}$ abschätzen, dass auf der Scheibe S_q gilt: $|c_n(z - z_0)^n| = |c_n(\zeta - z_0)^n| \cdot \left|\frac{z - z_0}{\zeta - z_0}\right|^n \leq |c_n(\zeta - z_0)^n| \cdot q^n < q^n$. Da die Reihe $\sum\limits_{n=0}^{\infty} q^n$ für $|q| < 1$ konvergiert, folgt nun Satz 3 aus den Abschätzungen $|c_n(z - z_0)^n| < q^n$ und dem Weierstraßschen M-Test. $\qquad \square$

Wenn wir diesen Satz mit der Cauchy–Hadamard Formel zum Konvergenzradius einer Potenzreihe vergleichen (s. (5.115)), gelangen wir zu folgendem Schluss:

Satz 4. (Konvergenzverhalten einer Potenzreihe). *Die Potenzreihe* $\sum\limits_{n=0}^{\infty} c_n$ $(z - z_0)^n$ *konvergiert auf der Scheibe* $S = \{z \in \mathbb{C} \mid |z - z_0| < R\}$, *wobei der Konvergenzradius* R *durch die Cauchy–Hadamard Formel[1]* $R = \left(\overline{\lim\limits_{n \to \infty}} \sqrt[n]{|c_n|} \right)^{-1}$ *gegeben wird. Außerhalb der Scheibe divergiert die Reihe. Auf jeder abgeschlossenen Scheibe innerhalb der Konvergenzscheibe* S *der Reihe konvergiert die Potenzreihe absolut und gleichmäßig.*

---

[1] Für den Ausnahmefall, dass $\overline{\lim\limits_{n \to \infty}} \sqrt[n]{|c_n|} = \infty$, setzen wir $R = 0$ und die Scheibe S besteht dann nur aus dem einzigen Punkt z_0.

Anmerkung 3. Wie die Beispiele 1 und 5 zeigen, muss die Potenzreihe auf der gesamten Scheibe S nicht gleichmäßig konvergieren. Gleichzeitig kann es aber vorkommen, dass die Potenzreihe sogar auf der abgeschlossenen Scheibe $\overline{S}$ gleichmäßig konvergiert.

Beispiel 6. Der Konvergenzradius der Reihe $\sum\limits_{n=1}^{\infty} \frac{z^n}{n^2}$ ist 1. Ist aber $|z| \leq 1$, dann ist $\left|\frac{z^n}{n^2}\right| \leq \frac{1}{n^2}$ und nach dem Weierstraßschen M-Test konvergiert diese Reihe absolut und gleichmäßig auf der abgeschlossenen Scheibe $\overline{S} = \{z \in \mathbb{C}|\ |z| \leq 1\}$.

16.2.3 Der Test nach Abel–Dirichlet

Die folgenden Paare zusammenhängender hinreichender Bedingungen für die gleichmäßige Konvergenz einer Reihe sind gewissermaßen spezieller und hängen im Wesentlichen damit zusammen, dass gewisse Komponenten der betrachteten Reihe reelle Werte besitzen. Diese Bedingungen sind jedoch feiner als der Weierstraßsche M-Test, da sie es ermöglichen, Reihen zu untersuchen, die zwar konvergieren, aber nicht absolut konvergieren.

Definition 5. Die Familie $\mathcal{F}$ von Funktionen $f : X \to \mathbb{C}$ ist auf der Menge $E \subset X$ *gleichmäßig beschränkt*, falls eine Zahl $M \in \mathbb{R}$ existiert, so dass $\sup\limits_{x \in E} |f(x)| \leq M$ für alle $f \in \mathcal{F}$.

Definition 6. Die Folge von Funktionen $\{b_n : X \to \mathbb{R}; \ n \in \mathbb{N}\}$ wird *nicht absteigend* (bzw. *nicht anwachsend*) *auf der Menge* $E \subset X$ genannt, falls die numerische Folge $\{b_n(x); n \in \mathbb{N}\}$ für jedes $x \in E$ eine nicht absteigende (bzw. nicht anwachsende) Folge ist. Nicht absteigende und nicht anwachsende Folgen von Funktionen auf einer Menge werden *monotone Folgen* auf der Menge genannt.

Wir wiederholen (falls nötig vgl. Absatz 5.2.3) die folgende Gleichung, die *Abelsche Umformung* genannt wird:

$$\sum_{k=n}^{m} a_k b_k = A_m b_m - A_{n-1} b_n + \sum_{k=n}^{m-1} A_k (b_k - b_{k+1}) , \qquad (16.7)$$

mit $a_k = A_k - A_{k-1}, \ k = n, \ldots, m$.

Ist $b_n, b_{n+1}, \ldots, b_m$ eine monotone Folge reeller Zahlen, dann lässt sich aus Gleichung (16.7) auch für komplexe Zahlen oder Vektoren eines normierten Raumes $a_n, a_{n+1}, \ldots, a_m$ die folgenden Abschätzung, die wir benötigen, gewinnen:

$$\left| \sum_{k=n}^{m} a_k b_k \right| \leq 4 \max_{n-1 \leq k \leq m} |A_k| \cdot \max \{|b_n|, |b_m|\} . \qquad (16.8)$$

Beweis. Tatsächlich gilt

$$
|A_m b_m| + |A_{n-1} b_n| + \left| \sum_{k=n}^{m-1} A_k (b_k - b_{k-1}) \right| \le
$$

$$
= \max_{n-1 \le k \le m} |A_k| \cdot \left(|b_m| + |b_n| + \sum_{k=n}^{m-1} |b_k - b_{k+1}| \right) =
$$

$$
= \max_{n-1 \le k \le m} |A_k| \cdot \left(|b_m| + |b_n| + |b_n - b_m| \right) \le
$$

$$
\le 4 \max_{n-1 \le k \le m} |A_k| \cdot \max \left(|b_n|, |b_m| \right) .
$$

In der bei dieser Berechnung auftretenden Gleichung haben wir die Monotonie der numerischen Folge $\{b_k\}$ ausgenutzt. □

Satz 5. (Test auf gleichmäßige Konvergenz einer Reihe nach Abel–Dirichlet). *Hinreichende Bedingungen für die gleichmäßige Konvergenz einer Reihe $\sum_{n=1}^{\infty} a_n(x) b_n(x)$ auf E, deren Ausdrücke aus Produkten komplexwertiger Funktionen $a_n : X \to \mathbb{C}$ mit reellwertigen Funktionen $b_n : X \to \mathbb{R}$ bestehen, sind, dass eine der folgenden Paare von Annahmen erfüllt sind:*

α_1) *Die Teilsummen $s_k(x) = \sum_{n=1}^{k} a_n(x)$ der Reihe $\sum_{n=1}^{\infty} a_n(x)$ sind auf E gleichmäßig beschränkt.*

β_1) *Die Folge von Funktionen $\{b_n(x)\}$ strebt auf E monoton und gleichmäßig gegen Null.*

Oder:

α_2) *Die Reihe $\sum_{n=1}^{\infty} a_n(x)$ konvergiert auf E gleichmäßig.*

β_2) *Die Folge von Funktionen $\{b_n(x)\}$ strebt auf E monoton und gleichmäßig gegen Null.*

Beweis. Die Monotonie der Folge $\{b_n(x)\}$ ermöglicht für jedes $x \in E$ eine zu (16.8) analoge Abschätzung:

$$
\left| \sum_{k=n}^{m} a_k(x) b_k(x) \right| \le 4 \max_{n-1 \le k \le m} |A_k(x)| \cdot \max \left\{ |b_n(x)|, |b_m(x)| \right\} , \quad (16.8')
$$

wobei wir $s_k(x) - s_{n-1}(x)$ für $A_k(x)$ einsetzen.

Gelten die Voraussetzungen α_1) und β_1), dann existiert auf der einen Seite eine Konstante M, so dass $|A_k(x)| \le M$ für alle $k \in \mathbb{N}$ und alle $x \in E$, wohingegen auf der anderen Seite für jede Zahl $\varepsilon > 0$ gilt, dass $\max\{|b_n(x)|, |b_m(x)|\} < \frac{\varepsilon}{4M}$ für alle hinreichend großen n und m und alle $x \in E$. Daher folgt aus (16.8), dass $\left| \sum_{k=n}^{m} a_k(x) b_k(x) \right| < \varepsilon$ für alle hinreichend großen n und m und alle $x \in E$, d.h., das Cauchysche Kriterium ist für diese Reihe erfüllt.

Gelten aber die Voraussetzungen α_2) und β_2), dann ist der Ausdruck $\max\{|b_n(x)|, |b_m(x)|\}$ beschränkt. Gleichzeitig erhalten wir aufgrund der gleichmäßigen Konvergenz der Reihe $\sum\limits_{n=1}^{\infty} a_n(x)$ und dem Cauchyschen Kriterium für jedes $\varepsilon > 0$, dass $|A_k(x)| = |s_k(x) - s_{n-1}(x)| < \varepsilon$ für alle hinreichend großen n und $k > n$ und alle $x \in E$. Wenn wir dies berücksichtigen, können wir wiederum aus (16.8) folgern, dass das Cauchysche Kriterium für die gleichmäßige Konvergenz für diese Reihe gilt. $\square$

Anmerkung 4. Für den Fall, dass die Funktionen a_n und b_n Konstanten sind, wird Satz 5 zum Konvergenzkriterium nach Abel–Dirichlet für numerische Reihen.

Beispiel 7. Wir wollen die Konvergenz der Reihe

$$\sum_{n=1}^{\infty} \frac{1}{n^\alpha} e^{inx} \tag{16.9}$$

untersuchen. Da

$$\left| \frac{1}{n^\alpha} e^{inx} \right| = \frac{1}{n^\alpha} , \tag{16.10}$$

ist die notwendige Bedingung für die gleichmäßige Konvergenz der Reihe in (16.9) für $\alpha \leq 0$ nicht erfüllt und die Reihe divergiert für jedes $x \in \mathbb{R}$. Daher gehen wir von nun an davon aus, dass $\alpha > 0$.

Ist $\alpha > 1$, können wir aus dem Weierstraßschen M-Test und (16.10) folgern, dass die Reihe (16.9) absolut und gleichmäßig auf der gesamten reellen Geraden $\mathbb{R}$ konvergiert.

Wir benutzen den Test nach Abel–Dirichlet zur Untersuchung der Konvergenz für $0 < \alpha \leq 1$, indem wir $a_n(x) = e^{inx}$ and $b_n(x) = \frac{1}{n^\alpha}$ setzen. Da die konstanten Funktionen $b_n(x)$ für $\alpha > 0$ monoton sind und offensichtlich für $x \in \mathbb{R}$ gegen Null streben, müssen wir nur noch die Teilsummen der Reihe $\sum\limits_{n=1}^{\infty} e^{inx}$ untersuchen.

Um unten Verweise auf die Ergebnisse zu vereinfachen, betrachten wir die Summen $\sum\limits_{k=0}^{n} e^{ikx}$, die sich von den Summen unserer Reihe nur im ersten Glied, das 1 ist, unterscheiden.

Mit Hilfe der Formeln für die Summe einer endlichen geometrischen Reihe und der Eulerschen Formel erhalten wir nach und nach für $x \neq 2\pi m$, $m \in \mathbb{Z}$, dass

$$\sum_{k=0}^{n} e^{ikx} = \frac{e^{i(n+1)x} - 1}{e^{ix} - 1} = \frac{\sin \frac{n+1}{2}x}{\sin \frac{x}{2}} \cdot \frac{e^{i\frac{n+1}{2}x}}{e^{i\frac{x}{2}}} =$$

$$= \frac{\sin \frac{n+1}{2}x}{\sin \frac{x}{2}} e^{i\frac{n}{2}x} = \frac{\sin \frac{n+1}{2}x}{\sin \frac{x}{2}} \left(\cos \frac{n}{2}x + i \sin \frac{n}{2}x \right) . \tag{16.11}$$

Daher gilt für jedes $n \in \mathbb{N}$, dass

$$\left| \sum_{k=0}^{n} e^{ikx} \right| \leq \frac{1}{\sin \frac{x}{2}} \, , \tag{16.12}$$

woraus nach dem Kriterium von Abel–Dirichlet folgt, dass die Reihe (16.9) für $0 < \alpha \leq 1$ auf jeder Menge $E \subset \mathbb{R}$ gleichmäßig konvergiert, auf der $\inf\limits_{x \in E} \left| \sin \frac{x}{2} \right| > 0$ gilt. Insbesondere konvergiert die Reihe (16.9) einfach für alle $x \neq 2\pi m$, $m \in \mathbb{Z}$. Ist $x = 2\pi m$, dann ist $e^{in2\pi m} = 1$ und die Reihe (16.9) wird zur numerischen Reihe $\sum\limits_{n=1}^{\infty} \frac{1}{n^\alpha}$, die für $0 < \alpha \leq 1$ divergiert.

Wir werden zeigen, dass aus dem Gesagten gefolgert werden kann, dass die Reihe (16.9) für $0 < \alpha \leq 1$ auf keiner Menge E gleichmäßig konvergieren kann, deren Abschluss Punkte der Gestalt $2\pi m$, $m \in \mathbb{Z}$ enthält. Um Definitheit sicherzustellen, nehmen wir $0 \in \overline{E}$ an. Die Reihe $\sum\limits_{n=1}^{\infty} \frac{1}{n^\alpha}$ divergiert für $0 < \alpha \leq 1$. Nach dem Cauchyschen Kriterium existiert ein $\varepsilon_0 > 0$, so dass für jedes $N \in \mathbb{N}$, unabhängig davon, wie groß es ist, sich Zahlen $m \geq n > N$ finden lassen, so dass $\left| \frac{1}{n^\alpha} + \cdots + \frac{1}{m^\alpha} \right| > \varepsilon_0 > 0$. Aufgrund der Stetigkeit der Funktionen e^{ikx} auf $\mathbb{R}$ folgt, dass wir einen Punkt nahe genug bei 0 wählen können, so dass

$$\left| \frac{e^{inx}}{n^\alpha} + \cdots + \frac{e^{imx}}{m^\alpha} \right| > \varepsilon_0 \, .$$

Dies bedeutet aber nach dem Cauchyschen Kriterium zur gleichmäßigen Konvergenz, dass die Reihe (16.9) nicht gleichmäßig auf E konvergieren kann.

Um das bisher Gesagte zu ergänzen, wollen wir noch festhalten, dass die Reihe (16.9), wie wir an (16.10) erkennen können, für $0 < \alpha \leq 1$ nicht absolut konvergiert.

Anmerkung 5. Für das Folgende ist es hilfreich, dass wir durch Trennung der reellen und der imaginären Teile in (16.11) die folgenden Gleichungen erhalten:

$$\sum_{k=0}^{n} \cos kx = \frac{\cos \frac{n}{2}x \cdot \sin \frac{n+1}{2}x}{\sin \frac{x}{2}} \, , \tag{16.13}$$

$$\sum_{k=0}^{n} \sin kx = \frac{\sin \frac{n}{2}x \cdot \sin \frac{n+1}{2}x}{\sin \frac{x}{2}} \, , \tag{16.14}$$

die für $x \neq 2\pi m$, $m \in \mathbb{Z}$ gelten.

Als ein weiteres Beispiel für den Einsatz des Tests nach Abel–Dirichlet beweisen wir den folgenden Satz:

Satz 6. (Der sogenannte zweite Abelsche Satz zu Potenzreihen.) *Konvergiert eine Potenzreihe $\sum\limits_{n=0}^{\infty} c_n(z - z_0)^n$ in einem Punkt $\zeta \in \mathbb{C}$, dann konvergiert sie gleichmäßig auf dem abgeschlossenen Intervall mit den Endpunkten z_0 und ζ.*

Beweis. Wir stellen die Punkte dieses Intervalls in der Gestalt $z_0 + (\zeta - z_0)t$ dar, mit $0 \leq t \leq 1$. Wenn wir diesen Ausdruck in der Potenzreihe substituieren, erhalten wir die Reihe $\sum_{n=0}^{\infty} c_n(\zeta - z_0)^n t^n$. Laut Annahme konvergiert die numerische Reihe $\sum_{n=0}^{\infty} c_n(\zeta - z_0)^n$ und die Folge der Funktionen t^n ist auf dem abgeschlossenen Intervall $[0, 1]$ monoton und gleichmäßig beschränkt. Daher sind die Bedingungen $\alpha_2)$ und $\beta_2)$ im Test nach Abel–Dirichlet erfüllt und der Satz ist damit bewiesen. $\qquad\qquad\square$

16.2.4 Übungen und Aufgaben

1. Untersuchen Sie für verschiedene Werte des reellen Parameters α das Konvergenzverhalten auf der Menge $E \subset \mathbb{R}$ für die folgenden Reihen

a) $\sum_{n=1}^{\infty} \frac{\cos nx}{n^\alpha}$.

b) $\sum_{n=1}^{\infty} \frac{\sin nx}{n^\alpha}$.

2. Beweisen Sie, dass die folgenden Reihen gleichmäßig konvergieren:

a) $\sum_{n=1}^{\infty} \frac{(-1)^n}{n} x^n$ für $0 \leq x \leq 1$.

b) $\sum_{n=1}^{\infty} \frac{(-1)^n}{n} e^{-nx}$ für $0 \leq x \leq +\infty$.

c) $\sum_{n=1}^{\infty} \frac{(-1)^n}{n+x}$ für $0 \leq x \leq +\infty$.

3. Die *Dirichlet Reihe* $\sum_{n=1}^{\infty} \frac{c_n}{n^x}$ konvergiere in einem Punkt $x_0 \in \mathbb{R}$. Zeigen Sie, dass sie dann auf der Menge $x \geq x_0$ gleichmäßig konvergiert und absolut für $x > x_0 + 1$.

4. Zeigen Sie, dass die Reihe $\sum_{n=1}^{\infty} \frac{(-1)^{n-1} x^2}{(1+x^2)^n}$ auf $\mathbb{R}$ gleichmäßig konvergiert und dass die Reihe $\sum_{n=1}^{\infty} \frac{x^2}{(1+x^2)^n}$ zwar auf $\mathbb{R}$ konvergiert, aber nicht gleichmäßig.

5. a) Zeigen Sie an der Reihe aus Satz 3 als Beispiel, dass der Weierstraßsche M-Test eine hinreichende, aber keine notwendige Bedingung für die gleichmäßige Konvergenz einer Reihe liefert.

b) Konstruieren Sie eine Reihe $\sum_{n=1}^{\infty} a_n(x)$ mit nicht negativen Gliedern, die auf dem abgeschlossenen Intervall $0 \leq x \leq 1$ stetig sind, die gleichmäßig auf diesem abgeschlossenen Intervall konvergiert, wohingegen die Reihe $\sum_{n=1}^{\infty} M_n$, die aus den Gliedern $M_n = \max_{0 \leq x \leq 1} |a_n(x)|$ besteht, divergiert.

6. a) Formulieren Sie den Konvergenztest nach Abel–Dirichlet für eine in Anmerkung 4 angesprochene Reihe.

b) Zeigen Sie, dass die Bedingung, dass die Folge $\{b_n\}$ monoton ist, im Test nach Abel–Dirichlet etwas abgeschwächt werden kann, indem wir fordern, dass die Folge $\{b_n\}$ bis auf Korrekturterme $\{\beta_n\}$ monoton ist, wobei die Korrekturterme eine absolut konvergente Reihe bilden.

7. Zeigen Sie als Ergänzung zu Satz 6 nach Abel, dass eine Potenzreihe einen Grenzwert auf der Scheibe besitzt, falls sie in einem Randpunkt der Konvergenzscheibe konvergiert, solange dieser Punkt aus jeder beliebigen Richtung außer der, die zum Randkreis tangential verläuft, angenähert wird.

16.3 Funktionale Eigenschaften einer Grenzfunktion

16.3.1 Problembeschreibung

In diesem Abschnitt werden wir die in Abschnitt 16.1 gestellten Fragen beantworten wie die, wann die Grenzfunktion einer Familie stetiger, differenzierbarer oder integrierbarer Funktionen eine Funktion mit denselben Eigenschaften ist und wann die Grenzfunktion der Ableitungen oder der Integrale der Funktionen der Ableitung oder dem Integral der Grenzfunktion der Familie entspricht.

Um den mathematischen Gehalt dieser Fragen zu erläutern, wollen wir zum Beispiel den Zusammenhang zwischen Stetigkeit und Übergang zum Grenzwert betrachten.

Sei $f_n(x) \to f(x)$ auf $\mathbb{R}$ für $n \to \infty$ und angenommen, alle Funktionen in der Folge $\{f_n; n \in \mathbb{N}\}$ seien im Punkt $x_0 \in \mathbb{R}$ stetig. Wir sind an der Stetigkeit der Grenzfunktion f in demselben Punkt x_0 interessiert. Um diese Frage zu beantworten, müssen wir die Gleichung $\lim_{x \to x_0} f(x) = f(x_0)$ verifizieren, die mit Hilfe der Ausgangsfolge als Gleichung $\lim_{x \to x_0} \big(\lim_{n \to \infty} f_n(x) \big) = \lim_{n \to \infty} f_n(x_0)$ formuliert werden kann oder, falls wir die vorgegebene Stetigkeit von f_n in x_0 berücksichtigen, als die folgende Gleichung, die es zu beweisen gilt:

$$\lim_{x \to x_0} \big(\lim_{n \to \infty} f_n(x) \big) = \lim_{n \to \infty} \big(\lim_{x \to x_0} f_n(x) \big) . \tag{16.15}$$

Auf der linken Seite wird der Grenzwert zunächst über der Basis $n \to \infty$ gebildet und dann über der Basis $x \to x_0$, wohingegen auf der rechten Seite die Grenzwerte über denselben Basen in umgekehrter Reihenfolge gebildet werden.

Bei der Untersuchung von Funktionen mehrerer Variabler haben wir gesehen, dass Gl. (16.15) nicht im Geringsten immer wahr ist. Wir haben dies auch an den untersuchten Beispielen in den beiden vorangegangenen Abschnitten gesehen, die zeigten, dass der Grenzwert einer Folge von stetigen Funktion nicht immer stetig ist.

Differentiation und Integration sind spezielle Operationen, die Grenzwertübergänge beinhalten. Daher lässt sich die Frage, ob wir dasselbe Ergebnis erhalten, wenn wir zunächst die Funktionen einer Familie ableiten (oder integrieren) und dann zum Grenzwert über den Parameter der Familie übergehen oder ob wir zunächst die Grenzfunktion der Familie bestimmen und dann ableiten (oder integrieren), wiederum darauf zurückführen, die Möglichkeit zu verifizieren, die Reihenfolge zweier Grenzwertübergänge zu vertauschen.

16.3.2 Bedingungen für die Vertauschbarkeit zweier Grenzwertübergänge

Wir werden zeigen, dass dann, wenn zumindest einer von zwei Grenzwertübergängen gleichmäßig erfolgt, die Grenzwertübergänge vertauschbar sind.

Satz 1. *Sei* $\{F_t; t \in T\}$ *eine Familie von Funktionen* $F_t : X \to \mathbb{C}$, *die von einem Parameter* t *abhängt. Sei ferner* $\mathcal{B}_X$ *eine Basis in* X *und* $\mathcal{B}_T$ *eine Basis in* T. *Konvergiert die Familie gleichmäßig auf* X *über der Basis* $\mathcal{B}_T$ *zu einer Funktion* $F : X \to \mathbb{C}$ *und existiert der Grenzwert* $\lim_{\mathcal{B}_X} F_t(x) = A_t$ *für jedes* $t \in T$, *dann existieren beide aufeinander folgenden Grenzwerte* $\lim_{\mathcal{B}_X} \left(\lim_{\mathcal{B}_T} F_t(x) \right)$ *und* $\lim_{\mathcal{B}_T} \left(\lim_{\mathcal{B}_X} F_t(x) \right)$ *und es gilt die Gleichung:*

$$\lim_{\mathcal{B}_X} \left(\lim_{\mathcal{B}_T} F_t(x) \right) = \lim_{\mathcal{B}_T} \left(\lim_{\mathcal{B}_X} F_t(x) \right) . \tag{16.16}$$

Dieser Satz lässt sich bequem in folgendem Diagramm darstellen:

$$
\begin{array}{ccc}
F_t(x) & \xLongrightarrow{} & F(x) \\
\mathcal{B}_X \Big\downarrow & \overset{\mathcal{B}_T}{\diagup} & \exists \Big\downarrow \mathcal{B}_X \\
& \diagup \ \exists & \\
A_t & \xrightarrow[\mathcal{B}_T]{} & A
\end{array}
\tag{16.17}
$$

Darin sind die Annahmen oberhalb der Diagonalen geschrieben und die Folgerungen darunter. Gleichung (16.16) bedeutet, dass dieses Diagramm kommutativ ist, d.h., das Endergebnis A bleibt gleich, egal ob die Operationen entsprechend den Übergängen der oberen und rechten Seite ausgeführt werden oder zunächst über die linke Seite und dann nach rechts über die untere Seite gegangen wird.

Beweis. Da $F_t \rightrightarrows F$ auf X über $\mathcal{B}_T$, existiert nach dem Cauchyschen Kriterium für jedes $\varepsilon > 0$ ein B_T in $\mathcal{B}_T$, so dass

$$|F_{t_1}(x) - F_{t_2}(x)| < \varepsilon \tag{16.18}$$

für jedes $t_1, t_2 \in B_T$ und jedes $x \in X$.

Wenn wir in dieser Ungleichung zum Grenzwert über $\mathcal{B}_X$ übergehen, erhalten wir die Ungleichung

$$|A_{t_1} - A_{t_2}| \leq \varepsilon \,, \tag{16.19}$$

die für jedes $t_1, t_2 \in B_T$ gilt. Nach dem Cauchyschen Kriterium zur Existenz des Grenzwertes einer Funktion folgt nun, dass A_t einen gewissen Grenzwert A über $\mathcal{B}_T$ besitzt. Wir wollen nun zeigen, dass $A = \lim\limits_{\mathcal{B}_X} F(x)$.

Wenn wir $t_2 \in B_T$ festhalten, können wir ein Element B_X in $\mathcal{B}_X$ finden, so dass

$$|F_{t_2}(x) - A_{t_2}| < \varepsilon \tag{16.20}$$

für alle $x \in B_X$.

Nun halten wir $t_2 \in B_T$ fest und gehen in (16.18) und (16.19) über $\mathcal{B}_T$ zum Grenzwert bzgl. t_1 über. Wir erhalten so

$$|F(x) - F_{t_2}(x)| \leq \varepsilon \,, \tag{16.21}$$

$$|A - A_{t_2}| \leq \varepsilon \,, \tag{16.22}$$

und (16.21) gilt für alle $x \in X$.

Wenn wir (16.20)–(16.22) miteinander vergleichen und die Dreiecksungleichung einsetzen, gelangen wir zu

$$|F(x) - A| < 3\varepsilon$$

für jedes $x \in \mathcal{B}_X$. Somit haben wir gezeigt, dass $A = \lim\limits_{\mathcal{B}_X} F(x)$.   □

Anmerkung 1. Wie der Beweis zeigt, so bleibt Satz 1 für Funktionen $F_t : X \to Y$ mit Werten in jedem vollständigen metrischen Raum gültig.

Anmerkung 2. Wenn wir zu den Voraussetzungen in Satz 1 die Anforderung hinzufügen, dass der Grenzwert $\lim\limits_{\mathcal{B}_T} A_t = A$ existiert, dann können wir, wie der Beweis zeigt, die Gleichung $\lim\limits_{\mathcal{B}_X} F(x) = A$ erhalten, sogar ohne dabei anzunehmen, dass der Raum Y der Werte der Funktionen $F_t : X \to Y$ vollständig ist.

16.3.3 Stetigkeit und Grenzwertübergang

Wir werden zeigen, dass für in einem Punkt einer Menge stetige Funktionen, die auf dieser Menge gleichmäßig konvergieren, die Grenzfunktion auch in diesem Punkt stetig ist.

Satz 2. *Sei* $\{f_t;\ t \in T\}$ *eine Familie von Funktionen* $f_t : X \to \mathbb{C}$, *die vom Parameter t abhängt. Sei ferner* $\mathcal{B}$ *eine Basis in* T. *Gilt* $f_t \rightrightarrows f$ *auf* X *über der Basis* $\mathcal{B}$ *und sind die Funktionen* f_t *in* $x_0 \in X$ *stetig, dann ist die Funktion* $f : X \to \mathbb{C}$ *ebenfalls in diesem Punkt stetig.*

Beweis. In diesem Fall nimmt das Diagramm (16.17) die folgende spezielle Gestalt an:

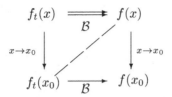

Hierbei sind alle Grenzübergänge außer dem senkrechten Übergang auf der rechten Seite durch die Voraussetzungen in Satz 2 selbst definiert. Die nicht triviale Folgerung von Satz 1, die wir benötigen, ist genau die, dass $\lim\limits_{x \to x_0} f(x) = f(x_0)$. $\square$

Anmerkung 3. Wir haben nichts Genaues über die Natur der Menge X gesagt. Tatsächlich kann es jeder topologische Raum sein, vorausgesetzt die Basis $x \to x_0$ ist darin definiert. Die Werte der Funktionen f_t können in jedem metrischen Raum liegen, der, wie aus Anmerkung 2 folgt, noch nicht einmal vollständig sein muss.

Korollar 1. *Wenn eine Folge von Funktionen, die auf einer Menge stetig sind, auf dieser Menge gleichmäßig konvergiert, dann ist die Grenzfunktion auf dieser Menge stetig.*

Korollar 2. *Wenn eine Reihe von Funktionen, die auf einer Menge stetig sind, auf dieser Menge gleichmäßig konvergiert, dann ist die Summe der Reihe auch auf dieser Menge stetig.*

Zur Veranschaulichung eines möglichen Einsatzes dieser Ergebnisse betrachten wir das folgende Beispiel:

Beispiel 1. Die Abelsche Methode zur Summation von Reihen.
Wenn wir Korollar 2 mit dem zweiten Satz von Abel vergleichen (Satz 6 in Abschnitt 16.2), können wir das folgende Ergebnis erzielen:

Satz 3. *Wenn eine Potenzreihe $\sum\limits_{n=0}^{\infty} c_n(z - z_0)^n$ in einem Punkt ζ konvergiert, dann konvergiert sie gleichmäßig auf dem abgeschlossenen Intervall $[z_0, \zeta]$ von z_0 nach ζ und die Summe der Reihe ist auf diesem Intervall stetig.*

Dies bedeutet insbesondere, dass für eine konvergente numerische Reihe $\sum\limits_{n=0}^{\infty} c_n$ die Potenzreihe $\sum\limits_{n=0}^{\infty} c_n x^n$ gleichmäßig auf dem abgeschlossenen Intervall $0 \le x \le 1$ der reellen Achse konvergiert und dass ihre Summe $s(x) = \sum\limits_{n=0}^{\infty} c_n x^n$

auf diesem Intervall stetig ist. Da $s(1) = \sum_{n=0}^{\infty} c_n$, können wir somit sicherstellen, dass für eine konvergente Reihe $\sum_{n=0}^{\infty} c_n$ die folgende Gleichung gilt:

$$\sum_{n=0}^{\infty} c_n = \lim_{x \to 1-0} \sum_{n=0}^{\infty} c_n x^n \ . \tag{16.23}$$

Es mag interessant sein, dass die rechte Seite von Gl. (16.23) auch dann eine Bedeutung haben kann, wenn die Reihe auf der linken Seite im traditionellen Sinne divergiert. So entspricht beispielsweise die Reihe $1 - 1 + 1 - \cdots$ der Reihe $x - x^2 + x^3 - \cdots$, die für $|x| < 1$ gegen $x/(1+x)$ konvergiert. Für $x \to 1$ besitzt diese Funktion den Grenzwert $1/2$.

Die Methode zur Summierung einer Reihe, die als Abelsche Summation bekannt ist, besteht darin, der linken Seite von (16.23) den Wert der rechten Seite, falls dieser definiert ist, zuzuweisen. Wir haben gesehen, dass für eine im traditionellen Sinne konvergierende Reihe $\sum_{n=0}^{\infty} c_n$ ihre klassische Summe durch die Abelsche Summation erhalten wird. Gleichzeitig ergibt die Abelsche Methode beispielsweise für die Reihe $\sum_{n=0}^{\infty} (-1)^n$, die im traditionellen Sinne divergiert, den natürlichen Durchschnittswert $1/2$.

Weitere Fragen im Zusammenhang mit Beispiel 1 finden sich unten in den Aufgaben 5–8.

Beispiel 2. Bei der Untersuchung der Taylorschen Formel haben wir früher gezeigt, dass die folgende Entwicklung möglich ist:

$$(1 + x)^\alpha =$$
$$= 1 + \frac{\alpha}{1!} x + \frac{\alpha(\alpha - 1)}{2!} x^2 + \cdots + \frac{\alpha(\alpha - 1) \cdots (\alpha - n + 1)}{n!} x^n + \cdots \tag{16.24}$$

Wir können zeigen, dass für $\alpha > 0$ die numerische Reihe

$$1 + \frac{\alpha}{1!} + \frac{\alpha(\alpha - 1)}{2!} + \cdots + \frac{\alpha(\alpha - 1) \cdots (\alpha - n + 1)}{n!} + \cdots$$

konvergiert. Nach dem Satz von Abel konvergiert daher für $\alpha > 0$ die Reihe (16.24) auf dem abgeschlossenen Intervall $0 \le x \le 1$ gleichmäßig. Aber die Funktion $(1 + x)^\alpha$ ist in $x = 1$ stetig und so können wir sicherstellen, dass für $\alpha > 0$ Gl. (16.24) auch für $x = 1$ gilt.

Insbesondere können wir behaupten, dass für $\alpha > 0$

$$(1 - t^2)^\alpha = 1 - \frac{\alpha}{1!} t^2 + \frac{\alpha(\alpha - 1)}{2!} t^4 - \cdots$$
$$\cdots + (-1)^n \cdot \frac{\alpha(\alpha - 1) \cdots (\alpha - n + 1)}{n!} t^{2n} + \cdots \tag{16.25}$$

gilt und dass diese Reihe auf $[-1, 1]$ gleichmäßig gegen $(1 - t^2)^\alpha$ konvergiert.

Wenn wir in (16.25) $\alpha = \frac{1}{2}$ und $t^2 = 1 - x^2$ setzen, erhalten wir für $|x| \leq 1$, dass

$$|x| = 1 - \frac{\frac{1}{2}}{1!}(1 - x^2) + \frac{\frac{1}{2}\left(\frac{1}{2} - 1\right)}{2!}(1 - x^2)^2 - \cdots , \tag{16.26}$$

und die Reihe der Polynome auf der rechten Seite konvergiert auf dem abgeschlossenen Intervall $[-1, 1]$ gleichmäßig gegen $|x|$. Wenn wir $P_n(x) := S_n(x) - S_n(0)$ setzen, wobei $S_n(x)$ die n-te Teilsumme der Reihe ist, erhalten wir, dass für jede vorgegebene Toleranz $\varepsilon > 0$ ein Polynom $P(x)$ existiert, so dass $P(0) = 0$ mit

$$\max_{-1 \leq x \leq 1} \left||x| - P(x)\right| < \varepsilon . \tag{16.27}$$

Wir wollen nun zur allgemeinen Theorie zurückkehren.

Wir haben gezeigt, dass Stetigkeit von Funktionen bei einem gleichmäßigen Grenzwertübergang erhalten bleibt. Die Bedingung der Gleichmäßigkeit beim Grenzwertübergang ist jedoch nur eine hinreichende Bedingung, damit der Grenzwert von stetigen Funktionen auch eine stetige Funktion ist (vgl. die Beispiele 8 und 9 in Abschnitt 16.1). Gleichzeitig gibt es eine besondere Situation, in der die Konvergenz einer Folge stetiger Funktionen gegen eine stetige Funktion garantiert, dass die Konvergenz gleichmäßig erfolgt.

Satz 4. (Satz von Dini[2]). *Konvergiert eine Folge von stetigen Funktionen auf einer kompakten Menge monoton gegen eine stetige Funktion, dann ist die Konvergenz gleichmäßig.*

Beweis. Der Klarheit halber nehmen wir an, dass f_n eine nicht absteigende Folge ist, die gegen f konvergiert. Wir halten ein beliebiges $\varepsilon > 0$ fest und finden zu jedem Punkt x der kompakten Menge K einen Index n_x, so dass $0 \leq f(x) - f_{n_x}(x) < \varepsilon$. Da die Funktionen f und f_{n_x} auf K stetig sind, gilt in einer Umgebung $U(x)$ von $x \in K$ die Ungleichung $0 \leq f(\xi) - f_{n_x}(\xi) < \varepsilon$. Aus der Überdeckung der kompakten Menge K durch diese Umgebungen können wir eine endliche Überdeckung $U(x_1), \ldots, U(x_k)$ herausgreifen und dann den Index $n(\varepsilon) = \max\{n_{x_1}, \ldots, n_{x_k}\}$ festlegen. Da die Folge $\{f_n; n \in \mathbb{N}\}$ nicht absteigend ist, gilt dann für jedes $n > n(\varepsilon)$ in jedem Punkt $\xi \in K$, dass $0 \leq f(\xi) - f_n(\xi) < \varepsilon$. $\qquad\square$

Korollar 3. *Sind die Glieder der Reihe $\sum\limits_{n=1}^{\infty} a_n(x)$ nicht negative Funktionen $a_n : K \to \mathbb{R}$, die auf einer kompakten Menge K stetig sind, und konvergiert die Reihe auf K gegen eine stetige Funktion, dann konvergiert sie auf K gleichmäßig.*

Beweis. Die Teilsummen $s_n(x) = \sum\limits_{k=1}^{n} a_k(x)$ dieser Folge erfüllen die Voraussetzung für den Satz von Dini. $\qquad\square$

---

[2] U. Dini (1845–1918) – italienischer Mathematiker, der besonders für seine Arbeiten in der Funktionentheorie bekannt ist.

Beispiel 3. Wir werden zeigen, dass die Folge von Funktionen $f_n(x) = n(1 - x^{1/n})$ für $n \to +\infty$ auf jedem abgeschlossenen Intervall $[a, b]$, das im Intervall $0 < x < \infty$ enthalten ist, gleichmäßig gegen $f(x) = \ln \frac{1}{x}$ strebt.

Beweis. Für festes $x > 0$ ist die Funktion $x^t = e^{t \ln x}$ bzgl. t konvex, so dass das Verhältnis $\frac{x^t - x^0}{t - 0}$ (die Steigung der Sehne) für $t \to +\infty$ nicht anwachsend ist und gegen $\ln x$ strebt.

Daher gilt $f_n(x) \nearrow \ln \frac{1}{x}$ für $x > 0$ für $n \to +\infty$. Nach dem Satz von Dini folgt nun, dass die Konvergenz von $f_n(x)$ gegen $\ln \frac{1}{x}$ auf jedem abgeschlossenen Intervall $[a, b] \subset \,]0, +\infty[$ gleichmäßig ist. □

Wir halten fest, dass beispielsweise die Konvergenz auf dem Intervall $0 < x \leq 1$ offensichtlich nicht gleichmäßig ist, da $\ln \frac{1}{x}$ in diesem Intervall unbeschränkt ist, wohingegen jede der Funktion $f_n(x)$ beschränkt ist (durch eine von n abhängige Konstante).

16.3.4 Integration und Grenzwertübergang

Wir werden zeigen, dass für Funktionen, die über einem abgeschlossenen Intervall integrierbar sind und auf diesem Intervall gleichmäßig konvergieren, die Grenzfunktion auch integrierbar ist und dass ihr Integral über diesem Intervall gleich dem Grenzwert der Integrale der Ausgangsfunktionen ist.

Satz 5. *Sei $\{f_t; t \in T\}$ eine Familie von Funktionen $f_t : [a, b] \to \mathbb{C}$, die auf einem abgeschlossenen Intervall $a \leq x \leq b$ definiert sind und vom Parameter $t \in T$ abhängen und sei $\mathcal{B}$ eine Basis in T. Sind die Funktionen der Familie auf $[a, b]$ integrierbar und gilt $f_t \rightrightarrows f$ auf $[a, b]$ über der Basis $\mathcal{B}$, dann ist auch die Grenzfunktion $f : [a, b] \to \mathbb{C}$ auf $[a, b]$ integrierbar und es gilt*

$$\int\limits_a^b f(x)\,\mathrm{d}x = \lim_{\mathcal{B}} \int\limits_a^b f_t(x)\,\mathrm{d}x \ .$$

Beweis. Sei $p = (P, \xi)$ eine Unterteilung P des abgeschlossenen Intervalls $[a, b]$ mit ausgezeichneten Punkten $\xi = \{\xi_1, \ldots, \xi_n\}$. Wir betrachten die Riemannschen Summen $F_t(p) = \sum\limits_{i=1}^{n} f_t(\xi_i)\Delta x_i$, $t \in T$ und $F(p) = \sum\limits_{i=1}^{n} f(\xi_i)\Delta x_i$. Wir wollen die Differenz $F(p) - F_t(p)$ abschätzen. Da $f_t \rightrightarrows f$ auf $[a, b]$ über der Basis $\mathcal{B}$, existiert für jedes $\varepsilon > 0$ ein Element B in $\mathcal{B}$, so dass $|f(x) - f_t(x)| < \frac{\varepsilon}{b-a}$ für jedes $t \in B$ und jeden Punkt $x \in [a, b]$. Daher erhalten wir für $t \in B$

$$|F(p) - F_t(p)| = \left| \sum\limits_{i=1}^{n} \big(f(\xi_i) - f_t(\xi_i) \big)\Delta x_i \right| \leq \sum\limits_{i=1}^{n} |f(\xi_i) - f_t(\xi_i)|\Delta x_i < \varepsilon \ ,$$

und diese Abschätzung gilt nicht nur für jedes $t \in B$, sondern auch für jede Unterteilung P in der Menge $\mathcal{P} = \{(P, \xi)\}$ der Unterteilungen des abgeschlossenen Intervalls $[a, b]$ mit ausgezeichneten Punkten. Daher gilt $F_t \rightrightarrows F$ auf

$\mathcal{P}$ über der Basis $\mathcal{B}$. Wenn wir nun die traditionelle Basis $\lambda(P) \to 0$ in $\mathcal{P}$ nehmen, erhalten wir mit Satz 1, dass das folgende Diagramm kommutativ ist.

$$
\begin{array}{ccc}
\displaystyle\sum_{i=1}^{n} f_t(\xi_i)\Delta x_i =: F_t(p) & \Longrightarrow & F(p) := \displaystyle\sum_{i=1}^{n} f(\xi_i)\Delta x_i \\[2mm]
\Big\downarrow {\scriptstyle \lambda(P)\to 0} & & {\scriptstyle \exists}\Big\downarrow {\scriptstyle \lambda(P)\to 0} \\[2mm]
\displaystyle\int_a^b f_t(x)\,\mathrm{d}x =: A_t & \longrightarrow & A := \displaystyle\int_a^b f(x)\,\mathrm{d}x
\end{array}
$$

Damit ist Satz 5 bewiesen. □

Korollar 4. *Wenn die Reihe $\displaystyle\sum_{n=1}^{\infty} f_n(x)$, die aus auf einem abgeschlossenen Intervall $[a,b]$ integrierbaren Funktionen besteht, auf diesem abgeschlossenen Intervall gleichmäßig konvergiert, dann ist auch ihre Summe auf $[a,b]$ integrierbar und es gilt*

$$
\int_a^b \left(\sum_{n=1}^{\infty} f_n(x) \right) \mathrm{d}x = \sum_{n=1}^{\infty} \int_a^b f_n(x)\,\mathrm{d}x \ .
$$

Beispiel 4. Wenn wir in diesem Beispiel $\frac{\sin x}{x}$ schreiben, nehmen wir an, dass dieses Verhältnis für $x = 0$ den Wert 1 besitzt.

Wir haben bereits früher bemerkt, dass die Funktion $\mathrm{Si}\,(x) = \int_0^x \frac{\sin t}{t}\,\mathrm{d}t$ keine elementare Funktion ist. Mit Hilfe des gerade bewiesenen Satzes können wir nichtsdestotrotz eine sehr einfache Darstellung dieser Funktion als eine Potenzreihe erhalten.

Dazu merken wir an, dass

$$
\frac{\sin t}{t} = \sum_{n=0}^{\infty} \frac{(-1)^n}{(2n+1)!} t^{2n} \ , \tag{16.28}
$$

und dass die Reihe auf der rechten Seite auf jedem abgeschlossenen Intervall $[-a,a] \subset \mathbb{R}$ gleichmäßig konvergiert. Die gleichmäßige Konvergenz der Reihe folgt aus dem Weierstraßschen M-Test, da $\frac{|t|^{2n}}{(2n+1)!} \leq \frac{a^{2n}}{(2n+1)!}$ für $|t| \leq a$ und da die numerische Reihe $\displaystyle\sum_{n=0}^{\infty} \frac{a^{2n}}{(2n+1)!}$ konvergiert.

Mit Korollar 4 können wir nun

$$
\mathrm{Si}\,(x) = \int_0^x \left(\sum_{n=0}^{\infty} \frac{(-1)^n}{(2n+1)!} t^{2n} \right) \mathrm{d}t =
$$

$$
= \sum_{n=0}^{\infty} \left(\int_0^x \frac{(-1)^n}{(2n+1)!} t^{2n}\,\mathrm{d}t \right) = \sum_{n=0}^{\infty} \frac{(-1)^n x^{2n+1}}{(2n+1)!(2n+1)}
$$

schreiben.

Die gerade erhalten Reihe stellt sich auch als auf jedem abgeschlossenen Intervall der reellen Geraden gleichmäßig konvergent heraus, so dass für jedes abgeschlossenen Intervall $[a, b]$ als Veränderungsbereich des Arguments x und jede vorgegebene absolute Fehlertoleranz ein Polynom gewählt werden kann – eine Teilsumme dieser Reihe –, das es ermöglicht, $Si(x)$ in jedem Punkt des abgeschlossenen Intervalls $[a, b]$ genauer als die vorgegebene Fehlertoleranz zu berechnen.

16.3.5 Differentiation und Grenzwertübergang

Satz 6. *Sei $\{f_t; t \in T\}$ eine Familie von Funktionen $f_t : X \to \mathbb{C}$, die auf einer konvexen beschränkten Menge X (in $\mathbb{R}$, $\mathbb{C}$ oder irgendeinem anderen normierten Raum) definiert sind und von dem Parameter $t \in T$ abhängen. Ferner sei $\mathcal{B}$ eine Basis in T. Sind die Funktionen der Familie auf X differenzierbar, dann konvergiert die Familie von Ableitungen $\{f_t'; t \in T\}$ gleichmäßig auf X gegen eine Funktion $\varphi : X \to \mathbb{C}$ und konvergiert die Ausgangsfamilie $\{f_t; t \in T\}$ auch nur in einem Punkt $x_0 \in X$, dann konvergiert sie gleichmäßig auf der gesamten Menge X gegen eine differenzierbare Funktion $f : X \to \mathbb{C}$ mit $f' = \varphi$.*

Beweis. Wir beginnen mit dem Beweis, dass die Familie $\{f_t; t \in T\}$ auf der Menge X über der Basis $\mathcal{B}$ gleichmäßig konvergiert. Wir benutzen den Mittelwertsatz für die folgende Abschätzung:

$$|f_{t_1}(x) - f_{t_2}(x)| \leq$$
$$\leq \left|\left(f_{t_1}(x) - f_{t_2}(x)\right) - \left(f_{t_1}(x_0) - f_{t_2}(x_0)\right)\right| + |f_{t_1}(x_0) - f_{t_2}(x_0)| \leq$$
$$\leq \sup_{\xi \in [x_0, x]} |f_{t_1}'(\xi) - f_{t_2}'(\xi)| \, |x - x_0| + |f_{t_1}(x_0) - f_{t_2}(x_0)| = \Delta(x, t_1, t_2) \, .$$

Laut Voraussetzung konvergiert die Familie $\{f_t'; t \in T\}$ gleichmäßig auf X über der Basis $\mathcal{B}$ und die Größe $f_t(x_0)$ besitzt über derselben Basis als Funktion von t einen Grenzwert, während $|x - x_0|$ für $x \in X$ beschränkt ist. Nach dem „notwendig" Teil des Cauchyschen Kriteriums zur gleichmäßigen Konvergenz der Familie von Funktion f_t' und der Existenz der Grenzfunktion $f_t(x_0)$ existiert für jedes $\varepsilon > 0$ ein B in $\mathcal{B}$, so dass $\Delta(x, t_1, t_2) < \varepsilon$ für jedes $t_1, t_2 \in B$ und jedes $x \in X$. Mit den gerade formulierten Abschätzungen bedeutet dies jedoch, dass die Familie von Funktionen $\{f_t; t \in T\}$ die Voraussetzungen für das Cauchysche Kriterium erfüllt und folglich auf X über der Basis $\mathcal{B}$ gegen eine Funktion $f : X \to \mathbb{C}$ konvergiert.

Wiederum mit Hilfe des Mittelwertsatzes erhalten wir nun die folgende Abschätzung:

$$\left|\left(f_{t_1}(x+h) - f_{t_1}(x) - f'_{t_1}(x)h\right) - \left(f_{t_2}(x+h) - f_{t_2}(x) - f'_{t_2}(x)h\right)\right| =$$

$$= \left|(f_{t_1} - f_{t_0})(x+h) - (f_{t_1} - f_{t_2})(x) - (f_{t_1} - f_{t_2})'(x)h\right| \le$$

$$\le \sup_{0<\theta<1} \left|(f_{t_1} - f_{t_2})'(x+\theta h)\right||h| + \left|(f_{t_1} - f_{t_2})'(x)\right||h| =$$

$$= \left(\sup_{0<\theta<1} \left|f'_{t_1}(x+\theta h) - f'_{t_2}(x+\theta h)\right| + \left|f'_{t_1}(x) - f'_{t_2}(x)\right|\right)|h| .$$

Diese Abschätzung, die für $x, x+h \in X$ gilt, zeigt im Hinblick auf die gleichmäßige Konvergenz der Familie $\{f'_t;\, t \in T\}$ auf X, dass die Familie $\{F_t;\, t \in T\}$ von Funktionen

$$F_t(h) = \frac{f_t(x+h) - f_t(x) - f'_t(x)h}{|h|} ,$$

die wir für einen festen Wert von $x \in X$ betrachten, über der Basis $\mathcal{B}$ bezüglich allen Werten von $h \ne 0$, so dass $x + h \in X$, gleichmäßig konvergiert.

Wir merken an, dass $F_t(h) \to 0$ für $h \to 0$, da die Funktion f_t im Punkt $x \in X$ differenzierbar ist; und da $f_t \to f$ und $f'_t \to \varphi$ über der Basis $\mathcal{B}$, erhalten wir $F_t(h) \to F(h) = \frac{f(x+h)-f(x)-\varphi(x)h}{|h|}$ über der Basis $\mathcal{B}$.

Wir wenden Satz 1 an und können nun das folgende kommutative Diagramm aufstellen:

$$\frac{f_t(x+h)-f_t(x)-f'_t(x)h}{|h|} =: F_t(h) \xrightarrow{\hspace{1cm}\mathcal{B}\hspace{1cm}} F(h) := \frac{f(x+h)-f(x)-\varphi(x)h}{|h|}$$

$$\Big\downarrow {\scriptstyle h\to 0} \qquad\qquad \Big\downarrow {\scriptstyle h\to 0}$$

$$0 \xrightarrow{\hspace{1cm}\mathcal{B}\hspace{1cm}} 0 .$$

Der Grenzübergang für $h \to 0$ auf der rechte Seite zeigt uns, dass f in $x \in X$ differenzierbar ist mit $f'(x) = \varphi(x)$. □

Korollar 5. *Konvergiert die Reihe* $\sum\limits_{n=1}^{\infty} f_n(x)$ *von Funktionen* $f_n : X \to \mathbb{C}$, *die auf einer beschränkten Teilmenge* X *(die in* $\mathbb{R}$*,* $\mathbb{C}$ *oder irgendeinem anderen normierten Vektorraum enthalten sein kann) differenzierbar ist, auch nur in einem Punkt* $x \in X$ *und konvergiert die Reihe* $\sum\limits_{n=1}^{\infty} f'_n(x)$ *gleichmäßig auf* X*, dann konvergiert auch* $\sum\limits_{n=1}^{\infty} f_n(x)$ *gleichmäßig auf* X *und die Summe ist auf* X *differenzierbar mit*

$$\left(\sum_{n=1}^{\infty} f_n(x)\right)'(x) = \sum_{n=1}^{\infty} f'_n(x) .$$

Dies folgt aus Satz 6 und den Definitionen der Summe und der gleichmäßigen Konvergenz einer Reihe in Verbindung mit der Linearität der Operation der Differentiation.

Anmerkung 4. Die Beweise der Sätze 5 und 6 wie auch die Sätze selbst und ihre Korollare bleiben für Funktionen $f_t : X \to Y$ mit Werten in jedem vollständigen normierten Vektorraum Y gültig. So kann Y beispielsweise $\mathbb{R}$, $\mathbb{C}$, $\mathbb{R}^n$, $\mathbb{C}^n$, $C[a, b]$ und so weiter sein. Der Definitionsbereich X für die Funktionen f_t in Satz 6 kann auch jede geeignete Teilmenge jedes normierten Vektorraumes sein. Insbesondere kann X in $\mathbb{R}$, $\mathbb{C}$, $\mathbb{R}^n$ oder $\mathbb{C}^n$ enthalten sein. Für reellwertige Funktionen mit reellem Argument (unter zusätzlichen Konvergenzanforderungen) können die Beweise dieser Sätze sogar vereinfacht werden (vgl. Aufgabe 11).

Zur Veranschaulichung der Anwendung der Sätze 2–6 werden wir den folgenden Satz beweisen, der sowohl in der Theorie als auch bei besonderen Berechnungen oft zum Einsatz kommt.

Satz 7. *Sei $S \subset \mathbb{C}$ die Konvergenzscheibe für eine Potenzreihe $\sum\limits_{n=0}^{\infty} c_n(z - z_0)^n$. Enthält S mehr als nur den Punkt z_0, dann ist die Summe der Reihe $f(z)$ innerhalb von S differenzierbar mit*

$$f'(z) = \sum_{n=1}^{\infty} n c_n (z - z_0)^{n-1} \ . \tag{16.29}$$

Außerdem kann die Funktion $f(z) : S \to \mathbb{C}$ über jeden Weg $\gamma : [0, 1] \to S$ integriert werden. Gilt außerdem $[0, 1] \ni t \overset{\gamma}{\longmapsto} z(t) \in S$, $z(0) = z_0$ und $z(1) = z$, dann ist

$$\int_{\gamma} f(z)\,\mathrm{d}z = \sum_{n=0}^{\infty} \frac{c_n}{n+1}(z - z_0)^{n+1} \ . \tag{16.30}$$

Anmerkung 5. Hierbei ist $\int\limits_{\gamma} f(z)\,\mathrm{d}z := \int\limits_{0}^{1} f\big(z(t)\big) z'(t)\,\mathrm{d}t$. Gilt insbesondere die Gleichung $f(x) = \sum\limits_{n=0}^{\infty} a_n(x - x_0)^n$ auf dem Intervall $-R < x - x_0 < R$ der reellen Geraden $\mathbb{R}$, dann ist

$$\int_{x_0}^{x} f(t)\,\mathrm{d}t = \sum_{n=0}^{\infty} \frac{a_n}{n+1}(x - x_0)^{n+1} \ .$$

Beweis. Da $\varlimsup\limits_{n \to \infty} \sqrt[n-1]{n|c_n|} = \lim\limits_{n \to \infty} \sqrt[n]{|c_n|}$, folgt aus der Cauchy–Hadamard Formel (Satz 4 in Absatz 16.2.2), dass die Potenzreihe $\sum\limits_{n=1}^{\infty} n c_n(z - z_0)^{n-1}$, die wir durch gliedweise Ableitung der Potenzreihe $\sum\limits_{n=0}^{\infty} c_n(z - z_0)^n$ erhalten, dieselbe Konvergenzscheibe S besitzt wie die ursprüngliche Potenzreihe. Nach

Satz 4 in Absatz 16.2.2 konvergiert die Reihe $\sum_{n=1}^{\infty} nc_n(z-z_0)^{n-1}$ aber in jeder geschlossenen Scheibe S_q, die im Inneren von S enthalten ist, gleichmäßig. Da die Reihe $\sum_{n=0}^{\infty} c_n(z-z_0)^n$ offensichtlich in $z = z_0$ konvergiert, ist Korollar 5 darauf anwendbar, wodurch Gleichung (16.29) gerechtfertigt wird. Somit haben wir nun gezeigt, dass eine Potenzreihe gliedweise abgeleitet werden kann.

Wir wollen nun beweisen, dass sie auch gliedweise integriert werden kann.

Ist $\gamma : [0,1] \to S$ ein glatter Weg in S, dann gibt es eine abgeschlossene Scheibe S_q, so dass $\gamma \subset S_q$ und $S_q \subset S$. Auf S_q konvergiert die ursprüngliche Potenzreihe gleichmäßig, so dass in der Gleichung

$$f\big(z(t)\big) = \sum_{n=0}^{\infty} c_n \big(z(t) - z_0\big)^n$$

die Reihe stetiger Funktionen auf der rechten Seite gleichmäßig auf dem abgeschlossenen Intervall $0 \leq t \leq 1$ gegen die stetige Funktion $f\big(z(t)\big)$ konvergiert. Multiplikation dieser Gleichung mit der Funktion $z'(t)$, die auf dem abgeschlossenen Intervall $[0,1]$ stetig ist, verletzt weder die Gleichung selbst noch die gleichmäßige Konvergenz der Reihe. Daher erhalten wir mit Satz 5, dass

$$\int_0^1 f\big(z(t)\big)z'(t)\,\mathrm{d}t = \sum_{n=0}^{\infty} \int_0^1 c_n \big(z(t) - z_0\big)^n z'(t)\,\mathrm{d}t \,.$$

Nun ist aber

$$\int_0^1 \big(z(t) - z(0)\big)^n z'(t)\,\mathrm{d}t = \frac{1}{n+1} \int_0^1 \mathrm{d}\big(z(t) - z(0)\big)^{n+1} =$$

$$= \frac{1}{n+1}\big(z(1) - z(0)\big)^{n+1} = \frac{1}{n+1}(z - z_0)^{n+1} \,,$$

und wir gelangen so zu Gl. (16.30). $\qquad\square$

Da in der Entwicklung $f(z) = \sum_{n=0}^{\infty} c_n(z - z_0)^n$ offensichtlich $c_0 = f(z_0)$ ist, erhalten wir, wenn wir Gl. (16.29) nach und nach anwenden, wiederum die Gleichung $c_n = \frac{f^{(n)}(z_0)}{n!}$, wodurch uns deutlich wird, dass eine Potenzreihe eindeutig durch ihre Summe bestimmt wird und der Taylor–Reihe der Summe entspricht.

Beispiel 5. Die *Bessel–Funktion* $J_n(x)$, $n \in \mathbb{N}$ ist eine Lösung der *Bessel–Gleichung*[3]

$$x^2 y'' + xy' + (x^2 - n^2)y = 0 .$$

Wir wollen versuchen, diese Gleichung für z.B. $n = 0$ durch eine Potenzreihe $y = \sum_{k=0}^{\infty} c_k x^k$ zu lösen. Indem wir Gleichung (16.29) wiederholt anwenden, gelangen wir nach einfachen Umformungen zur Gleichung

$$c_1 + \sum_{k=0}^{\infty} (k^2 c_k + c_{k-2}) x^{k-1} = 0 ,$$

woraus wir, aufgrund der Eindeutigkeit der Potenzreihe zu einer gegebenen Summe,

$$c_1 = 0 , \qquad k^2 c_k + c_{k-2} = 0 , \qquad k = 2, 3, \dots$$

erhalten.

Daraus ist einfach herzuleiten, dass $c_{2k-1} = 0$, $k \in \mathbb{N}$ und $c_{2k} = (-1)^k \frac{c_0}{(k!)^2 2^{2k}}$. Wenn wir von $J_0(0) = 1$ ausgehen, gelangen wir zur Lösung

$$J_0(x) = 1 + \sum_{k=1}^{\infty} (-1)^k \frac{x^{2k}}{(k!)^2 2^{2k}} .$$

Diese Reihe konvergiert auf der gesamten Geraden $\mathbb{R}$ (und in der gesamten Ebene $\mathbb{C}$), so dass alle Operationen, die wir oben ausführten, um diese besondere Funktion zu bestimmen, somit gerechtfertigt sind.

Beispiel 6. In Beispiel 5 haben wir eine Lösung für eine Gleichung als eine Potenzreihe gesucht. Ist aber eine Reihe vorgegeben, können wir mit Hilfe von Gleichung (16.29) unmittelbar prüfen, ob sie die Lösung einer gegebenen Gleichung ist. So können wir durch direkte Berechnung nachweisen, dass die durch Gauss eingeführte Funktion

$$F(\alpha, \beta, \gamma, x) = 1 + \sum_{n=1}^{\infty} \frac{\alpha(\alpha+1)\cdots(\alpha+n-1)\beta(\beta+1)\cdots(\beta+n-1)}{\gamma(\gamma+1)\cdots(\gamma+n-1)} x^n$$

(die *hypergeometrische Reihe*) für $|x| < 1$ wohl definiert ist und die sogenannte *hypergeometrische Gleichung*

$$x(x-1)y'' - [\gamma - (\alpha + \beta - 1)x] \cdot y' + \alpha\beta \cdot y = 0$$

erfüllt.

Zusammenfassend bemerken wir, dass die Voraussetzungen von Satz 6 im Unterschied zu den Sätzen 2 und 5 fordern, dass die Familie von Ableitungen, anstelle der Ausgangsfamilie, gleichmäßig konvergiert. Wir haben

---

[3] F.W. Bessel (1784–1846) – deutscher Astronom.

bereits gesehen (Beispiel 2 in Abschnitt 16.1), dass die Folge von Funktionen $f_n(x) = \frac{1}{n}\sin n^2 x$ gleichmäßig gegen die differenzierbare Funktion $f(x) \equiv 0$ konvergiert, wohingegen die Folge von Ableitungen $f_n'(x)$ nicht gegen $f'(x)$ konvergiert. Die Ursache liegt darin, dass die Ableitung die Veränderung der Funktion charakterisiert und nicht die Größe der Funktionswerte. Selbst dann, wenn sich die Funktion nur um einen kleinen Betrag verändert, kann die Ableitung sich formal sehr stark verändern. Dies ist der Fall im gegenwärtigen Beispiel kleiner Oszillationen mit großer Frequenz. Dieser Umstand ist die Ausgangsbasis für das Weierstraßsche Beispiel einer stetigen, aber nirgends differenzierbaren Funktion, die er in Gestalt der Reihe $f(x) = \sum\limits_{n=0}^{\infty} a^n \cos(b^n \pi x)$ gab, die offensichtlich für $0 < a < 1$ auf der gesamten Geraden $\mathbb{R}$ gleichmäßig konvergiert. Weierstraß zeigte, dass bei einer Wahl des Parameters b so, dass die Bedingung $a \cdot b > 1 + \frac{3}{2}\pi$ erfüllt ist, f auf der einen Seite als Summe einer gleichmäßig konvergenten Reihe von stetigen Funktionen stetig ist, wohingegen sie auf der anderen Seite in keinem Punkt $x \in \mathbb{R}$ eine Ableitung besitzt. Der strenge Beweis dieser letzten Behauptung ist sehr anspruchsvoll, so dass wir diejenigen, die ein einfacheres Beispiel für eine stetige Funktion, die keine Ableitung besitzt, auf Satz 5 in Abschnitt 5.1 hinweisen.

16.3.6 Übungen und Aufgaben

1. Finden Sie mit Hilfe einer Potenzreihe die Lösung der Gleichung $y''(x) - y(x) = 0$, die folgende Bedingungen erfüllt:

   a) $y(0) = 0$, $y(1) = 1$;

   b) $y(0) = 1$, $y(1) = 0$.

2. Bestimmen Sie die Summe der Reihe $\sum\limits_{n=1}^{\infty} \frac{x^{n-1}}{n(n+1)}$.

3. a) Weisen Sie nach, dass die durch die Reihe

$$J_n(x) = \sum_{k=0}^{\infty} \frac{(-1)^k}{k!(k+n)!} \left(\frac{x}{2}\right)^{2k+n}$$

definierte Funktion eine Lösung der Bessel–Gleichung der Ordnung $n \geq 0$ in Beispiel 5 ist.

   b) Beweisen Sie, dass die hypergeometrische Reihe in Beispiel 6 eine Lösung der hypergeometrische Differentialgleichung ist.

4. Erhalten und überprüfen Sie die folgenden Entwicklungen, die für Berechnungen geeignet sind, für die vollständigen elliptischen Integrale erster und zweiter Art mit $0 < k < 1$.

$$K(k) = \int_0^{\pi/2} \frac{d\varphi}{\sqrt{1 - k^2 \sin^2 \varphi}} = \frac{\pi}{2}\left(1 + \sum_{n=1}^{\infty} \left(\frac{(2n-1)!!}{(2n)!!}\right)^2 k^{2n}\right);$$

$$E(k) = \int_0^{\pi/2} \sqrt{1 - k^2 \sin^2 \varphi}\, d\varphi = \frac{\pi}{2}\left(1 - \sum_{n=1}^{\infty} \left(\frac{(2n-1)!!}{(2n)!!}\right)^2 \frac{k^{2n}}{2n-1}\right).$$

5. Bestimmen Sie

   a) $\sum\limits_{k=0}^{n} r^k e^{ik\varphi}$;

   b) $\sum\limits_{k=0}^{n} r^k \cos k\varphi$;

   c) $\sum\limits_{k=0}^{n} r^k \sin k\varphi$.

Zeigen Sie, dass die folgenden Gleichungen für $|r| < 1$ gelten:

   d) $\sum\limits_{k=0}^{\infty} r^k e^{ik\varphi} = \frac{1}{1 - r\cos\varphi - ir\sin\varphi}$;

   e) $\frac{1}{2} + \sum\limits_{k=1}^{\infty} r^k \cos k\varphi = \frac{1}{2} \cdot \frac{1 - r^2}{1 - 2r\cos\varphi + r^2}$;

   f) $\sum\limits_{k=1}^{\infty} r^k \sin k\varphi = \frac{r\sin\varphi}{1 - 2r\cos\varphi + r^2}$.

Beweisen Sie, dass die folgenden Gleichungen im Sinne der Abelsche Summation wahr sind:

   g) $\frac{1}{2} + \sum\limits_{k=1}^{\infty} \cos k\varphi = 0$ für $\varphi \neq 2\pi n$, $n \in \mathbb{Z}$;

   h) $\sum\limits_{k=1}^{\infty} \sin k\varphi = \frac{1}{2} \cot \frac{\varphi}{2}$ für $\varphi \neq 2\pi n$, $n \in \mathbb{Z}$.

6. Betrachten Sie das Produkt der Reihen

$$(a_0 + a_1 + \cdots)(b_0 + b_1 + \cdots) = (c_0 + c_1 + \cdots) ,$$

mit $c_n = a_0 b_n + a_1 b_{n-1} + \cdots + a_{n-1} b_1 + a_n b_0$. Zeigen Sie mit Hilfe von Satz 3 für gegen A, B und C konvergierende Reihen $\sum\limits_{n=0}^{\infty} a_n$, $\sum\limits_{n=0}^{\infty} b_n$ bzw. $\sum\limits_{n=0}^{\infty} c_n$, dass $A \cdot B = C$ gilt.

7. Seien $s_n = \sum\limits_{k=1}^{n} a_k$ und $\sigma_n = \frac{1}{n} \sum\limits_{k=1}^{n} s_k$. Eine Reihe ist *summierbar nach Cesàro*[4], genauer gesagt, $(c, 1)$-summierbar gegen A, falls $\lim\limits_{n \to \infty} \sigma_n = A$. In dem Fall schreiben wir $\sum\limits_{n=1}^{\infty} a_k = A(c, 1)$.

   a) Beweisen Sie, dass $1 - 1 + 1 - 1 + \cdots = \frac{1}{2}(c, 1)$.

   b) Zeigen Sie, dass $\sigma_n = \sum\limits_{k=1}^{n} \left(1 - \frac{k-1}{n}\right) a_k$.

   c) Sei $\sum\limits_{k=1}^{\infty} a_k = A$ im üblichen Sinne. Beweisen Sie, dass dann $\sum\limits_{k=1}^{\infty} a_k = A(c, 1)$ gilt.

   d) Die $(c, 2)$-Summe der Reihe $\sum\limits_{k=1}^{\infty} a_k$ entspricht der Größe $\lim\limits_{n \to \infty} \frac{1}{n}(\sigma_1 + \cdots + \sigma_n)$, falls dieser Grenzwert existiert. Auf diese Weise können wir die (c, r)-Summe jeder Ordnung r definieren. Zeigen Sie, dass für $\sum\limits_{k=1}^{\infty} a_k = A(c, r)$ gilt, dass

$$\sum\limits_{k=1}^{\infty} a_k = A(c, r + 1).$$

---

[4] E. Cesàro (1859–1906) – italienischer Mathematiker, der sich mit Analysis und Geometrie befasste.

e) Beweisen Sie, dass die Abelsche Summation auch A ergibt, falls $\sum\limits_{k=1}^{\infty} a_k = A(c,1)$.

8. a) Unter den „*Tauber-Sätzen*" versteht man die kollektive Beschreibung für eine Klasse von Sätzen, die es ermöglichen, durch verschiedene einzelne Voraussetzungen das Verhalten gewisser Größen durch ein bestimmtes Verhalten ihrer Mittelwerte zu beurteilen. Ein Beispiel für einen derartigen Satz, das die Summation nach Cesàro beinhaltet, ist der folgende Satz, den Sie nach Hardy[5] versuchen können zu beweisen.

Sei $\sum\limits_{n=1}^{\infty} a_n = A(c,1)$ und $a_n = O\left(\frac{1}{n}\right)$. Dann konvergiert die Reihe $\sum\limits_{n=1}^{\infty} a_n$ im gewöhnlichen Sinne zur gleichen Summe.

b) Der ursprüngliche Satz von Tauber[6] bezieht sich auf die Abelsche Summation von Reihen und lautet wie folgt:

Angenommen, die Reihe $\sum\limits_{n=1}^{\infty} a_n x^n$ konvergiere für $0 < x < 1$ mit $\lim\limits_{x \to 1-0} \sum\limits_{n=1}^{\infty} a_n x^n = A$. Ist $\lim\limits_{n \to \infty} \frac{a_1 + 2a_2 + \cdots + na_n}{n} = 0$, dann konvergiert die Reihe $\sum\limits_{n=1}^{\infty} a_n$ im gewöhnlichen Sinne gegen A.

9. Es ist sehr hilfreich, im Hinterkopf zu behalten, dass es im Zusammenhang mit dem Grenzübergang unter dem Integralzeichen Sätze gibt, die viel großzügigere hinreichende Bedingungen für die Möglichkeit eines derartigen Übergangs erlauben als die in Satz 5 formulierten. Diese Sätze begründen eine der wichtigsten Errungenschaften des sogenannten Lebesgue–Integrals. Für den Fall, dass die Funktion auf einem abgeschlossenen Intervall Riemann–integrierbar ist, d.h. $f \in \mathcal{R}[a,b]$, gehört diese Funktion auch zur Klasse $\mathcal{L}[a,b]$ der Lebesgue–integrierbaren Funktionen und die Werte des Riemann–Integrals $(R) \int\limits_{a}^{b} f(x)\,\mathrm{d}x$ von f und des Lebesgue–Integrals stimmen überein.

Ganz allgemein ist der Raum $\mathcal{L}[a,b]$ die Vervollständigung von $\mathcal{R}[a,b]$ (genauer gesagt $\widetilde{\mathcal{R}}[a,b]$) bzgl. der Integralmetrik und das Integral $(L) \int\limits_{a}^{b}$ ist die Fortsetzung des linearen Funktionals $(R) \int\limits_{a}^{b}$ von $\mathcal{R}[a,b]$ auf $\mathcal{L}[a,b]$.

Der endgültige Satz von Lebesgue über *majorisierte Konvergenz* oder auch *dominierte Konvergenz* stellt sicher, dass *für eine Folge $\{f_n; n \in \mathbb{N}\}$ von Funktionen $f_n \in \mathcal{L}[a,b]$, für die eine nicht negative Funktion $F \in \mathcal{L}[a,b]$ existiert, die die Funktionen der Folge majorisiert, d.h. $|f_n(x)| \leq F(x)$ fast überall in $[a,b]$, die Konvergenz $f_n \to f$ in fast allen Punkten des abgeschlossenen Intervalls $[a,b]$ impliziert, dass $f \in \mathcal{L}[a,b]$ und $\lim\limits_{n\to\infty} (L) \int\limits_{a}^{b} f_n(x)\,\mathrm{d}x = (L) \int\limits_{a}^{b} f(x)\,\mathrm{d}x$.*

a) Zeigen Sie an einem Beispiel, dass selbst dann, wenn alle Funktionen der Folge $\{f_n; n \in \mathbb{N}\}$ durch eine Konstante M auf dem Intervall $[a,b]$ beschränkt sind und

---

[5] G.H. Hardy (1877–1947) – britischer Mathematiker, der sich hauptsächlich mit Zahlentheorie und Funktionentheorie befasste.

[6] A. Tauber (1866–1942) – österreichischer Mathematiker, der hauptsächlich auf den Gebieten der Zahlentheorie und der Funktionentheorie arbeitete.

die Bedingungen $f_n \in \mathcal{R}[a,b]$, $n \in \mathbb{N}$ und $f_n \to f$ punktweise auf $[a,b]$ erfüllen, dies noch nicht impliziert, dass $f \in \mathcal{R}[a,b]$. (vgl. Beispiel 5 in Abschnitt 16.1).

b) Es gelten die Voraussetzungen aus Teil a) und es sei $f \in \mathcal{R}[a,b]$. Zeigen Sie mit Hilfe des zur Beziehung zwischen den Integralen $(R)\int_a^b$ und $(L)\int_a^b$ Gesagten und dem Satz von Lebesgue, dass $(R)\int_a^b f(x)\,\mathrm{d}x = \lim_{n\to\infty} (R)\int_a^b f_n(x)\,\mathrm{d}x$. Dies ist eine signifikante Verstärkung von Satz 5.

c) Im Zusammenhang mit dem Riemann–Integral lässt sich auch die folgende Version des Satzes zur monotonen Konvergenz formulieren:

Konvergiert die Folge $\{f_n; \, n \in \mathbb{N}\}$ von Funktionen $f_n \in \mathcal{R}[a,b]$ monoton gegen Null, d.h. $0 \leq f_{n+1} \leq f_n$ und $f_n \to 0$ für $n \to \infty$ für jedes $x \in [a,b]$, dann gilt $(R)\int_a^b f_n(x)\,\mathrm{d}x \to 0$.

Beweisen Sie diese Behauptung und benutzen Sie dabei nötigenfalls die folgende hilfreiche Beobachtung:

d) Sei $f \in \mathcal{R}[a,b]$, $|f| \leq M$, mit $\int_0^1 f(x)\,\mathrm{d}x \geq \alpha > 0$. Dann enthält die Menge $E = \{x \in [0,1] \,|\, f(x) \geq \alpha/2\}$ eine endliche Anzahl von Intervallen, deren Längen (l) summiert mindestens $\alpha/(4M)$ ergeben.

Beweisen Sie dies mit Hilfe von beispielsweise den Intervallen einer Unterteilung P des abgeschlossenen Intervalls $[0,1]$, für die die untere Darboux–Summe $s(f,P)$ die Ungleichung $0 \leq \int_0^1 f(x)\,\mathrm{d}x - s(f,P) < \alpha/4$ erfüllt.

10. a) Zeigen Sie an den Beispielen in Abschnitt 16.1, dass es nicht immer möglich ist, eine Teilfolge aus einer Folge von Funktionen, die auf einem abgeschlossenen Intervall punktweise konvergieren, herauszugreifen, die auf dem Intervall gleichmäßig konvergiert.

b) Es ist viel schwieriger, direkt zu beweisen, dass es unmöglich ist, eine Teilfolge der Folge von Funktionen $\{f_n; \, n \in \mathbb{N}\}$, mit $f_n(x) = \sin nx$ herauszugreifen, die in jedem Punkt von $[0, 2\pi]$ konvergiert. Beweisen Sie, dass dies nichtsdestotrotz möglich ist. (Benutzen Sie das Ergebnis von Aufgabe 9b) und den Umstand, dass $\int_0^{2\pi} (\sin n_k x - \sin n_{k+1}x)^2\,\mathrm{d}x = 2\pi \neq 0$ für $n_k < n_{k+1}$.)

c) Sei $\{f_n; \, n \in \mathbb{N}\}$ eine gleichmäßig beschränkte Folge von Funktionen $f_n \in \mathcal{R}[a,b]$. Sei

$$F_n(x) = \int_a^x f_n(t)\,\mathrm{d}t \quad (a \leq x \leq b)\,.$$

Zeigen Sie, dass sich eine Teilfolge der Folge $\{F_n; \, n \in \mathbb{N}\}$ herausgreifen lässt, die auf dem abgeschlossenen Intervall $[a,b]$ gleichmäßig konvergiert.

11. a) Zeigen Sie, dass für $f, f_n \in \mathcal{R}([a,b], \mathbb{R})$ und $f_n \rightrightarrows f$ auf $[a,b]$ zu jedem $\varepsilon > 0$ eine ganze Zahl $N \in \mathbb{N}$ existiert, so dass für jedes $n > N$:

$$\left| \int_a^b (f - f_n)(x)\,\mathrm{d}x \right| < \varepsilon(b-a)\,.$$

b) Sei $f_n \in C^{(1)}\big([a,b], \mathbb{R}\big)$, $n \in \mathbb{N}$ mit $f_n' \rightrightarrows \varphi$ auf $[a,b]$. Zeigen Sie mit Hilfe der Formel $f_n(x) = f_n(x_0) + \int_{x_0}^{x} f_n'(t)\, dt$, dass die Folge von Funktionen $\{f_n; n \in \mathbb{N}\}$ auf $[a,b]$ gleichmäßig gegen eine Funktion $f \in C^{(1)}\big([a,b], \mathbb{R}\big)$ mit $f_n' \rightrightarrows f' = \varphi$ konvergiert, wenn es einen Punkt $x_0 \in [a,b]$ gibt, für den die Folge $\{f_n(x_0); n \in \mathbb{N}\}$ konvergiert.

16.4 *Kompakte und dichte Teilmengen des Raumes der stetigen Funktionen

Dieser Abschnitt ist ganz speziellen Fragestellungen zum Raum der stetigen Funktionen, der in der Analysis allgegenwärtig ist, gewidmet. Alle diese Fragen, wie die Metrik des Raumes der stetigen Funktionen[7] als solches, hängen eng mit dem Konzept der gleichmäßigen Konvergenz zusammen.

16.4.1 Der Satz von Arzelà–Ascoli

Definition 1. Eine Familie $\mathcal{F}$ von auf einer Menge X definierten Funktionen $f : X \to Y$, die in einem metrischen Raum Y Werte annehmen, ist *auf Y gleichmäßig beschränkt*, falls für die Funktionen in der Familie die Wertemenge $V = \big\{y \in Y \mid \exists f \in \mathcal{F} \; \exists x \in X \; \big(y = f(x)\big)\big\}$ in Y beschränkt ist.

Für numerische Funktionen oder für Funktionen $f : X \to \mathbb{R}^n$ bedeutet dies einfach, dass eine Konstante $M \in \mathbb{R}$ existiert, so dass $|f(x)| \leq M$ für alle $x \in X$ und alle Funktionen $f \in \mathcal{F}$.

Definition 1'. Falls die Menge $V \subset Y$ von Werten der Funktionen der Familie $\mathcal{F}$ total beschränkt ist (d.h. zu jedem $\varepsilon > 0$ existiert ein endliches ε-Gitter für V in Y), dann ist die Familie $\mathcal{F}$ *total beschränkt*.

Für Räume Y, in denen das Konzept der Beschränktheit und der totalen Beschränktheit identisch sind (z.B. $\mathbb{R}$, $\mathbb{C}$, $\mathbb{R}^n$ und $\mathbb{C}^n$ und im Allgemeinen im Fall eines lokal kompakten Raums Y), stimmen die Konzepte der gleichmäßigen Beschränktheit und der totalen Beschränktheit überein.

Definition 2. Seien X und Y metrische Räume. Eine Familie $\mathcal{F}$ von Funktionen $f : X \to Y$ ist *gleichgradig stetig auf X*, falls für jedes $\varepsilon > 0$ ein $\delta > 0$ existiert, so dass $d_Y\big(f(x_1), f(x_2)\big) < \varepsilon$ für jede Funktion f in der Familie und alle $x_1, x_2 \in X$, für die $d_X(x_1, x_2) < \delta$.

Beispiel 1. Die Familie von Funktionen $\{x^n; n \in \mathbb{N}\}$ ist nicht gleichgradig stetig auf $[0,1]$, aber gleichgradig stetig auf jedem abgeschlossenen Intervall der Gestalt $[0, q]$ mit $0 < q < 1$.

---

[7] Falls Sie die allgemeinen Konzepte in 9 nicht vollständig beherrschen, können Sie ohne inhaltlichen Verlust im folgenden annehmen, dass die untersuchten Funktionen immer $\mathbb{R}$ in $\mathbb{R}$ oder $\mathbb{C}$ in $\mathbb{C}$ oder $\mathbb{R}^m$ in $\mathbb{R}^n$ abbilden.

Beispiel 2. Die Familie von Funktionen $\{\sin nx;\ n \in \mathbb{N}\}$ ist auf keinem regulären abgeschlossenen Intervall $[a, b] \subset \mathbb{R}$ gleichgradig stetig.

Beispiel 3. Ist die Familie $\{f_\alpha : [a, b] \to \mathbb{R};\ \alpha \in A\}$ differenzierbarer Funktionen f_α derart, dass die Familie $\{f'_\alpha;\ \alpha \in A\}$ ihrer Ableitungen durch eine Konstante gleichmäßig beschränkt ist, dann gilt $|f_\alpha(x_2) - f_\alpha(x_1)| \leq M|x_2 - x_1|$, wie aus dem Mittelwertsatz folgt und daher ist die Ausgangsfamilie auf dem abgeschlossenen Intervall $[a, b]$ gleichgradig stetig.

Das folgende Lemma beschreibt den Zusammenhang zwischen diesen Konzepten und der gleichmäßigen Konvergenz von stetigen Funktionen:

Lemma 1. *Seien K und Y metrische Räume, wobei K kompakt ist. Eine notwendige Bedingung dafür, dass die Folge $\{f_n;\ n \in \mathbb{N}\}$ stetiger Funktionen $f_n : K \to Y$ auf K gleichmäßig konvergiert, ist, dass die Familie $\{f_n;\ n \in \mathbb{N}\}$ total beschränkt und gleichgradig stetig ist.*

Beweis. Sei $f_n \rightrightarrows f$ auf K. Mit Satz 2 in Abschnitt 16.3 folgern wir, dass $f \in C(K, Y)$. Aus der gleichmäßigen Stetigkeit von f auf der kompakten Menge K folgt, dass für jedes $\varepsilon > 0$ ein $\delta > 0$ existiert, so dass $\big(d_K(x_1, x_2) < \delta \Longrightarrow d_Y\big(f(x_1), f(x_2)\big) < \varepsilon\big)$ für alle $x_1, x_2 \in K$. Zu demselben $\varepsilon > 0$ können wir einen Index $N \in \mathbb{N}$ finden, so dass $d_Y\big(f(x), f_n(x)\big) < \varepsilon$ für alle $n > N$ und alle $x \in X$. Wenn wir diese Ungleichungen kombinieren und die Dreiecksungleichung anwenden, erhalten wir, dass aus $d_K(x_1, x_2) < \delta$ folgt, dass $d_Y\big(f_n(x_1), f_n(x_2)\big) < 3\varepsilon$ für jedes $n > N$ und alle $x_1, x_2 \in K$. Daher ist die Familie $\{f_n;\ n > N\}$ gleichgradig stetig. Wenn wir diese Familie um die gleichgradig stetige Familie $\{f_1, \ldots, f_N\}$, die aus einer endlichen Anzahl von auf der kompakten Menge K stetigen Funktionen besteht, ergänzen, erhalten wir eine gleichgradig stetige Familie $\{f_n;\ n \in \mathbb{N}\}$.

Totale Beschränktheit von $\mathcal{F}$ folgt aus der Ungleichung $d_Y\big(f(x), f_n(x)\big) < \varepsilon$, die für $x \in K$ und $n > N$ gilt und aus der Tatsache, dass $f(K)$ und $\bigcup_{n=1}^{N} f_n(K)$ kompakte Mengen in Y sind. Daher ist $\mathcal{F}$ in Y total beschränkt. $\qquad\square$

Das folgende allgemeine Ergebnis ist gültig:

Satz 1. (Arzelà–Ascoli). *Sei $\mathcal{F}$ eine Familie von Funktionen $f : K \to Y$, die auf einem kompakten metrischen Raum K definiert sind und Werte in einem vollständigen metrischen Raum Y annehmen.*

Eine notwendige und hinreichende Bedingung dafür, dass jede Folge $\{f_n \in \mathcal{F};\ n \in \mathbb{N}\}$ eine gleichmäßig konvergente Teilfolge enthält, ist, dass die Familie $\mathcal{F}$ total beschränkt und gleichgradig stetig ist.

Beweis. N o t w e n d i g. Wäre $\mathcal{F}$ keine total beschränkte Familie, könnten wir offensichtlich eine Folge $\{f_n;\ n \in \mathbb{N}\}$ von Funktionen $f_n \in \mathcal{F}$ konstruieren, die nicht total beschränkt wäre und aus der (vgl. das Lemma) keine gleichmäßig konvergente Teilfolge herausgegriffen werden könnte.

Ist $\mathcal{F}$ nicht gleichgradig stetig, dann existiert eine Zahl $\varepsilon_0 > 0$, eine Folge von Funktionen $\{f_n \in \mathcal{F}; \ n \in \mathbb{N}\}$ und eine Folge $\{(x'_n, x''_n); \ n \in \mathbb{N}\}$ von Paaren (x'_n, x''_n) von Punkten x'_n und x''_n, die für $n \to \infty$ gegen einen Punkt $x_0 \in K$ konvergieren, aber gleichzeitig gilt $d_Y\big(f_n(x'_n), f_n(x''_n)\big) \geq \varepsilon_0 > 0$. Dann könnte man keine gleichmäßig konvergente Teilfolge aus der Folge $\{f_n; \ n \in \mathbb{N}\}$ herausgreifen: Tatsächlich müssen die Funktionen einer derartigen Teilfolge nach Lemma 1 eine gleichgradig stetige Familie bilden.

H i n r e i c h e n d. Wir wollen annehmen, dass die kompakte Menge K unendlich ist, da die Behauptung ansonsten trivial ist. Wir halten eine abzählbare dichte Teilmenge E in K fest – eine Folge $\{x_n \in K; \ n \in \mathbb{N}\}$. Eine derartige Menge E lässt sich einfach erhalten, wenn wir beispielsweise die Vereinigung der Punkte endlicher ε–Gitter in K für $\varepsilon = 1, 1/2, \ldots, 1/n, \ldots$ betrachten.

Sei $\{f_n; \ n \in \mathbb{N}\}$ eine beliebige Folge von Funktionen von $\mathcal{F}$.

Die Folge $\{f_n(x_1); \ n \in \mathbb{N}\}$ von Werten dieser Funktionen im Punkt x_1 ist in Y laut Voraussetzung total beschränkt. Da Y ein vollständiger Raum ist, lässt sich daraus eine konvergente Teilfolge $\{f_{n_k}(x_1); \ k \in \mathbb{N}\}$ herausgreifen. Die Funktionen dieser Folge können, wie wir sehen werden, zur Vereinfachung mit f_n^1, $n \in \mathbb{N}$ bezeichnet werden. Der hoch gestellte Index 1 deutet an, dass dies die für den Punkt x_1 konstruierte Folge ist.

Aus dieser Teilfolge greifen wir eine weitere Teilfolge $\{f_{n_k}^1; \ k \in \mathbb{N}\}$ heraus, die wir mit $\{f_n^2; \ n \in \mathbb{N}\}$ bezeichnen, so dass die Folge $\{f_{n_k}^1(x_2); \ k \in \mathbb{N}\}$ konvergiert.

Wenn wir diesen Prozess fortsetzen, erhalten wir eine Abfolge $\{f_n^k; \ n \in \mathbb{N}\}$, $k = 1, 2, \ldots$ von Folgen. Wenn wir nun die „diagonale" Folge $\{g_n = f_n^n; \ n \in \mathbb{N}\}$ betrachten, dann konvergiert diese in jedem Punkt der dichten Menge $E \subset K$, wie sich leicht erkennen lässt.

Wir werden zeigen, dass die Folge $\{g_n; \ n \in \mathbb{N}\}$ in jedem Punkt von K konvergiert und dass die Konvergenz auf K gleichmäßig ist. Dazu halten wir $\varepsilon > 0$ fest und wählen $\delta > 0$ in Übereinstimmung mit Definition 2 zur gleichgradigen Stetigkeit der Familie $\mathcal{F}$. Sei $E_1 = \{\xi_1, \ldots, \xi_k\}$ eine endliche Teilmenge von E, die ein δ–Gitter auf K bildet. Da die Folgen $\{g_n(\xi_i); \ n \in \mathbb{N}\}$, $i = 1, 2, \ldots, k$ alle konvergieren, existiert ein N, so dass $d_Y\big(g_m(\xi_i), g_n(\xi_i)\big) < \varepsilon$ für $i = 1, 2, \ldots, k$ und alle $m, n \geq N$.

Zu jedem Punkt $x \in K$ existiert ein $\xi_j \in E$, so dass $d_K(x, \xi_j) < \delta$. Aufgrund der gleichgradigen Stetigkeit der Familie $\mathcal{F}$ folgt nun für jedes $n \in \mathbb{N}$, dass $d_Y\big(g_n(x), g_n(\xi_j)\big) < \varepsilon$. Mit Hilfe dieser Ungleichungen erhalten wir nun, dass

$$d_Y\big(g_m(x), g_n(x)\big) \leq d_Y\big(g_n(x), g_n(\xi_j)\big) + d_Y\big(g_m(\xi_j), g_n(\xi_j)\big) +$$
$$+ \, d_Y\big(g_m(x), g_m(\xi_j)\big) < \varepsilon + \varepsilon + \varepsilon = 3\varepsilon$$

für alle $m, n > N$.

Nun ist aber x ein beliebiger Punkt der kompakten Menge K, so dass nach dem Cauchyschen Kriterium die Folge $\{g_n; \ n \in \mathbb{N}\}$ tatsächlich auf ganz K gleichmäßig konvergiert. □

16.4.2 Der metrische Raum $C(K, Y)$

Eine der natürlichsten Metriken auf der Menge $C(K, Y)$ von Funktionen $f : K \to Y$, die auf einer kompakten Menge K stetig sind und Werte in einem vollständigen metrischen Raum Y annehmen, ist die folgende *Metrik der gleichmäßigen Konvergenz*

$$d(f, g) = \max_{x \in K} d_Y \big(f(x), g(x) \big) \, ,$$

mit $f, g \in C(K, Y)$. Das Maximum existiert, da K kompakt ist. Die Bezeichnung *Metrik* stammt aus der offensichtlichen Tatsache, dass $d(f_n, f) \to 0 \Leftrightarrow f_n \rightrightarrows f$ auf K.

Wenn wir diese letzte Relation berücksichtigen, können wir nach Satz 2 in Abschnitt 16.3 und dem Cauchyschen Kriterium zur gleichmäßigen Konvergenz folgern, dass der metrische Raum $C(K, Y)$ mit der Metrik der gleichmäßigen Konvergenz vollständig ist.

Wir wiederholen, dass eine *präkompakte Teilmenge* eines metrischen Raumes eine Teilmenge ist, bei der aus jeder Folge ihrer Punkte eine Cauchy–Teilfolge (oder fundamentale Folge) herausgegriffen werden kann. Ist die Ausgangsmetrik vollständig, so ist eine derartige Folge sogar konvergent.

Der Satz von Arzelà–Ascoli liefert eine Beschreibung der präkompakten Teilmengen des metrischen Raums $C(K, Y)$.

Der wichtige Satz, den wir nun beweisen wollen, liefert eine Beschreibung einer Vielzahl von dichten Teilmengen des Raumes $C(K, Y)$. Das natürliche Interesse an derartigen Teilmengen stammt aus der Tatsache, dass jede stetige Funktion $f : K \to Y$ mit einem absoluten Fehler, der beliebig gering sein kann, gleichmäßig durch Funktionen dieser Teilmengen angenähert werden kann.

Beispiel 4. Das klassische Ergebnis von Weierstraß, auf das wir oft zurückgreifen werden und das durch den Satz von Weierstraß–Stone (s. unten) verallgemeinert wird, lautet wie folgt:

Satz 2. (Weierstraß). *Ist $f \in C\big([a, b], \mathbb{C}\big)$, dann existiert eine Folge $\{P_n; n \in \mathbb{N}\}$ von Polynomen $P_n : [a, b] \to \mathbb{C}$, so dass $P_n \rightrightarrows f$ auf $[a, b]$. Hierbei können für $f \in C\big([a, b], \mathbb{R}\big)$ die Polynome auch aus $C\big([a, b], \mathbb{R}\big)$ gewählt werden.*

Geometrisch betrachtet bedeutet dies beispielsweise, dass die Polynome mit reellen Koeffizienten eine überall dichte Teilmenge von $C\big([a, b], \mathbb{R}\big)$ bilden.

Beispiel 5. Obwohl Satz 2 noch nach einem nicht trivialen Beweis verlangt (den wir unten geben), können wir zumindest aus der gleichmäßigen Stetigkeit jeder Funktion $f \in C\big([a, b], \mathbb{R}\big)$ folgern, dass die stückweise linearen stetigen reellwertigen Funktionen auf dem Intervall $[a, b]$ eine dichte Teilmenge von $C\big([a, b], \mathbb{R}\big)$ bilden.

Anmerkung 1. Wir betonen, dass dann, wenn E_1 in E_2 überall dicht ist und E_2 überall dicht ist in E_3, E_1 offensichtlich in E_3 überall dicht ist.

Dies bedeutet beispielsweise, dass es zum Beweis von Satz 2 genügt zu zeigen, dass eine stückweise lineare Funktion auf dem vorgegebenen Intervall beliebig genau durch ein Polynom angenähert werden kann.

16.4.3 Der Satz von Weierstraß–Stone

Bevor wir den allgemeinen Satz von Weierstraß–Stone beweisen, geben wir zunächst den folgenden Beweis von Satz 2 (Satz von Weierstraß) für den Fall reellwertiger Funktionen, der uns dabei behilflich sein wird, den Wert des Folgenden zu schätzen.

Beweis. Wir merken zunächst an, dass für $f, g \in C([a,b], \mathbb{R})$, $\alpha \in \mathbb{R}$, wobei die Funktionen f und g eine gleichmäßige Näherung (mit beliebiger Genauigkeit) durch Polynome zulassen, auch die stetigen Funktionen $f + g$, $f \cdot g$ und αf eine derartige Näherung zulassen.

Auf dem abgeschlossenen Intervall $[-1, 1]$ erlaubt die Funktion $|x|$, wie in Beispiel 2 in Abschnitt 16.3 gezeigt wurde, eine gleichmäßige Näherung durch Polynome $P_n(x) = \sum\limits_{k=1}^{n} a_k x^k$. Daher ergibt die entsprechende Folge von Polynomen $M \cdot P_n(x/M)$ eine gleichmäßige Näherung an $|x|$ auf dem abgeschlossenen Intervall $|x| \leq M$.

Ist $f \in C([a,b], \mathbb{R})$ und $M = \max |f(x)|$, dann folgt aus der Ungleichung $\left| |y| - \sum\limits_{k=1}^{n} c_k y^k \right| < \varepsilon$ für $|y| \leq M$, dass $\left| |f(x)| - \sum\limits_{k=1}^{n} c_k f^k(x) \right| < \varepsilon$ für $a \leq x \leq b$. Erlaubt f daher eine gleichmäßige Näherung durch Polynome auf $[a, b]$, dann erlaubt auch $\sum\limits_{k=1}^{n} c_k f^k$ und $|f|$ eine derartige Näherung.

Erlauben schließlich f und g eine gleichmäßige Näherung durch Polynome auf dem abgeschlossenen Intervall $[a, b]$, dann ist nach dem Gesagten auch für die Funktionen $\max\{f, g\} = \frac{1}{2}((f+g) + |f-g|)$ und $\min\{f, g\} = \frac{1}{2}((f+g) - |f-g|)$ eine derartige Näherung möglich.

Sei $a \leq \xi_1 \leq \xi_2 \leq b$, $f(x) \equiv 0$, $g_{\xi_1 \xi_2}(x) = \frac{x - \xi_1}{\xi_2 - \xi_1}$, $h(x) \equiv 1$, $\Phi_{\xi_1 \xi_2} = \max\{f, g_{\xi_1 \xi_2}\}$ und $F_{\xi_1 \xi_2} = \min\{h, \Phi_{\xi_1 \xi_2}\}$. Linearkombinationen von Funktionen der Gestalt $F_{\xi_1 \xi_2}$ erzeugen offensichtlich die gesamte Menge von stetigen stückweise linearen Funktionen auf dem abgeschlossenen Intervall $[a, b]$, woraus nach Beispiel 5 der Satz von Weierstraß folgt.   □

Bevor wir zum Satz von Weierstraß–Stone übergehen, definieren wir einige neue Konzepte:

Definition 3. Eine Menge A reell- (oder komplex-) wertiger Funktionen auf einer Menge X wird eine *reelle* (oder *komplexe*) *Algebra von Funktionen* auf X genannt, falls

$$(f + g) \in A \, , \qquad (f \cdot g) \in A \, , \qquad (\alpha f) \in A$$

mit $f, g \in A$ und $\alpha \in \mathbb{R}$ (oder $\alpha \in \mathbb{C}$).

Beispiel 6. Sei $X \subset \mathbb{C}$. Die Polynome $P(z) = c_0 + c_1 z + c_2 z^2 + \cdots + c_n z^n$, $n \in \mathbb{N}$ bilden offensichtlich eine komplexe Algebra von Funktionen auf X.

Falls wir $X = [a, b] \subset \mathbb{R}$ wählen und nur Polynome mit reellen Koeffizienten betrachten, erhalten wir eine reelle Algebra von Funktionen auf dem abgeschlossenen Intervall $[a, b]$.

Beispiel 7. Die Linearkombinationen von Funktionen e^{nx}, $n = 0, 1, 2, \ldots$ mit Koeffizienten in $\mathbb{R}$ oder $\mathbb{C}$ bilden auch eine (reelle bzw. komplexe) Algebra auf dem abgeschlossenen Intervall $[a, b] \subset \mathbb{R}$.

Dasselbe lässt sich über Linearkombinationen der Funktionen $\{e^{inx}; \, n \in \mathbb{Z}\}$ sagen.

Definition 4. Wir sagen, dass eine Menge S von Funktionen auf X *Punkte auf X separiert*, falls für jedes Paar von verschiedenen Punkten $x_1, x_2 \in X$ eine Funktion $f \in X$ existiert, so dass $f(x_1) \neq f(x_2)$.

Beispiel 8. Die Menge von Funktionen $\{e^{nx}; \, n \in \mathbb{N}\}$ und selbst jede einzelne Funktion in der Menge separiert Punkte in $\mathbb{R}$.

Gleichzeitig separieren die 2π-periodische Funktionen $\{e^{inx}; \, n \in \mathbb{Z}\}$ Punkte eines abgeschlossenen Intervalls, falls seine Länge kleiner als 2π ist und offensichtlich separieren sie nicht die Punkte eines Intervalls, deren Länge größer oder gleich 2π ist.

Beispiel 9. Die reellen Polynome bilden zusammen genommen eine Menge von Funktionen, die die Punkte jedes abgeschlossenen Intervalls $[a, b]$ separiert, da das Polynom $P(x) = x$ dies bereits schon tut. Das eben Gesagte lässt sich für eine Menge $X \subset \mathbb{C}$ und die Menge von komplexen Polynomen auf X wiederholen. Als eine einfache separierende Funktion können wir $P(z) = z$ wählen.

Definition 5. Die Familie $\mathcal{F}$ von Funktionen $f : X \to \mathbb{C}$ *verschwindet auf X nicht* (ist *nicht entartet*), falls für jeden Punkte $x_0 \in X$ eine Funktion $f_0 \in \mathcal{F}$ existiert, so dass $f_0(x_0) \neq 0$.

Beispiel 10. Die Familie $\mathcal{F} = \{1, x, x^2, \ldots, \}$ verschwindet nicht auf dem abgeschlossenen Intervall $[0, 1]$, aber alle Funktionen der Familie $\mathcal{F}_0 = \{x, x^2, \ldots, \}$ verschwinden in $x = 0$.

Lemma 2. *Falls eine Algebra A von reellen (oder komplexen) Funktionen auf X die Punkte von X separiert und auf X nicht verschwindet, dann gibt es für je zwei verschiedene Punkte $x_1, x_2 \in X$ und alle reellen (bzw. komplexen) Zahlen c_1, c_2 eine Funktion f in A, so dass $f(x_1) = c_1$ und $f(x_2) = c_2$.*

Beweis. Es genügt offensichtlich, das Lemma für $c_1 = 0$, $c_2 = 1$ und für $c_1 = 1$, $c_2 = 0$ zu beweisen.

Aufgrund der Symmetrie der Annahmen für x_1 und x_2 betrachten wir nur den Fall $c_1 = 1$, $c_2 = 0$.

Wir beginnen mit der Anmerkung, dass A eine spezielle Funktion s enthält, die die Punkte x_1 und x_2 separiert und die zusätzlich zur Bedingung $s(x_1) \neq s(x_2)$ auch die Bedingung $s(x_1) \neq 0$ erfüllt.

Seien $g, h \in A$, $g(x_1) \neq g(x_2)$, $g(x_1) = 0$ und $h(x_1) \neq 0$. Es gibt offensichtlich eine Zahl $\lambda \in \mathbb{R} \setminus 0$, so dass $\lambda\big(h(x_1) - h(x_2)\big) \neq g(x_2)$. Die Funktion $s = g + \lambda h$ besitzt dann die gewünschten Eigenschaften.

Wenn wir nun $f(x) = \frac{s^2(x) - s(x_2)s(x)}{s^2(x_1) - s(x_1)s(x_2)}$ setzen, erhalten wir eine Funktion f in der Algebra A, die $f(x_1) = 1$ und $f(x_2) = 0$ erfüllt.   □

Satz 3. (Weierstraß–Stone[8]). *Sei A eine Algebra stetiger reellwertiger Funktionen, die auf einer kompakten Menge K definiert sind. Separiert A die Punkte von K und verschwindet sie nicht auf K, dann ist A ein überall dichter Teilraum von $C(K, \mathbb{R})$.*

Beweis. Sei $\overline{A}$ der Abschluss der Menge $A \subset C(K, \mathbb{R})$ in $C(K, \mathbb{R})$, d.h., $\overline{A}$ besteht aus den stetigen Funktionen $f \in C(K, \mathbb{R})$, die mit beliebiger Genauigkeit durch Funktionen von A gleichmäßig angenähert werden können. Der Satz stellt sicher, dass $\overline{A} = C(K, \mathbb{R})$.

Wenn wir die Überlegungen im Beweis zum Satz von Weierstraß wiederholen, bemerken wir, dass für $f, g \in A$ und $\alpha \in \mathbb{R}$ die Funktionen $f + g$, $f \cdot g$, αf, $|f|$, $\max\{f, g\}$ und $\min\{f, g\}$ auch zu A gehören. Durch Induktion können wir beweisen, dass im Allgemeinen für $f_1, f_2, \ldots, f_n \in A$ gilt, dass $\max\{f_1, f_2, \ldots, f_n\}$ und $\min\{f_1, f_2, \ldots, f_n\}$ auch in A liegen.

Wir zeigen nun, dass für jede Funktion $f \in C(K, \mathbb{R})$, jeden Punkt $x \in K$ und jede Zahl $\varepsilon > 0$ eine Funktion $g_x \in \overline{A}$ existiert, so dass $g_x(x) = f(x)$ und $g_x(t) > f(t) - \varepsilon$ für jedes $t \in K$.

Um dies zu beweisen, benutzen wir Lemma 2 für jeden Punkt $y \in K$, um eine Funktion $h_y \in A$ zu wählen, so dass $h_y(x) = f(x)$ und $h_y(y) = f(y)$. Aufgrund der Stetigkeit von f und h_y auf K, existiert eine offene Umgebung U_y von y, so dass $h_y(t) > f(t) - \varepsilon$ für alle $t \in U_y$. Aus der Überdeckung der kompakten Menge K durch die offenen Mengen U_y wählen wir eine endliche Überdeckung $\{U_{y_1}, U_{y_2}, \ldots, U_{y_n}\}$. Dann ist die Funktion $g_x = \max\{h_{y_1}, h_{y_2}, \ldots h_{y_n}\} \in A$ die gesuchte Funktion.

Wenn wir nun so eine Funktion g_x für jeden Punkt $x \in K$ erzeugen, dann bemerken wir, dass aufgrund der Stetigkeit von g_x und f eine offene Umgebung V_x von $x \in K$ existiert, so dass $g_x(t) < f(t) + \varepsilon$ für jedes $t \in V_x$. Da K kompakt ist, existiert eine endliche Überdeckung $\{V_{x_1}, V_{x_2}, \ldots, V_{x_m}\}$ derartiger Umgebungen. Die Funktion $g = \min\{g_{x_1}, \ldots, g_{x_m}\}$ gehört zu A und sie erfüllt mit dieser Konstruktion in jedem Punkt die beiden Ungleichungen

---

[8] M.H. Stone (1903–1989) – amerikanischer Mathematiker, der hauptsächlich in der Topologie und der Funktionalanalysis arbeitete.

$$f(t) - \varepsilon < g(t) < f(t) + \varepsilon \, .$$

Die Zahl $\varepsilon > 0$ war beliebig, so dass jede Funktion $f \in C(K, \mathbb{R})$ auf K gleichmäßig durch Funktionen in A angenähert werden kann.   □

16.4.4 Übungen und Aufgaben

1. Eine Familie $\mathcal{F}$ von auf dem metrischen Raum X definierten Funktionen $f : X \to Y$, die Werte im metrischen Raum Y annehmen, ist *gleichgradig stetig in* $x_0 \in X$, falls für jedes $\varepsilon > 0$ ein $\delta > 0$ existiert, so dass aus $d_X(x, x_0) < \delta$ folgt, dass $d_Y\Big(f(x), f(x_0)\Big) < \varepsilon$ für jedes $f \in \mathcal{F}$.

a) Zeigen Sie, dass für eine in $x_0 \in X$ gleichgradig stetige Familie $\mathcal{F}$ von Funktionen $f : X \to Y$ jede Funktion $f \in \mathcal{F}$ in x_0 stetig ist, obwohl der Umkehrschluss nicht wahr ist.

b) Beweisen Sie, dass eine in jedem Punkt der kompakten Menge K gleichgradig stetige Familie $\mathcal{F}$ von Funktionen $f : K \to Y$ im Sinne von Definition 2 auf K gleichgradig stetig ist.

c) Zeigen Sie, dass für einen nicht kompakten metrischen Raum X die gleichgradige Stetigkeit einer Familie $\mathcal{F}$ von Funktionen $f : X \to Y$ in jedem Punkt $x \in X$ nicht die gleichgradige Stetigkeit von $\mathcal{F}$ auf X impliziert.

Aus diesem Grund nennen wir eine Familie $\mathcal{F}$, die auf einer Menge X im Sinne von Definition 2 gleichgradig stetig ist, auch *gleichmäßig gleichgradig stetig* auf dieser Menge. Daher ist der Zusammenhang zwischen gleichgradiger Stetigkeit in einem Punkt und gleichmäßig gleichgradiger Stetigkeit einer Familie von Funktionen auf einer Menge X gleich dem zwischen Stetigkeit und gleichmäßiger Stetigkeit einer einzelnen Funktion $f : X \to Y$ auf der Menge X.

d) Sei $\omega(f; E)$ die Oszillation der Funktion $f : X \to Y$ auf der Menge $E \subset Y$ und $K(X, \delta)$ die Kugel mit Radius δ mit Zentrum in $x \in X$. Welche Konzepte werden durch die folgenden Formeln definiert?

$$\forall \varepsilon > 0 \, \exists \delta > 0 \, \forall f \in \mathcal{F} \, \omega\Big(f; K(x, \delta)\Big) < \varepsilon \, ,$$

$$\forall \varepsilon > 0 \, \exists \delta > 0 \, \forall f \in \mathcal{F} \, \forall x \in X \, \omega\Big(f; K(x, \delta)\Big) < \varepsilon \, .$$

e) Zeigen Sie am Beispiel, dass der Satz von Arzelà–Ascoli im Allgemeinen nicht wahr ist, falls K nicht kompakt ist: Konstruieren Sie eine gleichmäßig beschränkte und gleichgradig stetige Folge $\{f_n; n \in \mathbb{N}\}$ von Funktionen $f_n(x) = \varphi(x + n)$, aus der keine Teilfolge herausgegriffen werden kann, die auf $\mathbb{R}$ gleichmäßig konvergiert.

f) Lösen Sie Aufgabe 10c) in Abschnitt 16.3 mit Hilfe des Satzes von Arzelà–Ascoli.

2. a) Erklären Sie ausführlich, warum jede stetige und stückweise lineare Funktion auf einem abgeschlossenen Intervall $[a, b]$ als eine Linearkombination von Funktionen der im Beweis des Satzes von Weierstraß vorkommenden Gestalt $F_{\xi_1 \xi_2}$ dargestellt werden kann.

b) Beweisen Sie den Satz von Weierstraß für Funktionen $f : [a, b] \to \mathbb{C}$ mit komplexen Werten.

c) Die Größe $M_n = \int_a^b f(x)x^n \, dx$ wird auf dem abgeschlossenen Intervall $[a, b]$ oft das n-te Moment der Funktion $f : [a, b] \to \mathbb{C}$ genannt. Zeigen Sie, dass für $f \in C\big([a, b], \mathbb{C}\big)$ und $M_n = 0$ für alle $n \in \mathbb{N}$ gilt, dass $f(x) \equiv 0$ auf $[a, b]$.

3. a) Zeigen Sie, dass die durch das Funktionenpaar $\{1, x^2\}$ erzeugte Algebra in der Menge aller geraden Funktionen, die auf $[-1, 1]$ stetig sind, dicht ist.

b) Lösen Sie die vorangegangene Aufgabe für die durch die einzelne Funktion $\{x\}$ erzeugte Algebra und die Menge der auf $[-1, 1]$ stetigen ungeraden Funktionen.

c) Ist es möglich, jede Funktion $f \in C\big([0, \pi], \mathbb{C}\big)$ gleichmäßig mit beliebiger Genauigkeit durch Funktionen in der Algebra anzunähern, die durch das Funktionenpaar $\{1, e^{ix}\}$ erzeugt wird?

d) Beantworten Sie die vorangegangene Frage für den Fall, dass $f \in C\big([-\pi, \pi], \mathbb{C}\big)$.

e) Zeigen Sie, dass die Antwort auf die vorangegangene Frage genau dann positiv ausfällt, falls $f(-\pi) = f(\pi)$.

f) Lässt sich jede Funktion $f \in C\big([a, b], \mathbb{C}\big)$ durch Linearkombinationen der Funktionen $\{1, \cos x, \sin x, \ldots, \cos nx, \sin nx, \ldots\}$ gleichmäßig annähern, falls $[a, b] \subset \,] - \pi, \pi [$?

g) Lässt sich jede ungerade Funktion $f \in C\big([a, b], \mathbb{C}\big)$ durch Funktionen des Systems $\{1, \cos x, \ldots, \cos nx, \ldots\}$ gleichmäßig annähern?

h) Sei $[a, b]$ ein beliebiges abgeschlossenen Intervall auf der reellen Geraden $\mathbb{R}$. Zeigen Sie, dass die auf $[a, b]$ durch jede nicht verschwindende streng monotone Funktion $\varphi(x)$ (e^x beispielsweise) erzeugte Algebra in $C\big([a, b], \mathbb{R}\big)$ dicht ist.

i) Bei welcher Positionierung des abgeschlossenen Intervalls $[a, b] \subset \mathbb{R}$ ist die durch $\varphi(x) = x$ erzeugte Algebra in $C\big([a, b], \mathbb{R}\big)$ dicht?

4. a) Eine komplexe Algebra von Funktionen A ist *selbstadjungiert*, falls aus $f \in A$ folgt, dass $\overline{f} \in A$, wobei $\overline{f}(x)$ der zu $f(x)$ konjugierte Wert ist. Zeigen Sie, dass für eine nicht entartete komplexe Algebra A auf X, die die Punkte von X separiert, unter der Voraussetzung, dass A selbstadjungiert ist, sichergestellt werden kann, dass die Teilalgebra A_R der reellwertigen Funktionen in A ebenfalls auf X nicht entartet ist und ebenfalls Punkte in X separiert.

b) Beweisen Sie die folgende komplexe Version des Satzes von Weierstraß–Stone:

Ist eine komplexe Algebra A von Funktionen $f : X \to \mathbb{C}$ auf X nicht entartet und separiert sie die Punkte von X, dann lässt sich unter der Voraussetzung, dass A selbstadjungiert ist, zeigen, dass A in $C(X, \mathbb{C})$ dicht ist.

c) Sei $X = \{z \in \mathbb{C} \, \big| \, |z| = 1\}$ der Einheitskreis und A die Algebra auf X, die durch die Funktion $e^{i\varphi}$ erzeugt wird, wobei φ der Polarwinkel des Punktes $z \in \mathbb{C}$ ist. Diese Algebra ist auf X nicht entartet und separiert die Punkte von X, aber sie ist nicht selbstadjungiert.

d) Beweisen Sie, dass die Gleichung $\int_0^{2\pi} f\big(e^{i\varphi}\big) e^{in\varphi} \, d\varphi = 0$, $n \in \mathbb{N}$ für jede Funktion $f : X \to \mathbb{C}$ gelten muss, die eine gleichmäßige Näherung durch Elemente von

A zulässt. Zeigen Sie mit Hilfe dieser Tatsache, dass die Einschränkung der Funktion $f(z) = \overline{z}$ auf den Kreis X eine stetige Funktion auf X ist, die nicht zum Abschluss der Algebra A gehört.

17

Parameterintegrale

In diesem Kapitel werden wir die allgemeinen Sätze für parameterabhängige Familien von Funktionen auf den Familientypus anwenden, der in der Analysis am häufigsten vorkommt – Parameterintegrale.

17.1 Eigentliche Parameterintegrale

17.1.1 Das Konzept eines Parameterintegrals

Ein *Parameterintegral* ist eine Funktion der Gestalt

$$F(t) = \int_{E_t} f(x,t)\, \mathrm{d}x \,, \qquad (17.1)$$

wobei t die Rolle eins Parameters spielt, der sich innerhalb einer Menge T verändern kann, und zu jedem Wert $t \in T$ gehört eine Menge E_t und eine Funktion $\varphi_t(x) = f(x,t)$, die über E_t im eigentlichen oder uneigentlichen Sinne integrierbar ist.

Die Art der Menge kann sehr unterschiedlich sein, aber natürlich ist T in den wichtigsten Fällen eine Teilmenge von $\mathbb{R}$, $\mathbb{C}$, $\mathbb{R}^n$ oder $\mathbb{C}^n$.

Ist das Integral (17.1) für jeden Wert des Parameters $t \in T$ ein eigentliches Integral, dann bezeichnen wir die Funktion F in (17.1) als *eigentliches Parameterintegral*.

Existiert das Integral (17.1) jedoch nur als ein uneigentliches Integral für einige oder alle Werte von $t \in T$, dann nennen wir F üblicherweise ein *uneigentliches Parameterintegral*.

Dies sind jedoch nur terminologische Vereinbarungen.

Ist $x \in \mathbb{R}^m$, $E_t \subset \mathbb{R}^m$ und $m > 1$, dann sagen wir, dass wir es mit einem *parameterabhängigen Mehrfach-* (Doppel-, Dreifach- u.s.w.) *Integral* (17.1) zu tun haben.

Wir werden uns jedoch auf den ein-dimensionalen Fall konzentrieren, der die Grundlage für alle weiteren Verallgemeinerungen bildet. Außerdem werden wir der Einfachheit halber für E_t zunächst Intervalle der reellen Gerade $\mathbb{R}$ benutzen, die vom Parameter unabhängig sind und dabei annehmen, dass das Integral (17.1) über diese Intervalle als eigentliches Integral existiert.

17.1.2 Stetigkeit eines Parameterintegrals

Satz 1. *Sei $P = \{(x,y) \in \mathbb{R}^2 \mid a \leq x \leq b \wedge c \leq y \leq d\}$ ein Rechteck in der Ebene $\mathbb{R}^2$. Ist die Funktion $f : P \to \mathbb{R}$ stetig, d.h., ist $f \in C(P, \mathbb{R})$, dann ist die Funktion*

$$F(y) = \int_a^b f(x,y) \, \mathrm{d}x \tag{17.2}$$

in jedem Punkt $y \in [c,d]$ stetig.

Beweis. Aus der gleichmäßigen Stetigkeit der Funktion f auf der kompakten Menge P folgt, dass $\varphi_y(x) := f(x,y) \rightrightarrows f(x,y_0) =: \varphi_{y_0}(x)$ auf $[a,b]$ für $y \to y_0$ mit $y, y_0 \in [c,d]$. Für jedes $y \in [c,d]$ ist die Funktion $\varphi_y(x) = f(x,y)$ auf dem abgeschlossenen Intervall $[a,b]$ bezüglich x stetig und daher über diesem Intervall integrierbar. Nach dem Satz zum Grenzübergang unter einem Integralzeichen können wir nun sicher sein, dass

$$F(y_0) = \int_a^b f(x, y_0) \, \mathrm{d}x = \lim_{y \to y_0} \int_a^b f(x,y) \, \mathrm{d}x = \lim_{y \to y_0} F(y) \, . \qquad \square$$

Anmerkung 1. Wie am Beweis erkennbar ist, bleibt Satz 1 zur Stetigkeit der Funktion (17.2) gültig, wenn wir als Menge von Werten des Parameters y jede kompakte Menge K zulassen, vorausgesetzt natürlich, dass $f \in C(I \times K, \mathbb{R})$ mit $I = \{x \in \mathbb{R} \mid a \leq x \leq b\}$.

Daher können wir insbesondere folgern, dass für $f \in C(I \times D, \mathbb{R})$ gilt, dass $F \in C(D, \mathbb{R})$, da jeder Punkt $y_0 \in D$ eine kompakte Umgebung $K \subset D$ besitzt und die Einschränkung von f auf $I \times K$ eine stetige Funktion auf einer kompakten Menge $I \times K$ ist, wobei D in $\mathbb{R}^n$ eine offene Menge ist.

Wir haben Satz 1 für Funktionen mit reellen Werten formuliert, aber natürlich bleibt der Satz und sein Beweis für vektorwertige Funktionen, wie z.B. für Funktionen mit Werten in $\mathbb{C}$, $\mathbb{R}^m$ oder $\mathbb{C}^m$ gültig.

Beispiel 1. Im Beweis zum Morse–Lemma (vgl. Abschnitt 8.6 in Teil I) haben wir das folgende Lemma von H a d a m a r d angeführt.

Gehört eine Funktion f in einer Umgebung U des Punktes x_0 zur Klasse $C^{(1)}(U, \mathbb{R})$, dann lässt sie sich in einer Umgebung von x_0 in der Gestalt

$$f(x) = f(x_0) + \varphi(x)(x - x_0) \tag{17.3}$$

darstellen, wobei φ eine stetige Funktion ist, mit $\varphi(x_0) = f'(x_0)$.

Gleichung (17.3) folgt einfach durch Anwendung der Newton–Leibniz Formel (des Fundamentalsatzes der Infinitesimalrechnung)

$$f(x_0 + h) - f(x_0) = \int\limits_0^1 f'(x_0 + th)\,\mathrm{d}t \cdot h \qquad (17.4)$$

und Satz 1 auf die Funktion $F(h) = \int_0^1 f'(x_0 + th)\,\mathrm{d}t$. Nun verbleibt nur noch die Substitution $h = x - x_0$ auszuführen, und $\varphi(x) = F(x - x_0)$ zu setzen.

Die Anmerkung, dass Gl. (17.4) auch für $x_0, h \in \mathbb{R}^n$ gilt, wobei n nicht auf den Wert 1 beschränkt ist, ist manchmal hilfreich. Wenn wir das Symbol f' etwas ausführlicher formulieren und der Einfachheit halber $x_0 = 0$ setzen, können wir anstelle von (17.4)

$$f(x^1, \ldots, x^n) - f(0, \ldots, 0) = \sum_{i=1}^n \int\limits_0^1 \frac{\partial f}{\partial x^i}(tx^1, \ldots, tx^n)\,\mathrm{d}t \cdot x^i$$

schreiben und dann sollte in (17.3)

$$\varphi(x)x = \sum_{i=1}^n \varphi_i(x)\,x^i$$

gesetzt werden, mit $\varphi_i(x) = \int_0^1 \frac{\partial f}{\partial x^i}(tx)\,\mathrm{d}t$.

17.1.3 Ableitung eines Parameterintegrals

Satz 2. *Ist die Funktion $f : P \to \mathbb{R}$ stetig und besitzt sie auf dem Rechteck $P = \{(x, y) \in \mathbb{R}^2 \,|\, a \le x \le b \wedge c \le y \le d\}$ eine stetige partielle Ableitung nach y, dann gehört das Integral (17.2) zu $C^{(1)}([c, d], \mathbb{R})$ und es gilt*

$$F'(y) = \int\limits_a^b \frac{\partial f}{\partial y}(x, y)\,\mathrm{d}x\ . \qquad (17.5)$$

Die Formel (17.5) zur Ableitung eigentlicher Integrale (17.2) nach einem Parameter wird oft auch *Leibniz-Regel* genannt.

Beweis. Wir werden direkt beweisen, dass $F'(y_0)$ für $y_0 \in [c, d]$ mit Gleichung (17.5) berechnet werden kann:

$$\left| F(y_0 + h) - F(y_0) - \left(\int\limits_a^b \frac{\partial f}{\partial y}(x, y_0)\, dx \right) h \right| =$$

$$= \left| \int\limits_a^b \left(f(x, y_0 + h) - f(x, y_0) - \frac{\partial f}{\partial y}(x, y_0) h \right) dx \right| \leq$$

$$\leq \int\limits_a^b \left| f(x, y_0 + h) - f(x, y_0) - \frac{\partial f}{\partial y}(x, y_0) h \right| dx \leq$$

$$\leq \int\limits_a^b \sup_{0 < \theta < 1} \left| \frac{\partial f}{\partial y}(x, y_0 + \theta h) - \frac{\partial f}{\partial y}(x, y_0) \right| dx |h| = \varphi(y_0, h) \cdot |h| \, .$$

Laut Annahme ist $\frac{\partial f}{\partial y} \in C(P, \mathbb{R})$, so dass auf dem abgeschlossenen Intervall $a \leq x \leq b$ für $y \to y_0$ gilt, dass $\frac{\partial f}{\partial y}(x, y) \rightrightarrows \frac{\partial f}{\partial y}(x, y_0)$. Daraus folgt, dass $\varphi(y_0, h) \to 0$ für $h \to 0$. $\square$

Anmerkung 2. Die Stetigkeit der Ausgangsfunktion f wird im Beweis nur als hinreichende Bedingung für die Existenz aller Integrale benutzt, die im Beweis auftreten.

Anmerkung 3. Der gerade vorgestellte Beweis und die darin eingesetzte Formulierung des Mittelwertsatzes zeigen, dass Satz 2 auch gültig bleibt, wenn das abgeschlossene Intervall $[c, d]$ durch jede konvexe kompakte Menge in jedem normierten Vektorraum ersetzt wird. Hierbei können wir offensichtlich auch annehmen, dass f Werte in einem vollständigen normierten Vektorraum annimmt.

Insbesondere – und dies ist manchmal sehr hilfreich – ist Gleichung (17.5) auch auf komplexwertige Funktionen F einer komplexen Variablen und auf Funktionen $F(y) = F(y^1, \ldots, y^n)$ eines vektoriellen Parameters $y = (y^1, \ldots, y^n) \in \mathbb{C}^n$ anwendbar.

In diesem Fall kann $\frac{\partial f}{\partial y}$ natürlich koordinatenweise als $\left(\frac{\partial f}{\partial y^1}, \ldots, \frac{\partial f}{\partial y^n} \right)$ geschrieben werden und dann ergibt (17.5) die entsprechenden partiellen Ableitungen

$$\frac{\partial F}{\partial y^i}(y) = \int\limits_a^b \frac{\partial f}{\partial y^i}(x, y^1, \ldots, y^n)\, dx$$

der Funktion F.

Beispiel 2. Wir wollen nachweisen, dass die Funktion $u(x) = \int\limits_0^\pi \cos(n\varphi - x \sin \varphi)\, d\varphi$ die Bessel–Gleichung $x^2 u'' + x u' + (x^2 - n^2) u = 0$ erfüllt.

Tatsächlich erhalten wir, indem wir mit Hilfe von Gleichung (17.5) die Differentiation ausführen und einige einfache Umformungen vornehmen, dass

$$-x^2 \int_0^\pi \sin^2 \varphi \cos(n\varphi - x \sin \varphi) \, \mathrm{d}\varphi + x \int_0^\pi \sin \varphi \sin(n\varphi - x \sin \varphi) \, \mathrm{d}\varphi +$$

$$+ (x^2 - n^2) \int_0^\pi \cos(n\varphi - x \sin \varphi) \, \mathrm{d}\varphi =$$

$$= - \int_0^\pi \big((x^2 \sin^2 \varphi + n^2 - x^2) \cos(n\varphi - x \sin \varphi) -$$

$$- x \sin \varphi \sin(n\varphi - x \sin \varphi) \big) \, \mathrm{d}\varphi =$$

$$= -(n + x \cos \varphi) \sin(n\varphi - x \sin \varphi) \big|_0^\pi = 0 \, .$$

Beispiel 3. Die vollständigen elliptischen Integrale

$$E(k) = \int_0^{\pi/2} \sqrt{1 - k^2 \sin^2 \varphi} \, \mathrm{d}\varphi \quad \text{und} \quad K(k) = \int_0^{\pi/2} \frac{\mathrm{d}\varphi}{\sqrt{1 - k^2 \sin^2 \varphi}} \qquad (17.6)$$

als Funktionen des Parameters k, $0 < k < 1$, der *Modus* des entsprechenden *elliptischen Integrals* genannt wird, hängen wie folgt zusammen:

$$\frac{\mathrm{d}E}{\mathrm{d}k} = \frac{E - K}{k} \quad \text{und} \quad \frac{\mathrm{d}K}{\mathrm{d}k} = \frac{E}{k(1 - k^2)} - \frac{K}{k} \, .$$

Wir wollen beispielsweise den ersten Ausdruck beweisen. Mit Gleichung (17.5) erhalten wir

$$\frac{\mathrm{d}E}{\mathrm{d}k} = - \int_0^{\pi/2} k \sin^2 \varphi \cdot (1 - k^2 \sin^2 \varphi)^{-1/2} \, \mathrm{d}\varphi =$$

$$= \frac{1}{k} \int_0^{\pi/2} (1 - k^2 \sin^2 \varphi)^{1/2} \, \mathrm{d}\varphi - \frac{1}{k} \int_0^{\pi/2} (1 - k^2 \sin^2 \varphi)^{-1/2} \, \mathrm{d}\varphi = \frac{E - K}{k} \, .$$

Beispiel 4. Mit Hilfe der Gleichung (17.5) kann man manchmal sogar das Integral berechnen. Sei

$$F(\alpha) = \int_0^{\pi/2} \ln(\alpha^2 - \sin^2 \varphi) \, \mathrm{d}\varphi \qquad (\alpha > 1) \, .$$

Nach Gleichung (17.5) gilt

$$F'(\alpha) = \int_0^{\pi/2} \frac{2\alpha \, \mathrm{d}\varphi}{\alpha^2 - \sin^2 \varphi} = \frac{\pi}{\sqrt{\alpha^2 - 1}} \, ,$$

woraus wir erhalten, dass $F(\alpha) = \pi \ln \left(\alpha + \sqrt{\alpha^2 - 1} \right) + c$.

Die Konstante c selbst ist auch leicht zu bestimmen, falls wir bedenken, dass auf der einen Seite $F(\alpha) = \pi \ln \alpha + \pi \ln 2 + c + o(1)$ für $\alpha \to +\infty$ und wir auf der anderen Seite aufgrund der Definition von $F(\alpha)$ unter Berücksichtigung der Gleichung $\ln(\alpha^2 - \sin^2 \varphi) = 2 \ln \alpha + o(1)$ für $\alpha \to +\infty$ erhalten, dass $F(\alpha) = \pi \ln \alpha + o(1)$. Somit ist $\pi \ln 2 + c = 0$ und daraus folgt $F(\alpha) = \pi \ln \frac{1}{2} \left(\alpha + \sqrt{\alpha^2 - 1} \right)$.

Der Satz 2 kann etwas verschärft werden.

Satz 2′. *Angenommen, die Funktion $f : P \to \mathbb{R}$ sei stetig und habe eine stetige partielle Ableitung $\frac{\partial f}{\partial y}$ auf dem Rechteck $P = \{(x,y) \in \mathbb{R}^2 \,|\, a \leq x \leq b \wedge c \leq y \leq d\}$. Ferner seien $\alpha(y)$ und $\beta(y)$ stetig differenzierbare Funktionen auf $[c, d]$, deren Werte für jedes $y \in [c, d]$ in $[a, b]$ liegen. Dann ist das Integral*

$$F(y) = \int\limits_{\alpha(y)}^{\beta(y)} f(x, y) \, \mathrm{d}x \qquad (17.7)$$

für jedes $y \in [c, d]$ definiert und gehört zur Klasse $C^{(1)}([c, d], \mathbb{R})$ und es gilt die folgende Gleichung:

$$F'(y) = f\big(\beta(y), y\big) \cdot \beta'(y) - f\big(\alpha(y), y\big) \cdot \alpha'(y) + \int\limits_{\alpha(y)}^{\beta(y)} \frac{\partial f}{\partial y}(x, y) \, \mathrm{d}x \,. \qquad (17.8)$$

Beweis. Wenn wir Gleichung (17.5) berücksichtigen, können wir in Übereinstimmung mit der Regel zur Ableitung eines Integrals nach den Integrationsgrenzen sagen, dass für $\alpha, \beta \in [a, b]$ und $y \in [c, d]$ die Funktion

$$\Phi(\alpha, \beta, y) = \int\limits_{\alpha}^{\beta} f(x, y) \, \mathrm{d}x$$

die folgenden partiellen Ableitungen besitzt:

$$\frac{\partial \Phi}{\partial \beta} = f(\beta, y) \,, \qquad \frac{\partial \Phi}{\partial \alpha} = -f(\alpha, y) \,, \qquad \frac{\partial \Phi}{\partial y} = \int\limits_{\alpha}^{\beta} \frac{\partial f}{\partial y}(x, y) \, \mathrm{d}x \,.$$

Mit Hilfe von Satz 1 können wir folgern, dass alle partiellen Ableitungen von Φ in ihrem Definitionsbereich stetig sind. Daher ist Φ stetig differenzierbar. Nun folgt Gleichung (17.8) aus der Kettenregel der Differentiation der verketteten Funktion $F(y) = \Phi\big(\alpha(y), \beta(y), y\big)$. □

Beispiel 5. Sei

$$F_n(x) = \frac{1}{(n-1)!} \int\limits_0^x (x-t)^{n-1} f(t) \, \mathrm{d}t \, ,$$

mit $n \in \mathbb{N}$. Dabei sei f eine Funktion, die auf dem Integrationsintervall stetig ist. Wir wollen zeigen, dass $F_n^{(n)}(x) = f(x)$.

Für $n = 1$ gelangen wir zu $F_1(x) = \int\limits_0^x f(t) \, \mathrm{d}t$ und $F_1'(x) = f(x)$.

Mit Gleichung (17.8) erhalten wir für $n > 1$, dass

$$F_n'(x) = \frac{1}{(n-1)!}(x-x)^{n-1} f(x) + \frac{1}{(n-2)!} \int\limits_0^x (x-t)^{n-2} f(t) \, \mathrm{d}t = F_{n-1}(x) \, .$$

Nun können wir durch Induktion folgern, dass tatsächlich $F_n^{(n)}(x) = f(x)$ für jedes $n \in \mathbb{N}$ gilt.

17.1.4 Integration eines Parameterintegrals

Satz 3. *Ist die Funktion $f : P \to \mathbb{R}$ im Rechteck $P = \{(x,y) \in \mathbb{R}^2 \,|\, a \le x \le b \wedge c \le y \le d\}$ stetig, dann ist das Integral (17.2) über dem abgeschlossenen Intervall $[c,d]$ integrierbar und es gilt die folgende Gleichung:*

$$\int\limits_c^d \left(\int\limits_a^b f(x,y) \, \mathrm{d}x \right) \mathrm{d}y = \int\limits_a^b \left(\int\limits_c^d f(x,y) \, \mathrm{d}y \right) \mathrm{d}x \, . \tag{17.9}$$

Beweis. Aus dem Blickwinkel von Mehrfachintegralen ist Gl. (17.9) eine einfache Version des Satzes von Fubini. Wir werden jedoch einen Beweis für (17.9) liefern, der die Gleichung unabhängig vom Satz von Fubini rechtfertigt.

Wir betrachten die Funktionen

$$\varphi(u) = \int\limits_c^u \left(\int\limits_a^b f(x,y) \, \mathrm{d}x \right) \mathrm{d}y \quad \text{und} \quad \psi(u) = \int\limits_a^b \left(\int\limits_c^u f(x,y) \, \mathrm{d}y \right) \mathrm{d}x \, .$$

Da $f \in C(P, \mathbb{R})$ können wir mit Satz 1 und der stetigen Abhängigkeit des Integrals von der oberen Integrationsgrenze folgern, dass φ und ψ zu $C([c,d], \mathbb{R})$ gehören. Damit erhalten wir aufgrund der Stetigkeit der Funktion (17.2), dass $\varphi'(u) = \int\limits_a^b f(x,u) \, \mathrm{d}x$ und schließlich mit Gleichung (17.5), dass $\psi'(u) = \int\limits_a^b f(x,u) \, \mathrm{d}x$ für $u \in [c,d]$. Somit ist also $\varphi'(u) = \psi'(u)$ und daher $\varphi(u) = \psi(u) + C$ auf $[c,d]$. Da aber $\varphi(c) = \psi(c) = 0$ gilt, muss $\varphi(u) = \psi(u)$ auf $[c,d]$ gelten, woraus sich Gleichung (17.9) für $u = d$ ergibt. $\qquad \square$

17.1.5 Übungen und Aufgaben

1. a) Erklären Sie, warum die Funktion $F(y)$ in (17.2) den Grenzwert $\int\limits_a^b \varphi(x)\,dx$ besitzt, falls die Familie von Funktionen $\varphi_y(x) = f(x,y)$, die vom Parameter $y \in Y$ abhängen und über dem abgeschlossen Intervall $a \le x \le b$ integrierbar sind, gleichmäßig auf diesem abgeschlossenen Intervall gegen eine Funktion $\varphi(x)$ über einer Basis $\mathcal{B}$ in Y konvergiert (z.B. die Basis $y \to y_0$).

  b) Sei E eine messbare Menge in $\mathbb{R}^m$ und die auf dem direkten Produkt $E \times I^n = \{(x,t) \in \mathbb{R}^{m+n} \mid x \in E \wedge t \in I^n\}$ der Menge E und dem n-dimensionalen Intervall I^n definierte Funktion $f : E \times I^n \to \mathbb{R}$ sei stetig. Beweisen Sie, dass dann die durch (17.1) definierte Funktion F für $E_t = E$ auf I^n stetig ist.

  c) Sei $P = \{(x,y) \in \mathbb{R}^2 \mid a \le x \le b \wedge c \le y \le d\}$ und sei $f \in C(P, \mathbb{R})$, $\alpha, \beta \in C\big([c,d], [a,b]\big)$. Beweisen Sie, dass in diesem Fall die Funktion (17.7) auf dem abgeschlossenen Intervall $[c,d]$ stetig ist.

2. a) Beweisen Sie, dass die Funktion $F(x) = \frac{1}{2a} \int\limits_{-a}^a f(x+t)\,dt$ für $f \in C(\mathbb{R}, \mathbb{R})$ nicht nur stetig, sondern auch differenzierbar auf $\mathbb{R}$ ist.

  b) Bestimmen Sie die Ableitung dieser Funktion $F(x)$ und zeigen Sie, dass $F \in C^{(1)}(\mathbb{R}, \mathbb{R})$.

3. Zeigen Sie für $|r| < 1$ durch Ableitung nach dem Parameter, dass

$$F(r) = \int\limits_0^\pi \ln(1 - 2r \cos x + r^2)\,dx = 0\,.$$

4. Zeigen Sie, dass die folgenden Funktionen die Bessel–Gleichung aus Beispiel 2 erfüllen:

  a) $u = x^n \int\limits_0^\pi \cos(x \cos \varphi) \sin^{2n} \varphi\,d\varphi$;

  b) $J_n(x) = \frac{x^n}{(2n-1)!!\pi} \int\limits_{-1}^{+1} (1 - t^2)^{n-1/2} \cos xt\,dt$.

  c) Zeigen Sie, dass die Funktionen J_n zu verschiedenen Werten von $n \in \mathbb{N}$ durch die Gleichung $J_{n+1} = J_{n-1} - 2J_n'$ miteinander zusammenhängen.

5. Wir entwickeln Beispiel 3 weiter und setzen $\widetilde{k} := \sqrt{1 - k^2}$, $\widetilde{E}(k) := E(\widetilde{k})$, $\widetilde{K}(k) := K(\widetilde{k})$. Zeigen Sie, nach Legendre, dass

  a) $\frac{d}{dk}(E\widetilde{K} + \widetilde{E}K - K\widetilde{K}) = 0$;

  b) $E\widetilde{K} + \widetilde{E}K - K\widetilde{K} = \pi/2$.

6. Anstelle von Integral (17.2) betrachten wir das Integral

$$\mathcal{F}(y) = \int\limits_a^b f(x,y)g(x)\,dx\,,$$

wobei g eine Funktion ist, die über dem abgeschlossenen Intervall $[a, b]$ integrierbar ist ($g \in \mathcal{R}[a, b]$).

Zeigen Sie nach und nach durch Wiederholung der Beweise zu den Sätzen 1-3, dass

a) $\mathcal{F}$ auf $[c, d]$ stetig ist, falls die Funktion die Voraussetzungen von Satz 1 erfüllt ($\mathcal{F} \in C[c, d]$);

b) $\mathcal{F}$ auf $[c, d]$ stetig differenzierbar ist, falls die Funktion die Voraussetzungen von Satz 2 erfüllt ($\mathcal{F} \in C^{(1)}[c, d]$), mit

$$\mathcal{F}'(y) = \int\limits_a^b \frac{\partial f}{\partial y}(x, y)\, g(x)\, \mathrm{d}x \ ;$$

c) $\mathcal{F}$ auf $[c, d]$ integrierbar ist ($\mathcal{F} \in \mathcal{R}[c, d]$), falls f die Voraussetzungen von Satz 3 erfüllt, mit

$$\int\limits_c^d \mathcal{F}(y)\, \mathrm{d}y = \int\limits_a^b \left(\int\limits_c^d f(x, y) g(x)\, \mathrm{d}y \right) \mathrm{d}x \ .$$

7. *Taylorsche Formel und Lemma von Hadamard*

a) Zeigen Sie, dass für eine glatte Funktion f mit $f(0) = 0$ gilt, dass $f(x) = x\varphi(x)$, wobei φ eine stetige Funktion ist, mit $\varphi(0) = f'(0)$.

b) Zeigen Sie, dass für $f \in C^{(n)}$ und $f^{(k)}(0) = 0$ für $k = 0, 1, \ldots, n-1$, gilt, dass $f(x) = x^n \varphi(x)$, wobei φ eine stetige Funktion ist, mit $\varphi(0) = \frac{1}{n!} f^{(n)}(0)$.

c) Sei f eine $C^{(n)}$–Funktion, die in einer Umgebung von 0 definiert ist. Beweisen Sie, dass die folgende Version der Taylorschen Formel mit dem Restglied nach Hadamard gilt:

$$f(x) = f(0) + \frac{1}{1!} f'(0)x + \cdots + \frac{1}{(n-1)!} f^{(n-1)}(0)x^{n-1} + x^n \varphi(x) \ .$$

Dabei ist φ eine in einer Umgebung von Null stetige Funktion, mit $\varphi(0) = \frac{1}{n!} f^{(n)}(0)$.

d) Verallgemeinern Sie die Ergebnisse in a), b) und c) für den Fall, dass f eine Funktion mehrerer Variabler ist. Formulieren Sie die zentrale Taylorsche Formel in Multiindex Schreibweise:

$$f(x) = \sum_{|\alpha|=0}^{n-1} \frac{1}{\alpha!} D^\alpha f(0) x^\alpha + \sum_{|\alpha|=n} x^\alpha \varphi_\alpha(x)$$

und betonen Sie zusätzlich zu dem in a), b) und c) Gesagten, dass für $f \in C^{(n+p)}$ gilt, dass $\varphi_\alpha \in C^{(p)}$.

17.2 Uneigentliche Parameterintegrale

17.2.1 Gleichmäßige Konvergenz eines uneigentlichen Integrals bzgl. eines Parameters

a. Grundlegende Definitionen und Beispiele

Angenommen, das uneigentliche Integral

$$F(y) = \int\limits_a^\omega f(x,y)\,\mathrm{d}x \qquad (17.10)$$

konvergiere über dem Intervall $[a,\omega] \subset \mathbb{R}$ für jeden Wert $y \in Y$. Der Klarheit halber nehmen wir an, dass das Integral (17.10) nur eine Singularität besitzt, die am oberen Ende der Integration auftritt (d.h. entweder ist $\omega = +\infty$ oder die Funktion f ist als eine Funktion von x in einer Umgebung von ω unbeschränkt).

Definition. Wir sagen, dass das *uneigentliche Integral* (17.10), das vom Parameter $y \in Y$ abhängt, *auf der Menge $E \subset Y$ gleichmäßig konvergiert*, falls zu jedem $\varepsilon > 0$ eine Umgebung $U_{[a,\omega[}(\omega)$ von ω in der Menge $[a,\omega[$ existiert, so dass die Abschätzung

$$\left| \int\limits_b^\omega f(x,y)\,\mathrm{d}x \right| < \varepsilon \qquad (17.11)$$

für den Rest des Integrals (17.10) für jedes $b \in U_{[a,\omega[}(\omega)$ und jedes $y \in E$ gilt.

Wenn wir die Schreibweise

$$F_b(y) := \int\limits_a^b f(x,y)\,\mathrm{d}x \qquad (17.12)$$

für ein eigentliches Integral, das das uneigentliche Integral (17.10) approximiert, einführen, können wir die grundlegende Definition dieses Abschnitts in eine andere, aber dazu äquivalente Gestalt (und dies ist, wie sich im Folgenden herausstellen wird, sehr nützlich) umformulieren:

Gleichmäßige Konvergenz auf der Menge $E \subset Y$ bedeutet per definitionem, dass

$$F_b(y) \rightrightarrows F(y) \text{ auf } E \text{ für } b \to \omega, \; b \in [a,\omega[\,. \qquad (17.13)$$

Tatsächlich gilt

$$F(y) = \int\limits_a^\omega f(x,y)\,\mathrm{d}x := \lim_{\substack{b \to \omega \\ b \in [a,\omega[}} \int\limits_a^b f(x,y)\,\mathrm{d}x = \lim_{\substack{b \to \omega \\ b \in [a,\omega[}} F_b(y)$$

und daher können wir die Ungleichung (17.11) als

$$|F(y) - F_b(y)| < \varepsilon \tag{17.14}$$

formulieren. Diese letzte Ungleichung gilt für jedes $b \in U_{[a,\omega[}(\omega)$ und jedes $y \in E$, wie in (17.13) gezeigt wurde.

Deswegen bedeuten die Relationen (17.11), (17.13) und (17.14), dass dann, wenn das Integral (17.10) auf einer Menge E von Parameterwerten gleichmäßig konvergiert, dieses uneigentliche Integral (17.10) mit jeder vorgegebenen Genauigkeit für alle $y \in E$ durch ein bestimmtes eigentliches Integral (17.12) ersetzt werden kann, das von demselben Parameter y abhängt.

Beispiel 1. Das Integral

$$\int\limits_{1}^{+\infty} \frac{\mathrm{d}x}{x^2 + y^2}$$

konvergiert gleichmäßig auf der gesamten Menge $\mathbb{R}$ für den Parameter $y \in \mathbb{R}$, da für jedes $y \in \mathbb{R}$

$$\int\limits_{b}^{+\infty} \frac{\mathrm{d}x}{x^2 + y^2} \leq \int\limits_{b}^{+\infty} \frac{\mathrm{d}x}{x^2} = \frac{1}{b} < \varepsilon$$

gilt, vorausgesetzt, dass $b > 1/\varepsilon$.

Beispiel 2. Das Integral

$$\int\limits_{0}^{+\infty} \mathrm{e}^{-xy}\, \mathrm{d}x$$

konvergiert offensichtlich nur für $y > 0$. Außerdem konvergiert es gleichmäßig auf jeder Menge $\{y \in \mathbb{R} \,|\, y \geq y_0 > 0\}$.

Für $y \geq y_0 > 0$ gilt nämlich, dass

$$0 \leq \int\limits_{b}^{+\infty} \mathrm{e}^{-xy}\, \mathrm{d}x = \frac{1}{y}\mathrm{e}^{-by} \leq \frac{1}{y_0}\mathrm{e}^{-by_0} \to 0 \text{ für } b \to +\infty.$$

Gleichzeitig ist die Konvergenz auf der gesamten Menge $\mathbb{R}_+ = \{y \in \mathbb{R} \,|\, y > 0\}$ nicht gleichmäßig. Tatsächlich bedeutet die Negierung der gleichmäßigen Konvergenz des Integrals (17.10) auf einer Menge E, dass

$$\exists \varepsilon_0 > 0 \; \forall B \in [a,\omega[\; \exists b \in [B,\omega[\; \exists y \in E \; \left(\left| \int\limits_{b}^{\omega} f(x,y)\, \mathrm{d}x \right| > \varepsilon_0 \right).$$

In diesem Fall können wir ε_0 als beliebige reelle Zahl wählen, da

$$\int\limits_{b}^{+\infty} e^{-xy}\,dx = \frac{1}{y}e^{-by} \to +\infty\,,\quad \text{für } y \to +0$$

für jeden festen Wert von $b \in [0, +\infty[$ gilt.

Wir wollen ein weniger triviales Beispiel betrachten, das wir unten weiter benutzen werden.

Beispiel 3. Wir wollen zeigen, dass jedes der Integrale

$$\Phi(x) = \int\limits_{0}^{+\infty} x^{\alpha} y^{\alpha+\beta+1} e^{-(1+x)y}\,dy \quad \text{und}$$

$$F(y) = \int\limits_{0}^{+\infty} x^{\alpha} y^{\alpha+\beta+1} e^{-(1+x)y}\,dx\,,$$

in denen α und β feste positive Zahlen sind, auf der Menge der nicht negativen Werte des Parameters gleichmäßig konvergiert.

Für den Rest des Integrals $\Phi(x)$ erhalten wir unmittelbar, dass

$$0 \le \int\limits_{b}^{+\infty} x^{\alpha} y^{\alpha+\beta+1} e^{-(1+x)y}\,dy =$$

$$= \int\limits_{b}^{+\infty} (xy)^{\alpha} e^{-xy} y^{\beta+1} e^{-y}\,dy < M_{\alpha} \int\limits_{b}^{+\infty} y^{\beta+1} e^{-y}\,dy\,,$$

mit $M_{\alpha} = \max\limits_{0 \le u < +\infty} u^{\alpha} e^{-u}$. Da das letzte Integral konvergiert, kann es für hinreichend große Werte von $b \in \mathbb{R}$ kleiner als jedes vorgegebene $\varepsilon > 0$ gemacht werden. Dies bedeutet aber, dass das Integral $\Phi(x)$ gleichmäßig konvergiert.

Wir wollen nun den Rest des zweiten Integrals $F(y)$ betrachten:

$$0 \le \int\limits_{b}^{+\infty} x^{\alpha} y^{\alpha+\beta+1} e^{-(1+x)y}\,dx =$$

$$= y^{\beta} e^{-y} \int\limits_{b}^{+\infty} (xy)^{\alpha} e^{-xy} y\,dx = y^{\beta} e^{-y} \int\limits_{by}^{+\infty} u^{\alpha} e^{-u}\,du\,.$$

Da

$$\int\limits_{by}^{+\infty} u^{\alpha} e^{-u}\,du \le \int\limits_{0}^{+\infty} u^{\alpha} e^{-u}\,du < +\infty\,,$$

für $y \geq 0$ und $y^\beta e^{-y} \to 0$ für $y \to 0$, existiert für jedes $\varepsilon > 0$ offensichtlich eine Zahl $y_0 > 0$, so dass für jedes $y \in [0, y_0]$ der Rest des Integrals kleiner als ε sein wird und dies sogar unabhängig vom Wert von $b \in [0, +\infty[$.

Und für $y \geq y_0 > 0$ können wir, wenn wir die Relationen $M_\beta = \max\limits_{0 \leq y < +\infty} y^\beta e^{-y} < +\infty$ und $0 \leq \int\limits_{by}^{+\infty} u^\alpha e^{-u}\, du \leq \int\limits_{by_0}^{+\infty} u^\alpha e^{-u}\, du \to 0$ für $b \to +\infty$ berücksichtigen, folgern, dass der Rest des Integrals $F(y)$ für alle hinreichend großen Werte von $b \in [0, +\infty[$ und gleichzeitig für alle $y \geq y_0 > 0$ kleiner als ε gemacht werden kann.

Wenn wir die Intervalle $[0, y_0]$ und $[y_0, +\infty[$ kombinieren, können wir folgern, dass tatsächlich für jedes $\varepsilon > 0$ eine Zahl B gewählt werden kann, so dass für jedes $b > B$ und jedes $y \geq 0$ der entsprechende Rest des Integrals $F(y)$ kleiner als ε ausfallen wird.

b. Das Cauchysche Kriterium für die gleichmäßige Konvergenz eines Integrals

Satz 1. (Cauchysches Kriterium). *Eine notwendige und hinreichende Bedingung dafür, dass das uneigentliche Integral* (17.10), *das vom Parameter $y \in Y$ abhängt, gleichmäßig auf einer Menge $E \subset Y$ konvergiert, ist, dass für jedes $\varepsilon > 0$ eine Umgebung $U_{[a,\omega[}(\omega)$ des Punktes ω existiert, so dass*

$$\left| \int\limits_{b_1}^{b_2} f(x, y)\, dx \right| < \varepsilon \qquad (17.15)$$

für jedes $b_1, b_2 \in U_{[a,\omega[}(\omega)$ und jedes $y \in E$.

Beweis. Die Ungleichung (17.15) ist äquivalent zur Ungleichung $|F_{b_2}(y) - F_{b_1}(y)| < \varepsilon$. Folglich ist Satz 1 ein unmittelbares Korollar von Relation (17.13) zur Definition der gleichmäßigen Konvergenz des Integrals (17.10) und dem Cauchyschen Kriterium für die gleichmäßige Konvergenz einer Familie von Funktionen $F_b(y)$ auf E, die vom Parameter $b \in [a, \omega[$ abhängt. □

Zur Veranschaulichung der Anwendung des Cauchyschen Kriteriums betrachten wir das folgende Korollar, das manchmal hilfreich ist:

Korollar 1. *Ist die Funktion f im Integral* (17.10) *auf der Menge $[a, \omega[\times[c, d]$ stetig und konvergiert das Integral* (17.10) *für jedes $y \in]c, d[$, divergiert aber für $y = c$ und $y = d$, dann konvergiert es nicht gleichmäßig auf dem Intervall $]c, d[$ und ebenso nicht auf jeder Menge $E \subset]c, d[$, deren Abschluss den Divergenzpunkt enthält.*

Beweis. Divergiert das Integral (17.10) in $y = c$, dann existiert nach dem Cauchyschen Kriterium zur Konvergenz eines uneigentlichen Integrals ein $\varepsilon_0 > 0$, so dass in jeder Umgebung $U_{[a,\omega[}(\omega)$ Zahlen b_1, b_2 existieren, so dass

$$\left| \int_{b_1}^{b_2} f(x,c)\, \mathrm{d}x \right| > \varepsilon_0 \,. \tag{17.16}$$

Das eigentliche Integral

$$\int_{b_1}^{b_2} f(x,y)\, \mathrm{d}x$$

ist in diesem Fall eine stetige Funktion des Parameters y auf dem gesamten abgeschlossenen Intervall $[c,d]$ (vgl. Satz 1 in Abschnitt 17.1), so dass für alle Werte von y, die hinreichend nahe bei c liegen, gleichzeitig zur Ungleichung (17.16) die Ungleichung

$$\left| \int_{b_1}^{b_2} f(x,y)\, \mathrm{d}x \right| > \varepsilon$$

gilt.

Aufgrund des Cauchyschen Kriteriums zur gleichmäßigen Konvergenz eines uneigentlichen Parameterintegrals können wir nun folgern, dass dieses Integral nicht gleichmäßig auf der Teilmenge $E \subset Y$ konvergieren kann, deren Abschluss den Punkt c enthält.

Der Fall, dass das Integral für $y = d$ divergiert, wird ähnlich behandelt. $\square$

Beispiel 4. Das Integral

$$\int_0^{+\infty} \mathrm{e}^{-tx^2}\, \mathrm{d}x$$

konvergiert für $t > 0$ und divergiert für $t = 0$. Daher konvergiert es nachweislich nicht gleichmäßig auf jeder Menge von positiven Zahlen, die 0 als Endpunkt besitzt. Insbesondere konvergiert es nicht gleichmäßig auf der gesamten Menge $\{t \in \mathbb{R} \,|\, t > 0\}$ der positiven Zahlen.

Für diesen Fall lassen sich diese Aussage einfach zeigen:

$$\int_b^{+\infty} \mathrm{e}^{-tx^2}\, \mathrm{d}x = \frac{1}{\sqrt{t}} \int_{b\sqrt{t}}^{+\infty} \mathrm{e}^{-u^2}\, \mathrm{d}u \to +\infty \ \text{für} \ t \to +0 \,.$$

Wir weisen darauf hin, dass dieses Integral nichtsdestotrotz auf jeder Menge $\{t \in \mathbb{R} \,|\, t \geq t_0 > 0\}$ gleichmäßig konvergiert, das nicht die 0 enthält, da

$$0 < \frac{1}{\sqrt{t}} \int_{b\sqrt{t}}^{+\infty} \mathrm{e}^{-u^2}\, \mathrm{d}u \leq \frac{1}{\sqrt{t_0}} \int_{b\sqrt{t_0}}^{+\infty} \mathrm{e}^{-u^2}\, \mathrm{d}u \to 0 \ \text{für} \ b \to +\infty \,.$$

c. Hinreichende Bedingungen für die gleichmäßige Konvergenz eines uneigentlichen Parameterintegrals

Satz 2. (Der Test von Weierstraß). *Angenommen, die Funktionen $f(x,y)$ und $g(x,y)$ seien auf jedem abgeschlossenen Intervall $[a,b] \subset [a,\omega[$ für jeden Wert von $y \in Y$ nach x integrierbar.*

Gilt die Ungleichung $|f(x,y)| \leq g(x,y)$ für jeden Wert von $y \in Y$ und jedes $x \in [a,\omega[$ und konvergiert das Integral

$$\int_a^\omega g(x,y)\,\mathrm{d}x$$

gleichmäßig auf Y, dann konvergiert das Integral

$$\int_a^\omega f(x,y)\,\mathrm{d}x$$

für jedes $y \in Y$ absolut und gleichmäßig auf Y.

Beweis. Dies folgt aus den Abschätzungen

$$\left| \int_{b_1}^{b_2} f(x,y)\,\mathrm{d}x \right| \leq \int_{b_1}^{b_2} |f(x,y)|\,\mathrm{d}x \leq \int_{b_1}^{b_2} g(x,y)\,\mathrm{d}x$$

und dem Cauchyschen Kriterium zur gleichmäßigen Konvergenz eines Integrals (Satz 1). □

Der am häufigsten auftretende Fall von Satz 2 ist der, dass die Funktion g vom Parameter y unabhängig ist. In diesem Zusammenhang wird Satz 2 üblicherweise als *Weierstraßscher M-Test auf gleichmäßige Konvergenz eines Integrals* bezeichnet.

Beispiel 5. Das Integral

$$\int_0^\infty \frac{\cos \alpha x}{1 + x^2}\,\mathrm{d}x$$

konvergiert für den Parameter α auf der gesamten Menge $\mathbb{R}$ gleichmäßig, da $\left| \frac{\cos \alpha x}{1+x^2} \right| \leq \frac{1}{1+x^2}$ und da das Integral $\int_0^\infty \frac{\mathrm{d}x}{1+x^2}$ konvergiert.

Beispiel 6. Im Hinblick auf die Ungleichung $|\sin x\,\mathrm{e}^{-tx^2}| \leq \mathrm{e}^{-tx^2}$ konvergiert das Integral

$$\int_0^\infty \sin x\,\mathrm{e}^{-tx^2}\,\mathrm{d}x\ ,$$

wie aus Satz 2 und den Ergebnissen aus Beispiel 3 folgt, auf jeder Menge der Gestalt $\{t \in \mathbb{R} \mid t \geq t_0 > 0\}$ gleichmäßig. Da das Integral für $t = 0$ divergiert, können wir aufgrund des Cauchyschen Kriteriums folgern, dass es auf keiner Menge, die die Null als Endpunkt besitzt, gleichmäßig konvergieren kann.

Satz 3. (Test nach Abel–Dirichlet). *Angenommen, die Funktionen $f(x,y)$ und $g(x,y)$ seien für jedes $y \in Y$ auf jedem abgeschlossenen Intervall $[a,b] \subset [a, \omega[$ nach x integrierbar.*

Eine hinreichende Bedingung für die gleichmäßige Konvergenz des Integrals

$$\int\limits_a^\omega (f \cdot g)(x,y)\,\mathrm{d}x$$

auf der Menge Y ist, dass eines der folgenden zwei Bedingungspaare erfüllt ist:

α_1) *Es existiert eine Konstante $M \in \mathbb{R}$, so dass*

$$\left| \int\limits_a^b f(x,y)\,\mathrm{d}x \right| < M$$

für alle $b \in [a, \omega[$ und jedes $y \in Y$ und

β_1) *zu jedem $y \in Y$ ist die Funktion $g(x,y)$ bezüglich x auf dem Intervall $[a, \omega[$ monoton und es gilt $g(x,y) \rightrightarrows 0$ auf Y für $x \to \omega$, $x \in [a, \omega[$.*

Oder:

α_2) *Das Integral*

$$\int\limits_a^\omega f(x,y)\,\mathrm{d}x$$

konvergiert gleichmäßig auf der Menge Y und

β_2) *zu jedem $y \in Y$ ist die Funktion $g(x,y)$ bezüglich x auf dem Intervall $[a, \omega[$ monoton und es existiert eine Konstante $M \in \mathbb{R}$, so dass*

$$|g(x,y)| < M$$

für alle $x \in [a, \omega[$ und jedes $y \in Y$.

Beweis. Wenn wir den zweiten Mittelwertsatz für das Integral anwenden, können wir

$$\int\limits_{b_1}^{b_2} (f \cdot g)(x,y)\,\mathrm{d}x = g(b_1, y) \int\limits_{b_1}^{\xi} f(x,y)\,\mathrm{d}x + g(b_2, y) \int\limits_{\xi}^{b_2} f(x,y)\,\mathrm{d}x$$

schreiben, mit $\xi \in [b_1, b_2]$. Werden b_1 und b_2 in einer hinreichend kleinen Umgebung $U_{[a,\omega[}(\omega)$ des Punktes ω gewählt, dann kann der Absolutbetrag der rechten Seite dieser Gleichung kleiner gemacht werden als jedes vorgegebene $\varepsilon > 0$ und dies gilt tatsächlich für alle Werte von $y \in Y$. Für das erste Bedingungspaar α_1), β_1) ist dies offensichtlich. Für das zweite Paar α_2), β_2) wird es offensichtlich, wenn wir das Cauchysche Kriterium zur gleichmäßigen Konvergenz des Integrals (Satz 1) anwenden.

Daher können wir wiederum durch Einsatz des Cauchyschen Kriteriums folgern, dass das Ausgangsintegral des Produkts $f \cdot g$ über dem Intervall $[a, \omega[$ tatsächlich auf der Menge Y der Parameterwerte gleichmäßig konvergiert. $\square$

Beispiel 7. Das Integral

$$\int\limits_1^{+\infty} \frac{\sin x}{x^\alpha}\, \mathrm{d}x$$

konvergiert nur für $\alpha > 0$, wie aus dem Cauchyschen Kriterium und dem Test von Abel–Dirichlet zur Konvergenz von uneigentlichen Integralen folgt. Wenn wir $f(x, \alpha) = \sin x$ und $g(x, \alpha) = x^{-\alpha}$ setzen, erkennen wir, dass das Bedingungspaar α_1), β_1) von Satz 3 für $\alpha \geq \alpha_0 > 0$ gilt. Folglich konvergiert dieses Integral auf jeder Menge der Gestalt $\{\alpha \in \mathbb{R} \,|\, \alpha \geq \alpha_0 > 0\}$ gleichmäßig. Auf der Menge $\{\alpha \in \mathbb{R} \,|\, \alpha > 0\}$ der positiven Parameterwerte konvergiert das Integral nicht gleichmäßig, da es für $\alpha = 0$ divergiert.

Beispiel 8. Das Integral

$$\int\limits_0^{+\infty} \frac{\sin x}{x} \mathrm{e}^{-xy}\, \mathrm{d}x$$

konvergiert auf der Menge $\{y \in \mathbb{R} \,|\, y \geq 0\}$ gleichmäßig.

Beweis. Zunächst einmal können wir aufgrund des Cauchyschen Kriteriums zur Konvergenz des uneigentlichen Integrals einfach folgern, dass dieses Integral für $y < 0$ divergiert. Wenn wir nun $y \geq 0$ annehmen und $f(x, y) = \frac{\sin x}{x}$, $g(x, y) = \mathrm{e}^{-xy}$ setzen, erkennen wir, dass das zweite Bedingungspaar α_2), β_2) in Satz 3 erfüllt wird, woraus folgt, dass dieses Integral auf der Menge $\{y \in \mathbb{R} \,|\, y \geq 0\}$ gleichmäßig konvergiert. $\square$

Somit haben wir das Konzept der gleichmäßigen Konvergenz eines uneigentlichen Parameterintegrals eingeführt und einige der wichtigsten Tests für diese Konvergenz angeführt, die zu den entsprechenden Tests auf gleichmäßige Konvergenz von Reihen von Funktionen vollständig analog sind. Bevor wir fortfahren, wollen wir noch zwei Anmerkungen machen:

Anmerkung 1. Um die Aufmerksamkeit des Lesers vom grundlegenden Konzept der hier eingeführten gleichmäßigen Konvergenz eines Integrals nicht abzulenken, sind wir bei der Untersuchung durchweg von der Integration von

Funktionen mit reellen Werten ausgegangen. Gleichzeitig, wie sich nun einfach nachprüfen lässt, lassen sich diese Ergebnisse auf Integrale von vektorwertigen Funktionen erweitern, insbesondere auch auf Integrale von Funktionen mit komplexen Werten. Hierbei ist nur wie immer zu beachten, dass wir beim Cauchyschen Kriterium zusätzlich annehmen müssen, dass der entsprechende Vektorraum von Werten des Integranden vollständig ist (was für $\mathbb{R}$, $\mathbb{C}$, $\mathbb{R}^n$ und $\mathbb{C}^n$ zutrifft); und beim Test von Abel–Dirichlet muss, wie im entsprechenden Test auf gleichmäßige Konvergenz von Reihen von Funktionen, der Faktor im Produkt $f \cdot g$, der als monotone Funktion vorausgesetzt wird, natürlich reellwertig sein.

Alles Gesagte lässt sich ohne Weiteres auf die Hauptergebnisse der folgenden Absätze dieses Abschnitts übertragen.

Anmerkung 2. Wir haben ein uneigentliches Integral (17.10) betrachtet, dessen einzige Singularität am oberen Integrationsende lag. Die gleichmäßige Konvergenz eines Integrals, dessen einzige Singularität an der unteren Integrationsgrenze liegt, lässt sich ähnlich definieren und untersuchen. Besitzt das Integral Singularitäten in beiden Integrationsenden, dann kann es als

$$\int\limits_{\omega_1}^{\omega_2} f(x,y)\, \mathrm{d}x = \int\limits_{\omega_1}^{c} f(x,y)\, \mathrm{d}x + \int\limits_{c}^{\omega_2} f(x,y)\, \mathrm{d}x$$

geschrieben werden, mit $c \in]\omega_1, \omega_2[$. Es konvergiert auf der Menge $E \subset Y$ gleichmäßig, falls beide Integrale auf der rechten Seite der Gleichung gleichmäßig konvergieren. Es lässt sich einfach zeigen, dass diese Definition nicht zweideutig ist, d.h. unabhängig von der Wahl des Punktes $c \in]\omega_1, \omega_2[$.

17.2.2 Grenzübergang unter dem Integralzeichen eines uneigentlichen Integrals und Stetigkeit eines uneigentlichen Integrals, das von einem Parameter abhängt

Satz 4. *Sei $f(x,y)$ eine Familie von auf dem Intervall $a \leq x < \omega$ definierten Funktionen, die von einem Parameter $y \in Y$ abhängen und (möglicherweise uneigentlich) integrierbar sind und sei $\mathcal{B}_Y$ eine Basis in Y. Gilt*
   a) für jedes $b \in [a, \omega[$, dass

$$f(x,y) \rightrightarrows \varphi(x) \quad \text{auf } [a,b] \ \text{über der Basis } \mathcal{B}_Y$$

   und dass
   b) das Integral $\int\limits_a^\omega f(x,y)\, \mathrm{d}x$ gleichmäßig auf Y konvergiert,

dann ist die Grenzfunktion φ auf $[a, \omega[$ uneigentlich integrierbar und es gilt die folgende Gleichung:

$$\lim_{\mathcal{B}_Y} \int\limits_a^\omega f(x,y)\, \mathrm{d}x = \int\limits_a^\omega \varphi(x)\, \mathrm{d}x \ . \tag{17.17}$$

Beweis. Der Beweis reduziert sich auf die Überprüfung des folgenden Diagramms:

$$
\begin{array}{ccc}
F_b(y) := \int\limits_a^b f(x,y)\,\mathrm{d}x & \xrightarrow[\substack{b\to\omega \\ b\in[a,\omega[}]{} & \int\limits_a^\omega f(x,y)\,\mathrm{d}x =: F(y) \\
\Big\downarrow \mathcal{B}_Y & & \Big\downarrow \mathcal{B}_Y \\
\int\limits_a^b \varphi(x)\,\mathrm{d}x & \xrightarrow[\substack{b\to\omega \\ b\in[a,\omega[}]{} & \int\limits_a^\omega \varphi(x)\,\mathrm{d}x \; .
\end{array}
$$

Der linke senkrechte Grenzübergang folgt aus Voraussetzung *a)* und dem Satz zum Grenzübergang unter einem eigentlichen Integralzeichen (vgl. Satz 5 in Abschnitt 16.3).

Der obere waagerechte Grenzübergang ist eine Darstellung von Voraussetzung *b)*.

Nach dem Satz zur Vertauschbarkeit zweier Grenzübergänge folgt daraus, dass beide Grenzwerte unterhalb der Diagonalen existieren und zueinander gleich sind.

Der rechte vertikale Grenzübergang entspricht der linken Seite von Gl. (17.17), und der untere waagerechte Grenzwert ergibt per definitionem das uneigentliche Integral auf der rechten Seite von (17.17). □

Das folgende Beispiel zeigt, dass Bedingung *a)* alleine im Allgemeinen ungenügend ist, um in diesem Fall Gl. (17.17) zu garantieren.

Beispiel 9. Sei $Y = \{y \in \mathbb{R} \,|\, y > 0\}$ und

$$
f(x,y) = \begin{cases} 1/y\,, & \text{für } 0 \leq x \leq y\,, \\[2mm] 0\,, & \text{für } y < x\,. \end{cases}
$$

Offensichtlich gilt $f(x,y) \rightrightarrows 0$ auf dem Intervall $0 \leq x < +\infty$ für $y \to +\infty$. Gleichzeitig ist für jedes $y \in Y$

$$
\int\limits_0^{+\infty} f(x,y)\,\mathrm{d}x = \int\limits_0^y f(x,y)\,\mathrm{d}x = \int\limits_0^y \frac{1}{y}\,\mathrm{d}x = 1
$$

und daher gilt Gl. (17.17) in diesem Fall nicht.

Mit Hilfe des Satzes von Dini (Satz 4 in Abschnitt 16.3) erhalten wir das folgende manchmal hilfreiche Korollar zu Satz 4:

Korollar 2. *Angenommen, die reellwertige Funktion $f(x,y)$ sei für jeden Wert des reellen Parameters $y \in Y \subset \mathbb{R}$ nicht negativ und auf dem Intervall $a \leq x < \omega$ stetig.*

Falls

a) *die Funktion $f(x,y)$ für ansteigendes y monoton anwächst und gegen eine Funktion $\varphi(x)$ auf $[a, \omega[$ strebt,*

b) *$\varphi \in C([a, \omega[, \mathbb{R})$ und*

c) *das Integral $\int\limits_{a}^{\omega} \varphi(x)\,\mathrm{d}x$ konvergiert,*

dann gilt Gl. (17.17).

Beweis. Aus dem Satz von Dini folgt, dass auf jedem abgeschlossenen Intervall $[a, b] \subset [a, \omega[$ gilt, dass $f(x, y) \rightrightarrows \varphi(x)$.

Aus den Ungleichungen $0 \le f(x, y) \le \varphi(x)$ und dem Weierstraßschen M-Test zur gleichmäßigen Konvergenz folgt, dass das Integral von $f(x, y)$ über dem Intervall $a \le x < \omega$ nach dem Parameter y gleichmäßig konvergiert.

Daher gelten beide Voraussetzungen zu Satz 4 und somit auch Gl. (17.17). □

Beispiel 10. In Beispiel 3 in Abschnitt 16.3 haben wir nachgewiesen, dass die Folge von Funktionen $f_n(x) = n(1 - x^{1/n})$ auf dem Intervall $0 < x \le 1$ monoton anwächst und dass $f_n(x) \nearrow \ln \frac{1}{x}$ für $n \to +\infty$.

Daher gilt nach Korollar 2:

$$\lim_{n \to \infty} \int\limits_{0}^{1} n(1 - x^{1/n})\,\mathrm{d}x = \int\limits_{0}^{1} \ln \frac{1}{x}\,\mathrm{d}x\;.$$

Satz 5. *Ist*

a) *eine Funktion $f(x, y)$ auf der Menge $\{(x, y) \in \mathbb{R}^2 \,|\, a \le x < \omega \wedge c \le y \le d\}$ stetig und*

b) *konvergiert das Integral $F(y) = \int\limits_{a}^{\omega} f(x, y)\,\mathrm{d}x$ auf $[c, d]$ gleichmäßig,*

dann ist die Funktion $F(y)$ auf $[c, d]$ stetig.

Beweis. Aus Voraussetzung a) folgt, dass für jedes $b \in [a, \omega[$ das eigentliche Integral

$$F_b(y) = \int\limits_{a}^{b} f(x, y)\,\mathrm{d}x$$

eine stetige Funktion auf $[c, d]$ ist (vgl. Satz 1 in Abschnitt 17.1).

Mit Voraussetzung b) erhalten wir $F_b(y) \rightrightarrows F(y)$ auf $[c, d]$ für $b \to \omega$, $b \in [a, \omega[$, woraus nun folgt, dass die Funktion $F(y)$ auf $[c, d]$ stetig ist. □

Beispiel 11. In Beispiel 8 haben wir gezeigt, dass das Integral

$$F(y) = \int\limits_{0}^{+\infty} \frac{\sin x}{x} \mathrm{e}^{-xy}\,\mathrm{d}x \qquad (17.18)$$

auf dem Intervall $0 \leq y < +\infty$ gleichmäßig konvergiert. Daher können wir mit Satz 5 folgern, dass $F(y)$ auf jedem abgeschlossenen Intervall $[0, d] \subset [0, +\infty[$ stetig ist, d.h., es ist auf dem gesamten Intervall $0 \leq y < +\infty$ stetig. Insbesondere folgt daraus, dass

$$\lim_{y \to +0} \int\limits_{0}^{+\infty} \frac{\sin x}{x} e^{-xy} \, dx = \int\limits_{0}^{+\infty} \frac{\sin x}{x} \, dx \; . \tag{17.19}$$

17.2.3 Ableitung eines uneigentlichen Integrals nach einem Parameter

Satz 6. *Falls*

a) *die Funktionen $f(x, y)$ und $f'_y(x, y)$ auf der Menge $\{(x, y) \in \mathbb{R}^2 \mid a \leq x < \omega \wedge c \leq y \leq d\}$ stetig sind,*

b) *das Integral $\Phi(y) = \int\limits_{a}^{\omega} f'_y(x, y) \, dy$ auf der Menge $Y = [c, d]$ gleichmäßig konvergiert und*

c) *das Integral $F(y) = \int\limits_{a}^{\omega} f(x, y) \, dx$ für zumindest einen Wert von $y_0 \in Y$ konvergiert,*

dann konvergiert dieses Integral gleichmäßig auf der gesamten Menge Y. Außerdem ist die Funktion $F(y)$ differenzierbar und es gilt die folgende Gleichung:

$$F'(y) = \int\limits_{a}^{\omega} f'_y(x, y) \, dx \; .$$

Beweis. Nach Voraussetzung *a)* ist die Funktion

$$F_b(y) = \int\limits_{a}^{b} f(x, y) \, dx$$

für jedes $b \in [a, \omega[$ definiert und auf dem Intervall $c \leq y \leq d$ differenzierbar und nach der Leibniz–Regel gilt

$$(F_b)'(y) = \int\limits_{a}^{b} f'_y(x, y) \, dx \; .$$

Nach Voraussetzung *b)* konvergiert die Familie von Funktionen $(F_b)'(y)$, die vom Parameter $b \in [a, \omega[$ abhängen, gleichmäßig auf $[c, d]$ gegen die Funktion $\Phi(y)$ für $b \to \omega$, $b \in [a, \omega[$.

Nach Voraussetzung c) besitzt die Größe $F_b(y_0)$ für $b \to \omega$, $b \in [a, \omega[$ einen Grenzwert.

Daraus folgt (vgl. Satz 6 in Abschnitt 16.3), dass die Familie von Funktionen $F_b(y)$ selbst gegen die Grenzfunktion $F(y)$ für $b \to \omega$, $b \in [a, \omega[$ auf $[c, d]$ gleichmäßig konvergiert, dass die Funktion F auf dem Intervall $c \leq y \leq d$ differenzierbar ist und dass die Gleichung $F'(y) = \Phi(y)$ gilt. Aber dies entspricht genau der Behauptung. $\square$

Beispiel 12. Für einen festen Wert $\alpha > 0$ konvergiert das Integral

$$\int_0^{+\infty} x^\alpha e^{-xy} \, dx$$

bezüglich des Parameters y auf jedem Intervall der Gestalt $\{y \in \mathbb{R} \mid y \geq y_0 > 0\}$ gleichmäßig. Dies ergibt sich aus der Abschätzung $0 \leq x^\alpha e^{-xy} < x^\alpha e^{-xy_0} < e^{-x\frac{y_0}{2}}$, die für alle hinreichend großen $x \in \mathbb{R}$ gilt.

Nach Satz 6 ist daher die Funktion

$$F(y) = \int_0^{+\infty} e^{-xy} \, dx$$

für $y > 0$ beliebig oft differenzierbar, mit

$$F^{(n)}(y) = (-1)^n \int_0^{+\infty} x^n e^{-xy} \, dx \ .$$

Nun ist aber $F(y) = \frac{1}{y}$ und daher ist $F^{(n)}(y) = (-1)^n \frac{n!}{y^{n+1}}$. Folglich können wir schließen, dass

$$\int_0^{+\infty} x^n e^{-xy} \, dx = \frac{n!}{y^{n+1}} \ .$$

Für $y = 1$ erhalten wir insbesondere

$$\int_0^{+\infty} x^n e^{-x} \, dx = n! \ .$$

Beispiel 13. Wir wollen das *Dirichlet–Integral*

$$\int_0^{+\infty} \frac{\sin x}{x} \, dx$$

berechnen.

Dazu kehren wir zum Integral (17.18) zurück und merken an, dass für $y > 0$

$$F'(y) = -\int\limits_0^{+\infty} \sin x e^{-xy}\,\mathrm{d}x \qquad (17.20)$$

gilt, da das Integral (17.20) auf jeder Menge der Gestalt $\{y \in \mathbb{R}\,|\,y \geq y_0 > 0\}$ gleichmäßig konvergiert.

Das Integral (17.20) ist mit der Stammfunktion des Integranden einfach berechenbar und das Ergebnis lautet:

$$F'(y) = -\frac{1}{1+y^2} \text{ für } y > 0\,.$$

Daraus folgt, dass

$$F(y) = -\arctan y + c \text{ für } y > 0\,. \qquad (17.21)$$

Wir erhalten $F(y) \to 0$ für $y \to +\infty$, wie wir an Gleichung (17.18) erkennen können, so dass aus (17.21) folgt, dass $c = \pi/2$. Nun ergibt sich aus (17.19) und (17.21), dass $F(0) = \pi/2$. Somit ist

$$\int\limits_0^{+\infty} \frac{\sin x}{x}\,\mathrm{d}x = \frac{\pi}{2}\,. \qquad (17.22)$$

Wir merken an, dass die Relation „$F(y) \to 0$ für $y \to +\infty$", die wir bei der Herleitung von (17.22) eingesetzt haben, kein unmittelbares Korollar von Satz 4 ist, da $\frac{\sin x}{x}e^{-xy} \rightrightarrows 0$ für $y \to +\infty$ nur auf Intervallen der Gestalt $\{x \in \mathbb{R}\,|\,x \geq x_0 > 0\}$ gilt, wohingegen die Konvergenz auf Intervallen der Form $0 < x < x_0$ nicht gleichmäßig ist: $\frac{\sin x}{x}e^{-xy} \to 1$ für $x \to 0$. Aber für $x_0 > 0$ gilt, dass

$$\int\limits_0^{\infty} \frac{\sin x}{x}e^{-xy}\,\mathrm{d}x = \int\limits_0^{x_0} \frac{\sin x}{x}e^{-xy}\,\mathrm{d}x + \int\limits_{x_0}^{+\infty} \frac{\sin x}{x}e^{-xy}\,\mathrm{d}x\,,$$

und zu vorgegebenem $\varepsilon > 0$ wählen wir zunächst x_0 nahe bei 0, so dass $\sin x \geq 0$ für $x \in [0, x_0]$ und

$$0 < \int\limits_0^{x_0} \frac{\sin x}{x}e^{-xy}\,\mathrm{d}x < \int\limits_0^{x_0} \frac{\sin x}{x}\,\mathrm{d}x < \frac{\varepsilon}{2}$$

für jedes $y > 0$. Dann, nachdem wir x_0 fest vorgegeben haben, können wir aufgrund von Satz 4 den Betrag des Integrals über $[x_0, +\infty[$ ebenfalls kleiner als $\varepsilon/2$ machen, indem wir y gegen $+\infty$ streben lassen.

17.2.4 Integration eines uneigentlichen Integrals nach einem Parameter

Satz 7. *Ist*

a) *die Funktion* $f(x, y)$ *auf der Menge* $\{(x, y) \in \mathbb{R}^2 \mid a \leq x < \omega \wedge c \leq y \leq d\}$
   stetig und

b) *konvergiert das Integral* $F(y) = \int\limits_{a}^{\omega} f(x, y) \, \mathrm{d}x$ *auf dem abgeschlossenen Intervall* $[c, d]$ *gleichmäßig,*

dann ist die Funktion F *auf* $[c, d]$ *integrierbar und es gilt die folgende Gleichung:*

$$\int\limits_{c}^{d} \mathrm{d}y \int\limits_{a}^{\omega} f(x, y) \, \mathrm{d}x = \int\limits_{a}^{\omega} \mathrm{d}x \int\limits_{c}^{d} f(x, y) \, \mathrm{d}y \ . \tag{17.23}$$

Beweis. Für $b \in [a, \omega[$ können wir nach Voraussetzungen a) und Satz 3 in Abschnitt 17.1 für uneigentliche Integrale schreiben:

$$\int\limits_{c}^{d} \mathrm{d}y \int\limits_{a}^{b} f(x, y) \, \mathrm{d}x = \int\limits_{a}^{b} \mathrm{d}x \int\limits_{c}^{d} f(x, y) \, \mathrm{d}y \ . \tag{17.24}$$

Mit Voraussetzung b) und Satz 5 in Abschnitt 16.3 zum Grenzübergang unter einem Integralzeichen führen wir auf der linken Seite von (17.24) für $b \to \omega$, $b \in [a, \omega[$ einen Grenzübergang durch und erhalten die linke Seite von (17.23). Nach der Definition eines uneigentlichen Integrals entspricht die rechte Seite von (17.23) dem Grenzwert der rechten Seite von (17.24) für $b \to \omega$, $b \in [a, \omega[$. Daher erhalten wir mit Voraussetzung b) für $b \to \omega$, $b \in [a, \omega[$ die Gleichung (17.23) aus (17.24).   □

Das folgende Beispiel veranschaulicht, dass im Unterschied zur Umkehrbarkeit der Integrationsreihenfolge bei eigentlichen Integralen im Allgemeinen die Bedingung a) bei uneigentlichen Integralen alleine nicht hinreichend ist, um (17.23) zu garantieren.

Beispiel 14. Wir betrachten die Funktion $f(x, y) = (2 - xy)xy\mathrm{e}^{-xy}$ auf der Menge $\{(x, y) \in \mathbb{R}^2 \mid 0 \leq x < +\infty \wedge 0 \leq y \leq 1\}$. Mit Hilfe der Stammfunktion $u^2\mathrm{e}^{-u}$ zur Funktion $(2 - u)u\mathrm{e}^{-u}$ lässt sich einfach berechnen, dass

$$0 = \int\limits_{0}^{1} \mathrm{d}y \int\limits_{0}^{+\infty} (2 - xy)xy\mathrm{e}^{-xy} \, \mathrm{d}x \neq \int\limits_{0}^{+\infty} \mathrm{d}x \int\limits_{0}^{1} (2 - xy)xy\mathrm{e}^{-xy} \, \mathrm{d}y = 1 \ .$$

Korollar 3. *Ist*

a) die Funktion $f(x,y)$ auf der Menge $P = \{(x,y) \in \mathbb{R}^2 \,|\, a \leq x < \omega \wedge c \leq y \leq d\}$ stetig und

b) nicht negativ auf P und

c) ist das Integral $F(y) = \int\limits_a^\omega f(x,y)\,\mathrm{d}x$ als eine Funktion von y auf dem abgeschlossenen Intervall $[c,d]$ stetig,

dann gilt (17.23).

Beweis. Aus Annahme *a)* folgt, dass das Integral

$$F_b(y) = \int\limits_a^b f(x,y)\,\mathrm{d}x$$

als Funktion von y auf dem abgeschlossenen Intervall $[c,d]$ für jedes $b \in [a,\omega[$ stetig ist.

Aus *b)* folgt, dass $F_{b_1}(y) \leq F_{b_2}(y)$ für $b_1 \leq b_2$.

Nach dem Satz von Dini und Annahme *c)* können wir folgern, dass $F_b \rightrightarrows F$ auf $[c,d]$ für $b \to \omega$, $b \in [a,\omega[$.

Somit sind die Voraussetzungen zu Satz 7 erfüllt und folglich gilt in diesem Fall tatsächlich (17.23). $\qquad\qquad\square$

Korollar 3 zeigt auf, dass Beispiel 14 sich aus der Tatsache ergibt, dass die Funktion $f(x,y)$ kein konstantes Vorzeichen besitzt.

Zum Abschluss beweisen wir eine hinreichende Bedingung dafür, dass zwei uneigentliche Integrale vertauschbar sind.

Satz 8. *Falls*

a) die Funktion $f(x,y)$ auf der Menge $\{(x,y) \in \mathbb{R}^2 \,|\, a \leq x < \omega \wedge c \leq y < \widetilde{\omega}\}$ stetig ist,

b) beide Integrale

$$F(y) = \int\limits_a^\omega f(x,y)\,\mathrm{d}x\,, \qquad \Phi(x) = \int\limits_c^{\widetilde{\omega}} f(x,y)\,\mathrm{d}y$$

gleichmäßig konvergieren und zwar das erste nach y auf jedem abgeschlossenen Intervall $[c,d] \subset [c,\widetilde{\omega}[$ und das zweite nach x auf jedem abgeschlossenen Intervall $[a,b] \subset [a,\omega[$ und

c) zumindest eines der iterierten Integrale

$$\int\limits_c^{\widetilde{\omega}} \mathrm{d}y \int\limits_a^\omega |f|(x,y)\,\mathrm{d}x \quad oder \quad \int\limits_a^\omega \mathrm{d}x \int\limits_c^{\widetilde{\omega}} |f|(x,y)\,\mathrm{d}y$$

konvergiert,

dann gilt die folgende Gleichung:

$$\int\limits_{c}^{\widetilde{\omega}} \mathrm{d}y \int\limits_{a}^{\omega} f(x,y)\,\mathrm{d}x = \int\limits_{a}^{\omega} \mathrm{d}x \int\limits_{c}^{\widetilde{\omega}} f(x,y)\,\mathrm{d}y\,. \tag{17.25}$$

Beweis. Der Klarheit halber nehmen wir an, dass das zweite der beiden iterierten Integrale in c) existiert.

Nach Bedingung a) und der ersten Bedingung in b) können wir mit Satz 7 erkennen, dass Gl. (17.23) für die Funktion f für jedes $d \in [c, \widetilde{\omega}[$ gilt.

Wenn wir zeigen, dass die rechte Seite von (17.23) für $d \to \widetilde{\omega}$, $d \in [c, \widetilde{\omega}[$ gegen die rechte Seite von (17.25) strebt, dann haben wir Gl. (17.25) bewiesen, da die linke Seite dann ebenfalls existiert und nach der Definition eines uneigentlichen Integrals dem Grenzwert auf der linken Seite von Gl. (17.23) entspricht.

Wir definieren

$$\Phi_d(x) := \int\limits_{c}^{d} f(x,y)\,\mathrm{d}y\,.$$

Die Funktion Φ_d ist für jedes feste $d \in [c, \widetilde{\omega}[$ definiert und da f stetig ist, ist Φ_d auf dem Intervall $a \leq x < \omega$ stetig.

Mit der zweiten Bedingung in b) gilt $\Phi_d(x) \rightrightarrows \Phi(x)$ für $d \to \widetilde{\omega}$, $d \in [c, \widetilde{\omega}[$ auf jedem abgeschlossenen Intervall $[a, b] \subset [a, \omega[$.

Da $|\Phi_d(x)| \leq \int\limits_{c}^{\widetilde{\omega}} |f|(x,y)\,\mathrm{d}y =: G(x)$ und das Integral $\int\limits_{a}^{\omega} G(x)\,\mathrm{d}x$, das dem zweiten Integral in Voraussetzung c) entspricht, laut Annahme konvergiert, können wir mit dem Weierstraßschen M-Test zur gleichmäßigen Konvergenz folgern, dass das Integral $\int\limits_{a}^{\omega} \Phi_d(x)\,\mathrm{d}x$ bezüglich des Parameters d gleichmäßig konvergiert.

Somit sind die Voraussetzungen für Satz 4 erfüllt und wir können folgern, dass

$$\lim_{\substack{d \to \widetilde{\omega} \\ d \in [c, \widetilde{\omega}]}} \Phi_d(x)\,\mathrm{d}x = \int\limits_{a}^{\omega} \Phi(x)\,\mathrm{d}x$$

und genau dies war zu zeigen. $\square$

Das folgende Beispiel verdeutlicht, dass das Auftreten der im Vergleich zu Satz 7 zusätzlichen Bedingung c) in Satz 8 nicht zufällig ist.

Beispiel 15. Wenn wir das Integral

$$\int\limits_{A}^{+\infty} \frac{x^2 - y^2}{(x^2 + y^2)^2}\,\mathrm{d}x = -\frac{x}{x^2 + y^2}\Big|_{A}^{+\infty} = \frac{A}{A^2 + y^2} < \frac{1}{A}$$

für $A > 0$ berechnen, dann erkennen wir gleichzeitig, dass es für jeden festen Wert von $A > 0$ auf der gesamten Menge der reellen Zahlen $\mathbb{R}$ nach dem Parameter y gleichmäßig konvergiert. Dasselbe hätten wir über das Integral sagen können, das wir daraus durch Ersetzen von $\mathrm{d}x$ durch $\mathrm{d}y$ erhalten. Die Werte dieser Integrale unterscheiden sich zufälligerweise nur im Vorzeichen. Eine direkte Berechnung zeigt uns, dass

$$-\frac{\pi}{4} = \int\limits_{A}^{+\infty} \mathrm{d}x \int\limits_{A}^{+\infty} \frac{x^2 - y^2}{(x^2 + y^2)^2} \, \mathrm{d}y \neq \int\limits_{A}^{+\infty} \mathrm{d}y \int\limits_{A}^{+\infty} \frac{x^2 - y^2}{(x^2 + y^2)^2} \, \mathrm{d}x = \frac{\pi}{4} \ .$$

Beispiel 16. Für $\alpha > 0$ und $\beta > 0$ existiert das iterierte Integral

$$\int\limits_{0}^{+\infty} \mathrm{d}y \int\limits_{0}^{+\infty} x^\alpha y^{\alpha+\beta-1} e^{-(1+x)y} \, \mathrm{d}x = \int\limits_{0}^{+\infty} y^\beta e^{-y} \, \mathrm{d}y \int\limits_{0}^{+\infty} (xy)^\alpha e^{-(xy)} y \, \mathrm{d}x$$

einer nicht negativen stetigen Funktion, wie diese Gleichung zeigt: Es ist für $y = 0$ gleich Null und gleich $\int_0^{+\infty} y^\beta e^{-y} \, \mathrm{d}y \cdot \int\limits_0^{+\infty} u^\alpha e^{-u} \, \mathrm{d}u$ für $y > 0$. Daher gelten für diesen Fall die Voraussetzungen *a)* und *c)* in Satz 8. Dass beide Voraussetzungen in *b)* für dieses Integral gelten, wurde in Beispiel 3 aufgezeigt. Daher gelangen wir mit Satz 8 zur Gleichung

$$\int\limits_{0}^{+\infty} \mathrm{d}y \int\limits_{0}^{+\infty} x^\alpha y^{\alpha+\beta+1} e^{-(1+x)y} \, \mathrm{d}x = \int\limits_{0}^{+\infty} \mathrm{d}x \int\limits_{0}^{+\infty} x^\alpha y^{\alpha+\beta+1} e^{-(1+x)y} \, \mathrm{d}y \ .$$

Genauso wie wir Korollar 3 aus Satz 7 gefolgert haben, können wir nun das folgende Korollar aus Satz 8 herleiten.

Korollar 4. *Falls*

a) die Funktion $f(x,y)$ auf der Menge

$$P = \{(x,y) \in \mathbb{R}^2 \,|\, a \leq x < \omega \wedge c \leq y \leq \widetilde{\omega}\}$$

stetig und
b) auf P nicht negativ ist und
c) die beiden Integrale

$$F(y) = \int\limits_{a}^{\omega} f(x,y) \, \mathrm{d}x \quad und \quad \Phi(x) = \int\limits_{c}^{\widetilde{\omega}} f(x,y) \, \mathrm{d}y$$

auf $[a, \omega[$ bzw. $[c, \widetilde{\omega}[$ stetige Funktionen sind und

d) zumindest eines der iterierten Integrale

$$\int\limits_{c}^{\widetilde{\omega}} \mathrm{d}y \int\limits_{a}^{\omega} f(x,y)\,\mathrm{d}x \quad oder \quad \int\limits_{a}^{\omega} \mathrm{d}x \int\limits_{c}^{\widetilde{\omega}} f(x,y)\,\mathrm{d}y$$

existiert,

dann existiert auch das andere iterierte Integral und die Werte beider Integrale sind gleich.

Beweis. Mit Überlegungen wie im Beweis zu Korollar 3 können wir aus den Voraussetzungen a), b) und c) und dem Satz von Dini folgern, dass die Bedingung b) in Satz 8 in diesem Fall erfüllt ist. Da $f \geq 0$, entspricht Voraussetzung d) der Bedingung c) von Satz 8. Daher sind alle Bedingungen für Satz 8 erfüllt und daher gilt Gl. (17.24).   □

Anmerkung 3. Wie wir bereits in Anmerkung 3 hingewiesen haben, lässt sich ein Integral, das in beiden Integrationsgrenzen Singularitäten besitzt, auf die Summe zweier Integrale zurückführen, von denen jedes eine Singularität in einem einzigen der Endpunkte besitzt. Dies ermöglicht es, die gerade bewiesenen Sätze und Korollare auf Integrale über Intervalle $]\omega_1, \omega_2[\subset \mathbb{R}$ anzuwenden. Hierbei müssen die Bedingungen, die bisher auf abgeschlossenen Intervallen $[a, b] \subset [a, \omega[$ erfüllt sein mussten, nun auf natürliche Weise auf abgeschlossenen Intervallen $[a, b] \subset]\omega_1, \omega_2[$ gelten.

Beispiel 17. Wir wollen durch Vertauschen der Integrationsreihenfolge bei zwei uneigentlichen Integralen zeigen, dass

$$\int\limits_{0}^{+\infty} \mathrm{e}^{-x^2}\,\mathrm{d}x = \frac{1}{2}\sqrt{\pi}\,. \tag{17.26}$$

Dies ist das bekannte *Euler–Poisson Integral*.

Beweis. Zunächst beobachten wir, dass für $y > 0$

$$\mathcal{J} := \int\limits_{0}^{+\infty} \mathrm{e}^{-u^2}\,\mathrm{d}u = y \int\limits_{0}^{+\infty} \mathrm{e}^{-(xy)^2}\,\mathrm{d}x$$

gilt und dass der Wert des Integrals in (17.26) gleich bleibt, unabhängig davon ob wir über das halb offene Intervall $[0, +\infty[$ oder das halb offene Intervall $]0, +\infty[$ integrieren.

Daher ist

$$\int\limits_{0}^{+\infty} y\mathrm{e}^{-y^2}\,\mathrm{d}y \int\limits_{0}^{+\infty} \mathrm{e}^{-(xy)^2}\,\mathrm{d}x = \int\limits_{0}^{+\infty} \mathrm{e}^{-y^2}\,\mathrm{d}y \int\limits_{0}^{+\infty} \mathrm{e}^{-u^2}\,\mathrm{d}u = \mathcal{J}^2$$

und wir können annehmen, dass sich die Integration über y über das Intervall $]0, +\infty[$ erstreckt.

Wie wir zeigen werden, ist es zulässig, die Integrationsreihenfolge über x und y in diesem iterierten Integral zu vertauschen und daher gilt

$$\mathcal{J}^2 = \int\limits_0^{+\infty} \mathrm{d}x \int\limits_0^{+\infty} y\mathrm{e}^{-(1+x^2)y^2}\,\mathrm{d}y = \frac{1}{2} \int\limits_0^{+\infty} \frac{\mathrm{d}x}{1+x^2} = \frac{\pi}{4}\,,$$

woraus Gl. (17.26) folgt.

Wir wollen nun die Vertauschung der Integrationsreihenfolge rechtfertigen. Die Funktion

$$\int\limits_0^{+\infty} y\mathrm{e}^{-(1+x^2)y^2}\,\mathrm{d}y = \frac{1}{2}\frac{1}{1+x^2}$$

ist für $x \geq 0$ stetig und die Funktion

$$\int\limits_0^{+\infty} y\mathrm{e}^{-(1+x^2)y^2}\,\mathrm{d}x = \mathrm{e}^{-y^2} \cdot \mathcal{J}$$

ist für $y > 0$ stetig. Wenn wir die allgemeine Anmerkung 3 bedenken, können wir nun aus Korollar 4 folgern, dass diese Vertauschung der Integrationsreihenfolge tatsächlich zulässig ist. $\square$

17.2.5 Übungen und Aufgaben

1. Sei $a = a_0 < a_1 < \cdots < a_n < \cdots < \omega$. Wir stellen das Integral (17.10) als die Summe der Reihe $\sum\limits_{n=1}^{\infty} \varphi_n(y)$ dar, mit $\varphi_n(y) = \int\limits_{a_{n-1}}^{a_n} f(x,y)\,\mathrm{d}x$. Beweisen Sie, dass das Integral auf der Menge $E \subset Y$ genau dann gleichmäßig konvergiert, wenn jeder Folge $\{a_n\}$ dieser Art eine Reihe $\sum\limits_{n=1}^{\infty} \varphi_n(y)$ entspricht, die auf E gleichmäßig konvergiert.

2. a) Führen Sie in Übereinstimmung mit Anmerkung 1 alle Konstruktionen in Absatz 17.2.1 für den Fall eines komplexwertigen Integranden f aus.
   b) Beweisen Sie die Behauptungen in Anmerkung 2.

3. Beweisen Sie, dass die Funktion $J_0(x) = \frac{1}{\pi}\int\limits_0^1 \frac{\cos xt}{\sqrt{1-t^2}}\,\mathrm{d}t$ die Bessel–Gleichung $y'' + \frac{1}{x}y' + y = 0$ erfüllt.

4. a) Zeigen Sie ausgehend von der Gleichung $\int\limits_0^{+\infty} \frac{\mathrm{d}y}{x^2+y^2} = \frac{\pi}{2}\frac{1}{x}$, dass $\int\limits_0^{+\infty} \frac{\mathrm{d}y}{(x^2+y^2)^n} = \frac{\pi}{2} \cdot \frac{(2n-3)!!}{(2n-2)!!} \cdot \frac{1}{x^{2n-1}}\,.$

b) Beweisen Sie, dass $\displaystyle\int\limits_0^{+\infty} \frac{dy}{\left(1+(y^2/n)\right)^n} = \frac{\pi}{2}\frac{(2n-3)!!}{(2n-2)!!}\sqrt{n}.$

c) Zeigen Sie, dass $(1 + (y^2/n))^{-n} \searrow e^{-y^2}$ auf $\mathbb{R}$ für $n \to +\infty$ und dass

$$\lim_{n\to+\infty} \int\limits_0^{+\infty} \frac{dy}{(1+(y^2/n))^n} = \int\limits_0^{+\infty} e^{-y^2}\, dy\,.$$

d) Leiten Sie die folgende Formel von Wallis her:

$$\lim_{n\to\infty} \frac{(2n-3)!!}{(2n-2)!!} = \frac{1}{\sqrt{\pi}}\,.$$

5. Zeigen Sie unter Berücksichtigung von (17.26), dass

a) $\displaystyle\int\limits_0^{+\infty} e^{-x^2}\cos 2xy\, dx = \tfrac{1}{2}\sqrt{\pi}e^{-y^2}$ und

b) $\displaystyle\int\limits_0^{+\infty} e^{-x^2}\sin 2xy\, dx = e^{-y^2}\int\limits_0^y e^{t^2}\, dt.$

6. Beweisen Sie ausgehend von $t > 0$ die Gleichung

$$\int\limits_0^{+\infty} \frac{e^{-tx}}{1+x^2}\, dx = \int\limits_t^{+\infty} \frac{\sin(x-t)}{x}\, dx$$

mit Hilfe der Tatsache, dass beide Integrale als Funktionen des Parameters t die Gleichung $\ddot{y} + y = 1/t$ erfüllen und für $t \to +\infty$ gegen Null streben.

7. Zeigen Sie, dass

$$\int\limits_0^1 K(k)\, dk = \int\limits_0^{\pi/2} \frac{\varphi}{\sin\varphi}\, d\varphi \quad \left(= \int\limits_0^1 \frac{\arctan x}{x}\, dx\right),$$

wobei $K(k) = \displaystyle\int\limits_0^{\pi/2} \frac{d\varphi}{\sqrt{1-k^2\sin^2\varphi}}$ das vollständige elliptische Integral der ersten Art ist.

8. a) Sei $a > 0$ und $b > 0$. Berechnen Sie mit Hilfe der Gleichung

$$\int\limits_0^{+\infty} dx \int\limits_a^b e^{-xy}\, dy = \int\limits_0^{+\infty} \frac{e^{-ax} - e^{-bx}}{x}\, dx$$

dieses letzte Integral.

b) Berechnen Sie für $a > 0$ und $b > 0$ das Integral

$$\int\limits_0^{+\infty} \frac{e^{-ax} - e^{-bx}}{x}\cos x\, dx\,.$$

c) Berechnen Sie mit Hilfe des Dirichlet–Integrals (17.22) und der Gleichung

$$\int\limits_0^{+\infty} \frac{\mathrm{d}x}{x} \int\limits_a^b \sin xy \, \mathrm{d}y = \int\limits_0^{+\infty} \frac{\cos ax - \cos bx}{x^2} \, \mathrm{d}x$$

dieses letzte Integral.

9. a) Beweisen Sie, dass für $k > 0$ gilt:

$$\int\limits_0^{+\infty} \mathrm{e}^{-kt} \sin t \, \mathrm{d}t \int\limits_0^{+\infty} \mathrm{e}^{-tu^2} \, \mathrm{d}u = \int\limits_0^{+\infty} \mathrm{d}u \int\limits_0^{+\infty} \mathrm{e}^{-(k+u^2)t} \sin t \, \mathrm{d}t \, .$$

b) Zeigen Sie, dass die obige Gleichung auch für den Wert $k = 0$ gilt.
c) Zeigen Sie mit Hilfe des Euler–Poisson Integrals (17.26), dass

$$\frac{1}{\sqrt{t}} = \frac{2}{\sqrt{\pi}} \int\limits_0^{+\infty} \mathrm{e}^{-tu^2} \, \mathrm{d}u \, .$$

d) Erhalten Sie mit Hilfe dieser letzten Gleichungen und den Relationen

$$\int\limits_0^{+\infty} \sin x^2 \, \mathrm{d}x = \frac{1}{2} \int\limits_0^{+\infty} \frac{\sin t}{\sqrt{t}} \, \mathrm{d}t \quad \text{und} \quad \int\limits_0^{+\infty} \cos x^2 \, \mathrm{d}x = \frac{1}{2} \int\limits_0^{+\infty} \frac{\cos t}{\sqrt{t}} \, \mathrm{d}t$$

den Wert $\left(\frac{1}{2}\sqrt{\frac{\pi}{2}}\right)$ für die Fresnel–Integrale

$$\int\limits_0^{+\infty} \sin x^2 \, \mathrm{d}x \quad \text{und} \quad \int\limits_0^{+\infty} \cos x^2 \, \mathrm{d}x \, .$$

10. a) Benutzen Sie die Gleichung

$$\int\limits_0^{+\infty} \frac{\sin x}{x} \, \mathrm{d}x = \int\limits_0^{+\infty} \sin x \, \mathrm{d}x \int\limits_0^{+\infty} \mathrm{e}^{-xy} \, \mathrm{d}y$$

und erhalten Sie, indem Sie eine Veränderung in der Integrationsreihenfolge rechtfertigen, wiederum den in Beispiel 13 erhaltenen Wert des Dirichlet–Integrals (17.22).
b) Zeigen Sie, dass für $\alpha > 0$ und $\beta > 0$ gilt:

$$\int\limits_0^{+\infty} \frac{\sin \alpha x}{x} \cos \beta x \, \mathrm{d}x = \begin{cases} \frac{\pi}{2} \, , & \text{für } \beta < \alpha \, , \\ \frac{\pi}{4} \, , & \text{für } \beta = \alpha \, , \\ 0 \, , & \text{für } \beta > \alpha \, . \end{cases}$$

Dieses Integral wird *Dirichletscher Unstetigkeitsfaktor* genannt.

c) Beweisen Sie für $\alpha > 0$ und $\beta > 0$ die Gleichung

$$\int\limits_{0}^{+\infty} \frac{\sin \alpha x}{x} \frac{\sin \beta x}{x}\, \mathrm{d}x = \begin{cases} \frac{\pi}{2}\beta\,, & \text{für } \beta \le \alpha\,, \\[2mm] \frac{\pi}{2}\alpha\,, & \text{für } \alpha \le \beta\,. \end{cases}$$

d) Beweisen Sie, dass für positive Zahlen $\alpha, \alpha_1, \ldots, \alpha_n$ mit $\alpha > \sum\limits_{i=1}^{n} \alpha_i$ gilt, dass

$$\int\limits_{0}^{+\infty} \frac{\sin \alpha x}{x} \frac{\sin \alpha_1 x}{x} \cdots \frac{\sin \alpha_n x}{x}\, \mathrm{d}x = \frac{\pi}{2}\alpha_1 \alpha_2 \cdots \alpha_n\,.$$

11. Betrachten Sie das Integral

$$\mathcal{F}(y) = \int\limits_{a}^{\omega} f(x,y) g(x)\, \mathrm{d}x\,,$$

wobei g eine lokal integrierbare Funktion auf $[a, \omega[$ ist (d.h., zu jedem $b \in [a, \omega[$ gilt $g|_{[a,b]} \in \mathcal{R}[a,b]$). Die Funktion f erfülle die unterschiedlichen Voraussetzungen a) der Sätze 5-8. Wird in den anderen Voraussetzungen der Integrand $f(x,y)$ durch $f(x,y) \cdot g(x)$ ersetzt, ergeben sich Bedingungen, unter denen mit Hilfe von Aufgabe 6 aus Abschnitt 17.1 und wörtlicher Wiederholung der Beweise der Sätze 5-8 jeweils gefolgert werden kann, dass

a) $\mathcal{F} \in C[c,d]$;
b) $\mathcal{F} \in C^{(1)}[c,d]$ und

$$\mathcal{F}'(y) = \int\limits_{a}^{\omega} \frac{\partial f}{\partial y}(x,y) g(x)\, \mathrm{d}x\,;$$

c) $\mathcal{F} \in \mathcal{R}[c,d]$ und

$$\int\limits_{c}^{d} \mathcal{F}(y)\, \mathrm{d}y = \int\limits_{a}^{\omega} \left(\int\limits_{c}^{d} f(x,y) g(x)\, \mathrm{d}y \right) \mathrm{d}x\,;$$

d) $\mathcal{F}$ ist uneigentlich integrierbar auf $[c, \widetilde{\omega}[$ und

$$\int\limits_{c}^{\widetilde{\omega}} \mathcal{F}(y)\, \mathrm{d}y = \int\limits_{a}^{\omega} \left(\int\limits_{c}^{\widetilde{\omega}} f(x,y) g(x)\, \mathrm{d}y \right) \mathrm{d}x\,.$$

Beweisen Sie dies.

17.3 Die Eulerschen Integrale

In diesem und dem nächsten Abschnitt werden wir die Anwendung der oben entwickelten Theorie auf einige spezielle wichtige Parameterintegrale der Analysis verdeutlichen.

In den Fußstapfen von Legendre definieren wir *die Eulerschen Integrale erster bzw. zweiter Art* als die beiden folgenden Spezialfunktionen:

$$B(\alpha, \beta) := \int_0^1 x^{\alpha-1}(1-x)^{\beta-1}\,\mathrm{d}x\,, \qquad (17.27)$$

$$\Gamma(\alpha) := \int_0^{+\infty} x^{\alpha-1}\mathrm{e}^{-x}\,\mathrm{d}x\,. \qquad (17.28)$$

Die erste davon wird *Betafunktion* und die zweite wird *Gammafunktion* genannt.

17.3.1 Die Betafunktion

a. Definitionsbereich

Eine notwendige und hinreichende Bedingung für die Konvergenz des Integrals (17.27) an der unteren Grenze ist, dass $\alpha > 0$. Ganz ähnlich tritt Konvergenz an der oberen Grenze 1 genau dann auf, wenn $\beta > 0$.

Daher ist die Funktion $B(\alpha, \beta)$ definiert, wenn die beiden folgenden Bedingungen gleichzeitig erfüllt sind:

$$\alpha > 0 \quad \text{und} \quad \beta > 0\,.$$

Anmerkung. Wir betrachten hierbei α und β als reelle Zahlen. Wir sollten jedoch im Hinterkopf behalten, dass das vollständigste Bild der Eigenschaften der Beta- und der Gammafunktionen und ihre weitreichensten Anwendungen eine Erweiterung in den komplexen Parameterbereich beinhalten.

b. Symmetrie

Wir wollen zeigen, dass

$$B(\alpha, \beta) = B(\beta, \alpha)\,. \qquad (17.29)$$

Beweis. Dazu genügt die Substitution $x = 1 - t$ im Integral (17.27).   □

c. Die Reduktionsformel

Ist $\alpha > 1$, dann gilt die folgende Gleichung:

$$B(\alpha, \beta) = \frac{\alpha - 1}{\alpha + \beta - 1} B(\alpha - 1, \beta). \qquad (17.30)$$

Beweis. Partielle Integration und einige Umformungen für $\alpha > 1$ und $\beta > 0$ führen zu

$$B(\alpha, \beta) = -\frac{1}{\beta} x^{\alpha-1}(1-x)^{\beta}\Big|_0^1 + \frac{\alpha-1}{\beta} \cdot \int\limits_0^1 x^{\alpha-2}(1-x)^{\beta} \, \mathrm{d}x =$$

$$= \frac{\alpha-1}{\beta} \int\limits_0^1 x^{\alpha-2}\left((1-x)^{\beta-1} - (1-x)^{\beta-1}x\right) \mathrm{d}x =$$

$$= \frac{\alpha-1}{\beta} B(\alpha-1, \beta) - \frac{\alpha-1}{\beta} B(\alpha, \beta) \, ,$$

woraus die Reduktionsformel (17.30) folgt. $\Box$

Unter Berücksichtigung von Gleichung (17.29) formulieren wir nun die Reduktionsformel

$$B(\alpha, \beta) = \frac{\beta-1}{\alpha+\beta-1} B(\alpha, \beta-1) \qquad (17.30')$$

für den Parameter β, wobei wir natürlich annehmen, dass $\beta > 1$.

Aus der Definition der Betafunktion können wir unmittelbar erkennen, dass $B(\alpha, 1) = \frac{1}{\alpha}$ und daher erhalten wir für $n \in \mathbb{N}$

$$B(\alpha, n) = \frac{n-1}{\alpha+n-1} \cdot \frac{n-2}{\alpha+n-2} \cdot \ldots \cdot \frac{n-(n-1)}{\alpha+n-(n-1)} B(\alpha, 1) =$$

$$= \frac{(n-1)!}{\alpha(\alpha+1)\cdot\ldots\cdot(\alpha+n-1)} \, . \qquad (17.31)$$

Insbesondere ergibt sich für $m, n \in \mathbb{N}$:

$$B(m, n) = \frac{(m-1)!(n-1)!}{(m+n-1)!} \, . \qquad (17.32)$$

d. Eine weitere Integraldarstellung der Betafunktion

Die folgende Darstellung der Betafunktion ist manchmal hilfreich:

$$B(\alpha, \beta) = \int\limits_0^{+\infty} \frac{y^{\alpha-1}}{(1+y)^{\alpha+\beta}} \, \mathrm{d}y \, . \qquad (17.33)$$

Beweis. Wir gelangen zu dieser Darstellung durch die Substitution $x = \frac{y}{1+y}$ in (17.27). $\Box$

17.3.2 Die Gammafunktion

a. Definitionsbereich

Wir können an Gleichung (17.28) erkennen, dass das Integral, durch das die Gammafunktion definiert wird, nur für $\alpha > 0$ in Null konvergiert, wohingegen es in Unendlich für alle Werte von $\alpha \in \mathbb{R}$ konvergiert, was auf die Präsenz des schnell absteigenden Faktors e^{-x} zurückzuführen ist.

Daher ist die Gammafunktion für $\alpha > 0$ definiert.

b. Glattheit und die Formel für die Ableitungen

Die Gammafunktion ist beliebig oft differenzierbar, mit

$$\Gamma^{(n)}(\alpha) = \int\limits_0^{+\infty} x^{\alpha-1} \ln^n x \, e^{-x} \, dx \ . \tag{17.34}$$

Beweis. Wir zeigen zunächst, dass das Integral (17.34) bezüglich des Parameters α auf jedem abgeschlossenen Intervall $[a, b] \subset]0, +\infty[$ für jeden festen Wert von $n \in \mathbb{N}$ gleichmäßig konvergiert.

Ist $0 < a \leq \alpha$, dann existiert (da $x^{\alpha/2} \ln^n x \to 0$ für $x \to +0$) ein $c_n > 0$, so dass

$$|x^{\alpha-1} \ln^n x e^{-x}| < x^{\frac{a}{2}-1}$$

für $0 < x \leq c_n$. Daher können wir mit dem Weierstraßschen M-Test zur gleichmäßigen Konvergenz folgern, dass das Integral

$$\int\limits_0^{c_n} x^{\alpha-1} \ln^n x \, e^{-x} \, dx$$

bezüglich α auf dem Intervall $[a, +\infty[$ gleichmäßig konvergiert.

Ist $\alpha \leq b < +\infty$, dann gilt für $x \geq 1$, dass

$$|x^{\alpha-1} \ln^n x \, e^{-x}| \leq x^{b-1} |\ln^n x| e^{-x}$$

und wir folgern auf ähnliche Weise, dass das Integral

$$\int\limits_{c_n}^{+\infty} x^{\alpha-1} \ln^n x \, e^{-x} \, dx$$

bezüglich α auf dem Intervall $]0, b]$ gleichmäßig konvergiert.

Indem wir diese beiden Folgerungen kombinieren, erhalten wir, dass das Integral (17.34) auf jedem abgeschlossenen Intervall $[a, b] \subset]0, +\infty[$ gleichmäßig konvergiert.

Unter diesen Bedingungen ist aber die Ableitung unter dem Integralzeichen in (17.27) zulässig. Daher ist die Gammafunktion auf jedem derartigen Intervall und folglich auf dem gesamten offenen Intervall $0 < \alpha$ beliebig oft differenzierbar und Gleichung (17.34) ist zutreffend. $\qquad \square$

c. Die Reduktionsformel

Es gilt die Gleichung

$$\Gamma(\alpha + 1) = \alpha\Gamma(\alpha) \, . \tag{17.35}$$

Sie ist als *Reduktionsformel* für die Gammafunktion bekannt.

Beweis. Partielle Integration liefert für $\alpha > 0$:

$$\Gamma(\alpha + 1) := \int\limits_{0}^{+\infty} x^{\alpha}e^{-x}\,dx = -x^{\alpha}e^{-x}\big|_{0}^{+\infty} + \alpha \int\limits_{0}^{+\infty} x^{\alpha-1}e^{-x}\,dx =$$

$$= \alpha \int\limits_{0}^{+\infty} x^{\alpha-1}e^{-x}\,dx = \alpha\Gamma(\alpha) \, . \qquad \square$$

Da $\Gamma(1) = \int\limits_{0}^{+\infty} e^{-x}\,dx = 1$, können wir folgern, dass für $n \in \mathbb{N}$ gilt:

$$\Gamma(n + 1) = n! \, . \tag{17.36}$$

Daher erweist sich ein enger Zusammenhang zwischen der Gammafunktion und der zahlentheoretischen Funktion $n!$.

d. Die Euler–Gauss Gleichung

Dieser Name wird üblicherweise für die folgende Gleichung benutzt:

$$\Gamma(\alpha) = \lim_{n \to \infty} n^{\alpha} \cdot \frac{(n - 1)!}{\alpha(\alpha + 1) \cdot \ldots \cdot (\alpha + n - 1)} \, . \tag{17.37}$$

Beweis. Um diese Gleichung zu beweisen, führen wir im Integral (17.28) die Substitution $x = \ln\frac{1}{u}$ aus, wodurch wir die folgende Integraldarstellung der Gammafunktion erhalten:

$$\Gamma(\alpha) = \int\limits_{0}^{1} \ln^{\alpha-1}\left(\frac{1}{u}\right)\,du \, . \tag{17.38}$$

In Beispiel 3 in Abschnitt 16.3 haben wir gezeigt, dass die Funktionenfolge $f_n(u) = n(1 - u^{1/n})$ monoton anwächst und auf dem Intervall $0 < u < 1$ für $n \to \infty$ gegen $\ln\left(\frac{1}{u}\right)$ konvergiert. Mit Hilfe von Korollar 2 in Abschnitt 17.2 (vgl. auch Beispiel 10 in Abschnitt 17.2) können wir folgern, dass für $\alpha \geq 1$ gilt, dass

$$\int\limits_{0}^{1} \ln^{\alpha-1}\left(\frac{1}{u}\right)\,du = \lim_{n \to \infty} n^{\alpha-1} \int\limits_{0}^{1} (1 - u^{1/n})^{\alpha-1}\,du \, . \tag{17.39}$$

Mit der Substitution $u = v^n$ im letzten Integral gelangen wir mit (17.38), (17.39), (17.27) und (17.31) zu

$$\Gamma(\alpha) = \lim_{n \to \infty} n^\alpha \int_0^1 v^{n-1} (1-v)^{\alpha-1} \, \mathrm{d}v =$$

$$= \lim_{n \to \infty} n^\alpha B(n, \alpha) = \lim_{n \to \infty} n^\alpha B(\alpha, n) =$$

$$= \lim_{n \to \infty} n^\alpha \cdot \frac{(n-1)!}{\alpha(\alpha+1) \cdot \ldots \cdot (\alpha+n-1)} \, .$$

Wenn wir die Reduktionsformeln (17.30) und (17.35) auf die gerade für $\alpha \geq 1$ bewiesene Gleichung $\Gamma(\alpha) = \lim_{n \to \infty} n^\alpha B(\alpha, n)$ anwenden, können wir zeigen, dass Gleichung (17.37) für alle $\alpha > 0$ gilt. $\square$

e. Die komplementäre Formel

Für $0 < \alpha < 1$ sind die Werte α und $1 - \alpha$ im Argument der Gammafunktion zueinander komplementär, so dass die Gleichung

$$\Gamma(\alpha) \cdot \Gamma(1-\alpha) = \frac{\pi}{\sin \pi \alpha} \quad (0 < \alpha < 1) \tag{17.40}$$

die *komplementäre Formel für die Gammafunktion* genannt wird.

Beweis. Mit Hilfe der Euler–Gauss Formel (17.37) und einfachen Umformungen erhalten wir, dass

$$\Gamma(\alpha)\Gamma(1-\alpha) = \lim_{n \to \infty} \left(n^\alpha \frac{(n-1)!}{\alpha(\alpha+1) \cdot \ldots \cdot (\alpha+n-1)} \times \right.$$

$$\left. \times \, n^{1-\alpha} \frac{(n-1)!}{(1-\alpha)(2-\alpha) \cdot \ldots \cdot (n-\alpha)} \right) =$$

$$= \lim_{n \to \infty} \left(n \frac{1}{\alpha\left(1+\frac{\alpha}{1}\right) \cdot \ldots \cdot \left(1+\frac{\alpha}{n-1}\right)} \times \right.$$

$$\left. \times \, \frac{1}{\left(1-\frac{\alpha}{1}\right)\left(1-\frac{\alpha}{2}\right) \cdot \ldots \cdot \left(1-\frac{\alpha}{n-1}\right)(n-\alpha)} \right) =$$

$$= \frac{1}{\alpha} \lim_{n \to \infty} \frac{1}{\left(1-\frac{\alpha^2}{1^2}\right)\left(1-\frac{\alpha^2}{2^2}\right) \cdot \ldots \cdot \left(1-\frac{\alpha^2}{(n-1)^2}\right)} \, .$$

Somit gilt für $0 < \alpha < 1$:

$$\Gamma(\alpha)\Gamma(1-\alpha) = \frac{1}{\alpha} \prod_{n=1}^\infty \frac{1}{1 - \frac{\alpha^2}{n^2}} \, . \tag{17.41}$$

Nun ist die folgende Entwicklung als „klassisch" bekannt:

$$\sin \pi \alpha = \pi \alpha \prod_{n=1}^{\infty} \left(1 - \frac{\alpha^2}{n^2}\right) . \tag{17.42}$$

(Wir nehmen uns keine Zeit dazu, diese Formel gerade jetzt zu beweisen, da sie aus einem einfachen Beispiel für die Anwendung der allgemeinen Theorie bei der Untersuchung von Fourier–Reihen erhalten werden kann (vgl. Beispiel 6 in Abschnitt 18.2).)

Wenn wir die Gleichungen (17.41) und (17.42) miteinander vergleichen, gelangen wir zu (17.40). □

Insbesondere folgt aus (17.40), dass

$$\Gamma\left(\frac{1}{2}\right) = \sqrt{\pi} . \tag{17.43}$$

Wir beobachten, dass

$$\Gamma\left(\frac{1}{2}\right) = \int\limits_{0}^{+\infty} x^{-1/2} e^{-x} \, dx = 2 \int\limits_{0}^{+\infty} e^{-u^2} \, du ,$$

was uns wiederum auf das Euler–Poisson Integral führt:

$$\int\limits_{0}^{+\infty} e^{-u^2} \, du = \frac{1}{2}\sqrt{\pi} .$$

17.3.3 Der Zusammenhang zwischen der Beta- und der Gammafunktion

Wenn wir die Gleichungen (17.32) und (17.32) miteinander vergleichen, drängt sich der folgende Zusammenhang zwischen der Beta- und der Gammafunktion auf:

$$B(\alpha, \beta) = \frac{\Gamma(\alpha) \cdot \Gamma(\beta)}{\Gamma(\alpha + \beta)} \tag{17.44}$$

Wir wollen diese Gleichung beweisen.

Beweis. Wir merken an, dass

$$\Gamma(\alpha) = y^{\alpha} \int\limits_{0}^{+\infty} x^{\alpha-1} e^{-xy} \, dx$$

für $y > 0$ gilt und daher auch die folgende Gleichung:

$$\frac{\Gamma(\alpha + \beta) \cdot y^{\alpha-1}}{(1+y)^{\alpha+\beta}} = y^{\alpha-1} \int\limits_{0}^{+\infty} x^{\alpha+\beta-1} e^{-(1+y)x} \, dx .$$

Wenn wir diese verwenden und dabei (17.33) beachten, erhalten wir

$$\Gamma(\alpha + \beta) \cdot B(\alpha, \beta) = \int\limits_0^{+\infty} \frac{\Gamma(\alpha + \beta) y^{\alpha-1}}{(1 + y)^{\alpha+\beta}} \, dy =$$

$$= \int\limits_0^{+\infty} \left(y^{\alpha-1} \int\limits_0^{+\infty} x^{\alpha+\beta-1} e^{-(1+y)x} \, dx \right) dy \overset{!}{=}$$

$$\overset{!}{=} \int\limits_0^{+\infty} \left(\int\limits_0^{+\infty} y^{\alpha-1} x^{\alpha+\beta-1} e^{-(1+y)x} \, dy \right) dx =$$

$$= \int\limits_0^{+\infty} \left(x^{\beta-1} e^{-x} \int\limits_0^{+\infty} (xy)^{\alpha-1} e^{-xy} x \, dy \right) dx =$$

$$= \int\limits_0^{+\infty} \left(x^{\beta-1} e^{-x} \int\limits_0^{+\infty} u^{\alpha-1} e^{-u} \, du \right) dx = \Gamma(\alpha) \cdot \Gamma(\beta) \, .$$

Nun bleibt nur noch, die mit einem Ausrufezeichen versehene Gleichung zu erklären, die wir aber bereits aus Beispiel 16 in Abschnitt 17.2 kennen.   □

17.3.4 Beispiele

Zum Abschluss wollen wir eine kleine Gruppe von zusammenhängenden Beispielen betrachten, in denen die hier eingeführten Spezialfunktionen B und Γ auftreten.

Beispiel 1.

$$\int\limits_0^{\pi/2} \sin^{\alpha-1} \varphi \cos^{\beta-1} \varphi \, d\varphi = \frac{1}{2} B\left(\frac{\alpha}{2}, \frac{\beta}{2}\right) \, . \tag{17.45}$$

Beweis. Zum Beweis genügt die Substitution $\sin^2 \varphi = x$ im Integral.   □

Mit Hilfe von (17.44) können wir das Integral (17.45) als Ausdruck der Gammafunktion formulieren. Insbesondere erhalten wir, wenn wir (17.43) beachten, dass

$$\int\limits_0^{\pi/2} \sin^{\alpha-1} \varphi \, d\varphi = \int\limits_0^{\pi/2} \cos^{\alpha-1} \varphi \, d\varphi = \frac{\sqrt{\pi}}{2} \frac{\Gamma\left(\frac{\alpha}{2}\right)}{\Gamma\left(\frac{\alpha+1}{2}\right)} \, . \tag{17.46}$$

Beispiel 2. Eine ein-dimensionale Kugel mit Radius r ist einfach nur ein offenes Intervall und ihr (ein-dimensionales) Volumen entspricht der Länge $(2r)$ des Intervalls. Somit ist also $V_1(r) = 2r$.

Wenn wir annehmen, dass das ($(n-1)$-dimensionale) Volumen der $(n-1)$-dimensionalen Kugel mit Radius r durch die Gleichung $V_{n-1}(r) = c_{n-1}r^{n-1}$ gegeben wird, dann erhalten wir durch Integration mit Hilfe von Schnitten (vgl. Beispiel 3 in Abschnitt 11.4), dass

$$
V_n(r) = \int_{-r}^{r} c_{n-1}(r^2 - x^2)^{\frac{n-1}{2}}\, dx = \left(c_{n-1} \int_{-\pi/2}^{\pi/2} \cos^n \varphi \, d\varphi \right) \cdot r^n \, ,
$$

d.h. $V_n(r) = c_n r^n$, mit

$$
c_n = 2c_{n-1} \int_0^{\pi/2} \cos^n \varphi \, d\varphi \, .
$$

Aufgrund von (17.46) können wir diese letzte Gleichung umschreiben zu

$$
c_n = \sqrt{\pi}\, \frac{\Gamma\left(\frac{n+1}{2}\right)}{\Gamma\left(\frac{n+2}{2}\right)} c_{n-1} \, ,
$$

so dass also

$$
c_n = (\sqrt{\pi})^{n-1} \frac{\Gamma\left(\frac{n+1}{2}\right)}{\Gamma\left(\frac{n+2}{2}\right)} \cdot \frac{\Gamma\left(\frac{n}{2}\right)}{\Gamma\left(\frac{n+1}{2}\right)} \cdot \ldots \cdot \frac{\Gamma\left(\frac{3}{2}\right)}{\Gamma\left(\frac{4}{2}\right)} \cdot c_1
$$

oder in Kurzform

$$
c_n = \pi^{\frac{n-1}{2}} \frac{\Gamma\left(\frac{3}{2}\right)}{\Gamma\left(\frac{n+2}{2}\right)} c_1 \, .
$$

Nun ist aber $c_1 = 2$ und $\Gamma\left(\frac{3}{2}\right) = \frac{1}{2}\Gamma\left(\frac{1}{2}\right) = \frac{1}{2}\sqrt{\pi}$, so dass

$$
c_n = \frac{\pi^{\frac{n}{2}}}{\Gamma\left(\frac{n+2}{2}\right)} \, .
$$

Folglich ist

$$
V_n(r) = \frac{\pi^{\frac{n}{2}}}{\Gamma\left(\frac{n+2}{2}\right)} r^n
$$

oder, was dasselbe ist,

$$
V_n(r) = \frac{\pi^{\frac{n}{2}}}{\frac{n}{2}\Gamma\left(\frac{n}{2}\right)} r^n \, . \tag{17.47}
$$

Beispiel 3. Aus geometrischen Betrachtungen wird klar, dass $dV_n(r) = S_{n-1}(r)\, dr$, wobei $S_{n-1}(r)$ die Fläche der $(n-1)$-dimensionalen Oberfläche der Kugelschale ist, die die n-dimensionale Kugel mit Radius r in $\mathbb{R}^n$ umgibt.

Somit ist $S_{n-1}(r) = \frac{dV_n}{dr}(r)$ und unter Berücksichtigung von (17.47) erhalten wir

$$
S_{n-1}(r) = \frac{2\pi^{\frac{n}{2}}}{\Gamma\left(\frac{n}{2}\right)} r^{n-1} \, .
$$

17.3.5 Übungen und Aufgaben

1. Zeigen Sie, dass

a) $B(1/2, 1/2) = \pi$;

b) $B(\alpha, 1 - \alpha) = \int\limits_0^\infty \frac{x^{\alpha-1}}{1+x}\,\mathrm{d}x$;

c) $\frac{\partial B}{\partial \alpha}(\alpha, \beta) = \int\limits_0^1 x^{\alpha-1}(1-x)^{\beta-1}\ln x\,\mathrm{d}x$;

d) $\int\limits_0^{+\infty} \frac{x^p\,\mathrm{d}x}{(a+bx^q)^r} = \frac{a^{-r}}{q}\left(\frac{a}{b}\right)^{\frac{p+1}{q}} B\left(\frac{p+1}{q}, r - \frac{p+1}{q}\right)$;

e) $\int\limits_0^{+\infty} \frac{\mathrm{d}x}{\sqrt[n]{1+x^n}} = \frac{\pi}{n\sin\frac{\pi}{n}}$;

f) $\int\limits_0^{+\infty} \frac{\mathrm{d}x}{1+x^3} = \frac{2\pi}{3\sqrt{3}}$;

g) $\int\limits_0^{+\infty} \frac{x^{\alpha-1}\,\mathrm{d}x}{1+x} = \frac{\pi}{\sin\pi\alpha}$ $(0 < \alpha < 1)$;

h) $\int\limits_0^{+\infty} \frac{x^{\alpha-1}\ln^n x}{1+x}\,\mathrm{d}x = \frac{\mathrm{d}^n}{\mathrm{d}\alpha^n}\left(\frac{\pi}{\sin\pi\alpha}\right)$ $(0 < \alpha < 1)$;

i) die Länge der durch die Gleichung $r^n = a^n\cos n\varphi$ in Polarkoordinaten definierten Kurve, mit $n \in \mathbb{N}$ und $a > 0$, lautet $aB\left(\frac{1}{2}, \frac{1}{2n}\right)$.

2. Zeigen Sie, dass

a) $\Gamma(1) = \Gamma(2)$;

b) die Ableitung Γ' von Γ in einem Punkt $x_0 \in]1, 2[$ gleich Null ist;

c) die Funktion Γ' auf dem Intervall $]0, +\infty[$ monoton anwächst;

d) die Funktion Γ auf $]0, x_0]$ monoton absteigt und auf $[x_0, +\infty[$ monoton anwächst;

e) das Integral $\int\limits_0^1 \left(\ln\frac{1}{u}\right)^{x-1}\ln\ln\frac{1}{u}\,\mathrm{d}u$ für $x = x_0$ gleich Null ist;

f) $\Gamma(\alpha) \sim \frac{1}{\alpha}$ für $\alpha \to +0$;

g) $\lim\limits_{n\to\infty} \int\limits_0^{+\infty} \mathrm{e}^{-x^n}\,\mathrm{d}x = 1$.

3. *Die Eulersche Gleichung* $E := \prod\limits_{k=1}^{n-1} \Gamma\left(\frac{k}{n}\right) = \frac{(2\pi)^{\frac{n-1}{2}}}{\sqrt{n}}$.

a) Zeigen Sie, dass $E^2 = \prod\limits_{k=1}^{n-1} \Gamma\left(\frac{k}{n}\right)\Gamma\left(\frac{n-k}{n}\right)$.

b) Beweisen Sie, dass $E^2 = \frac{\pi^{n-1}}{\sin\frac{\pi}{n}\sin 2\frac{\pi}{n}\cdot\ldots\cdot\sin(n-1)\frac{\pi}{n}}$.

c) Lassen Sie, ausgehend von der Gleichung $\frac{z^n-1}{z-1} = \prod\limits_{k=1}^{n-1}\left(z - \mathrm{e}^{\mathrm{i}\frac{2k\pi}{n}}\right)$, die Variable z gegen 1 streben und erhalten Sie so $n = \prod\limits_{k=1}^{n-1}\left(1 - \mathrm{e}^{\mathrm{i}\frac{2k\pi}{n}}\right)$ und leiten Sie aus dieser Gleichung die folgende her:

$$n = 2^{n-1}\prod\limits_{k=1}^{n-1}\sin\frac{k\pi}{n}.$$

d) Erhalten Sie die Eulersche Gleichung aus dieser letzten Gleichung.

4. *Die Legendre–Gleichung* $\Gamma(\alpha)\Gamma\left(\alpha + \frac{1}{2}\right) = \frac{\sqrt{\pi}}{2^{2\alpha-1}}\Gamma(2\alpha).$

a) Zeigen Sie, dass $B(\alpha,\alpha) = 2\int\limits_0^{1/2}\left(\frac{1}{4} - \left(\frac{1}{2} - x\right)^2\right)^{\alpha-1}dx.$

b) Beweisen Sie durch eine Substitution im letzten Integral, dass $B(\alpha,\alpha) = \frac{1}{2^{2\alpha-1}}B\left(\frac{1}{2},\alpha\right).$

c) Leiten Sie nun die Legendre–Gleichung her.

5. Finden Sie mit der in Aufgabe 5 in Abschnitt 17.1 eingeführten Schreibweise einen Weg, mit dem der zweite, heiklere Teil der Aufgabe mit Hilfe des Eulerschen Integrals ausgeführt werden kann.

a) Überprüfen Sie für $\widetilde{k} = k$ und $k = \frac{1}{\sqrt{2}}$, ob

$$\widetilde{E} = E = \int\limits_0^{\pi/2}\sqrt{1 - \frac{1}{2}\sin^2\varphi}\,d\varphi \quad \text{und} \quad \widetilde{K} = K = \int\limits_0^{\pi/2}\frac{d\varphi}{\sqrt{1 - \frac{1}{2}\sin^2\varphi}}\,.$$

b) Diese Integrale können nach einer geeigneten Substitution in eine Gestalt gebracht werden, aus der folgt, dass für $k = 1/\sqrt{2}$ gilt:

$$K = \frac{1}{2\sqrt{2}}B(1/4, 1/2) \text{ und } 2E - K = \frac{1}{2\sqrt{2}}B(3/4, 1/2)\,.$$

c) Nun ergibt sich, dass für $k = 1/\sqrt{2}$ gilt:

$$E\widetilde{K} + \widetilde{E}K - K\widetilde{K} = \pi/2\,.$$

6. *Das Raabe[1]–Integral* $\int\limits_0^1\ln\Gamma(x)\,dx.$

Zeigen Sie, dass

a) $\int\limits_0^1\ln\Gamma(x)\,dx = \int\limits_0^1\ln\Gamma(1 - x)\,dx.$

b) $\int\limits_0^1\ln\Gamma(x)\,dx = \frac{1}{2}\ln\pi - \frac{1}{\pi}\int\limits_0^{\pi/2}\ln\sin x\,dx.$

c) $\int\limits_0^{\pi/2}\ln\sin x\,dx = \int\limits_0^{\pi/2}\ln\sin 2x\,dx - \frac{\pi}{2}\ln 2.$

d) $\int\limits_0^{\pi/2}\ln\sin x\,dx = -\frac{\pi}{2}\ln 2.$

e) $\int\limits_0^1\ln\Gamma(x)\,dx = \ln\sqrt{2\pi}.$

---

[1] J.L. Raabe (1801–1859) – schweizer Mathematiker und Physiker.

7. Zeigen Sie mit Hilfe der Gleichung

$$\frac{1}{x^s} = \frac{1}{\Gamma(s)} \int\limits_0^{+\infty} y^{s-1} e^{-xy}\, dy$$

und einer Rechtfertigung für die Umkehrung der entsprechenden Integrationsreihenfolgen, dass

a) $\int\limits_0^{+\infty} \frac{\cos ax}{x^\alpha}\, dx = \frac{\pi a^{\alpha-1}}{2\Gamma(\alpha)\cos\frac{\pi\alpha}{2}}\ (0 < \alpha < 1)$;

b) $\int\limits_0^{+\infty} \frac{\sin bx}{x^\beta}\, dx = \frac{\pi b^{\beta-1}}{2\Gamma(\beta)\sin\frac{\pi\beta}{2}}\ (0 < \beta < 2)$.

c) Berechnen Sie nun wiederum den Wert des Dirichlet–Integrals $\int\limits_0^{+\infty} \frac{\sin x}{x}\, dx$ und

den Wert der Fresnel–Integrale $\int\limits_0^{+\infty} \cos x^2\, dx$ und $\int\limits_0^{+\infty} \sin x^2\, dx$.

8. Zeigen Sie für $\alpha > 1$, dass

$$\int\limits_0^{+\infty} \frac{x^{\alpha-1}}{e^x - 1}\, dx = \Gamma(\alpha)\cdot\zeta(\alpha)\,,$$

wobei $\zeta(a) = \sum\limits_{n=1}^\infty \frac{1}{n^\alpha}$ die *Riemannsche Zeta–Funktion* ist.

9. *Gausssche Gleichung.* In Beispiel 6 in Abschnitt 16.3 haben wir die Funktion

$$F(\alpha,\beta,\gamma,x) := 1 + \sum\limits_{n=1}^\infty \frac{\alpha(\alpha+1)\cdots(\alpha+n-1)\beta(\beta+1)\cdots(\beta+n-1)}{n!\gamma(\gamma+1)\cdots(\gamma+n-1)} x^n$$

vorgestellt, die von Gauss eingeführt wurde und der Summe ihrer hypergeometrischen Reihe entspricht. Es zeigt sich, dass die folgende Gleichung von Gauss gilt:

$$F(\alpha,\beta,\gamma,1) = \frac{\Gamma(\gamma)\cdot\Gamma(\gamma-\alpha-\beta)}{\Gamma(\gamma-\alpha)\cdot\Gamma(\gamma-\beta)}\,.$$

a) Entwickeln Sie die Funktion $(1 - tx)^{-\beta}$ in einer Reihe und zeigen Sie, dass das Integral

$$P(x) = \int\limits_0^1 t^{\alpha-1}(1-t)^{\gamma-\alpha-1}(1-tx)^{-\beta}\, dt$$

für $\alpha > 0$, $\gamma - \alpha > 0$ und $0 < x < 1$ wie folgt dargestellt werden kann:

$$P(x) = \sum\limits_{n=0}^\infty P_n \cdot x^n\,.$$

Dabei ist $P_n = \frac{\beta(\beta+1)\cdots(\beta+n-1)}{n!} \cdot \frac{\Gamma(\alpha+n)\cdot\Gamma(\gamma-\alpha)}{\Gamma(\gamma+n)}$.

b) Zeigen Sie, dass

$$P_n = \frac{\Gamma(\alpha)\cdot\Gamma(\gamma-\alpha)}{\Gamma(\gamma)} \cdot \frac{\alpha(\alpha+1)\cdots(\alpha+n-1)\beta(\beta+1)\cdots(\beta+n-1)}{n!\gamma(\gamma+1)\cdots(\gamma+n-1)}\,.$$

c) Zeigen Sie nun für $\alpha > 0$, $\gamma - \alpha > 0$ und $0 < x < 1$, dass

$$P(x) = \frac{\Gamma(\alpha) \cdot \Gamma(\gamma - \alpha)}{\Gamma(\gamma)} \cdot F(\alpha, \beta, \gamma, x) \, .$$

d) Rechtfertigen Sie unter der zusätzlichen Bedingung $\gamma - \alpha - \beta > 0$ die Möglichkeit des Grenzübergangs für $x \to 1 - 0$ auf beiden Seiten der letzten Gleichung und zeigen Sie, dass

$$\frac{\Gamma(\alpha) \cdot \Gamma(\gamma - \alpha - \beta)}{\Gamma(\gamma - \beta)} = \frac{\Gamma(\alpha) \cdot \Gamma(\gamma - \alpha)}{\Gamma(\gamma)} F(\alpha, \beta, \gamma, 1) \, ,$$

woraus sich die Gausssche Gleichung ergibt.

10. *Stirlingsche*[2] *Gleichung.* Zeigen Sie, dass

a) $\ln \frac{1+x}{1-x} = 2x \sum\limits_{m=0}^{\infty} \frac{x^{2m}}{2m+1}$ für $|x| < 1$;

b) $\left(n + \frac{1}{2} \right) \ln \left(1 + \frac{1}{n} \right) = 1 + \frac{1}{3} \frac{1}{(2n+1)^2} + \frac{1}{5} \frac{1}{(2n+1)^4} + \frac{1}{7} \frac{1}{(2n+1)^6} + \cdots$;

c) $1 < \left(n + \frac{1}{2} \right) \ln \left(1 + \frac{1}{n} \right) < 1 + \frac{1}{12n(n+1)}$ für $n \in \mathbb{N}$;

d) $1 < \dfrac{\left(1 + \frac{1}{n} \right)^{n+1/2}}{e} < \dfrac{e^{\frac{1}{12n}}}{e^{\frac{1}{12(n+1)}}}$;

e) $a_n = \frac{n! e^n}{n^{(n+1/2)}}$ eine monoton absteigende Folge ist;

f) $b_n = a_n e^{-\frac{1}{12n}}$ eine monoton anwachsende Folge ist;

g) $n! = c n^{n+1/2} e^{-n + \frac{\theta_n}{12n}}$, mit $0 < \theta_n < 1$, und $c = \lim\limits_{n \to \infty} a_n = \lim\limits_{n \to \infty} b_n$;

h) die Gleichung $\sin \pi x = \pi x \prod\limits_{n=1}^{\infty} \left(1 - \frac{x^2}{n^2} \right)$ für $x = 1/2$ zur Gleichung von Wallis führt:

$$\sqrt{\pi} = \lim\limits_{n \to \infty} \frac{(n!)^2 2^{2n}}{(2n)!} \cdot \frac{1}{\sqrt{n}} \, ;$$

i) die *Stirlingsche Gleichung* gilt:

$$n! = \sqrt{2\pi n} \left(\frac{n}{e} \right)^n e^{\frac{\theta_n}{12n}} \, , \quad 0 < \theta_n < 1 \, ;$$

j) $\Gamma(x+1) \sim \sqrt{2\pi x} \left(\frac{x}{e} \right)^x$ für $x \to +\infty$.

11. Zeigen Sie, dass $\Gamma(x) = \sum\limits_{n=0}^{\infty} \frac{(-1)^n}{n+x} \cdot \frac{1}{n!} + \int\limits_{1}^{\infty} t^{x-1} e^{-t} \, dt$. Mit dieser Gleichung kann $\Gamma(z)$ in den Punkten $0, -1, -2, \ldots$ für komplexe $z \in \mathbb{C}$ definiert werden.

---

[2] J. Stirling (1692–1770) – schottischer Mathematiker.

17.4 Faltung von Funktionen und Elementares zu verallgemeinerten Funktionen

17.4.1 Faltung bei physikalischen Problemen (einleitende Betrachtungen)

Eine Vielzahl von Geräten und Systemen in der lebenden und nicht lebenden natürlichen Welt reagiert auf eine Stimulanz f mit einem geeigneten Signal $\tilde{f}$. Anders formuliert, so ist jedes derartige Gerät oder System ein Operator A, der das eingehende Signal f in ein ausgehendes Signal $\tilde{f} = Af$ umformt. Natürlicherweise besitzt jeder derartige Operator seinen eigenen Bereich für eingehende Signale (Definitionsbereich) und seine eigene Art darauf zu antworten (Wertebereich). Ein bequemes mathematisches Modell für eine große Klasse derartiger Vorgänge und Maschinen ist ein linearer und Translationen erhaltender Operator.

Definition 1. Sei A ein linearer Operator, der auf einen auf $\mathbb{R}$ definierten Vektorraum von Funktionen mit reellen oder komplexen Werten einwirkt. Wir bezeichnen mit T_{t_0} den *Translationsoperator*, der auf denselben Raum nach der Regel

$$(T_{t_0} f)(t) := f(t - t_0)$$

einwirkt.

Ein Operator A ist *translationsinvariant* (oder er *erhält Translationen*), falls

$$A(T_{t_0} f) = T_{t_0}(Af)$$

für jede Funktion f im Definitionsbereich des Operators A gilt.

Ist t die Zeit, dann kann die Gleichung $A \circ T_{t_0} = T_{t_0} \circ A$ so interpretiert werden, dass wir annehmen, dass die Eigenschaften des Gerätes A zeitinvariant sind: Die Reaktion des Geräts auf die Signale $f(t)$ und $f(t - t_0)$ unterscheiden sich nur um eine Änderung des Betrags t_0 in der Zeit und um sonst nichts.

Bei jedem Gerät treten die folgenden zwei zentralen Fragen auf: Erstens, die Reaktion $\tilde{f}$ des Geräts auf ein beliebiges Eingangssignal f vorherzusagen und zweitens das Eingangssignal f falls möglich zu bestimmen, wenn wir das Ausgangssignal $\tilde{f}$ kennen.

An dieser Stelle werden wir die erste dieser beiden Fragestellungen bei der Anwendung auf einen translationsinvarianten Operator A heuristisch lösen. Es ist eine einfache, aber sehr wichtige Tatsache, dass es für die Beschreibung der Antwort $\tilde{f}$ eines derartigen Geräts A auf jedes Eingangssignal f ausreicht, die Antwort E von A auf einen Impuls δ zu kennen.

Definition 2. Die Antwort E des Geräts A auf einen Einheitsimpuls δ wird *Übertragungsfunktion*, *Systemfunktion* des Geräts (in der Optik) oder auch *Impulsantwortfunktion* oder einfach *Impulsantwort* (in der Elektrotechnik) des Geräts genannt.

In der Regel werden wir den allgemeineren Ausdruck „Übertragungsfunktion" benutzen.

Ohne gerade jetzt ausführlicher zu werden, wollen wir doch sagen, dass ein Impuls imitiert werden kann, z.B. durch die in Abb. 17.1 dargestellte Funktion $\delta_\alpha(t)$, und wir gehen davon aus, dass diese Imitation umso besser wird, je kürzer die Dauer α dieses „Impulses" wird, falls dabei die Beziehung $\alpha \cdot \frac{1}{\alpha} = 1$ erhalten bleibt. Anstelle von Sprungfunktionen bzw. Treppenfunktionen können wir einen Impuls auch mit Hilfe von glatten Funktionen (vgl. Abb. 17.2) imitieren, wenn wir dabei die folgenden natürlichen Bedingungen einhalten:

$$ f_\alpha \geq 0\,, \quad \int\limits_{\mathbb{R}} f_\alpha(t)\,\mathrm{d}t = 1\,, \quad \int\limits_{U(0)} f_\alpha(t)\,\mathrm{d}t \to 1 \ \text{für} \ \alpha \to 0\,. $$

Dabei ist $U(0)$ eine beliebige Umgebung des Punktes $t = 0$.

Die Antwort des Geräts A auf einen idealen Einheitsimpuls (der nach Dirac durch den Buchstaben δ symbolisiert wird) sollte als eine Funktion $E(t)$ betrachtet werden, gegen die die Antwort des Geräts A auf ein Eingangssignal, das δ annähert, strebt, wenn die Imitation sich der Idealform annähert. Natürlicherweise wird dabei eine gewisse Stetigkeit des Operators A vorausgesetzt (was bis jetzt noch nicht näher präzisiert wurde), d.h. Stetigkeit in der Veränderung der Antwort $\widetilde{f}$ des Geräts auf eine stetige Veränderung im Eingangssignal f.

Betrachten wir beispielsweise eine Folge $\{\Delta_n(t)\}$ von Treppenfunktionen $\Delta_n(t) := \delta_{1/n}(t)$ (s. Abb. 17.1), dann erhalten wir, wenn wir $A\Delta_n =: E_n$ setzen, dass $A\delta := E = \lim\limits_{n\to\infty} E_n = \lim\limits_{n\to\infty} A\Delta_n$.

Wir wollen nun das Eingangssignal f in Abb. 17.3 betrachten und die stückweise konstante Funktion $l_h(t) = \sum\limits_i f(\tau_i)\delta_h(t - \tau_i)h$. Da $l_h \to f$ für $h \to 0$, müssen wir annehmen, dass

$$ \widetilde{l}_h = Al_h \to Af = \widetilde{f} \ \text{für} \ h \to 0\,. $$

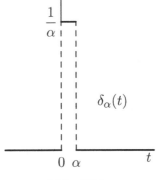

Abb. 17.1.

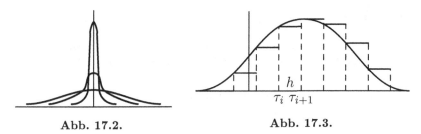

Abb. 17.2.   **Abb. 17.3.**

Ist der Operator A aber linear und translationsinvariant, dann ist

$$\widetilde{l}_h(t) = \sum_i f(\tau_i) E_h(t - \tau_i) h \,,$$

mit $E_h = A\delta_h$. Daher erhalten wir schließlich für $h \to 0$, dass

$$\widetilde{f}(t) = \int_{\mathbb{R}} f(\tau) E(t - \tau)\, d\tau \,. \tag{17.48}$$

Gleichung (17.48) löst die erste der beide oben angeführten Fragestellungen. Sie liefert eine Darstellung der Antwort $\widetilde{f}(t)$ des Geräts A in Form eines speziellen Integrals, das vom Parameter t abhängt. Dieses Integral wird durch das Eingangssignal $f(t)$ und die Übertragungsfunktion $E(t)$ des Geräts vollständig bestimmt. Aus mathematischer Sicht sind das Gerät A und das Integral (17.48) einfach identisch.

Wir erwähnen nebenbei, dass das Problem der Bestimmung des Eingangssignals aus dem Ausgang $\widetilde{f}(t)$ sich nun auf die Auflösung der Integralgleichung (17.48) nach f zurückführen lässt.

Definition 3. Die *Faltung der Funktionen* $u : \mathbb{R} \to \mathbb{C}$ und $v : \mathbb{R} \to \mathbb{C}$ entspricht der Funktion $u * v : \mathbb{R} \to \mathbb{C}$, die durch folgende Gleichung definiert wird:

$$(u * v)(x) := \int_{\mathbb{R}} u(y) v(x - y)\, dy \,, \tag{17.49}$$

vorausgesetzt, dass dieses uneigentliche Integral für alle $x \in \mathbb{R}$ existiert.

Daher stellt Gleichung (17.48) sicher, dass die Antwort eines linearen Geräts A, das translationsinvariant ist, auf eine Eingabe in Form der Funktion f der Faltung $f * E$ der Funktion f mit der Übertragungsfunktion E des Geräts A entspricht.

17.4.2 Allgemeine Eigenschaften einer Faltung

Wir wollen nun die grundlegenden Eigenschaften einer Faltung aus mathematischer Sicht betrachten.

a. Hinreichende Bedingung für die Existenz

Wir wiederholen zunächst bestimmte Definitionen und Schreibweisen.

Sei $f : G \to \mathbb{C}$ eine Funktion mit reellen oder komplexen Werten, die auf einer offenen Menge $G \subset \mathbb{R}$ definiert ist.

Die Funktion f ist *lokal auf G integrierbar*, falls jeder Punkt $x \in G$ eine Umgebung $U(x) \subset G$ besitzt, in der die Funktion $f|_{U(x)}$ integrierbar ist. Ist insbesondere $G = \mathbb{R}$, dann ist die Bedingung der lokalen Integrierbarkeit der Funktion f offensichtlich äquivalent zur Aussage $f|_{[a,b]} \in \mathcal{R}[a,b]$ für jedes abgeschlossene Intervall $[a, b]$.

Der *Träger der Funktion f* (supp f bezeichnet) ist der Abschluss in G der Menge $\{x \in G \mid f(x) \neq 0\}$.

Eine Funktion f besitzt einen *kompakten Träger* (in G), falls ihr Träger eine kompakte Menge ist.

Die Menge der Funktionen $f : G \to \mathbb{C}$, die in G bis inklusive zur Ordnung m ($0 \leq m \leq \infty$) stetige Ableitungen besitzen, wird üblicherweise mit $C^{(m)}(G)$ bezeichnet und die Teilmenge davon, die aus Funktionen mit kompaktem Träger besteht, wird durch $C_0^{(m)}(G)$ symbolisiert. Für den Fall, dass $G = \mathbb{R}$, ist es anstelle von $C^{(m)}(\mathbb{R})$ und $C_0^{(m)}(\mathbb{R})$ üblich, die Abkürzungen $C^{(m)}$ bzw. $C_0^{(m)}$ zu benutzen.

Wir stellen nun die am häufigsten anzutreffenden Fälle von Faltungen von Funktionen vor, in denen deren Existenz ohne Schwierigkeiten bestimmt werden kann.

Satz 1. *Jede der unten aufgeführten Bedingungen ist für die Existenz der Faltung $u * v$ von lokal integrierbaren Funktionen $u : \mathbb{R} \to \mathbb{C}$ und $v : \mathbb{R} \to \mathbb{C}$ hinreichend.*

1. *Die Funktionen $|u|^2$ und $|v|^2$ sind auf $\mathbb{R}$ integrierbar.*
2. *Eine der Funktionen $|u|$, $|v|$ ist auf $\mathbb{R}$ integrierbar und die andere ist auf $\mathbb{R}$ beschränkt.*
3. *Eine der Funktionen u und v besitzt einen kompakten Träger.*

Beweis. 1) Nach der Schwarzschen Ungleichung gilt

$$\left(\int\limits_{\mathbb{R}} |u(y)v(x - y)| \, \mathrm{d}y \right)^2 \leq \int\limits_{\mathbb{R}} |u|^2(y) \, \mathrm{d}y \int\limits_{\mathbb{R}} |v|^2(x - y) \, \mathrm{d}y \, ,$$

woraus folgt, dass das Integral (17.49) existiert, da

$$\int\limits_{-\infty}^{+\infty} |v|^2(x - y) \, \mathrm{d}y = \int\limits_{-\infty}^{+\infty} |v|^2(y) \, \mathrm{d}y \, .$$

2) Ist z.B. $|u|$ auf $\mathbb{R}$ integrierbar und $|v| \leq M$ auf $\mathbb{R}$, dann gilt

$$\int\limits_{\mathbb{R}} |u(y)v(x-y)|\,\mathrm{d}y \leq M \int\limits_{\mathbb{R}} |u|(y)\,\mathrm{d}y < +\infty\;.$$

3) Angenommen, $\operatorname{supp} u \subset [a,b] \subset \mathbb{R}$. Dann ist offensichtlich

$$\int\limits_{\mathbb{R}} u(y)v(x-y)\,\mathrm{d}y = \int\limits_{a}^{b} u(y)v(x-y)\,\mathrm{d}y\;.$$

Da u und v lokal integrierbar sind, existiert dieses letzte Integral für jeden Wert von $x \in \mathbb{R}$.

Der Fall, dass v die Funktion mit kompaktem Träger ist, lässt sich auf diesen zurückführen, indem wir die Substitution $x - y = z$ vornehmen.   □

b. Symmetrie

Satz 2. *Existiert die Faltung $u * v$, dann existiert auch die Faltung $v * u$ und es gilt die folgende Gleichung:*

$$u * v = v * u\;. \tag{17.50}$$

Beweis. Mit der Substitution $x - y = z$ in (17.49) erhalten wir

$$u * v(x) := \int\limits_{-\infty}^{+\infty} u(y)v(x-y)\,\mathrm{d}y = \int\limits_{-\infty}^{+\infty} v(z)u(x-z)\,\mathrm{d}z =: v * u(x)\;.   □$$

c. Translationsinvarianz

Angenommen, T_{x_0} sei wie oben der Translationsoperator, d.h. $(T_{x_0})f(x) = f(x - x_0)$.

Satz 3. *Existiert die Faltung $u * v$ der Funktionen u und v, dann gelten die folgenden Gleichungen:*

$$T_{x_0}(u * v) = T_{x_0}u * v = u * T_{x_0}v\;. \tag{17.51}$$

Beweis. Wenn wir die physikalische Bedeutung der Gleichung (17.48) bedenken, wird die erste dieser Gleichungen offensichtlich und die zweite kann dann aus der Symmetrie der Faltung erhalten werden. Wir wollen nichtsdestotrotz einen formalen Beweis der ersten Gleichung anführen:

$$(T_{x_0})(u * v)(x) := (u * v)(x - x_0) :=$$

$$= \int\limits_{-\infty}^{+\infty} u(y)v(x - x_0 - y)\,\mathrm{d}y = \int\limits_{-\infty}^{+\infty} u(y - x_0)v(x - y)\,\mathrm{d}y =$$

$$= \int\limits_{-\infty}^{+\infty} (T_{x_0}u)(y)v(x-y)\,\mathrm{d}y =: \big((T_{x_0}u) * v\big)(x)\;.   □$$

d. Ableitung einer Faltung

Die Faltung von Funktionen ist ein von einem Parameter abhängiges Integral und die Ableitung lässt sich in Übereinstimmung mit den allgemeinen Regeln zur Ableitung derartiger Integrale durchführen, natürlich unter der Bedingung, dass geeignete Voraussetzungen erfüllt sind.

Die Bedingungen, unter denen die Faltung (17.49) der Funktionen u und v stetig differenzierbar ist, sind nachweislich erfüllt, wenn zum Beispiel u stetig ist, v eine glatte Funktion ist und eine der beiden einen kompakten Träger besitzt.

Beweis. Wenn wir nämlich die Veränderung des Parameters auf irgendein endliches Intervall beschränken, dann ist unter diesen Annahmen das gesamte Integral (17.49) auf ein Integral über einem endlichen abgeschlossenen Intervall zurückführbar, das von x unabhängig ist. Ein derartiges Integral kann in Übereinstimmung mit der klassischen Leibniz–Regel nach einem Parameter differenziert werden.   □

Im Allgemeinen gilt der folgende Satz:

Satz 4. *Ist u eine lokal integrierbare Funktion und v eine Funktion in $C_0^{(m)}$ mit kompaktem Träger $(0 \leq m \leq +\infty)$, dann ist $(u * v) \in C^{(m)}$ und es gilt*[3]

$$D^k(u * v) = u * (D^k v). \tag{17.52}$$

Beweis. Ist u eine stetige Funktion, folgt der Satz unmittelbar aus dem oben Bewiesenen. In seiner Allgemeinheit können wir ihn beweisen, falls wir noch die in Aufgabe 6 in Abschnitt 17.1 getroffene Beobachtung bedenken.   □

Anmerkung 1. Im Hinblick auf die Kommutativität der Faltung (Gleichung (17.50)) bleibt Satz 4 natürlich gültig, falls u und v vertauscht werden und dabei die linke Seite von Gl. (17.52) unverändert bleibt.

Gleichung (17.52) verdeutlicht, dass eine Faltung mit dem Differentiationsoperator kommutiert, so wie sie mit Translationen kommutiert (Gleichung (17.51)). Aber während (17.51) in u und v symmetrisch ist, können wir im Allgemeinen u und v in der rechten Seite von (17.52) nicht vertauschen, da die entsprechende Ableitung für u nicht existent sein kann. Die Tatsache, dass die Faltung $u * v$, wie sich an (17.52) erkennen lässt, dennoch eine differenzierbare Funktion sein kann, lässt uns vermuten, dass die Voraussetzungen für Satz 4 zwar hinreichend, aber nicht notwendig sind, damit die Faltung differenzierbar ist.

Beispiel 1. Sei f eine lokal integrierbare Funktion und δ_α die in Abb. 17.1 dargestellte Sprungfunktion. Dann gilt

---

[3] Hierbei bedeutet D Differentiation und wie üblich $D^k v = v^{(k)}$.

$$(f * \delta_\alpha)(x) = \int\limits_{-\infty}^{+\infty} f(y)\delta_\alpha(x-y)\,\mathrm{d}y = \frac{1}{\alpha} \int\limits_{x-\alpha}^{x} f(y)\,\mathrm{d}y \qquad (17.53)$$

und folglich ist die Faltung $f * \delta_\alpha$ in jeder Stetigkeitsstelle von f differenzierbar, was auf der Mittelungs- (Glättungs-) Eigenschaft des Integrals beruht.

Die in Satz 4 formulierten Bedingungen für die Differenzierbarkeit der Faltung sind jedoch für praktisch gesehen alle Fälle, die bei der Anwendung von Gleichung (17.52) auftreten, vollständig hinreichend. Aus diesem Grund werden wir nicht versuchen, sie weiter zu verfeinern, sondern stattdessen vorziehen, einige schöne neue Möglichkeiten anzuführen, die sich aus der gerade entdeckten glättenden Wirkung der Faltung ergeben.

17.4.3 Näherungsgleichungen und der Weierstraßsche Approximationssatz

Wir merken an, dass das Integral in (17.35) den Durchschnittswert der Funktion f auf dem Intervall $[x-\alpha, x]$ liefert und daher gilt offensichtlich, falls f in x stetig ist, dass $(f * \delta_\alpha)(x) \to f(x)$ für $\alpha \to 0$. In Übereinstimmung mit den einführenden Betrachtungen in Absatz 17.4.1, die eine Vorstellung zur δ-Funktion lieferten, würden wir gerne diese letzte Relation als Gleichung eines Grenzüberganges schreiben:

$$(f * \delta)(x) = f(x)\,, \quad \text{falls } f \text{ in } x \text{ stetig ist}. \qquad (17.54)$$

Diese Gleichung zeigt uns, dass die δ-Funktion bezüglich der Faltung als Eins- (neutrales) Element gesehen werden kann. Wir können Gleichung (17.54) als vollständig sinnvoll betrachten, falls wir zeigen können, dass jede Familie von Funktionen, die gegen die δ-Funktion konvergiert, dieselbe Eigenschaft besitzt wie die spezielle Familie δ_α in (17.53).

Wir wollen nun zu präzisen Formulierungen übergehen und die folgende nützliche Definition treffen:

Definition 4. Die Familie $\{\Delta_\alpha; \alpha \in A\}$ von Funktionen $\Delta_\alpha : \mathbb{R} \to \mathbb{R}$, die vom Parameter $\alpha \in A$ abhängen, bildet über der Basis $\mathcal{B}$ in A ein *genähertes Einselement*, falls die drei folgenden Bedingungen erfüllt sind:

a) Alle Funktionen in der Familie sind nicht negativ ($\Delta_\alpha \geq 0$).

b) Für jede Funktion Δ_α der Familie gilt $\int\limits_{\mathbb{R}} \Delta_\alpha(x)\,\mathrm{d}x = 1$.

c) Zu jeder Umgebung U von $0 \in \mathbb{R}$ gilt $\lim\limits_{\mathcal{B}} \int\limits_{U} \Delta_\alpha(x)\,\mathrm{d}x = 1$.

Wenn wir die ersten beiden Bedingungen betrachten, erkennen wir, dass die letzte Bedingung zur Gleichung $\lim\limits_{\mathcal{B}} \int\limits_{\mathbb{R} \setminus U} \Delta_\alpha(x)\,\mathrm{d}x = 0$ äquivalent ist.

Die ursprüngliche Familie von „Sprung-" Funktionen δ_α, die wir in Beispiel 1 in Absatz 17.4.1 betrachtet haben, ist für $\alpha \to 0$ ein genähertes Einselement. Wir wollen nun weitere Beispiele für genäherte Einselemente anführen:

Beispiel 2. Sei $\varphi : \mathbb{R} \to \mathbb{R}$ eine beliebige, nicht negative Funktion mit kompaktem Träger, die über $\mathbb{R}$ integrierbar ist und für die $\int\limits_{\mathbb{R}} \varphi(x)\,dx = 1$ gilt. Für $\alpha > 0$ konstruieren wir die Funktionen $\Delta_\alpha(x) := \frac{1}{\alpha}\varphi\left(\frac{x}{\alpha}\right)$. Die Familie dieser Funktionen ist für $\alpha \to +0$ offensichtlich ein genähertes Einselement (vgl. Abb. 17.2).

Beispiel 3. Wir betrachten die Folge von Funktionen

$$\Delta_n(x) = \begin{cases} \dfrac{(1-x^2)^n}{\int\limits_{|x|<1}(1-x^2)^n\,dx} & \text{für } |x| \leq 1\,, \\[2em] 0 & \text{für } |x| > 1\,. \end{cases}$$

Um sicherzustellen, dass diese Familie ein genähertes Einselement bildet, müssen wir nur zeigen, dass Bedingung *c)* in Definition 4 zusätzlich zu *a)* und *b)* erfüllt ist. Wir erhalten aber für jedes $\varepsilon \in]0,1[$, dass

$$0 \leq \int\limits_{\varepsilon}^{1} (1-x^2)^n\,dx \leq \int\limits_{\varepsilon}^{1}(1-\varepsilon^2)^n\,dx =$$

$$= (1-\varepsilon^2)^n(1-\varepsilon) \to 0\,, \quad \text{für } n \to \infty\,.$$

Gleichzeitig ist

$$\int\limits_{0}^{1}(1-x^2)^n\,dx > \int\limits_{0}^{1}(1-x)^n\,dx = \frac{1}{n+1}\,.$$

Daher ist Bedingung *c)* erfüllt.

Beispiel 4. Sei

$$\Delta_n(x) = \begin{cases} \cos^{2n}(x)\Big/ \int\limits_{-\pi/2}^{\pi/2}\cos^{2n}(x)\,dx & \text{für } |x| \leq \pi/2\,, \\[2em] 0 & \text{für } |x| > \pi/2\,. \end{cases}$$

Wie in Beispiel 3 verbleibt nur Bedingung *c)* zu zeigen. Wir merken zunächst an, dass

$$\int\limits_{0}^{\pi/2}\cos^{2n}x\,dx = \frac{1}{2}B\left(n+\frac{1}{2},\frac{1}{2}\right) = \frac{1}{2}\frac{\Gamma\left(n+\frac{1}{2n}\right)}{\Gamma(n)}\cdot\frac{\Gamma\left(\frac{1}{2}\right)}{n} > \frac{\Gamma\left(\frac{1}{2}\right)}{2n}\,.$$

Auf der anderen Seite gilt für $\varepsilon \in]0, \pi/2[$, dass

$$\int\limits_{\varepsilon}^{\pi/2} \cos^{2n} x \, dx \leq \int\limits_{\varepsilon}^{\pi/2} \cos^{2n} \varepsilon \, dx < \frac{\pi}{2} (\cos \varepsilon)^{2n} \; .$$

Wenn wir die gerade erhaltenen zwei Ungleichungen kombinieren, können wir für jedes $\varepsilon \in]0, \pi/2]$ schließen, dass

$$\int\limits_{\varepsilon}^{\pi/2} \Delta_n(x) \, dx \to 0 \text{ für } n \to \infty \; ,$$

woraus folgt, dass Bedingung c) in Definition 4 erfüllt ist.

Definition 5. Die Funktion $f : G \to \mathbb{C}$ ist *auf der Menge $E \subset G$ gleichmäßig stetig*, falls für jedes $\varepsilon > 0$ ein $\rho > 0$ existiert, so dass für jedes $x \in E$ und jedes $y \in G$, das zur ρ-Umgebung $U_G^\rho(x)$ von x in G gehört, gilt: $|f(x) - f(y)| < \varepsilon$.

Ist insbesondere $E = G$, dann erhalten wir einfach die Definition einer Funktion wieder, die auf ihrem gesamten Definitionsgebiet gleichmäßig stetig ist.

Satz 5. *Sei $f : \mathbb{R} \to \mathbb{C}$ eine beschränkte Funktion und $\{\Delta_\alpha; \, \alpha \in A\}$ für $\alpha \to \omega$ ein genähertes Einselement. Falls die Faltung $f * \Delta_\alpha$ für jedes $\alpha \in A$ existiert und die Funktion f auf der Menge $E \subset \mathbb{R}$ gleichmäßig stetig ist, dann gilt:*

$$(f * \Delta_\alpha)(x) \rightrightarrows f(x) \;\; \text{auf } E \text{ für } \alpha \to \omega \; .$$

Somit ist sichergestellt, dass die Familie von Funktionen $f * \Delta_\alpha$ auf einer Menge E gleichmäßig gegen f konvergiert, das gleichmäßig stetig ist. Besteht E insbesondere nur aus einem einzigen Punkt, dann reduziert sich die Bedingung der gleichmäßigen Stetigkeit von f auf die Bedingung, dass f in x stetig ist und wir erhalten, dass $(f * \Delta_\alpha)(x) \to f(x)$ für $\alpha \to \omega$. Dieser Tatsache diente uns früher als Motivation dafür, Gleichung (17.54) zu schreiben.

Wir wollen nun Satz 5 beweisen.

Beweis. Angenommen, $|f(x)| \leq M$ auf $\mathbb{R}$. Zu vorgegebenem $\varepsilon > 0$ wählen wir $\rho > 0$ in Übereinstimmung mit Definition 5 und bezeichnen die ρ-Umgebung von 0 in $\mathbb{R}$ mit $U(0)$.

Wenn wir die Symmetrie der Faltung berücksichtigen, erhalten wir die folgenden zwei Abschätzungen, die gleichzeitig für alle $x \in E$ gelten:

$$\left| (f * \Delta_\alpha)(x) - f(x) \right| = \left| \int\limits_{\mathbb{R}} f(x - y) \Delta_\alpha(y) \, dy - f(x) \right| =$$

$$= \left| \int\limits_{\mathbb{R}} \big(f(x - y) - f(x) \big) \Delta_\alpha(y) \, dy \right| \leq$$

$$\leq \int\limits_{U(0)} |f(x - y) - f(x)| \Delta_\alpha(y) \, \mathrm{d}y + \int\limits_{\mathbb{R}\backslash U(0)} |f(x - y) - f(x)| \Delta_\alpha(y) \, \mathrm{d}y <$$

$$< \varepsilon \int\limits_{U(0)} \Delta_\alpha(y) \, \mathrm{d}y + 2M \int\limits_{\mathbb{R}\backslash U(0)} \Delta_\alpha(y) \, \mathrm{d}y \leq \varepsilon + 2M \int\limits_{\mathbb{R}\backslash U(0)} \Delta_\alpha(y) \, \mathrm{d}y \, .$$

Dieses letzte Integral strebt für $\alpha \to \omega$ gegen Null, so dass die Ungleichung

$$|(f * \Delta_\alpha)(x) - f(x)| < 2\varepsilon$$

von einem Wert α_ε an für alle $x \in E$ gilt. Dies vervollständigt den Beweis von Satz 5. $\qquad\square$

Korollar 1. *Jede stetige Funktion mit kompaktem Träger auf $\mathbb{R}$ lässt sich durch unendlich oft differenzierbare Funktionen gleichmäßig approximieren.*

Beweis. Wir wollen zeigen, dass $C_0^{(\infty)}$ in C_0 in diesem Sinne überall dicht ist.
Sei beispielsweise

$$\varphi(x) = \begin{cases} k \cdot \exp\left(-\dfrac{1}{1-x^2}\right) & \text{für } |x| < 1 \, , \\ \\ 0 & \text{für } |x| \geq 1 \, , \end{cases}$$

wobei k so gewählt wird, dass $\int\limits_{\mathbb{R}} \varphi(x) \, \mathrm{d}x = 1$.

Die Funktion φ besitzt einen kompakten Träger und ist beliebig oft differenzierbar. In diesem Fall ist die Familie von unendlich oft differenzierbaren Funktionen $\Delta_\alpha = \frac{1}{\alpha} \varphi\left(\frac{x}{\alpha}\right)$, wie wir in Beispiel 2 festgestellt haben, für $\alpha \to +0$ ein genähertes Einselement. Ist $f \in C_0$, dann ist klar, dass $f * \Delta_\alpha \in C_0$. Außerdem wissen wir aus Satz 4, dass $f * \Delta_\alpha \in C_0^\infty$. Schließlich folgt aus Satz 5, dass $f * \Delta_\alpha \rightrightarrows f$ auf $\mathbb{R}$ für $\alpha \to +0$. $\qquad\square$

Anmerkung 2. Gehört die Funktion $f \in C_0$ zu $C_0^{(m)}$, dann können wir für jeden Wert $n \in \{0, 1, \ldots, m\}$ garantieren, dass $(f * \Delta_\alpha)^{(n)} \rightrightarrows f^{(n)}$ auf $\mathbb{R}$ für $\alpha \to +0$.

Beweis. Tatsächlich ist in diesem Fall $(f * \Delta_\alpha)^{(n)} = f^{(n)} * \Delta_\alpha$ (vgl. Satz 4 und Anmerkung 1). Nun müssen wir nur noch auf Korollar 1 verweisen. $\qquad\square$

Korollar 2. (Der Weierstraßsche Approximationssatz). *Jede stetige Funktion kann auf einem abgeschlossenen Intervall auf diesem Intervall durch ein algebraisches Polynom gleichmäßig approximiert werden.*

Beweis. Da Polynome unter einer linearen Veränderung der Variablen auf Polynome abgebildet werden, wobei die Stetigkeit und die Gleichmäßigkeit der Näherung von Funktionen erhalten bleiben, genügt es, Korollar 2 auf einem beliebigen bequemen Intervall $[a, b] \subset \mathbb{R}$ zu zeigen. Aus diesem Grund werden wir annehmen, dass $0 < a < b < 1$. Ferner sei $\rho = \min\{a, 1 - b\}$. Wir setzen die vorgegebene Funktion $f \in C[a, b]$ auf eine Funktion F fort, die auf $\mathbb{R}$ stetig ist, indem wir $F(x) = 0$ für $x \in \mathbb{R}\backslash]0, 1[$ setzen und dadurch, dass wir beispielsweise für F eine lineare Funktion von 0 bis $f(a)$ und von $f(b)$ bis 0 auf den Intervallen $[0, a]$ bzw. $[b, 1]$ annehmen.

Wenn wir nun das genäherte Einselement nehmen, das aus den Funktionen Δ_n aus Beispiel 3 besteht, können wir aus Satz 5 folgern, dass $F * \Delta_n \rightrightarrows f = F|_{[a,b]}$ auf $[a, b]$ für $n \to \infty$. Nun gilt aber für $x \in [a, b] \subset [0, 1]$, dass

$$F * \Delta_n(x) := \int_{-\infty}^{\infty} F(y)\Delta_n(x - y)\, \mathrm{d}y = \int_{0}^{1} F(y)\Delta_n(x - y)\, \mathrm{d}y =$$

$$= \int_{0}^{1} F(y)p_n \cdot \left(1 - (x - y)^2\right)^n \mathrm{d}y = \int_{0}^{1} F(y)\left(\sum_{k=0}^{2n} a_k(y)x^k\right)\mathrm{d}y =$$

$$= \sum_{k=0}^{2n}\left(\int_{0}^{1} F(y)a_k(y)\, \mathrm{d}y\right)x^k .$$

Dieser letzte Ausdruck ist ein Polynom $P_{2n}(x)$ vom Grad $2n$ und wir haben gezeigt, dass $P_{2n} \rightrightarrows f$ auf $[a, b]$ für $n \to \infty$. $\square$

Anmerkung 3. Mit einer leichten Erweiterung dieser Überlegungen können wir zeigen, dass der Weierstraßsche Approximationssatz auch gültig bleibt, wenn wir das Intervall $[a, b]$ durch eine beliebige kompakte Teilmenge von $\mathbb{R}$ ersetzen.

Anmerkung 4. Es ist auch nicht schwer zu zeigen, dass zu jeder offenen Menge G in $\mathbb{R}$ und jeder Funktion $f \in C^{(m)}(G)$ eine Folge $\{P_k\}$ von Polynomen existiert, so dass $P_k^{(n)} \rightrightarrows f^{(n)}$ auf jeder kompakten Menge $K \subset G$ für jedes $n \in \{0, 1, \ldots, m\}$ für $k \to \infty$.

Anmerkung 5. So wie wir das genäherte Einselement aus Beispiel 3 im Beweis von Korollar 2 eingesetzt haben, können wir die Folge aus Beispiel 4 benutzen, um zu beweisen, dass jede 2π-periodische Funktion auf $\mathbb{R}$ gleichmäßig durch trigonometrische Polynome der Gestalt

$$T_n(x) = \sum_{k=0}^{n} a_k \cos kx + b_k \sin kx$$

approximiert werden kann.

Wir haben oben nur genäherte Einselemente aus Funktionen mit kompaktem Träger eingesetzt. Sie sollten jedoch bedenken, dass genäherte Einselemente aus Funktionen, die keinen kompakten Träger haben, in vielen Fällen eine wichtige Rolle spielen. Wir wollen nur zwei Beispiele dazu anführen.

Beispiel 5. Die Familie von Funktionen $\Delta_y(x) = \frac{1}{\pi} \cdot \frac{y}{x^2+y^2}$ ist ein genähertes Einselement auf $\mathbb{R}$ für $y \to +0$, da $\Delta_y > 0$ für $y > 0$ und

$$\int\limits_{-\infty}^{\infty} \Delta_y(x)\, dx = \frac{1}{\pi} \arctan\left(\frac{x}{y}\right)\Big|_{x=-\infty}^{+\infty} = 1 \ .$$

Außerdem erhalten wir für jedes $\rho > 0$, dass

$$\int\limits_{-\rho}^{\rho} \Delta_y(x)\, dx = \frac{2}{\pi} \arctan \frac{\rho}{y} \to 1 \ ,$$

für $y \to +0$.

Ist $f : \mathbb{R} \to \mathbb{R}$ eine beschränkte stetige Funktion, dann ist die Funktion

$$u(x,y) = \frac{1}{\pi} \int\limits_{-\infty}^{+\infty} \frac{f(\xi)y}{(x-\xi)^2 + y^2}\, d\xi \ , \qquad (17.55)$$

die der Faltung $f * \Delta_y$ entspricht, für alle $x \in \mathbb{R}$ und $y > 0$ definiert.

Wie wir leicht mit Hilfe des Weierstraßschen M-Tests zeigen können, ist das Integral (17.55), das *Poisson–Integral für die Halbebene* genannt wird, eine beschränkte, unendlich oft differenzierbare Funktion in der Halbebene $\mathbb{R}_+^2 = \{(x,y) \in \mathbb{R}^2 \,|\, y > 0\}$. Wenn wir die Funktion unter dem Integralzeichen ableiten, können wir zeigen, dass für $y > 0$ gilt, dass

$$\Delta u := \frac{\partial^2 u}{\partial x^2} + \frac{\partial^2 u}{\partial y^2} = f * \left(\frac{\partial^2}{\partial x^2} + \frac{\partial^2}{\partial y^2}\right) \Delta_y = 0 \ ,$$

d.h., u ist eine harmonische Funktion.

Mit Satz 5 können wir auch garantieren, dass $u(x,y)$ für $y \to 0$ gegen $f(x)$ konvergiert. Daher löst das Integral (17.55) die Aufgabe, eine beschränkte Funktion zu konstruieren, die in der Halbebene $\mathbb{R}_+^2$ harmonisch ist und auf $\partial\mathbb{R}_+^2$ vorgegebene Randwerte f annimmt.

Beispiel 6. Die Familie von Funktionen $\Delta_t = \frac{1}{2\sqrt{\pi t}} e^{-\frac{x^2}{4t}}$ ist für $t \to +0$ ein genähertes Einselement auf $\mathbb{R}$. Es ist nämlich sicher, dass $\Delta_t > 0$ und $\int\limits_{-\infty}^{+\infty} \Delta_t(x) = 1$, da $\int\limits_{-\infty}^{+\infty} e^{-v^2}\, dv = \sqrt{\pi}$ (das Euler–Poisson Integral). Schließlich erhalten wir für jedes $\rho > 0$, dass

$$\int\limits_{-\rho}^{\rho} \frac{1}{2\sqrt{\pi t}} e^{-\frac{x^2}{4t}}\, dt = \frac{1}{\sqrt{\pi}} \int\limits_{-\rho/2\sqrt{t}}^{\rho/2\sqrt{t}} e^{-v^2}\, dv \to 1 \ , \quad \text{für } t \to +0 \ .$$

Ist f eine stetige und beispielsweise beschränkte Funktion auf $\mathbb{R}$, dann ist die Funktion

$$u(x,t) = \frac{1}{2\sqrt{\pi t}} \int\limits_{-\infty}^{+\infty} f(\xi) e^{-\frac{(x-\xi)^2}{4t}} \, d\xi \, , \qquad (17.56)$$

die der Faltung $f * \Delta_t$ entspricht, offensichtlich für $t > 0$ unendlich oft differenzierbar.

Für $t > 0$ erhalten wir durch Ableitung unter dem Integralzeichen, dass

$$\frac{\partial u}{\partial t} - \frac{\partial^2 u}{\partial x^2} = f * \left(\frac{\partial}{\partial t} - \frac{\partial^2}{\partial x^2} \right) \Delta_t = 0 \, ,$$

d.h., die Funktion u erfüllt die ein-dimensionale Wärmegleichung mit der Anfangsbedingung $u(x,0) = f(x)$. Diese letzte Gleichung sollte als Grenzfunktion $u(x,t) \to f(x)$ für $t \to +0$ interpretiert werden, die aus Satz 5 folgt.

17.4.4 *Elementare Konzepte rund um Distributionen

a. Definition verallgemeinerter Funktionen

In Absatz 17.4.1 in diesem Abschnitt haben wir die Gleichung (17.48) heuristisch hergeleitet. Diese Gleichung versetzte uns in die Lage, die Antwort einer linearen Transformation A auf ein Eingangssignal f zu bestimmen, vorausgesetzt, wir kennen die Übertragungsfunktion E des Geräts A. Bei der Bestimmung der Übertragungsfunktion eines Geräts haben wir an wichtiger Stelle eine gewisse intuitive Idee der Wirkung eines Einheitsimpulses sowie der δ-Funktion, die diesen beschreibt, benutzt. Es ist jedoch klar, dass die δ-Funktion eigentlich keine Funktion im klassischen Sinne dieses Ausdrucks ist, da sie die folgenden Eigenschaften besitzen muss, die der klassischen Vorstellung widerspricht: $\delta(x) \geq 0$ auf $\mathbb{R}$; $\delta(x) = 0$ für $x \neq 0$, $\int_{\mathbb{R}} \delta(x) \, dx = 1$.

Die mit einem linearen Operator, der Faltung der δ-Funktion und der Übertragungsfunktion zusammenhängenden Konzepte erfordern eine präzise mathematische Beschreibung in der sogenannten Theorie der verallgemeinerten Funktionen oder der Theorie der Distributionen. Wir werden nun die grundlegenden Prinzipien und die elementaren, aber sogar noch weiter verbreiteten Techniken dieser Theorie erklären.

Beispiel 7. Wir betrachten eine Punktmasse m, die sich entlang einer Achse bewegen kann und an ein Ende einer elastischen Feder angeheftet ist, deren anderes Ende im Ursprung befestigt ist; sei k die elastische Federkonstante. Angenommen, eine von der Zeit abhängige Kraft $f(t)$ beginne auf den im Ursprung ruhenden Massepunkt einzuwirken und ihn entlang der Achse zu bewegen. Nach dem Newtonschen Gesetz gilt

$$m\ddot{x} + kx = f \, , \qquad (17.57)$$

wobei $x(t)$ die Koordinate des Punktes (seine Entfernung von seiner Gleichgewichtsposition) zur Zeit t ist.

Unter diesen Bedingungen ist die Funktion $x(t)$ eindeutig durch die Funktion f bestimmt und die Lösung $x(t)$ der Differentialgleichung (17.57) ist offensichtlich eine lineare Funktion der rechten Seite f. Daher haben wir es mit
dem linearen Operator $f \overset{A}{\longmapsto} x$ zu tun, der zum Differentialoperator $x \overset{B}{\longmapsto} f$
invers ist (mit $B = m\frac{\mathrm{d}^2}{\mathrm{d}t^2} + k$, der $x(t)$ und $f(t)$ durch die Gleichung $Bx = f$
verbindet). Da der Operator A offensichtlich mit Translationen in der Zeit
kommutiert, folgt aus (17.48), dass wir die Antwort $x(t)$ dieses mechanischen
Systems auf die Funktion $f(t)$ aus der Antwort auf einen Einheitsimpuls δ
finden können, d.h., es genügt, die sogenannte *fundamentale* Lösung E der
Gleichung

$$m\ddot{E} + kE = \delta \tag{17.58}$$

zu kennen.

Gleichung (17.58) stellt uns vor keine Probleme, falls δ tatsächlich eine
Funktion bezeichnet. So wie sie geschrieben steht, ist Gl. (17.58) jedoch noch
nicht klar. Aber formal unklar zu sein, ist noch etwas ganz anderes als falsch
zu sein. In diesem Fall müssen wir nur die Bedeutung von (17.58) erklären.

Ein Weg für eine derartige Erklärung ist uns bereits geläufig: Wie können
δ als ein genähertes Einselement interpretieren, das die δ-Funktion imitiert
und aus klassischen Funktionen $\Delta_\alpha(t)$ besteht; wir interpretieren E als den
Grenzwert, zu dem die Lösung $E_\alpha(t)$ der Gleichung

$$m\ddot{E}_\alpha + kE_\alpha = \Delta_\alpha \tag{17.57'}$$

strebt, falls sich der Parameter α geeignet verändert.

Eine zweite Annäherung an dieses Problem, eine, die signifikante Vorteile
besitzt, ist die, eine fundamentale Erweiterung der Vorstellung einer Funktion zu machen. Sie geht von der Anmerkung aus, dass beobachtete Objekte
im Allgemeinen durch ihre Wechselwirkung mit anderen („Test-") Objekten
charakterisiert werden. Daher schlagen wir vor, eine Funktion nicht als eine
Menge von Werten in verschiedenen Punkten zu betrachten, sondern als ein
Objekt, das auf andere (Test-) Objekte auf gewisse Weise einwirken kann.
Wir wollen versuchen, diese Aussage, die im Augenblick noch zu allgemein
gehalten ist, etwas zu präzisieren.

Beispiel 8. Sei $f \in C(\mathbb{R}, \mathbb{R})$. Wir wählen als unsere Testfunktionen Funktionen
in C_0 (stetige Funktionen mit kompaktem Träger auf $\mathbb{R}$). Eine Funktion f
erzeugt das folgende Funktional, das auf C_0 einwirkt:

$$\langle f, \varphi \rangle := \int\limits_{\mathbb{R}} f(x)\varphi(x)\,\mathrm{d}x \ . \tag{17.59}$$

Mit Hilfe von genäherten Einselementen, die aus Funktionen mit kompak-
tem Träger bestehen, können wir leicht erkennen, dass $\langle f, \varphi \rangle \equiv 0$ auf C_0 genau
dann gilt, falls $f(x) \equiv 0$ auf $\mathbb{R}$.

Daher erzeugt jede Funktion $f \in C(\mathbb{R}, \mathbb{R})$ durch (17.59) ein lineares Funktional $A_f : C_0 \to \mathbb{R}$ und, das betonen wir, verschiedene Funktionale A_{f_1} und A_{f_2} gehören zu verschiedenen Funktionen f_1 und f_2.

Daher erzeugt Gleichung (17.59) eine Einbettung (injektive Abbildung) der Menge von Funktionen $C(\mathbb{R}, \mathbb{R})$ in die Menge $\mathcal{L}(C_0; \mathbb{R})$ der linearen Funktionale auf C_0 und folglich kann jede Funktion $f \in C(\mathbb{R}, \mathbb{R})$ als ein gewisses Funktional $A_f \in \mathcal{L}(C_0; \mathbb{R})$ interpretiert werden.

Wenn wir die Klasse der lokal integrierbaren Funktionen auf $\mathbb{R}$ anstelle der Menge $C(\mathbb{R}, \mathbb{R})$ der stetigen Funktionen betrachten, erhalten wir mit derselben Gleichung (17.59) eine Abbildung dieser Menge in den Raum $\mathcal{L}(C_0; \mathbb{R})$. Außerdem gilt $(\langle f, \varphi \rangle \equiv 0$ auf $C_0) \Leftrightarrow (f(x) = 0$ in allen Stetigkeitspunkten von f auf $\mathbb{R}$, d.h., $f(x)$ ist fast überall auf $\mathbb{R}$ gleich 0). Daher erhalten wir in diesem Fall eine Einbettung von Äquivalenzklassen von Funktionen in $\mathcal{L}(C_0; \mathbb{R})$, falls jede Äquivalenzklasse lokal integrierbare Funktionen enthält, die sich nur auf einer Menge vom Maß Null unterscheiden.

Daher können die lokal integrierbaren Funktionen f auf $\mathbb{R}$ (genauer gesagt, Äquivalenzklassen derartiger Funktionen) durch (17.59) als lineare Funktionale $A_f \in \mathcal{L}(C_0; \mathbb{R})$ interpretiert werden. Die durch (17.59) gegebene Abbildung $f \mapsto A_f = \langle f, \cdot \rangle$ von lokal integrierbaren Funktionen nach $\mathcal{L}(C_0; \mathbb{R})$ ist keine Abbildung auf die gesamte Menge $\mathcal{L}(C_0; \mathbb{R})$. Wenn wir daher Funktionen als Elemente von $\mathcal{L}(C_0; \mathbb{R})$ interpretieren (d.h. als Funktionale), erhalten wir neben den klassischen Funktionen, die als Funktionale der Gestalt (17.59) interpretiert werden, auch noch neue Funktionen (Funktionale), die in den klassischen Funktionen keine Urbilder besitzen.

Beispiel 9. Das Funktional $\delta \in \mathcal{L}(C_0; \mathbb{R})$ wird durch die Gleichung

$$\langle \delta, \varphi \rangle := \delta(\varphi) := \varphi(0) \tag{17.60}$$

definiert, die für jede Funktion $\varphi \in C_0$ gelten muss.

Wir können zeigen (vgl. Aufgabe 7), dass keine lokal integrierbare Funktion f auf $\mathbb{R}$ das Funktional δ in der Gestalt (17.59) darstellen kann.

Daher haben wir die Menge der klassischen lokal integrierbaren Funktionen in eine größere Menge von linearen Funktionalen eingebettet. Diese linearen Funktionale werden verallgemeinerte Funktionen oder Distributionen genannt (wir geben unten eine präzise Definition). Der weit verbreitete Ausdruck „Distribution" hat seinen Ursprung in der Physik.

Beispiel 10. Angenommen, eine Einheitsmasse (oder Einheitsladung) sei auf $\mathbb{R}$ verteilt. Falls diese Verteilung hinreichend regulär ist, in dem Sinne, dass sie beispielsweise eine stetige oder integrierbare Dichte $\rho(x)$ auf $\mathbb{R}$ besitzt, dann kann die Wechselwirkung dieser Masse M mit anderen Objekten, die durch Funktionen $\varphi_0 \in C_0^{(\infty)}$ beschrieben werden, als ein Funktional

$$M(\varphi) = \int\limits_{\mathbb{R}} \rho(x) \varphi(x) \, dx$$

definiert werden. Ist die Verteilung (Distribution) singulär, indem beispielsweise die gesamte Masse M in einem einzigen Punkt konzentriert ist, dann
erhalten wir, indem wir die Masse „verschmieren" und den Massenpunkt als
Grenzwert mit Hilfe eines genäherten Einselements interpretieren, das aus regulären Verteilungen besteht, dass die Wechselwirkung der Masse M mit den
anderen oben genannten Objekten durch eine Formel

$$M(\varphi) = \varphi(0)$$

ausgedrückt werden sollte, die besagt, dass eine derartige Massenverteilung
auf $\mathbb{R}$ mit der δ-Funktion (17.60) auf $\mathbb{R}$ identifiziert werden sollte.

Diese vorläufigen Betrachtungen verleihen der folgenden allgemeinen Definition einen gewissen Sinn:

Definition 6. Sei P ein Vektorraum von Funktionen, den wir von nun an den
Raum der *Testfunktionen* nennen, auf dem eine Schreibweise für die Konvergenz definiert ist.

Der *Raum der verallgemeinerten Funktion* oder *Distributionen* auf P ist
der Vektorraum P' der stetigen linearen Funktionale auf P (mit reellen oder
komplexen Werten). Hierbei wird angenommen, dass jedes Element $f \in P$
ein gewisses Funktional $A_f = \langle f, \cdot \rangle \in P'$ erzeugt und dass die Abbildung
$f \mapsto A_f$ eine stetige Einbettung von P nach P' ist, falls die Konvergenz in P'
als *schwache („punktweise") Konvergenz von Funktionalen* eingeführt wird,
d.h., dass

$$P' \ni A_n \to A \in P' := \forall \varphi \in P \, \left(A_n(\varphi) \to A(\varphi) \right).$$

Wir wollen diese Definition für den besonderen Fall präzisieren, dass P
der Vektorraum $C_0^{(\infty)}(G, \mathbb{C})$ der beliebig oft differenzierbaren Funktionen mit
kompaktem Träger in G ist, wobei G eine beliebige offene Teilmenge von $\mathbb{R}$
(möglicherweise $\mathbb{R}$ selbst) ist.

Definition 7. (Die Räume $\mathcal{D}$ und $\mathcal{D}'$). Wir führen *Konvergenz in* $C_0^{(\infty)}(G, \mathbb{C})$
wie folgt ein: Eine Folge $\{\varphi_n\}$ von Funktionen $\varphi_n \in C_0^{(\infty)}(G)$ konvergiert
gegen $\varphi \in C_0^{(\infty)}(G, \mathbb{C})$, falls eine kompakte Menge $K \subset G$ existiert, die die
Träger aller Funktionen der Folge $\{\varphi_n\}$ enthält, und $\varphi_n^{(m)} \rightrightarrows \varphi^{(m)}$ auf K (und
daher auch auf G) für $n \to \infty$ für alle $m = 0, 1, 2, \ldots$ gilt.

Der so erhaltene Vektorraum mit dieser Konvergenz wird üblicherweise
durch $\mathcal{D}(G)$ symbolisiert und für $G = \mathbb{R}$ einfach durch $\mathcal{D}$.

Wir bezeichnen den Raum der verallgemeinerten Funktionen (Distributionen), die zu diesem Raum der (Test-) Funktionen gehören, mit $\mathcal{D}'(G)$ bzw.
$\mathcal{D}'$.

In diesem und dem folgenden Abschnitt werden wir keine anderen verallgemeinerten Funktionen betrachten als die gerade eingeführten Elemente von
$\mathcal{D}'(G)$. Aus diesem Grund werden wir den Ausdruck Distribution oder verallgemeinerte Funktion benutzen, um damit Elemente von $\mathcal{D}'(G)$ zu bezeichnen,
ohne diese explizit anzugeben.

Definition 8. Eine Distribution $F \in \mathcal{D}'(G)$ ist *regulär*, falls sie durch

$$F(\varphi) = \int\limits_G f(x)\varphi(x)\,\mathrm{d}x\,, \quad \varphi \in \mathcal{D}(G)$$

dargestellt werden kann, wobei f eine lokal integrierbare Funktion in G ist.

Irreguläre Distributionen werden *singuläre Distributionen oder singuläre verallgemeinerte Funktionen* genannt.

In Übereinstimmung mit dieser Definition ist die δ-Funktion in Beispiel 9 eine singuläre verallgemeinerte Funktion.

Die Einwirkung einer verallgemeinerten Funktion (Distribution) F auf eine Testfunktion φ, d.h. das Zusammenbringen von F und φ, werden wir wie zuvor durch einen der äquivalenten Ausdrücke $F(\varphi)$ oder $\langle F, \varphi \rangle$ zum Ausdruck bringen.

Bevor wir zum technischen Teil im Umgang mit verallgemeinerten Funktionen übergehen, weswegen wir sie definiert haben, betonen wir, dass das Konzept einer Distribution wie der Großteil mathematischer Konzepte einen gewissen Reifungsprozess durchlief, währenddessen es sich implizit in der Arbeit einiger Mathematiker entwickelte.

Physiker machten in den Fußstapfen von Dirac eifrigen Gebrauch von der δ-Funktion und zwar bereits in den später 1920ern und den frühen 1930ern und arbeiteten mit singulären Distributionen, ohne sich um das Fehlen der notwendigen mathematischen Theorie zu kümmern.

Die Idee einer verallgemeinerten Funktion wurde explizit von S.L. Sobolev[4] formuliert, der Mitte der 1930er die mathematischen Grundlagen für die Theorie verallgemeinerter Funktionen legte. Der aktuelle Stand der Theorie im Umgang mit Distributionen geht zum großen Teil auf die Arbeit von L. Schwartz[5] zurück. Das gerade Gesagte erklärt, warum beispielsweise der Raum $\mathcal{D}'$ der verallgemeinerten Funktion auch oft der *Sobolev-Schwartz Raum der verallgemeinerten Funktionen* genannt wird.

Wir werden nun gewisse Funktionsweisen und Einsatzbereiche der Theorie von Distributionen erklären. Die Entwicklung und Erweiterung im Gebrauch ihrer Anwendungstechnik setzt sich auch heute noch fort, hauptsächlich im Zusammenhang mit den Anforderungen der Theorie von Differentialgleichungen, den Gleichungen der mathematischen Physik, der Funktionalanalysis und ihren Anwendungen.

Um die Schreibweise zu vereinfachen, werden wir unten nur Distributionen in $\mathcal{D}'$ betrachten, obwohl alle ihre Eigenschaften, wie wir an ihren Definitionen und Beweisen ablesen können, für Distributionen jeder Klasse $\mathcal{D}'(G)$ gültig bleiben, wobei G eine beliebige offen Teilmenge von $\mathbb{R}$ ist.

---

[4] S.L. Sobolev (1908–1989) – einer der berühmtesten sowjetischen Mathematiker.

[5] L. Schwartz (1915–2002) – wohl bekannter französischer Mathematiker. Ihm wurde 1950 für die oben genannte Arbeit auf dem internationalen Kongress der Mathematik die Field-Medaille, ein Preis für junge Mathematiker, verliehen.

Operationen mit Distributionen werden ausgehend von den Integralgleichungen definiert, die für klassische Funktionen Gültigkeit besitzen, d.h. für reguläre verallgemeinerte Funktionen.

b. Multiplikationen einer Distribution mit einer Funktion

Ist f eine lokal integrierbare Funktion auf $\mathbb{R}$ und $g \in C^{(\infty)}$, dann gilt für jede Funktion $\varphi \in C_0^{(\infty)}$ auf der einen Seite, dass $g\varphi \in C_0^{(\infty)}$ und auf der anderen Seite offensichtlich auch, dass

$$\int_{\mathbb{R}} (f \cdot g)(x)\varphi(x)\,\mathrm{d}x = \int_{\mathbb{R}} f(x)(g \cdot \varphi)(x)\,\mathrm{d}x$$

oder in anderer Schreibweise:

$$\langle f \cdot g, \varphi \rangle = \langle f, g \cdot \varphi \rangle \ .$$

Diese Gleichung, die für reguläre verallgemeinerte Funktionen gilt, bildet die Grundlage für die folgende Definition der Distribution $F \cdot g$, die wir durch *Multiplikation der Distribution $F \in \mathcal{D}'$ mit der Funktion $g \in C^{(\infty)}$* erhalten:

$$\langle F \cdot g, \varphi \rangle := \langle F, g \cdot \varphi \rangle \ . \tag{17.61}$$

Die rechte Seite von Gl. (17.61) ist definiert und definiert so den Wert des Funktionals $F \cdot g$ für jede Funktion $\varphi \in \mathcal{D}$, d.h., das Funktional $F \cdot g$ wird auf diese Weise selbst definiert.

Beispiel 11. Wir wollen für $g \in C^{(\infty)}$ die Einwirkung der Distribution $\delta \cdot g$ untersuchen. In Übereinstimmung mit der Definition (17.61) und der Definition von δ erhalten wir

$$\langle \delta \cdot g, \varphi \rangle := \langle \delta, g \cdot \varphi \rangle := (g \cdot \varphi)(0) = g(0) \cdot \varphi(0) \ .$$

c. Differentiation von Distributionen

Ist $f \in C^{(1)}$ und $\varphi \in C_0^{(\infty)}$, dann führt uns partielle Integration zur Gleichung

$$\int_{\mathbb{R}} f'(x)\varphi(x)\,\mathrm{d}x = -\int_{\mathbb{R}} f(x)\varphi'(x)\,\mathrm{d}x \ . \tag{17.62}$$

Diese Gleichung ist der Ausgangspunkt für die folgende fundamentale Definition der *Ableitung einer Distribution $F \in \mathcal{D}'$*:

$$\langle F', \varphi \rangle := -\langle F, \varphi' \rangle \ . \tag{17.63}$$

Beispiel 12. Ist $f \in C^{(1)}$, dann entspricht die Ableitung von f im klassischen Sinne der Ableitung im Sinne von Distributionen (vorausgesetzt natürlich, dass die klassische Funktion mit der zugehörigen regulären verallgemeinerten Funktion identifiziert wird). Dies folgt aus einem Vergleich der Gleichungen (17.62) und (17.63), in denen die rechten Seiten gleich sind, wenn die Distribution F durch die Funktion f erzeugt wird.

Beispiel 13. Wir betrachten die *Heaviside*[6]*-Funktion*

$$H(x) = \begin{cases} 0 & \text{für } x < 0\,, \\ 1 & \text{für } x \geq 0\,, \end{cases}$$

die manchmal auch als *Sprungfunktion* oder *Treppenfunktion* bezeichnet wird.

Wir wollen die Ableitung H' dieser Funktion bestimmen, indem wir sie als verallgemeinerte Funktion betrachten, obwohl sie im klassischen Sinne unstetig ist.

Aus der Definition der regulären verallgemeinerten Funktion H, die der Heaviside–Funktion entspricht, und Gleichung (17.63) erhalten wir

$$\langle H', \varphi \rangle := -\langle H, \varphi' \rangle := -\int\limits_{-\infty}^{+\infty} H(x)\varphi'(x)\,\mathrm{d}x = -\int\limits_{0}^{+\infty} \varphi'(x)\,\mathrm{d}x = \varphi(0)\,,$$

da $\varphi \in C_0^{(\infty)}$. Daher ist $\langle H', \varphi \rangle = \langle \delta, \varphi \rangle$ für jede Funktion $\varphi \in C_0^{(\infty)}$ und folglich gilt $H' = \delta$.

Beispiel 14. Wir wollen $\langle \delta', \varphi \rangle$ berechnen:

$$\langle \delta', \varphi \rangle := -\langle \delta, \varphi' \rangle = -\varphi'(0)\,.$$

Es ist in der Theorie der Distributionen wie auch in der Theorie der klassischen Funktionen natürlich die Ableitungen höherer Ordnung durch $F^{(n+1)} := \left(F^{(n)}\right)'$ zu definieren.

Wenn wir die Ergebnisse der letzten beiden Beispiele vergleichen, können wir offensichtlich schreiben:

$$\langle H'', \varphi \rangle = -\varphi'(0)\,.$$

Beispiel 15. Wir wollen zeigen, dass $\langle \delta^{(n)}, \varphi \rangle = (-1)^n \varphi^{(n)}(0)$.

Beweis. Für $n = 0$ entspricht dies der Definition der δ-Funktion.

Wir haben in Beispiel 14 gesehen, dass diese Gleichung für $n = 1$ gilt.

---

[6] O. Heaviside (1850–1925) – britischer Physiker und Ingenieur, der die symbolische Seite der wichtigen mathematischen Anwendungstechnik entwickelte, die als (*heavisidesche*) *Operatorenrechnung* bekannt ist.

Wir wollen sie nun durch Induktion beweisen, wobei wir annehmen, dass sie für einen festen Wert $n \in \mathbb{N}$ gezeigt wurde. Mit Hilfe von Definition (17.63) erhalten wir

$$\langle \delta^{(n+1)}, \varphi \rangle := \langle (\delta^{(n)})', \varphi \rangle := -\langle \delta^{(n)}, \varphi' \rangle =$$
$$= -(-1)^n (\varphi')^{(n)}(0) = (-1)^{n+1} \varphi^{(n+1)}(0) . \quad \square$$

Beispiel 16. Angenommen, die Funktion $f : \mathbb{R} \to \mathbb{C}$ sei für $x < 0$ und $x > 0$ stetig differenzierbar und weiter angenommen, dass die einseitigen Grenzwerte $f(-0)$ und $f(+0)$ der Funktion in 0 existieren. Wir symbolisieren die Größe $f(+0) - f(-0)$, den Sprung der Funktion in 0, durch $\lceil f(0)$ und durch f' bzw. $\{f'\}$ die Ableitung von f im Sinne der Distribution bzw. die Distribution, die durch die Funktion definiert wird, die der üblichen Ableitung von f für $x < 0$ und $x > 0$ entspricht. Für $x = 0$ ist die letztgenannte Funktion nicht definiert, aber dies ist für das Integral, durch welches die reguläre Distribution $\{f'\}$ definiert wird, nicht wichtig.

In Beispiel 1 haben wir bemerkt, dass für $f \in C^{(1)}$ gilt, dass $f' = \{f'\}$. Wir werden zeigen, dass dies im Allgemeinen nicht zutrifft, sondern dass stattdessen die folgende wichtige Gleichung gilt:

$$f' = \{f'\} + \lceil f(0) \cdot \delta . \tag{17.64}$$

Beweis. Tatsächlich ist

$$\langle f', \varphi \rangle = -\langle f, \varphi' \rangle = - \int\limits_{-\infty}^{+\infty} f(x) \varphi'(x) \, dx =$$

$$= -\left(\int\limits_{-\infty}^{0} + \int\limits_{0}^{+\infty} \right) (f(x)\varphi'(x)) \, dx = -\left((f \cdot \varphi(x) \big|_{x=-\infty}^{0} - \right.$$

$$\left. - \int\limits_{-\infty}^{0} f'(x)\varphi(x) \, dx + (f \cdot \varphi)(x) \big|_{0}^{+\infty} - \int\limits_{0}^{+\infty} f'(x)\varphi(x) \, dx \right) =$$

$$= (f(+0) - f(-0))\varphi(0) + \int\limits_{-\infty}^{+\infty} f'(x)\varphi(x) \, dx =$$

$$= \langle \lceil f(0) \cdot \delta, \varphi \rangle + \langle \{f'\}, \varphi \rangle . \quad \square$$

Existieren alle Ableitungen der Funktion $f : \mathbb{R} \to \mathbb{C}$ bis zur Ordnung m auf den Intervallen $x < 0$ und $x > 0$ und sind sie stetig und besitzen sie in $x = 0$ einseitige Grenzwerte, dann erhalten wir mit den Überlegungen, die wir bei der Herleitung von (17.64) benutzt haben, dass

$$f^{(m)} = \{f^{(m)}\} + \lceil f(0) \cdot \delta^{(m-1)} + \lceil f'(0) \cdot \delta^{(m-2)} + \cdots$$
$$\cdots + \lceil f^{(m-1)}(0) \cdot \delta . \tag{17.65}$$

Wir stellen nun einige Eigenschaften der Operation der Differentiation von Distributionen vor:

Satz 6. *a) Jede verallgemeinerte Funktion $F \in \mathcal{D}'$ ist beliebig oft differenzierbar.*

b) Der Differentiationsoperator $D : \mathcal{D}' \to \mathcal{D}'$ ist linear.

c) Ist $F \in \mathcal{D}'$ und $g \in C^{(\infty)}$, dann ist $(F \cdot g) \in \mathcal{D}'$ und es gilt die Leibnizsche Formel:

$$(F \cdot g)^{(m)} = \sum_{k=0}^{m} \binom{m}{k} F^{(k)} \cdot g^{(m-k)} .$$

d) Der Differentiationsoperator $D : \mathcal{D}' \to \mathcal{D}'$ ist stetig.

e) Konvergiert die Reihe $\sum_{k=1}^{\infty} f_k(x) = S(x)$, die aus lokal integrierbaren Funktionen $f_k : \mathbb{R} \to \mathbb{C}$ gebildet wird, auf jeder kompakten Teilmenge von $\mathbb{R}$ gleichmäßig, dann kann sie beliebig oft gliedweise im Sinne von Distributionen abgeleitet werden, und die so erhaltene Reihe konvergiert in $\mathcal{D}'$.

Beweis. a) $\langle F^{(m)}, \varphi \rangle := -\langle F^{(m-1)}, \varphi' \rangle := (-1)^m \langle F, \varphi^{(m)} \rangle$.

b) Ist offensichtlich.

c) Wir wollen die Formel für $m = 1$ beweisen:

$$\langle (F \cdot g)', \varphi \rangle := -\langle Fg, \varphi' \rangle := -\langle F, g \cdot \varphi' \rangle = -\langle F, (g \cdot \varphi)' - g' \cdot \varphi \rangle =$$
$$= \langle F', g\varphi \rangle + \langle F, g' \cdot \varphi \rangle = \langle F' \cdot g, \varphi \rangle + \langle F \cdot g', \varphi \rangle = \langle F' \cdot g + F \cdot g', \varphi \rangle .$$

Für den Allgemeinfall erhalten wir die Formel durch Induktion.

d) Sei $F_m \to F$ in $\mathcal{D}'$ für $m \to \infty$, d.h. für jede Funktion $\varphi \in \mathcal{D} \langle F_m, \varphi \rangle \to \langle F, \varphi \rangle$ für $m \to \infty$. Dann gilt

$$\langle F'_m, \varphi \rangle := -\langle F_m, \varphi' \rangle \to -\langle F, \varphi' \rangle =: \langle F', \varphi \rangle .$$

e) Unter diesen Bedingungen ist die Summe $S(x)$ der Reihe lokal integrierbar, da sie der gleichmäßige Grenzwert lokal integrierbarer Funktionen $S_m(x) = \sum_{k=1}^{m} f_k(x)$ auf kompakten Mengen ist. Bleibt zu bemerken, dass zu jeder Funktion $\varphi \in \mathcal{D}$ (d.h. mit kompaktem Träger und beliebig oft differenzierbar) die Gleichung

$$\langle S_m, \varphi \rangle = \int_{\mathbb{R}} S_m(x)\varphi(x)\,\mathrm{d}x \to \int_{\mathbb{R}} S(x)\varphi(x)\,\mathrm{d}x = \langle S, \varphi \rangle$$

gilt. Nun können wir aufgrund des in d) Bewiesenen folgern, dass $S'_m \to S'$ für $m \to \infty$. □

Wir erkennen, dass die Operation der Differentiation einer Distribution die wichtigsten Eigenschaften der klassischen Differentiation erhält und dabei eine Reihe von bemerkenswerten neuen Eigenschaften auftreten, die eine beträchtliche Freiheit im Umgang mit der Differentiation eröffnen, die im klassischen Sinne nicht existiert, da dort nicht differenzierbare Funktionen vorkommen und da die klassische Differentiation bei Grenzübergängen (mangelnde Stetigkeit) instabil ist.

d. Fundamentale Lösungen und Faltung

Wir begannen diesen Absatz mit intuitiven Vorstellungen zum Einheitsimpuls und der Übertragungsfunktion eines Geräts. In Beispiel 7 stellten wir ein einfaches mechanisches System vor, das auf natürliche Weise einen linearen Operator erzeugt, der zeitliche Veränderungen erhält. Bei seiner Untersuchung gelangten wir zur Gl. (17.58), die die Übertragungsfunktion E dieses Operators erfüllen musste.

Wir werden diesen Absatz damit abschließen, dass wir wiederum zu diesen Fragen zurückkehren, aber nun mit dem Ziel, eine adäquate mathematische Beschreibung in der Sprache der verallgemeinerten Funktionen zu veranschaulichen.

Wir beginnen damit, Gl. (17.58) einen Sinn zu geben. Auf ihrer rechten Seite steht die verallgemeinerte Funktion δ, so dass Gleichung (17.58) als Gleichung zwischen Distributionen verstanden werden sollte. Da wir die Operation der Differentiation von verallgemeinerten Funktionen und lineare Operationen mit Distributionen kennen, folgt, dass die linke Seite von Gl. (17.58) nun verständlich ist, selbst dann, wenn wir sie im Sinne von Distributionen interpretieren.

Wir wollen versuchen Gl. (17.58) zu lösen.

Zu Zeiten $t < 0$ war das System in einem Ruhezustand. Zur Zeit $t = 0$ erhielt der Punkt einen Einheitsimpuls, wodurch er eine Geschwindigkeit $v = v(0)$ annahm, so dass $mv = 1$. Für $t > 0$ wirken keine äußeren Kräfte auf das System ein, und seine Bewegungsgleichung $x = x(t)$ muss nun der üblichen Differentialgleichung

$$m\ddot{x} + kx = 0 \qquad (17.66)$$

genügen, die für die Anfangsbedingungen $x(0) = 0$ und $\dot{x}(0) = v = 1/m$ gelöst werden muss.

Eine derartige Lösung ist eindeutig und kann unmittelbar formuliert werden:

$$x(t) = \frac{1}{\sqrt{km}} \sin \sqrt{\frac{k}{m}} t \, , \quad t \geq 0 \, .$$

Da sich das System im vorliegenden Fall für $t < 0$ in Ruhe befindet, können wir folgern, dass

$$E(t) = \frac{H(t)}{\sqrt{km}} \sin \sqrt{\frac{k}{m}} t \, , \quad t \in \mathbb{R} \, , \qquad (17.67)$$

wobei H die Heaviside–Funktion ist (vgl. Beispiel 13).

Wir wollen nun mit Hilfe der Regeln für die Ableitung von Distibutionen und den Ergebnissen der oben untersuchten Beispielen nachweisen, dass die in Gl. (17.67) definierte Funktion $E(t)$ die Gl. (17.58) erfüllt.

Um das Schreiben zu vereinfachen, wollen wir zeigen, dass die Funktion

$$e(x) = H(x) \frac{\sin \omega x}{\omega} \qquad (17.68)$$

(im Sinne der Theorie der Distrubitionen) die Gleichung

$$\left(\frac{\mathrm{d}^2}{\mathrm{d}x^2} + \omega^2 \right) e = \delta \qquad (17.69)$$

erfüllt. Tatsächlich gilt

$$\left(\frac{\mathrm{d}^2}{\mathrm{d}x^2} + \omega \right) e = \frac{\mathrm{d}^2}{\mathrm{d}x^2} \left(H \frac{\sin \omega x}{\omega} \right) + \omega^2 \left(H \frac{\sin \omega x}{\omega} \right) =$$

$$= H'' \frac{\sin \omega x}{\omega} + 2 H' \cos \omega x - \omega H(x) \sin \omega x +$$

$$+ \omega H(x) \sin \omega x = \delta' \frac{\sin \omega x}{\omega} + 2 \delta \cos \omega x \, .$$

Ferner gilt für jede Funktion $\varphi \in \mathcal{D}$, dass

$$\left\langle \delta' \frac{\sin \omega x}{\omega} + 2 \delta \cos \omega x, \varphi \right\rangle = \left\langle \delta', \frac{\sin \omega x}{\omega} \varphi \right\rangle + \langle \delta, 2 (\cos \omega x) \varphi \rangle =$$

$$= - \left\langle \delta, \frac{\mathrm{d}}{\mathrm{d}x} \left(\frac{\sin \omega x}{\omega} \varphi \right) \right\rangle + 2 \varphi(0) =$$

$$= - \left((\cos \omega x) \varphi(x) + \frac{\sin \omega x}{\omega} \varphi'(x) \right) \Big|_{x=0} + 2 \varphi(0) = \varphi(0) = \langle \delta, \varphi \rangle \, ,$$

und dadurch haben wir bewiesen, dass die Funktion (17.68) Gl. (17.69) erfüllt.

Schließlich führen wir die folgende Definition ein:

Definition 9. Eine *fundamentale Lösung* oder *Greensche Funktion* (*System-funktion* oder *Übertragungsfunktion*) des Operators $A : \mathcal{D}' \to \mathcal{D}'$ ist eine Distribution $E \in \mathcal{D}'$, die durch A auf die Funktion $\delta \in \mathcal{D}'$ abgebildet wird, d.h. $A(E) = \delta$.

Beispiel 17. In Übereinstimmung mit dieser Definition ist die Funktion (17.68) eine fundamentale Lösung für den Operator $A = \left(\frac{\mathrm{d}^2}{\mathrm{d}x^2} + \omega^2 \right)$, da sie Gl. (17.69) erfüllt.

Die Funktion (17.67) erfüllt Gl. (17.58), d.h., sie ist die Greensche Funktion für den Operator $A = \left(m \frac{\mathrm{d}^2}{\mathrm{d}t^2} + k \right)$. Die zentrale Rolle der Übertragungsfunktion eines translationsinvarianten Operators wurde bereits in Absatz 17.4.1

untersucht, wobei wir (17.48) erhalten haben. Aufbauend darauf können wir nun die Lösung von Gl. (17.57) schreiben, die zu den in Beispiel 7 gegebenen Anfangsbedingungen gehört:

$$x(t) = (f * E)(t) = \int\limits_{-\infty}^{+\infty} f(t-\tau) H(\tau) \frac{\sin\sqrt{\frac{k}{m}}\tau}{\sqrt{km}} \, d\tau \, , \qquad (17.70)$$

$$x(t) = \frac{1}{\sqrt{km}} \int\limits_{0}^{+\infty} f(t-\tau) \sin\sqrt{\frac{k}{m}}\tau \, d\tau \, . \qquad (17.71)$$

Wenn wir die wichtige Rolle der Faltung und der gerade veranschaulichten fundamentalen Lösung bedenken, wird klar, dass es wünschenswert ist, auch die Faltung verallgemeinerter Funktionen zu definieren. Dies wird in der Theorie von Distributionen behandelt, aber wir werden uns dazu hier nicht die Zeit nehmen. Wir wollen nur bemerken, dass für den Fall von regulären Distributionen die Definition der Faltung von verallgemeinerten Funktionen zur oben untersuchten klassischen Definition der Faltung von Funktionen äquivalent ist.

17.4.5 Übungen und Aufgaben

1. a) Beweisen Sie, dass die Faltung assoziativ ist: $u * (v * w) = (u * v) * w$.
    b) Angenommen, dass $\Gamma(\alpha)$ wie immer die Eulersche Gammafunktion ist und $H(x)$ die Heaviside–Funktion. Wir setzen

$$H_\lambda^\alpha(x) := H(x) \frac{x^{\alpha-1}}{\Gamma(\alpha)} e^{\lambda x} \, , \text{ mit } \alpha > 0 \text{ und } \lambda \in \mathbb{C} \, .$$

Zeigen Sie, dass $H_\lambda^\alpha * H_\lambda^\beta = H_\lambda^{\alpha+\beta}$.

    c) Beweisen Sie, dass die Funktion $F = H(x) \frac{x^{n-1}}{(n-1)!} e^{\lambda x}$ der Faltung n-ter Ordnung von $f = H(x)e^{\lambda x}$ entspricht, d.h., dass $F = \underbrace{f * f * \cdots * f}_{n}$.

2. Die Funktion $G_\sigma(x) = \frac{1}{\sigma\sqrt{2\pi}} e^{-\frac{x^2}{2\sigma^2}}$, $\sigma > 0$ definiert die Wahrscheinlichkeitsdichtefunktion für die Gausssche Normalverteilung.

a) Zeichnen Sie den Graphen von $G_\sigma(x)$ für unterschiedliche Werte des Parameters σ.

b) Beweisen Sie, dass der mathematische Erwartungswert (Mittelwert) einer Zufallsvariablen mit der Wahrscheinlichkeitsverteilung G_σ gleich Null ist, d.h. $\int\limits_{\mathbb{R}} x G_\sigma(x) \, dx = 0$.

c) Beweisen Sie, dass die Standardabweichung von x (die Quadratwurzel der Varianz von x) gleich σ ist, d.h. $\left(\int\limits_{\mathbb{R}} x^2 G_\sigma(x) \, dx \right)^{1/2} = \sigma$.

d) In der Wahrscheinlichkeitstheorie wird bewiesen, dass die Wahrscheinlichkeits-dichte der Summe zweier unabhängigen Zufallsvariablen der Faltung der Dichten der einzelnen Variablen entspricht. Beweisen Sie, dass $G_\alpha * G_\beta = G_{\sqrt{\alpha^2+\beta^2}}$.

e) Zeigen Sie, dass die Summe von n unabhängigen identisch verteilten Zufallsva-riablen (beispielsweise n unabhängige Messungen desselben Objekts), die alle entsprechend der Normalverteilung G_σ verteilt sind, entsprechend dem Gesetz $G_{\sigma\sqrt{n}}$ verteilt sind. Daraus folgt insbesondere, dass die erwartete Fehlerverteilung für den Mittelwert von n derartigen Messungen gleich $\sigma/\sqrt{n}$ ist, wenn wir diesen als den Wert der gemessenen Größe betrachten, wobei σ der wahrschein-liche Fehler einer einzelnen Messung ist.

3. Wir wiederholen, dass die Funktion $A(x) = \sum\limits_{n=0}^{\infty} a_n x^n$ die *erzeugende Funktion der Folge* $a_0, a_1, \ldots$ genannt wird.

Angenommen, es seien zwei Folgen $\{a_k\}$ und $\{b_k\}$ gegeben. Wenn wir davon ausgehen, dass $a_k = b_k = 0$ für $k < 0$, dann lässt sich die Faltung der Folgen $\{a_k\}$ und $\{b_k\}$ natürlich als die Folge $\left\{ c_k = \sum\limits_{m} a_m b_{k-m} \right\}$ definieren. Zeigen Sie, dass die erzeugende Funktion der Faltung zweier Folgen gleich dem Produkt der erzeugenden Funktionen dieser Folgen ist.

4. a) Die Faltung $u * v$ sei definiert und eine der Funktionen u und v besitze die Periode T. Beweisen Sie, dass auch $u * v$ die Periode T besitzt.

b) Überprüfen Sie den Weierstraßschen Approximationssatz für die Approximation einer stetigen periodischen Funktion durch ein trigonometrisches Polynom (vgl. Anmerkung 5).

c) Beweisen Sie die in Beispiel 4 formulierte verstärkte Version des Weierstraßschen Approximationssatzes.

5. a) Angenommen, das Innere der kompakten Menge $K \subset \mathbb{R}$ enthalte den Ab-schluss $\overline{E}$ der Menge E in Satz 5. Zeigen Sie, dass in diesem Fall $\int\limits_{K} f(y) \Delta_k$
$(x - y) \, \mathrm{d}y \rightrightarrows f(x)$ auf E gilt.

b) Leiten Sie aus der Entwicklung $(1 - z)^{-1} = 1 + z + z^2 + \cdots$ her, dass $g(\rho, \theta) = \frac{1 + \rho e^{i\theta}}{2(1 - \rho e^{i\theta})} = \frac{1}{2} + \rho e^{i\theta} + \rho^2 e^{i2\theta} + \cdots$, für $0 \le \rho < 1$.

c) Beweisen Sie, dass für $0 \le \rho < 1$ und

$$P_\rho(\theta) := \operatorname{Re} g(\rho, \theta) = \frac{1}{2} + \rho \cos\theta + \rho^2 \cos 2\theta + \cdots$$

die Funktion $P_\rho(\theta)$ die folgende Gestalt annimmt

$$P_\rho(\theta) = \frac{1}{2} \frac{1 - \rho^2}{1 - 2\rho \cos\theta + \rho^2} \, .$$

Sie wird *Poisson–Kern für die Scheibe* genannt.

d) Zeigen Sie, dass die Familie von Funktionen $P_\rho(\theta)$, die vom Parameter ρ abhängt, die folgenden Eigenschaften besitzt:

$$P_\rho(\theta) \ge 0, \quad \frac{1}{\pi} \int\limits_{0}^{2\pi} P_\rho(\theta) \, \mathrm{d}\theta = 1, \quad \int\limits_{\substack{\varepsilon > 0}}^{2\pi - \varepsilon} P_\rho(\theta) \, \mathrm{d}\theta \to 0 \ \text{für} \ \rho \to 1 - 0 \, .$$

e) Überprüfen Sie, dass für $f \in C[0, 2\pi]$ die Funktion

$$u(\rho, \theta) = \frac{1}{\pi} \int\limits_0^{2\pi} P_\rho(\theta - t) f(t) \, \mathrm{d}t$$

in der Scheibe $\rho < 1$ eine harmonische Funktion ist, mit $u(\rho, \theta) \rightrightarrows f(\theta)$ für $\rho \to 1 - 0$. Somit erlaubt der Poisson–Kern die Konstruktion einer harmonischen Funktion in der Scheibe, die auf dem Rand des Kreises vorgegebene Werte annimmt.

f) Für lokal integrierbare Funktionen u und v, die mit derselben Periode T periodisch sind, lässt sich wie folgt eine unzweideutige Definition der Faltung (periodische Faltung) einführen:

$$(u \underset{T}{*} v)(x) := \int\limits_a^{a+T} u(y) v(x - y) \, \mathrm{d}y \; .$$

Die periodischen Funktionen auf $\mathbb{R}$ können als auf dem Kreis definierte Funktionen interpretiert werden, so dass diese Operation auf natürliche Weise als die Faltung von zwei auf einem Kreis definierten Funktionen betrachtet werden kann.

Sei $f(\theta)$ eine lokal integrierbare 2π-periodische Funktion auf $\mathbb{R}$ (oder, was dasselbe ist; f ist eine Funktion auf einem Kreis) und die Familie $P_\rho(\theta)$ von Funktionen, die vom Parameter ρ abhängen, besitzt die in d) aufgezählten Eigenschaften des Poisson–Kerns. Zeigen Sie, dass in jedem stetigen Punkt von f gilt: $\left(f \underset{2\pi}{*} P_\rho \right)(\theta) \to f(\theta)$ für $\rho \to 1 - 0$.

6. a) Angenommen, $\varphi(x) := a \exp\left(\frac{1}{|x|^2 - 1} \right)$ für $|x| < 1$ und $\varphi(x) := 0$ für $|x| \geq 1$. Die Konstante a sei so gewählt, dass $\int\limits_{\mathbb{R}} \varphi(x) \, \mathrm{d}x = 1$. Zeigen Sie, dass die Familie von Funktionen $\varphi_\alpha(x) = \frac{1}{\alpha} \varphi\left(\frac{x}{a} \right)$ für $\alpha \to +0$ ein genähertes Einselement ist, das aus Funktionen in $C_0^{(\infty)}$ auf $\mathbb{R}$ besteht.

b) Konstruieren Sie für jedes Intervall $I \subset \mathbb{R}$ und jedes $\varepsilon > 0$ eine Funktion $e(x)$ der Klasse $C_0^{(\infty)}$, so dass $0 \leq e(x) \leq 1$ auf $\mathbb{R}$, $e(x) = 1 \Leftrightarrow x \in I$ und schließlich, dass $\operatorname{supp} e \subset I_\varepsilon$, wobei I_ε die ε-Umgebung der Menge I in $\mathbb{R}$ ist. (Zeigen Sie, dass wir für einen geeigneten Wert $\alpha > 0$ annehmen können, dass $e(x) = \chi_I * \varphi_\alpha$.)

c) Zeigen Sie, dass für jedes $\varepsilon > 0$ eine abzählbare Menge $\{e_k\}$ von Funktionen $e_k \in C_0^{(\infty)}$ existiert (eine ε-Zerlegung der Eins auf $\mathbb{R}$), die die folgenden Eigenschaften besitzt: $\forall k \in \mathbb{N}$, $\forall x \in \mathbb{R}$ $(0 \leq e_k(x) \leq 1)$; der Durchmesser des Trägers $\operatorname{supp} e_k$ jeder Funktion in der Familie ist höchstens $\varepsilon > 0$; jeder Punkt $x \in \mathbb{R}$ gehört nur zu einer endlichen Anzahl der Menge $\operatorname{supp} e_k$; $\sum\limits_k e_k(x) \equiv 1$ auf $\mathbb{R}$.

d) Zeigen Sie, dass für jede offene Überdeckung $\{U_\gamma, \gamma \in \Gamma\}$ der offenen Menge $G \subset \mathbb{R}$ und jede Funktion $\varphi \in C^{(\infty)}(G)$ eine Folge $\{\varphi_k; k \in \mathbb{N}\}$ von Funktionen $\varphi_k \in C_0^{(\infty)}$ existiert, die die folgenden Eigenschaften besitzt: $\forall k \in \mathbb{N}$ $\exists \gamma \in \Gamma$ $(\operatorname{supp} \varphi_k \subset U_\gamma)$; jeder Punkt $x \in G$ gehört nur zu einer endlichen Anzahl von Mengen $\operatorname{supp} \varphi_k$; $\sum\limits_k \varphi_k(x) = \varphi(x)$ auf G.

e) Überprüfen Sie, ob die Menge von Funktionen $C_0^{(\infty)}$, wenn diese als Distributionen interpretiert werden, in der zugehörigen Menge $C^{(\infty)}(G)$ der regulären verallgemeinerten Funktionen überall dicht ist.

f) Zwei Distributionen F_1 und F_2 in $\mathcal{D}'(G)$ werden als auf der offenen Menge $U \subset G$ als gleich betrachtet, falls $F_1(\varphi) = F_2(\varphi)$ für jede Funktion $\varphi \in \mathcal{D}(G)$, deren Träger in U enthalten ist. Zwei Distributionen F_1 und F_2 werden als im Punkt $x \in G$ lokal gleich betrachtet, falls sie in einer Umgebung $U(x) \subset G$ dieses Punktes gleich sind. Beweisen Sie, dass $(F_1 = F_2) \Leftrightarrow (F_1 = F_2$ lokal gleich in jedem Punkt $x \in G)$.

7. a) Sei $\varphi(x) := \exp\left(\frac{1}{|x|^2 - 1}\right)$ für $|x| < 1$ und $\varphi(x) := 0$ für $|x| \geq 1$. Zeigen Sie, dass $\int\limits_{\mathbb{R}} f(x)\varphi_\varepsilon(x)\,dx \to 0$ für $\varepsilon \to +0$ für jede Funktion f, die auf $\mathbb{R}$ lokal integrierbar ist, mit $\varphi_\varepsilon(x) = \varphi\left(\frac{x}{\varepsilon}\right)$.

b) Beweisen Sie mit dem vorhergehenden Ergebnis und der Tatsache, dass $\langle \delta, \varphi_\varepsilon \rangle = \varphi(0) \neq 0$, dass die verallgemeinerte Funktion δ nicht regulär ist.

c) Zeigen Sie die Existenz einer Folge von regulären verallgemeinerten Funktionen (sogar aus Funktionen der Klasse $C_0^{(\infty)}$), die in $\mathcal{D}'$ gegen die Distribution δ konvergiert. (Tatsächlich ist jede Distribution der Grenzwert von regulären verallgemeinerten Funktionen, die zu Funktionen in $\mathcal{D} = C_0^{(\infty)}$ zugehörig sind). In diesem Sinne bilden die regulären verallgemeinerten Funktionen eine überall dichte Menge in $\mathcal{D}'$, so wie die rationalen Zahlen $\mathbb{Q}$ in den reellen Zahlen $\mathbb{R}$ überall dicht sind.

8. a) Berechnen Sie den Wert $\langle F, \varphi \rangle$ der Distribution $F \in \mathcal{D}'$ auf der Funktion $\varphi \in \mathcal{D}$ für $F = \sin x\delta$; $F = 2\cos x\delta$; $F = (1 + x^2)\delta$.

b) Beweisen Sie, dass die Operation $F \mapsto \psi F$ der Multiplikation mit der Funktion $\psi \in C^{(\infty)}$ in $\mathcal{D}'$ eine stetige Operation ist.

c) Beweisen Sie, dass lineare Operationen auf verallgemeinerten Funktionen in $\mathcal{D}'$ stetig sind.

9. a) Zeigen Sie, dass für die reguläre Distribution F, die durch die Funktion $f(x) = \begin{cases} 0 & \text{für } x \leq 0 \\ x & \text{für } x > 0 \end{cases}$, erzeugt wird, gilt, dass $F' = H$, wobei H die zur Heaviside–Funktion zugehörige Distribution ist.

b) Berechnen Sie die Ableitung der zur Funktion $|x|$ zugehörigen Distribution.

10. a) Zeigen Sie, dass die folgenden Grenzübergänge in $\mathcal{D}'$ korrekt sind:

$$\lim_{\alpha \to +0} \frac{\alpha}{x^2 + \alpha^2} = \pi\delta \;; \quad \lim_{\alpha \to +0} \frac{\alpha x}{\alpha^2 + x^2} = \pi x\delta \;; \quad \lim_{\alpha \to +0} \frac{x}{x^2 + \alpha^2} = \ln|x| \;.$$

b) Zeigen Sie, dass für eine lokal integrierbare Funktion $f = f(x)$ auf $\mathbb{R}$ mit $f_\varepsilon = f(x + \varepsilon)$ gilt, dass $f_\varepsilon \to f$ in $\mathcal{D}'$ für $\varepsilon \to 0$.

c) Überprüfen Sie, ob für ein genähertes Einselement $\{\Delta_\alpha\}$, das aus glatten Funktionen besteht, gilt, dass $F_\alpha = \int\limits_{-\infty}^{x} \Delta_\alpha(t)\,dt \to H$ für $\alpha \to 0$, wobei H die zur Heaviside–Funktion zugehörige Distribution ist.

11. a) Das Symbol $\delta(x-a)$ bezeichnet üblicherweise die *in den Punkt a verschobene* δ-*Funktion*, d.h. die verallgemeinerte Funktion, die auf eine Funktion $\varphi \in \mathcal{D}$ nach der Regel $\langle \delta(x-a), \varphi \rangle = \varphi(a)$ einwirkt. Zeigen Sie, dass die Reihe $\sum\limits_{k \in \mathbb{Z}} \delta(x-k)$ in $\mathcal{D}'$ konvergiert.

b) Bestimmen Sie die Ableitung der Funktion $[x]$ (der ganzzahlige Teil von x).

c) Eine 2π-periodische Funktion auf $\mathbb{R}$ sei im Intervall $]0, 2\pi]$ durch die Formel $f|_{]0,2\pi]}(x) = \frac{1}{2} - \frac{x}{2\pi}$ definiert. Zeigen Sie, dass $f' = -\frac{1}{2\pi} + \sum\limits_{k \in \mathbb{Z}} \delta(x - 2\pi k)$.

d) Zeigen Sie, dass $\delta(x - \varepsilon) \to \delta(x)$ für $\varepsilon \to 0$.

e) Wie zuvor sei die zum Punkt ε verschobene δ-Funktion mit $\delta(x - \varepsilon)$ bezeichnet. Zeigen Sie durch direkte Berechnung, dass $\frac{1}{\varepsilon}\Big(\delta(x - \varepsilon) - \delta(x) \Big) \to -\delta'(x) = -\delta'$.

f) Ausgehend vom obigen Grenzübergang können Sie $-\delta'$ als die Verteilung von Ladungen zugehörig zu einem Dipol mit elektrischem Moment $+1$ interpretieren, der im Punkt $x = 0$ positioniert ist. Zeigen Sie, dass $\langle -\delta', 1 \rangle = 0$ (die Gesamtladung eines Dipols ist Null) und dass $\langle -\delta', x \rangle = 1$ (sein Moment ist tatsächlich 1).

g) Eine wichtige Eigenschaft der δ-Funktion ist ihre Homogenität: $\delta(\lambda x) = \lambda^{-1}\delta(x)$. Überprüfen Sie diese Gleichung.

12. a) Beweisen Sie für die Distribution F, die durch $\langle F, \varphi \rangle = \int\limits_{0}^{\infty} \sqrt{x}\varphi(x)\, \mathrm{d}x$ definiert wird, die folgenden Gleichungen:

$$\langle F', \varphi \rangle = \frac{1}{2} \int\limits_{0}^{+\infty} \frac{\varphi(x)}{\sqrt{x}}\, \mathrm{d}x \; ;$$

$$\langle F'', \varphi \rangle = -\frac{1}{4} \int\limits_{0}^{+\infty} \frac{\varphi(x) - \varphi(0)}{x^{3/2}}\, \mathrm{d}x \; ;$$

$$\langle F''', \varphi \rangle = \frac{3}{8} \int\limits_{0}^{+\infty} \frac{\varphi(x) - \varphi(0) - x\varphi'(0)}{x^{5/2}}\, \mathrm{d}x \; ;$$

$$\cdots\cdots\cdots\cdots\cdots\cdots\cdots\cdots\cdots\cdots\cdots\cdots\cdots$$

$$\langle F^{(n)}, \varphi \rangle = \frac{(-1)^{n-1}(2n-3)!!}{2^n} \times$$

$$\times \int\limits_{0}^{+\infty} \frac{\varphi(x) - \varphi(0) - x\varphi'(0) - \cdots - \frac{x^{n-2}}{(n-2)!}\varphi^{(n-2)}(0)}{x^{\frac{2n+1}{2}}}\, \mathrm{d}x \; .$$

b) Zeigen Sie für $n - 1 < p < n$ und für die durch die Gleichung

$$\langle x_+^{-p}, \varphi \rangle := \int\limits_{0}^{+\infty} \frac{\varphi(x) - \varphi(0) - x\varphi'(0) - \cdots - \frac{x^{n-2}}{(n-2)!}\varphi^{(n-2)}(0)}{x^p}\, \mathrm{d}x$$

definierte Distribution x_+^{-p}, dass ihre Ableitung der Funktion $-p x_+^{-(p+1)}$ entspricht, die durch die folgende Gleichung definiert ist:

$$\langle -px_+^{-(p+1)}, \varphi \rangle = -p \int\limits_0^{+\infty} \frac{\varphi(x) - \varphi(0) - x\varphi'(0) - \cdots - \frac{x^{n-1}}{(n-1)!}\varphi^{(n-1)}(0)}{x^{p+1}} \, dx \, .$$

13. Die Distribution, die durch die Gleichung

$$\langle F, \varphi \rangle := \mathrm{HW} \int\limits_{-\infty}^{+\infty} \frac{\varphi(x)}{x} \, dx \left(:= \lim_{\varepsilon \to +0} \left(\int\limits_{-\infty}^{-\varepsilon} + \int\limits_{\varepsilon}^{+\infty} \right) \frac{\varphi(x)}{x} \, dx \right)$$

definiert wird, wird mit $\mathcal{P}\frac{1}{x}$ bezeichnet. Zeigen Sie, dass

a) $\left\langle \mathcal{P}\frac{1}{x}, \varphi \right\rangle = \int\limits_0^{+\infty} \frac{\varphi(x) - \varphi(-x)}{x} \, dx.$

b) $\left(\ln |x| \right)' = \mathcal{P}\frac{1}{x}.$

c) $\left\langle \left(\mathcal{P}\frac{1}{x} \right)', x \right\rangle = \int\limits_0^{+\infty} \frac{\varphi(x) + \varphi(-x) - 2\varphi(0)}{x^2} \, dx.$

d) $\frac{1}{x+\mathrm{i}0} := \lim\limits_{y \to +0} \frac{1}{x+\mathrm{i}y} = -\mathrm{i}\pi\delta + \mathcal{P}\frac{1}{x}.$

14. Mit der Definition der Multiplikation von verallgemeinerten Funktionen können einige Schwierigkeiten auftreten: So ist beispielsweise die Funktion $|x|^{-2/3}$ absolut (uneigentlich) auf $\mathbb{R}$ integrierbar; sie erzeugt eine zugehörige verallgemeinerte Funktion $\int\limits_{-\infty}^{+\infty} |x|^{-2/3}\varphi(x) \, dx$, aber ihr Quadrat, $|x|^{-4/3}$ ist keine integrierbare Funktion mehr, nicht einmal im uneigentlichen Sinne. Die Antworten auf die folgenden Fragen zeigen, dass es theoretisch unmöglich ist, für jede Distribution eine natürliche assoziative und kommutative Operation der Multiplikation zu definieren.

a) Zeigen Sie, dass $f(x)\delta = f(0)\delta$ für jede Funktion $f \in C^{(\infty)}$.
b) Zeigen Sie, dass $x\mathcal{P}\frac{1}{x} = 1$ in $\mathcal{D}'$.
c) Würde die Operation der Multiplikation auf alle Paare von verallgemeinerten Funktionen erweitert, wäre sie zumindest nicht assoziativ und kommutativ. Ansonsten wäre

$$0 = 0\mathcal{P}\frac{1}{x} = (x\delta(x))\mathcal{P}\frac{1}{x} = (\delta(x)x)\mathcal{P}\frac{1}{x} = \delta(x)\left(x\mathcal{P}\frac{1}{x} \right) = \delta(x)1 = 1\delta(x) = \delta \, .$$

15. a) Zeigen Sie, dass im Allgemeinen eine fundamentale Lösung E für den linearen Operator $A : \mathcal{D}' \to \mathcal{D}'$ bis auf eine Lösung der homogenen Gleichung $Af = 0$ mehrdeutig definiert ist.
b) Betrachten Sie den Differentialoperator

$$P\left(x, \frac{d}{dx} \right) := \frac{d^n}{dx^n} + a_1(x)\frac{d^{n-1}}{dx^{n-1}} + \cdots + a_n(x) \, .$$

Zeigen Sie, dass dann, wenn $u_0 = u_0(x)$ die Gleichung $P\left(x, \frac{d}{dx} \right)u_0 = 0$ löst und dabei die Anfangsbedingungen $u_0(0) = \cdots = u_0^{(n-2)}(0) = 0$ und $u_0^{(n-1)}(0) = 1$ erfüllt, die Funktion $E(x) = H(x)u_0(x)$ (wobei $H(x)$ die Heaviside–Funktion ist) eine fundamentale Lösung des Operators $P\left(x, \frac{d}{dx} \right)$ ist.

c) Setzen Sie diese Methode ein, um die fundamentale Lösung zu folgenden Operatoren zu finden:

$$\left(\frac{\mathrm{d}}{\mathrm{d}x} + a\right) , \quad \left(\frac{\mathrm{d}^2}{\mathrm{d}x^2} + a^2\right) , \quad \frac{\mathrm{d}^m}{\mathrm{d}x^m} , \quad \left(\frac{\mathrm{d}}{\mathrm{d}x} + a\right)^m , \quad m \in \mathbb{N} .$$

d) Bestimmen Sie mit Hilfe dieser Ergebnisse und der Faltung die Lösungen der Gleichungen $\frac{\mathrm{d}^m u}{\mathrm{d}x^m} = f$, $\left(\frac{\mathrm{d}}{\mathrm{d}x} + a\right)^m = f$, mit $f \in C(\mathbb{R}, \mathbb{R})$.

17.5 Mehrfache Parameterintegrale

In den ersten beiden Absätzen dieses Abschnitts werden wir Eigenschaften von eigentlichen und uneigentlichen Mehrfachintegralen, die von einem Parameter abhängen, vorstellen. Wir werden diese Integrale meist mehrfache Parameterintegrale nennen. Das Hauptergebnis dieser Absätze ist, dass die wichtigen Eigenschaften von mehrfachen Parameterintegralen sich im Wesentlichen nicht von den entsprechenden Eigenschaften von den oben untersuchten eindimensionalen Parameterintegralen unterscheiden. Im dritten Absatz werden wir den Fall eines uneigentlichen Integrals untersuchen, dessen Singularität selbst von einem Parameter abhängt. Dieser Fall ist für Anwendungen wichtig. Schließlich werden wir im vierten Absatz die Faltung von Funktionen mehrerer Variabler und einige besonders im Mehr-dimensionalen auftretenden Fragen zu Distributionen untersuchen, die eng mit Parameterintegralen und den klassischen Integralgleichungen der Analysis zusammenhängen.

17.5.1 Eigentliche mehrfache Parameterintegrale

Sei X eine messbare Teilmenge von $\mathbb{R}^n$, beispielsweise ein beschränktes Gebiet mit einem glatten oder stückweise glatten Rand und sei Y eine Teilmenge von $\mathbb{R}^m$.

Wir betrachten das folgende Parameterintegral:

$$F(y) = \int\limits_X f(x, y)\, \mathrm{d}x , \tag{17.72}$$

wobei wir annehmen, dass f auf der Menge $X \times Y$ definiert und auf X für jeden festen Wert von $y \in Y$ integrierbar ist.

Es gelten die folgenden Sätze:

Satz 1. *Ist $X \times Y$ eine kompakte Teilmenge des $\mathbb{R}^{n+m}$ und $f \in C(X \times Y)$, dann ist $F \in C(Y)$.*

Satz 2. *Ist Y ein Gebiet in $\mathbb{R}^m$, $f \in C(X \times Y)$ und $\frac{\partial f}{\partial y^i} \in C(X \times Y)$, dann ist die Funktion F nach y^i in Y differenzierbar, mit $y = (y^1, \ldots, y^i, \ldots, y^m)$ und*

$$\frac{\partial F}{\partial y^i}(y) = \int\limits_X \frac{\partial f}{\partial y^i}(x, y)\, \mathrm{d}x . \tag{17.73}$$

Satz 3. *Sind X und Y messbare kompakte Teilmengen des $\mathbb{R}^n$ bzw. $\mathbb{R}^m$ und $f \in C(X \times Y)$, dann ist $F \in C(Y) \subset \mathcal{R}(Y)$ und*

$$\int\limits_Y F(y)\,\mathrm{d}y := \int\limits_Y \mathrm{d}y \int\limits_X f(x,y)\,\mathrm{d}x = \int\limits_X \mathrm{d}x \int\limits_Y f(x,y)\,\mathrm{d}y \ . \tag{17.74}$$

Wir betonen, dass die Werte der Funktion f hierbei in jedem normierten Vektorraum Z liegen können. Der wichtigste Spezialfall ist der, dass Z gleich $\mathbb{R}$, $\mathbb{C}$, $\mathbb{R}^n$ oder $\mathbb{C}^n$ ist. In diesen Fälle lassen sich die Beweise der Sätze 1-3 offensichtlich auf den Fall $Z = \mathbb{R}$ zurückführen. Aber für $Z = \mathbb{R}$ sind die Beweise der Sätze 1 und 2 wörtliche Wiederholungen der Beweise der entsprechenden Sätze für ein ein-dimensionales Integral (vgl. Abschnitt 17.1) und Satz 3 ist ein einfaches Korollar von Satz 1 und dem Satz von Fubini (s. Abschnitt 11.4).

17.5.2 Uneigentliche mehrfache Parameterintegrale

Ist die Menge $X \subset \mathbb{R}^n$ oder die Funktion $f(x,y)$ im Integral (17.72) unbeschränkt, dann verstehen wir das Integral als den Grenzwert von uneigentlichen Integralen über Mengen mit einer geeigneten Ausschöpfung von X. Bei der Untersuchung von uneigentlichen mehrfachen Parameterintegralen sind wir in der Regel an besonderen Ausschöpfungen interessiert wie die, die wir im ein-dimensionalen Fall untersucht haben. In vollständiger Übereinstimmung mit dem ein-dimensionalen Fall entfernen wir die ε-Umgebung der Singularitäten[7], bestimmen die Integrale über die verbleibenden Teile X_ε von X und bestimmen dann die Grenzwerte der Werte des Integrals über X_ε für $\varepsilon \to +0$.

Erfolgt dieser Grenzwertübergang bezüglich des Parameters $y \in Y$ gleichmäßig, dann sagen wir, dass das uneigentliche Integral (17.72) gleichmäßig auf Y konvergiert.

Beispiel 1. Das Integral

$$F(\lambda) = \iint\limits_{\mathbb{R}^2} e^{-\lambda(x^2+y^2)}\,\mathrm{d}x\,\mathrm{d}y$$

ergibt sich aus dem Grenzübergang

$$\iint\limits_{\mathbb{R}^2} e^{-\lambda(x^2+y^2)}\,\mathrm{d}x\,\mathrm{d}y := \lim_{\varepsilon \to +0} \iint\limits_{x^2+y^2 \le 1/\varepsilon^2} e^{-\lambda(x^2+y^2)}\,\mathrm{d}x\,\mathrm{d}y$$

und, wie wir leicht mit Hilfe von Polarkoordinaten zeigen können, das Integral konvergiert für $\lambda > 0$. Außerdem konvergiert es gleichmäßig auf der Menge $E_{\lambda_0} = \{\lambda \in \mathbb{R} \,|\, \lambda \ge \lambda_0 > 0\}$, da für $\lambda \in E_{\lambda_0}$ gilt, dass

---

[7] Das heißt, die Punkte in jeder Umgebung, in denen die Funktion f unbeschränkt ist. Ist die Menge X ebenfalls unbeschränkt, entfernen wir daraus eine Umgebung von Unendlich.

$$0 < \iint\limits_{x^2+y^2 \geq 1/\varepsilon^2} e^{-\lambda(x^2+y^2)} \, dx \, dy \leq \iint\limits_{x^2+y^2 \geq 1/\varepsilon^2} e^{-\lambda_0(x^2+y^2)} \, dx \, dy \; ,$$

und dieses letzte Integral strebt für $\varepsilon \to 0$ gegen 0 (das Ausgangsintegral $F(\lambda)$ konvergiert für $\lambda = \lambda_0 > 0$).

Beispiel 2. Angenommen, dass $K(a,r) = \{x \in \mathbb{R}^n \mid |x - a| < r\}$ wie immer die Kugel mit Radius r und Zentrum in $a \in \mathbb{R}^n$ ist und sei $y \in \mathbb{R}^n$. Wir betrachten das Integral

$$F(y) = \int\limits_{K(0,1)} \frac{|x-y|}{(1-|x|)^\alpha} \, dx := \lim_{\varepsilon \to +0} \int\limits_{K(0,1-\varepsilon)} \frac{|x-y|}{(1-|x|)^\alpha} \, dx \; .$$

Indem wir zu Polarkoordinaten in $\mathbb{R}^n$ wechseln, können wir zeigen, dass dieses Integral nur für $\alpha < 1$ konvergiert. Wird der Wert $\alpha < 1$ festgehalten, dann konvergiert das Integral bezüglich des Parameters y auf jeder kompakten Menge $Y \subset \mathbb{R}^n$ gleichmäßig, da in diesem Fall $|x - y| \leq M(Y) \in \mathbb{R}$ gilt.

Wir betonen, dass in diesen Beispielen die Menge von Singularitäten des Integrals unabhängig vom Parameter war. Wenn wir das oben vorgestellte Konzept der gleichmäßigen Konvergenz eines uneigentlichen Integrals mit einer festen Menge von Singularitäten annehmen, ist es daher klar, dass alle wichtigen Eigenschaften derartiger uneigentlicher mehrfacher Parameterintegrale aus den entsprechenden Eigenschaften der eigentlichen Mehrfachintegrale und den Sätzen zu Grenzübergängen für Familien von Funktionen, die von einem Parameter abhängen, erhalten werden können.

Wir werden uns nicht die Zeit nehmen, diese Tatsachen, die uns bereits theoretisch vertraut sind, nochmals zu erklären, sondern stattdessen vorziehen, die entwickelten Techniken für die Untersuchung der folgenden, sehr wichtigen und häufig anzutreffenden Situation einzusetzen, in der die Singularität eines uneigentlichen Integrals (ein-dimensional oder mehr-dimensional) selbst von einem Parameter abhängt.

17.5.3 Uneigentliche Integrale mit einer veränderlichen Singularität

Beispiel 3. Wie bekannt ist, können wir das Potential einer Einheitsladung im Punkt $x \in \mathbb{R}^3$ durch die Gleichung $U(x,y) = \frac{1}{|x-y|}$ ausdrücken, wobei y ein veränderlicher Punkt in $\mathbb{R}^3$ ist. Ist die Ladung nun in einem beschränkten Bereich $X \subset \mathbb{R}^3$ mit einer beschränkten Dichte $\mu(x)$ (außerhalb von X gleich Null) verteilt, dann kann das Potential einer so verteilten Ladung (aufgrund der Additivität des Potentials) wie folgt geschrieben werden:

$$U(y) = \int\limits_{\mathbb{R}^3} U(x,y)\mu(x) \, dx = \int\limits_X \frac{\mu(x) \, dx}{|x-y|} \; . \tag{17.75}$$

Der veränderliche Punkt $y \in \mathbb{R}^3$ spielt in diesem letzten Integral die Rolle des Parameters. Liegt der Punkt y außerhalb der Menge X, dann ist das Integral (17.75) ein eigentliches Integral; ist aber $y \in \overline{X}$, dann gilt $|x - y| \to 0$ für $X \ni x \to y$ und y wird somit zur Singularität des Integrals. Verändert sich y, bewegt sich also auch die Singularität.

Da $U(y) = \lim\limits_{\varepsilon \to +0} U_\varepsilon(y)$, mit

$$U_\varepsilon(y) = \int\limits_{X \setminus K(y,\varepsilon)} \frac{\mu(x)}{|x - y|} \, dx \,,$$

ist es wie zuvor nur natürlich, davon auszugehen, dass das Integral (17.75) mit einer veränderlichen Singularität auf der Menge Y gleichmäßig konvergiert, falls $U_\varepsilon(y) \rightrightarrows U(y)$ auf Y für $\varepsilon \to +0$.

Wir haben angenommen, dass $|U(y) - U_\varepsilon(y)| \le 2\pi M \varepsilon^2$ für jedes $y \in \mathbb{R}^3$, d.h. das Integral (17.75) konvergiert auf der Menge $Y = \mathbb{R}^3$ gleichmäßig.

Wenn wir zeigen, dass die Funktion $U_\varepsilon(y)$ bezüglich y stetig ist, sind wir insbesondere in der Lage, aus allgemeinen Betrachtungen herzuleiten, dass das Potential $U(y)$ stetig ist. Aber die Stetigkeit von $U_\varepsilon(y)$ folgt formal nicht aus Satz 1 zur Stetigkeit eines uneigentlichen Parameterintegrals, da sich in diesem Fall das Integrationsgebiet $X \setminus K(y, \varepsilon)$ verändert, wenn y sich verändert. Aus diesem Grund müssen wir die Frage der Stetigkeit von $U_\varepsilon(y)$ genauer untersuchen.

Wir merken an, dass für $|y - y_0| \le \varepsilon$ gilt, dass

$$U_\varepsilon(y) = \int\limits_{X \setminus K(y_0, 2\varepsilon)} \frac{\mu(x) \, dx}{|x - y|} + \int\limits_{(X \setminus K(y,\varepsilon)) \cap K(y_0, 2\varepsilon)} \frac{\mu(x) \, dx}{|x - y|} \,.$$

Das erste dieser beiden Integrale ist stetig bezüglich y für $|y - y_0| < \varepsilon$, da es ein eigentliches Integral mit festem Integrationsgebiet ist. Der Absolutbetrag des zweiten übersteigt

$$\int\limits_{K(y_0, 2\varepsilon)} \frac{M \, dx}{|x - y|} = 8\pi M \varepsilon^2$$

nicht. Daher gilt die Ungleichung $|U_\varepsilon(y) - U_\varepsilon(y_0)| < \varepsilon + 16\pi M \varepsilon^2$ für alle Werte von y, die hinreichend nahe bei y_0 liegen, wodurch sichergestellt wird, dass $U_\varepsilon(y)$ im Punkt $y_0 \in \mathbb{R}^3$ stetig ist.

Dieses Beispiel liefert die Grundlage für folgende Definition:

Definition 1. Angenommen, das Integral (17.72) ist ein uneigentliches Integral, das für jedes $y \in Y$ konvergiert. Sei X_ε der Teil der Menge X, den wir durch Entfernen der ε-Umgebungen der Menge der Singularitäten des Integrals[8] aus der Menge X erhalten und sei $F_\varepsilon(y) = \int\limits_{X_\varepsilon} f(x, y) \, dx$. Wir werden

---

[8] Vergleichen Sie die Fußnote auf Seite 505.

sagen, dass *das Integral* (17.72) *auf der Menge Y gleichmäßig konvergiert*, falls $F_\varepsilon(y) \rightrightarrows F(y)$ auf Y für $\varepsilon \to +0$.

Der folgende nützliche Satz ist eine unmittelbare Folge dieser Definition und Überlegungen, die denen in Beispiel 3 ausgeführten ähnlich sind.

Satz 4. *Lässt die Funktion f im Integral* (17.72) *die Abschätzung* $|f(x,y)| \le \frac{M}{|x-y|^\alpha}$ *zu, mit* $M \in \mathbb{R}$, $x \in X \subset \mathbb{R}^n$, $y \in Y \subset \mathbb{R}^n$ *und* $\alpha < n$, *dann konvergiert das Integral auf Y gleichmäßig.*

Beispiel 4. Wir können aufbauend auf Satz 4 insbesondere folgern, dass das Integral

$$V_i(y) = \int\limits_X \frac{\mu(x)(x^i - y^i)}{|x-y|^3}\, dx \,,$$

das wir durch formale Ableitung des Potentials (17.75) nach der Variablen y^i ($i = 1, 2, 3$) erhalten, auf $Y = \mathbb{R}^3$ gleichmäßig konvergiert, da $\left|\frac{\mu(x)(x^i - y^i)}{|x-y|^3}\right| \le \frac{M}{|x-y|^2}$.

Wie in Beispiel 3 folgt daraus, dass die Funktion $V_i(y)$ auf $\mathbb{R}^3$ stetig ist.

Wir wollen nun zeigen, dass die Funktion $U(y)$ – das Potential (17.75) – tatsächlich eine partielle Ableitung $\frac{\partial U}{\partial y^i}$ mit $\frac{\partial U}{\partial y^i}(y) = V_i(y)$ besitzt.

Dazu ist offensichtlich nur zu zeigen, dass

$$\int\limits_a^b V_i(y^1, y^2, y^3)\, dy^i = U(y^1, y^2, y^3)\Big|_{y^i=a}^b \,.$$

Nun ist aber

$$\int\limits_a^b V_i(y)\, dy^i = \int\limits_a^b dy^i \int\limits_X \frac{\mu(x)(x^i - y^i)}{|x-y|^3}\, dx =$$

$$= \int\limits_X \mu(x)\, dx \int\limits_a^b \frac{(x^i - y^i)}{|x-y|^3}\, dy^i = \int\limits_X \mu(x)\, dx \int\limits_a^b \frac{\partial}{\partial y^i}\left(\frac{1}{|x-y|}\right) dy^i =$$

$$= \left(\int\limits_X \frac{\mu(x)\, dx}{|x-y|}\right)\Bigg|_{y^i=a}^b = U(y)\Big|_{y^i=a}^b \,.$$

Der einzige, nicht triviale Punkt in dieser Berechnung ist die Vertauschung der Integrationsreihenfolge. Im Allgemeinen genügt für die Umkehrung der Reihenfolge bei uneigentlichen Integralen, dass ein Mehrfachintegral vorliegt, das bezüglich der gesamten Menge von Variablen absolut konvergiert. Diese Bedingung ist im vorliegenden Fall erfüllt, so dass die Vertauschung gerechtfertigt ist. Natürlich könnte sie auch direkt durch die Einfachheit der beteiligten Funktionen gerechtfertigt werden.

Somit haben wir gezeigt, dass das Potential $U(y)$, das durch eine in $\mathbb{R}^3$ verteilte Ladung mit einer beschränkten Dichte erzeugt wird, im gesamten Raum stetig differenzierbar ist.

Die in den Beispielen 3 und 4 benutzten Techniken versetzen uns in die Lage, die folgende, etwas allgemeinere Situation auf ähnliche Weise zu diskutieren.

Sei

$$F(y) = \int\limits_X K\bigl(y - \varphi(x)\bigr)\psi(x,y)\,\mathrm{d}x \,, \qquad (17.76)$$

wobei X ein beschränktes messbares Gebiet in $\mathbb{R}^n$ ist. Der Parameter y bewege sich im Gebiet $Y \subset \mathbb{R}^m$ mit $n \le m$, $\varphi : X \to \mathbb{R}^m$ mit $\operatorname{Rang}\varphi'(x) = n$ und $\|\varphi'(x)\| \ge c > 0$, d.h. φ definiere eine n-dimensionale parametrisierte Oberfläche oder genauer gesagt einen n-Weg in $\mathbb{R}^m$. Hierbei ist $K \in C(\mathbb{R}^m \setminus 0, \mathbb{R})$, d.h., die Funktion $K(z)$ ist überall in $\mathbb{R}^m$ außer im Punkt $z = 0$ stetig, in dessen Nähe sie unbeschränkt sein kann; und $\psi : X \times Y \to \mathbb{R}$ ist eine beschränkte stetige Funktion. Wir wollen annehmen, dass das Integral (17.76) (das im Allgemeinen ein uneigentliches Integral ist) für jedes $y \in Y$ existiert.

Im oben betrachteten Integral (17.75) gilt insbesondere

$$n = m \,, \quad \varphi(x) = x \,, \quad \psi(x,y) = \mu(x) \,, \quad K(z) = |z|^{-1} \,.$$

Es ist nicht schwer zu zeigen, dass wegen dieser Einschränkungen an die Funktion φ die Definition 1 zur gleichmäßigen Konvergenz des Integrals (17.76) bedeutet, dass für jedes $\alpha > 0$ ein $\varepsilon > 0$ gewählt werden kann, so dass

$$\left| \int\limits_{|y-\varphi(x)|<\varepsilon} K\bigl(y - \varphi(x)\bigr)\psi(x,y)\,\mathrm{d}x \right| < \alpha \,, \qquad (17.77)$$

wobei das Integral über der Menge[9] $\{x \in X \,\big|\, |y - \varphi(x)| < \varepsilon\}$ gebildet wird.

Für das Integral (17.76) gelten die folgenden Sätze.

Satz 5. *Konvergiert das Integral (17.76) auf Y unter den oben beschriebenen Voraussetzungen an die Funktionen φ, ψ und K gleichmäßig, dann gilt $F \in C(Y, \mathbb{R})$.*

Satz 6. *Ist zusätzlich bekannt, dass die Funktion ψ im Integral (17.76) vom Parameter y unabhängig ist (d.h. $\psi(x,y) = \psi(x)$) und $K \in C^{(1)}(\mathbb{R}^m \setminus 0, \mathbb{R})$, dann können wir, falls das Integral*

$$\int\limits_X \frac{\partial K}{\partial y^i}\bigl(y - \varphi(x)\bigr)\psi(x)\,\mathrm{d}x$$

---

[9] Hierbei nehmen wir an, dass die Menge X selbst in $\mathbb{R}^n$ beschränkt ist. Ansonsten müssten wir die Ungleichung (17.77) mit der analogen Ungleichung ergänzen, in der das Integral über der Menge $\{x \in X \,\big|\, |x| > 1/\varepsilon\}$ gebildet wird.

auf der Menge $y \in Y$ gleichmäßig konvergiert, sagen, dass die Funktion F eine stetige partielle Ableitung $\frac{\partial F}{\partial y^i}$ besitzt, mit

$$\frac{\partial F}{\partial y^i}(y) = \int\limits_X \frac{\partial K}{\partial y^i}\big(y - \varphi(x)\big)\psi(x)\,\mathrm{d}x\,. \tag{17.78}$$

Die Beweise dieser Sätze, so wie sie formuliert sind, sind vollständig analog zu denen in den Beispielen 3 und 4 und daher nehmen wir uns nicht die Zeit, sie zu wiederholen.

Wir halten nur fest, dass die Konvergenz eines uneigentlichen Integrals (unter einer beliebigen Ausschöpfung) seine absolute Konvergenz impliziert. In den Beispielen 3 und 4 wurde die absolute Konvergenz in den Abschätzungen und beim Vertauschen der Integrationsreihenfolge als Voraussetzung benutzt. Zur Veranschaulichung eines möglichen Einsatzes der Sätze 5 und 6 wollen wir ein weiteres Beispiel aus der Potentialtheorie betrachten.

Beispiel 5. Angenommen, eine Ladung ist auf einer glatten kompakten Fläche $S \subset \mathbb{R}^3$ mit der Flächendichte $\nu(x)$ verteilt. Das Potential einer derartigen Ladungsverteilung wird *Einschichtpotential* genannt und es wird offensichtlich durch das Oberflächenintegral

$$U(y) = \int\limits_S \frac{\nu(x)\,\mathrm{d}\sigma(x)}{|x - y|} \tag{17.79}$$

beschrieben.

Angenommen, ν sei eine beschränkte Funktion. Dann ist dies für $y \notin S$ ein eigentliches Integral und die Funktion $U(y)$ ist außerhalb von S beliebig oft differenzierbar.

Ist aber $y \in S$, dann besitzt das Integral eine integrierbare Singularität im Punkt y. Die Singularität ist integrierbar, da die Fläche S glatt ist und sich nahe des Punktes $y \in S$ nur wenig von einem Teil der Ebene $\mathbb{R}^2$ unterscheidet und wir wissen, dass eine Singularität vom Typus $1/r^\alpha$ in der Ebene für $\alpha < 2$ integrierbar ist. Mit Hilfe von Satz 5 können wir diese allgemeine Betrachtung in einen formalen Beweis überführen. Falls wir S lokal in einer Umgebung V_y des Punktes $y \in S$ als $x = \varphi(t)$ darstellen, mit $t \in V_t \subset \mathbb{R}^2$ und Rang $\varphi' = 2$, dann ist

$$\int\limits_{V_y} \frac{\nu(x)\,\mathrm{d}\sigma(x)}{|x - y|} = \int\limits_{V_t} \frac{\nu(\varphi(t))}{|y - \varphi(t)|}\sqrt{\det\left\langle \frac{\partial\varphi}{\partial t^i}, \frac{\partial\varphi}{\partial t^j} \right\rangle}\,\mathrm{d}t$$

und mit Satz 2 können wir außerdem zeigen, dass das Integral (17.79) eine Funktion $U(y)$ beschreibt, die auf dem gesamten Raum $\mathbb{R}^3$ stetig ist.

Wie wir bereits festgestellt haben, sind das drei-dimensionale Potential (17.75) und das Einschichtpotential (17.79) außerhalb des Trägers der Ladung beliebig oft differenzierbar. Wenn wir diese Ableitung unterhalb des Integralzeichens durchführen, können wir auf einheitliche Weise zeigen, dass das Potential wie auch die Funktion $1/|x-y|$ außerhalb des Trägers der Ladung die Laplace–Gleichung $\Delta U = 0$ in $\mathbb{R}^3$ erfüllen, d.h., sie sind in diesem Gebiet harmonische Funktionen.

17.5.4 Faltung, die fundamentale Lösung und Distributionen im mehr-dimensionalen Fall

a. Faltung in $\mathbb{R}^n$

Definition 2. Die *Faltung* $u * v$ von in $\mathbb{R}^n$ definierten Funktionen u und v mit reellen oder komplexen Werten wird durch die Gleichung

$$(u * v)(x) := \int\limits_{\mathbb{R}^n} u(y)v(x-y)\,\mathrm{d}y \qquad (17.80)$$

definiert.

Beispiel 6. Wenn wir die Gleichungen (17.75) und (17.80) miteinander vergleichen, können wir folgern, dass zum Beispiel das Potential U einer Ladungsverteilung in $\mathbb{R}^3$ mit Dichte $\mu(x)$ der Faltung $(\mu * E)$ der Funktion μ mit dem Potential E einer Einheitsladung, die im Ursprung von $\mathbb{R}^3$ lokalisiert ist, entspricht.

Gleichung (17.80) ist eine direkte Verallgemeinerung der Definition einer Faltung in Abschnitt 17.4. Aus diesem Grund bleiben alle Eigenschaften der Faltung und deren Beweise, die wir in Abschnitt 17.4 für den Fall $n = 1$ betrachtet haben, gültig, wenn wir $\mathbb{R}$ durch $\mathbb{R}^n$ ersetzen.

Ein genähertes Einselement in $\mathbb{R}^n$ wird gerade so definiert wie in $\mathbb{R}$, indem wir nur $\mathbb{R}$ durch $\mathbb{R}^n$ ersetzen und $U(0)$ als eine Umgebung des Punktes $0 \in \mathbb{R}^n$ in $\mathbb{R}^n$ verstehen.

Das Konzept der gleichmäßigen Stetigkeit einer Funktion $f : G \to \mathbb{C}$ auf einer Menge $E \subset G$ und mit ihm der wichtige Satz 5 in Abschnitt 17.4 zur Konvergenz der Faltung $f * \Delta_\alpha$ gegen f lassen sich auch in allen Details auf den mehr-dimensionalen Fall übertragen.

Wir halten nur fest, dass in Beispiel 3 und im Beweis von Korollar 1 in Abschnitt 17.4 in den Definitionen der Funktionen $\Delta_n(x)$ und $\varphi(x)$ das x durch $|x|$ ersetzt werden muss. Nur kleinere Veränderungen sind in den Näherungsgleichungen notwendig, die wir in Beispiel 4 in Abschnitt 17.4 beim Beweis des Weierstraßschen Approximationssatzes für periodische Funktionen durch trigonometrische Polynome angeführt haben. In diesem Fall stellt sich die Frage nach einer Approximation einer Funktion $f(x^1, \ldots, x^n)$, die stetig und in den jeweiligen Variablen $x^1, x^2, \ldots, x^n$ mit den Perioden $T_1, T_2, \ldots, T_n$ periodisch ist.

Die Behauptung führt schließlich zur Aussage, dass für jedes $\varepsilon > 0$ ein trigonometrisches Polynom in n Variablen mit den jeweiligen Perioden $T_1, T_2, \ldots, T_n$ gefunden werden kann, das f auf $\mathbb{R}^n$ innerhalb von ε approximiert.

Wir beschränken uns auf diese Anmerkungen. Ein unabhängiger Beweis der Eigenschaften der Faltung (17.80) für $n \in \mathbb{N}$, die wir für den Fall $n = 1$ in Abschnitt 17.4 bewiesen haben, wird für den Leser eine einfache, aber nützliche Übung sein, die hilft, ein angemessenes Verständnis für das in Abschnitt 17.4 Gesagte zu fördern.

b. Verallgemeinerte Funktionen mehrerer Variabler

Wir wollen nun gewisse mehr-dimensionale Gesichtspunkte der Konzepte aufgreifen, die mit den in Abschnitt 17.4 eingeführten Distributionen zusammenhängen.

Wie zuvor bezeichnen $C^{(\infty)}(G)$ und $C_0^{(\infty)}(G)$ die Menge der beliebig oft differenzierbaren Funktionen im Gebiet $G \subset \mathbb{R}^n$ bzw. die Menge der beliebig oft differenzierbaren Funktionen mit kompaktem Träger in G. Ist $G = \mathbb{R}^n$, werden wir die jeweiligen Abkürzungen $C^{(\infty)}$ bzw. $C_0^{(\infty)}$ benutzen. Sei $m := (m_1, \ldots, m_n)$ ein Multiindex und

$$\varphi^{(m)} := \left(\frac{\partial}{\partial x^1}\right)^{m_1} \cdot \ldots \cdot \left(\frac{\partial}{\partial x^n}\right)^{m_n} \varphi \, .$$

Wir führen die *Konvergenz von Funktionen* in $C_0^{(\infty)}(G)$ ein. Wie in Definition 7 in Abschnitt 17.4 sagen wir, dass $\varphi_k \to \varphi$ in $C_0^{(\infty)}(G)$ für $k \to \infty$, falls die Träger aller Funktionen der Folge $\{\varphi_k\}$ in einer kompakten Teilmenge von G enthalten sind und $\varphi_k^{(m)} \rightrightarrows \varphi^{(m)}$ auf G für jeden Multiindex m für $k \to \infty$ gilt, d.h., die Funktionen konvergieren gleichmäßig und mit ihnen alle ihre partiellen Ableitungen.

Damit können wir die folgende Definition aufstellen:

Definition 3. Der Vektorraum $C_0^{(\infty)}(G)$ mit dieser Konvergenz wird $\mathcal{D}(G)$ (und einfach nur $\mathcal{D}$ für $G = \mathbb{R}$) bezeichnet und der Raum der *fundamentalen Funktionen* oder *Testfunktionen* genannt.

Stetige lineare Funktionale auf $\mathcal{D}(G)$ werden *verallgemeinerte Funktionen* oder *Distributionen* genannt. Sie bilden den *Vektorraum der verallgemeinerten Funktionen*, den wir mit $\mathcal{D}'(G)$ (oder $\mathcal{D}'$ für $G = \mathbb{R}$) bezeichnen.

Konvergenz in $\mathcal{D}'(G)$ wird wie im ein-dimensionalen Fall als schwache (punktweise) Konvergenz der Funktionale verstanden (s. Definition 6 in Abschnitt 17.4).

Die Definition einer regulären verallgemeinerten Funktion lässt sich wortwörtlich auf den mehr-dimensionalen Fall übertragen.

Die Definition der δ-Funktion und der in den Punkt $x_0 \in G$ verschobenen δ-Funktion (mit $\delta(x_0)$ bezeichnet oder oft, aber nicht immer glücklich, durch $\delta(x - x_0)$) bleibt auch unverändert.

Wir wollen nun einige Beispiele betrachten:

Beispiel 7. Wir setzen

$$\Delta_t(x) := \frac{1}{(2a\sqrt{\pi t})^n} e^{-\frac{|x|^2}{4a^2 t}},$$

mit $a > 0$, $t > 0$, $x \in \mathbb{R}^n$. Wir werden zeigen, dass diese Funktionen, als reguläre Distributionen in $\mathbb{R}^n$ betrachtet, für $t \to +0$ gegen die δ-Funktion auf $\mathbb{R}^n$ konvergieren.

Für den Beweis genügt es zu beweisen, dass die Familie von Funktionen Δ_t für $t \to +0$ ein genähertes Einselement in $\mathbb{R}^n$ ist.

Mit Hilfe einer Substitution, der Reduktion eines Mehrfachintegrals auf ein iteriertes Integral und dem Wert des Euler–Poisson Integrals erhalten wir

$$\int\limits_{\mathbb{R}^n} \Delta_t(x)\, dx = \frac{1}{(\sqrt{\pi})^n} \int\limits_{\mathbb{R}^n} e^{-\left|\frac{x}{2a\sqrt{t}}\right|^2} d\left(\frac{x}{2a\sqrt{t}}\right) = \frac{1}{(\sqrt{\pi})^n} \left(\int\limits_{-\infty}^{+\infty} e^{-u^2}\, du\right)^n = 1\,.$$

Als Nächstes gilt für jeden festen Wert $r > 0$, dass

$$\int\limits_{K(0,r)} \Delta_t(x)\, dx = \frac{1}{(\sqrt{\pi})^n} \int\limits_{K\left(0, \frac{r}{2a\sqrt{t}}\right)} e^{-|\xi|^2}\, d\xi \to 1$$

für $t \to +0$.

Schließlich können wir, wenn wir berücksichtigen, dass $\Delta_t(x)$ nicht negativ ist, folgern, dass diese Funktionen tatsächlich ein genähertes Einselement in $\mathbb{R}^n$ bilden.

Beispiel 8. Eine Verallgemeinerung der δ-Funktion (die beispielsweise einer im Ursprung in $\mathbb{R}^n$ lokalisierten Einheitsladung entspricht) ist die folgende Distribution δ_O (die einer Ladungsverteilung auf einer stückweise glatten Oberfläche O mit einer Einheitsdichte auf der Oberfläche entspricht). Die Einwirkung von δ_O auf die Funktion $\varphi \in \mathcal{D}$ wird durch die Gleichung

$$\langle \delta_O, \varphi \rangle := \int\limits_O \varphi(x)\, d\sigma$$

definiert. Wie die Distribution δ, so ist auch die Distribution δ_O keine reguläre verallgemeinerte Funktion.

Multiplikation einer Distribution mit einer Funktion in $\mathcal{D}$ ist in $\mathbb{R}^n$ genauso wie im ein-dimensionalen Fall definiert.

Beispiel 9. Ist $\mu \in \mathcal{D}$, dann ist $\mu\delta_O$ eine Distribution, die entsprechend folgender Gleichung wirkt:

$$\langle \mu\delta_O, \varphi \rangle = \int\limits_O \varphi(x)\mu(x)\, d\sigma\,. \tag{17.81}$$

Wäre die Funktion $\mu(x)$ nur auf der Oberfläche O definiert, könnten wir Gl. (17.81) als die Definition der Distribution $\mu\,\delta_O$ betrachten. Durch ganz natürliche Analogie wird die so eingeführte verallgemeinerte Funktion eine *einzelne Schicht auf der Oberfläche O mit Dichte μ* genannt.

Die Ableitung verallgemeinerter Funktionen im mehr-dimensionalen Fall wird nach demselben Prinzip definiert wie im ein-dimensionalen Fall; sie hat aber einige Eigenarten.

Ist $F \in \mathcal{D}'(G)$ und $G \subset \mathbb{R}^n$, dann wird die Distribution $\frac{\partial F}{\partial x^i}$ durch die Gleichung

$$\left\langle \frac{\partial F}{\partial x^i}, \varphi \right\rangle := -\left\langle F, \frac{\partial \varphi}{\partial x^i} \right\rangle$$

definiert.

Es folgt, dass

$$\langle F^{(m)}, \varphi \rangle = (-1)^{|m|} \langle F, \varphi^{(m)} \rangle \,, \tag{17.82}$$

wobei $m = (m_1, \dots, m_k)$ ein Multiindex ist, mit $|m| = \sum\limits_{i=1}^{n} m_i$.

Es ist natürlich, die Gleichung $\frac{\partial^2 F}{\partial x^i \partial x^j} = \frac{\partial^2 F}{\partial x^j \partial x^i}$ zu beweisen. Diese folgt aber aus der Gleichheit der rechten Seiten in den Gleichungen

$$\left\langle \frac{\partial^2 F}{\partial x^i \partial x^j}, \varphi \right\rangle = \left\langle F, \frac{\partial^2 \varphi}{\partial x^j \partial x^i} \right\rangle \,,$$

$$\left\langle \frac{\partial^2 F}{\partial x^j \partial x^i}, \varphi \right\rangle = \left\langle F, \frac{\partial^2 \varphi}{\partial x^i \partial x^j} \right\rangle \,,$$

die sich aus der klassischen Gleichung $\frac{\partial^2 \varphi}{\partial x^i \partial x^j} = \frac{\partial^2 \varphi}{\partial x^j \partial x^i}$ ergibt, die für jede Funktion $\varphi \in \mathcal{D}$ gilt.

Beispiel 10. Wir betrachten nun den Operator $D = \sum\limits_{m} a_m D^m$, wobei $m = (m_1, \dots, m_n)$ ein Multiindex ist, $D^m = \left(\frac{\partial}{\partial x^1}\right)^{m_1} \cdot \dots \cdot \left(\frac{\partial}{\partial x^n}\right)^{m_n}$, a_m sind numerische Koeffizienten und die Summe läuft über eine endliche Menge von Multiindizes. Dies ist ein Differentialoperator.

Der *transponierte* oder *adjungierte* Operator von D wird üblicherweise mit $^t D$ oder D^* bezeichnet und durch folgende Gleichung definiert:

$$\langle DF, \varphi \rangle =: \langle F, {}^t D\varphi \rangle \,.$$

Diese Gleichung muss für alle $\varphi \in \mathcal{D}$ und $F \in \mathcal{D}'$ gelten. Ausgehend von Gl. (17.82) können wir nun für die Adjungierte des Differentialoperators D die explizite Formel

$$^t D = \sum\limits_{m} (-1)^{|m|} a_m D^m$$

schreiben.

Sind insbesondere alle Werte von $|m|$ gerade, dann ist der Operator D *selbstadjungiert*, d.h. $D^* = D$.

Es ist klar, dass die Operation der Differentiation in $\mathcal{D}'(\mathbb{R}^n)$ alle Eigenschaften der Differentiation in $\mathcal{D}'(\mathbb{R})$ erhält. Wir wollen jedoch das folgende wichtige Beispiel betrachten, das für den mehr-dimensionalen Fall bezeichnend ist.

Beispiel 11. Sei S eine glatte $(n-1)$-dimensionale Teilmannigfaltigkeit des $\mathbb{R}^n$, d.h., S ist eine glatte Hyperfläche. Angenommen, die auf $\mathbb{R}^n \setminus S$ definierte Funktion f sei beliebig oft differenzierbar und alle ihre partiellen Ableitungen besitzen in jedem Punkt $x \in S$ einen Grenzwert, wenn wir uns von jeder (lokalen) Seite der Fläche S einseitig an x annähern.

Die Differenz zwischen diesen beiden Grenzwerten entspricht dem Sprung $\int \frac{\partial f}{\partial x^i}$ der betrachteten partiellen Ableitung im Punkt x entsprechend einer besonderen Übergangsrichtung durch die Fläche S in x. Das Vorzeichen des Sprungs ändert sich, wenn diese Richtung umgedreht wird. Der Sprung kann daher als eine Funktion betrachtet werden, die auf einer orientierten Fläche definiert ist, wenn wir beispielsweise die Vereinbarung treffen, dass die Übergangsrichtung durch eine orientierende Normale an die Fläche vorgegeben ist.

Die Funktion $\frac{\partial f}{\partial x^i}$ ist definiert, stetig und außerhalb von S lokal beschränkt und mit den eben getroffen Annahmen ist f bei Annäherung an die Fläche S selbst lokal schließlich beschränkt. Da S eine Teilmannigfaltigkeit von $\mathbb{R}^n$ ist, erhalten wir unabhängig davon, wie wir die Definition von $\frac{\partial f}{\partial x^i}$ auf S vervollständigen, eine Funktion, deren mögliche Unstetigkeitsstellen nur auf S liegen und somit lokal in $\mathbb{R}^n$ integrierbar ist. Nun besitzen aber integrierbare Funktionen, die sich nur auf einer Menge vom Maß Null unterscheiden, gleiche Integrale und daher können wir, ohne uns um die Werte auf S zu kümmern, annehmen, dass $\frac{\partial f}{\partial x^i}$ nach der folgenden Regel

$$\left\langle \left\{ \frac{\partial f}{\partial x^i} \right\}, \varphi \right\rangle = \int\limits_{\mathbb{R}^n} \left(\frac{\partial f}{\partial x^i} \cdot \varphi \right)(x) \, \mathrm{d}x$$

eine reguläre Distribution $\left\{ \frac{\partial f}{\partial x^i} \right\}$ erzeugt.

Wir werden nun zeigen, dass dann, wenn wir f als eine verallgemeinerte Funktion betrachten, die folgende wichtige Formel im Sinne einer Ableitung von Distributionen gilt

$$\frac{\partial f}{\partial x^i} = \left\{ \frac{\partial f}{\partial x^i} \right\} + (\int f)_S \cos \alpha_i \delta_S , \qquad (17.83)$$

wobei der letzte Ausdruck im Sinne von Gl. (17.81) verstanden wird, $(\int f)_S$ ist der Sprung der Funktion f in $x \in S$ entsprechend einer der beiden möglichen Richtungen der Einheitsnormalen $\mathbf{n}$ an S in x und $\cos \alpha_i$ ist die Projektion von $\mathbf{n}$ auf die x^i-Achse (d.h. $\mathbf{n} = (\cos \alpha_1, \ldots, \cos \alpha_k)$).

Beweis. Gleichung (17.83) ist eine Verallgemeinerung von (17.64), die wir als Ausgangspunkt für den Beweis wählen.

Zur Klarheit betrachten wir den Fall $i = 1$. Dann gilt

$$\left\langle \frac{\partial f}{\partial x^1}, \varphi \right\rangle := -\left\langle f, \frac{\partial \varphi}{\partial x^1} \right\rangle = -\int\limits_{\mathbb{R}^n} \left(f \cdot \frac{\partial \varphi}{\partial x^1} \right)(x)\, \mathrm{d}x =$$

$$= -\int\limits_{x^2 \cdots x^n} \cdots \int \mathrm{d}x^2 \cdots \mathrm{d}x^n \int\limits_{-\infty}^{+\infty} f \frac{\partial \varphi}{\partial x^1}\, \mathrm{d}x^1 =$$

$$= \int\limits_{x^2 \cdots x^n} \cdots \int \mathrm{d}x^2 \cdots \mathrm{d}x^n \left[(\textstyle\int f)\varphi + \int\limits_{-\infty}^{+\infty} \frac{\partial f}{\partial x^1} \varphi\, \mathrm{d}x^1 \right] =$$

$$= \int\limits_{\mathbb{R}^n} \frac{\partial f}{\partial x^1} \varphi\, \mathrm{d}x + \int\limits_{x^2 \cdots x^n} \cdots \int (\textstyle\int f)\varphi\, \mathrm{d}x^2 \cdots \mathrm{d}x^n .$$

Hierbei wird der Sprung $\textstyle\int f$ von f im Punkt $x = (x^1, x^2, \ldots, x^n) \in S$ beim Übergang durch die Fläche in diesem Punkt in Richtung der positiven x_1-Achse betrachtet. Der Wert der Funktion φ bei der Berechnung des Produkts $(\textstyle\int f)\varphi$ wird in demselben Punkt gebildet. Daher kann dieses letzte Integral als ein Flächenintegral erster Art

$$\int\limits_S (\textstyle\int f)\varphi \cos\alpha_1\, \mathrm{d}\sigma$$

geschrieben werden, wobei α_1 der Winkel zwischen der Richtung der positiven x^1-Achse und der Normalen an S in x ist, und zwar so, dass beim Übergang durch x in Richtung dieser Normalen die Funktion f genau den Sprung $\textstyle\int f$ besitzt. Dies bedeutet nur, dass $\cos\alpha_1 \geq 0$. Nun bleibt nur noch anzumerken, dass dann, wenn wir die andere Richtung für die Normale wählen, sich sowohl das Vorzeichen für den Sprung als auch das Vorzeichen des Kosinus gleichzeitig umkehren würden; daher verändert sich das Produkt $(\textstyle\int f) \cos\alpha_1$ dabei nicht. $\qquad\square$

Anmerkung 1. Wie wir an diesem Beweis erkennen können, gilt Gleichung (17.83), sobald wir den Sprung $(\textstyle\int f)_S$ von f in jedem Punkt $x \in S$ definiert haben und außerhalb von S in $\mathbb{R}^n$ eine lokal integrierbare partielle Ableitung $\frac{\partial f}{\partial x^j}$ existiert, möglicherweise als ein uneigentliches Integral, das eine reguläre Distribution $\left\{ \frac{\partial f}{\partial x^j} \right\}$ erzeugt.

Anmerkung 2. In Punkten $x \in S$, in denen die Richtung der x^1-Achse nicht durch S verläuft, d.h., in denen sie zu S tangential ist, können bei der Definition des Sprungs $\textstyle\int f$ in der vorgegebenen Richtung Schwierigkeiten auftreten. Wir können aber an (17.83) erkennen, dass der letzte Ausdruck aus dem Integral

$$\int\limits_{x^2 \cdots x^n} \cdots \int (\textstyle\int f)\varphi\, \mathrm{d}x^2 \cdots \mathrm{d}x^n$$

erhalten wird.

Die Projektionen der Menge E auf die $x^2, \ldots, x^n$-Hyperebene besitzt $(n-1)$-dimensionales Maß Null und hat daher keinen Einfluss auf den Wert des Integrals. Daher können wir davon ausgehen, dass die Gleichung (17.83) immer eine Bedeutung besitzt und immer gilt, wenn wir $\left(\int f\right)_S \cos \alpha_i$ für $\cos \alpha_i = 0$ den Wert 0 geben.

Anmerkung 3. Ähnliche Überlegungen versetzen uns in die Lage, Mengen mit der Fläche Null zu vernachlässigen; daher können wir davon ausgehen, dass Gleichung (17.83) für stückweise stetige Flächen bewiesen ist.

In unserem nächsten Beispiel werden wir zeigen, wie der klassische Divergenzsatz direkt aus der Differentialgleichung (17.83) erhalten werden kann und zwar in einer Form, die größtmögliche Freiheit an die analytischen Anforderungen, auf die wir den Leser bisher verwiesen haben, ermöglicht.

Beispiel 12. Sei G ein endliches Gebiet in $\mathbb{R}^n$, das durch eine stückweise glatte Fläche S beschränkt ist. Sei $\mathbf{A} = (A^1, \ldots, A^n)$ ein Vektorfeld, das in $\overline{G}$ stetig ist und zwar derart, dass die Funktion $\operatorname{div} \mathbf{A} = \sum\limits_{i=1}^{n} \frac{\partial A^i}{\partial x^i}$ in G definiert und integrierbar ist, möglicherweise auch im uneigentlichen Sinne.

Wenn wir das Feld $\mathbf{A}$ außerhalb von $\overline{G}$ als Null betrachten, dann ist der Sprung dieses Feldes in jedem Punkt x des Randes S des Gebiets G beim Verlassen von G gleich $-\mathbf{A}(x)$. Wenn wir annehmen, dass $\mathbf{n}$ ein auswärts gerichteter Einheitsnormalenvektor an S ist, gelangen wir, indem wir Gleichung (17.83) auf jede Komponente A^i des Feldes $\mathbf{A}$ anwenden und diese Gleichungen summieren, zur Gleichung

$$\operatorname{div} \mathbf{A} = \{\operatorname{div} \mathbf{A}\} - (\mathbf{A} \cdot \mathbf{n}) \delta_S , \qquad (17.84)$$

in der $\mathbf{A} \cdot \mathbf{n}$ das innere Produkt der Vektoren $\mathbf{A}$ und $\mathbf{n}$ im entsprechenden Punkt $x \in S$ ist.

Gleichung (17.84) bedeutet Gleichheit von verallgemeinerten Funktionen. Wir wollen sie auf die Funktion $\psi \in C_0^{(\infty)}$ anwenden, die auf G gleich 1 ist (die Existenz und Konstruktion einer derartigen Funktion wurde bereits früher mehr als einmal diskutiert). Da für jede Funktion $\varphi \in \mathcal{D}$ gilt, dass

$$\langle \operatorname{div} \mathbf{A}, \varphi \rangle = -\int\limits_{\mathbb{R}^n} (\mathbf{A} \cdot \nabla \varphi) \, dx \qquad (17.85)$$

(was unmittelbar aus der Definition der Ableitung einer verallgemeinerten Funktion folgt), erhalten wir offensichtlich für das Feld $\mathbf{A}$ und die Funktion ψ, dass $\langle \operatorname{div} \mathbf{A}, \psi \rangle = 0$. Wenn wir aber (17.84) berücksichtigen, führt uns dies zur Gleichung

$$0 = \langle \{\operatorname{div} \mathbf{A}\}, \psi \rangle - \langle (\mathbf{A} \cdot \mathbf{n}) \delta_S, \psi \rangle ,$$

die in der klassischen Schreibweise

$$0 = \int\limits_{G} \operatorname{div} \mathbf{A} \, \mathrm{d}x - \int\limits_{S} (\mathbf{A} \cdot \mathbf{n}) \, \mathrm{d}\sigma \qquad (17.86)$$

mit der Aussage des Divergenzsatzes übereinstimmt.

Wir wollen nun einige wichtige Beispiele im Zusammenhang mit der Ableitung von Distributionen betrachten.

Beispiel 13. Wir betrachten das in $\mathbb{R}^3 \setminus 0$ definierte Vektorfeld $\mathbf{A} = \frac{x}{|x|^3}$ und zeigen, dass im Raum $\mathcal{D}'(\mathbb{R}^3)$ der verallgemeinerten Funktionen die folgende Gleichung gilt:

$$\operatorname{div} \frac{x}{|x|^3} = 4\pi\delta \, . \qquad (17.87)$$

Wir merken zunächst an, dass wir für $x \neq 0$ im klassischen Sinne $\operatorname{div} \frac{x}{|x|^3} = 0$ erhalten.

Wenn wir nun nach und nach die Definition von $\operatorname{div} \mathbf{A}$ in Gl. (17.85), die Definition eines uneigentlichen Integrals, die Gleichung $\operatorname{div} \frac{x}{|x|^3} = 0$ für $x \neq 0$, den Divergenzsatz (17.86) sowie die Tatsache, dass φ einen kompakten Träger hat, ausnutzen, erhalten wir

$$\left\langle \operatorname{div} \frac{x}{|x|^3}, \varphi \right\rangle = - \int\limits_{\mathbb{R}^3} \left(\frac{x}{|x|^3} \cdot \nabla\varphi(x) \right) \mathrm{d}x =$$

$$= - \lim_{\varepsilon \to +0} \int\limits_{\varepsilon < |x| < 1/\varepsilon} \left(\frac{x}{|x|^3} \cdot \nabla\varphi(x) \right) \mathrm{d}x =$$

$$= - \lim_{\varepsilon \to +0} \int\limits_{\varepsilon < |x| < 1/\varepsilon} \operatorname{div} \left(\frac{x\varphi(x)}{|x|^3} \right) \mathrm{d}x =$$

$$= - \lim_{\varepsilon \to +0} \int\limits_{|x| = \varepsilon} \varphi(x) \frac{(x \cdot n)}{|x|^3} \, \mathrm{d}\sigma = 4\pi\varphi(0) = \langle 4\pi\delta, \varphi \rangle \, .$$

Für den Operator $A : \mathcal{D}'(G) \to \mathcal{D}'(g)$ definieren wir wie zuvor eine *fundamentale Lösung* als eine verallgemeinerte Funktion $E \subset \mathcal{D}'(G)$, für die $A(E) = \delta$ gilt.

Beispiel 14. Wir weisen nach, dass die reguläre verallgemeinerte Funktion $E(x) = -\frac{1}{4\pi|x|}$ in $\mathcal{D}'(\mathbb{R}^3)$ eine fundamentale Lösung des Laplace–Operators $\Delta = \left(\frac{\partial}{\partial x^1}\right)^2 + \left(\frac{\partial}{\partial x^2}\right)^2 + \left(\frac{\partial}{\partial x^3}\right)^2$ ist.

Es gilt nämlich $\Delta = \operatorname{div} \operatorname{grad}$ und $\operatorname{grad} E(x) = \frac{x}{4\pi|x|^3}$ für $x \neq 0$ und daher folgt die Gleichung $\operatorname{div} \operatorname{grad} E = \delta$ aus der Gleichung (17.87).

Wie in Beispiel 13 können wir zeigen, dass für jedes $n \in \mathbb{N}$, $n \geq 2$, die folgende Gleichung in $\mathbb{R}^n$ gilt:

$$\operatorname{div} \frac{x}{|x|^n} = \sigma_n\delta \, , \qquad (17.87')$$

wobei $\sigma_n = \frac{2\pi^{n/2}}{\Gamma(n/2)}$ die Fläche der Einheitskugel in $\mathbb{R}^n$ ist.

Daher können wir nach Berücksichtigung der Gleichung $\Delta = \operatorname{div}\operatorname{grad}$ folgern, dass

$$\Delta \ln|x| = 2\pi\delta \quad \text{in } \mathbb{R}^2$$

und

$$\Delta \frac{1}{|x|^{n-2}} = -(n-2)\sigma_n \delta \quad \text{in } \mathbb{R}^n, \quad n > 2.$$

Beispiel 15. Wir wollen zeigen, dass die Funktion

$$E(x,t) = \frac{H(t)}{(2a\sqrt{\pi t})^n} e^{-\frac{|x|^2}{4a^2 t}},$$

mit $x \in \mathbb{R}^n$, $t \in \mathbb{R}$ und der Heaviside–Funktion H (d.h. wir setzen für $t < 0$: $E(x,t) = 0$) folgende Gleichung erfüllt:

$$\left(\frac{\partial}{\partial t} - a^2 \Delta\right)E = \delta.$$

Hierbei ist Δ der Laplace–Operator bezüglich x in $\mathbb{R}^n$ und $\delta = \delta(x,t)$ ist die δ–Funktion in $\mathbb{R}^n_x \times \mathbb{R}_t = \mathbb{R}^{n+1}$.

Für $t > 0$ erhalten wir $E \in C^{(\infty)}(\mathbb{R}^{n+1})$ und durch direkte Ableitung können wir zeigen, dass

$$\left(\frac{\partial}{\partial t} - a^2 \Delta\right)E = 0 \quad \text{für } t > 0.$$

Wenn wir dies zusammen mit dem Ergebnis aus Beispiel 7 berücksichtigen, erhalten wir für jede Funktion $\varphi \in \mathcal{D}(\mathbb{R}^{n+1})$:

$$\left\langle \left(\frac{\partial}{\partial t} - a^2 \Delta\right)E, \varphi \right\rangle = -\left\langle E, \left(\frac{\partial}{\partial t} + a^2 \Delta\right)\varphi \right\rangle =$$

$$= -\int_0^{+\infty} dt \int_{\mathbb{R}^n} E(x,t)\left(\frac{\partial \varphi}{\partial t} + a^2 \Delta\varphi\right) dx =$$

$$= -\lim_{\varepsilon \to +0} \int_\varepsilon^{+\infty} dt \int_{\mathbb{R}^n} E(x,t)\left(\frac{\partial \varphi}{\partial t} + a^2 \Delta\varphi\right) dx =$$

$$= \lim_{\varepsilon \to +0} \left[\int_{\mathbb{R}^n} E(x,\varepsilon)\varphi(x,0)\,dx + \int_\varepsilon^{+\infty} dt \int_{\mathbb{R}^n} \left(\frac{\partial E}{\partial t} - a^2 \Delta E\right)\varphi\,dx\right] =$$

$$= \lim_{\varepsilon \to +0} \left[\int_{\mathbb{R}^n} E(x,\varepsilon)\varphi(x,0)\,dx + \int_{\mathbb{R}^n} E(x,\varepsilon)\big(\varphi(x,\varepsilon) - \varphi(x,0)\big)\,dx\right] =$$

$$= \lim_{\varepsilon \to +0} \int_{\mathbb{R}^n} E(x,\varepsilon)\varphi(x,\varepsilon)\,dx = \varphi(0,0) = \langle \delta, \varphi \rangle.$$

Beispiel 16. Wir wollen zeigen, dass die Funktion

$$E(x,t) = \frac{1}{2a} H(at - |x|) \,,$$

mit $a > 0$, $x \in \mathbb{R}_x^1$, $t \in \mathbb{R}_t^1$ und der Heaviside–Funktion H die Gleichung

$$\left(\frac{\partial^2}{\partial t^2} - a^2 \frac{\partial^2}{\partial x^2} \right) E = \delta$$

erfüllt, in der $\delta = \delta(x,t)$ die δ-Funktion im Raum $\mathcal{D}'(\mathbb{R}_x^1 \times \mathbb{R}_t^1) = \mathcal{D}'(\mathbb{R}^2)$ ist.

Sei $\varphi \in \mathcal{D}(\mathbb{R}^2)$. Mit Hilfe der Abkürzung $\Box_a := \frac{\partial^2}{\partial t^2} - a^2 \frac{\partial^2}{\partial x^2}$ erhalten wir

$$\langle \Box_a E, \varphi \rangle = \langle E, \Box_a \varphi \rangle = \int\limits_{\mathbb{R}_x} dx \int\limits_{\mathbb{R}_t} E(s,t) \Box_a \varphi(x,t)\, dt =$$

$$= \frac{1}{2a} \int\limits_{-\infty}^{+\infty} dx \int\limits_{\frac{|x|}{a}}^{+\infty} \frac{\partial^2 \varphi}{\partial t^2}\, dt - \frac{a}{2} \int\limits_{0}^{+\infty} dt \int\limits_{-at}^{at} \frac{\partial^2 \varphi}{\partial x^2}\, dx =$$

$$= -\frac{1}{2a} \int\limits_{-\infty}^{+\infty} \frac{\partial \varphi}{\partial t}\left(x, \frac{|x|}{a} \right) dx - \frac{a}{2} \int\limits_{0}^{+\infty} \left[\frac{\partial \varphi}{\partial x}(at,t) - \frac{\partial \varphi}{\partial x}(-at,t) \right] dt =$$

$$= -\frac{1}{2} \int\limits_{0}^{+\infty} \frac{d\varphi}{dt}(at,t)\, dt - \frac{1}{2} \int\limits_{0}^{+\infty} \frac{d\varphi}{dt}(-at,t)\, dt =$$

$$= \frac{1}{2}\varphi(0,0) + \frac{1}{2}\varphi(0,0) = \varphi(0,0) = \langle \delta, \varphi \rangle \,.$$

In Abschnitt 17.4 haben wir detailliert die Rolle der Übertragungsfunktion des Operators und die Rolle der Faltung für die Bestimmung der Eingabe u aus der Antwort $\widetilde{u}$ eines translationsinvarianten linearen Operators $Au = \widetilde{u}$ untersucht. Alles, was in diesem Zusammenhang diskutiert wurde, lässt sich ohne Veränderungen auf den mehr-dimensionalen Fall übertragen. Wenn wir daher die fundamentale Lösung E des Operators A kennen, d.h. falls $AE = \delta$, dann können wir die Lösung u der Gleichung $Au = f$ als die Faltung $u = f * E$ präsentieren.

Beispiel 17. Mit Hilfe der Funktion $E(x,t)$ aus Beispiel 16 können wir die Lösung

$$u(x,t) = \frac{1}{2a} \int\limits_{0}^{t} d\tau \int\limits_{x-a(t-\tau)}^{x+a(t-\tau)} f(\xi,\tau)\, d\xi$$

der Gleichung

$$\frac{\partial^2 u}{\partial t^2} - a^2 \frac{\partial^2 u}{\partial x^2} = f$$

angeben, die der Faltung $f * E$ der Funktionen f mit E entspricht und notwendigerweise unter der Annahme existiert, dass beispielsweise die Funktion f stetig ist. Durch direkte Ableitung des sich ergebenden Integrals nach den Parametern können wir einfach zeigen, dass $u(x,t)$ tatsächlich eine Lösung der Gleichung $\Box_a u = f$ ist.

Beispiel 18. Auf ähnliche Weise erhalten wir aufbauend auf dem Ergebnis in Beispiel 15 die Lösung

$$u(x,t) = \int\limits_0^t d\tau \int\limits_{\mathbb{R}^n} \frac{f(\xi,\tau)}{[2a\sqrt{\pi(t-\tau)}]^n} e^{-\frac{|x-\xi|^2}{4a^2(t-\tau)}} \, d\xi$$

der Gleichung $\frac{\partial u}{\partial t} - \Delta u = f$ beispielsweise unter der Annahme, dass die Funktion f stetig und beschränkt ist, was die Existenz der Faltung $f * E$ gewährleistet. Wir halten fest, dass diese Annahme nur beispielsweise getroffen wird und bei Weitem nicht zwingend sind. Daher könnten wir aus dem Blickwinkel der verallgemeinerten Funktion die Frage nach der Lösung der Gleichung $\frac{\partial u}{\partial t} - \Delta u = f$ aufwerfen, wenn wir dabei $f(x,t)$ als Distribution $\varphi(x) \cdot \delta(t)$ setzen, mit $\varphi \in \mathcal{D}(\mathbb{R}^n)$ und $\delta \in \mathcal{D}'(\mathbb{R})$.

Die formale Substitution einer derartigen Funktion f unter dem Integralzeichen führt zur Gleichung

$$u(x,t) = \int\limits_{\mathbb{R}^n} \frac{\varphi(\xi)}{[2a\sqrt{\pi t}]^n} e^{-\frac{|x-\xi|^2}{4a^2 t}} \, d\xi \; .$$

Indem wir die Regel für die Ableitung eines Parameterintegrals einsetzen, können wir zeigen, dass diese Funktion für $t > 0$ eine Lösung der Gleichung $\frac{\partial u}{\partial t} - a\Delta u = 0$ ist. Dies ergibt sich aus dem Ergebnis in Beispiel 7, in dem wir vorstellten, dass die hier angetroffene Familie von Funktionen ein genähertes Einselement ist.

Beispiel 19. Wenn wir die fundamentale Lösung des Laplace–Operators aus Beispiel 14 wieder auffrischen, erhalten wir schließlich die Lösung

$$u(x) = \int\limits_{\mathbb{R}^n} \frac{f(\xi)\, d\xi}{|x - \xi|}$$

der Poisson–Gleichung $\Delta u = -4\pi f$, die bis auf die Schreibweise und Bezeichnungen mit dem bereits bekannten Potential (17.75), das sich bei einer mit der Dichte f verteilten Ladung einstellt, übereinstimmt.

Wenn wir die Funktion f als $\nu(x)\delta_S$ wählen, wobei S eine stückweise glatte Fläche in $\mathbb{R}^3$ ist, erhalten wir durch formale Substitution im Integral die Funktion

$$u(x) = \int\limits_S \frac{\nu(\xi)\, d\sigma(\xi)}{|x - \xi|} \; ,$$

die, wie wir wissen, ein Einschichtpotential beschreibt; genauer gesagt, das Potential einer Ladung, die über die Fläche $S \subset \mathbb{R}^3$ mit der Flächendichte $\nu(x)$ verteilt ist.

17.5.5 Übungen und Aufgaben

1. a) Zeigen Sie mit Überlegungen wie in Beispiel 3, in dem die Stetigkeit des dreidimensionalen Potentials (17.75) gezeigt wurde, dass das Einschichtpotential (17.79) stetig ist.

b) Führen Sie den vollständigen Beweis der Sätze 4 und 5 durch.

2. a) Zeigen Sie, dass für jede Menge $M \subset \mathbb{R}^n$ und jedes $\varepsilon > 0$ eine Funktion f der Klasse $C^{(\infty)}(\mathbb{R}^n, \mathbb{R})$ konstruiert werden kann, die die folgenden drei Bedingungen gleichzeitig erfüllt: $\forall x \in \mathbb{R}^n$ $(0 \leq f(x) \leq 1)$; $\forall x \in M$ $(f(x) = 1)$; supp $f \subset M_\varepsilon$, wobei M_ε die ε-Umgebung der Menge M ist.

b) Beweisen Sie, dass für jede abgeschlossene Menge M in $\mathbb{R}^n$ eine nicht negative Funktion $f \in C^{(\infty)}(\mathbb{R}^n, \mathbb{R})$ existiert, so das $\big(f(x) = 0\big) \Leftrightarrow (x \in M)$.

3. a) Lösen Sie die Aufgaben 6 und 7 in Abschnitt 17.4 im Kontext eines Raumes $\mathbb{R}^n$ mit beliebiger Dimension.

b) Zeigen Sie, dass die verallgemeinerte Funktion δ_S (eine Schicht) nicht regulär ist.

4. Beweisen Sie mit Hilfe der Faltung die folgende Version des Weierstraßschen Approximationssatzes.

a) Jede stetige Funktion $f : I \to \mathbb{R}$ auf einem kompakten n-dimensionalen Intervall $I \subset \mathbb{R}^n$ lässt sich durch ein algebraisches Polynom in n Variablen gleichmäßig approximieren.

b) Die vorausgehende Behauptung bleibt sogar gültig, wenn I durch eine beliebige kompakte Menge $K \subset \mathbb{R}^n$ ersetzt wird und wir annehmen, dass $f \in C(K, \mathbb{C})$.

c) Für jede offene Menge $G \subset \mathbb{R}^n$ und jede Funktion $f \in C^{(m)}(G, \mathbb{R})$ gibt es eine Folge $\{P_k\}$ von algebraischen Polynomen in n Variablen, so dass $P_k^{(\alpha)} \rightrightarrows f^{(\alpha)}$ für $k \to \infty$ auf jeder kompakten Menge $K \subset G$ und jeden Multiindex $\alpha = (\alpha_1, \ldots, \alpha_n)$ mit $|\alpha| \leq m$.

d) Ist G eine beschränkte offene Teilmenge von $\mathbb{R}^n$ und $f \in C^{(\infty)}(\overline{G}, \mathbb{R})$, dann existiert eine Folge $\{P_k\}$ von algebraischen Polynomen in n Variablen, so dass $P_k^{(\alpha)} \rightrightarrows f^{(\alpha)}$ für jedes $\alpha = (\alpha_1, \ldots, \alpha_n)$ für $k \to \infty$.

e) Jede periodische Funktion $f \in C(\mathbb{R}^n, \mathbb{R})$ mit den Perioden $T_1, T_2, \ldots, T_n$ in den Variablen $x^1, \ldots, x^n$ lässt sich gleichmäßig in $\mathbb{R}^n$ durch trigonometrische Polynome in n Variablen approximieren, die in den entsprechenden Variablen dieselben Perioden $T_1, T_2, \ldots, T_n$ besitzen.

5. Diese Aufgabe enthält weitere Informationen über die Mittelungswirkung der Faltung.

a) Bisher haben wir die Minkowskische Integralungleichung

$$\left(\int\limits_X |a(x) + b(x)|^p \, \mathrm{d}x \right)^{1/p} \leq \left(\int\limits_X |a|^p(x) \, \mathrm{d}x \right)^{1/p} + \left(\int\limits_X |b|^p(x) \, \mathrm{d}x \right)^{1/p}$$

aufbauend auf dieser numerischen Minkowskischen Ungleichung für $p \geq 1$ erhalten.

Die Integralungleichung setzt uns ihrerseits in die Lage, die folgende *verallgemeinerte Minkowskische Integralungleichung* zu zeigen:

$$\left(\int\limits_X \left| \int\limits_Y f(x,y) \, \mathrm{d}y \right|^p \mathrm{d}x \right)^{1/p} \leq \int\limits_Y \left(\int\limits_X |f|^p (x,y) \, \mathrm{d}x \right)^{1/p} \mathrm{d}y \, .$$

Beweisen Sie diese Ungleichung unter der Annahme, dass $p \geq 1$, dass X und Y messbare Teilmengen (beispielsweise Intervalle in $\mathbb{R}^m$ bzw. $\mathbb{R}^n$) sind und dass die rechte Seite der Ungleichung endlich ist.

b) Zeigen Sie durch Anwendung der verallgemeinerten Minkowskischen Ungleichung auf die Faltung $f * g$, dass die Relation $\|f * g\|_p \leq \|f\|_1 \cdot \|g\|_p$ für $p \geq 1$ gilt, wobei wie immer $\|u\|_p = \left(\int\limits_{\mathbb{R}^n} |u|^p (x) \, \mathrm{d}x \right)^{1/p}$.

c) Sei $\varphi \in C_0^{(\infty)}(\mathbb{R}^n, \mathbb{R})$ mit $0 \leq \varphi(x) \leq 1$ auf $\mathbb{R}^n$ und $\int\limits_{\mathbb{R}^n} \varphi(x) \, \mathrm{d}x = 1$. Angenommen, $\varphi_\varepsilon(x) := \frac{1}{\varepsilon} \varphi\left(\frac{x}{\varepsilon}\right)$ und $f_\varepsilon := f * \varphi_\varepsilon$ für $\varepsilon > 0$. Zeigen Sie, dass für $f \in \mathcal{R}_p(\mathbb{R}^n)$ (d.h., falls das Integral $\int\limits_{\mathbb{R}^n} |f|^p (x) \, \mathrm{d}x$ existiert) gilt, dass $f_\varepsilon \in C^{(\infty)}(\mathbb{R}^n, \mathbb{R})$ und $\|f_\varepsilon\|_p \leq \|f\|_p$.

Wir weisen darauf hin, dass die Funktion f_ε oft auch *Durchschnitt der Funktion f zum Kern φ_ε* genannt wird.

d) Zeigen Sie unter Beibehaltung der obigen Schreibweise, dass die Relation

$$\|f_\varepsilon - f\|_{p,I} \leq \sup_{|h| < \varepsilon} \|\tau_h f - f\|_{p,I}$$

auf jedem Intervall $I \subset \mathbb{R}^n$ gilt, wobei $\|u\|_{p,I} = \left(\int\limits_I |u|^p (x) \, \mathrm{d}x \right)^{1/p}$ und $\tau_h f(x) = f(x - h)$.

e) Zeigen Sie, dass für $f \in \mathcal{R}_p(\mathbb{R}^n)$ gilt, dass $\|\tau_h f - f\|_{p,I} \to 0$ für $h \to 0$.

f) Beweisen Sie, dass $\|f_\varepsilon\|_p \leq \|f\|_p$ und $\|f_\varepsilon - f\|_p \to 0$ für $\varepsilon \to +0$ für jede Funktion $f \in \mathcal{R}_p(\mathbb{R}^n)$, $p \geq 1$ gilt.

g) Sei $\mathcal{R}_p(G)$ der normierte Vektorraum der Funktionen, die auf der offenen Menge $G \subset \mathbb{R}^n$ mit der Norm $\| \|_{p,G}$ absolut integrierbar sind. Zeigen Sie, dass die Funktionen der Klasse $C^{(\infty)}(G) \cap \mathcal{R}_p(G)$ eine überall dichte Teilmenge von $\mathcal{R}_p(G)$ bilden und dass dasselbe für die Menge $C_0^{(\infty)}(G) \cap \mathcal{R}_p(G)$ gilt.

h) Der folgende Satz lässt sich mit dem Fall $p = \infty$ in der vorangegangenen Teilaufgabe vergleichen: *Jede auf G stetige Funktion kann auf G durch Funktionen der Klasse $C^{(\infty)}(G)$ gleichmäßig approximiert werden.*

i) Ist f eine T-periodische lokal absolut integrierbare Funktion auf $\mathbb{R}$, dann werden wir, indem wir $\|f\|_{p,T} = \left(\int\limits_a^{a+T} |f|^p (x) \, \mathrm{d}x \right)^{1/p}$ setzen, den Vektorraum mit dieser Norm mit $\mathcal{R}_p^T$ bezeichnen. Beweisen Sie, dass $\|f_\varepsilon - f\|_{p,T} \to 0$ für $\varepsilon \to +0$.

j) Zeigen Sie mit Hilfe der Tatsache, dass die Faltung zweier Funktionen, von denen eine periodisch ist, selbst wieder periodisch ist, dass die glatten periodischen Funktionen der Klasse $C^{(\infty)}$ in $\mathcal{R}_p^T$ überall dicht sind.

6. a) Zeigen Sie unter Beibehaltung der Schreibweise aus Beispiel 11 und mit Hilfe von Gleichung (17.83), dass für $f \in C^{(1)}(\mathbb{R}^n \setminus S)$ gilt, dass

$$\frac{\partial^2 f}{\partial x^i \partial x^j} = \left\{ \frac{\partial^2 f}{\partial x^i \partial x^j} \right\} + \frac{\partial}{\partial x^j} \left((\textstyle\int f)_S \cos \alpha_i \delta_S \right) + \left(\textstyle\int \frac{\partial f}{\partial x^i} \right)_S \cos \alpha_j \delta_S \ .$$

b) Zeigen Sie, dass die Summe $\sum\limits_{i=1}^{n} \left(\int \frac{\partial f}{\partial x^i} \right)_S \cos \alpha_i$ dem Sprung $\left(\int \frac{\partial f}{\partial \mathbf{n}} \right)_S$ der Normalenableitung der Funktion f in den entsprechenden Punkten $x \in S$ entspricht. Dabei ist dieser Sprung unabhängig von der Richtung der Normalen gleich der Summe $\left(\frac{\partial f}{\partial \mathbf{n}_1} + \frac{\partial f}{\partial \mathbf{n}_2} \right)(x)$ der Normalenableitungen von f im Punkt x von beiden Seiten der Fläche S.

c) Beweisen Sie die Gleichung

$$\Delta f = \{ \Delta f \} + \left(\int f \frac{\partial f}{\partial \mathbf{n}} \right)_S \delta_S + \frac{\partial}{\partial \mathbf{n}} \left((\textstyle\int f)_S \delta_S \right) ,$$

wobei $\frac{\partial}{\partial \mathbf{n}}$ die Normalenableitung ist, d.h. $\left\langle \frac{\partial}{\partial \mathbf{n}} F, \varphi \right\rangle := -\left\langle F, \frac{\partial \varphi}{\partial \mathbf{n}} \right\rangle$ und $\left(\int f \right)_S$ ist der Sprung der Funktion f im Punkt $x \in S$ in Richtung der Normalen $\mathbf{n}$.

d) Beweisen Sie mit Hilfe des gerade für Δf erhaltenen Ausdrucks die klassische zweite Greensche–Formel

$$\int\limits_G (f \Delta \varphi - \varphi \Delta f) \, \mathrm{d}x = \int\limits_S \left(f \frac{\partial \varphi}{\partial \mathbf{n}} - \varphi \frac{\partial f}{\partial \mathbf{n}} \right) \mathrm{d}\sigma$$

unter der Annahme, dass G ein endliches Gebiet in $\mathbb{R}^n$ ist, das durch eine stückweise glatte Fläche S beschränkt ist; f und φ gehören zu $C^{(1)}(G) \cap C^{(2)}(G)$ und das Integral auf der linken Seite existiert, möglicherweise als uneigentliches Integral.

e) Die δ-Funktion entspreche einer im Ursprung 0 in $\mathbb{R}^n$ positionierten Einheitsladung und die Funktion $-\frac{\partial \delta}{\partial x^1}$ entspreche einem Dipol mit dem in 0 lokalisierten elektrischen Moment $+1$, der entlang der x^i-Achse orientiert ist (vgl. Satz 11e) in Abschnitt 17.4) und die Funktion $\nu(x)\delta_S$ ist die eine Schicht, die zu einer Ladungsverteilung über der Fläche S mit der Flächendichte $\nu(x)$ gehört. Zeigen Sie, dass dann die Funktion $-\frac{\partial}{\partial \mathbf{n}}(\nu(x)\delta_S)$, die *Doppelschicht* genannt wird, zu einer Verteilung von Dipolen über der Fläche S gehört, die durch die Normale $\mathbf{n}$ orientiert sind und das Flächendichtemoment $\nu(x)$ besitzen.

f) Zeigen Sie, indem Sie in der Greenschen Gleichung $\varphi = \frac{1}{|x-y|}$ setzen und das Ergebnis von Beispiel 14 benutzen, dass jede harmonische Funktion f im Gebiet G in der Klasse $C^{(1)}(\overline{G})$ als die Summe eines Einschicht- und eines Doppelschichtpotentials dargestellt werden kann, die auf dem Rand S von G lokalisiert sind.

7. a) Die Funktion $\frac{1}{|x|}$ entspricht dem Potential der elektrischen Feldstärke $\mathbf{A} = -\frac{x}{|x|^3}$, die in $\mathbb{R}^3$ durch eine im Ursprung lokalisierte Einheitsladung erzeugt wird. Wir wissen ferner, dass

$$\mathrm{div} \left(-\frac{x}{|x|^3} \right) = 4\pi\delta \ , \quad \mathrm{div} \left(-\frac{qx}{|x|^3} \right) = 4\pi q\delta \ , \quad \mathrm{div} \, \mathrm{grad} \left(\frac{q}{|x|} \right) = 4\pi\delta \ .$$

Erklären Sie ausgehend von diesen Gleichungen, warum die Annahme nötig wurde, dass die Funktion $U(x) = \int\limits_{\mathbb{R}^3} \frac{\mu(\xi)\,\mathrm{d}\xi}{|x-\xi|}$ die Gleichung $\Delta U = -4\pi\mu$ erfüllen muss. Überprüfen Sie, ob das Potential tatsächlich die hier formulierte Poisson–Gleichung erfüllt.

b) Ein physikalisches Korollar aus dem Divergenzsatz, das in der elektromagnetischen Feldtheorie als *Gaussscher Satz* bekannt ist, besagt, dass der Fluss durch eine abgeschlossene Fläche S mit der Intensität des elektrischen Feldes, das durch in $\mathbb{R}^3$ verteilte Ladungen erzeugt wird, gleich Q/ε_0 ist (s. S. 296). Dabei ist Q die Gesamtladung in dem durch die Fläche S beschränkten Bereich. Beweisen Sie den Gaussschen Satz.

8. Beweisen Sie die folgenden Gleichungen im Sinne der Theorie der verallgemeinerten Funktionen:

a) $\Delta E = \delta$, falls

$$E(x) = \begin{cases} \frac{1}{2\pi}\ln|x| & \text{für } x \in \mathbb{R}^2\,, \\[2ex] -\frac{\Gamma(\frac{n}{2})}{2\pi^{n/2}(n-2)}|x|^{-(n-2)} & \text{für } x \in \mathbb{R}^n\,, n > 2\,. \end{cases}$$

b) $(\Delta + k^2)E = \delta$, falls $E(x) = -\frac{\mathrm{e}^{\mathrm{i}k|x|}}{4\pi|x|}$ oder falls $E(x) = -\frac{\mathrm{e}^{-\mathrm{i}k|x|}}{4\pi|x|}$ und $x \in \mathbb{R}^3$.

c) $\square_a E = \delta$, mit $\square_a = \frac{\partial^2}{\partial t^2} - a^2\left[\left(\frac{\partial}{\partial x^1}\right)^2 + \cdots + \left(\frac{\partial}{\partial x^n}\right)^2\right]$ und $E = \frac{H(at-|x|)}{2\pi a\sqrt{a^2 t^2 - |x|^2}}$ für $x \in \mathbb{R}^2$ oder $E = \frac{H(t)}{4\pi a^2 t}\delta_{S_{at}} \equiv \frac{H(t)}{2\pi a}\delta(a^2 t^2 - |x|^2)$ für $x \in \mathbb{R}^3$, $t \in \mathbb{R}$. Hierbei ist $H(t)$ die Heaviside–Funktion, $S_{at} = \{x \in \mathbb{R}^3 \,\big|\, |x| = at\}$ ist eine Schale mit $a > 0$.

d) Finden Sie mit Hilfe des vorangegangenen Ergebnisses die Lösung der Gleichung $Au = f$ für den entsprechenden Differentialoperator A in Form einer Faltung $f * E$ und zeigen Sie, indem Sie beispielsweise die Funktion f als stetig voraussetzen, dass die Parameterintegrale, die sie erhalten haben, tatsächlich die Gleichung $Au = f$ erfüllen.

9. *Ableitung eines Integrals über einem flüssigen Volumen.*
Der Raum sei mit einer sich bewegenden Substanz (einer Flüssigkeit) gefüllt. Sei $v = v(t, x)$ und $\rho = \rho(t, x)$ die Fortbewegungsgeschwindigkeit bzw. die Dichte der Substanz zur Zeit t im Punkt x. Wir beobachten die Bewegung eines Teils der Substanz, die das Gebiet Ω_0 zum Ausgangszeitpunkt ausfüllt.

a) Formulieren Sie die Masse der Substanz, die das Gebiet Ω_t, das wir aus Ω_0 zur Zeit t erhalten, ausfüllt und schreiben Sie das Gesetz zur Massenerhaltung.

b) Zeigen Sie durch Ableitung des Integrals $F(t) = \int\limits_{\Omega_t} f(t, x)\,\mathrm{d}\omega$ mit variablem Integrationsgebiet Ω_t (das Volumen der Flüssigkeit), dass $F'(t) = \int\limits_{\Omega_t} \frac{\partial f}{\partial t}\,\mathrm{d}\omega +$ $\int\limits_{\partial\Omega_t} f\langle v, n\rangle\,\mathrm{d}\sigma$, wobei Ω_t, $\partial\Omega_t$, $\mathrm{d}\omega$, $\mathrm{d}\sigma$, n, v, $\langle\,,\,\rangle$ jeweils die Gebiete, der Rand, das Volumenelement, das Flächenelement, die auswärts gerichtete Normale, die Fließgeschwindigkeit zur Zeit t in entsprechenden Punkten und das innere Produkt sind.

c) Zeigen Sie, dass $F'(t)$ aus Teilaufgabe $b)$ in der Gestalt $F'(t) = \int_{\Omega_t} \left(\frac{\partial f}{\partial t} + \text{div}\,(fv) \right) d\omega$ dargestellt werden kann.

d) Erhalten Sie durch Vergleich der Ergebnisse der Teilaufgaben a), b) und c) die Kontinuitätsgleichung $\frac{\partial \rho}{\partial t} + \text{div}\,(\rho v) = 0$. (Vgl. Sie in diesem Zusammenhang auch Absatz 14.4.2).

e) Sei $|\Omega_t|$ das Volumen des Gebiets Ω_t. Zeigen Sie, dass $\frac{d|\Omega_r|}{dt} = \int_{\Omega_t} \text{div}\,v\,d\omega$.

f) Zeigen Sie, dass das Geschwindigkeitsfeld v des Flusses einer inkompressiblen Flüssigkeit divergenzfrei ist ($\text{div}\,v = 0$) und dass diese Bedingung der mathematische Ausdruck für die Inkompressibilität (Erhalt des Volumens) jedes Teiles des betrachteten Mediums ist.

g) Das Phasengeschwindigkeitsfeld $(\dot{p}, \dot{q})$ eines Hamiltonschen Systems der klassischen Mechanik erfüllt die Hamilton–Gleichungen $\dot{p} = -\frac{\partial H}{\partial q}$, $\dot{q} = \frac{\partial H}{\partial p}$, wobei $H = H(p,q)$ der Hamilton–Operator des Systems ist. Zeigen Sie nach Liouville dass ein Hamiltonscher Fluss das Phasenvolumen erhält. Beweisen Sie ferner, dass der Hamilton–Operator H (die Energie) entlang den Stromlinien (Trajektorien) konstant bleibt.

Fourier–Reihen und die Fourier–Transformation

18.1 Allgemeine Grundbegriffe im Zusammenhang mit Fourier–Reihen

18.1.1 Orthogonale Funktionensysteme

a. Entwicklung eines Vektors in einem Vektorraum

Wir haben im Verlauf dieses Buches zur Analysis bereits mehrfach darauf hingewiesen, dass gewisse Klassen von Funktionen in Verbindung mit den üblichen arithmetischen Operationen Vektorräume bilden. Dazu gehören beispielsweise die grundlegenden Klassen der Analysis, nämlich die auf einem Gebiet $X \subset \mathbb{R}^n$ definierten glatten stetigen oder integrierbaren reell-, komplex- oder vektorwertigen Funktionen.

Aus algebraischer Sicht bedeutet die Gleichung

$$f = \alpha_1 f_1 + \cdots + \alpha_n f_n$$

mit Funktionen $f, f_1, \ldots, f_n$ einer vorgegebenen Klasse und den Koeffizienten α_i aus $\mathbb{R}$ oder $\mathbb{C}$ einfach nur, dass der Vektor f eine Linearkombination der Vektoren $f_1, \ldots, f_n$ des betrachteten Vektorraums ist.

In der Analysis müssen in der Regel „unendliche Linearkombinationen", das sind Reihen von Funktionen der Gestalt

$$f = \sum_{k=1}^{\infty} \alpha_k f_k , \tag{18.1}$$

betrachtet werden.

Die Definition der Summe der Reihe erfordert, dass eine Topologie (insbesondere eine Metrik) im fraglichen Vektorraum definiert ist, um überprüfen zu können, ob die Differenz $f - S_n$ gegen Null strebt oder nicht, wobei $S_n = \sum_{k=1}^{n} \alpha_k f_k$.

Die wichtigste Methode der klassischen Analysis zur Einführung einer Metrik auf einem Vektorraum ist die Definition einer Norm eines Vektors oder eines inneren Produktes von Vektoren in diesem Raum. Wir haben diese Konzepte in Abschnitt 10.1 ausführlich behandelt.

Wir gehen nun dazu über, ausschließlich Räume zu betrachten, die mit einem inneren Produkt (das wir wie zuvor mit $\langle\,,\,\rangle$ bezeichnen) versehen sind. In derartigen Räumen können wir von orthogonalen Vektoren, orthogonalen Systemen von Vektoren und orthogonalen Basen sprechen, genauso wie wir es im Fall des drei-dimensionalen euklidischen Raum, der uns aus der analytischen Geometrie vertraut ist, getan haben.

Definition 1. Die Vektoren x und y sind in einem mit einem inneren Produkt $\langle\,,\,\rangle$ versehenen Vektorraum *orthogonal* (bezüglich dieses inneren Produkts), falls $\langle x, y \rangle = 0$.

Definition 2. Das System von Vektoren $\{x_k;\ k \in K\}$ ist *orthogonal*, falls die darin enthaltenen Vektoren zu verschiedenen Indizes k paarweise orthogonal sind.

Definition 3. Das System von Vektoren $\{e_k;\ k \in K\}$ ist *orthonormal* (oder *orthonormalisiert*), falls $\langle e_i, e_j \rangle = \delta_{i,j}$ für jedes Paar von Indizes $i, j \in K$ gilt, wobei $\delta_{i,j}$ das Kronecker-Delta ist, d.h. $\delta_{i,j} = \begin{cases} 1\,, & \text{für } i = j\,, \\ 0\,, & \text{für } i \neq j\,. \end{cases}$

Definition 4. Ein endliches System von Vektoren $x_1, \ldots, x_n$ ist *linear unabhängig*, falls die Gleichung $\alpha_1 x_1 + \alpha_2 x_2 + \cdots + \alpha_n x_n = 0$ nur für $\alpha_1 = \alpha_2 = \cdots = \alpha_n = 0$ gilt (in der ersten Gleichung ist 0 der Nullvektor und in der zweiten die Zahl Null des Koeffizientenkörpers).

Ein beliebiges System von Vektoren eines Vektorraums ist ein *System linear unabhängiger Vektoren*, falls jedes endliche Teilsystem davon linear unabhängig ist.

Die Hauptfrage, um die wir uns nun kümmern wollen, ist die Frage nach der Entwicklung eines Vektors in einem vorgegebenen System von linear unabhängigen Vektoren.

Wenn wir Anwendungen auf Räume von Funktionen (die auch unendlichdimensional sein können) betrachten, dann müssen wir die Tatsache beachten, dass eine derartige Entwicklung insbesondere zu einer Reihe in der Art wie (18.1) führen kann. Genau an dieser Stelle kommt die Analysis bei der Untersuchung der gerade aufgeworfenen fundamentalen und wichtigen algebraischen Fragen ins Spiel.

Wie aus der analytischen Geometrie bekannt ist, besitzen Entwicklungen in orthogonalen und orthonormalen Systemen viele technische Vorteile gegenüber Entwicklungen in beliebigen linear unabhängigen Systemen. (Die Koeffizienten dieser Entwicklungen sind einfach zu berechnen; das innere Produkt zweier Vektoren lässt sich leicht aus ihren Koeffizienten in einer orthonormalen Basis berechnen und so weiter.)

Aus diesem Grund interessieren wir uns hauptsächlich für Entwicklungen in orthogonalen Systemen. In Funktionenräumen sind dies die *Entwicklungen in orthogonalen Systemen von Funktionen* oder *Fourier–Reihen*[1]. Diesen ist dieses Kapitel gewidmet.

b. Beispiele für orthogonale Systeme von Funktionen

Wir wollen Beispiel 12 in Abschnitt 10.1 ausbauen und führen dazu ein inneres Produkt

$$\langle f, g \rangle := \int_X (f \cdot \overline{g})(x) \, \mathrm{d}x \tag{18.2}$$

auf dem Vektorraum $\mathcal{R}_2(X, \mathbb{C})$ ein, der aus Funktionen auf der Menge $X \subset \mathbb{R}^n$ besteht, die lokal quadratisch integrierbar (als eigentliche oder uneigentliche Integrale) sind.

Da $|f \cdot \overline{g}| \leq \frac{1}{2}(|f|^2 + |g|^2)$, konvergiert das Integral in (18.2) und definiert folglich $\langle f, g \rangle$ eindeutig.

Wenn wir Funktionen mit reellen Werten betrachten, lässt sich Gleichung (18.2) im reellen Raum $\mathcal{R}_2(X, \mathbb{R})$ auf die Gleichung

$$\langle f, g \rangle := \int_X (f \cdot g)(x) \, \mathrm{d}x \tag{18.3}$$

zurückführen.

Wenn wir auf die Eigenschaften des Integrals vertrauen, können wir einfach zeigen, dass in diesem Fall alle in Abschnitt 10.1 angeführten Axiome für ein inneres Produkt erfüllt sind, vorausgesetzt, wir identifizieren zwei Funktionen, die sich nur auf einer Menge vom n-dimensionalen Maß Null unterscheiden, miteinander. Im Folgenden werden wir innere Produkte von Funktionen, abgesehen von extra angeführten Beispielen, im Sinne der Gln. (18.2) und (18.3) verstehen.

---

[1] J.-B.J. Fourier (1768–1830) – französischer Mathematiker. Seine wichtigste Arbeit *Théorie analytique de la chaleur* (1822) enthielt die von Fourier hergeleitete Wärmegleichung und die Methode zur Trennung von Variablen (die Fourier–Methode) zu deren Lösung (vgl. S. 546). Das Schlüsselelement bei der Fourier–Methode ist die Entwicklung einer Funktion in eine trigonometrische (Fourier–)Reihe. Später untersuchten viele hervorragende Mathematiker die Möglichkeit einer derartigen Entwicklung. Dies führte insbesondere zur Begründung der Funktionentheorie einer reellen Variablen und der Mengentheorie und beschleunigte die Entwicklung des Konzepts einer Funktion als solches.

Beispiel 1. Wir erinnern daran, dass für ganze Zahlen m und n gilt:

$$\int_{-\pi}^{\pi} e^{imx} \cdot e^{-inx}\, dx = \begin{cases} 0\,, & \text{für } m \neq n\,, \\ \\ 2\pi\,, & \text{für } m = n\,; \end{cases} \tag{18.4}$$

$$\int_{-\pi}^{\pi} \cos mx \, \cos nx\, dx = \begin{cases} 0\,, & \text{für } m \neq n\,, \\ \pi\,, & \text{für } m = n \neq 0\,, \\ 2\pi\,, & \text{für } m = n = 0\,; \end{cases} \tag{18.5}$$

$$\int_{-\pi}^{\pi} \cos mx \, \sin nx\, dx = 0\,; \tag{18.6}$$

$$\int_{-\pi}^{\pi} \sin mx \, \sin nx\, dx = \begin{cases} 0\,, & \text{für } m \neq n\,, \\ \\ \pi\,, & \text{für } m = n \neq 0\,. \end{cases} \tag{18.7}$$

Diese Gleichungen zeigen, dass $\{e^{inx};\, n \in \mathbb{Z}\}$ ein orthogonales System von Vektoren im Raum $\mathcal{R}_2([-\pi, \pi], \mathbb{C})$ bezüglich des inneren Produktes (18.2) bildet und dass das *trigonometrische System* $\{1, \cos nx, \sin nx;\, n \in \mathbb{N}\}$ in $\mathcal{R}_2([-\pi, \pi], \mathbb{R})$ orthogonal ist. Wenn wir das trigonometrische System als eine Menge von Vektoren in $\mathcal{R}_2([-\pi, \pi], \mathbb{C})$ betrachten, d.h., falls wir zulassen, dass Linearkombinationen komplexe Koeffizienten enthalten, dann erkennen wir mit Hilfe der Eulerschen Formeln $e^{inx} = \cos nx + i\sin nx$, $\cos nx = \frac{1}{2}(e^{inx} + e^{-inx})$ und $\sin nx = \frac{1}{2i}(e^{inx} - e^{-inx})$, dass diese zwei Systeme gegenseitig linear zusammenhängen, d.h., sie sind algebraisch äquivalent. Aus diesem Grund wird das Exponentialsystem $\{e^{inx};\, n \in \mathbb{Z}\}$ ebenfalls trigonometrisches System genannt oder genauer als *trigonometrisches System in komplexer Schreibweise*.

Die Gleichungen (18.4)–(18.7) zeigen, dass diese Systeme orthogonal sind, aber nicht normiert, wohingegen die Systeme $\{\frac{1}{\sqrt{2\pi}}e^{inx};\, n \in \mathbb{Z}\}$ und

$$\left\{ \frac{1}{\sqrt{2\pi}}, \frac{1}{\sqrt{\pi}}\cos nx, \frac{1}{\sqrt{\pi}}\sin nx;\, n \in \mathbb{N} \right\}$$

orthonormal sind.

Wird das abgeschlossene Intervall $[-\pi, \pi]$ durch ein beliebiges abgeschlossenes Intervall $[-l, l] \subset \mathbb{R}$ ersetzt, dann kann man durch Substitution die analogen Systeme $\{e^{i\frac{\pi}{l}nx};\, n \in \mathbb{Z}\}$ und $\{1, \cos \frac{\pi}{l}nx, \sin \frac{\pi}{l}nx;\, n \in \mathbb{N}\}$ erhalten, die in den Räumen $\mathcal{R}_2([-l, l], \mathbb{C})$ bzw. $\mathcal{R}_2([-l, l], \mathbb{R})$ orthogonal sind; ebenso gelangen wir zu den entsprechenden orthonormalen Systemen

$$\left\{ \frac{1}{\sqrt{2l}}e^{i\frac{\pi}{l}nx};\, n \in \mathbb{Z} \right\} \text{ und } \left\{ \frac{1}{\sqrt{2l}}, \frac{1}{\sqrt{l}}\cos \frac{\pi}{l}nx, \frac{1}{\sqrt{l}}\sin \frac{\pi}{l}nx;\, n \in \mathbb{N} \right\}\,.$$

Beispiel 2. Sei I_x ein Intervall in $\mathbb{R}^m$ und I_y ein Intervall in $\mathbb{R}^n$ und sei $\{f_i(x)\}$ ein orthogonales System von Funktionen in $\mathcal{R}_2(I_x, \mathbb{R})$ und $\{g_j(y)\}$ ein orthogonales System von Funktionen in $\mathcal{R}_2(I_y, \mathbb{R})$. Dann ist, wie aus dem Satz von Fubini folgt, das System von Funktionen $\{u_{ij}(x,y) := f_i(x)g_j(y)$ in $\mathcal{R}_2(I_x \times I_y, \mathbb{R})$ orthogonal.

Beispiel 3. Wir merken an, dass für $\alpha \neq \beta$ gilt:

$$\int_0^l \sin \alpha x \sin \beta x \, \mathrm{d}x = \frac{1}{2} \left(\frac{\sin(\alpha - \beta)l}{\alpha - \beta} - \frac{\sin(\alpha + \beta)l}{\alpha + \beta} \right) =$$

$$= \cos \alpha l \cos \beta l \cdot \frac{\beta \tan \alpha l - \alpha \tan \beta l}{\alpha^2 - \beta^2} \, .$$

Sind daher α und β derart, dass $\frac{\tan \alpha l}{\alpha} = \frac{\tan \beta l}{\beta}$, dann ist das Ausgangsintegral gleich Null. Ist daher $\xi_1 < \xi_2 < \cdots < \xi_n < \cdots$ eine Folge von Nullstellen der Gleichung $\tan \xi l = c\xi$, wobei c eine beliebige Konstante ist, dann ist das System von Funktionen $\{\sin(\xi_n x); n \in \mathbb{N}\}$ auf dem Intervall $[0, l]$ orthogonal. Für $c = 0$ erhalten wir insbesondere das vertraute System $\left\{ \sin \left(\frac{\pi}{l} nx \right); n \in \mathbb{N} \right\}$.

Beispiel 4. Wir betrachten die Gleichung

$$\left(\frac{\mathrm{d}^2}{\mathrm{d}x^2} + q(x) \right) u(x) = \lambda u(x) \, ,$$

mit $q \in C^{(\infty)}([a, b], \mathbb{R})$ und λ ist ein numerischer Koeffizient. Wir wollen annehmen, dass die Funktionen $u_1, u_2, \ldots$ zur Klasse $C^{(2)}([a, b], \mathbb{R})$ gehören und in den Endpunkten des abgeschlossenen Intervalls $[a, b]$ verschwinden und dass jede von ihnen die vorgegebene Gleichung mit bestimmten Werten $\lambda_1, \lambda_2, \ldots$ für den Koeffizienten λ erfüllt. Wir wollen zeigen, dass die Funktionen u_i und u_j für $\lambda_i \neq \lambda_j$ auf $[a, b]$ orthogonal sind.

Tatsächlich erhalten wir durch partielle Integration, dass

$$\int_a^b \left[\left(\frac{\mathrm{d}^2}{\mathrm{d}x^2} + q(x) \right) u_i(x) \right] u_j(x) \, \mathrm{d}x = \int_a^b u_i(x) \left[\left(\frac{\mathrm{d}^2}{\mathrm{d}x^2} + q(x) \right) u_j(x) \right] \mathrm{d}x \, .$$

Mit dieser Gleichung erhalten wir die Relation

$$\lambda_i \langle u_i, u_j \rangle = \lambda_j \langle u_i, u_j \rangle$$

und wir können folgern, dass $\langle u_i, u_j \rangle = 0$, da $\lambda_i \neq \lambda_j$.

Insbesondere erhalten wir für $q(x) \equiv 0$ auf $[a, b]$ und $[a, b] = [0, \pi]$ wiederum, dass das System $\{\sin nx; n \in \mathbb{N}\}$ auf $[0, \pi]$ orthogonal ist.

Weitere Beispiele, insbesondere auch wichtige Beispiele für orthogonale Systeme aus der mathematischen Physik, finden Sie in den Aufgaben am Ende dieses Abschnitts.

c. Orthogonalisierung

Es ist wohl bekannt, dass ausgehend von einem linearen System von Vektoren in einem endlich-dimensionalen euklidischen Raum, die Gram[2]–Schmidt[3] Orthogonalisierung eine kanonische Möglichkeit bietet, ein orthogonales oder sogar orthonormales System von Vektoren zu konstruieren, das zum Ausgangssystem äquivalent ist. Mit derselben Methode kann offensichtlich jedes linear unabhängige System von Vektoren $\psi_1, \psi_2, \ldots$ in jedem Vektorraum, der über ein inneres Produkt verfügt, orthonormiert werden.

Wir wiederholen, dass die Orthonormalisierung, die zum orthonormalen System $\varphi_1, \varphi_2, \ldots$ führt, durch die folgenden Gleichungen beschrieben wird:

$$\varphi_1 = \frac{\psi_1}{\|\psi_1\|}, \quad \varphi_2 = \frac{\psi_2 - \langle \psi_2, \varphi_1 \rangle \varphi_1}{\|\psi_2 - \langle \psi_2, \varphi_1 \rangle \varphi_1\|}, \ldots,$$

$$\varphi_n = \frac{\psi_n - \sum_{k=1}^{n-1} \langle \psi_n, \varphi_k \rangle \varphi_k}{\left\| \psi_n - \sum_{k=1}^{n-1} \langle \psi_n, \varphi_k \rangle \varphi_k \right\|}.$$

Beispiel 5. Die Orthogonalisierung des in $\mathcal{R}_2\left([-1,1], \mathbb{R}\right)$ linear unabhängigen Systems $\{1, x, x^2, \ldots, \}$ führt uns zum System der orthogonalen Polynome, die als die *Legendre Polynome* bekannt sind. Wir betonen, dass der Name Legendre Polynome oft nicht für das orthonormale System verwendet wird, sondern für ein System von Polynomen, die zu diesen Polynomen proportional sind. Der Proportionalitätsfaktor kann aus verschiedenen Blickwinkeln gewählt werden, wie beispielsweise der Forderung, dass der führende Koeffizient 1 ist oder der Forderung, dass die Polynome bei $x = 1$ den Wert 1 annehmen sollen. Die Orthogonalität des Systems bleibt von diesen Anforderungen unbeeinflusst, aber im Allgemeinen geht dadurch die Orthonormalität verloren.

Wir haben die üblichen Legendre Polynome bereits kennen gelernt, die durch die Formel von Rodrigues definiert werden:

$$P_n(x) = \frac{1}{n! 2^n} \frac{\mathrm{d}^n (x^2 - 1)^n}{\mathrm{d} x^n}.$$

Für diese Polynome gilt $P_n(1) = 1$. Wir wollen einige der ersten Legendre Polynome anführen, die durch die Forderung normiert sind, dass der führende

---

[2] J.P. Gram (1850–1916) – dänischer Mathematiker, der die Forschungsarbeiten von P.L. Tschebyscheff fortsetzte und eine Verbindung zwischen orthogonalen Reihenentwicklungen und dem Problem der Approximation mit kleinster quadratischer Abweichung (vgl. Fourier–Reihen unten) herstellte. In diesem Zusammenhang wurde die Orthogonalisierungsvorschrift und die berühmte Gramsche Matrix (vgl. S. 198 und das System (18.18) auf S. 540) aufgestellt.

[3] E. Schmidt (1876–1959) – deutscher Mathematiker, der die Geometrie des Hilbertraums in Zusammenhang mit Integralgleichungen untersuchte und diesen in der Sprache der euklidischen Geometrie beschrieb.

Koeffizient gleich 1 ist:

$$\widetilde{P}_0(x) \equiv 1 \, , \quad \widetilde{P}_1(x) = x \, , \quad \widetilde{P}_2(x) = x^2 - \frac{1}{3} \, , \quad \widetilde{P}_3(x) = x^3 - \frac{3}{5}x \, .$$

Die orthonormierten Legendre Polynome lauten

$$\widehat{P}_n(x) = \sqrt{\frac{2n+1}{2}} P_n(x) \, ,$$

mit $n = 0, 1, 2, \ldots$.

Es lässt sich durch direkte Berechnung zeigen, dass diese Polynome auf dem abgeschlossenen Intervall $[-1, 1]$ orthogonal sind. Ausgehend von der Formel von Rodrigues zur Definition der Polynome $P_n(x)$ wollen wir zeigen, dass das System der Legendre Polynome $\{P_n(x)\}$ auf dem abgeschlossenen Intervall $[-1, 1]$ orthogonal ist. Dazu genügt vollständig, dass $P_n(x)$ zu $1, x, \ldots, x^{n-1}$ orthogonal ist, da alle Polynome P_k vom Grad $k < n$ aus linearen Kombinationen dieser Monome hervorgehen.

Mit partieller Integration erhalten wir für $k < n$ tatsächlich, dass

$$\int\limits_{-1}^{1} x^k P_n(x) \, \mathrm{d}x = \frac{1}{k! 2^k} \int\limits_{-1}^{1} \frac{\mathrm{d}^{k+1} x^k}{\mathrm{d}x^{k+1}} \cdot \frac{\mathrm{d}^{n-k-1}(x^2-1)^n}{\mathrm{d}x^{n-k-1}} \, \mathrm{d}x = 0 \, .$$

Im letzten Absatz dieses Abschnitts und in den Aufgaben am Ende dieses Abschnitts entwerfen wir ein gewisses Bild zum Ursprung orthogonaler Funktionensysteme in der Analysis. Zum gegenwärtigen Zeitpunkt kehren wir zu den allgemeinen fundamentalen Problemen im Zusammenhang mit der Entwicklung eines Vektors durch Vektoren eines gegebenen Systems von Vektoren in einem Vektorraum mit einem inneren Produkt zurück.

d. Stetigkeit des inneren Produkts und der Satz von Pythagoras

Wir werden nicht nur den Umgang mit endlichen Summen von Vektoren, sondern auch mit unendlichen Summen (Reihen) betrachten. In diesem Zusammenhang betonen wir, dass das innere Produkt eine stetige Funktion ist, wodurch wir in die Lage versetzt werden, die gewöhnlichen algebraischen Eigenschaften des inneren Produkts auf Reihen zu übertragen.

Sei X ein Vektorraum mit einem inneren Produkt $\langle \, , \, \rangle$ und die dadurch induzierte Norm sei $\|x\| := \sqrt{\langle x, x, \rangle}$ (vgl. Abschnitt 10.1). Wir werden die Konvergenz einer Reihe $\sum\limits_{i=1}^{\infty} x_i = x$ von Vektoren $x_i \in X$ gegen den Vektor $x \in X$ im Sinne der Konvergenz in dieser Norm verstehen.

Lemma 1. (Stetigkeit des inneren Produkts). *Sei* $\langle \, , \, \rangle : X \to \mathbb{C}$ *ein inneres Produkt im komplexen Vektorraum X. Dann gilt, dass*

a) die Funktion $(x, y) \mapsto \langle x, y \rangle$ gleichzeitig in den beiden Variablen stetig ist;

b) ist $x = \sum\limits_{i=1}^{\infty} x_i,$ *dann ist* $\langle x, y \rangle = \sum\limits_{i=1}^{\infty} \langle x_i, y \rangle;$

c) ist $e_1, e_2, \dots$ *ein orthonormales System von Vektoren in* X *und* $x = \sum\limits_{i=1}^{\infty} x^i e_i$ *und* $y = \sum\limits_{i=1}^{\infty} y^i e_i,$ *dann ist* $\langle x, y \rangle = \sum\limits_{i=1}^{\infty} x^i \bar{y}^i.$

Beweis. Behauptung *a)* folgt aus der Schwarzschen Ungleichung (vgl. Abschnitt 10.1):

$$|\langle x - x_0, y - y_0 \rangle|^2 \leq \|x - x_0\|^2 \cdot \|y - y_0\|^2 .$$

Behauptung *b)* folgt aus *a)*, da

$$\langle x, y \rangle = \sum_{i=1}^{n} \langle x_i, y \rangle + \left\langle \sum_{i=n+1}^{\infty} x_i, y \right\rangle$$

und $\sum\limits_{i=n+1}^{\infty} x_i \to 0$ für $n \to \infty$.

Behauptung *c)* ergibt sich durch wiederholte Anwendung von *b)* unter Berücksichtigung von $\langle x, y \rangle = \overline{\langle y, x \rangle}$. $\qquad\square$

Das folgende Ergebnis ergibt sich unmittelbar aus diesem Lemma:

Satz 1. (Satz von Pythagoras[4]).

a) Ist $\{x_i\}$ *ein System zueinander orthogonaler Vektoren und* $x = \sum\limits_i x_i,$ *dann gilt* $\|x\|^2 = \sum\limits_i \|x_i\|^2.$

b) Ist $\{e_i\}$ *ein orthonormales System von Vektoren und* $x = \sum\limits_i x^i e_i,$ *dann ist* $\|x\|^2 = \sum\limits_i |x^i|^2.$

18.1.2 Fourier–Koeffizienten und Fourier–Reihen

a. Definition der Fourier–Koeffizienten und der Fourier–Reihen

Sei $\{e_i\}$ ein orthonormales und $\{l_i\}$ ein orthogonales System von Vektoren in einem Raum X mit dem inneren Produkt $\langle\,,\,\rangle$.

Angenommen, dass $x = \sum\limits_i x^i l_i$. Die Koeffizienten x^i in dieser Entwicklung des Vektors x können direkt berechnet werden:

---

[4] Pythagoras von Samos (mutmaßlich 580–500 v.Chr.) – berühmter antiker griechischer Mathematiker und idealistischer Philosoph, Begründer der pythagoräischen Schule, die insbesondere die Entdeckung machte, dass die Seiten und die Diagonale eines Quadrats nicht kommensurabel seien; diese Entdeckung verunsicherte die Völker im Altertum. Der klassische Satz von Pythagoras selbst war in mehreren Ländern lange vor Pythagoras bekannt (sicherlich ohne Beweis).

$$x^i = \frac{\langle x, l_i \rangle}{\langle l_i, l_i \rangle} \,.$$

Ist $l_i = e_i$, dann wird der Ausdruck sogar noch einfacher:

$$x^i = \langle x, e_i \rangle \,.$$

Wir merken an, dass diese Formeln für die x^i Sinn machen und diese vollständig bestimmt sind, falls der Vektor x selbst und das orthogonale System $\{l_i\}$ (oder $\{e_i\}$) gegeben sind. Die Gleichung $x = \sum_i x^i l_i$ (oder $x = \sum_i x^i e_i$) ist nicht mehr nötig, um x^i aus diesen Formeln zu berechnen.

Definition 5. Die Zahlen $\left\{ \frac{\langle x, l_i \rangle}{\langle l_i, l_i \rangle} \right\}$ sind die *Fourier–Koeffizienten des Vektors* $x \in X$ *im orthogonalen System* $\{l_i\}$.

Ist das System $\{e_i\}$ orthonormal, besitzen die Fourier–Koeffizienten die Gestalt $\{\langle x, e_i \rangle\}$.

Geometrisch betrachtet entspricht der i-te Fourier–Koeffizient $\langle x, e_i \rangle$ des Vektors $x \in X$ der Projektion dieses Vektors in Richtung des Einheitsvektors e_i. In dem vertrauten Fall eines drei-dimensionalen euklidischen Raums E^3 mit einer vorgegebenen orthonormalen Basis e_1, e_2, e_3 sind die Fourier–Koeffizienten $x^i = \langle x, e_i \rangle$, $i = 1, 2, 3$ die Koordinaten des Vektors x in der Basis e_1, e_2, e_3, die in der Entwicklung $x = x^1 e_1 + x^2 e_2 + x^3 e_3$ auftreten.

Wenn nur zwei Vektoren e_1 und e_2 anstelle von allen dreien e_1, e_2, e_3 gegeben sind, wäre die Entwicklung $x = x^1 e_1 + x^2 e_2$ bestimmt nicht für alle Vektoren $x \in E^3$ richtig. Nichtsdestotrotz wären die Fourier–Koeffizienten $x^i = \langle x, e_i \rangle$, $i = 1, 2$ in diesem Fall definiert und der Vektor $x_e = x^1 e_1 + x^2 e_2$ entspräche der orthogonalen Projektion des Vektors x auf die Ebene L der Vektoren e_1 und e_2. Unter allen Vektoren in dieser Ebene ist x_e dadurch ausgezeichnet, dass er x am nächsten kommt, in dem Sinne, dass $\|x - y\| \geq \|x - x_e\|$ für alle Vektoren $y \in L$. Dies ist die bemerkenswerte Minimaleigenschaft der Fourier–Koeffizienten, auf die wir unten bei der allgemeinen Betrachtung zurückkehren.

Definition 6. Ist X ein Vektorraum mit einem inneren Produkt $\langle \, , \, \rangle$ und ist $l_1, l_2, \ldots, l_n, \ldots$ ein orthogonales System von Vektoren ungleich Null in X, dann lässt sich für jeden Vektor $x \in X$ die Reihe

$$x \sim \sum_{k=1}^{\infty} \frac{\langle x, l_k \rangle}{\langle l_k, l_k \rangle} l_k \tag{18.8}$$

bilden.

Diese Reihe ist die *Fourier–Reihe* von x im orthogonalen System $\{l_k\}$.

Ist das System $\{l_k\}$ endlich, dann lässt sich die Fourier–Reihe auf ihre endliche Summe zurückführen.

Im Falle eines orthonormalen Systems $\{e_k\}$ besitzt die Fourier–Reihe eines Vektors $x \in X$ eine besonders einfache Darstellung:

$$x \sim \sum_{k=1}^{\infty} \langle x, e_k \rangle e_k \ . \tag{18.8'}$$

Beispiel 6. Sei $X = \mathcal{R}_2\left([-\pi, \pi], \mathbb{R}\right)$. Wir betrachten das orthogonale System

$$\{1, \cos kx, \sin kx; \ k \in \mathbb{N}\}$$

aus Beispiel 1. Zur Funktion $f \in \mathcal{R}_2\left([-\pi, \pi], \mathbb{R}\right)$ gehört eine Fourier–Reihe

$$f \sim \frac{a_0(f)}{2} + \sum_{k=1}^{\infty} a_k(f) \cos kx + b_k(f) \sin kx$$

in diesem System. Wir haben den Koeffizienten $\frac{1}{2}$ im nullten Glied hinzu-gefügt, um den folgenden Formeln, die sich aus der Definition der Fourier-Koeffizienten ergeben, ein einheitliches Aussehen zu verleihen:

$$a_k(f) = \frac{1}{\pi} \int\limits_{-\pi}^{\pi} f(x) \cos kx \, dx \ , \quad k = 0, 1, 2, \ldots \tag{18.9}$$

$$b_k(f) = \frac{1}{\pi} \int\limits_{-\pi}^{\pi} f(x) \sin kx \, dx \ , \quad k = 1, 2, \ldots \ . \tag{18.10}$$

Wir wollen $f(x) = x$ setzen. Dann ist $a_k = 0$, $k = 0, 1, 2, \ldots$ und $b_k = (-1)^{k+1} \frac{2}{k}$, $k = 1, 2, \ldots$. Daher erhalten wir für diesen Fall

$$f(x) = x \sim \sum_{k=1}^{\infty} (-1)^{k+1} \frac{2}{k} \sin kx \ .$$

Beispiel 7. Wir wollen das orthogonale System $\{e^{ikx}; \ k \in \mathbb{Z}\}$ aus Beispiel 1 im Raum $\mathcal{R}_2\left([-\pi, \pi], \mathbb{C}\right)$ betrachten. Nach Definition 5 und den Gleichungen (18.4) werden die Fourier-Koeffizienten $\{c_k(f)\}$ von f im System $\{e^{ikx}\}$ durch folgende Formel beschrieben:

$$c_k(f) = \frac{1}{2\pi} \int\limits_{-\pi}^{\pi} f(x) e^{-ikx} \, dx \quad \left(= \frac{\langle f(x), e^{ikx} \rangle}{\langle e^{ikx}, e^{ikx} \rangle} \right) \ . \tag{18.11}$$

Wenn wir die Gln. (18.9), (18.10) und (18.11) miteinander vergleichen und dabei die Eulersche Formel $e^{i\varphi} = \cos \varphi + i \sin \varphi$ berücksichtigen, erhalten wir die folgenden Gleichungen zwischen den reellen und komplexen Fourier-Koeffizienten einer gegebenen Funktion in den trigonometrischen Systemen:

$$c_k = \begin{cases} \frac{1}{2}(a_k - ib_k) \,, & \text{für } k \geq 0 \,, \\[2mm] \frac{1}{2}(a_{-k} + ib_{-k}) \,, & \text{für } k < 0 \,. \end{cases} \tag{18.12}$$

Damit der Fall $k = 0$ in den Formeln (18.9) und (18.12) keine Ausnahme bildet, ist es üblich, für a_0 nicht den Fourier–Koeffizienten selbst, sondern das doppelte davon zu benutzen, so wie wir das auch oben getan haben.

b. Wichtige allgemeine Eigenschaften der Fourier–Koeffizienten und -Reihen

Die folgende geometrische Beobachtung ist der Schlüssel für diesen Abschnitt:

Lemma 2. (Orthogonales Komplement). *Sei $\{l_k\}$ ein endliches oder abzählbares System von paarweise orthogonalen Vektoren ungleich Null in X und angenommen, die Fourier–Reihe von $x \in X$ im System $\{l_k\}$ konvergiere gegen $x_l \in X$.*

Dann ist in der Darstellung $x = x_l + h$ der Vektor h orthogonal zu x_l; außerdem ist h orthogonal zum gesamten linearen Teilraum, den das System von Vektoren $\{l_k\}$ erzeugt, und sogar zu seinem Abschluss in X.

Beweis. Wenn wir die Eigenschaften des inneren Produktes berücksichtigen, erkennen wir, dass es vollständig ausreicht, zu zeigen, dass $\langle h, l_m \rangle = 0$ für jedes $l_m \in \{l_k\}$.

Wir wissen, dass

$$h = x - x_l = x - \sum_k \frac{\langle x, l_k \rangle}{\langle l_k, l_k \rangle} l_k \,.$$

Daher ist

$$\langle h, l_m \rangle = \langle x, l_m \rangle - \sum_k \frac{\langle x, l_k \rangle}{\langle l_k, l_k \rangle} \langle l_k, l_m \rangle = \langle x, l_m \rangle - \frac{\langle x, l_m \rangle}{\langle l_m, l_m \rangle} \langle l_m, l_m \rangle = 0 \,. \quad \square$$

Geometrisch betrachtet ist dies Lemma einleuchtend und wir haben im Wesentlichen schon darauf hingewiesen, als wir ein System von zwei orthogonalen Vektoren in einem drei-dimensionalen euklidischen Raum in Absatz 18.1.2a betrachteten.

Aufbauend auf diesem Lemma können wir eine Anzahl von wichtigen allgemeinen Folgerungen zu den Eigenschaften von Fourier–Koeffizienten und Fourier–Reihen treffen.

Besselsche Ungleichung

Wenn wir die Orthogonalität der Vektoren x_l und h in der Zerlegung $x = x_l + h$ bedenken, erhalten wir mit dem Satz von Pythagoras, dass $\|x\|^2 = \|x_l\|^2 + \|h\|^2 \geq \|x_l\|^2$ (die Hypothenuse ist niemals kleiner als die Seiten).

Diese Beziehung wird, wenn sie durch Fourier–Koeffizienten formuliert wird, Besselsche Ungleichung genannt. Wir wollen sie ausformulieren. Nach dem Satz von Pythagoras gilt

$$\|x_l\|^2 = \sum_k \left| \frac{\langle x, l_k \rangle}{\langle l_k, l_k \rangle} \right|^2 \langle l_k, l_k \rangle \; . \tag{18.13}$$

Daher ist

$$\sum_k \frac{|\langle x, l_k \rangle|^2}{\langle l_k l_k \rangle} \leq \|x\|^2 \; . \tag{18.14}$$

Dies ist die *Besselsche Ungleichung*. Für ein orthonormales System von Vektoren $\{e_k\}$ sieht sie besonders einfach aus:

$$\sum_k |\langle x, e_k \rangle|^2 \leq \|x\|^2 \; . \tag{18.15}$$

Direkt formuliert mit den Fourier–Koeffizienten α_k können wir die Besselsche Ungleichung (18.14) als $\sum_k |\alpha_k|^2 \|l_k\|^2 \leq \|x\|^2$ schreiben, was sich seinerseits für ein orthonormales System auf $\sum_k |\alpha_k|^2 \leq \|x\|^2$ reduzieren lässt.

Wir haben für die Fourier–Koeffizienten den Betrag verwendet, da wir auch komplexe Vektorräume X zulassen. In diesen Fällen können die Fourier–Koeffizienten auch komplexe Werte annehmen.

Wir betonen, dass wir bei der Herleitung der Besselschen Ungleichung von der Annahme ausgingen, dass der Vektor x_l existiert und dass Gl. (18.13) gilt. Ist aber das System $\{l_k\}$ endlich, dann gibt es keinen Zweifel an der Existenz des Vektors x_l (d.h., dass die Fourier–Reihe in X konvergiert). Daher gilt Ungleichung (18.14) für jedes endliche Teilsystem von $\{l_k\}$ und somit muss es auch für das gesamte System gelten.

Beispiel 8. Für das trigonometrische System (vgl. die Formeln (18.9) und (18.10)) nimmt die Besselsche Ungleichung die folgende Gestalt an:

$$\frac{|a_0(f)|^2}{2} + \sum_{k=1}^{\infty} |a_k(f)|^2 + |b_k(f)|^2 \leq \frac{1}{\pi} \int_{-\pi}^{\pi} |f|^2(x) \, \mathrm{d}x \; . \tag{18.16}$$

Für das System $\{e^{ikx}; \, k \in \mathbb{Z}\}$ (vgl. die Formel (18.11)) lässt sich die Besselsche Ungleichung auf eine besonders elegante Weise schreiben:

$$\sum_{-\infty}^{+\infty} |c_k(f)|^2 \leq \frac{1}{2\pi} \int_{-\pi}^{\pi} |f|^2(x) \, \mathrm{d}x \; . \tag{18.17}$$

Konvergenz von Fourier–Reihen in einem vollständigen Raum

Angenommen, $\sum_k x^k e_k = \sum_k \langle x, e_k \rangle e_k$ sei die Fourier–Reihe des Vektors $x \in X$ im orthonormalen System $\{e_k\}$. Nach der Besselschen Ungleichung (18.15) konvergiert die Reihe $\sum_k |x^k|^2$. Nach dem Satz von Pythagoras gilt

$$\|x^m e_m + \cdots + x^n e_n\|^2 = |x^m|^2 + \cdots + |x^n|^2 \, .$$

Nach dem Cauchyschen Konvergenzkriterium für Reihen wird die rechte Seite dieser Gleichung für alle hinreichend großen Werte von m mit $n > m$ kleiner als $\varepsilon > 0$. Dies führt uns zu

$$\|x^m e_m + \cdots + x^n e_n\| < \sqrt{\varepsilon} \, .$$

Folglich erfüllt die Fourier–Reihe $\sum_k x^k e_k$ die Voraussetzungen für das Cauchysche Konvergenzkriterium für Reihen und konvergiert daher unter der Voraussetzung, dass der Ausgangsraum X in der durch die Norm $\|x\| = \sqrt{\langle x, x \rangle}$ induzierten Metrik vollständig ist.

Um die Schreibweise zu vereinfachen, haben wir die Überlegungen für eine Fourier–Reihe in einem orthonormalen System durchgeführt. Aber alles Gesagte lässt sich für eine Fourier–Reihe in jedem orthogonalen System wiederholen.

Die Minimaleigenschaft der Fourier–Koeffizienten

Konvergiert die Fourier–Reihe $\sum_k x^k e_k = \sum_k \frac{\langle x, e_k \rangle}{\langle e_k, e_k \rangle} e_k$ des Vektors $x \in X$ im Orthonormalsystem $\{e_k\}$ gegen einen Vektor $x_l \in X$, dann werden wir zeigen, dass der Vektor x_l genau der ist, der unter allen Vektoren $y = \sum_{k=1}^{\infty} \alpha_k e_k$ des durch $\{e_k\}$ aufgespannten Raumes L den Vektor x am besten approximiert, d.h., dass für jedes $y \in L$

$$\|x - x_l\| \le \|x - y\|$$

gilt, wobei die Gleichheit nur für $y = x_l$ zutrifft.

Nach dem Lemma zum orthogonalen Komplement und dem Satz von Pythagoras gilt

$$\|x - y\|^2 = \|(x - x_l) + (x_l - y)\|^2 = \|h + (x_l - y)\|^2 =$$
$$= \|h\|^2 + \|x_l - y\|^2 \ge \|h\|^2 = \|x - x_l\|^2 \, .$$

Beispiel 9. Wir schweifen etwas von unserem eigentlichen Ziel, der Untersuchung von Entwicklungen in orthogonalen Systemen, ab und gehen von einem beliebigen System von linear unabhängigen Vektoren $x_1, \ldots, x_n$ in X aus. Wir suchen die beste Approximation eines gegebenen Vektors $x \in X$ durch Linear-kombinationen $\sum_{k=1}^{n} \alpha_k x_k$ von Vektoren des Systems. Da wir durch Orthogona-lisierung ein orthonormales System $e_1, \ldots, e_n$ konstruieren können, das den-selben Raum L, der durch die Vektoren $x_1, \ldots, x_n$ aufgespannt wird, erzeugt, können wir mit der Minimaleigenschaft der Fourier–Koeffizienten folgern, dass es einen eindeutigen Vektor $x_l \in L$ gibt, so dass $\|x - x_l\| = \inf_{y \in L} \|x - y\|$. Da der Vektor $h = x - x_l$ zum Raum L orthogonal ist, erhalten wir aus der Gleichung $x_l + h = x$ das Gleichungssystem

$$\begin{cases} \langle x_1, x_1 \rangle \alpha_1 + \cdots + \langle x_n, x_1 \rangle \alpha_n & = & \langle x, x_1 \rangle \\ \cdots\cdots\cdots\cdots\cdots\cdots\cdots\cdots\cdots\cdots\cdots\cdots\cdots\cdots\cdots \\ \langle x_1, x_n \rangle \alpha_1 + \cdots + \langle x_n, x_n \rangle \alpha_n & = & \langle x, x_n \rangle \end{cases} \qquad (18.18)$$

für die Koeffizienten $\alpha_1, \ldots, \alpha_n$ der Entwicklung $x_l = \sum_{k=1}^{n} \alpha_k x_k$ des unbekann-ten Vektors x_l mit Hilfe der Vektoren des Systems $x_1, \ldots, x_n$. Die Existenz und Eindeutigkeit der Lösung dieses Systems folgt aus der Existenz und Eindeu-tigkeit des Vektors x_l. Insbesondere folgt daraus nach dem Satz von Cramer, dass die Determinante dieses Systems ungleich Null ist. Anders formuliert, so haben wir ganz nebenbei gezeigt, dass die Gramsche Determinante eines Systems von linear unabhängigen Vektoren ungleich Null ist.

Dieses Approximationsproblem und das dazu gehörige Gleichungssystem (18.18) tritt beispielsweise, wie wir bereits angemerkt haben, bei der Verar-beitung von experimentellen Daten nach der Methode der kleinsten quadra-tischen Abweichung auf (vgl. Aufgabe 1).

c. Vollständige Orthogonalsysteme und Parsevalsche Gleichung

Definition 7. Das System $\{x_\alpha; \alpha \in A\}$ von Vektoren eines normierten Raumes X ist *bezüglich der Menge* $E \subset X$ *vollständig,* (oder *vollständig in E*), falls jeder Vektor $x \in E$ mit beliebiger Genauigkeit im Sinne der Norm von X durch eine endliche Linearkombination von Vektoren dieses Systems approximiert werden kann.

Wenn wir mit $L\{x_\alpha\}$ den linearen Spann in X der Vektoren des Systems bezeichnen (d.h. die Menge aller endlichen Linearkombinationen aus Vektoren des Systems), dann können wir Definition 7 wie folgt formulieren:

Das System $\{x_\alpha\}$ ist *bezüglich der Menge* $E \subset X$ *vollständig,* falls E im Abschluss $\overline{L}\{x_\alpha\}$ des linearen Spanns der Vektoren dieses Systems enthalten ist.

Beispiel 10. Ist $X = E^3$ und ist e_1, e_2, e_3 eine Basis in E^3, dann ist das System $\{e_1, e_2, e_3\}$ in X vollständig. Das System $\{e_1, e_2\}$ ist in X nicht vollständig, aber es ist vollständig bezüglich der Menge $L\{e_1, e_2\}$ oder jeder Teilmenge E davon.

Beispiel 11. Wir wollen die Folge von Funktionen $1, x, x^2, \ldots$ als ein System von Vektoren $\{x^k; \ k = 0, 1, 2, \ldots\}$ im Raum $\mathcal{R}_2([a, b], \mathbb{R})$ oder $\mathcal{R}_2([a, b], \mathbb{C})$ betrachten. Ist $C[a, b]$ ein Teilraum der stetigen Funktionen, dann ist dieses System bezüglich der Menge $C[a, b]$ vollständig.

Beweis. Tatsächlich folgt für jede Funktion $f \in C[a, b]$ und jede Zahl $\varepsilon > 0$ nach dem Weierstraßschen Approximationssatz, dass ein algebraisches Polynom $P(x)$ existiert, so dass $\max\limits_{x \in [a, b]} |f(x) - P(x)| < \varepsilon$. Dann ist aber

$$\|f - P\| := \sqrt{\int\limits_a^b |f - P|^2(x) \, \mathrm{d}x} < \varepsilon \sqrt{b - a} \,,$$

und daher kann die Funktion f im Sinne der Norm des Raumes $\mathcal{R}_2([a, b])$ mit beliebiger Genauigkeit approximiert werden.   □

Wir halten fest, dass im Unterschied zu Beispiel 9 in diesem Fall nicht jede stetige Funktion auf dem abgeschlossenen Intervall $[a, b]$ eine Linearkombination der Funktionen dieses Systems ist; vielmehr kann eine derartige Funktion nur durch solche Linearkombinationen approximiert werden. Daher gilt $C[a, b] \subset \overline{L}\{x^n\}$ im Sinne der Norm des Raumes $\mathcal{R}_2[a, b]$.

Beispiel 12. Wenn wir eine Funktion, beispielsweise die Funktion 1, aus dem System $\{1, \cos kx, \sin kx; \ k \in \mathbb{N}\}$ entfernen, ist das verbleibende System $\{\cos kx, \sin kx; \ k \in \mathbb{N}\}$ nicht mehr in $\mathcal{R}_2([-\pi, \pi], \mathbb{C})$ oder $\mathcal{R}_2([-\pi, \pi], \mathbb{R})$ vollständig.

Beweis. Tatsächlich ergibt sich aus Lemma 2, dass wir unter allen endlichen Linearkombinationen beliebiger Länge n

$$T_n(x) = \sum_{k=1}^n (a_k \cos kx + b_k \sin kx)$$

die beste Approximation der Funktion $f(x) \equiv 1$ durch das trigonometrische Polynom $T_n(x)$ erhalten, in dem a_k und b_k die Fourier–Koeffizienten der Funktion 1 bezüglich des Orthogonalsystems $\{\cos kx, \sin kx; \ k \in \mathbb{N}\}$ sind. Nach den Gleichungen (18.5) und (18.7) muss ein derartiges Polynom der besten Approximation aber Null sein. Daher erhalten wir immer, dass

$$\|1 - T_n\| \geq \|1\| = \sqrt{\int\limits_{-\pi}^\pi 1 \, \mathrm{d}x} = \sqrt{2\pi} > 0 \,,$$

und es ist unmöglich 1 durch welche Linearkombination von Funktionen dieses Systems auch immer genauer als $\sqrt{2\pi}$ zu approximieren.   □

Satz (Vollständigkeitsbedingungen für ein orthogonales System). Sei X ein Vektorraum mit innerem Produkt $\langle\,,\,\rangle$ und $l_1, l_2, \ldots, l_n, \ldots$ ein endliches oder abzählbares System von paarweise orthogonalen Vektoren ungleich Null in X. Dann sind die folgenden Bedingungen äquivalent:

a) *Das System $\{l_k\}$ ist vollständig bezüglich der Menge $E \subset X$*[5];

b) *Zu jedem Vektor $x \in E \subset X$ gilt die folgende (Fourier–Reihe) Entwicklung:*

$$x = \sum_k \frac{\langle x, l_k \rangle}{\langle l_k, l_k \rangle} l_k \; ; \tag{18.19}$$

c) *für jeden Vektor $x \in E \subset X$ gilt die Parsevalsche*[6] *Gleichung:*

$$\|x\|^2 = \sum_k \frac{|\langle x, l_k \rangle|^2}{\langle l_k, l_k \rangle} \; . \tag{18.20}$$

Die Gleichungen (18.19) und (18.20) besitzen für ein orthonormales System $\{e_k\}$ ein besonderes einfaches Aussehen. Sie lauten in diesem Fall

$$x = \sum_k \langle x, e_k \rangle e_k \tag{18.19'}$$

und

$$\|x\| = \sum_k |\langle x, e_k \rangle|^2 \; . \tag{18.20'}$$

Daher entspricht die wichtige Parsevalsche Gleichung (18.20) oder (18.20') dem durch Fourier–Koeffizienten formulierten Satz von Pythagoras.

Wir wollen nun diesen Satz beweisen:

Beweis. a) $\Rightarrow$ b) gilt auf Grund der Minimaleigenschaften der Fourier–Koeffizienten;

b) $\Rightarrow$ c) gilt nach dem Satz von Pythagoras;

c) $\Rightarrow$ a), da nach dem Lemma zum orthogonalen Komplement (vgl. Abschnitt b) oben) aus dem Satz von Pythagoras folgt, dass

$$\left\| x - \sum_{k=1}^n \frac{\langle x, l_k \rangle}{\langle l_k, l_k \rangle} l_k \right\|^2 = \|x\|^2 - \left\| \sum_{k=1}^n \frac{\langle x, l_k \rangle}{\langle l_k, l_k \rangle} l_k \right\|^2 = \|x\|^2 - \sum_{k=1}^n \frac{|\langle x, l_k \rangle|^2}{\langle l_k, l_k \rangle} \; . \quad □$$

---

[5] Die Menge E kann insbesondere aus nur einem einzigen Vektor bestehen, der in diesem Zusammenhang gerade interessiert.

[6] M.A. Parseval (1755–1836) – französischer Mathematiker, der diese Gleichung 1799 für das trigonometrische System entdeckte.

Anmerkung. Wir halten fest, dass aus der Parsevalschen Gleichung die folgende notwendige Bedingung für die Vollständigkeit eines orthogonalen Systems bezüglich einer Menge $E \subset X$ folgt: E enthält keinen Vektor ungleich Null, der zu allen Vektoren im System orthogonal ist.

Als eine nützliche Ergänzung zu diesem Satz und der gerade getroffenen Anmerkung wollen wir das folgende allgemeine Korollar beweisen:

Korollar. *Sei X ein Vektorraum mit einem inneren Produkt und $x_1, x_2, \ldots$ ein System von linear unabhängigen Vektoren in X. Für die Vollständigkeit des Systems $\{x_k\}$ in X muss gelten:*

a) *Es ist eine notwendige Bedingung, dass es in X keinen von Null verschiedenen Vektor gibt, der zu allen Vektoren im System orthogonal ist.*

b) *Ist X ein vollständiger (Hilbert-) Raum, dann ist es hinreichend, dass X keinen von Null verschiedenen Vektor enthält, der zu allen Vektoren im System orthogonal ist.*

Beweis. a) Ist der Vektor h orthogonal zu allen Vektoren im System $\{x_k\}$, können wir mit dem Satz von Pythagoras folgern, dass keine Linearkombination von Vektoren im System sich von h um weniger als $\|h\|$ unterscheiden kann. Ist daher das System vollständig, dann gilt $\|h\| = 0$.

b) Durch Orthogonalisierung können wir ein orthonormales System $\{e_k\}$ erhalten, dessen linearer Spann $L\{e_k\}$ mit dem linearen Spann $L\{x_k\}$ des Ausgangssystems übereinstimmt.

Wir greifen nun einen beliebigen Vektor $x \in X$ heraus. Da der Raum X vollständig ist, konvergiert die Fourier–Reihe von x im System $\{e_k\}$ gegen einen Vektor $x_e \in X$. Nach dem Lemma zum orthogonalen Komplement ist der Vektor $h = x - x_e$ zum Raum $L\{e_k\} = L\{x_k\}$ orthogonal. Nach Voraussetzung ist aber $h = 0$, so dass $x = x_e$ und die Fourier–Reihe konvergiert daher gegen den Vektor x selbst. Daher lässt sich der Vektor x beliebig genau durch endliche Linearkombinationen von Vektoren des Systems $\{e_k\}$ approximieren und daher auch durch endliche Linearkombinationen der Vektoren des Systems $\{x_k\}$. □

Die Annahme der Vollständigkeit in Teil b) dieses Korollars ist essentiell, wie wir an folgendem Beispiel erkennen können:

Beispiel 13. Wir betrachten den Raum l_2 (vgl. Abschnitt 10.1) der reellen Folgen $a = (a^1, a^2, \ldots)$ für die $\sum_{j=1}^{\infty} (a^j)^2 < \infty$. Wir definieren das innere Produkt der Vektoren $a = (a^1, a^2, \ldots)$ und $b = (b^1, b^2, \ldots)$ in l_2 wie üblich durch $\langle a, b \rangle := \sum_{j=1}^{\infty} a^j b^j$.

Nun betrachten wir das Orthonormalsystem $e_k = (\underbrace{0, \ldots, 0}_{k}, 1, 0, 0, \ldots)$, $k = 1, 2, \ldots$. Der Vektor $e_0 = (1, 0, 0, \ldots)$ gehört nicht zu diesem System. Nun fügen wir zum System $\{e_k;\ k \in \mathbb{N}\}$ den Vektor $e = (1, 1/2, 1/2^2, 1/2^3, \ldots)$ hinzu und betrachten den linearen Spann $L\{e, e_1, e_2, \ldots,\}$ dieser Vektoren. Wir können diesen linearen Spann als einen Vektorraum X (einen Teilraum von l_2) mit dem inneren Produkt von l_2 betrachten.

Wir bemerken, dass der Vektor $e_0 = (1, 0, 0, \ldots)$ offensichtlich nicht durch eine endliche Linearkombination von Vektoren im System $e, e_1, e_2, \ldots$ erhalten werden kann und daher gehört dieser nicht zu X. Gleichzeitig lässt er sich mit beliebig großer Genauigkeit in l_2 durch Linearkombinationen approximieren, da $e - \sum_{k=1}^{n} \frac{1}{2^k} e_k = (1, 0, \ldots, 0, \frac{1}{2^{n+1}}, \frac{1}{2^{n+2}}, \ldots)$.

Daher haben wir gleichzeitig festgestellt, dass X in l_2 nicht abgeschlossen ist (und daher ist X im Unterschied zu l_2 kein vollständiger metrischer Raum) und dass der Abschluss von X in l_2 mit l_2 übereinstimmt, da das System $e_0, e_1, e_2, \ldots$ den gesamten Raum l_2 erzeugt.

Wir beobachten nun, dass es in $X = L\{e, e_1, e_2, \ldots\}$ keinen von Null verschiedenen Vektor gibt, der zu allen Vektoren $e_1, e_2, \ldots$ orthogonal ist.

Ist nämlich $x \in X$, d.h. $x = \alpha e + \sum_{k=1}^{n} \alpha_k e_k$, mit $\langle x, e_k \rangle = 0$, $k = 1, 2, \ldots$, dann gilt $\langle x, e_{n+1} \rangle = \frac{\alpha}{2^{n+1}} = 0$, d.h. $\alpha = 0$. Dann ist aber $\alpha_k = \langle x, e_k \rangle = 0$, $k = 1, \ldots, n$.

Somit haben wir das gewünschte Beispiel konstruiert: Das orthogonale System $e_1, e_2, \ldots$ ist nicht in X vollständig und somit auch nicht im Abschluss von X, der mit l_2 übereinstimmt.

Dieses Beispiel ist natürlich typisch für ein unendlich-dimensionales Problem. In Abb. 18.1 haben wir versucht, diesen Zusammenhang graphisch darzustellen.

Wir halten fest, dass im unendlich-dimensionalen Fall (der für die Analysis so charakteristisch ist) die Möglichkeit der beliebig genauen Approximation eines Vektors durch eine Linearkombination von Vektoren eines Systems und die Möglichkeit der Entwicklung des Vektors in eine Reihe von Vektoren dieses System im Allgemeinen unterschiedliche Eigenschaften dieses Systems sind.

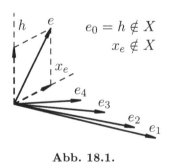

Abb. 18.1.

Eine Untersuchung dieses Problems und das abschließende Beispiel 14 wird die besondere Rolle orthogonaler Systeme und von Fourier–Reihen, für die diese Eigenschaften gelten oder nicht gelten (wie der oben bewiesene Satz zeigt) verdeutlichen.

Definition 8. Das System $x_1, x_2, \ldots, x_n, \ldots$ von Vektoren eines normierten Vektorraums X ist eine *Basis* von X, falls jedes endliche Teilsystem davon aus linear unabhängigen Vektoren besteht und jeder Vektor $x \in X$ durch $x = \sum_k \alpha_k x_k$ dargestellt werden kann, wobei α_k Koeffizienten aus dem skalaren Körper von X sind und die Konvergenz (falls die Summe unendlich ist) wird im Sinne der Norm auf X verstanden.

Wie hängen die Vollständigkeit eines Systems von Vektoren und die Eigenschaft, dass das System eine Basis ist, zusammen?

In einem endlich-dimensionalen Raum X ist Vollständigkeit eines Systems von Vektoren, wie aus den Betrachtungen zur Kompaktheit und Stetigkeit folgt, offensichtlich äquivalent dazu, dass das System eine Basis in X ist. Im unendlich-dimensionalen Fall trifft dies im Allgemeinen nicht zu.

Beispiel 14. Wir betrachten die Menge $C\big([-1, 1], \mathbb{R}\big)$ reellwertiger Funktionen, die auf $[-1, 1]$ stetig sind, als einen Vektorraum über dem Körper $\mathbb{R}$ mit dem üblichen in (18.3) definierten inneren Produkt. Wir bezeichnen diesen Raum mit $C_2\big([-1, 1], \mathbb{R}\big)$ und betrachten darin das System von linear unabhängigen Vektoren $1, x, x^2, \ldots$.

Dieses System ist in $C_2\big([-1, 1], \mathbb{R}\big)$ vollständig (vgl. Beispiel 11), aber es ist keine Basis.

Beweis. Wir zeigen zunächst, dass eine in $C_2\big([-1, 1], \mathbb{R}\big)$ konvergierende Reihe $\sum\limits_{k=0}^{\infty} \alpha_k x^k$, d.h. konvergierend im Sinne des quadratischen Mittels auf $[-1, 1]$, als Potenzreihe betrachtet auf dem offenen Intervall $[-1, 1]$ punktweise konvergiert.

Tatsächlich gilt nach der notwendigen Bedingung für die Konvergenz einer Reihe, dass $\|\alpha_k x^k\| \to 0$ für $k \to \infty$. Nun ist aber

$$\|\alpha_k x^k\|^2 = \int\limits_{-1}^{1} \big(\alpha_k x^k\big)^2 \, \mathrm{d}x = \alpha_k^2 \frac{2}{2k+1} \,.$$

Daher ist $|\alpha_k| < \sqrt{2k+1}$ für alle hinreichend großen Werte von k. In diesem Fall konvergiert die Potenzreihe $\sum\limits_{k=0}^{\infty} \alpha_k x^k$ auf dem Intervall $]-1, 1[$ ganz bestimmt.

Wir bezeichnen nun die Summe dieser Potenzreihe auf $]-1, 1[$ mit φ. Wir merken an, dass auf jedem abgeschlossenen Intervall $[a, b] \subset]-1, 1[$ die

Potenzreihe gleichmäßig gegen $\varphi\big|_{[a,b]}$ konvergiert. Folglich konvergiert sie auch im Sinne der Abweichung im quadratischen Mittel.

Nun folgt daraus, dass dann, wenn eine stetige Funktion f der Summe dieser Reihe im Sinne der Konvergenz in $C_2\big([-1,1],\mathbb{R}\big)$ entspricht, f und φ auf $]-1,1[$ gleich sind. Die Funktion φ ist jedoch unendlich oft differenzierbar. Wenn wir daher jede auf $]-1,1[$ nicht unendlich oft differenzierbare Funktion in $C_2\big([-1,1],\mathbb{R}\big)$ betrachten, dann kann diese nicht als Reihe im System $\{x^k;\, k = 0, 1, \ldots\}$ entwickelt werden. $\quad\square$

Wenn wir daher beispielsweise die Funktion $x = |x|$ und die Folge von Zahlen $\{\varepsilon_n = \frac{1}{n};\, n \in \mathbb{N}\}$ betrachten, können wir eine Folge $\{P_n(x);\, n \in \mathbb{N}\}$ von endlichen Linearkombinationen $P_n(x) = \alpha_0 + \alpha_1 x + \cdots + \alpha_n x^n$ von Elementen des Systems $\{x^k;\, k \in \mathbb{N}\}$ konstruieren, so dass $\|f - P_n\| < \frac{1}{n}$, d.h. $P_n \to f$ für $n \to \infty$. Falls es notwendig ist, können wir annehmen, dass die Koeffizienten in jeder derartigen Linearkombination $P_n(x)$ in der eindeutig bestmöglichen Art und Weise (vgl. Beispiel 9) gewählt worden sind. Nichtsdestotrotz tritt die Entwicklung $f = \sum\limits_{k=0}^{\infty} \alpha_k x^k$ nicht auf, da beim Übergang von $P_n(x)$ zu $P_{n+1}(x)$ nicht nur der Koeffizient α_{n+1} sich verändert, sondern möglicherweise auch die Koeffizienten $\alpha_0, \ldots, \alpha_n$.

Ist das System orthogonal, dann tritt dies auf Grund der Minimaleigenschaft der Fourier–Koeffizienten nicht auf ($\alpha_0, \ldots, \alpha_n$ verändern sich nicht).

So können wir beispielsweise aus dem System von Monomen $\{x^k\}$ zum orthogonalen System von Legendre Polynomen übergehen und $f(x) = |x|$ in diesem System in einer Fourier–Reihe entwickeln.

18.1.3 *Eine wichtige Quelle für orthogonale Funkionensysteme in der Analysis

Wir wollen nun einen Eindruck davon vermitteln, wie verschiedene orthogonale Funktionensysteme und Fourier–Reihen in diesen Systemen bei gewissen Problemen auftreten.

Beispiel 15. Die Fourier–Methode.
Wir betrachten das abgeschlossene Intervall $[0, l]$ als Gleichgewichtslage eines homogenen elastischen Fadens, der in den Endpunkten dieses Intervalls befestigt ist, sich aber ansonsten frei bewegen kann und insbesondere zu kleinen transversalen Schwingungen um diese Gleichgewichtslage befähigt ist. Sei $u(x, t)$ eine Funktion, die diese Schwingungen beschreibt, d.h., in jedem bestimmten Augenblick $t = t_0$ beschreibt der Graph der Funktion $u(x, t_0)$ das Aussehen des Fadens zur Zeit t_0 über dem abgeschlossenen Intervall $0 \leq x \leq l$. Dies bedeutet insbesondere, dass $u(0, t) = u(l, t) = 0$ in jedem Augenblick t, da die Enden des Fadens fixiert sind.

Uns ist bekannt (vgl. beispielsweise Abschnitt 14.4), dass die Funktion $u(x, t)$ die Gleichung

$$\frac{\partial^2 u}{\partial t^2} = a^2 \frac{\partial^2 u}{\partial x^2} \qquad (18.21)$$

erfüllt, wobei der positive Koeffizient a von der Dichte und der Elastizitätskonstanten des Fadens abhängt.

Die Gleichung (18.21) alleine ist natürlich nicht ausreichend, um die Funktion $u(x,t)$ zu bestimmen. Von Experimenten wissen wir, dass die Bewegung $u(x,t)$ eindeutig bestimmt ist, wenn wir beispielsweise die Position $u(x,0) = \varphi(x)$ des Fadens zu einer Zeit $t = 0$ (die wir die Anfangszeit nennen) sowie die Geschwindigkeit $\frac{\partial u}{\partial t}(x,0) = \psi(x)$ der Punkte des Fadens zu dieser Zeit kennen. Wenn wir also den Faden in die Gestalt $\varphi(x)$ ziehen und ihn loslassen, dann ist $\psi(x) \equiv 0$.

Damit wurde das Problem der freien Schwingungen eines Fadens[7], der in den Enden des abgeschlossenen Intervalls $[0, l]$ fixiert ist, auf das Finden einer Lösung $u(x,t)$ von Gl. (18.21) in Verbindung mit den Randbedingungen

$$u(0,t) = u(l,t) = 0 \qquad (18.22)$$

und den Anfangsbedingungen

$$u(x,0) = \varphi(x) \ , \quad \frac{\partial u}{\partial t}(x,0) = \psi(x) \qquad (18.23)$$

zurückgeführt.

Um derartige Probleme zu lösen, können wir eine sehr natürliche Methode, die die Methode zur *Trennung der Variablen* oder in der Mathematik auch die *Fourier–Methode* genannt wird, einsetzen. Sie funktioniert folgendermaßen: Die Lösung $u(x,t)$ wird in der Gestalt von Reihen $\sum\limits_{n=1}^{\infty} X_n(x)T_n(t)$ gesucht, deren Glieder $X(x)T(t)$ Lösungen einer speziellen Gleichung (mit separierten Variablen) sind und die Randbedingungen erfüllen. Im vorliegenden Fall ist dies, wie wir sehen werden, äquivalent dazu, die Schwingungen $u(x,t)$ in eine Summe von einfachen harmonischen Schwingungen zu entwickeln (genauer gesagt in eine Summe von stehenden Wellen).

Erfüllt die Funktion $X(x)T(t)$ nämlich die Gleichung (18.21), dann gilt $X(x)T''(t) = a^2 X''(x)T(t)$, d.h.

$$\frac{T''(t)}{a^2 T(t)} = \frac{X''(x)}{X(x)} \ . \qquad (18.24)$$

In Gl. (18.24) sind die unabhängigen Variablen x und t auf verschiedenen Seiten der Gleichung (sie wurden getrennt) und daher entsprechen beide Seiten derselben Konstanten λ. Wenn wir außerdem die Randbedingungen $X(0)T(t) = X(l)T(t) = 0$ berücksichtigen, die eine stationäre Lösung erfüllen muss, dann sehen wir, dass sich die Suche nach einer Lösung unter der Bedingung $X(0) = X(l) = 0$ auf die gleichzeitige Lösung der beiden Gleichungen

---

[7] Wir weisen darauf hin, dass die Grundlagen für die mathematische Untersuchung der Schwingungen eines Fadens von Brook Taylor gelegt wurden.

$$T''(t) = \lambda a^2 T(t) , \tag{18.25}$$

$$X''(x) = \lambda X(x) \tag{18.26}$$

zurückführen lässt.

Die allgemeine Lösung jeder dieser Gleichungen lässt sich leicht hinschreiben:

$$T(t) = A \cos \sqrt{\lambda} a t + B \sin \sqrt{\lambda} a t , \tag{18.27}$$

$$X(x) = C \cos \sqrt{\lambda} x + D \sin \sqrt{\lambda} x . \tag{18.28}$$

Wenn wir versuchen, die Bedingungen $X(0) = X(l) = 0$ zu erfüllen, dann sehen wir, dass für $\lambda \neq 0$ gelten muss, dass $C = 0$ und so gelangen wir, wenn wir die triviale Lösung $D = 0$ vernachlässigen, zu $\sin \sqrt{\lambda} l = 0$, woraus wir $\sqrt{\lambda} = \pm n\pi/l$, $n \in N$ erhalten.

Daher stellt es sich heraus, dass die Zahl λ in den Gln. (18.25) und (18.26) nur aus einer bestimmten Menge von Zahlen (den sogenannten *Eigenwerten des Problems*), $\lambda_n = (n\pi/l)^2$, $n \in \mathbb{N}$ gewählt werden kann. Wenn wir diese Werte von λ in die Ausdrücke (18.27) und (18.28) einsetzen, erhalten wir eine Anzahl von speziellen Lösungen

$$u_n(x,t) = \sin n \frac{\pi}{l} x \left(A_n \cos n \frac{\pi a}{l} t + B_n \sin n \frac{\pi a}{l} t \right) , \tag{18.29}$$

die die Randbedingungen $u_n(0,t) = u_n(l,t) = 0$ erfüllen (und eine stehende Welle der Gestalt $\Phi(x) \cdot \sin(\omega t + \theta)$ beschreiben, in der jeder Punkt $x \in [0,l]$ einfache harmonische Schwingungen mit seiner eigenen Amplitude $\Phi(x)$ mit für alle Punkte gemeinsamer Frequenz ω ausführt).

Die Größen $\omega_n = n \frac{\pi a}{l}$, $n \in \mathbb{N}$ werden die *natürlichen Frequenzen des Fadens* genannt und seine einfachsten harmonischen Schwingungen (18.29) werden als die natürlichen Schwingungen des Fadens bezeichnet. Die Schwingung $u_1(x,t)$ mit der geringsten natürlichen Frequenz wird oft auch *Grundton* des Fadens genannt und die anderen natürlichen Frequenzen $u_2(x,t), u_3(x,t), \ldots$ werden *Obertöne* genannt (die für jedes einzelne Musikinstrument charakteristischen Obertöne bestimmen die Klangqualität, auch *Timbre* genannt).

Wir wollen nun die gesuchte Schwingung $u(x,t)$ in eine Summe $\sum_{n=1}^{\infty} u_n(x,t)$ natürlicher Schwingungen des Fadens entwickeln. Die Randbedingungen (18.22) sind in diesem Fall automatisch erfüllt und wir müssen uns nur um die Anfangsbedingungen (18.23) kümmern, was bedeutet, dass

$$\varphi(x) = \sum_{n=1}^{\infty} A_n \sin n \frac{\pi}{l} x \tag{18.30}$$

und

$$\psi(x) = \sum_{n=1}^{\infty} n \frac{\pi a}{l} B_n \sin n \frac{\pi}{l} x . \tag{18.31}$$

Daher wurde das Problem auf das Auffinden der Koeffizienten A_n und B_n zurückgeführt, die bis jetzt frei wählbar sind oder, was dasselbe ist, darauf, die Funktionen φ und ψ in Fourier–Reihen im System $\left\{ \sin n\frac{\pi}{l}x;\ n \in \mathbb{N} \right\}$, dies ist ein Orthogonalsystem auf dem Intervall $[0, l]$, zu entwickeln.

Wir wollen noch anmerken, dass die Funktionen $\left\{ \sin n\frac{\pi}{l}x;\ n \in \mathbb{N} \right\}$, die wir aus Gl. (18.26) erhalten haben, als Eigenvektoren des linearen Operators $A = \frac{\mathrm{d}^2}{\mathrm{d}x^2}$ zu den Eigenwerten $\lambda_n = n\frac{\pi}{l}$ betrachtet werden können, wobei die Eigenwerte ihrerseits auf Grund der Bedingung auftreten, dass der Operator A auf den Raum der Funktionen in $C^{(2)}[0, l]$ einwirkt, die in den Endpunkten des abgeschlossenen Intervall $[0, l]$ verschwinden. Daher können die Gln. (18.30) und (18.31) als Entwicklungen in Eigenvektoren dieses linearen Operators interpretiert werden.

Die linearen Operatoren, die mit gewissen Problemen zusammenhängen, sind eine der Hauptquellen für orthogonale Systeme von Funktionen in der Analysis.

Wir wiederholen nun eine andere Tatsache aus der Algebra, die uns klar macht, warum derartige Systeme orthogonal genannt werden.

Sei Z ein Vektorraum mit einem inneren Produkt $\langle\,,\,\rangle$ und E ein Teilraum (möglicherweise gleich Z), der in Z dicht ist. Ein linearer Operator $A : E \to Z$ ist *symmetrisch*, falls $\langle Ax, y \rangle = \langle x, Ay \rangle$ für jedes Paar von Vektoren $x, y \in E$. Dann gilt, dass *Eigenvektoren eines symmetrischen Operators zu verschiedenen Eigenwerten orthogonal* sind.

Beweis. Ist $Au = \alpha u$ und $Av = \beta v$ mit $\alpha \neq \beta$, dann gilt nämlich, dass

$$\alpha \langle u, v \rangle = \langle Au, v \rangle = \langle u, Av \rangle = \beta \langle u, v \rangle$$

und daraus, dass $\langle u, v \rangle = 0$. $\qquad\qquad\square$

Wir wollen nun Beispiel 3 aus diesem Blickwinkel betrachten. Dabei hatten wir im Wesentlichen die Eigenfunktionen des Operators $A = \left(\frac{\mathrm{d}^2}{\mathrm{d}x^2} + q(x) \right)$ betrachtet, der auf den Raum der Funktionen in $C^{(2)}[a, b]$ einwirkt, die in den Endpunkten des abgeschlossenen Intervalls $[a, b]$ verschwinden. Durch partielle Integration lässt sich zeigen, dass dieser Operator auf diesem Raum (bezüglich des üblichen inneren Produkts (18.4)) symmetrisch ist, so dass das Ergebnis in Beispiel 4 insbesondere eine Bestätigung dieser algebraischen Tatsache ist.

Ist insbesondere $q(x) \equiv 0$, wird der Operator A zu $\frac{\mathrm{d}^2}{\mathrm{d}x^2}$ wie für $[a, b] = [0, l]$ im letzten Beispiel (Beispiel 15).

Wir betonen weiter, dass sich das Problem in diesem Beispiel auf die Entwicklung der Funktionen φ und ψ (vgl. die Gleichungen (18.30) und (18.31)) in eine Reihe von Eigenfunktionen des Operators $A = \frac{\mathrm{d}^2}{\mathrm{d}x^2}$ zurückführen ließ. Hier taucht nun die Frage auf, ob es theoretisch möglich ist, eine derartige Entwicklung zu bilden und diese Frage ist, wie wir nun verstehen, äquivalent zu der Frage nach der Vollständigkeit des Systems von Eigenfunktionen für den betrachteten Operator im vorgegebenen Funktionenraum.

Die Vollständigkeit des trigonometrischen Systems (und gewissen anderen besonderen Systemen orthogonaler Funktionen) in $\mathcal{R}_2[-\pi, \pi]$ scheint von Ljapunow[8] zum ersten Mal explizit formuliert worden zu sein. Die Vollständigkeit des trigonometrischen Systems war bereits implizit in der Arbeit von Dirichlet, die der Konvergenzuntersuchung von trigonometrischen Reihen gewidmet war, enthalten. Die Parsevalsche Gleichung, die, wie wir bereits festgestellt haben, zur Vollständigkeit des trigonometrischen Systems äquivalent ist, wurde von Parseval zum Jahrhundertwechsel ins 19. Jahrhundert entdeckt. In seiner allgemeinen Form war die Frage nach der Vollständigkeit von orthogonalen Systemen und ihre Anwendung in Problemen der mathematischen Physik eines der Hauptforschungsgebiete von Steklow[9], der das eigentliche Konzept der Vollständigkeit (Abgeschlossenheit) eines orthogonalen Systems in der Mathematik einführte. Bei der Untersuchung von Vollständigkeitsproblemen setzte er übrigens die Methode der Integralmittelung (Glättung) einer Funktion (vgl. die Abschnitte 17.4 und 17.5) aktiv ein, die aus diesem Grund oft auch die *Steklowsche Mittelungsmethode* genannt wird.

18.1.4 Übungen und Aufgaben

1. *Die Methode der kleinsten quadratischen Abweichung.* Die Abhängigkeit $y = f(x_1, \ldots, x_n)$ der Größe y von den Größen $x_1, \ldots, x_n$ wird experimentell untersucht und als Ergebnis von m $(\geq n)$ Messungen wird folgende Tabelle erhalten:

x_1	x_2	$\cdots$	x_n	y
a_1^1	a_2^1	$\cdots$	a_n^1	b^1
$\cdots$	$\cdots$	$\cdots$	$\cdots$	$\cdots$
a_1^m	a_2^m	$\cdots$	a_n^m	b^m

Jede ihrer Zeilen enthält eine Menge $(a_1^i, a_2^i, \ldots, a_n^i)$ von Werten des Parameters $x_1, x_2, \ldots, x_n$ und den zugehörigen Wert b^i der Größe y, der von einem Gerät mit einer bestimmten Genauigkeit gemessen wurde. Aus diesen experimentellen Daten würden wir gerne eine empirische Formel der Gestalt $y = \sum_{i=1}^{n} \alpha_i x_i$ erhalten, mit der Berechnungen bequem durchgeführt werden können. Die Koeffizienten $\alpha_1, \alpha_2, \ldots, \alpha_n$ der gesuchten linearen Funktion sollen so gewählt werden, dass sie

die Größe $\sqrt{\sum_{k=1}^{m} \left(b^k - \sum_{k=1}^{n} \alpha_i a_i^k \right)^2}$ minimieren, die der mittleren quadratischen Ab-

---

[8] A.M. Ljapunow (1857–1918) – russischer Mathematiker und Fachmann der Mechanik, ein brillanter Vertreter der Schule von Tschebyscheff, dem Begründer der Theorie der Stabilität der Bewegung. Er untersuchte erfolgreich verschiedene Gebiete der Mathematik und der Mechanik.

[9] V.A. Steklow (1864–1926) – russischer/sowjetischer Mathematiker, ein Vertreter der Petersburger mathematischen Schule, die von Tschebyscheff gegründet wurde und der Gründer der Schule für mathematischen Physik in der UDSSR. Das mathematische Institut der russischen Akademie der Wissenschaften trägt seinen Namen.

weichung der Daten, die nach der empirischen Formel berechnet wurden, und den experimentellen Daten entspricht.

Interpretieren Sie dieses Problem als das Problem der besten Approximation des Vektors $(b^1, \ldots, b^m)$ durch die Linearkombination der Vektoren $(a_i^1, \ldots, a_i^m)$, $i = 1, \ldots, n$ und zeigen Sie, dass sich die Frage auf die Lösung eines linearen Gleichungssystems derselben Art wie in Gl. (18.18) zurückführen lässt.

2. a) Sei $C[a, b]$ der Vektorraum der Funktionen, die auf dem abgeschlossenen Intervall $[a, b]$ mit der Metrik der gleichmäßigen Konvergenz stetig sind und sei $C_2[a, b]$ derselbe Vektorraum, aber mit der Metrik der mittleren quadratischen Abweichung auf diesem abgeschlossenen Intervall (d.h. $d(f, g) = \sqrt{\int_a^b |f - g|^2(x) \, dx}$). Zeigen Sie für in $C[a, b]$ konvergierende Funktionen, dass diese auch in $C_2[a, b]$ konvergieren, aber nicht umgekehrt, und dass der Raum $C_2[a, b]$ im Gegensatz zu $C[a, b]$ nicht vollständig ist.

b) Erklären Sie, warum das Funktionensystem $\{1, x, x^2, \ldots, \}$ in $C_2[a, b]$ linear unabhängig und vollständig ist, aber in diesem Raum keine Basis bildet.

c) Erklären Sie, warum die Legendre Polynome in $C_2[-1, 1]$ ein vollständiges Orthogonalsystem und auch eine Basis bilden.

d) Bestimmen Sie die ersten vier Glieder der Fourier–Entwicklung der Funktion $\sin \pi x$ auf dem Intervall $[-1, 1]$ im System der Legendre Polynome.

e) Zeigen Sie, dass das Quadrat der Norm $\|P_n\|$ in $C_2[-1, 1]$ des n-ten Legendre Polynoms wie folgt lautet:

$$\frac{2}{2n + 1} \qquad \left(= (-1)^n \frac{(n + 1)(n + 2) \cdots 2n}{n! 2^{2n}} \int_{-1}^{1} (x^2 - 1)^n \, dx \right).$$

f) Überprüfen Sie, ob unter allen Polynomen einer vorgegebenen Ordnung n mit führendem Koeffizienten 1 das Legendre Polynom $\widetilde{P}_n(x)$ dasjenige ist, das auf dem Intervall $[-1, 1]$ am nächsten bei Null liegt.

g) Erklären Sie, warum die Gleichung

$$\int_{-1}^{1} |f|^2(x) \, dx = \sum_{n=0}^{\infty} \left(n + \frac{1}{2} \right) \left| \int_{-1}^{1} f(x) P_n(x) \, dx \right|^2 ,$$

wobei $\{P_0, P_1, \ldots\}$ das System der Legendre Polynome ist, notwendigerweise für jede Funktion $f \in C_2\big([-1, 1], \mathbb{C}\big)$ gilt.

3. a) Sei $\{x_1, x_2, \ldots, \}$ ein System von Vektoren, das im Raum X vollständig ist und sei X eine überall dichte Teilmenge von Y. Zeigen Sie, dass dann $\{x_1, x_2, \ldots, \}$ auch in Y vollständig ist.

b) Beweisen Sie, dass der Vektorraum $C[a, b]$ von Funktionen, die auf dem abgeschlossenen Intervall $[a, b]$ stetig sind, im Raum $\mathcal{R}_2[a, b]$ überall dicht ist. (Dies wurde in Aufgabe 5g in Abschnitt 17.5 sogar für unendlich oft differenzierbare Funktionen mit kompaktem Träger auf $[a, b]$ behauptet.)

c) Beweisen Sie mit Hilfe des Weierstraßschen Approximationssatzes, dass das trigonometrische System $\{1, \cos kx, \sin kx; \, k \in \mathbb{N}\}$ in $\mathcal{R}_2[-\pi, \pi]$ vollständig ist.

d) Zeigen Sie, dass beide Systeme $\{1, x, x^2, \ldots\}$ und $\{1, \cos kx, \sin kx;\ k \in \mathbb{N}\}$ in $\mathcal{R}_2[-\pi, \pi]$ vollständig sind, dass das erste aber im Unterschied zum zweiten in diesem Raum keine Basis ist.

e) Erklären Sie, warum die Parsevalsche Gleichung

$$\frac{1}{\pi} \int\limits_{-\pi}^{\pi} |f|^2(x)\,\mathrm{d}x = \frac{|a_0|^2}{2} + \sum_{k=1}^{\infty} |a_k|^2 + |b_k|^2$$

gilt, wobei die Zahlen a_k und b_k durch (18.9) und (18.10) definiert sind.

f) Zeigen Sie nun mit dem Ergebnis aus Beispiel 8, dass $\sum\limits_{n=1}^{\infty} \frac{1}{n^2} = \frac{\pi^2}{6}$.

4. *Orthogonalität mit einer Gewichtsfunktion.*

a) Seien $p_0, p_1, \ldots, p_n$ stetige Funktionen, die im Gebiet D positiv sind. Prüfen Sie, ob die Formel

$$\langle f, g \rangle = \sum_{k=0}^{n} \int\limits_{D} p_k(x) f^{(k)}(x) \overline{g}^{(k)}(x)\,\mathrm{d}x$$

ein inneres Produkt in $C^{(n)}(D, \mathbb{C})$ definiert.

b) Zeigen Sie, dass auf dem Raum $\mathcal{R}(D, \mathbb{C})$ das innere Produkt

$$\langle f, g \rangle = \int\limits_{D} p(x) f(x) \overline{g}(x)\,\mathrm{d}x$$

eingeführt werden kann, wobei p eine positive stetige Funktion ist, wenn Funktionen, die sich nur auf Mengen mit Maß Null unterscheiden, gleich gesetzt werden.

Hierbei wird die Funktion p *Gewichtsfunktion* genannt und für $\langle f, g, \rangle = 0$ sagen wir, dass die *Funktionen f und g mit Gewicht p orthogonal sind.*

c) Sei $\varphi : D \to G$ ein Diffeomorphismus des Gebiets $D \subset \mathbb{R}^n$ auf das Gebiet $G \subset \mathbb{R}^n$ und sei $\{u_k(y);\ k \in \mathbb{N}\}$ ein Funktionensystem in G, das bezüglich des üblichen inneren Produktes (18.2) oder (18.3) orthogonal ist. Konstruieren Sie ein Funktionensystem, das in D mit Gewicht $p(x) = |\det \varphi'(x)|$ orthogonal ist und auch ein Funktionensystem, das in D im Sinne des üblichen inneren Produkts orthogonal ist.

d) Zeigen Sie, dass das Funktionensystem $\{e_{m,n}(x, y) = \mathrm{e}^{\mathrm{i}(mx+ny)};\ m, n \in \mathbb{N}\}$ auf dem Quadrat $I = \{(x, y) \in \mathbb{R}^2 \,\big|\, |x| \le \pi \wedge |y| \le \pi\}$ orthogonal ist.

e) Konstruieren Sie ein Funktionensystem, das auf dem zwei-dimensionalen Torus $T^2 \subset \mathbb{R}^2$, der durch die in Beispiel 4 in Abschnitt 12.1 gegebenen parametrischen Gleichungen definiert wird, orthogonal ist. Das innere Produkt von Funktionen f und g auf dem Torus entspricht dabei dem Flächenintegral $\int\limits_{T^2} f\overline{g}\,\mathrm{d}\sigma$.

5. a) Aus der Algebra ist bekannt (und wir haben dies bei der Untersuchung von Extremalproblemen mit Nebenbedingungen bewiesen), dass jeder symmetrische Operator $A : E^n \to E^n$ auf dem n-dimensionalen euklidischen Raum E^n Eigenvektoren ungleich Null besitzt. Im unendlich-dimensionalen Fall trifft dies im Allgemeinen nicht zu.

Zeigen Sie, dass der lineare Operator $f(x) \mapsto xf(x)$ der Multiplikation mit einer unabhängigen Variablen in $C_2\big([a, b], \mathbb{R}\big)$ symmetrisch ist, aber keine Eigenvektoren ungleich Null besitzt.

b) Ein Sturm–Liouville[10] Problem, das oft in den Gleichungen der mathematischen Physik auftritt, besteht darin, auf dem Intervall $[a, b]$ eine Lösung einer Gleichung $u''(x) + [q(x) + \lambda p(x)]u(x) = 0$ zu finden, das gewisse Randbedingungen, beispielsweise $u(a) = u(b) = 0$, erfüllt.

Hierbei wird angenommen, dass die Funktionen $p(x)$ und $q(x)$ bekannt und auf dem fraglichen Intervall $[a, b]$ stetig sind und dass $p(x) > 0$ auf $[a, b]$.

Wir haben ein derartiges Problem in Beispiel 15 angetroffen, in dem es nötig wurde, Gl. (18.26) unter der Bedingung $X(0) = X(l) = 0$ zu lösen. In diesem Fall lag $q(x) \equiv 0$, $p(x) \equiv 1$ und $[a, b] = [0, l]$ vor. Wir gelangten zu dem Ergebnis, dass ein Sturm–Liouville Problem im Allgemeinen nur für eine Anzahl von Spezialwerten des Parameters λ gelöst werden kann, die deswegen die *Eigenwerte* des entsprechenden *Sturm–Liouville Problems* genannt werden.

Zeigen Sie, dass für Funktionen f und g, die Lösungen eines Sturm–Liouville Problems zu den Eigenwerten $\lambda_f \neq \lambda_g$ sind, die Gleichung $\frac{d}{dx}(g'f - f'g) = (\lambda_f - \lambda_g)pfg$ auf $[a, b]$ gilt und dass die Funktionen f und g auf $[a, b]$ mit Gewicht p orthogonal sind.

c) Es ist bekannt (vgl. Abschnitt 14.4), dass die kleinen Schwingungen eines inhomogenen Fadens, der an den Enden des abgeschlossenen Intervalls $[a, b]$ befestigt ist, durch die Gleichung $(pu'_x)'_x = \rho u''_{tt}$ beschrieben wird, wobei $u = u(x, t)$ die Funktion ist, die die Gestalt des Fadens zur Zeit t beschreibt, $\rho = \rho(x)$ ist die lineare Dichte und $p = p(x)$ ist die elastische Konstante im Punkt $x \in [a, b]$. Die Befestigungsbedingungen bedeuten, dass $u(a, t) = u(b, t) = 0$.

Wenn wir die Lösung dieser Gleichung in der Form $X(x)T(t)$ suchen, dann lässt sich dieses Problem auf ein System $T'' = \lambda T$, $(pX')' = \lambda \rho X$ zurückführen, in dem λ für beide Gleichungen dieselbe Zahl ist. Zeigen Sie dies.

Somit tritt für die Funktion $X(x)$ auf dem abgeschlossenen Intervall $[a, b]$ ein Sturm–Liouville Problem auf, das nur für gewisse Werte des Parameters λ (den Eigenwerten) lösbar ist. (Mit der Annahme, dass $p(x) > 0$ auf $[a, b]$ und dass $p \in C^{(1)}[a, b]$, können wir die Gleichung $(pX')' = \lambda \rho X$ offensichtlich durch die Substitution $x = \int\limits_a^x \frac{d\xi}{p(\xi)}$ in eine Gestalt bringen, in der die erste Ableitung fehlt.)

d) Beweisen Sie, dass der Operator $S(u) = (p(x)u'(x))' - q(x)u(x)$ auf dem Raum der Funktionen in $C^{(2)}[a, b]$, die die Bedingung $u(a) = u(b) = 0$ erfüllen, auf diesem Raum symmetrisch ist. (D.h. $\langle Su, v \rangle = \langle u, Sv \rangle$, wobei $\langle , \rangle$ das übliche innere Produkt von reellwertigen Funktionen ist). Zeigen Sie außerdem, dass die zu verschiedenen Eigenwerten gehörenden Eigenfunktionen des Operators S orthogonal sind.

e) Zeigen Sie, dass die Lösungen X_1 und X_2 der Gleichung $(pX')' = \lambda \rho X$, die zu verschiedenen Werten λ_1 und λ_2 des Parameters λ gehören und in den Endpunkten des abgeschlossenen Intervalls $[a, b]$ verschwinden, auf $[a, b]$ mit Gewicht $\rho(x)$ orthogonal sind.

6. *Die Legendre Polynome als Eigenfunktionen.*

a) Zeigen Sie mit Hilfe des in Beispiel 5 formulierten Ausdrucks für die Legendre Polynome $P_n(x)$ und der Gleichung $(x^2 - 1)^n = (x - 1)^n(x + 1)^n$, dass $P_n(1) = 1$.

---

[10] J.Ch.F. Sturm (1803–1855) – französischer Mathematiker (und ein ausländisches Ehrenmitglied der Petersburger Akademie der Wissenschaften); seine Hauptarbeiten liegen auf dem Gebiet der Lösung von Randwertproblemen für die Gleichungen der mathematischen Physik.

b) Zeigen Sie durch Ableitung der Gleichung $(x^2 - 1)\frac{\mathrm{d}}{\mathrm{d}x}(x^2 - 1)^n = 2nx(x^2 - 1)^n$,
dass $P_n(x)$ die folgende Gleichung erfüllt:

$$(x^2 - 1) \cdot P_n''(x) + 2x \cdot P_n'(x) - n(n+1)P_n(x) = 0 \ .$$

c) Überprüfen Sie, ob der Operator

$$A := (x^2 - 1)\frac{\mathrm{d}^2}{\mathrm{d}x^2} + 2x\frac{\mathrm{d}}{\mathrm{d}x} = \frac{\mathrm{d}}{\mathrm{d}x}\left[(x^2 - 1)\frac{\mathrm{d}}{\mathrm{d}x}\right]$$

im Raum $C^{(2)}[-1, 1] \subset \mathcal{R}_2[-1, 1]$ symmetrisch ist. Daraufhin erklären Sie ausgehend von der Gleichung $A(P_n) = n(n+1)P_n$, warum die Legendre Polynome orthogonal sind.

d) Zeigen Sie mit Hilfe der Vollständigkeit des Systems $\{1, x, x^2, \ldots\}$ in $C^{(2)}[-1, 1]$, dass die Dimension des Eigenraumes des Operators A zum Eigenwert $n(n+1)$ nicht größer als 1 sein kann.

e) Beweisen Sie, dass der Operator $A = \frac{\mathrm{d}}{\mathrm{d}x}\left[(x^2 - 1)\frac{\mathrm{d}}{\mathrm{d}x}\right]$ im Raum $C^{(2)}[-1, 1]$ keine weiteren Eigenfunktionen besitzen kann außer denen im System der Legendre Polynome $\{P_0(x), P_1(x), \ldots\}$ und dass er keine Eigenwerte besitzen kann außer den Zahlen $\{n(n+1); \ n = 0, 1, 2, \ldots\}$.

7. *Sphärische Funktionen.*

a) Bei der Lösung verschiedener Probleme in $\mathbb{R}^3$ (beispielsweise Problemen der Potentialtheorie in Zusammenhang mit der Laplaceschen Gleichung $\Delta u = 0$) werden die Lösungen als eine Reihe von Lösungen einer besonderen Gestalt gesucht. Für derartige Lösungen werden homogene Polynome $S_n(x, y, z)$ vom Grad n gewählt, die die Gleichung $\Delta u = 0$ erfüllen. Derartige Polynome werden *harmonische Polynome* genannt. In sphärischen Koordinaten (r, φ, θ) besitzt ein harmonisches Polynom $S_n(x, y, z)$ offensichtlich die Gestalt $r^n Y_n(\theta, \varphi)$. Die Funktionen $Y_n(\theta, \varphi)$, die auf diese Weise auftreten, hängen nur von den Koordinaten $0 \le \theta \le \pi$ und $0 \le \varphi \le 2\pi$ auf der Kugelschale ab und werden *sphärische Funktionen* genannt. (Sie sind trigonometrische Polynome in zwei Variablen mit $2n + 1$ freien Koeffizienten in Y_n. Diese Zahl ergibt sich aus der Bedingung $\Delta S_n = 0$.)
Zeigen Sie mit Hilfe der Greenschen-Formel, dass die Funktionen Y_m und Y_n für $m \ne n$ auf der Einheitsschale in $\mathbb{R}^3$ orthogonal sind (im Sinne des inneren Produkts $\langle Y_m, Y_n \rangle = \iint Y_m \cdot Y_n \, \mathrm{d}\sigma$, wobei das Flächenintegral über die Schale mit $r = 1$ läuft).

b) Ausgehend von den Legendre Polynomen können wir auch die Polynome $P_{n,m} = (1 - x^2)^{m/2}\frac{\mathrm{d}^m P_n}{\mathrm{d}x^m}(x)$, $m = 1, 2, \ldots, n$ einführen und die Funktionen

$$P_n(\cos\theta) \ , \quad P_{n,m}(\cos\theta)\cos m\varphi \ , \quad P_{n,m}(\sin\theta)\sin m\varphi \qquad (*)$$

betrachten.
Es stellt sich heraus, dass jede sphärische Funktion $Y_n(\theta, \varphi)$ mit Index n eine Linearkombination dieser Funktionen ist. Zeigen Sie aufbauend auf diesem Ergebnis und unter Berücksichtigung der Orthogonalität des trigonometrischen Systems, dass die Funktionen des Systems $(*)$ im $(2n + 1)$-dimensionalen Raum der sphärischen Funktionen zu einem vorgegebenen Index n eine orthogonale Basis bilden.

8. *Die Hermite Polynome.*

Bei der Untersuchung der Gleichung eines linearen Oszillators in der Quantenmechanik wird es notwendig, Funktionen der Klasse $C^{(2)}(\mathbb{R})$ mit dem inneren Produkt $\langle f, g \rangle = \int_{-\infty}^{+\infty} f\bar{g}\,\mathrm{d}x$ in $C^{(2)}(\mathbb{R}) \subset \mathcal{R}_2(\mathbb{R}, \mathbb{C})$ zu betrachten und außerdem die besonderen Funktionen $H_n(x) = (-1)^n \mathrm{e}^{x^2} \frac{\mathrm{d}^n}{\mathrm{d}x^n}(\mathrm{e}^{-x^2})$, $n = 0, 1, 2, \dots$.

a) Zeigen Sie, dass $H_0(x) = 1$, $H_1(x) = 2x$, $H_2(x) = 4x^2 - 2$.

b) Beweisen Sie, dass $H_n(x)$ ein Polynom vom Grad n ist. Das Funktionensystem $\{H_0(x), H_1(x), \dots\}$ wird das System der *Hermite Polynome* genannt.

c) Weisen Sie nach, dass die Funktion $H_n(x)$ die Gleichung $H_n''(x) - 2xH_n'(x) + 2nH_n(x) = 0$ erfüllt.

d) Die Funktionen $\psi_n(x) = \mathrm{e}^{-x^2} H_n(x)$ werden *Hermite Funktionen* genannt. Zeigen Sie, dass $\psi_n''(x) + (2n + 1 - x^2)\psi_n(x) = 0$ und dass $\psi_n(x) \to 0$ für $x \to \infty$.

e) Beweisen Sie, dass $\int_{-\infty}^{+\infty} \psi_n\psi_m\,\mathrm{d}x = 0$ für $m \neq n$.

f) Zeigen Sie, dass die Hermite Polynome auf $\mathbb{R}^n$ orthogonal mit Gewicht e^{-x^2} sind.

9. *Die Laguerre*[11] *Polynome* $\{L_n(x); n = 0, 1, 2, \dots\}$ können durch die Formel $L_n(x) := \mathrm{e}^x \frac{\mathrm{d}(x^n \mathrm{e}^{-x})}{\mathrm{d}x^n}$ definiert werden.

Zeigen Sie:

a) $L_n(x)$ ist ein Polynom vom Grad n.

b) Die Funktion $L_n(x)$ erfüllt die Gleichung

$$xL_n''(x) + (1 - x)L_n'(x) + nL_n(x) = 0\,.$$

c) Das System $\{L_n; n = 0, 1, 2, \dots\}$ der Tschebyscheff–Laguerre Polynome ist auf der Halbgeraden $[0, +\infty[$ orthogonal mit Gewicht e^{-x}.

10. *Die Tschebyscheff Polynome* $\{T_0(x) \equiv 1, T_n(x) = 2^{1-n}\cos n(\arccos x); n \in \mathbb{N}\}$ für $|x| < 1$ können wir folgt definiert werden:

$$T_n(x) = \frac{(-2)^n n!}{(2n)!}\sqrt{1 - x^2}\,\frac{\mathrm{d}^n}{\mathrm{d}x^n}(1 - x^2)^{n - \frac{1}{2}}\,.$$

Zeigen Sie:

a) $T_n(x)$ ist ein Polynom vom Grad n.

b) $T_n(x)$ erfüllt die Gleichung

$$(1 - x^2)T_n''(x) - xT_n'(x) + n^2 T_n(x) = 0\,.$$

c) Das System $\{T_n; n = 0, 1, 2, \dots\}$ der Tschebyscheff Polynome ist auf dem Intervall $]-1, 1[$ orthogonal mit Gewicht $p(x) = \frac{1}{\sqrt{1-x^2}}$.

---

[11] E.N. Laguerre (1834–1886) – französischer Mathematiker.

11. a) In der Wahrscheinlichkeitstheorie und der Funktionentheorie trifft man auf das folgende *System der Rademacher*[12] *Funktionen* $\{\psi_n(x) = \varphi(2^n x); n = 0, 1, 2, \ldots\}$, wobei $\varphi(t) = \operatorname{sgn}(\sin 2\pi t)$. Beweisen Sie, dass dies auf dem abgeschlossenen Intervall $[0, 1]$ ein Orthonormalsystem ist.

b) Das *System von Haar*[13]*-Funktionen* $\{\chi_{n,k}(x)\}$, mit $n = 0, 1, 2, \ldots$ und $k = 1, 2, 2^2, \ldots$, auch Haar-Wavelets genannt, wird durch die Gleichungen

$$\chi_{n,k}(x) = \begin{cases} 1\,, & \text{für } \frac{2k-2}{2^{n+1}} < x < \frac{2k-1}{2^{n+1}}\,, \\[2mm] -1\,, & \text{für } \frac{2k-1}{2^{n+1}} < x < \frac{2k}{2^{n+1}}\,, \\[2mm] 0 & \text{in allen anderen Punkten von } [0,1] \end{cases}$$

definiert.

Beweisen Sie, dass das Haar–System auf dem abgeschlossenen Intervall $[0, 1]$ orthogonal ist.

12. a) Zeigen Sie, dass jeder n-dimensionale Vektorraum mit einem inneren Produkt zum arithmetischen euklidischen Raum $\mathbb{R}^n$ derselben Dimension isometrisch isomorph ist.

b) Wir wiederholen, dass ein metrischer Raum separierbar genannt wird, falls er eine abzählbare überall dichte Teilmenge enthält. Beweisen Sie, dass ein Vektorraum eine abzählbare orthonormale Basis besitzt, wenn er mit einem inneren Produkt als metrischer Raum mit der durch das innere Produkt induzierten Metrik separierbar ist.

c) Sei X ein separierbarer Hilbert-Raum (d.h., X ist ein separierbarer und vollständiger metrischer Raum mit der durch das innere Produkt in X induzierten Metrik). Ausgehend von einer orthonormalen Basis $\{e_i; i \in \mathbb{N}\}$ in X konstruieren wir die Abbildung $X \ni x \mapsto (c_1, c_2, \ldots)$, wobei $c_i = \langle x, e_i \rangle$ die Fourier–Koeffizienten der Entwicklung des Vektors in der Basis $\{e_i\}$ sind. Zeigen Sie, dass diese Abbildung bijektiv und linear ist und außerdem eine isometrische Abbildung von X auf den in Beispiel 14 betrachteten Raum l_2 ist.

d) Formulieren Sie mit Hilfe von Abb. 18.1 die zentralen Ideen bei der Konstruktion in Beispiel 14 und erklären Sie, warum der Fall genau deswegen eintritt, weil der fragliche Raum unendlich-dimensional ist.

e) Erklären Sie, wie im Raum der Funktionen $C[a, b] \subset \mathcal{R}_2[a, b]$ ein analoges Beispiel konstruiert werden kann.

18.2 Trigonometrische Fourier–Reihen

18.2.1 Wichtige Konvergenzarten klassischer Fourier–Reihen

a. Trigonometrische Reihen und trigonometrische Fourier–Reihen

Eine klassische trigonometrische Reihe[14] ist

---

[12] H.A. Rademacher (1892–1969) – deutscher Mathematiker (Amerikaner nach 1936).

[13] A. Haar (1885–1933) – ungarischer Mathematiker.

[14] Den konstanten Ausdruck als $a_0/2$ zu schreiben, was bei Fourier–Reihen angenehm ist, ist hier nicht notwendig.

$$\frac{a_0}{2} + \sum_{k=1}^{\infty} a_k \cos kx + b_k \sin kx \ , \qquad (18.32)$$

die wir auf der Basis des trigonometrischen Systems $\{1, \cos kx, \sin kx; \ k \in \mathbb{N}\}$ erhalten haben. Die Koeffizienten $\{a_0, a_k, b_k; \ k \in \mathbb{N}\}$ sind hierbei reelle oder komplexe Zahlen. Die Teilsummen der trigonometrischen Reihe (18.32) sind die *trigonometrischen Polynome*

$$T_n(x) = \frac{a_0}{2} + \sum_{k=1}^{n} a_k \cos kx + b_k \sin kx \qquad (18.33)$$

entsprechend dem Grad n.

Wenn die Reihe (18.32) auf $\mathbb{R}$ punktweise konvergiert, ist ihre Summe $f(x)$ offensichtlich auf $\mathbb{R}$ eine Funktion mit der Periode 2π. Sie wird durch ihre Einschränkung auf jedes abgeschlossene Intervall der Länge 2π vollständig bestimmt.

Wenn wir stattdessen eine Funktion mit der Periode 2π auf $\mathbb{R}$ (Schwingungen, ein Signal oder ähnliches) vorgeben, die wir in eine Summe gewisser kanonischer periodischer Funktionen entwickeln wollen, dann sind die ersten Kandidaten für diese kanonischen Funktionen, die einfachsten Funktionen mit der Periode 2π, nämlich $\{1, \cos kx, \sin kx; \ k \in \mathbb{N}\}$, die einfache harmonische Schwingungen mit entsprechendem Grad n sind und deren Frequenzen Vielfaches der kleinsten Frequenz sind.

Angenommen, uns sei es gelungen, eine stetige Funktion als Summe

$$f(x) = \frac{a_0}{2} + \sum_{k=1}^{\infty} a_k \cos kx + b_k \sin kx \qquad (18.34)$$

einer trigonometrischen Reihe zu entwickeln, die gleichmäßig gegen die Funktion konvergiert. Dann können die Koeffizienten dieser Entwicklung (18.34) einfach und eindeutig bestimmt werden.

Indem wir die Gl. (18.34) nach und nach mit jeder der Funktionen des Systems

$$\{1, \cos kx, \sin kx; \ k \in \mathbb{N}\} \ ,$$

multiplizieren und dabei ausnutzen, dass in der sich ergebenden gleichmäßig konvergierenden Reihe gliedweise Integration möglich ist, und wir die Gleichungen

$$\int_{-\pi}^{\pi} 1^2 \, \mathrm{d}x = 2\pi \ ,$$

$$\int_{-\pi}^{\pi} \cos mx \cos nx \, \mathrm{d}x = \int_{-\pi}^{\pi} \sin mx \sin nx \, \mathrm{d}x = 0 \ \text{ für } \ m \neq n \ , m, n \in \mathbb{N} \ ,$$

$$\int\limits_{-\pi}^{\pi} \cos^2 nx \, dx = \int\limits_{-\pi}^{\pi} \sin^2 nx \, dx = \pi \, , \quad n \in \mathbb{N}$$

berücksichtigen, dann erhalten wir die Koeffizienten

$$a_k = a_k(f) = \frac{1}{\pi} \int\limits_{-\pi}^{\pi} f(x) \cos kx \, dx \, , \quad k = 0, 1, \ldots \, , \qquad (18.35)$$

$$b_k = b_k(f) = \frac{1}{\pi} \int\limits_{-\pi}^{\pi} f(x) \sin kx \, dx \, , \quad k = 1, 2, \ldots \qquad (18.36)$$

der Entwicklung (18.34) der Funktion f in einer trigonometrischen Reihe.

Wir sind zu denselben Koeffizienten gelangt, die wir erhalten hätten, wenn wir (18.34) als die Entwicklung des Vektors $f \in \mathcal{R}_2[-\pi, \pi]$ im Orthogonalsystem $\{1, \cos kx, \sin kx; \ k \in \mathbb{N}\}$ betrachtet hätten. Dies ist nicht weiter überraschend, da gleichmäßige Konvergenz der Reihe (18.34) natürlich auf dem abgeschlossenen Intervall $[-\pi, \pi]$ Konvergenz im Mittel impliziert und daher müssen die Koeffizienten von (18.34) die Fourier-Koeffizienten der Funktion f im vorgegebenen Orthogonalsystem sein (vgl. Abschnitt 18.1).

Definition 1. Besitzen die Integrale (18.35) und (18.36) für eine Funktion f eine Bedeutung, dann wird die f zugewiesene trigonometrische Reihe

$$f \sim \frac{a_0(f)}{2} + \sum_{k=1}^{\infty} a_k(f) \cos kx + b_k(f) \sin kx \qquad (18.37)$$

die *trigonometrische Fourier–Reihe* von f genannt.

Da wir in diesem Abschnitt keine anderen Fourier–Reihen als trigonometrische Fourier–Reihen betrachten, werden wir uns gelegentlich erlauben, das Wort „trigonometrisch" wegzulassen und einfach nur von „der Fourier–Reihe von f" zu sprechen.

Wir werden uns hauptsächlich mit Funktionen der Klasse $\mathcal{R}([-\pi, \pi], \mathbb{C})$ beschäftigen oder etwas allgemeiner mit Funktionen, deren quadrierte Absolutbeträge auf dem offenen Intervall $]-\pi, \pi[$ integrierbar sind (möglicherweise auch im uneigentlichen Sinne). Wir behalten unsere bisherige Schreibweise $\mathcal{R}_2[-\pi, \pi]$ bei, um den Vektorraum derartiger Funktion mit dem üblichen inneren Produkt

$$\langle f, g \rangle = \int\limits_{-\pi}^{\pi} f \bar{g} \, dx \qquad (18.38)$$

zu bezeichnen.

Die Besselsche Ungleichung

$$\frac{|a_0(f)|^2}{2} + \sum_{k=1}^{\infty} |a_k(f)|^2 + |b_k(f)|^2 \leq \frac{1}{\pi} \int_{-\pi}^{\pi} |f|^2(x) \, dx \,, \qquad (18.39)$$

die für jede Funktion $f \in \mathcal{R}_2([-\pi, \pi], \mathbb{C})$ gilt, zeigt uns, dass bei Weitem nicht jede trigonometrische Reihe (18.32) die Fourier–Reihe einer Funktion $f \in \mathcal{R}_2[-\pi, \pi]$ sein kann.

Beispiel 1. Die trigonometrische Reihe

$$\sum_{k=1}^{\infty} \frac{\sin kx}{\sqrt{k}}$$

konvergiert, wie wir bereits wissen (vgl. Beispiel 7 in Abschnitt 16.2), auf $\mathbb{R}$, sie ist aber nicht die Fourier–Reihe irgendeiner Funktion $f \in \mathcal{R}_2[-\pi, \pi]$, da die Reihe $\sum_{k=1}^{\infty} \left(\frac{1}{\sqrt{k}}\right)^2$ divergiert.

Daher werden wir hier nicht beliebige trigonometrische Reihen (18.32) untersuchen, sondern nur Fourier–Reihen (18.37) von Funktionen $\mathcal{R}_2[-\pi, \pi]$ und Funktionen, die auf $]-\pi, \pi[$ absolut integrierbar sind.

b. Konvergenz im Mittel einer trigonometrischen Fourier–Reihe

Sei

$$S_n(x) = \frac{a_0(f)}{2} + \sum_{k=1}^{n} a_k(f) \cos kx + b_k(f) \sin kx \qquad (18.40)$$

die n-te Teilsumme der Fourier–Reihe der Funktion $f \in \mathcal{R}_2[-\pi, \pi]$. Die Differenz zwischen S_n und f kann sowohl in der natürlichen Metrik des Raumes $\mathcal{R}_2[-\pi, \pi]$ gemessen werden, die durch das innere Produkt (18.38) induziert wird, d.h. im Sinne der *mittleren quadratischen Abweichung*

$$\|f - S_n\| = \sqrt{\int_{-\pi}^{\pi} |f - S_n|^2(x) \, dx} \qquad (18.41)$$

von S_n und f auf dem Intervall $[-\pi, \pi]$ wie auch im Sinne der punktweisen Konvergenz auf diesem Intervall.

Die erste dieser beiden Arten der Konvergenz haben wir für eine beliebige Reihe in Abschnitt 18.1 untersucht. Wenn wir die dort erhaltenen Ergebnisse gezielt für diesen Kontext einer trigonometrischen Fourier–Reihe benutzen wollen, müssen wir zunächst einmal festhalten, dass das trigonometrische System $\{1, \cos kx, \sin kx; \ k \in \mathbb{N}\}$ in $\mathcal{R}_2[-\pi, \pi]$ vollständig ist. (Dies haben wir bereits in Abschnitt 18.1 betont und wir werden dies in Absatz 18.2.4 in diesem Abschnitt unabhängig beweisen.)

Daher ermöglicht uns der zentrale Satz aus Abschnitt 18.1 für diesen Fall den Beweis des folgenden Satzes:

Satz 1. (Konvergenz im Mittel einer trigonometrischen Fourier–Reihe). *Die Fourier–Reihe (18.37) jeder Funktion $f \in \mathcal{R}_2\big([-\pi, \pi], \mathbb{C}\big)$ konvergiert im Mittel (18.41) gegen die Funktion, d.h.*

$$f(x) \underset{\mathcal{R}_2}{=} \frac{a_0(f)}{2} + \sum_{k=1}^{\infty} a_k(f) \cos kx + b_k(f) \sin kx \ ,$$

und es gilt die Parsevalsche Ungleichung:

$$\frac{1}{\pi} \int_{-\pi}^{\pi} |f|^2(x) \, \mathrm{d}x = \frac{|a_0(f)|^2}{2} + \sum_{k=1}^{\infty} |a_k(f)|^2 + |b_k(f)|^2 \ . \qquad (18.42)$$

Wir werden oft die etwas kompaktere und komplexe Schreibweise für trigonometrische Polynome und trigonometrische Reihen benutzen, die auf den Eulerschen Formeln $\mathrm{e}^{\mathrm{i}x} = \cos x + \mathrm{i} \sin x$, $\cos x = \frac{1}{2}\big(\mathrm{e}^{\mathrm{i}x} + \mathrm{e}^{-\mathrm{i}x}\big)$, $\sin x = \frac{1}{2\mathrm{i}}\big(\mathrm{e}^{\mathrm{i}x} - \mathrm{e}^{-\mathrm{i}x}\big)$ beruht. Mit ihrer Hilfe können wir die Teilsumme (18.40) der Fourier–Reihe als

$$S_n(x) = \sum_{k=-n}^{n} c_k \mathrm{e}^{\mathrm{i}kx} \qquad (18.40')$$

und die Reihe selber als

$$f \sim \sum_{-\infty}^{+\infty} c_k \mathrm{e}^{\mathrm{i}kx} \qquad (18.37')$$

schreiben. Dabei ist

$$c_k = \begin{cases} \frac{1}{2}(a_k - \mathrm{i}b_k) \ , & \text{für } k > 0 \ , \\[2mm] \frac{1}{2}a_0 \ , & \text{für } k = 0 \ , \\[2mm] \frac{1}{2}(a_{-k} + \mathrm{i}b_{-k}) \ , & \text{für } k < 0 \ , \end{cases} \qquad (18.43)$$

d.h.

$$c_k = c_k(f) = \frac{1}{2\pi} \int_{-\pi}^{\pi} f(x) \mathrm{e}^{-\mathrm{i}kx} \, \mathrm{d}x \ , \quad k \in \mathbb{Z} \ , \qquad (18.44)$$

und daher sind die Zahlen c_k einfach die Fourier–Koeffizienten von f im System $\{\mathrm{e}^{\mathrm{i}kx}; \ k \in \mathbb{Z}\}$.

Wir wollen noch darauf aufmerksam machen, dass die Summation der Fourier–Reihe (18.37′) im Sinne der Konvergenz der Summen (18.40′) zu verstehen ist.

In komplexer Schreibweise bedeutet Satz 1 einfach, dass für jede Funktion $f \in \mathcal{R}_2\big([-\pi, \pi], \mathbb{C}\big)$ gilt, dass

$$f(x) \underset{\mathcal{R}_2}{=} \sum_{-\infty}^{\infty} c_k(f) e^{ikx}$$

und

$$\frac{1}{2\pi} \|f\|^2 = \sum_{-\infty}^{\infty} |c_k(f)|^2 \ . \tag{18.45}$$

c. Punktweise Konvergenz einer trigonometrischen Fourier–Reihe

Satz 1 liefert eine vollständige Lösung für das Problem der Konvergenz im Mittel einer Fourier–Reihe (18.37), d.h. für die Konvergenz in der Norm des Raumes $\mathcal{R}_2[-\pi, \pi]$. Der Rest dieses Abschnitts wird sich hauptsächlich damit beschäftigen, die Bedingungen für und die Eigenheiten der punktweisen Konvergenz einer trigonometrischen Reihe zu untersuchen. Wir werden nur die einfachsten Gesichtspunkte dieses Problems betrachten. Die Untersuchung der punktweisen Konvergenz einer trigonometrischen Reihe ist in der Regel ein derartig heikles Thema, dass es, trotz der traditionell zentralen Rolle von Fourier–Reihen nach den Arbeiten von Euler, Fourier und Riemann, immer noch keine intrinsische Beschreibung der Klasse von Funktionen gibt, die durch trigonometrische Reihen, die in jedem Punkt gegen die Funktion konvergieren, dargestellt werden können (das *Riemannsche Problem*). Bis vor kurzem war noch nicht einmal bekannt, ob die Fourier–Reihe einer stetigen Funktion gegen diese Funktion fast überall konvergieren muss (es war bekannt, dass nicht in jedem Punkt Konvergenz herrschen muss). Kürzlich lieferte A.N. Kolmogorow[15] ein Beispiel für eine Funktion $f \in L[-\pi, \pi]$, deren Fourier–Reihe überall divergierte (dabei ist $L[-\pi, \pi]$ der Raum der Lebesgue-integrierbaren Funktionen auf dem Intervall $[-\pi, \pi]$, den man durch metrische Vervollständigung des Raumes $\mathcal{R}_2[-\pi, \pi]$ erhält) und D.E. Men'show[16] konstruierte eine trigonometrische Reihe (18.32), deren Koeffizienten nicht alle Null sind, die dennoch fast überall gegen Null konvergiert (*Men'shows Nullreihe*). Das von N.N. Luzin[17] gestellte Problem (*Luzins Problem*) nach der Bestimmung, ob die Fourier-Reihe jeder Funktion $f \in L_2[-\pi, \pi]$ fast überall konvergiert (dabei

---

[15] A.N. Kolmogorow (1903–1987) – herausragender sowjetischer Gelehrter, der auf den Gebieten der Wahrscheinlichkeitstheorie, der mathematischen Statistik, der Funktionentheorie, der Funktionalanalysis, der Topologie, der Logik, den Differentialgleichungen und der angewandten Mathematik arbeitete.

[16] D.E. Men'show (1892–1988) – sowjetischer Mathematiker, einer der größten Spezialisten für die Funktionentheorie einer reellen Variablen.

[17] N.N. Luzin (1883–1950) – russischer/sowjetischer Mathematiker, einer der bedeutendsten Kenner der Funktionentheorie einer reellen Variablen, Begründer der großen Moskauer Mathematikschule („Lusitania").

ist $L_2[-\pi, \pi]$ die metrische Vervollständigung von $\mathcal{R}_2[-\pi, \pi]$) wurde erst 1966 bestätigend von L. Carleson.[18] beantwortet. Aus dem Ergebnis von Carleson folgt insbesondere, dass die Fourier-Reihe jeder Funktion $f \in \mathcal{R}_2[-\pi, \pi]$ (beispielsweise einer stetigen Funktion) in fast allen Punkten des abgeschlossenen Intervalls $[-\pi, \pi]$ konvergieren muss.

18.2.2 Untersuchung der punktweisen Konvergenz einer trigonometrischen Fourier-Reihe

a. Integraldarstellung der Teilsumme einer Fourier-Reihe

Wir wollen nun die Teilsumme (18.40) der Fourier-Reihe (18.37) näher betrachten und dazu mit Hilfe der komplexen Schreibweise (18.40′) für die Fourier-Koeffizienten (18.44) die folgenden Umformungen vornehmen:

$$S_n(x) = \sum_{k=-n}^{n} \left(\frac{1}{2\pi} \int_{-\pi}^{\pi} f(t) e^{-ikt}\, dt \right) e^{ikx} =$$

$$= \frac{1}{2\pi} \int_{-\pi}^{\pi} f(t) \left(\sum_{k=-n}^{n} e^{ik(x-t)} \right) dt\,. \tag{18.46}$$

Nun ist aber

$$D_n(u) := \sum_{k=-n}^{n} e^{iku} = \frac{e^{i(n+1)u} - e^{-inu}}{e^{iu} - 1} = \frac{e^{i(n+\frac{1}{2})u} - e^{-i(n+\frac{1}{2})u}}{e^{i\frac{1}{2}u} - e^{-i\frac{1}{2}u}}\,, \tag{18.47}$$

und, wie wir direkt an der Definition erkennen können, es ist $D_n(u) = (2n+1)$ für $e^{iu} = 1$.

Daher gilt

$$D_n(u) = \frac{\sin\left(n + \frac{1}{2}\right)u}{\sin\frac{1}{2}u}\,, \tag{18.48}$$

wobei das Verhältnis gleich $2n + 1$ wird, wenn der Nenner des Bruchs Null wird.

Wenn wir die Berechnung (18.46) fortsetzen, gelangen wir zu

$$S_n(x) = \frac{1}{2\pi} \int_{-\pi}^{\pi} f(t) D_n(x - t)\, dt\,. \tag{18.49}$$

Wir haben somit $S_n(x)$ als die Faltung der Funktion f mit der Funktion (18.48) dargestellt, die *Dirichlet-Kern* genannt wird.

---

[18] L. Carleson (geb. 1928) – hervorragender schwedischer Mathematiker, dessen Hauptarbeiten in zahlreichen Gebieten der modernen Analysis liegen.

Wie wir an der Ausgangsdefinition (18.47) der Funktion $D_n(u)$ erkennen können, besitzt der Dirichlet–Kern die Periode 2π, ist gerade und es gilt außerdem

$$\frac{1}{2\pi} \int\limits_{-\pi}^{\pi} D_n(u)\,\mathrm{d}u = \frac{1}{\pi} \int\limits_{0}^{\pi} D_n(u)\,\mathrm{d}u = 1\,. \qquad (18.50)$$

Wenn wir annehmen, dass die Funktion f auf $\mathbb{R}$ die Periode 2π besitzt oder von $[-\pi, \pi]$ auf $\mathbb{R}$ so erweitert wird, dass sie die Periode 2π besitzt und in (18.49) substituieren, erhalten wir

$$S_n(x) = \frac{1}{2\pi} \int\limits_{-\pi}^{\pi} f(x-t)D_n(t)\,\mathrm{d}t = \frac{1}{2\pi} \int\limits_{-\pi}^{\pi} f(x-t)\frac{\sin\left(n+\frac{1}{2}\right)t}{\sin\frac{1}{2}t}\,\mathrm{d}t\,. \qquad (18.51)$$

Bei der Ausführung der Substitution haben wir ausgenutzt, dass das Integral einer periodischen Funktion über jedem Intervall, das die Länge der Periode besitzt, gleich ist.

Wenn wir weiter berücksichtigen, dass $D_n(t)$ eine gerade Funktion ist, können wir Gl. (18.51) umformulieren und erhalten

$$S_n(x) = \frac{1}{2\pi} \int\limits_{0}^{\pi} \big(f(x-t) + f(x+t)\big)D_n(t)\,\mathrm{d}t =$$

$$= \frac{1}{2\pi} \int\limits_{0}^{\pi} \big(f(x-t) + f(x+t)\big)\frac{\sin\left(n+\frac{1}{2}\right)t}{\sin\frac{1}{2}t}\,\mathrm{d}t\,. \qquad (18.52)$$

b. Das Riemann–Lebesgue Lemma und das Lokalisierungsprinzip

Die Darstellung (18.52) für die Teilsumme einer trigonometrischen Fourier–Reihe bildet zusammen mit einer Beobachtung von Riemann, die wir oben angeführt haben, die Basis für die Untersuchung der punktweisen Konvergenz einer trigonometrischen Fourier–Reihe.

Lemma 1. (Riemann–Lebesgue). *Ist auf einem offenen Intervall* $]\omega_1, \omega_2[$ *eine lokal integrierbare Funktion* $f :]\omega_1, \omega_2[\to \mathbb{R}$ *absolut integrierbar (möglicherweise im uneigentlichen Sinn), dann gilt*

$$\int\limits_{\omega_1}^{\omega_2} f(x)\mathrm{e}^{\mathrm{i}\lambda x}\,\mathrm{d}x \to 0 \; \text{für } \lambda \to \infty\,, \quad \lambda \in \mathbb{R}\,. \qquad (18.53)$$

Beweis. Ist $]\omega_1, \omega_2[$ ein endliches Intervall und $f(x) \equiv 1$, dann können wir Gl. (18.53) durch direkte Integration und Übergang zum Grenzwert beweisen.

Wir werden den Allgemeinfall auf diesen einfachsten zurückführen.

Wir legen ein beliebiges $\varepsilon > 0$ fest und wählen zunächst ein Intervall $[a,b] \subset]\omega_1, \omega_2[$, so dass für jedes $\lambda \in \mathbb{R}$ gilt:

$$\left| \int\limits_{\omega_1}^{\omega_2} f(x)\mathrm{e}^{\mathrm{i}\lambda x}\, \mathrm{d}x - \int\limits_{a}^{b} f(x)\mathrm{e}^{\mathrm{i}\lambda x}\, \mathrm{d}x \right| < \varepsilon\,. \tag{18.54}$$

Im Hinblick auf die Abschätzungen

$$\left| \int\limits_{\omega_1}^{\omega_2} f(x)\mathrm{e}^{\mathrm{i}\lambda x}\, \mathrm{d}x - \int\limits_{a}^{b} f(x)\mathrm{e}^{\mathrm{i}\lambda x}\, \mathrm{d}x \right| \leq$$

$$\leq \int\limits_{\omega_1}^{a} |f(x)\mathrm{e}^{\mathrm{i}\lambda x}|\, \mathrm{d}x + \int\limits_{b}^{\omega_2} |f(x)\mathrm{e}^{\mathrm{i}\lambda x}|\, \mathrm{d}x = \int\limits_{\omega_1}^{a} |f|(x)\, \mathrm{d}x + \int\limits_{b}^{\omega_2} |f|(x)\, \mathrm{d}x$$

und der absoluten Integrierbarkeit von f auf $]\omega_1, \omega_2[$ existiert natürlich ein derartiges abgeschlossenes Intervall $[a,b]$.

Da $f \in \mathcal{R}([a,b], \mathbb{R})$ (genauer gesagt $f\big|_{[a,b]} \in \mathcal{R}([a,b])$), existiert eine untere Darboux–Summe $\sum\limits_{j=1}^{n} m_j \Delta x_j$ mit $m_j = \inf\limits_{x \in [x_{j-1}, x_j]} f(x)$, so dass

$$0 < \int\limits_{a}^{b} f(x)\, \mathrm{d}x - \sum\limits_{j=1}^{n} m_j \Delta x_j < \varepsilon\,.$$

Wenn wir nun die stückweise konstante Funktion $g(x) = m_j$ für $x \in [x_{j-1}, x_j]$, $j = 1, \ldots, n$ einführen, dann erhalten wir, dass $g(x) \leq f(x)$ auf $[a,b]$ und

$$0 \leq \left| \int\limits_{a}^{b} f(x)\mathrm{e}^{\mathrm{i}\lambda x}\, \mathrm{d}x - \int\limits_{a}^{b} g(x)\mathrm{e}^{\mathrm{i}\lambda x}\, \mathrm{d}x \right| \leq$$

$$\leq \int\limits_{a}^{b} |f(x) - g(x)|\, |\mathrm{e}^{\mathrm{i}\lambda x}|\, \mathrm{d}x = \int\limits_{a}^{b} \big(f(x) - g(x)\big)\, \mathrm{d}x < \varepsilon\,. \tag{18.55}$$

Gleichzeitig ist

$$\int\limits_{a}^{b} g(x)\mathrm{e}^{\mathrm{i}\lambda x}\, \mathrm{d}x = \sum\limits_{j=1}^{n} \int\limits_{x_{j-1}}^{x_j} m_j \mathrm{e}^{\mathrm{i}\lambda x}\, \mathrm{d}x =$$

$$= \frac{1}{\mathrm{i}\lambda} \sum\limits_{j=1}^{n} \big(m_j \mathrm{e}^{\mathrm{i}\lambda x}\big)\big|_{x_{j-1}}^{x_j} \to 0 \;\text{ für }\; \lambda \to \infty\,,\;\; \lambda \in \mathbb{R}\,. \tag{18.56}$$

Wenn wir die Relationen (18.53)-(18.56) miteinander vergleichen, gelangen wir zur Behauptung. $\qquad\square$

Anmerkung 1. Wenn wir die reellen und die imaginären Teile in (18.53) separieren, gelangen wir zu

$$\int\limits_{\omega_1}^{\omega_2} f(x)\cos\lambda x\,\mathrm{d}x \to 0 \quad \text{und} \quad \int\limits_{\omega_1}^{\omega_2} f(x)\sin\lambda x\,\mathrm{d}x \to 0 \qquad (18.57)$$

für $\lambda \to \infty$, $\lambda \in \mathbb{R}$. Wäre die Funktion f in den obigen Integralen komplex, dann wären wir durch Trennung der reellen und imaginären Teile in ihnen zum Schluss gekommen, dass die Relationen (18.57) und folglich auch (18.53) tatsächlich auch für komplexwertige Funktionen $f :]\omega_1, \omega_2[\to \mathbb{C}$ gültig wäre.

Anmerkung 2. Ist bekannt, dass $f \in \mathcal{R}_2[-\pi, \pi]$, dann können wir mit der Besselschen Ungleichung (18.39) unmittelbar folgern, dass

$$\int\limits_{-\pi}^{\pi} f(x)\cos nx\,\mathrm{d}x \to 0 \quad \text{und} \quad \int\limits_{-\pi}^{\pi} f(x)\sin nx\,\mathrm{d}x \to 0$$

für $n \to \infty$, $n \in \mathbb{N}$. Theoretisch hätte diese diskrete Version des Riemann–Lebesgue Lemmas für die elementaren Untersuchungen der klassischen Fourier–Reihen, die hier ausgeführt werden, ausgereicht.

Wir kehren nun zur Integraldarstellung (18.52) der Teilsumme einer Fourier–Reihe für eine Funktion f, die die Voraussetzungen des Riemann–Lebesgue Lemmas erfüllt, zurück. Da $\sin\frac{1}{2}t \geq \sin\frac{1}{2}\delta > 0$ für $0 < \delta \leq t \leq \pi$ gilt, merken wir an, dass wir (18.57) für folgende Gleichung benutzen können:

$$S_n(x) = \frac{1}{2\pi} \int\limits_0^\delta \left(f(x-t)+f(x+t)\right) \frac{\sin\left(n+\frac{1}{2}\right)t}{\sin\frac{1}{2}t}\,\mathrm{d}t + o(1) \quad \text{für } n \to \infty . \quad (18.58)$$

Die wichtige Folgerung, die wir aus (18.58) ziehen können, ist die, dass die Konvergenz oder die Divergenz einer Fourier–Reihe in einem Punkt vollständig durch das Verhalten der Funktion in einer beliebig kleinen Umgebung dieses Punktes bestimmt wird.

Wir formulieren dieses Prinzip in folgendem Satz:

Satz 2. (Lokalisierungsprinzip). *Seien f und g reell- oder komplexwertige lokal integrierbare Funktionen auf $]-\pi, \pi[$, die auf dem gesamten Intervall (möglicherweise im uneigentlichen Sinne) absolut integrierbar sind.*

Sind die Funktionen f und g in einer (beliebig kleinen) Umgebung des Punktes $x_0 \in]-\pi, \pi[$ gleich, dann konvergieren entweder beide Fourier–Reihen

$$f(x) \sim \sum_{-\infty}^{+\infty} c_k(f)\mathrm{e}^{\mathrm{i}kx} \quad und \quad g(x) \sim \sum_{-\infty}^{+\infty} c_k(g)\mathrm{e}^{\mathrm{i}kx}$$

in x_0 oder beide divergieren. Konvergieren sie, dann sind ihre Grenzwerte[19] *gleich.*

Anmerkung 3. Wie wir an den Überlegung bei den Herleitungen der Gln. (18.52) und (18.58) erkennen können, kann der Punkt x_0 im Lokalisierungsprinzip auch ein Endpunkt des abgeschlossenen Intervalls $[-\pi, \pi]$ sein, aber dann (und dies ist essentiell!) ist es notwendig (und hinreichend), damit die periodischen Erweiterungen der Funktionen f und g aus dem abgeschlossenen Intervall $[-\pi, \pi]$ auf $\mathbb{R}$ in einer Umgebung des Punktes x_0 gleich sind, dass die Ausgangsfunktionen in einer Umgebung beider Endpunkte des abgeschlossenen Intervalls $[-\pi, \pi]$ gleich sind.

c. Hinreichende Bedingungen, damit eine Fourier–Reihe in einem Punkt konvergiert

Definition 2. Eine auf einer punktierten Umgebung eines Punktes $x \in \mathbb{R}$ definierte Funktion $f : \overset{\circ}{U} \to \mathbb{C}$ erfüllt die *Dini-Bedingungen* in x, falls

a) beide einseitigen Grenzwerte

$$f(x_-) = \lim_{t \to +0} f(x - t) \quad \text{und} \quad f(x_+) = \lim_{t \to +0} f(x + t)$$

in x existieren und
b) das Integral

$$\int\limits_{+0} \frac{\bigl(f(x-t) - f(x_-)\bigr) + \bigl(f(x+t) - f(x_+)\bigr)}{t} \, dt$$

absolut konvergiert[20].

Beispiel 2. Ist f eine stetige Funktion in $U(x)$, für die die Höldersche Bedingung

$$|f(x+t) - f(x)| \le M|t|^\alpha \,, \quad 0 < \alpha \le 1 \,,$$

Gültigkeit besitzt, dann erfüllt die Funktion f die Dini-Bedingung in x, da die Abschätzung

$$\left| \frac{f(x+t) - f(x)}{t} \right| \le \frac{M}{|t|^{1-\alpha}}$$

gilt.

Es ist auch klar, dass dann, wenn eine stetige Funktion f, die in einer punktierten Umgebung $\overset{\circ}{U}(x)$ von x definiert ist, einseitige Grenzwerte $f(x_-)$ und $f(x_+)$ besitzt und die einseitigen Hölderschen Bedingungen

---

[19] Obwohl im Grenzwert nicht $f(x_0) = g(x_0)$ zu sein braucht.

[20] Dabei ist gemeint, dass das Integral $\int\limits_0^\varepsilon$ für ein $\varepsilon > 0$ absolut konvergiert.

$$|f(x+t) - f(x_+)| \le Mt^\alpha ,$$
$$|f(x-t) - f(x_-)| \le Mt^\alpha ,$$

mit $t > 0, 0 < \alpha \le 1$ und der positiven Konstanten M erfüllt, f aus denselben Gründen wie oben die Dini-Bedingungen erfüllt.

Definition 3. Wir nennen eine reell- oder komplexwertige Funktion f *auf dem abgeschlossenen Intervall* $[a, b]$ *stückweise stetig*, falls es eine endliche Menge von Punkten $a = x_0 < x_1 < \cdots < x_n = b$ in diesem Intervall gibt, so dass f auf jedem Intervall $]x_{j-1}, x_j[, j = 1, \ldots, n$ definiert ist und bei der Annäherung an diese Endpunkte einseitige Grenzwerte besitzt.

Definition 4. Eine Funktion mit einer stückweise stetigen Ableitung auf einem abgeschlossenen Intervall ist auf diesem Intervall *stückweise stetig differenzierbar*.

Beispiel 3. Ist eine Funktion auf einem abgeschlossenen Intervall stückweise stetig differenzierbar, dann erfüllt sie in jedem Punkt des Intervalls die Höldersche Bedingung zum Exponenten $\alpha = 1$, wie aus dem Mittelwertsatz der Integration folgt. Daher erfüllt eine derartige Funktion nach Beispiel 1 in jedem Punkt des Intervalls die Dini-Bedingungen. In den Endpunkten des Intervalls müssen natürlich nur die entsprechenden einseitigen Dini-Bedingungen überprüft werden.

Beispiel 4. Die Funktion $f(x) = \operatorname{sgn} x$ erfüllt in jedem Punkt $x \in \mathbb{R}$ die Dini-Bedingungen; selbst in Null.

Satz 3. (Hinreichende Bedingung für die Konvergenz einer Fourier–Reihe in einem Punkt). *Sei* $f : \mathbb{R} \to \mathbb{C}$ *eine Funktion mit der Periode* 2π, *die auf dem abgeschlossenen Intervall* $[-\pi, \pi]$ *absolut integrierbar ist. Erfüllt* f *die Dini-Bedingungen in einem Punkt* $x \in \mathbb{R}$, *dann konvergiert ihre Fourier–Reihe in diesem Punkt mit*

$$\sum_{-\infty}^{+\infty} c_k(f) e^{ikx} = \frac{f(x_-) + f(x_+)}{2} . \tag{18.59}$$

Beweis. Mit den Gleichungen (18.52) und (18.50) erhalten wir

$$S_n(x) - \frac{f(x_-) + f(x_+)}{2} =$$
$$= \frac{1}{\pi} \int_0^\pi \frac{\big(f(x-t) - f(x_-)\big) + \big(f(x+t) - f(x_+)\big)}{2 \sin \frac{1}{2} t} \sin\left(n + \frac{1}{2}\right) t \, dt .$$

Da $2 \sin \frac{1}{2} t \sim t$ für $t \to +0$, erkennen wir mit den Dini-Bedingungen und dem Riemann–Lebesgue Lemma, dass dieses letzte Integral für $n \to \infty$ gegen Null strebt. $\qquad\square$

Anmerkung 4. In Verbindung mit dem gerade bewiesenen Satz und dem Lokalisierungsprinzip halten wir fest, dass die Veränderung des Wertes der Funktion in einem Punkt keinen Einfluss auf die Fourier–Koeffizienten oder die Fourier–Reihe oder die Teilsummen der Fourier–Reihen besitzt. Daher wird die Konvergenz und die Summe einer derartigen Reihe in einem Punkt nicht durch den speziellen Wert der Funktion in diesem Punkt bestimmt, sondern durch das Integralmittel seiner Werte in einer beliebig kleinen Umgebung des Punktes. Diese Tatsache wird in Aufgabe 3 aufgegriffen.

Beispiel 5. In Beispiel 6 in Abschnitt 18.1 haben wir die Fourier–Reihe

$$x \sim \sum_{k=1}^{\infty} 2 \frac{(-1)^{k+1}}{k} \sin kx \qquad (18.60)$$

der Funktion $f(x) = x$ auf dem abgeschlossenen Intervall $[-\pi, \pi]$ bestimmt. Wenn wir die Funktion $f(x)$ aus dem Intervall $]-\pi, \pi[$ auf die gesamte reelle Gerade erweitern, können wir annehmen, dass die Reihe (18.60) die Fourier–Reihe dieser erweiterten Funktion ist. Dann erhalten wir aufbauend auf Satz 3, dass

$$\sum_{k=1}^{\infty} 2 \frac{(-1)^{k+1}}{k} \sin kx = \begin{cases} x \,, & \text{für } |x| < \pi \,, \\ 0 \,, & \text{für } |x| = \pi \,. \end{cases}$$

Insbesondere folgt aus dieser Gleichung für $x = \frac{\pi}{2}$, dass

$$\sum_{n=0}^{\infty} \frac{(-1)^n}{2n+1} = \frac{\pi}{4} \,.$$

Beispiel 6. Sei $\alpha \in \mathbb{R}$ und $|\alpha| < 1$. Wir betrachten die 2π-periodische Funktion $f(x)$, die auf dem abgeschlossenen Intervall $[-\pi, \pi]$ durch die Formel $f(x) = \cos \alpha x$ definiert wird.

Mit den Gleichungen (18.35) und (18.36) erhalten wir ihre Fourier–Koeffizienten:

$$a_n(f) = \frac{1}{\pi} \int_{-\pi}^{\pi} \cos \alpha x \cos nx \, \mathrm{d}x = \frac{(-1)^n \sin \pi \alpha}{\pi} \cdot \frac{2\alpha}{\alpha^2 - n^2} \quad \text{und}$$

$$b_n(f) = \frac{1}{\pi} \int_{-\pi}^{\pi} \cos \alpha x \sin nx \, \mathrm{d}x = 0 \,.$$

Nach Satz 3 gilt in jedem Punkt $x \in [-\pi, \pi]$ die folgende Gleichung:

$$\cos \alpha x = \frac{2\alpha \sin \pi \alpha}{\pi} \left(\frac{1}{2\alpha^2} + \sum_{n=1}^{\infty} \frac{(-1)^n}{\alpha^2 - n^2} \cos nx \right) \,.$$

Für $x = \pi$ impliziert diese Gleichung, dass

$$\cot \pi\alpha - \frac{1}{\pi\alpha} = \frac{2\alpha}{\pi} \sum_{n=1}^{\infty} \frac{1}{\alpha^2 - n^2} \ . \tag{18.61}$$

Für $|\alpha| \leq \alpha_0 < 1$ ist $\left| \frac{1}{\alpha^2 - n^2} \right| \leq \frac{1}{n^2 - \alpha_0^2}$ und folglich konvergiert die Reihe auf der rechten Seite von Gl. (18.61) gleichmäßig bezüglich α auf jedem abgeschlossenen Intervall $|\alpha| \leq \alpha_0 < 1$. Daher sind wir berechtigt, gliedweise zu integrieren, d.h.

$$\int\limits_0^\pi \left(\cot \pi\alpha - \frac{1}{\pi\alpha} \right) dx = \sum_{n=1}^{\infty} \int\limits_0^\pi \frac{2\alpha \, d\alpha}{\alpha^2 - n^2}$$

und

$$\ln \frac{\sin \pi\alpha}{\pi\alpha} \bigg|_0^\pi = \sum_{n=1}^{\infty} \ln |\alpha^2 - n^2| \bigg|_0^\pi \ .$$

So erhalten wir

$$\ln \frac{\sin \pi x}{\pi x} = \sum_{n=1}^{\infty} \ln \left(1 - \frac{x^2}{\pi^2} \right)$$

und schließlich

$$\frac{\sin \pi x}{\pi x} = \prod_{n=1}^{\infty} \left(1 - \frac{x^2}{n^2} \right) \ , \ \text{ falls } |x| < 1 \ . \tag{18.62}$$

Wir haben so Gleichung (18.62), die wir früher bei der Herleitung der komplementären Gleichung zur Eulerschen Funktion $\Gamma(x)$ (vgl. Abschnitt 17.3) erwähnt haben, bewiesen.

d. Satz von Fejér

Wir wollen nun die Funktionenfolge

$$\sigma_n(x) := \frac{S_0(x) + \cdots + S_n(x)}{n + 1}$$

betrachten, die sich aus den arithmetischen Mitteln der entsprechenden Teilsummen $S_0(x), \ldots, S_n(x)$ der trigonometrischen Fourier–Reihe (18.37) einer Funktion $f : \mathbb{R} \to \mathbb{C}$ der Periode 2π ergeben.

Aus der Integraldarstellung (18.51) für die Teilsummen der Fourier–Reihe gelangen wir zu

$$\sigma_n(x) = \frac{1}{2\pi} \int\limits_{-\pi}^\pi f(x - t) \mathcal{F}_n(t) \, dt \ ,$$

mit

$$\mathcal{F}_n(t) = \frac{1}{n+1}\big(D_0(t) + \cdots + D_n(t)\big)\ .$$

Wenn wir die explizite Gestalt (18.48) des Dirichlet-Kerns bedenken und die Gleichung

$$\sum_{k=0}^{n}\sin\left(k+\frac{1}{2}\right)t = \frac{1}{2}\left(\sin\frac{1}{2}t\right)^{-1}\sum_{k=0}^{n}\big(\cos kt - \cos(k+1)t\big) = \frac{\sin^2\left(\frac{n+1}{2}\right)t}{\sin\frac{1}{2}t}$$

berücksichtigen, gelangen wir zu

$$\mathcal{F}_n(t) = \frac{\sin^2\frac{n+1}{2}t}{(n+1)\sin^2\frac{1}{2}t}\ .$$

Die Funktion $\mathcal{F}_n$ wird *Fejér[21]-Kern* oder genauer, der *n-te Fejér-Kern* genannt.

Wenn wir die ursprüngliche Definition (18.47) des Dirichlet-Kerns D_n berücksichtigen, können wir folgern, dass der Fejér-Kern eine glatte Funktion mit Periode 2π ist, dessen Werte gleich $(n+1)$ sind, wenn der Nenner dieses letzten Bruchs gleich Null ist.

Die Eigenschaften des Fejér- und des Dirichlet-Kerns sind sich in vielerlei Hinsicht ähnlich, aber im Unterschied zum Dirichlet-Kern ist der Fejér-Kern außerdem nicht negativ, so dass das folgende Lemma gilt:

Lemma 2. *Die Funktionenfolge*

$$\Delta_n(x) = \begin{cases} \frac{1}{2\pi}\mathcal{F}_n(x)\ , & \text{für } |x| \le \pi\ , \\[2mm] 0\ , & \text{für } |x| > \pi \end{cases}$$

ist ein genähertes Einselement auf $\mathbb{R}$.

Beweis. Dass $\Delta_n(x)$ nicht negativ ist, ist klar.

Mit Hilfe von (18.50) können wir folgern, dass

$$\int_{-\infty}^{\infty}\Delta_n(x)\,\mathrm{d}x = \int_{-\pi}^{\pi}\Delta_n(x)\,\mathrm{d}x = \frac{1}{2\pi}\int_{-\pi}^{\pi}\mathcal{F}_n(x)\,\mathrm{d}x =$$

$$= \frac{1}{2\pi(n+1)}\sum_{k=0}^{n}\int_{-\pi}^{\pi}D_k(x)\,\mathrm{d}x = 1\ .$$

Schließlich gilt für jedes $\delta > 0$, dass

$$0 \le \int_{-\infty}^{-\delta}\Delta_n(x)\,\mathrm{d}x = \int_{\delta}^{+\infty}\Delta_n(x)\,\mathrm{d}x = \int_{\delta}^{\pi}\Delta_n(x)\,\mathrm{d}x \le \frac{1}{2\pi(n+1)}\int_{\delta}^{\pi}\frac{\mathrm{d}x}{\sin^2\frac{1}{2}x} \to 0$$

für $n \to +\infty$.   □

---

[21] L. Fejér (1880–1956) – wohl bekannter ungarischer Mathematiker.

Satz 4. (Fejér). *Sei $f : \mathbb{R} \to \mathbb{C}$ eine Funktion mit der Periode 2π, die auf dem abgeschlossenen Intervall $[-\pi, \pi]$ absolut integrierbar ist.*

a) Ist f auf der Menge $E \subset \mathbb{R}$ gleichmäßig stetig, dann gilt

$$\sigma_n(x) \rightrightarrows f(x) \quad \text{auf } E \text{ für } n \to \infty \, ;$$

b) Ist $f \in C(\mathbb{R}, \mathbb{C})$, dann gilt

$$\sigma_n(x) \rightrightarrows f(x) \quad \text{auf } \mathbb{R} \text{ für } n \to \infty \, ;$$

c) Ist f im Punkt $x \in \mathbb{R}$ stetig, dann gilt

$$\sigma_n(x) \to f(x) \quad \text{für } n \to \infty \, .$$

Beweis. Die Aussagen *b)* und *c)* sind Spezialfälle von *a)*.

Aussage *a)* selbst ist ein Spezialfall des allgemeinen Satzes 5 in Abschnitt 17.4 zur Konvergenz einer Faltung, da

$$\sigma_n(x) = \frac{1}{2\pi} \int\limits_{-\pi}^{\pi} f(x-t)\mathcal{F}_n(t)\,\mathrm{d}t = (f * \Delta_n)(x) \, . \qquad \square$$

Korollar 1. (Weierstraßsches Korollar zur Approximation durch trigonometrische Polynome). *Ist eine Funktion $f : [-\pi, \pi] \to \mathbb{C}$ auf dem abgeschlossenen Intervall $[-\pi, \pi]$ stetig, mit $f(-\pi) = f(\pi)$, dann kann diese Funktion auf dem Intervall $[-\pi, \pi]$ mit beliebiger Genauigkeit gleichmäßig durch trigonometrische Polynome approximiert werden.*

Beweis. Wenn wir f zu einer Funktion der Periode 2π erweitern, erhalten wir eine stetige 2π-periodische Funktion auf $\mathbb{R}$. Nach dem Satz von Fejér konvergieren die trigonometrischen Polynome $\sigma_n(x)$ gleichmäßig gegen diese Funktion. $\qquad \square$

Korollar 2. *Ist f in x stetig, dann divergiert ihre Fourier–Reihe entweder in x oder sie konvergiert gegen $f(x)$.*

Beweis. Wir benötigen nur für den Fall der Konvergenz einen formalen Beweis. Besitzt die Folge $S_n(x)$ für $n \to \infty$ einen Grenzwert, dann besitzt die Folge $\sigma_n(x) = \frac{S_0(x) + \cdots + S_n(x)}{n+1}$ denselben Grenzwert. Nach dem Satz von Fejér gilt aber $\sigma_n(x) \to f(x)$ für $n \to \infty$ und daher gilt $S_n(x) \to f(x)$, falls der Grenzwert $S_n(x)$ für $n \to \infty$ existiert. $\qquad \square$

Anmerkung 5. Wir betonen, dass die Fourier–Reihe einer stetigen Funktion tatsächlich in einigen Punkten divergieren kann.

18.2.3 Glattheit einer Funktion und die Abnahme der Fourier–Koeffizienten

a. Eine Abschätzung der Fourier–Koeffizienten einer glatten Funktion

Wir beginnen mit einem einfachen, aber dennoch wichtigen und nützlichen Lemma:

Lemma 3. (Ableitung einer Fourier–Reihe). *Nimmt eine stetige Funktion $f \in C\big([-\pi, \pi], \mathbb{C}\big)$ in den Endpunkten des abgeschlossenen Intervalls $[-\pi, \pi]$ gleiche Werte an und ist sie auf $[-\pi, \pi]$ stückweise stetig differenzierbar, dann lässt sich die Fourier–Reihe ihrer Ableitung*

$$f' \sim \sum_{-\infty}^{\infty} c_k(f') e^{ikx}$$

durch formales Ableiten der Fourier–Reihe

$$f \sim \sum_{-\infty}^{\infty} c_k(f) e^{ikx}$$

der Funktion selbst erhalten, d.h.

$$c_k(f') = ik c_k(f), \quad k \in \mathbb{Z}. \tag{18.63}$$

Beweis. Ausgehend von der Definition der Fourier–Koeffizienten (18.44) erhalten wir durch partielle Integration, dass

$$c_k(f') = \frac{1}{2\pi} \int_{-\pi}^{\pi} f'(x) e^{-ikx} \, dx = \frac{1}{2\pi} f(x) e^{-ikx} \Big|_{-\pi}^{\pi} + \frac{ik}{2\pi} \int_{-\pi}^{\pi} f(x) e^{-ikx} \, dx = ik c_k(f),$$

da $f(\pi) e^{-ik\pi} - f(-\pi) e^{ik\pi} = 0$. $\qquad\qquad\square$

Satz 5. (Zusammenhang zwischen der Glattheit einer Funktion und der Abnahme ihrer Fourier–Koeffizienten). *Sei $f \in C^{(m-1)}\big([-\pi, \pi], \mathbb{C}\big)$ und $f^{(j)}(-\pi) = f^{(j)}(\pi)$, $j = 0, 1, \ldots, m-1$. Besitzt die Funktion f auf dem abgeschlossenen Intervall $[-\pi, \pi]$ stückweise stetige Ableitungen $f^{(m)}$ der Ordnung m, dann gilt*

$$c_k(f^{(m)}) = (ik)^m c_k(f), \quad k \in \mathbb{Z} \tag{18.64}$$

und

$$|c_k(f)| = \frac{\gamma_k}{|k|^m} = o\Big(\frac{1}{k^m}\Big) \quad \text{für } k \to \infty, \quad k \in \mathbb{Z}. \tag{18.65}$$

Außerdem ist $\sum_{-\infty}^{\infty} \gamma_k^2 < \infty$.

Beweis. Gleichung (18.64) folgt aus einer m-fachen Anwendung von Gl. (18.63):

$$c_k(f^{(m)}) = (\mathrm{i}k)c_k(f^{(m-1)}) = \cdots = (\mathrm{i}k)^m c_k(f) \ .$$

Wenn wir $\gamma_k = |c_k(f^{(m)})|$ setzen, erhalten wir mit der Besselschen Ungleichung

$$\sum_{-\infty}^{\infty} |c_k(f^{(m)})|^2 \le \frac{1}{2\pi} \int\limits_{-\pi}^{\pi} |f^{(m)}|^2(x)\,\mathrm{d}x$$

die Gl. (18.65) aus (18.64).   □

Anmerkung 6. Im gerade bewiesenen Satz wie auch in Lemma 3 hätten wir anstelle der Bedingungen $f^{(j)}(-\pi) = f^{(j)}(\pi)$ annehmen können, dass f auf der gesamten Geraden eine Funktion der Periode 2π ist.

Anmerkung 7. Würden wir eine trigonometrische Fourier–Reihe in der Gestalt (18.37) anstelle der komplexen Gestalt (18.37′) schreiben, dann müssten wir die einfachen Beziehungen (18.64) durch entschieden kompliziertere Gleichungen ersetzen, deren Inhalt jedoch derselbe wäre: Unter diesen Voraussetzung kann eine Fourier–Reihe gliedweise differenziert werden und dies unabhängig davon, ob sie als (18.37) oder als (18.37′) vorliegt. Für die Abschätzungen der Fourier–Koeffizienten $a_k(f)$ und $b_k(f)$ von (18.37) folgt aus (18.65), da $a_k(f) = c_k(f) + c_{-k}(f)$ und $b_k(f) = \mathrm{i}(c_k(f) - c_{-k}(f))$ (vgl. die Gleichungen (18.43)), dass für eine Funktion f, die die Voraussetzungen des Satzes erfüllt, gilt:

$$|a_k(f)| = \frac{\alpha_k}{k^m} \ , \quad |b_k(f)| = \frac{\beta_k}{k^m} \ , \quad k \in \mathbb{N} \ , \tag{18.64′}$$

mit $\sum\limits_{k=1}^{\infty} \alpha_k^2 < \infty$ und $\sum\limits_{k=1}^{\infty} \beta_k^2 < \infty$ und wir können annehmen, dass $\alpha_k = \beta_k = \gamma_k + \gamma_{-k}$.

b. Glattheit einer Funktion und die Konvergenzgeschwindigkeit ihrer Fourier–Reihe

Satz 6. *Ist die Funktion $f : [-\pi, \pi] \to \mathbb{C}$ derart, dass*

a) $f \in C^{(m-1)}[-\pi, \pi]$, $m \in \mathbb{N}$,
b) $f^{(j)}(-\pi) = f^{(j)}(\pi)$, $j = 0, 1, \ldots, m-1$ und
c) f eine stückweise stetige m-te Ableitung $f^{(m)}$ auf $[-\pi, \pi]$ besitzt,

dann konvergiert die Fourier–Reihe von f auf $[-\pi, \pi]$ absolut und gleichmäßig gegen f, und die Abweichung der n-ten Teilsumme $S_n(x)$ der Fourier–Reihe von $f(x)$ erlaubt auf dem gesamten Intervall die folgende Abschätzung:

$$|f(x) - S_n(x)| \le \frac{\varepsilon_n}{n^{m-1/2}} \ ,$$

wobei $\{\varepsilon_n\}$ eine Folge von positiven Zahlen ist, die gegen Null strebt.

Beweis. Wir schreiben die Teilsumme (18.40) der Fourier-Reihe in der kompakten Schreibweise (18.40′):

$$S_n(x) = \sum_{-n}^{n} c_k(f)\mathrm{e}^{\mathrm{i}kx} \ .$$

Nach den Annahmen zur Funktion f und Satz 5 gilt $|c_k(f)| = \gamma_k/|k|^m$ und $\sum \gamma_k/|k|^m < \infty$: Da $0 \le \gamma_k/|k|^m \le \frac{1}{2}(\gamma_k^2 + 1/k^{2m})$ und $m \ge 1$, erhalten wir $\sum \gamma_k/|k|^m < \infty$. Daher konvergiert die Folge $\{S_n(x)\}$ gleichmäßig auf $[-\pi, \pi]$ (nach dem Weierstraßschen M-Test für Reihen und dem Cauchyschen Kriterium für Folgen).

Nach Satz 3 ist der Grenzwert $S(x)$ von $S_n(x)$ gleich $f(x)$, da die Funktion f in jedem Punkt des abgeschlossenen Intervalls $[-\pi, \pi]$ die Dini-Bedingungen erfüllt (vgl Beispiel 3). Und da $f(-\pi) = f(\pi)$, kann die Funktion f auf $\mathbb{R}$ als periodische Funktion erweitert werden, wobei die Dini-Bedingungen in jedem Punkt $x \in \mathbb{R}$ gelten.

Nun können wir mit Gleichung (18.63) die folgende Abschätzung erhalten:

$$|f(x) - S_n(x)| = |S(x) - S_n(x)| = \left| \sum_{\pm k=n+1}^{\infty} c_k(f)\mathrm{e}^{\mathrm{i}kx} \right| \le$$

$$\le \sum_{\pm k=n+1}^{\infty} |c_k(f)| = \sum_{\pm k=n+1}^{\infty} \gamma_k/|k|^m \le$$

$$\le \left(\sum_{\pm k=n+1}^{\infty} \gamma_k^2 \right)^{1/2} \left(\sum_{\pm k=n+1}^{\infty} 1/k^{2m} \right)^{1/2} \ .$$

Der erste Faktor auf der rechten Seite der Cauchy-Bunjakowski-Ungleichung strebt hierbei für $n \to \infty$ gegen Null, da $\sum_{-\infty}^{\infty} \gamma_k^2 < \infty$.

Als Nächstes gilt (vgl. Abb. 18.2), dass

$$\sum_{k=n+1}^{\infty} 1/k^{2m} \le \int_n^{\infty} \frac{\mathrm{d}x}{x^{2m}} = \frac{1}{2m-1} \cdot \frac{1}{n^{2m-1}} \ .$$

Damit haben wir die Behauptung von Satz 6 erhalten.   □

Im Zusammenhang mit diesen Ergebnissen wollen wir nun einige nützliche Anmerkungen machen:

Anmerkung 8. Wir können nun wiederum den Weierstraßschen Approximationssatz, den wir in Korollar 1 aus Satz 6 (und Satz 3, den wir an zentraler Stelle im Beweis zu Satz 6 benutzt haben) formuliert haben, aus dem Satz von Fejér unabhängig und einfach erhalten.

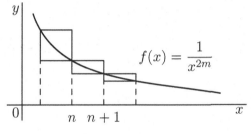

Abb. 18.2.

Beweis. Es genügt, dieses Ergebnis für reellwertige Funktionen zu zeigen. Mit Hilfe der gleichmäßigen Stetigkeit von f auf $[-\pi, \pi]$ können wir f auf diesem abgeschlossenen Intervall gleichmäßig innerhalb von $\varepsilon/2$ durch eine stückweise lineare stetige Funktion $\varphi(x)$ abschätzen, die in den Endpunkten dieselben Werte wie f annimmt, d.h. $\varphi(-\pi) = \varphi(\pi) = f(\pi)$ (vgl. Abb. 18.3). Nach Satz 6 konvergiert die Fourier–Reihe von φ auf dem abgeschlossenen Intervall $[-\pi, \pi]$ gleichmäßig gegen φ. Indem wir eine Teilsumme dieser Reihe herausgreifen, die sich von $\varphi(x)$ um weniger als $\varepsilon/2$ unterscheidet, erhalten wir ein trigonometrisches Polynom, das die Ausgangsfunktion f auf dem gesamten Intervall $[-\pi, \pi]$ innerhalb von ε approximiert. $\qquad\square$

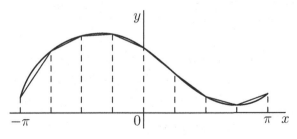

Abb. 18.3.

Anmerkung 9. Wir wollen annehmen, dass es uns gelungen ist, eine Funktion f mit einer sprunghaften Singularität als Summe $f = \varphi + \psi$ einer gewissen glatten Funktion ψ und einer einfachen Funktion φ, die dieselbe Singularität wie f besitzt, darzustellen (Abb. 18.4). Dann entspricht die Fourier–Reihe von f der Summe der Fourier-Reihe von ψ, die nach Satz 6 schnell und gleichmäßig konvergiert, und der Fourier–Reihe der Funktion φ. Letztere kann als bekannt vorausgesetzt werden, falls wir eine Standardfunktion φ benutzen (in der Abbildung dargestellt als $\varphi(x) = -\pi - x$ für $-\pi < x < 0$ und $\varphi(x) = \pi - x$ für $0 < x < \pi$).

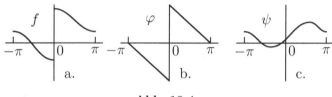

Abb. 18.4.

Diese Beobachtung lässt sich sowohl in theoretischen Problemen wie in Algorithmen in Verbindung mit Reihen benutzen (es ist die *Krylowsche*[22] *Methode zur Trennung von Singularitäten*) als auch als solches in der Theorie trigonometrischer Fourier–Reihen (vgl. beispielsweise das *Gibbssche*[23] *Phänomen*, das unten in Aufgabe 11 beschrieben wird).

Anmerkung 10. (Integration einer Fourier–Reihe). Nach Satz 6 können wir das folgende Komplement zu Lemma 3 zur Ableitung einer Fourier–Reihe aufstellen und beweisen:

Satz 7. *Ist die Funktion* $f : [-\pi, \pi] \to \mathbb{C}$ *stückweise stetig, dann wird der Zusammenhang* $f(x) \sim \sum\limits_{-\infty}^{\infty} c_k(f)\mathrm{e}^{\mathrm{i}kx}$ *nach Integration zur Gleichung*

$$\int\limits_0^x f(t)\,\mathrm{d}t = c_0(f)x + \sum\limits_{-\infty}^{\infty}{}' \frac{c_k(f)}{\mathrm{i}k}(\mathrm{e}^{\mathrm{i}kx} - 1)\,,$$

wobei der Strich an der Summe andeutet, dass das Glied mit Index $k = 0$ aus der Summe weggelassen wird. Die Summation ist der Grenzwert der symmetrischen Teilsummen $\sum\limits_{-n}^{n}$ *und die Reihe konvergiert gleichmäßig auf dem abgeschlossenen Intervall* $[-\pi, \pi]$.

Beweis. Wir betrachten die Hilfsfunktion

$$F(x) = \int\limits_0^x f(t)\,\mathrm{d}t - c_0(f)x$$

auf dem Intervall $[-\pi, \pi]$. Offensichtlich ist $F \in C[-\pi, \pi]$. Außerdem gilt $F(-\pi) = F(\pi)$, da

$$F(\pi) - F(-\pi) = \int\limits_{-\pi}^{\pi} f(t)\,\mathrm{d}t - 2\pi c_0(f) = 0\,,$$

---

[22] A.N. Krylow (1863–1945) – russischer/sowjetischer Fachmann für Mechanik und Mathematik, der einen großen Beitrag zur rechnergestützten Mathematik, insbesondere bei den Methoden zur Berechnung der Bauelemente von Schiffen, leistete.
[23] J.W. Gibbs (1839–1903) – amerikanischer Physiker und Mathematiker, einer der Begründer der Thermodynamik und der statistischen Mechanik.

wie wir aus der Definition von $c_0(f)$ schließen können. Da die Ableitung $F'(x) = f(x) - c_0(f)$ der Funktion F stückweise stetig ist, konvergiert ihre Fourier–Reihe $\sum\limits_{-\infty}^{\infty} c_k(F)\mathrm{e}^{\mathrm{i}kx}$ nach Satz 6 auf dem Intervall $[-\pi, \pi]$ gleichmäßig gegen F. Nach Lemma 3 erhalten wir $c_k(F) = \frac{c_k(F')}{\mathrm{i}k}$ für $k \neq 0$. Nun ist aber $c_k(F') = c_k(F)$ für $k \neq 0$. Wenn wir nun die Gleichung $F(x) = \sum\limits_{-\infty}^{\infty} c_k(F)\mathrm{e}^{\mathrm{i}kx}$ durch die Funktion f ausdrücken und beachten, dass $F(0) = 0$, gelangen wir so zur Behauptung des Satzes. $\qquad\square$

18.2.4 Vollständigkeit des trigonometrischen Systems

a. Der Vollständigkeitssatz

Zum Abschluss kehren wir wiederum von der punktweisen Konvergenz der Fourier–Reihe zu ihrer Konvergenz im Mittel (18.41) zurück. Genauer gesagt, so wollen wir nun mit Hilfe der Kenntnisse, die wir zur Natur der punktweisen Konvergenz der Fourier–Reihe angesammelt haben, einen Beweis für die Vollständigkeit des trigonometrischen Systems $\{1, \cos kx, \sin kx;\ k \in \mathbb{N}\}$ in $\mathcal{R}_2\left([-\pi, \pi], \mathbb{R}\right)$ liefern, der von dem in den Aufgaben skizzierten Beweis unabhängig ist. Dabei wollen wir wie in Absatz 18.2.1 unter $\mathcal{R}_2\left([-\pi, \pi], \mathbb{R}\right)$ oder $\mathcal{R}_2\left([-\pi, \pi], \mathbb{C}\right)$ den Vektorraum der reell- oder komplexwertigen Funktionen verstehen, die lokal auf $[-\pi, \pi]$ integrierbar sind und deren quadrierte Absolutbeträge auf $[-\pi, \pi]$ integrierbar sind (möglicherweise im uneigentlichen Sinne). Wir nehmen an, dass dieser Vektorraum mit dem üblichen inneren Produkt (18.38) versehen ist, das eine Norm erzeugt, in der Konvergenz Konvergenz im Mittel (18.41) bedeutet.

Der Satz, den wir beweisen wollen, stellt einfach nur sicher, dass das System der trigonometrischen Funktionen in $\mathcal{R}_2\left([-\pi, \pi], \mathbb{C}\right)$ vollständig ist. Wir werden diesen Satz aber so formulieren, dass die Aussage als solches bereits den Schlüssel zum Beweis enthält. Er basiert auf der offensichtlichen Tatsache, dass die Eigenschaft der Vollständigkeit transitiv ist: Falls A B approximiert und B C approximiert, dann approximiert auch A C.

Satz 8. (Vollständigkeit des trigonometrischen Systems). *Jede Funktion $f \in \mathcal{R}_2[-\pi, \pi]$ lässt sich im Mittel beliebig gut approximieren durch*

a) Funktionen mit kompaktem Träger in $]-\pi, \pi[$, die über dem abgeschlossenen Intervall $[-\pi, \pi]$ Riemann-integrierbar sind;

b) stückweise konstante Funktionen mit kompaktem Träger auf dem abgeschlossenen Intervall $[-\pi, \pi]$;

c) stückweise lineare stetige Funktion mit kompaktem Träger auf dem abgeschlossenen Intervall $[-\pi, \pi]$;

d) trigonometrische Polynome.

Beweis. Da es offensichtlich ausreicht, den Satz für reellwertige Funktionen zu beweisen, werden wir uns auf diesen Fall beschränken.

a) Aus der Definition des uneigentlichen Integrals folgt, dass

$$\int\limits_{-\pi}^{\pi} f^2(x)\,\mathrm{d}x = \lim_{\delta \to +0} \int\limits_{-\pi+\delta}^{\pi-\delta} f^2(x)\,\mathrm{d}x \ .$$

Daher existiert für ein $\varepsilon > 0$ ein $\delta > 0$, so dass die Funktion

$$f_\delta(x) = \begin{cases} f(x)\,, & \text{für } |x| < \pi - \delta\,, \\[2mm] 0 & \text{für } \pi - \delta \le |x| \le \pi \end{cases}$$

sich auf $[-\pi, \pi]$ im Mittel von f um weniger als ε unterscheidet, da

$$\int\limits_{-\pi}^{\pi} (f - f_\delta)^2(x)\,\mathrm{d}x = \int\limits_{-\pi}^{-\pi+\delta} f^2(x)\,\mathrm{d}x + \int\limits_{\pi-\delta}^{\pi} f^2(x)\,\mathrm{d}x \ .$$

b) Es genügt zu zeigen, dass jede Funktion der Form f_δ in $\mathcal{R}_2\big([-\pi,\pi],\mathbb{R}\big)$ durch stückweise konstante Funktionen mit kompaktem Träger in $[-\pi, \pi]$ approximiert werden kann. Die Funktion f_δ ist aber Riemann-integrierbar auf $[-\pi + \delta, \pi - \delta]$. Daher ist sie auf dem Intervall durch eine Konstante M beschränkt und außerdem existiert eine Unterteilung $-\pi + \delta = x_0 < x_1 < \cdots < x_n = \pi - \delta$ dieses abgeschlossenen Intervalls, so dass die entsprechende untere Darboux-Summe $\sum\limits_{i=1}^{n} m_i \Delta x_i$ der Funktion f_δ sich vom Integral von f_δ über $[-\pi + \delta, \pi - \delta]$ um weniger als $\varepsilon > 0$ unterscheidet.

Wenn wir nun

$$g(x) = \begin{cases} m_i\,, & \text{für } x \in {]x_{i-1}, x_i[}\,, \ i = 1, \ldots, n\,, \\[2mm] 0\,, & \text{in allen anderen Punkten von } [-\pi, \pi] \end{cases}$$

setzen, dann erhalten wir

$$\int\limits_{-\pi}^{\pi} (f_\delta - g)^2(x)\,\mathrm{d}x \le \int\limits_{-\pi}^{\pi} |f_\delta - g|\,|f_\delta + g|(x)\,\mathrm{d}x \le 2M \int\limits_{-\pi+\delta}^{\pi-\delta} (f_\delta - g)(x)\,\mathrm{d}x \le 2M\varepsilon\,,$$

und daher kann f_δ auf $[-\pi, \pi]$ tatsächlich beliebig genau im Mittel durch stückweise konstante Funktionen auf dem Intervall approximiert werden, die in einer Umgebung der Endpunkte des Intervalls verschwinden.

c) Hier genügt es zu begreifen, wie die Funktionen in b) im Mittel approximiert werden können. Sei g eine derartige Funktion. Alle ihre Unstetigkeitsstellen $x_1, \ldots, x_n$ liegen im offenen Intervall $]-\pi, \pi[$. Es gibt nur endlich viele davon, so dass für jedes $\varepsilon > 0$ ein $\delta > 0$ so klein gewählt werden kann, dass die δ-Umgebungen der Punkte $x_1, \ldots, x_n$ disjunkt sind und streng innerhalb des Intervalls $] - \pi, \pi[$ liegen, so dass $2\delta n M < \varepsilon$ mit $M = \sup\limits_{|x| \leq \pi} |g(x)|$. Wenn wir nun die Funktion g auf $[x_i - \delta, x_i + \delta]$, $i = 1, \ldots, n$ durch die lineare Interpolation zwischen den Werten $g(x_i - \delta)$ und $g(x_i + \delta)$, die g in den Endpunkten dieser Intervalle annimmt, ersetzen, erhalten wir eine stückweise lineare stetige Funktion g_δ mit kompaktem Träger in $[-\pi, \pi]$. Nach unserer Konstruktion ist $|g_\delta(x)| \leq M$ auf $[-\pi, \pi]$, so dass

$$\int\limits_{-\pi}^{\pi} (g - g_\delta)^2(x)\, \mathrm{d}x \leq 2M \int\limits_{-\pi}^{\pi} |g - g_\delta|(x)\, \mathrm{d}x =$$

$$= 2M \sum_{i=1}^{n} \int\limits_{x_i - \delta}^{x_i + \delta} |g - g_\delta|(x)\, \mathrm{d}x \leq 2M \cdot (2M \cdot 2\delta) \cdot n < 4M\varepsilon \,,$$

womit die Möglichkeit der Approximation bewiesen ist.

d) Nun bleibt nur noch zu zeigen, dass wir jede Funktion der Klasse c) auf $[-\pi, \pi]$ im Mittel durch ein trigonometrisches Polynom approximieren können. Nun versetzt uns aber Satz 6 zu jedem $\varepsilon > 0$ und jeder Funktion vom Typus g_δ in die Lage, ein trigonometrisches Polynom T_n zu bestimmen, das g_δ innerhalb von ε auf dem abgeschlossenen Intervall $[-\pi, \pi]$ gleichmäßig approximiert. Daher ist $\int\limits_{-\pi}^{\pi} (g_\delta - T_n)^2\, \mathrm{d}x < 2\pi\varepsilon^2$, womit die Möglichkeit einer beliebig genauen Approximation im Mittel durch trigonometrische Polynome auf $[-\pi, \pi]$ für jede Funktion der Klasse c) sichergestellt ist.

Nach der Dreiecksungleichung in $\mathcal{R}_2[-\pi, \pi]$ können wir nun folgern, dass alle Teile von Satz 8 zur Vollständigkeit dieser Klassen in $\mathcal{R}_2[-\pi, \pi]$ bewiesen sind. □

b. Das innere Produkt und die Parsevalsche Gleichung

Nun, da die Vollständigkeit des trigonometrischen Systems in $\mathcal{R}_2([-\pi, \pi], \mathbb{C})$ bewiesen ist, können wir mit Hilfe von Satz 1 feststellen, dass

$$f = \frac{a_0(f)}{2} + \sum_{k=1}^{\infty} a_k(f) \cos kx + b_k(f) \sin kx \qquad (18.66)$$

für jede Funktion $f \in \mathcal{R}_2([-\pi, \pi], \mathbb{C})$ gilt oder in komplexer Schreibweise, dass

$$f = \sum_{-\infty}^{\infty} c_k(f) \mathrm{e}^{\mathrm{i}kx} \,, \qquad (18.67)$$

wobei wir die Konvergenz als Konvergenz in der Norm von $\mathcal{R}_2[-\pi,\pi]$ verstehen, d.h. als Konvergenz im Mittel, und der Grenzübergang in (18.67) ist der Grenzwert von Summen der Gestalt $S_n(x) = \sum\limits_{-n}^{n} c_k(f)e^{ikx}$ für $n \to \infty$.

Wenn wir die Gln. (18.66) und (18.67) zu

$$\frac{1}{\sqrt{\pi}}f = \frac{a_0(f)}{\sqrt{2}}\frac{1}{\sqrt{2\pi}} + \sum_{k=1}^{\infty} a_k(f)\frac{\cos kx}{\sqrt{\pi}} + b_k(f)\frac{\sin kx}{\sqrt{\pi}} \ , \qquad (18.66')$$

$$\frac{1}{\sqrt{2\pi}}f = \sum_{-\infty}^{\infty} c_k(f)\frac{e^{ikx}}{\sqrt{2\pi}} \qquad (18.67')$$

umschreiben, dann enthalten die rechten Seiten Reihen in den Orthonormalsystemen

$$\left\{\frac{1}{\sqrt{2\pi}}, \frac{1}{\sqrt{\pi}}\cos kx, \frac{1}{\sqrt{\pi}}\sin kx; \ k \in \mathbb{N}\right\}$$

und $\left\{\frac{1}{\sqrt{2\pi}}e^{ikx}; \ k \in \mathbb{Z}\right\}$. Daher können wir auf Grund der allgemeinen Regeln für die Berechnung des inneren Produkts von Vektoren aus ihren Koordinaten in einer Orthonormalbasis sicher sein, dass die Gleichung

$$\frac{1}{\pi}\langle f, g\rangle = \frac{a_0(f)\bar{a}_0(g)}{2} + \sum_{k=1}^{\infty} a_k(f)\bar{a}_k(g) + b_k(f)\bar{b}_k(g) \qquad (18.68)$$

für Funktionen f und g in $\mathcal{R}_2\big([-\pi,\pi],\mathbb{C}\big)$ gilt oder in anderer Schreibweise, dass

$$\frac{1}{2\pi}\langle f, g\rangle = \sum_{-\infty}^{\infty} c_k(f)\bar{c}_k(g) \ , \qquad (18.69)$$

wobei wie immer gilt, dass

$$\langle f, g\rangle = \int\limits_{-\pi}^{\pi} f(x)\bar{g}(x)\,\mathrm{d}x \ .$$

Ist insbesondere $f = g$, dann erhalten wir aus (18.68) und (18.69) die klassische Parsevalsche Gleichung in zwei äquivalenten Formulierungen:

$$\frac{1}{\pi}\|f\|^2 = \frac{|a_0(f)|^2}{2} + \sum_{k=1}^{\infty} |a_k(f)|^2 + |b_k(f)|^2 \quad \text{und} \qquad (18.70)$$

$$\frac{1}{2\pi}\|f\|^2 = \sum_{-\infty}^{\infty} |c_k(f)|^2 \ . \qquad (18.71)$$

Wir haben bereits darauf hingewiesen, dass wir vom geometrischen Standpunkt aus die Parsevalsche Gleichung als eine unendlich-dimensionale Variante des Satzes von Pythagoras betrachten können.

Die Parsevalsche Gleichung eröffnet uns den folgenden nützlichen Satz:

Satz 9. (Eindeutigkeit von Fourier–Reihen). *Seien f und g zwei Funktionen in $\mathcal{R}_2[-\pi, \pi]$. Dann*

a) ist die trigonometrische Reihe

$$\frac{a_0}{2} + \sum_{k=1}^{\infty} a_k \cos kx + b_k \sin kx \quad \left(= \sum_{-\infty}^{\infty} c_k e^{ikx} \right),$$

falls sie auf dem Intervall $[-\pi, \pi]$ im Mittel gegen f konvergiert, die Fourier–Reihe von f und
b) zwei Funktionen f und g, die dieselben Fourier–Reihen besitzen, sind auf $[-\pi, \pi]$ fast überall gleich, d.h. $f = g$ in $\mathcal{R}_2[-\pi, \pi]$.

Beweis. Behauptung *a)* ist tatsächlich ein Spezialfall der allgemeinen Tatsache, dass die Entwicklung eines Vektors in einem Orthogonalsystem eindeutig ist. Das innere Produkt ergibt unmittelbar, wie wir wissen (vgl. Lemma 1b), dass die Koeffizienten einer derartigen Entwicklung die Fourier–Koeffizienten sind und nichts anderes.

Behauptung *b)* können wir aus der Parsevalschen Gleichung erhalten, wenn wir die Vollständigkeit des trigonometrischen Systems in $\mathcal{R}_2([-\pi, \pi], \mathbb{C})$ berücksichtigen, die gerade bewiesen wurde.

Da die Differenz $(f - g)$ eine Nullreihe als Fourier–Reihe besitzt, folgt aus der Parsevalschen Gleichung, dass $\|f - g\|_{\mathcal{R}_2} = 0$. Daher sind die Funktionen f und g in allen Stetigkeitspunkten gleich, d.h. fast überall. $\square$

Anmerkung 11. Bei der Untersuchung der Taylor-Reihe $\sum_{n=0}^{\infty} \frac{f^{(n)}(a)}{n!}(x - a)^n$ haben wir früher darauf hingewiesen, dass verschiedene Funktionen der Klasse $C^{(\infty)}(\mathbb{R}, \mathbb{R})$ dieselbe Taylor-Reihe (in einigen Punkten $a \in \mathbb{R}$) besitzen können. Dieser Gegensatz zum gerade bewiesenen Eindeutigkeitssatz für die Fourier–Reihe sollte nicht zu ernst genommen werden, da jeder Eindeutigkeitssatz in dem Sinne relativ ist, dass dabei ein besonderer Raum und ein besonderer Typus der Konvergenz vorkommt.

So besitzen beispielsweise im Raum der analytischen Funktionen (d.h. Funktionen, die als Potenzreihen $\sum_{n=0}^{\infty} a_n(z - z_0)^n$ dargestellt werden können, die punktweise gegen die Funktion konvergieren) zwei verschiedene Funktionen unterschiedliche Taylor-Reihen um jeden Punkt.

Wenn wir im Gegenzug bei der Untersuchung von trigonometrischen Reihen den Raum $\mathcal{R}_2[-\pi, \pi]$ verlassen und die punktweise Konvergenz einer trigonometrischen Reihe untersuchen, dann lässt sich, wie bereits betont wurde (s. S. 561), eine trigonometrische Reihe konstruieren, deren Koeffizienten nicht alle gleich Null sind, die aber nichtsdestotrotz fast überall gegen Null konvergiert. Nach Satz 9 konvergiert eine derartige Nullreihe natürlich nicht im quadratischen Mittel gegen Null.

Zum Abschluss veranschaulichen wir den Einsatz der Eigenschaften der trigonometrischen Fourier–Reihe, die wir hier bei der Untersuchung der folgenden auf Hurwitz[24] zurückgehenden klassischen isoperimetrischen Ungleichung im zwei-dimensionalen Fall erhalten. Um unübersichtliche Ausdrücke und mögliche technische Schwierigkeiten zu vermeiden, werden wir die komplexe Schreibweise einsetzen.

Beispiel 7. Zwischen dem Volumen V eines Gebiets im euklidischen Raum E^n, $n \geq 2$ und der $(n-1)$-dimensionalen Fläche F der ummantelnden Oberfläche gilt die folgende Ungleichung

$$n^n v_n V^{n-1} \leq F^n \; , \tag{18.72}$$

die *isoperimetrische Ungleichung* genannt wird. Hierbei ist v_n das Volumen der n-dimensionalen Einheitskugel in E^n. In der isoperimetrischen Ungleichung (18.72) gilt Gleichheit nur für die Kugel.

Der Name „isoperimetrisch" stammt von dem klassischen Problem der Suche nach der geschlossenen ebenen Kurve einer vorgegebenen Länge L, die die größte Fläche S umläuft. In diesem Fall bedeutet die Ungleichung (18.72), dass

$$4\pi S \leq L^2 \; . \tag{18.73}$$

Diese Ungleichung wollen wir nun beweisen, wobei wir annehmen, dass die betrachtete Kurve glatt ist und durch $x = \varphi(s)$, $y = \psi(s)$ parametrisch definiert ist, wobei s die Bogenlänge entlang der Kurve ist und φ und ψ zu $C^{(1)}[0, L]$ gehören. Die Bedingung, dass die Kurve geschlossen ist, bedeutet, dass $\varphi(0) = \varphi(L)$ und $\psi(0) = \psi(L)$.

Wir wechseln nun vom Parameter s zum Parameter $t = 2\pi \frac{s}{L} - \pi$, der sich von $-\pi$ nach π bewegt und wir wollen annehmen, dass unsere Kurve durch

$$x = x(t) \; , \qquad y = y(t) \; , \qquad -\pi \leq t \leq \pi \; , \tag{18.74}$$

mit

$$x(-\pi) = x(\pi) \; , \qquad y(-\pi) = y(\pi) \tag{18.75}$$

parametrisch definiert ist.

Wir schreiben (18.74) als eine komplexwertige Funktion

$$z = z(t) \; , \qquad -\pi \leq t \leq \pi \; , \tag{18.74'}$$

mit $z(t) = x(t) + iy(t)$ und nach (18.75) gilt $z(-\pi) = z(\pi)$.

Wir merken an, dass

$$|z'(t)|^2 = \left(x'(t)\right)^2 + \left(y'(t)\right)^2 = \left(\frac{\mathrm{d}s}{\mathrm{d}t}\right)^2 \; ,$$

und daher gilt bei dieser Parameterwahl, dass

---

[24] A. Hurwitz (1859–1919) – deutscher Mathematiker, ein Student von F. Klein.

$$|z'(t)|^2 = \frac{L^2}{4\pi^2} \ . \tag{18.76}$$

Wenn wir als Nächstes die Gleichungen $\bar{z}z' = (x - iy)(x' + iy') = (xx' + yy') + i(xy' - x'y)$ berücksichtigen, können wir mit Hilfe der Gln. (18.75) die Formel für die Fläche des von der Kurve (18.74) einbeschriebenen Gebiets angeben:

$$S = \frac{1}{2} \int\limits_{-\pi}^{\pi} (xy' - yx')(t)\, dt = \frac{1}{2i} \int\limits_{-\pi}^{\pi} z'(t)\bar{z}(t)\, dt \ . \tag{18.77}$$

Wir entwickeln nun die Funktion (18.74′) in eine Fourier–Reihe:

$$z(t) = \sum_{-\infty}^{\infty} c_k e^{ikt} \ .$$

Dann gilt auch

$$z'(t) \sim \sum_{-\infty}^{\infty} ikc_k e^{ikt} \ .$$

Die Gleichungen (18.76) und (18.77) bedeuten insbesondere, dass

$$\frac{1}{2\pi} \|z'\|^2 = \frac{1}{2\pi} \int\limits_{-\pi}^{\pi} |z'(t)|^2\, dt = \frac{L^2}{4\pi^2}$$

und

$$\frac{1}{2\pi} \langle z', z \rangle = \frac{1}{2\pi} \int\limits_{-\pi}^{\pi} z'(t)\bar{z}(t)\, dt = \frac{i}{\pi} S \ .$$

Mit den Fourier–Koeffizienten nehmen diese Gleichungen, wie aus den Gln. (18.69) und (18.71) folgt, die folgende Gestalt an:

$$L^2 = 4\pi^2 \sum_{-\infty}^{\infty} |kc_k|^2 \ ,$$

$$S = \pi \sum_{-\infty}^{\infty} kc_k \bar{c}_k \ .$$

Somit ist

$$L^2 - 4\pi S = 4\pi^2 \sum_{-\infty}^{\infty} (k^2 - k)|c_k|^2 \ .$$

Die rechte Seite dieser Gleichung ist offensichtlich nicht negativ und verschwindet nur für $c_k = 0$ für alle $k \in \mathbb{Z}$, außer für $k = 0$ und $k = 1$.

Somit ist die Ungleichung (18.73) bewiesen und gleichzeitig haben wir die folgende Gleichung

$$z(t) = c_0 + c_1 e^{it} , \qquad -\pi \le t \le \pi$$

der Kurve erhalten, für die (18.73) zur Gleichung wird. Dies ist die komplexe Schreibweise der parametrischen Gleichung eines Kreises mit Zentrum in c_0 in der komplexen Ebene mit Radius $|c_1|$.

18.2.5 Übungen und Aufgaben

1. a) Zeigen Sie, dass

$$\sum_{n=1}^{\infty} \frac{\sin nx}{n} = \frac{\pi - x}{2} \text{ für } 0 < x < 2\pi$$

und bestimmen Sie die Summe der Reihe in allen anderen Punkten von $\mathbb{R}$. Zeigen Sie mit Hilfe der obigen Entwicklung und den Regeln für den Umgang mit trigonometrischen Fourier-Reihen, dass die folgenden Gleichungen zutreffen:

b) $\sum_{k=1}^{\infty} \frac{\sin 2kx}{2k} = \frac{\pi}{4} - \frac{x}{2}$ für $0 < x < \pi$.

c) $\sum_{k=1}^{\infty} \frac{\sin(2k-1)x}{2k-1} = \frac{\pi}{4}$ für $0 < x < \pi$.

d) $\sum_{n=1}^{\infty} \frac{(-1)^{n-1}}{n} \sin nx = \frac{x}{2}$ für $|x| < \pi$.

e) $x^2 = \frac{\pi}{3} + 4 \sum_{n=1}^{\infty} \frac{(-1)^n}{n^2} \cos nx$ für $|x| < \pi$.

f) $x = \frac{\pi}{2} - \frac{4}{\pi} \sum_{k=1}^{\infty} \frac{\cos(2k-1)x}{(2k-1)^2}$ für $0 \le x \le \pi$.

g) $\frac{3x^2 - 6\pi x + 2\pi^2}{12} = \sum_{n=1}^{\infty} \frac{\cos nx}{n^2}$ für $0 \le x \le \pi$.

h) Skizzieren Sie die Graphen der Summen der obigen trigonometrischen Reihen über die gesamte reelle Gerade $\mathbb{R}$. Bestimmen Sie mit Hilfe der erhaltenen Ergebnisse die Summe der folgenden numerischen Reihen:

$$\sum_{n=0}^{\infty} \frac{(-1)^n}{2n+1} , \quad \sum_{n=1}^{\infty} \frac{1}{n^2} , \quad \sum_{n=1}^{\infty} \frac{(-1)^n}{n^2} .$$

2. Zeigen Sie:

a) Ist $f : [-\pi, \pi] \to \mathbb{C}$ eine ungerade (bzw. gerade) Funktion, dann besitzen ihre Fourier-Koeffizienten die folgende Eigenschaft: $a_k(f) = 0$ (bzw. $b_k(f) = 0$) für $k = 0, 1, 2, \dots$.

b) Besitzt $f : \mathbb{R} \to \mathbb{C}$ die Periode $2\pi/m$, dann können ihre Fourier-Koeffizienten $c_k(f)$ nur dann ungleich Null sein, wenn k ein Vielfaches von m ist.

c) Ist $f : [-\pi, \pi] \to \mathbb{R}$ eine reellwertige Funktion, dann gilt $c_k(f) = \bar{c}_{-k}(f)$ für alle $k \in \mathbb{N}$.

d) $|a_k(f)| \le 2 \sup_{|x| < \pi} |f(x)|, \ |b_k(f)| \le 2 \sup_{|x| < \pi} |f(x)|, \ |c_k(f)| \le \sup_{|x| < \pi} |f(x)|.$

3. a) Zeigen Sie, dass jedes der Systeme $\{\cos kx;\ k = 0, 1, \ldots\}$ und $\{\sin kx;\ k \in \mathbb{N}\}$ im Raum $\mathcal{R}_2[a, a + \pi]$ für jeden Wert $a \in \mathbb{R}$ vollständig ist.

b) Entwickeln Sie die Funktion $f(x) = x$ im Intervall $[0, \pi]$ bezüglich jedem dieser Systeme.

c) Skizzieren Sie die Graphen der Summen der gerade bestimmten Reihen über der gesamten reellen Gerade.

d) Formulieren Sie die trigonometrische Fourier–Reihe der Funktion $f(x) = |x|$ auf dem abgeschlossenen Intervall $[-\pi, \pi]$ und entscheiden Sie, ob sie auf dem gesamten abgeschlossenen Intervall $[-\pi, \pi]$ gleichmäßig konvergiert.

4. Die Fourier–Reihe $\sum\limits_{-\infty}^{\infty} c_k(f) e^{ikt}$ einer Funktion f kann als Spezialfall einer Potenzreihe $\sum\limits_{-\infty}^{\infty} c_k z^k \left(= \sum\limits_{-\infty}^{-1} c_k z^k + \sum\limits_{0}^{\infty} c_k z^k \right)$ betrachtet werden, in der z auf den Einheitskreis in der komplexen Ebene beschränkt ist, d.h. $z = e^{it}$.

Angenommen, die Fourier–Koeffizienten $c_k(f)$ der Funktion $f : [-\pi, \pi] \to \mathbb{C}$ verschwinden so schnell, dass $\varliminf\limits_{k \to -\infty} |c_k(f)|^{1/k} = c_- > 1$ und $\varlimsup\limits_{k \to +\infty} |c_k(f)|^{1/k} = c_+ < 1$.

Zeigen Sie, dass gilt:

a) Die Funktion f kann als Bild des Einheitskreises unter einer Funktion betrachtet werden, die durch die Reihe $\sum\limits_{-\infty}^{\infty} c_k z^k$ im Kreisring $c_-^{-1} < |z| < c_+^{-1}$ dargestellt wird.

b) Für $z = x + iy$ und $\ln \frac{1}{c_-} < y < \ln \frac{1}{c_+}$ konvergiert die Reihe $\sum\limits_{-\infty}^{\infty} c_k(f) e^{ikx}$ absolut

(und ihre Summe ist insbesondere von der Summationsreihenfolge der Glieder unabhängig).

c) In jedem Streifen der komplexen Ebene, der durch die Bedingungen $a \leq \operatorname{Im} z \leq b$ mit $\ln \frac{1}{c_-} < a < b < \ln \frac{1}{c_+}$ definiert wird, konvergiert die Reihe $\sum\limits_{-\infty}^{\infty} c_k(f) e^{ikx}$ absolut und gleichmäßig.

d) Zeigen Sie mit Hilfe der Entwicklung $e^z = 1 + \frac{z}{1!} + \frac{z^2}{2!} + \cdots$ und der Eulerschen Formel $e^{ix} = \cos x + i \sin x$, dass

$$1 + \frac{\cos x}{1!} + \cdots + \frac{\cos nx}{n!} + \cdots = e^{\cos x} \cos(\sin x) \quad \text{und}$$

$$\frac{\sin x}{1!} + \cdots + \frac{\sin nx}{n!} + \cdots = e^{\cos x} \sin(\sin x).$$

e) Beweisen Sie mit Hilfe der Entwicklungen $\cos z = 1 - \frac{z^2}{2!} + \frac{z^4}{4!} - \cdots$ und $\sin z = z - \frac{z^3}{3!} + \frac{z^5}{5!} - \cdots$, dass

$$\sum_{n=0}^{\infty} (-1)^n \frac{\cos(2n+1)x}{(2n+1)!} = \sin(\cos x) \cosh(\sin x),$$

$$\sum_{n=0}^{\infty} (-1)^n \frac{\sin(2n+1)x}{(2n+1)!} = \sin(\cos x) \sinh(\sin x),$$

$$\sum_{n=0}^{\infty} (-1)^n \frac{\cos 2nx}{(2n)!} = \cos(\cos x) \cosh(\sin x),$$

$$\sum_{n=0}^{\infty} (-1)^n \frac{\sin 2nx}{(2n!)} = \cos(\cos x) \sinh(\sin x).$$

5. Beweisen Sie:

a) Die Systeme $\left\{1, \cos k\frac{2\pi}{T}x, \sin k\frac{2\pi}{T}x; \ k \in \mathbb{N}\right\}$ und $\left\{e^{ik\frac{2\pi}{T}x}; \ k \in \mathbb{Z}\right\}$ sind im Raum $\mathcal{R}_2\left([a, a+T], \mathbb{C}\right)$ für jedes $a \in \mathbb{R}$ orthogonal.

b) Die Fourier-Koeffizienten $a_k(f)$, $b_k(f)$ und $c_k(f)$ für eine T-periodische Funktion f in diesen Systemen stimmen unabhängig davon überein, ob die Fourier-Entwicklungen nun auf dem Intervall $\left[-\frac{T}{2}, \frac{T}{2}\right]$ oder jedem anderen abgeschlossenen Intervall der Form $[a, a+T]$ durchgeführt werden.

c) Sind $c_k(f)$ und $c_k(g)$ die Fourier-Koeffizienten von T-periodischen Funktionen f und g, dann gilt

$$\frac{1}{T} \int\limits_a^{a+T} f(x)\bar{g}(x)\,\mathrm{d}x = \sum\limits_{-\infty}^{\infty} c_k(f)\bar{c}_k(g)\,.$$

d) Die Fourier-Koeffizienten $c_k(h)$, die durch den Faktor $\frac{1}{T}$ der „Faltung"

$$h(x) = \frac{1}{T} \int\limits_0^T f(x-t)g(t)\,\mathrm{d}t$$

von T-periodischen glatten Funktionen f und g normiert werden, und die Koeffizienten $c_k(f)$ und $c_k(g)$ der Funktionen hängen wie folgt zusammen: $c_k(h) = c_k(f)c_k(g)$, $k \in \mathbb{Z}$.

6. Beweisen Sie, dass dann, wenn α mit π inkommensurabel ist, gilt:

a) $\lim\limits_{N\to\infty} \frac{1}{N} \sum\limits_{n=1}^{N} e^{ik(x+n\alpha)} = \frac{1}{2\pi} \int\limits_{-\pi}^{\pi} e^{ikt}\,\mathrm{d}t.$

b) Für jede stetige 2π-periodischen Funktion $f : \mathbb{R} \to \mathbb{C}$ gilt:

$$\lim\limits_{N\to\infty} \frac{1}{N} \sum\limits_{n=1}^{N} f(x+n\alpha) = \frac{1}{2\pi} \int\limits_{-\pi}^{\pi} f(t)\,\mathrm{d}t\,.$$

7. Beweisen Sie die folgenden Aussagen:

a) Ist die Funktion $f : \mathbb{R} \to \mathbb{C}$ auf $\mathbb{R}$ absolut integrierbar, dann gilt

$$\left| \int\limits_{-\infty}^{\infty} f(x)e^{i\lambda x}\,\mathrm{d}x \right| \leq \int\limits_{-\infty}^{\infty} \left| f\left(x + \frac{\pi}{\lambda}\right) - f(x) \right|\mathrm{d}x\,.$$

b) Sind die Funktionen $f : \mathbb{R} \to \mathbb{C}$ und $g : \mathbb{R} \to \mathbb{C}$ auf $\mathbb{R}$ absolut integrierbar und ist g auf $\mathbb{R}$ absolut beschränkt, dann gilt

$$\int\limits_{-\infty}^{\infty} f(x+t)g(t)e^{i\lambda t}\,\mathrm{d}t =: \varphi_\lambda(x) \rightrightarrows 0 \ \text{auf} \ \mathbb{R} \ \text{für} \ \lambda \to \infty\,.$$

c) Ist $f : \mathbb{R} \to \mathbb{C}$ eine 2π-periodische Funktion, die über einer Periode absolut integrierbar ist, dann lässt sich der Rest $S_n(x) - f(x)$ ihrer trigonometrischen Fourier–Reihe wie folgt darstellen:

$$S_n(x) - f(x) = \frac{1}{\pi} \int\limits_0^\pi (\Delta^2 f)(x,t) D_n(t) \, \mathrm{d}t \; .$$

Dabei ist D_n der n-te Dirichlet-Kern und es gilt: $(\Delta^2 f)(x,t) = f(x+t) - 2f(x) + f(x-t)$.

d) Für jedes $\delta \in\,]0, \pi[$ kann die eben erhaltene Formel für den Rest wie folgt dargestellt werden:

$$S_n(x) - f(x) = \frac{1}{\pi} \int\limits_0^\delta \frac{\sin nt}{t} (\Delta^2 f)(x,t) \, \mathrm{d}t + o(1) \; .$$

Dabei strebt $o(1)$ für $n \to \infty$ gegen Null und zwar gleichmäßig auf jedem abgeschlossenen Intervall $[a,b]$, auf dem f beschränkt ist.

e) Erfüllt die Funktion $f : [-\pi, \pi] \to \mathbb{C}$ auf $[-\pi, \pi]$ die Höldersche Bedingung $|f(x_1) - f(x_2)| \leq M|x_1 - x_2|^\alpha$ (wobei M und α positive Zahlen sind) und gilt zusätzlich $f(-\pi) = f(\pi)$, dann konvergiert die Fourier–Reihe von f auf dem gesamten Intervall gleichmäßig gegen f.

8. a) Sei $f : \mathbb{R} \to \mathbb{R}$ eine 2π-periodische Funktion mit stückweise stetigen Ableitungen $f^{(m)}$ der Ordnung m ($m \in \mathbb{N}$). Zeigen Sie, dass f dann wie folgt dargestellt werden kann:

$$f(x) = \frac{a_0}{2} + \frac{1}{\pi} \int\limits_{-\pi}^\pi B_m(t - x) f^{(m)}(t) \, \mathrm{d}t \; ,$$

mit $B_m(u) = \sum\limits_{n=1}^\infty \frac{\cos(ku + \frac{m\pi}{2})}{k^m}$, $m \in \mathbb{N}$.

b) Beweisen Sie für die Funktion $\frac{\pi - x}{2}$ auf dem Intervall $[0, 2\pi]$ mit Hilfe der Fourier–Reihe aus Aufgabe 1, dass $B_1(u)$ auf dem Intervall $[0, 2\pi]$ ein Polynom vom Grad 1 ist und $B_m(u)$ ein Polynom vom Grad m. Dies Polynome werden *Bernoulli Polynome* genannt.

c) Zeigen Sie, dass $\int\limits_0^{2\pi} B_m(u) \, \mathrm{d}u = 0$ für jedes $m \in \mathbb{N}$.

9. a) Sei $x_m = \frac{2\pi m}{2n+1}$, $m = 0, 1, \ldots, 2n$. Zeigen Sie, dass

$$\frac{2}{2n+1} \sum\limits_{m=0}^{2n} \cos kx_m \cos lx_m = \delta_{kl} \; ,$$

$$\frac{2}{2n+1} \sum\limits_{m=0}^{2n} \sin kx_m \sin lx_m = \delta_{kl} \; ,$$

$$\sum\limits_{m=0}^{2n} \sin kx_m \cos lx_m = 0 \; ,$$

wobei k und l nicht negative ganze Zahlen sind, $\delta_{kl} = 0$ für $k \neq l$ und $\delta_{kl} = 1$ für $k = l$.

b) Sei $f : \mathbb{R} \to \mathbb{R}$ eine 2π-periodische Funktion, die über einer Periode absolut integrierbar ist. Wir unterteilen das abgeschlossene Intervall $[0, 2\pi]$ durch die $2n + 1$ Punkte $x_m = \frac{2\pi m}{2n+1}$, $m = 0, 1, \ldots, 2n$ in gleiche Teile. Wir wollen die Integrale

$$a_k(f) = \frac{1}{\pi} \int_0^{2\pi} f(x) \cos kx \, \mathrm{d}x \, , \qquad b_k(f) = \frac{1}{\pi} \int_0^{2\pi} f(x) \sin kx \, \mathrm{d}x$$

in dieser Unterteilung mit Hilfe der Rechteckmethode für das Intervall $[0, 2\pi]$ näherungsweise berechnen. Wir erhalten die Größen

$$\tilde{a}_k(f) = \frac{2}{2n + 1} \sum_{m=0}^{2n} f(x_m) \cos kx_m \, ,$$

$$\tilde{b}_k(f) = \frac{2}{2n + 1} \sum_{m=0}^{2n} f(x_m) \sin kx_m \, ,$$

die wir anstelle der entsprechenden Fourier–Koeffizienten $a_k(f)$ und $b_k(f)$ von f in die n-te Teilsumme $S_n(f, x)$ einsetzen.

Überprüfen Sie, ob das Ergebnis danach ein trigonometrisches Polynom $\tilde{S}_n(f, x)$ der Ordnung n ist, das die Funktion f in den Knoten x_m, $m = 0, 1, \ldots, 2n$ interpoliert, d.h. in diesen Punkten ist $f(x_m) = \tilde{S}_n(x, m)$.

10. Angenommen, die Funktion $f : [a, b] \to \mathbb{R}$ ist stetig und stückweise differenzierbar und angenommen, dass das Quadrat ihrer Ableitung f' über dem Intervall $]a, b[$ integrierbar ist. Benutzen Sie die Parsevalsche Gleichung, um das Folgende zu beweisen:

a) Ist $[a, b] = [0, \pi]$, dann impliziert entweder die Bedingung $f(0) = f(\pi) = 0$ oder $\int_0^\pi f(x) \, \mathrm{d}x = 0$ die *Steklowsche Ungleichung*

$$\int_0^\pi f^2(x) \, \mathrm{d}x \leq \int_0^\pi (f')^2(x) \, \mathrm{d}x \, ,$$

wobei Gleichheit nur für $f(x) = a \cos x$ möglich ist.

b) Ist $[a, b] = [-\pi, \pi]$ und gelten die Bedingungen $f(-\pi) = f(\pi)$ und $\int_{-\pi}^\pi f(x) \, \mathrm{d}x = 0$, dann gilt die *Wirtinger-Ungleichung*:

$$\int_{-\pi}^\pi f^2(x) \, \mathrm{d}x \leq \int_{-\pi}^\pi (f')^2(x) \, \mathrm{d}x \, ,$$

wobei Gleichheit nur für $f(x) = a \cos x + b \sin x$ möglich ist.

11. Das *Gibbssche Phänomen* bezeichnet das unten beschriebene Verhalten der Teilsummen einer trigonometrischen Fourier–Reihe. Es wurde zuerst von Wilbraham (1848) und später (1898) von Gibbs wieder entdeckt (*Mathematical Encyclopedia*, Vol. 1, Moskau, 1977).

a) Zeigen Sie, dass

$$\operatorname{sgn} x = \frac{4}{\pi} \sum_{k=1}^{\infty} \frac{\sin(2k-1)x}{2k-1} \quad \text{für } |x| < \pi .$$

b) Beweisen Sie, dass die Funktion $S_n(x) = \frac{4}{\pi} \sum_{k=1}^{n} \frac{\sin(2k-1)x}{2k-1}$ in $x = \frac{\pi}{2n}$ ein Maximum besitzt und dass für $n \to \infty$ gilt:

$$S_n\left(\frac{\pi}{2n}\right) = \frac{2}{\pi} \sum_{k=1}^{n} \frac{\sin(2k-1)\frac{\pi}{2n}}{(2k-1)\frac{\pi}{2n}} \cdot \frac{\pi}{n} \to \frac{2}{\pi} \int_0^{\pi} \frac{\sin x}{x} \, \mathrm{d}x \approx 1,179 .$$

Daher übersteigt die Oszillation von $S_n(x)$ nahe $x = 0$ für $n \to \infty$ den Sprung der Funktion $\operatorname{sgn} x$ in diesem Punkt um ca. 18% (der Sprung von $S_n(x)$ „auf Grund der Trägheit").

c) Beschreiben Sie den Grenzwert der Graphen der Funktionen $S_n(x)$ in Teil b).

d) Angenommen, $S_n(f, x)$ sei die n-te Teilsumme der trigonometrischen Fourier–Reihe einer Funktion f und angenommen, dass in einer punktierten Umgebung $0 < |x - \xi| < \delta$ des Punktes ξ $S_n(f, x) \to f(x)$ für $n \to \infty$ gilt und dass f einseitige Grenzwerte $f(\xi_-)$ und $f(\xi_+)$ in ξ besitzt. Der Klarheit halber nehmen wir an, dass $f(\xi_-) \leq f(\xi_+)$.

Wir sagen, dass *das Gibbssche Phänomen für die Summen* $S_n(f, x)$ im Punkt ξ auftritt, falls $\varliminf_{n \to \infty} S_n(f, x) < f(\xi_-) \leq f(\xi_+) < \varlimsup_{n \to \infty} S_n(f, x)$.

Zeigen Sie mit Hilfe von Anmerkung 9, dass das Gibbssche Phänomen im Punkt ξ für jede Funktion der Gestalt $\varphi(x) + c \operatorname{sgn}(x - \xi)$ auftritt, mit $c \neq 0$, $|\xi| < \pi$ und $\varphi \in C^{(1)}[-\pi, \pi]$.

12. *Mehrfache trigonometrische Fourier–Reihen.*

a) Beweisen Sie, dass das Funktionensystem $\frac{1}{(2\pi)^{n/2}} e^{ikx}$, mit $k = (k_1, \ldots, k_n)$, $x = (x_1, \ldots, x_n)$, $kx = k_1 x_1 + \cdots + k_n x_n$ und $k_1, \ldots, k_n \in \mathbb{Z}$ auf jedem n-dimensionalen Würfel $I = \{x \in \mathbb{R}^n \mid a_j \leq x_j \leq a_j + 2\pi, \ j = 1, 2, \ldots, n\}$ orthonormal ist.

b) Einer über I integrierbaren Funktion f weisen wir die Summe $f \sim \sum_{-\infty}^{\infty} c_k(f) e^{ikx}$ zu, die *Fourier–Reihe von* f *im System* $\left\{\frac{1}{(2\pi)^{n/2}} e^{ikx}\right\}$ genannt wird, falls $c_k(f) = \frac{1}{(2\pi)^{n/2}} \int_I f(x) e^{-ikx} \, \mathrm{d}x$. Die Zahlen $c_k(f)$ werden *Fourier–Koeffizienten von* f *im System* $\left\{\frac{1}{(2\pi)^{n/2}} e^{ikx}\right\}$ genannt.

Im mehr-dimensionalen Fall wird die Fourier–Reihe oft über die Teilsummen

$$S_N(x) = \sum_{|k| \leq N} c_k(f) e^{ikx}$$

summiert, wobei $|k| \leq N$ bedeutet, dass $N = (N_1, \ldots, N_k)$ und $|k_j| \leq N_j$, $j = 1, \ldots, n$.

Zeigen Sie, dass für jede Funktion $f(x) = f(x_1, \ldots, x_n)$, die in jeder Variablen 2π-periodisch ist,

$$S_n(x) = \frac{1}{\pi^n} \int\limits_I \prod_{j=1}^n D_{N_j}(t_j - x_j) f(t) \, dt = \frac{1}{\pi^n} \int\limits_{-\pi}^{\pi} \cdots \int\limits_{-\pi}^{\pi} f(t-x) \prod_{j=1}^n D_{N_j}(t_j) \, dt_1 \cdots dt_n$$

gilt, wobei $D_{N_j}(u)$ der N_j-te ein-dimensionale Dirichlet-Kern ist.

c) Zeigen Sie, dass die *Fejér–Summe*

$$\sigma_N(x) := \frac{1}{N+1} \sum_{k=0}^N S_k(x) = \frac{1}{(N_1+1)\cdot\ldots\cdot(N_n+1)} \sum_{k_1=0}^{N_1} \cdots \sum_{k_n=0}^{N_n} S_{k_1\ldots k_n}(x)$$

einer in jeder Variablen 2π-periodischen Funktion $f(x) = f(x_1, \ldots, x_n)$ durch

$$\sigma_N(x) = \frac{1}{\pi^n} \int\limits_I f(t-x) \Phi_N(t) \, dt$$

dargestellt werden kann, wobei $\Phi_N(u) = \prod_{j=1}^n \mathcal{F}_{N_j}(u_j)$ und $\mathcal{F}_{N_j}$ sind die N_j-ten ein-dimensionalen Fejér-Kerne.

d) Erweitern Sie nun den Satz von Fejér auf den n-dimensionalen Fall.

e) Sei f eine in jeder Variablen 2π-periodische Funktion, die über einer Periode I absolut integrierbar ist, möglicherweise auch im uneigentlichen Sinn. Zeigen Sie, dass dann $\int_I |f(x+u) - f(x)| \, dx \to 0$ für $u \to 0$ und $\int_I |f - \sigma_N|(x) \, dx \to 0$ für $N \to \infty$ gilt.

f) Beweisen Sie, dass zwei Funktionen f und g, die über dem Würfel I absolut integrierbar sind, genau dann gleiche Fourier–Reihen haben können (d.h., $c_k(f) = c_k(g)$ für jeden Multiindex k), wenn $f(x) = g(x)$ fast überall auf I gilt. Dies ist eine Verschärfung von Satz 9 zur Eindeutigkeit von Fourier–Reihen.

g) Beweisen Sie, dass das ursprüngliche Orthonormalsystem $\left\{ \frac{1}{(2\pi)^{n/2}} e^{ikx} \right\}$ in $\mathcal{R}_2(I)$ vollständig ist, so dass die Fourier–Reihe jeder Funktion $f \in \mathcal{R}_2(I)$ auf I im Mittel gegen f konvergiert.

h) Sei f eine Funktion in $C^{(\infty)}(\mathbb{R}^n)$ mit Periode 2π in jeder Variablen. Zeigen Sie, dass $c_k(f^{(\alpha)}) = i^{|\alpha|} k^\alpha c_k(f)$, mit $\alpha = (\alpha_1, \ldots, \alpha_n)$, $k = (k_1, \ldots, k_n)$, $|\alpha| = |\alpha_1| + \cdots + |\alpha_n|$, $k^\alpha = k_1^{\alpha_1} \cdot \ldots \cdot k_n^{\alpha_n}$ und die α_j sind nicht negative ganze Zahlen.

i) Sei f eine Funktion der Klasse $C^{(mn)}(\mathbb{R}^n)$ mit Periode 2π in jeder Variablen. Die Abschätzung

$$\frac{1}{(2\pi)^n} \int\limits_I |f^{(\alpha)}|^2(x) \, dx \leq M^2$$

gelte für jeden Multiindex $\alpha = (\alpha_1, \ldots, \alpha_n)$, mit $\alpha_j = 0$ oder $\alpha_j = m$ (für jedes $j = 1, \ldots, n$). Zeigen Sie, dass

$$|f(x) - S_n(x)| \leq \frac{CM}{\underline{N}^{m-\frac{1}{2}}},$$

mit $\underline{N} = \min\{N_1, \ldots, N_n\}$ und C ist eine Konstante, die von m aber nicht von N oder $x \in I$ abhängt.

j) Eine Folge von stetigen Funktionen konvergiere auf dem Intervall I im Mittel gegen eine Funktion f und gleichmäßig gegen φ. Überprüfen Sie, ob dann $f(x) = \varphi$ auf I gilt. Beweisen Sie mit Hilfe dieser Beobachtung, dass dann, wenn eine

Funktion $f : \mathbb{R}^n \to \mathbb{C}$ der Periode 2π in jeder Variablen zu $C^{(1)}(\mathbb{R}^n, \mathbb{C})$ gehört, die trigonometrische Fourier–Reihe von f im gesamten Raum $\mathbb{R}^n$ gleichmäßig gegen f konvergiert.

13. *Fourier–Reihen von Distributionen.*

Jede 2π-periodische Funktion $f : \mathbb{R} \to \mathbb{C}$ kann als eine Funktion $f(s)$ eines Punktes auf dem Einheitskreis Γ betrachtet werden (der Punkt wird durch den Wert des Bogenlängenparameters s, $0 \le s \le 2\pi$ bestimmt).

Wenn wir die Schreibweise aus Abschnitt 17.4 beibehalten, betrachten wir den Raum $\mathcal{D}(\Gamma)$ auf Γ, der aus Funktionen in $C^{(\infty)}(\Gamma)$ besteht, und den Raum $\mathcal{D}'(\Gamma)$ der Distributionen, d.h. der stetigen linearen Funktionale auf $\mathcal{D}(\Gamma)$. Der Wert des Funktionals $F \in \mathcal{D}'(\Gamma)$ auf der Funktion $\varphi \in \mathcal{D}(\Gamma)$ wird mit $F(\varphi)$ bezeichnet, um das Symbol $\langle F, \varphi \rangle$ zu vermeiden, das in diesem Kapitel benutzt wird, um das hermitesche innere Produkt (18.38) zu bezeichnen.

Jede Funktion f, die auf Γ integrierbar ist, kann als ein Element von $\mathcal{D}'(\Gamma)$ (eine reguläre verallgemeinerte Funktion) betrachtet werden, das auf die Funktion $\varphi \in \mathcal{D}(\Gamma)$ entsprechend

$$f(\varphi) = \int\limits_0^{2\pi} f(s)\varphi(s)\,\mathrm{d}s$$

einwirkt.

Konvergenz einer Folge $\{F_n\}$ verallgemeinerter Funktionen in $\mathcal{D}'(\Gamma)$ gegen eine verallgemeinerte Funktion $F \in \mathcal{D}'(\Gamma)$ bedeutet wie üblich, dass für jede Funktion $\varphi \in \mathcal{D}(\Gamma)$ gilt, dass

$$\lim_{n \to \infty} F_n(\varphi) = F(\varphi)\,.$$

a) Zeigen Sie mit Hilfe der Tatsache, dass nach Satz 6 die Gleichung $\varphi(s) = \sum\limits_{-\infty}^{\infty} c_k(\varphi)\mathrm{e}^{\mathrm{i}kx}$ für jede Funktion $\varphi \in C^{(\infty)}(\Gamma)$ gilt, und insbesondere $\varphi(0) = \sum\limits_{-\infty}^{\infty} c_k(\varphi)$, dass im Sinne der Konvergenz im Raum der Distributionen $\mathcal{D}'(\Gamma)$ gilt, dass

$$\sum_{k=-n}^{n} \frac{1}{2\pi}\mathrm{e}^{\mathrm{i}ks} \to \delta \quad \text{für } n \to \infty\,.$$

Hierbei ist δ das Element in $\mathcal{D}'(\Gamma)$, dessen Einwirken auf die Funktion $\varphi \in \mathcal{D}(\Gamma)$ durch $\delta(\varphi) = \varphi(0)$ definiert wird.

b) Ist $f \in \mathcal{R}(\Gamma)$, dann können die Fourier–Koeffizienten der Funktion f im System $\{\mathrm{e}^{\mathrm{i}ks}\}$, das wie üblich definiert wird, wie folgt geschrieben werden:

$$c_k(f) = \frac{1}{2\pi} \int\limits_0^{2\pi} f(s)\mathrm{e}^{-\mathrm{i}kx}\,\mathrm{d}x = \frac{1}{2\pi}f(\mathrm{e}^{-\mathrm{i}ks})\,.$$

In Analogie dazu definieren wir nun die Fourier–Koeffizienten $c_k(F)$ jeder verallgemeinerten Funktion $F \in \mathcal{D}'(\Gamma)$ durch $c_k(F) = \frac{1}{2\pi}F(\mathrm{e}^{-\mathrm{i}ks})$, was sinnvoll ist, da $\mathrm{e}^{-\mathrm{i}ks} \in \mathcal{D}(\Gamma)$.

Somit können wir jeder verallgemeinerten Funktion $F \in \mathcal{D}'(\Gamma)$ die Fourier–Reihe

$$F \sim \sum_{-\infty}^{\infty} c_k(F) e^{iks}$$

zuweisen.

Zeigen Sie, dass $\delta \sim \sum_{-\infty}^{\infty} \frac{1}{2\pi} e^{iks}$.

c) Beweisen Sie die folgende Tatsache, die wegen ihrer Einfachheit und ihrer Einsatzmöglichkeit bemerkenswert ist: Die Fourier–Reihe jeder verallgemeinerten Funktion $F \in \mathcal{D}'(\Gamma)$ konvergiert gegen F (im Sinne der Konvergenz im Raum $\mathcal{D}'(\Gamma)$).

d) Zeigen Sie, dass die Fourier–Reihe einer Funktion $F \in \mathcal{D}'(\Gamma)$ (wie die Funktion F selbst und wie jede konvergente Reihe verallgemeinerter Funktionen) beliebig oft gliedweise differenziert werden kann.

e) Bestimmen Sie ausgehend von der Gleichung $\delta = \sum_{-\infty}^{\infty} \frac{1}{2\pi} e^{iks}$ die Fourier–Reihe von δ'.

f) Wir wollen nun vom Kreis Γ auf die Gerade $\mathbb{R}$ zurückkehren und die Funktionen e^{iks} als reguläre verallgemeinerte Funktionen in $\mathcal{D}'(\mathbb{R})$ untersuchen (d.h. als stetige lineare Funktionale auf dem Raum $\mathcal{D}(\mathbb{R})$ der Funktionen in der Klasse $C_0^{(\infty)}(\mathbb{R})$ der unendlich oft differenzierbaren Funktionen mit kompaktem Träger in $\mathbb{R}$).

Jede lokal integrierbare Funktion f kann als Element von $\mathcal{D}'(\mathbb{R})$ (eine *reguläre verallgemeinerte Funktion in $\mathcal{D}'(\mathbb{R})$*) betrachtet werden, deren Einwirkung auf die Funktion $\varphi \in C_0^{(\infty)}(\mathbb{R}, \mathbb{C})$ nach folgender Regel erfolgt: $f(\varphi) = \int_{\mathbb{R}} f(x)\varphi(x)\,dx$. Konvergenz in $\mathcal{D}'(\mathbb{R})$ wird wie üblich definiert:

$$\left(\lim_{n \to \infty} F_n = F \right) := \forall \varphi \in \mathcal{D}(\mathbb{R}) \left(\lim_{n \to \infty} F_n(\varphi) = F(\varphi) \right).$$

Zeigen Sie, dass die Gleichung

$$\frac{1}{2\pi} \sum_{-\infty}^{\infty} e^{ikx} = \sum_{-\infty}^{\infty} \delta(x - 2\pi k)$$

im Sinne der Konvergenz in $\mathcal{D}'(\mathbb{R})$ gilt. Auf beiden Seiten dieser Gleichung wird ein Grenzübergang für $n \to \infty$ über symmetrische Teilsummen $\sum_{-n}^{n}$ angenommen und $\delta(x - x_0)$ bezeichnet wie immer die δ-Funktion von $\mathcal{D}'(\mathbb{R})$, die in den Punkt x_0 verschoben ist, d.h. $\delta(x - x_0)(\varphi) = \varphi(x_0)$.

18.3 Die Fourier–Transformation

18.3.1 Darstellung einer Funktion mittels eines Fourier–Integrals

a. Das Spektrum und harmonische Analyse einer Funktion

Sei $f(t)$ eine T-periodische Funktion, beispielsweise ein periodisches Signal mit der Frequenz $\frac{1}{T}$ als eine Funktion der Zeit. Wir wollen annehmen, dass die Funktion f über einer Periode absolut integrierbar ist. Wenn wir f in eine Fourier–Reihe (falls f hinreichend regulär ist, konvergiert, wie wir wissen, die Fourier–Reihe gegen f) entwickeln und diese Reihe wie folgt umformen

$$f(t) = \frac{a_0(f)}{2} + \sum_{k=1}^{\infty} a_k(f) \cos k\omega_0 t + b_k(f) \sin k\omega_0 t =$$

$$= \sum_{-\infty}^{\infty} c_k(f) e^{ik\omega_0 t} = c_0 + 2 \sum_{k=1}^{\infty} |c_k| \cos(k\omega_0 t + \arg c_k) , \quad (18.78)$$

erhalten wir eine Darstellung von f als eine Summe eines konstanten Ausdrucks $\frac{a_0}{2} = c_0$ – dem *Mittelwert von f über eine Periode* – und *Ausdrücke der Winkelfunktionen* mit den Frequenzen $\nu_0 = \frac{1}{T}$ (die *Hauptfrequenz*), $2\nu_0$ (der *zweiten harmonischen Frequenz*) und so weiter. Ganz allgemein besitzt die *k-te harmonische Komponente* $2|c_k| \cos\left(k\frac{2\pi}{T}t + \arg c_k\right)$ des Signals die *Frequenz* $k\nu_0 = \frac{k}{T}$, die *Kreisfrequenz* $k\omega_0 = 2\pi k\nu_0 = \frac{2\pi}{T}k$, die *Amplitude* $2|c_k| = \sqrt{a_k^2 + b_k^2}$ und die *Phase* $\arg c_k = -\arctan\frac{b_k}{a_k}$.

Die Entwicklung einer periodischen Funktion (Signal) in eine Summe einfacher harmonischer Schwingungen wird *harmonische Analyse* von f genannt. Die Zahlen $\{c_k(f); k \in \mathbb{Z}\}$ oder $\{a_0(f), a_k(f), b_k(f); k \in \mathbb{N}\}$ werden das *Spektrum der Funktion* (des Signals) genannt. Eine periodische Funktion besitzt folglich ein *diskretes Spektrum*.

Wir wollen uns nun (auf heuristische Weise) etwas näher betrachten, was mit der Entwicklung (18.78) passiert, wenn die Periode T des Signals ohne Grenzen anwächst.

Wir vereinfachen die Schreibweise, indem wir $l = \frac{T}{2}$ und $\alpha_k = k\frac{\pi}{l}$ schreiben, so dass die Entwicklung

$$f(t) = \sum_{-\infty}^{\infty} c_k e^{ik\frac{\pi}{l}t}$$

nun wie folgt lautet:

$$f(t) = \sum_{-\infty}^{\infty} \left(c_k \frac{l}{\pi}\right) e^{ik\frac{\pi}{l}t}\frac{\pi}{l} , \quad (18.79)$$

mit

$$c_k = \frac{1}{2l} \int_{-l}^{l} f(t) e^{-i\alpha_k t} \, dt$$

und daher ist

$$c_k \frac{l}{\pi} = \frac{1}{2\pi} \int_{-l}^{l} f(t) e^{-i\alpha_k t} \, dt .$$

Mit der Annahme, dass wir im Grenzwert für $l \to +\infty$ zu einer beliebigen Funktion f gelangen, die über $\mathbb{R}$ absolut integrierbar ist, führen wir die Hilfsfunktion

$$c(\alpha) = \frac{1}{2\pi} \int\limits_{-\infty}^{\infty} f(t) e^{-i\alpha t}\, dt \qquad (18.80)$$

ein, deren Werte sich in den Punkten $\alpha = \alpha_k$ nur leicht von den Größen $c_k \frac{l}{\pi}$ in Gleichung (18.79) unterscheiden. Somit ist also

$$f(t) \approx \sum_{-\infty}^{\infty} c(\alpha_k) e^{i\alpha_k t} \frac{\pi}{l}\,, \qquad (18.81)$$

mit $\alpha_k = k\frac{\pi}{l}$ und $\alpha_{k+1} - \alpha_k = \frac{\pi}{l}$. Dieses letzte Integral gleicht einer Riemannschen Summe und wir erhalten, wenn wir die Unterteilung für $l \to \infty$ verfeinern, dass

$$f(t) = \int\limits_{-\infty}^{\infty} c(\alpha) e^{i\alpha t}\, d\alpha\,. \qquad (18.82)$$

Somit sind wir wie Fourier zur Entwicklung der Funktion f in eine stetige Linearkombination von Schwingungen mit veränderlicher Frequenz und Phase gelangt.

Unten werden wir das Integral (18.82) Fourier–Integral nennen. Es ist das kontinuierliche Äquivalent zu einer Fourier–Reihe. Die Funktion $c(\alpha)$ darin ist das Analogon zum Fourier–Koeffizienten und wird Fourier–Transformierte der Funktion f (die auf der gesamten Geraden $\mathbb{R}$ definiert ist) bezeichnet. Gleichung (18.80) für die Fourier–Transformierte ist vollständig äquivalent zur Formel für die Fourier–Koeffizienten. Es ist nur natürlich, die Funktion $c(\alpha)$ als das *Spektrum der Funktion* (des Signals) f zu untersuchen. Im Unterschied zum oben betrachteten periodischen Signal f und dem zugehörigen diskreten Spektrum (aus Fourier–Koeffizienten) kann das Spektrum $c(\alpha)$ eines beliebigen Signals auf gesamten Intervallen ungleich Null sein oder sogar auf der gesamten Geraden (*kontinuierliches Spektrum*).

Beispiel 1. Wir suchen die Funktion zu folgendem Spektrum mit kompaktem Träger:

$$c(\alpha) = \begin{cases} h\,, & \text{für } |\alpha| \leq a\,, \\ 0\,, & \text{für } |\alpha| > a\,. \end{cases} \qquad (18.83)$$

Beweis. Aus Gleichung (18.82) gelangen wir für $t \neq 0$ zu

$$f(t) = \int\limits_{-a}^{a} h e^{i\alpha t}\, d\alpha = h\frac{e^{i\alpha t} - e^{-i\alpha t}}{it} = 2h\frac{\sin at}{t}\,, \qquad (18.84)$$

und für $t = 0$ erhalten wir $f(0) = 2ha$, das dem Grenzwert von $2h\frac{\sin at}{t}$ für $t \to 0$ entspricht. $\qquad\qquad\square$

Die Darstellung einer Funktion in der Gestalt (18.82) wird ihre *Fourier–Integraldarstellung* genannt. Wir werden unten die Bedingungen untersuchen, unter denen eine derartige Darstellung möglich ist. Nun wollen wir ein weiteres Beispiel betrachten.

Beispiel 2. Sei P ein Gerät mit den folgenden Eigenschaften: Es ist ein linearer Signalwandler, d.h. $P\left(\sum_j a_j f_j\right) = \sum_j a_j P(f_j)$ und es erhält die Periodizität des Signals, d.h. $P(e^{i\omega t}) = p(\omega)e^{i\omega t}$, wobei der Koeffizient $p(\omega)$ von der Frequenz ω des periodischen Signals $e^{i\omega t}$ abhängig ist.

Wir benutzen die kompakte komplexe Schreibweise, obwohl natürlich alles mit Hilfe von $\cos\omega t$ und $\sin\omega t$ formuliert werden könnte.

Die Funktion $p(\omega) =: R(\omega)e^{i\varphi(\omega)}$ wird die *spektrale Charakteristik des Geräts P* genannt. Ihr Absolutbetrag $R(\omega)$ wird üblicherweise als die *Frequenz-Charakteristik* und das Argument $\varphi(\omega)$ als die *Phasen-Charakteristik* des Geräts bezeichnet. Ein Signal $e^{i\omega t}$ erscheint nach Durchgang durch das Gerät in das Signal $R(\omega)e^{i(\omega t+\varphi(\omega))}$ gewandelt, wobei die Amplitude mit dem Faktor $R(\omega)$ verändert ist und seine Phase um den Ausdruck $\varphi(\omega)$ verschoben ist.

Wir wollen annehmen, dass wir die spektrale Charakteristik $p(\omega)$ des Geräts P und das Signal $f(t)$ kennen, das in das Gerät eintritt; wir fragen uns, wie wir das Signal $x(t) = P(f)(t)$ bestimmen können, das das Gerät verlässt.

Wenn wir das Signal $f(t)$ durch das Fourier–Integral (18.82) darstellen und die Linearität des Geräts und des Integrals ausnutzen, gelangen wir zu

$$x(t) = P(f)(t) = \int\limits_{-\infty}^{\infty} c(\omega)p(\omega)e^{i\omega t}\,d\omega\;.$$

Insbesondere dann, wenn

$$p(\omega) = \begin{cases} 1 & \text{für } |\omega| \le \Omega\,, \\ 0 & \text{für } |\omega| > \Omega\,, \end{cases} \tag{18.85}$$

erhalten wir

$$x(t) = \int\limits_{-\Omega}^{\Omega} c(\omega)e^{i\omega t}\,d\omega\;,$$

und, wie wir aus der spektralen Charakteristik des Geräts erkennen können,

$$P(e^{i\omega t}) = \begin{cases} e^{i\omega t} & \text{für } |\omega| \le \Omega\,, \\ 0 & \text{für } |\omega| > \Omega\,. \end{cases}$$

Ein Gerät P mit der spektralen Charakteristik (18.85) wandelt (filtert) Frequenzen, die nicht größer als Ω sind, ohne Veränderung und schneidet alles aus dem Eingangssignal mit höheren Frequenzen (größer als Ω) ab. Aus diesem Grund wird ein derartiges Gerät in der Radiotechnik ein *idealer Tiefpassfilter* (mit *oberer Frequenzgrenze* Ω) bezeichnet.

Wir wollen uns nun der mathematischen Seite dieser Betrachtungen zuwenden und die dabei auftretenden Konzepte etwas sorgfältiger untersuchen.

b. Definition der Fourier–Transformierten und des Fourier–Integrals

In Übereinstimmung mit den Gleichungen (18.80) und (18.82) treffen wir die folgende Definition:

Definition 1. Die Funktion

$$\mathcal{F}[f](\xi) := \frac{1}{2\pi} \int\limits_{-\infty}^{\infty} f(x)\mathrm{e}^{-\mathrm{i}\xi x}\,\mathrm{d}x \tag{18.86}$$

ist die *Fourier–Transformierte* der Funktion $f : \mathbb{R} \to \mathbb{C}$.

Das Integral verstehen wir dabei im Sinne des Hauptwertes

$$\int\limits_{-\infty}^{\infty} f(x)\mathrm{e}^{-\mathrm{i}\xi x}\,\mathrm{d}x := \lim_{A \to +\infty} \int\limits_{-A}^{A} f(x)\mathrm{e}^{-\mathrm{i}\xi x}\,\mathrm{d}x$$

und wir gehen davon aus, dass es existiert.

Ist $f : \mathbb{R} \to \mathbb{C}$ auf $\mathbb{R}$ absolut integrierbar, dann ist, da $|f(x)\mathrm{e}^{-\mathrm{i}x\xi}| = |f(x)|$ für $x, \xi \in \mathbb{R}$, die Fourier–Transformierte (18.86) definiert und das Integral (18.86) konvergiert absolut und gleichmäßig auf der gesamten Geraden $\mathbb{R}$ bezüglich ξ.

Definition 2. Ist $c(\xi) = \mathcal{F}[f](\xi)$ die Fourier-Transformierte von $f : \mathbb{R} \to \mathbb{C}$, dann wird das f zugewiesene und als Hauptwert verstandene Integral

$$f(x) \sim \int\limits_{-\infty}^{\infty} c(\xi)\mathrm{e}^{\mathrm{i}x\xi}\,\mathrm{d}\xi \tag{18.87}$$

das *Fourier-Integral* von f genannt.

Die Fourier-Koeffizienten und die Fourier-Reihe einer periodischen Funktion sind daher die diskreten Analoga zur Fourier-Transformierten bzw. zum Fourier-Integral.

Definition 3. Die folgenden als Hauptwerte verstandenen Integrale

$$\mathcal{F}_c[f](\xi) := \frac{1}{\pi} \int\limits_{-\infty}^{\infty} f(x) \cos \xi x \, dx \quad \text{und} \qquad (18.88)$$

$$\mathcal{F}_s[f](\xi) := \frac{1}{\pi} \int\limits_{-\infty}^{\infty} f(x) \sin \xi x \, dx \qquad (18.89)$$

werden die *Fourier-Kosinus-Transformierte* bzw. die *Fourier-Sinus-Transformierte* der Funktion f genannt.

Wenn wir $c(\xi) = \mathcal{F}[f](\xi)$, $a(\xi) = \mathcal{F}_c[f](\xi)$ und $b(\xi) = \mathcal{F}_s[f](\xi)$ setzen, erhalten wir die Beziehung, die uns bereits zum Teil von Fourier-Reihen bekannt ist:

$$c(\xi) = \frac{1}{2}\big(a(\xi) - ib(\xi)\big) . \qquad (18.90)$$

Wie wir an den Gleichungen (18.88) und (18.89) erkennen können, gilt

$$a(-\xi) = a(\xi) \quad \text{und} \quad b(-\xi) = -b(\xi) . \qquad (18.91)$$

Die Gleichungen (18.90) und (18.91) zeigen, dass die Fourier-Transformierte auf der gesamten Geraden $\mathbb{R}$ vollständig bestimmt ist, falls sie für nicht negative Werte des Arguments bekannt ist.

Aus physikalischer Sicht ist dies vollständig natürlich – das Spektrum eines Signals muss nur für Frequenzen $\omega \geq 0$ bekannt sein. Die negativen Frequenzen α in (18.80) ergeben sich aus der Art und Weise, wie sie formuliert sind. Es ist nämlich

$$\int\limits_{-A}^{A} c(\xi)e^{ix\xi} \, d\xi = \left(\int\limits_{-A}^{0} + \int\limits_{0}^{A}\right) c(\xi)e^{ix\xi} \, d\xi = \int\limits_{0}^{A} \left(c(\xi)e^{ix\xi} + c(-\xi)e^{-ix\xi}\right) d\xi =$$

$$= \int\limits_{0}^{A} \big(a(\xi) \cos x\xi + b(\xi) \sin x\xi\big) \, d\xi ,$$

und daher kann das Fourier-Integral (18.87) wie folgt formuliert werden:

$$\int\limits_{0}^{\infty} \big(a(\xi) \cos x\xi + b(\xi) \sin x\xi\big) \, d\xi , \qquad (18.87')$$

was vollständig mit der klassischen Form einer Fourier-Reihe übereinstimmt. Besitzt die Funktion f nur reelle Werte, dann folgt aus den Gleichungen (18.90) und (18.91), dass

$$c(-\xi) = \overline{c(\xi)} , \qquad (18.92)$$

da in diesem Fall $a(\xi)$ und $b(\xi)$ reellwertige Funktionen auf $\mathbb{R}$ sind, wie wir aus den Definitionen (18.88) und (18.89) erkennen können. Auf der anderen Seite kann aus der Bedingung $\overline{f}(x) = f(x)$ die Gl. (18.92) unmittelbar aus der Definition (18.86) der Fourier-Transformierten erhalten werden, wenn wir dabei berücksichtigen, dass das Konjugationszeichen unter das Integralzeichen gezogen werden kann. Diese letzte Beobachtung erlaubt uns zusammenzufassen, dass

$$\mathcal{F}[\overline{f}](-\xi) = \overline{\mathcal{F}[f](\xi)} \tag{18.93}$$

für jede Funktion $f : \mathbb{R} \to \mathbb{C}$.

Es ist auch nützlich festzuhalten, dass für eine reellwertige gerade Funktion f, d.h. $\overline{f(x)} = f(x) = f(-x)$, gilt, dass

$$\overline{\mathcal{F}_c[f](\xi)} = \mathcal{F}_c[f](\xi) \,, \quad \mathcal{F}_s[f](\xi) \equiv 0 \,,$$
$$\overline{\mathcal{F}[f](\xi)} = \mathcal{F}[f](\xi) = \mathcal{F}[f](-\xi) \,. \tag{18.94}$$

Ist f eine reellwertige ungerade Funktion, d.h. $\overline{f(x)} = f(x) = -f(-x)$, dann gilt

$$\mathcal{F}_c[f](\xi) \equiv 0 \,, \quad \overline{\mathcal{F}_s[f](\xi)} = \mathcal{F}_s[f](\xi) \,,$$
$$\overline{\mathcal{F}[f](\xi)} = -\mathcal{F}[f](\xi) = \mathcal{F}[f](-\xi) \,. \tag{18.95}$$

Und ist f eine rein imaginäre Funktion, d.h. $\overline{f(x)} = -f(x)$, dann gilt

$$\mathcal{F}[\overline{f}](-\xi) = -\overline{\mathcal{F}[f](\xi)} \,. \tag{18.96}$$

Wir merken an, dass für eine reellwertige Funktion f ihr Fourier-Integral (18.87′) auch in der Form

$$\int\limits_0^\infty \sqrt{a^2(\xi) + b^2(\xi)} \cos(x\xi + \varphi(\xi)) \, \mathrm{d}\xi = 2 \int\limits_0^\infty |c(\xi)| \cos(x\xi + \varphi(\xi)) \, \mathrm{d}\xi$$

geschrieben werden kann, mit $\varphi(\xi) = -\arctan \frac{b(\xi)}{a(\xi)} = \arg c(\xi)$.

Beispiel 3. Wir wollen die Fourier-Transformierte für $f(t) = \frac{\sin at}{t}$ (mit der Annahme, dass $f(0) = a \in \mathbb{R}$) bestimmen.

$$\mathcal{F}[f](\alpha) = \lim_{A \to +\infty} \frac{1}{2\pi} \int\limits_{-A}^{A} \frac{\sin at}{t} \mathrm{e}^{-\mathrm{i}\alpha t} \, \mathrm{d}t =$$

$$= \lim_{A \to +\infty} \frac{1}{2\pi} \int\limits_{-A}^{A} \frac{\sin at \cos \alpha t}{t} \, \mathrm{d}t = \frac{2}{2\pi} \int\limits_0^{+\infty} \frac{\sin at \cos \alpha t}{t} \, \mathrm{d}t =$$

$$= \frac{1}{2\pi} \int\limits_0^{+\infty} \left(\frac{\sin(a+\alpha)t}{t} + \frac{\sin(a-\alpha)t}{t} \right) \mathrm{d}t =$$

$$= \frac{1}{2\pi} \left(\mathrm{sgn}\,(a + \alpha) + \mathrm{sgn}\,(a - \alpha) \right) \int\limits_0^\infty \frac{\sin u}{u}\, du = \begin{cases} \frac{1}{2}\mathrm{sgn}\,a\,, & \text{für } |\alpha| \le |a|\,, \\[2ex] 0\,, & \text{für } |\alpha| > |a|\,, \end{cases}$$

da wir den Wert des Dirichlet-Integrals

$$\int\limits_0^\infty \frac{\sin u}{u}\, du = \frac{\pi}{2} \tag{18.97}$$

kennen.

Wenn wir daher annehmen, dass $a \ge 0$ und die Funktion $f(t) = 2h\frac{\sin at}{t}$ aus Gl. (18.84) betrachten, dann erhalten wir wie erwartet, dass die Fourier-Transformierte das Spektrum der Funktion ist, die wir in den Gleichungen (18.83) vorgestellt haben.

Die Funktion f in Beispiel 3 ist auf $\mathbb{R}$ nicht absolut integrierbar und ihre Fourier–Transformierte besitzt Unstetigkeiten. Dass die Fourier-Transformierte einer absolut integrierbaren Funktion keine Unstetigkeiten besitzt, wird durch das folgende Lemma sichergestellt:

Lemma 1. *Ist die Funktion $f : \mathbb{R} \to \mathbb{C}$ lokal integrierbar und auf $\mathbb{R}$ absolut integrierbar, dann gilt:*

a) Die Fourier-Transformierte $\mathcal{F}[f](\xi)$ ist für jeden Wert $\xi \in \mathbb{R}$ definiert;

b) $\mathcal{F}[f] \in C(\mathbb{R}, \mathbb{C})$;

c) $\sup\limits_\xi |\mathcal{F}[g](\xi)| \le \frac{1}{2\pi} \int\limits_{-\infty}^\infty |f(x)|\, dx;$

d) $\mathcal{F}[f](\xi) \to 0$ für $\xi \to \infty$.

Beweis. Wir haben bereits darauf hingewiesen, dass $|f(x)\mathrm{e}^{\mathrm{i}x\xi}| \le |f(x)|$, woraus folgt, dass das Integral (18.86) absolut und gleichmäßig bezüglich $\xi \in \mathbb{R}$ konvergiert. Diese Tatsache beweist gleichzeitig die Teile *a)* und *c)*.

Teil *d)* folgt aus dem Riemann-Lebesgue Lemma (vgl. Abschnitt 18.2).

Für ein festes endliches $A \ge 0$ garantiert die Abschätzung

$$\left| \int\limits_{-A}^A f(x)\bigl(\mathrm{e}^{-\mathrm{i}x(\xi+h)} - \mathrm{e}^{-\mathrm{i}x\xi}\bigr)\, dx \right| \le \sup\limits_{|x| \le A} |\mathrm{e}^{-\mathrm{i}xh} - 1| \int\limits_{-A}^A |f(x)|\, dx\,,$$

dass das Integral

$$\frac{1}{2\pi} \int\limits_{-A}^A f(x)\mathrm{e}^{-\mathrm{i}x\xi}\, dx$$

bezüglich ξ stetig ist; und die gleichmäßige Konvergenz dieses Integrals für $A \to +\infty$ erlaubt uns die Folgerung, dass $\mathcal{F}[f] \in C(\mathbb{R}, \mathbb{C})$. □

Beispiel 4. Wir suchen die Fourier-Transformierte der Funktion $f(t) = e^{-t^2/2}$:

$$\mathcal{F}[f](\alpha) = \int\limits_{-\infty}^{+\infty} e^{-t^2/2} e^{-i\alpha t}\, dt = \int\limits_{-\infty}^{+\infty} e^{-t^2/2} \cos \alpha t\, dt \ .$$

Wenn wir dieses letzte Integral nach dem Parameter α ableiten und dann partiell integrieren, erhalten wir

$$\frac{d\mathcal{F}[f]}{d\alpha}(\alpha) + \alpha \mathcal{F}[f](\alpha) = 0$$

oder

$$\frac{d}{d\alpha} \ln \mathcal{F}[f](\alpha) = -\alpha \ .$$

Es folgt, dass $\mathcal{F}[f](\alpha) = ce^{-\alpha^2/2}$, wobei c eine Konstante ist, für die wir mit Hilfe des Euler–Poisson Integrals (vgl. Beispiel 17 in Abschnitt 17.2) erhalten:

$$c = \mathcal{F}[f](0) = \int\limits_{-\infty}^{+\infty} e^{-t^2/2}\, dt = \sqrt{2\pi} \ .$$

Somit gelangen wir zu $\mathcal{F}[f](\alpha) = \sqrt{2\pi}e^{-\alpha^2/2}$ und gleichzeitig haben wir gezeigt, dass $\mathcal{F}_c[f](\alpha) = \sqrt{2\pi}e^{-\alpha^2/2}$ und $\mathcal{F}_s[f](\alpha) \equiv 0$.

c. Normierung der Fourier-Transformierten

Wir erhalten die Fourier-Transformierte (18.80) und das Fourier-Integral (18.82) als das natürliche Analogon zu den Fourier-Koeffizienten $c_k = \frac{1}{2\pi} \int\limits_{-\pi}^{\pi} f(x) e^{-ikx}\, dx$ und der Fourier-Reihe $\sum\limits_{-\infty}^{\infty} c_k e^{ikx}$ einer periodischen Funktion f im trigonometrischen System $\{e^{ikx}; k \in \mathbb{Z}\}$. Dieses System ist nicht orthonormal und nur die Einfachheit, mit der eine trigonometrische Fourier-Reihe darin geschrieben werden kann, ist dafür verantwortlich, dass es üblicherweise anstelle des natürlicheren Orthonormalsystems $\{\frac{1}{\sqrt{2\pi}}e^{ikx}; k \in \mathbb{Z}\}$ benutzt wird. In diesem normierten System besitzt die Fourier-Reihe die Gestalt $\sum\limits_{-\infty}^{\infty} \widehat{c}_k \frac{1}{\sqrt{2\pi}} e^{ikx}$ und die Fourier-Koeffizienten werden durch die Gleichungen $\widehat{c}_k = \frac{1}{\sqrt{2\pi}} \int\limits_{-\pi}^{\pi} f(x) e^{-ikx}\, dx$ definiert.

Das stetige Analogon derartiger natürlicher Fourier-Koeffizienten und einer derartigen Fourier-Reihe wäre die Fourier-Transformierte

$$\widehat{f}(\xi) := \frac{1}{\sqrt{2\pi}} \int\limits_{-\infty}^{\infty} f(x) e^{-ix\xi}\, dx \tag{18.98}$$

und das Fourier-Integral

$$f(x) = \frac{1}{\sqrt{2\pi}} \int\limits_{-\infty}^{\infty} \widehat{f}(\xi) e^{ix\xi} \, d\xi \, , \tag{18.99}$$

die sich von den oben betrachteten nur durch den Normierungskoeffizienten unterscheiden.

In diesen symmetrischen Gleichungen (18.98) und (18.99) fallen der Fourier–„Koeffizient" und die Fourier–„Reihe" praktisch zusammen und daher werden wir in Zukunft im Wesentlichen nur an den Eigenschaften der Integral-Transformierten (18.98) interessiert sein, die wir die *normierte Fourier-Transformierte* oder, wenn es keine Verwirrung geben kann, einfach die *Fourier-Transformierte* der Funktion f nennen werden.

Im Allgemeinen wird der Name *Integral-Operator* oder *Integral-Transformierte* üblicherweise einem Operator A verliehen, der auf eine Funktion f entsprechend der Regel

$$A(f)(y) = \int\limits_{X} K(x,y) f(x) \, dx$$

einwirkt, wobei $K(x,y)$ eine vorgegebene Funktion ist, die *Kern des Integral-Operators* genannt wird und $X \subset \mathbb{R}^n$ ist die Menge, über die die Integration durchgeführt wird und auf der vorausgesetzt wird, dass die Integranden definiert sind. Da y ein freier Parameter in einer Menge Y ist, folgt, dass $A(f)$ eine Funktion auf Y ist.

In der Mathematik treffen wir auf viele wichtige Integral-Operatoren und unter ihnen nimmt die Fourier-Transformierte eine der Schlüsselpositionen ein. Die Gründe dafür reichen sehr tief und beinhalten die bemerkenswerte Eigenschaft der Transformation (18.98), die wir zu einem gewissen Maß im restlichen Teil dieses Abschnitts beschreiben und in Anwendungen veranschaulichen werden.

Daher werden wir die normierte Fourier-Transformierte (18.98) untersuchen.

Zusammen mit der Schreibweise $\widehat{f}$ für die normierte Fourier-Transformierte führen wir die Schreibweise

$$\widetilde{f}(\xi) := \frac{1}{\sqrt{2\pi}} \int\limits_{-\infty}^{\infty} f(x) e^{i\xi x} \, dx \tag{18.100}$$

ein, d.h. $\widetilde{f}(\xi) = \widehat{f}(-\xi)$.

Die Gleichungen (18.98) und (18.99) besagen, dass

$$\widetilde{\widehat{f}} = \widehat{\widetilde{f}} = f \, , \tag{18.101}$$

d.h., die Integral-Transformierten (18.98) und (18.99) sind zueinander invers. Ist daher (18.98) die Fourier-Transformierte, dann ist es natürlich, den Integral-Operator (18.100) die *inverse Fourier-Transformierte* zu nennen.

Wir werden unten ausführlich gewisse bemerkenswerte Eigenschaften der Fourier-Transformierten untersuchen und rechtfertigen. Beispielsweise

$$\widehat{f^{(n)}}(\xi) = (\mathrm{i}\xi)^n \widehat{f}(\xi)\,,$$
$$\widehat{f * g} = \sqrt{2\pi}\widehat{f} \cdot \widehat{g}\,,$$
$$\|\widehat{f}\| = \|f\|\,.$$

Das heißt, die Fourier-Transformierte bildet den Differentiationsoperator in den Operator der Multiplikation mit der unabhängigen Variablen ab; die Fourier-Transformierte der Faltung von Funktionen entspricht der Multiplikation der Transformierten; die Fourier-Transformierte erhält die Norm (Parsevalsche Gleichung) und sie ist daher eine Isometrie des zugehörigen Funktionsraums.

Wir werden jedoch mit der Inversionsgleichung (18.101) beginnen.

Beachten Sie Aufgabe 10 für eine andere Normierung der Fourier-Transformierten.

d. Hinreichende Bedingungen, damit eine Funktion als Fourier-Integral darstellbar ist

Wir wollen nun einen Satz beweisen, der sowohl in seiner Form als auch in seinem Inhalt zum Satz zur punktweisen Konvergenz einer trigonometrischen Fourier-Reihe vollständig analog ist. Um das bekannte Erscheinen unserer früheren Formeln und Umformungen maximal zu halten, werden wir die nicht normierte Fourier-Transformierte $c(\xi)$ in diesem Abschnitt benutzen, zusammen mit ihrer sehr umständlichen, aber manchmal bequemen Schreibweise $\mathcal{F}[f](\xi)$. Wenn wir hinterher die integrale Fourier-Transformierte als solches untersuchen, werden wir in der Regel mit der normierten Fourier-Transformierten $\widehat{f}$ der Funktion f arbeiten.

Satz 1. (Konvergenz des Fourier-Integrals in einem Punkt). *Sei $f : \mathbb{R} \to \mathbb{C}$ eine absolut integrierbare Funktion, die auf jedem endlichen abgeschlossenen Intervall der reellen Achse $\mathbb{R}$ stückweise stetig ist.*

Erfüllt die Funktion f die Dini-Bedingungen in einem Punkt $x \in \mathbb{R}$, dann konvergieren ihre Fourier-Integrale (18.82), (18.87), (18.87′) und (18.99) in diesem Punkt gegen den Wert $\frac{1}{2}\big(f(x_-) + f(x_+)\big)$, der der Hälfte der Summe der linksseitigen und rechtsseitigen Grenzwerte der Funktion in diesem Punkt entspricht.

Beweis. Nach Lemma 1 ist die Fourier-Transformierte $c(\xi) = \mathcal{F}[f](\xi)$ der Funktion f auf $\mathbb{R}$ stetig und daher auf jedem Intervall $[-A, A]$ integrierbar.

So wie wir die Teilsumme der Fourier-Reihe transformiert haben, werden wir nun die folgenden Umformungen für das partielle Fourier-Integral ausführen:

$$S_A(x) = \int\limits_{-A}^{A} c(\xi) e^{ix\xi}\,d\xi = \int\limits_{-A}^{A} \left(\frac{1}{2\pi} \int\limits_{-\infty}^{\infty} f(t) e^{-it\xi}\,dt \right) e^{ix\xi}\,d\xi =$$

$$= \frac{1}{2\pi} \int\limits_{-\infty}^{\infty} f(t) \left(\int\limits_{-A}^{A} e^{i(x-t)\xi}\,d\xi \right) dt = \frac{1}{2\pi} \int\limits_{-\infty}^{\infty} f(t) \frac{e^{i(x-t)A} - e^{-i(x-t)A}}{i(x-t)}\,dt =$$

$$= \frac{1}{\pi} \int\limits_{-\infty}^{\infty} f(t) \frac{\sin(x-t)A}{x-t}\,dt = \frac{1}{\pi} \int\limits_{-\infty}^{\infty} f(x+u) \frac{\sin Au}{u}\,du =$$

$$= \frac{1}{\pi} \int\limits_{0}^{\infty} \left(f(x-u) + f(x+u) \right) \frac{\sin Au}{u}\,du \,.$$

Die Änderung der Integrationsreihenfolge in der zweiten Gleichung am Anfang der Berechnung ist berechtigt. Tatsächlich gilt mit Blick auf die stückweise Stetigkeit von f für jedes endliche $B > 0$ die Gleichung

$$\int\limits_{-A}^{A} \left(\frac{1}{2\pi} \int\limits_{-B}^{B} f(t) e^{-it\xi}\,dt \right) e^{ix\xi}\,d\xi = \frac{1}{2\pi} \int\limits_{-B}^{B} f(t) \left(\int\limits_{-A}^{A} e^{i(x-t)\xi}\,d\xi \right) dt \,,$$

aus der wir für $B \to +\infty$ unter Berücksichtigung der gleichmäßigen Konvergenz des Integrals $\int\limits_{-B}^{B} f(x) e^{-it\xi}\,dt$ bezüglich ξ die notwendige Gleichung erhalten.

Wir benutzen nun den Wert des Dirichlet-Integrals (18.97) und vervollständigen unsere Umformung:

$$S_A(x) - \frac{f(x_-) + f(x_+)}{2} =$$

$$= \frac{1}{\pi} \int\limits_{0}^{+\infty} \frac{\left(f(x-u) - f(x_-) \right) + \left(f(x+u) - f(x_+) \right)}{u} \sin Au\,du \,.$$

Das sich ergebende Integral strebt für $A \to \infty$ gegen Null. Wir werden dies erklären und damit auch den Beweis des Satzes abschließen.

Wir stellen das Integral als Summe der Integrale über das Intervall $[1, +\infty[$ dar. Das erste dieser beiden Integrale strebt für $A \to +\infty$ mit Blick auf die Dini-Bedingungen und dem Riemann-Lebesgue Lemma gegen Null. Das zweite Integral entspricht der Summe von vier Integralen, entsprechend den vier Ausdrücken $f(x-u)$, $f(x+u)$, $f(x_-)$ und $f(x_+)$. Das Riemann-Lebesgue Lemma kann für die ersten beiden dieser vier Integrale eingesetzt werden und die letzten beiden können bis auf einen konstanten Faktor in die folgende Gestalt gebracht werden:

$$\int\limits_{1}^{+\infty} \frac{\sin Au}{u}\,\mathrm{d}u = \int\limits_{A}^{+\infty} \frac{\sin v}{v}\,\mathrm{d}v\ .$$

Dieses letzte Integral strebt aber für $A \to +\infty$ gegen Null, da das Dirichlet-Integral (18.97) konvergiert.   □

Anmerkung 1. Im Beweis zu Satz 1 haben wir tatsächlich die Konvergenz des als Hauptwert verstandenen Integrals untersucht. Wenn wir aber die Schreibweisen (18.87) und (18.87′) miteinander vergleichen, dann wird offensichtlich, dass es genau diese Interpretation des Integrals ist, die der Konvergenz des Integrals (18.87′) entspricht.

Von diesem Satz erhalten wir insbesondere:

Korollar 1. *Sei $f : \mathbb{R} \to \mathbb{C}$ eine stetige absolut integrierbare Funktion.*

Ist die Funktion f in jedem Punkt $x \in \mathbb{R}$ integrierbar oder besitzt sie endliche einseitige Ableitungen oder erfüllt sie die Höldersche Bedingung, dann wird sie durch ihr Fourier-Integral dargestellt.

Daher gelten für Funktionen dieser Klasse beide Gleichungen (18.80) und (18.82) oder (18.98) und (18.99) und wir haben somit die Inversionsformel für das Fourier-Integral für derartige Funktionen bewiesen.

Wir wollen einige Beispiele betrachten:

Beispiel 5. Angenommen, das Signal $v(t) = P(f)(t)$, das aus dem in Beispiel 2 betrachteten Gerät P austritt, sei bekannt. Wir wollen das Signal $f(t)$ bestimmen, das in das Gerät P eintritt.

In Beispiel 2 haben wir gezeigt, dass f und v durch die Beziehung

$$v(t) = \int\limits_{-\infty}^{\infty} c(\omega)p(\omega)\mathrm{e}^{\mathrm{i}\omega t}\,\mathrm{d}\omega$$

zusammenhängen, wobei $c(\omega) = \mathcal{F}[f](\omega)$ das Spektrum des Signals F ist (die nicht normierte Fourier-Transformierte der Funktion f) und p ist die spektrale Charakteristik des Geräts P. Wenn wir davon ausgehen, dass alle diese Funktionen hinreichend regulär sind, können wir aus dem eben bewiesenen Satz folgern, dass

$$c(\omega)p(\omega) = \mathcal{F}[v](\omega)\ .$$

Daraus erhalten wir $c(\omega) = \mathcal{F}[f](\omega)$. Wenn wir $c(\omega)$ kennen, erhalten wir das Signal f mit Hilfe des Fourier-Integrals (18.87).

Beispiel 6. Sei $a > 0$ und

$$f(x) = \begin{cases} e^{-ax} & \text{für } x > 0 \,, \\ \\ 0 & \text{für } x \leq 0 \,. \end{cases}$$

Dann ist

$$\mathcal{F}[f](\xi) = \frac{1}{2\pi} \int\limits_{0}^{+\infty} e^{-ax} e^{-i\xi x}\, dx = \frac{1}{2\pi} \frac{1}{a + i\xi} \,.$$

Bei der Diskussion der Definition der Fourier-Transformierten haben wir bereits in Teil b) dieses Abschnitts auf eine Reihe ihrer offensichtlichen Eigenschaften hingewiesen. Wir weisen ferner darauf hin, dass für $f_-(x) := f(-x)$ gilt: $\mathcal{F}[f_-](\xi) = \mathcal{F}[f](-\xi)$. Dies entspricht einer einfachen Substitution im Integral.

Wir betrachten nun die Funktion $e^{-a|x|} = f(x) + f(-x) =: \varphi(x)$.
Dann ist

$$\mathcal{F}[\varphi](\xi) = \mathcal{F}[f](\xi) + \mathcal{F}[f](-\xi) = \frac{1}{\pi} \frac{a}{a^2 + \xi^2} \,.$$

Wenn wir nun die Funktion $\psi(x) = f(x) - f(-x)$ betrachten, die eine ungerade Erweiterung der Funktion e^{-ax}, $x > 0$ auf die gesamte reelle Gerade ist, dann gilt

$$\mathcal{F}[\psi](\xi) = \mathcal{F}[f](\xi) - \mathcal{F}[f](-\xi) = -\frac{i}{\pi} \frac{\xi}{a^2 + \xi^2} \,.$$

Mit Hilfe von Satz 1 oder genauer gesagt aus dem daraus folgenden Korollar erhalten wir

$$\frac{1}{2\pi} \int\limits_{-\infty}^{\infty} \frac{e^{ix\xi}}{a + i\xi}\, d\xi = \begin{cases} e^{-ax}\,, & \text{für } x > 0 \,, \\ \\ \frac{1}{2}\,, & \text{für } x = 0 \,, \\ \\ 0\,, & \text{für } x < 0 \,; \end{cases}$$

$$\frac{1}{\pi} \int\limits_{-\infty}^{+\infty} \frac{a e^{ix\xi}}{a^2 + \xi^2}\, d\xi = e^{-a|x|} \,;$$

$$\frac{i}{\pi} \int\limits_{-\infty}^{+\infty} \frac{\xi e^{ix\xi}}{a^2 + \xi^2}\, d\xi = \begin{cases} e^{-ax}\,, & \text{für } x > 0 \,, \\ \\ 0\,, & \text{für } x = 0 \,, \\ \\ -e^{ax}\,, & \text{für } x < 0 \,. \end{cases}$$

Dabei werden alle Integrale im Sinne des Hauptwertes verstanden, obwohl das zweite im Hinblick auf die absolute Konvergenz auch im Sinne eines normalen uneigentlichen Integrals verstanden werden kann.

Wir erhalten, indem wir die reellen und imaginären Teile dieser letzten beiden Integrale trennen, die Laplace-Integrale, die wir von früher kennen:

$$\int\limits_{0}^{+\infty} \frac{\cos x\xi}{a^2 + \xi^2}\, \mathrm{d}\xi \; = \; \frac{\pi}{2a}\mathrm{e}^{-a|x|} \quad \text{und}$$

$$\int\limits_{0}^{+\infty} \frac{\sin x\xi}{a^2 + \xi^2}\, \mathrm{d}\xi \; = \; \frac{\pi}{2}\mathrm{e}^{-a|x|}\mathrm{sgn}\, x \; .$$

Beispiel 7. Ausgehend von Beispiel 4 lässt sich (durch eine einfache Substitution) herausfinden, dass für

$$f(x) = \mathrm{e}^{-a^2 x^2} \quad \text{folgt:} \quad \widehat{f}(\xi) = \frac{1}{\sqrt{2}a}\mathrm{e}^{-\frac{\xi^2}{4a^2}} \; .$$

Es ist sehr lehrreich, die gleichzeitige Entwicklung der Graphen der Funktionen f und $\widehat{f}$ zu verfolgen, wenn sich der Parameter a von $1/\sqrt{2}$ gegen 0 verändert. Je „konzentrierter" die eine der Funktionen ist, desto „verschmierter" die andere. Dieser Umstand hängt eng mit der Heisenbergschen Unschärferelation der Quantenmechanik zusammen. (Vergleichen Sie in diesem Zusammenhang die Aufgaben 6 und 7.)

Anmerkung 2. Zum Abschluss der Diskussion der Frage einer möglichen Darstellung einer Funktion durch ein Fourier-Integral betonen wir, dass, wie die Beispiele 1 und 3 zeigen, die in Satz 1 und seinem Korollar aufgestellten Bedingungen hinreichend, aber nicht notwendig dafür sind, dass eine derartige Darstellung möglich ist.

18.3.2 Der Zusammenhang zwischen Differential und asymptotischen Eigenschaften einer Funktion und ihrer Fourier-Transformierten

a. Glattheit einer Funktion und die Abnahme ihrer Fourier-Transformierten

Aus dem Riemann-Lebesgue Lemma folgt, dass die Fourier-Transformierte jeder auf $\mathbb{R}$ absolut integrierbaren Funktion in Unendlich gegen Null strebt. Darauf wurde oben bereits in Lemma 1 hingewiesen. Wir wollen nun zeigen, dass wie bei den Fourier-Koeffizienten die Fourier-Transformierten desto schneller gegen Null streben, je glatter die Funktion ist. Die duale Aussage dazu ist, dass je schneller eine Funktion gegen Null strebt, desto glatter ist ihre Fourier-Transformierte.

Wir beginnen mit der folgenden Hilfsaussage:

Lemma 2. *Sei $f : \mathbb{R} \to \mathbb{C}$ eine stetige Funktion mit einer lokal stückweise stetigen Ableitung f' auf $\mathbb{R}$.*

a) Ist die Funktion f' auf $\mathbb{R}$ integrierbar, dann besitzt $f(x)$ sowohl für $x \to -\infty$ als auch $x \to +\infty$ einen Grenzwert.

b) Sind die Funktionen f und f' auf $\mathbb{R}$ integrierbar, dann gilt $f(x) \to 0$ für $x \to \infty$.

Beweis. Unter diesen Einschränkungen an die Funktion f und f' gilt die Newton-Leibniz Formel (Fundamentalsatz der Integralrechnung):

$$f(x) = f(0) + \int\limits_0^x f'(t)\, \mathrm{d}t \, .$$

In Bedingung *a)* besitzt die rechte Seite dieser Gleichung sowohl für $x \to -\infty$ als auch $x \to +\infty$ einen Grenzwert.

Ist eine Funktion f mit einem Grenzwert bei Unendlich auf $\mathbb{R}$ integrierbar, dann müssen beide Grenzwerte offensichtlich gleich Null sein.   □

Nun können wir beweisen:

Satz 2. (Zusammenhang zwischen der Glattheit einer Funktion und der Abnahme ihrer Fourier-Transformierten.) *Ist $f \in C^{(k)}(\mathbb{R}, \mathbb{C})$ $(k = 0, 1, \ldots)$ und sind alle Funktionen $f, f', \ldots, f^{(k)}$ auf $\mathbb{R}$ absolut integrierbar, dann gilt*

a) für alle $n \in \{0, 1, \ldots, k\}$:

$$\widehat{f^{(n)}}(\xi) = (\mathrm{i}\xi)^n \widehat{f}(\xi) \, ; \tag{18.102}$$

b) $\widehat{f}(\xi) = o\left(\frac{1}{\xi^k}\right)$ für $\xi \to 0$.

Beweis. Für $k = 0$ gilt *a)* trivialerweise und *b)* folgt aus dem Riemann-Lebesgue Lemma.

Sei $k > 0$. Nach Lemma 2 streben die Funktionen $f, f', \ldots, f^{(k-1)}$ für $x \to \infty$ gegen Null. Wir berücksichtigen dies und integrieren partiell:

$$\widehat{f^{(k)}}(\xi) := \frac{1}{\sqrt{2\pi}} \int\limits_{-\infty}^{\infty} f^{(k)}(x)\mathrm{e}^{-\mathrm{i}\xi x}\, \mathrm{d}x =$$

$$= \frac{1}{\sqrt{2\pi}} \left(f^{(k-1)}(x)\mathrm{e}^{-\mathrm{i}\xi x}\Big|_{x=-\infty}^{+\infty} + (\mathrm{i}\xi) \int\limits_{-\infty}^{\infty} f^{(k-1)}(x)\mathrm{e}^{-\mathrm{i}\xi x}\, \mathrm{d}x \right) = \cdots$$

$$\cdots = \frac{(\mathrm{i}\xi)^k}{\sqrt{2\pi}} \int\limits_{-\infty}^{\infty} f(x)\mathrm{e}^{-\mathrm{i}\xi x}\, \mathrm{d}x = (\mathrm{i}\xi)^k \widehat{f}(\xi) \, .$$

Somit ist Gl. (18.102) bewiesen. Dies ist eine sehr wichtige Gleichung und wir werden darauf zurückkommen.

Wir haben gezeigt, dass $\widehat{f}(\xi) = (\mathrm{i}\xi)^{-k}\widehat{f^{(k)}}(\xi)$, aber nach dem Riemann-Lebesgue Lemma gilt $\widehat{f^{(k)}}(\xi) \to 0$ für $\xi \to 0$ und somit ist auch *b)* bewiesen.

□

b. Die Abnahme einer Funktion und die Glattheit ihrer Fourier-Transformierten

Im Hinblick auf die nahezu vollständige Identität der direkten und der inversen Fourier-Transformierten gilt auch der folgende Satz, der zu Satz 2 dual ist:

Satz 3. (Zusammenhang zwischen der Abnahme einer Funktion und der Glattheit ihrer Fourier-Transformierten). *Ist eine lokal integrierbare Funktion* $f : \mathbb{R} \to \mathbb{C}$ *derart, dass die Funktion* $x^k f(x)$ *auf* $\mathbb{R}$ *absolut integrierbar ist, dann gilt:*

a) *Die Fourier-Transformierte von* f *gehört zu* $C^{(k)}(\mathbb{R}, \mathbb{C})$;

b) *es gilt die folgende Gleichung:*

$$\widehat{f}^{(k)}(\xi) = (-\mathrm{i})^k \widehat{x^k f(x)}(\xi) . \tag{18.103}$$

Beweis. Für $k = 0$ gilt Gleichung (18.103) trivialerweise und die Stetigkeit von $\widehat{f}(\xi)$ wurde bereits in Lemma 1 bewiesen. Ist $k > 0$, dann gilt für $n < k$ in Unendlich die Abschätzung $|x^n f(x)| \leq |x^k f(x)|$, woraus folgt, dass $x^n f(x)$ absolut integrierbar ist. Nun ist aber $|x^n f(x) \mathrm{e}^{-\mathrm{i}\xi x}| = |x^n f(x)|$, weswegen wir die gleichmäßige Konvergenz dieser Integrale bezüglich des Parameters ξ begründen können und folglich schrittweise unterhalb des Integralzeichens ableiten können:

$$\widehat{f}(\xi) = \frac{1}{\sqrt{2\pi}} \int\limits_{-\infty}^{\infty} f(x) \mathrm{e}^{-\mathrm{i}\xi x} \,\mathrm{d}x ,$$

$$\widehat{f}'(\xi) = \frac{-\mathrm{i}}{\sqrt{2\pi}} \int\limits_{-\infty}^{\infty} x f(x) \mathrm{e}^{-\mathrm{i}\xi x} \,\mathrm{d}x ,$$

$$\cdots \cdots \cdots$$

$$\widehat{f}^{(k)}(\xi) = \frac{(-\mathrm{i})^k}{\sqrt{2\pi}} \int\limits_{-\infty}^{\infty} x^k f(x) \mathrm{e}^{-\mathrm{i}\xi x} \,\mathrm{d}x .$$

Nach Lemma 1 ist dieses letzte Integral auf der gesamten reellen Gerade stetig. Daher ist tatsächlich $\widehat{f} \in C^{(k)}(\mathbb{R}, \mathbb{C})$.   □

c. Der Raum der Schwartz–Funktionen

Definition 4. Wir bezeichnen die Menge der Funktionen $f \in C^{(\infty)}(\mathbb{R}, \mathbb{C})$, die für alle nicht negativen ganzen Zahlen α und β die Bedingung

$$\sup_{x \in \mathbb{R}} |x^\beta f^{(\alpha)}(x)| < \infty$$

erfüllen, mit $S(\mathbb{R}, \mathbb{C})$ oder in Kurzform mit S. Derartige Funktionen werden *Schwartz-Funktionen* oder auch *schnell abnehmende Funktionen* (für $x \to \infty$) genannt.

Die Menge der Schwartz–Funktionen bildet offensichtlich einen Vektor-raum mit den üblichen Operationen der Addition von Funktionen und der Multiplikation einer Funktion mit einer komplexen Zahl.

Beispiel 8. Die Funktion e^{-x^2} oder beispielsweise alle Funktionen mit kompaktem Träger in $C_0^{(\infty)}(\mathbb{R}, \mathbb{C})$ gehören zu S.

Lemma 3. *Die Einschränkung der Fourier-Transformierten auf S ist ein Vektorraumautomorphismus von S.*

Beweis. Wir zeigen zunächst, dass $(f \in S) \Rightarrow (\hat{f} \in S)$.

Dazu merken wir zunächst an, dass nach Satz 3a gilt, dass $\hat{f} \in C^{(\infty)}(\mathbb{R}, \mathbb{C})$.

Als Nächstes halten wir fest, dass die Operation der Multiplikation mit x^α ($\alpha \geq 0$) und die Operation D der Ableitung nicht außerhalb der Klasse von Schwartz–Funktionen führen. Daher folgt für alle nicht negativen ganzen Zahlen α und β aus $f \in S$, dass die Funktion $D^\beta (x^\alpha f(x))$ zum Raum S gehört. Ihre Fourier-Transformierte strebt nach dem Riemann-Lebesgue Lemma in Unendlich gegen Null. Aber nach den Gleichungen (18.102) und (18.103) ist

$$D^\beta \left(\widehat{x^\alpha f(x)} \right)(\xi) = i^{\alpha+\beta} \xi^\beta \hat{f}^{(\alpha)}(\xi) \,,$$

und wir haben dadurch gezeigt, dass $\xi^\beta \hat{f}^{(\alpha)}(\xi) \to 0$ für $\xi \to \infty$, d.h. $\hat{f} \in S$.

Wir wollen nun zeigen, dass $\hat{S} = S$, d.h., dass die Fourier-Transformierte S auf den gesamten Raum S abbildet.

Wir erinnern daran, dass die direkte und die inverse Fourier-Transformierte durch die einfache Gleichung $\hat{f}(\xi) = \tilde{f}(-\xi)$ miteinander zusammenhängen. Die Umkehrung des Vorzeichens im Argument der Funktion ist offensichtlich eine Operation, mit der die Menge S auf sich selbst abgebildet wird. Daher bildet auch die inverse Fourier-Transformierte S in sich selbst ab.

Ist schließlich f eine beliebige Funktion in S, dann ist nach dem eben Bewiesenen $\varphi = \tilde{f} \in S$ und mit der Inversionsformel (18.101) erhalten wir, dass $f = \hat{\varphi}$.

Die Linearität der Fourier-Transformierten ist offensichtlich, so dass Lemma 3 nun vollständig bewiesen ist.   □

18.3.3 Die wichtigsten strukturellen Eigenschaften der Fourier-Transformierten

a. Definitionen, Schreibweisen, Beispiele

Wir haben oben die Fourier-Transformierte einer auf der reellen Geraden definierten Funktion $f : \mathbb{R} \to \mathbb{C}$ sehr ausführlich untersucht. Insbesondere haben wir den Zusammenhang zwischen der Regularität einer Funktion und den entsprechenden Eigenschaften ihrer Fourier-Transformierten klargelegt.

Nun, da diese Frage theoretisch beantwortet wurde, werden wir die Fourier-Transformierte nur für hinreichend reguläre Funktionen untersuchen, um so die fundamentalen technischen Eigenschaften der Fourier-Transformierten in konzentrierter Form und ohne technische Komplikationen vorzustellen. Als Ausgleich werden wir nicht nur ein-dimensionale, sondern auch mehr-dimensionale Fourier-Transformierte betrachten und die wichtigen Eigenschaften praktisch unabhängig vom Bisherigen untersuchen.

Diejenigen, die sich auf den ein-dimensionalen Fall beschränken wollen, können für sich annehmen, dass im Weiteren $n = 1$ gilt.

Definition 5. Angenommen, $f : \mathbb{R}^n \to \mathbb{C}$ ist eine lokal integrierbare Funktion auf $\mathbb{R}^n$. Die Funktion

$$\widehat{f}(\xi) := \frac{1}{(2\pi)^{n/2}} \int\limits_{\mathbb{R}^n} f(x) e^{-\mathrm{i}(\xi, x)} \, \mathrm{d}x \qquad (18.104)$$

wird die *Fourier-Transformierte der Funktion f* genannt.

Hierbei meinen wir, dass $x = (x_1, \ldots, x_n)$, $\xi = (\xi_1, \ldots, \xi_n)$ und $(\xi, x) = \xi_1 x_1 + \cdots + \xi_n x_n$ und wir betrachten das Integral im Sinne des Hauptwertes als konvergent:

$$\int\limits_{\mathbb{R}^n} \varphi(x_1, \ldots, x_n) \, \mathrm{d}x_1 \cdots \mathrm{d}x_n := \lim_{A \to +\infty} \int\limits_{-A}^{A} \cdots \int\limits_{-A}^{A} \varphi(x_1, \ldots, x_n) \, \mathrm{d}x_1 \cdots \mathrm{d}x_n \, .$$

In diesem Fall können wir die mehr-dimensionale Fourier-Transformierte (18.104) als n ein-dimensionale Fourier-Transformierte betrachten, die bezüglich jeder der Variablen $x_1, \ldots, x_n$ durchgeführt wird.

Ist die Funktion f absolut integrierbar, dann tritt die Frage nach dem Sinn, in dem das Integral (18.104) zu verstehen ist, überhaupt nicht auf.

Seien $\alpha = (\alpha_1, \ldots, \alpha_n)$ und $\beta = (\beta_1, \ldots, \beta_n)$ Multiindizes, die aus nicht negativen ganzen Zahlen $\alpha_j, \beta_j, j = 1, \ldots, n$ bestehen und angenommen, dass D^α wie immer den Differentiationsoperator $\frac{\partial^{|\alpha|}}{\partial x_1^{\alpha_1} \cdots \partial x_n^{\alpha_n}}$ der Ordnung $|\alpha| := \alpha_1 + \cdots + \alpha_n$ bezeichnet, mit $x^\beta := x_1^{\beta_1} \cdot \ldots \cdot x_n^{\beta_n}$.

Definition 6. Wir bezeichnen die Menge von Funktionen $f \in C^{(\infty)}(\mathbb{R}^n, \mathbb{C})$, die für alle nicht negativen Multiindizes α und β die Bedingung

$$\sup_{x \in \mathbb{R}^n} |x^\beta D^\alpha f(x)| < \infty$$

erfüllen, mit dem Symbol $S(\mathbb{R}^n, \mathbb{C})$ oder mit S, falls dadurch keine Verwirrung auftreten kann. Derartige Funktionen werden (für $x \to \infty$) *Schwartz–Funktionen* oder auch *schnell abnehmende Funktionen* genannt.

Die Menge S mit den algebraischen Operationen der Addition von Funktionen und der Multiplikation einer Funktion mit einer komplexen Zahl ist offensichtlich ein Vektorraum.

Beispiel 9. Die Funktion $e^{-|x|^2}$, mit $|x|^2 = x_1^2 + \cdots + x_n^2$, und alle Funktionen mit kompaktem Träger in $C_0^{(\infty)}(\mathbb{R}^n, \mathbb{C})$ gehören zu S.

Ist $f \in S$, dann konvergiert das Integral in Gleichung (18.104) offensichtlich absolut und gleichmäßig bezüglich ξ auf dem gesamten Raum $\mathbb{R}^n$. Ist $f \in S$, dann kann dieses Integral außerdem mit den üblichen Regeln so oft wie gewünscht bezüglich jeder der Variablen $\xi_1, \dots, \xi_n$ abgeleitet werden. Ist daher $f \in S$, dann gilt $\hat{f} \in C^{(\infty)}(\mathbb{R}, \mathbb{C})$.

Beispiel 10. Wir wollen für die Funktion $\exp\left(-|x|^2/2\right)$ die Fourier-Transformierte bestimmen. Wenn wir Schwartz–Funktionen integrieren, können wir offensichtlich den Satz von Fubini anwenden und nötigenfalls die Reihenfolge der uneigentlichen Integrationen ohne Schwierigkeiten vertauschen.

Im vorliegenden Fall erhalten wir mit dem Satz von Fubini und Beispiel 4, dass

$$\frac{1}{(2\pi)^{n/2}} \int_{\mathbb{R}^n} e^{-|x|^2/2} \cdot e^{-i(\xi, x)} \, dx =$$

$$= \prod_{j=1}^{n} \frac{1}{\sqrt{2\pi}} \int_{-\infty}^{\infty} e^{-x_j^2/2} e^{-i\xi_j x_j} \, dx_j = \prod_{j=1}^{n} e^{-\xi_j^2/2} = e^{-|\xi|^2/2} \,.$$

Wir wollen nun die zentralen strukturellen Eigenschaften der Fourier-Transformierten aufstellen und beweisen und, um technische Schwierigkeiten zu vermeiden, dabei annehmen, dass die Fourier-Transformierte auf Funktionen der Klasse S angewendet wird. Dies entspricht in etwa derselben Vereinfachung, wie mit rationalen Zahlen umgehen (rechnen) zu lernen, statt sofort mit dem gesamten Raum $\mathbb{R}$. Die Vorgänge zur Vervollständigung sind von gleicher Art. Betrachten Sie in diesem Zusammenhang die Aufgabe 5.

b. Linearität

Die Linearität der Fourier-Transformierten ist offensichtlich; sie folgt aus der Linearität des Integrals.

c. Der Zusammenhang zwischen Differentiation und der Fourier-Transformierten

Es gelten die folgenden Gleichungen:

$$\widehat{D^\alpha f}(\xi) = (i)^{|\alpha|} \xi^\alpha \hat{f}(\xi) \,, \tag{18.105}$$

$$\left(\widehat{x^\alpha f(x)}\right)(\xi) = (i)^{|\alpha|} D^\alpha \hat{f}(\xi) \,. \tag{18.106}$$

Beweis. Die erste können wir wie Gleichung (18.102) über partielle Integration erhalten (natürlich nach vorherigem Einsatz des Satzes von Fubini für den Fall eines Raumes $\mathbb{R}^n$ der Dimension $n > 1$).

Die Gleichung (18.106) verallgemeinert die Beziehung (18.103) und wir erhalten sie durch direkte Ableitung von (18.104) nach den Parametern $\xi_1, \ldots, \xi_n$. □

Anmerkung 3. Mit Blick auf die offensichtliche Abschätzung

$$|\widehat{f}(\xi)| \le \frac{1}{(2\pi)^{n/2}} \int\limits_{\mathbb{R}^n} |f(x)|\, dx < +\infty$$

folgt aus (18.105), dass $\widehat{f}(\xi) \to 0$ für $\xi \to \infty$ für jede Funktion $f \in S$, da $D^\alpha f \in S$.

Als Nächstes versetzt uns der gleichzeitige Einsatz der Formeln (18.105) und (18.106) in die Lage

$$D^\beta\big(\widehat{x^\alpha f(x)}\big)(\xi) = (\mathrm{i})^{|\alpha|+|\beta|}\xi^\beta D^\alpha \widehat{f}(\xi)$$

zu schreiben, woraus folgt, dass für alle nicht negativen Multiindizes α und β für $f \in S$ gilt, dass $\xi^\beta D^\alpha \widehat{f}(\xi) \to 0$ für $\xi \to \infty$ in $\mathbb{R}^n$. Somit haben wir gezeigt, dass

$$(f \in S) \Rightarrow (\widehat{f} \in S)\,.$$

d. Die Inversionsgleichung

Definition 7. Der durch die Gleichung

$$\widetilde{f}(\xi) := \frac{1}{(2\pi)^{n/2}} \int\limits_{\mathbb{R}^n} f(x)\mathrm{e}^{\mathrm{i}(\xi, x)}\, dx \tag{18.107}$$

definierte Operator wird (zusammen mit seiner Schreibweise) die *inverse Fourier-Transformierte* genannt.

Es gilt die folgende *inverse Fourier-Gleichung*:

$$\widetilde{\widehat{f}} = \widehat{\widetilde{f}} = f \tag{18.108}$$

oder mit Hilfe des Fourier-Integrals:

$$f(x) = \frac{1}{(2\pi)^{n/2}} \int\limits_{\mathbb{R}^n} \widehat{f}(\xi)\mathrm{e}^{\mathrm{i}(x, \xi)}\, d\xi\,. \tag{18.109}$$

Mit Hilfe des Satzes von Fubini können wir Gleichung (18.108) unmittelbar aus der entsprechenden Gleichung (18.101) für die ein-dimensionale Fourier-Transformierte erhalten, aber wir werden wie versprochen einen kurzen unabhängigen Beweis dieser Gleichung liefern:

Beweis. Wir zeigen zunächst, dass

$$\int\limits_{\mathbb{R}^n} g(\xi)\widehat{f}(\xi)e^{i(x,\xi)}\,d\xi = \int\limits_{\mathbb{R}^n} \widehat{g}(\xi)f(x+y)\,dy \qquad (18.110)$$

für alle Funktionen $f, g \in S(\mathbb{R}, \mathbb{C})$ gilt. Beide Integrale sind definiert, da $f, g \in S$, und somit gilt nach Anmerkung 3 auch, dass $\widehat{f}, \widehat{g} \in S$.

Wir wollen das Integral auf der linken Seite der zu beweisenden Gleichung umformen:

$$\int\limits_{\mathbb{R}^n} g(\xi)\widehat{f}(\xi)e^{i(x,\xi)}\,d\xi =$$

$$= \int\limits_{\mathbb{R}^n} g(\xi)\left(\frac{1}{(2\pi)^{n/2}}\int\limits_{\mathbb{R}^n} f(y)e^{-i(\xi,y)}\,dy\right)e^{i(x,\xi)}\,d\xi =$$

$$= \frac{1}{(2\pi)^{n/2}}\int\limits_{\mathbb{R}^n}\left(\int\limits_{\mathbb{R}^n} g(\xi)e^{-i(\xi,y-x)}\,d\xi\right)f(y)\,dy =$$

$$= \int\limits_{\mathbb{R}^n} \widehat{g}(y-x)f(y)\,dy = \int\limits_{\mathbb{R}^n} \widehat{g}(y)f(x+y)\,dy\,.$$

Es besteht kein Zweifel über die Berechtigung der Umkehrung der Integrationsreihenfolge, da f und g Schwartz-Funktionen sind. Damit ist (18.110) bewiesen.

Wir merken nun an, dass für jedes $\varepsilon > 0$

$$\frac{1}{(2\pi)^{n/2}}\int\limits_{\mathbb{R}^n} g(\varepsilon\xi)e^{i(y,\xi)}\,d\xi = \frac{1}{(2\pi)^{n/2}\varepsilon^n}\int\limits_{\mathbb{R}^n} g(u)e^{-i(y,u/\varepsilon)}\,du = \varepsilon^{-n}\widehat{g}(y/\varepsilon)$$

gilt, so dass mit Gl. (18.110) folgt:

$$\int\limits_{\mathbb{R}^n} g(\varepsilon\xi)\widehat{f}(\xi)e^{i(x,\xi)}\,d\xi = \int\limits_{\mathbb{R}^n} \varepsilon^{-n}\widehat{g}(y/\varepsilon)f(x+y)\,dy = \int\limits_{\mathbb{R}^n} \widehat{g}(u)f(x+\varepsilon u)\,du\,.$$

Wenn wir in der letzten Gleichungskette die absolute und gleichmäßige Konvergenz der auswärts stehenden Integrale bezüglich ε berücksichtigen, erhalten wir für $\varepsilon \to 0$:

$$g(0)\int\limits_{\mathbb{R}^n} \widehat{f}(\xi)e^{i(x,\xi)}\,d\xi = f(x)\int\limits_{\mathbb{R}^n} \widehat{g}(u)\,du\,.$$

Hierbei setzen wir $g(x) = e^{-|x|^2/2}$. In Beispiel 10 haben wir gesehen, dass $\widehat{g}(u) = e^{-|u|^2/2}$. Wir erinnern an das Euler-Poisson Integral $\int\limits_{-\infty}^{\infty} e^{-x^2}\,dx = \sqrt{\pi}$ und mit Hilfe des Satzes von Fubini können wir folgern, dass $\int\limits_{\mathbb{R}^n} e^{-|u|^2/2}\,du = (2\pi)^{n/2}$ und als Ergebnis erhalten wir Gl. (18.109). $\qquad\square$

Anmerkung 4. Im Gegensatz zu der einen Gleichung (18.109), die bedeutet, dass $\widetilde{\widehat{f}} = f$, enthält Beziehung (18.108) auch die Gleichung $\widehat{\widetilde{f}} = f$. Diese Gleichheit folgt unmittelbar aus der Bewiesenen, da $\widetilde{f}(\xi) = \widehat{f}(-\xi)$ und $\widehat{f(-x)} = \widetilde{\widehat{f}(x)}$.

Anmerkung 5. Wir haben bereits gesehen (vgl. Anmerkung 3), dass für $f \in S$ auch $\widehat{f} \in S$ gilt und daher ist ebenfalls auch $\widetilde{f} \in S$, d.h. $\widehat{S} \subset S$ und $\widetilde{S} \subset S$. Wir folgern nun aus den Gleichungen $\widehat{\widetilde{f}} = \widetilde{\widehat{f}} = f$, dass $\widetilde{S} = \widehat{S} = S$.

e. Parsevalsche Gleichung

Dies ist die Bezeichnung für die Gleichung

$$\langle f, g \rangle = \langle \widehat{f}, \widehat{g} \rangle \,, \tag{18.111}$$

die ausformuliert bedeutet, dass

$$\int_{\mathbb{R}^n} f(x)\bar{g}(x)\,\mathrm{d}x = \int_{\mathbb{R}^n} \widehat{f}(\xi)\overline{\widehat{g}}(\xi)\,\mathrm{d}\xi \,. \tag{18.111'}$$

Aus (18.111) folgt insbesondere, dass

$$\|f\|^2 = \langle f, f \rangle = \langle \widehat{f}, \widehat{f} \rangle = \|\widehat{f}\|^2 \,. \tag{18.112}$$

Aus geometrischer Sicht bedeutet Gl. (18.111), dass die Fourier-Transformierte das innere Produkt zwischen Funktionen (Vektoren des Raumes S) erhält und daher eine Isometrie auf S ist.

Der Name „Parsevalsche Gleichung" wird manchmal auch für die Gleichung

$$\int_{\mathbb{R}^n} \widehat{f}(\xi) g(\xi)\,\mathrm{d}\xi = \int_{\mathbb{R}^n} f(x)\widehat{g}(x)\,\mathrm{d}x \tag{18.113}$$

benutzt, die man für $x = 0$ aus (18.110) erhält. Die eigentliche Parsevalsche Gleichung (18.111) wird aus (18.113) erhalten, in dem wir g durch $\overline{\widetilde{g}}$ ersetzen und ausnutzen, dass $\overline{(\widehat{\widetilde{g}})} = g$, da $\widehat{\overline{\varphi}} = \widetilde{\overline{\varphi}}$ und $\widehat{\widetilde{g}} = g$.

f. Die Fourier–Transformierte und die Faltung

Es gelten die folgenden wichtigen Gleichungen:

$$\widehat{(f * g)} = (2\pi)^{n/2}\widehat{f} \cdot \widehat{g} \quad \text{und} \tag{18.114}$$

$$\widehat{(f \cdot g)} = (2\pi)^{-n/2}\widehat{f} * \widehat{g} \tag{18.115}$$

(die manchmal *Borelsche Gleichungen* genannt werden), die eine Verbindung zwischen der Operation der Faltung und der Multiplikation von Funktionen mit der Fourier-Transformierten herstellen.

Wir wollen diese Gleichungen beweisen.

Beweis.

$$(\widehat{f * g})(\xi) = \frac{1}{(2\pi)^{n/2}} \int\limits_{\mathbb{R}^n} (f * g)(x) e^{-i(\xi, x)} \, dx =$$

$$= \frac{1}{(2\pi^{n/2}} \int\limits_{\mathbb{R}^n} \left(\int\limits_{\mathbb{R}^n} f(x - y) g(y) \, dy \right) e^{-i(\xi, x)} \, dx =$$

$$= \frac{1}{(2\pi)^{n/2}} \int\limits_{\mathbb{R}^n} g(y) e^{-i(\xi, y)} \left(\int\limits_{\mathbb{R}^n} f(x - y) e^{-i(\xi, x - y)} \, dx \right) dy =$$

$$= \frac{1}{(2\pi)^{n/2}} \int\limits_{\mathbb{R}^n} g(y) e^{-i(\xi, y)} \left(\int\limits_{\mathbb{R}^n} f(u) e^{-i(\xi, u)} \, du \right) dy =$$

$$= \int\limits_{\mathbb{R}^n} g(y) e^{-i(\xi, y)} \widehat{f}(\xi) \, dy = (2\pi)^{n/2} \widehat{f}(\xi) \widehat{g}(\xi) \ .$$

Die Veränderung der Integrationsreihenfolge kann ohne Bedenken durchgeführt werden, da $f, g \in S$.

Die Gleichung (18.115) können wir durch eine ähnliche Berechnung erhalten, falls wir die Inversiongleichung (18.109) benutzen. Gl. (18.115) kann jedoch auch von der bereits bewiesenen Gleichung (18.114) hergeleitet werden, falls wir bedenken, dass $\widehat{\widetilde{f}} = \widetilde{\widehat{f}} = f$, $\widetilde{\overline{f}} = \overline{\widetilde{f}}$ und $\widehat{\overline{f}} = \overline{\widehat{f}}$ und dass $\overline{u \cdot v} = \overline{u} \cdot \overline{v}$ und $\overline{u * v} = \overline{u} * \overline{v}$. $\square$

Anmerkung 6. Falls wir in den Gleichungen (18.114) und (18.115) $\widetilde{f}$ und $\widetilde{g}$ anstelle von f und g benutzen und die inverse Fourier-Transformierte auf beide Seiten der sich ergebenden Gleichungen anwenden, gelangen wir zu den Gleichungen

$$\widetilde{f \cdot g} = (2\pi)^{-n/2} (\widetilde{f} * \widetilde{g}) \quad \text{und} \tag{18.114'}$$

$$\widetilde{f * g} = (2\pi)^{n/2} (\widetilde{f} \cdot \widetilde{g}) \ . \tag{18.115'}$$

18.3.4 Beispiele und Anwendungen

Wir wollen nun die Fourier-Transformation (und etwas von den Mechanismen von Fourier-Reihen) in Anwendungen veranschaulichen.

a. Die Wellengleichung

Der erfolgreiche Einsatz der Fourier-Transformationen in den Gleichungen der mathematischen Physik ist (in mathematischer Hinsicht) eng mit der Tatsache verknüpft, dass Fourier-Transformationen die Operation der Differentiation gegen die algebraische Operation der Multiplikation ersetzen.

Angenommen, wir suchen beispielsweise eine Funktion $u : \mathbb{R} \to \mathbb{R}$, die die Gleichung

$$a_0 u^{(n)}(x) + a_1 u^{(n-1)}(x) + \cdots + a_n u(x) = f(x)$$

erfüllt, wobei $a_0, \ldots, a_n$ konstante Koeffizienten sind und f eine bekannte Funktion. Wenn wir die Fourier-Transformation auf beide Seiten dieser Gleichung anwenden (unter der Annahme, dass die Funktionen u und f hinreichend regulär sind), erhalten wir nach Gleichung (18.105) die algebraische Gleichung

$$\big(a_0 (\mathrm{i}\xi)^n + a_1 (\mathrm{i}\xi)^{n-1} + \cdots + a_n\big)\widehat{u}(\xi) = \widehat{f}(\xi)$$

für $\widehat{u}$. Wenn wir $\widehat{u}(\xi) = \frac{\widehat{f}(\xi)}{P(\mathrm{i}\xi)}$ aus der Gleichung bestimmt haben, erhalten wir $u(x)$ durch Anwendung der inversen Fourier-Transformation.

Wir wollen nun diese Idee benutzen, um eine Funktion $u = u(x,t)$ zu finden, die die ein-dimensionale Wellengleichung

$$\frac{\partial^2 u}{\partial t^2} = a^2 \frac{\partial^2 u}{\partial x^2} \qquad (a > 0)$$

mit den Anfangsbedingungen

$$u(x,0) = f(x) \quad \text{und} \quad \frac{\partial u}{\partial t}(x,0) = g(x)$$

in $\mathbb{R} \times \mathbb{R}$ erfüllt.

In diesem und dem nächsten Beispiel werden wir uns nicht die Zeit nehmen, die Zwischenberechnungsschritte zu rechtfertigen, da es in der Regel einfacher ist, die gesuchte Funktion zu bestimmen und direkt zu überprüfen, dass sie das gestellte Problem löst, als zwischendurch zu rechtfertigen und alle technischen Schwierigkeiten zu überwinden, die entlang den Ausführungen auftreten. Dabei spielen im theoretischen Kampf mit diesen Schwierigkeiten verallgemeinerte Funktionen, wie bereits erwähnt wurde, eine zentrale Rolle.

Indem wir t als einen Parameter betrachten, führen wir auf beiden Seiten der Gleichung eine Fourier-Transformation über x aus. Dann erhalten wir, wenn wir auf der einen Seite davon ausgehen, dass die Ableitung nach dem Parameter unter dem Integralzeichen zulässig ist und auf der anderen Seite die Gleichung (18.105) benutzen, dass

$$\widehat{u}''_{tt}(\xi,t) = -a^2 \xi^2 \widehat{u}(\xi,t) \,,$$

woraus wir zu

$$\widehat{u}(\xi,t) = A(\xi) \cos a\xi t + B(\xi) \sin a\xi t$$

gelangen.

Mit den Anfangsbedingungen erhalten wir

$$\widehat{u}(\xi,0) = \widehat{f}(\xi) = A(\xi) \quad \text{und}$$

$$\widehat{u}'_t(\xi,0) = \widehat{(u'_t)}(\xi,0) = \widehat{g}(\xi) = a\xi B(\xi) \,.$$

Somit ist

$$\widehat{u}(\xi, t) = \widehat{f}(\xi) \cos a\xi t + \frac{\widehat{g}(\xi)}{a\xi} \sin a\xi t =$$

$$= \frac{1}{2} \widehat{f}(\xi) \left(e^{ia\xi t} + e^{-ia\xi t} \right) + \frac{1}{2} \frac{\widehat{g}(\xi)}{ia\xi} \left(e^{ia\xi t} - e^{-ia\xi t} \right) .$$

Indem wir diese Gleichung mit $\frac{1}{\sqrt{2\pi}} e^{ix\xi}$ multiplizieren und nach ξ integrieren (in Kurzform, indem wir die inverse Fourier-Transformation bilden), erhalten wir mit Hilfe von Gleichung (18.105) unmittelbar, dass

$$u(x, t) = \frac{1}{2} \left(f(x - at) + f(x + at) \right) + \frac{1}{2} \int\limits_0^t \left(g(x - a\tau) + g(x + a\tau) \right) d\tau .$$

b. Die Wärmegleichung

Eine andere wichtige Einsatzmöglichkeit der Fourier-Transformation (insbesondere der Gleichungen (18.114′) und (18.115′)), die wir im vorigen Beispiel außer Acht gelassen haben, wird ganz deutlich, wenn wir eine Funktion $u = u(x, t)$, $x \in \mathbb{R}^n$, $t \geq 0$ suchen, die die Wärmegleichung

$$\frac{\partial u}{\partial t} = a^2 \Delta u \quad (a > 0)$$

zusammen mit der Anfangsbedingung $u(x, 0) = f(x)$ auf dem gesamten $\mathbb{R}^n$ erfüllt.

Hierbei ist wie immer $\Delta = \frac{\partial^2}{\partial x_1^2} + \cdots + \frac{\partial^2}{\partial x_n^2}$.

Wenn wir eine Fourier-Transformation nach der Variablen $x \in \mathbb{R}^n$ ausführen, erhalten wir mit (18.105) die gewöhnliche Differentialgleichung

$$\frac{\partial \widehat{u}}{\partial t}(\xi, t) = a^2 (i)^2 \left(\xi_1^2 + \cdots + \xi_n^2 \right) \widehat{u}(\xi, t) ,$$

aus der folgt, dass

$$\widehat{u}(\xi, t) = c(\xi) e^{-a^2 |\xi|^2 t} ,$$

mit $|\xi|^2 = \xi_1^2 + \cdots + \xi_n^2$. Wenn wir die Gleichung $\widehat{u}(\xi, 0) = \widehat{f}(\xi)$ beachten, gelangen wir zu

$$\widehat{u}(\xi, t) = \widehat{f}(\xi) \cdot e^{-a^2 |\xi|^2 t} .$$

Indem wir nun die inverse Fourier-Transformation anwenden und dabei (18.114′) berücksichtigen, erhalten wir

$$u(x, t) = (2\pi)^{-n/2} \int\limits_{\mathbb{R}^n} f(y) E_0(y - x, t) \, dy .$$

Mit $E_0(x,t)$ bezeichnen wir die nach x gebildete Fourier–Transformierte von $e^{-a^2|\xi|^2 t}$. Die inverse Fourier-Transformation der Funktion $e^{-a^2|\xi|^2 t}$ nach ξ ist uns im Wesentlichen bereits aus Beispiel 10 bekannt. Mit einer offensichtlichen Substitution erhalten wir

$$E_0(x,t) = \frac{1}{(2\pi)^{n/2}}\left(\frac{\sqrt{\pi}}{a\sqrt{t}}\right)^n e^{-\frac{|x|^2}{4a^2 t}}.$$

Wenn wir $E(x,t) = (2\pi)^{-n/2}E_0(x,t)$ setzen, gelangen wir zur Fundamentallösung

$$E(x,t) = (2a\sqrt{\pi t})^{-n}e^{-\frac{|x|^2}{4a^2 t}} \quad (t > 0)$$

der Wärmegleichung, die uns bereits bekannt war (vgl. Beispiel 15 in Abschnitt 17.4) und die Gleichung

$$u(x,t) = (f * E)(x,t)$$

für die Lösung, die die Anfangsbedingung $u(x,0) = f(x)$ erfüllt.

c. Die Poisson-Summationsformel

Diese Bezeichnung wird für die folgende Gleichung

$$\sqrt{2\pi}\sum_{m=-\infty}^{\infty}\varphi(2\pi n) = \sum_{n=-\infty}^{\infty}\widehat{\varphi}(n) \tag{18.116}$$

zwischen einer Funktion $\varphi : \mathbb{R} \to \mathbb{C}$ (angenommen, $\varphi \in S$) und ihrer Fourier-Transformierten $\widehat{\varphi}$ benutzt. Wir erhalten Gleichung (18.116), wenn wir in der Gleichung

$$\sqrt{2\pi}\sum_{m=-\infty}^{\infty}\varphi(x + 2\pi n) = \sum_{n=-\infty}^{\infty}\widehat{\varphi}(n)e^{inx} \tag{18.117}$$

$x = 0$ setzen. Wir werden diese Gleichung unter der Annahme beweisen, dass φ eine Schwartz–Funktion ist.

Beweis. Da sowohl φ als auch $\widehat{\varphi}$ zu S gehören, konvergieren die Reihen auf beiden Seiten von (18.117) absolut (und daher können sie in beliebiger Reihenfolge summiert werden) und gleichmäßig bezüglich x auf der gesamten Geraden $\mathbb{R}$. Da außerdem die Ableitungen einer Schwartz–Funktion selbst wieder zur Klasse S gehören, können wir folgern, dass die Funktion $f(x) = \sum_{n=-\infty}^{\infty}\varphi(x + 2\pi n)$ zu $C^{(\infty)}(\mathbb{R},\mathbb{C})$ gehört. Die Funktion f besitzt offensichtlich die Periode 2π. Seien $\{\widehat{c}_k(f)\}$ ihre Fourier-Koeffizienten im Orthonormalsystem $\{\frac{1}{\sqrt{2\pi}}e^{ikx}; k \in \mathbb{Z}\}$, dann ist

$$\widehat{c}_k(f) := \frac{1}{\sqrt{2\pi}} \int_0^{2\pi} f(x)\mathrm{e}^{-\mathrm{i}kx}\,\mathrm{d}x = \sum_{n=-\infty}^{\infty} \frac{1}{\sqrt{2\pi}} \int_0^{2\pi} \varphi(x+2\pi n)\mathrm{e}^{-\mathrm{i}kx}\,\mathrm{d}x =$$

$$= \sum_{n=-\infty}^{\infty} \frac{1}{\sqrt{2\pi}} \int_{2\pi n}^{2\pi(n+1)} \varphi(x)\mathrm{e}^{-\mathrm{i}kx}\,\mathrm{d}x = \frac{1}{\sqrt{2\pi}} \int_{-\infty}^{\infty} \varphi(x)\mathrm{e}^{-\mathrm{i}kx}\,\mathrm{d}x =: \widehat{\varphi}(k)\,.$$

Nun ist f aber eine glatte 2π-periodische Funktion und daher konvergiert ihre Fourier-Reihe in jedem Punkt $x \in \mathbb{R}$ gegen die Funktion. Daher gilt in jedem Punkt $x \in \mathbb{R}$ die Gleichung

$$\sum_{n=-\infty}^{\infty} \varphi(x+2\pi n) = f(x) = \sum_{n=-\infty}^{\infty} \widehat{c}_n(f)\frac{\mathrm{e}^{\mathrm{i}nx}}{\sqrt{2\pi}} = \frac{1}{\sqrt{2\pi}} \sum_{n=-\infty}^{\infty} \widehat{\varphi}(n)\mathrm{e}^{\mathrm{i}nx}\,. \qquad \square$$

Anmerkung 7. Wie wir am Beweis erkennen können, gelten die Gleichungen (18.116) und (18.117) nicht im Geringsten nur für Funktionen der Klasse S. Ist aber φ zufälligerweise in S, dann lässt sich Gl. (18.117) beliebig oft gliedweise nach x differenzieren, wodurch wir als Korollar neue Beziehungen zwischen φ, φ', ..., und $\widehat{\varphi}$ erhalten.

d. Der Abtastsatz von Whittaker-Kotelnikow-Shannon

Dieses Beispiel, das wie das Vorige auf einer schönen Kombination der Fourier-Reihe mit dem Fourier-Integral beruht, steht in direktem Zusammenhang zur Theorie der Informationsübermittlung in einem Kommunikationskanal. Damit es nicht künstlich erscheint, erinnern wir daran, dass wir auf Grund der beschränkten Fähigkeiten unserer Sinnesorgane nur in der Lage sind, Signale in einem gewissen Frequenzbereich wahrzunehmen. So „hört" das Ohr beispielsweise im Bereich zwischen 20 Hz bis 20 kHz. Daher schneiden wir, unabhängig davon um welche Signale es sich handelt, wie ein Filter (vgl. Absatz 18.3.1) nur einen beschränkten Teil der Spektren aus und nehmen diesen als ein bandbegrenztes Signal (mit einem beschränkten Spektrum) wahr.

Aus diesem Grund gehen wir von Anfang an davon aus, dass das übermittelte oder empfangene Signal $f(t)$ (wobei t die Zeit ist, $-\infty < t < \infty$) ein bandbegrenztes Signal ist, dessen Spektrum nur für Frequenzen ungleich Null ist, deren Größe einen gewissen kritischen Wert $a > 0$ nicht überschreiten. Daher ist $\widehat{f}(\omega) \equiv 0$ für $|\omega| > a$ und so lässt sich ein bandbegrenztes Signal wie folgt als Funktion darstellen

$$f(t) = \frac{1}{\sqrt{2\pi}} \int_{-\infty}^{\infty} \widehat{f}(\omega)\mathrm{e}^{\mathrm{i}\omega t}\,\mathrm{d}\omega\,,$$

die sich auf das Integral über das Intervall $[-a, a]$ einschränken lässt:

$$f(t) = \frac{1}{\sqrt{2\pi}} \int\limits_{-a}^{a} \widehat{f}(\omega) e^{i\omega t} \, d\omega \; . \tag{18.118}$$

Auf dem abgeschlossenen Intervall $[-a, a]$ entwickeln wir die Funktion $\widehat{f}(\omega)$ in einer Fourier-Reihe

$$\widehat{f}(\omega) = \sum_{-\infty}^{\infty} c_k(\widehat{f}) e^{i\frac{\pi\omega}{a}k} \tag{18.119}$$

im System $\{e^{i\frac{\pi\omega}{a}k}; \; k \in \mathbb{Z}\}$, das orthogonal und in diesem Intervall vollständig ist. Wenn wir die Gleichung (18.118) berücksichtigen, erhalten wir den folgenden einfache Ausdruck für die Koeffizienten $c_k(\widehat{f})$ der Reihe:

$$c_k(\widehat{f}) := \frac{1}{2a} \int\limits_{-a}^{a} \widehat{f}(\omega) e^{-i\frac{\pi\omega}{a}k} \, d\omega = \frac{\sqrt{2\pi}}{2a} f\left(-\frac{\pi}{a}k\right) . \tag{18.120}$$

Substitution der Reihe (18.119) in das Integral (18.118) ergibt unter Berücksichtigung der Gleichung (18.120):

$$f(t) = \frac{1}{\sqrt{2\pi}} \int\limits_{-a}^{a} \left(\frac{\sqrt{2\pi}}{2a} \sum_{k=-\infty}^{\infty} f\left(\frac{\pi}{a}k\right) e^{i\omega t - i\frac{\pi k}{a}\omega} \right) d\omega =$$

$$= \frac{1}{2a} \sum_{k=-\infty}^{\infty} f\left(\frac{\pi}{a}k\right) \int\limits_{-a}^{a} e^{i\omega(t-\frac{\pi}{a}k)} \, d\omega \; .$$

Die Berechnung dieser einfachen Integrale liefert die *Kotelnikow-Gleichung*

$$f(t) = \sum_{k=-\infty}^{\infty} f\left(\frac{\pi}{a}k\right) \frac{\sin a(t - \frac{\pi}{a}k)}{a(t - \frac{\pi}{a}k)} \; . \tag{18.121}$$

Die Gleichung (18.121) zeigt, dass zur Rekonstruktion einer durch ein bandbegrenztes Signal $f(t)$, dessen Spektrum im Frequenzbereich $|\omega| \leq a$ konzentriert ist, die Übertragung der Werte $f(k\Delta)$ (die die *Stützstellen* genannt werden) der Funktion in konstanten Zeitintervallen $\Delta = \pi/a$ ausreicht.

Dieser Satz geht zusammen mit der Gleichung (18.121) auf V.A. Kotelnikow zurück und wird *Kotelnikowscher Satz* oder zur Anerkennung der Beiträge von Whittaker und Shannon auch *WKS*[25]-Abtastsatz genannt.

---

[25] V.A. Kotelnikow (1908–2005) – sowjetischer Gelehrter, anerkannter Fachmann in der Theorie der Radiotechnik.
J.M. Whittaker (1905–1984) – britischer Mathematiker, der sich hauptsächlich mit komplexer Analysis befasste.
C.E. Shannon (1916–2001) – amerikanischer Mathematiker und Ingenieur, einer der Begründer der theoretischen Informatik und Erfinder des Ausdrucks „Bit" als Abkürzung für „binary digit".

Anmerkung 8. Die Interpolationsformel (18.121) war in der Mathematik bereits vor der Veröffentlichung 1933 durch Kotelnikow bekannt, aber dies war die erste Veröffentlichung, die die zentrale Bedeutung der Entwicklung (18.121) für die Übertragung von kontinuierlichen Mitteilungen über einen Übertragungskanal betonte. Die Idee zur oben vorgestellten Herleitung der Gleichung (18.121) geht ebenfalls auf Kotelnikow zurück.

Anmerkung 9. In der Realität ist die Übertragungs- und die Empfangszeit einer Kommunikation auch beschränkt, so dass anstelle der gesamten Reihe (18.121) eine der Teilsummen $\sum\limits_{-N}^{N}$ bestimmt wird. Besonderes Augenmerk wurde in der Forschung auf die Abschätzung des dabei auftretenden Fehlers gelegt.

Anmerkung 10. Falls es bekannt ist, wie viel Zeit für die Übertragung eines Testwerts der Kommunikation $f(t)$ über einen gegebenen Übertragungskanal benötigt wird, ist die Abschätzung der Zahl derartiger Kommunikationen, die gleichzeitig über diesen Kanal übertragen werden können, einfach. Anders formuliert, entsteht dadurch die Möglichkeit zur Abschätzung der Übertragungskapazität des Kanals (und dies darüber hinaus als eine Funktion des Sättigungsgrads an Informationen in den Kommunikationen, die das Spektrum des Signals $f(t)$ beeinflussen).

18.3.5 Übungen und Aufgaben

1. a) Formulieren Sie den Beweis der Gleichungen (18.93)-(18.96) detailliert aus.
b) Zeigen Sie, indem Sie die Fourier-Transformation als eine Abbildung $f \mapsto \widehat{f}$ betrachten, dass diese die folgenden häufig benutzten Eigenschaften besitzt:

$$f(at) \mapsto \frac{1}{|a|}\widehat{f}\left(\frac{\omega}{a}\right)$$

(Veränderung der Skalierung);

$$f(t - t_0) \mapsto \widehat{f}(\omega)e^{-i\omega t_0}$$

(Zeitverschiebung des Eingangssignals - das Fourier-Urbild - oder der *Translationssatz*)

$$[f(t + t_0) \pm f(t - t_0)] \mapsto \begin{cases} \widehat{f}(\omega)2\cos\omega t_0 \,, \\ \widehat{f}(\omega)2\sin\omega t_0 \,, \end{cases}$$
$$f(t)e^{\pm i\omega_0 t} \mapsto \widehat{f}(\omega \pm \omega_0)$$

(Frequenzverschiebung der Fourier-Transformierten);

$$f(t)\cos\omega_0 t \mapsto \frac{1}{2}[\widehat{f}(\omega - \omega_0) + \widehat{f}(\omega + \omega_0)] \,,$$

$$f(t)\sin\omega_0 t \mapsto \frac{1}{2}[\widehat{f}(\omega - \omega_0) - \widehat{f}(\omega + \omega_0)]$$

(Amplitudenmodulation eines harmonischen Signals);

$$f(t)\sin^2\frac{\omega_0 t}{2} \mapsto \frac{1}{4}[2\widehat{f}(\omega) - \widehat{f}(\omega - \omega_0) - \widehat{f}(\omega + \omega_0)] \,.$$

c) Bestimmen Sie die Fourier-Transformierten (oder, wie wir sagen, die *Fourier-Bilder*) der folgenden Funktionen:

$$\Pi_A(t) = \begin{cases} \frac{1}{2A} & \text{für} \quad |t| \le A \,, \\ \\ 0 & \text{für} \quad |t| > A \end{cases}$$

(der *Rechteckspuls*);

$$\Pi_A(t)\cos\omega_0 t$$

(ein harmonisches Signal, das durch einen Rechteckspuls moduliert wird);

$$\Pi_A(t + 2A) + \Pi_A(t - 2A)$$

(zwei Rechteckspulse derselben Polarität);

$$\Pi_A(t - A) - \Pi_A(t + A)$$

(zwei Rechteckspulse unterschiedlicher Polarität);

$$\Lambda_A(t) = \begin{cases} \frac{1}{A}(1 - \frac{|t|}{A}) & \text{für} \quad |t| \le A \,, \\ \\ 0 & \text{für} \quad |t| > A \end{cases}$$

(einen Dreieckspuls);

$$\cos at^2 \quad \text{und} \quad \sin at^2 \ (a > 0) \,;$$
$$|t|^{-\frac{1}{2}} \quad \text{und} \quad |t|^{-\frac{1}{2}}e^{-a|t|} \ (a > 0) \,.$$

d) Bestimmen Sie die Fourier-Urbilder der folgenden Funktionen:

$$\operatorname{sinc}\frac{\omega A}{\pi} \,, \quad 2\mathrm{i}\frac{\sin^2\omega A}{\omega A} \,, \quad 2\operatorname{sinc}^2\frac{\omega A}{\pi} \,,$$

wobei $\operatorname{sinc}\frac{x}{\pi} := \frac{\sin x}{x}$ die *Spaltfunktion* ist (*Kardinalsinus*).

e) Bestimmen Sie mit den obigen Ergebnissen die Werte der folgenden bereits bekannten Integrale:

$$\int\limits_{-\infty}^{\infty}\frac{\sin x}{x}\,\mathrm{d}x \,, \quad \int\limits_{-\infty}^{\infty}\frac{\sin^2 x}{x^2}\,\mathrm{d}x \,, \quad \int\limits_{-\infty}^{\infty}\cos x^2\,\mathrm{d}x \,, \quad \int\limits_{-\infty}^{\infty}\sin x^2\,\mathrm{d}x \,.$$

f) Beweisen Sie, dass das Fourier-Integral einer Funktion $f(t)$ auf jede der folgenden Arten geschrieben werden kann:

$$f(t) \sim \int\limits_{-\infty}^{\infty} \widehat{f}(\omega) e^{it\omega} \, d\omega = \frac{1}{2\pi} \int\limits_{-\infty}^{\infty} d\omega \int\limits_{-\infty}^{\infty} f(x) e^{-i\omega(x-t)} \, dx =$$

$$= \frac{1}{\pi} \int\limits_{0}^{\infty} d\omega \int\limits_{-\infty}^{\infty} f(x) \cos 2\omega(x-t) \, dx \, .$$

2. Sei $f = f(x, y)$ eine Lösung der zwei-dimensionalen Laplace-Gleichung $\frac{\partial^2 f}{\partial x^2} + \frac{\partial^2 f}{\partial y^2} = 0$ in der Halbebene $y \geq 0$, die die Bedingungen $f(x, 0) = g(x)$ und $f(x, y) \to 0$ für $y \to +\infty$ für jedes $x \in \mathbb{R}$ erfüllt.

a) Beweisen Sie, dass die Fourier-Transformierte $\widehat{f}(\xi, y)$ von f in der Variablen x die Gestalt $\widehat{g}(\xi) e^{-y|\xi|}$ besitzt.
b) Bestimmen Sie das Fourier-Urbild der Funktion $e^{-y|\xi|}$ in der Variablen ξ.
c) Erhalten Sie nun die Darstellung der Funktion f als ein Poisson-Integral

$$f(x, y) = \frac{1}{\pi} \int\limits_{-\infty}^{\infty} \frac{y}{(x-\xi)^2 + y^2} g(\xi) \, d\xi \, ,$$

das wir bereits aus Beispiel 5 in Abschnitt 17.4 kennen.

3. Wir wiederholen, dass das n-*Moment* der Funktion $f : \mathbb{R} \to \mathbb{C}$ der Größe $M_n(f) = \int\limits_{-\infty}^{\infty} x^n f(x) \, dx$ entspricht. Ist f die Dichte einer Wahrscheinlichkeitsverteilung, d.h.

$f(x) \geq 0$ und $\int\limits_{-\infty}^{\infty} f(x) \, dx = 1$, dann ist insbesondere $x_0 = M_1(f)$ der mathematische Erwartungswert einer Zufallsvariablen x mit der Verteilung f und die Varianz $\sigma^2 := \int\limits_{-\infty}^{\infty} (x - x_0)^2 f(x) \, dx$ dieser Variablen kann als $\sigma^2 = M_2(f) - M_1^2(f)$ dargestellt werden.

Betrachten Sie die Fourier-Transformierte

$$\widehat{f}(\xi) = \int\limits_{-\infty}^{\infty} f(x) e^{-i\xi x} \, dx$$

der Funktion f. Zeigen Sie durch Entwicklung von $e^{-i\xi x}$ in eine Reihe, dass

a) $\widehat{f}(\xi) = \sum\limits_{n=0}^{\infty} \frac{(-i)^n M_n(f)}{n!} \xi^n$ falls beispielsweise $f \in S$.
b) $M_n(f) = (i)^n \widehat{f}^{(n)}(0)$, $n = 0, 1, \ldots$.
c) Nun sei f eine reellwertige Funktion und sei $\widehat{f}(\xi) = A(\xi) e^{i\varphi(\xi)}$, wobei $A(\xi)$ der Absolutbetrag von $\widehat{f}(\xi)$ ist und $\varphi(\xi)$ sei das Argument; dann ist $A(\xi) = A(-\xi)$ und $\varphi(-\xi) = -\varphi(\xi)$. Um das Problem zu normieren, nehmen wir an, dass $\int\limits_{-\infty}^{\infty} f(x) \, dx = 1$.

Beweisen Sie, dass in diesem Fall

$$\widehat{f}(\xi) = 1 + i\varphi'(0)\xi + \frac{A''(0) - (\varphi'(0))^2}{2}\xi^2 + o(\xi^2) \quad (\xi \to 0)$$

gilt und ferner

$$x_0 := M_1(f) = -\varphi'(0) \quad \text{und} \quad \sigma^2 = M_2(f) - M_1^2(f) = -A''(0) \,.$$

4. a) Beweisen Sie, dass die Funktion $e^{-a|x|}$ $(a > 0)$ wie alle ihre Ableitungen, die für $x \neq 0$ definiert sind, in Unendlich schneller abnehmen als jede negative Potenz von $|x|$, und dass die Funktion dennoch nicht zur Klasse S gehört.

   b) Beweisen Sie, dass die Fourier-Transformierte dieser Funktion unendlich oft auf $\mathbb{R}$ differenzierbar ist, aber nicht zu S gehört (und alles deswegen, weil $e^{-a|x|}$ in $x = 0$ nicht differenzierbar ist).

5. a) Zeigen Sie, dass die Funktionen der Klasse S im Raum $\mathcal{R}_2(\mathbb{R}^n, \mathbb{C})$ der Funktionen $f : \mathbb{R}^n \to \mathbb{C}$, deren Quadrate absolut integrierbar sind, dicht sind, wobei der Raum mit dem inneren Produkt $\langle f, g \rangle = \int\limits_{\mathbb{R}^n} (f \cdot \bar{g})(x)\,\mathrm{d}x$ und der dadurch erzeugten Norm $\|f\| = \left(\int\limits_{\mathbb{R}^n} |f|^2(x)\,\mathrm{d}x \right)^{1/2}$ und der Metrik $d(f, g) = \|f - g\|$ versehen ist.

   b) Wir wollen nun S als einen metrischen Raum (S, d) mit der Metrik d betrachten (mit der Konvergenz im quadratischen Mittel auf $\mathbb{R}^n$). $L_2(\mathbb{R}^n, \mathbb{C})$ oder in Kurzform L_2 bezeichne die Vervollständigung des metrischen Raums (S, d) (vgl. Abschnitt 9.5). Jedes Element $f \in L_2$ wird durch eine Folge $\{\varphi_k\}$ von Funktionen $\varphi_k \in S$, die eine Cauchy-Folge im Sinne der Metrik d ist, festgelegt. Zeigen Sie, dass in diesem Fall die Folge $\{\widehat{\varphi}\}$ der Fourier-Bilder der Funktionen φ_k ebenfalls eine Cauchy-Folge in S ist und daher ein bestimmtes Element $\widehat{f} \in L_2$ definiert, die wir natürlicherweise die Fourier-Transformierte von $f \in L_2$ nennen.

   c) Zeigen Sie, dass eine Vektorraumstruktur und ein inneres Produkt auf natürliche Weise auf L_2 eingeführt werden kann und dass sich in diesen Strukturen die Fourier-Transformation $L_2 \widehat{\to} L_2$ als lineare Isometrie von L_2 auf sich selbst erweist.

   d) Mit Hilfe der Funktion $f(x) = \frac{1}{\sqrt{1 + x^2}}$ als Beispiel lässt sich erkennen, dass für $f \in \mathcal{R}_2(\mathbb{R}, \mathbb{C})$ nicht notwendigerweise $f \in \mathcal{R}(\mathbb{R}, \mathbb{C})$ gilt. Ist $f \in \mathcal{R}_2(\mathbb{R}, \mathbb{C})$, dann lässt sich nichtsdestotrotz, die Funktion

$$\widehat{f}_A(\xi) = \frac{1}{\sqrt{2\pi}} \int\limits_{-A}^{A} f(x) e^{-i\xi x}\,\mathrm{d}x$$

   betrachten, da f lokal integrierbar ist. Beweisen Sie, dass $\widehat{f}_A \in C(\mathbb{R}, \mathbb{C})$ und $\widehat{f}_A \in \mathcal{R}_2(\mathbb{R}, \mathbb{C})$.

   e) Zeigen Sie, dass $\widehat{f}_A$ in L_2 gegen ein Element $\widehat{f} \in L_2$ konvergiert mit $\|\widehat{f}_A\| \to \|\widehat{f}\| = \|f\|$ für $A \to +\infty$ (dies ist der Satz von Plancherel[26]).

---

[26] M. Plancherel (1885–1967) – schweizer Mathematiker

6. *Das Unschärfeprinzip.*

Seien $\varphi(x)$ und $\psi(p)$ Funktionen der Klasse S (oder Elemente des Raums L_2 aus Aufgabe 5) mit $\psi = \widehat{\varphi}$ und $\int\limits_{-\infty}^{\infty} |\varphi|^2(x)\,\mathrm{d}x = \int\limits_{-\infty}^{\infty} |\psi|^2(p)\,\mathrm{d}p = 1$. In diesem Fall können die Funktionen $|\varphi|^2$ und $|\psi|^2$ als Wahrscheinlichkeitsdichten für die Zufallsvariablen x bzw. p betrachtet werden.

a) Zeigen Sie, dass durch eine Verschiebung im Argument von φ (eine Spezialwahl des Punktes, von dem aus das Argument gemessen wird) eine neue Funktion φ erhalten werden kann, so dass $M_1(\varphi) = \int\limits_{-\infty}^{\infty} x|\varphi|^2(x)\,\mathrm{d}x = 0$, ohne dabei den Wert von $\|\widehat{\varphi}\|$ zu verändern. Dann lässt sich, ohne $M_1(\varphi) = 0$ zu verändern, durch eine ähnliche Verschiebung im Argument von ψ erreichen, dass $M_1(\psi) = \int\limits_{-\infty}^{\infty} p|\psi|^2(p)\,\mathrm{d}p = 0$.

b) Für reelle Werte des Parameters α betrachten wir die Größe

$$\int\limits_{-\infty}^{\infty} |\alpha x\varphi(x) + \varphi'(x)|^2\,\mathrm{d}x \geq 0 \ .$$

Zeigen Sie mit Hilfe der Parsevalschen Gleichung und der Formel $\widehat{\varphi}'(p) = \mathrm{i}p\widehat{\varphi}(p)$, dass $\alpha^2 M_2(\varphi) - \alpha + M_2(\psi) \geq 0$. (Für die Definitionen von M_1 und M_2 vgl. Aufgabe 3.)

c) Erhalten Sie daraus die Ungleichung

$$M_2(\varphi) \cdot M_2(\psi) \geq 1/4 \ .$$

Diese Beziehung zeigt, dass je „konzentrierter" die Funktion φ selbst ist, desto „verschmierter" ist ihre Fourier-Transformierte und umgekehrt (vgl. die Beispiele 1 und 7 und Aufgabe 7b).

In der Quantenmechanik wird diese Beziehung das *Unschärfeprinzip* genannt und sie besitzt eine besondere physikalische Bedeutung. So ist es beispielsweise unmöglich, sowohl die Koordinaten eines Quantenteilchens als auch seinen Impuls exakt zu messen. Diese fundamentale Tatsache (das *Heisenbergsche*[27] *Unschärfeprinzip*) entspricht mathematisch betrachtet der Beziehung zwischen $M_2(\varphi)$ und $M_2(\psi)$ oben.

Die nächsten drei Aufgaben liefern ein einfaches Bild der Fourier-Transformation von verallgemeinerten Funktionen.

7. a) Bestimmen Sie mit Hilfe von Beispiel 1 das Spektrum des Signals, das durch die Funktion

$$\Delta_\alpha(t) = \begin{cases} \dfrac{1}{2\alpha} & \text{für } |t| \leq \alpha \ , \\[2mm] 0 & \text{für } |t| > \alpha \end{cases}$$

erhalten wird.

---

[27] W. Heisenberg (1901–1976) – deutscher Physiker, einer der Begründer der Quantenmechanik.

b) Untersuchen Sie die Veränderung der Funktion $\Delta_\alpha(t)$ und ihr Spektrum für $\alpha \to +0$ und sagen Sie, was Ihrer Meinung nach als Spektrum eines Einheitspulses, der durch die δ-Funktion beschrieben wird, betrachtet werden soll.

c) Finden Sie nun mit Hilfe von Beispiel 2 das Signal $\varphi(t)$, das aus einem idealen Tieffrequenzfilter (mit oberer Frequenzgrenze a) als Antwort auf einen Einheitspuls $\delta(t)$ austritt.

d) Erklären Sie nun mit dem gerade erhaltenen Ergebnis die physikalische Bedeutung der Glieder in der Kotelnikow-Reihe (18.121) und schlagen Sie aufbauend auf der Gleichung von Kotelnikow (18.121) ein theoretisches Schema für die Übertragung eines bandbegrenzten Signals $f(t)$ vor.

8. *Der Raum von L. Schwartz.*

Zeigen Sie:

a) Ist $\varphi \in S$ und ist P ein Polynom, dann gilt $(P \cdot \varphi) \in S$.

b) Ist $\varphi \in S$, dann ist $D^\alpha \varphi \in S$ und $D^\beta (P D^\alpha \varphi) \in S$, wobei α und β nicht negative Multiindizes sind und P ist ein Polynom.

c) Wir führen die folgende Schreibweise für die Konvergenz in S ein. Eine Folge $\{\varphi_k\}$ von Funktionen $\varphi_k \in S$ konvergiert gegen Null, falls die Folge von Funktionen $\{x^\beta D^\alpha \varphi(x)\}$ für alle nicht negativen Multiindizes α und β auf $\mathbb{R}^n$ gleichmäßig gegen Null konvergiert. Die Relation $\varphi_k \to \varphi \in S$ bedeutet, dass $(\varphi - \varphi_k) \to 0$ in S.

Der Vektorraum S der schnell abnehmenden Funktionen wird mit dieser Konvergenz *Schwartzscher Raum* genannt.

Zeigen Sie, dass für $\varphi_k \to \varphi$ in S gilt, dass $\widehat{\varphi}_k \to \widehat{\varphi}$ in S für $k \to \infty$. Daher ist die Fourier-Transformation im Schwartzschen Raum ein stetiger linearer Operator.

9. *Der Raum S' der temperierten Distributionen.*

Die auf dem Raum S der schnell abnehmenden Funktionen definierten stetigen linearen Funktionale werden *temperierte Distributionen* genannt. Der Vektorraum derartiger Funktionale (konjugiert zu S) wird mit S' bezeichnet. Der Wert des Funktionals $F \in S'$ für eine Funktion $\varphi \in S$ wird mit $F(\varphi)$ bezeichnet.

a) Sei $P : \mathbb{R}^n \to \mathbb{C}$ ein Polynom mit n Variablen und $f : \mathbb{R}^n \to \mathbb{C}$ eine lokal integrierbare Funktion, die in Unendlich die Abschätzung $|f(x)| \le |P(x)|$ zulässt (d.h., sie kann für $x \to \infty$ anwachsen, aber nur mäßig: Nicht schneller als die Potenz anwächst). Zeigen Sie, dass f als ein (reguläres) Element von S' betrachtet werden kann, wenn wir

$$f(\varphi) = \int\limits_{\mathbb{R}^n} f(x)\varphi(x)\, \mathrm{d}x \quad (\varphi \in S)$$

setzen.

b) Die Multiplikation einer temperierten Distribution $F \in S'$ mit einer gewöhnlichen Funktion $f : \mathbb{R}^n \to \mathbb{C}$ wird wie immer durch die Beziehung $(fF)(\varphi) := F(f\varphi)$ definiert. Überprüfen Sie, dass für temperierte Distributionen die Multiplikation wohl definiert ist und zwar nicht nur für Funktionen $f \in S$, sondern auch für Polynome $P : \mathbb{R}^n \to \mathbb{C}$.

c) Die Ableitung von Distributionen $F \in S'$ wird auf übliche Weise definiert: $(D^\alpha F)(\varphi) := (-1)^{|\alpha|} F(D^\alpha \varphi)$.

Zeigen Sie, dass dies eine korrekte Definition ist, d.h., dass für $F \in S'$ und jeden nicht negativen Multiindex $\alpha = (\alpha_1, \ldots, \alpha_n)$ aus ganzen Zahlen gilt, dass $D^\alpha F \in S'$.

d) Sind f und φ hinreichend reguläre Funktionen (beispielsweise Funktionen in S), dann gilt, wie Gleichung (18.113) zeigt, die folgende Gleichung:

$$\widehat{f}(\varphi) = \int\limits_{\mathbb{R}^n} \widehat{f}(x)\varphi(x)\,\mathrm{d}x = \int\limits_{\mathbb{R}^n} f(x)\widehat{\varphi}(x)\,\mathrm{d}x = f(\widehat{\varphi})\,.$$

Diese Gleichung (die Parsevalsche Gleichung) wird zur Basis der Definition der Fourier-Transformierten $\widehat{F}$ einer temperierten Distribution $F \in S'$. Wir setzen per definitionem $\widehat{F}(\varphi) := F(\widehat{\varphi})$.

Auf Grund der Invarianz von S unter der Fourier-Transformation ist diese Definition für jedes Element $F \in S'$ korrekt.

Zeigen Sie, dass diese Definition nicht für verallgemeinerte Funktionen in $\mathcal{D}'(\mathbb{R}^n)$ zutrifft, die den Raum $\mathcal{D}(\mathbb{R}^n)$ glatter Funktionen mit kompaktem Träger abbilden. Diese Tatsache erklärt die Rolle des Schwartzschen Raums S in der Theorie der Fourier-Transformation und seine Anwendung bei verallgemeinerten Funktionen.

e) In Aufgabe 7 haben wir eine vorläufige Idee der Fourier-Transformation der δ-Funktion angenommen. Die Fourier-Transformierte der δ-Funktion hätten wir direkt aus der Definition der Fourier-Transformierten einer regulären Funktion bestimmen können. In diesem Fall hätten wir erhalten, dass

$$\widehat{\delta}(\xi) = \frac{1}{(2\pi)^{n/2}} \int\limits_{\mathbb{R}^n} \delta(x)\mathrm{e}^{-\mathrm{i}(\xi,x)}\,\mathrm{d}x = \frac{1}{(2\pi)^{n/2}}\,.$$

Zeigen Sie nun, dass dann, wenn wir die Fourier-Transformierte der temperierten Distribution $\delta \in S'(\mathbb{R}^n)$ korrekt suchen, d.h., wenn wir von der Gleichung $\widehat{\delta}(\varphi) = \delta(\widehat{\varphi})$ ausgehen, das Ergebnis (es ist dasselbe) lautet, dass $\delta(\widehat{\varphi}) = \widehat{\varphi}(0) = \frac{1}{(2\pi)^{n/2}}$. (Die Fourier-Transformierte kann normiert werden, so dass diese Konstante gleich 1 ist; vgl. Aufgabe 10).

f) Konvergenz in S' ist wie immer bei verallgemeinerten Funktionen folgendermaßen zu verstehen: $(F_n \to F)$ in S' für $n \to \infty := \Big(\forall \varphi \in S \ \big(F_n(\varphi) \to F(\varphi)$ für $n \to \infty\big)\Big)$.

Überprüfen Sie die Gleichung für die Fourier-Inversion (die Fourier-Integralgleichung) der δ-Funktion:

$$\delta(x) = \lim_{A \to +\infty} \frac{1}{(2\pi)^{n/2}} \int\limits_{-A}^{A} \cdots \int\limits_{-A}^{A} \widehat{\delta}(\xi)\mathrm{e}^{\mathrm{i}(x,\xi)}\,\mathrm{d}\xi\,.$$

g) Bezeichne $\delta(x - x_0)$ wie üblich die Verschiebung der δ-Funktion in den Punkt x_0, d.h. $\delta(x - x_0)(\varphi) = \varphi(x_0)$. Weisen Sie nach, dass die Reihe

$$\sum_{n=-\infty}^{\infty} \delta(x - n) \quad \left(= \lim_{N \to \infty} \sum_{-N}^{N} \delta(x - n)\right)$$

in $S'(\mathbb{R}^n)$ konvergiert. (Hierbei ist $\delta \in S'(\mathbb{R}^n)$ und $n \in \mathbb{Z}$.)

h) Benutzen Sie die Möglichkeit, eine konvergente Reihe verallgemeinerter Funktionen gliedweise abzuleiten und beachten Sie die Gleichung in Aufgabe 13 in Abschnitt 18.2 und zeigen Sie, dass für $F = \sum\limits_{n=-\infty}^{\infty} \delta(x - n)$ gilt, dass

$$\widehat{F} = \sqrt{2\pi} \sum_{n=-\infty}^{\infty} \delta(x - 2\pi n) \,.$$

i) Erhalten Sie mit Hilfe der Gleichung $\widehat{F}(\varphi) = F(\widehat{\varphi})$ die Gleichung für die Poisson-Summation aus dem vorigen Beispiel.

j) Beweisen Sie die folgende Gleichung (die θ-*Gleichung*):

$$\sum_{n=-\infty}^{\infty} \mathrm{e}^{-tn^2} = \sqrt{\frac{\pi}{t}} \sum_{n=-\infty}^{\infty} \mathrm{e}^{-\frac{\pi^2}{t}n^2} \quad (t > 0) \,,$$

die in der Theorie der elliptischen Funktionen und der Theorie der Wärmegleichung eine wichtige Rolle spielt.

10. Ist die Fourier-Transformierte $\check{\mathcal{F}}[f]$ einer Funktion $f : \mathbb{R} \to \mathbb{C}$ durch die Gleichung

$$\check{f}(\nu) := \check{\mathcal{F}}[f](\nu) := \int\limits_{-\infty}^{\infty} f(t)\mathrm{e}^{-2\pi \mathrm{i}\nu t}\,\mathrm{d}t$$

definiert, dann werden viele der Gleichungen zur Fourier-Transformation besonders einfach und elegant.

a) Beweisen Sie, dass $\widehat{f}(u) = \frac{1}{\sqrt{2\pi}}\check{f}\left(\frac{u}{2\pi}\right)$.

b) Zeigen Sie, dass $\check{\mathcal{F}}[\check{\mathcal{F}}[f]](t) = f(-t)$, d.h.

$$f(t) = \int\limits_{-\infty}^{\infty} \check{f}(\nu)\mathrm{e}^{2\pi \mathrm{i}\nu t}\,\mathrm{d}\nu \,.$$

Dies ist die natürlichste Art der Entwicklung von f in Winkelfunktionen unterschiedlicher Frequenzen und in dieser Entwicklung ist $\check{f}(\nu)$ das *Frequenzspektrum* von f.

c) Beweisen Sie, dass $\check{\delta} = 1$ und $\check{1} = \delta$.

d) Weisen Sie nach, dass die Gleichung (18.116) zur Poisson-Summation nun die folgende besonders elegante Gestalt annimmt:

$$\sum_{n=-\infty}^{\infty} \varphi(n) = \sum_{n=-\infty}^{\infty} \check{\varphi}(n) \,.$$

Asymptotische Entwicklungen

Die Mehrzahl der Phänomene, mit denen wir es zu tun haben, lässt sich mathematisch durch eine Anzahl von numerischen Parametern charakterisieren, die sehr komplizierte Beziehungen aufweisen. Jedoch wird in der Regel die Beschreibung eines Phänomens entscheidend einfacher, falls bekannt ist, dass einige dieser Parameter oder eine Kombination von ihnen sehr groß oder, im Gegensatz dazu, sehr klein sind.

Beispiel 1. Bei der Beschreibung relativer Bewegungen mit Geschwindigkeiten v, die viel kleiner als die Lichtgeschwindigkeit ($|v| \ll c$) sind, können wir anstelle der Lorentz-Transformation (Beispiel 3 in Abschnitt 1.3)

$$x' = \frac{x - vt}{\sqrt{1 - (\frac{v}{c})^2}}, \qquad t' = \frac{t - (\frac{v}{c^2})x}{\sqrt{1 - (\frac{v}{c})^2}}$$

die Galilei-Transformation

$$x' = x - vt, \qquad t' = t$$

benutzen, da $v/c \approx 0$.

Beispiel 2. Die Schwingungsperiode

$$T = 4\sqrt{\frac{l}{g}} \int_0^{\pi/2} \frac{\mathrm{d}\theta}{\sqrt{1 - k^2 \sin^2 \theta}}$$

eines Pendels ist über den Parameter $k^2 = \sin^2 \frac{\varphi_0}{2}$ (vgl. Abschnitt 6.4) vom maximalen Auslenkungswinkel φ_0 aus dem Gleichgewicht abhängig. Sind die Schwingungen gering, d.h. $\varphi_0 \approx 0$, erhalten wir die einfache Formel

$$T \approx 2\pi\sqrt{\frac{l}{g}}$$

für die Periode derartiger Schwingungen.

Beispiel 3. Angenommen, eine auf ein Teilchen m einwirkende Rückstellkraft führt dieses wieder in seine Gleichgewichtsposition zurück, und diese Kraft sei zur Auslenkung proportional (beispielsweise eine Feder mit der Federkonstanten k). Wir nehmen weiter an, dass die Widerstandskraft des Mediums zum Quadrat der Geschwindigkeit (mit dem Proportionalitätskoeffizienten α) proportional ist. Die Bewegungsgleichung nimmt für diesen Fall die folgende Gestalt an (vgl. Abschnitt 5.6):

$$m\ddot{x} + \alpha\dot{x}^2 + kx = 0 \,.$$

Wird das Medium „verdünnt", dann gilt $\alpha \to 0$ und wir können annehmen, dass die Bewegung durch die Gleichung

$$m\ddot{x} + kx = 0$$

angenähert werden kann (harmonische Schwingung mit der Frequenz $\sqrt{\frac{k}{m}}$). Wird das Medium dagegen „verdickt", dann gilt $\alpha \to \infty$ und wir erhalten nach Division durch α als Grenzwert die Gleichung $\dot{x}^2 = 0$, d.h. $x(t) \equiv$ konst.

Beispiel 4. Ist $\pi(x)$ die Anzahl der Primzahlen, die nicht größer als $x \in \mathbb{R}$ sind, dann kann, wie wir wissen (vgl. Abschnitt 3.2), der Ausdruck $\pi(x)$ für große x-Werte mit kleinem relativen Fehler aus der Formel

$$\pi(x) \approx \frac{x}{\ln x}$$

bestimmt werden.

Beispiel 5. Wir könnten schwerlich einfachere, aber nichtsdestotrotz wichtigere Beziehungen anführen als

$$\sin x \approx x \quad \text{oder} \quad \ln(1 + x) \approx x \,,$$

bei denen der relative Fehler kleiner wird, wenn x sich an 0 annähert (vgl. Abschnitt 5.3). Diese Formeln lassen sich, falls gewünscht, noch verfeinern zu

$$\sin x \approx x - \frac{1}{3!}x^3 \,, \quad \ln(1 + x) \approx x - \frac{1}{2}x^2 \,,$$

indem wir eines oder mehrere Folgeglieder aus der Taylor-Reihe hinzufügen.

Somit besteht das Problem darin, eine klare, bequeme und im Wesentlichen korrekte Beschreibung eines untersuchten Phänomens zu finden, indem wir die Besonderheiten der auftretenden Situation ausnutzen, d.h. wenn einige Parameter (oder Kombinationen von Parametern), die das Phänomen charakterisieren, klein sind (gegen Null streben) oder, im Gegensatz dazu, groß sind (gegen Unendlich streben).

Daher sind wir wiederum im Wesentlichen bei der Theorie von Grenzwerten angelangt.

Probleme dieser Art werden *asymptotische Probleme* genannt. Wie wir sehen können, treten sie in praktisch allen Gebieten der Mathematik und der Naturwissenschaften auf.

Die Lösung eines asymptotischen Problems besteht üblicherweise aus den folgenden Schritten: Übergang zum Grenzwert und Bestimmung des (wichtigsten Glieds) der Asymptotik, d.h. eine bequeme vereinfachte Beschreibung des Phänomens; Abschätzung des auftretenden Fehlers bei der so aufgestellten asymptotischen Formel; Verbesserung des wichtigsten Glieds der Asymptotik in Analogie zum Hinzufügen des nächsten Glieds der Taylor-Reihe (aber bei Weitem nicht immer nach demselben algorithmischen Verfahren).

Die Methoden zur Lösung von asymptotischen Problemen (die *asymptotische Methoden* genannt werden) hängen üblicherweise eng mit den Besonderheiten eines Problems zusammen. Unter den wenigen, sehr allgemeinen und zur gleichen Zeit elementaren asymptotischen Methoden findet sich die Taylorsche Formel, eine der wichtigsten Ausdrücke der Differentialrechnung.

Wir wollen dem Leser in diesem Kapitel einen anfänglichen Eindruck der elementaren asymptotischen Methoden der Analysis vermitteln.

Im ersten Abschnitt werden wir allgemeine Konzepte und Definitionen im Zusammenhang mit elementaren asymptotischen Methoden einführen; im zweiten werden wir diese bei der Untersuchung der Laplaceschen Methode zur Konstruktion der asymptotischen Entwicklung von Laplace-Transformationen einsetzen. Diese Methode, die von Laplace bei seinen Forschungen zu Grenzwertsätzen der Wahrscheinlichkeitstheorie entdeckt wurde, ist eine wichtige Komponente der Sattelpunktmethode, die später von Riemann entwickelt wurde, die üblicherweise in Vorlesungen zu komplexer Analysis behandelt wird. Weitere Informationen zu verschiedenen asymptotischen Methoden der Analysis finden sich in den Spezialwerken, die im Literaturverzeichnis zitiert sind. Diese Bücher enthalten auch ausführliche Literaturverzeichnisse zu diesem Problemkreis.

19.1 Asymptotische Formeln und asymptotische Reihen

19.1.1 Grundlegende Definitionen

a. Asymptotische Abschätzungen und asymptotische Äquivalenzen

Definition 1. Seien $f : X \to Y$ und $g : X \to Y$ reell- oder komplexwertige oder ganz allgemein vektorwertige Funktionen, die auf einer Menge X definiert sind und sei $\mathcal{B}$ eine Basis in X. Dann bedeuten die Relationen

$$f = O(g) \quad \text{oder} \quad f(x) = O\big(g(x)\big) \qquad x \in X$$

$$f = O(g) \quad \text{oder} \quad f(x) = O\big(g(x)\big) \quad \text{auf der Basis } \mathcal{B}$$

$$f = o(g) \quad \text{oder} \quad f(x) = o\big(g(x)\big) \quad \text{auf der Basis } \mathcal{B}$$

per definitionem, dass in der Gleichung $|f(x)| = \alpha(x)|g(x)|$ die reellwertige Funktion $\alpha(x)$ auf X relativ beschränkt, auf der Basis $\mathcal{B}$ schließlich beschränkt bzw. infinitesimal auf der Basis $\mathcal{B}$ ist.

Diese Relationen werden üblicherweise *asymptotische Abschätzungen* (von f) genannt.

Die Beziehung

$$f \sim g \text{ oder } f(x) \sim g(x) \text{ auf der Basis } \mathcal{B} \,,$$

die per definitionem bedeutet, dass $f(x) = g(x) + o\big(g(x)\big)$ auf der Basis $\mathcal{B}$, wird üblicherweise *asymptotische Äquivalenz* oder *asymptotische Gleichheit*[1] der Funktionen *auf der Basis $\mathcal{B}$* genannt.

Asymptotische Abschätzungen und asymptotische Äquivalenzen werden im Ausdruck *asymptotische Formeln* vereinigt.

Wo immer es nicht wichtig ist das Argument einer Funktion anzugeben, werden die abgekürzten Schreibweisen $f = o(g)$, $f = O(g)$, oder $f \sim g$ benutzt und wir werden diese Abkürzungen systematisch einsetzen.

Gilt $f = O(g)$ und gleichzeitig $g = O(f)$, schreiben wir $f \asymp g$ und sagen, dass f und g Größen *derselben Ordnung* auf der vorgegebenen Basis sind.

Des Weiteren gilt $Y = \mathbb{C}$ oder $Y = \mathbb{R}$, $X \subset \mathbb{C}$ oder $X \subset \mathbb{R}$; $\mathcal{B}$ ist in der Regel eine der Basen $X \ni x \to 0$ oder $X \ni x \to \infty$. Mit Hilfe dieser Schreibweise können wir insbesondere formulieren, dass

$$\cos x = O(1), \quad x \in \mathbb{R} \,,$$
$$\cos z \neq O(1) \,, \quad z \in \mathbb{C} \,,$$
$$\ln e^z = 1 + z + o(z) \text{ für } z \to 0 \,, \quad z \in \mathbb{C} \,,$$
$$(1 + x)^\alpha = 1 + \alpha x + o(x) \text{ für } x \to 0 \,, \quad x \in \mathbb{R} \,,$$
$$\pi(x) = \frac{x}{\ln x} + o\Big(\frac{x}{\ln x}\Big) \text{ für } x \to +\infty \,, \quad x \in \mathbb{R} \,.$$

Anmerkung 1. Im Hinblick auf asymptotische Äquivalenzen sollte bedacht werden, dass diese Beziehungen nur beim Grenzübergang gelten, und sie zwar zu Berechnungszwecken eingesetzt werden können, aber nur nachdem einige Zusatzarbeit verrichtet wurde, um das Restglied abzuschätzen. Darauf haben wir bereits bei der Untersuchung der Taylorschen Formel hingewiesen. Außerdem müssen wir beachten, dass asymptotische Äquivalenz uns im Allgemeinen ermöglicht, mit kleinem relativen Fehler zu rechnen, aber nicht notwendigerweise mit kleinem absoluten Fehler. So strebt beispielsweise die Differenz $\pi(x) - \frac{x}{\ln x}$ für $x \to +\infty$ nicht gegen Null, da $\pi(x)$ sich bei jeder Primzahl in x um 1 erhöht. Auf der anderen Seite strebt aber der relative Fehler, wenn wir $\pi(x)$ durch $\frac{x}{\ln x}$ ersetzen, gegen Null:

---

[1] Bitte beachten Sie, dass oft das Symbol $\simeq$ benutzt wird, um asymptotische Äquivalenz zu bezeichnen.

$$\frac{o\left(\frac{x}{\ln x}\right)}{\left(\frac{x}{\ln x}\right)} \to 0 \text{ für } x \to +\infty .$$

Dieser Umstand führt uns, wie wir unten sehen werden, zu asymptotischen Reihen, die für Berechnungen bei der Betrachtung des relativen Fehlers, aber nicht des absoluten Fehlers wichtig sind; aus diesem Grund sind diese Reihen oft divergent im Unterschied zu klassischen Reihen, für die der Absolutwert der Differenz zwischen der genäherten Funktion und der n-ten Teilsumme der Reihe für $n \to +\infty$ gegen Null strebt.

Wir wollen einige Beispiele betrachten, wie asymptotische Formeln erhalten werden.

Beispiel 6. Die zur Berechnung der Werte von $n!$ oder $\ln n!$ notwendige Arbeit wächst für $n \in \mathbb{N}$ an. Wir werden jedoch die Tatsache ausnutzen, dass n groß ist und mit dieser Annahme eine handliche asymptotische Formel für die näherungsweise Berechnung von $\ln n!$ erhalten.

Aus den offensichtlichen Beziehungen

$$\int_1^n \ln x \, dx = \sum_{k=2}^n \int_{k-1}^k \ln x \, dx < \sum_{k=1}^n \ln k < \sum_{k=2}^n \int_k^{k+1} \ln x \, dx = \int_2^{n+1} \ln x \, dx$$

folgt, dass

$$0 < \ln n! - \int_1^n \ln x \, dx < \int_1^2 \ln x \, dx + \int_n^{n+1} \ln x \, dx < \ln 2(n+1) .$$

Nun ist aber

$$\int_1^n \ln x \, dx = n(\ln n - 1) + 1 = n \ln n - (n-1) ,$$

und somit für $n \to \infty$

$$\ln n! = \int_1^n \ln x \, dx + O\big(\ln 2(n+1)\big) =$$

$$= n \ln n - (n-1) + O(\ln n) = n \ln n + O(n) .$$

Da $O(n) = o(n \ln n)$ für $n \to +\infty$, strebt der relative Fehler der Formel $\ln n! \approx n \ln n$ für $n \to +\infty$ gegen Null.

Beispiel 7. Wir wollen zeigen, dass die Funktion

$$f_n(x) = \int_1^x \frac{e^t}{t^n} \, dt \qquad (n \in \mathbb{R})$$

für $x \to +\infty$ zur Funktion $g_n(x) = x^{-n}e^x$ asymptotisch äquivalent ist. Da $g_n(x) \to +\infty$ für $x \to +\infty$, erhalten wir durch Anwendung der Regel von L'Hôpital, dass

$$\lim_{x \to +\infty} \frac{f_n(x)}{g_n(x)} = \lim_{x \to +\infty} \frac{f_n'(x)}{g_n'(x)} = \lim_{x \to \infty} \frac{x^{-n}e^x}{x^{-n}e^x - nx^{-n-1}e^x} = 1 \,.$$

Beispiel 8. Wir wollen das asymptotische Verhalten der Funktion

$$f(x) = \int\limits_1^x \frac{e^t}{t}\,dt$$

etwas genauer bestimmen. Sie unterscheidet sich vom Integralexponential

$$\mathrm{Ei}\,(x) = \int\limits_{-\infty}^x \frac{e^t}{t}\,dt$$

nur durch einen konstanten Ausdruck.

Durch partielle Integration erhalten wir

$$f(x) = \frac{e^t}{t}\Big|_1^x + \int\limits_1^x \frac{e^t}{t^2}\,dt = \left(\frac{e^t}{t} + \frac{e^t}{t^2}\right)\Big|_1^x + \int\limits_1^x \frac{2e^t}{t^3}\,dt =$$

$$= \left(\frac{e^t}{t} + \frac{1!e^t}{t^2} + \frac{2!e^t}{t^3}\right)\Big|_1^x + \int\limits_1^x \frac{3!e^t}{t^4}\,dt =$$

$$= e^t\left(\frac{0!}{t} + \frac{1!}{t^2} + \frac{2!}{t^3} + \cdots + \frac{(n-1)!}{t^n}\right)\Big|_1^x + \int\limits_1^x \frac{n!e^t}{t^{n+1}}\,dt \,.$$

Wie in Beispiel 7 gezeigt wurde, verhält sich dieses letzte Integral für $x \to +\infty$ wie $O(x^{-(n+1)}e^x)$. Wenn wir den konstanten Ausdruck $-e\sum\limits_{k=1}^n (k-1)!$ für $t = 1$ zu $O(x^{-(n+1)}e^x)$ hinzufügen, gelangen wir zu

$$f(x) = e^x \sum_{k=1}^n \frac{(k-1)!}{x^k} + O\left(\frac{e^x}{x^{n+1}}\right) \quad \text{für } x \to +\infty \,.$$

Der Fehler $O\left(\frac{e^x}{x^{n+1}}\right)$ in der Näherungsäquivalenz

$$f(x) \approx \sum_{k=1}^n \frac{(k-1)!}{x^k}e^x$$

ist, verglichen zu jedem Glied der Summe inklusive dem letzten, asymptotisch infinitesimal. Gleichzeitig ist für $x \to +\infty$ jedes Folgeglied der Summe im Vergleich zu seinem Vorgänger infinitesimal; daher ist es nur natürlich, die fortwährend genauer werdende Folge derartiger Formeln als eine durch f erzeugte Reihe zu schreiben:

$$f(x) \simeq e^x \sum_{k=1}^{\infty} \frac{(k-1)!}{x^k} .$$

Wir weisen darauf hin, dass diese Reihe offensichtlich für jeden Wert $x \in \mathbb{R}$ divergiert, so dass wir nicht

$$f(x) = e^x \sum_{k=1}^{\infty} \frac{(k-1)!}{x^k}$$

schreiben können.

Somit haben wir es hier mit einer neuen und offensichtlich sinnvollen *asymptotischen* Interpretation einer Reihe zu tun, die im Unterschied zum klassischen Fall nicht mit dem absoluten Approximationsfehler der Funktion zusammenhängt, sondern mit dem relativen. Die Teilsummen einer derartigen Reihe werden im Unterschied zum klassischen Fall nicht so sehr dafür benutzt, um die Werte der Funktion in ausgesuchten Punkten anzunähern, sondern dafür, das Gesamtverhalten beim fraglichen Grenzübergang zu beschreiben (das in diesem Beispiel für $x \to +\infty$ auftritt).

b. Asymptotische Folgen und asymptotische Reihen

Definition 2. Eine Folge asymptotischer Formeln

$$
\begin{aligned}
f(x) &= \psi_0(x) + o\big(\psi_0(x)\big) , \\[4pt]
f(x) &= \psi_0(x) + \psi_1(x) + o\big(\psi_1(x)\big) , \\[4pt]
&\quad\cdots\cdots\cdots\cdots\cdots\cdots\cdots\cdots\cdots\cdots\cdots \\[4pt]
f(x) &= \psi_0(x) + \psi_1(x) + \cdots + \psi_n(x) + o\big(\psi_n(x)\big) \\[4pt]
&\quad\cdots\cdots\cdots\cdots\cdots\cdots\cdots\cdots\cdots\cdots\cdots ,
\end{aligned}
$$

die auf einer Basis $\mathcal{B}$ in der Menge X, in der die Funktionen definiert sind, gültig sind, wird als Relation

$$f(x) \simeq \psi_0(x) + \psi_1(x) + \cdots + \psi_n(x) + \cdots$$

oder in Kurzform als $f(x) \simeq \sum_{k=0}^{\infty} \psi_k(x)$ geschrieben. Sie wird als *asymptotische Entwicklung von f in der vorgegebenen Basis $\mathcal{B}$* bezeichnet.

Aus dieser Definition ist klar, dass in asymptotischen Entwicklungen immer gilt, dass

$$o\big(\psi_n(x)\big) = \psi_{n+1}(x) + o\big(\psi_{n+1}(x)\big) \text{ auf der Basis } \mathcal{B} \,,$$

und somit gelangen wir für jedes $n = 0, 1, 2, \ldots$ zu

$$\psi_{n+1}(x) = o\big(\psi_n(x)\big) \text{ auf der Basis } \mathcal{B} \,,$$

d.h., jedes Folgeglied der Entwicklung trägt seine Korrektur bei, so dass mit jedem Folgeglied die Entwicklung asymptotisch genauer wird.

Asymptotische Entwicklungen treten üblicherweise in Gestalt von Linearkombinationen

$$c_0\varphi_0(x) + c_1\varphi_1(x) + \cdots + c_n\varphi_n(x) + \cdots$$

von Funktionen einer Folge $\{\varphi_n(x)\}$ auf, die für das Spezialproblem praktisch ist.

Definition 3. Sei X eine Menge mit einer darauf definierten Basis $\mathcal{B}$. Die Folge $\{\varphi_n(x)\}$ von auf X definierten Funktionen wird *asymptotische Folge auf der Basis* $\mathcal{B}$ genannt, falls $\varphi_{n+1}(x) = o\big(\varphi_n(x)\big)$ auf der Basis $\mathcal{B}$ gilt (für je zwei aufeinander folgende Glieder φ_n und φ_{n+1} der Folge) und falls keine der Funktionen $\varphi_n \in \{\varphi_n(x)\}$ auf jedem Element von $\mathcal{B}$ identisch gleich Null ist.

Anmerkung 2. Die Bedingung, dass auf den Elementen B der Basis $\mathcal{B}$ $(\varphi_n\big|_B)(x) \not\equiv 0$ gilt, ist natürlich, da ansonsten alle Funktionen $\varphi_{n+1}, \varphi_{n+2}, \ldots$ auch auf B Null wären und das System $\{\varphi_n\}$ in seiner Asymptotik trivial wäre.

Beispiel 9. Die folgenden Folgen sind offensichtlich asymptotische Folgen:

a) $1, x, x^2, \ldots, x^n, \ldots$ für $x \to 0$;
b) $1, \frac{1}{x}, \frac{1}{x^2}, \ldots, \frac{1}{x^n}, \ldots$ für $x \to \infty$;
c) $x^{p_1}, x^{p_2}, \ldots, x^{p_n}, \ldots$

      auf der Basis $x \to 0$ für $p_1 < p_2 < \cdots < p_n < \cdots$,
      auf der Basis $x \to \infty$ für $p_1 > p_2 > \cdots > p_n > \cdots$;

d) die Folge $\{g(x)\varphi_n(x)\}$, die wir aus einer asymptotischen Folge durch Multiplikationen aller ihrer Glieder mit derselben Funktion erhalten.

Definition 4. Ist $\{\varphi_n\}$ eine asymptotische Folge auf der Basis $\mathcal{B}$, dann wird die asymptotische Entwicklung

$$f(x) \simeq c_0\varphi_0(x) + c_1\varphi_1(x) + \cdots + c_n\varphi_n(x) + \cdots$$

eine *asymptotische Entwicklung* oder *asymptotische Reihe der Funktion f bezüglich der asymptotischen Folge* $\{\varphi_n\}$ *auf der Basis* $\mathcal{B}$ genannt.

Anmerkung 3. Das Konzept einer asymptotischen Reihe (im Zusammenhang von Potenzreihen) wurde 1886 von Poincaré formuliert, der in seinen Arbeiten zur Himmelsmechanik ausführlichen Gebrauch von asymptotischen Entwicklungen machte. Asymptotische Reihen wurden ebenso wie einige der Methoden, um diese zu erhalten, bereits früher eingesetzt. Betrachten Sie auch im Hinblick auf eine mögliche Verallgemeinerung des Konzepts einer asymptotischen Entwicklung im Sinne von Poincaré (die wir in den Definitionen 2-4 angeführt haben) die Aufgabe 5 am Ende dieses Abschnitts.

19.1.2 Allgemeine Tatsachen zu asymptotischen Reihen

a. Eindeutigkeit einer asymptotischen Entwicklung

Wenn wir vom asymptotischen Verhalten einer Funktion auf einer Basis $\mathcal{B}$ sprechen, sind wir nur an der Art des Grenzverhaltens der Funktion interessiert, so dass zwei im Allgemeinen unterschiedliche Funktionen f und g, die auf einem Element der Basis $\mathcal{B}$ gleich sind, im asymptotischen Sinne als gleich betrachtet werden sollten, wenn sie auf $\mathcal{B}$ dasselbe asymptotische Verhalten aufweisen.

Geben wir außerdem im Voraus eine asymptotische Folge $\{\varphi_n\}$ vor, mit der wir eine asymptotische Entwicklung durchführen wollen, dann müssen wir die eingeschränkten Möglichkeiten jedes derartigen Systems von Funktionen $\{\varphi_n\}$ in Betracht ziehen. Um genauer zu sein, so wird es Funktionen geben, die bezüglich jedes Glieds φ_n des vorgegebenen asymptotischen Systems infinitesimal sind.

Beispiel 10. Sei $\varphi_n(x) = \frac{1}{x^n}$, $n = 0, 1, \ldots$; dann gilt $\mathrm{e}^{-x} = o(\varphi_n(x))$ für $x \to +\infty$.

Aus diesem Grund ist es nur natürlich, die folgenden Definitionen zu treffen:

Definition 5. Ist $\{\varphi_n(x)\}$ eine asymptotische Folge auf der Basis $\mathcal{B}$, dann wird eine Funktion f mit $f(x) = o(\varphi_n(x))$ auf $\mathcal{B}$ für jedes $n = 0, 1, \ldots$ eine *asymptotische Null bezüglich* $\{\varphi_n(x)\}$ genannt.

Definition 6. Die Funktionen f und g sind *auf der Basis $\mathcal{B}$ bezüglich einer auf $\mathcal{B}$ asymptotischen Folge von Funktionen* $\{\varphi_n(x)\}$ *gleich*, wenn die Differenz $f - g$ bezüglich $\{\varphi_n(x)\}$ eine asymptotische Null ist.

Satz 1. (Eindeutigkeit einer asymptotischen Entwicklung). *Sei* $\{\varphi_n(x)\}$ *eine asymptotische Folge von Funktionen auf einer Basis $\mathcal{B}$.*

a) Erlaubt eine Funktion f bezüglich der Folge $\{\varphi_n(x)\}$ eine asymptotische Entwicklung auf $\mathcal{B}$, dann ist diese Entwicklung eindeutig.

b) *Erlauben die Funktionen f und g im System $\{\varphi_n(x)\}$ eine asymptotische Entwicklung, dann stimmen diese Entwicklungen genau dann überein, wenn die Funktionen f und g auf $\mathcal{B}$ bezüglich $\{\varphi_n(x)\}$ asymptotisch gleich sind.*

Beweis. a) Angenommen, die Funktion φ sei auf einem Element von $\mathcal{B}$ nicht identisch gleich Null. Wir werden zeigen dass für $f(x) = o(\varphi(x))$ auf $\mathcal{B}$ und gleichzeitig $f(x) = c\varphi(x) + o(\varphi(x))$ auf $\mathcal{B}$ gilt, dass $c = 0$.

Tatsächlich ist $|f(x)| \geq |c\varphi(x)| - |o(\varphi(x))| = |c|\,|\varphi(x)| - o(|\varphi(x)|)$ auf $\mathcal{B}$ und somit existiert für $|c| > 0$ ein $B_1 \in \mathcal{B}$, für das in jedem Punkt $|f(x)| \geq \frac{|c|}{2}|\varphi(x)|$ gilt. Ist aber $f(x) = o(\varphi(x))$ auf $\mathcal{B}$, dann existiert ein $B_2 \in \mathcal{B}$, für das in jedem Punkt $|f(x)| \leq \frac{|c|}{3}|\varphi(x)|$ gilt. Daher müsste in jedem Punkt $x \in B_1 \cap B_2$ gelten, dass $\frac{|c|}{2}|\varphi(x)| \leq \frac{|c|}{3}|\varphi(x)|$ oder, falls $|c| \neq 0$, dass $3|\varphi(x)| \leq 2|\varphi(x)|$. Dies ist jedoch in jedem Punkt von $B_1 \cap B_2$ unmöglich, falls $\varphi(x) \neq 0$.

Wir wollen nun die asymptotische Entwicklung einer Funktion f bezüglich der Folge $\{\varphi_n\}$ betrachten.

Sei $f(x) = c_0\varphi_0(x) + o(\varphi_0(x))$ und $f(x) = \widetilde{c}_0\varphi(x) + o(\varphi_0(x))$ auf $\mathcal{B}$. Wenn wir die zweite Gleichung von der ersten abziehen, erhalten wir $0 = (c_0 - \widetilde{c}_0)\varphi_0(x) + o(\varphi_0(x))$ auf $\mathcal{B}$. Nun ist aber $0 = o(\varphi_0(x))$ auf $\mathcal{B}$ und somit nach dem Bewiesenen $c_0 - \widetilde{c}_0 = 0$.

Wenn wir gezeigt haben, dass für zwei Entwicklungen der Funktion f im System $\{\varphi_n\}$ gilt, dass $c_0 = \widetilde{c}_0, \ldots, c_{n-1} = \widetilde{c}_{n-1}$, dann erhalten wir aus den beiden Äquivalenzen

$$f(x) = c_0\varphi_0(x) + \cdots + c_{n-1}\varphi_{n-1}(x) + c_n\varphi_n(x) + o(\varphi_n(x)) \text{ und}$$

$$f(x) = c_0\varphi_0(x) + \cdots + c_{n-1}\varphi_{n-1}(x) + \widetilde{c}_n\varphi_n(x) + o(\varphi_n(x))$$

auf gleiche Weise, dass $c_n = \widetilde{c}_n$.

Durch Induktion können wir nun folgern, dass *a)* wahr ist.

b) Ist $f(x) = c_0\varphi_0(x) + \cdots + c_n\varphi_n(x) + o(\varphi_n(x))$ und $g(x) = c_0\varphi_0(x) + \cdots + c_n\varphi_n(x) + o(\varphi_n(x))$ auf $\mathcal{B}$, dann gilt $f(x) - g(x) = o(\varphi_n(x))$ auf $\mathcal{B}$ für jedes $n = 0, 1, \ldots$ und somit sind die Funktionen f und g bezüglich der Folge $\{\varphi_n(x)\}$ asymptotisch gleich.

Der Umkehrschluss folgt aus *a)*, da eine asymptotische Null, die wir als die Differenz $f - g$ ansetzen, nur eine asymptotische Null-Entwicklung besitzen kann.   □

Anmerkung 4. Wir haben die Frage nach der Eindeutigkeit einer asymptotischen Entwicklung untersucht. Wir weisen jedoch darauf hin, dass eine asymptotische Entwicklung einer Funktion nach einer vorgegebenen asymptotischen Folge bei Weitem nicht immer möglich ist. Zwei Funktionen f und g müssen im Allgemeinen nicht immer durch eine der asymptotischen Relationen $f = O(g)$, $f = o(g)$ oder $f \sim g$ auf einer Basis $\mathcal{B}$ zusammenhängen.

Die sehr allgemeine asymptotische Taylorsche Formel hebt beispielsweise eine besondere Klasse von Funktionen hervor (die für $x = 0$ Ableitungen bis zur Ordnung n besitzen), von denen jede die asymptotische Darstellung

$$f(x) = f(0) + \frac{1}{1!}f'(0)x + \cdots + \frac{1}{n!}f^{(n)}(0)x^n + o(x^n)$$

für $x \to 0$ zulässt. Aber bereits die Funktion $x^{1/2}$ kann im System $1, x, x^2, \ldots$ nicht entwickelt werden. Daher darf eine asymptotische Folge und eine asymptotische Entwicklung mit einer kanonischen Basis nicht mit der Entwicklung einer Asymptotik mit ihr identifiziert werden. Es gibt weit mehr mögliche Arten von asymptotischem Verhalten als durch eine vorgegebene asymptotische Folge beschrieben werden kann, so dass die Beschreibung des asymptotischen Verhaltens einer Funktion nicht so sehr eine Entwicklung durch Glieder eines vorgegebenen asymptotischen Systems ist, als vielmehr die Suche nach einem derartigen System. So kann man beispielsweise bei der Berechnung des unbestimmten Integrals einer Elementarfunktion im Voraus nicht verlangen, dass das Ergebnis aus gewissen Elementarfunktionen zusammengesetzt werden kann, da das Ergebnis keine Elementarfunktion sein muss. Die Suche nach asymptotischen Formeln ist, wie die Berechnung von unbestimmten Integralen nur in dem Ausmaße von Interesse, als das Ergebnis einfacher und für weitere Untersuchungen zugänglicher ist als der ursprüngliche Ausdruck.

b. Zulässige Operationen mit asymptotischen Formeln

Die elementaren arithmetischen Eigenschaften der Symbole o und O (Eigenschaften wie $o(g) + o(g) = o(g)$, $o(g) + O(g) = O(g) + O(g) = O(g)$ u.ä.) wurden zusammen mit der Theorie von Grenzwerten (Satz 10 in Abschnitt 3.2) untersucht. Der folgende offensichtliche Satz folgt aus diesen Eigenschaften und den Definitionen einer asymptotischen Entwicklung:

Satz 2. (Linearität asymptotischer Entwicklungen). *Erlauben die Funktionen f und g asymptotische Entwicklungen $f \simeq \sum\limits_{n=0}^{\infty} a_n\varphi_n$ und $g \simeq \sum\limits_{n=0}^{\infty} b_n\varphi_n$ bezüglich der asymptotischen Folge $\{\varphi_n\}$ auf der Basis $\mathcal{B}$, dann erlaubt eine Linearkombination $\alpha f + \beta g$ dieser Funktionen auch eine derartige Entwicklung und es gilt $(\alpha f + \beta g) \simeq \sum\limits_{n=0}^{\infty}(\alpha a_n + \beta b_n)\varphi_n$.*

Weitere Eigenschaften von asymptotischen Entwicklungen und asymptotischen Formeln beinhalten im Allgemeinen immer mehr Sonderfälle.

Satz 3. (Integration von asymptotischen Äquivalenzen). *Sei f eine stetige Funktion auf dem Intervall $I = [a, \omega[$ (oder $I =]\omega, a]$).*

a) Ist die Funktion $g(x)$ auf I stetig und nicht negativ und divergiert das Integral $\int\limits_a^{\omega} g(x)\,\mathrm{d}x$, dann implizieren die Beziehungen

$$f(x) = O\big(g(x)\big)\,, \quad f(x) = o\big(g(x)\big)\,, \quad f(x) \sim g(x) \;\; \textit{für}\; I \ni x \to \omega\,,$$

dass

$$F(x) = O\big(G(x)\big) \,, \quad F(x) = o\big(G(x)\big) \quad bzw. \;\; F(x) \sim G(x)$$

mit

$$F(x) = \int_a^x f(t)\,\mathrm{d}t \quad und \quad G(x) = \int_a^x g(t)\,\mathrm{d}t \,.$$

b) Bilden die Funktionen $\varphi_n(x)$, $n = 0, 1, \ldots$, die auf $I = [a, \omega[$ stetig und positiv sind, eine asymptotische Folge für $I \ni x \to \omega$ und konvergieren die Integrale $\Phi_n(x) = \int_x^\omega \varphi_n(t)\,\mathrm{d}t$ für $x \in I$, dann bilden die Funktionen $\Phi_n(x)$, $n = 0, 1, \ldots$ auch eine asymptotische Folge auf der Basis $I \ni x \to \omega$.

c) Konvergiert das Integral $\mathcal{F}(x) = \int_x^\omega f(x)\,\mathrm{d}x$ und besitzt f die asymptotische Entwicklung $f(x) \simeq \sum_{n=0}^\infty c_n \varphi_n(x)$ für $I \ni x \to \omega$ bezüglich der asymptotischen Folge $\{\varphi_n(x)\}$ aus b), dann besitzt $\mathcal{F}(x)$ die asymptotische Entwicklung $\mathcal{F}(x) \simeq \sum_{n=0}^\infty c_n \Phi_n(x)$.

Beweis. a) Ist $f(x) = O\big(g(x)\big)$ für $I \ni x \to \omega$, dann existiert ein $x_0 \in I$ und eine Konstante M, so dass $|f(x)| \leq M g(x)$ für $x \in [x_0, \omega[$. Daraus folgt, dass

$$\left| \int_a^x f(t)\,\mathrm{d}t \right| \leq \left| \int_a^{x_0} f(t)\,\mathrm{d}t \right| + M \int_{x_0}^x g(t)\,\mathrm{d}t = O\left(\int_a^x g(t)\,\mathrm{d}t \right).$$

Um die anderen beiden Relationen zu beweisen, können wir (wie in Beispiel 7) die Regel von L'Hôpital anwenden und dabei die Gleichung $G(x) = \int_a^x g(t)\,\mathrm{d}t \to \infty$ für $I \ni x \to \omega$ berücksichtigen. Als Ergebnis erhalten wir

$$\lim_{I \ni x \to \omega} \frac{F(x)}{G(x)} = \lim_{I \ni x \to \omega} \frac{F'(x)}{G'(x)} = \lim_{I \ni x \to \omega} \frac{f(x)}{g(x)} \,.$$

b) Da $\Phi_n(x) \to 0$ für $I \ni x \to \omega$ $(n = 0, 1, \ldots)$, erhalten wir wiederum durch Anwendung der Regel von L'Hôpital, dass

$$\lim_{I \ni x \to \omega} \frac{\Phi_{n+1}(x)}{\Phi_n(x)} = \lim_{I \ni x \to \omega} \frac{\Phi'_{n+1}(x)}{\Phi'_n(x)} = \lim_{I \ni x \to \omega} \frac{\varphi_{n+1}(x)}{\varphi_n(x)} = 0 \,.$$

c) Die Funktion $r_n(x)$ in der Gleichung

$$f(x) = c_0 \varphi_0(x) + c_1 \varphi_1(x) + \cdots + c_n \varphi_n(x) + r_n(x)$$

ist als Summe stetiger Funktionen auf I selbst wieder auf I stetig und es gilt offensichtlich, dass $R_n(x) = \int_x^\omega r_n(t)\,\mathrm{d}t \to 0$ für $I \ni x \to \omega$. Nun ist aber $r_n(x) = o(\varphi_n(x))$ für $I \ni x \to \omega$ und $\Phi_n(x) \to 0$ für $I \ni x \to \omega$. Daher erhalten wir wiederum mit der Regel von L'Hôpital, dass sich in der Gleichung

$$\mathcal{F}(x) = c_0\Phi_0(x) + c_1\Phi_1(x) + \cdots + c_n\Phi_n(x) + R_n(x)$$

der Ausdruck $R_n(x)$ für $I \ni x \to \omega$ wie $o(\Phi_n(x))$ verhält. $\square$

Anmerkung 5. Ableitung von asymptotischen Äquivalenzen und asymptotischen Reihen ist im Allgemeinen nicht erlaubt.

Beispiel 11. Die Funktion $f(x) = \mathrm{e}^{-x}\sin(\mathrm{e}^x)$ ist auf $\mathbb{R}$ stetig differenzierbar und ist eine asymptotische Null bezüglich der asymptotischen Folge $\{\frac{1}{x^n}\}$ für $x \to +\infty$. Die Ableitungen der Funktionen $\frac{1}{x^n}$ besitzen, bis auf einen konstanten Faktor, wieder die Gestalt $\frac{1}{x^k}$. Die Funktion $f'(x) = -\mathrm{e}^x\sin(\mathrm{e}^x) + \cos(\mathrm{e}^x)$ ist jedoch nicht nur keine asymptotische Null; sie besitzt bezüglich der Folge $\{\frac{1}{x^n}\}$ noch nicht einmal eine asymptotische Entwicklung für $x \to +\infty$.

19.1.3 Asymptotische Potenzreihen

Zum Abschluss wollen wir asymptotische Potenzreihen etwas ausführlicher untersuchen, da sie relativ häufig vorkommen, wenn auch in einer sehr verallgemeinerten Form, wie etwa in Beispiel 8.

Wir wollen Entwicklungen bezüglich der Folge $\{x^n; n = 0, 1, \ldots\}$ untersuchen, die für $x \to 0$ asymptotisch ist und bezüglich der Folge $\{\frac{1}{x^n}; n = 0, 1, \ldots\}$, die für $x \to \infty$ asymptotisch ist. Da beide Folgen bis auf ein Vertauschen der Variablen $x = \frac{1}{u}$ gleiche Objekte sind, werden wir den nächsten Satz nur für Entwicklungen bezüglich der ersten Folge formulieren und dann auf die Besonderheiten bei gewissen Formulierungen für Entwicklungen bezüglich der zweiten Folge hinweisen.

Satz 4. *Sei 0 ein Häufungspunkt von E und sei*

$$f(x) \simeq a_0 + a_1 x + a_2 x^2 + \cdots,$$
$$g(x) \simeq b_0 + b_1 x + b_2 x^2 + \cdots \qquad \text{für } E \ni x \to 0.$$

Dann gilt für $E \ni x \to 0$, dass

a) $(\alpha f + \beta g) \simeq \sum\limits_{n=0}^{\infty} (\alpha a_n + \beta b_n)x^n$;

b) $(f \cdot g)(x) \simeq \sum\limits_{n=0}^{\infty} c_n x^n$, *mit* $c_n = a_0 b_n + a_1 b_{n-1} + \cdots + a_n b_0$, $n = 0, 1, \ldots$;

c) ist $b_0 \neq 0$, dann gilt $\left(\frac{f}{g}\right)(x) \simeq \sum\limits_{n=0}^{\infty} d_n x^n$, wobei die Koeffizienten d_n aus den rekursiven Beziehungen

$$a_o = b_0 d_0 , \quad a_1 = b_0 d_1 + b_1 d_0 , \ldots, \quad a_n = \sum_{k=0}^{n} b_k d_{n-k} , \ldots$$

erhalten werden können;

d) ist E eine punktierte Umgebung oder einseitige Umgebung von 0 und ist f auf E stetig, dann gilt

$$\int_0^x f(t)\, dt \simeq a_0 x + \frac{a_1}{2} x^2 + \cdots + \frac{a_{n-1}}{n} x^n + \cdots ;$$

e) gilt zusätzlich zu den Annahmen in d), dass $f \in C^{(1)}(E)$ und

$$f'(x) \simeq a_0' + a_1' x + \cdots ,$$

dann ist $a_n' = (n+1)a_{n+1}$, $n = 0, 1, \ldots$.

Beweis. a) ist ein Sonderfall von Satz 2.

b) Mit den Eigenschaften von $o(\ )$ (vgl. Satz 4 in Abschnitt 3.2) erhalten wir, dass

$$(f \cdot g)(x) = f(x) \cdot g(x) =$$
$$= (a_0 + a_1 x + \cdots + a_n x^n + o(x^n))(b_0 + b_1 x + \cdots + b_n x^n + o(x^n)) =$$
$$= (a_0 b_0) + (a_0 b_1 + a_1 b_0)x + \cdots + (a_0 b_n + a_1 b_{n-1} + \cdots + a_n b_0)x^n + o(x^n)$$

für $E \ni x \to 0$.

c) Ist $b_0 \neq 0$, dann ist $g(x) \neq 0$ für x nahe bei Null und deshalb können wir das Verhältnis $\frac{f(x)}{g(x)} = h(x)$ bilden. Wir wählen die Koeffizienten $d_0, \ldots, d_n$ in der Entwicklung $h(x) = d_0 + d_1 x + \cdots + d_n x^n + r_n(x)$ wie in c) formuliert. Wir wollen überprüfen, ob dann $r_n(x) = o(x^n)$ für $E \ni x \to 0$ gilt. Aus der Identität $f(x) = g(x)h(x)$ erhalten wir

$$a_0 + a_1 x + \cdots + a_n x^n + o(x^n) =$$
$$= (b_0 + b_1 x + \cdots + b_n x^n + o(x^n))(d_0 + d_1 x + \cdots + d_n x^n + r_n(x)) =$$
$$= (b_0 d_0) + (b_0 d_1 + b_1 d_0)x + \cdots + (b_0 d_n + b_1 d_{n-1} + \cdots + b_n d_0)x^n +$$
$$+ b_0 r_n(x) + o(r_n(x)) + o(x^n) ,$$

woraus folgt, dass $o(x^n) = b_0 r_n(x) + o(r_n(x)) + o(x^n)$ oder $r_n(x) = o(x^n)$ für $E \ni x \to 0$, da $b_0 \neq 0$.

d) Dieser Teil folgt aus Satz 3c), falls wir darin $\omega = 0$ setzen und uns daran erinnern, dass $-\int_x^0 f(t)\, dt = \int_0^x f(t)\, dt$.

e) Da die Funktion $f'(x)$ auf $]0, x]$ (oder $[x, 0[$ stetig und beschränkt ist (sie strebt für $x \to 0$ gegen a_0'), existiert das Integral $\int_0^x f'(t)\, dt$. Offensichtlich gilt $f(x) = a_0 + \int_0^x f'(t)\, dt$, da $f(x) \to a_0$ für $x \to 0$. Wenn wir in diese Gleichung die asymptotische Entwicklung von $f'(x)$ einsetzen und das in d) Bewiesene benutzen, gelangen wir zu

$$f(x) \simeq a_0 + a_0'x + \frac{a_1'}{2}x^2 + \cdots + \frac{a_{n-1}'}{n}x^n + \cdots .$$

Aus der Eindeutigkeit asymptotischer Entwicklungen (Satz 1) folgt nun, dass $a_n' = (n+1)a_n$, $n = 0, 1, \ldots$. $\qquad\square$

Korollar 1. *Ist U eine Umgebung (oder einseitige Umgebung) von Unendlich in $\mathbb{R}$ und ist die Funktion f in U stetig mit der asymptotischen Entwicklung*

$$f(x) \simeq a_0 + \frac{a_1}{x} + \frac{a_2}{x^2} + \cdots + \frac{a_n}{x^n} + \cdots \quad \text{für } U \ni x \to \infty,$$

dann konvergiert das Integral

$$\mathcal{F}(x) = \int\limits_x^\infty \left(f(t) - a_0 - \frac{a_1}{t} \right) \mathrm{d}t$$

über ein in U enthaltenes Intervall und es besitzt die folgende asymptotische Entwicklung:

$$\mathcal{F}(x) \simeq \frac{a_2}{x} + \frac{a_3}{2x^2} + \cdots + \frac{a_n}{nx^n} + \cdots \quad \text{für } U \ni x \to \infty .$$

Beweis. Die Konvergenz des Integrals ist offensichtlich, da

$$f(t) - a_0 - \frac{a_1}{t} \sim \frac{a_2}{t^2} \quad \text{für } U \ni t \to \infty .$$

Nun müssen wir nur noch die asymptotische Entwicklung

$$f(t) - a_0 - \frac{a_1}{t} \simeq \frac{a_2}{t^2} + \frac{a_3}{t^3} + \cdots + \frac{a_n}{t^n} \cdots \quad \text{für } U \ni t \to \infty$$

integrieren und dabei beispielsweise auf Satz 3d) verweisen. $\qquad\square$

Korollar 2. *Ist zusätzlich zu den Voraussetzungen in Korollar 1 bekannt, dass $f \in C^{(1)}(U)$ und erlaubt f' die asymptotische Entwicklung*

$$f'(x) \simeq a_0' + \frac{a_1'}{x} + \frac{a_2'}{x^2} + \cdots + \frac{a'}{n} + \cdots \quad \text{für } U \ni x \to \infty,$$

dann können wir die Entwicklung durch formales Ableiten der Entwicklung der Funktion f erhalten, mit

$$a_n' = -(n-1)a_{n-1} , \quad n = 2, 3, \ldots \quad \text{und } a_0' = a_1' = 0 .$$

Beweis. Da $f'(x) = a_0' + \frac{a_1'}{x} + O(1/x^2)$ für $U \ni x \to \infty$, erhalten wir

$$f(x) = f(x_0) + \int\limits_{x_0}^x f'(t)\, \mathrm{d}t = a_0'x + a_1' \ln x + O(1)$$

für $U \ni x \to \infty$; und da $f(x) \simeq a_0 + \frac{a_1}{x} + \frac{a_2}{x^2} + \cdots$ und die Folge $x, \ln x, 1, \frac{1}{x}, \frac{1}{x^2}, \ldots$ für $U \ni x \to \infty$ eine asymptotische Folge ist, können wir mit Satz 1 folgern dass $a_0' = a_1' = 0$. Wenn wir nun die Entwicklung $f'(x) \simeq \frac{a_2'}{x^2} + \frac{a_3'}{x^3} + \cdots$ integrieren, erhalten wir nach Korollar 1 die Entwicklung von $f(x)$ und auf Grund der Eindeutigkeit der Entwicklung gelangen wir zu den Gleichungen $a_n' = -(n-1)a_{n-1}$ für $n = 2, 3, \ldots$.   □

19.1.4 Übungen und Aufgaben

1. a) Sei $h(z) = \sum\limits_{n=0}^{\infty} a_n z^{-n}$ für $|z| > R$, $z \in \mathbb{C}$. Zeigen Sie, dass $h(z) \simeq \sum\limits_{n=0}^{\infty} a_n z^{-n}$ für $\mathbb{C} \ni z \to \infty$.

    b) Angenommen, die gesuchte Lösung $y(x)$ der Gleichung $y'(x) + y^2(x) = \sin\frac{1}{x^2}$ besitze eine asymptotische Entwicklung $y(x) \simeq \sum\limits_{n=0}^{\infty} c_n x^{-n}$ für $x \to \infty$. Bestimmen Sie die ersten drei Glieder dieser Entwicklung.

    c) Sei $f(z) = \sum\limits_{n=0}^{\infty} a_n z^n$ für $|z| < r$, $z \in \mathbb{C}$ und $g(z) \simeq b_1 z + b_2 z^2 + \cdots$ für $\mathbb{C} \ni z \to 0$. Beweisen Sie, dass die Funktion $f \circ g$ in einer punktierten Umgebung von $0 \in \mathbb{C}$ definiert ist, mit $(f \circ g)(z) \simeq c_0 + c_1 z + c_2 z^2 + \cdots$ für $\mathbb{C} \ni z \to 0$. Dabei können wie bei konvergenten Potenzreihen die Koeffizienten $c_0, c_1, \ldots$ durch Einsetzen der Reihe in die Reihe erhalten werden.

2. Zeigen Sie:

a) Ist f für $x \geq 0$ eine stetige, positive und monotone Funktion, dann gilt:

$$\sum_{k=0}^{n} f(k) = \int_{0}^{n} f(x)\,\mathrm{d}x + O\big(f(n)\big) + O(1) \text{ für } n \to \infty .$$

b) $\sum\limits_{k=1}^{n} \frac{1}{k} = \ln n + c + o(1)$ für $n \to \infty$.

c) $\sum\limits_{k=1}^{n} k^\alpha (\ln k)^\beta \sim \frac{n^{\alpha+1}(\ln n)^\beta}{\alpha+1}$ für $n \to \infty$ und $\alpha > -1$.

3. Bestimmen Sie durch partielle Integration die asymptotischen Entwicklungen der folgenden Funktionen für $x \to +\infty$:

a) $\Gamma_s(x) = \int\limits_{x}^{+\infty} t^{s-1}\mathrm{e}^{-t}\,\mathrm{d}t$ – die unvollständige Gammafunktion.

b) $\operatorname{erf}(x) = \frac{1}{\sqrt{\pi}} \int\limits_{-x}^{x} \mathrm{e}^{-t^2}\,\mathrm{d}t$ – die Wahrscheinlichkeitsfehlerfunktion (wir erinnern daran, dass $\int\limits_{-\infty}^{\infty} \mathrm{e}^{-x^2}\,\mathrm{d}x = \sqrt{\pi}$ das Euler–Poisson Integral ist).

c) $F(x) = \int\limits_{x}^{+\infty} \frac{\mathrm{e}^{\mathrm{i}t}}{t^\alpha}\,\mathrm{d}t$ für $\alpha > 0$.

4. Bestimmen Sie mit dem Ergebnis der vorigen Aufgabe die asymptotischen Entwicklungen der folgenden Funktionen für $x \to +\infty$:

1. $\operatorname{Si}(x) = \int\limits_0^x \frac{\sin t}{t}\,\mathrm{d}t$ – der Integralsinus (wir erinnern daran, dass $\int\limits_0^\infty \frac{\sin x}{x}\,\mathrm{d}x = \frac{\pi}{2}$ das Dirichlet-Integral ist).

2. $C(x) = \int\limits_0^x \cos\frac{\pi}{2}t^2\,\mathrm{d}t$, $S(x) = \int\limits_0^x \sin\frac{\pi}{2}t^2\,\mathrm{d}t$ – die Fresnel-Integrale (wir erinnern daran, dass $\int\limits_0^{+\infty} \cos x^2\,\mathrm{d}x = \int\limits_0^\infty \sin x^2\,\mathrm{d}x = \frac{1}{2}\sqrt{\frac{\pi}{2}}$).

5. Die folgende von Poincaré eingeführte und oben untersuchte Verallgemeinerung des Konzepts einer Entwicklung in einer asymptotischen Folge $\{\varphi_n(x)\}$ geht auf Erdélyi[2] zurück.

Sei X eine Menge, $\mathcal{B}$ eine Basis in X, $\{\varphi_n(x)\}$ eine asymptotische Folge von Funktionen auf X. Sind die Funktionen $f(x), \psi_0(x), \psi_1(x), \psi_2(x), \ldots$ derart, dass die asymptotische Äquivalenz

$$f(x) = \sum_{k=0}^n \psi_k(x) + o\Big(\varphi_n(x)\Big) \text{ auf der Basis } \mathcal{B}$$

für jedes $n = 0, 1, \ldots$ gilt, dann schreiben wir

$$f(x) \simeq \sum_{n=0}^\infty \psi_n(x)\,, \quad \{\varphi_n(x)\} \text{ auf der Basis } \mathcal{B}$$

und wir sagen, dass dies die *asymptotische Entwicklung der Funktion f auf der Basis $\mathcal{B}$ im Sinne von Erdélyi* ist.

a) Bitte beachten Sie, dass Sie in Aufgabe 4 eine asymptotische Entwicklung im Sinne von Erdélyi erhalten haben, wenn wir annehmen, dass $\varphi_n(x) = x^{-n}$, $n = 0, 1, \ldots$.

b) Zeigen Sie, dass asymptotische Entwicklungen im Sinne von Erdélyi nicht die Eindeutigkeitseigenschaft besitzen (die Funktionen ψ_n kann verändert werden).

c) Seien eine Menge X, eine Basis $\mathcal{B}$ in X, eine Funktion f auf X und Folgen $\{\mu_n(x)\}$ und $\{\varphi_n(x)\}$, wobei die zweite auf der Basis $\mathcal{B}$ asymptotisch ist, gegeben. Zeigen Sie, dass die Entwicklung

$$f(x) \simeq \sum_{n=0}^\infty a_n\mu_n(x)\,, \quad \{\varphi_n(x)\} \text{ auf der Basis } \mathcal{B}\,,$$

wobei a_n numerische Koeffizienten sind, entweder unmöglich oder eindeutig ist.

6. *Gleichmäßige asymptotische Abschätzungen.* Sei X eine Menge und $\mathcal{B}_X$ eine Basis in X. Seien ferner $f(x, y)$ und $g(x, y)$ auf X definierte (vektorwertige) Funktionen, die vom Parameter $y \in Y$ abhängen. Wir setzen $|f(x, y)| = \alpha(x, y)|g(x, y)|$. Wir sagen, dass die asymptotischen Relationen

$$f(x, y) = o\Big(g(x, y)\Big)\,, \quad f(x, y) = O\Big(g(x, y)\Big)\,, \quad f(x, y) \sim g(x, y)$$

bezüglich des Parameters y auf der Menge Y gleichmäßig sind, wenn (jeweils) $\alpha(x, y) \rightrightarrows 0$ auf Y auf der Basis $\mathcal{B}_X$; $\alpha(x, y)$ auf der Basis $\mathcal{B}_X$ schließlich beschränkt

---

[2] A. Erdélyi (1908–1977) – ungarischer/britischer Mathematiker.

ist und gleichmäßig beschränkt bezüglich $y \in Y$; und schließlich $f = \alpha \cdot g + o(g)$, mit $\alpha(x,y) \rightrightarrows 1$ auf Y auf der Basis $\mathcal{B}_X$.

Zeigen Sie, dass dann, wenn wir die Basis $\mathcal{B} = \{\mathcal{B}_x \times Y\}$ in $X \times Y$ einführen, deren Elemente den direkten Produkten der Elemente $\mathcal{B}_x$ auf der Basis $\mathcal{B}_X$ und der Menge Y entsprechen, diese Definitionen jeweils zu folgenden äquivalent sind:

$$f(x,y) = o\Big(g(x,y)\Big), \quad f(x,y) = O\Big(g(x,y)\Big), \quad f(x,y) \sim g(x,y)$$

auf der Basis $\mathcal{B}$.

7. *Gleichmäßige asymptotische Entwicklungen.* Die asymptotische Entwicklung

$$f(x,y) \simeq \sum_{n=0}^{\infty} a_n(y)\varphi_n(x) \quad \text{auf der Basis } \mathcal{B}_X$$

ist *gleichmäßig bezüglich des Parameters y auf Y*, wenn in den asymptotischen Äquivalenzen

$$f(x,y) = \sum_{k=0}^{n} a_k(y)\varphi_k(x) + r_n(x,y), \quad n = 0, 1, \ldots$$

die Abschätzung $r_n(x,y) = o\Big(\varphi_n(x)\Big)$ auf der Basis $\mathcal{B}_X$ in X gleichmäßig auf Y gilt.

a) Sei Y eine (beschränkte) messbare Menge in $\mathbb{R}^n$. Angenommen, dass zu jedem festen $x \in X$ die Funktionen $f(x,y), a_0(y), a_1(y), \ldots$ auf Y integrierbar sind. Zeigen Sie, dass dann, wenn die asymptotische Entwicklung $f(x,y) \simeq \sum_{n=0}^{\infty} a_n(y)\varphi_n(x)$ auf der Basis $\mathcal{B}_X$ bezüglich des Parameters $y \in Y$ gleichmäßig ist, auch die folgende asymptotische Entwicklung gilt:

$$\int\limits_Y f(x,y)\,\mathrm{d}y \simeq \sum_{n=0}^{\infty} \left(\int\limits_Y a_n(y)\,\mathrm{d}y\right)\varphi_n(x) \quad \text{auf der Basis } \mathcal{B}_X .$$

b) Sei $Y = [c,d] \subset \mathbb{R}$. Angenommen, die Funktion $f(x,y)$ sei auf dem abgeschlossenen Intervall Y für jedes feste $x \in X$ stetig differenzierbar bezüglich y und sie lasse für ein $y_0 \in Y$ die asymptotische Entwicklung

$$f(x,y_0) \simeq \sum_{n=0}^{\infty} a_n(y_0)\varphi_n(x) \quad \text{auf der Basis } \mathcal{B}_X$$

zu.

Beweisen Sie, dass dann, wenn die asymptotische Entwicklung

$$\frac{\partial f}{\partial y}(x,y) \simeq \sum_{n=0}^{\infty} \alpha_n(y)\varphi_n(x) \quad \text{auf der Basis } \mathcal{B}_X$$

bezüglich $y \in Y$ mit den Koeffizienten $\alpha_n(y)$, die in y stetig sind, $n = 0, 1, \ldots$, gleichmäßig gilt, die Ausgangsfunktion $f(x,y)$ eine asymptotische Entwicklung $f(x,y) \simeq \sum_{n=0}^{\infty} a_n(y)\varphi_n(x)$ auf der Basis $\mathcal{B}_X$ besitzt, die bezüglich $y \in Y$ gleichmäßig ist und deren Koeffizienten $a_n(y)$, $n = 0, 1, \ldots$ glatte Funktionen von y auf dem Intervall Y sind, mit $\frac{\mathrm{d}a_n}{\mathrm{d}y}(y) = \alpha_n(y)$.

8. Sei $p(x)$ eine glatte Funktion, die auf dem abgeschlossenen Intervall $c \leq x \leq d$ stetig ist.

a) Lösen Sie die Gleichung $\frac{\partial^2 u}{\partial x^2}(x, \lambda) = \lambda^2 p(x) u(x, \lambda)$ für $p(x) \equiv 1$ auf $[c, d]$.

b) Sei $0 < m \leq p(x) \leq M < +\infty$ auf $[c, d]$ und sei $u(c, \lambda) = 1$, $\frac{\partial u}{\partial x}(c, \lambda) = 0$. Schätzen Sie den Ausdruck $u(x, \lambda)$ für $x \in [c, d]$ von oben und unten ab.

c) Angenommen, $\ln u(x, \lambda) \simeq \sum\limits_{n=0}^{\infty} c_n(x) \lambda^{1-n}$ für $\lambda \to +\infty$, wobei $c_0(x), c_1(x), \ldots$

glatte Funktionen sind. Zeigen Sie mit Hilfe der Tatsache, dass $\left(\frac{u'}{u}\right)' = \frac{u''}{u} - \left(\frac{u'}{u}\right)^2$, dass $c_0'^2(x) = p(x)$ und $\left(c_{n-1}'' + \sum\limits_{k=0}^{n} c_k' \cdot c_{n-k}'\right)(x) = 0$.

19.2 Die Asymptotik von Integralen (die Laplacesche Methode)

19.2.1 Die Idee hinter der Laplaceschen Methode

In diesem Absatz werden wir die Laplacesche Methode untersuchen – eine der wenigen sinnvollen allgemeinen Methoden zur Konstruktion der Asymptotik eines parameterabhängigen Integrals. Wir beschränken uns auf Integrale der Gestalt

$$F(\lambda) = \int\limits_a^b f(x) e^{\lambda S(x)} \, dx , \qquad (19.1)$$

wobei $S(x)$ eine reellwertige Funktion ist und λ ein Parameter. Derartige Integrale werden üblicherweise *Laplace-Integrale* genannt.

Beispiel 1. Die *Laplace-Transformierte*

$$L(f)(\xi) = \int\limits_0^{+\infty} f(x) e^{-\xi x} \, dx$$

ist ein Spezialfall für ein Laplace-Integral.

Beispiel 2. Laplace selbst wandte seine Methode auf Integrale der Gestalt $\int\limits_a^b f(x) \varphi^n(x) \, dx$ für $n \in \mathbb{N}$ und $\varphi(x) > 0$ auf $]a, b[$ an. Ein derartiges Integral ist ebenfalls ein Spezialfall eines allgemeinen Laplace-Integrals (19.1), da $\varphi^n(x) = \exp(n \ln \varphi(x))$.

Wir interessieren uns für die Asymptotik des Integrals (19.1) für große Werte des Parameters λ, genauer gesagt für $\lambda \to +\infty$, $\lambda \in \mathbb{R}$.

Um daher bei der Beschreibung der zentralen Idee der Laplaceschen Methode nicht von Nebensächlichkeiten abgelenkt zu werden, werden wir annehmen, dass $[a, b] = I$ ein endliches abgeschlossenes Intervall ist, dass die Funktionen $f(x)$ und $S(x)$ in (19.1) auf I glatte Funktionen sind und dass $S(x)$

ein eindeutiges isoliertes Maximum $S(x_0)$ im Punkt $x_0 \in I$ besitzt. Damit hat die Funktion $\exp(\lambda S(x))$ in x_0 ebenfalls ein isoliertes Maximum, das auf dem Intervall I umso höher über den anderen Werten dieser Funktion liegt, je stärker der Parameter λ anwächst. Daher kann für $f(x) \not\equiv 0$ in einer Umgebung von x_0 das gesamte Integral (19.1) durch ein Integral über eine beliebig kleine Umgebung von x_0 ersetzt werden, wobei wir mit einem relativen Fehler rechnen, der für $\lambda \to +\infty$ gegen Null strebt. Diese Beobachtung wird *Lokalisierungsprinzip* genannt. Wenn wir den geschichtlichen Ablauf umkehren, könnten wir sagen, dass dieses Lokalisierungsprinzip für Laplace-Integrale das Prinzip einer lokalen Einwirkung genäherter Einselemente und der δ-Funktion wiedergibt.

Nun, da wir das Integral nur über eine kleine Umgebung von x_0 bilden, können die Funktionen $f(x)$ und $S(x)$ durch die Hauptglieder ihrer Taylor-Entwicklungen für $I \ni x \to x_0$ ersetzt werden.

Nun verbleibt nur noch eine Untersuchung der Asymptotik des sich ergebenden kanonischen Integrals, was ohne eine besondere Schwierigkeit möglich ist.

In dieser schrittweisen Ausführung liegt der Kern der Laplaceschen Methode zum Auffinden der Asymptotik eines Integrals.

Beispiel 3. Sei $x_0 = a$, $S'(a) \neq 0$ und $f(a) \neq 0$. Dies entspricht beispielsweise dem Fall, dass die Funktion $S(x)$ auf $[a, b]$ monoton absteigend ist. Unter diesen Bedingungen gilt $f(x) = f(a) + o(1)$ und $S(x) = S(a) + (x - a)S'(a) + o(1)$ für $I \ni x \to a$. Wenn wir die Idee hinter der Laplaceschen Methode für ein kleines $\varepsilon > 0$ und $\lambda \to +\infty$ ausführen, erhalten wir

$$F(\lambda) \sim \int_a^{a+\varepsilon} f(x) e^{\lambda S(x)} \, dx \sim f(a) e^{\lambda S(a)} \int_0^{\varepsilon} e^{\lambda t S'(a)} \, dt =$$

$$= -\frac{f(a) e^{\lambda S(a)}}{\lambda S'(a)} \left(1 - e^{\lambda S'(a)\varepsilon} \right) .$$

Da $S'(a) < 0$, folgt für den betrachteten Fall

$$F(\lambda) \sim -\frac{f(a) e^{\lambda S(a)}}{\lambda S'(a)} \quad \text{für } \lambda \to +\infty . \tag{19.2}$$

Beispiel 4. Sei $a < x_0 < b$. Dann ist $S'(x_0) = 0$ und wir nehmen an, dass $S''(x_0) \neq 0$, d.h. $S''(x_0) < 0$, da x_0 ein Maximum ist.

Mit Hilfe der Entwicklungen $f(x) = f(x_0) + o(x - x_0)$ und $S(x) = S(x_0) + \frac{1}{2} S''(x_0)(x - x_0)^2 + o((x - x_0)^2)$, die für $x \to x_0$ gelten, erhalten wir für kleines $\varepsilon > 0$ und $\lambda \to +\infty$, dass

$$F(\lambda) \sim \int_{x_0-\varepsilon}^{x_0+\varepsilon} f(x) e^{\lambda S(x)} \, dx \sim f(x_0) e^{\lambda S(x_0)} \int_{-\varepsilon}^{\varepsilon} e^{\frac{1}{2}\lambda S''(x_0)t^2} \, dt .$$

Nach der Substitution $\frac{1}{2}\lambda S''(x_0)t^2 = -u^2$ (da $S''(x_0) < 0$) gelangen wir zu

$$\int_{-\varepsilon}^{\varepsilon} e^{\frac{1}{2}\lambda S''(x_0)t^2} \, dt = \sqrt{-\frac{2}{\lambda S''(x_0)}} \int_{-\varphi(\lambda,\varepsilon)}^{\varphi(\lambda,\varepsilon)} e^{-u^2} \, du \, ,$$

mit $\varphi(\lambda,\varepsilon) = \sqrt{-\frac{\lambda S''(x_0)}{2}}\varepsilon \to +\infty$ für $\lambda \to +\infty$.

Wenn wir nun die Gleichung

$$\int_{-\infty}^{+\infty} e^{-u^2} \, du = \sqrt{\pi}$$

berücksichtigen, können wir das Hauptglied in der Asymptotik des Laplace-Integrals für diesen Fall bestimmen:

$$F(\lambda) \sim \sqrt{-\frac{2\pi}{\lambda S''(x_0)}} f(x_0) e^{\lambda S(x_0)} \text{ für } \lambda \to +\infty \, . \tag{19.3}$$

Beispiel 5. Ist $x_0 = a$ aber $S'(x_0) = 0$ und $S''(x_0) < 0$, dann erhalten wir mit ähnlichen Überlegungen wie in Beispiel 4 dieses Mal, dass

$$F(\lambda) \sim \int_{a}^{a+\varepsilon} f(x) e^{\lambda S(x)} \, dx \sim f(x_0) e^{\lambda S(x_0)} \int_{0}^{\varepsilon} e^{\frac{1}{2}\lambda S''(x_0)t^2} \, dt \, ,$$

und somit

$$F(\lambda) \sim \frac{1}{2}\sqrt{-\frac{2\pi}{\lambda S''(x_0)}} f(x_0) e^{\lambda S(x_0)} \text{ für } \lambda \to +\infty \, . \tag{19.4}$$

Wir haben nun auf heuristischem Weg die drei sehr nützlichen Formeln (19.2)-(19.4) erhalten, die die Asymptotik des Laplace-Integrals (19.1) beinhalten.

Aus diesen Betrachtungen ist klar, dass die Laplacesche Methode erfolgreich bei der Untersuchung der Asymptotik jedes Integrals der Art

$$\int_{X} f(x, \lambda) \, dx \text{ für } \lambda \to +\infty \tag{19.5}$$

eingesetzt werden kann, vorausgesetzt, dass (*a*) das Lokalisierungsprinzip für das Integral gilt, d.h., das Integral kann für $\lambda \to +\infty$ durch ein äquivalentes ersetzt werden, dessen Ausdehnung sich auf eine beliebig kleine Umgebung der wichtigen Punkte beschränkt, und (*b*) der Integrand im lokalisierten Integral lässt sich durch einen einfacheren ersetzen, für den die Asymptotik einerseits mit der des untersuchten Integrals übereinstimmt und andererseits leicht bestimmbar ist.

Besitzt beispielsweise die Funktion $S(x)$ im Integral (19.1) mehrere lokale Maxima $x_0, x_1, \ldots, x_n$ auf dem abgeschlossenen Intervall $[a, b]$, dann ersetzen wir das Integral auf Grund seiner Additivität mit kleinem relativen Fehler durch die Summe ähnlicher Integrale über die Umgebungen $U(x_j)$ der Maxima $x_0, x_1, \ldots, x_n$, die so klein sind, dass jede nur einen derartigen Punkt enthält. Das asymptotische Verhalten des Integrals

$$\int\limits_{U(x_j)} f(x) e^{\lambda S(x)} \, dx \quad \text{für} \ \lambda \to +\infty$$

ist, wie bereits erwähnt wurde, von der Größe der Umgebung $U(x_j)$ als solches unabhängig und daher wird die asymptotische Entwicklung dieses Integrals für $\lambda \to +\infty$ durch $F(\lambda, x_j)$ bezeichnet und *Beitrag des Punktes x_j zur Asymptotik des Integrals* (19.1) genannt.

In seiner allgemeinen Formulierung bedeutet das Lokalisierungsprinzip also, dass das asymptotische Verhalten des Integrals (19.5) als Summe $\sum\limits_{j} F(\lambda, x_j)$ der Beiträge aller Punkte erhalten wird, die auf irgendeine Weise im Integranden kritisch sind.

Beim Integral (19.1) sind diese Punkte die Maxima der Funktion $S(x)$ und, wie wir an den Formeln (19.2)-(19.4) erkennen können, der Hauptbeitrag stammt vollständig vom isolierten Maximum, in dem das absolute Maximum von $S(x)$ auf $[a, b]$ angenommen wird.

In den folgenden Absätzen dieses Abschnitts werden wir die hier aufgestellten allgemeinen Betrachtungen weiter entwickeln, um dann einige nützliche Anwendungen der Laplaceschen Methode zu betrachten. Wir werden unten auch zeigen, wie wir nicht nur das Hauptglied der Asymptotik erhalten können, sondern auch die gesamte asymptotische Reihe.

19.2.2 Das Lokalisierungsprinzip für ein Laplace–Integral

Lemma 1. (Exponentielle Abschätzung). *Sei $M = \sup\limits_{a < x < b} S(x) < \infty$ und angenommen, dass für einen Wert $\lambda_0 > 0$ das Integral* (19.1) *absolut konvergiere. Dann konvergiert es für jedes $\lambda \geq \lambda_0$ absolut und für derartige Werte von λ gilt die folgende Abschätzung:*

$$|F(\lambda)| \leq \int\limits_a^b |f(x) e^{\lambda S(x)}| \, dx \leq A e^{\lambda M} , \tag{19.6}$$

mit $A \in \mathbb{R}$.

Beweis. Tatsächlich gilt für $\lambda \geq \lambda_0$:

$$|F(\lambda)| = \left| \int_a^b f(x) e^{\lambda S(x)}\, \mathrm{d}x \right| = \left| \int_a^b f(x) e^{\lambda_0 S(x)} e^{(\lambda - \lambda_0) S(x)}\, \mathrm{d}x \right| \leq$$

$$\leq e^{(\lambda - \lambda_0) M} \int_a^b |f(x) e^{\lambda_0 S(x)}|\, \mathrm{d}x = \left(e^{-\lambda_0 M} \int_a^b |f(x) e^{\lambda_0 S(x)}|\, \mathrm{d}x \right) e^{\lambda M}\,. \quad \square$$

Lemma 2. (Abschätzung des Beitrags eines Maximums). *Angenommen, das Integral (19.1) konvergiere für einen Wert $\lambda = \lambda_0$ absolut und weiter angenommen, dass es im Inneren oder auf dem Rand des Intervalls I einen Punkt x_0 gibt, in dem $S(x_0) = \sup\limits_{a < x < b} S(x) = M$. Sind $f(x)$ und $S(x)$ in x_0 stetig mit $f(x_0) \neq 0$, dann gilt für jedes $\varepsilon > 0$ und jede hinreichend kleine Umgebung $U_I(x_0)$ von x_0 in I die Abschätzung*

$$\left| \int_{U_I(x_0)} f(x) e^{\lambda S(x)}\, \mathrm{d}x \right| \geq B e^{\lambda(S(x_0) - \varepsilon)} \tag{19.7}$$

für $\lambda \geq \max\{\lambda_0, 0\}$ mit einer Konstanten $B > 0$.

Beweis. Wir wählen für ein festes $\varepsilon > 0$ eine Umgebung $U_I(x_0)$, innerhalb derer $|f(x)| \geq \frac{1}{2}|f(x_0)|$ und $S(x_0) - \varepsilon \leq S(x) \leq S(x_0)$. Wenn wir annehmen, dass f reellwertig ist, können wir folgern, dass f innerhalb von $U_I(x_0)$ konstantes Vorzeichen besitzt. Dies ermöglicht uns, für $\lambda \geq \max\{\lambda_0, 0\}$ zu schreiben:

$$\left| \int_{U_I(x_0)} f(x) e^{\lambda S(x)}\, \mathrm{d}x \right| = \int_{U_I(x_0)} |f(x)| e^{\lambda S(x)}\, \mathrm{d}x \geq$$

$$\geq \int_{U_I(x_0)} \frac{1}{2}|f(x_0)| e^{\lambda(S(x_0) - \varepsilon)}\, \mathrm{d}x = B e^{\lambda(S(x_0) - \varepsilon)}\,. \quad \square$$

Satz 1. (Lokalisierungsprinzip). *Angenommen, das Integral (19.1) konvergiere für einen Wert $\lambda = \lambda_0$ absolut und weiter angenommen, dass die Funktion $S(x)$ im Inneren oder auf dem Rand des Integrationsintervalls I einen eindeutigen Punkt x_0 besitzt, in dem sie ein isoliertes Maximum annimmt, d.h. außerhalb jeder Umgebung $U(x_0)$ des Punktes x_0 gilt*

$$\sup_{I \backslash U(x_0)} S(x) < S(x_0)\,.$$

Sind die Funktionen $f(x)$ und $S(x)$ in x_0 stetig mit $f(x_0) \neq 0$, dann gilt

$$F(\lambda) = F_{U_I(x_0)}(\lambda)\big(1 + O(\lambda^{-\infty})\big) \quad \text{für } \lambda \to +\infty\,, \tag{19.8}$$

wobei $U_I(x_0)$ eine beliebige Umgebung von x_0 in I ist. Dabei bedeutet

$$F_{U_I(x_0)}(\lambda) := \int\limits_{U_I(x_0)} f(x)e^{\lambda S(x)}\,dx$$

und $O(\lambda^{-\infty})$ bezeichnet eine Funktion, die für $\lambda \to +\infty$ für jedes $n \in \mathbb{N}$ sich wie $o(\lambda^{-n})$ verhält.

Beweis. Ist die Umgebung $U_I(x_0)$ hinreichend klein, gilt nach Lemma 2 für jedes $\varepsilon > 0$ und für $\lambda \to +\infty$ die folgende Ungleichung gleichmäßig:

$$|F_{U_I(x_0)}(\lambda)| > e^{\lambda(S(x_0)-\varepsilon)} . \tag{19.9}$$

Gleichzeitig gilt nach Lemma 1 für jede Umgebung $U(x_0)$ des Punktes x_0 die Abschätzung

$$\int\limits_{I\backslash U(x_0)} |f(x)|e^{\lambda S(x)}\,dx \leq Ae^{\lambda\mu} \text{ für } \lambda \to +\infty , \tag{19.10}$$

mit $A > 0$ und $\mu = \sup\limits_{x\in I\backslash U(x_0)} S(x) < S(x_0)$.

Wenn wir diese Abschätzung mit der Ungleichung (19.9) vergleichen, dann können wir einfach folgern, dass die Ungleichung (19.9) für $\lambda \to +\infty$ für jede Umgebung $U_I(x_0)$ von x_0 gleichmäßig gilt.

Nun müssen wir nur noch schreiben, dass

$$F(\lambda) = F_I(\lambda) = F_{U_I(x_0)}(\lambda) + F_{I\backslash U(x_0)}(\lambda)$$

und mit einem Hinweis auf die Abschätzungen (19.9) und (19.10) folgern, dass (19.8) gilt. □

Somit haben wir nun sichergestellt, dass wir bei der Abschätzung des asymptotischen Verhaltens des Laplace-Integrals mit einem relativen Fehler in der Ordnung $O(\lambda^{-\infty})$ für $\lambda \to +\infty$ dieses Integral durch ein Integral über eine beliebig kleine Umgebung $U_I(x_0)$ des Punktes x_0, in dem das isolierte Maximum von $S(x)$ auf dem Integrationsintervall I auftritt, ersetzen können.

19.2.3 Kanonische Integrale und ihr asymptotisches Verhalten

Lemma 3. (Kanonische Gestalt der Funktion in der Umgebung eines kritischen Punktes). *Besitzt die reellwertige Funktion $S(x)$ in einer Umgebung (oder einer einseitigen Umgebung) eines Punktes $x_0 \in \mathbb{R}$ die Glattheit $C^{(n+k)}$ und gilt*

$$S'(x_0) = \cdots = S^{(n-1)}(x_0) = 0 , \quad S^{(n)}(x_0) \neq 0 ,$$

mit $k \in \mathbb{N}$ oder $k = \infty$, dann existieren Umgebungen (oder einseitige Umgebungen) I_x von x_0 und I_y von 0 in $\mathbb{R}$ und ein Diffeomorphismus $\varphi \in C^{(k)}(I_y, I_x)$, so dass

$$S\big(\varphi(y)\big) = S(x_0) + sy^n \;,\; \textit{falls } y \in I_y \;\; \textit{und} \;\; s = \operatorname{sgn} S^{(n)}(x_0) \;.$$

Hierbei ist

$$\varphi(0) = x_0 \;\; \textit{und} \;\; \varphi'(0) = \Big(\frac{n!}{|S^{(n)}(x_0)|}\Big)^{1/n} \;.$$

Beweis. Mit Hilfe der Taylorschen Formel mit Integralform als Restglied für die Funktion

$$S(x) = S(x_0) + \frac{(x - x_0)^n}{(n-1)!} \int_0^1 S^{(n)}(x_0 + t(x - x_0))(1 - t)^{n-1}\, \mathrm{d}t$$

können wir die Differenz $S(x) - S(x_0)$ als

$$S(x) - S(x_0) = (x - x_0)^n r(x)$$

formulieren, wobei die Funktion

$$r(x) = \frac{1}{(n-1)!} \int_0^1 S^{(n)}(x_0 + t(x - x_0))(1 - t)^{n-1}\, \mathrm{d}t$$

auf Grund des Satzes zur Differentiation eines Integrals bezüglich des Parameters x zur Klasse $C^{(k)}$ gehört und $r(x_0) = \frac{1}{n!}S^{(n)}(x_0) \neq 0$ gilt. Daher gehört auch die Funktion $y = \psi(x) = (x - x_0) \sqrt[n]{|r(x)|}$ in derselben Umgebung (oder einseitigen Umgebung) I_x von x_0 zur Klasse $C^{(k)}$ und ist sogar monoton, da

$$\psi'(x_0) = \sqrt[n]{|r(x_0)|} = \Big(\frac{|S^{(n)}(x_0)|}{n!}\Big)^{1/n} \neq 0 \;.$$

Daher besitzt die Funktion ψ auf I_x eine Inverse $\psi^{-1} = \varphi$, die auf dem Intervall $I_y = \psi(I_x)$, das den Punkt $0 = \psi(x_0)$ enthält, definiert ist. Hierbei ist $\varphi \in C^{(k)}(I_y, I_x)$.

Des Weiteren gilt $\varphi'(0) = \big(\psi'(x_0)\big)^{-1} = \big(\frac{n!}{|S^{(n)}(x_0)|}\big)^{1/n}$. Schließlich ist nach Konstruktion $S\big(\varphi(y)\big) = S(x_0) + sy^n$ mit $s = \operatorname{sgn} r(x_0) = \operatorname{sgn} S^{(n)}(x_0)$. $\square$

Anmerkung 1. Die Fälle $n = 1$ oder $n = 2$ und $k = 1$ oder $k = \infty$ sind üblicherweise die Interessantesten.

Satz 2. (Reduktion). *Angenommen, das Integrationsintervall $I = [a, b]$ sei im Integral (19.1) endlich und es gelten die folgenden Bedingungen:*

a) $f, S \in C(I, \mathbb{R})$;

b) $\max\limits_{x \in I} S(x)$ wird nur in einem einzigen Punkt $x_0 \in I$ angenommen;

c) $S \in C^{(n)}(U_I(x_0), \mathbb{R})$ gilt in einer Umgebung $U_I(x_0)$ von x_0 (innerhalb des Intervalls I);

d) $S^{(n)}(x_0) \neq 0$ und für $1 < n$ gilt $S^{(1)}(x_0) = \cdots = S^{(n-1)}(x_0) = 0$.

Dann kann für $\lambda \to +\infty$ das Integral (19.1) durch ein Integral der Gestalt

$$R(\lambda) = e^{\lambda S(x_0)} \int_{I_y} r(y) e^{-\lambda y^n} \, dy$$

mit einem durch das Lokalisierungsprinzip (19.8) definierten relativen Fehler ersetzt werden. Dabei setzen wir $I_y = [-\varepsilon, \varepsilon]$ oder $I_y = [0, \varepsilon]$ und ε ist eine beliebig kleine positive Zahl und die Funktion r besitzt denselben Glattheitsgrad auf I_y wie f in einer Umgebung von x_0.

Beweis. Mit Hilfe des Lokalisierungsprinzips ersetzen wir das Integral (19.1) durch das Integral über einer Umgebung $I_x = U_I(x_0)$ von x_0, in dem die Voraussetzungen für Lemma 3 gelten. Mit der Substitution $x = \varphi(y)$ gelangen wir zu

$$\int_{I_x} f(x) e^{\lambda S(x)} \, dx = \left(\int_{I_y} f(\varphi(y)) \varphi'(y) e^{-\lambda y^n} \, dy \right) e^{\lambda S(x_0)} . \tag{19.11}$$

Das negative Vorzeichen im Exponenten $(-\lambda y^n)$ entstammt der Tatsache, dass laut Voraussetzung $x_0 = \varphi(0)$ ein Maximum ist. $\qquad \square$

Das asymptotische Verhalten der kanonischen Integrale, auf die sich das Laplace-Integral in den wichtigsten Fällen zurückführen lässt, wird durch das folgende Lemma beschrieben.

Lemma 4. (Watson[3]). *Seien $\alpha > 0$, $\beta > 0$, $0 < a \leq \infty$ und $f \in C([0, a], \mathbb{R})$. Dann gelten im Hinblick auf das asymptotische Verhalten des Integrals*

$$W(\lambda) = \int_0^a x^{\beta-1} f(x) e^{-\lambda x^\alpha} \, dx \tag{19.12}$$

für $\lambda \to +\infty$ die folgenden Aussagen:

a) Das Hauptglied der Asymptotik von (19.12) besitzt die Gestalt

$$W(\lambda) = \frac{1}{\alpha} f(0) \Gamma(\beta/\alpha) \lambda^{-\frac{\beta}{\alpha}} + O\left(\lambda^{-\frac{\beta+1}{\alpha}}\right) , \tag{19.13}$$

falls bekannt ist, dass $f(x) = f(0) + O(x)$ für $x \to 0$.
b) Gilt $f(x) = a_0 + a_1 x + \cdots + a_n x^n + O(x^{n+1})$ für $x \to 0$, dann gilt

$$W(\lambda) = \frac{1}{\alpha} \sum_{k=0}^n a_k \Gamma\left(\frac{k+\beta}{\alpha}\right) \lambda^{-\frac{k+\beta}{\alpha}} + O\left(\lambda^{-\frac{n+\beta+1}{\alpha}}\right) . \tag{19.14}$$

---

[3] G.H. Watson (1886–1965) – britischer Mathematiker.

c) Ist f in $x = 0$ unendlich oft differenzierbar, dann gilt die folgende asymptotische Entwicklung:

$$W(\lambda) \simeq \frac{1}{\alpha} \sum_{k=0}^{\infty} \frac{f^{(k)}(0)}{k!} \Gamma\left(\frac{k+\beta}{\alpha}\right) \lambda^{-\frac{k+\beta}{\alpha}} , \qquad (19.15)$$

die beliebig oft nach λ differenziert werden kann.

Beweis. Wir stellen das Integral (19.12) als eine Summe von Integralen über den Intervallen $]0, \varepsilon]$ und $[\varepsilon, a[$ dar, wobei ε eine beliebig kleine positive Zahl ist.

Nach Lemma 1 gilt

$$\left| \int_{\varepsilon}^{a} x^{\beta-1} f(x) e^{-\lambda x^{\alpha}} \, dx \right| \leq A e^{-\lambda \varepsilon^{\alpha}} = O(\lambda^{-\infty}) \text{ für } \lambda \to +\infty ,$$

und daher

$$W(\lambda) = \int_{0}^{\varepsilon} x^{\beta-1} f(x) e^{-\lambda x^{\alpha}} \, dx + O(\lambda^{-\infty}) \text{ für } \lambda \to +\infty .$$

In Teil *b)* gilt $f(x) = \sum_{k=0}^{n} a_k x^k + r_n(x)$ mit $r_n \in C[0, \varepsilon]$ und $|r_n(x)| \leq C x^{n+1}$ auf dem Intervall $[0, \varepsilon]$. Somit ist

$$W(\lambda) = \sum_{k=0}^{n} a_k \int_{0}^{\varepsilon} x^{k+\beta-1} e^{-\lambda x^{\alpha}} \, dx + c(\lambda) \int_{0}^{\varepsilon} x^{n+\beta} e^{-\lambda x^{\alpha}} \, dx + o(\lambda^{-\infty}) ,$$

wobei $c(\lambda)$ für $\lambda \to +\infty$ beschränkt ist.

Nach Lemma 1 gilt für $\lambda \to +\infty$, dass

$$\int_{0}^{\varepsilon} x^{k+\beta-1} e^{-\lambda x^{\alpha}} \, dx = \int_{0}^{+\infty} x^{k+\beta-1} e^{-\lambda x^{\alpha}} \, dx + O(\lambda^{-\infty}) .$$

Nun ist aber

$$\int_{0}^{+\infty} x^{k+\beta-1} e^{-\lambda x^{\alpha}} \, dx = \frac{1}{\alpha} \Gamma\left(\frac{k+\beta}{\alpha}\right) \lambda^{-\frac{k+\beta}{\alpha}} ,$$

woraus Formel (19.14) und ihr Spezialfall (19.13) nun folgen.

Die Entwicklung (19.15) folgt nun aus (19.14) nach der Taylorschen Formel.

Die Differenzierbarkeit von (19.15) nach λ folgt aus der Tatsache, dass die Ableitung des Integrals (19.12) nach dem Parameter λ ein Integral der gleichen Art wie (19.12) ist und für $W'(\lambda)$ können wir die Formel (19.15) benutzen, um eine asymptotische Entwicklung für $\lambda \to +\infty$ explizit anzugeben, die mit der, die wir durch formale Ableitung der ursprünglichen Entwicklung (19.15) erhalten, übereinstimmt.   □

Beispiel 6. Wir betrachten die Laplace-Transformierte

$$F(\lambda) = \int\limits_{0}^{+\infty} f(x)e^{-\lambda x}\,dx\;,$$

die wir bereits aus Beispiel 1 kennen. Konvergiert dieses Integral für einen Wert $\lambda = \lambda_0$ absolut und ist die Funktion f in $x = 0$ absolut differenzierbar, dann erhalten wir nach Formel (19.15), dass

$$F(\lambda) \simeq \sum_{k=0}^{\infty} f^{(k)}(0)\lambda^{-(k+1)} \text{ für } \lambda \to +\infty\;.$$

19.2.4 Das Hauptglied der Asymptotik eines Laplace–Integrals

Satz 3. (Ein typisches Hauptglied der Asymptotik). *Angenommen, das Integrationsintervall $I = [a, b]$ im Integral (19.1) sei endlich, f, $S \in C(I, \mathbb{R})$ und $\max\limits_{x \in I} S(x)$ wird nur in einem Punkt $x_0 \in I$ angenommen.*

Angenommen, es sei außerdem bekannt, dass $f(x_0) \neq 0$, $f(x) = f(x_0) + O(x - x_0)$ für $I \ni x \to x_0$ und dass die Funktion S in einer Umgebung von x_0 zu $C^{(k)}$ gehört.

Dann gelten die folgenden Aussagen:

a) Ist $x_0 = a$, $k = 2$, und $S'(x_0) \neq 0$ (d.h. $S'(x_0) < 0$), dann gilt

$$F(\lambda) = \frac{f(x_0)}{-S'(x_0)}e^{\lambda S(x_0)}\lambda^{-1}[1 + O(\lambda^{-1})] \text{ für } \lambda \to +\infty\;; \quad (19.2')$$

b) Ist $a < x_0 < b$, $k = 3$, und $S''(x_0) \neq 0$ (d.h. $S''(x_0) < 0$), dann gilt

$$F(\lambda) = \sqrt{\frac{2\pi}{-S''(x_0)}} f(x_0)e^{\lambda S(x_0)}\lambda^{-1/2}[1 + O(\lambda^{-1/2})] \text{ für } \lambda \to +\infty\;; \quad (19.3')$$

c) Ist $x_0 = a$, $k = 3$, $S'(a) = 0$, und $S''(a) \neq 0$ (d.h. $S''(x_0) < 0$), dann gilt

$$F(\lambda) = \sqrt{\frac{\pi}{-2S''(x_0)}} f(x_0)e^{\lambda S(x_0)}\lambda^{-1/2}[1 + O(\lambda^{-1/2})] \text{ für } \lambda \to +\infty\;. \quad (19.4')$$

Beweis. Mit Hilfe des Lokalisierungsprinzips und der in Lemma 3 gezeigten Substitution $x = \varphi(y)$ gelangen wir entsprechend der Reduktion in Satz 2 zu folgenden Beziehungen:

a) $F(\lambda) = e^{\lambda S(x_0)} \left(\int\limits_0^\varepsilon (f \circ \varphi)(y)\varphi'(y)e^{-\lambda y}\, dy + O(\lambda^{-\infty}) \right)$;

b) $F(\lambda) = e^{\lambda S(x_0)} \left(\int\limits_{-\varepsilon}^\varepsilon (f \circ \varphi)(y)\varphi'(y)e^{-\lambda y^2}\, dy + O(\lambda^{-\infty}) \right) =$

$$= e^{\lambda S(x_0)} \left(\int\limits_0^\varepsilon \left((f \circ \varphi)(y)\varphi'(y) + (f \circ \varphi)(-y)\varphi'(-y) \right)e^{-\lambda y^2}\, dy + O(\lambda^{-\infty}) \right) ;$$

c) $F(\lambda) = e^{\lambda S(x_0)} \left(\int\limits_0^\varepsilon (f \circ \varphi)(y)\varphi'(y)e^{-\lambda y^2}\, dy + O(\lambda^{-\infty}) \right)$.

Unter den oben formulierten Anforderungen erfüllt die Funktion $(f \circ \varphi)\varphi'$ alle Voraussetzungen des Lemmas von Watson. Nun müssen wir nur noch dieses Lemma anwenden (Formel (19.14) für $n = 0$) und uns dabei an die in Lemma 3 angedeuteten Ausdrücke für $\varphi(0)$ und $\varphi'(0)$ erinnern. □

Somit haben wir die Formeln (19.2)–(19.4) zusammen mit dem bemerkenswert einfachen, klaren und effektiven Rezept gerechtfertigt, das uns zu diesen Formeln in Abschnitt 19.1 führte.

Wir wollen nun einige Beispiele für die Anwendung dieses Satzes betrachten:

Beispiel 7. Das asymptotische Verhalten der Gammafunktion. Die Funktion

$$\Gamma(\lambda + 1) = \int\limits_0^{+\infty} t^\lambda e^{-t}\, dt \qquad (\lambda > -1)$$

lässt sich als ein Laplace-Integral

$$\Gamma(\lambda + 1) = \int\limits_0^{+\infty} e^{-t} e^{\lambda \ln t}\, dt$$

darstellen. Wenn wir für $\lambda > 0$ die Substitution $t = \lambda x$ vornehmen, gelangen wir zum Integral

$$\Gamma(\lambda + 1) = \lambda^{\lambda+1} \int\limits_0^{+\infty} e^{-\lambda(x - \ln x)}\, dx ,$$

das mit den Methoden von Satz 3 untersucht werden kann.

Die Funktion $S(x) = \ln x - x$ besitzt in $x = 1$ ein eindeutiges Maximum auf dem Intervall $]0, +\infty[$ und es gilt $S''(1) = -1$. Nach dem Lokalisierungsprinzip (Satz 1) und der Behauptung in Satz 3b) können wir schließen, dass

$$\Gamma(\lambda + 1) = \sqrt{2\pi\lambda} \left(\frac{\lambda}{e}\right)^{\lambda} [1 + O(\lambda^{-1/2})] \text{ für } \lambda \to +\infty \ .$$

Wenn wir uns insbesondere an $\Gamma(n+1) = n!$ für $n \in \mathbb{N}$ erinnern, erhalten wir die klassische *Stirlingsche Gleichung*[4]

$$n! = \sqrt{2\pi n}(n/e)^n [1 + O(n^{-1/2})] \text{ für } n \to \infty \ , \qquad n \in \mathbb{N} \ .$$

Beispiel 8. Das asymptotische Verhalten der Bessel-Funktion

$$I_n(x) = \frac{1}{\pi} \int\limits_0^\pi e^{x \cos\theta} \cos n\theta \, d\theta \ ,$$

mit $n \in \mathbb{N}$. Hierbei ist $f(\theta) = \cos n\theta$, $S(\theta) = \cos\theta$, $\max\limits_{0 \leq x \leq \pi} S(\theta) = S(0) = 1$, $S'(0) = 0$ und $S''(0) = -1$, so dass nach der Aussage in Satz 3c) gilt:

$$I_n(x) = \frac{e^x}{\sqrt{2\pi x}} [1 + O(x^{-1/2})] \text{ für } x \to +\infty \ .$$

Beispiel 9. Sei $f \in C^{(1)}([a, b], \mathbb{R})$, $S \in C^{(2)}([a, b], \mathbb{R})$, mit $S(x) > 0$ auf $[a, b]$, und $\max\limits_{a \leq x \leq b} S(x)$ werde nur in einem Punkt $x_0 \in [a, b]$ angenommen. Gilt $f(x_0) \neq 0$, $S'(x_0) = 0$ und $S''(x_0) \neq 0$, dann gelangen wir, wenn wir das Integral

$$\mathcal{F}(\lambda) = \int\limits_a^b f(x) \left[S(x)\right]^{\lambda} dx$$

in Gestalt eines Laplace-Integrals

$$\mathcal{F}(\lambda) = \int\limits_a^b f(x) e^{\lambda \ln S(x)} dx$$

umschreiben, auf Grund der Aussagen b) und c) in Satz 3 für $\lambda \to +\infty$ zu:

$$\mathcal{F}(\lambda) = \varepsilon f(x_0) \sqrt{\frac{2\pi}{-S''(x_0)}} [S(x_0)]^{\lambda+1/2} \lambda^{-1/2} [1 + O(\lambda^{-1/2})] \ .$$

Dabei ist $\varepsilon = 1$ für $a < x_0 < b$ und $\varepsilon = 1/2$ für $x_0 = a$ oder $x_0 = b$.

---

[4] Vgl. auch Aufgabe 10 in Abschnitt 7.3.

Beispiel 10. Das asymptotische Verhalten der Legendre Polynome

$$P_n(x) = \frac{1}{\pi} \int\limits_0^\pi (x + \sqrt{x^2 - 1}\cos\theta)^n \, d\theta$$

im Gebiet $x > 1$ für $n \to \infty$, $n \in \mathbb{N}$ kann als Spezialfall des obigen Beispiels für $f \equiv 1$ erhalten werden:

$$S(\theta) = x + \sqrt{x^2 - 1}\cos\theta\,, \quad \max_{0 \le \theta \le \pi} S(\theta) = S(0) = x + \sqrt{x^2 - 1}\,,$$

$$S'(0) = 0\,, \qquad S''(0) = -\sqrt{x^2 - 1}\,.$$

Somit ist

$$P_n(x) = \frac{(x + \sqrt{x^2 - 1})^{n+1/2}}{\sqrt{2\pi n}\,\sqrt[4]{x^2 - 1}}[1 + O(n^{-1/2})] \quad \text{für} \quad n \to +\infty\,, \quad n \in \mathbb{N}\,.$$

19.2.5 *Asymptotische Entwicklungen von Laplace–Integralen

Satz 3 liefert nur die Hauptglieder des charakteristischen asymptotischen Verhaltens eines Laplace-Integrals (19.1) und auch dies nur unter der Bedingung, dass $f(x_0) \ne 0$. Insgesamt ist dies natürlich typisch und aus diesem Grund ist Satz 3 ohne Zweifel ein wertvolles Ergebnis. Das Lemma von Watson zeigt jedoch, dass das asymptotische Verhalten eines Laplace-Integrals manchmal zu einer asymptotischen Entwicklung führen kann. Eine derartige Möglichkeit ist besonders für $f(x_0) = 0$ wichtig, für den Satz 3 kein Ergebnis liefert.

Es ist auf natürliche Weise unmöglich, die Voraussetzung $f(x_0) \ne 0$ vollständig abzuschütteln, ohne sie durch etwas anderes zu ersetzen und doch innerhalb der Grenzen der Laplaceschen Methode zu bleiben: Schließlich kann für $f(x) \equiv 0$ in einer Umgebung eines Maximums x_0 der Funktion $S(x)$ oder, falls $f(x)$ sehr schnell für $x \to x_0$ gegen Null strebt, der Punkt x_0 auch für das asymptotische Verhalten des Integrals nicht verantwortlich sein. Nun, da wir als ein Ergebnis unserer Betrachtungen zu einem gewissen Typus einer asymptotischen Folge $\{e^{\lambda c}\lambda^{-p_k}\}$, $(p_0 < p_1 < \cdots)$ für $\lambda \to +\infty$ gelangt sind, können wir von einer asymptotischen Null in Zusammenhang mit einer derartigen Folge sprechen und auch ohne die Annahme, dass $f(x_0) \ne 0$, können wir das Lokalisierungsprinzip wie folgt formulieren: *Bis auf eine asymptotische Null bezüglich der asymptotischen Folge* $\{e^{\lambda S(x_0)}\lambda^{-p_k}\}$ *($p_0 < p_1 < \cdots$) entspricht das asymptotische Verhalten des Laplace-Integrals (19.1) für $\lambda \to +\infty$ dem asymptotischen Verhalten des Teils des Integrals, das über eine beliebig kleine Umgebung des Punktes x_0 gebildet wird, unter der Voraussetzung, dass dieser Punkt das eindeutige Maximum des Funktion $S(x)$ auf dem Integrationsintervall ist.*

Wir werden jedoch nicht zurückgehen und diese Fragen von Neuem untersuchen, um zu einer schärferen Formulierung zu gelangen. Stattdessen werden wir unter der Annahme, dass f und S zu $C^{(\infty)}$ gehören, eine Herleitung der entsprechenden asymptotischen Entwicklung mit Hilfe der exponentiellen Abschätzung in Lemma 1, der Substitution in Lemma 3 und des Lemmas von Watson (Lemma 4) anführen.

Satz 4. (Asymptotische Entwicklung). *Sei $I = [a, b]$ ein endliches Intervall und $f, S \in C(I, \mathbb{R})$. Wir nehmen an, dass $\max\limits_{x \in I} S(x)$ nur im Punkt $x_0 \in I$ angenommen wird und dass in einer Umgebung $U_I(x_0)$ von x_0 gilt: $f, S \in C^{(\infty)}(U_I(x_0), \mathbb{R})$. Dann gelten bezüglich des asymptotischen Verhaltens des Integrals (19.1) die folgenden Aussagen:*

a) Ist $x_0 = a$, $S^{(m)}(a) \neq 0$, $S^{(j)}(a) = 0$ für $1 \leq j < m$, dann gilt

$$F(\lambda) \simeq \lambda^{-1/m} e^{\lambda S(a)} \sum_{k=0}^{\infty} a_k \lambda^{-k/m} \ \text{ für } \lambda \to +\infty \,, \tag{19.16}$$

mit

$$a_k = \frac{(-1)^{k+1} m^k}{k!} \Gamma\left(\frac{k+1}{m}\right) \left(h(x, a) \frac{\mathrm{d}}{\mathrm{d}x}\right)^k (f(x) h(x, a))\big|_{x=a} \,,$$
$$h(x, a) = (S(a) - S(x))^{1-1/m} / S'(x) \,.$$

b) Ist $a < x_0 < b$, $S^{(2m)}(x_0) \neq 0$ und $S^{(j)}(x_0) = 0$ für $1 \leq j < 2m$, dann gilt

$$F(\lambda) \simeq \lambda^{-1/2m} e^{\lambda S(x_0)} \sum_{k=0}^{\infty} c_k \lambda^{-k/m} \ \text{ für } \lambda \to +\infty \,, \tag{19.17}$$

mit

$$c_k = 2 \frac{(-1)^{2k+1} (2m)^{2k}}{(2k)!} \Gamma\left(\frac{2k+1}{2m}\right) \left(h(x, x_0) \frac{\mathrm{d}}{\mathrm{d}x}\right)^{2k} (f(x) h(x, x_0))\big|_{x=x_0} \,,$$
$$h(x, x_0) = (S(x_0) - S(x))^{1-\frac{1}{2m}} / S'(x) \,.$$

c) Ist $f^{(n)}(x_0) \neq 0$ und $f(x) \sim \frac{1}{n!} f^{(n)}(x_0)(x - x_0)^n$ für $x \to x_0$, dann besitzt das Hauptglied des asymptotischen Verhaltens in den Fällen a) bzw. b) die Gestalt

$$F(\lambda) = \frac{1}{m} \lambda^{-\frac{n+1}{m}} e^{\lambda S(a)} \ \Gamma\left(\frac{n+1}{m}\right) \left(\frac{m!}{|S^m(a)|}\right)^{\frac{n+1}{m}} \times$$
$$\times \left[\frac{1}{n!} f^{(n)}(a) + O\left(\lambda^{-\frac{n+1}{m}}\right)\right], \tag{19.18}$$

$$F(\lambda) = \frac{1}{m} \lambda^{-\frac{n+1}{2m}} e^{\lambda S(x_0)} \ \Gamma\left(\frac{n+1}{2m}\right) \left(\frac{(2m)!}{|S^{2m}(x_0)|}\right)^{\frac{n+1}{2m}} \times$$
$$\times \left[\frac{1}{n!} f^{(n)}(x_0) + O\left(\lambda^{-\frac{n+1}{2m}}\right)\right]. \tag{19.19}$$

d) Die Entwicklungen (19.16) und (19.17) können nach λ beliebig oft differenziert werden.

Beweis. Es folgt aus Lemma 1, dass das Integral (19.1) bis auf einen Ausdruck der Gestalt $e^{\lambda S(x_0)}O(\lambda^{-\infty})$ für $\lambda \to \infty$ mit diesen Voraussetzungen durch ein Integral über eine beliebig kleine Umgebung von x_0 ersetzt werden kann.

Mit Hilfe der Substitution $x = \varphi(y)$ aus Lemma 3 bringen wir in einer derartigen Umgebung das letzte Integral in die Gestalt

$$e^{-\lambda S(x_0)} \int_{I_y} (f \circ \varphi)(y)\varphi'(y)e^{-\lambda y^{\alpha}} \, dy \, , \tag{19.20}$$

mit $I_y = [0, \varepsilon]$, $\alpha = m$, falls $x_0 = a$ und $I_y = [-\varepsilon, \varepsilon]$, $\alpha = 2m$, falls $a < x_0 < b$.

Die Umgebung, in der die Substitution $x = \varphi(y)$ stattgefunden hat, kann als so klein angenommen werden, dass beide Funktionen f und S darin unendlich oft differenzierbar sind. Damit kann im Integral (19.20) der sich ergebende Integrand $(f \circ \varphi)(y)\varphi'(y)$ auch als unendlich oft differenzierbar angenommen werden.

Ist $I_y = [0, \varepsilon]$, d.h. für $x_0 = a$, dann lässt sich das Lemma von Watson unmittelbar auf das Integral (19.20) anwenden und die Existenz der Entwicklung (19.16) ist somit bewiesen.

Ist $I_y = [-\varepsilon, \varepsilon]$, d.h. für den Fall $a < x_0 < b$, formen wir das Integral (19.20) wie folgt um:

$$e^{\lambda S(x_0)} \int_0^\varepsilon \left[(f \circ \varphi)(y)\varphi'(y) + (f \circ \varphi)(-y)\varphi'(-y) \right] e^{-\lambda y^{2m}} \, dy \, . \tag{19.21}$$

Auch hier erhalten wir wiederum nach Anwendung des Lemmas von Watson die Entwicklung (19.17).

Dass die Entwicklungen (19.16) und (19.17) differenzierbar sind, folgt aus der Tatsache, dass das Integral (19.1) mit unseren Annahmen nach λ abgeleitet werden kann, wodurch ein neues Integral entsteht, dass die Voraussetzungen des Satzes erfüllt. Wir schreiben dazu die Entwicklungen (19.16) und (19.17) aus und können dann unmittelbar überprüfen, dass diese Entwicklungen tatsächlich mit denen übereinstimmen, die wir durch formale Ableitung der Entwicklungen (19.16) und (19.17) der Ausgangsintegrale erhalten haben.

Wir beschäftigen uns nun mit den Formeln für die Koeffizienten a_k und c_k. Nach dem Lemma von Watson gilt $a_k = \frac{1}{k!m}\frac{d^k \Phi}{dy^k}(0)\Gamma\left(\frac{k+1}{m}\right)$ mit $\Phi(y) = (f \circ \varphi)(y)\varphi'(y)$.

Wenn wir die Gleichungen

$$S\big(\varphi(y)\big) - S(a) = -y^m \, ,$$
$$S'(x)\varphi'(y) = -my^{m-1} \, ,$$
$$\varphi'(y) = -m\big(S(a) - S(x)\big)^{1 - \frac{1}{m}}/S'(x) \, ,$$
$$\frac{d}{dy} = \varphi'(y)\frac{d}{dx} \quad \text{und}$$
$$\Phi(y) = f(x)\varphi'(y)$$

beachten, erhalten wir jedoch

$$\frac{\mathrm{d}^k \Phi}{\mathrm{d}y^k}(0) = (-m)^{k+1}\left(h(x,a)\frac{\mathrm{d}}{\mathrm{d}x}\right)^k \big(f(x)h(x,a)\big)\big|_{x=a} \ ,$$

mit $h(x,a) = \big(S(a)-S(x)\big)^{1-\frac{1}{m}}/S'(x)$.

Die Formeln für die Koeffizienten c_k können auf ähnliche Weise erhalten werden, wenn wir das Lemma von Watson auf das Integral (19.21) anwenden.

Wenn wir $\psi(y) = f\big(\varphi(y)\big)\varphi'(y) + f\big(\varphi(-y)\big)\varphi'(-y)$ setzen, können wir für $\lambda \to +\infty$ schreiben:

$$\int_0^\varepsilon \psi(y)\mathrm{e}^{-\lambda y^{2m}}\,\mathrm{d}y \simeq \frac{1}{2m}\sum_{n=0}^\infty \frac{\psi^{(n)}(0)}{n!}\Gamma\Big(\frac{n+1}{2m}\Big)\lambda^{-\frac{n+1}{2m}} \ .$$

Da $\psi(y)$ eine gerade Funktion ist, ist $\psi^{(2k+1)}(0) = 0$; daher können wir diese letzte asymptotische Entwicklung umschreiben:

$$\int_0^\varepsilon \psi(y)\mathrm{e}^{-\lambda y^{2m}}\,\mathrm{d}y \simeq \frac{1}{2m}\sum_{k=0}^\infty \frac{\psi^{(2k)}(0)}{(2k)!}\Gamma\Big(\frac{2k+1}{2m}\Big)\lambda^{-\frac{2k+1}{2m}} \ .$$

Nun bleibt nur noch darauf hinzuweisen, dass $\psi^{(2k)}(0) = 2\Phi^{(2k)}(0)$, mit $\Phi(y) = f\big(\varphi(y)\big)\varphi'(y)$. Die Formeln für c_k können nun aus den bereits gezeigten Formeln für a_k erhalten werden, indem wir k durch $2k$ ersetzen und das Ergebnis dieser Substitution verdoppeln.

Um die Hauptglieder (19.18) und (19.19) in den asymptotischen Entwicklungen (19.16) und (19.17) unter der in c) formulierten Bedingung $f(x) = \frac{1}{n!}f^{(n)}(x_0)(x-x_0)^n + O\big((x-x_0)^{n+1}\big)$ mit $f^{(n)}(x_0) \neq 0$ zu erhalten, müssen wir nur daran erinnern, dass $x = \varphi(y)$, $x_0 = \varphi(0)$ und $x-x_0 = \varphi'(0)y + O(y^2)$, d.h.

$$(f \circ \varphi)(y) = y^n\Big(\frac{f^{(n)}(x_0)}{n!}\big(\varphi'(0)\big)^n + O(y)\Big)$$

und

$$(f \circ \varphi)(y)\varphi'(y) = y^n\Big(\frac{f^{(n)}(x_0)}{n!}\big(\varphi'(0)\big)^{n+1} + O(y)\Big)$$

für $y \to 0$, da $\varphi'(0) = \big(\frac{m!}{|S^{(m)}(a)|}\big)^{1/m} \neq 0$ für $x_0 = a$ und $\varphi'(0) = \big(\frac{(2m)!}{|S^{(2m)}(x_0)|}\big)^{1/2m} \neq 0$ für $a < x_0 < b$.

Nun müssen wir diese Ausdrücke nur noch in die Integrale (19.20) bzw. (19.21) einsetzen und Formel (19.13) aus dem Lemma von Watson benutzen. □

Anmerkung 2. Wir erhalten wiederum Formel (19.2') aus Formel (19.18) für $n = 0$ und $m = 1$.

Auf ähnliche Weise liefert Formel (19.19) wiederum (19.3').

Schließlich folgt Gl. (19.4') aus Gl. (19.18) mit $n = 0$ und $m = 2$.

Bei allem werden natürlich die Voraussetzungen von Satz 4 als gültig vorausgesetzt.

Anmerkung 3. Satz 4 lässt sich auf den Fall anwenden, dass die Funktion $S(x)$ auf dem Intervall $I = [a, b]$ ein eindeutiges Maximum besitzt. Gibt es mehrere derartige Punkte $x_1, \ldots, x_n$, wird das Integral (19.1) in eine Summe von Integralen unterteilt, deren asymptotisches Verhalten durch Satz 3 beschrieben wird. Somit wird in diesem Fall das asymptotische Verhalten als Summe $\sum\limits_{j=1}^{n} F(\lambda, x_j)$ der Beiträge dieser Maxima erhalten.

Es ist leicht einzusehen, dass sich dabei einige oder sogar alle Glieder gegenseitig aufheben können.

Beispiel 11. Ist $S \in C^{(\infty)}(\mathbb{R}, \mathbb{R})$ und $S(x) \to -\infty$ für $x \to \infty$, dann gilt

$$F(\lambda) = \int\limits_{-\infty}^{\infty} S'(x) e^{\lambda S(x)} \, dx \equiv 0 \text{ für } \lambda > 0 \,.$$

Daher muss in diesem Fall notwendigerweise eine derartige Interferenz der Beiträge auftreten. Rein formal betrachtet mag dieses Beispiel nicht überzeugend wirken, da wir vorher den Fall eines endlichen Integrationsintervalls betrachtet hatten. Diese Zweifel werden jedoch von der folgenden wichtigen Anmerkung ausgelöscht:

Anmerkung 4. Um die bereits mühsamen Aussagen in den Sätzen 3 und 4 zu vereinfachen, haben wir angenommen, dass das Integrationsintervall I endlich ist und dass das Integral (19.1) ein eigentliches Integral ist. Wenn jedoch die Ungleichung $\sup\limits_{I \setminus U(x_0)} S(x) < S(x_0)$ außerhalb einer Umgebung $U(x_0)$ des Maximums $x_0 \in I$ gilt, dann können wir mit Hilfe von Lemma 1 folgern, dass Integrale über Intervalle, die streng außerhalb von $U(x_0)$ liegen, im Vergleich zu $e^{\lambda S(x_0)}$ für $\lambda \to +\infty$ exponentiell klein sind (natürlicherweise unter der Annahme, dass das Integral (19.1) für zumindest einen Wert $\lambda = \lambda_0$ absolut konvergiert).

Somit sind sowohl Satz 3 als auch Satz 4 auf uneigentliche Integrale anwendbar, falls die gerade angeführten Bedingungen erfüllt sind.

Anmerkung 5. Auf Grund ihrer Kompliziertheit können die in Satz 4 erhaltenen Formeln für die Koeffizienten normalerweise nur zur Berechnung der ersten wenigen notwendigen Glieder der Asymptotik eingesetzt werden. Es ist äußerst selten, dass die allgemeine Form der asymptotischen Entwicklung auch nur für eine einfache in Satz 4 auftretende Funktion aus diesen Formeln für die Koeffizienten a_k und c_k erhalten werden kann. Nichtsdestotrotz gibt es derartige Fälle. Um die Formeln als solches klarzulegen, wollen wir die folgenden Beispiele betrachten:

Beispiel 12. Das asymptotische Verhalten der Funktion

$$\mathrm{Erf}\,(x) = \int\limits_{x}^{+\infty} \mathrm{e}^{-u^2}\,\mathrm{d}u$$

für $x \to +\infty$ lässt sich durch partielle Integration einfach erhalten:

$$\mathrm{Erf}\,(x) = \frac{\mathrm{e}^{-x^2}}{2x} - \frac{1}{2}\int\limits_{x}^{+\infty} u^{-2}\mathrm{e}^{-u^2}\,\mathrm{d}u = \frac{\mathrm{e}^{-x^2}}{2x} - \frac{3\mathrm{e}^{-x^2}}{2^2 x^3} + \int\limits_{x}^{+\infty} u^{-4}\mathrm{e}^{-u^2}\,\mathrm{d}u = \cdots,$$

woraus nach offensichtlichen Abschätzungen folgt, dass

$$\mathrm{Erf}\,(x) \simeq \frac{\mathrm{e}^{-x^2}}{2x} \sum_{k=0}^{\infty} \frac{(-1)^k (2k-1)!!}{2^k} x^{-2k} \quad \text{für } x \to +\infty. \tag{19.22}$$

Wir wollen nun diese Entwicklung aus Satz 4 erhalten.

Nach der Substitution $u = xt$ gelangen wir zur Darstellung

$$\mathrm{Erf}\,(x) = x \int\limits_{1}^{+\infty} \mathrm{e}^{-x^2 t^2}\,\mathrm{d}t.$$

Wenn wir hierbei $\lambda = x^2$ setzen und wie in Satz 4 die Integrationsvariable mit x bezeichnen, lässt sich das Problem auf das Auffinden des asymptotischen Verhaltens des Integrals

$$F(\lambda) = \int\limits_{1}^{\infty} \mathrm{e}^{-\lambda x^2}\,\mathrm{d}x \tag{19.23}$$

zurückführen, da $\mathrm{Erf}\,(x) = xF(x^2)$.

Wenn wir Anmerkung 4 berücksichtigen, dann erfüllt das Integral (19.23) die Voraussetzungen zu Satz 4: $S(x) = -x^2$, $S'(x) = -2x < 0$ für $1 \le x < +\infty$, $S'(1) = -2$ und $S(1) = -1$.

Somit gilt $x_0 = a = 1$, $m = 1$, $f(x) \equiv 1$, $h(x,a) = \frac{1}{-2x}$ und $h(x,a)\frac{\mathrm{d}}{\mathrm{d}x} = \frac{1}{-2x}\frac{\mathrm{d}}{\mathrm{d}x}$. Daher ist

$$\left(\frac{1}{-2x}\frac{\mathrm{d}}{\mathrm{d}x}\right)^0\left(-\frac{1}{2x}\right) = -\frac{1}{2x} = \left(-\tfrac{1}{2}\right)x^{-1},$$

$$\left(\frac{1}{-2x}\frac{\mathrm{d}}{\mathrm{d}x}\right)^1\left(-\frac{1}{2x}\right) = -\frac{1}{2x}\frac{\mathrm{d}}{\mathrm{d}x}\left(-\frac{1}{2x}\right) = \left(-\tfrac{1}{2}\right)^2(-1)x^{-3},$$

$$\left(\frac{1}{-2x}\frac{\mathrm{d}}{\mathrm{d}x}\right)^2\left(-\frac{1}{2x}\right) = \left(-\frac{1}{2x}\frac{\mathrm{d}}{\mathrm{d}x}\right)^1\left((-\tfrac{1}{2})^2(-1)x^{-3}\right) =$$
$$= \left(-\tfrac{1}{2}\right)^3(-1)(-3)x^{-5},$$

$$\cdots\cdots\cdots\cdots\cdots\cdots\cdots\cdots\cdots\cdots\cdots\cdots\cdots\cdots\cdots\cdots$$

$$\left(\frac{1}{-2x}\frac{\mathrm{d}}{\mathrm{d}x}\right)^k\left(-\frac{1}{2x}\right) = -\frac{(2k-1)!!}{2^{k+1}}x^{-(2k+1)}.$$

Für $x = 1$ erhalten wir

$$a_k = \frac{(-1)^{k+1}}{k!} \Gamma(k+1) \left(-\frac{(2k-1)!!}{2^{k+1}} \right) = (-1)^k \frac{(2k-1)!!}{2^{k+1}} \, .$$

Wenn wir nun die asymptotische Entwicklung (19.16) für das Integral (19.23) schreiben und dabei die Gleichung Erf $(x) = xF(x^2)$ berücksichtigen, erhalten wir die Entwicklung (19.22) für die Funktion Erf (x) für $x \to +\infty$.

Beispiel 13. In Beispiel 7 haben wir, ausgehend von der Darstellung

$$\Gamma(\lambda + 1) = \lambda^{\lambda+1} \int\limits_0^{+\infty} e^{-\lambda(x-\ln x)} \, dx \, , \tag{19.24}$$

das Hauptglied der Asymptotik der Funktion $\Gamma(\lambda + 1)$ für $\lambda \to +\infty$ erhalten. Wir wollen nun die früher erhaltenen Formeln mit Hilfe von Satz 4b) verschärfen.

Um die Schreibweise etwas zu vereinfachen, wollen wir im Integral (19.24) x durch $x + 1$ ersetzen. Wir gelangen dadurch zu

$$\Gamma(\lambda + 1) = \lambda^{\lambda+1} e^{-\lambda} \int\limits_{-1}^{+\infty} e^{\lambda(\ln(1+x)-x)} \, dx$$

und die Frage lässt sich auf die Untersuchung des asymptotischen Verhaltens des Integrals

$$F(\lambda) = \int\limits_{-1}^{+\infty} e^{\lambda(\ln(1+x)-x)} \, dx \tag{19.25}$$

für $\lambda \to +\infty$ zurückführen. Hierbei ist $S(x) = \ln(1+x) - x$, $S'(x) = \frac{1}{1+x} - 1$, $S'(0) = 0$, d.h. $x_0 = 0$, $S''(x) = -\frac{1}{(1+x)^2}$ und $S''(0) = -1 \neq 0$. Das bedeutet, dass unter Berücksichtigung von Anmerkung 4 die Voraussetzung b) von Satz 4 erfüllt ist, wobei wir noch $f(x) \equiv 1$ und $m = 1$ setzen müssen, da $S''(0) \neq 0$.

In diesem Fall besitzt die Funktion $h(x, x_0) = h(x)$ die folgende Gestalt:

$$h(x) = -\frac{1+x}{x} (x - \ln(1+x))^{1/2} \, .$$

Wenn wir die ersten beiden Glieder der Asymptotik suchen, müssen wir im Punkt $x = 0$ folgende Berechnungen ausführen:

$$\left(h(x) \frac{d}{dx} \right)^0 \left(h(x) \right) = h(x) \, ,$$

$$\left(h(x) \frac{d}{dx} \right)^1 \left(h(x) \right) = h(x) \frac{dh}{dx}(x) \, ,$$

$$\left(h(x) \frac{d}{dx} \right)^2 \left(h(x) \right) = \left(h(x) \frac{d}{dx} \right) \left(h(x) \frac{dh}{dx}(x) \right) =$$

$$= h(x) \left[\left(\frac{dh}{dx} \right)^2 (x) + h(x) \frac{d^2 h}{dx^2}(x) \right] \, .$$

Diese Berechnungen lassen sich, wie wir sehen können, leicht durchführen, wenn wir die Werte $h(0)$, $h'(0)$, $h''(0)$ finden, die wir ihrerseits aus der Taylor-Entwicklung von $h(x)$, $x \geq 0$ in einer Umgebung von 0 erhalten können:

$$
\begin{aligned}
h(x) &= -\frac{1+x}{x}\left[x - \left(x - \frac{1}{2}x^2 + \frac{1}{3}x^3 - \frac{1}{4}x^2 + O(x^5)\right)\right]^{1/2} = \\
&= -\frac{1+x}{x}\left[\frac{1}{2}x^2 - \frac{1}{3}x^3 + \frac{1}{4}x^4 + O(x^5)\right]^{1/2} = \\
&= -\frac{1+x}{\sqrt{2}}\left[1 - \frac{2}{3}x + \frac{2}{4}x^2 + O(x^3)\right]^{1/2} = \\
&= -\frac{1+x}{\sqrt{2}}\left(1 - \frac{1}{3}x + \frac{7}{36}x^2 + O(x^3)\right) = \\
&= -\frac{1}{\sqrt{2}} - \frac{\sqrt{2}}{3}x + \frac{5}{36\sqrt{2}}x^2 + O(x^3) \, .
\end{aligned}
$$

Somit ist $h(0) = -\frac{1}{\sqrt{2}}$, $h'(0) = -\frac{\sqrt{2}}{3}$, $h''(0) = \frac{5}{18\sqrt{2}}$ und

$$
\left(h(x)\frac{\mathrm{d}}{\mathrm{d}x}\right)^0 \bigl(h(x)\bigr)\Big|_{x=0} = -\frac{1}{\sqrt{2}} \, ,
$$

$$
\left(h(x)\frac{\mathrm{d}}{\mathrm{d}x}\right)^1 \bigl(h(x)\bigr)\Big|_{x=0} = -\frac{1}{3} \, ,
$$

$$
\left(h(x)\frac{\mathrm{d}}{\mathrm{d}x}\right)^2 \bigl(h(x)\bigr)\Big|_{x=0} = -\frac{1}{12\sqrt{2}} \, ,
$$

$$
c_0 = -2\Gamma(\tfrac{1}{2})\left(-\frac{1}{\sqrt{2}}\right) = \sqrt{2\pi} \, ,
$$

$$
c_1 = -2\frac{2^2}{2!}\Gamma(\tfrac{3}{2})\left(-\frac{1}{12\sqrt{2}}\right) = 4 \cdot \frac{1}{2}\Gamma(\tfrac{1}{2})\frac{1}{12\sqrt{2}} = \frac{\sqrt{2\pi}}{12} \, .
$$

Daher ist für $\lambda \to \infty$

$$
F(\lambda) = \sqrt{2\pi}\lambda^{-1/2}\left(1 + \frac{1}{12}\lambda^{-1} + O(\lambda^{-2})\right) ,
$$

d.h. für $\lambda \to +\infty$ gilt:

$$
\Gamma(\lambda + 1) = \sqrt{2\pi\lambda}\left(\frac{\lambda}{\mathrm{e}}\right)^\lambda \left(1 + \frac{1}{12}\lambda^{-1} + O(\lambda^{-2})\right) . \qquad (19.26)
$$

Es kann gelegentlich hilfreich sein, dass die asymptotischen Entwicklungen (19.16) und (19.17) auch erhalten werden können, ohne die Ausdrücke für die in den Aussagen von Satz 4 angeführten Koeffizienten auszuarbeiten, wenn wir dem Beweis von Satz 4 folgen.

Als Beispiel erhalten wir wiederum das asymptotische Verhalten des Integrals (19.25), nun aber in leicht veränderter Gestalt.

Mit Hilfe des Lokalisierungsprinzips und mit der Substitution $x = \varphi(y)$ in einer Umgebung von Null, so dass $0 = \varphi(0)$ und $S(\varphi(y)) =$

$\ln(1 + \varphi(y)) - \varphi(y) = -y^2$, können wir das Problem auf die Untersuchung des asymptotischen Verhaltens des Integrals

$$\int_{-\varepsilon}^{\varepsilon} \varphi'(y) \mathrm{e}^{-\lambda y^2} \, \mathrm{d}y = \int_{0}^{\varepsilon} \psi(y) \mathrm{e}^{-\lambda y^2} \, \mathrm{d}y \, ,$$

mit $\psi(y) = \varphi'(y) + \varphi'(-y)$, zurückführen. Die asymptotische Entwicklung dieses letzten Integrals kann aus dem Lemma von Watson erhalten werden:

$$\int_{0}^{\varepsilon} \psi(y) \mathrm{e}^{-\lambda y^2} \, \mathrm{d}y \simeq \frac{1}{2} \sum_{k=0}^{\infty} \frac{\psi^{(k)}(0)}{k!} \Gamma\left(\frac{k+1}{2}\right) \lambda^{-(k+1)/2} \quad \text{für} \ \lambda \to +\infty \, ,$$

wodurch wir mit den Gleichungen $\psi^{(2k+1)}(0) = 0$ und $\psi^{(2k)}(0) = 2\varphi^{(2k+1)}(0)$ die asymptotische Reihe

$$\sum_{k=0}^{\infty} \frac{\varphi^{(2k+1)}(0)}{(2k!)} \Gamma\left(k + \frac{1}{2}\right) \lambda^{-(k+1/2)} = \lambda^{-1/2} \Gamma\left(\frac{1}{2}\right) \sum_{k=0}^{\infty} \frac{\varphi^{(2k+1)}(0)}{k! 2^{2k}} \lambda^{-k}$$

erhalten.

Daher gelangen wir für das Integral (19.25) zu folgender asymptotischen Entwicklung:

$$F(\lambda) \simeq \lambda^{-1/2} \sqrt{\pi} \sum_{k=0}^{\infty} \frac{\varphi^{(2k+1)}(0)}{k! 2^{2k}} \lambda^{-k} \, . \tag{19.27}$$

Dabei ist $x = \varphi(y)$ eine glatte Funktion, so dass $x - \ln(1 + x) = y^2$ in einer Umgebung von Null (für sowohl x als auch y) gilt.

Wenn wir an den ersten beiden Gliedern der Asymptotik interessiert sind, müssen wir die Werte $\varphi'(0)$ und $\varphi^{(3)}(0)$ in Formel (19.27) einsetzen.

Gelegentlich kann die folgende Vorgehensweise für die Berechnung dieser Werte hilfreich sein. Sie kann allgemein eingesetzt werden, um die Taylor-Entwicklung einer inversen Funktion aus der Entwicklung der direkten Funktion zu erhalten.

Unter der Annahme, dass $x > 0$ und $y > 0$, gelangen wir von der Gleichung

$$x - \ln(1 + x) = y^2$$

nach und nach zu

$$\frac{1}{2}x^2\left(1 - \frac{2}{3}x + \frac{1}{2}x^2 + O(x^3)\right) = y^2 \, ,$$

$$x = \sqrt{2}y\left(1 - \frac{2}{3}x + \frac{1}{2}x^2 + O(x^3)\right)^{-1/2} =$$

$$= \sqrt{2}y\left(1 + \frac{1}{3}x - \frac{1}{12}x^2 + O(x^3)\right) =$$

$$= \sqrt{2}y + \frac{\sqrt{2}}{3}yx - \frac{\sqrt{2}}{12}yx^2 + O(yx^3) \, .$$

Nun ist aber $x \sim \sqrt{2}y$ für $y \to 0$ ($x \to 0$) und daher können wir mit Hilfe der für x bereits gefundenen Darstellung diese Berechnung fortsetzen und erhalten für $y \to 0$, dass

$$x = \sqrt{2}y + \frac{\sqrt{2}}{3}y\left(\sqrt{2}y + \frac{\sqrt{2}}{3}yx + O(y^3)\right) - \frac{\sqrt{2}}{12}y(\sqrt{2}y)^2 + O(y^4) =$$

$$= \sqrt{2}y + \frac{2}{3}y^2 + \frac{2}{9}y^2x - \frac{\sqrt{2}}{6}y^3 + O(y^4) =$$

$$= \sqrt{2}y + \frac{2}{3}y^2 + \frac{2}{9}y^2(\sqrt{2}y) - \frac{\sqrt{2}}{6}y^3 + O(y^4) =$$

$$= \sqrt{2}y + \frac{2}{3}y^2 + \frac{\sqrt{2}}{18}y^3 + O(y^4) \ .$$

Daher erzielen wir für die uns interessierenden Ausdrücke $\varphi'(0)$ und $\varphi^{(3)}(0)$ die folgenden Werte: $\varphi'(0) = \sqrt{2}$, $\varphi^{(3)}(0) = \frac{\sqrt{2}}{3}$.

Wenn wir diese in Formel (19.27) einsetzen, gelangen wir zu

$$F(\lambda) = \lambda^{-1/2}\sqrt{2\pi}\left(1 + \frac{1}{12}\lambda^{-1} + O(\lambda^{-2})\right) \quad \text{für} \quad \lambda \to +\infty \ ,$$

woraus wir wiederum die Formel (19.26) erhalten.

Zum Abschluss wollen wir zwei weitere Anmerkungen zu den in diesem Abschnitt untersuchten Problemen machen:

Anmerkung 6. (Die Laplacesche Methode im mehr-dimensionalen Fall). Wir betonen, dass die Laplacesche Methode auch für Untersuchungen der Asymptotik von Laplace-Mehrfachintegralen

$$F(\lambda) = \int\limits_{X} f(x)\mathrm{e}^{\lambda S(x)}\,\mathrm{d}x$$

eingesetzt werden kann, in denen $x \in \mathbb{R}^n$, X ein Gebiet in $\mathbb{R}^n$ ist und f und S reellwertige Funktionen in X sind.

Lemma 1 zur exponentiellen Abschätzung gilt für derartige Integrale und mit diesem Lemma lässt sich die Untersuchung der Asymptotik eines derartigen Integrals auf die Untersuchung der Asymptotik eines Teils davon,

$$\int\limits_{U(x_0)} f(x)\mathrm{e}^{\lambda S(x)}\,\mathrm{d}x \ ,$$

zurückführen, das über eine Umgebung eines Maximums x_0 der Funktion $S(x)$ gebildet wird.

Ist dies ein nicht entartetes Maximum, d.h. $S''(x_0) \neq 0$, dann existiert nach dem Morse-Lemma (vgl. Abschnitt 8.6 in Teil 1) eine Substitution $x = \varphi(y)$, so dass $S(x_0) - S(\varphi(y)) = |y|^2$, mit $|y|^2 = (y^1)^2 + \cdots + (y^n)^2$. Damit lässt sich die Frage auf das kanonische Integral

$$\int\limits_{I} (f \circ \varphi)(y) \det \varphi'(y) e^{-\lambda |y|^2} \, dy$$

zurückführen, das im Fall von glatten Funktionen f und S nach Anwendung des Satzes von Fubini mit Hilfe des Lemmas von Watson oben (vgl. in diesem Zusammenhang die Aufgaben 8–11) untersucht werden kann.

Anmerkung 7. (Die Methode der stationären Phase). Etwas großzügiger interpretiert, besteht die Laplacesche Methode, wie wir bereits festgestellt haben, aus Folgendem:

1^0. Einem gewissen Lokalisierungsprinzip (Lemma 1 zur exponentiellen Abschätzung).

2^0. Einer Methode, um ein Integral lokal in kanonische Gestalt zu überführen (das Morse-Lemma).

3^0. Einer Beschreibung der Asymptotik eines kanonischen Integrals (Lemma von Watson).

Wir haben die Idee zur Lokalisierung bereits früher bei unserer Untersuchung genäherter Einselemente kennen gelernt und auch bei der Untersuchung von Fourier–Reihen und der Fourier–Transformation (beim Riemann-Lebesgue Lemma, bei der Glattheit einer Funktion und der Abnahme ihrer Fourier–Transformierten und bei der Konvergenz von Fourier–Reihen und Fourier–Integralen).

Integrale der Gestalt

$$\widetilde{F}(\lambda) = \int\limits_{X} f(x) e^{i\lambda S(x)} \, dx$$

mit $x \in \mathbb{R}^n$, die *Fourier–Integrale* genannt werden, nehmen in der Mathematik und ihren Anwendungen eine wichtige Rolle ein. Ein Fourier–Integral unterscheidet sich von einem Laplace-Integral nur durch den bescheidenen Faktor i im Exponenten. Dies führt uns jedoch für reelles λ und $S(x)$ zur Gleichung $|e^{i\lambda S(x)}| = 1$ und daher ist die Idee mit einem dominanten Maximum nicht für die Untersuchung des asymptotischen Verhaltens eines Fourier–Integrals geeignet.

Sei $X = [a,b] \subset \mathbb{R}^1$, $f \in C_0^{(\infty)}\big([a,b], \mathbb{R}\big)$, (d.h., f besitzt auf $[a,b]$ einen kompakten Träger), $S \in C^{(\infty)}\big([a,b], \mathbb{R}\big)$ und $S'(x) \neq 0$ auf $[a,b]$.

Mit Hilfe von partieller Integration und dem Lemma von Riemann-Lebesgue (vgl. Aufgabe 12) gelangen wir zu

$$\int_a^b f(x) e^{i\lambda S(x)} \, dx = \frac{1}{i\lambda} \int_a^b \frac{f(x)}{S'(x)} d e^{i\lambda S(x)} =$$

$$= -\frac{1}{i\lambda} \int_a^b \frac{d}{dx} \left(\frac{f}{S'} \right)(x) e^{i\lambda S(x)} \, dx =$$

$$= \frac{1}{\lambda} \int_a^b f_1(x) e^{i\lambda S(x)} \, dx = \cdots = \frac{1}{\lambda^n} \int_a^b f_n(x) e^{i\lambda S(x)} \, dx =$$

$$= o(\lambda^{-n}) \text{ für } \lambda \to \infty \, .$$

Ist daher $S'(x) \neq 0$ auf dem abgeschlossenen Intervall $[a, b]$, dann stellt sich das Fourier–Integral auf dem abgeschlossenen Intervall $[a, b]$ auf Grund der für $\lambda \to \infty$ konstant anwachsenden Schwingungsfrequenz der Funktion $e^{i\lambda S(x)}$ als ein Ausdruck der Ordnung $O(\lambda^{-\infty})$ heraus.

Die Funktion $S(x)$ im Fourier–Integral wird *Phasenfunktion* genannt. Daher besitzt das Fourier–Integral sein eigenes Lokalisierungsprinzip, das *Prinzip der stationären Phase* genannt wird. Nach diesem Prinzip entspricht das asymptotische Verhalten des Fourier–Integrals für $\lambda \to \infty$ (falls $f \in C_0^{(\infty)}$) bis auf den Ausdruck $O(\lambda^{-\infty})$ dem asymptotischen Verhalten des Fourier–Integrals der Phasenfunktion auf einer Umgebung $U(x_0)$ eines stationären Punktes x_0 (d.h. ein Punkt x_0, in dem $S'(x_0) = 0$ gilt).

Danach lässt sich nach einer Substitution die Frage auf das kanonische Integral

$$E(\lambda) = \int_0^\varepsilon f(x) e^{i\lambda x^\alpha} \, dx$$

zurückführen, dessen asymptotisches Verhalten durch ein besonderes Lemma von Erdélyi beschrieben wird, das für das Fourier–Integral dieselbe Rolle spielt, die das Lemma von Watson für das Laplace-Integral einnimmt.

Dieses Verfahren zur Untersuchung des asymptotischen Verhaltens eines Fourier–Integrals wird *Methode der stationären Phase* genannt.

Die Art und Weise des Lokalisierungsprinzips bei der Methode der stationären Phase unterscheidet sich vollständig vom Fall des Laplace-Integrals, aber die allgemeine Vorgehensweise für das Laplace-Integral bleibt, wie wir sehen können, auch hier anwendbar.

Gewisse Details zur Methode der stationären Phase finden sich in den Aufgaben 12–17.

19.2.6 Übungen und Aufgaben

Laplacesche Methode im ein-dimensionalen Fall

1. a) Für $\alpha > 0$ nimmt die Funktion $h(x) = e^{-\lambda x^{\alpha}}$ in $x = 0$ ihr Maximum an. Hierbei ist $h(x)$ ein Ausdruck der Ordnung 1 in einer δ-Umgebung von $x = 0$ der Größe $\delta = O(\lambda^{-1/\alpha})$.
    Zeigen Sie für $0 < \delta < 1$ mit Hilfe des Lemmas 1, dass das Integral

    $$W(\lambda) = \int_{c(\lambda, \delta)}^{a} x^{\beta - 1} f(x) e^{-\lambda x^{\alpha}} \, dx$$

    mit $c(\lambda, \delta) = \lambda^{\frac{\delta - 1}{\alpha}}$ für $\lambda \to +\infty$ die Ordnung $O(e^{-A\lambda^{\delta}})$ besitzt, wobei A eine positive Konstante ist.
    b) Beweisen Sie, dass für eine in $x = 0$ stetige Funktion f gilt, dass

    $$W(\lambda) = \alpha^{-1} \Gamma(\beta/\alpha)[f(0) + o(1)]\lambda^{-\beta/\alpha} \quad \text{für } \lambda \to +\infty \, .$$

    c) In Satz 3a) lässt sich die Voraussetzung $f(x) = f(x_0) + O(x - x_0)$ abschwächen und durch die Bedingung ersetzen, dass f in x_0 stetig ist. Zeigen Sie, dass damit dasselbe Hauptglied für die Asymptotik erhalten wird, aber im Allgemeinen nicht Gl. (19.2') selbst, in der $O(x - x_0)$ nun durch $o(1)$ ersetzt wird.

2. a) Die Bernoulli-Zahlen B_{2k} werden durch die Beziehungen

    $$\frac{1}{t} - \frac{1}{1 - e^{-t}} = -\frac{1}{2} - \sum_{k=1}^{\infty} \frac{B_{2k}}{(2k)!} t^{2k-1} \, , \quad |t| < 2\pi$$

    definiert. Es ist bekannt, dass

    $$\left(\frac{\Gamma'}{\Gamma}\right)(x) = \ln x + \int_{0}^{\infty} \left(\frac{1}{t} - \frac{1}{1 - e^{-t}}\right) e^{-tx} \, dt \, .$$

    Zeigen Sie, dass

    $$\left(\frac{\Gamma'}{\Gamma}\right)(x) \simeq \ln x - \frac{1}{2x} - \sum_{k=0}^{\infty} \frac{B_{2k}}{2k} x^{-2k} \quad \text{für } x \to +\infty \, .$$

    b) Beweisen Sie, dass für $x \to +\infty$ gilt:

    $$\ln \Gamma(x) \simeq \left(x - \frac{1}{2}\right) \ln x - x + \frac{1}{2} \ln 2\pi + \sum_{k=1}^{\infty} \frac{B_{2k}}{2k(2k - 1)} x^{-2k+1} \, .$$

    Diese asymptotische Entwicklung wird *Stirlingsche Reihe* genannt.
    c) Bestimmen Sie die ersten zwei Glieder der Asymptotik von $\Gamma(x+1)$ für $x \to +\infty$ mit Hilfe der Stirlingschen Reihe und vergleichen Sie ihr Ergebnis mit dem in Beispiel 13.
    d) Zeigen Sie mit der Methode aus Beispiel 13 und unabhängig davon mit Hilfe der Stirlingschen Reihe, dass

    $$\Gamma(x + 1) = \sqrt{2\pi x} \left(\frac{x}{e}\right)^{x} \left(1 + \frac{1}{12x} + \frac{1}{288x^2} + O\left(\frac{1}{x^3}\right)\right) \quad \text{für } x \to +\infty \, .$$

3. a) Sei $f \in C\big([0,a],\mathbb{R}\big)$, $S \in C^{(1)}\big([0,a],\mathbb{R}\big)$ und $S(x) > 0$ auf $[0,a]$ und ferner nehme $S(x)$ in $x = 0$ ihr Maximum an, mit $S'(0) \neq 0$. Zeigen Sie, dass für $f(0) \neq 0$ gilt:

$$I(\lambda) := \int\limits_0^a f(x) S^\lambda(x) \, dx \sim -\frac{f(0)}{\lambda S'(0)} S^{\lambda+1}(0) \text{ für } \lambda \to +\infty \, .$$

b) Erhalten Sie die asymptotische Entwicklung

$$I(\lambda) \simeq S^{\lambda+1}(0) \sum_{k=0}^\infty a_k \lambda^{-(k+1)} \text{ für } \lambda \to +\infty \, ,$$

falls zusätzlich bekannt ist, dass $f, S \in C^{(\infty)}\big([0,a],\mathbb{R}\big)$.

4. a) Zeigen Sie, dass

$$\int\limits_0^{\pi/2} \sin^n t \, dt = \sqrt{\frac{\pi}{2n}} (1 + O(n^{-1})) \text{ für } n \to +\infty \, .$$

b) Drücken Sie dieses Integral mit Hilfe von Eulerschen Integralen aus und zeigen Sie, dass es für $n \in \mathbb{N}$ den Wert $\frac{(2n-1)!!}{(2n)!!} \cdot \frac{\pi}{2}$ annimmt.

c) Leiten Sie die folgende Formel von Wallis her: $\pi = \lim\limits_{n \to \infty} \frac{1}{n}\left(\frac{(2n)!!}{(2n-1)!!}\right)^2$.

d) Bestimmen Sie für $n \to +\infty$ das zweite Glied in der asymptotischen Entwicklung des Ausgangsintegrals.

5. a) Zeigen Sie, dass $\int\limits_{-1}^1 (1 - x^2)^n \, dx \sim \sqrt{\frac{\pi}{n}}$ für $n \to +\infty$.

b) Bestimmen Sie das nächste Glied in der Asymptotik dieses Integrals.

6. Zeigen Sie für $\alpha > 0$ mit $x \to +\infty$:

$$\int\limits_0^{+\infty} t^{-\alpha t} t^x \, dt \sim \sqrt{\frac{2\pi}{e^\alpha}} x^{\frac{1}{2\alpha}} \exp\left(\frac{\alpha}{e} x^{\frac{1}{\alpha}}\right) \, .$$

7. a) Finden Sie das Hauptglied der Asymptotik des Integrals

$$\int\limits_0^{+\infty} (1 + t)^n e^{-nt} \, dt \text{ für } n \to +\infty \, .$$

b) Zeigen Sie mit Hilfe dieses Ergebnisses und der Gleichung $k! n^{-k} = \int\limits_0^{+\infty} e^{-nt} t^k \, dt$, dass

$$\sum_{k=0}^n c_n^k k! n^{-k} = \sqrt{\frac{\pi n}{2}} \big(1 + O(n^{-1})\big) \text{ für } n \to +\infty \, .$$

Die Laplacesche Methode im Mehr-dimensionalen.

8. *Das Lemma zur exponentiellen Abschätzung.*
Sei $M = \sup\limits_{x \in D} S(x)$ und angenommen, dass für ein $\lambda = \lambda_0$ das Integral

$$F(\lambda) = \int\limits_{D \subset \mathbb{R}^n} f(x) e^{\lambda S(x)} \, dx \qquad (*)$$

absolut konvergiere. Zeigen Sie, dass es dann für $\lambda \geq \lambda_0$ absolut konvergiert mit

$$|f(\lambda)| \leq \int\limits_D \left| f(x) e^{\lambda S(x)} \right| dx \leq A e^{\lambda M} \quad (\lambda \geq \lambda_0) \,,$$

wobei A eine positive Konstante ist.

9. *Das Morse-Lemma.*
Sei x_0 ein nicht entarteter kritischer Punkt der Funktion $S(x)$, $x \in \mathbb{R}^n$, die in einer Umgebung von x_0 definiert ist und darin zur Klasse $C^{(\infty)}$ gehört. Dann existieren Umgebungen U und V von $x = x_0$ und $y = 0$ und ein Diffeomorphismus $\varphi : V \to U$ der Klasse $C^{(\infty)}(V, U)$, so dass

$$S\big(\varphi(y)\big) = S(x_0) + \frac{1}{2} \sum_{j=1}^n \nu_j (y^j)^2 \,,$$

wobei $\det \varphi'(0) = 1$, $\nu_1, \ldots, \nu_n$ sind die Eigenwerte der Matrix $S''_{xx}(x_0)$ und $y^1 \ldots, y^n$ sind die Koordinaten von $y \in \mathbb{R}^n$.

Beweisen Sie diese etwas genauere Variante des Morse-Lemmas, ausgehend vom Morse-Lemma als solches, das in Abschnitt 8.6 in Teil 1 untersucht wurde.

10. *Asymptotik eines kanonischen Integrals.*

a) Sei $t = (t_1, \ldots, t_n)$, $V = \{t \in \mathbb{R}^n \, \big| \, |t_j| \leq \delta, \, j = 1, 2, \ldots, n\}$ und $a \in C^{(\infty)}(V, \mathbb{R})$.
Wir betrachten die Funktion

$$F_1(\lambda, t') = \int\limits_{-\delta}^{\delta} a(t_1, \ldots, t_n) e^{-\frac{\lambda \nu_1}{2} t_1^2} \, dt_1 \,,$$

mit $t' = (t_2, \ldots, t_n)$ und $\nu_1 > 0$. Zeigen Sie, dass $F_1(\lambda, t') \simeq \sum\limits_{k=0}^{\infty} a_k(t') \lambda^{-(k+\frac{1}{2})}$

für $\lambda \to +\infty$. Diese Entwicklung ist in $V' \ni t' = \{t' \in \mathbb{R}^{n-1} \big| |t^j| \leq \delta, j = 2, \ldots, n\}$ eindeutig, mit $a_k \in C^{(\infty)}(V', \mathbb{R})$ für jedes $k = 0, 1, \ldots$.

b) Multiplizieren Sie $F_1(\lambda, t')$ mit $e^{-\frac{\lambda \nu_2}{2} t_2^2}$ und rechtfertigen Sie die gliedweise Integration der entsprechenden asymptotischen Entwicklung und erhalten Sie so die asymptotische Entwicklung der Funktion

$$F_2(\lambda, t'') = \int\limits_{-\delta}^{\delta} F_1(\lambda, t') e^{-\frac{\lambda \nu_2}{2} t_2^2} \, dt_2 \quad \text{für } \lambda \to +\infty \,,$$

mit $t'' = (t_3, \ldots, t_n)$, $\nu_2 > 0$.

c) Beweisen Sie, dass für die Funktion

$$A(\lambda) = \int_{-\delta}^{\delta} \cdots \int_{-\delta}^{\delta} a(t_1, \ldots, t_n) e^{-\frac{\lambda}{2} \sum_{j=1}^{n} \nu_j t_j^2} \, dt_1 \ldots t_n \,,$$

mit $\nu_j > 0$, $j = 1, \ldots, n$ die folgende asymptotische Entwicklung gilt:

$$A(\lambda) \simeq \lambda^{-n/2} \sum_{k=0}^{\infty} a_k \lambda^{-k} \quad \text{für } \lambda \to +\infty \,,$$

mit $a_0 = \sqrt{\frac{(2\pi)^n}{\nu_1 \cdots \nu_n}} a(0)$.

11. *Das asymptotische Verhalten des Laplace-Integrals im Mehr-dimensionalen.*

a) Sei D ein abgeschlossenes Gebiet in $\mathbb{R}^n$, $f, S \in C(D, \mathbb{R})$, und weiter angenommen $\max_{x \in D} S(x)$ werde nur in einem inneren Punkt x_0 von D angenommen. Seien f und D in einer Umgebung von x_0 aus $C^{(\infty)}$ mit $\det S''(x_0) \neq 0$. Das Integral $(*)$ aus Aufgabe 8 konvergiere für einen Wert $\lambda = \lambda_0$ absolut. Beweisen Sie, dass dann

$$F(\lambda) \simeq e^{\lambda S(x_0)} \lambda^{-n/2} \sum_{k=0}^{\infty} a_k \lambda^{-k} \quad \text{für } \lambda \to +\infty$$

gilt und dass diese Entwicklung nach λ beliebig oft abgeleitet werden kann und dass ihr Hauptglied wie folgt lautet:

$$F(\lambda) = e^{\lambda S(x_0)} \lambda^{-n/2} \sqrt{\frac{(2\pi)^n}{|\det S''(x_0)|}} (f(x_0) + O(\lambda^{-1})) \,.$$

b) Angenommen, wir wissen anstelle der Beziehung $f, S \in C^{(\infty)}$ nur, dass $f \in C$ und $S \in C^{(3)}$ in einer Umgebung von x_0. Zeigen Sie, dass das Hauptglied der Asymptotik für $\lambda \to +\infty$ gleich bleibt mit der Ausnahme, dass $O(\lambda^{-1})$ für $\lambda \to +\infty$ gegen $o(1)$ ersetzt wird.

Die Methode der stationären Phase im Ein-dimensionalen.

12. *Verallgemeinerung des Riemann-Lebesgue Lemmas.*

a) Beweisen Sie die folgende Verallgemeinerung des Riemann-Lebesgue Lemmas: Sei $S \in C^{(1)}\big([a, b], \mathbb{R}\big)$ und $S'(x) \neq 0$ auf $[a, b] =: I$. Dann gilt für jede auf dem Intervall I absolut integrierbare Funktion f die folgende Beziehung:

$$\widetilde{F}(\lambda) = \int_{a}^{b} f(x) e^{i\lambda S(x)} \, dx \to 0 \quad \text{für } \lambda \to \infty \,, \quad \lambda \in \mathbb{R} \,.$$

b) Sei zusätzlich bekannt, dass $f \in C^{(n+1)}(I, \mathbb{R})$ und $S \in C^{(n+2)}(I, \mathbb{R})$. Beweisen Sie, dass dann für $\lambda \to \infty$ gilt:

$$\widetilde{F}(\lambda) = \sum_{k=0}^{n} (i\lambda)^{-(k+1)} \left(\frac{1}{S'(x)} \frac{d}{dx} \right)^k \frac{f(x)}{S'(x)} \Bigg|_{a}^{b} + o(\lambda^{-(n+1)}) \,.$$

c) Formulieren Sie das Hauptglied der Asymptotik der Funktion $\widetilde{F}(\lambda)$ für $\lambda \to \infty$, $\lambda \in \mathbb{R}$.

d) Zeigen Sie, dass für $S \in C^{(\infty)}(I, \mathbb{R})$ und $f\big|_{[a,c]} \in C^{(2)}[a, c]$, $f\big|_{[c,b]} \in C^{(2)}[c, b]$, aber $f \notin C^{(2)}[a, b]$, sich die Funktion $\widetilde{F}(\lambda)$ nicht notwendigerweise für $\lambda \to \infty$ wie $o(\lambda^{-1})$ verhält.

e) Beweisen Sie, dass die Funktion $\widetilde{F}(\lambda)$ für $\lambda \to \infty$ eine asymptotische Reihenentwicklung zulässt, wenn $f, S \in C^{(\infty)}(I, \mathbb{R})$.

f) Bestimmen Sie die asymptotischen Entwicklungen für $\lambda \to \infty$, $\lambda \in \mathbb{R}$ für die folgenden Integrale: $\int\limits_0^\varepsilon (1+x)^{-\alpha} \psi_j(x, \lambda)\, dx$, $j = 1, 2, 3$, falls $\alpha > 0$ und $\psi_1 = e^{i\lambda x}$, $\psi_2 = \cos \lambda x$ und $\psi_3 = \sin \lambda x$.

13. *Das Lokalisierungsprinzip.*

a) Sei $I = [a, b] \subset \mathbb{R}$, $f \in C_0^{(\infty)}(I, \mathbb{R})$, $S \in C^{(\infty)}(I, \mathbb{R})$ und $S'(x) \neq 0$ auf I. Beweisen Sie, dass für diesen Fall gilt:

$$\widetilde{F}(\lambda) := \int\limits_a^b f(x) e^{i\lambda S(x)}\, dx = O\left(|\lambda|^{-\infty}\right) \quad \text{für} \quad \lambda \to \infty .$$

b) Angenommen, $f \in C_0^{(\infty)}(I, \mathbb{R})$, $S \in C^{(\infty)}(I, \mathbb{R})$ und $x_1, \ldots, x_m$ sei eine endliche Menge stationärer Punkte von $S(x)$, außerhalb derer $S'(x) \neq 0$ auf I gilt. Wir bezeichnen das Integral der Funktion $f(x) e^{i\lambda S(x)}$ über eine Umgebung $U(x_j)$ des Punktes x_j, $j = 1, \ldots, m$, die in ihrem Abschluss keinen anderen kritischen Punkt enthält, mit $\widetilde{F}(\lambda, x_j)$. Beweisen Sie, dass

$$\widetilde{F}(\lambda) = \sum_{j=1}^m \widetilde{F}(\lambda, x_j) + O\left(|\lambda|^{-\infty}\right) \quad \text{für} \quad \lambda \to \infty .$$

14. *Asymptotik des Fourier–Integrals im Ein-dimensionalen.*

a) In einer einigermaßen allgemeinen Formulierung lässt sich das Bestimmen des asymptotischen Verhaltens eines ein-dimensionalen Fourier–Integrals durch das Lokalisierungsprinzip auf die Beschreibung der Asymptotik des kanonischen Integrals

$$E(\lambda) = \int\limits_0^a x^{\beta-1} f(x) e^{i\lambda x^\alpha}\, dx$$

zurückführen, für das das folgende Lemma gilt:

Erdélyi-Lemma. *Sei* $\alpha \geq 1$, $\beta > 0$, $f \in C^{(\infty)}\left([0, a], \mathbb{R}\right)$ *und* $f^{(k)}(a) = 0$, $k = 0, 1, 2, \ldots$. *Dann gilt*

$$E(\lambda) \simeq \sum_{k=0}^\infty a_k \lambda^{-\frac{k+\beta}{\alpha}} \quad \text{für} \quad \lambda \to +\infty$$

mit

$$a_k = \frac{1}{\alpha} \Gamma\left(\frac{k+\beta}{\alpha}\right) e^{i\frac{\pi}{2}\frac{k+\beta}{\alpha}} \frac{f^{(k)}(0)}{k!}$$

und diese Entwicklung lässt sich beliebig oft nach λ *differenzieren.*

Beweisen Sie die folgende Behauptung mit dem Erdélyi-Lemma:
Sei $I = [x_0 - \delta, x_0 + \delta]$ ein endliches abgeschlossenen Intervall, seien $f, S \in C^{(\infty)}(I, \mathbb{R})$ mit $f \in C_0(I, \mathbb{R})$ und S habe einen eindeutigen stationären Punkt x_0 auf I, mit $S'(x_0) = 0$, aber $S''(x_0) \neq 0$. Dann gilt für $\lambda \to +\infty$:

$$\widetilde{F}(\lambda, x_0) := \int\limits_{x_0 - \delta}^{x_0 + \delta} f(x) e^{i\lambda S(x)}\, dx \simeq e^{i\frac{\pi}{2}\operatorname{sgn} S''(x_0)} e^{i\lambda S(x_0)} \lambda^{-\frac{1}{2}} \sum_{k=0}^{\infty} a_k \lambda^{-k} ,$$

wobei das Hauptglied der Asymptotik folgende Gestalt annimmt:

$$\widetilde{F}(\lambda, x_0) = \sqrt{\frac{2\pi}{\lambda |S''(x_0)|}}\, e^{i(\frac{\pi}{4}\operatorname{sgn} S''(x_0) + \lambda S(x_0))} \left(f(x_0) + O(\lambda^{-1}) \right) .$$

b) Betrachten Sie die Bessel-Funktion ganzzahliger Ordnung $n \geq 0$:

$$J_n(x) = \frac{1}{\pi} \int\limits_0^{\pi} \cos(x \sin \varphi - n\varphi)\, d\varphi .$$

Zeigen Sie, dass

$$J_n(x) = \sqrt{\frac{2}{\pi x}} \left[\cos\left(x - \frac{n\pi}{2} - \frac{\pi}{4} \right) + O(x^{-1}) \right] \text{ für } x \to +\infty .$$

Die Methode der stationären Phase im Mehr-dimensionalen.

15. *Das Lokalisierungsprinzip.*

a) Beweisen Sie die folgende Behauptung: Sei D ein Gebiet in $\mathbb{R}^n$, $f \in C_0^{(\infty)}(D, \mathbb{R})$, $S \in C^{(\infty)}(D, \mathbb{R})$, $\operatorname{grad} S(x) \neq 0$ für $x \in \operatorname{supp} f$ und

$$\widetilde{F}(\lambda) := \int\limits_D f(x) e^{i\lambda S(x)}\, dx . \qquad (**)$$

Dann existiert zu jedem $k \in \mathbb{N}$ eine positive Konstante $A(k)$, so dass die Abschätzung $|\widetilde{F}(\lambda)| \leq A(k)\lambda^{-k}$ für $\lambda \geq 1$ gilt und daher ist $\widetilde{F}(\lambda) = O(\lambda^{-\infty})$ für $\lambda \to +\infty$.

b) Wie zuvor werde angenommen, dass $f \in C_0^{(\infty)}(D, \mathbb{R})$, $S \in C^{(\infty)}(D, \mathbb{R})$, aber S habe eine endliche Anzahl von kritischen Punkten $x_1, \ldots, x_m$, außerhalb derer $\operatorname{grad} S(x) \neq 0$. Wir bezeichnen mit $\widetilde{F}(\lambda, x_j)$ das Integral der Funktion $f(x) e^{i\lambda S(x)}$ über eine Umgebung $U(x_j)$ von x_j, deren Abschluss außer x_j keine weiteren kritischen Punkte enthält. Beweisen Sie, dass

$$\widetilde{F}(\lambda) = \sum_{j=1}^{m} \widetilde{F}(\lambda, x_j) + O(\lambda^{-\infty}) \text{ für } \lambda \to +\infty .$$

16. *Reduktion auf ein kanonisches Integral.*
Ist x_0 ein nicht entarteter kritischer Punkt, der in einem Gebiet $D \subset \mathbb{R}^n$ definierten Funktion $S \in C^{(\infty)}(D, \mathbb{R})$, dann existiert nach dem Morse-Lemma (vgl.

Aufgabe 9) eine lokale Substitution $x = \varphi(y)$, so dass $x_0 = \varphi(0)$, $S\big(\varphi(y)\big) = S(x_0) + \frac{1}{2} \sum_{j=1}^{n} \varepsilon_j (y^j)^2$, mit $\varepsilon_j = \pm 1$, $y = (y^1, \ldots, y^n)$ und $\det \varphi'(y) > 0$.

Zeigen Sie nun mit Hilfe des Lokalisierungsprinzips (Aufgabe 15), dass sich die Untersuchung der Asymptotik von Integral (∗∗) für $f \in C_0^{(\infty)}(D, \mathbb{R})$ und $S \in C^{(\infty)}(D, \mathbb{R})$, wobei S höchstens eine endliche Anzahl von nicht entarteten kritischen Punkten in D besitzt, auf die Untersuchung des asymptotischen Verhaltens des Spezialintegrals

$$\Phi(\lambda) := \int\limits_{-\delta}^{\delta} \cdots \int\limits_{-\delta}^{\delta} \psi(y^1, \ldots, y^n) \mathrm{e}^{\frac{\mathrm{i}\lambda}{2} \sum\limits_{j=1}^{n} \varepsilon_j (y^j)^2} \, \mathrm{d}y^1 \ldots \mathrm{d}y^n$$

zurückführen lässt.

17. Asymptotik eines Fourier–Integrals im Mehr-dimensionalen.
Sei D ein Gebiet in $\mathbb{R}^n$, $f, S \in C^{(\infty)}(D, \mathbb{R})$, supp f eine kompakte Teilmenge von D und x_0 sei der einzige kritische Punkt von S in D, der zudem nicht entartet ist. Beweisen Sie mit dem Erdélyi-Lemma (Aufgabe 14) und dem in Aufgabe 10 ausgeführten Verfahren, dass für das Integral (∗∗) für $\lambda \to +\infty$ die folgende asymptotische Entwicklung möglich ist:

$$\widetilde{F}(\lambda) \simeq \lambda^{-n/2} \mathrm{e}^{\mathrm{i}\lambda S(x_0)} \sum_{k=0}^{\infty} a_k \lambda^{-k} .$$

Diese Entwicklung kann beliebig oft nach λ abgeleitet werden.

Das Hauptglied der Asymptotik besitzt die Gestalt

$$\widetilde{F}(\lambda) = \left(\frac{2\pi}{\lambda} \right)^{n/2} \exp\left[\mathrm{i}\lambda S(x_0) + \frac{\mathrm{i}\pi}{4} \operatorname{sgn} S''(x_0) \right] \times$$

$$\times \left| \det S''(x_0) \right|^{-1/2} \left[f(x_0) + O(\lambda^{-1}) \right] \text{ für } \lambda \to +\infty .$$

Hierbei ist $S''(x)$ symmetrisch und nach Voraussetzung eine nicht singuläre Matrix der zweiten Ableitungen der Funktion S in x_0 (die *Hessesche Matrix*) und sgn $S''(x_0)$ ist das Vorzeichen der Matrix (der zugehörigen quadratischen Form), d.h., es entspricht der Differenz $\nu_+ - \nu_-$ zwischen der Zahl der positiven und negativen Eigenwerte der Matrix $S''(x_0)$.

Themen und Fragen für Halbjahresprüfungen

1. Reihen und parameterabhängige Integrale

1. Das Cauchysche Konvergenzkriterium für eine Reihe. Der Vergleichssatz und die wichtigen hinreichenden Konvergenzbedingungen (Majorante, Integral, Abel-Dirichlet). Die Reihe $\zeta(s) = \sum_{n=1}^{\infty} n^{-s}$.

2. Gleichmäßige Konvergenz von Familien von Reihen von Funktionen. Das Cauchysche Kriterium und die wichtigen hinreichenden Bedingungen für die gleichmäßige Konvergenz einer Reihe von Funktionen (M-Test, Abel-Dirichlet).

3. Hinreichende Bedingungen dafür, dass zwei Grenzübergänge kommutierbar sind. Stetigkeit, Integration und Differentiation und der Grenzübergang.

4. Der Konvergenzbereich und die Art der Konvergenz einer Potenzreihe. Die Cauchy-Hadamard Formel. (Zweiter) Abelscher Satz. Taylor–Entwicklung der wichtigen Elementarfunktionen. Eulersche Formel. Ableitung und Integration einer Potenzreihe.

5. Uneigentliche Integrale. Das Cauchysche Kriterium und die wichtigen hinreichenden Konvergenzbedingungen (M-Test, Abel-Dirichlet).

6. Gleichmäßige Konvergenz eines uneigentlichen parameterabhängigen Integrals. Das Cauchysche Kriterium und die wichtigen hinreichenden Bedingungen für die gleichmäßige Konvergenz (Majorante, Abel-Dirichlet).

7. Stetigkeit, Ableitung und Integration eines eigentlichen parameterabhängigen Integrals.

8. Stetigkeit, Ableitung und Integration eines uneigentlichen parameterabhängigen Integrals. Das Dirichlet–Integral.

9. Die Eulerschen Integrale. Definitionsgebiete, Differentialeigenschaften, Reduktionsformeln, verschiedene Darstellungen, Zusammenhänge. Das Poisson-Integral.

10. Genäherte Einselemente. Der Satz zur Konvergenz der Faltung. Der klassische Weierstraßsche Satz zur gleichmäßigen Approximation einer stetigen Funktion durch ein algebraisches Polynom.

2. Empfohlene Aufgaben für die Halbjahresprüfungen

Aufgabe 1. P sei ein Polynom. Berechnen Sie $\left(e^{t\frac{d}{dx}}\right)P(x)$.

Aufgabe 2. Beweisen Sie, dass die vektorwertige Funktion $e^{tA}x_0$ das Cauchysche Problem $\dot{x} = Ax$, $x(0) = x_0$ löst. (Hierbei ist $\dot{x} = Ax$ ein System von Gleichungen, das durch die Matrix A definiert wird.)

Aufgabe 3. Bestimmen Sie die Asymptotik der positiven Lösungen $\lambda_1 < \lambda_2 < \cdots < \lambda_n < \cdots$ der Gleichung $\sin x + 1/x = 0$ für $n \to \infty$ bis zur Ordnung $o(1/n^3)$.

Aufgabe 4. a) Zeigen Sie, dass $\ln 2 = 1 - 1/2 + 1/3 - \cdots$. Wieviele Glieder dieser Reihe müssen berücksichtigt werden, um $\ln 2$ innerhalb von 10^{-3} zu bestimmen?

b) Beweisen Sie, dass $\frac{1}{2}\ln\frac{1+t}{1-t} = t + \frac{1}{3}t^3 + \frac{1}{5}t^5 + \cdots$. Mit dieser Entwicklung wird es bequem, $\ln x$ durch Setzen von $x = \frac{1+t}{1-t}$ zu berechnen.

c) Erhalten Sie die Gleichung

$$\frac{1}{2}\ln 2 = \frac{1}{3} + \frac{1}{3}\left(\frac{1}{3}\right)^3 + \frac{1}{5}\left(\frac{1}{3}\right)^5 + \cdots$$

aus b), indem Sie $t = 1/3$ setzen. Wieviele Glieder dieser Reihe müssen berücksichtigt werden, um $\ln 2$ innerhalb von 10^{-3} zu bestimmen? Vergleichen Sie dies mit dem Ergebnis aus a).
Dies ist eine der Methoden zur Verbesserung der Konvergenz.

Aufgabe 5. Beweisen Sie, dass im Sinne der Abelschen Summation gilt:

a) $1 - 1 + 1 \cdots = \frac{1}{2}$.

b) $\sum\limits_{k=1}^{\infty} \sin k\varphi = \frac{1}{2}\cdot\frac{1}{2}\varphi$, $\varphi \neq 2\pi n$, $n \in \mathbb{Z}$.

c) $\frac{1}{2} + \sum\limits_{k=1}^{\infty} \cos k\varphi = 0$, $\varphi \neq 2\pi n$, $n \in \mathbb{Z}$.

Aufgabe 6. Beweisen Sie das Lemma von Hadamard:

a) Für $f \in C^{(1)}\big(U(x_0)\big)$ gilt $f(x) = f(x_0) + \varphi(x)(x - x_0)$, mit $\varphi \in C\big(U(x_0)\big)$ und $\varphi(x_0) = f'(x_0)$.

b) Für $f \in C^{(n)}\big(U(x_0)\big)$ gilt

$$f(x) = f(x_0) + \frac{1}{1!}f'(x_0)(x - x_0) + \cdots +$$

$$+ \frac{1}{(n-1)!}f^{(n-1)}(x_0)(x - x_0)^{n-1} + \varphi(x)(x - x_0)^n \, ,$$

mit $\varphi \in C\big(U(x_0)\big)$ und $\varphi(x_0) = \frac{1}{n!}f^{(n)}(x_0)$.

c) Wie sehen diese Beziehungen für $x = (x^1, \ldots, x^n)$ in Koordinatenform aus, d.h., wenn f eine Funktion von n Variablen ist?

Aufgabe 7. a) Beweisen Sie, dass die Funktion

$$J_0(x) = \frac{1}{\pi} \int\limits_0^1 \frac{\cos xt}{\sqrt{1 - t^2}} \, \mathrm{d}t$$

die Bessel–Gleichung $y'' + \frac{1}{x}y' + y = 0$ erfüllt.

b) Versuchen Sie diese Gleichung mit Hilfe von Potenzreihen zu lösen.

c) Bestimmen Sie die Potenzreihenentwicklung der Funktion $J_0(x)$.

Aufgabe 8. Überprüfen Sie, ob die folgenden asymptotischen Entwicklungen für $x \to +\infty$ gelten:

a) $\Gamma(\alpha, x) := \int\limits_x^{+\infty} t^{\alpha-1}\mathrm{e}^{-t} \, \mathrm{d}t \simeq \mathrm{e}^{-\alpha} \sum\limits_{k=1}^\infty \frac{\Gamma(\alpha)}{\Gamma(\alpha - k + 1)} x^{\alpha-k} \, ;$

b) $\mathrm{Erf}\,(x) := \int\limits_x^{+\infty} \mathrm{e}^{-t^2} \, \mathrm{d}t \simeq \frac{1}{2}\sqrt{\pi}\mathrm{e}^{-x^2} \sum\limits_{k=1}^\infty \frac{1}{\Gamma(3/2 - k)x^{2k-1}} \, .$

Aufgabe 9. a) Erhalten Sie nach Euler das Ergebnis, dass die Reihe $1 - 1!x + 2!x^2 - 3!x^3 + \cdots$ mit der Funktion

$$S(x) := \int\limits_0^{+\infty} \frac{\mathrm{e}^{-t}}{1 + xt} \, \mathrm{d}t$$

zusammenhängt.

b) Konvergiert diese Reihe?

c) Ergibt die Reihe für $x \to 0$ die asymptotische Entwicklung von $S(x)$?

Aufgabe 10. a) Ein lineares Gerät A, dessen Charakteristik mit der Zeit konstant ist, antworte auf ein Signal $\delta(t)$ in Form einer δ-Funktion, indem es das Signal (die Funktion) $E(t)$ aussendet. Wie wird dieses Gerät auf ein Eingangssignal $f(t)$, $-\infty < t < +\infty$ antworten?

b) Kann das Eingangssignal f immer eindeutig aus dem veränderten Signal $\widehat{f} := Af$ wiedergewonnen werden?

3. Integralberechnungen (mehrere Variable)

1. Riemannsches Integral auf einem n-dimensionalen Intervall. Kriterium nach Lebesgue für die Existenz des Integrals.

2. Kriterium nach Darboux zur Existenz des Integrals einer reellwertigen Funktion auf einem n-dimensionalen Intervall.

3. Integral über eine Menge. Jordan-Maß (Inhalt) einer Menge und seine geometrische Bedeutung. Kriterium nach Lebesgue für die Existenz des Integrals über einer Jordan-messbaren Menge. Linearität und Additivität des Integrals.

4. Abschätzung des Integrals.

5. Reduktion eines Mehrfach-Integrals auf ein iteriertes Integral. Satz von Fubini und seine wichtigsten Korollare.

6. Formel für die Substitution in einem Mehrfach-Integral. Invarianz des Maßes und des Integrals.

7. Uneigentliche Mehrfach-Integrale: Grundlegende Definitionen, Majorantenkriterium für die Konvergenz, kanonische Integrale. Berechnung des Euler-Poisson Integrals.

8. Flächen der Dimension k in $\mathbb{R}^n$ und wichtige Methoden zu ihrer Definition. Abstrakte k-dimensionale Mannigfaltigkeiten. Rand einer k-dimensionalen Mannigfaltigkeit als eine $(k-1)$-dimensionale Mannigfaltigkeit ohne Rand.

9. Orientierbare und nicht orientierbare Mannigfaltigkeiten. Methoden zur Definition der Orientierung einer abstrakten Mannigfaltigkeit und einer (Hyper)fläche in $\mathbb{R}^n$.
   Orientierbarkeit des Randes einer orientierbaren Mannigfaltigkeit. Auf dem Rand durch die Mannigfaltigkeit induzierte Orientierung.

10. Tangentialvektoren und der Tangentialraum an eine Mannigfaltigkeit in einem Punkt. Interpretation des Tangentialvektors als ein Differentialoperator.

11. Differentialformen in einem Bereich $D \subset \mathbb{R}^n$. Beispiele: Differential einer Funktion, Arbeitsform, Flussform. Koordinatendarstellung einer Differentialform. Äußerer Differentialoperator.

12. Abbildung von Objekten und die adjungierte Abbildung von Funktionen auf diese Objekte. Transformation von Punkten und Vektoren von Tangentialräumen in diesen Punkten unter einer glatten Abbildung. Transformation von Funktionen und Differentialformen unter einer glatten Abbildung. Ein Rezept zur Ausführung der Transformation von Formen in Koordinatengestalt.

13. Kommutativität der Transformation von Differentialformen mit äußerer Multiplikation und Differentiation. Differentialformen auf einer Mannigfaltigkeit. Invarianz (Unzweideutigkeit) von Operationen auf Differentialformen.

14. Ein Verfahren zur Berechnung der Arbeit und des Flusses. Integral einer k-Form über einer k-dimensionalen glatten orientierten Fläche unter

Berücksichtigung der Orientierung. Unabhängigkeit des Integrals von der Wahl der Parametrisierung. Allgemeine Definition des Integrals einer k-Differentialform über einer k-dimensionalen kompakten orientierten Mannigfaltigkeit.

15. Greensche–Formel auf einem Quadrat, ihre Herleitung, Interpretation und ihre Formulierung in der Sprache von Integralen der entsprechenden Differentialformen. Die allgemeine Stokesche Gleichung. Reduktion auf ein k-dimensionales Intervall und Beweis für ein k-dimensionales Intervall. Die klassischen Integralgleichungen der Analysis als Spezialversionen der allgemeinen Stokeschen Gleichung.

16. Das Volumenelement auf $\mathbb{R}^n$ und auf einer Fläche. Abhängigkeit des Volumenelements von der Orientierung. Das Integral erster Art und seine Unabhängigkeit von der Orientierung. Fläche und Masse einer Materienoberfläche als ein Integral erster Art. Formulierung des Volumenelements einer k-dimensionalen Oberfläche $S^k \subset \mathbb{R}^n$ in lokalen Parametern und die Formulierung des Volumenelements einer Hyperfläche $S^{n-1} \subset \mathbb{R}^n$ in kartesischen Koordinaten des umgebenden Raums.

17. Grundlegende Differentialoperatoren der Feldtheorie (grad, rot, div) und ihr Zusammenhang mit dem äußeren Ableitungsoperator d im orientierten euklidischen Raum $\mathbb{R}^3$.

18. Formulierung der Arbeit und des Flusses eines Feldes als Integral erster Art. Die zentralen Integralgleichungen der Feldtheorie in $\mathbb{R}^3$ als Vektorausdrücke der klassischen Integralgleichungen der Analysis.

19. Ein Potentialfeld und sein Potential. Exakte und geschlossene Formen. Eine notwendige Differentialbedingung damit eine Form exakt ist und damit ein Vektorfeld ein Potentialfeld ist. Dass diese Bedingung in einem einfachen zusammenhängenden Gebiet hinreichend ist. Integralkriterium für die Exaktheit von 1-Formen und Vektorfelder.

20. Lokale Exaktheit einer geschlossenen Form (das Lemma von Poincaré). Globale Analyse. Homologie und Kohomologie. De-Rham-Kohomologie (Aussage).

21. Beispiele für die Anwendung des Divergenzsatzes: Herleitung der zentralen Gleichungen der Mechanik kontinuierlicher Medien. Physikalische Bedeutung des Gradienten, der Rotation und der Divergenz.

22. Der Hamiltonsche Nabla-Operator und der Umgang mit ihm. Der Gradient, die Rotation und die Divergenz in triorthogonalen krummlinigen Koordinaten.

4. Empfohlene Aufgaben für das Studium der Halbjahresthemen

Die unten angeführten Zahlen mit schließenden Klammern beziehen sich auf die gerade angeführten Themen 1–22. Die punktierten Zahlen gefolgt von Strichen und Zahlen beziehen sich auf Abschnitte (beispielsweise bedeutet

13.4 Abschnitt 4 in Kapitel 13) gefolgt von den Nummern der Aufgaben hinter den entsprechenden Abschnitten.

1) 11.1—2,3; 2) 11.1—4; 3) 11.2—1,3,4; 4) 11.3—1,2,3,4; 5) 11.4—6,7 und 13.2—6; 6) 11.5—9 und 12.5—5,6; 7) 11.6—1,5,7; 8) 12.1—2,3 und 12.4—1,4; 9) 12.2—1,2,3,4 und 12.5—11; 10) 15.3—1,2; 11) 12.5—9 und 15.3—3; 12) 15.3—4; 13) 12.5—8,10; 14) 13.1—3,4,5,9; 15) 13.1—1,10,13,14; 16) 12.4—10 und 13.2—5; 17) 14.1—1,2; 18) 14.2—1,2,3,4,8; 19) 14.3—7,13,14; 20) 14.3—11,12; 21) 13.3—1 und 14.1—8; 22) 14.1—4,5,6.

Prüfungsgebiete

1. Reihen und parameterabhängige Integrale

1. Cauchysches Konvergenzkriterium einer Reihe. Vergleichssatz und die wichtigen hinreichenden Konvergenzbedingungen (Majorante, Integral, Abel-Dirichlet). Die Reihe $\zeta(s) = \sum\limits_{n=1}^{\infty} n^{-s}$.

2. Gleichmäßige Konvergenz von Familien von Reihen von Funktionen. Cauchysches Kriterium und die wichtigen hinreichenden Bedingungen für gleichmäßige Konvergenz einer Reihe von Funktionen (M-Test, Abel-Dirichlet).

3. Hinreichende Bedingungen für die Kommutativität zweier Grenzübergänge. Stetigkeit, Integration und Differentiation und der Grenzübergang.

4. Der Konvergenzbereich und die Art der Konvergenz einer Potenzreihe. Cauchy-Hadamard Formel. (Zweiter) Abelscher Satz. Taylor–Entwicklungen wichtiger Elementarfunktionen. Eulersche Formel. Ableitung und Integration einer Potenzreihe.

5. Uneigentliche Integrale. Cauchysches Kriterium und die wichtigen hinreichenden Konvergenzbedingungen (M-Test, Abel-Dirichlet).

6. Gleichmäßige Konvergenz eines parameterabhängigen uneigentlichen Integrals. Cauchysches Kriterium und die wichtigen hinreichenden Bedingungen für gleichmäßige Konvergenz (M-Test, Abel-Dirichlet).

7. Stetigkeit, Differentiation und Integration eines eigentlichen parameterabhängigen Integrals.

8. Stetigkeit, Differentiation und Integration eines uneigentlichen parameterabhängigen Integrals. Das Dirichlet-Integral.

9. Eulersche Integrale. Definitionsgebiet, Differentialeigenschaften, Reduktionsformeln, verschiedene Darstellungen, Zusammenhänge. Das Poisson-Integral.

10. Genäherte Einselemente. Satz zur Konvergenz der Faltung. Der klassische Weierstraßsche Satz zur gleichmäßigen Approximation einer stetigen Funktion durch ein algebraisches Polynom.

11. Vektorräume mit einem inneren Produkt. Stetigkeit des inneren Produkts und damit verbundene algebraische Eigenschaften. Orthogonale und orthonormale Systeme von Vektoren. Satz von Pythagoras. Fourier–Koeffizienten und Fourier–Reihen. Beispiele für innere Produkte und Orthogonalsysteme in Räumen von Funktionen.

12. Orthogonales Komplement. Extremaleigenschaft der Fourier–Koeffizienten. Besselsche Ungleichung und Konvergenz der Fourier–Reihe. Bedingungen für die Vollständigkeit eines Orthonormalsystems. Methode der kleinsten quadratischen Abweichung.

13. Klassische (trigonometrische) Fourier–Reihe in reeller und komplexer Formulierung. Riemann–Lebesgue Lemma. Lokalisierungsprinzip und Konvergenz einer Fourier–Reihe in einem Punkt. Beispiel: Entwicklung von $\cos(\alpha x)$ in einer Fourier–Reihe und die Entwicklung von $\sin(\pi x)/\pi x$ in einem unendlichen Produkt.

14. Glattheit einer Funktion, Abnahme ihrer Fourier–Koeffizienten und Konvergenzgeschwindigkeit ihrer Fourier–Reihe.

15. Vollständigkeit des trigonometrischen Systems und Konvergenz einer trigonometrischen Fourier–Reihe im Mittel.

16. Fourier–Transformation und das Fourier–Integral (die Inversionsformel). Beispiel: Berechnung von $\widehat{f}$ für $f(x) := \exp(-a^2 x^2)$.

17. Die Fourier–Transformation und der Ableitungsoperator. Glattheit einer Funktion und Abnahme ihrer Fourier–Transformierten. Die Parsevalsche Gleichung. Die Fourier–Transformation als Isometrie des Raumes der Schwartz–Funktionen.

18. Fourier–Transformation und Faltung. Lösung der ein-dimensionalen Wärmegleichung.

19. Wiedergewinnung eines ausgesendeten Signals aus der Spektralfunktion eines Geräts und dem empfangenen Signal. Die Kotelnikow-Gleichung.

20. Asymptotische Folgen und asymptotische Reihen. Beispiel: Asymptotische Entwicklung von Ei (x). Unterschied zwischen konvergenten und asymptotischen Reihen. Asymptotisches Laplace-Integral (Hauptglied). Stirlingsche Gleichung.

2. Integralrechnung (Mehrere Variable)

1. Riemannsches Integral auf einem n-dimensionalen Intervall. Kriterium nach Lebesgue für die Existenz des Integrals.

2. Kriterium nach Darboux zur Existenz des Integrals einer reellwertigen Funktion auf einem n-dimensionalen Intervall.

3. Integral über einer Menge. Das Jordan-Maß (Inhalt) einer Menge und seine geometrische Bedeutung. Kriterium nach Lebesgue für die Existenz des Integrals über einer Jordan-messbaren Menge. Linearität und Additivität des Integrals.

4. Abschätzung des Integrals.

5. Reduktion eines Mehrfach-Integrals auf ein iteriertes Integral. Satz von Fubini und seine wichtigsten Korollare.

6. Formel für die Substitution in einem Mehrfach-Integral. Invarianz des Maßes und des Integrals.

7. Uneigentliche Mehrfach-Integrale: Grundlegende Definitionen, Majorantenkriterium für die Konvergenz, kanonische Integrale. Berechnung des Euler-Poisson Integrals.

8. Flächen der Dimension k in $\mathbb{R}^n$ und wichtige Methoden zu ihrer Definition. Abstrakte k-dimensionale Mannigfaltigkeiten. Rand einer k-dimensionalen Mannigfaltigkeit als eine $(k-1)$-dimensionale Mannigfaltigkeit ohne Rand.

9. Orientierbare und nicht orientierbare Mannigfaltigkeiten. Methoden zur Definition der Orientierung einer abstrakten Mannigfaltigkeit und einer (Hyper)fläche in $\mathbb{R}^n$.
   Orientierbarkeit des Randes einer orientierbaren Mannigfaltigkeit. Auf dem Rand durch die Mannigfaltigkeit induzierte Orientierung.

10. Tangentialvektoren und der Tangentialraum an eine Mannigfaltigkeit in einem Punkt. Interpretation des Tangentialvektors als ein Differentialoperator.

11. Differentialformen in einem Bereich $D \subset \mathbb{R}^n$. Beispiele: Differential einer Funktion, Arbeitsform, Flussform. Koordinatendarstellung einer Differentialform. Äußerer Differentialoperator.

12. Abbildung von Objekten und die adjungierte Abbildung von Funktionen auf diese Objekte. Transformation von Punkten und Vektoren von Tangentialräumen in diesen Punkten unter einer glatten Abbildung. Transformation von Funktionen und Differentialformen unter einer glatten Abbildung. Ein Rezept zur Ausführung der Transformation von Formen in Koordinatengestalt.

13. Kommutativität der Transformation von Differentialformen mit äußerer Multiplikation und Differentiation. Differentialformen auf einer Mannigfaltigkeit. Invarianz (Unzweideutigkeit) von Operationen auf Differentialformen.

14. Ein Verfahren zur Berechnung der Arbeit und des Flusses. Integral einer k-Form über einer k-dimensionalen glatten orientierten Fläche unter Berücksichtigung der Orientierung. Unabhängigkeit des Integrals von der Wahl der Parametrisierung. Allgemeine Definition des Integrals einer k-Differentialform über einer k-dimensionalen kompakten orientierten Mannigfaltigkeit.

15. Greensche–Formel auf einem Quadrat, ihre Herleitung, Interpretation und ihre Formulierung in der Sprache von Integralen der entsprechenden Differentialformen. Die allgemeine Stokesche Gleichung. Reduktion auf ein k-dimensionales Intervall und Beweis für ein k-dimensionales Intervall. Die klassischen Integralgleichungen der Analysis als Spezialversionen der allgemeinen Stokeschen Gleichung.

16. Das Volumenelement auf $\mathbb{R}^n$ und auf einer Fläche. Abhängigkeit des Volumenelements von der Orientierung. Das Integral erster Art und seine Unabhängigkeit von der Orientierung. Fläche und Masse einer Materienoberfläche als ein Integral erster Art. Formulierung des Volumenelements einer k-dimensionalen Oberfläche $S^k \subset \mathbb{R}^n$ in lokalen Parametern und die Formulierung des Volumenelements einer Hyperfläche $S^{n-1} \subset \mathbb{R}^n$ in kartesischen Koordinaten des umgebenden Raums.

17. Grundlegende Differentialoperatoren der Feldtheorie (grad, rot, div) und ihr Zusammenhang mit dem äußeren Ableitungsoperator d im orientierten euklidischen Raum $\mathbb{R}^3$.

18. Formulierung der Arbeit und des Flusses eines Feldes als Integral der ersten Art. Die zentralen Integralgleichungen der Feldtheorie in $\mathbb{R}^3$ als Vektorausdrücke der klassischen Integralgleichungen der Analysis.

19. Ein Potentialfeld und sein Potential. Exakte und geschlossene Formen. Eine notwendige Differentialbedingung, damit eine Form exakt ist und damit ein Vektorfeld ein Potentialfeld ist. Dass diese in einem einfachen zusammenhängenden Gebiet hinreichend ist. Integralkriterium für die Exaktheit von 1-Formen und Vektorfelder.

20. Beispiele für die Anwendung des Divergenzsatzes: Herleitung der zentralen Gleichungen der Mechanik kontinuierlicher Medien. Physikalische Bedeutung des Gradienten, der Rotation und der Divergenz.

Literaturverzeichnis

1. Klassische Werke

1.1 Hauptquellen

Newton, I.:

    a. (1687): Philosophiæ Naturalis Principia Mathematica. Jussu Societatis Regiæ ac typis Josephi Streati, London. Englische Übersetzung der 3. Auflage (1726): University of California Press, Berkeley, CA (1999).

    b. (1967–1981): The Mathematical Papers of Isaac Newton, D. T. Whiteside, ed., Cambridge University Press.

Leibniz, G. W. (1971): Mathematische Schriften. C. I. Gerhardt, ed., G. Olms, Hildesheim.

1.2 Wichtige umfassende grundlegende Werke

Euler, L.

    a. (1748): Introductio in Analysin Infinitorum. M. M. Bousquet, Lausanne. Nachdruck der deutschen Übersetzung von H. Maser: Springer-Verlag, Berlin - Heidelberg - New York (1983).

    b. (1755): Institutiones Calculi Differentialis. Impensis Academiæ Imperialis Scientiarum, Petropoli. Englische Übersetzung: Springer, Berlin - Heidelberg - New York (2000).

    c. (1768–1770): Institutionum Calculi Integralis. Impensis Academiæ Imperialis Scientiarum, Petropoli.

Cauchy, A.-L.

    a. (1989): Analyse Algébrique. Jacques Gabay, Sceaux.

    b. (1840–1844): Leçons de Calcul Différential et de Calcul Intégral. Bachelier, Paris.

1.3 Klassische Vorlesungen in Analysis aus der ersten Hälfte des 20. Jahrhunderts

Courant, R. (1988): Differential and Integral Calculus. Übersetzt aus dem Deutschen. Vol. 1 Nachdruck der 2. Auflage 1937. Vol. 2 Nachdruck des Orginals

1936. Wiley Classics Library. A Wiley-Intercience Publication. John Wiley & Sons, Inc., New York.

de la Vallée Poussin, Ch.-J. (1954, 1957): Cours d'Analyse Infinitésimale. (Tome 1 11 éd., Tome 2 9 éd., revue et augmentée avec la collaboration de Fernand Simonart.) Librairie universitaire, Louvain. Englische Übersetzung einer früheren Ausgabe, Dover Publications, New York (1946).

Goursat, É. (1992): Cours d'Analyse Mathématiques. (Vol. 1 Nachdruck der 4. Auflage 1924, Vol. 2 Nachdruck der 4. Auflage 1925) Les Grands Classiques Gauthier-Villars. Jacques Gabay, Sceaux. Englische Übersetzung, Dover Publ. Inc., New York (1959).

2. Lehrbücher[1]

Apostol, T. M. (1974): Mathematical Analysis. 2. Aufl. World Student Series Edition. Addison–Wesley Publishing Co., Reading, Mass.-London-Don Mills, Ont.

Courant, R. (1971/1972): Vorlesungen über Differential- und Integralrechnung Bd. 1 und 2, 4. Aufl. Springer, Berlin - Heidelberg - New York.

Rudin, W. (1999): Reelle und komplexe Analysis, Oldenbourg, München.

Spivak, M. (1965): Calculus on Manifolds: A Modern Approach to the Classical Theorems of Advanced Calculus. W. A. Benjamin, New York.

Whittaker, E. T., Watson, J. N. (1979): A Course of Modern Analysis. AMS Press, New York.

3. Studienunterlagen

Amann, H., Escher, J. (1998/1999/2001): Analysis I,II,III. Birkhäuser Verlag, Basel - Boston - Berlin.

Behrends, E. (2004): Analysis 1,2. Vieweg, Braunschweig.

Blatter, C. (1991/1992/1981): Analysis I,II,III. Springer, Berlin - Heidelberg - New York.

Gelbaum, B. (1982): Problems in Analysis. Problem Books in Mathematics. Springer-Verlag, New York-Berlin, 1982.

Gelbaum, B., Olmsted, J. (1964): Counterexamples in Analysis. Holden–Day, San Francisco.

Meyberg, K., Vachenauer, P. (2003/2005): Höhere Mathematik 1,2. Springer, Berlin - Heidelberg - New York.

Pólya, G., Szegő, G. (1970/71): Aufgaben und Lehrsätze aus der Analysis. Springer-Verlag, Berlin – Heidelberg – New York.

---

[1] Das Literaturverzeichnis wurde für die deutsche Ausgabe erheblich verändert.

4. Weiterführende Literatur

Arnol'd, V. I.
    a. (1989): Huygens and Barrow, Newton and Hooke: Pioneers in Mathematical Analysis and Catastrophe Theory, from Evolvents to Quasicrystals. Nauka, Moskau.
    b. (1988) Mathematische Methoden der klassischen Mechanik. Birkhäuser, Basel.

Avez, A. (1986): Differential Calculus. A Wiley-Intercience Publication. John Wiley & Sons, Ltd., Chichister.

Bourbaki, N. (1971): Elemente der Mathematikgeschichte. Vandenhoeck u. Ruprecht, Göttingen.

Cartan, H. Paris. Buttin, C. (1974): Differentialrechnung. Bibliogr. Inst., Mannheim.

Courant, R., Hilbert, D. (1989): Methods of Mathematical Physics, Vol. 1 and 2, John Wiley, New York.

Dieudonné, J. (1985): Grundzüge der modernen Analysis. Vieweg, Braunschweig.

Einstein, A. (1982): Ideas and Opinions. Three Rivers Press, New York. Enthält Übersetzungen der Schriften "Motive des Forschens", S. 224–227, und "Physics and Reality," S. 290–323.

Eriksson, K., Estep, D., Johnson, C. (2004/2005/2005): Angewandte Mathematik: Body and Soul. Springer-Verlag, Berlin – Heidelberg – New York.

Evgrafov, M. A. (1979): Asymptotic Estimates and Entire Functions. 3rd ed. Nauka, Moskau. Englische Übersetzung der ersten russischen Auflage: Gordon & Breach, New York (1961).

Fedoryuk, M. V. (1977): The Saddle-Point Method. Nauka, Moskau (russisch).

Feynman, R., Leighton, R., Sands, M. (1997): Hauptsächlich Mechanik, Strahlung und Wärme. Oldenbourg, München.

Gel'fand, I. M. (1989): Lectures on Linear Algebra. Englische Übersetzung einer früheren Ausgabe: Dover, New York.

Halmos, P. (1974): Finite-dimensional Vector Spaces. Springer-Verlag, Berlin – Heidelberg – New York.

Jost, J. (2005): Postmodern Analysis. 2. ed. Universitext. Berlin: Springer.

Klein, F. (1926): Vorlesungen über die Entwicklung der Mathematik im 19 Jahrhundert. Springer-Verlag, Berlin

Kolmogorov, A. N., Fomin, S. V. (1975): Reelle Funktionen und Funktionalanalysis. Dt. Verl. der Wiss., Berlin.

Kostrikin, A. I., Manin, Y. I. (1989): Linear Algebra and Geometry. Gordon and Breach, New York.

Landau, E. Dalkowski, H. (2004): Grundlagen der Analysis. Heldermann, Lemgo.

Lax, P. D., Burstein S. Z., Lax A. (1972): Calculus with Applications and Computing. Vol. I. Schrift zur Vorlesung an der New York Universität. Courant Institute of Mathematical Sciences, New York University, New York.

Manin, Y. I. (1981): Mathematics and Physics. Birkhäuser, Basel - Boston.

Milnor, J. (1963): Morse Theory. Princeton University Press.

Narasimhan, R. (1986): Analysis on Real and Complex Manifolds. North-Holland, Amsterdam.

Olver, F. W. J. (1997): Asymptotics and Special Functions. Reprint. AKP Classics. Wellesley, MA: A K Peters.

Pham, F. (1992): Géometrie et calcul différentiel sur les variétés. (französisch) [Vorlesung, Übungen und Aufgaben für Diplom-Mathematiker] Inter Editions, Paris.

Poincaré, H., Lindemann, F. (1973): Wissenschaft und Methode. Teubner, Stuttgart. Unveränderter Nachdruck der Ausgabe von 1914.

Pontrjagin, L. S. (1965): Gewöhnliche Differentialgleichungen. Dt. Verl. der Wissenschaften.

Schwartz, L. (1998): Analyse. Hermann, Paris.

Shilov, G. E.

a. (1996): Elementary Real and Complex Analysis. Überarbeitete englische Ausgabe, aus dem Russischen übersetzt und herausgegeben von Richard A. Silverman. Korrigierte Wiederauflage der englischen Auflage von 1973. Dover Publications Inc., Mineola, NY.

b. (1969): Mathematical Analysis. Functions of one variable. Bde. 1 und 2. Moskau: Nauka, (russisch).

c. (1972): Mathematical Analysis. Functions of several variables (3 Bde.). Moskau: Nauka, (russisch).

Weyl, H. (1926): Die heutige Erkenntnislage in der Mathematik. Weltkreis-Verlag, Erlangen.

Zeldovich, Ya. B., Myshkis, A. D. (1976): Elements of Applied Mathematics. Mir, Moskau.

Symbolverzeichnis

$C^{(k)}[a,b]$ — Abkürzung für $C^{(k)}\big([a,b],\mathbb{R}\big)$ oder $C^{(k)}\big([a,b],\mathbb{C}\big)$

$C_p[a,b]$ — mit der Norm $\|f\|_p$ versehener Raum $C[a,b]$

$C_2[a,b]$ — Raum $C[a,b]$ mit dem hermiteschen inneren Produkt $\langle f,g\rangle$ von Funktionen oder der Norm der mittleren quadratischen Abweichung

$\mathcal{R}(E)$ — Menge (Raum) von Riemann-integrierbaren Funktionen über der Menge E

$\mathcal{R}[a,b]$ — Raum $\mathcal{R}(E)$ für $E = [a,b]$

$\widetilde{\mathcal{R}}(E)$ — Raum der Klassen von Riemann-integrierbaren Funktionen auf E, die fast überall auf E gleich sind

$\widetilde{\mathcal{R}}_p(E)$ $(\mathcal{R}_p(E))$ — mit der Norm $\|f\|_p$ versehener Raum $\widetilde{\mathcal{R}}(E)$

$\widetilde{\mathcal{R}}_2(E)$ $(\mathcal{R}_2(E))$ — Raum $\widetilde{\mathcal{R}}(E)$ versehen mit dem hermiteschen inneren Produkt $\langle f,g\rangle$ oder der Norm der mittleren quadratischen Abweichung

$\mathcal{R}_p[a,b]$, $\mathcal{R}_2[a,b]$ — Räume $\mathcal{R}_p(E)$ and $\mathcal{R}_2(E)$ für $E = [a,b]$

$\mathcal{L}(X;Y)$, $(\mathcal{L}(X_1,\ldots,X_n;Y))$ — Raum der linearen (n-linearen) Abbildungen von X (von $(X_1 \times \cdots \times X_n)$) nach Y

TM_p oder $TM(p)$, T_pM, $T_p(M)$ — Tangentialraum an die Fläche (Mannigfaltigkeit) M im Punkt $p \in M$

S — Raum von L. Schwartz der schnell abnehmenden Funktionen

$\mathcal{D}(G)$ — Raum der fundamentalen Funktionen mit kompaktem Träger im Gebiet G

$\mathcal{D}'(G)$ — Raum der Distributionen auf dem Gebiet G

$\mathcal{D}$ — Abkürzung für $\mathcal{D}(G)$ mit $G = \mathbb{R}^n$

$\mathcal{D}'$ — Abkürzung für $\mathcal{D}'(G)$ mit $G = \mathbb{R}^n$

Metriken, Normen, Innere Produkte

$d(x_1,x_2)$ — Abstand zwischen den Punkten x_1 und x_2 im metrischen Raum (X,d)

$|x|$, $\|x\|$ — Absolutbetrag (Norm) eines Vektors $x \in X$ in einem normierten Vektorraum

$\|A\|$ — Norm des linearen (multi-linearen) Operators A

$\|f\|_p := \big(\int\limits_E |f|^p(x)\,\mathrm{d}x\big)^{1/p}$, $p \geq 1$ — Integralnorm der Funktion f

$\|f\|_2$ — Norm der mittleren quadratischen Abweichung ($\|f\|_p$ für $p = 2$)

$\langle \mathbf{a},\mathbf{b}\rangle$ — hermitesches inneres Produkt der Vektoren $\mathbf{a}$ und $\mathbf{b}$

$\langle f,g\rangle := \int\limits_E (f\cdot\overline{g})(x)\,\mathrm{d}x$ — hermitesches inneres Produkt der Funktionen f und g

$\mathbf{a}\cdot\mathbf{b}$ — inneres Produkt von $\mathbf{a}$ und $\mathbf{b}$ in $\mathbb{R}^3$

$\mathbf{a}\times\mathbf{b}$ — Vektor- (Kreuz-) Produkt der Vektoren $\mathbf{a}$ und $\mathbf{b}$ in $\mathbb{R}^3$

$(\mathbf{a},\mathbf{b},\mathbf{c})$ — skalares Spatprodukt der Vektoren $\mathbf{a}$, $\mathbf{b}$, $\mathbf{c}$ in $\mathbb{R}^3$

FUNKTIONEN

$g \circ f$ — Verkettung der Funktionen f und g

f^{-1} — Inverse der Funktion f

$f(x)$ — Wert der Funktion f im Punkt x; eine Funktion von x

$f(x^1, \ldots, x^n)$ — Wert der Funktion f im Punkt $x = (x^1, \ldots, x^n) \in X$ im n-dimensionalen Raum X; eine von n Variablen $x^1, \ldots, x^n$ abhängige Funktion

$\operatorname{supp} f$ — Träger der Funktion f (engl. support)

$\lfloor f(x)$ — Sprung der Funktion f im Punkt x

$\{f_t : t \in T\}$ — eine vom Parameter $t \in T$ abhängige Familie von Funktionen

$\{f_n; n \in \mathbb{N}\}$ oder $\{f_n\}$ — eine Folge von Funktionen

$f_t \xrightarrow[\mathcal{B}]{} f$ auf E — Konvergenz der Familie von Funktionen $\{f_t; t \in T\}$ zur Funktion f auf der Menge E auf der Basis $\mathcal{B}$ in T

$f_t \underset{\mathcal{B}}{\rightrightarrows} f$ auf E — gleichmäßige Konvergenz der Familie von Funktionen $\{f_t; t \in T\}$ zur Funktion f auf der Menge E auf der Basis $\mathcal{B}$ in T

$$\left.\begin{array}{l} f = o(g) \text{ auf } \mathcal{B} \\ f = O(g) \text{ auf } \mathcal{B} \\ f \sim g \text{ auf } f \simeq g \text{ auf } \mathcal{B} \end{array}\right\} \begin{array}{l} \text{asymptotische Formeln (die Symbole für} \\ \text{vergleichbares asymptotisches Verhalten} \\ \text{der Funktionen } f \text{ und } g \text{ auf der Basis } \mathcal{B}) \end{array}$$

$f(x) \simeq \sum\limits_{n=1}^{\infty} \varphi_n(x)$ auf $\mathcal{B}$ — Entwicklung in eine asymptotische Reihe

$\mathcal{D}(x)$ — Dirichlet-Funktion

$\exp(A)$ — Exponentialfunktion eines linearen Operators A

$B(\alpha, \beta)$ — Eulersche Beta-Funktion

$\Gamma(\alpha)$ — Eulersche Gamma-Funktion

χ_E — charakteristische Funktion der Menge E

DIFFERENTIALRECHNUNG

$f'(x)$, $f_x(x)$, $\mathrm{d}f(x)$, $Df(x)$ — Tangentialabbildung an f (Differential von f) im Punkt x

$\frac{\partial f}{\partial x^i}$, $\partial_i f(x)$, $D_i f(x)$ — partielle Ableitung (partielles Differential) einer von den Variablen $x^1, \ldots, x^n$ abhängigen Funktion f im Punkt $x = (x^1, \ldots, x^n)$ nach der Variablen x^i

$D_{\mathbf{v}} f(x)$ — Ableitung der Funktion f nach dem Vektor $\mathbf{v}$ im Punkt x

∇ — Hamiltonscher Nabla-Operator

$\operatorname{grad} f$ — Gradient der Funktion f

$\operatorname{div} \mathbf{A}$ — Divergenz des Vektorfeldes $\mathbf{A}$

$\operatorname{rot} \mathbf{B}$ — Rotation des Vektorfeldes $\mathbf{B}$

INTEGRALRECHNUNG

$\mu(E)$ — Maß der Menge E

$$\left.\begin{array}{l} \int\limits_E f(x)\,\mathrm{d}x \\[2mm] \int\limits_E f(x^1,\ldots,x^n)\,\mathrm{d}x^1\ldots\mathrm{d}x^n \\[2mm] \int\cdots\int\limits_E f(x^1,\ldots,x^n)\,\mathrm{d}x^1\ldots\mathrm{d}x^n \end{array}\right\}$$ Integral der Function f
über der Menge $E \subset \mathbb{R}^n$

$\int\limits_Y \mathrm{d}y \int\limits_X f(x,y)\,\mathrm{d}x$ — iteriertes Integral

$$\left.\begin{array}{l} \int\limits_\gamma P\,\mathrm{d}x + Q\,\mathrm{d}y + R\,\mathrm{d}z \ , \\[2mm] \int\limits_\gamma \mathbf{F}\cdot\mathrm{d}\mathbf{s} \ , \quad \int\limits_\gamma \langle\mathbf{F},\mathrm{d}\mathbf{s}\rangle \end{array}\right\}$$ krummliniges Integral (zweiter Art) oder die
Arbeit des Feldes $\mathbf{F} = (P,Q,R)$ entlang
des Weges γ

$\int\limits_\gamma f\,\mathrm{d}s$ — krummliniges Integral (erster Art) der Funktion f entlang der
Kurve γ

$$\left.\begin{array}{l} \iint\limits_S P\,\mathrm{d}y\wedge\mathrm{d}z + Q\,\mathrm{d}z\wedge\mathrm{d}x + R\,\mathrm{d}x\wedge\mathrm{d}y \ , \\[2mm] \iint\limits_S \mathbf{F}\cdot\mathrm{d}\boldsymbol{\sigma} \ , \quad \iint\limits_X \langle\mathbf{F},\mathrm{d}\boldsymbol{\sigma}\rangle \ , \end{array}\right\}$$ Integral (zweiter Art) über
der Fläche S in $\mathbb{R}^3$; Fluss
des Feldes $\mathbf{F} = (P,Q,R)$ durch
die Fläche S

$\iiint\limits_S f\,\mathrm{d}\sigma$ — Flächenintegral (erster Art) von f über die Fläche S

DIFFERENTIALFORMEN

$\omega\ (\omega^p)$ — eine Differentialform (der Ordnung p)

$\omega^p \wedge \omega^q$ — Keilprodukt der Formen ω^p and ω^q

$\mathrm{d}\omega$ — (äußere) Ableitung der Form ω

$\int\limits_M \omega$ — Integral der Form ω über der Fläche (Mannigfaltigkeit) M

$\omega^1_{\mathbf{F}} := \langle\mathbf{F},\cdot\rangle$ — Arbeitsform

$\omega^1_{\mathbf{V}} := (\mathbf{V},\cdot,\cdot)$ — Flussform

Sachverzeichnis

Namensverzeichnis